Günther Schreyer, Konstruieren mit Kunststoffen   Teil 2

Günther Schreyer

# Konstruieren mit Kunststoffen

in zwei Teilen

Herausgegeben von Dr. Günther Schreyer
mit Beiträgen von

Ing. Peter Bauer, Dipl.-Ing. Wolfram Becker, Dr. Klaus Bergmann, Dipl.-Ing. Jörg Boxhammer, Prof. Dr. Dietrich Braun, Dr.-Ing. Friedrich Fischer, Dr. Dieter Heinze, Dr. Jürgen Hennig, Dr. Hans Hespe, Dr. Gerhard Heyl, Dr. Helmut Janku, Dipl.-Phys Hermann Kabs, Dr. Waltraut Kerner-Gang, Dr. Helmut Kühne, Hans-Joachim Lenz, Dr.-Ing. Wolfgang Loos, Dr. Joachim Meißner, Prof. Dr. Georg Menges, Dr.-Ing. Karl Oberbach, Dr. Hermann Oberst, Dr. Hans-Willi Pfaffrath, Jürgen Pohrt, Dr. Hans Helmut Racké, Dr. Wolfgang Retting, Dr. Günther Schreyer, Dr. Rainer Taprogge, Dr. Heinz Vetter, Dr. Theodor Völker, Dr.-Ing. Hermann Wallhäußer, Prof. Dr.-Ing. Wilbrand Woebcken, Dr. Joseph Zöhren

Carl Hanser Verlag München 1972

Günther Schreyer

# Konstruieren mit Kunststoffen

Grundlagen und Eigenschaften,
Konstruktionsprinzipien
und Anwendungsbeispiele

Teil 2

mit 316 Bildern und 96 Tabellen

Carl Hanser Verlag München 1972

**Hinweise für den Leser**

Das Handbuch „Konstruieren mit Kunststoffen“ erscheint in zwei Teilbänden. Diese Teilung, die aus technischen Gründen notwendig war, hat für den Leser den Vorteil, mit handlicheren Bänden arbeiten zu können. Jeder Teilband enthält ein komplettes Inhaltsverzeichnis für beide Bände, die Seiten sind durchgehend numeriert. Sach-, Namen- und Normenverzeichnis sowie der Bildquellennachweis sind für beide Bände am Ende des zweiten Teilbandes zu finden.

ISBN 3-446-11473-4
Library of Congress Catalog Card Number 70-173905


Satz, Druck und Bindearbeiten: Passavia Passau
Printed in Germany

# Inhaltsverzeichnis

## Teil 1

## 3. Allgemeine Konstruktionsprinzipien für Kunststoffe.
*Von Ing. Peter Bauer, Dr. Günther Schreyer*

# Teil 2

# Teil 2

## 4.1.6. Rheologisches Verhalten der Schmelzen

Joachim Meißner

Da die vorliegende Monographie dem Ingenieur Unterlagen über das Konstruieren mit Kunststoffen zur Verfügung stellen soll, gehört das Thema dieses Abschnittes streng-genommen nicht zum Thema des Buches. Dennoch erscheint auch für den Konstrukteur eine Information über das deformationsmechanische, d.i. das rheologische Verhalten der Kunststoff-Schmelzen angebracht, da die Kunststoffe ein „Gedächtnis" für die rheologische und die thermische Vorgeschichte besitzen, das sich in gewissen Grenzen auf die Fertigteileigenschaften auswirkt.

Um die Aufgabe der Information zu erfüllen, wird anhand charakteristischer Beispiele das Wesentliche des deformationsmechanischen Verhaltens herausgestellt. Dabei wird nur die Phänomenologie der Thermoplast-Schmelzen behandelt, da die Zusammenhänge mit der Molekularstruktur (Mikro-Rheologie) den Konstrukteur weniger interessieren und das rheologische Verhalten der härtbaren Kunststoffe durch die in der Schmelze auftretenden chemischen (Vernetzungs-)Reaktionen zusätzliche Komplikationen bringt, die über den Rahmen dieses Abschnitts hinausgehen.

Im Grunde genommen könnte die Behandlung der Kunststoff-Schmelzen unmittelbar an die letzten Abschnitte anschließen, die das Verhalten des viskoelastischen festen Körpers beschreiben. Die Kunststoff-Schmelzen sind nichts anderes als viskoelastische Flüssigkeiten mit allerdings wichtigen Unterschieden beim Vergleich mit den festen Kunststoffen: (1) der Deformationsbereich des linear-viskoelastischen Verhaltens ist erheblich größer, (2) neben der Deformation spielt die Deformationsgeschwindigkeit eine wesentliche Rolle bei der Frage, ob das Verhalten linear- oder nichtlinear-viskoelastisch ist, (3) das Verhalten im nichtlinearen Bereich ist von besonderer Bedeutung für die Praxis der Kunststoff-Verarbeitung und für das Verständnis der dabei auftretenden sog. „Quereffekte". Daher ist das nichtlineare viskoelastische Verhalten ausführlicher darzulegen.

Zunächst werden die Grundbegriffe der Rheologie formuliert und das Verhalten der idealen Flüssigkeit betrachtet. Außerdem wird an das Verhalten von idealem Gummi bei großen Scherungen erinnert, um das Verstehen gewisser Erscheinungen beim Fließen von Kunststoff-Schmelzen zu erleichtern. Dabei ist zu vermerken, daß die Kunststoff-Schmelzen hinsichtlich ihres rheologischen Verhaltens einem Gummi viel näher stehen als allgemein angenommen wird.

Unter der *Schmelze* eines thermoplastischen Kunststoffes sei bei amorph erstarrenden Kunststoffen der Zustand oberhalb der Glastemperatur, bei partiell-kristallin erstarrenden Kunststoffen der Zustand oberhalb der Schmelztemperatur der kristallinen Anteile verstanden.

Für eine vertiefte Beschäftigung mit der Rheologie allgemein oder mit wichtigen Problemen der Rheologie der Kunststoff-Schmelzen ist auf das von *Eirich* herausgegebene Sammelwerk [4] hinzuweisen, sowie auf die Monographien [3, 5, 8, 12, 16]. Wichtige z.T. einführende Beiträge enthalten [15] und die Standardwerke über Verarbeitungstechnik [1] und [9]. An deutschsprachigen Übersichtsartikeln über die Rheologie der Kunststoff-Schmelzen sind [49] und [40] zu nennen, die weiterführende Literatur angeben.

### 4.1.6.1. *Grundbegriffe und das Fließen der idealen Flüssigkeit*

Für die elastische Verformung ideal-elastischer Festkörper gilt das *Hooke*sche Gesetz, bei der *Dehnung* $\varepsilon$

$$\sigma = E\varepsilon, \tag{1}$$

bei der *Scherung* $\gamma$

$$\tau = G\gamma. \tag{2}$$

Dabei ist $\sigma$ die Zug-, $\tau$ die Schubspannung. Ist das Material inkompressibel (Querkontraktionszahl $\nu = 0{,}5$), dann hängen *Elastizitätsmodul* (Dehnungsmodul) $E$ und *Schubmodul* $G$ zusammen durch

$$E = 3G. \tag{3}$$

Bei idealen Flüssigkeiten nimmt bei Einwirkung einer Spannung die Deformation linear mit der Zeit zu. Dabei sind die zeitlichen Ableitungen der Deformationsgrößen, *Dehnungsgeschwindigkeit* $\dot{\varepsilon}$ und *Schergeschwindigkeit* $\dot{\gamma}$, proportional zu den entsprechenden Spannungen:

$$\sigma = \mu\dot{\varepsilon} \tag{4}$$

$$\tau = \eta\dot{\gamma} \tag{5}$$

Meist wird nur die letztere Gleichung als *Newtonsches Reibungsgesetz* bezeichnet. Der Proportionalitätsfaktor $\eta$ heißt *Newtonsche Viskosität*, *Scherviskosität* oder schlechthin *Viskosität*, der Proportionalitätsfaktor $\mu$ in Gleichung (4) wird als *Dehnungsviskosität* oder als *Troutonsche Viskosität* bezeichnet. Die Dimension von $\mu$ und $\eta$ im cgs-System heißt *Poise*, abgekürzt P, so daß $1\,\mathrm{P} = 1\,\mathrm{dyn\,s/cm^2}$ ist. *Trouton* hat die Gültigkeit der zu Gleichung (3) analogen Beziehung

$$\mu = 3\eta \tag{6}$$

an hochviskosen, inkompressiblen Substanzen empirisch nachgewiesen [55].

### *Elastische Scherung von Gummi*

Die klassische lineare Elastizitätstheorie postuliert, daß elastische Deformationen klein sind, d.h. daß $\varepsilon^2$ und $\gamma^2$ gegenüber $\varepsilon$ bzw. $\gamma$ vernachlässigt werden können. Das Beispiel des (vernetzten) Gummis zeigt jedoch, daß es durchaus Stoffe gibt, die diesem Postulat widersprechen. Auf die molekularen Zusammenhänge sei nur stichwortartig hingewiesen: Energieelastizität bei den Kristallen, zu denen die Metalle gehören – Atomabstände werden vergrößert; Entropie-Elastizität bei Gummi – Moleküle werden bei Anlegen einer mechanischen Spannung geordnet (orientiert).

Wenn man einen kreiszylindrischen Stab aus Gummi einspannt und so tordiert, daß an den Einspannstellen nur ein Drehmoment wirkt, dann schnürt sich der Gummistab mit zunehmender Verdrillung in der Mitte mehr und mehr ein und wölbt sich an den Deckflächen aus [46]. Im tordierten Zustand ist nur dann die ursprüngliche Gestalt des Kreiszylinders wieder zu erhalten, wenn auf die Deckflächen eine bestimmte Druckspannungsverteilung wirkt. Das zeigt, daß bei großen elastischen Scherungen ein Zustand homogener Scherung nur zu erzielen ist, wenn außer der Schubspannung noch Normalspannungen wirken, und zwar Zugspannungen in Umfangsrichtung und Druckspannungen in den beiden dazu senkrechten Richtungen.

In einer von *Rivlin* entwickelten *Theorie des neo-Hookeschen Körpers* wird das elastische Verhalten von Gummi auch bei großen Deformationen beschrieben [45]. Für den Fall der homogenen Scherung $\gamma$ liefert die *Rivlin*sche Theorie die Beziehungen

$$\begin{aligned} \tau &= G\gamma \\ \sigma_1 &= G\gamma^2 \\ \sigma_2 &= 0 \end{aligned} \tag{7}$$

Dabei ist $\sigma_1$ die *erste Normalspannungsdifferenz* $\sigma_1 = \sigma_x - \sigma_z$ und $\sigma_2$ die *zweite Normalspannungsdifferenz* $\sigma_2 = \sigma_y - \sigma_z$, wenn das Koordinatensystem so gelegt ist wie in Bild 4.1.6–1.

Bild 4.1.6–1 soll anschaulich den Spannungszustand zeigen, der zur Aufrechterhaltung einer homogenen, nicht-infinitesimalen Scherung notwendig ist. Wie aus Gleichung (7) hervorgeht, sind (bei der allgemein üblichen inkompressiblen Betrachtungsweise) für den

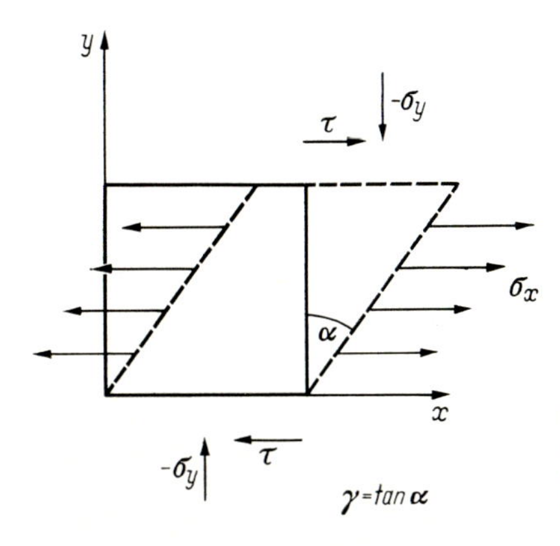


Bild 4.1.6–1 Spannungszustand bei homogener, endlicher Scherdeformation. Die $z$-Achse ist die (nicht gezeichnete) zu $x$ und $y$ senkrechte dritte Achse

Deformationszustand außer der Schubspannung die Differenzen der Normalspannungen maßgebend. Bei kleinen Scherungen geht Gleichung (7) in das *Hooke*sche Gesetz Gleichung (2) über, da dann $\gamma^2 \ll \gamma$, so daß der Anschluß an das lineare Verhalten gegeben ist. Wesentlich an der hier durchgeführten Betrachtung ist die Erkenntnis, daß mitunter recht große Normalspannungen auftreten können, wenn die elastischen Scherdeformationen groß genug sind. Die Messungen von *Rivlin* [46] haben allerdings gezeigt, daß die neo-*Hooke*sche Theorie nicht exakt gilt, sondern ein erweiterter Ansatz, auf den hier nicht eingegangen werden soll, vgl. dazu den Übersichtsartikel von *Staverman* und *Schwarzl* [14].

### *Rohrströmung einer Newtonschen Flüssigkeit*

Eine Newtonsche Flüssigkeit ströme durch ein Rohr vom Radius $R$ und der Länge $L$. Die Druckdifferenz zwischen Ein- und Auslauf sei $p$, der Volumendurchsatz sei $q$ [cm³/s]. $r$ sei die vom Mittelpunkt des Rohres ausgehende Radialkoordinate, die sich von $r = 0$ bis zur Rohrwand $r = R$ erstreckt.

Um die Beziehungen zwischen Druck $p$ und Schubspannung $\tau$ abzuleiten, betrachtet man im stationären Zustand das Kräftegleichgewicht an einem kreiszylindrischen Volumenelement, dessen Achse mit der Rohrachse übereinstimmt. Man erhält[1])

$$\tau(r) = \frac{pr}{2L} \tag{8}$$

Demnach nimmt die Schubspannung linear von der Rohrmitte aus mit dem Radius $r$ zu. Das Maximum liegt dann an der Düsenwand vor:

$$\tau_{max} = \frac{pR}{2L} \tag{9}$$

[1]) Die folgenden Beziehungen sind ohne Beweis zusammengestellt. Sie werden in jedem Lehrbuch der Physik bzw. der technischen Mechanik abgeleitet. Eine ausführliche Ableitung ist in [10] gegeben.

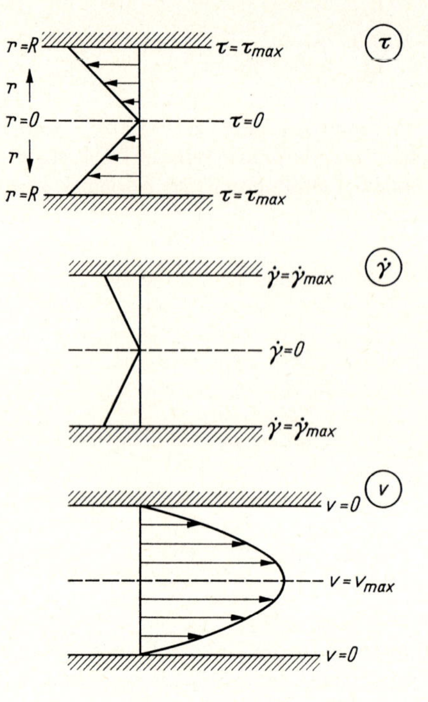


Bild 4.1.6–2 Strömung einer *Newton*schen Flüssigkeit durch ein kreiszylindrisches Rohr

$\tau$ = Radiale Schubspannungsverteilung $\tau = \tau(r)$ entsprechend Gleichung (8)
$\dot{\gamma}$ = Radiale Schergeschwindigkeitsverteilung $\dot{\gamma} = \dot{\gamma}(r)$ entsprechend Gleichung (10)
$v$ = Radiale Geschwindigkeitsverteilung $v = v(r)$ (Geschwindigkeitsprofil) entsprechend Gleichung (11)

Nach Gleichung (5) nimmt die Schergeschwindigkeit ebenfalls linear mit $r$ zu. In Bild 4.1.6–2 sind in den beiden oberen Abbildungen die Schubspannungs- und die Schergeschwindigkeitsverteilung über dem Rohrquerschnitt skizziert. Um das Geschwindigkeitsprofil $v(r)$ zu erhalten, geht man von der Schergeschwindigkeit aus, die bei der geradlinigen Rohrströmung durch den Geschwindigkeitsgradienten

$$\dot{\gamma} = \mathrm{d}v/\mathrm{d}r = \frac{\tau}{\eta} = \frac{pr}{2\eta L} \tag{10}$$

gegeben ist. Wenn als Randbedingung $v(R) = 0$ festgelegt wird (Wandhaftung!), dann erhält man durch Integration das bekannte parabolische Geschwindigkeitsprofil

$$v(r) = -\frac{1}{4\eta}\frac{p}{L}(R^2 - r^2). \tag{11}$$

Dabei deutet das Minuszeichen den der Schubspannung entgegengesetzten Richtungssinn an. Das Geschwindigkeitsprofil ist in Bild 4.1.6–2 unten dargestellt. Die weitere Integration liefert den Volumendurchsatz

$$q = \frac{\pi R^4}{8\eta}\frac{p}{L}. \tag{12}$$

Gleichung (12) ist das bekannte Gesetz von Hagen-Poiseuille. Das aus dem Rohr austretende Volumen $Q$ erhält man aus $q = Q/t\,(t =$ Ausflußzeit). Bemerkenswert ist die starke Abhängigkeit des Durchsatzes vom Radius des Rohres, der in Gleichung (12) mit der vierten Potenz eingeht.

In der Viskosimetrie wird aus dem Durchsatz durch eine Düse (Kapillare) und dem angelegten Druck die Viskosität bestimmt. Dabei werden Schergeschwindigkeit und Schubspannung auf die Düsenwand bezogen. Deshalb soll im folgenden $\tau_{max}$ durch das Symbol $\tau$

ersetzt werden. Die maximale Schergeschwindigkeit $\dot{\gamma}(R)$ (im folgenden mit $\dot{\gamma}$ bezeichnet) hängt mit dem Durchsatz $q$ zusammen durch

$$\dot{\gamma} = \dot{\gamma}(R) = \frac{4q}{\pi R^3}\,. \tag{13}$$

### 4.1.6.2. *Die Kunststoff-Schmelze als viskoelastische Flüssigkeit*

Die Besonderheiten im Verhalten der Kunststoff-Schmelzen werden deutlich, wenn aus der Düse einer Extrusionsvorrichtung Kunststoff-Schmelze ausgedrückt wird, z. B. aus der Düse des in Bild 4.1.6–3 schematisch gezeichneten Kapillarviskosimeters. So stellt man fest, daß bei Verzehnfachung des Extrusionsdruckes $p$ der Durchsatz $q$ nicht erwartungsgemäß um das Zehnfache zunimmt, sondern um den Faktor 500, 1000, 2000 oder um

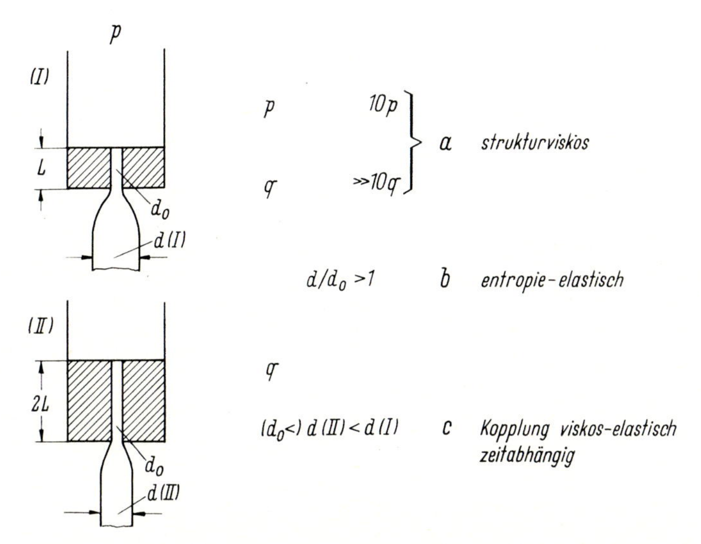


Bild 4.1.6–3 Schematische Darstellung des rheologischen Verhaltens von Kunststoff-Schmelzen bei der Extrusion aus der Düse eines Kapillarviskosimeters.
($d_0$ = Düsendurchmesser, $d$ = Durchmesser des extrudierten Stranges, $L$ bzw. $2L$ = Länge der Düse, $p$ = Extrusionsdruck, $q$ = Durchsatz (= Volumengeschwindigkeit [cm$^3$/s]))

noch weit mehr! Diese überproportionale Zunahme des Durchsatzes ist mit einer entsprechenden Abnahme der Viskosität $\eta$ gekoppelt. Die Abnahme der Viskosität bei zunehmender mechanischer Beanspruchung (Schubspannung oder Schergeschwindigkeit) wird als *strukturviskoses Verhalten* bezeichnet. Es ist eines der wesentlichen rheologischen Merkmale der Kunststoff-Schmelze. (Hier ist anzumerken, daß alle Abweichungen vom idealen Newtonschen Reibungsgesetz durch strukturelle Besonderheiten bedingt sind. Die Bezeichnung „Strukturviskosität" in dem hier beschriebenen Sinn ist historisch bedingt.)

Das zweite wesentliche Merkmal der Kunststoff-Schmelzen ist ihr gummi-elastisches Verhalten. Das wird in diesem Experiment ebenfalls deutlich: Der austretende Strang besitzt einen weit größeren Durchmesser $d$ als den Düsendurchmesser $d_0$. Da die Kunststoff-Schmelze hier näherungsweise als inkompressibel angesehen werden kann, ist diese *Strangaufweitung* mit einer Kontraktion des Stranges in Längsrichtung gekoppelt, die einer elastischen Rückdeformation entspricht. Mit dem viskosen Fließen in der Düse hängt somit eine elastische Deformation zusammen, die außerhalb der Düse die als Strangaufweitung bezeichnete elastische Rückdeformation verursacht. Wegen ihrer Größe kann es sich dabei nicht um eine energie-elastische Deformation handeln (Vergrößerung der Atomabstände, Aufweitung der Valenzwinkel), sondern um eine Deformation entropie-elastischer Art, die wie bei der Gummielastizität einer veränderten Ordnung der Makromoleküle entspricht. Aus diesem Grund kann man eine Kunststoff-Schmelze als *entropie-* oder *gummi-elastische Flüssigkeit* bezeichnen. Die Ordnung der Makromoleküle in strömenden Schmelzen und Lösungen läßt sich durch Doppelbrechungs-Erscheinungen nachweisen, vgl. dazu die Monographie von *Janeschitz-Kriegl* [34].

Ein weiteres rheologisches Merkmal der Kunststoff-Schmelzen liegt darin, daß die Kopplung der elastischen Deformationen mit dem viskosen Fließvorgang zeitabhängig ist. Auch das ist mit dem Experiment von Bild 4.1.6–3 nachzuweisen. Dazu wird in einer Anordnung (II) eine doppelt so lange Düse verwendet wie in Anordnung (I) bei gleichem Durchmesser $d_0$. Wird der Druck so eingestellt, daß in beiden Anordnungen derselbe Durchsatz $q$ vorliegt, dann ist in Anordnung (II) die Strangaufweitung geringer als in Anordnung (I), ein Zeichen, daß die mit der Strömung in der Düse gekoppelte elastische Deformation mit der Deformationszeit abnimmt, folglich ist die *Kopplung viskos-elastisch zeitabhängig*.

Diese Zeitabhängigkeit ist es auch, die (in Verbindung mit der Temperaturabhängigkeit) die Gebrauchseigenschaften der Fertigteile beeinflußt. Wenn unter der Düse eine kalte Form angeordnet ist, die wie im Spritzguß sehr schnell gefüllt wird, dann haben die Makromoleküle nicht genügend Zeit zur Verfügung, um die durch den Fließvorgang bedingte Ordnung vollständig abzubauen, zu *relaxieren*, ehe die Erstarrung der Schmelze einsetzt. Die Orientierungen liegen dann eingeprägt in dem erstarrten Spritzgußteil vor. Bild 4.1.6–4 zeigt oben einen im Spritzguß hergestellten Normkleinstab aus Polystyrol. Wird er über die Glastemperatur des Polystyrols erhitzt, dann ist die thermische Beweglichkeit der Moleküle wieder hergestellt. Das Material relaxiert, dabei entsteht das Gebilde in der Figur unten. Der Vergleich des Stabes vor und nach der Wärmebehandlung zeigt, wie groß die eingefrorenen elastischen Deformationen des ursprünglichen Normstabes sind.

Bild 4.1.6–4 Normkleinstab aus Polystyrol.
Oben: im Spritzguß hergestellt, unten: derselbe Stab nach halbstündiger Lagerung bei 140 °C

Es ist einzusehen, daß durch eine derartige Orientierung die Eigenschaften des Fertigteils stark anisotrop, d. h. richtungsabhängig werden. Die Anisotropie der Fertigteileigenschaften ist somit eine Folge der rheologischen und der thermischen Vorgeschichte des Fertigteils. Als Beispiel für die Beziehung zwischen Fertigteileigenschaften und eingefrorenen

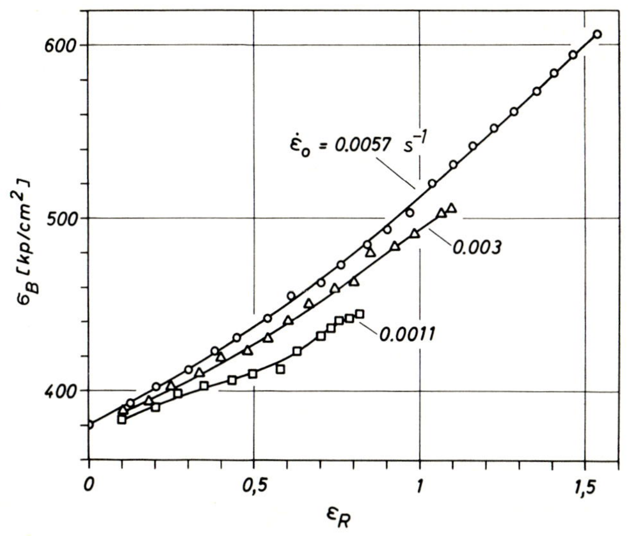


Bild 4.1.6–5 Abhängigkeit der Dehnungsfestigkeit $\sigma_B$ von Polystyrol im Glaszustand von dem reversiblen (gummielastischen) Deformationsanteil $\varepsilon_R$ der vorausgegangenen Dehnung der Schmelze. Verschiedene Dehnungsgeschwindigkeiten $\dot{\varepsilon}_0$. Nach *Vinogradov* et al. [56]

gummielastischen Deformationen zeigt Bild 4.1.6–5 die Dehnungsfestigkeit von Polystyrol, das in der Schmelze mit verschiedenen Dehnungsgeschwindigkeiten $\dot{\varepsilon}_0$ gedehnt und anschließend abgeschreckt wurde [56]. Man sieht den beträchtlichen Anstieg der Festigkeit mit dem reversiblen (eingefrorenen) Dehnungsanteil $\varepsilon_R$, während die bei der Dehnung verwendete Dehnungsgeschwindigkeit $\dot{\varepsilon}_0$ einen relativ geringen Einfluß hat.

### 4.1.6.3. *Fließkurve und Viskositätsfunktion*

Um das strukturviskose Verhalten zu fassen, muß der Zusammenhang zwischen Schubspannung $\tau$ und Schergeschwindigkeit $\dot{\gamma}$ betrachtet werden, also die Funktion

$$\tau = f(\dot{\gamma}) \tag{14}$$

die man als *Fließkurve* bezeichnet. Besonderes Interesse kommt dem Bereich der mechanischen und thermischen Beanspruchung zu, dem die Kunststoff-Schmelzen bei der Verarbeitung ausgesetzt sind. Die Größenordnung der mechanischen Beanspruchung bei den verschiedenen Verarbeitungsprozessen folgt aus Tabelle 4.1.6–1.

*Tabelle 4.1.6–1 Schergeschwindigkeiten bei der Verarbeitung von Thermoplasten (nach Merz und Colwell [42])*

| | | |
|---|---|---|
| Pressen | 1 ... 10 | $s^{-1}$ |
| Kalandern | 10 ... 100 | $s^{-1}$ |
| Extrudieren | 100 ... 1000 | $s^{-1}$ |
| Spritzgießen | 1000 ... 10000 | $s^{-1}$ |

Bei hohen Schergeschwindigkeiten kann die Fließkurve nur mit Kapillarviskosimetern gemessen werden, so daß der Strömung durch Düsen, vgl. Abschnitt 4.1.6.6., nicht nur für die verarbeitungstechnische Praxis, sondern auch für die Rheometrie der Kunststoff-Schmelzen große Bedeutung zukommt. Meist wird mit nur einer (möglichst langen) Düse der Durchsatz $q$ als Funktion des Extrusionsdruckes $p$ gemessen und für die Düsenwand die Schergeschwindigkeit nach Gleichung (13) und die Schubspannung nach Gleichung (9) berechnet. Da diese Gleichungen nur für *Newton*sche Flüssigkeiten gelten, bezeichnet man für nicht-*Newton*sche Flüssigkeiten das Ergebnis als *scheinbare Schergeschwindigkeit* (apparent shear rate)

$$D = \frac{4q}{\pi R^3} \tag{15}$$

und als *scheinbare Schubspannung* (apparent shear stress)

$$\tau_a = \frac{pR}{2L} \, . \tag{16}$$

Die Bezeichnungen $\tau$ und $\dot{\gamma}$ sollen für die wahre Schubspannung und die wahre Schergeschwindigkeit vorbehalten bleiben. Ist die Funktion $D(\tau)$ bzw. bei doppelt logarithmischer Auftragung $\lg D = f(\lg \tau)$ bekannt, dann kann man bei beliebigem Zusammenhang zwischen Schubspannung und Schergeschwindigkeit nach [25] die wahre Schergeschwindigkeit an der Düsenwand berechnen zu

$$\dot{\gamma} = \frac{3}{4} D + \frac{\tau}{4} \frac{dD}{d\tau} = \frac{3+n}{4} D \, . \tag{17}$$

Dabei ist $n$ die Steigung bei doppelt logarithmischer Auftragung,

$$n = d \lg D / d \lg \tau \, . \tag{18}$$

Gleichung (17) wird als *Rabinowitsch-Weissenberg*-Korrektur bezeichnet. Die Steigung $n$ charakterisiert die Abweichung vom *Newton*schen Verhalten, bei dem $n = 1$ beträgt. Ist $n$ über einen gewissen Bereich konstant, d. h. kann die Fließkurve in doppelt logarithmischer Auftragung durch eine Gerade approximiert werden, dann ist der Zusammenhang nach

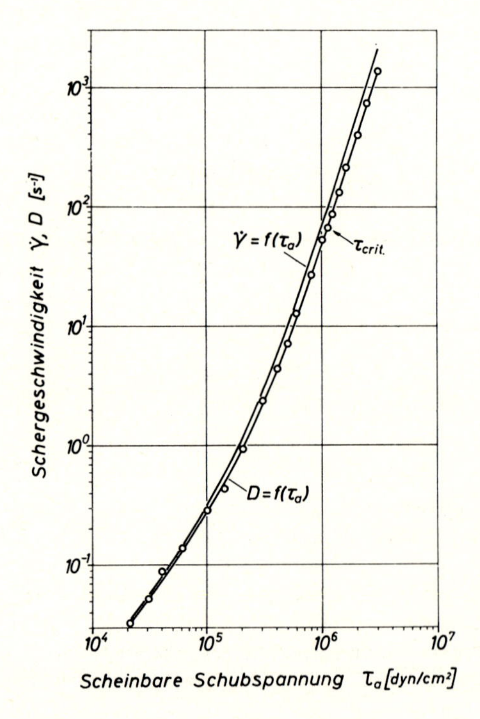


Bild 4.1.6–6 Scheinbare Fließkurve $D(\tau_a)$ eines Standard-Polystyrols bei 190°C und Anwendung der *Weissenberg-Rabinowitsch*-Korrektur, nach [10]. $\tau_{crit.}$ gibt den Einsatz des Schmelzbruches an, vgl. Abschnitt 4.1.6.6.

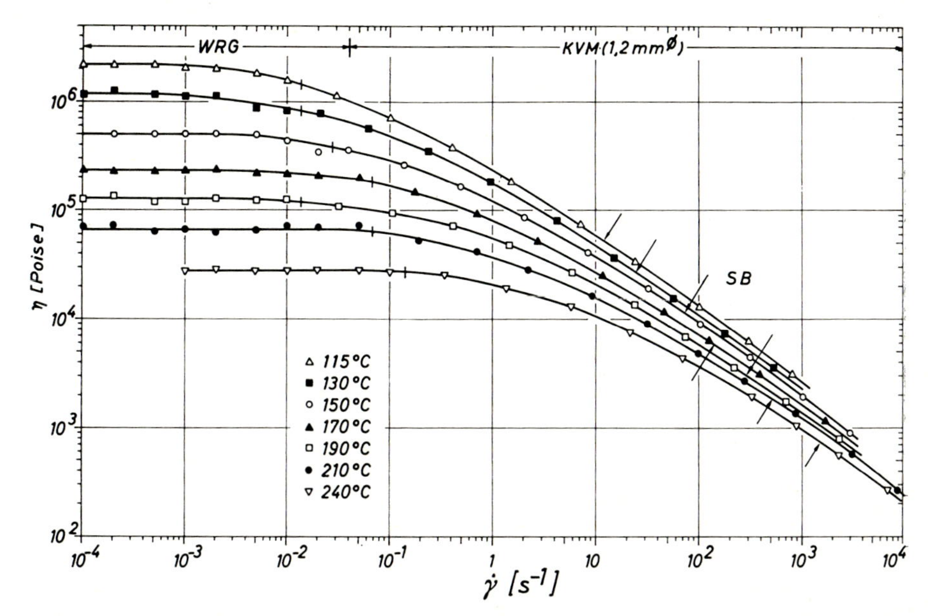


Bild 4.1.6–7 Viskositätsfunktion der Schmelze eines verzweigten Polyäthylens (Dichte $\varrho_{20} = 0{,}920$; Schmelzindex nach DIN 53735: MFI 190/2,16 = 1,3) bei verschiedenen Temperaturen [37]. Die Viskosität $\eta$ ist doppelt logarithmisch als Funktion der Schergeschwindigkeit $\dot{\gamma}$ aufgetragen. Das Polyäthylen enthält zur zusätzlichen Wärmestabilisierung 0,5% eines handelsüblichen Stabilisators.

Die Messungen wurden mit zwei verschiedenen Viskosimetern ausgeführt. WRG = *Weissenberg*-Rheogoniometer (Kegel-Platte-Rotationssystem), KVM = Kapillarviskosimeter mit verschieden langen Düsen von 1,200 mm Durchmesser. Die Pfeile weisen auf den Beginn des Schmelzbruches hin, vgl. Abschnitt 4.1.6.6.

Gleichung (14) durch ein Potenzgesetz gegeben mit $n$ als Exponent. $n$ führt daher die Bezeichnung *Fließexponent*.

Bild 4.1.6–6 zeigt die scheinbare Fließkurve $D(\tau_a)$ und den daraus abgeleiteten Verlauf der wahren Schergeschwindigkeit $\dot{\gamma}(\tau_a)$ eines Standard-Polystyrols bei 190 °C. Um die wahre Schubspannung $\tau$ aus $\tau_a$ zu bestimmen, ist eine Korrektur des Extrusionsdruckes erforderlich, die in Abschnitt 4.1.6.6. abgeleitet wird. Sie wird meist vernachlässigt, wenn mit entsprechend langen Düsen gearbeitet wird.

Entsprechend den Bezeichnungen für $\tau_a$ und $D$ wird das Verhältnis

$$\eta_a = \tau_a / D \tag{19}$$

als *scheinbare Viskosität* bezeichnet. Scheinbare Fließkurven und scheinbare Viskositätsfunktionen $\eta_a(D)$ sind für eine Vielzahl von Kunststoff-Schmelzen von *Westover* in [1] zusammengestellt worden.

In den letzten Jahren hat es sich herausgestellt, daß man nicht nur aus wissenschaftlichen Gründen daran interessiert ist, das Fließverhalten auch bei sehr niedrigen Schergeschwindigkeiten zu kennen, bei denen (nach entsprechend langer Scherzeit) Schubspannung und Schergeschwindigkeit proportional sind, d. h. bei denen die Viskosität konstant ist. Um die Fließkurve in einem derart weiten Schergeschwindigkeitsbereich zu erfassen, muß man, wie z. B. bei der Aufstellung des Bildes 4.1.6–7, mitunter mehrere Meßverfahren kombinieren.

Bild 4.1.6–7 zeigt die Viskositätsfunktion

$$\eta = \eta(\dot{\gamma}) \tag{20}$$

einer Polyäthylen-Schmelze bei verschiedenen Temperaturen in dem Schergeschwindigkeitsbereich von $\dot{\gamma} = 0{,}0001$ bis $10000\ s^{-1}$ [37]. Aus der Abbildung ist zu entnehmen, daß die Viskositätsfunktion der Kunststoff-Schmelze bei geringen Schergeschwindigkeiten in einen horizontalen Verlauf übergeht. Dieser Bereich der konstanten Viskosität wird fälschlicherweise als *Newton*scher Fließbereich und der Wert der konstanten Viskosität als *Newton*sche Viskosität $\eta_0$ bezeichnet, obwohl es sich korrekt um die *Gleichgewichtsviskosität* $\eta_0$ *im linearviskoelastischen Bereich* handelt, die auch als „Nullviskosität" (zero shear viscosity) bekannt ist. Mit zunehmender Schergeschwindigkeit nimmt die Viskosität $\eta$ zunächst langsam, dann sehr rasch ab, in dem untersuchten Bereich um nahezu drei Zehnerpotenzen. Darin kommt das außerordentlich starke strukturviskose Verhalten der Kunststoff-Schmelzen zum Ausdruck. Die eingezeichneten Pfeile weisen auf den Beginn einer strömungsdynamischen Besonderheit hin, die als „Schmelzbruch" bezeichnet wird und die später erörtert werden soll.

Die Gleichgewichtsviskosität $\eta_0$ ist eine wichtige Kenngröße der Kunststoff-Schmelzen, die mit charakteristischen Kenngrößen der Molekularstruktur unmittelbar zusammenhängt. Rein phänomenologisch liegt die Bedeutung darin, daß mit $\eta_0$ die Viskositätsfunktionen vieler Kunststoff-Schmelzen ineinander übergeführt werden können, so daß bei Kenntnis dieser Größe in Abhängigkeit von Temperatur und Druck die Viskositätsfunktion in Abhängigkeit von Temperatur und Druck zumindest abgeschätzt werden kann. Bei dieser von *Vinogradov* und *Malkin* [57] angegebenen Reduktionsmethode erhält man nämlich für viele Kunststoff-Schmelzen eine einzige Kurve, wenn als Ordinate $Y$ das Verhältnis $\eta(\dot{\gamma})/\eta_0$ und als Abszisse das Produkt $X = \dot{\gamma}\eta_0$ aufgetragen wird. Dabei beinhaltet $\eta_0(T, p)$ bereits die Abhängigkeit der reduzierten Viskositätsfunktion

$$Y = Y(X) \tag{21}$$

von Temperatur und hydrostatischem Druck [32, 33].

Trägt man $Y$ über $X$ doppelt logarithmisch auf, so erhält man die Darstellung nach Bild 4.1.6–8, die zeigt, daß sich tatsächlich eine Vielzahl von Meßergebnissen näherungsweise durch die Beziehung Gleichung (21) erfassen läßt. Der analytische Ausdruck für $Y$ bzw. $1/Y$ ist in der Bildunterschrift zu Bild 4.1.6–8 angegeben. Es ist wesentlich, daß nur ein einziger Materialparameter, nämlich die Gleichgewichtsviskosität $\eta_0$ in diesem Ausdruck enthalten ist.

Die Temperaturabhängigkeit von $\eta_0$ kann für die Schmelzen der partiell-kristallinen Kunststoffe und für amorphe Kunststoffe weit oberhalb der Glastemperatur $T_g$ (Einfriertemperatur) durch einen Arrhenius-Ansatz

$$\eta_0 = \text{const.}\, e^{W_0/RT} \tag{22}$$

beschrieben werden, wobei die Aktivierungskonstante $W_0$ als Maßgröße für die Temperaturabhängigkeit von $\eta_0$ fungiert. Bild 4.1.6–9 zeigt die Gültigkeit dieser Beziehung für verzweigtes Polyäthylen, da bei logarithmischer Auftragung von $\eta_0$ über der linearen reziproken Temperatur $1/T$ eine Gerade vorliegt. $W_0$ wird aus der Steigung dieser Geraden bestimmt.

Die verschiedenen Kunststoff-Schmelzen haben eine sehr verschiedene Temperaturabhängigkeit, was zur Folge hat, daß gleiche Temperaturänderungen ganz verschiedene Änderungen der Viskosität haben können und damit ihres Kehrwertes, der Fluidität $\varphi$. Diese Aussage wird anhand von Tabelle 4.1.6–2 deutlich, in der die relative Änderung der Fluidität $\varphi_0 = 1/\eta_0$ für drei Kunststoff-Schmelzen angegeben ist, wenn die Temperatur von 200 auf 210 °C zunimmt.

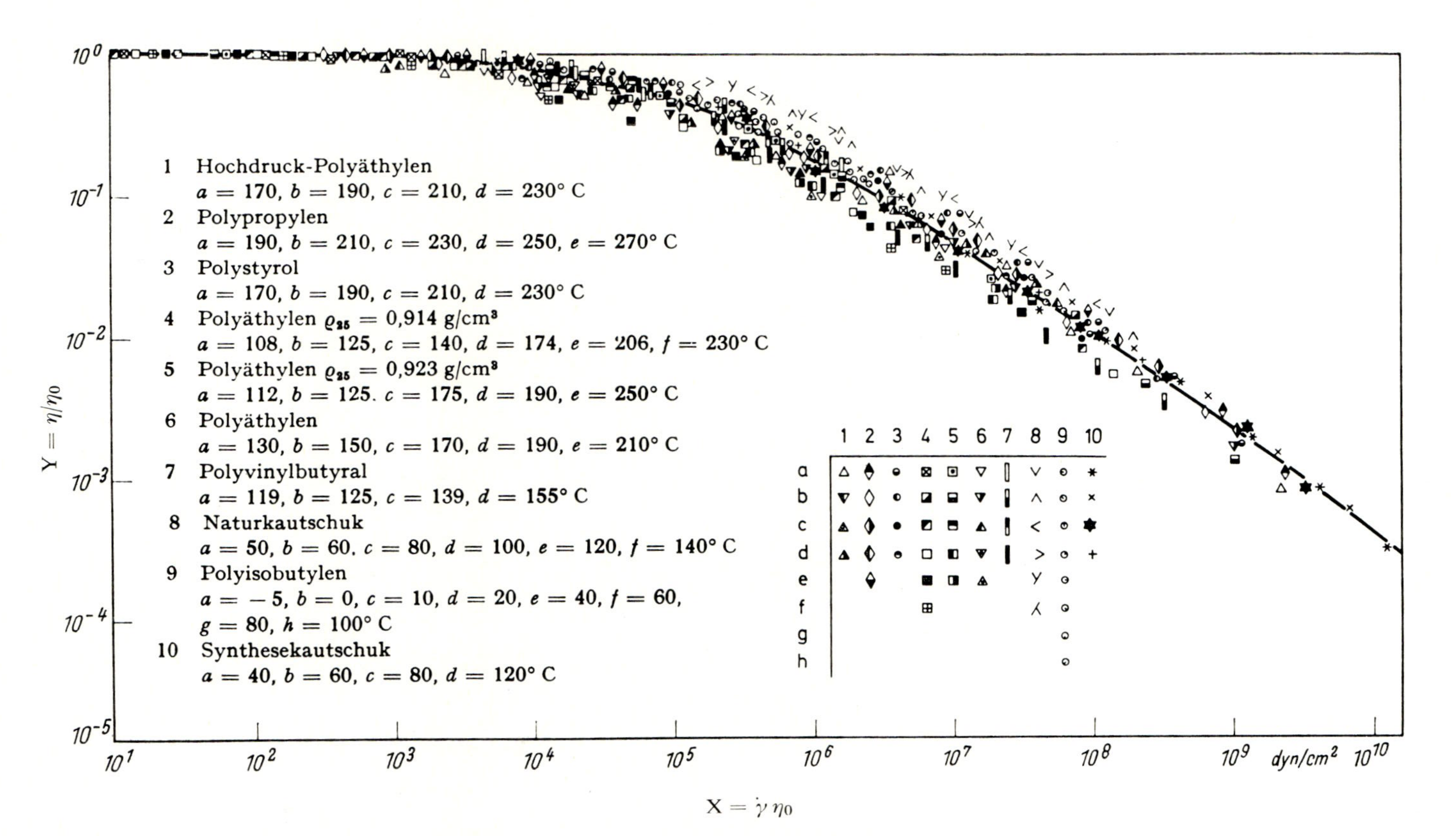


Bild 4.1.6–8 Reduzierte Viskositätsfunktion nach *Vinogradov* und *Malkin* [57]. Meßergebnisse verschiedener Autoren, zusammengestellt von *Semjonow* [49]. Die durchgezogene Kurve entspricht der Beziehung $\varphi = 1/Y = \eta_0/\eta = 1 + 6{,}12 \times 10^{-3} (\eta_0 \dot{\gamma})^{0{,}355} + 2{,}85 \times 10^{-4} (\eta_0 \dot{\gamma})^{0{,}71}$.

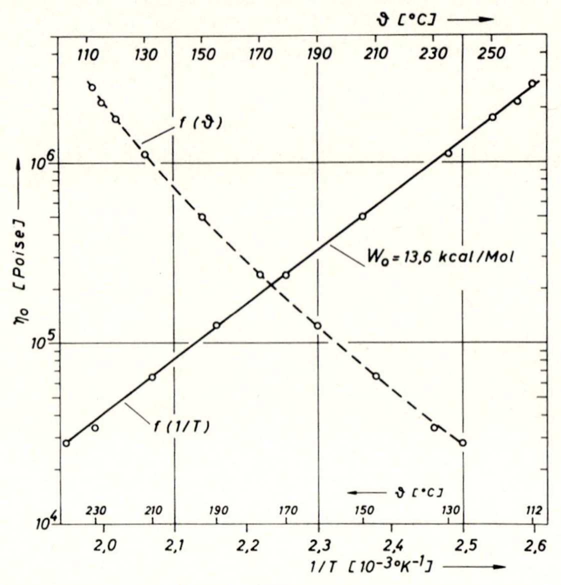


Bild 4.1.6–9 Temperaturabhängigkeit der Gleichgewichtsviskosität $\eta_0$ eines verzweigten Polyäthylens (Material wie in Bild 4.1.6–7 [37]).

——— Auftragung $\lg \eta_0$ über $1/T$, $T$ in °K

– – – – Auftragung $\lg \eta_0$ über $\vartheta$, $\vartheta$ in °C

*Tabelle 4.1.6–2 Prozentuale Zunahme der Fluidität $\varphi_0 = 1/\eta_0$ von Kunststoff-Schmelzen im linearen Beanspruchungsbereich bei Zunahme der Temperatur von 200 auf 210 °C*

| | $W_0$ [kcal/Mol] | $\dfrac{\varphi(210) - \varphi(200)}{\varphi(200)}$ |
|---|---|---|
| Lineares Polyäthylen, $\varrho_{20} = 0{,}960$ [47] | 7 | 17% |
| Verzweigtes Polyäthylen, $\varrho_{20} = 0{,}918$ [37] | 13,6 | 35% |
| Polystyrol, $T > 180$ °C [24, 51] | 23 | 66% |

Bei glasartig erstarrenden Kunststoff-Schmelzen erhält man in der Auftragung von Bild 4.1.6–9 keine Geraden. Die dann als „scheinbar" bezeichnete Aktivierungskonstante $W_a$ nimmt bei Annäherung an die Glastemperatur stetig zu. In dem Bereich zwischen $T_g$ und ($T_g + 100$ °C) kann bei diesen Polymeren die Änderung der Viskosität durch die folgende, von *Williams*, *Landel* und *Ferry* aufgefundene universelle Gesetzmäßigkeit beschrieben werden, die als *WLF-Gleichung* bekannt ist [61, 62]:

$$\lg a_T = \lg \frac{\eta_0(T)}{\eta_0(T_s)} = \frac{C_1^s (T - T_s)}{C_2^s + T - T_s} \tag{23}$$

$C_1^s$ und $C_2^s$ sind materialunabhängige Konstanten, lediglich die Bezugstemperatur $T_s$ ist dem betreffenden Material angepaßt. $T_s$ liegt zwischen 30 und 50 °C über der Glastemperatur $T_g$. Die von der speziellen Struktur der Polymeren unabhängige Gleichung (23) bedeutet nicht, daß auch die scheinbaren Aktivierungskonstanten $W_a$ der verschiedenen amorph erstarrenden Kunststoff-Schmelzen gleich sind. Man kann mit ihrer Hilfe $W_a$ aus Gleichung (22) berechnen. Für Polystyrol und Polyisobutylen wird das Ergebnis dieser Rechnung in Bild 4.1.6–10 mit entsprechenden Messungen verglichen [62]. Man

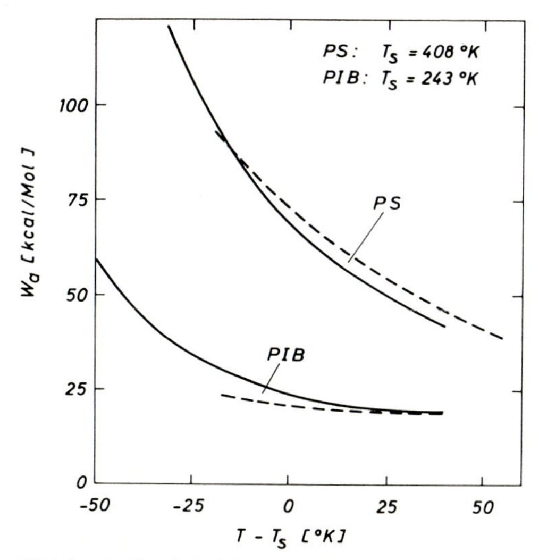


Bild 4.1.6–10 Scheinbare Aktivierungsenergie für Polystyrol und Polyisobutylen in Abhängigkeit von $(T - T_S)$ nach [62].
——— berechnet nach Gleichung (23)
– – – – – empirisch nach *Fox* und *Flory* [27]

sieht, wie $W_a$ bei Annäherung an die Glastemperatur enorm ansteigt und wie befriedigend der Vergleich zwischen Rechnung und Experiment ausfällt.

Auf die Abhängigkeit der Gleichgewichtsviskosität $\eta_0$ vom hydrostatischen Druck soll hier nicht eingegangen werden, vgl. dazu [49]. Es sei angemerkt, daß im nicht-linearen Beanspruchungsbereich bei der Temperatur- wie auch bei der Druckabhängigkeit darauf zu achten ist, ob die Viskosität bei konstanter Schubspannung oder bei konstanter Schergeschwindigkeit diskutiert wird [10, 11].

### 4.1.6.4. *Linear-viskoelastisches Verhalten*

Aus der Fließkurve bzw. aus der Viskositätsfunktion ist die Zeitabhängigkeit des Materialverhaltens nicht zu erkennen, da sich diese Funktionen auf den Gleichgewichtszustand der stationären Scherströmung beziehen. Bei Untersuchung mit konstanter Schergeschwindigkeit (Rotationsviskosimeter) erhält man einen zeitabhängigen Anlauf der Schubspannung, der auf der Kopplung von reversiblen, elastischen mit irreversiblen, viskosen Prozessen beruht. Ist die Beanspruchungsgeschwindigkeit hinreichend klein, so befindet man sich im Bereich des linear-viskoelastischen Verhaltens, wobei der Gleichgewichtszustand für $t \to \infty$ durch die Gleichgewichtsviskosität $\eta_0$ bestimmt ist.

Wird nach Erreichen dieses stationären Gleichgewichtszustandes die Schergeschwindigkeit abgeschaltet, dann erhält man eine *Relaxationskurve der Schubspannung nach stationärer Scherströmung*, die im linear-viskoelastischen Bereich symmetrisch ist zur Anlaufkurve. In Bild 4.1.6–11 ist links der Verlauf von Gesamtscherung $\gamma$ und Schubspannung $\tau$ bei einem derartigen Versuch schematisch dargestellt. Dabei wurde beim Abschalten der Schergeschwindigkeit zum Zeitpunkt $t = t_A$ eine neue Zeitachse $t'$ gewählt mit $t' = t - t_A$. Da eine Versuchsführung mit konstanter Deformationsgeschwindigkeit (hier $\dot{\gamma}_0 = \text{const.}$) nach *Giesekus* [6] als Spannversuch bezeichnet wird, heißt die zeitabhängige Viskosität

$$\eta(t) = \tau(t)/\dot{\gamma}_0 \qquad (24)$$

*Spannviskosität*. Die Spannviskosität $\eta(t)$ hängt nach

$$\eta(t) = \int_{-\infty}^{+\infty} H(\Theta)\,\Theta\,(1 - \mathrm{e}^{-t/\Theta})\,\mathrm{d}\ln\Theta = \eta_0 - \int_{-\infty}^{+\infty} H(\Theta)\,\Theta\,\mathrm{e}^{-t/\Theta}\,\mathrm{d}\ln\Theta \tag{25}$$

mit dem Relaxationsspektrum $H(\Theta)$ zusammen, worauf hier nicht weiter eingegangen werden soll [5]. Die Steigung der Anlaufkurve an der Stelle $t_1$ ergibt den Scher-Relaxationsmodul $G(t_1)$, gemessen im Scher-Relaxationsversuch. Die entsprechenden Beziehungen sind in Bild 4.1.6–11 eingetragen.

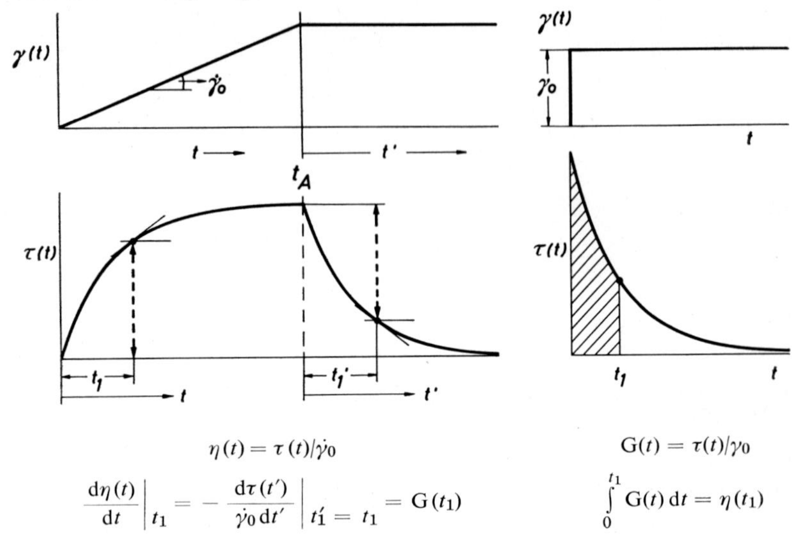


Bild 4.1.6–11 Spannversuch (links) und Relaxationsversuch (rechts). Oben: Vorgegebene Deformationsgeschichte $\gamma(t)$. Unten: Zugehöriger Spannungsverlauf $\tau(t)$. Die angegebenen Beziehungen gelten im linear-viskoelastischen Bereich

Als Beispiel dafür, daß man auch bei den Schmelzen der Kunststoffe den Relaxationsversuch ausführen und dementsprechend den Scher-Relaxationsmodul $G(t)$ direkt ermitteln kann, ist in Bild 4.1.6–12 das Ergebnis zweier Relaxationsversuche eingetragen mit Scherungen $\gamma_0 = 0{,}1$ bzw. 0,5, die beide den gleichen Modulverlauf $G(t)$ ergeben. Das ist ein Hinweis darauf, daß bei der untersuchten Kunststoff-Schmelze bis zur Scherung $\gamma_0 = 0{,}5 = 50\%$ ein linear-viskoelastisches Verhalten vorliegt. Die Größe des Moduls entspricht (bei kurzen Zeiten) dem der Elastomeren, mit zunehmender Zeit fällt der Modul ab auf Null für $t \to \infty$. Bild 4.1.6–12 ist somit zu entnehmen, daß der Bereich des linear-viskoelastischen Verhaltens bei den Schmelzen ähnlich groß ist wie bei den Elastomeren (Größenordnung 100%), im Gegensatz zum festen Zustand der Kunststoffe, bei dem der Bereich des linear-viskoelastischen Verhaltens nur 0,2–0,5% beträgt.

Im Dehnungsversuch mit $\dot{\varepsilon}_0 = \text{const.}$ entspricht die Steigung der *Dehnungs-Spannviskosität* $\mu(t)$ dem *Tangenten-Elastizitätsmodul* bzw. *Dehnungs-Relaxationsmodul.* Für einen festen Zeitpunkt $t_1$ gilt:

$$\left.\frac{\mathrm{d}\mu(t)}{\mathrm{d}t}\right|_{t_1} = E(t_1) = \left.\frac{\mathrm{d}\sigma}{\mathrm{d}\varepsilon}\right|_{t_1} \tag{26}$$

Der Zusammenhang zwischen der zeitabhängigen Dehnungs-Spannviskosität $\mu(t) = \sigma(t)/\dot{\varepsilon}_0$ und der dehnungsabhängigen Darstellung des Spannungs-Dehnungs-Diagramms $\sigma(\varepsilon)$ folgt aus Bild 4.1.6–13. Durch Multiplikation bzw. Division beider Achsen mit der Dehnungsgeschwindigkeit $\dot{\varepsilon}_0$ können die beiden Diagramme ineinander übergeführt werden. Hier

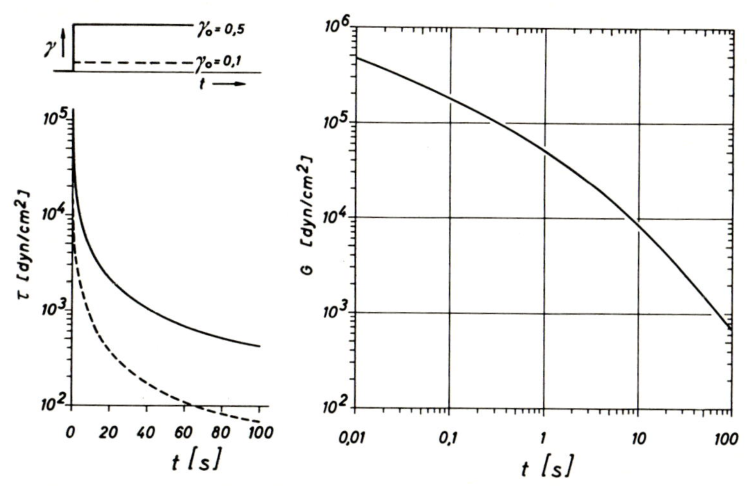


Bild 4.1.6–12 Scher-Relaxationsmodul $G(t)$ einer Polyäthylen-Schmelze (verzweigtes PE, $\varrho_{20} = 0{,}918$; Schmelzindex nach DIN 53735; MFI 190/2,16 = 1,4) gemessen im Relaxationsversuch [37]. Meßtemperatur $T = 150\,°C$

ist anzumerken, daß sich die Bezeichnung *Dehnungs-Spannviskosität* für $\mu(t)$ noch nicht eingeführt hat.

Die Spannviskositäten $\eta(t)$ und $\mu(t)$ sind gleichwertige Kennfunktionen des linear-viskoelastischen Verhaltens, ebenso wie die Relaxationsmoduln $G(t)$ und $E(t)$. So wie im festen

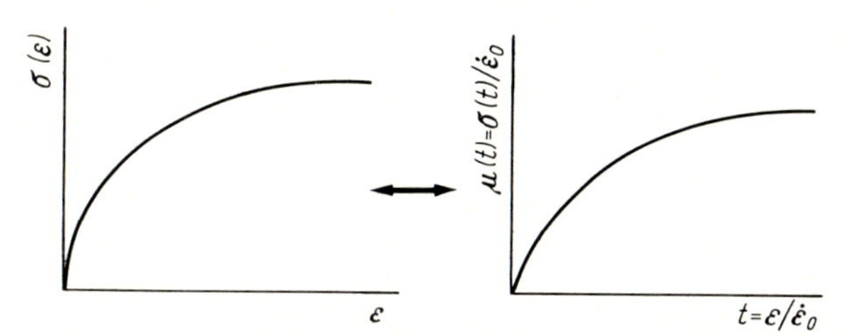


Bild 4.1.6–13 Zusammenhang zwischen Spannungs-Dehnungs-Diagramm $\sigma(\varepsilon)$ und der zeitabhängigen Dehnungs-Spannviskosität $\mu(t)$ durch Multiplikation beider Achsen mit $\dot{\varepsilon}_0$ bzw. $1/\dot{\varepsilon}_0$ ($\dot{\varepsilon}_0$ = zeitlich konstante Dehnungsgeschwindigkeit)

Zustand lassen sich auch im flüssigen Zustand der Kunststoffe weitere Experimente zur Untersuchung des zeitabhängigen Verhaltens ausführen, z. B. Kriechversuche (Ergebnis: zeitabhängige Scher- und Dehnungs-*Nachgiebigkeit*) und Schwingungsuntersuchungen (Ergebnis: Frequenz-abhängiger *Speicher*- und *Verlustmodul*).

Zur Ermittlung des Relaxations- bzw. des Retardationsspektrums aus den gemessenen viskoelastischen Materialfunktionen sind Näherungsformeln aufgestellt worden [5]. Aus der Abklingkurve der Spannung nach stationärer Scherströmung erhält man das kontinuierliche Relaxationsspektrum mit der Näherung von *Ferry* und *Williams* [26]. Ein diskretes Spektrum liefert das „Verfahren X" von *Tobolsky* und *Murakami* [53]. Bei monodispersem Material (Polystyrol) kommt insbesondere den langen Relaxationszeiten eine charakteristische Bedeutung zu, bei polydispersem Material ist die Bedeutung der diskreten Relaxationszeiten offen. Dieses Verfahren ist auch bei linearem und verzweigtem Polyäthylen [18, 40], bei kommerziellem Polystyrol und Polymethylmethacrylat [17] angewendet worden.

Im Gegensatz zu dem festen Zustand der Kunststoffe kann die Kunststoff-Schmelze bei linear-viskoelastischer Beanspruchung als *thermorheologisch-einfaches System* angesehen werden. Darunter versteht man ein solches, bei dem sich bei Temperaturänderung alle Relaxationszeiten in gleicher Weise verändern [48]. Daraus folgt das sog. *Zeit-Temperatur-Superpositionsprinzip:* Bei der Auftragung über der log. Zeitachse lassen sich die bei verschiedenen Temperaturen gemessenen linear-viskoelastischen Materialfunktionen durch Verschiebung entlang der log. Zeitachse um einen Betrag $a_T(T)$ zur Deckung bringen, wobei $a_T(T)$ als „Verschiebungsfunktion" bezeichnet wird. Wegen der Temperaturabhängigkeit von $a_T$ bei glasartig erstarrenden Polymeren vgl. Gleichung (23).

Die Möglichkeit der Temperaturverschiebung hat zwei wesentliche Konsequenzen:

1. Die Temperatur- und Zeit- bzw. Frequenzabhängigkeiten der linear-viskoelastischen Materialfunktionen lassen sich sehr einfach beschreiben, da anstelle der dreidimensionalen Darstellung zwei einfache Funktionen treten.
2. Durch Temperaturänderung kann der zugängliche Bereich einer Meßvorrichtung u. U. erheblich ausgedehnt werden. Um die Bedeutung des Zeit–Temperatur-Superpositionsprinzips zu illustrieren, zeigt Bild 4.1.6–14 das aus der Literatur bekannte Demonstrationsbeispiel [52]. Dabei ist das Verhalten von Polyisobutylen dargestellt; dieser Kunststoff ist bei Raumtemperatur den Kunststoff-Schmelzen zuzuordnen.

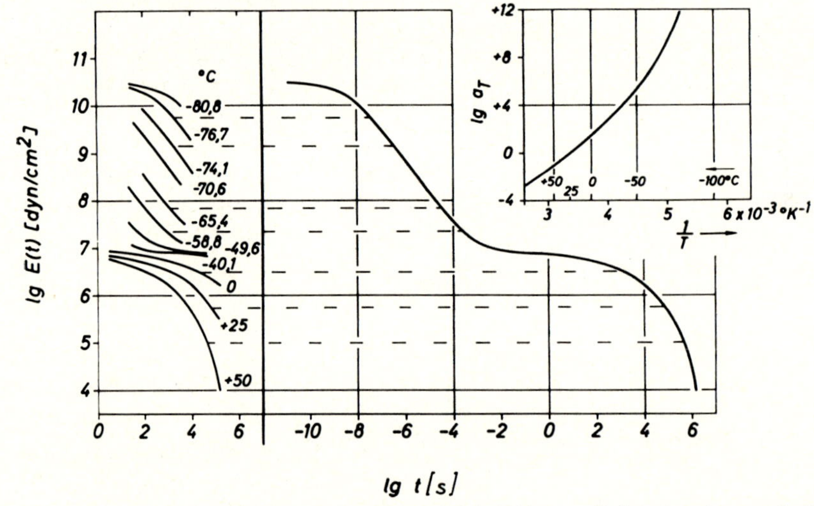


Bild 4.1.6–14 Dehnungs-Relaxationsmodul $E(t)$ von Polyisobutylen nach [52]. Links: Meßwerte, rechts: Hauptkurve für 25 °C, entstanden durch Temperaturverschiebung um Beträge $a_T(T)$ entlang der logarithmischen Zeitachse. Rechts oben ist $a_T$ als Funktion der reziproken absoluten Temperatur $1/T$ angegeben

Links in Bild 4.1.6–14 sind die im Dehnungsversuch bei verschiedenen Temperaturen zwischen $t = 10$ und $10^5$ s gemessenen Werte des Dehnungs-Relaxationsmoduls angegeben. Da dieses Material als thermorheologisch-einfach angesehen werden kann, ändern sich bei Temperaturänderung alle Relaxationszeiten in gleicher Weise und die einzelnen Kurven können durch Verschiebung parallel zur logarithmischen Zeitachse stückweise zur Deckung gebracht werden. Wenn das für $T_0 = 25$ °C durchgeführt wird, dann entsteht die rechts gezeichnete Hauptkurve des Dehnungsrelaxationsmoduls für 25 °C, die sich von $t = 10^{-11}$ bis $10^{+6}$ s erstreckt! Weiterhin ist die Verschiebungsfunktion $a_T(T)$ angegeben. Wird die Hauptkurve für eine andere Temperatur als $T_0$ gewünscht, dann ist lediglich eine Verschiebung entlang der Zeitachse um den Betrag $\lg a_T(T)$ erforderlich.

Nicht alle Kunststoff-Schmelzen können im strengen Sinn als thermorheologisch-einfach angesehen werden, z. B. ist durch sorgfältige Kriechmessungen an Polystyrol zwischen 98 und 160 °C festgestellt worden, daß der erholbare, viskoelastische Anteil der Verformung eine andere Verschiebungsfunktion besitzt als der rein viskose Anteil [43].

### 4.1.6.5. *Auftreten von Normalspannungen bei Scherbeanspruchung*

Bei der Scherung von Kunststoff-Schmelzen werden die Moleküle mit zunehmender Schubspannung mehr und mehr ausgerichtet, so daß das gummi-elastische Verhalten zunehmend zur Geltung kommt. Nach den Ausführungen über das Scherverhalten von Gummi (Abschn. 4.1.6.1.) steht zu erwarten, daß bei der Scherung von gummi-elastischen Flüssigkeiten Normalspannungen auftreten, worauf als erster *Weissenberg* hingewiesen hat [60]. In den Gleichungen (7) ist lediglich anstelle der Gesamtscherung der reversible, elastische Scheranteil $\gamma_e$ zu setzen. $\gamma_e$ charakterisiert den durch die *Fließgeschichte* erzielten Zustand höherer Energie gegenüber dem Ausgangszustand ($\gamma_e = 0$).

Aus Gleichung (7) folgt, daß $\gamma_e = \sigma_1/\tau$, so daß durch Messung der ersten Normalspannungsdifferenz und der Schubspannung der reversible, elastische Scheranteil bestimmt werden kann. Nach einer neueren Theorie von *Lodge* [8] gilt $\gamma_e = \sigma/2\tau$, doch zeigen Messungen von $\gamma_e$, $\sigma_1$ und $\tau$, daß die Beziehung von *Lodge* nur im linearen Bereich gilt [59]. Im nichtlinearen Bereich stellt der Wert des Proportionalitätsfaktors zwischen $\gamma_e$ und dem Verhältnis $\sigma_1/\tau$ ein noch offenes Problem dar [59, 35].

Die zweite Normalspannungsdifferenz $\sigma_2 = \sigma_y - \sigma_z$ ist nach dem Ansatz von Gleichung (7) Null. Diese Bedingung definiert bei Flüssigkeiten die sog. *Weissenberg*-Flüssigkeit. Die experimentelle Überprüfung zeigt jedoch, daß bei den Kunststoff-Schmelzen $\sigma_2$ nicht verschwindet [2, 40, 50].

Die Messung der Normalspannungen erfolgt in der von *Weissenberg* vorgeschlagenen Kegel-Platte-Rotationsanordnung [28] (Rheogoniometer). Wenn in dem Meßspalt Kunststoff-Schmelze oder allgemein eine elastische Flüssigkeit auf Scherung beansprucht wird,

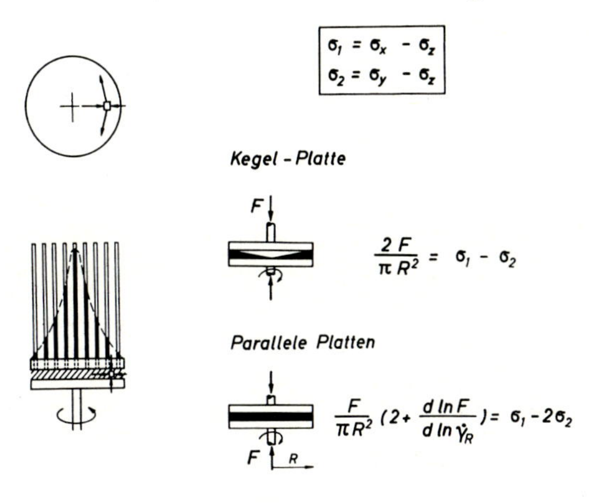


Bild 4.1.6–15 Normalspannungen bei der Scherung von elastischen Flüssigkeiten. Rheogoniometer: Messung der Normalkraft $F$ in Kegel-Platte- oder Parallele Platten-Geometrie

dann haben die durch den Normalspannungseffekt entstehenden Zugspannungen in Umfangsrichtung zur Folge, daß sich die Schmelze so verhält, wie wenn sie aus konzentrisch angeordneten, gespannten Gummiringen bestünde, die sich nach innen zusammenziehen wollen und dadurch in zentripedaler Richtung, also entgegengesetzt zur Zentrifugalkraft einen Druck aufbauen.

Man kann das (bei Kunststoff-Lösungen) an aufgesteckten Glasrohren demonstrieren, vgl. Bild 4.1.6–15 links. Die Druckverteilung über dem Radius wirkt insgesamt als Druckkraft $F$, die Kegel und Platte auseinanderzudrücken trachtet. Im Rheogoniometer [7] wird diese Kraft gemessen, die mit der Spannungsdifferenz $\sigma_x - \sigma_y = \sigma_1 - \sigma_2$ in direktem Zusammenhang steht. Die ersten Messungen dieser Art an Kunststoff-Schmelzen sind von *Pollett* im Jahre 1955 an Polyäthylen ausgeführt worden [44]. Wird das Kegel-Platte-System durch parallele Platten ersetzt, so erhält man aus der Normalkraft $F$ einen anderen Zusammenhang mit den Normalspannungen [36], so daß durch doppelte Messung mit beiden Geometrien die Normalspannungsdifferenzen $\sigma_1$ und $\sigma_2$ getrennt erfaßt werden können. In Bild 4.1.6–15 sind rechts die Meßvorrichtungen schematisch gezeigt und die Auswerteformeln angegeben.

Als Beispiel für den Verlauf des Normalspannungssignals (= Differenz $\sigma_1 - \sigma_2$) und der Schubspannung zeigt Bild 4.1.6–16 das mit einer sehr „harten" Meßvorrichtung bei konstanter Schergeschwindigkeit ($\dot{\gamma} = 10\ s^{-1}$) ermittelte Verhalten einer Schmelze aus verzweigtem Polyäthylen [37]. Überraschenderweise sind beide Spannungskomponenten ausgeprägte Funktionen der Zeit mit deutlichen Maxima, die sich unmittelbar nach Einschalten der Schergeschwindigkeit ausbilden und die mit dem Verhalten bei linear-viskoelastischer Beanspruchung nicht zu erklären sind.

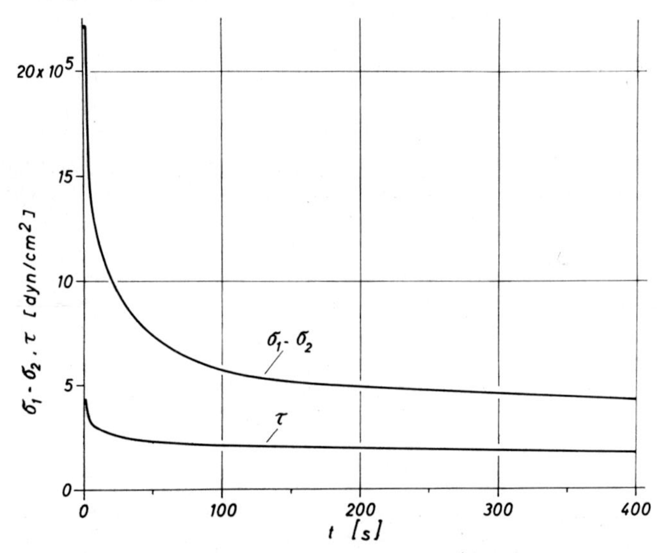


Bild 4.1.6–16 Zeitabhängigkeit der Schubspannung $\tau$ und der Normalspannungsdifferenz $\sigma_x - \sigma_y = \sigma_1 - \sigma_2$ beim Scherversuch mit $\dot{\gamma} = 10\ s^{-1}$. Material wie in Bild 4.1.6–7. Meßtemperatur $T = 150°C$, Plattendurchmesser 24 mm, Öffnungswinkel der Kegel-Platte-Geometrie 8° [37]

Diese Maxima und das allmähliche Einmünden in einen erheblich niedrigeren Gleichgewichtswert beider Spannungen weisen auf eine neue Problematik hin: Man ist zu der Annahme gezwungen, daß sich die Netzwerkstruktur (Verschlaufungsdichte) der Polymer-Schmelze bei der Scherdeformation ändert [35] derart, daß zunächst eine weit höhere Verspannung vorliegt, als in dem Zustand, der dem stationären Fließen entspricht. *Vinogradov* und Mitarbeiter sprechen von einer Strukturänderung, die aus der Wechselwirkung zwischen Strukturzerstörungs- und Strukturaufbauprozessen bei der Deformation der Kunststoff-Schmelzen folgt. Die Strukturänderungsenergie läßt sich meßtechnisch erfassen. Aus dem Vergleich mit der inneren Kohäsionsenergie folgt, daß dabei nur wenige Strukturbindungen zerstört werden [63].

Die vorstehenden Ausführungen sollen zeigen, daß mit der Orientierung der Makromoleküle beim Scherprozeß nicht nur gummi-elastische Deformationsanteile, sondern auch zusätzliche Spannungen entstehen, die ihrerseits für das strömungsdynamische Verhalten dieser Flüssigkeiten von wesentlicher Bedeutung sind, z. B. für das Auftreten sog. „Sekundärströmungen" [31, 50]. Weiterhin wichtig ist die Erkenntnis, daß bei den für die Verarbeitungstechnik interessanten kurzen Deformationszeiten keineswegs das Gleichgewicht des Spannungszustands vorliegt, sondern daß im Gegenteil gerade dort eine ausgeprägte Zeitabhängigkeit existiert.

### 4.1.6.6. *Strömung durch Düsen*

Die Strömung durch Düsen ist ein elementares Problem der Strömungsdynamik von Kunststoff-Schmelzen, das für die Verarbeitungstechnik wie für die Rheometrie von Bedeutung ist (wegen Kapillarviskosimeter vgl. [21]). Die Elastizität der Schmelze verbraucht zusätzliche Energie (Extrusionsdruck), die nur zum Teil nach Austritt der Schmelze aus der Düse wieder frei wird (Strangaufweitung), zum anderen Teil wegen der Normalspannungen ausgeprägte Umlaufströmungen vor der Düse verursacht, so daß wegen dieser Sekundärströmungen bereits in der Einlaufzone vor der Düse erhebliche Energie dissipiert wird.

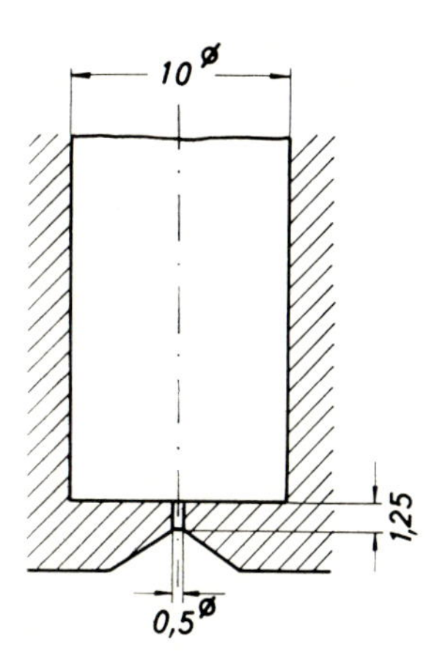

verzweigtes Polyäthylen
$p = 10{,}5\ \mathrm{kp/cm^2} < p_{crit}$

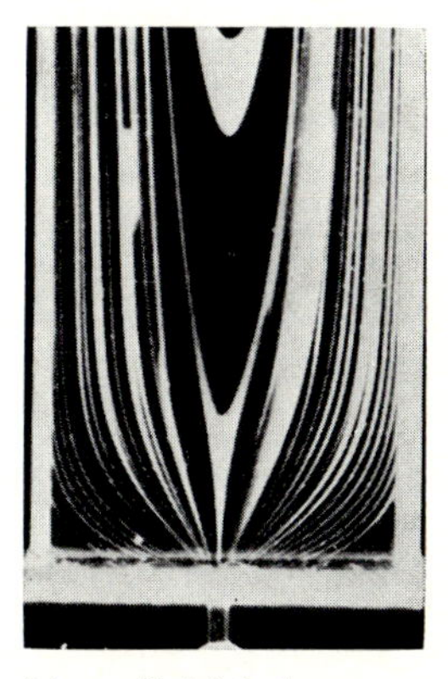

Linear-Polyäthylen
$p = 28\ \mathrm{kp/cm^2} < p_{crit}$

Bild 4.1.6–17 Fließen in der Einlaufzone vor der Düse bei stationärer Scherströmung von Polyäthylen [20]. Beide Produkte haben den Schmelzindex 2 (MFI 190/2,16 nach DIN 53735). Temperatur $T = 190\,°\mathrm{C}$. $p$ gibt den im Vorratszylinder herrschenden Extrusionsdruck an

Die Verhältnisse in der Einlaufzone sind von *Bagley* und *Birks* kinematographisch erfaßt worden [20]. Dabei wurde in der links in Bild 4.1.6–17 skizzierten Anordnung Kunststoff-Schmelze durch eine Düse gepreßt, wobei vor dem Zuschalten des Extrusionsdruckes durch entsprechend eingefärbtes Material horizontale Markierungen zu sehen waren. Bei der Extrusion von verzweigtem Polyäthylen entstehen dann Bilder wie in der Mitte von Bild 4.1.6–17. Man erkennt deutlich die Umlaufströmungen rechts und links vor der Düse. Sie drängen die Fließlinien geradezu zusammen, so daß sich die Wirkung der Düse bereits weit vor der Eintrittsöffnung bemerkbar macht. Die Düse wird gewissermaßen in den Vorratszylinder hinein verlängert.

Die rechte Abbildung dieses Bildes soll darauf hinweisen, daß sich hinsichtlich des Einlaufverhaltens verschiedene Kunststoffe ganz verschieden verhalten können: Linear-Polyäthylen zeigt im Gegensatz zu verzweigtem Polyäthylen praktisch keine oder nur geringe Umlaufströmungen. Dabei war in allen Fällen $p < p_{crit}$, wobei $p_{crit}$ den Extrusionsdruck angibt, bei dem Schmelzbruch einsetzt. Wegen weiterführender Literatur zu dem Verhalten viskoelastischer Flüssigkeiten in der Einlaufzone vor Düsen s. [29, 30].

Nach dem Vorstehenden sind es insgesamt drei Energieanteile, für die der Extrusionsdruck $p$ aufkommen muß (dabei ist die im letzten Abschnitt erwähnte Strukturänderungsenergie nicht berücksichtigt):

I. Dissipierte Energie, d.h. in Reibungswärme umgesetzte Energie, durch das viskose Fließen innerhalb der Düse.

II. Elastische Deformationsenergie der strömenden Schmelze, gekennzeichnet durch die elastische Rückdeformation des austretenden Materials (Strangaufweitung).

III. Dissipierte Energie innerhalb der Einlaufzone vor der Düse (Einlaufströmung).

Die Trennung der Energieanteile I–III erfolgt mit dem in Bild 4.1.6–18 angegebenen Verfahren nach *Meißner* [41] folgendermaßen: Das Viskosimeter (a) wird mit Kunststoff beschickt und die Düse verschlossen. Sobald das Material aufgeschmolzen ist und die Meßtemperatur angenommen hat, wird der Stickstoffdruck $p$ zugeschaltet, und nach einer zusätzlichen Vorwärmzeit von meist 5 Minuten wird die Düse geöffnet. Bei konstant gehaltenem Druck $p$ auf die Oberfläche der Schmelze wird der in (b) angegebene zeitliche Verlauf des Massendurchsatzes $m$ [$m$g/s] gemessen. Nach einem Maximum $m_0$ fällt der Durchsatz auf $\overline{m}$ ab in dem Maß, wie sich im Lauf der Zeit die Einlaufströmung vor der Düse ausbildet. Es kann angenommen werden, daß bei $m_0$ noch keine Einlaufströmung

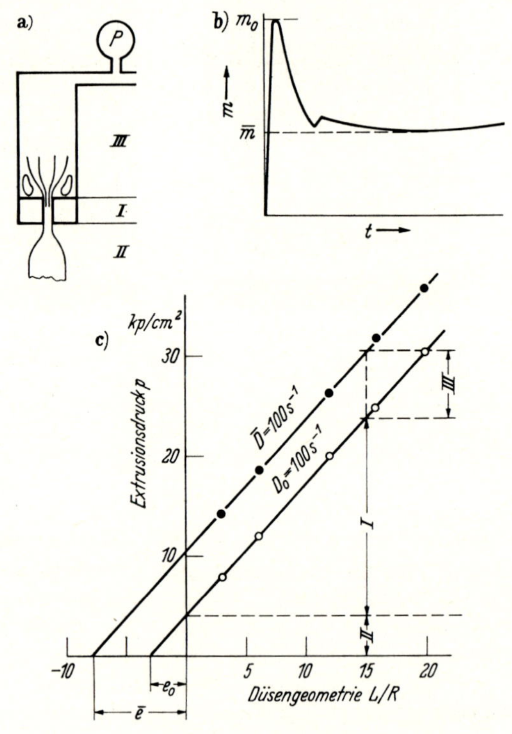


Bild 4.1.6–18 Energieverbrauch beim Extrudieren durch eine Düse nach *Meißner* [40].

a) Schematische Darstellung der Energieanteile I–III, b) Zeitlicher Verlauf des Durchsatzes nach Öffnen der Düse, c) Auftragung nach *Bagley* [19] für $\overline{D}_0 = 100\ s^{-1}$ und $D = 100\ s^{-1}$. Verzweigtes Polyäthylen, Schmelzindex 1,5 (MFI 190/2,16 nach DIN 53735), Meßtemperatur $T = 190\,°C$.
Alle Düsen haben den Durchmesser 1,200 ± 0,002 mm

vorliegt, so daß an dieser Stelle $p = \mathrm{I} + \mathrm{II}$ gilt, während bei $\overline{m}$ wegen der dann vollständig ausgebildeten Einlaufströmung der Energieanteil III hinzukommt.

Aus $m_0$ und $\overline{m}$ werden die *scheinbaren Schergeschwindigkeiten* berechnet, das sind diejenigen Schergeschwindigkeiten an der Düsenwand, die bei einer Newtonschen Flüssigkeit vorliegen. Man bezeichnet sie mit $D_0$ und $\overline{D}$. Aus Messungen mit verschiedenen Drücken und mit verschieden langen Düsen werden die zu einem konstanten Wert der Schergeschwindigkeit gehörenden Druckwerte $p$ ermittelt und über die Düsengeometrie $L/R$ (= Verhältnis Düsenlänge zu Düsenradius) aufgetragen (Verfahren nach *Bagley* [19]). Man erhält Geraden, die – und das ist das Wesentliche – nicht durch den Nullpunkt gehen. Sie schneiden vielmehr die Abszisse in Endkorrekturen $e_0$ und $\overline{e}$ und die Ordinate in Druckwerten, die

für $D_0$ = const. der elastischen Energiedichte II,
für $\overline{D}$ = const. der Summe der Energiedichten II und III

entsprechen. Aus der Steigung der Geraden folgt unmittelbar die wahre Schubspannung an der Düsenwand.

Bild 4.1.6–18 (c) zeigt als Meßbeispiel die *Bagley*-Geraden eines verzweigten Polyäthylens bei 190 °C, wobei der Zahlenwert für $D_0$ und $\overline{D}$ gleich gewählt wurde. Aus dieser Darstellung wird deutlich, daß für die in der Verarbeitungspraxis verwendeten kurzen Düsen die „Korrekturen" II und III des Gesamtdruckes erheblich größer sein können als der Anteil I, der der Energiedissipation, also dem viskosen Fließen in der Düse entspricht.

So wie bei der Fließkurve als Kennfunktion für das viskose Verhalten die Schubspannung über der Schergeschwindigkeit aufgetragen wird, so kann man auch die mit dem viskosen Fließen gekoppelte elastische Energiedichte (= Druckanteil II von Bild 4.1.6–18) auftragen. Man erhält dann eine Kennfunktion für das elastische Verhalten, vgl. [40]. Leider ist es bisher nicht möglich, die so bestimmte elastische Energie der strömenden Schmelze

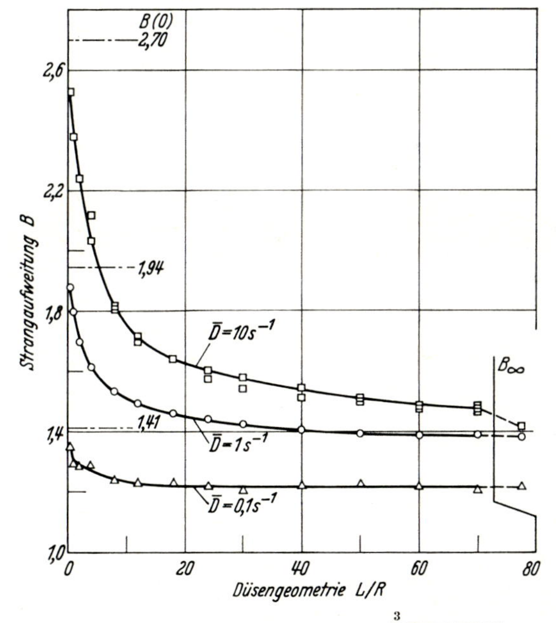


Bild 4.1.6–19 Strangaufweitung $B = \sqrt[3]{v(T)/v(20)} \cdot (d/d_0)$ mit $d_0$ = 3 mm Düsendurchmesser und $T$ = 150 °C. $v(t)$ = spez. Volumen bei der Temperatur $T$. Verzweigtes Polyäthylen ($\varrho_{20}$ = 0,924; Schmelzindex MFI 190/2,16 = 1,5). Nach *Meißner* [40]

quantitativ mit dem elastischen Verhalten nach Austritt aus der Düse, d.h. mit der Strangaufweitung in Verbindung zu bringen. Das liegt wohl daran, daß beim Scheren nicht nur der Spannungszustand, sondern auch der reversible elastische Scheranteil $\gamma_e$ einen Verlauf nimmt wie in Bild 4.1.6–16 ($\gamma_e$ ist proportional dem Verhältnis $(\sigma_1 - \sigma_2)/\tau$). Danach muß mit zunehmender Düsenlänge bei sonst gleichen Bedingungen (Düsendurchmesser und Durchsatz) die Strangaufweitung abnehmen, wobei anzunehmen ist, daß der Anlaufbereich und die Maxima entsprechend Bild 4.1.6–16 im Einlaufgebiet vor der Düse liegen.

Tatsächlich zeigt die Messung, daß die Strangaufweitung den erwarteten Verlauf mit der Düsenlänge nimmt [40]. Bild 4.1.6–19 gibt als Maßgröße für die Strangaufweitung den Wert $B$ an, der dem Durchmesserverhältnis $d/d_0$ entspricht, multipliziert mit einem konstanten Faktor, um die Temperaturabhängigkeit der Dichte zu berücksichtigen. $B$ ist für drei verschiedene Schergeschwindigkeiten angegeben. Man sieht, daß in allen Fällen eine Abnahme von $B$ mit der Länge der Düse erfolgt. $B_\infty$ bezeichnet die auf die Düsenlänge $\infty$ extrapolierten Gleichgewichtswerte der Strangaufweitung.

Es ist zu beachten, daß die Strangaufweitung $B$ mit einer Längskontraktion gekoppelt ist, für die $l_0/l = B^2$ gilt. Für die scheinbare Schergeschwindigkeit $\overline{D} = 10\ s^{-1}$ und $L/R \to 0$ ist nach Bild 4.1.6–19 $B(L/R = 0) = 2{,}7$, d.h. der Strang ist vor Beginn der Aufweitung, also vor Beginn der elastischen Rückdeformation $2{,}7^2 = 7{,}3$mal länger als im vollständig aufgeweiteten Zustand. Das ist eine elastische Deformation, die an die maximale elastische Dehnbarkeit von Gummi herankommt und die den gummi-elastischen Charakter der Kunststoff-Schmelzen unterstreicht.

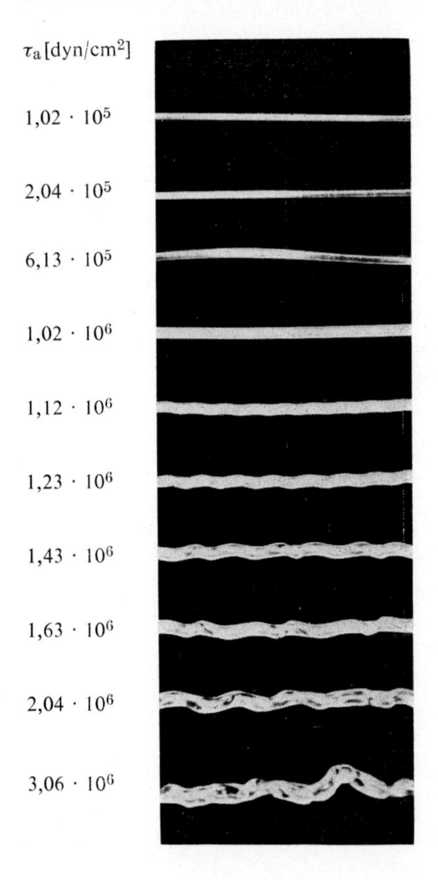


Bild 4.1.6–20 Elastisches Verhalten (Strangaufweitung) und Ausbildung des Schmelzbruches bei der Extrusion eines Standard-Polystyrols. Meßtemperatur $T = 190\,°C$, Düsengeometrie $L/R = 24$, $R = 1{,}000$ mm. Der Schmelzbruch setzt ein bei der kritischen scheinbaren Schubspannung von $\tau_a = 1{,}12 \times 10^6$ dyn/cm²

### *Elastische Turbulenz (Schmelzbruch)*

Während bei niedrigen Durchsätzen die Kunststoff-Schmelze glatt aus der Düse austritt, zeigen sich bei höheren Durchsätzen Irregularitäten, die bei niedermolekularen Flüssigkeiten unbekannt sind. Man faßt diese Erscheinungen unter dem Namen *Schmelzbruch* zusammen, obwohl bei den verschiedenen Polymeren das äußere Erscheinungsbild des Schmelzbruchs verschieden ist und dementsprechend verschiedene Ursachen möglich erscheinen [23]. In Bild 4.1.6–20 ist für eine Polystyrol-Schmelze das Einsetzen von Schmelzbruch bei Zunahme des Extrusionsdruckes abgebildet. Mit zunehmendem $\tau_a$ (= scheinbare Schubspannung an der Düsenwand) wird bei glattem Strang zunächst die Strangaufweitung größer bis bei $\tau_a = 1{,}1 \times 10^6$ dyn/cm$^2$ Irregularitäten auftreten, die bei großen $\tau_a$ aus starken Verwerfungen des Extrudats bestehen.

Der Schmelzbruch hängt mit der Elastizität der Kunststoff-Schmelze zusammen. *Tordella* konnte überzeugend darlegen [54], daß es sich dabei nicht um den normalen Umschlag der laminaren in die turbulente Strömung handeln kann. Offensichtlich tritt bei den elastischen Flüssigkeiten zu dem *Reynolds*schen Turbulenzkriterium der Hydrodynamik ein zweites Stabilitätskriterium, das den Bereich der stationären, laminaren Strömung begrenzt. *Vinogradov*, *Malkin* und *Leonov* [58] weisen darauf hin, daß in elastischen Flüssigkeiten Oszillationen auftreten können. Sind diese Oszillationen so groß, daß sie im weiteren Verlauf der Strömung durch die innere Reibung der Flüssigkeit nicht mehr gedämpft werden, dann schlägt die laminare Strömung in die *elastisch-turbulente Strömung* um. Dabei zeigen die Untersuchungen von *den Otter* [23], daß das Geschwindigkeitsprofil zeitlich oszilliert, daß die Randschicht an der Düsenwand aber fest haftet, so daß auch im Gebiet der elastisch-turbulenten Strömung $v_{\text{wand}} = 0$ gilt.

Bei Linear-Polyäthylen ist mit dem Einsetzen des Schmelzbruchs ein Sprung in der Fließkurve nach größeren Schergeschwindigkeiten hin gekoppelt. Bild 4.1.6–21 zeigt das Er-

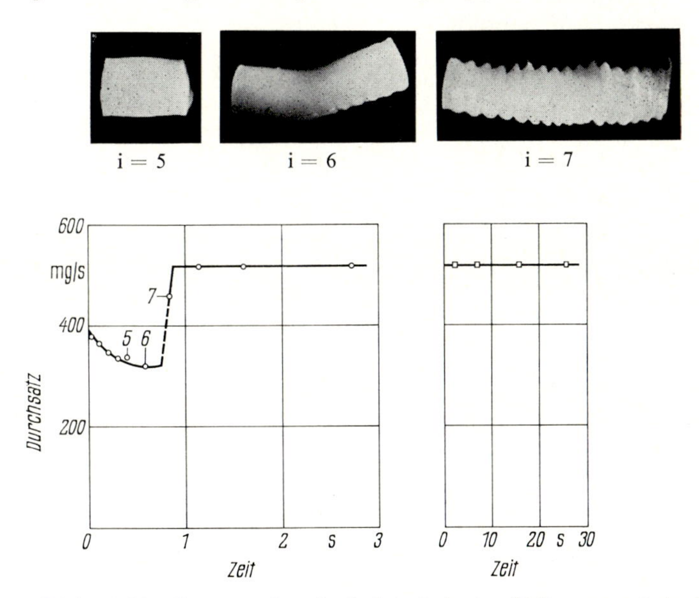


Bild 4.1.6–21 Einsetzen der elastisch-turbulenten Strömung und Ausbildung des Schmelzbruchs. Gleichzeitig nimmt der Durchsatz bei Linear-Polyäthylen sprungartig zu [40]. Lineares Polyäthylen ($\varrho_{20} = 0{,}960$, Schmelzindex MFI 190/2,16 = 1,38), Meßtemperatur $T = 210\,°\text{C}$, Düsengeometrie $L/R = 7{,}2$ ($R = 0{,}6$ mm), $p = 95$ kp/cm$^2$

gebnis eines Extrusionsversuchs unter Verwendung eines Düsenverschlusses (vgl. Bild 4.1.6–18) bei diesem Material. Nach Öffnen der Düse tritt die Schmelze zunächst als glatter Strang aus, wie das in Bild 4.1.6–21 oben links zu sehen ist. Der Durchsatz nimmt ab und strebt einem Gleichgewichtswert zu in dem Maße, wie sich die Einlaufströmung aufbaut. Sind die Abschnitte Nr. 1 bis 5 noch völlig glatt, so zeigen sich bei Nr. 6 Andeutungen von Irregularitäten (oben Mitte), die bei Nr. 7 und den folgenden Abschnitten vollständig ausgebildet sind (oben rechts). Dabei steigt geradezu sprungartig die zu Abschnitt Nr. 7 zugehörige Massengeschwindigkeit an und verbleibt bei den folgenden Abschnitten auf diesem wesentlich erhöhten Wert.

### 4.1.6.7. *Dehnungsverhalten der Kunststoff-Schmelzen*

Für die Kunststoff-Verarbeitung ist das Verhalten der Schmelzen nicht nur bei Scherung sondern auch bei Dehnung von Bedeutung, da bei vielen Verarbeitungsverfahren (z. B. Folien- und Hohlkörperblasen, Kaschieren, Kabel-Ummanteln, Schmelzspinnen) der letzte Deformationsprozeß vor dem Erstarren der Schmelze ein Dehnungsvorgang ist, so daß sein Einfluß auf die Fertigteileigenschaften besonders groß ist (vgl. Bild 4.1.6–5). Erst in letzter Zeit sind brauchbare Verfahren zur Messung des Dehnungsverhaltens auch relativ niedrig-viskoser Kunststoff-Schmelzen und erste Ergebnisse bekanntgeworden [22, 56].

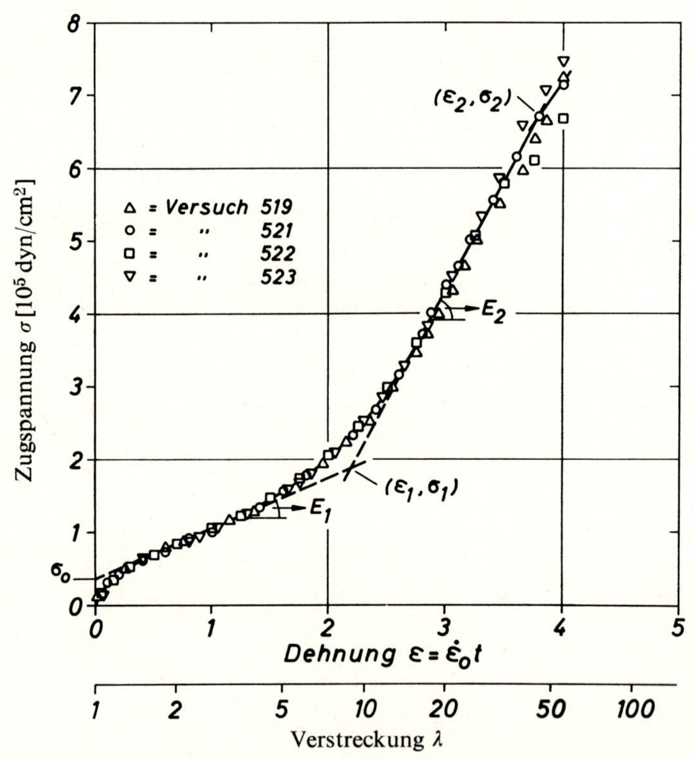


Bild 4.1.6–22 Spannungs-Dehnungs-Diagramm einer Polyäthylen-Schmelze, Material wie in Bild 4.1.6–7, Dehnungsgeschwindigkeit $\dot{\varepsilon}_0 = 0{,}1\ s^{-1}$, Temperatur $T = 150\,°C$. Die gestrichelten Geraden entsprechen einer Approximation des Spannungs-Dehnungs-Verhaltens, wobei die eingetragenen Kenngrößen definiert werden, nach *Meißner* [38]

Das Dehnungsrheometer von *Meißner* [39] erlaubt die Ausführung des Zugversuchs an Kunststoff-Schmelzen mit konstanter Dehnungsgeschwindigkeit $\dot{\varepsilon}_0$ bei hohen Gesamtdehnungen und gleichzeitig die Aufteilung der Dehnung in einen reversiblen, elastischen und in einen irreversiblen, viskosen Anteil:

$$\varepsilon = \varepsilon_R + \varepsilon_V . \tag{27}$$

Dabei ist zu beachten, daß bei großer Dehnung nicht mehr das *Cauchy*sche (= technische) Dehnungsmaß $\varepsilon^C$,

$$\varepsilon^C = \frac{\Delta l}{l_0} = \lambda - 1 , \tag{28}$$

$l_0$ = Ausgangslänge,
$l$ = gedehnte Länge der Probe,
$\Delta l$ = Verlängerung,
$\lambda$ = Verstreckungsverhältnis $l/l_0$

sondern das *natürliche* oder *Hencky*sche Dehnungsmaß $\varepsilon^H$

$$\varepsilon \equiv \varepsilon^H = \ln(l/l_0) = \ln \lambda \tag{29}$$

verwendet wird, das für kleine Dehnungen in $\varepsilon^C$ übergeht. Wegen der verschiedenen Dehnungsmaße bei nicht-infinitesimaler Deformation s. z. B. [13].

Bild 4.1.6–22 zeigt als Beispiel das Spannungs–Dehnungs-Diagramm der Schmelze eines verzweigten Polyäthylens, die bei 150 °C mit einer Dehnungsgeschwindigkeit $\dot{\varepsilon}_0$ = 0,1 s$^{-1}$ gedehnt wurde [38]. Der Versuch wurde mehrfach durchgeführt, um die Reproduzierbar-

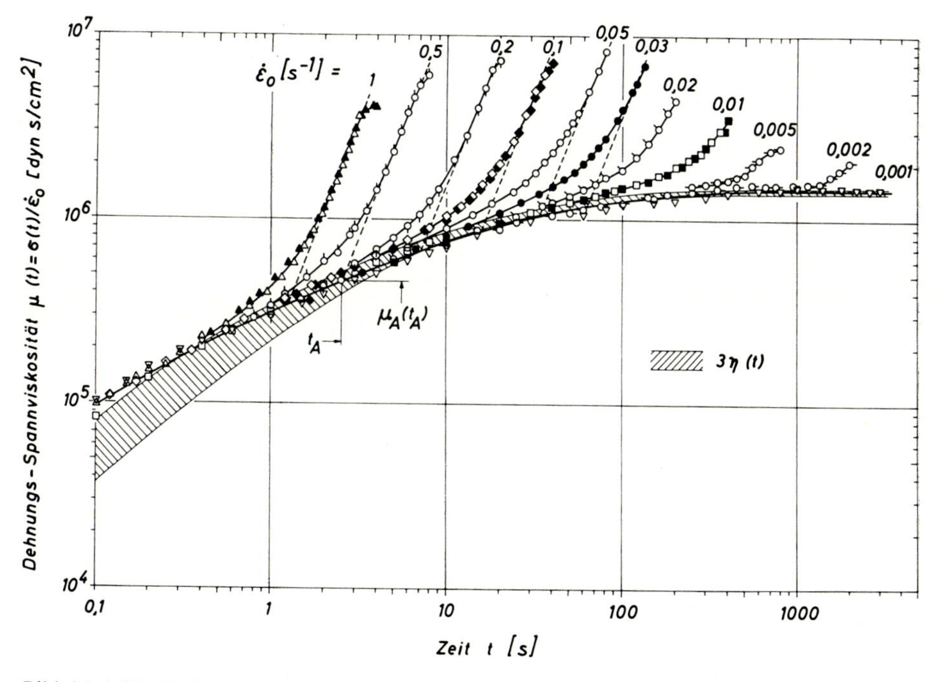


Bild 4.1.6–23 Dehnungs-Spannviskosität $\mu(t)$ bei verschiedenen Dehnungsgeschwindigkeiten $\dot{\varepsilon}_0$ und Vergleich mit der (linear-viskoelastischen) Scher-Spannviskosität $\eta(t)$. Material wie in Bild 4.1.6–7 [38]

keit der Aussage zu testen. Man kann das Spannungs–Dehnungs-Diagramm durch zwei lineare Bereiche approximieren, wobei nach einem flachen Anfangsbereich sich ab $\varepsilon \approx 2$ ein zweiter linearer Bereich stärkerer Verfestigung anschließt.

Mit der in Abschn. 4.1.6.4. analog zu Gleichung (24) eingeführten *Dehnungs–Spannviskosität*

$$\mu(t) = \sigma(t)/\dot{\varepsilon}_0 \tag{30}$$

ist das Dehnungsverhalten und seine Abhängigkeit von Zeit und Dehnungsgeschwindigkeit bei der untersuchten Polyäthylen-Schmelze einfach darzustellen [38], vgl. Bild 4.1.6–23:

1. Zu Beginn der Dehnung erhält man unabhängig von $\dot{\varepsilon}_0$ stets dieselbe Anlaufkurve $\mu(t)$. Der Vergleich mit dem Scherverhalten zeigt dabei, daß $\mu(t) = 3\,\eta(t)$, wenn bei dem Scherversuch die Schergeschwindigkeit im linearen Beanspruchungsbereich liegt. Somit erfährt die Troutonsche Beziehung Gleichung (6) eine Erweiterung für die gesamte Zeitabhängigkeit bei linear-viskoelastischer Beanspruchung.
2. Der bei Scherbeanspruchung starke Abfall der Viskosität mit zunehmender Schergeschwindigkeit (strukturviskoses Verhalten) ist bei Dehnungsbeanspruchung nicht vorhanden! Mit dieser wichtigen Aussage läßt sich zusammen mit Ergebnis 1) aus der Anlaufkurve (Spannviskosität) bei Scherung im linearen Bereich unmittelbar der Anfangsteil des Dehnungsverhaltens bei beliebiger Dehnungsgeschwindigkeit voraussagen.
3. Bei größeren Dehnungen findet eine zunehmende Verfestigung statt, wobei das Einsetzen dieser Verfestigung näherungsweise durch einen kritischen Wert der Dehnung $\varepsilon_A = \dot{\varepsilon}_0 t_A$ charakterisiert werden kann. Diese zusätzliche Verfestigung scheint ein Merkmal nur des verzweigten Polyäthylens zu sein.

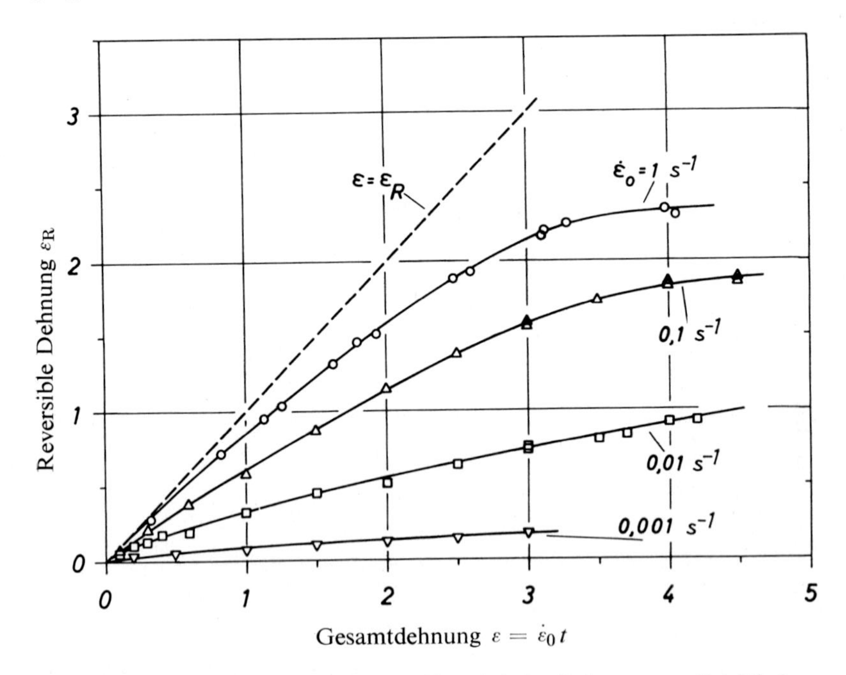


Bild 4.1.6–24 Reversibler Dehnungsanteil $\varepsilon_R$ bei der Dehnung von Polyäthylen, $\dot{\varepsilon}_0$ = const., Material wie in Bild 4.1.6–7 [38]

Bild 4.1.6–24 zeigt die reversiblen, elastischen Dehnungsanteile $\varepsilon_R$, die am Ende eines jeden Dehnungsversuchs ermittelt wurden. $\varepsilon_R$ nimmt mit der Gesamtdehnung $\varepsilon$ und der Dehnungsgeschwindigkeit $\dot{\varepsilon}_0$ zu. Bei geringen $\dot{\varepsilon}_0$ wird die Schmelze nahezu rein viskos ($\varepsilon_R \ll \varepsilon$), bei hohen $\dot{\varepsilon}_0$ nahezu rein elastisch gedehnt ($\varepsilon_R \approx \varepsilon$, Vergleich mit der gestrichelten 45°-Geraden). Das unterstreicht, wie sehr die Kunststoff-Schmelze zwischen einer viskosen Flüssigkeit und einem Gummi steht, wobei für die Art des Verhaltens (rein viskos; viskos und elastisch; rein elastisch) die Gesamtverformung und ihre zeitliche Ableitung – die Verformungsgeschwindigkeit – von entscheidendem Einfluß ist.

## Literaturverzeichnis

*Bücher:*

1. *Bernhardt, E.C.* (Herausgeber): Processing of Thermoplastic Materials. New York: Reinhold 1959.
2. *Berry, J.P.*, u. *J. Batchelor*, in *R.E. Welton* u. *R.W. Whorlow* (Herausgeber): Polymer Systems, Deformation and Flow. S. 189. London: Macmillan 1968.
3. *Coleman, B.D., H. Markovitz* u. *W. Noll:* Viscometric Flows of Non-Newtonian Fluids. Berlin: Springer 1966.
4. *Eirich, F.R.* (Herausgeber): Rheology, Theory and Applications. Bd. I–V. London/New York: Academic Press 1956–1969.
5. *Ferry, J.D.:* Viscoelastic Properties of Polymers. 2. Aufl. New York: John Wiley 1970.
6. *Giesekus, H.* in *E.H. Lee* (Herausgeber): Proc. 4th Int. Congr. Rheol., Providence, R. I., USA 1963. Bd. 3, S. 15, New York: Interscience Publishers 1965.
7. *Jobling, A.*, u. *J.E. Roberts:* Goniometry of Flow and Rupture. Kap. 13 in *F.R. Eirich* (Herausgeber): Rheology. Bd. 2, New York: Academic Press 1958.
8. *Lodge, A.S.:* Elastic Liquids. London/New York: Academic Press 1964.
9. *McKelvey, J.M.:* Polymer Processing. New York/London: John Wiley 1962.
10. *Meißner, J.:* in *R. Vieweg* u. *G. Daumiller* (Herausgeber): Kunststoff-Handbuch, Bd. V, Polystyrol. München: Hanser 1969.
11. *Meißner, J.* in *E.H. Lee* (Herausgeber): Proc. 4th Int. Congr. Rheol., Providence R. I., USA 1963. Bd. 3, S. 437. New York: Interscience Publishers 1965.
12. *Middleman, S.:* The Flow of High Polymers. New York: Interscience Publishers 1968.
13. *Reiner, M.:* Phenomenological Macrorheology, in *F.R. Eirich* (Herausgeber): Rheology, Theory and Applications. Bd. 1, New York: Academic Press 1956.
14. *Staverman, A.J.* u. *F. Schwarzl*, Non Linear Deformation Behaviour of High Polymers, Kapitel 2 in [15].
15. *Stuart, H.A.:* Die Physik der Hochpolymeren. Bd. IV. Berlin: Springer 1956.
16. *Tobolsky, A.V.:* Mechanische Eigenschaften und Struktur von Polymeren, Stuttgart: Berliner Union 1967.

*Veröffentlichungen in Zeitschriften:*

17. *Ajroldi, G., C. Garbuglio* u. *G. Pezzin:* J. Polymer Sci., *A-2, 5*, 289 (1967).
18. *Aloisio, C.J., S. Matsuoka* u. *B. Maxwell:* J. Polymer Sci., *A-2, 4*, 113 (1966).
19. *Bagley, E.B.:* J. Appl. Phys. *28*, 624 (1957).
20. *Bagley, E.B.*, u. *A.M. Birks*: J. Appl. Phys. *31*, 556 (1960).
21. *Buck, M.*, u. *K. Kerk:* Rheol. Acta *8*, 372 (1969).
22. *Cogswell, F.N.:* Rheol. Acta *8*, 187 (1969).
23. *denOtter, J.L.:* Plastics and Polymers *38*, 155 (1970).
24. *Dienes, G.J.*, u. *F.D. Dexter:* J. Coll Sci. *3*, 181 (1948).
25. *Eisenschitz, R., B. Rabinowitsch* u. *K. Weissenberg:* Mitt. deutscher Mat.-Prüf.-Anst., Sonderheft 9, 91 (1929).
26. *Ferry, J.D.*, u. *M.L. Williams:* J. Coll. Sci. 7, 347 (1952).

27. *Fox, T.G.*, u. *P.J. Flory:* J. Appl. Phys. *21*, 581 (1950).
28. *Freeman, S.M.*, u. *K. Weissenberg:* Nature *161*, 324 (1948).
29. *Giesekus, H.:* Rheol. Acta *8*, 411 (1969).
30. *Giesekus, H.:* Rheol. Acta *7*, 127 (1968).
31. *Giesekus, H.:* Rheol. Acta *4*, 85 (1965).
32. *Hellwege, K.H., W. Knappe, F. Paul* u. *V. Semjonow*, Rheol. Acta *6*, 165 (1967).
33. *Herrmann, H.D.*, u. *W. Knappe:* Rheol. Acta *8*, 384 (1959).
34. *Janeschitz-Kriegel, H.:* Adv. Polymer Sci. (Fortschr. Hochpolym.-Forschg.) *6*, 170 (1969).
35. *Khanna, S.K.*, u. *W.F.O. Pollett:* J. Appl. Polymer Sci. *9*, 1767 (1965).
36. *Kotaka, T., M. Kurata* u. *M. Tamura:* J. Appl. Phys. *30*, 1705 (1959).
37. *Meißner, J.:* unveröffentlicht.
38. *Meißner, J.:* Rheol. Acta *10*, 230 (1971).
39. *Meißner, J.:* Rheol. Acta *8*, 78 (1969).
40. *Meißner, J.:* Kunststoffe *57*, 397 und 702 (1967).
41. *Meißner, J.:* Materialprüfung *5*, 107 (1963).
42. *Merz, E.H.*, u. *R.E. Colwell:* ASTM-Bulletin, No. *232*, 63 (1958).
43. *Plazek, D.J.:* J. Phys. Chem. *69*, 3480 (1965).
44. *Pollett, W.F.O.:* Brit. J. Appl. Phys. *6*, 199 (1955).
45. *Rivlin, R.S.:* Phil. Trans. Roy. Soc. *A 240*, 459 (1948); *A 241*, 379 (1949).
46. *Rivlin, R.S.:* J. Appl. Phys. *18*, 444 (1947).
47. *Schott, H.*, u. *W.S. Kaghan:* J. Appl. Polymer Sci. *5*, 175 (1961).
48. *Schwarzl, F.*, u. *A.J. Staverman:* J. Appl. Phys. *23*, 838 (1952).
49. *Semjonow, V.:* Adv. in Polymer Science (Fortschr. Hochpolym. Forschg.) *5*, 387 (1968).
50. *Semjonow, V.:* Rheol. Acta *6*, 171 (1967).
51. *Spencer, R.S.*, u. *R.E. Dillon:* J. Coll. Sci. *3*, 163 (1948).
52. *Tobolsky, A.V.*, u. *E. Catsiff:* J. Polymer Sci. *19*, 111 (1956).
53. *Tobolsky, A.V.*, u. *K. Murakami:* J. Polymer Sci. *40*, 443 (1959).
54. *Tordella, J.P.:* Rheol. Acta *1/2*, 216 (1958).
55. *Trouton, F.T.:* Proc. Roy Soc. *A 77*, 426 (1906).
56. *Vinogradov, G.V., V.D. Fikhman, B.V. Radushkevich* u. *A.Y. Malkin:* J. Polymer Sci. *A-2*, *8*, 657 (1970).
57. *Vinogradov, G.V.*, u. *A.Ya. Malkin:* J. Polymer Sci. *A-2*, *4*, 135 (1966).
58. *Vinogradov, G.V., A.Ya. Malkin* u. *A.I. Leonov:* Koll. Z. u. Z. Polymere *191*, 25 (1963).
59. *Vinogradov, G.V., A.Ya. Malkin* u. *V.F. Shumsky:* Rheol. Acta *9*, 155 (1970).
60. *Weissenberg, K.:* Nature *159*, 310 (1947).
61. *Williams, M.L.:* J. Phys. Chem. *59*, 95 (1955).
62. *Williams, M.L., R.F. Landel* u. *J.D. Ferry:* J. Am. Chem. Soc. *77*, 3701 (1955).
63. *Winogradow, G.W., A.Ja. Malkin, B.W. Jarlykow, B.W. Raduschkewitsch* u. *W.D. Fichman:* Plaste und Kautschuk *17*, 241 (1970).

## 4.1.7. Verhalten von Kunststoff-Oberflächen bei berührender mechanischer Beanspruchung

Hans Helmut Racké

### 4.1.7.1. *Härte, Eindruckverhalten*

Allgemein wird „Härte" (genauer „Eindruckhärte") definiert als der Widerstand, den ein Werkstoff dem Eindringen eines härteren Körpers entgegensetzt. Diese Definition reicht allerdings nicht aus, um die Härte zu einer eindeutigen physikalischen Meßgröße zu machen, welche für alle Materialien und alle Härtebereiche gleichermaßen Gültigkeit besitzt. Es muß noch eine genaue Meßvorschrift hinzukommen (z. B. bezüglich Eindruckkörper, Prüfzeit, Art und Höhe der Belastung), um für bestimmte Materialgruppen gut reproduzierbare Härtewerte zu erhalten.

Für Kunststoffe wurden manche Härteprüfverfahren aus der Metallprüfung [1, 2], andere aus der Gummiprüfung übernommen und weiterentwickelt [3, 4]. Um die wichtigsten Härteprüfverfahren für Kunststoffe zu beschreiben, ist eine Einteilung in drei Gruppen zweckmäßig:

1) Härteprüfmethoden mit Messung der gesamten Verformung
2) Härteprüfmethoden mit Messung nur der plastischen Verformung
3) Härteprüfmethoden zur Bestimmung des elastischen Verhaltens

Auf diese Weise werden Prüfmethoden zusammengefaßt, deren Ergebnisse in etwa untereinander vergleichbar sind [5].

#### 4.1.7.1.1. *Härte-Prüfmethoden mit Messung der gesamten Verformung*

Wichtige Härte-Prüfmethoden, welche die gesamte Verformung, d.h. die elastische und plastische Verformung zusammen erfassen, sind:

(1) Kugeldruckhärte nach DIN 53456,
(2) α-Rockwell-Härte nach ASTM D 785, Methode B,
(3) Shore-Härte A, C und D nach DIN 53505.

Außer durch die Eindringkörper unterscheiden sich diese drei Verfahren in den konstanten bzw. den variablen Parametern:

(1) Die Kugeldruckhärte wird auf konstante Eindringtiefe bezogen (Prüflast variabel)
(2) Die α-Rockwell-Härte wird bei konstanter Last gemessen (Eindringtiefe variabel)
(3) Bei der Shore-Härte erfolgt die Belastung durch eine Feder; daher ändern sich sowohl Eindringtiefe als auch Belastung mit zunehmender bzw. abnehmender Härte.

##### 1. *Kugeldruckhärte*

Die Kugeldruckhärte nach DIN 53456 ist die für Kunststoffe wichtigste Härte-Prüfmethode [6]. Sie ist aus der VDE-Vorschrift 0302 hervorgegangen, welche 1943 für die Prüfung von Preßmassen entwickelt wurde [7]. Eine Kugel vom Durchmesser $D = 5$ mm wird – nach Aufbringung einer Vorlast von 1 kp – mit einer bestimmten Prüflast ($F$ in kp) auf die 4 mm dicke Kunststoffprobe eingedrückt, s. Bild 4.1.7–1. Nach 30 Sekunden Belastungszeit wird die Eindringtiefe unter Last ($h$ in mm) an einer Meßuhr abgelesen. Die Berechnung der Kugeldruckhärte ($HK$ in kp/mm$^2$) erfolgt dann nach der Formel:

$$HK = \frac{0{,}21\,F}{D\,h_r(h - 0{,}04)},$$

wobei $h_r$ in der Norm als Bezugseindringtiefe festgelegt ist: $h_r = 0{,}25$ mm.

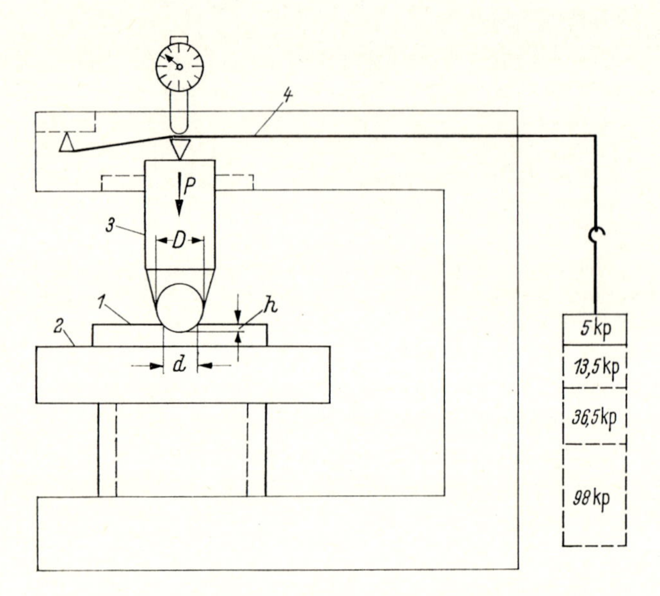


Bild 4.1.7–1 Prinzipskala des Kugeldruck-Härteprüfgerätes mit 4 Laststufen. P = Prüfkraft, D = Kugeldurchmesser, d = Eindruckdurchmesser, h = Eindrucktiefe, 1 = Probekörper, 2 = Auflagetisch, 3 = Kugelhalterung, 4 = Hebelarm

Durch diese Auswerteformel wird der Härtewert stets für die gleiche geometrische Eindruckbedingung erhalten. Diese Prüfung nach DIN 53456 weist gegenüber der früheren nach VDE 0302 einige wesentliche Vorteile auf, u. a.:

a) Die Eindringtiefe $h$ ist begrenzt auf 0,15 mm $\leq h \leq$ 0,35 mm. Hierdurch wird bei der Messung immer eine etwa gleich tiefe Oberflächenschicht erfaßt.

b) Die vier vorgeschriebenen Laststufen von 5 kp, 13,5 kp, 36,5 kp und 98 kp überstreichen lückenlos einen Härtebereich von 1 kp/mm$^2$ bis 50 kp/mm$^2$ bzw. von 100 kp/cm$^2$ bis 5000 kp/cm$^2$.

c) Durch die Einführung einer geeigneten „reduzierten Prüfkraft“ bzw. einer „reduzierten Eindringtiefe“ sowie die Anpassung der Auswerteformel an die nichtlineare Eindringtiefenfunktion wurde ein nahezu stetiger Übergang der Härtewerte beim Wechsel der Laststufen möglich.

Tabelle 4.1.7–1 enthält in der ersten Spalte die Kugeldruckhärte für wichtige Kunststoffgruppen.

2. *α-Rockwell-Härte*

Eine in den angelsächsischen Ländern weit verbreitete Prüfmethode für Kunststoffe ist die α-Rockwell-Härte nach ASTM D 785, Methode B. Dieses Prüfverfahren schreibt als Eindringkörper eine Kugel von 12,7 mm Durchmesser vor. Es unterscheidet sich von der deutschen Kugeldruck-Härteprüfung u. a. in folgenden wesentlichen Punkten:

größere Vorlast: 10 kp
stets gleiche Gesamtlast: 60 kp
kürzere Prüfzeit: 15 s

Aus der Eindringtiefe ($h$ in mm) errechnet sich die Rockwell-Härte:

$$R_\alpha = 150 - (h : 0{,}002)$$

(Eine Rockwell-Einheit entspricht einem Unterschied in der Eindringtiefe von 0,002 mm.)

Tabelle 4.1.7–1 enthält die $\alpha$-Rockwell-Werte in der zweiten Spalte.

3. *Shore-Härte*

Die Shore-Härte nach DIN 53 505 läßt sich mit einfachen, handlichen Durometern messen, erreicht aber nicht die Genauigkeit der zuvor beschriebenen Methoden. Während die Methode Shore A für Weichgummi entwickelt wurde, eignen sich die Methoden C und D für die meisten Kunststoffe. Die Verfahren C und D unterscheiden sich in der Form des Eindringkörpers. Shore C verwendet (genau wie Shore A) einen Kegelstumpf (dabei besitzt Shore A eine wesentlich weichere Feder als Shore C), während bei Shore D ein abgerundeter Kegel benutzt wird, vergleiche Bild 4.1.7–2. Prüfwerte für Shore C und Shore D siehe Tabelle 4.1.7–1, dritte und vierte Spalte.

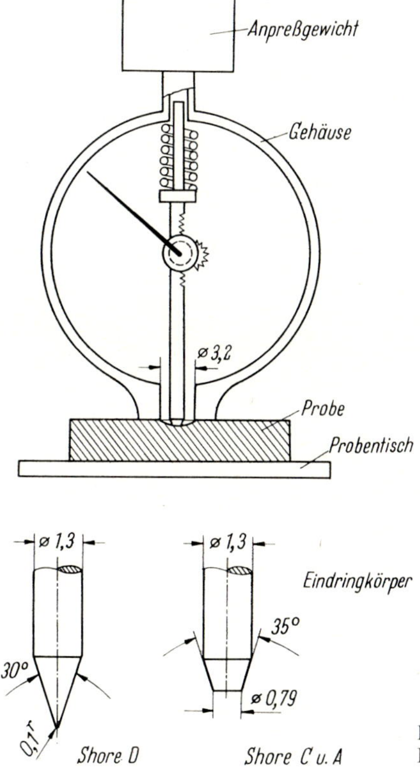


Bild 4.1.7–2 Shore-Härteprüfung nach DIN 53 505

*Tabelle 4.1.7–1* *Härtewerte wichtiger Kunststoff-Werkstoffe. (Messungen bei 23 °C und 50% relativer Luftfeuchte an gepreßten bzw. gegossenen Platten von 4 mm Dicke)*

*Teilkristalline Thermoplaste*

| *Kunststoff* | | Kugel-druckhärte (kp/cm²) | Rockwell-α-Härte | Shore-Härte C | D | Rockwell-Härte R | Vickers-Härte (kp/cm²) | *Bemerkungen* |
|---|---|---|---|---|---|---|---|---|
| *Polyolefine* | Dichte | | | | | | | |
| Hochdruckpolyäthylen | < 0,920 | < 160 | – | < 83 | < 50 | – | < 200 | |
| | 0,920–0,930 | 160–250 | – | 83–86 | 50–60 | – | 200–300 | |
| Niederdruck-polyäthylen | 0,930–0,944 | 250–400 | – | 86–89 | 60–66 | < 30 | 300–450 | |
| | 0,944–0,954 | 400–480 | < 20 | 89–91 | 66–68 | 30–50 | 450–520 | |
| | 0,954–0,965 | 480–600 | 20–55 | > 91 | 67–72 | 50–75 | 520–700 | |
| Polypropylen | Schmelzindex $i_5$ (230 °C) | | | | | | | |
| | ca. 1,5 | 550–700 | 53–56 | ca. 92 | 68–72 | 93– 96 | 840–880 | |
| | ca. 3 | 600–750 | 55–58 | > 95 | 70–73 | 95– 98 | 850–900 | |
| | ca. 7 | 650–800 | 56–59 | > 95 | 71–75 | 97–101 | 870–920 | |
| | ca. 20 | 700–850 | 58–61 | > 95 | 73–76 | 100–105 | 880–950 | |
| Polybutylen | | 250–350 | – | 85–90 | 60–65 | ca. 40 | 300–450 | |
| *Polyacetale* | | | | | | | | |
| Acetal-Homopolymerisat | | 1900–2100 | 103–110 | > 95 | 83–86 | 118–123 | 2050–2300 | |
| Acetal-Copolymerisat | | ca. 1650 | ca. 100 | > 95 | ca. 83 | ca. 118 | ca. 1800 | |
| *Polyamide* | | | | | | | | Vickers-Härte sehr stark feuchtigkeitsabhängig: |
| 6,6-Polyamid | | 1300–1600 | 90–100 | > 95 | 75–83 | 114–120 | 700–1200 | 1300–1900¹) 400– 650²) |
| 6-Polyamid | | 800–1300 | 70– 95 | 88–93 | 73–80 | 100–115 | 600– 850 | 1000–1800¹) 350– 450²) |
| 12-Polyamid | | 350–1200 | bis 87 | 85–91 | 70–78 | 72–106 | 380–1300 | 450–1400¹) 370–1100²)<br>¹) 1 Woche Exsikkator<br>²) 1 Woche Wasserlagerung |
| Polycarbonat | | ca. 1100 | 86–90 | > 95 | ca. 83 | 118–124 | 1200–1400 | |

| | | | | | | | |
|---|---|---|---|---|---|---|---|
| | | | | *Amorphe Thermoplaste* | | | |
| *Polyvinylchlorid* | | | | | | | |
| Hart-PVC | | 1100–1350 | 85–95 | > 95 82–84 | 110–120 | 1250–1650 | |
| Modifiziertes PVC | erhöht schlagzäh | 1000–1100 | ca. 76 | > 95 79–81 | ca. 103 | ca. 1150 | |
| | hoch schlagzäh | 300–750 | < 60 | 88– > 95 68–77 | 50–90 | 450–900 | |
| Weich-PVC | 80 : 20 DOP | ca. 400–450 | – | – ca. 70 | – | ca. 600 | Härte stark mit Weichmachergehalt variabel |
| *Polystyrol* | | | | | | | |
| Normal-Polystyrol | | 1650–1900 | 102–107 | > 95 86 | 118–122 | 1850–2050 | |
| schlagzähes, mit Butadien modifiziertes Polystyrol | | 650–1350 | 40–95 | 92– > 95 74–82 | 74–110 | 750–1400 | Härte je nach Butadiengehalt variabel |
| Acrylnitrilbutadienstyrol | | 750–1300 | 55–93 | 93– > 95 79–81 | 85–110 | 900–1450 | Härte je nach Polymerisationsverfahren und Zusammensetzung |
| Styrolacrylnitril | | 1550–1850 | 104–106 | > 95 85–87 | 122 | 1850–2000 | |
| Polymethylmethacrylat | | 1700–2000 | 102–110 | > 95 87–93 | 122–128 | 2150–2500 | |
| Cellulosenitrat | | ca. 900 | ca. 70 | > 95 ca. 83 | ca. 100 | ca. 1400 | |
| Celluloseacetat | | 300–1000 | < 70 | 88– > 95 70–83 | 75–110 | 500–1200 | Härte je nach Weichmachergehalt in weiten Grenzen variabel |
| | | | | *Duroplaste* | | | |
| Polyesterharze | | 1700–4500 | 120–127 | > 95 > 90 | 120–124 | 3500–5500 | Untere Grenze: reines Polyesterharz<br>Füllstoff: Glasfaser und andere anorganische Füllstoffe |
| Phenolharze | | 2000–5000 | 120–128 | > 95 > 90 | 123–127 | 3500–5500 | anorganische faserige Füllstoffe sowie Holz und Textilien faserig |
| Melaminharze | | 3000–5000 | 120–128 | > 95 > 91 | 122–126 | 5000–7000 | Holz kurzfaserig, anorganische Füllstoffe |
| Epoxidharze | | 1700–3500 | 100–110 | > 95 87–95 | 122–128 | 2000–3500 | Untere Grenze: reines Epoxidharz, sonst gefüllt mit anorganischen Füllstoffen |

#### 4.1.7.1.2. *Härteprüfmethoden mit Messung nur der plastischen Verformung*

Zu dieser Gruppe gehören zwei Verfahren, die seit langem in der Metallprüfung angewandt werden; jedoch wurden sie inzwischen so abgewandelt, daß sich damit auch Duroplaste und harte Thermoplaste prüfen lassen:

(1) Rockwell-Härte R, S, V und L, M, P nach ASTM D 785, Methode A.

(2) Vickers-Härte nach DIN 50133, jedoch für Kunststoffe mit geringerer Prüflast gegenüber Metallen.

##### 1. *Härteprüfung nach Rockwell ASTM D 785, Methode A*

Unter den verschiedenen Methoden dieser amerikanischen Norm sind für Kunststoffe besonders die Verfahren R, S und V sowie L, M und P geeignet. Als Eindringkörper wird stets eine Kugel verwendet, jedoch kann ein Kugeldurchmesser von $1/4''$ oder $1/2''$ mit einer Prüflast von 150 kp, 100 kp oder 60 kp kombiniert werden, vergleiche nachstehende Tabelle 4.1.7–2:

*Tabelle 4.1.7–2*

| Härteskala | Kugeldurchmesser in Zoll | Gesamtlast in kp |
|---|---|---|
| P | $\frac{1}{4}$ | 150 |
| M | $\frac{1}{4}$ | 100 |
| L | $\frac{1}{4}$ | 60 |
| V | $\frac{1}{2}$ | 150 |
| S | $\frac{1}{2}$ | 100 |
| R | $\frac{1}{2}$ | 60 |

Die Vorlast beträgt bei allen Verfahren 10 kp und die Belastungszeit für die Hauptlast 15 Sekunden. Gleichfalls 15 Sekunden nach Entfernen der Hauptlast wird die Eindringtiefe ($h$ in mm) abgelesen oder bei manchen Geräten direkt der Rockwell-Wert angezeigt:

$$HR = 130 - (h : 0{,}002)$$

Prüfwerte hierzu siehe Spalte 5 in Tabelle 4.1.7–1.

##### 2. *Härteprüfung nach Vickers DIN 50133*

Bei diesem Verfahren wird als Eindringkörper eine regelmäßige, vierseitige Diamant-Pyramide verwendet. Der Winkel zwischen gegenüberliegenden Flächen ist 136°, die Eindrucktiefe beträgt etwa $1/7$ der Eindruckdiagonalen. Statt der für Metalle empfohlenen Prüflasten zwischen 3 kp bis 100 kp werden bei Kunststoffen meist geringere Kräfte aufgebracht, z. B. 0,1 kp bis 1 kp. Bei homogenem Material ist die Vickers-Härte weitgehend unabhängig von der Belastung, ab einer bestimmten, relativ kleinen Probendicke auch von dieser. Die Belastungszeit soll nach Norm 30 Sekunden betragen; die Zeit zwischen Entlastung und Messung ist in DIN 50133 nicht vorgeschrieben, sollte jedoch bei Kunststoffen einheitlich festgelegt werden, z. B. auf 30 Sekunden. Die Vickers-Härte HV ergibt sich als das Verhältnis der Prüflast $F$ zu der Oberfläche $O$ des bleibenden Eindrucks. Die Oberfläche $O$ wird aus dem Mittelwert $d$ der beiden (mikroskopisch auszumessenden) Diagonalen wie folgt errechnet:

$$O = \frac{d^2}{2\cos 22^\circ} = \frac{d^2}{1{,}854}$$

$$\text{Hieraus: } HV = \frac{F}{O} = \frac{1{,}854 \cdot F}{d^2}$$

Prüfwerte hierzu siehe Tabelle 4.1.7–1, Spalte 6.

#### 4.1.7.1.3. *Härteprüfverfahren zur Bestimmung des elastischen Verhaltens*

Für Metalle existieren auch *dynamische* Härteprüfungen mit Pendelhammer oder fallender Kugel und das Prüfergebnis wird als „Rückprallhärte" oder „Rücksprunghärte" bezeichnet. Diese Verfahren lassen sich im Prinzip auch auf harte Kunststoffe anwenden. Für gummielastische Materialien sind zwei ähnliche Methoden entwickelt worden.

(1) Bestimmung der Stoßelastizität nach DIN 53512. Diese Prüfung wird vorwiegend an *Elastomeren* durchgeführt und hier auch als Rückprallelastizität bezeichnet.

(2) Bestimmung der Stoßelastizität nach DIN 53573 für weichelastische *Schaumstoffe*.

Beide Prüfungen dienen der Beurteilung des elastischen Verhaltens bei schlagartiger Beanspruchung. Sie werden mit genormten Pendelschlagwerken durchgeführt, wobei der in seinen Abmessungen genau definierte Pendelhammer auf die vertikal angeordnete plattenförmige Probe trifft. Diese befindet sich auf einer starren Unterlage. Bei Elastomeren ist eine Probendicke von 6 mm vorgeschrieben, bei Schaumstoffen eine solche von 50 mm.

Als Rücksprunghärte, Rückprallhärte bzw. Stoßelastizität oder Rückprallelastizität wird das Verhältnis von zurückgewonnener Arbeit zur aufgewendeten Arbeit definiert. Dem entspricht das Verhältnis der Rückprallhöhe des Pendelhammers zu seiner Fallhöhe vor dem Versuch.

Für hochpolymere Werkstoffe besteht kein allgemeiner Zusammenhang zwischen diesen dynamischen Härten und den zuvor beschriebenen Eindruckhärten.

#### 4.1.7.1.4. *Bedeutung des Eindruckverhaltens für Materialauswahl und Konstruktion*

Härtewerte können dem Konstrukteur kaum als Berechnungsgrundlage dienen, doch liefern sie in vielen Fällen brauchbare erste Hinweise für eine Materialauswahl oder einen Materialvergleich. Auch für die Produktionskontrolle und die Wareneingangskontrolle

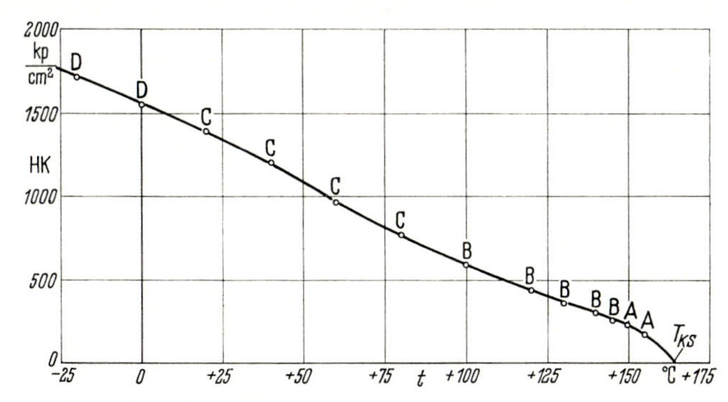


Bild 4.1.7–3 Kugeldruckhärte HK eines Acetalcopolymerisats in Abhängigkeit von der Temperatur $t$, gemessen mit vier Laststufen. A = 5 kp, B = 13,5 kp, C = 36,5 kp, D = 98 kp, $t_{KS}$ = Kristallitschmelztemperatur

haben sich Härteprüfungen – infolge ihrer Einfachheit und Genauigkeit – gut bewährt. Mit der Kugeldruck-Härteprüfung nach DIN 53456 ist es nunmehr auch möglich, mit einfachen Mitteln eine rasche Übersicht über die Temperaturabhängigkeit der Härte in einem weiten Bereich zu erhalten, vgl. Bild 4.1.7–3. Bisweilen werden Härtewerte auch zum Abschätzen von Festigkeit und Elastizitätsmodul benutzt [6]. Schließlich ermöglichen Mikrohärtemessungen – insbesondere diejenige nach *Vickers* – nahezu zerstörungsfreie Untersuchungen der Härte an Fertigteilen und Konstruktionselementen. Hiermit lassen sich auch Veränderungen der äußersten Oberflächenschicht infolge spezieller Umwelteinflüsse untersuchen, z.B. bei Polyamiden Härteänderung durch Wasserlagerung oder Klimawechsel, bei teilkristallinen Kunststoffen Kristallinitätsänderung infolge Wärmealterung oder Bewitterung.

**Literaturverzeichnis**

1. *Siebel, E.:* Handbuch der Werkstoffprüfung. S. 447. Berlin: Springer 1968.
2. *Meyer, K.:* Schweizer Achiv *28*, 7 (1962).
3. *Carlowitz, B.:* Tabellarische Übersicht über die Prüfung von Kunststoffen. 3. Aufll. S. 14. Frankfurt: Umschau Verlag 1968.
4. *Nitsche, W.:* Kunststoffe. Bd. 2, Praktische Kunststoffprüfung. S. 125. Berlin: Springer 1961.
5. *Reichherzer, R.:* Kunststoff-Rundschau *10*, 113 (1963).
6. *Gohl, W.:* Einige grundsätzliche Bemerkungen zur Härteprüfung von Kunststoffen. VDI-Bericht Nr. 100. Härteprüfung in Theorie und Praxis, S. 93. Düsseldorf: VDI-Verlag: 1967.
7. *Racké, H.H.*, u. *Th. Fett:* Z. Materialprüfung *10*, 226 (1968).

### 4.1.7.2. *Abrieb, Verschleißverhalten*

#### 4.1.7.2.1. *Einteilung der Verschleißarten*

Im vorhergehenden Abschnitt wurde eine besondere Härte-Prüfmethode absichtlich ausgelassen, da sie schon den Übergang zu einer Verschleißprüfung darstellt, nämlich die Ritzhärte-Prüfung. Bei dieser wird ein scharfkantiger Diamant mit einer bestimmten Druckkraft über die Probenoberfläche gezogen, um anschließend die Breite der Ritzspur unter dem Mikroskop auszumessen. Je nach Probenmaterial können dabei sehr unterschiedliche Verformungs- bzw. Zerstörungsmechanismen auftreten:

1. Bei einem spröden Material, z.B. Polystyrol, wird durch das *Ausbrechen von kleinen Partikeln* eine Furche eingeritzt. Hier tritt ein meßbarer Gewichtsverlust ein.
2. Bei einem zähen Material, z.B. Polyäthylen, entsteht die Furche hauptsächlich durch eine *Materialverschiebung* zur Seite hin („Wallbildung"). Hier findet keine Gewichtsabnahme statt.
3. Bei einem guten gummielastischen Material, z.B. Silikonkautschuk, bleibt nach dem Versuch *keine Ritzspur* zurück und es tritt daher auch kein Materialverlust auf.

Nur im ersten Fall findet ein echter Verschleiß statt, so wie er in DIN 50320 definiert wird: „Verschleiß ist die unerwünschte Veränderung der Oberfläche von festen Gegenständen durch Lostrennen kleiner Teilchen infolge mechanischer Ursachen."

Dieses hier skizzierte „Ritzen" stellt nur ein relativ einfaches Beispiel aus der Fülle der Verschleißmöglichkeiten dar [1]. Die Mannigfaltigkeit der Verschleißarten hat ihre Ursache in der großen Anzahl der Kombinationsmöglichkeiten zwischen den fünf „Hauptelementen" des Verschleißes, vgl. Bild 4.1.7–4a:

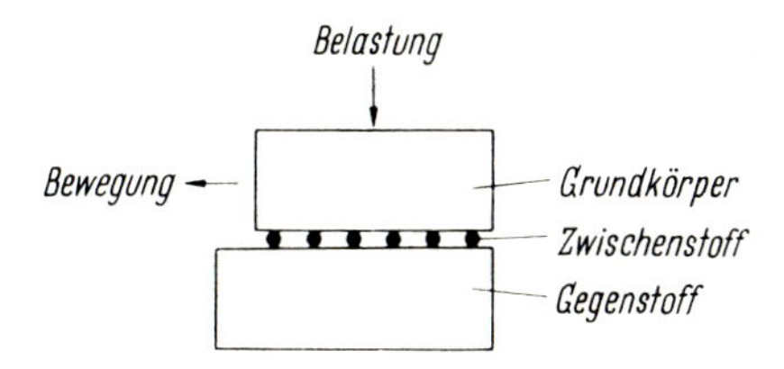


Bild 4.1.7–4a Modell-Beispiel zur Analyse des Verschleißvorgangs

1. Grundkörper,
2. Gegenkörper (oder Gegenstoff),
3. Zwischenkörper (oder Zwischenstoff),
4. Bewegung,
5. Belastung.

Man hat verschiedene Systeme für die Gliederung der Verschleißarten vorgeschlagen [2, 3]. Unter anderem werden aus den Anfangsbedingungen von Bewegung und Belastung folgende Verschleißarten benannt:

1. Gleitverschleiß,
2. Rollverschleiß,
3. Stoßverschleiß,
4. Strahlverschleiß.

Bei 1. und 2. wird je nach dem Aggregatzustand des Zwischenstoffes (gasförmig, flüssig, fest) noch die Bezeichnung Trocken- bzw. Schmier- bzw. Korn- vorangestellt, z. B. Trocken-Gleitverschleiß.

Neuere Normvorschläge und Veröffentlichungen [2] empfehlen folgende Einteilung: Zunächst wird in den Obergruppen nach *Verschleißmechanismen* gegliedert:

1. Furchungsprozesse (Beispiel: Rutschen von Gestein auf Polyäthylen)
2. Ermüdungsprozesse (Beispiel: Sandstrahl auf Polypropylen)
3. Adhäsive Prozesse (Beispiel: Gleiten von Polyamid auf Polyamid)

Bei vielen Praxisbeanspruchungen sind mehrere Verschleißmechanismen gleichzeitig beteiligt.

Die Untergruppen gliedern dann nach den *Beanspruchungsbedingungen*, d.h. nach den wesentlichen Kombinationsmöglichkeiten von Belastung und Bewegung. Vergleiche hierzu das Schema von Tabelle 4.1.7–3.

*Tabelle 4.1.7–3 Kombination der als wesentlich verschieden angesehenen Fälle von Belastung F und Bewegung v*

| | | Belastung | | |
|---|---|---|---|---|
| | | $F_1$ | $F_2$ | $F_3$ |
| Bewegung | $v_1$ | vertikale Beanspruchung (Stoß) | wiederholte vertikale Beanspruchung (Stoß und Überrollung) | ruhende Last |
| | $v_2$ | kurzdauernde Oszillation | periodisch wiederholte kurzdauernde Oszillation | langdauernde Oszillation |
| | $v_3$ | begrenzte Gleitung | unterbrochene Gleitung | unbegrenzte Gleitung |

Aus der Vielzahl der Verschleißarten sollen hier nur zwei für Kunststoffe besonders wichtige herausgegriffen werden. Zwei zugehörige Prüfmethoden seien anschließend kurz beschrieben:

a) Trocken-Gleitverschleiß von Kunststoffen gegen körniges Gut

b) Trocken-Gleitverschleiß von Kunststoffen gegen Stahl

#### 4.1.7.2.2. *Trockengleitverschleiß gegen körniges Gut; Prüfung nach dem Reibradverfahren*

Der Abriebwiderstand von *transparenten* Kunststoffen wird in USA nach ASTM D 1044 bestimmt, und zwar durch den Verlust an *Lichtdurchlässigkeit* infolge einer definierten Reibbeanspruchung. Prüfgerät („Taber"-Gerät) und Prüfprinzip werden auch in dem deutschen Normentwurf DIN 53754: „Bestimmung des Abriebs mit dem Reibradverfahren" weitgehend beibehalten, jedoch wird hier der *Gewichtsverlust* der Probe (bezogen auf 100 Umdrehungen) als Maß für den Verschleiß verwendet.

Hierdurch entfällt die Einschränkung auf transparente Kunststoffe.

Das Abriebprüfgerät ist in Bild 4.1.7–4b skizziert. Es besteht im wesentlichen aus einem waagerechten Teller zur Probenaufnahme, der mit einer Drehzahl von 60 Umdrehungen

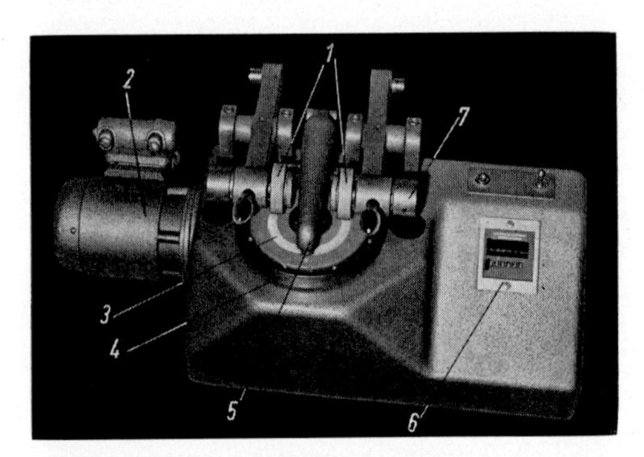


Bild 4.1.7–4b Prüfgerät zur Bestimmung des Abriebs von Kunststoffen nach DIN 53754 E. 1 = Reibräder mit Schmirgelpapierstreifen, 2 = Antriebsmotor, 3 = Probekörper mit Abriebspur, 4 = Probenteller, 5 = Absaugstutzen, 6 = Anzeige der durchgeführten Umdrehungen, 7 = Auflagegewicht

je Minute umläuft. Die Probe (Folie oder Platte von 120 mm Durchmesser) wird auf den Teller plan aufgespannt. Zwei Reibräder von 50 mm Durchmesser und 12 mm Breite, die mit genormtem Schmirgelpapier (Schmirgelkorn aus gepulvertem Aluminiumoxyd mit Korngröße zwischen 0,063 und 0,100 mm) beklebt werden, drücken mit einer Kraft von je 550 p auf die Probe. Sie sind so angebracht, daß sie bei bewegtem Teller durch die Probe mitgedreht werden und hierbei eine kreisringförmige Abriebspur auf der Probe hinterlassen. Zwischen den Reibrädern sorgen zwei mit einem Staubsauger verbundene Absaugstutzen dafür, daß der Abrieb rasch entfernt wird. Hierdurch bleibt das Schmirgelpapier der Reibräder und die Probenoberfläche während der ganzen Prüfung sauber.

Nach diesem Prüfverfahren gemessene Abriebwerte (Gewichtsverlust und Volumenverlust, bezogen auf 100 Umdrehungen) sind für einige Kunststoffgruppen in Tabelle 4.1.7–4 zusammengestellt. Es soll hier betont werden, daß andere Prüfverfahren infolge unterschiedlicher Beanspruchungsart zu einer abweichenden Rangfolge führen können.

Ein dem Reibradverfahren ähnliches Prüfverfahren, das allerdings nur für die Prüfung

*Tabelle 4.1.7–4 Abriebwerte einiger Kunststoffe, ermittelt nach dem Reibradverfahren nach DIN 53754 E (Messungen bei 23 °C und 50% relativer Luftfeuchte an gepreßten bzw. gegossenen Platten von 4 mm Dicke)*

| *Kunststoff* | *Abrieb* mg/100 U | mm³/100 U |
|---|---|---|
| | *Teilkristalline Thermoplaste* | |
| *Polyolefine* | | |
| Hochdruckpolyäthylen | 8–14 | 9–15 |
| Niederdruckpolyäthylen | 5–12 | 5–13 |
| Polypropylen | 14 | 15 |
| *Polyactale* | 35–46 | 25–33 |
| *Polyamide* | | |
| 6 -Polyamid | 15 | 13 |
| 6,6-Polyamid | 13 | 11 |
| 12 -Polyamid | 10 | 10 |
| | *Amorphe Thermoplaste* | |
| *Polyvinylchlorid* | | |
| Hart-PVC | 35–50 | 25–36 |
| Schlagzähes PVC | 70 | 51 |
| *Polystyrol* | | |
| Normal-Polystyrol | 48 | 46 |
| Schlagzähes Polystyrol (mit Butadien modifiziert) | 60–75 | 57–71 |
| Acrylnitrilbutadienstyrol | 50–60 | 46–55 |
| *Cellulosenitrat* | 60 | 43 |
| *Celluloseacetat* | 70–80 | 55–62 |
| | *Duroplaste* | |
| Epoxidharz, ungefüllt | 70 | 60 |
| Epoxidharz, mit 70% Quarzmehl gefüllt | 14 | 11 |
| Phenolharze (mit unterschiedlichen Füllstoffen) | 50–120 | 36–67 |
| Melaminharze (mit unterschiedlichen Füllstoffen) | 60–85 | 40–45 |

von Gummi gedacht ist und bei dem ein Schmirgelbogen auf einer Walze aufgespannt wird, ist in DIN 53516 beschrieben.

Die Prüfung von organischen Fußbodenbelägen ist in DIN 51963 genormt: „20-Zyklen-Verfahren". Hier erfolgt u.a. eine Dreh-Gleit-Beanspruchung des Belages durch Schleifpapier und Leder.

### 4.1.7.2.3. *Trockengleitverschleiß gegen rotierende Stahlwelle; Prüfung nach dem Halbschalenverfahren*

Dieses Verfahren dient zur Prüfung von Kunststoffen auf Eignung als Gleitlager-Werkstoff, insbesondere bei Trockenlauf. Der Vorzug von Lagern aus Kunststoff gegenüber solchen aus Metall liegt nämlich gerade auf diesem wichtigen Gebiet des Trockenlaufes.

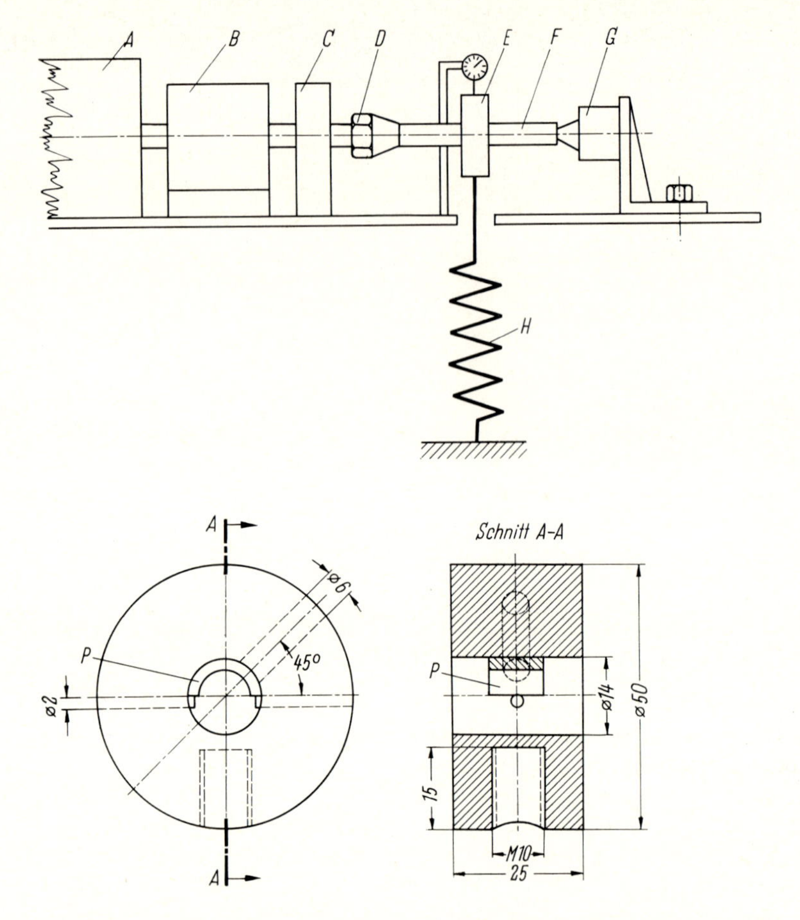


Bild 4.1.7–5 Prüfgerät zur Bestimmung des Trockengleitverschleißes von Kunststoffen gegen Stahl mit zugehöriger Probenhalterung. A = Antrieb (regelbar), B = Drehmomentaufnehmer, C = Lagerblock mit Lager, D = Spannfutter, E = Probekörperhalterung und Meßuhr, F = Prüfwelle, G = Gegenlager (mitlaufende Spitze auf Reitstock), H = Federbelastung

Trockenlauf tritt recht häufig auf, u.a. wo aus gesundheitlichen Gründen überhaupt kein Schmiermittel verwendet werden darf, oder wenn nach anfänglicher Fettschmierung später keine Wartung mehr möglich ist, oder wenn beim Ausfallen der Schmierung ein Lager noch weiter funktionsfähig bleiben muß.

Die Prüfmaschine ist in Bild 4.1.7–5 schematisch dargestellt. Die Probe hat die Form einer Halbschale, damit die abgelösten Verschleißpartikel herausfallen können. Die Drehzahl der Welle ist stufenlos bis 1400 U/min einstellbar, die Belastung der Probe bis 100 kp.

Aus dem durch Wägung bestimmten Masseverlust (nach längerer Laufzeit, so daß der Einlaufverschleiß eliminiert werden kann oder vernachlässigbar klein ist) wird der auf 1 km Gleitweg bezogene Verschleißbetrag errechnet. Die Prüfung muß im allgemeinen bei mehreren Gleitgeschwindigkeiten und Flächenpressungen durchgeführt werden, um ein umfassendes Bild der Materialeignung für diese Verschleißart zu erhalten. Viele ähnliche Prüfungen auf Lagereignung sind in der Literatur beschrieben [4].

### 4.1.7.2.4. *Bedeutung des Verschleißverhaltens für Materialauswahl und Konstruktion*

Auf vielen technischen Anwendungsgebieten von Kunststoffen spielt deren Verschleißfestigkeit eine wichtige Rolle. Nur einige Beispiele seien hier herausgegriffen:

1. Beispiele aus dem Bauwesen: Fußbodenbeläge, Fassadenverkleidungen, Abwasserrohre.
2. Beispiele aus dem Maschinenbau: Lagerschalen, Zahnräder.
3. Beispiele aus dem Transport- und Verpackungswesen: Belag von Förderbändern, Kohlenrutschen, Aufdruckhaftung auf Säcken, Flaschen und Stapelkästen.
4. Beispiele aus dem textilen Bereich: Polsterbezüge, Abdeckplanen, Stoffe für Arbeitsanzüge.

Wenn man nun ein Material auszuwählen hat, bei dem die Verschleißfestigkeit bei einer bestimmten Anwendung wichtig ist, so wird in den meisten Fällen auf Stoffe zurückgegriffen, die sich bei einer „ähnlichen" Beanspruchung bereits bewährt haben. Bei diesem Vergleich muß man – genauso wie bei der Simulierung von Prüfmethoden, in Analogie zu einem bestimmten Praxisverschleiß – darauf achten, daß alle „wesentlichen Verschleißmerkmale" übereinstimmen. Hierunter versteht man insbesondere Belastungsart und Bewegungsart, vgl. Tabelle 4.1.7–3.

Der Abrieb wird bei Kunststoffen häufig auch stark beeinflußt durch die Oberflächengestalt und die Temperatur der berührenden Oberflächenstellen.

Einige Kunststoffe haben auf speziellen Gebieten bereits ihre gute Verschleißfestigkeit bewiesen, u.a.:

Hart-Polyäthylen (insbesondere hochmolekularer Typ) ist für Beanspruchung durch Trockengleitverschleiß gegen körniges Gut geeignet, z.B. für Kohlenrutschen und für Abwasserkanäle [1, 5].

Polyacetale, Polyamide und gefülltes PTFE haben sich als Lagerwerkstoffe bewährt [4, 6, 7]. Auf diesem Gebiet sind mit Graphit gefüllte Polyimide auch noch bei hohen Temperaturen einsetzbar [8].

Aminoplaste und Phenoplaste werden u.a. für Zahnräder und Nockenscheiben in Waschmaschinen und Geschirrspülmaschinen verwendet.

Schließlich sollen auch noch zwei Elastomere mit hervorragendem Abriebwiderstand erwähnt werden: Styrol-Butadien-Kautschuk findet in großen Mengen Verwendung als Laufflächenmischung für Fahrzeugreifen, und Polyurethan-Kautschuk wird bevorzugt als Pumpen- und Schlauchauskleidungsmaterial bei Anwesenheit scheuernder Substanzen eingesetzt.

## Literaturverzeichnis

*Veröffentlichungen in Zeitschriften:*

1. *Haldenwanger, H.:* Kunststoff-Rundschau *12*, 1 (1965); *12*, 61 (1965).
2. *Uetz, H.:* Metalloberfläche *23*, 199 (1969).
3. *Lancaster, K.J.:* Wear *14*, 223 (1969).
4. *Uetz, H.*, u. *V. Hakenjos:* Kunststoffe *59*, 161 (1969).
5. *Imhoff, W.*, *E. Rottner* u. *E. Gaube:* Kunststoffe *57*, 9 (1967); *57*, 89 (1967).
6. *Hachmann, H.*, u. *E. Strickle:* Kunststoffe *59*, 45 (1969).
7. *Vadász, E.:* Plaste und Kautschuk *15*, 188 (1968).
8. *Lewis, R.B.:* Lubrication Engineering, 356 (Sept. 1969).

### 4.1.7.3. *Reibungskoeffizient, Reibverhalten*

#### 4.1.7.3.1. *Meßverfahren zur Bestimmung des Reibungskoeffizienten*

Reibung wird allgemein definiert als der Widerstand, der zum Einleiten oder Aufrechterhalten einer Relativbewegung zweier sich berührender Körper überwunden werden muß. Hier sollen nur Meßverfahren zur Bestimmung von trockener Gleitreibung (und Haftreibung) behandelt werden, während Rollreibung und bohrende Reibung, da für Kunststoffe von untergeordneter Bedeutung, unberücksichtigt bleiben.

Das einfachste Verfahren zur Bestimmung von Haftreibungs- und Gleitreibungskoeffizient (z.B. mit Kunststoff-Würfel auf Kunststoff-Platte) ist die Methode der schiefen Ebene. Man hat den Neigungswinkel $\alpha$ der Gleitbahn (gegen die Horizontale) zu ermitteln, bei dem der Würfel gerade noch haftet bzw. gerade noch gleitet. Der zugehörige Reibungskoeffizient $\mu$ ergibt sich aus: $\mu = \tan\alpha$

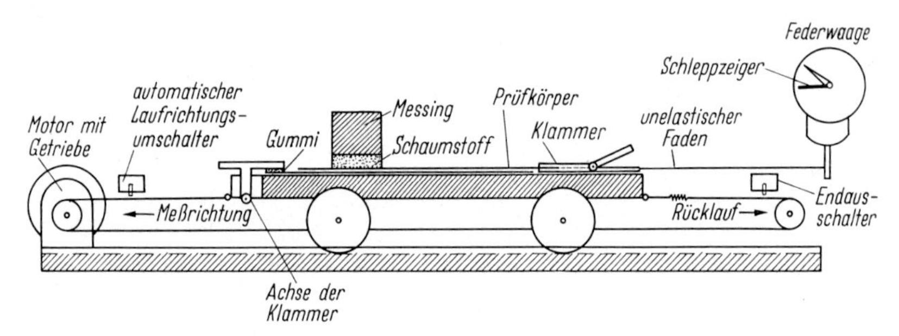


Bild 4.1.7–6 Schematischer Aufbau eines Reibungsprüfgerätes für Platten und Folien

Ein weiterentwickeltes Verfahren ist der horizontal auf einer Gleitbahn (z. B. Kunststoff-Folie) bewegliche Gleitschlitten mit Motorantrieb und Kraftmesser [1], vergleiche Bild 4.1.7–6. Aus Horizontalkraft (= Reibkraft) $H$ und Normalkraft (= Gewicht) $N$ läßt sich der Reibungskoeffizient $\mu$ berechnen:

$$\mu = \frac{H}{N}$$

Der Reibwert von Lagerschalen aus Kunststoff gegen eine Stahlwelle läßt sich u.a. in der Anordnung gemäß Bild 4.1.7–5, Abschnitt 4.1.7.2, durch Messen des Drehmoments ermitteln:

$$\mu = \frac{M}{r \cdot N}$$

mit $M$ = Drehmoment
$r$ = Radius der Welle
$N$ = Normalbelastung der Lagerschale

Vergleiche hierzu auch DIN 50281: Reibung in Lagerungen.

Reibwerte wichtiger Kunststoffgruppen gegen Stahl sind für eine spezielle Versuchsbedingung in Tabelle 4.1.7–5 einander gegenübergestellt.

*Tabelle 4.1.7–5 Gleitreibungskoeffizient der Paarung Kunststoff/Stahl nach mehrstündiger Laufzeit (2)*

Versuchsanordnung:
Kunststoffstift auf Stahlscheibe sowie Kunststoffring auf Stahlscheibe
Einsatzstahl 16 Mn Cr 5

Mittlere Rauhtiefe der Stahlgleitfläche = 2 μm
Flächenpressung = 0,5 kp/cm²
Gleitgeschwindigkeit = 0,6 m/s
Temperatur in Gleitflächennähe < 40 °C

| *Kunststoff* | *Gleitreibungskoeffizient* |
|---|---|
| *Teilkristalline Thermoplaste* | |
| *Polyolefine* | |
| Hochdruckpolyäthylen | 0,58 |
| Niederdruckpolyäthylen | 0,25 |
| Polypropylen | 0,30 |
| *Polyamide* | |
| 6 -Polyamid | 0,38–0,45 |
| 6,6-Polyamid | 0,35–0,42 |
| *Amorphe Thermoplaste* | |
| *Polyvinylchlorid* | |
| Hart-PVC | 0,60 |
| *Polystyrol* | |
| Normal-Polystyrol | 0,46 |
| Schlagzähes Polystyrol (mit Butadien modifiziert) | 0,50 |
| Acrylnitrilbutadienstyrol | 0,50 |
| *Polymethylmethacrylat* | 0,54 |

### 4.1.7.3.2. *Bedeutung des Reibverhaltens für Materialauswahl und Konstruktion*

Das Reibverhalten von Kunststoffen bei hydrostatischer und hydrodynamischer Schmierung läßt sich in gleicher Weise behandeln wie dasjenige von Metallen. Wichtiger für Kunststoffe ist das Gebiet der Trockenreibung.

Folgende Erscheinungen werden bei der trockenen Reibung von Kunststoffen gegen geschliffenen Stahl häufig beobachtet [2, 3]:

1. Ab einer bestimmten Rauhtiefe der Stahloberfläche nimmt der Reibungskoeffizient stark zu.
2. Befinden sich die Gleitflächen in der Umgebung von Raumtemperatur, so ist meist keine Temperaturabhängigkeit des Reibungskoeffizienten festzustellen. Erst in der Nähe der Erweichungstemperatur erfolgt eine beträchtliche Zunahme des Reibungskoeffizienten.
3. Der Einfluß der Gleitgeschwindigkeit auf den Reibungskoeffizienten ist solange gering, als keine Temperaturerhöhung gemäß Punkt 2 erfolgt.
4. Im Bereich größerer Belastung nimmt der Reibungskoeffizient mit zunehmender Flächenpressung ab.

Bei der trockenen Gleitung tritt bei manchen Kunststoffen bei niedrigen Geschwindigkeiten ein ständiger rascher Wechsel zwischen Haften und Gleiten auf, was sich durch Pfeifen und Knarren äußert und zu einer schnellen Abnutzung führen kann. Dieser „Haft-Gleit-Effekt“ (auch „Ruckgleiten“ oder „stick-slip-Effekt“ genannt) wird außer durch die elastischen Eigenschaften der Reibpartner durch einen großen Unterschied zwischen Haft- und Gleitreibungskoeffizient verursacht. Daher sind für manche Anwendungen solche Kunststoffe von Vorteil, bei denen beide Koeffizienten nahezu einander gleich sind, z. B. Polyäthylen und besonders Polytetrafluoräthylen [2] bei Gleitung gegen Stahl.

Das letztgenannte PTFE nimmt unter den Kunststoffen wegen seiner stark antiadhäsiven Eigenschaft eine Sonderstellung ein. Bei trockener Reibung gegen Metalle hat es einen der niedrigsten Reibungskoeffizienten [4].

Abschließend soll noch darauf hingewiesen werden, daß für manche wichtige Anwendungen von Kunststoffen nicht ein geringer, sondern ein möglichst hoher Reibungskoeffizient erstrebt wird. Dies ist z. B. der Fall bei PVC-Fußbodenbelägen, deren Reibungswiderstand gegen Leder- und Gummisohlen groß sein soll.

## Literaturverzeichnis

*Veröffentlichungen in Zeitschriften:*

1. *Hölz, R.:* Materialprüfung *12*, 109 (1970).
2. *Hachmann, H.*, u. *E. Strickle:* Kunststoffe *59*, 45 (1969).
3. *Vadász, E.:* Plaste und Kautschuk *15*, 188 (1968).
4. *Uetz, H.*, u. *V. Hakenjos:* Kunststoffe *59*, 161 (1969).

## 4.1.8. Verhalten bei schwingender Beanspruchung

Karl Oberbach

### 4.1.8.1. *Einführung, Begriffe und Zeichen*

Bei sich oft wiederholender, stark wechselnder Beanspruchung können der Berechnung von Konstruktionselementen nicht die Festigkeitswerte zugrunde gelegt werden, die unter stetiger Last- oder Verformungssteigerung (vgl. 4.1.4.) oder im Zeitstand- oder Entspannungsversuch (vgl. 4.1.5.) ermittelt wurden. Wiederholte Beanspruchung kann bei geringeren Spannungen oder Verformungen als bei ruhender Beanspruchung ein Versagen von Bauteilen herbeiführen.

Das Verhalten von Werkstoffen bei schwingender Beanspruchung wird in Dauerschwingversuchen (vgl. DIN 50100) ermittelt. Sie können an Probekörpern oder Bauelementen durchgeführt werden. Diesen wird ein meist angenähert sinusförmiger Beanspruchungsverlauf aufgezwungen.

Man unterscheidet *drei Versuchsarten*, je nachdem ob die aufgezwungene und zeitlich konstant gehaltene Beanspruchung eine Kraft oder eine Verformung ist, oder ob der Körper mit einer bestimmten, gleichbleibenden Arbeit beaufschlagt wird. In Bild 4.1.8–1 sind die wichtigsten Begriffe und Zeichen des Dauerschwingversuches erläutert. Bei Tor-

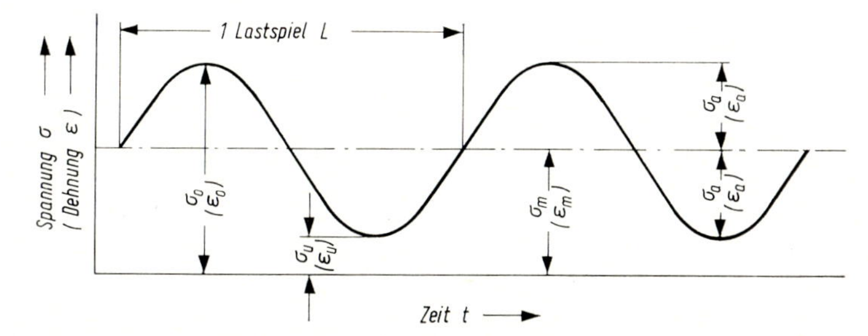


Bild 4.1.8–1 Begriffe und Zeichen des Dauerschwingversuches.

$\sigma_o \mathrel{\hat{=}}$ Oberspannung, größter Absolutwert der Spannung, $\varepsilon_o \mathrel{\hat{=}}$ Oberdehnung
$\sigma_u \mathrel{\hat{=}}$ Unterspannung, kleinster Absolutwert der Spannung, $\varepsilon_u \mathrel{\hat{=}}$ Unterdehnung
$\sigma_m \mathrel{\hat{=}}$ Mittelspannung $= 0{,}5\,(\sigma_o + \sigma_u)$, $\varepsilon_m \mathrel{\hat{=}}$ Mitteldehnung
$\sigma_a \mathrel{\hat{=}}$ Spannungsausschlag $= \pm\,0{,}5\,(\sigma_o - \sigma_u)$, $\varepsilon_a \mathrel{\hat{=}}$ Dehnungsausschlag

$L \mathrel{\hat{=}}$ Lastspiel, eine volle Schwingung der Beanspruchung um die ruhend zu denkende Mittelspannung. $n \mathrel{\hat{=}}$ Lastspielfrequenz, Zahl der Lastspiele in der Zeiteinheit, Einheit Hz $= 1/\mathrm{s}$. $N \mathrel{\hat{=}}$ Lastspielzahl

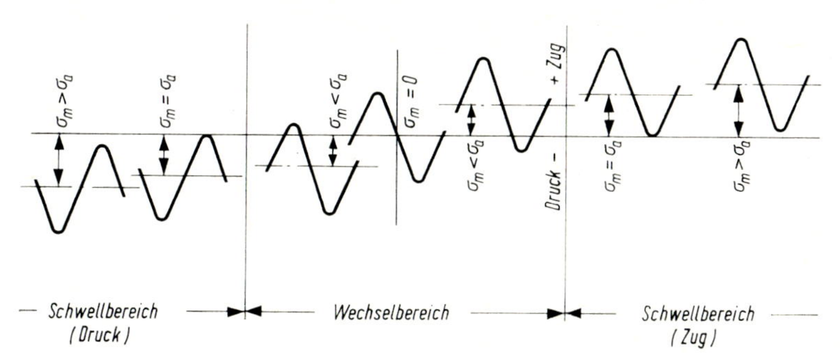


Bild 4.1.8–2 Beanspruchungsbereiche beim Dauerschwingversuch

sionsbeanspruchung werden die Zeichen $\sigma$ oder $\varepsilon$ durch $\tau$ bzw. $\gamma$ ersetzt. Der zeitliche Beanspruchungsverlauf wird durch die Angabe von 2 Spannungs- bzw. Dehnungswerten und der Lastspielfrequenz vollständig beschrieben.

Je nach Größe von $\sigma_m (\varepsilon_m)$ und $\sigma_a (\varepsilon_a)$ kann man drei *Bereiche der Beanspruchung* wählen: den Wechselbereich, den Zug- und den Druckschwellbereich, vgl. Bild 4.1.8–2.

Beim Dauerschwingversuch unterscheidet man wie beim Kurzzeit- oder Zeitstandversuch verschiedene *Beanspruchungsarten*: Zug, Druck, Biegung (Flach- oder Umlaufbiegung), Torsion oder kombinierte Beanspruchung.

### 4.1.8.2. *Allgemeine theoretische Grundlagen*

Die metallischen Konstruktionswerkstoffe verhalten sich bei normalen Temperaturen und Beanspruchungen im wesentlichen rein elastisch, d. h. aufgebrachte Verformungen gehen nach der Entlastung auf Null zurück, eine Umwandlung mechanischer Energie in Wärmeenergie findet praktisch nicht statt. Die Kunststoffe dagegen gehören zu den viskoelastischen Werkstoffen, deren andersartiges Verhalten (vgl. 4.1.1. bis 4.1.5.) bei der Durchführung und Auswertung von Dauerschwingversuchen berücksichtigt werden muß. Wesentliche Unterschiede zum Stahl ergeben sich durch die größere Zeit- und Temperaturabhängigkeit der mechanischen Eigenschaften sowie die um zwei bis drei Zehnerpotenzen größere innere Werkstoffdämpfung (vgl. 4.1.3.2.). Hinzu kommt, daß die Wärmeabfuhr durch die bedeutend geringere Wärmeleitfähigkeit erschwert wird. Tabelle 1 zeigt eine Gegenüberstellung der für das Erwärmungsverhalten wichtigen Kenndaten.

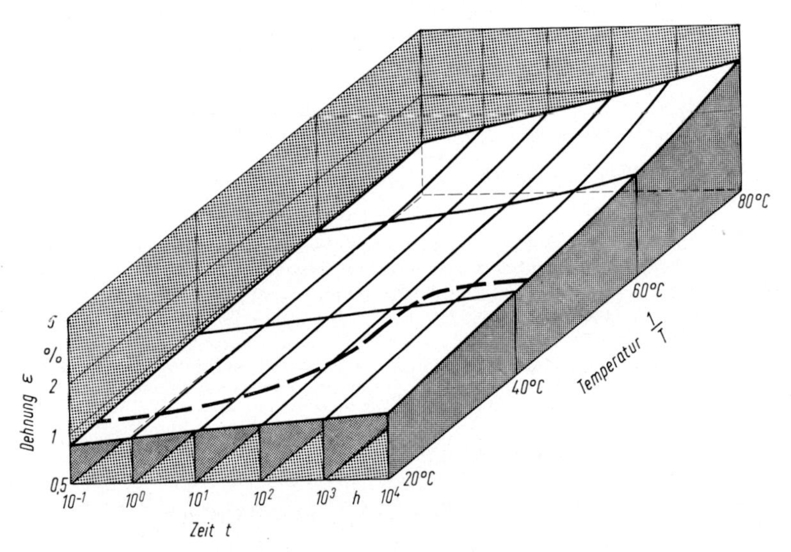


Bild 4.1.8–3 Zeit- und Temperaturabhängigkeit der Dehnung beim Zeitstand–Zugversuch an PC. Zugspannung $\sigma = 200\ \text{kp/cm}^2$, — — — schematischer Verlauf der Mittel-Dehnung beim Dauerschwingversuch

In Bild 4.1.8–3 ist die Zeit- und Temperaturabhängigkeit der im Zeitstand-Zugversuch nach DIN 53444 ermittelten Dehnung von Polycarbonat bei einer Zugspannung von $200\ \text{kp/cm}^2$ in einer räumlichen Darstellung wiedergegeben. Beim spannungsgesteuerten Dauerschwingversuch z. B. im Zugschwellbereich wird der Probekörper allein unter dem Einfluß der konstant gehaltenen Mittelspannung $\sigma_m$ von z. B. $200\ \text{kp/cm}^2$ eine zunehmende

Mitteldehnung $\varepsilon_m$ aufweisen. Bei konstanter Probekörpertemperatur bewegt man sich also auf einer Schnittkurve der in Bild 4.1.8–3 dargestellten Fläche mit Ebenen parallel zur $\varepsilon$, $t$-Ebene. Der zur Erzeugung des Spannungsausschlages benötigte Dehnungsausschlag wird unter diesen Bedingungen konstant bleiben, solange keine mechanische Schädigung des Werkstoffs eintritt.

Eine exakte Konstanthaltung der Probekörpertemperatur ist bei Dauerschwingversuchen in den meisten Fällen jedoch wegen der hohen Dämpfung der Kunststoffe nicht möglich, vgl. auch weiter unten. Als Folge des der Mittelspannung $\sigma_m$ überlagerten Spannungsausschlages $\sigma_a$ wird sich der Probekörper erwärmen und der Elastizitätsmodul abfallen, so daß die Mitteldehnung etwa den in Bild 4.1.8–3 gestrichelt eingezeichneten Verlauf nehmen kann. Auch der Dehnungsausschlag wird größer. Zur Konstanthaltung von Mittelspannung und Spannungsausschlag kann deshalb eine beträchtliche Nachstellung der Mitteldehnung und des Dehnungsausschlages erforderlich werden.
Ähnliche Überlegungen lassen sich für den dehnungsgesteuerten Dauerschwingversuch anstellen. Die zur Aufrechterhaltung der Mitteldehnung erforderliche Mittelspannung wird mit der Zeit abfallen, da der Kunststoff relaxiert. Infolge der Erwärmung des Probekörpers durch innere Dämpfung wird dieser Mittelspannungsabfall beschleunigt und auch ein Abfall des Spannungsausschlages stattfinden.

Beim Dauerschwingversuch mit $\varepsilon_m$ bzw. $\sigma_m \neq 0$ werden auf den Probekörper zwei unterschiedliche Beanspruchungen aufgebracht:

a) Die zeitlich konstante Mitteldehnung bzw. Mittelspannung bedeutet eine Zeitstandbeanspruchung. Die Reaktion des Probekörpers auf diese Beanspruchung kann durch die in Abschnitt 4.1.2.1. beschriebenen Relaxations- und Kriechmodul-Zeit-Funktionen abgeschätzt werden.
b) Dieser statischen Beanspruchung überlagert sich als dynamische Beanspruchung der Dehnungs- bzw. Spannungsausschlag, der für das Erwärmungsverhalten des Probekörpers entscheidend ist.

Diese Zusammenhänge sollen im folgenden erläutert werden, vgl. auch [1].

### 4.1.8.3. *Abschätzung des Erwärmungsverhaltens beim Dauerschwingversuch*

Bei sinusförmiger Beanspruchung erhält man für die je Volumeneinheit aufzubringende Arbeit $W$ das Integral:

$$W = \int \sigma_a \cdot \varepsilon_a \cdot \sin(\omega t + \delta) \cdot \omega \cdot \cos \omega t \cdot \mathrm{d}t \tag{1}$$

$\sigma_a$ und $\varepsilon_a$ = Spannungs- bzw. Dehnungsausschlag
$\delta$ = Phasenverschiebung zwischen $\sigma$ und $\varepsilon$, Verlustwinkel
$\omega$ = Winkelgeschwindigkeit
$t$ = Zeit

Die Lösung dieses Integrals zwischen den Grenzen $a$ und $b$ lautet:

$$W = \frac{1}{2}\, \sigma_a \cdot \varepsilon_a \left[ \cos\delta \cdot \sin^2 \omega t + \sin\delta \cdot \left( \frac{1}{2} \sin 2\omega t + \omega t \right) \right]_{t=a}^{b} \tag{2}$$

$$W = W' + W''$$

Der erste Summand $W'$ gibt die sog. Speicherarbeit wieder, die bei einem ganzzahligen Vielfachen von $\pi/\omega$ als Integrationsbereich 0 wird. Sie ist die elastisch gespeicherte Arbeit, die bei der Entlastung wieder als nutzbare mechanische Arbeit frei wird. Der zweite Summand $W''$ gibt die Verlustarbeit wieder. Sie ist der Teil der Gesamtarbeit, der bei der Entlastung nicht mehr als mechanische Energie zurückgewonnen werden kann und in

Wärme umgewandelt wird. Die Verlustarbeit setzt sich aus einem mit der Zeit linear zunehmenden Betrag ($\sim\omega \cdot t$) und einem sinusförmigen Betrag ($\sim \sin 2\omega t$) zusammen. Bei der Berechnung der Verlustarbeit kann man auf den letzteren Betrag verzichten, da er nur bei sehr geringen Frequenzen als pulsierender Wärmestrom merkbar in Erscheinung tritt.

Setzt man in Gleichung (2) als Integrationsbereich ein Lastspiel ein, so erhält man die volumenspezifische Verlustarbeit je Lastspiel:

$$W'' = \sigma_a \cdot \varepsilon_a \cdot \pi \cdot \sin\delta \tag{3}$$

oder die Verlustarbeit je Zeiteinheit:

$$\dot{W}'' = \sigma_a \cdot \varepsilon_a \cdot n \cdot \pi \cdot \sin\delta \tag{4}$$

$n$ = Lastspielfrequenz

Für die bei Kunststoffen üblichen Verlustwinkel bis etwa 15° kann man $\sin\delta \approx \tan\delta = d$ setzen und erhält damit eine Größe, die üblicherweise in der Literatur angegeben wird.

*Tabelle 4.1.8–1 Kennwerte für das Erwärmungsverhalten*

| Werkstoff | Dämpfung $\tan\delta$ 20 °C | Dämpfung $\tan\delta$ 60 °C | Wärmeleitfähigkeit $\lambda$ [cal/cm · s · grd] $\cdot 10^4$ | Temperaturleitzahl $\alpha = \frac{\lambda}{c_p \cdot \varrho}$ [cm²/s] $\cdot 10^3$ |
|---|---|---|---|---|
| ABS | 0,015 | 0,028 | 4,2 | 1,2 |
| PC | 0,008 | 0,010 | 5,6 | 1,6 |
| PE weich | 0,17 | 0,06 | 8,4 | 1,9 |
| PMMA | 0,08 | 0,10 | 4,6 | 1,1 |
| POM | 0,014 | 0,015 | 9,7 | 2,1 |
| PP | 0,07 | 0,07 | 5,5 | 1,1 |
| PS III | 0,013 | 0,028 | 3,9 | 1,2 |
| PVC hart | 0,018 | 0,025 | 4,0 | 1,2 |
| PTFE | 0,075 | 0,06 | 5,0 | 1,0 |
| PF Typ 31 | 0,016 | 0,022 | 7,9 | 1,9 |
| MF Typ 152 | 0,016 | 0,022 | 9,7 | 1,5 |
| | 20 °C | | | |
| Stahl | 0,00002 bis 0,001 | | 1200 | 140 |
| Kupfer | 0,0001 bis 0,0002 | | 9500 | 1160 |

Der Verlustfaktor ist nun keineswegs von der Temperatur unabhängig, wie bereits die Tabelle 4.1.8–1 zeigt, vgl. auch Abschnitt 4.1.3.2. Ebenso kann sich die Beanspruchungsgröße $\sigma_a \cdot \varepsilon_a$ mit der Temperatur ändern. Durch Umwandlung der Gleichung (4) erhält man für die drei hauptsächlichen dynamischen Beanspruchungsarten folgende Gleichungen für die Verlustarbeit:

a) Dynamische Stoßversuche mit konstantem Arbeitsangebot, d.h. $\sigma_a \cdot \varepsilon_a$ = konst.

$$\dot{W}'' \approx \sigma_a \cdot \varepsilon_a \cdot n \cdot \pi \cdot \tan\delta \tag{5}$$

b) Spannungsgesteuerter Dauerschwingversuch, d.h. $\sigma_a$ = konst.

$$\dot{W}'' \approx \sigma_a^2 \cdot n \cdot \pi \cdot \tan\delta / E' \tag{6}$$

$E'$ = Realteil des Elastizitätsmoduls

c) Dehnungsgesteuerter Dauerschwingversuch, d. h. $\varepsilon_a$ = konst.

$$\dot{W}'' = \varepsilon_a^2 \cdot n \cdot \pi \cdot E' \cdot \tan\delta \tag{7}$$

Unter der Annahme, daß keine Wärme von der Probe an die Umgebung abgegeben wird, errechnet sich die Temperaturanstiegsgeschwindigkeit nach der Gleichung:

$$\dot{\vartheta} = \frac{d\vartheta}{dt} = \frac{1}{\varrho \cdot c} \cdot \dot{W}'' \tag{8}$$

$\varrho$ = Dichte
$c$ = spezifische Wärme

Die Probe wird thermisch versagen, wenn an der höchstbeanspruchten Stelle die kritische Temperatur, z. B. die Erweichungstemperatur, erreicht wird.

In der Praxis wird jedoch immer Wärme abgeführt, und es kommt nur zum thermischen Versagen, wenn die durch innere Dämpfung erzeugte Wärme $\dot{W}''$ größer ist als die abgeführte Wärme $\dot{Q}$, vgl. auch [2].

Die Temperaturverteilung im Probekörperquerschnitt kann man durch einen Faktor $K$ zur Beanspruchung (Spannungs- bzw. Dehnungsausschlag, Gleichungen 5 bis 7) berücksichtigen. $K = 1$ bedeutet, daß die Temperaturverteilung bei fehlender Wärmeleitung und nicht gleichförmiger Beanspruchungsverteilung dieser gleich ist oder daß die Beanspruchung im gesamten Probekörperquerschnitt gleich groß ist. $K = 0{,}5$ entspricht einer guten Wärmeleitung bei Biegebeanspruchung, während bei möglichem Wärmestau in der Probe auch Werte $K > 1$ in Frage kommen.

Die Wärmeabgabe an die Umgebung ist:

$$\dot{Q} = \alpha \cdot f(\vartheta - \vartheta_1) \tag{9}$$

$\alpha$ = Wärmeübergangszahl
$f$ = Formfaktor: Oberfläche/Querschnitt
$\vartheta$ = Probekörpertemperatur
$\vartheta_1$ = Umgebungstemperatur

Die Bedingungen für thermisches Versagen, d. h. stetigen Anstieg der Probentemperatur,

$$\dot{W}'' > \dot{Q} \tag{10}$$

lautet dann nach Umformung für die weiter oben erwähnten 3 Beanspruchungsarten:

a) $\sigma_a \cdot \varepsilon_a$ = konst.

$$\frac{K^2 \cdot \sigma_a \cdot \varepsilon_a \cdot n \cdot \pi}{\alpha \cdot f} > \frac{\vartheta - \vartheta_1}{\tan\delta} \tag{11}$$

b) $\sigma_a$ = konst.

$$\frac{K^2 \cdot \sigma_a^2 \cdot n \cdot \pi}{\alpha \cdot f} > \frac{E'(\vartheta - \vartheta_1)}{\tan\delta} \tag{12}$$

c) $\varepsilon_a$ = konst.

$$\frac{K^2 \cdot \varepsilon_a^2 \cdot n \cdot \pi}{\alpha \cdot f} > \frac{(\vartheta - \vartheta_1)}{E' \cdot \tan\delta} \tag{13}$$

Die rechten Seiten der Gleichungen (11) bis (13) enthalten die für die Wärmeentwicklung wichtigen temperaturabhängigen Werkstoffdaten $E'$ und $\tan\delta$. Diese Werkstoffgrößen werden zweckmäßigerweise als Funktion der Temperatur $\vartheta$ mit der Umgebungstemperatur

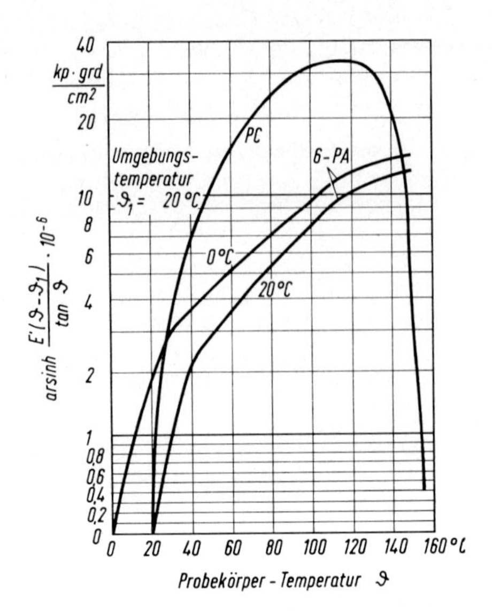


Bild 4.1.8–4 Erwärmungsverhalten beim Dauerschwingversuch. Spannungsausschlag $\sigma_a$ = konst.

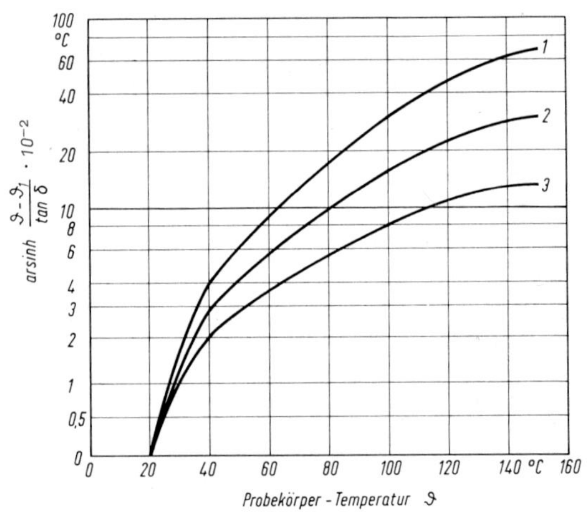


Bild 4.1.8–5 Erwärmungsverhalten von 6–PA beim Dauerschwingversuch.
Beanspruchungsarten:

Kurve 1: $\varepsilon_a$ = konst.; $\left(\dfrac{\vartheta - \vartheta_1}{E' \cdot \tan\delta}\right) \cdot E'_{20\,°C} = f(\vartheta)$

Kurve 2: $\sigma_a \cdot \varepsilon_a$ = konst.; $\dfrac{\vartheta - \vartheta_1}{\tan\delta} = f(\vartheta)$

Kurve 3: $\sigma_a$ = konst.; $\dfrac{E'(\vartheta - \vartheta_1)}{\tan\delta} \cdot \dfrac{1}{E'_{20\,°C}} = f(\vartheta)$

$\vartheta_1$ als Parameter dargestellt, vgl. Bild 4.1.8–4 und 4.1.8–5. Zur besseren Vergleichbarkeit sind in Bild 4.1.8–5 die Werkstoffgrößen für $\varepsilon_a$ und $\sigma_a$ = konst. auf den $E$-Modul bei 20 °C, $E'_{20\,°C}$, bezogen. Falls der Wert der linken Seite der Gleichungen (11) bis (13), nämlich die Beanspruchungsgröße, größer ist als der größte Wert der rechten Seite zwischen Umgebungstemperatur und Erweichungstemperatur, kommt es zu einem thermischen Versagen, d.h. der Probekörper erweicht. Man kann also die Beanspruchungsgröße errechnen, bei der ein Temperaturanstieg gerade noch zum Stillstand kommt, oder bei bekannten Beanspruchungsgrößen die sich einstellende Gleichgewichtstemperatur bestimmen. Diese ist stark vom Kunststoff und der Beanspruchungsart abhängig. Bei $\frac{E' \cdot (\vartheta - \vartheta_1)}{\tan\delta} = 10^7 \frac{\text{kp} \cdot \text{grd}}{\text{cm}^2}$ ergibt sich aus Bild 4.1.8–4 für Polycarbonat eine Probekörpertemperatur von ca. 50 °C, während sie für Polyamid bereits 120 °C beträgt. Für die Beanspruchungsgröße 0,1 °C erhält man aus Bild 4.1.8–5 für Versuche mit zeitlich konstantem Spannungsausschlag 115 °C und für Versuche mit zeitlich konstantem Verformungsausschlag 65 °C als Probekörpertemperatur. Falls eine Abschätzung der Wärmeübergangszahl $\alpha$ und des Faktors $K$ nicht möglich ist, kann der Wert für $K^2/\alpha$ durch eine Testserie bei festen Parametern $n$, $f$ und $\vartheta_1$ ermittelt und dann zur Berechnung ähnlicher Beanspruchungsfälle mit anderen Parametern benutzt werden. Nach [1] ist nämlich der Wert $K^2/\alpha$ weitgehend unabhängig von $n, f$ und $\vartheta_1$.

Die bisherigen Ausführungen gelten für sinusförmigen Beanspruchungsverlauf. Priss [3] hat Faktoren $\frac{\dot{W}''}{\dot{W}''_{\text{sin}}}$ theoretisch abgeleitet und experimentell bestätigt, mit deren Hilfe die Gleichungen (5) bis (7) auch für nichtsinusförmige Beanspruchung anwendbar werden, vgl. Bild 4.1.8–6.

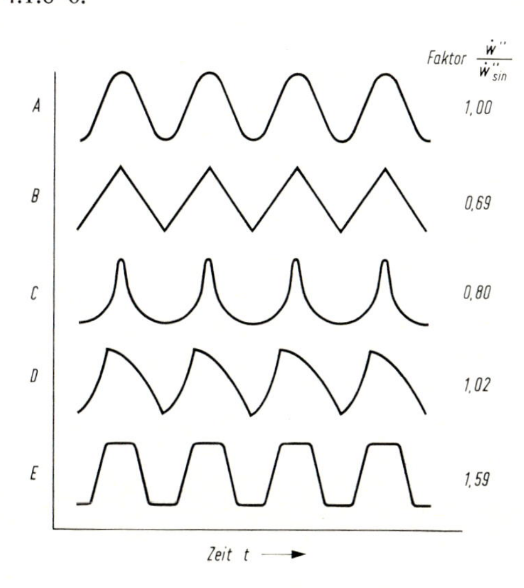


Bild 4.1.8–6 Verlustarbeit beim Dauerschwingversuch und verschiedenen Beanspruchungsverläufen

### 4.1.8.4. *Prüfverfahren und Prüfeinrichtungen*

Aus den bisherigen Ausführungen geht hervor, daß zur Durchführung von Dauerschwingversuchen nicht in jedem Fall die für die Prüfung von Metallen eingesetzten Maschinen geeignet sind. Die Frage des Kraftmeßbereiches spielt dabei eine untergeordnete Rolle, da dieser leicht an die weniger festen Kunststoffe angepaßt werden kann. Wichtiger ist, daß die Maschinen die Aufbringung größerer Verformungen gestatten und bei Lastspielzahlen arbeiten, die eine allzu starke Erwärmung des Probekörpers vermeiden.

Bei Versuchen mit zeitlich konstanter Verformungsbeanspruchung, die auf einfachen Exzentermaschinen durchgeführt werden, muß die Prüfanordnung eine möglichst hohe Federkonstante aufweisen, damit bei einem Abfall der von der Probe aufgenommenen Kraft die Verformung nicht zunimmt. Im anderen Fall bei zeitlich konstanter Spannungsbeanspruchung ist eine im Vergleich zum Probekörper geringe Federkonstante zweckmäßig, vgl. auch 4.1.8.4.4. In jedem Fall sollten die nicht konstant gehaltenen Versuchsparameter wie Mittelspannung und Spannungsausschlag bzw. Mitteldehnung und Dehnungsausschlag und außerdem die Probekörpertemperatur als Funktion der Lastspielzahl gemessen werden.

Da bei Kunststoffen trotz sinusförmigen Antriebes der Spannungs- oder Dehnungsverlauf in der Probe nicht unbedingt auch sinusförmig sein muß, hat sich zur Bestimmung der Spannungs- und Dehnwerte eine in [4] beschriebene Rechenschaltung bewährt. Mit dieser können Mittel- und Ausschlagswert der Beanspruchung bis herunter zu Lastspielfrequenzen von ca. 2 Hz ermittelt werden. Die Temperaturmessung kann mit Infrarot-Thermometern oder mit Thermoelementen, die mit leichtem Federdruck an der Probe anliegen, erfolgen. In beiden Fällen wird nur die Oberflächentemperatur gemessen. Eine Einführung von Thermoelementen in die Probenmitte führt in jedem Fall zu einem vorzeitigen Versagen der Probe.

Im folgenden sollen ohne Anspruch auf Vollständigkeit einige häufig benutzte Verfahren beschrieben werden. Hierbei muß der Frage der Aussagekraft des Ergebnisses insofern besondere Aufmerksamkeit geschenkt werden, als die Art des Versagens vom Prüfverfahren abhängen kann. Wie weiter oben bereits geschildert, kann bei Kunststoffen neben dem bei Metallen üblichen Versagen infolge Rißentstehung und Rißfortpflanzung ein thermisches Versagen eintreten.

#### 4.1.8.4.1. *Dauerschwingversuch unter Biegebeanspruchung an Flachproben mit zeitlich konstantem Verformungsausschlag*

Das Bild 4.1.8–7 zeigt schematisch eine Prüfmaschine PWON der Fa. Schenck, Darmstadt, mit der Flachbiegeversuche mit konstantem Verformungsausschlag in allen Beanspruchungsbereichen durchgeführt werden können. Die rechte Einspannklemme der Probe stützt sich über zwei Lenkfedern auf der Antriebsschwinge ab. Antriebs- und Meßschwinge sind in der Höhe der Probenmitte drehbar gelagert. Die Antriebsschwinge wird über eine Pleuelstange von einem in der Höhe verstellbaren Exzenter angetrieben. Die Meßschwinge stützt sich auf einer Dynamometerfeder ab, deren Verformung ein Maß für das übertragene Biegemoment und damit für den Spannungsausschlag darstellt. Die

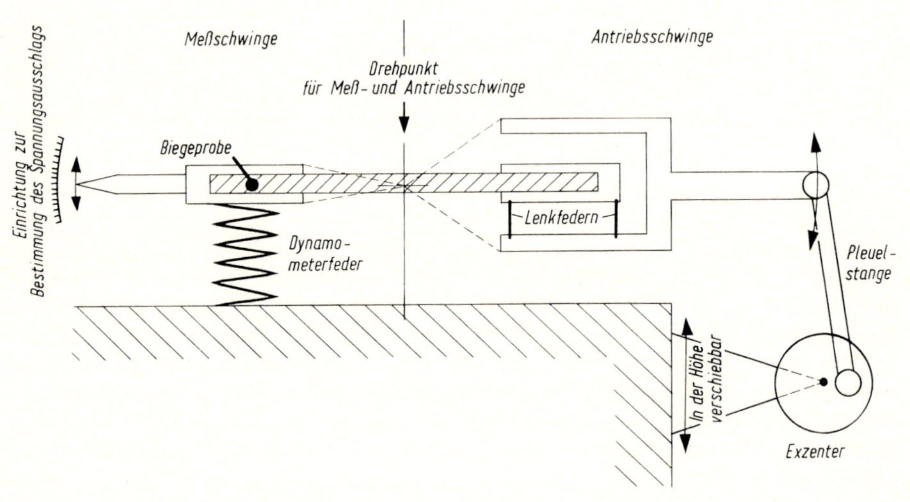


Bild 4.1.8–7 Prüfvorrichtung für Dauerschwingversuche unter Biegebeanspruchung mit zeitlich konstantem Verformungsausschlag

Bilder 4.1.8–8 bis 4.1.8–10 zeigen an PMMA im Wechselbereich ermittelte Meßergebnisse [5].

Der Spannungsausschlag $\sigma_a$ fällt in dem Maße ab, wie die Oberflächentemperatur ansteigt, Bild 4.1.8–8. Zunächst ändern sich diese Meßgrößen nur allmählich. Bei geringen Beanspruchungen kann es zu einer Konstanz von Temperatur und Spannungsausschlag kommen, d.h. die durch die Dämpfung bedingte Wärmeentwicklung ist im Gleichgewicht mit der abgeführten Wärme. Diese Probekörper versagen durch Ausbildung eines Risses, wobei die Probekörpertemperatur durchaus oberhalb der Temperatur der Umgebung der Probe liegen kann. Bei etwa 90 °C beginnt beim PMMA eine starke Zunahme der mechanischen Dämpfung. Sobald die Oberflächentemperatur diesen Wert erreicht, steigt die Temperatur stark an. Damit fällt der Elastizitätsmodul der Probe schnell um mehrere Zehnerpotenzen ab, so daß sie nicht mehr in der Lage ist, eine Spannung aufzunehmen. Die Probe versagt thermisch durch Erweichung.

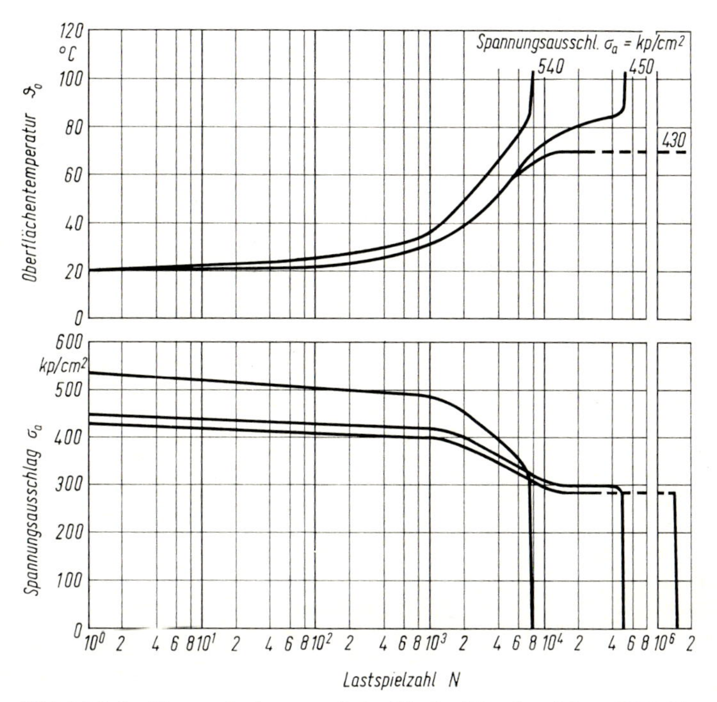


Bild 4.1.8–8 Dauerschwingversuch im Wechselbiegebereich an PMMA. Lastspielfrequenz $n = 24$ Hz, Dehnungsausschlag $\varepsilon_a$ = konst.

Das Bild 4.1.8–9 zeigt eine Wöhlerkurve des PMMA, in der die Spannungsausschläge bei der ersten Belastung und diejenigen kurz vor dem thermischen Versagen bzw. dem Bruch als Funktion der Lastspielzahl bis zum Versagen aufgetragen sind. Im Bereich des Steilabfalles bis etwa $10^5$ Lastspiele treten Warmbrüche, bei höheren Lastspielzahlen und Anfangsspannungen unterhalb 450 kp/cm² normale spröde Brüche auf. Die Wechselbiegefestigkeit für $10^8$ Lastspiele ist etwa 430 kp/cm², wenn man den Anfangs-Spannungsausschlag, jedoch nur 280 kp/cm², wenn man den Spannungsausschlag kurz vor dem Versagen zugrunde legt.

Die Temperatur der Probekörper, die mit oder unterhalb der Wechselbiegefestigkeit belastet werden, liegt beträchtlich oberhalb der Umgebungstemperatur, so daß man streng

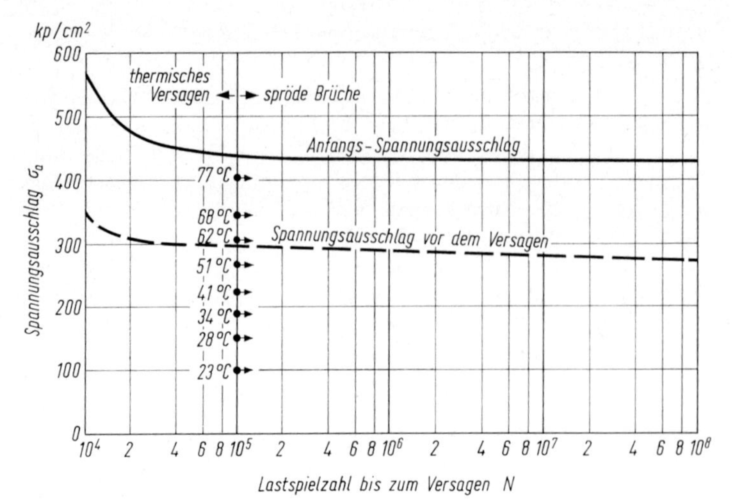


Bild 4.1.8–9 Dauerschwingversuch im Wechselbiegebereich an PMMA. Lastspielfrequenz $n = 24$ Hz, Dehnungsausschlag $\varepsilon_a$ = konst. Wöhlerkurve

genommen nicht von einem Dauerschwingversuch mit konstanter Temperatur sprechen kann. In Bild 4.1.8–9 sind für einige Spannungsausschläge zwischen 100 und 400 kp/cm$^2$ Gleichgewichtstemperaturen bei $10^5$ Lastspielen eingetragen.

Wechselbiegefestigkeit und Probekörpertemperatur sind stark von den Versuchsparametern, insbesondere der Lastspielfrequenz, abhängig.

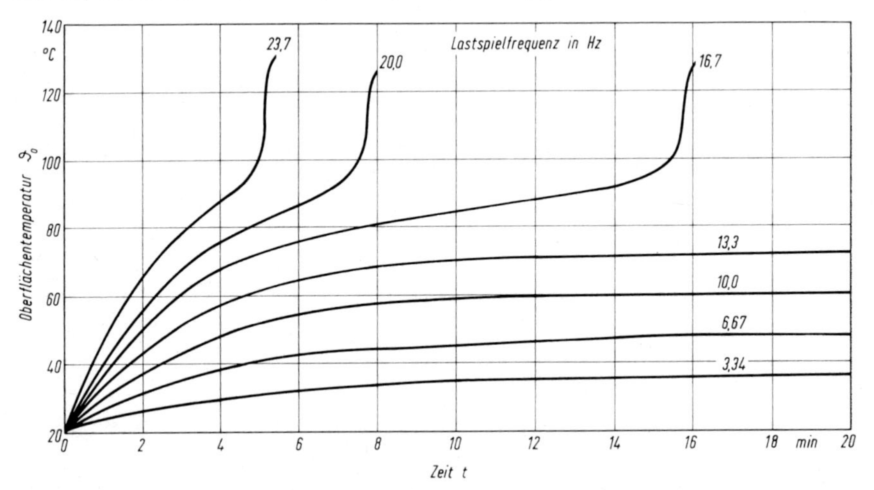


Bild 4.1.8–10 Dauerschwingversuch im Wechselbiegebereich an PPMA. Anfangsspannungsausschlag $\sigma_a$ = 550 kp/cm$^2$, Dehnungsausschlag $\varepsilon_a$ = konst.

Bild 4.1.8–10 zeigt, daß bei gleicher Anfangsspannung von 550 kp/cm$^2$ bei Frequenzen von 16,7 bis 23,7 Hz thermisches Versagen eintritt, während sich bei 13,3 Hz und geringeren Frequenzen eine konstante Oberflächentemperatur einstellt, deren Höhe mit der Frequenz zunimmt.

Eine andere Versuchsanordnung zur Durchführung von Dauerschwingversuchen unter Biegebeanspruchung mit konst. Verformungsausschlag ist in ASTM D 671-63 T beschrieben.

4.1.8.4.2. *Dauerschwingversuch im Biegewechselbereich an Flachproben mit zeitlich konstantem Spannungsausschlag*

Nach einem in ASTM D 671-63 T, Methode *B*, beschriebenen Verfahren können Biegewechselversuche mit zeitlich konstantem Spannungsausschlag durchgeführt werden. Die mit einem Unwuchtantrieb ausgerüstete sog. Sonntag-Maschine ist in [6] beschrieben.

Wie aus Bild 4.1.8–5 ersichtlich, wird bei dieser Versuchsart die Erwärmung der Probekörper bedeutend schneller erfolgen als bei zeitlich konstanter Verformungsamplitude. Das Versagenskriterium Erweichung wird deshalb bei diesem Dauerschwingversuch überwiegen, zumal für Standardversuche eine Lastspielfrequenz von 30 Hz vorgeschrieben ist.

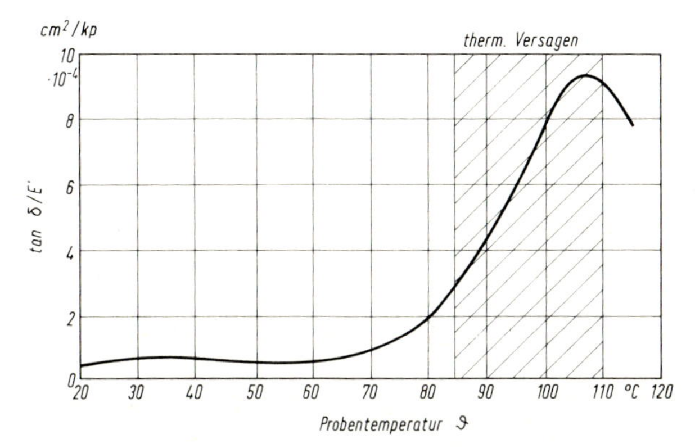


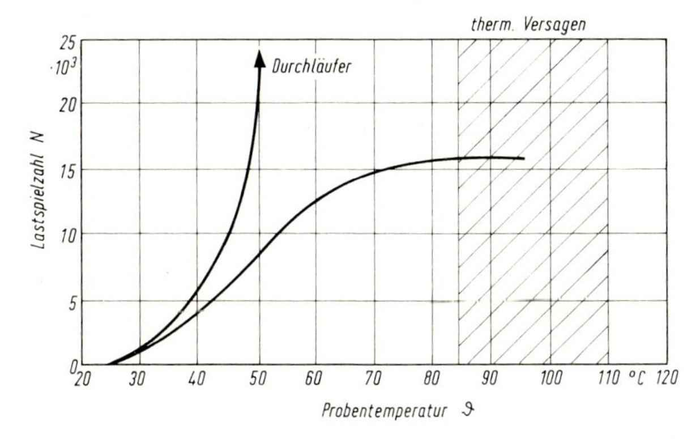


Bild 4.1.8–11 Dauerschwingversuch im Wechselbiegebereich an PCTFE. Lastspielfrequenz $n = 30$ Hz, Spannungsausschlag $\sigma_a$ = konst.

Das Bild 4.1.8–11 zeigt Versuchsergebnisse, die an PCTFE ermittelt wurden [6]. Bei diesem zähelastischen Werkstoff wurde nur ein thermisches Versagen festgestellt. Dieses tritt ein, sobald die Probekörpertemperatur in den Bereich kommt, in dem der Wert von $\tan\delta/E'$ (vgl. Gleichung 6) einem Maximum zustrebt. Erreicht die Probekörpertemperatur einen Gleichgewichtszustand, so geht die Probe auch nach hohen Lastspielzahlen nicht mehr zu Bruch, sie wird zum sogenannten Durchläufer. Dieses Prüfverfahren hat den Vorteil, daß es die in der Praxis häufig vorkommende Versuchsart zeitlich konst. Spannungsausschlag verwirklicht. Ein wesentlicher Nachteil muß jedoch in der hohen Lastspielfrequenz gesehen werden, die die Untersuchung der Sprödbruchneigung von Kunststoffen weitgehend erschwert. Außerdem ist es schwierig, den sich während des Versuchs ändernden Verformungsausschlag meßtechnisch zu erfassen.

### 4.1.8.4.3. *Dauerschwingversuch im Biegewechselbereich an Rundproben mit zeitlich konstantem Spannungsausschlag (Umlaufbiegeversuch)*

Beim Umlaufbiegeversuch, vgl. DIN 50113, wird ein Rundstab so belastet, daß das auf ihn übertragene Biegemoment über seine Länge konstant und in bezug auf die Maschine ortsfest ist. Die Probe rotiert, so daß sie im Rhythmus des Umlaufs sinusförmig wechselnden Zug- und Druckspannungen ausgesetzt wird. Die Lastspielfrequenz kann für jeden Kunststoff spezifisch so gewählt werden, daß eine Erwärmung der Probekörper praktisch nicht auftritt. Thermisches Versagen wird auf diese Weise vermieden, so daß der spröde Bruch durch Rißentstehung und Rißausbreitung das Versagenskriterium ist. Dieses Prüfverfahren eignet sich deshalb gut zum Vergleich der Schwingfestigkeiten verschiedener Kunststoffe. Bild 4.1.8–12 zeigt einige Wöhlerkurven als Beispiel [7].

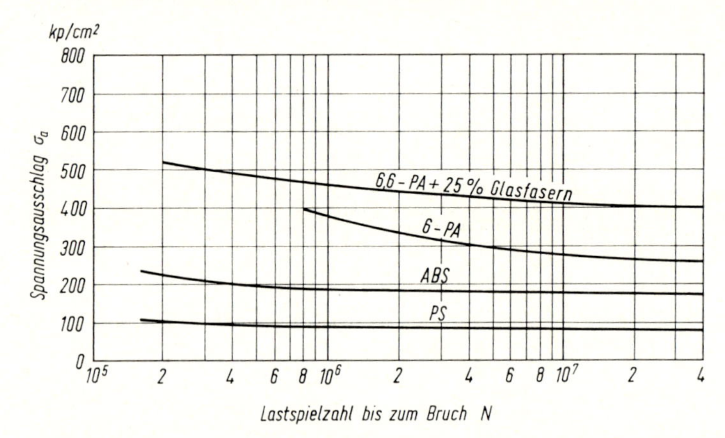


Bild 4.1.8–12 Dauerschwingversuch im Wechselbiegebereich mit umlaufender Rundprobe, Wöhlerkurven. Lastspielfrequenz $n$: unterschiedlich zur Vermeidung von Erwärmung, Spannungsausschlag $\sigma_a$ = konst.

### 4.1.8.4.4. *Dauerschwingversuch unter Zug-Druck-Beanspruchung*

Bei Dauerschwingversuchen unter Zug-Druck-Beanspruchung wird im Gegensatz zu den bisher beschriebenen Biegebeanspruchungen der gesamte Probekörperquerschnitt mit der Spannung beaufschlagt, so daß ein Temperaturaufbau schneller erfolgt und damit auch Relaxationserscheinungen beschleunigt werden. Es ist deshalb besonders darauf zu achten, daß die konstant zu haltenden Größen auch wirklich während des Versuchs eingehalten werden. Am besten ist dies mit Prüfmaschinen möglich, die nach dem Prinzip der elektro-hydraulischen Folgeregelung arbeiten [8]. Mit diesen Maschinen können sowohl spannungs- wie auch dehnungsgesteuerte Versuche gefahren werden.

Bild 4.1.8–13 zeigt als Beispiel das Verhalten einer GF-PA-Probe bei Beanspruchung im Zug-Schwellbereich. Spannungsausschlag und Mittelspannung wurden konstant gehalten. Die Oberflächentemperatur steigt zunächst allmählich, nach $1{,}2 \cdot 10^5$ Lastspielen steil an. Unter dem Einfluß der konstanten Mittelspannung von 380 kp/cm² nimmt die Mitteldehnung zunächst entsprechend der gestrichelt eingezeichneten Zeitdehnlinie aus dem Zeitstand-Zugversuch für 25 °C zu. Mit zunehmender Probekörpertemperatur nimmt die Dehngeschwindigkeit jedoch stärker zu als beim statischen Zugversuch. Auch

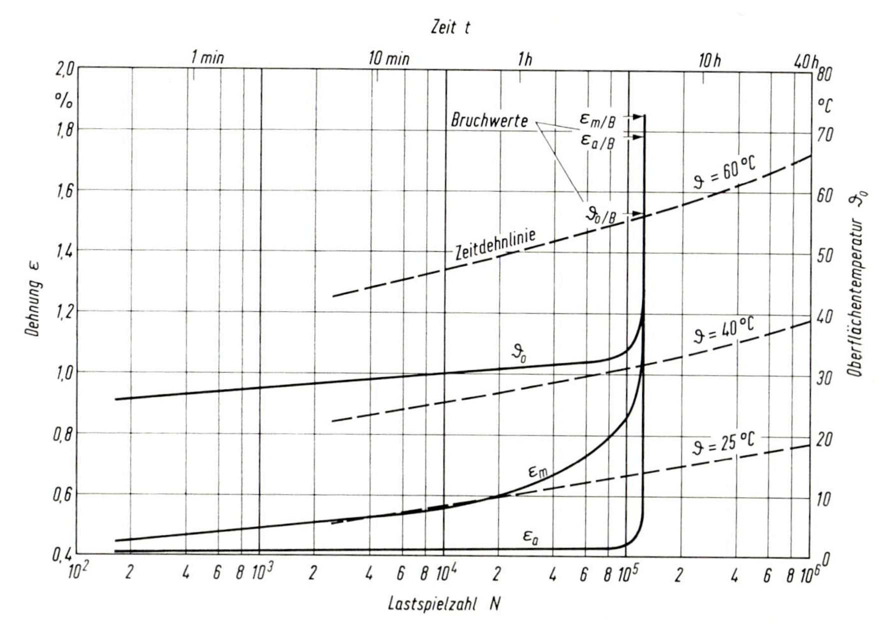


Bild 4.1.8–13 Dauerschwingversuch im Zugschwellenbereich an GF–PA. Lastspielfrequenz $n = 7$ Hz, Spannungsausschlag $\sigma_a = 360$ kp/cm², Mittelspannung $\sigma_m = 380$ kp/cm², --- Zeitdehnlinie aus dem Zeitstand–Zugversuch bei $\sigma = 380$ kp/cm²

zur Konstanthaltung des Spannungsausschlags wird jetzt ein größerer Dehnungsausschlag $\varepsilon_a$ erforderlich. Nach $1{,}2 \cdot 10^5$ Lastspielen kommt es zum thermischen Versagen des Probekörpers.

Aus Bild 4.1.8–13 ersieht man, daß bei Dauerschwingversuchen im Schwellbereich, d.h. außerhalb des reinen Wechselbereiches, die Konstanthaltung der Mittelspannung den größeren Nachregelbetrag gegenüber der Konstanthaltung des Spannungsausschlages erfordert. Hieraus folgt, daß auch einfachere Exzentermaschinen statt der sehr aufwendigen

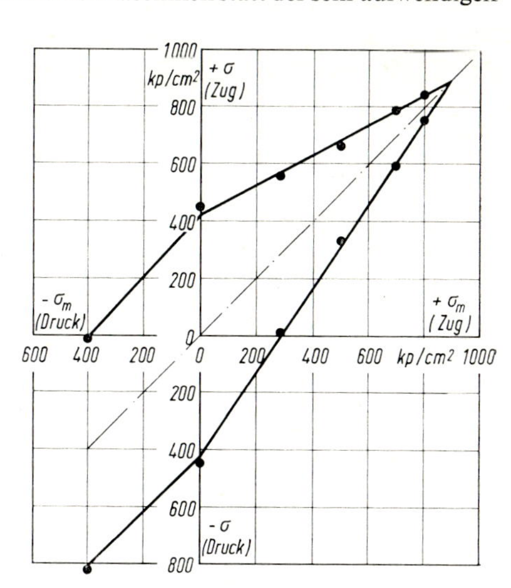


Bild 4.1.8–14 Dauerschwingversuch unter Zug–Druck-Beanspruchung an GF–6–PA, Smith-Diagramm. Lastspielfrequenz $n = 7$ Hz, Grenzlastspielzahl bis zum Bruch $N = 10^7$, Spannungsausschlag $\sigma_a =$ konst., Mittelspannung $\sigma_m =$ konst.

Maschinen mit Folgeregelung für Dauerschwingprüfungen eingesetzt werden können. In [9] ist eine solche Maschine beschrieben, die ohne Nachstellung des Exzenterhubes während der Prüfung durch Einsatz von elastischen Zwischengliedern eine Prüfung mit quasikonstantem Spannungsausschlag gestattet. Die Mittelspannung wird durch Verschieben der festen Einspannklemme entweder motorisch oder von Hand von Zeit zu Zeit nachgeregelt.

Dauerschwingversuche unter Zug-Druck-Beanspruchung sind besonders geeignet, das Verhalten der Kunststoffe in allen Bereichen der Beanspruchung zu untersuchen. Für jeden Beanspruchungsbereich erhält man eine Wöhlerkurve mit der Mittelbeanspruchung als Parameter, aus der man den Ausschlag der Beanspruchung ermitteln kann, der z.B. nach einer Grenzlastspielzahl von $10^7$ zum Bruch führt. Diese Werte werden in einem Festigkeitsschaubild nach Smith (vgl. DIN 50100 und [10]) eingetragen, siehe Bild 4.1.8–14. Man erkennt, daß mit zunehmender Mittelspannung der ertragene Spannungsausschlag geringer wird. Die Spitzen des Smith-Diagramms geben die Zeitstandzug- bzw. -druckfestigkeit für eine Zeitdauer wieder, die der Lastspielfrequenz bis zum Bruch entspricht. Für den Wechsel- und Druckbereich wird die Meßstrecke des Probekörpers durch eine Stützvorrichtung so abgestützt, daß sie nicht ausknicken kann, vgl. [11]. Hierdurch wird es möglich, die gleichen schlanken Probekörper wie für den Zugbereich zu verwenden.

### 4.1.8.5. *Einflußgrößen auf das Schwingverhalten*

#### 4.1.8.5.1. *Verarbeitungseinflüsse*

In Abschnitt 2.5. wird gezeigt, daß die Verarbeitungsparameter bei der Herstellung von Fertigteilen die Eigenschaften sehr stark beeinflussen können. Dies trifft in besonderem Maße für das Dauerschwingverhalten zu. So zeigen Probekörper aus gepreßten PS- und SAN-Platten im allgemeinen geringere Wechselbiegefestigkeiten als Spritzlinge. Allerdings muß hierbei der Oberflächeneinfluß von der mechanischen Bearbeitung der Preßplatten her berücksichtigt werden. Systematische Untersuchungen zu diesem Thema sind noch nicht bekanntgeworden, so daß man nur allgemein sagen kann, daß alle Faktoren, die die Zähigkeit eines Kunststoffs verringern, sich auch ungünstig auf das Dauerschwingverhalten auswirken werden.

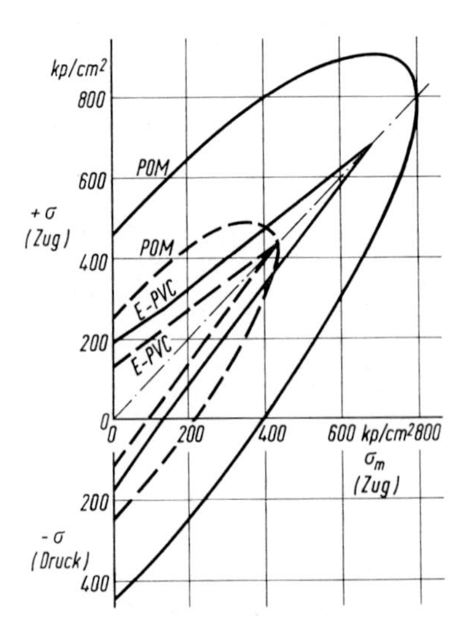


Bild 4.1.8–15 Dauerschwingversuch, Smith-Diagramm. Lastspielfrequenz $n = 10$ Hz, Grenzlastspielzahl bis zum Bruch $N = 10^7$, Spannungsausschlag $\sigma_a \approx$ konst., Mittelspannung $\sigma_m \approx$ konst., Beanspruchungsart: —— Biegung, – – – Zug–Druck

4.1.8.5.2. *Beanspruchungsart*

Die in der Praxis am häufigsten vorkommenden Beanspruchungsarten sind Biegung und Zug/Druck. Bei Biegebeanspruchung tritt die nominelle Belastung nur in den äußeren Randfasern auf, während die neutrale Faser nicht beansprucht wird. Hieraus folgt, daß bei gleicher Nennspannung die volumenspezifische Arbeit nur halb so groß ist wie bei Zug/Druck-Beanspruchung. Damit ist auch die Verlustarbeit beim Biegeversuch geringer als beim Zug/Druckversuch, so daß thermisches Versagen bei der letzteren Beanspruchungsart bevorzugt auftritt, vgl. auch Abschnitt 4.1.8.3.

Auch im Hinblick auf den Sprödbruch bedeutet der Zug/Druckversuch eine härtere Beanspruchung als der Biegeversuch. Der Sprödbruch geht in der Regel von Fehlstellen aus, an denen ein Riß entsteht. Die Wahrscheinlichkeit, daß sich eine Fehlstelle in dem mit der Nennspannung beaufschlagten Querschnittelement befindet, ist beim Biegeversuch wesentlich geringer. Außerdem wird ein Anriß in der Zugzone einer Biegeprobe sich nicht so schnell fortpflanzen, da die mit geringerer Spannung beaufschlagte Umgebung des Risses eher in der Lage ist, für einen Spannungsausgleich zu sorgen als bei einer Zugprobe mit gleicher Spannungsverteilung über den ganzen Querschnitt.

Das Bild 4.1.8–15 [12] zeigt deutlich die geringere Belastbarkeit unter Zug/Druck-Beanspruchung gegenüber Biegebeanspruchung. Die Überhöhungen über die Zeitstandfestigkeiten hinaus in den Smith-Diagrammen des POM sind darauf zurückzuführen, daß sich die Probekörper stark erwärmten und deshalb der Spannungsausschlag nicht exakt konstant gehalten werden konnte.

4.1.8.5.3. *Versuchsart*

In Abschnitt 4.1.8.3., Bild 4.1.8–5, wird dargelegt, daß bei der Versuchsart „zeitlich konstante Spannungsbeanspruchung“ die Wärmeentwicklung schneller erfolgt als bei „zeitlich konstanter Verformungsbeanspruchung“. Im ersten Fall wird es also bereits bei geringeren Anfangsspannungen zum thermischen Versagen kommen. Über das thermische Verhalten hinaus sind diese beiden häufig vorkommenden Versuchsarten nur schwer vergleichbar, da sie ganz unterschiedliche Praxisbeanspruchungen simulieren sollen.

4.1.8.5.4. *Prüffrequenz*

Die Erwärmung des Probekörpers ist direkt proportional der Frequenz. Von ihrer Höhe kann es abhängen, ob thermisches Versagen, vgl. Bild 4.1.8–10, oder Sprödbruch eintritt. Über das Erwärmungsverhalten beeinflußt die Prüffrequenz ganz wesentlich den Verlauf der während des Schwingversuches nicht konstant gehaltenen Größen $\varepsilon_a$ und $\varepsilon_m$ bzw. $\sigma_a$ und $\sigma_m$.

Kann für eine isotherme Versuchsdurchführung gesorgt werden, so beeinflußt die Frequenz ebenfalls das Schwingverhalten. Mit zunehmender Frequenz und damit abnehmender Versuchsdauer werden sich die Spitzen der Smith-Diagramme, vgl. Bilder 4.1.8–14 und 4.1.8–15, vom Koordinatenursprung entfernen und damit die Kurven weiter nach außen verlagern. Die Schwingfestigkeit wird also mit zunehmender Frequenz ebenfalls zunehmen.

4.1.8.5.5. *Lastspielzahl*

Je höher die Lastspielzahl bis zum Versagen sein soll, um so geringer muß die Beanspruchung gewählt werden. Im Bereich niedriger Lastspielzahlen unterhalb ca. $10^5$ fällt die zulässige Beanspruchung mit zunehmender Lastspielzahl schnell ab, vgl. Bild 4.1.8–9. In diesem Bereich überwiegt das thermische Versagen. Bei hohen Lastspielzahlen nimmt die

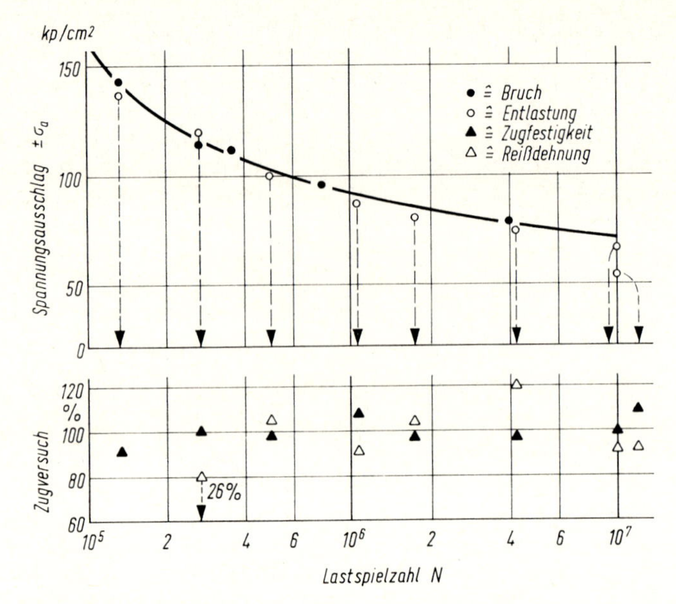


Bild 4.1.8–16 Dauerschwingversuch im Zugschnellbereich an CP, Wöhlerkurve. Lastspielfrequenz $n = 7$ Hz, Spannungsausschlag $\sigma_a$ = konst., Unterspannung $\sigma_u \approx 0$

ertragbare Beanspruchung nur noch sehr wenig ab, so daß man bei $10^7$ Lastspielen nahezu von einer Dauerschwingfestigkeit sprechen könnte, d.h. von einer Beanspruchung, die „unendlich oft" ohne Versagen ertragen wird.

Für diese Annahme sprechen auch die in Bild 4.1.8–16 wiedergegebenen Versuchsergebnisse. Bei diesem Dauerschwingversuch wurde ein Teil der Probekörper kurz vor dem erwarteten Bruch sowie die nach $10^7$ Lastspielen noch nicht gebrochenen Probekörper aus

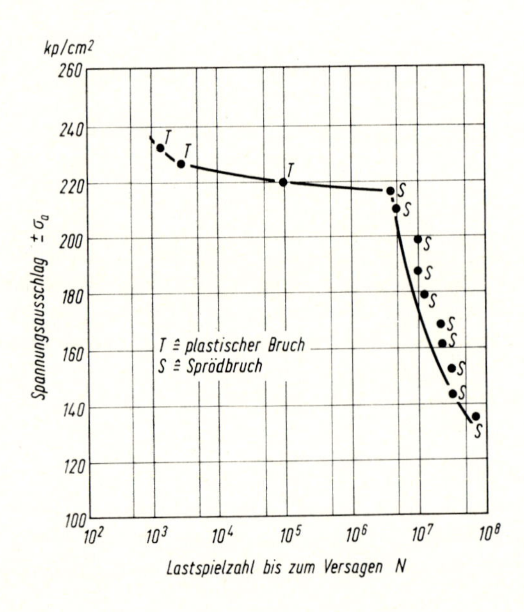


Bild 4.1.8–17 Dauerschwingversuch im Zugschwellbereich an POM, Wöhlerkurve. Lastspielfrequenz $n = 7$ Hz, Spannungsausschlag $\sigma_a$ = konst., Unterspannung $\sigma_u \approx 0$

dem Versuch genommen und an ihnen der Kurzzeitzugversuch durchgeführt. Unten in Bild 4.1.8–16 sind die ermittelten Werte in Prozent der an dynamisch unbeanspruchten Probekörpern ermittelten Werte dargestellt. Bei allen diesen Probekörpern wurden praktisch die Ausgangswerte erreicht, lediglich ein Probekörper zeigt einen Rückgang der Reißdehnung auf 26%. Dieses Ergebnis wurde auch an anderen Thermoplasten, auch an glasfaserverstärkten, bestätigt [11] und läßt erkennen, daß eine Schädigung erst unmittelbar vor dem Bruch eintritt und sich zunächst in einem Abfall der Reißdehnung äußert.

Bild 4.1.8–17 zeigt ein anderes Beispiel, bei dem nach $10^7$ Lastspielen noch keine Dauerschwingfestigkeit erreicht ist. Bei etwa $5 \cdot 10^6$ Lastspielen nimmt das Gefälle der Kurve plötzlich wieder zu. Bei der gleichen Lastspielzahl vollzieht sich auch der Übergang vom thermischen Versagen zum spröden Bruch.

Die Frage nach der Existenz einer Dauerschwingfestigkeit von Kunststoffen kann aufgrund der bisher vorliegenden Versuchsergebnisse noch nicht beantwortet werden. Es empfiehlt sich, Dauerschwingversuche möglichst bis zu $10^7$ Lastspielen durchzuführen, um in den Bereich der Sprödbrüche zu gelangen.

## Literaturverzeichnis

*Veröffentlichungen in Zeitschriften:*

1. *Oberbach, K.:* Kunststoffe *59*, 37 (1969).
2. *Constable, J., J.G. Williams* u. *D.J. Burns:* Journal Mechanical Engineering Science, *12*, 20 (1970).
3. *Priss, L.S.:* Kautschuk und Gummi – Kunststoffe *19*, 639 (1966).
4. *Praß, P.:* Materialprüfung *10*, 346 (1968).
5. *Bauer, P.:* Röhm GmbH, Darmstadt. Unveröffentlichte Meßwerte.
6. *Riddel, M.N., G.P. Koo* u. *J.L. O'Toole:* Polymer Engineering and Science *6*, 363 (1966); *7*, 182 (1967).
9. *Oberbach, K.:* Materialprüfung *6*, 313 (1964).
10. *Oberbach, K.:* Kunststofftechnik *8*, 231 (1969).
11. *Oberbach, K.:* Kunststoffe *55*, 356 (1965).

*Bücher:*

7. Anonym: BASF-Kunststoffe, Werkstoffblätter, Herausgegeben von der BASF, Ludwigshafen.
8. *Kreiskorte, H.:* Schweißtechnik. Bd. 53. Düsseldorf: Deutscher Verlag für Schweißtechnik.
12. *Taprogge, R.:* Dissertation D 82 der RWTH Aachen 1967.

## 4.1.9. **Akustisches Verhalten**

Hermann Oberst

### 4.1.9.0. *Einleitung*

Zu den akustischen Eigenschaften gehören die Kenngrößen, die für die Körperschallausbreitung in Kunststoffen charakteristisch sind (Abschn. 4.1.9.1.). Nur isotrope Stoffe sollen hier in Betracht gezogen werden. Unter der Vielzahl der Wellentypen, die in festen Körpern möglich sind, interessieren technisch vor allem die Dehn- und Biegewellen auf dünnen Stäben oder Platten, ferner die Longitudinal-(Dichte-) und die Transversal-(Schub-)wellen, die die Schallausbreitung im allseitig ausgedehnten Medium beherrschen (Abmessungen groß gegen die Wellenlängen), aber beispielsweise auch den senkrechten Schalldurchgang durch dünne, seitlich ausgedehnte Platten. Die Wellen werden charakterisiert durch die Amplituden, Wellengeschwindigkeiten und Dämpfungsgrößen. Diese Kenngrößen hängen eng mit den viskoelastischen bei schwingender Beanspruchung zusammen (siehe dazu Hauptabschn. 4.1.1. bis 4.1.3.). Sie bestimmen zusammen mit den Randbedingungen beispielsweise das Schwingungsverhalten begrenzter Platten und Stäbe (Eigen- und Resonanzfrequenzen usw., Abschn. 4.1.9.1.). Von den Wellengeschwindigkeiten, den zugehörigen Dämpfungsgrößen und der Dichte sowie von den entsprechenden Eigenschaften der äußeren Medien hängen die Schallreflexion an Kunststoffkörpern, die Schallbrechung und der Schalldurchgang ab (Abschn. 4.1.9.2.).

Bei den technischen Anwendungen der Kunststoffe spielt oft die innere Dämpfung eine besondere Rolle, die durch den Verlustfaktor charakterisiert wird (Abschn. 4.1.2.3.). Von der extrem hohen Dämpfung der amorphen Thermoplaste im Haupterweichungsbereich oberhalb der Einfriertemperatur (Abschn. 4.1.3.2. und 4.1.3.4.) wird bei der Herstellung von schwingungsdämpfenden Stoffen Gebrauch gemacht, die als dämpfende Schichten in Blechkonstruktionen Verwendung finden (Abschn. 4.1.9.3.). In der technischen Akustik spielen im übrigen Kunststoffe, besonders auch geschäumte, eine Rolle für die Schwingungsisolation und die Schalldämmung (Abschn. 4.1.9.4.), die Schaumstoffe besonders auch als Luftschallabsorptionsmittel (Abschn. 4.1.9.5.).

### 4.1.9.1. *Körperschallausbreitung in Kunststoffen* Literatur: [2, 3, 5, 8, 10]

Die Beziehungen zwischen den Geschwindigkeiten und den Dämpfungskonstanten der oben angeführten Wellen in festen Körpern und den viskoelastischen Kenngrößen bei schwingender Beanspruchung, sowie die Beziehungen dieser Kenngrößen untereinander sind ausführlich in der DVM-Broschüre [10] zusammengestellt (siehe auch Abschn. 4.1.1.2.). Aus diesen Zusammenhängen folgen Gegebenheiten, deren Kenntnis für die Beurteilung der akustischen Eigenschaften bei den verschiedenen technischen Anwendungen erforderlich ist [8].

Für die Wellengeschwindigkeit $c_D$ der Dehnwellen auf Stäben, $c_T$ der Transversalwellen und $c_L$ der Longitudinal- oder Dichtewellen im ausgedehnten Medium gelten bei genügend kleinen Amplituden, wenn man zunächst von der Dämpfung der Wellen absieht, die Beziehungen:

$$c_D = \sqrt{E/\varrho}, \quad c_T = \sqrt{G/\varrho}, \quad c_L = \sqrt{L/\varrho} \tag{1}$$

mit $E$ Elastizitätsmodul, $G$ Torsions- oder Schubmodul, $L$ Logitudinalwellenmodul, $\varrho$ Dichte. Aus den Wellengeschwindigkeiten $c$ und der Frequenz $f$ ergeben sich die Wellenlängen $\lambda = c/f$.

Die Geschwindigkeit $c_{D_{Pl}}$ der Dehnwellen in Platten ist wegen der behinderten Querkontraktion etwas größer als die in Stäben, und zwar gilt

$$c_{D_{Pl}} = c_D / \sqrt{1 - \mu^2}, \tag{2}$$

$\mu$ die Poissonzahl. Die Abweichung beträgt bei harten Platten mit $\mu \approx 1/3$ ca. 5% und kann im allgemeinen außer acht gelassen werden.

Die Geschwindigkeit der Biegewellen auf Stäben ist

$$c_B = \sqrt[4]{\omega^2 B / m_l}, \tag{3}$$

$\omega = 2\pi f$ die Kreisfrequenz,
$B = EI$ die Biegesteifigkeit,
$I$ das axiale Flächenträgheitsmoment,
$m_l$ die Masse je Länge (Längengewicht).

Es ist $I = h^3 b/12$ für den Rechteckstab,
$h =$ die Dicke in Schwingungsrichtung,
$b$ die Stabbreite,
$I = r^4 \pi/4$ für den zylindrischen Stab,
$r$ der Stabradius.

Für den Rechteckstab ist nach Gleichung (3) mit $m_l = \varrho h b$

$$c_B = \sqrt{\omega h c_D / (2\sqrt{3})}. \tag{4}$$

Besonders interessieren hier im Hinblick auf die Körperschallausbreitung auf planparallelen Wänden aller Art die Biegewellen auf Platten. An die Stelle von Gleichung (3) tritt in diesem Fall die entsprechende Beziehung

$$c_{B_{Pl}} = \sqrt[4]{\omega^2 B_{Pl} / M}, \tag{5}$$

$B_{Pl} = EI/(1 - \mu_2)$ die auf die Breiteneinheit bezogene Biegesteifigkeit der Platte mit
$I = h^3/12$ (vgl. oben $I$ für den Rechteckstab),
$M = \varrho h$ die auf die Flächeneinheit bezogene Masse der Platte.

Es folgt mit Gleichung (2)

$$c_{B_{Pl}} = \sqrt{\omega h c_{D_{Pl}} / (2\sqrt{3})}. \tag{6}$$

Die Biegewellengeschwindigkeit auf Stäben und Platten wird also mit höher werdender Frequenz größer, und zwar ist sie $\sqrt{f}$ proportional, während die Dehnwellengeschwindigkeiten $c_D$ und $c_{D_{Pl}}$ und auch die Wellengeschwindigkeiten im ausgedehnten Medium, insbesondere die Geschwindigkeit $c_L$ der Dichtewellen, konstant sind. Diese Gegebenheiten sind von großer anwendungstechnischer Bedeutung (Abschn. 4.1.9.2. und 4.1.9.4.).

Charakteristische Unterschiede bestehen zwischen den akustischen Eigenschaften der Kunststoffe im Glaszustand, in dem die Poissonzahl $\mu \approx 1/3$ ist, und im gummielastischen Zustand, in dem $\mu \approx 1/2$ ist (siehe dazu Abschn. 4.1.1.2.). Im Glaszustand sind $E$ und $L$ von gleicher Größenordnung und liegen im Bereich $10^4$ bis $10^5$ kp/cm², $c_D$ und $c_L$ in der Umgebung von 2000 m/s. Im gummielastischen Zustand ist $E$ mehrere Größenordnungen kleiner als im Glaszustand und liegt, je nach Vernetzungsgrad und Füllung, etwa innerhalb des Bereiches 1 bis 1000 kp/cm² (Abschn. 4.1.3.4.), $c_D$ etwa zwischen 10 und 400 m/s. Demgegenüber sind $L$ und $c_L$ im gummielastischen Zustand von gleicher Größenordnung wie im Glaszustand, also groß gegen $E$ bzw. $c_D$. Die Dichtewellengeschwindigkeit liegt im gleichen Bereich wie die der Flüssigkeiten, sie ist groß gegen die Schallgeschwindigkeit $c_L$

in Luft, $c_L = 343$ m/s. Dies ist von Bedeutung für Schallreflexion, -brechung und -durchgang (Abschn. 4.1.9.2.). Der Modul $L$ ist maßgebend für die Dickenschwingungen dünner Platten, also bei einachsigen periodischen Dehnungen in Richtung der Plattennormale (Abschn. 4.1.1.1.). Eine Gummiplatte ist bei dieser Beanspruchung dynamisch hart, im Gegensatz zu einem gummielastischen Federelement mit unbehinderter Querkontraktion, für das der Modul $E$ maßgebend ist. Hieraus ergeben sich Konsequenzen für die Schwingungsisolation (Abschn. 4.1.9.4.).

Aufgrund der inneren Energieverluste, die durch den Verlustfaktor $d$ charakterisiert werden, sind die Wellen gedämpft. Die technisch gebräuchlichen Dämpfungskenngrößen und die Beziehungen zwischen ihnen sind in Abschn. 4.1.2.3. zusammengestellt (in Tabellenform in [10], Tabelle 2, oder in [8], Tabelle 1).

Bei den akustischen Anwendungen interessiert die Dämpfung stehender Wellen, die durch Reflexion gleichartiger fortschreitender Wellen an den Rändern entstehen und die bekannten Schwingungsknoten und -bäuche zeigen (Kap. II und III in [3]). In sich selbst überlassenen Stäben und Platten sind stehende Wellen nur bei den „Eigenfrequenzen" möglich; die „Eigenschwingungen" bei diesen Frequenzen klingen je nach Dämpfung mehr oder weniger schnell exponentiell ab. Bei stationärer Schwingungserregung durchlaufen die Amplituden der stehenden Wellen mit höher werdender Frequenz bei den Resonanzfrequenzen, die bei kleiner Dämpfung gleich den Eigenfrequenzen sind, die bekannten Resonanzmaxima. Biegeeigenschwingungen und -resonanzen verursachen das lästige Dröhnen, besonders von Blechkonstruktionen (Abschn. 4.1.9.3.).

Für akustische Zwecke werden vielfach geschäumte Kunststoffe, besonders weichelastische, angewandt. Sie setzen sich aus zwei Medien zusammen, aus dem hochpolymeren Gerüst und der von diesem umschlossenen Luft [14]. Im Unterschied zum dynamisch-elastischen Verhalten der nicht geschäumten Kunststoffe nimmt bei den geschäumten im gummielastischen Zustand nicht nur die Dehnwellengeschwindigkeit $c_D$, sondern auch die Longitudinalwellengeschwindigkeit $c_L$ im ausgedehnten Medium kleine Beträge an, weil bei der Zusammendrückung das hochpolymere Material in die Poren ausweichen kann und die Querkontrahierbarkeit nicht behindert ist; die Unterschiede zwischen $L$ und $E$ sind hier gering (siehe dazu Schaumstoffe in Abschn. 4.1.3.4.). Dementsprechend ist eine planparallele Schaumstoffmatte bei Dickenschwingungen dynamisch weich. Bei weichelastischen Schaumstoffen sehr kleiner Rohdichte begrenzt die Volumelastizität der eingeschlossenen Luft die Steifheit des Luftpolsters nach unten (Abschn. 4.1.9.4.). In Schaumstoffen sind $E$ und $\varrho$ (die Rohdichte) in gleichem Maße gegenüber den entsprechenden Werten der nicht geschäumten Stoffe verkleinert. Es folgt, daß sich die Schallgeschwindigkeiten $c_D$ der geschäumten Stoffe nicht wesentlich von denjenigen der nicht geschäumten unterscheiden. Die dynamische Steifheit und die Dämpfung eines Schaumstoffes können anhand des dynamischen Elastizitätsmoduls und des Verlustfaktors beurteilt werden, die an zylindrischen Probekörpern mit dem Schaumstoff-Vibrometer nach DIN 53426 gemessen werden können.

#### 4.1.9.2. *Schallreflexion und -durchgang* Literatur: [1, 2, 3, 5, 8 12]

Technisch interessieren als äußere Medien, in denen Schall auf einen Kunststoff trifft, vor allem Luft und Wasser. Für die Reflexion ist das Verhältnis der Kennimpedanzen oder Wellenwiderstände $Z = \varrho c_L$ maßgebend, also das Produkt aus Dichte und Dichtewellengeschwindigkeit (meist in CGS-Einheiten angegeben). Es ist in Luft $Z = 41$, in Wasser $Z = 1{,}5 \cdot 10^5$ CGS-Einheiten. In den Kunststoffen ist mit $\varrho \approx 1$ g/cm³ und $c_L \approx 2 \cdot 10^5$cm/s (Abschn. 4.1.9.1.) $Z \approx 2 \cdot 10^5$ CGS-Einheiten. Dies bedeutet, daß Kunststoffe gegenüber Luft „schallhart" und an Wasser mehr oder weniger gut „angepaßt" sind. Luftschall wird im allgemeinen an Kunststoffen zum großen Teil reflektiert, in Wasser kann die Schallenergie zum erheblichen Teil eindringen.

Bild 4.1.9–1 veranschaulicht Schallreflexion und -durchgang bei senkrechtem Einfall einer ebenen Dichtewelle in einem schubspannungsfreien Medium, insbesondere Luft oder Wasser, auf eine planparallele Schicht, hier eine Kunststoffplatte oder Schaumstoffmatte. Als Abschlüsse auf der Rückseite der Schicht sind technisch hauptsächlich zu beachten der ideal harte Abschluß ($Z = \infty$), der ideal weiche ($Z = 0$) und das unbegrenzte Medium wie auf der Seite des Schalleinfalls.

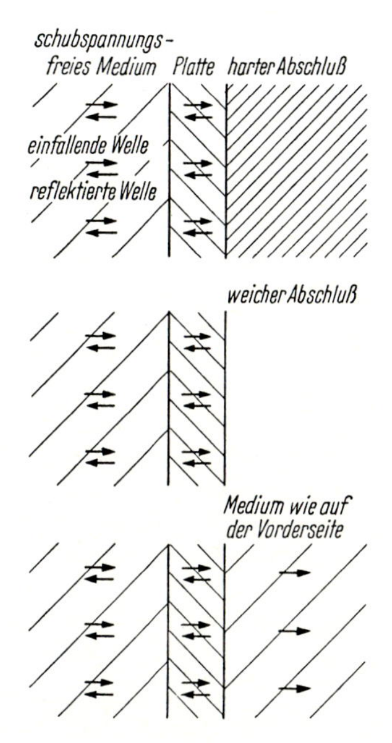


Bild 4.1.9–1 Schallreflexion und -durchgang im Falle der Platte oder Matte (bei Schaumstoffen) endlicher Dicke bei senkrechtem Schalleinfall

Der harte Abschluß ist weitgehend verwirklicht bei Schalleinfall in Luft auf eine Luftschall absorbierende poröse Schicht, insbesondere eine weiche Schaumstoffmatte mit kleiner Rohdichte, die auf einer harten Wand eines Raumes angebracht ist. Die Kennimpedanz der absorbierenden Schicht ist stets größer als die der Luft, kann dieser jedoch so weit angenähert werden, daß ein erheblicher Teil des einfallenden Schalles in die Schicht eindringen kann. Die einfallende Welle wird also an der Oberfläche der Schicht zum Teil reflektiert, und es breitet sich eine ebene Welle in der Schicht in Richtung auf die Abschlußwand aus. Die harte Wand hat eine so hohe Kennimpedanz im Vergleich zu derjenigen der absorbierenden Schicht, daß die auf sie treffende Schallwelle total reflektiert wird. Durch Mehrfachreflexion in der Schicht an deren Grenzflächen können ggf. in dieser stehende Wellen entstehen, die zu Resonanzen bei bestimmten Frequenzen führen können. Bei der Reflexion im Inneren an der der Luft zugekehrten Oberfläche tritt auch ein Teil des Schalles in das äußere Medium zurück und überlagert sich dort der an der Oberfläche im äußeren Medium reflektierten Welle. Bei richtiger Dimensionierung der absorbierenden Schicht kann die in diese eindringende Schallenergie zum großen Teil vernichtet und damit eine beträchtliche Luftschallabsorption erreicht werden (Abschn. 4.1.9.5.).

Der ideal weiche Abschluß ist wegen des großen Unterschiedes der Kennimpedanzen praktisch an der Grenze zwischen Wasser und Luft und auch an der Grenze zwischen einer Kunststoffplatte und Luft verwirklicht. Eine ebene Dichtewelle, die senkrecht auf eine an der Rückseite an Luft grenzende Kunststoffplatte einfällt (Bild 4.1.9–1 Mitte), kann wegen der Anpassung des Kunststoffs an Wasser weitgehend in die Platte eindringen. Die in dieser senkrecht auf die Grenzfläche gegen die äußere Luft treffende Welle wird dort total reflektiert. Es liegen also Gegebenheiten vor, die mit denen beim Einfall einer Luftschallwelle auf eine weiche Schaumstoffmatte vor einer harten Wand verglichen werden können. Der harte und der weiche Abschluß sind in diesen beiden charakteristischen Fällen im Hinblick auf die totale Reflexion der Schallenergie äquivalent.

Es ist in diesem Zusammenhang erwähnenswert, daß der harte Abschluß beim schallharten Medium Wasser schwer zu verwirklichen ist. Deshalb wird in der Wasserschalltechnik im allgemeinen zur Erzielung von Totalreflexion an einer Grenzfläche der weiche Abschluß bevorzugt. Er läßt sich leicht beispielsweise durch eine weiche Schaumstoffmatte mit kleiner Kennimpedanz verwirklichen. Die Matte muß zu diesem Zweck mit einem wasserdichten Überzug gegen Eindringen von Wasser geschützt sein.

Kompakte Kunststoffplatten sind in Flüssigkeiten je nach Kennimpedanz mehr oder weniger schalldurchlässig (Bild 4.1.9–1 unten). Beim Schalldurchgang in Luft durch solche Platten ist dagegen bei senkrechtem Schalleinfall wegen des großen Unterschiedes der Kennimpedanzen vergleichsweise die Schallreflexion stark und der Schalldurchgang gering. Sekundärerscheinungen, die auf der Biegesteifigkeit der Platten beruhen, wurden bei den bisherigen Betrachtungen noch nicht berücksichtigt. Sie kommen bei schrägem Schalleinfall auf Platten und Wände im allgemeinen und auf solche aus kompakten Kunststoffen im besonderen stärker ins Spiel. Oberhalb einer bestimmten Grenzfrequenz werden die Platten auch in Luft bei bestimmten Schalleinfallswinkeln schalldurchlässig, nämlich dann, wenn die „*Spurgeschwindigkeit*" der Dichtewelle im äußeren Medium längs der Platte gleich der Biegewellengeschwindigkeit in dieser ist. Dies ist der sog. „*Koinzidenzeffekt*" (Kap. 10 in [1] Bd. 3 und Kap. 3 in [5]). Er vermindert die Schalldämmung der Platten (Abschn. 4.1.9.4.). Bild 4.1.9–2 veranschaulicht die „*Spuranpassung*". Der Koinzi-

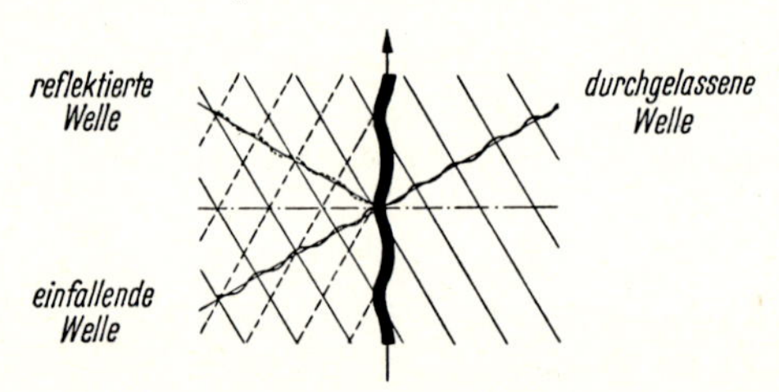


Bild 4.1.9–2 Schalldurchgang durch eine Platte bei schrägem Schalleinfall im Falle der „Spuranpassung" (Wellenlänge der Spur der einfallenden Wellen längs der Wand gleich Wellenlänge der freien Biegewelle) (nach *L. Cremer* in [8])

denzeffekt beruht auf der Frequenzabhängigkeit der Biegewellengeschwindigkeit $c_{B_{Pl}}$ der Platten (Abschn. 4.1.9.1.). Er tritt mit zunehmender Frequenz zuerst dann auf, wenn $c_{B_{Pl}}$ gleich der (konstanten) Schallgeschwindigkeit $c_L = 343$ m/s in Luft wird. Für die so definierte *Koinzidenz-Grenzfrequenz* $f_{gr}$ gilt nach Gleichung (5)

$$f_{gr} = \frac{c_L^2}{2\pi} \cdot \sqrt{\frac{M}{B}}, \tag{7}$$

$M$ die Plattenmasse (Wandmasse) je Fläche, $B$ die Biegesteifigkeit der Platte (Wand) (der Index $Pl$ an $B$ ist hier vereinfachend fortgelassen), oder nach Gleichung (6)

$$f_{gr} = \frac{\sqrt{3}}{\pi} \cdot \frac{c_L^2}{h c_{D_{Pl}}}, \tag{8}$$

$h$ die Dicke der Platte, $c_{D_{Pl}}$ die Dehnwellengeschwindigkeit in der Platte (Gleichung (2)). Eine hohe Grenzfrequenz ist erwünscht; sie ist um so höher, je niedriger die Biegesteifigkeit $B$ und je größer die Wandmasse $M$ ist. Schwere „biegeweiche" Platten oder Wände sind also für die Schalldämmung günstig (siehe Abschn. 4.1.9.4.).

4.1.9.3. *Schwingungsdämpfung der Kunststoffe* Literatur: [3, 5, 8, 10]

Kunststoffe haben im Vergleich zu den meisten anderen Werkstoffen eine hohe innere Dämpfung. Das meist benutzte Maß für diese ist der Verlustfaktor $d$. Die Verlustfaktoren der bei Raumtemperatur formbeständigen (harten) Kunststoff-Werkstoffe wie Hart-PVC, Polystyrol (PS), Polyäthylen (PE) usw. haben Verlustfaktoren etwa im Bereich $d = 0{,}01$ bis 0,1. Dazu gehören insbesondere alle amorphen Kunststoffe im Glaszustand, d.h. im Temperaturbereich unterhalb der Einfrier- oder Glastemperatur $T_g$. Im Haupterweichungsbereich oberhalb $T_g$ haben amorphe Kunststoffe Werte $d$ im Bereich etwa zwischen 0,1 und 1 (siehe dazu Hauptabschn. 4.1.3.). Bei den Metallen ist meist $d < 0{,}0001$, bei keramischen Werkstoffen und Gläsern liegt $d$ etwa im Bereich 0,001 bis 0,01, beim Holz ist $d = 0{,}01$ bis 0,02.

Verlustfaktoren von der Größenordnung 0,1 sind schon als vergleichsweise hoch anzusehen. Unter den formbeständigen (harten) Kunststoffen erreichen bei Raumtemperatur (R.T.) ggf. teilkristalline amorphe Thermoplaste, deren Haupterweichungsbereich der amorphen Phase in der Umgebung der R.T. liegt, so hohe Werte. Besonders ist hier zu nennen das teilkristalline Polypropylen (PP) (Hauptabschn. 4.1.3., Bilder 4.1.3–18, 4.1.3–19 und 4.1.3–21). Die hohe innere Dämpfung wirkt sich technisch günstig aus in der Dröhnfreiheit von Konstruktionen aus dem betreffenden Kunststoff und auch in der Schalldämmung von Trennwänden aus dem Stoff (siehe dazu unten und Abschn. 4.1.9.4.). Ein Kunststoff-Werkstoff mit vergleichsweise kleiner innerer Dämpfung ist PS, auch das modifizierte schlagfeste PS. In diesem Fall liegt bei R.T. $d$ nahe bei 0,01 oder nur wenig darüber (Bilder 4.1.3–22 und 4.1.3–24). Konstruktionen aus PS entsprechen in ihrem Schwingungsverhalten etwa solchen aus Holz. Im Vergleich zu Stahlkonstruktionen sind sie noch hochgedämpft; der Unterschied zum PP mit seiner zehnmal höheren Dämpfung ist aber bei der Erregung von Eigen- oder Resonanzschwingungen deutlich wahrnehmbar. PP ist im Vergleich zum PS „schalltot“. Sehr kleine Verlustfaktoren, ggf. unterhalb $d = 0{,}01$, haben im allgemeinen auch glasfaserverstärkte Kunststoffe (GFK).

Überwiegend amorphe thermoplastische und auch schwach vernetzte Kunststoffe, die im Haupterweichungsbereich oberhalb $T_g$ extrem hohe Verlustfaktorwerte von der Größenordnung 1 erreichen, bieten sich als *schwingungsdämpfende Kunststoffe* für dröhnende Blechkonstruktionen bei den Temperaturen dieses Bereichs an. Sie werden angewandt als fest haftende Schichten auf und zwischen Stahlblechen. Bild 4.1.9–3 veranschaulicht solche Anordnungen.

Dröhnende Metallkonstruktionen aller Art gehören zu den Hauptlärmquellen auf allen Gebieten des täglichen Lebens und der Technik. Die Störschallabstrahlung wird verursacht vor allem durch Biegeschwingungen flächenhafter Konstruktionsteile, also von Blechen, die durch Stoß, Impulsfolgen oder stationäre periodische Kräfte zu Biegeeigenschwingungen oder zu Biegeschwingungen in Resonanz erregt werden. Die vergleichsweise große Lautstärke dieser dröhnenden Metallkonstruktionen ist eine Folge der geringen inneren Dämpfung der Metalle. Die Biegeschwingungen der Bleche können durch fest haftende schwingungsdämpfende viskoelastische Schichten erheblich gedämpft werden. Mit der Abnahme der Schwingungsweiten wird auch die Schallabstrahlung vermindert. Seit langem werden in der Technik in dieser Weise Blechkonstruktionen durch *einseitige Belagschichten*, z.B. aufgespritzte oder -gespachtelte *Entdröhnungsmassen* oder aufgeklebte Dämpfungspappen, entdröhnt [24]. Diese Technik ist gewissermaßen schon „klassisch“. Sie hat sich bewährt und wird viel benutzt.

In jüngerer Zeit werden daneben auch sog. *Verbundblechsysteme* technisch angewandt, das sind Dreischichtanordnungen, bestehend aus zwei äußeren, gleich oder verschieden dicken Blechen und einer dämpfenden viskoelastischen fest haftenden Zwischenschicht

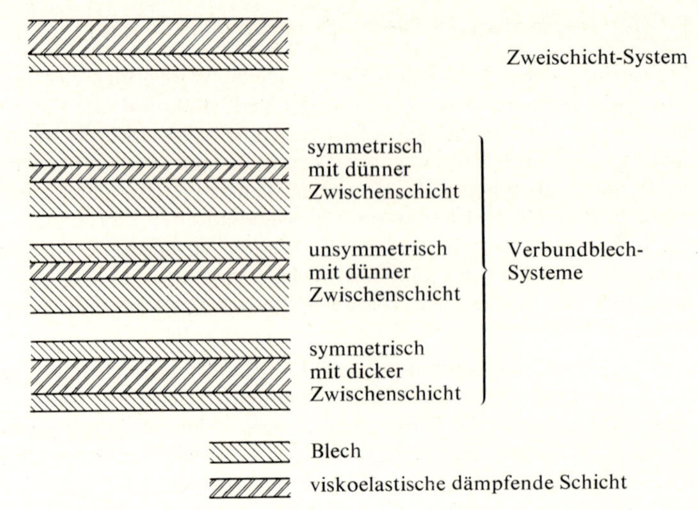


Bild 4.1.9–3 Mehrschicht-Systeme aus Metallplatten und viskoelastischen dämpfenden Schichten

(Bild 4.1.9–3) [21, 22, 23]. Die Zwischenschichten können selbsthaftende Kunststoffe sein oder als Folien eingeklebt werden. Die Verbundsysteme sind in den Vordergrund des Interesses gerückt, nachdem erkannt worden ist, daß man in Verbundtechnik mit dünnen Zwischenschichten weit höhere Dämpfungen erreichen kann als mit einseitigen Belägen tragbarer Dicke. Ein technischer Vorteil sind auch die glatten metallischen Außenflächen der Verbunde; die dämpfende Schicht zwischen den Blechen tritt nach außen nicht in Erscheinung. Herstellung und Verarbeitung solcher Verbundbleche sind in mancher Hinsicht problematisch; doch haben sich diese Probleme in der bisherigen Praxis in allen Fällen lösen lassen [18].

Bei der *Entdröhnung* kommt es auf die möglichst starke Herabsetzung der Biegeeigen- oder Biegeresonanzschwingungen der Bleche durch die Dämpfungsmaßnahmen an. In diesem Fall ist die Konstruktion selbst die Geräuschquelle, und beträchtliche Lärmpegelsenkungen (des abgestrahlten Luftschalls) bis zu 20 dB (Dezibel) können durch hochwertige Dämpfungsmaßnahmen erreicht werden.

Neben der Entdröhnung dient die Dämpfung der Biegeschwingungen weiteren Zwecken. Ein solcher Anwendungszweck ist die *Unterdrückung der Körperschallausbreitung* über ausgedehnte Konstruktionen. Sie ist von großer Bedeutung für Großfahrzeuge, wie Reisezugwagen, Autobusse, Schiffe und Flugzeuge. Beispielsweise in den Schiffen sind es u.a. die von den Dieselaggregaten und Getrieben ausgehenden Körperschallwellen, die zu dämpfen sind. Dabei ist zu beachten, daß dämpfende Schichten nur freie Biegewellen schwächen können, nicht aber Dehnwellen. An allen „Inhomogenitäten" der Konstruktionen, wie Ecken, Verzweigungen, Versteifungen, Spanten usw. werden einfallende Dehn- und Biegewellen zum Teil reflektiert und zum Teil durchgelassen. Dabei werden Biegewellen zum Teil in Dehnwellen umgewandelt und Dehnwellen zum Teil in Biegewellen (Kap. V in [3]). Also selbst bei ursprünglich reiner Biegewellenerregung an einem Schiffsteil entstehen bei der Körperschallausbreitung über die Konstruktion an jeder Inhomogenität neben Biegewellen auch Dehnwellen, und da nur die Biegewellen auf die Dämpfungsmaßnahmen ansprechen, ist die Vernichtung von Körperschallenergie geringer als bei reiner Biegewellenausbreitung. Die Biegeschwingungen können zur Schallabstrahlung nach außen und zur Luftschallabstrahlung in das Schiffsinnere in weit von der Quelle entfernten Schiffsteilen führen. Um eine möglichst weitgehende Schallpegelsenkung zu erreichen, muß man unter den gegebenen Umständen eine möglichst vollständige Dämpfung aller metallischen Schiffswände anstreben, wie es beispielsweise bei Eisenbahn-Reisezugwagen geschieht.

Die Dämpfung der Biegeschwingungen kann ferner die *Luftschalldämmung metallischer Trennwände* verbessern. Auch in diesem Falle ist die Verbesserung um so größer, je hochwertiger die gedämpften Systeme sind (Abschn. 4.1.9.4.).

Ein letzter Anwendungszweck hochgedämpfter Blechsysteme sei noch erwähnt. Es ist gezeigt worden, daß die *akustische Ermüdung* von Blechkonstruktionen in starken Schallfeldern, beispielsweise der Strahltriebwerke von Düsenflugzeugen, um so stärker vermindert wird, je höher die Dämpfung ist [6]. Bei hochwertiger Dämpfung können die Lebensdauern der beschallten Wände um einen Faktor 10 und mehr verlängert werden.

Bei allen angeführten Anwendungszwecken ist eine möglichst hohe Schwingungsdämpfung der verwendeten Blechsysteme erwünscht; die höchsten Dämpfungen werden aber erreicht mit Verbundsystemen mit optimierten Kunststoffzwischenschichten.

Die *Dämpfungsstoffe* lassen sich auf optimal dämpfende Wirksamkeit in Bereichen der Frequenz und der Temperatur von vorgeschriebener Lage und Breite einstellen. Diese Forderungen werden beim Stande der Technik mit speziellen amorphen Thermoplasten und auch mit speziellen „härtenden" Zwei-Komponenten-Klebern (Epoxidharzen) erfüllt. Diese können durch passende Wahl der Härter so eingestellt werden, daß der entstehende Dämpfungsstoff einen Haupterweichungsbereich gewünschter Lage und Breite aufweist. Das gleiche Ziel erreicht man durch Abmischung selbsthaftender amorpher Thermoplaste mit passender Verteilung der Einfriertemperaturen und damit der Haupterweichungsbereiche; Modifikationen des Mischstoffes, beispielsweise durch äußere Weichmachung oder Füllstoffe, sind möglich. Den Mischstoffen werden aus verschiedenen Gründen Copolymere vorgezogen. Die gewünschte Lage und Breite des Temperaturbereiches optimaler Dämpfung wird in diesem Fall durch Auswahl geeigneter monomerer Komponenten, deren Homopolymere passend verteilte Einfriertemperaturen haben, erreicht. Hinzu kommt die Möglichkeit, durch Steuerung der Copolymerisation den Dämpfungsverlauf im Anwendungsbereich nach Wunsch zu beeinflussen.

Die Dämpfung der Biegeschwingungen der Mehrschichtsysteme (Bleche mit einseitigem Belag und Verbundblech-Systeme) hängt ab von den Dicken und den viskoelastischen Eigenschaften der Schichten, insbesondere der dämpfenden Schichten. Die Kenngrößen $E'$, $E''$ und $d$ (Abschn. 4.1.2.3.) können im Biegeschwingungsversuch nach DIN 53440 an stab- oder streifenförmigen Probekörpern in Abhängigkeit von der Frequenz und der Temperatur gemessen werden (Hauptabschn. 4.1.3.). Nach der gleichen Norm, Blatt 3, kann auch der Verlustfaktor $d_{\text{comb}}$ der kombinierten (Mehrschicht-) Systeme bestimmt werden. Die stabförmigen Probekörper entsprechen dabei Stäben, wie sie aus Platten der Mehrschichtanordnungen entnommen werden können. Auf diesen geschichteten Stäben und Platten sind Biegewellen wie auf Stäben und Platten aus homogenen Werkstoffen möglich, und die Verlustfaktoren $d_{\text{comb}}$ können unmittelbar mit denjenigen homogener Werkstoffe verglichen werden. Bei Blechen mit einseitigem dämpfenden Belag erreicht man bei tragbaren Schichtdicken des Belags, d.h. bei Verhältnissen der Dicken des Bleches und des Belags etwa 1 : 2...3, im Maximum Werte $d_{\text{comb}} \approx 0{,}2$. Bei Verbundsystemen werden günstigenfalls (bei symmetrischen Verbunden, Bild 4.1.9–3) im Maximum Werte $d_{\text{comb}} \approx 1$ erreicht, die nicht mehr überboten werden können.

Die dynamisch-elastischen Eigenschaften der Mehrschichtsysteme können aus den Dicken und den viskoelastischen Eigenschaften der Schichten vorherberechnet werden. Für die Bestimmung der viskoelastischen Kenngrößen, insbesondere der dämpfenden Schichten, können neben dem Biegeschwingungsversuch nötigenfalls ergänzende Prüfverfahren benutzt werden. Die Theorie der Biegeschwingungen der Mehrschichtsysteme wurde im ersten Schritt für Bleche mit einseitigem festhaftenden Dämpfungsbelag entwickelt [24]. Sie ergibt, daß bei den technisch in Frage kommenden Belagdicken der Verlustfaktor $d_{\text{comb}}$ der Zweischichtsysteme nur vom Verhältnis Belagdicke : Blechdicke abhängt und im wesentlichen so wie der Verlustmodul $E''$ verläuft.

Später wurde die Theorie auf Mehrschichtsysteme allgemein und die dreischichtigen Verbunde im besonderen erweitert [26]. In diesem Fall sind die Ergebnisse nicht so einfach zu übersehen wie im Fall der Bleche mit Belag. So erhält man beispielsweise keinen expliziten

Ausdruck für den Verlustfaktor $d_{comb}$ des Verbundes. Die Ergebnisse der Theorie liegen in Form eines Gleichungssystems vor [15], das zweckmäßig mit dem Computer gelöst wird. Zur Veranschaulichung der Resultate werden hier Kurven des Verlustfaktors $d_{comb}$ in Abhängigkeit von der Temperatur bei den Frequenzen 100 Hz und 1000 Hz benutzt (siehe unten). Für die Zwischenschicht werden die entsprechenden Kennkurven von $E'$ und $E''$ der Berechnung zugrunde gelegt. Es wurde sichergestellt, daß Theorie und Experiment im Einklang sind. Die Darstellung ist zweckmäßig besonders, weil die Verlustfaktoren $d_{comb}$ optimierter Verbundsysteme sich im Anwendungsbereich bei gegebener Temperatur verhältnismäßig wenig mit der Frequenz ändern. Der technisch interessierende Frequenzbereich liegt meist zwischen oder in der Umgebung von 100 Hz und 1000 Hz.

Bei den Verbundsystemen ist die Dämpfung nicht mehr nur von den Dickenverhältnissen der drei Schichten abhängig, sondern auch von den absoluten Dicken [15].

Technisch bedeutsam ist der Befund, daß hohe Dämpfungen mit sehr dünnen Zwischenschichten erzielt werden und daß deren Dicke nicht kritisch ist. Praktisch werden bei den selbsthaftenden Zwischenschichten meist Dicken im Bereich 0,2 bis 0,5 mm angewandt. In diesem Bereich ändert sich der Verlauf der $d_{comb}$-Temperaturkurven bei gegebener Frequenz nur unwesentlich mit der Zwischenschichtdicke.

Die Abhängigkeit der Dämpfung von den Blechdicken bei konstant gehaltener Zwischenschichtdicke, z.B. 0,3 mm, ist überraschend gering, d.h. ein symmetrisches Verbundsystem mit den Blechdicken von 0,5 mm hat ähnliche Verläufe der $d_{comb}$-Kurven wie ein System mit zwanzigmal dickeren Blechen (10 mm); die oberen Flanken der Kurven des dickeren Systems sind etwas nach tieferen Temperaturen verschoben.

Eine technisch wichtige Frage ist die nach dem Einfluß der Unsymmetrie der Verbundsysteme auf die Dämpfungseigenschaften. Höchste Dämpfungen erreicht man mit symmetrischen Verbunden, d.h. solchen mit zwei Blechen gleicher Dicke. Mit Rücksicht auf die statische Biegesteifigkeit ist jedoch die symmetrische Anordnung ungünstig [18]. Außerdem ist im Fall des nachträglichen Aufbringens der Gegenbleche mit der dämpfenden Zwischenschicht auf die Bleche einer fertigen Konstruktion die Dicke der Gegenbleche mit Rücksicht auf den Gewichtszuwachs meist begrenzt. Die Dämpfungsmaxima werden mit zunehmender Unsymmetrie niedriger und überdecken engere Temperaturbereiche. Die Maxima von $d_{comb}$ liegen oberhalb 0,2 etwa bis zum Dickenverhältnis 6:1. Man sollte deshalb möglichst Dicken der Gegenbleche anstreben, die etwa ein Fünftel der Dicke des tragenden Bleches nicht unterschreiten.

An einer Reihe von Verlustfaktor-Temperaturkurven charakteristischer Mehrschichtsysteme mit optimierten dämpfenden Schichten soll noch die Einstellbarkeit der Dämpfung auf geforderte Temperaturbereiche veranschaulicht werden. Die Kurven vermitteln einen Eindruck von der Temperaturabhängigkeit und der maximalen Höhe der Dämpfung der verschiedenen Systeme in diesen Bereichen.

Bild 4.1.9–4 zeigt als Beispiel für *Bleche mit einseitigem Dämpfungsbelag* (Zweischicht-Systeme) Kennkurven für ein Blech mit einem Spritzbelag aus einem leicht heterogen innerlich weichgemachten VAC-Copolymerisat (vgl. Abschn. 4.1.3.4., Bild 4.1.3–33), dessen Temperaturband hoher Dämpfung noch durch äußere Weichmachung genau auf den gewünschten Temperaturbereich eingestellt ist. Die Abbildung enthält Temperaturkurven für 200 Hz für das ungefüllte und das mit Vermiculit, einem expandierten Tonmineral, gefüllte modifizierte Copolymerisat. Außer den Temperaturkurven von $E'$, $E''$ und $d$ des Belagmaterials sind die Kurven des Verlustfaktors $d_{comb}$ des kombinierten Systems aus Blech und Belag bei einem Verhältnis der Massen $m_2$ des Belags und $m_1$ des Bleches $m_2/m_1 = 0{,}20$ eingezeichnet. Bei Blechen mit einseitigem Belag verschieben sich alle Kennkurven mit zunehmender Frequenz in gleicher Weise parallel nach höheren Temperaturen, so daß hier die Temperaturkurven für eine mittlere Frequenz des interessierenden Bereichs genügen. Die Abflachung der Flanke von $E'$ und die Verbreiterung des Maximums von $d$ des ungefüllten Copolymerisats durch die heterogene innere Weichmachung werden durch den Füllstoff noch verstärkt. Die Ursache ist die versteifende Wirkung des Füllstoffs im

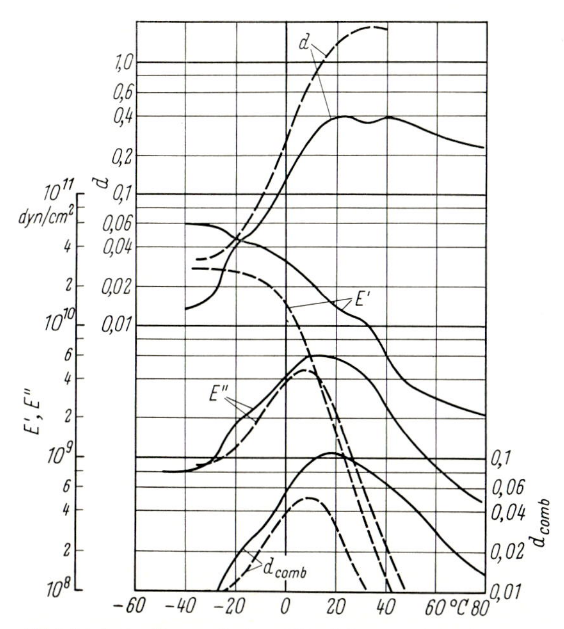


Bild 4.1.9–4 Dynamischer Elastizitätsmodul $E'$, Verlustmodul $E''$ und Verlustfaktor $d$ in Abhängigkeit von der Temperatur für 200 Hz eines modifizierten Vinylacetatcopolymerisates, ---- ungefüllt und ——— mit Vermiculitfüllung; dazu Verlustfaktor $d_{comb}$ von Stahlblechen mit Belägen aus dem ungefüllten und dem gefüllten Copolymerisat, Belagmasse/Blechmasse = 0,20 (nach *Oberst* u.a. [23])

Erweichungsbereich oberhalb der Einfriertemperatur; $E'$ und $E''$ werden dadurch angehoben, das Maximum von $E''$ wird erhöht und verbreitert und das Maximum von $d$ erniedrigt und verbreitert. Der Verlauf der $E''$-Kurve ist maßgebend für den Verlauf der Temperaturkurve von $d_{comb}$. Das gefüllte Copolymerisat ist ein Dämpfungsstoff für die Anwendung insbesondere in Fahrzeugen. Dabei werden meist bei 20 °C Werte $d_{comb} \gtrapprox 0{,}1$ verlangt. Durch diese Forderung ist die Temperaturbandbreite begrenzt; denn mit zunehmender Bandbreite nimmt das Maximum von $E''$ ab. Dieses Temperaturbandbreitengesetz folgt aus der Spektraldarstellung von $E''$ durch das Relaxationsspektrum $H(\tau)$ und der *WLF*-Funktion [19] (siehe dazu Abschn. 4.1.2.4. und 4.1.2.5. mit Bild 4.1.2–10). Wenn man die Bandbreite durch die Forderung definiert, daß $d_{comb}$ oberhalb des Bezugswertes $d_{comb} = 0{,}05$ liegen soll – diese Forderung wird im folgenden begründet –, erstreckt sich das Temperaturband hoher Dämpfung etwa von 0 bis 50 °C. Bei diesem gefüllten Dämpfungsstoff liegt also ein Kompromiß zwischen maximaler Dämpfung und Temperaturbandbreite vor.

Die Beurteilung der Breite des Temperaturbereichs hoher Dämpfung erfordert die Definition eines Bezugsniveaus für $d_{comb}$, das im Dämpfungsbereich überschritten werden muß. Dieses Niveau muß sich nach der „*Nulldämpfung*“ der nicht durch zusätzliche Maßnahmen gedämpften Bleche in den Konstruktionen richten, in die die Bleche eingebaut sind. Die Nulldämpfung ist in erster Linie durch Reibungsverluste in den Randbefestigungen und Energieabwanderung in benachbarte Konstruktionsteile bestimmt. Sie entspricht erfahrungsgemäß bei dünnen Blechen mit Dicken im Bereich um etwa 1 mm Verlustfaktoren $d_0 \lessapprox 0{,}01$, bei Blechen mit Dicken um 10 mm und darüber Verlustfaktoren $d_0$ um 0,001. Als Bezugsniveau wird dementsprechend für die dünnen Bleche um 1 mm $d_{comb} = 0{,}05$ gewählt, für die dicken Bleche (um 10 mm) $d_{comb} = 0{,}01$ (siehe Erläuterungen zu DIN 53440). Die Bezugsniveaus liegen dann genügend hoch über der Nulldämpfung, beispielsweise bei den dünnen Blechen um mindestens einen Faktor 5 oder rd. 15 dB. Als Temperaturbandbreite des Bereichs hoher Dämpfung wird der Abstand der Temperaturen definiert, zwischen denen die Bezugswerte $d_{comb} = 0{,}05$ bzw. 0,01 überschritten werden.

Bilder 4.1.9–5 und 4.1.9–6 sind für die Veranschaulichung im Fall der *Verbundsysteme* (Dreischichtanordnungen) geeignet. Bild 4.1.9–5 zeigt die Kennkurven der viskoelastischen Eigenschaften der Dämpfungsstoffe, aus denen die Zwischenschichten der ausgewählten Verbundsysteme bestehen. Im Bild sind die Kenngrößen $E'$, $E''$ und $d$ in Abhängigkeit von der Temperatur bei den Frequenzen 100 und 1000 Hz für drei amorphe Thermoplaste einander gegenübergestellt [15]. Es handelt sich um zwei VAC-Copolymere, die als selbsthaftende Dämpfungsstoffe in Verbundblechen verarbeitet werden und um normales Weich-PVC zum Vergleich (siehe auch Abschn. 4.1.3.4., Bild 4.1.3–26). Die Einfriertemperaturen der beiden Dämpfungsstoffe liegen tiefer als die Einfriertemperatur des Weich-PVC, so daß die Temperaturbereiche hoher Dämpfung die geforderten Anwendungsbereiche überdecken. Die Temperaturkurven der viskoelastischen Kenngrößen verschieben sich erwartungsgemäß mit zunehmender Frequenz nach höheren Temperaturen. Mit dem 4-Komponenten-Copolymeren des VAC ist eine größere Breite des Bereichs hoher Dämpfung erreicht worden. Dies äußert sich besonders deutlich in den $E''$-Kurven. Der größeren Breite des Dämpfungsbereichs entspricht die Abflachung der $E'$-Kurven im Haupterweichungsbereich gegenüber den $E'$-Kurven des anderen Copolymeren (vgl. Bild 4.1.3–33). Die größere Steilheit des Absinkens von $E'$ im Bereich des quasi-gummielastischen Verhaltens im Vergleich zu Weich-PVC ist eine Folge des kleineren mittleren Molekulargewichts der Dämpfungsstoffe, die gleichzeitig als Klebstoffe wirken und deshalb wie alle thermoplastischen Klebstoffe vergleichsweise kleine Molekulargewichte haben müssen.

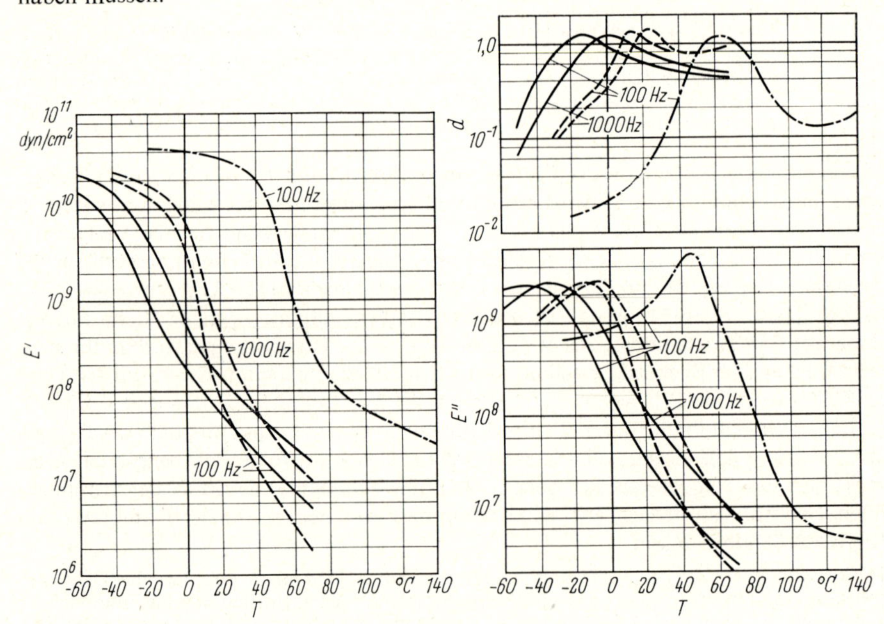


Bild 4.1.9–5 Dynamischer Elastizitätsmodul $E'$, Verlustmodul $E''$ und Verlustfaktor $d$
----- eines modifizierten Vinylacetat-Copolymeren,
——— eines Vierer-Copolymeren auf Vinylacetat-Basis,
–·–·–·– eines weichgemachten Polyvinylchlorids
(nach *Braunisch* [15])

In Bild 4.1.9–6 sind für 100 und 1000 Hz Temperaturkurven des Verlustfaktors $d_{comb}$ von Verbundblechen mit Zwischenschichten aus den beiden Dämpfungsstoffen nach Bild 4.1.9–5 wiedergegeben. Der Abflachung von $E'$ und der Verbreiterung von $E''$ des 4-Komponenten-Copolymeren in Bild 4.1.9–5 entspricht die Verbreiterung der Kurven II im Vergleich zu Kurven I in Bild 4.1.9–6. Die oberen Flanken beider Kurvenpaare fallen praktisch zusammen. Die untere Flanke der Kurven II ist um etwa 20 grd nach tieferen Temperaturen verschoben. Damit ist eine vergleichsweise hohe Dämpfung auch bei Temperaturen unterhalb 0°C erreicht worden, die bei Anwendungen im Freien in der kalten Jahreszeit gefordert wird. Kurven III in Bild 4.1.9–6 für einen unsymmetrischen Al-Blech-Verbund (Blechdicken 1,5 und 1 mm) sind im Hinblick auf mögliche Anwendungen im Flugzeugbau in Bild 4.1.9–6 eingefügt worden.

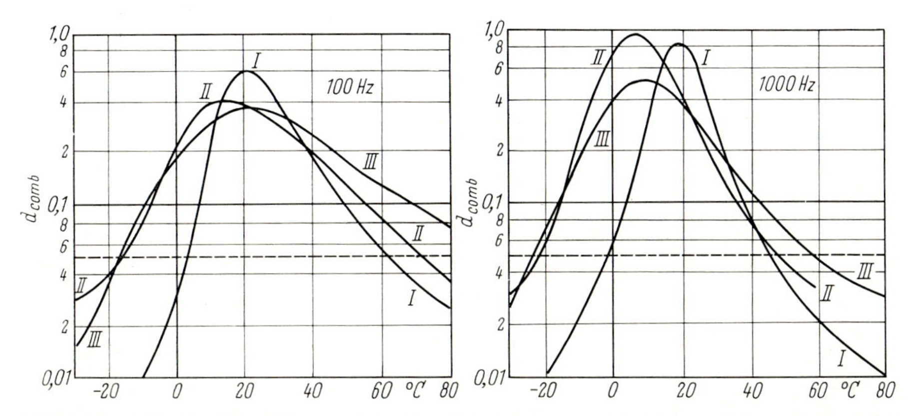


Bild 4.1.9–6 Verlustfaktor $d_{comb}$ von Verbundblech-Systemen mit 0,3 mm dicker selbsthaftender Zwischenschicht aus VAC-Copolymeren.
Kurven I und II: Symmetrische Verbunde mit 0,5 mm Stahlblechen;
Kurven I: Zwischenschicht modifiziertes VAC-Copolymer zu Bild 4.1.9–5;
Kurven II: Zwischenschicht Mehrkomponenten-VAC-Copolymer zu Bild 4.1.9–5;
Kurven III: Unsymmetrischer Verbund mit 1,5 mm und 1,0 mm Al-Blech; Zwischenschicht Mehrkomponenten-VAC-Copolymer wie zu Kurven II (nach *Oberst* [21])

Die Kurven in Bild 4.1.9.6 gehören zu dünnen Verbunden, als Bezugswert für die Definition der Temperaturbandbreite (siehe oben) ist also $d_{comb} = 0,05$ zu wählen. Er wird von den Kurven I überschritten etwa zwischen 0 °C und 55 °C, und die Temperaturbandbreite beträgt etwa 55 grd. Das Verbundsystem I ist also geeignet für Anwendungen im Bereich um die Raumtemperatur, in Innenräumen, Fahrzeugen usw. Die sehr hohe maximale Dämpfung gleicht die begrenzte Bandbreite aus. Die Kurven II überschreiten den Bezugswert $d_{comb} = 0,05$ im Bereich etwa zwischen −20 °C und 50° bis 60 °C. Die Temperaturbandbreite des Systems II beträgt also rd. 75 grd und ist 20 grd größer als die des Systems I. Die große Breite des Dämpfungsbereichs des Systems II bei hohen Maximalwerten der Dämpfung ist durch die gesteuerte Copolymerisation von vier Komponenten erreicht worden. Dank der Wirksamkeit der Dämpfung auch in der Kälte erweitert das 4-Komponenten-VAC-Copolymere die Zahl der Anwendungsmöglichkeiten der Verbundsysteme beträchtlich.

Es ist darauf hinzuweisen, daß sich die Maxima von $d_{comb}$ mit höher werdender Frequenz etwas nach tieferen Temperaturen verschieben, also in umgekehrter Richtung wie die Temperaturkurven der viskoleastischen Kenngrößen $E'$, $E''$ und $d$ (siehe dazu Hauptabschn. 4.1.3.). Dies ist auf den Einfluß der „Geometrie" der Verbunde auf die dynamisch-elastischen Eigenschaften zurückzuführen und muß bei der Planung beachtet werden.

Bild 4.1.9–7 vermittelt noch einen Überblick über den *Stand der Entwicklung der Mehrschichtsysteme.* Kurven I bis V beziehen sich auf Verbundsysteme, Kurven VI bis VIII auf Bleche mit einseitigem Belag, und zwar mit einem Verhältnis der Massen des Belags und des Bleches von 20%, das oft als Bezugswert gewählt wird. In Bild 4.1.9–7 sind als Kurven III und V die Kurven I und II aus Bild 4.1.9–6 enthalten.

Bild 4.1.9–7 veranschaulicht die höheren Dämpfungen, die mit symmetrischen Verbunden im Vergleich zu Blechen mit dämpfendem Belag erreichbar sind. Es ist jedoch dabei im

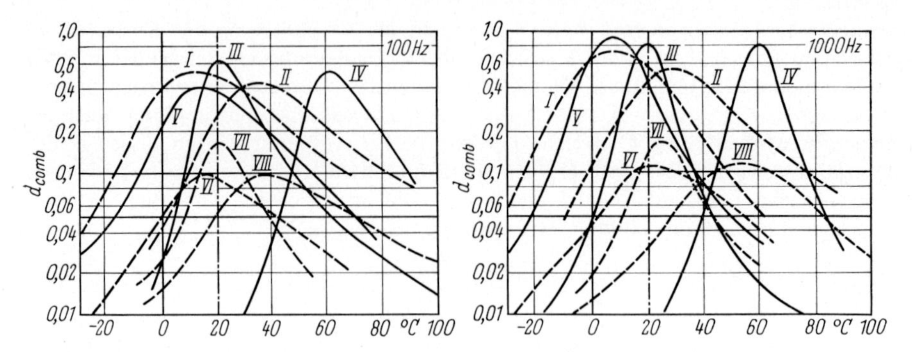


Bild 4.1.9–7 Verlustfaktor $d_{comb}$ kombinierter Systeme aus Blechen und viskoelastischen dämpfenden Schichten.
Verbundblech-(Dreischicht-)Systeme:
Kurven I und II: Zwischen die Bleche (gleicher Dicke) geklebte Folien aus VC-Copolymeren;
Kurven I: 0,6 mm Al-Blech, 1,7 mm Zwischenschicht;
Kurven II: 1 mm Stahlblech, 4 mm Zwischenschicht.
Kurven III, IV und V: Zwischenschichten selbsthaftende Vinylacetat-Copolymere, Schichtdicke 0,3 mm; symmetrische Verbunde mit 0,5 mm Stahlblechen;
Kurven III und IV: modifizierte VAC-Copolymere (Kurven III entsprechen Kurven I in Bild 4.1.9–6);
Kurven V: Mehrkomponenten-VAC-Copolymer (Kurven V entsprechen Kurven II in Bild 4.1.9–6).
Bleche mit dämpfendem Belag (Zweischicht-Systeme):
Kurven VI, VII und VIII: Belagschichten mit Vermiculit gefüllte Polymere, 1 mm Stahlblech, Verhältnis der Massen des Belages und des Bleches 20%;
Kurven VI: modifiziertes VAC-Copolymer aus Bild 4.1.9–4;
Kurven VII: Homopolymer (zum Vergleich);
Kurven VIII: modifizierte Mischung von Copolymeren (nach *Oberst* [21])

Auge zu behalten, daß mit zunehmender Unsymmetrie die Dämpfungsmaxima absinken. Deshalb sollte die Unsymmetrie möglichst klein gehalten werden, soweit es die übrigen technischen Belange zulassen.

Nach den in diesem Bild zusammengefaßten Kurven verschiedenartiger Mehrschichtsysteme lassen sich diese in drei Gruppen zusammenfassen: 1. Systeme mit einem mehr oder weniger breiten Dämpfungsbereich in der Umgebung der Raumtemperatur, bei der der Dämpfungsschwerpunkt liegt (Systeme III, VI und VII); 2. Systeme besonders großer Temperaturbandbreite mit im Vergleich zu den unter 1. angeführten Systemen nach tiefen Temperaturen erweitertem Dämpfungsbereich (für Anwendungen im Freien unter allen klimatischen Bedingungen) (Systeme I und V); 3. Systeme mit einem Dämpfungsbereich um die und oberhalb der Raumtemperatur für technische Anwendungen bei erhöhten Betriebstemperaturen (Systeme II, IV und VIII).

Der Dämpfungsstoff des Systems IV besteht aus dem gleichen VAC-Copolymer wie der des Systems III (modifiziertes VAC-Copolymer nach Bild 4.1.9–5), ist aber härter eingestellt, so daß das Dämpfungsmaximum bei höheren Temperaturen liegt. Durch passende Abmischung beider Dämpfungsstoffe in der Schmelze kann der Dämpfungsbereich der Mischung beliebig zwischen den Dämpfungsbereichen der Komponenten verschoben und damit speziellen Betriebstemperaturgebieten angepaßt werden. Die Dämpfungsschichten der Systeme VI bis VIII von Blechen mit einseitigem Belag sind aufgespritzte, mit Vermiculit gefüllte Dispersionen (modifizierte Copolymere und Stoffabmischungen), also im trockenen Zustand gefüllte Thermoplaste (vgl. Bild 4.1.9–4); VI und VIII sind „Breitband-Systeme". Demgegenüber hat System VII eine kleine Temperaturbandbreite und damit einen stärker beschränkten Anwendungsbereich.

Es bleibt weiter ergänzend zu bemerken, daß auch mit dicken Verbunden Kurvenverläufe des Verlustfaktors $d_{comb}$ gemessen werden, die mit den vorherberechneten übereinstimmen und angemessen hoch über der Nulldämpfung liegen. So werden beispielsweise mit einem unsymmetrischen Verbund aus 20 mm dickem Stahlblech bei einer Gegenblechdicke von 5 mm und 0,5 mm dicker Zwischenschicht aus dem 4-Komponenten-VAC-

Copolymerisat (s. oben) Maxima des Verlustfaktors $d_{comb}$ oberhalb 0,1 erreicht. Das Bezugsniveau $d_{comb} = 0{,}01$ wird im Bereich zwischen etwa −30°C und 60° bis 70°C überschritten; die Temperaturbandbreite beträgt also 90 bis 100 grd. Selbst bei nur 3 mm Gegenblechdicke ändern sich diese Daten noch nicht wesentlich.

Über spezielle technische Anwendungen von schwingungsdämpfenden Verbundblechen siehe [27–29].

### 4.1.9.4. *Körper- und Luftschalldämmung* Literatur: [1, 2, 3, 4, 5, 8]

Unter *Schalldämmung* versteht man die Verhinderung des Schallübergangs aus einem Raum in angrenzende Nachbarräume. Beim Luftschall handelt es sich beim Schallübergang um den Durchgang des Schalls durch die Trennwände zwischen den Räumen; dazu gehören u.a. auch die Wandungen von Schallschutzhauben zur schalldämmenden Einkapselung geräuschvoller Maschinen, Getriebe u. dgl. [16]. Beim Körperschall geht es um die Übertragung der Schwingungen und Wellen in einer Konstruktion auf benachbarte Konstruktionen. Der Begriff „*Schalldämmung*" muß sorgfältig vom Begriff „*Schalldämpfung*" unterschieden werden. Die Verwechslung führt häufig zu falschen Maßnahmen; für die Dämmung sind andere Eigenschaften der zu verwendenden Werkstoffe und Konstruktionen ausschlaggebend als für die Schalldämpfung. Bei der Dämmung des Schalls spielt die Hauptrolle die Reflexion an den Grenzen, bei der die Schallenergie erhalten bleibt, wenngleich auch der Einfluß der Dämpfung unter Umständen beträchtlich sein kann. Schalldämpfung oder -absorption bedeutet in erster Linie Energievernichtung und -dissipation. Die im vorigen Abschnitt besprochene Schwingungsdämpfung erfüllt diese Funktion. Das gleiche ist der Fall bei der Luftschallabsorption durch Absorptionsmittel wie z.B. poröse Schaumstoffe (Abschn. 4.1.9.5.). Bei den Schalldämpfungsmaßnahmen kommt stets auch die Schallreflexion ins Spiel; doch von ausschlaggebender Bedeutung und beabsichtigt ist die Vernichtung der Schall- und Schwingungsenergie.

#### *Schwingungs- und Körperschallisolation*

Bei der Dämmung des Körperschalls spricht man meist von *Isolation.* Hier kommt es stark auf den Frequenzbereich an, in dem Dämm-Maßnahmen wirksam sein sollen. Bei tiefen Frequenzen und Körperschall-Wellenlängen, die groß im Vergleich zu den Abmessungen der Objekte, an denen Isolationsmaßnahmen getroffen werden sollen, und im Vergleich zu den für die Dämmung verwendeten Isolationselementen sind, kann man meist als Modelle der Anordnungen schwingungsfähige Systeme aus Massen und in allen ihren Elementen gleichphasig schwingende Federn betrachten, deren Masse außer acht bleibt. Man spricht dann von *Schwingungsisolation* [3, 5, 8, 13, 17]. Solche Anordnungen können einen sehr komplexen Aufbau haben [13, 17]. Hier genügt es, schwingende Systeme von einem Freiheitsgrad mit einer einzigen Masse und einer einzigen Feder für die Beschreibung der Isolation heranzuziehen; für die Bestimmung der Bewegungen genügt dann eine einzige Koordinate. Zwei Arten der Isolation werden unterschieden, die Aktiv- und die Passivisolierung. Bei der *Aktivisolierung* sind die Schwingungen der „Masse" (Maschine oder dgl.) von dem Fundament fernzuhalten, gegen das die Masse durch ein Federelement isoliert ist. Bei der *Passivisolierung* sind die Schwingungen eines Fundaments oder einer anderen Unterlage von einem erschütterungsempfindlichen Gerät fernzuhalten, das auf der Unterlage ruht. Auch in diesem Fall dienen Federelemente zur Schwingungsisolation, und das einfache Masse-Feder-System genügt als Modell.

Das *Masse-Feder-System* ist ein zu Eigenschwingungen fähiges Gebilde. Im Fall der Aktivisolierung wird bei der Untersuchung der Schwingungs- und Isolationseigenschaften am Modell angenommen, daß auf die Masse eine periodische Kraft mit konstant bleibender Amplitude $F_1$ in Schwingungsrichtung wirkt. Die Masse und die Feder werden dadurch in erzwungene Schwingungen versetzt, und durch die Feder wird eine im allgemeinen in der Phase gegen die erregende Kraft verschobene periodische Kraft mit der Amplitude $F_2$ auf das Fundament übertragen. Bei der Schwingungsisolation wird angestrebt, $F_2$ möglichst klein zu machen. Der Quotient $F_2/F_1$ ist ein Maß für die Schwingungsübertragung oder -transmission, der reziproke Quotient $F_1/F_2$ ein Maß für die erreichte Schwingungsisolation.

Mit zunehmender Frequenz durchläuft das Masse-Feder-System eine mehr oder weniger hohe Resonanz bei der Kreisfrequenz $\omega_0 = 2\pi f_0, f_0$ die Resonanzfrequenz. Bei tiefen Frequenzen genügend weit unterhalb $f_0$ wird die „Störkraft $F_1$ voll auf das Fundament übertragen, und es ist $F_2/F_1 = 1$. Bei der Resonanzfrequenz $f_0$ durchläuft $F_2/F_1$ das Resonanzmaximum, dessen Höhe von der Schwingungsdämpfung abhängt und theoretisch bei fehlender Dämpfung unendlich groß wird. Dabei wird das Maß für die Isloation $F_1/F_2 = 0$, und man spricht von einem „*Resonanzeinbruch*" in der Isolation. Oberhalb $f_0$ nimmt $F_2/F_1$ mit höher werdender Frequenz schnell ab, wobei bei $f = f_0\sqrt{2}$ der Wert $F_2/F_1 = 1$ durchlaufen wird. Bei vernachlässigbar kleiner Dämpfung gilt bei Frequenzen genügend weit oberhalb $f_0$ die Beziehung

$$F_2/F_1 = \omega_0^2/\omega^2. \qquad (9)$$

Mit zunehmender Dämpfung wird in diesem Frequenzbereich $F_2/F_1$ größer, die Isolation also verschlechtert. Die Resonanzüberhöhung dagegen wird dabei verringert. Aus diesen Gesetzmäßigkeiten ergeben sich technisch wichtige Folgerungen.

Um im Frequenzbereich der technischen Anwendungen, der beispielsweise durch den Drehzahlbereich einer Maschine im Betrieb bestimmt sein kann, möglichst große Schwingungsisolation zu erreichen, muß die Resonanzfrequenz $f_0$ möglichst tief gelegt werden. Sie ist bestimmt durch die Beziehung

$$\omega_0 = 1/\sqrt{MC}. \qquad (10)$$

Darin ist $M$ die schwingende Masse; mit $C$ wird hier die „*Federung*" des Federelementes, der Kehrwert der Steifigkeit, bezeichnet. Bei Federelementen aus Gummi ist $C$ der *Nachgiebigkeit* des gummielastischen Materials proportional und dem zugehörigen Elastizitäts- oder Schubmodul umgekehrt proportional (siehe dazu Abschn. 4.1.1.1. und 4.1.2.3.) und hängt im übrigen von Gestalt und Abmessungen des Federelements ab.

Die Masse $M$ ist durch das schwingende Aggregat gegeben, dessen Schwingungen isoliert werden sollen. Um eine möglichst tiefe Resonanzfrequenz zu erreichen, muß man also $C$ möglichst groß machen, d.h. die Feder muß weich-elastisch sein; diese Forderung ist aber mit Elastomeren gut zu erfüllen, und deshalb werden Naturkautschuk und synthetische Kautschuke (Abschn. 4.1.3.4.), meist mit Füllstoffen verstärkt, für diese Zwecke bevorzugt verwendet. Die Dämpfung solcher Federelemente ist durch die inneren Energieverluste im Werkstoff, also durch dessen Verlustfaktor bestimmt [13, 17]. Eine verhältnismäßig hohe Dämpfung ist im Hinblick auf die Amplitudenbegrenzung beim Durchlaufen der kritischen Drehzahl, bei der Resonanzerregung des Schwingungssystems eintritt, günstig. Sie ist jedoch wegen der Verringerung der Schwingungsisolation bei den Frequenzen oberhalb $f_0$ im Betrieb ungünstig. Kompromisse sind hier nötig; doch im allgemeinen hat die Schwingungsisolation den Vorrang, und es müssen ggf. andere Maßnahmen zur Begrenzung der Schwingungsweiten in der Resonanz getroffen werden.

*Gummifederelemente* sind in der Technik viel benutzte Mittel zur Schwingungsisolation. Ihre Größen richten sich nach den zu isolierenden Objekten, und ihre Formen sind vielgestaltig und den jeweiligen Zwecken angepaßt. Sie werden auf Dehnung mit ungehinderter Querkontraktion oder auf Schub oder auf beide Verformungsarten gleichzeitig beansprucht. Ihre Elastizitätsmoduln werden im allgemeinen relativ klein gewählt, etwa im Bereich 1 bis 10 $kp/cm^2$, und die Verlustfaktoren $d$ sollen nicht zu groß sein und im Bereich zwischen 0,01 und 0,1 mehr in der Nähe von $d = 0{,}01$ liegen. Bei der Befestigung der Gummifederelemente müssen „*Körperschallbrücken*“ durch Schrauben, Bolzen und dgl., die die Feder gewissermaßen kurzschließen und die Federwirkung verhindern, vermieden werden. Deshalb sind die metallischen Befestigungsteile für Verschraubungen usw. in den sog. *Gummi-Metall-Elementen* anvulkanisiert (siehe VDI-Richtlinie 2005).

Oft werden die im Betrieb zu Schwingungen erregten Aggregate auf Platten, z.B. aus Beton, gelagert und diese mit Gummi-Metall-Elementen gegen den Boden, auf dem das Aggregat stehen soll, etwa eine Deckenkonstruktion, abgefedert. Planparallele Weichgummiplatten als Zwischenschichten zur Schwingungsisolation zwischen Betonplatte und Boden sind dynamisch hart, weil in ihnen bei der gegebenen Beanspruchung die Querkontraktion und -dilatation in Richtung der Plattenebene unterdrückt sind, und deshalb für die Schwingungsisolation ungeeignet (Abschn. 4.1.9.1.), sofern nicht die Querkontrahierbarkeit durch Perforation oder auch durch Nocken auf der dann nicht mehr planparallelen Gummiplatte erreicht wird. Im Gegensatz dazu sind planparallele Weichschaumstoffmatten in diesem Fall gute und viel benutzte Isolationsmittel, besonders bei der Passivisolierung von erschütterungsempfindlichen Geräten.

Bei der Untersuchung der Isolationseigenschaften im Fall der *Passivisolierung* wird als Modell das gleiche Masse-Feder-System wie bei der Aktivisolierung zugrundegelegt. Vorgegeben ist nun die Schwingungs-, die Geschwindigkeits-(Schnelle-) oder die Beschleunigungsamplitude der Unterlage, und gefragt ist nach der entsprechenden Amplitude der Masse. Wählt man die Schnelleamplituden und bezeichnet diejenige der Unterlage mit $v_1$, die der Masse mit $v_2$, so ergeben sich, wenn $v_1$ konstant gehalten wird, die gleichen Beziehungen wie im Fall der Aktivisolierung, wobei $v_1$ an die Stelle von $F_1$ und $v_2$ an die Stelle von $F_2$ tritt; insbesondere bleibt Gleichung (10) für die Resonanzfrequenz erhalten. Der Quotient $v_2/v_1$ ist nun ein Maß für die Schwingungstransmission und $v_1/v_2$ ein Maß für die Schwingungsisolation. Die Resonanzfrequenz muß auch in diesem Fall möglichst tief gelegt werden, und an die Federelemente sind die gleichen Forderungen wie bei der Aktivisolierung zu stellen. Schaumstoffmatten als Isolationsmaterial müssen möglichst weich sein, und nur weichelastische Schaumstoffe wie Latexschaum aus Naturkautschuk oder Schaumstoff aus weichem PUR sind für die Isolation geeignet (siehe dazu Abschn. 4.1.3.4.). Bei der Dimensionierung der Matten ist darauf zu achten, daß diese durch die statische Last der auf ihnen ruhenden Geräte mit ihren Grundplatten nicht zu stark zusammengedrückt und dabei dynamisch hart werden. Die entsprechende Forderung gilt auch für die Gummifederelemente.

In der Schwingungstechnik ist als Maß für die Schwingungsisolation der *Isolierfaktor I* gebräuchlich [5, 11]. Er ist definiert als der prozentuale Anteil der Erregerkraft bei der Aktivisolierung, der durch die Isolation vom Fundament ferngehalten wird, also

$$I = (1 - F_2/F_1) \cdot 100\%. \tag{11}$$

Für Frequenzen genügend weit oberhalb der Resonanzfrequenz $f_0$ ist dann nach Gleichung (9)

$$I = (1 - \omega_0^2/\omega^2) \cdot 100\%. \tag{12}$$

Wenn mit höher werdender Frequenz die Körperschall-Wellenlängen mit den Abmessungen der Objekte, an denen Dämm-Maßnahmen zu treffen sind, und der dafür verwendeten Isolationselemente vergleichbar oder kleiner als diese Abmessungen werden, kann schließlich das Schwingungsverhalten der Systeme nicht mehr vereinfachend anhand von Modellen aus getrennten Massen und Federn beschrieben werden. Dann müssen schwingungsfähige Systeme mit verteilten Massen und Federungen in Betracht gezogen werden, in denen Ausbreitung von Körperschallwellen und durch Reflexion an den Grenzen stehende Wellen möglich sind. Es ist dann sinngemäß, von *Körperschallisolation* zu sprechen.

Zur Erläuterung dieses Sachverhaltes kann als anschauliches Beispiel ein Schwingungssystem mit der Masse $M$ und einem zylindrischen Gummifederelement dienen, das in axialer Richtung schwingend beansprucht wird. Das Element habe eine Länge $h = 10$ cm, die Dehnwellengeschwindigkeit im Gummimaterial sei $c_D = 20$ m/s (vgl. Abschn. 4.1.9.1.). Dann ist bei 10 Hz die Dehnwellenlänge $\lambda_D = c_D/f = 2$ m, also groß gegen $h$, und das Element kann als reine Feder angesehen werden, wie es bei der Isolation tieffrequenter Schwingungen vorausgesetzt wird. Bei 100 Hz beträgt die Wellenlänge nur noch 20 cm, und es ist $h = \lambda_D/2$. Das Federelement ist nun schon als Stab anzusehen, auf dem stehende Dehnwellen möglich sind. Bei der gegebenen Begrenzung des Stabes durch das Fundament auf der einen und die Masse $M$ auf der anderen Seite tritt die tiefste Dehnwellenresonanz des Schwingungssystems im Bereich zwischen $h = \lambda_D/4$ und $h = \lambda_D/2$ ein, und die zugehörige Resonanzfrequenz liegt zwischen 50 und 100 Hz, bei großer schwingender Masse näher bei 100 Hz. Oberhalb der tiefsten Resonanz folgen mit höher werdender Frequenz die Resonanzen höherer Ordnung. An jeder dieser Resonanzstellen gibt es wie beim Masse-Feder-System *Resonanzeinbrüche* in der Isolation; diese sind jedoch technisch von untergeordneter Bedeutung. Bei dem hier gewählten Beispiel liegt also die Grenze, bis zu welcher noch von Schwingungsisolation im Sinne des Masse-Feder-Modells gesprochen werden kann, in der Nähe von 100 Hz. (Vgl. Abschn. 3.7.1. in [9].)

Ganz allgemein wird man die Grenze zwischen dem Bereich der Schwingungsisolation im technischen Sinn bei tiefen Frequenzen und dem Bereich höherer Frequenzen, in dem von Körperschallisolation gesprochen wird, in der Umgebung von 100 Hz anzunehmen haben.

Bei der Körperschallausbreitung treten vielfältige Dämmprobleme bei allen Wellenarten auf. Teilweise Reflexion und damit eine mehr oder weniger große Dämmung von Dehn- und Biegewellen beispielsweise treten ein an Querschnittssprüngen, Ecken, Wandverzweigungen, „Sperrmassen", elastischen Zwischenlagen usw. Dabei ist die teilweise Umwandlung von Dehn- in Biegewellen und umgekehrt zu beachten (vgl. Abschn. 4.1.9.3.). Hier interessieren Körperschall-Dämm-Maßnahmen, bei denen Kunststoffe, insbesondere Schaumstoffe, eine Rolle spielen. Dies ist der Fall bei der *Trittschalldämmung* in Bauten (Kap. V in [2], Kap. 3 in [5]).

Bei der Trittschallerzeugung wird die Decke eines Raumes angenähert punktförmig zu Schwingungen angeregt. Die von der Anregungsstelle ausgehenden Körperschallwellen führen durch Reflexion an den Rändern, wie allgemein in Platten, zu stehenden Wellen, wobei gedämpfte Eigenschwingungen bei diskreten Eigenfrequenzen auftreten. Der von den Biegeschwingungen in den Raum unter der Decke abgestrahlte Luftschall wird als *Trittschall* bezeichnet. Zu seiner Dämmung werden im Bauwesen viel die sog. *schwimmenden Estriche* angewandt, die zu den wirksamten Isolationsmitteln gehören. Sie bestehen aus einer 10 bis 20 mm dicken weichfedernden Dämmschicht aus Faser- oder Schaumstoffen, die auf der Rohdecke liegt, und einer darauf ruhenden etwa 40 mm dicken Estrichplatte aus Zement oder dgl. Die Anordnung entspricht denjenigen bei der Schwingungsisolation, nur daß sie wegen ihrer großen seitlichen Ausdehnung nicht ohne weiteres einfach als Masse-Feder-System angesehen werden kann. Rohdecke, Dämmschicht und Estrich bilden ein Dreischichtsystem (vgl. die Verbundsysteme in Abschn. 4.1.9.3.). Die Ausbreitung der Körperschallwellen in diesem System bei der Trittschallerregung muß berücksichtigt werden; die theoretische Behandlung führt jedoch zu Ergebnissen, die denjenigen für die Schwingungsisolation von Masse-Feder-Systemen weitgehend entsprechen.

Bei allen Deckenkonstruktionen ist die Biegewellengeschwindigkeit in der Rohdecke groß gegen die im Estrich; es ist dann erlaubt, die Biegesteifigkeit der Estrichplatte außer acht zu lassen und anzunehmen, daß ihre Schwingungen nur von der Masse abhängen. Wenn die Masse je Fläche der Rohdecke genügend groß gegen die des Estrichs ist, gewinnt die Resonanzfrequenz $f_0$ nach Gleichung (10), in der hier $M$ die Masse des Estrichs und $C$ die Federung der Isolationsschicht bedeuten, beide bezogen auf die Fläche, die entsprechende Bedeutung wie beim Masse-Feder-

System in der Schwingungsisolation. Die Biegewellengeschwindigkeit in der Decke wird bei $f_0$ unendlich groß, Estrich und Rohdecke schwingen trotz punktförmiger Schwingungserregung wie starre Platten, und die Schwingungen entsprechen denjenigen von zwei durch eine Feder gekoppelten Massen in der Resonanz.

Bei der Frequenz $f_0$ wird das Trittschallgeräusch durch den schwingenden Estrich verstärkt wie bei der Schwingungsisolation die Transmission durch das Masse-Feder-System. Auch im ganzen Frequenzbereich oberhalb $f_0$ kann der schwimmende Estrich in guter Näherung als einfaches Masse-Feder-System aufgefaßt werden. Wie die Schwingungsisolation bei einem solchen steigt die dämmende Wirksamkeit nach Gleichung (9) mit dem Quadrat der Frequenz an. Die Trittschallminderung durch den schwimmenden Estrich ist dabei von der Art der Rohdecke unabhängig (siehe unten).

An Schaumstoffe als Dämmschichten in schwimmenden Estrichen sind danach die gleichen Forderungen zu stellen wie im Falle der Schwingungsisolation von Geräten, und die gleichen Weich-Schaumstoffe wie dort kommen auch für die Trittschalldämmung durch schwimmende Estriche in Frage. Die Grenzfrequenz $f_0$ muß auch in diesem Fall möglichst tief (unter 100 Hz) gelegt werden. Mit harten Schaumstoffen ist dieses Ziel nicht ohne weiteres zu erreichen, auch nicht mit Polystyrol-Schaumstoff trotz der kleinen Rohdichte, die bei diesem möglich ist, es sei denn, man erhöht die Federweichheit, beispielsweise durch Wellung der Oberfläche der PS-Schaum-Schicht oder durch besondere mechanische Behandlung des Schaumstoffgerüstes.

### *Prüftechnik zur Schwingungs- und Körperschallisolation*

Die DIN-Normen für technisch-akustische Prüfungen sind vollständig in dem Schalltechnischen Taschenbuch [11] zusammengestellt. Die viskoelastischen Eigenschaften, insbesondere der Elastizitäts-(Speicher-)Modul und der Verlustfaktor der Elastomeren, aus denen Gummifederelemente hergestellt werden, und der für die Schwingungsisolation und für die Dämmschichten in schwimmenden Estrichen verwendeten Schaumstoffe können nach den in Tabelle 1b, Abschn. 4.1.3.1., angeführten DIN-Normen geprüft werden, die sich auf die Prüfung bei schwingender Beanspruchung beziehen. Unter diesen Normen befaßt sich DIN 53246 mit dem Vibrometer-Verfahren zur Bestimmung des dynamischen Elastizitätsmoduls und des Verlustfaktors von Schaumstoffen.

Praxisnahe Verfahren für die Prüfung der dynamisch-elastischen Eigenschaften der Dämmschichten schwimmender Estriche berücksichtigen u.a. die statische Belastung der Estriche im Bau (Abschn. 3.7.2. in [9]).

Ein solches Prüfverfahren ist in DIN 25214 genormt. Die Probekörper sind in diesem Fall quadratisch mit Kantenlängen von 20 bis 30 cm und entsprechen in ihrem Aufbau dem der schwimmenden Estriche unter den praktischen Bedingungen im Bau. Die Resonanzfrequenz des Masse-Feder-Systems wird in üblicher Weise bestimmt. Die Steifigkeit der dämmenden Schicht setzt sich aus der des tragenden Gerüstes und der Steifigkeit der in diesem eingeschlossenen Luft zusammen (Abschn. 4.1.9.1.). Bei weichelastischen Dämmschichten kann die Steifigkeit des Luftpolsters mit der des Gerüstes vergleichbar sein oder diese sogar überwiegen. Wie weit sie im Versuch zur Wirkung kommt, hängt vom Strömungswiderstand in der (porösen) Dämmschicht ab. Im Prüfverfahren nach DIN 52214 ist dafür gesorgt, daß der Einfluß des Luftpolsters miterfaßt wird, ggf. rechnerisch.

Die Prüfung der Trittschalldämmung in Bauten ist durch die Norm DIN 52210 für alle Bundesländer verbindlich geregelt. Zur Trittschallerregung dient ein genormtes Hammerwerk, mit dem der Fußboden unmittelbar mit einer Schlagfolgefrequenz von 10 Hz zu Schwingungen erregt wird. Der im darunter liegenden Raum erzeugte Luftschallpegel wird als *Trittschallpegel* $L_T$ bezeichnet. Der Schallpegel $L$ ist dabei in üblicher Weise durch die Beziehung $L = 20 \lg(p/p_0)$ definiert, wo $p$ der mittlere Schalldruck im Raum und $p_0 = 200\ \mu\,\text{bar} = 2 \cdot 10^{-4}\ \text{dyn/cm}^2$ als Bezugswert etwa der Hörschwelle des menschlichen Ohres entspricht. Der Schallpegel wird mit den üblichen Prüfeinrichtungen in Terzbereichen gemessen. Da er von der Luftschallabsorption und damit von der Nachhallzeit

(Definition siehe Abschn. 4.1.2.3.) im Empfangsraum abhängt, wird das Meßergebnis auf eine bestimmte *Schluckfläche* $A_0$ reduziert, und zwar gemäß DIN 4109 auf die Fläche $A_0 = 10\ m^2$. Die Schluckfläche ist dabei die die auftreffende Schallenergie vollständig absorbierende Fläche, deren Luftschallabsorption der Schallabsorption im Empfangsraum äquivalent ist (vgl. unten die Luftschalldämmung von Wänden). Der so reduzierte Trittschallpegel wird als *Norm-Trittschallpegel* $L_n$ definiert, und es ist

$$L_n = L_T + 10 \lg (A/A_0)\ dB, \tag{13}$$

wo $A$ die aus der Nachhallzeit ermittelte Schluckfläche des Empfangsraumes ist.

Hier interessiert mehr die *Trittschallminderung* $\Delta L$ durch den Einbau eines schwimmenden Estrichs. Sie ist definiert als die Differenz der Trittschallpegel vor und nach dem Einbau des schwimmenden Estrichs. Gemäß dem oben besprochenen Anstieg der Dämmung des Estrichs oberhalb der Grenzfrequenz $f_0$ mit dem Quadrat der Frequenz nach Gleichung (9) ergibt sich für $\Delta L$ die sehr einfache Beziehung

$$\Delta L = 40 \lg (\omega_0/\omega)\ dB. \tag{14}$$

Gleichung (14) unterstreicht, wie wichtig eine möglichst tiefe Lage der Resonanzfrequenz $f_0$, d.h. eine möglichst große Federweichheit der Dämmschichten, insbesondere solcher aus Schaumstoffen, für die Erzielung einer hohen Trittschallminderung $\Delta L$ ist. Die Gleichung, nach der $\Delta L$ um 12 dB je Oktave ansteigen soll, hat sich in der Praxis für die Abschätzung der Trittschalldämmung bei nicht zu hohen Frequenzen als brauchbare Näherung bewährt.

*Luftschalldämmung* Literatur: [1 Bd. 2, 2, 3, 4, 5]

Ein Maß für die Luftschalldämmung einer Trennwand, das dem Verhältnis $F_1/F_2$ der Kräfte im Fall der Schwingungsisolation entspricht, ist das Verhältnis der Schalldrucke $p_e$ in einer senkrecht auf die Wand treffenden ebenen Luftschallwelle und $p_d$ in der durchgelassenen fortschreitenden Welle hinter der Wand. Das *Schallisolationsmaß* $R$, oft auch als *Schalldämm-Maß* bezeichnet, wird in der in der Akustik üblichen Weise definiert:

$$R = 20 \lg (p_e/p_d). \tag{15}$$

Ein in gleicher Weise definiertes Isolationsmaß hätte auch im Fall der Schwingungsisolation für das Kräfteverhältnis $F_1/F_2$ anstelle des durch Gleichung (11) definierten Isolierfaktors angewandt werden können, und tatsächlich wird von dieser Möglichkeit oft Gebrauch gemacht.

Als Grundlage für die Messung von $R$ ist jedoch Gleichung (15) wenig geeignet, weil der einfallenden Welle eine reflektierte überlagert ist und $p_e$ nicht unmittelbar gemessen werden kann. In der Bauakustik wird deshalb das Schallisolationsmaß in anderer Weise definiert, die der Prüftechnik in der Praxis angepaßt und in DIN 52210 mit genauen Meßvorschriften genormt ist.

Zur Bestimmung der Schalldämmung einer Trennwand zwischen zwei Räumen wird in einem der Räume, dem Senderaum, mit einem Lautsprecher Schall erzeugt, in der Regel mit kontinuierlichem Spektrum („weißem Rauschen"), aus dem bei den Messungen gemäß der Norm aneinander anschließende Terzbereiche zwischen 100 und 3200 Hz ausgefiltert werden, und es wird im Senderaum ein Schallpegel $L_1$ (innerhalb eines Terzbereichs) eingestellt (Definition des Schallpegels siehe oben). Infolge des Schalldurchgangs durch die Trennwand stellt sich im Nachbarraum, dem Empfangsraum, der Schallpegel $L_2$ ein, dessen Höhe von der Luftschallabsorption in diesem Raum abhängt. In bauakustischen Laboratorien sind Sende- und Empfangsraum sogenannte Hallräume, in denen sich im Idealfall statistische Schallfelder ausbilden; darin sind alle Ausbreitungsrichtungen gleichmäßig verteilt, und es herrscht überall der gleiche Schalldruck. Da diese Forderungen nicht ideal zu erfüllen sind, muß der Schalldruck an mehreren Stellen im Raum gemessen und der Mittelwert gebildet werden. Der Schall im Senderaum fällt also bei dieser Prüfung aus allen möglichen Einfallsrichtungen auf die Trennwand, was den im allgemeinen in der Praxis gegebenen Bedingungen entspricht. Das Maß für die Luftschallabsorption im Empfangsraum ist die *äquivalente Schluckfläche A*, die bereits bei der Trittschalldämmung eingeführt wurde. Sie wird durch Messung der Nachhallzeit $T$, ebenfalls in Terzbereichen, bestimmt; aus $T$ und dem Volumen $V$ des Empfangsraumes ergibt sich $A$ anhand der viel benutzten Zahlenwertgleichung

$$T = 0{,}163\ V/A, \tag{16}$$

$V$ in $m^3$, $A$ in $m^2$, $T$ in s.

Wie bei der Trittschalldämmung (Gleichung (13)) wird auch im Fall der Dämmung der Trennwand der gemessene Schallpegel $L_2$ auf eine bestimmte Bezugsschallschluckfläche reduziert, und zwar sinngemäß auf die Fläche $S$ der Trennwand. Als Schallisolationsmaß $R$ wird dann die Differenz des Schallpegels im Senderaum und des reduzierten Schallpegels im Empfangsraum definiert.

Das Schallisolationsmaß ist danach definiert durch die Beziehung

$$R = L_1 - L_2 + 10 \lg (S/A), \tag{17}$$

$L_1$ der Schallpegel im Senderaum, $L_2$ der Schallpegel im Empfangsraum, $S$ die Fläche der Trennwand, $A$ die äquivalente Schallschluckfläche des Empfangsraumes.

Wenn das Schallisolationsmaß unabhängig von den Einbaubedingungen und der Umgebung der Trennwand bestimmt werden soll, muß dafür gesorgt werden, daß im wesentlichen nur der durch die Wand aus dem Sende- in den Empfangsraum dringende Schall und nicht auf Nebenwegen dorthin gelangender Schall bei der Prüfung erfaßt wird.

Man erhält bei dieser Prüfung das Isolationsmaß $R$ getrennt für die verschiedenen Terzbereiche und damit in Kurvenform als Funktion der Frequenz, die in üblicher Weise in logarithmischer Skala aufgetragen wird. Für eine ausreichende Charakterisierung der Dämmeigenschaften einer Trennwand ist die Frequenzkurvendarstellung von $R$ im Hinblick auf Einbrüche in der Dämmkurve und andere Anomalien, die sich als störend bemerkbar machen können, erforderlich. Die an und für sich erwünschte Charakterisierung durch eine einzige Zahl, einen passend definierten Mittelwert von $R$, kann irreführend sein und reicht im allgemeinen nicht aus (siehe dazu unten).

Die *Luftschalldämmung einer Einfachwand*, physikalisch gesprochen einer planparallelen Platte, ist bei genügend großer Flächenausdehnung der Wand primär durch die Masse $M$ je Fläche (das Flächengewicht) bestimmt. Dies bedeutet, daß man eine zwar grobe, aber doch schon brauchbare Näherung für das Schallisolationsmaß erhält, wenn man die Wandelemente bei der Schwingungserregung durch die einfallende Luftschallwelle als voneinander unabhängig schwingende träge Massen ansieht und den Einfluß der Steifigkeit der Wand außer acht läßt, was streng selbstverständlich nicht erlaubt ist. Nach der Definition des Schallisolationsmaßes für senkrechten Schalleinfall in Gleichung (15) ergibt sich unter der vereinfachenden Annahme, daß nur die Massenträgheit dämmend wirksam ist, theoretisch das sog. *Massegesetz*

$$R = 20 \lg \frac{\omega M}{2 Z_0}, \tag{18}$$

wo hier mit $Z_0 = \varrho_0 c_0$ die Kennimpedanz der Luft bezeichnet wird, $\varrho_0$ die Dichte, $c_0$ die Schallgeschwindigkeit der Luft (vgl. Abschn. 4.1.9.2.).

Bei der Ableitung von Gleichung (18) ist vorausgesetzt, daß die Dicke der Wand klein gegen die Longitudinalwellenlänge in der Wand ist, d.h. daß in dieser keine stehenden Wellen durch Reflexion an den Grenzflächen entstehen (vgl. Bild 4.1.9.1. unten). Diese Voraussetzung ist im hier interessierenden Frequenzbereich bei nicht zu dicken Wänden erfüllt. Die Wand muß nicht notwendig homogen sein; sie muß sich nur bei der Beschallung wie eine homogene Wand verhalten. So können beispielsweise geschichtete Platten wie die in Abschn. 4.1.9.3. behandelten Mehrschichtsysteme in bezug auf die Schalldämmung als homogene Platten angesehen werden. Gleichung (18) enthält weiter die Voraussetzung, daß $\omega M$ genügend groß gegen $Z_0$ ist, so daß 1 gegen $(\omega M/(2 Z_0))^2$ vernachlässigt werden kann. Diese Bedingung ist bei allen hier interessierenden Flächengewichten $M$ und Frequenzen (etwa oberhalb 100 Hz) mit ausreichender Genauigkeit erfüllt.

Nach dem Massegesetz steigt also die Schalldämmkurve, d.h. die Frequenzkurve des Schallisolationsmaßes $R$ in Abhängigkeit vom Logarithmus der Frequenz, linear mit höher werdender Frequenz an, und zwar um 6 dB je Oktave. Mit zunehmender Masse $M$ oder Dicke der Einfachwand verschiebt sich die Kurve parallel in Ordinatenrichtung, bei Verdopplung der Masse oder Dicke um 6 dB, also verhältnismäßig wenig im Verhältnis zum größeren Aufwand (vgl. unten die Doppelwände).

Die Schalldämmkurve nach dem Massegesetz stellt eine obere Grenze für die mit einer Einfachwand erreichbare Luftschallisolation dar. Die Dämmung wird in der Praxis durch verschiedene Einflüsse mehr oder weniger stark vermindert. Bei schrägem Schalleinfall nimmt $R$ mit zunehmendem Einfallswinkel ab, was zur Folge hat, daß bei statistischem Einfall, bei dem die Schallausbreitung wie im Hallraum (siehe oben) über alle Richtungen verteilt ist, das nach DIN 52212 gemessene Schallisolationsmaß $R$ um etwa 3 dB kleiner ist als das für senkrechten Einfall nach Gleichung (18) berechnete.

Die Steifigkeit der Wand bewirkt weitere Minderungen der Dämmung. In der an den Rändern normalerweise festliegenden Wand können Biegeresonanzen verschiedener Ordnung mit Resonanzfrequenzen auftreten, die sich über den ganzen interessierenden Frequenzbereich verteilen und deren Dichte mit höher werdender Frequenz zunimmt (vgl. Abschn. 4.1.9.1.). Bei diesen Resonanzen, die auch bei senkrechtem Schalleinfall angeregt werden können, wird die Wand mehr oder weniger schalldurchlässig (vgl. oben die Resonanz des Masse-Feder-Systems bei der Schwingungsisolation und der Trittschalldämmung), und dies führt zu verteilten Resonanzeinbrüchen und insgesamt zu einer Absenkung der Schalldämmkurve. Diese Minderung der Dämmung kann um so stärker unterdrückt werden, je höher die Dämpfung der Trennwand ist. In Abschn. 4.1.9.3. wurde schon auf die Bedeutung einer möglichst hohen Dämpfung für die Schalldämmung metallischer Trennwände aus optimal schwingungsgedämpften Mehrschichtsystemen, insbesondere Verbundblechen, hingewiesen.

Zu noch stärkeren Einbrüchen in der Dämmkurve führt der Koinzidenzeffekt (Abschn. 4.1.9.2.), der oberhalb der Koinzidenz-Grenzfrequenz $f_{gr}$ nach Gleichung (7) oder (8) und unter dem Einfluß der Dämpfung auch schon darunter auftritt. Die auf ihn zurückzuführende Schalldurchlässigkeit tritt bei gegebener Frequenz zwar nur bei einem bestimmten Einfallswinkel auf, doch ist bei statistischem Schalleinfall dieser Winkel im Schallfeld vertreten, so daß der Koinzidenzeffekt im ganzen Frequenzbereich oberhalb $f_{gr}$ wirksam ist. Eine möglichst hohe Lage der Grenzfrequenz ist also erwünscht. Nach Gleichung (7) liegt diese um so höher, je größer die Masse $M$ je Fläche und je kleiner die Biegesteifigkeit $B$ ist (vgl. Abschn. 4.1.9.2.). Schwere biegeweiche Schalen spielen deshalb in der Technik bei Schalldämm-Maßnahmen eine bedeutende Rolle.

Formbeständige (harte) Kunststoffe können als Werkstoffe für schalldämmende Trennwände in sog. *Schallschutzhauben*, schalldämmenden *Einkapselungen* und *Ummantelungen* für geräuschvolle Geräte und Maschinen wie Schreib- und Buchungsmaschinen verwendet werden. Ungünstig ist dabei die vergleichsweise kleine Dichte, die für die Erzielung genügend großer Flächengewichte $M$ verhältnismäßig große Wandstärken erforderlich macht. Günstig ist dagegen die relativ hohe innere Dämpfung harter Kunststoffe im Vergleich zu anderen Werkstoffen (Abschn. 4.1.9.3.). Die Koinzidenz-Grenzfrequenz $f_{gr}$ liegt im allgemeinen etwa bis zu Plattendicken $h = 1$ cm oberhalb des hauptsächlich interessierenden Frequenzbereichs von 100 bis 3200 Hz.

Bei einer mittleren Dehnwellgeschwindigkeit $c_{DPl} = 2000$ m/s (Abschn. 4.1.9.1.) und einer mittleren Dichte $\varrho = 1$ g/cm$^3$ liegt nach Gleichung (8) $f_{gr}$ für eine Plattendicke $h = 1$ cm bei 3200 Hz, und die Masse je Fläche ist $M = 10$ kg/m$^2$. Nach dem Massegesetz (Gleichung (18)) ist in diesem Fall das Schallisolationsmaß für 100 Hz $R = 18$ dB, für 3200 Hz $R = 48$ dB. Für Vergleichszwecke wird oft ein mittleres Schallisolationsmaß $R_m$ benutzt, das sich aus der Schalldämmkurve anhand der Integration von $R$ über $\lg f$ im Bereich 100 bis 3200 Hz ergibt. Ein solches Maß ist bei

„normalem" (monotonem) Anstieg von $R$ mit der Frequenz sinnvoll. Im vorliegenden Beispiel ist nach dem Massegesetz $R_m = 33$ dB. Aus den oben angeführten Gründen wird das wirklich erreichte Isolationsmaß $R_m$ darunter liegen, nach Messungen an zahlreichen Wänden für $M = 10$ kg/m$^2$ im Bereich 25 bis 30 dB (Bild 3.5 in [5]). Bei einer verhältnismäßig hohen Dämpfung, wie sie beispielsweise bei PP gegeben ist ($d \approx 0{,}1$), ist $R_m$ in der Nähe der oberen Grenze, also nicht weit unterhalb 30 dB, zu erwarten. Bei einer Plattendicke von 4 mm liegt nach der Erwartung $R_m$ nicht weit unterhalb 25 dB, und $f_{gr}$ schon weit oberhalb 3200 Hz. Die größere Plattendicke bringt also, wie schon erwähnt, nur eine verhältnismäßig kleine Verbesserung der Schalldämmung.

Für schalldämmende Ummantelungen und Einkapselungen aller Art [16] werden vielfach Stahlbleche verwendet. Günstig ist in diesem Fall die hohe Dichte $\varrho \approx 8$ g/cm$^3$, von großem Nachteil jedoch die geringe innere Dämpfung. Dieser Mangel kann jedoch nach Abschn. 4.1.9.3. mit schwingungsgedämpften Mehrschichtsystemen weitgehend überwunden werden. Insbesondere Verbundbleche mit Zwischenschichten aus optimierten Kunststoffen, mit denen Verlustfaktoren $d_{comb}$ im Bereich oberhalb 0,1 erreicht werden, die $d_{comb} = 1$ nahekommen können, besitzen für die Schalldämmung mancherlei günstige Eigenschaften.

Bei Vollblechen aus Stahl ist $c_{D\,Pl} = 5000$ m/s, und die Koinzidenz-Grenzfrequenz $f_{gr}$ liegt bis zu Blechdicken von 4 mm oberhalb 3200 Hz. Beim Verbundblech ist die Biegesteifigkeit $B$ kleiner als beim Vollblech gleicher Dicke, und $f_{gr}$ liegt nach Gleichung (7) höher als bei diesem. Für ein 4 mm dickes Stahl-Vollblech oder -Verbundblech ist $M \approx 32$ kg/m$^2$, und es ist nach dem Massegesetz für 100 Hz $R = 28$ dB und der Mittelwert $R_m = 43$ dB. Resonanzeinbrüche in der Dämmkurve sind im Fall des hochgedämpften Verbundblechs weitgehend unterdrückt, und der Koinzidenzeffekt spielt im interessierenden Frequenzbereich noch keine wesentliche Rolle. Es kann deshalb angenommen werden, daß in diesem Fall der Meßwert $R_m$ nicht weit unter dem Wert nach dem Massegesetz liegt, etwa in der Nachbarschaft von 35 dB.

Hochgedämpfte Verbundbleche werden beispielsweise zur schalldämmenden Ummantelung von Großtransformatoren verwendet. Dabei sind keine Maßnahmen der Körperschallisolation gegen die Transformatorkonstruktion erforderlich; die Verbundbleche können fest mit dem Rahmenwerk verschraubt werden. Denn die vom Transformator auf die Verbundbleche gelangenden Biegewellen sind so stark gedämpft, daß es nicht zur Ausbildung stehender Biegewellen in Resonanz durch Reflexion an den Plattengrenzen kommt und damit auch nicht zu stärkeren Resonanzeinbrüchen in der Dämmkurve. Das Massegesetz kommt also weitgehend zur Wirkung. Ganz allgemein stören aus diesem Grund Körperschallbrücken, die sonst zur unerwünschten Biegeschwingungserregung führen, bei den hochgedämpften Verbundsystemen nicht und brauchen nicht beachtet zu werden.

Zur Erhöhung der Luftschalldämmung dünner Bleche werden vielfach sog. *schwere biegeweiche Matten* verwendet. Sie sind mit schweren Füllstoffen, oft Schwerspat, gefüllt. Als Bindemittel werden neben anderen weichelastische Kunststoffe verschiedener Art benutzt. Solche Matten werden beispielsweise auf Trennwände zwischen Motor- und Fahrgastraum in Personenkraftwagen zur Erhöhung des Flächengewichts und damit der Luftschalldämmung geklebt. Die innere Dämpfung der Matten ist dabei ein erwünschter Sekundäreffekt.

Es ist noch zu erwähnen, daß zur Erhöhung der Luftschalldämmung von Einfachwänden sog. *Vorsatzschalen* benutzt werden, die im Aufbau und in den Isolationseigenschaften den schwimmenden Estrichen ähnlich sind. Als federnde Zwischenschichten kommen auch in diesem Fall weichelastische poröse Schaumstoffschichten in Frage.

Die unbefriedigende Eigenschaft der Einfachwände, daß das Schallisolationsmaß mit zunehmendem Wandgewicht nur verhältnismäßig wenig ansteigt, kann durch Aufteilung einer dicken Wand in zwei oder mehrere dünne „Schalen", deren Gesamtmasse gleich der der dicken Wand ist, und durch Hintereinanderschaltung dieser Schalen in bestimmten Abständen überwunden werden. Eine große Rolle spielen im Bauwesen und allgemein in der Schalldämmtechnik die *Doppelwände*, bestehend aus zwei äußeren harten Schalen und dem dazwischen liegenden Luftpolster, das als weiche Federung wirkt. Der Zwischenraum ist meist mit porösen Luftschallabsorptionsstoffen, Mineralfaser- oder auch porösen Schaumstoffen, zur Vermeidung schädlicher Querresonanzen im Luftraum gefüllt. Solche zweischaligen Wände werden oft als *Sandwich-Konstruktionen* bezeichnet.

Wären die Schalen so weit voneinander entfernt, daß die federnde Kopplung durch das Luftpolster keine merkliche Rolle spielte, würden sich die Schallisolationsmaße der beiden Einzelwände addieren, und die Summe würde weit über dem Isolationsmaß der dicken Einfachwand liegen, deren Masse der Summe der Massen der beiden Schalen entspricht. Bei den Doppelwänden in der Praxis ist der Abstand der Schalen begrenzt, und die Federung des Luftpolsters kommt ins Spiel. Sie bewirkt gegenüber der Addition der Isolationsmaße der Einzelwände Einschränkungen, doch bleibt eine starke Überhöhung der Dämmung der Doppelwand gegenüber der der gleich schweren Einfachwand erhalten (Beispiele siehe unten).

Die theoretische Behandlung des Schalldurchgangs durch Doppelwände bei senkrechtem Schalleinfall unter Vernachlässigung des Einflusses der Steifigkeit wie bei der Ableitung des Massegesetzes führt zu Ergebnissen, die in wesentlichen Zügen den für die Körperschallisolation des schwimmenden Estrichs gültigen Gesetzen entsprechen.

Bei der Resonanzfrequenz des Masse-Feder-Masse-Systems, bestehend aus den Massen je Fläche $M_1$ und $M_2$ der beiden Schalen und der Federung $C$ des Luftpolsters, ergibt sich ein tiefer Einbruch in der Schalldämmkurve, so daß von einem „Kurzschluß" gesprochen werden kann. Die Resonanzfrequenz muß deshalb bei tiefen Frequenzen unterhalb des hauptsächlich interessierenden Frequenzbereichs, d.h. unterhalb 100 Hz liegen. Die Federung des Luftpolsters ist $C = l/(\varrho_0 c_0^2)$, wo $l$ die Dicke der Luftschicht (der Wandabstand) ist, und die Resonanzfrequenz $f_0$ ist gegeben durch die Beziehung

$$\omega_0 = \sqrt{\frac{1}{C} \cdot \left(\frac{1}{M_1} + \frac{1}{M_2}\right)}. \tag{19}$$

Wenn eine Wandschale schwer gegenüber der zweiten ist, $M_1 \gg M_2$, geht Gleichung (19) in Gleichung (10) über ($M_2 = M$). Die Dicke $l$ muß so groß gewählt werden, daß $f_0$ unter 100 Hz liegt. Im allgemeinen sind dazu einige cm Wandabstand erforderlich.

Oberhalb der Resonanzfrequenz steigt nach der Theorie $R$ steil mit der dritten Potenz der Frequenz an, also um 18 dB je Oktave. Die auf der Steifigkeit der Schalen beruhenden Einflüsse, die die Dämmung der Einfachwand herabsetzen (Resonanzeinbrüche, Koinzidenzeffekt), vermindern auch bei der Doppelwand den steilen Anstieg von $R$ mit $f^3$. Mit doppelschaligen Wänden aus hochgedämpften Verbundblechen wird jedoch ein solcher Anstieg tatsächlich beobachtet (siehe unten). Die Zunahme von $R$ mit höher werdender Frequenz ist nach oben begrenzt. Oberhalb $R \approx 60$ dB wird der Einfluß des auf „*Nebenwegen*" in den Empfangsraum gelangenden unvermeidlichen Schallanteils merklich, der vom Senderaum über die zu Schwingungen erregten Wandungen als Körperschall auf die Wandungen des Empfangsraumes gelangt und dort als Luftschall abgestrahlt wird.

Einen Eindruck von der Höhe der erreichbaren Schallisolationsmaße und von der Wirksamkeit der verschiedenen Maßnahmen zur Verbesserung der Dämmung vermitteln Bilder 4.1.9–8 und 4.1.9–9. Es handelt sich dabei um Doppelwandkonstruktionen, insbesondere Fußboden-Baumuster, für Eisenbahn-Reisezugwagen.

Beim Rollen der Räder auf den Schienen wird an den Berührungsstellen ein starkes Geräusch erzeugt, und außerdem wird von den zu Schwingungen angeregten Schienen und Rädern starker Schall abgestrahlt. Der Luftschall dringt durch Fußboden, Wände und Dach in das Wageninnere und muß möglichst weitgehend abgeschirmt werden. Eine wirksame Schalldämmung bei begrenztem Wandgewicht ist nur in „*Leichtbauweise*" mit Doppelwandkonstruktionen zu erreichen. Eine möglichst hohe Schallisolation ist vor allem in dem 3 Oktaven umfassenden Frequenzbereich zwischen 250 und 2000 Hz erforderlich, der auch den Bereich größter Ohrempfindlichkeit einschließt.

Bild 4.1.9–8 zeigt Dämmkurven einer Doppelwandkonstruktion, deren Dämmung schrittweise verbessert wurde. Dazu sind zum Vergleich eingetragen die nach dem Massegesetz Gleichung (18) für Einfachwände gleicher Masse je Fläche berechneten Kurven des Schallisolationsmaßes und ferner die *Sollkurve*, die nach der grundlegenden, den Schallschutz im Hochbau betreffenden Norm DIN 4109 für die Schalldämmung von Trennwänden in Bauten verbindlich ist, d.h. nicht unterschritten werden soll.

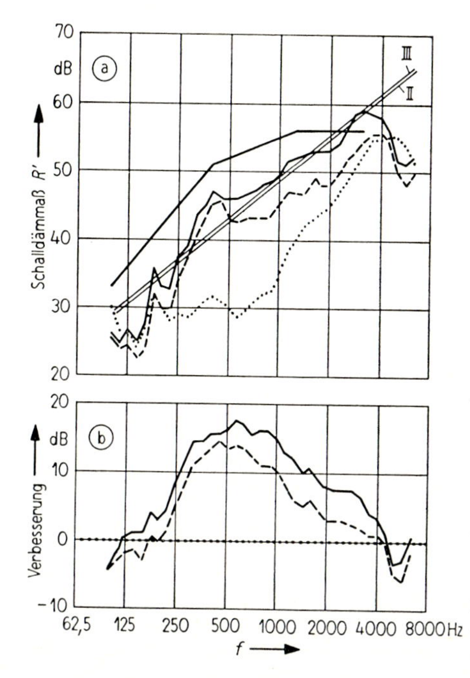


Bild 4.1.9–8 Schalldämmung von Doppelwänden (nach *C. Stüber* [30]) Aufbau der Doppelwände zu den *R*-Kurven:

(a) · · · · · I: 2 mm Blech; 50 mm Hohlraum, ausgeschäumt mit 20 bis 25 $kg/m^3$ schwerem Weichschaumstoff; 1,3 mm Phenolharzplatte; Flächengewicht 36,3 $kg/m^2$.

– – – – – II: 3,5 mm dick entdröhntes 2-mm-Blech; 50 mm Hohlraum, ausgefüllt mit 10 $kg/m^3$ schwerer Mineralfaser; 2 mm Phenolharz; Flächengewicht 34,6 $kg/m^2$.

——— III: wie II, Phenolharzplatte jedoch 2 mm dick entdröhnt; Flächengewicht 36,3 $kg/m^2$.

——— (II, III): gleich schwere Einfachwand, massentheoretisch bei senkrechtem Schalleinfall; Flächengewicht 34,6 bzw. 36,3 $kg/m^2$.

——— bauakustische Sollkurve nach DIN 4109.

(b) – – – – Verbesserung $\Delta$ von Doppelwand II im Vergleich zu ——— I; Verbesserung $\Delta$ von III im Vergleich zu I

Das Ausgangsbaumuster ist eine Doppelwand aus einem durch Rippen und Spanten versteiften 2 mm dicken Stahlblech und einer 1,3 mm dicken Phenolharz-Schale mit 50 mm tiefem Zwischenraum, der mit einem Weichschaumstoff ausgeschäumt ist; die Masse je Fläche der Doppelwand beträgt 36,3 kg. Dämmkurve I für diese Wand zeigt tiefe Resonanzeinbrüche. Auch bei der Koinzidenzfrequenz $f_{gr} = 6400$ Hz für 2 mm Stahlblech ist der Koinzidenzeinbruch deutlich, der wegen seiner hohen Frequenzlage nicht weiter interessiert. Kurve I liegt weit unterhalb der zugehörigen Kurve nach dem Massegesetz. Im Fall der Kurve II ist das Stahlblech mit einem 3,5 mm dicken Belag gedämpft (vgl. Bild 4.1.9.4), die Phenolharzschale ist 2 mm dick, die Füllung besteht aus Mineralfaserstoff, die Masse je Fläche beträgt 34,6 kg. Besonders durch die Blechdämpfung ist eine erhebliche Verbesserung erzielt, die Dämmkurve nach dem Massegesetz ist fast erreicht. Die Dämpfung auch der Phenolharzplatte mit einem 2 mm dicken Dämpfungsbelag bringt nach Kurve III noch eine weitere Verbesserung der Dämmung. Die Kurven in Bild 4.1.9–8 b zeigen, daß die Verbesserung, die Differenz $\Delta$ der *R*-Werte bei gegebener Frequenz gegenüber denjenigen des Ausgangsbaumusters, wie gefordert, im Frequenzbereich 250 bis 2000 Hz wirksam ist.

Bild 4.1.9–9 zeigt Schalldämmkurven von doppelschaligen Fußboden-Baumustern für Reisezugwagen. Auch die *R*-Kurven nach dem Massegesetz für Einfachwände gleichen Flächengewichts und die Sollkurve für Trennwände in Hochbauten sind wieder zum Vergleich eingetragen. Hier interessiert besonders das Baumuster zu Kurve 1. Es besteht aus Verbundblech-Außenschalen mit Zwischenschichten aus einem optimal eingestellten Dämpfungsstoff (Abschn. 4.1.9.3.) und einem 25 mm tiefen, mit Mineralfaser gefüllten Luftzwischenraum; die Masse je Fläche beträgt 55 $kg/m^2$. Das Verbundblech der ersten Schale besteht aus Stahlblechen von 2,5 und 0,8 mm Dicke und einer 0,5 mm Zwischenschicht, das Verbundblech der zweiten Schale aus Al-Blechen von 2 und 5 mm Dicke und 0,5 mm dicker Zwischenschicht; der Al-Verbund ist außerdem mit einer 7 mm dicken Bitumenemulsions-Schicht abgedeckt. Nach Kurve 1 liegt die Resonanzfrequenz $f_0$ des Masse-Feder-Masse-Systems (Gleichung (19)) unterhalb 100 Hz, wie gefordert. Die *R*-Kurve steigt oberhalb $f_0$ mit etwa 18 dB je Oktave entsprechend der theoretischen Erwartung an, was auf die hohe Dämpfung der Schalen zurückzuführen ist. Die Sollkurve nach DIN 4109 wird im ganzen Frequenzbereich oberhalb etwa 150 Hz überschritten, und es wird im Bereich zwischen 250 und 2000 Hz der für das vergleichsweise kleine Flächengewicht von 55 $kg/m^2$ enorm hohe Mittelwert $R_m = 56{,}5$ dB erreicht. Die Körperschallbrücken durch die bei der Doppelwandkonstruktion unvermeidbaren Spanten zwischen den Blechen machen sich, wie erwartet, nicht störend bemerkbar.

Die anderen doppelschaligen Fußbodenbaumuster zu Bild 4.1.9–4 sind ganz anderer Art. Auch mit ihnen werden vergleichsweise hohe Isolationsmaße erreicht. Der Aufbau der beiden Muster zu Kurven 2 und 3 ist aus der Bildunterschrift zu ersehen. Das Muster zu Kurve 2 entspricht dem

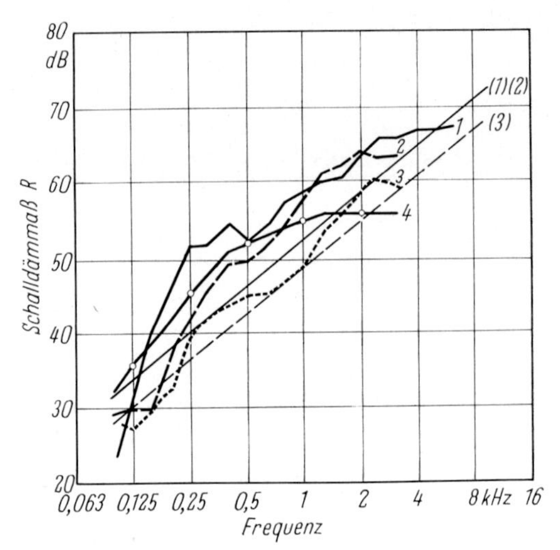


Bild 4.1.9–9 Schalldämm-Maß *R* von zweischaligen Fußbodenbaumustern für Reisezugwagen (nach *C. Stüber* u. a. [31])
Aufbau der Baumuster zu den *R*-Kurven:

Kurve 1: Zweischaliger Verbundblech-Fußboden; Stahl-Verbundblech 2,5 mm Blech / 0,5 mm Zwischenschicht / 0,8 mm Blech; 25 mm Hohlraum mit Mineralfaserfüllung; Al-Verbundblech 2 mm Blech / 0,5 mm Zwischenschicht / 5 mm Blech; 7 mm Bitumenemulsion; Flächengewicht 55 kg/m².

Kurve 2: Doppelschaliger Fußboden mit Vorsatzschale; 2 mm Belag; 10 mm Holz; 4 mm biegeweiche Einschicht-Schwerstoffmatte; 24 mm Hohlraum mit Mineralfaserfüllung; 1 mm Wellblech mit 3 mm Dämpfungsbelag; Holz über Lattenrost und Gummielemente gegen Wellblech abgestützt; 10 mm Hohlraum mit Mineralfaserfüllung; 2 mm Blech-Vorsatzschale mit 2 mm Dämpfungsbelag; Flächengewicht 56 kg/m².

Kurve 3: wie 2, aber ohne Vorsatzschale; Flächengewicht 37 kg/m².

Kurve 4: Bauakustische Sollkurve nach DIN 4109.

zu Kurve 3 und enthält zusätzlich eine 2 mm dicke Blech-Vorsatzschale mit einem 2 mm dicken Dämpfungsbelag, die in 10 mm Abstand angebracht ist. Durch die Vorsatzschale wird das Isolationsmaß zwischen 250 und 2000 Hz im Mittel um 6 dB erhöht und die bauakustische Sollkurve nahezu erreicht und oberhalb 1 kHz überschritten.

### 4.1.9.5. *Luftschallabsorption* Literatur: [1, 2, 5, 8, 9, 11, 14]

Mit Luftschallabsorption ist hier in erster Linie die Schallschluckung mit absorbierenden Wand- und Deckenbekleidungen gemeint, im Rahmen der Raumakustik mit dem Ziel der Verbesserung der Hörsamkeit von Räumen, im Rahmen der Lärmbekämpfung zum Zweck der Senkung von Geräuschpegeln. Im ersten Fall kommt es auf passende Einstellung der Nachhallzeit *T* in den verschiedenen Frequenzbereichen an. Die Einstellung ist kritisch für die „Akustik" von Konzertsälen. Wohnräume beispielsweise sollen nicht zu hallig und nicht zu „trocken", d. h. nicht zu stark gedämpft sein. Rundfunk-Sprecherstudios dagegen müssen sehr kurze Nachhallzeiten haben. In der Lärmbekämpfung wird eine möglichst starke Senkung der hohen Geräuschpegel und eine starke Verkürzung der damit verbundenen Nachhallzeiten angestrebt, beispielsweise in halligen Maschinensälen mit lautstarken Maschinen aller Art.

Das Maß für die Luftschallabsorption einer schallschluckenden Wandbekleidung ist der *Schallabsorptionsgrad* $\alpha$. Er ist definiert als der Quotient aus der von der absorbierenden Anordnung nicht reflektierten und der einfallenden Schallenergie. Die nicht reflektierte

Energie muß nicht notwendig durch Absorption in dem Schallschluckmaterial vernichtet werden, sondern zu ihr gehört bei begrenzter Schalldämmung auch die Energie des durch die Schluckanordnung und ihre Abschlußwand durchgehenden Schallanteils.

Wie bei der Luftschalldämmung (Abschn. 4.1.9.4.), werden bei der theoretischen Behandlung der Luftschallabsorption und in der Prüftechnik zwei Fälle unterschieden, die Absorption bei senkrechtem Schalleinfall auf die Schluckanordnung (mit ebener Oberfläche) und diejenige im diffusen Schallfeld, d. h. bei statistisch verteiltem Schalleinfall aus allen Richtungen, wie er in den Hallräumen akustischer Laboratorien nach Möglichkeit verwirklicht wird.

Der *Schallabsorptionsgrad* $\alpha_0$ *bei senkrechtem Schalleinfall* ist der experimentellen Prüfung vergleichsweise leicht zugänglich. Er wird gemessen in den sogenannten *Impedanzrohren*, in der älteren Terminologie auch als *Kundt*sche *Rohre* bezeichnet. In solchen Rohren mit richtig gewählten Querschnittsabmessungen im Vergleich zur Wellenlänge lassen sich, von einer verschwindend dünnen Randzone abgesehen, ebene Schallwellen erzeugen.

Das Rohr ist an einem Ende mit einer Stahlplatte abgeschlossen, vor der ein in das Rohr eingepaßter Ausschnitt der Schallschluckanordnung angebracht ist. Mit einem Lautsprecher am anderen Ende wird eine stehende Schallwelle bestimmter Frequenz im Rohr erzeugt. Sie entsteht durch Überlagerung einer einfallenden Welle mit der an der Schluckanordnung reflektierten Welle. Die Schalldruckverteilung in der stehenden Welle längs des Rohres wird mit einer in diesem axial geführten Mikrophonsonde abgetastet.

Der Quotient aus dem Schalldruck (nach Betrag und Phase) in der einfallenden Welle und dem Schalldruck in der reflektierten Welle an der Oberfläche der Schluckanordnung ist eine komplexe Größe und wird als *Reflexionsfaktor* bezeichnet. Er ist eindeutig durch die *Wandimpedanz* der Schluckanordnung bestimmt, die als (komplexer) Quotient aus Schalldruck und Schallschnelle (-geschwindigkeitsamplitude) an der Oberfläche definiert und ihrerseits eindeutig durch die Eigenschaften der Schluckanordnung (einschließlich des harten Abschlusses) bestimmt ist. Der Betrag des Reflexionsfaktors sei $r$; dann ist $r^2$ ein Maß für die reflektierte Schallenergie, und der Schallabsorptionsgrad ist

$$\alpha_0 = 1 - r^2. \tag{20}$$

Die stehende ebene Welle vor der Schluckanordnung weist die bekannten Schwingungsknoten und -bäuche auf. Durch das Verhältnis der Schalldrucke $p_{\min}$ in den Knoten (Minima) und $p_{\max}$ in den Bäuchen (Maxima) ist der Betrag $r$ des Reflexionsfaktors bestimmt, und zwar ist

$$r = \frac{1 - p_{\min}/p_{\max}}{1 + p_{\min}/p_{\max}}. \tag{21}$$

Anhand von Gl. (20) und (21) und der gut erfaßbaren Meßgrößen kann also der Schallabsorptionsgrad $\alpha_0$ genau ermittelt werden.

Die Knoten sind um so schärfer, und $p_{\min}$ ist um so kleiner, je kleiner der Absorptionskoeffizient $\alpha_0$ und je größer der Reflexionsfaktor $r$ ist. Bei Totalreflexion an einer harten Abschlußwand und dementsprechend scharfen Knoten ist $p_{\min} = 0$, nach Gleichung (21) $r = 1$ und nach Gl. (20) $\alpha_0 = 0$. Im anderen Extremfall der vollständigen Schallschluckung gibt es keine reflektierte Welle und folglich keine Knoten, es ist $p_{\min} = p_{\max}$, $r = 0$ und $\alpha_0 = 1$.

Der *Schallabsorptionsgrad* einer Schallschluckanordnung *im diffusen Schallfeld* wird mit $\alpha_{\text{sab}}$ bezeichnet (Index *sab* nach *W. C. Sabine*, Pionier der statistischen Raumakustik). Er wird im Hallraum gemessen.

Die flächenhafte Schluckanordnung ist in passenden Abmessungen am Hallraumboden und ggf. auch an der Wand angebracht. Die Gesamtfläche sei $S$. Wie bei der Bestimmung der Schallabsorption im Empfangsraum im Fall der Luftschalldämmung (Abschn. 4.1.9.4.) wird die *äquivalente Absorptions-* oder *Schluckfläche* $A$ im Hallraum aus der Nachhallzeit $T$ nach Gleichung (16) ermittelt. Die Nachhallzeit im leeren Hallraum sei $T_0$, die äquivalente Absorptionsfläche $A_0$. Nach Einbau der Schluckanordnung sei $A_0$ um $\Delta A$ vergrößert und die Nachhallzeit auf den Wert $T_\Delta$ verkürzt. Die Vergrößerung $\Delta A$ ist dann nach Gl. (16)

$$\Delta A = 0{,}163\ V\left(\frac{1}{T_\Delta} - \frac{1}{T_0}\right), \tag{22}$$

$\Delta A$ in $m^2$, $V$ in $m^3$, $T_0$ und $T_\Delta$ in s.

Die äquivalente Schluckfläche $\Delta A$ ist die vollständig absorbierende Fläche, deren Absorption derjenigen der Schluckanordnung mit der Fläche $S$ entspricht, und der Absorptionsgrad dieser Anordnung ist

$$\alpha_{sab} = \Delta A/S. \tag{23}$$

Die am häufigsten angewandten *Luftschallabsorptionsmittel* sind *poröse Faserstoffe* aus Mineral- oder Glasfasern und dergl., und auch *Schaumstoffe* werden für diesen Zweck benutzt. Bei den Faserstoffen und offenzelligen Schaumstoffen mit durchgehenden Poren beruht die Schallabsorption in erster Linie auf der Reibung der schwingenden Luft in den Poren. Auch geschlossenzellige Weichschaumstoffe kommen für die Luftschallabsorption in Frage; bei ihnen wird jedoch die Schallenergie durch innere Verluste bei der periodischen Verformung des viskoelastischen Schaumstoffs vernichtet.

Der Mechanismus der Schallschluckung ist bei den *geschlossenzelligen Schaumstoffen* verhältnismäßig einfach zu übersehen. In Abschn. 4.1.9.2 wurden bereits wesentliche Fragen der absorbierenden Wirksamkeit einer solchen Luftschall schluckenden, auf einer harten Wand angebrachten Schaumstoffmatte bei senkrechtem Schalleinfall besprochen (Bild 4.1.9–1 oben). Damit die Luftschallwelle in die Schaumstoffschicht eindringen kann, muß die Kennimpedanz $Z = \varrho c_L$ des Schaumstoffs sehr klein sein und der Kennimpedanz der Luft $Z_0 = 41$ CGS-Einheiten möglichst nahekommen. Dazu ist eine kleine Rohdichte $\varrho$ und eine kleine Dichtewellengeschwindigkeit $c_L$ des Schaumstoffs erforderlich, die im wesentlichen durch den $E$-Modul bestimmt ist (Abschn. 4.1.9.1.). Also nur weichelastische Schaumstoffe kommen für diesen Zweck in Frage; geeignet ist beispielsweise passend eingestellter geschlossenzelliger Weich-PVC-Schaum kleiner Rohdichte. In der Schaumstoffschicht bilden sich durch Mehrfachreflexionen an den Grenzflächen stehende Wellen und bei bestimmten Frequenzen Resonanzen, bei denen sich ggf. hohe Resonanzmaxima der Luftschallabsorption ergeben. Absorptionsmittel, deren Wirksamkeit auf Resonanzschwingungen beruht, werden als *Resonanzabsorber* bezeichnet. Sie sind in mehr oder weniger breiten Frequenzbereichen um die Resonanzfrequenzen wirksam. Im vorliegenden Fall treten Resonanzen bei den Frequenzen auf, bei denen die Schichtdicke $l = \lambda/4$, $\lambda$ die Longitudinalwellenlänge in der Schaumstoffschicht, oder gleich einem ungeradzahligen Vielfachen von $\lambda/4$ ist. Durch Aufbau einer großflächigen Schallschluckanordnung aus passend verteilten Schaumstoff-Feldern mit verschiedenen, geeignet gewählten Mattendicken können die Resonanzfrequenzen der verschieden dicken Teilschichten so verteilt werden, daß im diffusen Schallfeld verhältnismäßig hohe Schallabsorptionsgrade in einem breiten Frequenzbereich erzielt werden [20].

Eine Schluckanordnung dieser Art als Beispiel war aus quadratischen Weich-PVC-Schaummatten von 20 und 30 mm Dicke und 40 cm Kantenlänge, zu gleichen Anteilen im Schachbrettmuster wechselnd, zusammengesetzt. Der Weich-PVC-Schaumstoff war demjenigen ähnlich, dessen viskoelastische Eigenschaften (Speichermodul und Verlustfaktor) in Abhängigkeit von der Temperatur für 100 und 1000 Hz in Bild 4.1.3–27, Abschn. 4.1.3.4., wiedergegeben sind. Auch in diesem Fall wird wieder wie bei den in Abschn. 4.1.9.3. behandelten schwingungsdämpfenden Kunststoffen von der hohen Dämpfung im Haupterweichungsbereich des amorphen Kunststoffs Gebrauch gemacht; bei Raumtemperatur hat der Verlustfaktor noch hohe Werte $d \approx 0{,}5$, während der Modul schon die kleinen Werte $E'$ von der Größenordnung 1 $kp/cm^2 \approx 10^6$ $dyn/cm^2$ des quasigummielastischen Verhaltens erreicht. Die Rohdichte war im Beispiel $\varrho = 0{,}063$ $g/cm^3$, die Wellengeschwindigkeit $c_L \approx 6{,}3 \cdot 10^3$ cm/s. Für die 30 mm dicken Matten lag erwartungsgemäß die $\lambda/4$-Resonanz bei 530 Hz, die $3\lambda/4$-Resonanz bei 1600 Hz; die $\lambda/4$-Resonanz der 20 mm dicken Matten lag bei 800 Hz. Bei senkrechtem Schalleinfall wurden für die Matten einheitlicher Dicke bei der $\lambda/4$-Resonanz im Maximum die sehr hohen Werte $\alpha_0 = 0{,}75$ gemessen, nur war der Frequenzbereich hoher Absorption relativ schmal. Mit der Schluckanordnung mit Feldern wechselnder Mattendicke wurden demgegenüber im diffusen Schallfeld im Maximum bei etwa 700 Hz der Wert $\alpha_{sab} = 0{,}7$ erreicht, und der Absorptionsgrad überschritt den Wert $\alpha_{sab} = 0{,}4$ oberhalb 400 Hz im ganzen interessierenden Frequenzbereich (vgl. unten die $\alpha_{sab}$-Kurven für offenzellige Schaumstoffe).

Ungleich komplizierter ist das Schallschluckverhalten der *offenzelligen Weichschaumstoffe* mit durchgehenden Poren [14]. Auf der einen Seite entsprechen diese Schallschluckstoffe in ihrem Verhalten dem der Faserstoffe, in denen Schallenergie durch Reibung der schwingenden Luft in den Poren vernichtet wird. Auf der anderen Seite wird wie bei den geschlossenzelligen Schaumstoffen Energie durch innere Verluste im viskoelastischen Kunststoffgerüst bei der periodischen Verformung im Schallfeld vernichtet. Beide Absorptionsmechanismen sind mehr oder weniger stark miteinander gekoppelt, und dies erschwert die theoretische Behandlung und die Interpretation der Ergebnisse der Theorie.

In porösen Schallschluckstoffen mit als starr angenommenem Gerüst hängen Schallgeschwindigkeit, Dämpfung und Kennimpedanz des Schluckstoffs und damit die Schallreflexion an der Oberfläche einer Schluckstoffschicht sowie die Schallabsorption in der Schicht im wesentlichen von der Porosität, dem Strukturfaktor, von der Dichte und der Kompressibilität der Luft und vom Strömungswiderstand der Luft in den Poren ab. Die *Porosität* ist definiert als das Verhältnis des in den Poren des Schluckstoffs enthaltenen Luftvolumens zum Gesamtvolumen. Der *Strukturfaktor* berücksichtigt die Gestalt der Poren und ihre Lage in bezug auf die Schalleinfallsrichtung; er erhöht scheinbar die Dichte der Luft in den Poren. Der *Strömungswiderstand* in der porösen Schluckstoffschicht wird bestimmt aus der konstanten Strömungsgeschwindigkeit $v$ eines Luftstromes senkrecht zur Oberfläche durch die Schicht ($v$ gemessen außerhalb der Schicht) und der Differenz $\Delta p$ der konstanten Drücke auf beiden Seiten, die zur Aufrechterhaltung der Geschwindigkeit $v$ erforderlich ist. Der Strömungswiderstand $W$ ist dann definiert als der Quotient $W = \Delta p/v$. Im CGS-System ist die Einheit von $W$ das Rayl (benannt nach Lord *Rayleigh*), 1 Rayl = 1 g $cm^{-2}\,s^{-1}$. Der Strömungswiderstand je Längeneinheit der Schichtdicke wird als *längenspezifischer Strömungswiderstand* bezeichnet. Er ist eine Materialkonstante des porösen Schluckstoffs, seine Einheit im CGS-System ist Rayl/cm.

Auch in der Schluckstoffschicht mit offenen Poren und starrem Skelett können sich bei senkrechtem Schalleinfall durch Mehrfachreflexionen an den Grenzflächen stehende Wellen und bei bestimmten Frequenzen ggf. ausgeprägte Resonanzen bilden. Der Absorptionsgrad $\alpha_0$ kann dementsprechend auch in diesem Fall mit zunehmender Frequenz ggf. Maxima und Minima durchlaufen. Bei den weichelastischen, offenzelligen Schaumstoffen, z.B. aus Naturkautschuk oder PUR, in denen die Schwingungen des viskoelastischen Gerüstes mit denen der Luft in den Poren gekoppelt sind, kommt es zur Ausbildung von Absorptionsmaxima, die auf beiden Absorptionsmechanismen und ihrer Kopplung beruhen, auf den inneren Verlusten im viskoelastischen Gerüst und den Reibungsverlusten der in den Poren schwingenden Luft.

Einen Eindruck von dem resultierenden Verlauf der Absorptionsgrade offenzelliger, weichelastischer Schaumstoffe mit der Frequenz vermitteln die Kurvenbeispiele in Bildern 4.1.9–10 und 4.1.9–11 [32]. Diese Beispiele wurden ausgewählt, weil sie den Vergleich der charakteristischen Verläufe des Absorptionsgrades $\alpha_{sab}$ im diffusen Schallfeld und des Absorptionsgrades $\alpha_0$ bei senkrechtem Schalleinfall erlauben und ferner auch bei senkrechtem Schalleinfall den Vergleich der Absorptionsgrade offenporiger Weichschaumstoffe mit denjenigen von Mineralfaserplatten.

Kurvenbilder 4.1.9–10 und 4.1.9–11 beziehen sich auf weichelastische Schaumstoffe mit netzartigem Skelett, dessen Maschen mit dünnen Kunststoffhäutchen „ausgefacht" sind. Diese sind zum Teil zerstört, was zu winkligen Strömungswegen und Nebenhöhlen im Schaumstoff und damit zu

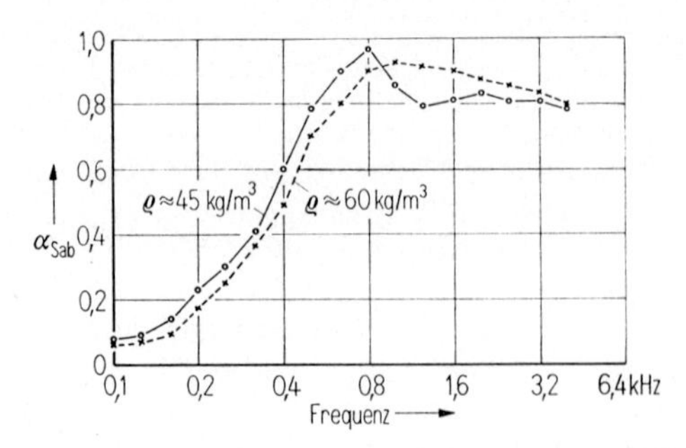


Bild 4.1.9–10 Schallabsorptionsgrad $\alpha_{Sab}$ von 2 cm dicken Schaumstoffmatten im diffusen Schallfeld, ohne Wandabstand (nach *Venzke* [32])

Strukturfaktoren größer als 1 und scheinbar erhöhter Dichte der Luft in den Poren führt. Die Rohdichte dieser Schaumstoffe überschreitet in keinem Fall 60 kg/m³. Die Porositäten liegen im Bereich 0,90 bis 0,96. Die Schaumstoffschichten sind unmittelbar auf der Abschlußwand angebracht (über den Einfluß eines Abstandes zwischen Schicht und Abschlußwand siehe unten). Zum Vergleich sind Mineralfaserplatten der Rohdichte $\varrho = 100$ kg/m³ herangezogen.

Allen Kurven in den beiden Bildern ist der nur langsame Anstieg des Absorptionsgrades bei tiefen Frequenzen gemeinsam. Er ist charakteristisch für alle porösen Schallschluckstoffe (Begründung siehe unten). Der Anstieg bei höheren Frequenzen hängt stark von den Kenngrößen der Schluckstoffe ab. Verhältnismäßig groß ist die Abhängigkeit vom längenspezifischen Strömungswiderstand; in Bild 4.1.9–11 sind die Parameterwerte dieser Kenngröße an den $\alpha_0$-Kurven vermerkt. Für weiche Schaumstoffe bei senkrechtem Schalleinfall typisch ist die Welligkeit des Kurvenverlaufs mit dem Auftreten zweier $\alpha_0$-Maxima im Meßbereich. Im Unterschied dazu zeigen die $\alpha_0$-Kurven der Mineralfaserstoffe in Bild 4.1.9–11 einen monotonen Anstieg, und auch bei den $\alpha_{sab}$-Kurven der Schaumstoffe im diffusen Schallfeld in Bild 4.1.9–10 ist die Welligkeit stärker verwischt.

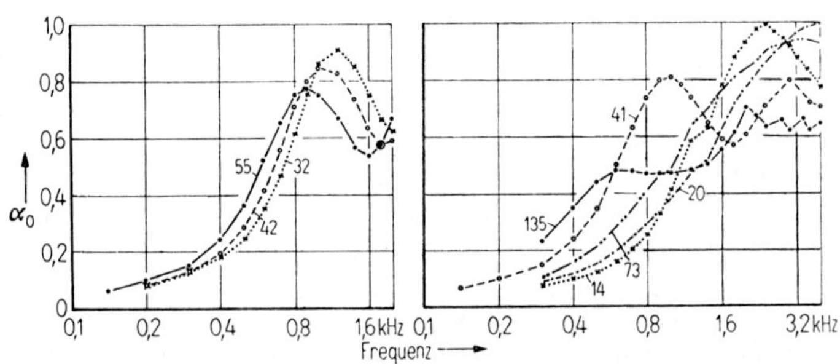


Bild 4.1.9–11 Schallabsorptionsgrad $\alpha_0$ von 2,2 cm dicken Schaumstoffmatten, $\varrho =$ 35 bis 38 kg/m³, und Mineralfaserplatten, $\varrho \approx 100$ kg/m³, bei senkrechtem Schalleinfall; Parameter: spezifischer Strömungswiderstand in Rayl/cm (nach *Venzke* [32])

o——o, o – – – o, x · · · x } Kunststoffschäume

– · · –, – · – } Mineralfaser

Das erste Absorptionsmaximum der Schaumstoffe bei senkrechtem Einfall in Bild 4.1.9–11 verschiebt sich mit zunehmendem Strömungswiderstand nach tieferen Frequenzen und wird dabei niedriger. Dies läßt auf einen starken Einfluß der Reibungsdämpfung in den Poren schließen. Auch der Strukturfaktor wird dabei eine wesentliche Rolle spielen; denn es liegt nahe, anzunehmen, daß zwischen ihm und dem Strömungswiderstand enge Zusammenhänge bestehen. Der Strömungswiderstand nimmt mit der Zahl der durchbrochenen Kunststoffhäutchen in den Maschen des Skeletts ab. Gleichzeitig wird die Zahl der Strömungsumwege und Nebenhöhlen kleiner, so daß auch der Strukturfaktor abnehmen muß.

Die Lage der ersten Dickenresonanz des viskoelastischen Gerüstes kann anhand des mit dem Schaumstoffvibrometer gemessenen Elastizitätsmoduls $E$ und der Rohdichte $\varrho$ abgeschätzt werden. Bei den Schaumstoffen des Bildes 4.1.9–11 ist $E = 0{,}5$ bis $1{,}0 \cdot 10^7$ dyn/cm², $\varrho \approx 0{,}037$ g/cm³, und die Dehnwellengeschwindigkeit $c_D = \sqrt{E/\varrho}$ liegt in der Umgebung von $1{,}5 \cdot 10^4$ cm/s $= 150$ m/s. Bei Berücksichtigung der Steifigkeit des Luftpolsters ergibt sich für die Dichtewellengeschwindigkeit $c_L$ im Schaumstoff ein etwas höherer Wert. Die Resonanzfrequenz der ersten Dickenresonanz des viskoelastischen Gerüstes, bei der die Schichtdicke $l = \lambda/4$ ist, liegt nach dieser Abschätzung in der Nachbarschaft von 2000 Hz. Die ersten Maxima von $\alpha_0$ der Schaumstoffe in Bild 4.1.9–11 liegen bei den kleineren Strömungswiderständen weit unterhalb 2000 Hz.

Die Ergebnisse einer eingehenderen Diskussion der Kurven in diesem Bild und noch weiteren Kurvenmaterials lassen sich folgendermaßen zusammenfassen: Bei spezifischen Strömungswiderständen unterhalb 100 Rayl/cm überwiegt offenbar die Reibung der Luft in den Poren; oberhalb 100 Rayl/cm wird die Absorption bei der ersten Dickenresonanz durch innere Verluste im Kunststoff stärker bemerkbar.

Wenn man von den Besonderheiten der weichelastischen, offenporigen Schaumstoffe absieht, insbesondere von der Welligkeit der $\alpha_0$-Kurven, verlaufen die Frequenzkurven der Absorptionsgrade der porösen Faserstoffe und der weichen Schaumstoffe bei nicht zu großen Strömungswiderständen in großen Zügen ähnlich. Diesen Eindruck vermitteln auch die Kurvenbilder 4.1.9–10 und 11. Unterschiede der einzelnen Kurven auf Grund der Unterschiede der Kenngrößen, insbesondere der Strömungswiderstände, sind selbstverständlich vorhanden. Gemeinsam ist allen Kurven der bei tiefen Frequenzen zunächst flache und dann steiler werdende Anstieg des Absorptionsgrades mit der Frequenz bis zu hohen Werten oberhalb 0,6 bei hohen Frequenzen, bei 2 cm Schichtdicke etwa oberhalb 1000 Hz. Man kann also schließen, daß das Schallschluckvermögen der offenporigen Schaumstoffe im wesentlichen dem der Schluckstoffe aus Mineral- und Glasfasern entspricht.

Die Schallschluckeigenschaften der offenzelligen Schaumstoffe können durch besondere Maßnahmen an der Oberfläche in verschiedener Weise modifiziert werden [14, 25]. Beispielsweise durch Aufbringen einer dünnen luftundurchlässigen Folie auf eine weichelastische Schaumstoffschicht mit durchgehenden Poren kann deren Schallabsorption derjenigen in einer entsprechenden geschlossenzelligen Schicht ähnlich gemacht werden.

Von Nachteil ist bei den porösen Schallschluckstoffen die zu geringe Absorption bei tiefen Frequenzen (vgl. Bilder 4.1.9–10 und 4.1.9–11). Eine Verbesserung wird erreicht, wenn man den Schluckstoff nicht unmittelbar auf der Abschlußwand, sondern in einem gewissen Abstand davor anbringt, z.B. auf einem Holzlattenrost. Bei dieser Maßnahme verschiebt sich die Anstiegsflanke der Frequenzkurve des Absorptionsgrades in Richtung tieferer Frequenzen. In Konzertsälen beispielsweise wird jedoch damit im allgemeinen eine voll befriedigende Verbesserung der Absorption noch nicht erreicht. Dazu sind ggf. noch andere Maßnahmen erforderlich (siehe unten).

Wenn eine ebene Luftschallwelle senkrecht auf die harte Wand trifft, wird sie total reflektiert, und es bildet sich eine stehende Welle. An dem harten Abschluß liegt ein Schwingungsknoten, und es ist dort die Schallschnelle $v = 0$. Mit zunehmendem Abstand vom Abschluß wächst $v$ bis zum nächsten Schwingungsbauch, der im Abstand $\lambda/4$ erreicht wird, sinusförmig an. Der Anstieg von $v$ unmittelbar vor der Wandoberfläche ist um so geringer, je weiter der Schwingungsbauch mit abnehmender Frequenz und größer werdender Wellenlänge von der Oberfläche fortrückt. Für die Absorption durch Reibung der schwingenden Luft in den Poren eines Schluckstoffs sind möglichst große Schwingungsweiten erwünscht. Es leuchtet ein, daß diese bei Anbringung des Schluckstoffs direkt auf der Wand besonders bei den langen Wellen relativ sehr klein sind, und darauf beruhen die kleinen Werte des Absorptionsgrades bei tiefen Frequenzen. Der Grundgedanke bei der Einführung eines Abstandes zwischen Schluckstoffschicht und hartem Abschluß ist es, die poröse Schicht an eine Stelle größerer Schnelleamplituden zu bringen und damit die Reibungsverluste in den Poren und den Absorptionsgrad zu erhöhen. Die Verschiebung der Anstiegsflanke der Schluckgradkurve nach tieferen Frequenzen ist das Resultat der Maßnahme.

Poröse Schluckstoffe werden nicht nur auf den Wänden von Räumen in Bauten als Luftschallabsorptionsmittel angewandt. Besonders die offenzelligen weichen und auch halbharten Schaumstoffe, insbesondere solche aus PUR, werden auch zur schallschluckenden Auskleidung von schalldämmenden Ummantelungen und Einkapselungen aller Art, wie Schallschutzhauben, benutzt [16]. Der Sinn dieser Maßnahme ist die Senkung des Luftschallpegels innerhalb des umschlossenen Raumes, gewissermaßen des „Senderaumes“

(Abschn. 4.1.9.4.), und damit die Unterstützung der Schalldämmung. Bei derartigen Maßnahmen ist nicht nur auf ein gutes Schallschluckvermögen des Schaumstoffs zu achten, sondern auch auf eine ausreichende Dicke der Schluckstoffschicht.

In Konzert- und Theatersälen und anderen großen Räumen ist oftmals eine verhältnismäßig starke Luftschallabsorption bei tiefen Frequenzen zur Herabsetzung der Nachhallzeiten erforderlich. Angemessene Absorptionsmittel sind in diesem Fall die *Resonanzabsorber* und unter ihnen als die am häufigsten angewandten die sogenannten *Plattenabsorber*. Die Absorption beruht dabei auf den Energieverlusten in der Resonanz eines Resonators, der als Masse-Feder-System aufgefaßt werden kann (vgl. die Masse-Feder-Systeme in Abschn. 4.1.9.4.). Bei den Plattenabsorbern besteht dieses System aus einer im wesentlichen als Masse schwingenden dünnen Platte, z.B. aus Sperrholz, oder einer Folie vor einem Luftpolster als Federung zwischen Platte und Abschlußwand. Im Zwischenraum befinden sich meist Luftschall absorbierende Materialien wie Mineral- oder Glasfasermatten, die die Absorption in der Resonanz erhöhen.

Maximale Absorption tritt bei der Resonanzfrequenz $f_0$ des Masse-Feder-Systems ein, die durch die Beziehung $\omega_0 = 1/\sqrt{MC}$ bestimmt ist (Gleichung (10) in Abschn. 4.1.9.4.), $M$ das Flächengewicht der Platte oder Folie, $C$ die Federung des Luftpolsters. Die Halbwertsbreite der Resonanzkurve des Absorptionsgrades ist um so größer, je größer das Verhältnis $C/M$ ist. Zur Erzielung großer Frequenzbandbreiten der Absorption ist also eine möglichst große Federung, d.h. ein möglichst dickes Luftpolster erwünscht. Liegt dieses fest, ist die Masse $M$ nach Gleichung (10) durch die Resonanzfrequenz $f_0$ bestimmt, deren Lage sich nach den Erfordernissen der angestrebten Nachhallzeitsenkung richten muß.

Weiche Kunststoff-Folien passender Dicke, insbesondere solche aus Weich-PVC, haben sich als geeignete Materialien für die schwingenden Massen der „Plattenabsorber" erwiesen.

Auch auf die Verwendung extrem dünner Kunststoff-Folien im Rahmen der Luftschallabsorption sei noch hingewiesen. Es ist oftmals erforderlich, schallschluckende Mineral- oder Glasfasermatten mit einem schützenden Überzug zu versehen, der schalldurchlässig sein soll. Diese Forderung erfüllen Kunststoff-Folien mit Dicken unter etwa 10 $\mu$, wie sie beispielsweise aus PP und PETP hergestellt werden können.

Die Folien sind schalldurchlässig, solange ihr Flächengewicht $M$ so klein ist, daß $\omega M \ll Z_0$ ist, $Z_0 = 41$ CGS-Einheiten die Kennimpedanz der Luft. Wenn man Durchlässigkeit bis etwa 3000 Hz verlangt, ergibt sich für das Flächengewicht die Forderung $M \ll 2$ mg/cm$^2$ = 20 g/m$^2$. Dies bedeutet, daß die Dicke der Folien möglichst unter 10 $\mu$ liegen soll.

### *Prüftechnik zur Luftschallabsorption*

Eine zusammenfassende Darstellung der Prüfverfahren im Rahmen der Luftschallabsorption unter besonderer Berücksichtigung der Anwendung auf Kunststoff-Schaumstoffe findet sich im Handbuch-Beitrag [9]. Die diesbezüglichen DIN-Normen sind aus der Zusammenstellung im Schalltechnischen Taschenbuch [11] zu ersehen; es handelt sich besonders um die Normen für „bauakustische Prüfungen". Mit der „Bestimmung des Schallabsorptionsgrades und der Impedanz im Rohr" befaßt sich DIN 52215. Für die „Bestimmung des Schallabsorptionsgrades im Hallraum" werden in DIN 52212 genaue Vorschriften in bezug auf die Anforderungen an den Meßraum, die Meßanordnung und die Auswertung der Meßergebnisse gegeben. Die Norm DIN 52216, welche die „Messung der Nachhallzeit in Zuhörerräumen" behandelt, bringt die bei der Nachhallzeitmessung gebräuchlichen Begriffe, Meßanordnungen und die Darstellung der Ergebnisse. Mit der „statischen Bestimmung des Strömungswiderstands" poröser Schichten befaßt sich DIN 52213. Auf die Prüfverfahren zur Bestimmung der viskoelastischen Eigenschaften der Schaumstoffe bei schwingender Beanspruchung wurde schon in Abschn. 4.1.9.4 eingegangen.

## Literaturverzeichnis

*Bücher:*


1. *Cremer, L.:* Wissenschaftliche Grundlagen der Raumakustik. S. Hirzel Verlag. Bd. 1: Geometrische Raumakustik. Stuttgart 1948. Bd. 2: Statistische Raumakustik. Stuttgart 1961. Bd. 3: Wellentheoretische Raumakustik. Leipzig 1950.
2. *Cremer, L.:* Vorlesungen über Technische Akustik. Berlin-Heidelberg-New York: Springer 1971.
3. *Cremer, L.*, u. *M. Heckl:* Körperschall. Berlin-Heidelberg-New York: Springer 1967.
4. *Gösele, K.*, u. *W. Schüle:* Schall, Wärme, Feuchtigkeit. Wiesbaden: Bauverlag 1965.
5. *Kurtze, G.:* Physik und Technik der Lärmbekämpfung. Karlsruhe: G. Braun 1964.
6. *Kurtze, G.*, u. *W. Westphal:* Structural Configurations for Increasing Fatigue Life. In *W.J. Trapp* und *D.M. Forney* Jr. (Herausgeber): Acoustical Fatigue in Aerospace Structures, Proceedings of the Second International Conference, Dayton (Ohio), 1964, S. 617. Syracuse, N.Y.: Syracuse University Press 1965.
7. *Nitsche, R.*, u. *K.A. Wolf* (Herausgeber): Kunststoffe. Berlin-Göttingen-Heidelberg: Springer-Verlag. Bd. 1: Struktur und physikalisches Verhalten der Kunststoffe. 1962. Bd. 2: Praktische Kunststoffprüfung. 1961.
8. *Oberst, H.:* Akustisches Verhalten, in [7] Bd. 1, Abschn. 4.4., S. 404.
9. *Oberst, H.:* Prüfung auf akustische Eigenschaften, in [7] Bd. 2, Abschn. 3.7., S. 280.
10. *Oberst, H.* (Bearb.): Elastische und viskose Eigenschaften von Werkstoffen. Deutscher Verband für Materialprüfung (DVM) (Hrsg.). Berlin-Köln-Frankfurt (M): Beuth-Vertrieb 1963.
11. *Schmidt, H.:* Schalltechnisches Taschenbuch. Düsseldorf: VDI-Verlag 1968.
12. *Schoch, A.:* Schallreflexion, Schallbrechung und Schallbeugung, in Ergebnisse der exakten Naturwissenschaften Bd. 23. Berlin-Göttingen-Heidelberg: Springer 1950.
13. *Snowdon, J.C.:* Vibration and Shock in Damped Mechanical Systems. New York-London-Sydney: John Wiley & Sons, Inc. 1968.
14. *Zwikker, C.*, u. *C.W. Kosten:* Sound Absorbing Materials. New York-Amsterdam-London-Brüssel: Elsevier Publish. Comp., Inc. 1949.


*Veröffentlichungen in Zeitschriften:*


15. *Braunisch, H.:* Acustica *22*, 136 (1969/70).
16. *Frietzsche, G.*, u. *P. Krause:* Schallmindernde Motorkapseln. Fortschr. Ber. VDI-Z., Reihe 6 Nr. 26 (1969).
17. *Jörn, R.*, u. *G. Lang:* Schwingungsisolierung mittels Gummifederelementen. Fortschr. Ber. VDI-Z., Reihe 11 Nr. 6 (1968).
18. *Koch, P.:* Schiff und Hafen *23*, 291 (1971).
19. *Linhardt, F.*, u. *H. Oberst:* Acustica *11*, 255 (1961).
20. *Oberst, H.:* Geschlossenzelliger Weich-PVC-Schaumstoff als Luftschallabsorptionsmittel. 4. Internat. Kongreß über Akustik, Kopenhagen 1962.
21. *Oberst, H.:* Jahrbuch 1968 der Dt. Gesellsch. f. Luft- und Raumfahrt (DGLR), 226 (1969).
22. *Oberst, H.:* Schiff und Hafen *23*, 285 (1971).
23. *Oberst, H.*, *L. Bohn* u. *F. Linhardt:* Kunststoffe *51*, 495 (1961).
24. *Oberst, H.*, u. *K. Frankenfeld:* Acustica *2*, AB 181 (1952).
25. *Paffrath, H.W.:* Kunststoffe *47*, 638 (1957).
26. *Ross, D.*, *E.E. Ungar* u. *E.M. Kerwin, Jr.:* Damping of Plate Flexural Vibrations by means of Viscoelastic Laminae, in *J.E. Ruzicka* (Herausgeber): Structural Damping. Papers ASME Colloquium.Atlantic City, N.J., 1959, S. 49. New York: American Society of Mechanical Engineers 1959.
27. *Schommer, A.:* Klepzig-Fachberichte *74*, 301 (1966).
28. *Schommer, A.:* Materialprüfung *10*, 13 (1968).
29. *Schommer, A.:* Arbeit und Leistung *23*, 17 (1969).
30. *Stüber, C.:* Acustica *11*, 301 (1961).
31. *Stüber, C.*, *G. Hauck* u. *L. Willenbrink:* VDI-Ber. Nr. 170, 13 (1971).
32. *Venzke, G.:* Acustica *8*, 295 (1958).

## 4.2. Verhalten gegenüber physikalisch-chemischen Einwirkungen

Friedrich Fischer

Den Kunststoffen erschließen sich wegen ihrer günstigen Eigenschaften immer neue Anwendungsgebiete. Besonders hingewiesen sei auf den Verpackungssektor einschließlich der Verpackung von aggressiven Flüssigkeiten sowie den chemischen Apparatebau, wobei Apparaturen aus metallischen Werkstoffen mit geeigneten Kunststoffen ausgekleidet werden, um sie gegen Korrosion zu schützen. In vielen Fällen werden die Kunststoffe selbst als Konstruktionswerkstoffe mit großen Vorteilen herangezogen, wie z. B. für Rohre, Pumpen, Gebläse, Zahnräder, Filterdüsen usw., wobei sie zeitweisen oder dauernden mechanischen Belastungen unter der gleichzeitigen äußeren Einwirkung von physikalischen oder chemischen Angriffsmitteln unterworfen sein können. Unter diesen Einwirkungen können die Kunststoffe ihre Eigenschaften zeitabhängig ändern, wobei sich entweder eine Verbesserung oder auch Verschlechterung des Gebrauchswertes ergeben kann. Zu den äußeren physikalischen Einwirkungen zählt in jedem Fall auch die Temperatur.

Die Ursache für die zeitabhängigen und meist unerwünschten Veränderungen liegt in der physikalischen und chemischen Instabilität der Kunststoffe selbst begründet. Diese werden durch äußere physikalische oder chemische Einwirkungen hervorgerufen.

In den folgenden Abschnitten sollen die wichtigsten physikalischen und chemischen Einwirkungen besprochen und die bei den verschiedenen Kunststoffarten möglichen Veränderungen betrachtet werden.

Der Konstrukteur, der ein bestimmtes Problem zu lösen hat, sollte sich auch im klaren über die möglichen physikalischen und chemischen Angriffsmittel sowie über die Dauer der Einwirkung sein; er muß dann die ins Auge gefaßten Kunststoffe auch unter diesen Gesichtspunkten auswählen.

### 4.2.1. Beständigkeit gegenüber Chemikalien

Eine der wichtigsten Eigenschaften der Kunststoffe ist ihre Beständigkeit gegen den Angriff von Chemikalien. Dabei sollen die chemischen Vorgänge, die an der Oberfläche des Hochpolymeren durch Reaktion mit dem umgebenden Medium eingeleitet werden, in Anlehnung an die Begriffsbestimmung bei den Metallen als Korrosion bezeichnet werden. Die Prüfung der chemischen Beständigkeit geschieht durch Lagerungsversuche von Kunststoffproben in den verschiedenen Umgebungsmedien und bei bestimmten Temperaturen; dabei werden neben den chemischen Veränderungen auch sonstige Eigenschaftsänderungen (z. B. Dimensionsänderungen infolge Quellung, Änderung der mechanischen Festigkeiten, Verfärbungen usw.) beobachtet. Die Prüfungen können nach DIN 53476 „Bestimmung des Verhaltens gegen Flüssigkeiten" erfolgen.

In Bild 4.2.1–1 sind als Beispiel die Änderungen der mechanischen Eigenschaften von ®Lupolen 4261 AX in Heizöl EL (nach DIN 51603) in Abhängigkeit von der Versuchsdauer aufgetragen. Diese Prüfungen besitzen große praktische Bedeutung, weil diese Polyäthylen-Sorte zur Herstellung von Heizöl-Lagertanks verwendet wird. Im genannten Diagramm ist die Änderung der Zugfestigkeit (die Zugfestigkeitsqrüfung erfolgte bei 23 °C jeweils nach Entnahme der in Heizöl bei 40 °C gelagerten Probe) in Abhängigkeit von der Lagerzeit dargestellt. Vor der Zugfestigkeitsprüfung wurde auch die Heizölaufnahme bestimmt.

® = Registriertes Warenzeichen der BASF.

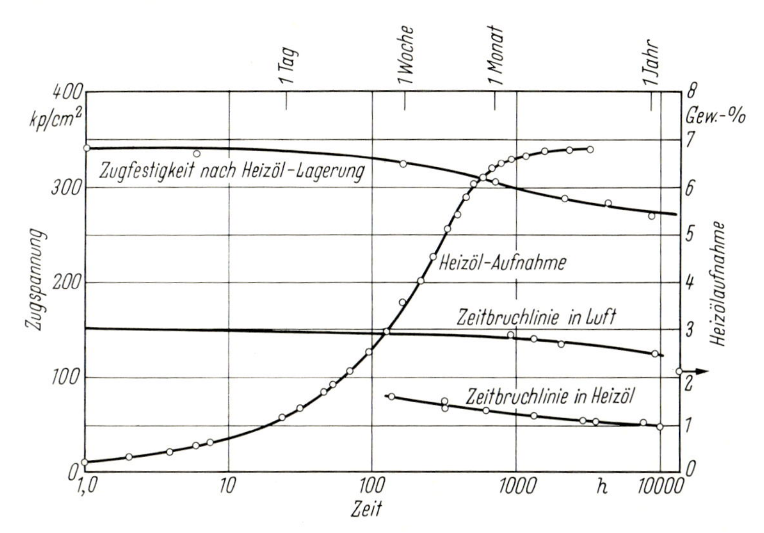


Bild 4.2.1–1 Zeitstandfestigkeit, Zugfestigkeit und Heizölaufnahme von Lupolen 4261 AX bei 40 °C

Die beiden anderen Kurven zeigen die Ergebnisse des Zeitstand-Zugversuches nach DIN 53444 in Heizöl und in Luft (zum Vergleich) bei 40 °C. Durch die Heizöl-Aufnahme, die nach langer Lagerdauer knapp 7% ausmacht, erfolgt eine Weichmachung des Materials und damit eine Verringerung der Zeitstandfestigkeit.

In der folgenden Tabelle 4.2.1–1 sind die wichtigsten Kunststoffe im Hinblick auf chemische Beständigkeit gegenüber ausgewählten Angriffsmitteln zusammengestellt; es handelt sich um einen Auszug aus umfangreicheren Tabellen [1], die durch entsprechende Angaben aus Firmenprospekten ergänzt werden.

Diese Tabelle soll nur einen Überblick über die für den Konstrukteur wichtigen Kunststoff-Klassen verschaffen. Die chemische Beständigkeit von Handelsprodukten kann teilweise verschieden von den in der Tabelle aufgeführten Werten sein, weil sich aus gleichen Grundbausteinen aufgebaute Produkte durch ihr mittleres Molekulargewicht und durch ihre Molekulargewichtsverteilung unterscheiden und damit auch unterschiedliches Verhalten gegenüber Agenzien zeigen können.

Es empfiehlt sich in jedem Fall, vor der endgültigen Auswahl eines Kunststoff-Werkstoffes die Beständigkeitstabellen beim Rohstoffhersteller anzufordern.

Für Rohre und Tafeln aus PVC hart gibt es bereits eine Norm, DIN 16929, in der Richtlinien über die chemische Beständigkeit aufgeführt sind.

Wird PVC mit Weichmachern verarbeitet, so ändert sich selbstverständlich die chemische Beständigkeit je nach Art des Weichmachers.

Besonders hingewiesen werden muß auf das Polytetrafluoräthylen, von dem nur relativ wenige Daten eingetragen sind; es ist jedoch der beständigste Kunststoff. Es übertrifft sogar Edelmetalle, Glas, Email, hochlegierte Stähle und Speziallegierungen. Auch die aggressivsten Chemikalien, konzentrierte Säure und Alkalien oder starke Oxydationsmittel wirken selbst bei hoher Temperatur nicht auf Polytetrafluoräthylen ein.

Zur besseren Übersicht wurden für die einzelnen Kunststoffe die Kurzzeichen nach DIN 7728 angewendet, die nachstehend nochmals aufgeführt sind.

*Tabelle 4.2.1–1* *Beständigkeit von Kunststoffen gegenüber Chemikalien.*
*+ = beständig; (+) = bedingt beständig; – = nicht beständig. Die Zahlen sind maximale Anwendungstemperaturen in °C*

| Angriffsmedium | Konzentration in % | ABS | EP | PA | PC | PE | PF | PIB | PMMA | PP | PS | PTFE | PUR | PVC | PVDC | SAN | SB | UP |
|---|---|---|---|---|---|---|---|---|---|---|---|---|---|---|---|---|---|---|
| Aceton | | –, 20 | –, 20 | +, 20 | (+), 20 | (+), 20 | (+), 20 | (+), 20 | –, 20 | (+), 20 | –, 20 | +, 20 | –, 20 | –, 20 | –, 20 | –, 20 | –, 20 | –, 20 |
| Ameisensäure | 20 | | | | +, 20 | | +, 20 | | | | | | | | | | | |
| | 40 | +, 20 | (+), 60 | –, 20 | | +, 60 | | (+), 70 | +, 80 | +, 60 | +, 20 | | –, 20 | +, 20 | | +, 20 | +, 20 | –, 20 |
| Ammoniak, wäßrig | 50 | +, 20 | | (+), 50 | –, 20 | | +, 20 | +, 100 | | | +, 20 | | | | | +, 20 | +, 20 | –, 20 |
| | konzentr. | | +, 20 | +, 20 | | +, 70 | | | +, 20 | +, 70 | | +, 60 | | +, 40 | | | | |
| Amylalkohol | | +, 20 | | +, 20 | | (+), 20 | +, 50 | (+), 20 | –, 20 | +, 20 | +, 20 | | | –, 20 | | +, 20 | +, 20 | +, 100 |
| Ätherische Öle | | | | | | –, 20 | | –, 60 | –, 20 | –, 20 | | | –, 20 | | | | | |
| Äthylacetat | | –, 20 | | +, 20 | (+), 20 | –, 20 | | –, 20 | –, 20 | –, 20 | –, 20 | | –, 20 | –, 20 | –, 20 | –, 20 | –, 20 | |
| Äthylalkohol | 40 | +, 20 | +, 40 | | | | | | | | +, 20 | | (+), 20 | +, 40 | +, 70 | +, 20 | +, 20 | +, 20 |
| | 96 | | | +, 20 | | +, 20 | +, 70 | +, 60 | | +, 20 | | | | | | | | –, 20 |
| Äthyläther | | –, 20 | +, 20 | +, 20 | | +, 20 | +, 20 | (+), 20 | –, 20 | +, 20 | –, 20 | | (+), 20 | –, 20 | –, 20 | –, 20 | –, 20 | |
| Benzin | | (+), 20 | +, 20 | +, 20 | +, 20 | (+), 20 | +, K.P. | –, 20 | +, 40 | (+), 20 | (+), 20 | | (+), 20 | +, 60 | | +, 20 | (+), 20 | +, 20 |
| Benzol | | –, 20 | +, 20<br>–, 60 | +, 20 | (+), 20 | +, 20 | +, 20<br>(+), 80 | –, 20 | –, 20 | (+), 20 | –, 20 | +, 80 | (+), 20 | –, 20 | –, 20 | –, 20 | –, 20 | –, 20 |
| Dieselöl | | +, 20 | +. 20 | +, 20 | +, 20 | +, 20 | +, | –, 20 | | +, 20 | (+), 20 | | | +, 60 | | +, 20 | (+), 20 | +, 20 |
| Essigsäure | 50 | +, 20 | | | +, 20 | +, 60 | | | –, 20 | +, 60 | +, 20 | | | +, 60 | | +, 20 | +, 20 | –, 20 |
| | 100 | –, 20 | +, 20 | –, 20 | | –, 20 | (+), 20 | +, 20 | | –, 20 | (+), 20 | | –, 20 | (+), 20 | | –, 20 | (+), 20 | |
| Heptan | | (+), 20 | +, 20 | +, 20 | +, 20 | –, 20 | | –, 20 | | –, 20 | –, 20 | | | +, 20 | +, 60 | +, 20 | –, 20 | +, 20 |
| Kalilauge | 50 | +, 20 | | (+), 20 | –, 20 | +, 60 | –, 20 | +, 80 | | +, 60 | +, 20 | | +, 20 | +, 40 | +, 60 | +, 20 | +, 20 | –, 20 |
| | konzentr. | +, 20 | +, 20 | | | | | | +, 30 | | +, 20 | | +, 20 | | | +, 20 | +, 20 | |
| Methylalkohol | 100 | (+), 20 | (+), 20 | (+), 20 | | (+), 20 | (+), 20 | | | (+), 20 | +, 20 | | | +, 20<br>(+), 60 | | (+), 20 | +, 20 | |
| Natronlauge | 5 | | | | | | –, 20 | | | | | | | | | | | |
| | 50 | +, 20 | | (+), 20 | –, 20 | +, 60 | | +, 80 | +, 40 | +, 60 | +, 20 | | +, 20 | +, 60 | +, 70 | +, 20 | +, 20 | –, 20 |
| Phosphorsäure | 10 | | | –, 20 | +, 20 | | | +, 60 | +, 20 | | | | +, 20 | | | | | |
| | 87 | +, 20 | | | | +, 60 | +, 100 | +, 50 | | +, 60 | +, 20 | | –, 20 | +, 60 | +, 60 | +, 20 | +, 20 | +, 20 |
| Salpetersäure | 30 | +, 20 | –, 20 | –, 20 | +, 20 | +, 50 | –, | +, 50 | +, 20 | +, 50 | +, 20 | | (+), 20 | +, 50 | +, 50 | +, 20 | +, 20 | –, 20 |
| | konzentr. | (+), 20 | | | | –, 20 | | | | –, 20 | (+), 20 | +, 60 | –, 20 | | | (+), 20 | (+), 20 | |
| Salzsäure | 15 | +, 20 | –, 20 | –, 20 | +, 20 | | +, 60 | | +, 20 | | +, 20 | | (+), 20 | | | +, 20 | +, 20 | +, 20 |
| | konzentr. | (+), 20 | | | | +, 60 | | +, 40 | – 20 | +, 60 | (+), 20 | | –, 20 | | | (+), 20 | (+), 20 | |
| Schwefelsäure | 50 | +, 20 | –, 20 | –, 20 | +, 20 | | +. 60 | +, 20 | (+), 20 | | +, 20 | | (+), 20 | +, 60 | | +, 20 | +, 20 | |
| | konzentr. | (+), 20 | | | | +, 20 | | | | +, 20 | +, 20 | +, 250 | –, 20 | (+), 20 | | (+), 20 | (+), 20 | |
| Toluol | | –, 20 | +, 20 | +, 20 | (+), 20 | –, 20 | (+), 80 | –, 20 | –, 20 | –, 20 | –, 20 | | | –, 20 | | –, 20 | –, 20 | –, 20 |

| *Kurzzeichen:* | *Erklärung:* | *Kurzzeichen:* | *Erklärung:* |
|---|---|---|---|
| ABS | Acrylnitril–Butadien–Styrol-Copolymere | PP | Polypropylen |
| EP | Epoxid | PS | Polystyrol (Standard-Polystyrol) |
| PA | Polyamid | PTFE | Polytetrafluoräthylen |
| PC | Polycarbonat | PVC | Polyvinylchlorid |
| PE | Polyäthylen | PVDC | Polyvinylidenchlorid |
| PF | Phenolformaldehyd | SAN | Styrol–Acrylnitril-Copolymere |
| PIB | Polyisobutylen | SB | Styrol–Butadien-Copolymere |
| PMMA | Polymethylmethacrylat | UP | Ungesättigte Polyester |

**Literaturverzeichnis**

*Bücher:*

1. *Dolezel, B.*: Chemische und physikalische Einwirkungen auf Kunststoffe und Kautschuk. Oberursel (Ts): Kohl's Technischer Verlag 1963.

## 4.2.2. Spannungsrißbildung und Spannungsrißkorrosion

Die Kunststoffe werden in zunehmendem Ausmaß auch wegen ihrer chemischen Beständigkeit als Konstruktionswerkstoffe eingesetzt, wobei sie zeitweise oder dauernd mechanischen Belastungen unter der gleichzeitigen Einwirkung von gasförmigen oder flüssigen Umgebungsmedien ausgesetzt sind. Dabei können manche Hochpolymere von bestimmten Umgebungsmedien, gegenüber denen sie sich im spannungsfreien Zustand als chemisch absolut beständig erweisen, bei mechanischen Zugbelastungen schädigende Einwirkungen erfahren, wobei die Zeitstandfestigkeit verringert wird. Diese Erscheinung nennt man Spannungsrißbildung; finden zwischen Umgebungsmedien und Kunststoff zusätzlich noch chemische Reaktionen statt, so bezeichnet man diesen Vorgang als Spannungskorrosion oder Spannungsrißkorrosion.

### 4.2.2.1. *Spannungsrißkorrosion bei metallischen Werkstoffen*

Die Spannungsrißkorrosion ist bei den metallischen Werkstoffen schon seit langem bekannt und ihre Ursachen wurden eingehend untersucht. In DIN 50900 wird der Begriff Spannungsrißkorrosion oder auch Spannungskorrosion folgendermaßen erklärt:

„Rißbildung in Metallen unter gleichzeitiger Einwirkung bestimmter Angriffsmittel und Zugspannungen. Kennzeichnend ist eine verformungslose Trennung mit inter- oder transkristallinem Verlauf, oft ohne Bildung sichtbarer Korrosionsprodukte. Zugspannungen liegen verschiedentlich auch als innere Spannungen im Werkstück vor."

Die Spannungsrißkorrosion hat bei den Metallen ihre Ursache im Zusammenwirken von chemischen – meist elektrochemischen – und mechanischen Beanspruchungen.

### 4.2.2.2. *Spannungsrißbildung und Spannungsrißkorrosion bei Kunststoffen*

Im Gegensatz zu den metallischen Werkstoffen besitzen die Kunststoffe gegenüber zahlreichen Angriffsmitteln eine ausgezeichnete Beständigkeit; aber auch sie können einen „Spannungskorrosionsangriff" erleiden, und zwar unter der kombinierten Wirkung von bestimmten Flüssigkeiten oder Dämpfen und einer Beanspruchung durch äußere oder innere Spannungen. Anders als bei den Metallen handelt es sich hier jedoch meist um einen rein physikalischen Prozeß, bei dem zeitabhängige Diffusions- und Quellungsvorgänge eine wesentliche Rolle spielen. Diese Vorgänge sollen deshalb mit Spannungsrißbildung gekennzeichnet werden.

Stehen Kunststoffe mit Umgebungsmedien in Berührung, gegen die sie chemisch unbeständig sind, so tritt Korrosion ein; bei zusätzlicher äußerer Spannung könnte man dann in Analogie zu den Metallen ebenfalls von Spannungsrißkorrosion sprechen; diese Bezeichnung wäre jedoch irreführend, da zur Auslösung dieser Pseudo-Spannungskorrosion nur das aggressive Agens, nicht aber gleichzeitig eine Zugspannung notwendig ist; sie kann ungünstigstenfalls den Vorgang nur beschleunigen.

Man wird sowieso gegenüber bestimmten Medien chemisch unbeständige Kunststoffe nicht für tragende Bauteile einsetzen; die Spannungskorrosion kann deshalb praktisch außerhalb unserer Betrachtungen bleiben.

*Spannungsrißbildung ohne Umgebungsmedium*

Ein wichtiger Sonderfall ist die reine Spannungsrißbildung, die ohne Anwesenheit eines flüssigen oder gasförmigen Umgebungsmediums vor sich geht und die experimentell nur unter großen Schwierigkeiten verwirklicht werden kann; es müssen hierzu Versuche unter Vakuum oder Schutzgas durchgeführt werden. Für eine große Anzahl von Kunststoffen genügt jedoch die Messung in Luft, wobei der darin enthaltene Wasserdampf und das Kohlendioxid keinerlei Wirkungen hervorrufen dürfen [12].

Bei Zugbeanspruchung unterhalb der Bruchlast beobachtet man dabei an einigen Kunststoffen, vorwiegend an amorphen Thermoplasten wie z. B. Standard-Polystyrol, Polymethylmethacrylat und Polycarbonat, zahlreiche Oberflächenrisse, die als Haarrisse (crazes) bezeichnet werden und von denen der spätere Bruch ausgeht.

Die Entwicklung der „crazes" ist ebenso wie der Bruchvorgang selbst zeitabhängig; es ist offenbar erst eine gewisse Entwicklungs- oder Induktionszeit erforderlich.

Ebenso wie die normalen Risse sind auch die „crazes" planar und reflektieren Licht; sie sind keine echten Risse, sondern dünne, plattenförmige Zonen, die polymere Substanz enthalten, die mit der benachbarten ungestörten Polymermasse verbunden bleibt (Bild

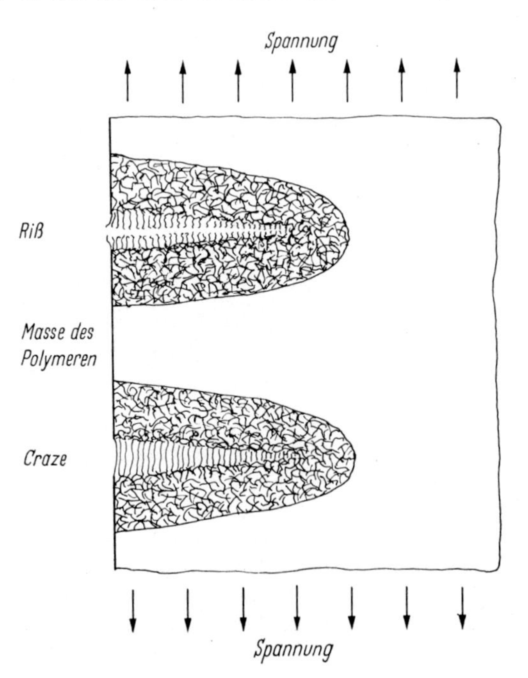


Bild 4.2.2–1 Unterschiede zwischen Riß und Craze (nach *Kambour*)

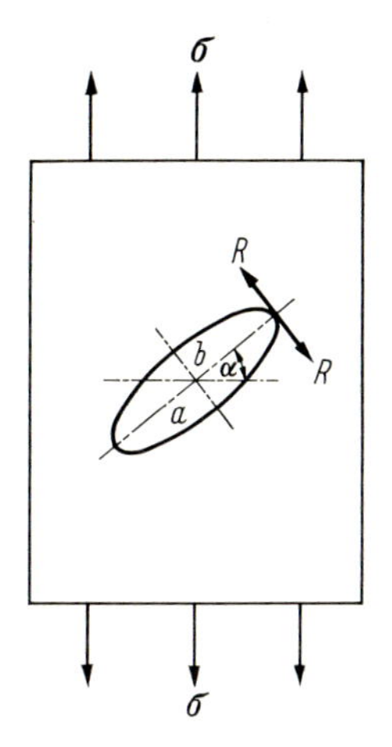


Bild 4.2.2–2 Die Kerbwirkung der Mikrostruktur nach *Griffith* (Proc. Int. Congr. appl. Mechanics, Delft 1924, page 55)

Randspannung $R$
$R = \sigma\,[(1 + a/b)\cos 2\alpha + a/b]$
$R$ = Maximum, wenn $a \to 0$
$R_{\max} = \sigma\,[1 + 2\,a/b] \approx \sigma \cdot 2\,a/b$
Kerbzahl $k$ des Risses
$k = \frac{R_{\max}}{\sigma} = 1 + 2\,a/b \approx 2\,a/b$

4.2.2–1). In den „crazes" sind keine Löcher oder Diskontinuitäten optischer Größe zu erkennen. Das Material ist plastisch in Belastungsrichtung verformt. Erwärmt man die Probe über die Glastemperatur, so bilden sich die Haarrisse zurück und verlieren ihre reflektierenden Eigenschaften [11].

Für die Rißbildung sind hauptsächlich die Schwachstellen an der Oberfläche im Sinne der Schwachstellenhypothese von *Smekal*, *Griffith* und anderen [3] verantwortlich, die besagt, daß in jedem Körper zahlreiche kleine Inhomogenitäten (verursacht durch Fremdteilchen, submikroskopische Hohlräume, Schwankungen der Anordnung benachbarter Molekülketten usw. oder auch durch wirkliche Risse oder Einkerbungen) vorhanden sind, welche die Festigkeit des Materials in submikroskopischen Bereichen herabsetzen, also wie Schwachstellen oder Mikrokerbstellen wirken. Überschreitet dabei die örtliche Spannung am Kerbgrund einen bestimmten Wert, so kann ein Rißbildungs- bzw. Bruchvorgang eingeleitet werden. Beim Vorhandensein einer äußeren Zugspannung kann man das Verhältnis der lokalen Spannung der Fehlstelle zur äußeren Spannung als Kerbzahl kennzeichnen. In Bild 4.2.2–2 sind die Randspannungen und die Kerbzahl bei einer ellipsenförmigen Schwachstelle dargestellt.

*Spannungsrißbildung bei wirksamen Umgebungsmedien*

Auftreten und Ausmaß der Spannungsrißbildung hängen nach *Stuart* [16] von einer Reihe von Einflüssen ab, die jedoch noch nicht restlos geklärt sind. Vernachlässigt man die nur in Ausnahmefällen mitwirkenden chemischen Reaktionen, so sind es vor allem drei Effekte, welche die Rißbildung entscheidend beeinflussen, nämlich die Benetzung, die Diffusion und die Quellung.

Infolge der Benetzung der Prüfkörperoberfläche mit dem flüssigen oder auch dampfförmigen Umgebungsmedium erfolgt eine momentane Erhöhung der Kerbspannung (Momentaneffekt) an den Schwachstellen und als Folge davon die Erniedrigung der Rißspannung. Ferner ist am Momentaneffekt auch die Oberflächendiffusion des Umgebungsmediums beteiligt, wobei sich die Flüssigkeit über die inneren Flanken von submikroskopischen Rissen und Schwachstellen momentan ausbreitet und einen Spreitungs- bzw. Quelldruck ausübt [4]. Wenn die äußere Spannung und die durch die geschilderte Einwirkung des Mediums hervorgerufene Zusatzspannung genügend groß sind, bildet sich die Schwachstelle zum Riß aus, der weiterwächst und schließlich zum Bruch der Probe führt.

Bei kleinen äußeren Spannungen und geringen durch das Umgebungsmedium hervorgerufenen Quellspannungen kann jedoch auch der Fall eintreten, daß die Flüssigkeit durch Diffusion bis zur Schwachstelle vordringt und eine Weichmachung am Ort der Schwachstelle, eine sog. Mikroweichmachung hervorruft; hierdurch können die Spannungen durch die nun infolge der Mikroweichmachung mögliche Umorientierung der verspannten Moleküle in der Umgebung der Schwachstelle abgebaut werden, d. h. es kommt zu einer Relaxation der inneren Spannungen und damit zur Verringerung der Kerbzahl. Es erfolgt also unter der angenommenen Voraussetzung kleiner äußerer Spannungen und innerer Quellspannungen überhaupt keine Rißbildung, wenn die Diffusion des Mediums zur Schwachstelle genügend schnell erfolgt. Bei geringerer Diffusionsgeschwindigkeit kommt die eingeleitete Rißbildung zum Stillstand, sobald das Umgebungsmedium den Kerbgrund erreicht hat; man kann diesen Vorgang auch als Ausheileffekt deuten. Dringt das Umgebungsmedium mit fortschreitender Zeit zwischen die kleinen und schließlich auch zwischen die großen Kettenmoleküle ein, so erfolgt eine makroskopische Weichmachung. Dieser Effekt hängt von der Diffusionsgeschwindigkeit und dem Quellvermögen des Mediums ab und ist damit zeitabhängig.

Durch die Weichmacherwirkung wird die Einfrier- oder Glastemperatur, die bei vielen Hochpolymeren oberhalb der Zimmertemperatur liegt, erniedrigt. Kunststoffe sind unterhalb der Glastemperatur mehr oder weniger hart und spröde, weil die mikrobrownsche Bewegung aufhört; es gibt in diesem Bereich nur Schwingungen der Atome um ihre Ruhelage. Oberhalb der Glastemperatur wird die mikrobrownsche Bewegung, unter der man die Bewegung von Teilen des Gesamtmoleküls (Molekülsegmente) versteht, angeregt. Der Kunststoff verhält sich nun wie ein viskoelastischer Stoff, der mit weiter ansteigender Temperatur in einen viskosen Zustand (Schmelze) übergeht. Hierbei wird nun die makrobrownsche Bewegung angeregt, wobei die Moleküle als Ganzes beweglich werden.

Durch weichmachende Substanzen werden die mikrobrownschen Bewegungen eingefrorener Polymerer unterhalb der Einfriertemperatur angeregt; das Material wird zähhart. Es zeigt bei mechanischer Belastung zeitabhängiges Kriechen. (Kriecherscheinungen treten, allerdings in kleineren Größenordnungen, auch unterhalb der Glastemperatur auf).

Die geschilderten drei Effekte, nämlich die Benetzung, die Diffusion und die Quellung lassen sich nicht scharf voneinander trennen; es können bei der Spannungsrißbildung außerdem noch andere Wirkungen eine Rolle spielen.

#### 4.2.2.3. *Experimentelle Durchführung von Spannungsrißversuchen*

Die Ermittlung des Spannungsrißverhaltens von Kunststoffen geschieht in Standversuchen (DIN 50119) in den entsprechenden Umgebungsmedien. Dabei werden Proben verschiedenen, jedoch während der Versuchsdauer konstanten Spannungs- oder Verformungszuständen unterworfen.

Es sollte dabei auch das erste Auftreten von Rissen in Abhängigkeit von der Zeit mit optischen Mitteln festgestellt werden. Diese Beobachtung ist jedoch nur bei transparenten Hochpolymeren möglich, während bei der Mehrzahl der undurchsichtigen Werkstoffe hierfür kaum eine Möglichkeit besteht. Dieses Verfahren wird auch noch durch den damit verbundenen personellen und apparativen Aufwand erschwert, da eine Vielzahl von Proben in temperierten, häufig aggressiven Flüssigkeiten kontinuierlich überwacht werden müssen.

Diese Schwierigkeiten können umgangen werden, wenn die Standversuche außer im Umgebungsmedium auch in Luft bei gleicher Temperatur erfolgen und die Ergebnisse verglichen werden; dadurch ist es möglich, die durch das Medium evtl. hervorgerufene Schädigung relativ einfach zu erkennen.

Man sollte aber auch die aus dem Versuch genommenen Proben auf Risse und Quellung untersuchen.

*Prüfverfahren*

Bei der Auswahl des Prüfverfahrens sollte man sich den Erfordernissen der Praxis anpassen, d.h. man muß die mechanische Beanspruchung, das betreffende Umgebungsmedium sowie die Temperatur kennen. Zur mechanischen Beanspruchung zählen auch die in Spritzguß- und Tiefziehteilen mehr oder weniger vorhandenen Orientierungsspannungen (d.h. eingefrorene Spannungen) und Abkühlungsspannungen (entsprechend den Eigenspannungen bei den metallischen Werkstoffen) [13]. Diese Spannungen verringern sich in vielen Fällen mit der Zeit (Spannungsrelaxation), insbesondere bei höheren Temperaturen (jedoch unterhalb der Glastemperatur); diese Erscheinung wird beim Tempern ausgenutzt.

Die möglichen Prüfverfahren lassen sich in zwei große Gruppen untergliedern, nämlich in die Prüfung bei konstanter Verformung (Spannungsrelaxations- oder Entspannungsversuch) und bei konstanter Spannung (Standversuch).

*Prüfverfahren bei konstanter Verformung*

Bei diesen Verfahren wird der Probekörper einer Verformung unterworfen, die anschließend konstant gehalten wird. Durch die aufgezwungene Verformung wird in der Probe ein ein- oder mehrachsiger Spannungszustand erzeugt, der infolge molekularer Relaxationsprozesse im Laufe der Zeit abklingt. Diese Beanspruchung dient zur Beurteilung von Kunststoffen, die in der Praxis langzeitig dauernden, konstanten Verformungen unterworfen werden.

Das bekannteste Verfahren ist wohl der Bell-Telephone-Test (ASTM D 1693–66) der vorwiegend zur Prüfung von Polyäthylen verwendet wird [6, 17]. Zur Untersuchung von spröden Kunststoffen eignen sich Methoden, bei denen Proben auf parabel-, ellipsen- oder kreisförmig gebogene Schienen aufgespannt werden; die Verformung der Kunststoff-Probe kann mit Hilfe der an jeder Stelle bekannten Krümmung und der Probendicke berechnet werden [5, 7, 15].

Neuerdings ist der Kugeleindrückversuch (DIN 53449) zur Prüfung des Spannungsrißverhaltens von Thermoplasten bekanntgeworden, der sich zur reproduzierbaren Prüfung von spröden Kunststoffen eignet [14]. Schließlich sei der Spannungsrelaxationsversuch (DIN 53441) genannt, der als Ergebnis den Relaxationsmodul und die Zeit–Spannungs-Linien liefert, dessen Durchführung in anderen Umgebungsmedien als Luft nur in besonderen Fällen wegen der experimentellen Schwierigkeiten gerechtfertigt erscheint.

Der Nachteil dieser Prüfungen bei konstanter Verformung liegt darin begründet, daß infolge des Relaxationsverhaltens der Werkstoffe die Spannungen je nach Kunststoff-Typ verschieden schnell abgebaut werden, so daß Vergleiche zwischen unterschiedlichen makromolekularen Stoffen nicht angestellt werden können.

*Prüfverfahren bei konstanter Spannung*

Die Prüfung bei konstant gehaltener Spannung erfolgt in einem Zeitstandversuch, der je nach der Beanspruchung als Zug-, Druck-, Biege- oder Torsionsstandversuch bezeichnet wird.

Spannungsrißbildung kann, wenn überhaupt, nur bei Zugbeanspruchung auftreten; man wählt zweckmäßigerweise deshalb zur Prüfung den Zeitstand-Zugversuch (DIN 53444), wobei in Abwandlung der Norm die Probe vollständig in das flüssige Umgebungsmedium eintaucht [6, 8, 9]. In Bild 4.2.2–3 ist das Prinzip der verwendeten Prüfapparatur dargestellt, mit der die Probekörper bei einachsiger Zugbelastung in verschiedenen flüssigen Umgebungsmedien untersucht werden können. Das Gehänge mit der Probe befindet sich in einem heizbaren Behälter; die gewünschte Belastung kann über eine Hebelübersetzung

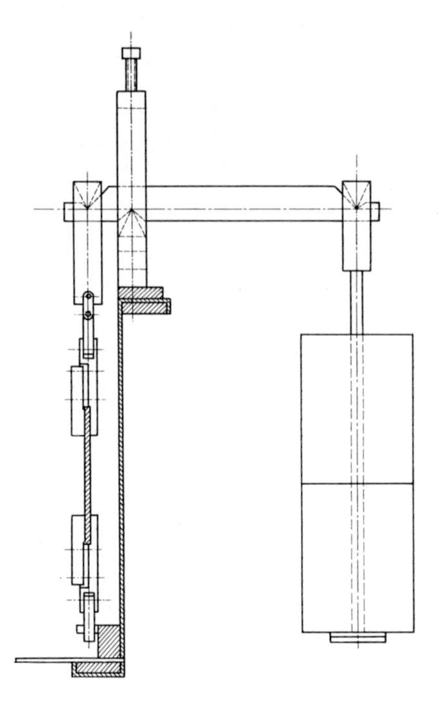

Bild 4.2.2–3 Zuggehänge mit verstellbarem Schneidenlager

aufgebracht werden. Bild 4.2.2–4 zeigt eine betriebsbereite Apparatur. Mit Hilfe des am Behälter befestigten Lineals und des an der oberen Einspannklemme befindlichen Nonius kann die Abstandsänderung der Einspannklemmen gemessen werden. Die wahre Probendehnung kann berechnet werden, wenn man für diese Probenform die Dehnung beim Zugversuch bestimmt und gleichzeitig den Weg der Einspannklemmen mitverfolgt; man führt

Bild 4.2.2–4 Prüfstand für Zugversuche

die sog. „reduzierte Probenlänge" d.h. eine errechnete Probenlänge ein, deren Dehnung, berechnet aus der Abstandsänderung der Klemmen mit der tatsächlichen Dehnung der Probe übereinstimmt.

Es wird bei den Zeitstand-Zugversuchen jeweils die Zeit bis zum Bruch jeder Probe bestimmt; die Dehnungen werden in geeigneten Zeitabständen abgelesen. Die Ergebnisse werden in ein Zeitstand-Schaubild eingetragen.

Eine zunehmende Bedeutung erlangende Prüfmethode befaßt sich mit dem Zeitstandverhalten von Kunststoffrohren bei statischer Innendruckbelastung, wobei sich das flüssige Medium innerhalb oder außerhalb des Rohres oder auch gleichzeitig inner- und außerhalb der Rohrwandung befindet [10].

### 4.2.2.4. *Versuchsergebnisse an Kunststoffen in verschiedenen Umgebungsmedien und bei verschiedenen Temperaturen*

In diesem Abschnitt werden Spannungsriß-Untersuchungen an den wichtigsten thermoplastischen Hochpolymeren mitgeteilt, wobei die Prüfung meist bei konstanter Spannung im Zeitstand-Zugversuch erfolgt. Man gewinnt dabei das für den Konstrukteur wichtige Zeitstand-Schaubild, dem die zum Konstruieren erforderlichen Werte entnommen werden können. Am Beispiel eines Polystyrols wird auch die Prüfung bei konstanter Verformung beschrieben.

Die Proben für diese Versuche werden unorientierten Preßplatten entnommen; das Material befindet sich dabei im Grundzustand, d.h. es werden die reinen Stoffeigenschaften bestimmt.

Über das Spannungsriß- bzw. Spannungskorrosions-Verhalten der anderen Kunststoffklassen, nämlich der schwachvernetzten Elastomere und der hochvernetzten Duromere sind keine systematischen Untersuchungen veröffentlicht, doch treten auch hier solche Erscheinungen auf.

Bei der Untersuchung des Spannungsrißverhaltens von Hochpolymeren unter konstanter Spannung sollte als Kriterium eigentlich immer die Zeitbruchlinie in Luft dienen, um die schädigende Wirkung eines bestimmten Umgebungsmediums ersehen zu können. Aber auch ohne Kenntnis des Zeitstandverhaltens in Luft kann die Spannungsrißanfälligkeit abgeschätzt werden. Bei Schädigung des Werkstoffes hat die Zeitbruchlinie die Form einer Exponentialfunktion. Aus dem mehr oder weniger steilen Abfall der Kurve mit der Zeit kann die Intensität der Schädigung ersehen werden. Eine evtl. eintretende weichmachende Wirkung des Mediums kann aus den Spannungs–Dehnungs-Linien abgelesen werden.

Bevor nun auf das Verhalten der verschiedenen Thermoplaste näher eingegangen wird, muß betont werden, daß bewußt schädigend wirkende Medien ausgewählt wurden. Demgegenüber ist die Anzahl der Umgebungsmedien, welche keine oder nur eine unbedeutende Beeinflussung der Anwendungsmöglichkeiten bei den besprochenen Kunststoffen hervorrufen, unvergleichlich größer.

#### *Ablauf der Spannungsrißbildung am Beispiel von schlagfestem Polystyrol*

Zunächst sollen am Beispiel eines schlagfesten Polystyrols die Phänomene der Spannungsrißbildung betrachtet werden. In Bild 4.2.2–5 sind die Zeitbruchlinien in Luft, n-Heptan-Dampf und flüssigem n-Heptan bei jeweils 20 °C aufgetragen; die schädigende Wirkung von n-Heptan (dampfförmig oder flüssig) ist deutlich zu ersehen. In flüssigem n-Heptan fällt die Kurve schon nach kurzen Standzeiten stark ab (Momentan-Effekt); der weitere verlangsamte Abfall ist die Folge der starken Quellung und Weichmachung des Materials und kann als Ausheileffekt gedeutet werden. Im dampfförmigen Medium hingegen zeigt

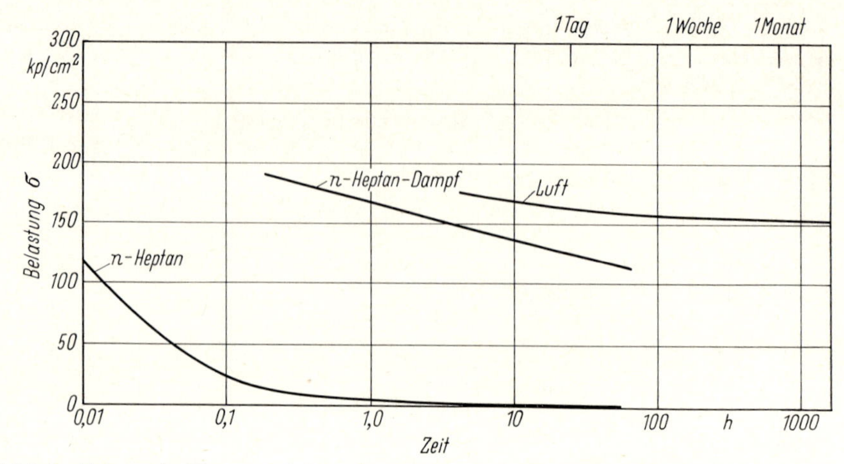


Bild 4.2.2–5 Zeitstandprüfung von Polystyrol 475 K (SB) in verschiedenen Medien bei 20 °C

sich der Momentan-Effekt nicht, weil der Dampf nicht sofort in ausreichender Menge kondensiert; erst nach längerer Versuchsdauer fällt die Zeitbruchlinie gegenüber der in Luft ermittelten leicht ab, als Folge der Eindiffusion der Dampfmoleküle.

Da n-Heptan nicht nur benetzt, sondern auch ins Innere der Probekörper eindiffundiert, wurde die Festigkeitsminderung bei Lagerung der Proben in n-Heptan ohne äußere Spannung unter gleichzeitiger gravimetrischer Erfassung der Quellmittelaufnahme bestimmt. In Bild 4.2.2–6 sind die Ergebnisse dargestellt. Die Probekörper wurden dabei nach bestimmten Zeiten dem Lösungsmittel entnommen, mit Filterpapier abgetupft, gewogen und sofort auf einer Zugfestigkeitsprüfmaschine zerrissen. Dabei wurden jeweils die Zeiten für die Wägung und für den Zugversuch jeder einzelnen Probe konstant gehalten.

Schon nach geringen n-Heptan-Aufnahmen fällt die Zugfestigkeit stark ab. Bei einer Gewichtszunahme von 5% ist bereits die minimale Zugfestigkeit erreicht, die sich selbst bei höheren Lösungsmittelaufnahmen der Probekörper kaum mehr ändert.

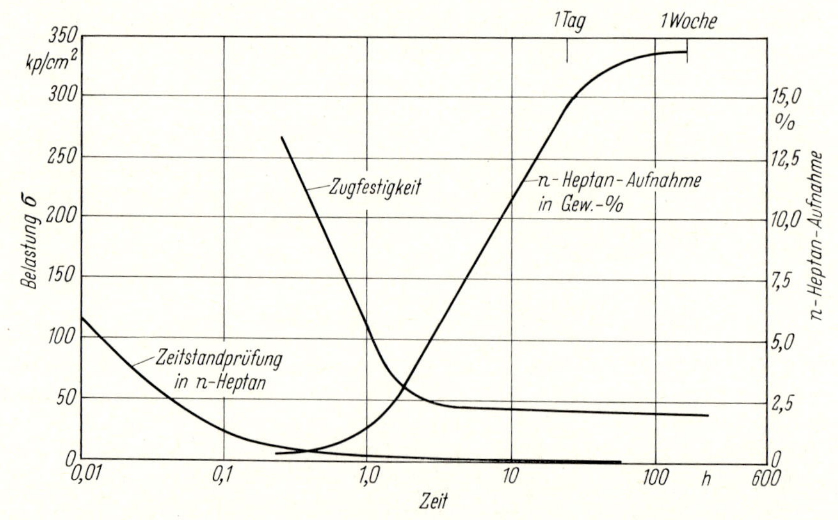


Bild 4.2.2–6 Zeitstandprüfung, Zugfestigkeit und n-Heptan-Aufnahme von Polystyrol 475 K (SB)

Im Gegensatz dazu erfolgt der Festigkeitsabfall beim Spannungsrißversuch bereits, bevor eine merkliche n-Heptan-Aufnahme erfolgt ist; damit kann diese Erscheinung auf den Momentan-Effekt, also eine im Augenblick der Benetzung der Oberfläche erfolgende Erhöhung der Kerbspannung an den Schwachstellen, zurückgeführt werden.

Nach diesen Vorbemerkungen sollen nun praktische Ergebnisse an verschiedenen Hochpolymeren in flüssigen Umgebungsmedien gezeigt werden.

### *Polyäthylen*

Die Phänomene der Spannungsrißbildung wurden wohl erstmals bei Polyäthylen beobachtet, wenn das unter äußerer oder innerer Zugspannung stehende Material mit wäßrigen Netzmittellösungen längere Zeit in Berührung kam. Inzwischen wurden noch weitere Umgebungsmedien gefunden, welche schädigend wirken.

In der folgenden Übersicht sind die von verschiedenen Autoren angegebenen Medien zusammengestellt.

*Spannungsrißbildung auslösende Verbindungen für Polyäthylen*

Tenside (grenzflächenaktive Substanzen) wie z. B. Alkylsulfate, Alkylsulfonate, Alkylarylsulfonate, Oxäthylierungsprodukte, Seifen;
Alkohole (z. B. Isopropylalkohol);
Ester;
Ketone;
Äther (insbesondere Fruchtäther);
Siliconöle;
Kaliumhydroxid;
Natriumhydroxid.

Das Ausmaß der Spannungsrißbildung hängt von folgenden Faktoren ab [2, 6, 8]:

1. von der Größe der (ein- oder mehrachsigen) Zugspannungen;
2. von der Einwirkungsdauer des Umgebungsmediums;
3. von der Temperatur;
4. vom Verhältnis zwischen amorphem und kristallinem Anteil (bei gleichem Material führt Erhöhung der Kristallinität zu verstärkter Spannungsrißbildung);
5. vom Molekulargewicht (die Spannungsrißbildung nimmt mit steigendem Molekulargewicht ab);
6. von der chemischen Zusammensetzung und der Konzentration des angreifenden Mittels.

Neuerdings sind Verfahren zur Vernetzung der Makromoleküle des Polyäthylens entwikkelt worden, wodurch je nach Vernetzungsgrad die Spannungsrißanfälligkeit vermindert oder gänzlich ausgeschaltet werden kann.

In einem Beispiel sollen die an verzweigtem und linearem Polyäthylen durchgeführten Untersuchungen im Zeitstand-Zugversuch zur Aufklärung des Spannungsrißverhaltens besprochen werden. Bild 4.2.2–7 zeigt die bei diesen Versuchen gewonnenen Ergebnisse; dabei dient ®Nekanil W extra-Lösung (oxäthyliertes Fettsäureamid) als spannungsrißauslösendes Agens. Alle Kurven weisen einen mehr oder weniger starken Festigkeitsabfall

® = Registriertes Warenzeichen der BASF.

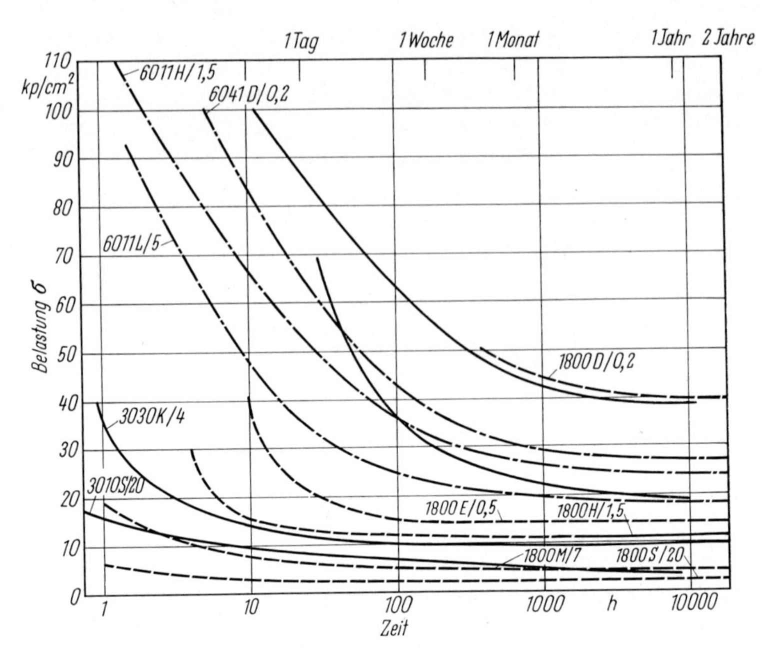


Bild 4.2.2–7 Zeitstandfestigkeit bei einachsiger Zugbelastung von Lupolen in 5%iger Nekanil-W-extra-Lösung bei 50 °C

schon nach verhältnismäßig kurzen Prüfzeiten auf und streben einem asymptotischen Endwert zu, den sie meist schon nach 100 bis 1000 Stunden erreichen. Es existiert also offensichtlich eine kritische Spannung, unterhalb der keine Schädigung des Polyäthylens mehr durch das Netzmittel erfolgt.

Diese Erscheinung muß im vorliegenden Fall auf zwei Ursachen zurückgeführt werden, nämlich auf die Benetzung und die Oberflächendiffusion. Der grenzflächenaktive Stoff (Netzmittel) verbreitet sich zunächst auch ohne äußere oder innere Spannungen über die inneren Flanken der submikroskopischen Risse, wobei die Oberflächendiffusion sehr rasch, d. h. praktisch momentan erfolgt. Bei Vorhandensein von äußeren oder inneren Zugspannungen wird die Kerbspannung durch den Quelldruck am Rißende bzw. überhaupt an jeder Schwachstelle vergrößert, wodurch die Weiterentwicklung zum sichtbaren Riß und schließlich zum Bruch beschleunigt wird. Infolge der Belastung der Probe tritt „Kriechen“ ein, wodurch offensichtlich neue Schwachstellen entstehen, in die nun wiederum das Netzmittel eindringt, was mit einem Quelldruck verbunden ist. Bei niedrigen Belastungen kommt das Kriechen praktisch bald zum Stillstand; es entstehen dann also keine neuen Schwachstellen mehr und die Spannungsrißbildung kommt zum Erliegen. Da die wäßrige Netzmittellösung nicht ins Innere der Probe eindiffundiert, treten die im vorhergehenden Beispiel an Polystyrol geschilderten Weichmachungseffekte nicht auf.

Das zeigt sich auch daran, daß in Netzmittel eingelegte unbelastete Zugproben aus Polyäthylen keinen Festigkeitsabfall zeigen, wenn sie in gewissen Zeitabständen aus dem Netzmittel genommen, in destilliertem Wasser gespült und zerrissen werden. Polyäthylen erleidet im spannungslosen Zustand keinerlei Schädigung durch das Netzmittel.

In Bild 4.2.2–8 sind die Zeitstand-Schaubilder eines linearen Polyäthylens bei 50 °C im Netzmittel und zum Vergleich bei 40 °C in Luft ineinandergezeichnet. In Bild 4.2.2–9 sind geschädigte Proben aus verzweigtem Polyäthylen nach verschiedenen Belastungen zu sehen.

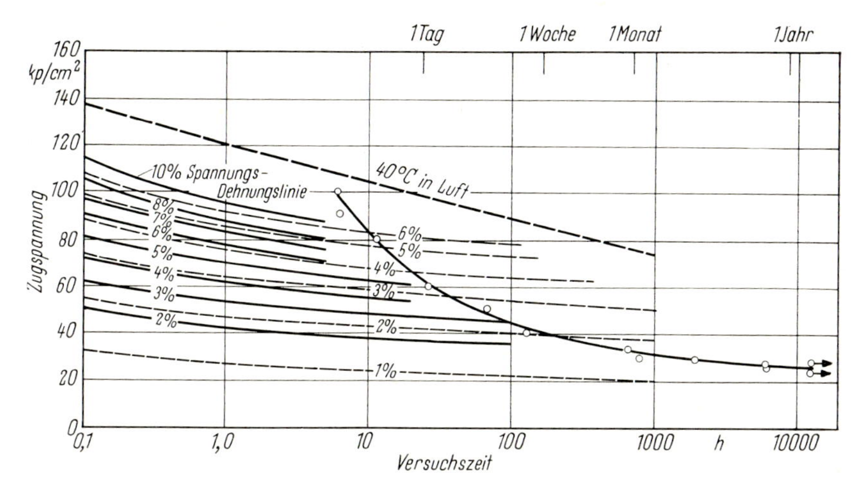


Bild 4.2.2–8 Zeitstand-Schaubild von Lupolen 6041 DX in 5%iger Nekanil-W-extra-Lösung bei 50 °C

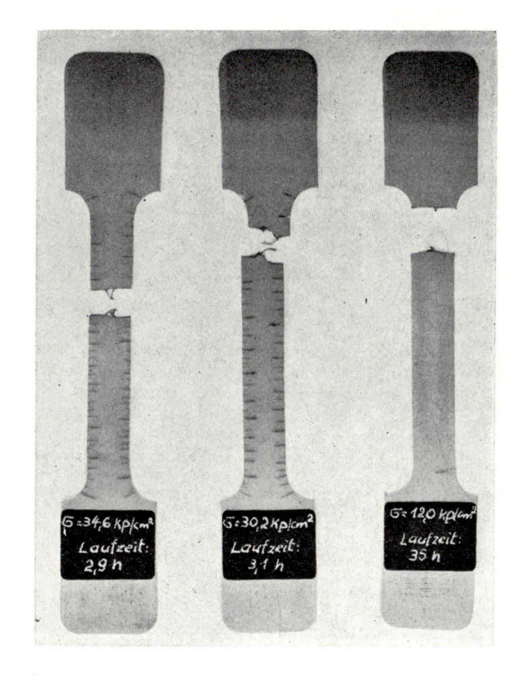


Bild 4.2.2–9 Spannungsrißbildung bei verzweigtem Polyäthylen

*Polypropylen*

In Bild 4.2.2–10 ist das Zeitstandverhalten von Polypropylen in Luft und in Netzmittel gegenübergestellt; es zeigt sich ein ähnliches Verhalten wie bei Polyäthylen, was infolge der chemischen Verwandtschaft verständlich erscheint.

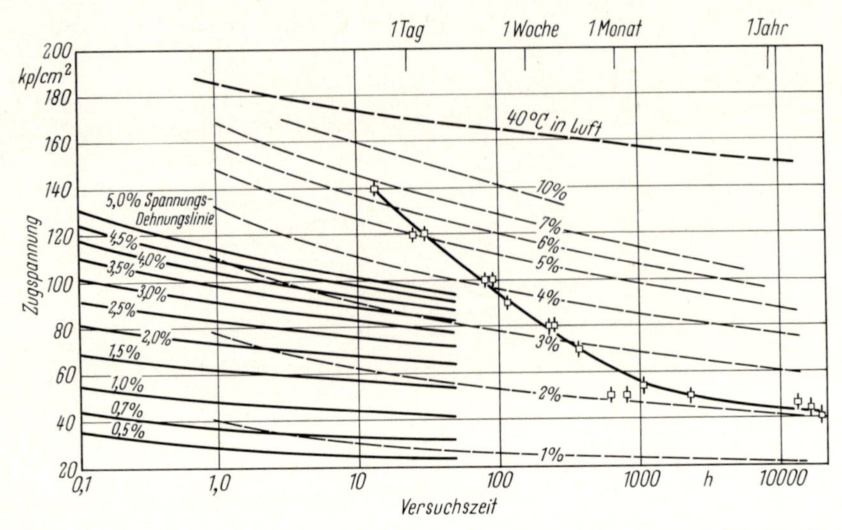


Bild 4.2.2–10 Zeitstand-Schaubild von Polypropylen in 5%iger Nekanil-W-extra-Lösung bei 50 °C

*Polystyrol*

Auch beim Polystyrol gibt es spezifisch spannungsrißauslösende Medien, wie z. B. Heptan, Hexan, Benzin, Äther, Methanol, Pflanzenöle und Ölsäure. Diese Tatsache kann man z. B. auch zur Güteüberwachung der Produktion ausnutzen; die Ergebnisse liegen schon nach relativ kurzer Versuchsdauer vor.

In Bild 4.2.2–11 ist das Zeitstandverhalten von Standard-Polystyrol (PS), von schlagfestem Polystyrol (SB: Styrol–Butadien-Copolymeren), von Styrol–Acrylnitril-Copolymeren (SAN) sowie von Acrylnitril–Butadien–Styrol-Copolymeren (ABS) in Luft und in einer Olivenöl–Ölsäure-Mischung gegenübergestellt.

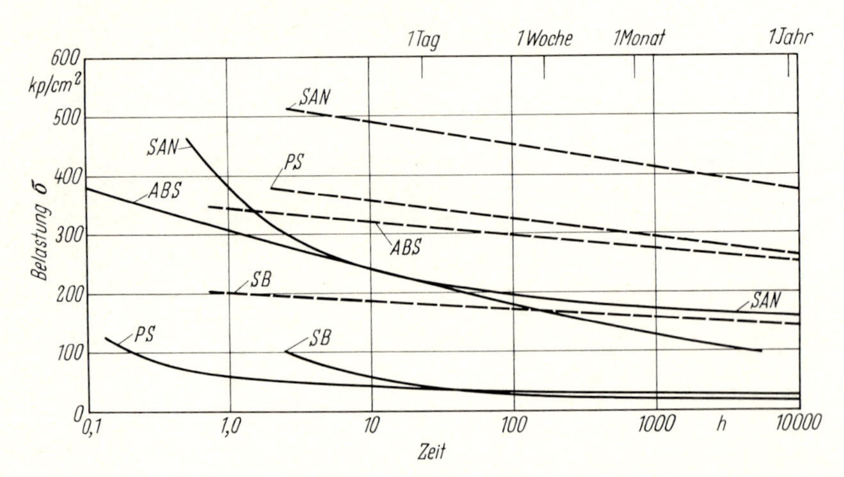


Bild 4.2.2–11 Zeitstandprüfung von verschiedenen Polystyrol-Marken bei 20 °C in Olivenöl und Ölsäure 1 : 1

——— Zeitbruchlinien in Luft bei 20 °C

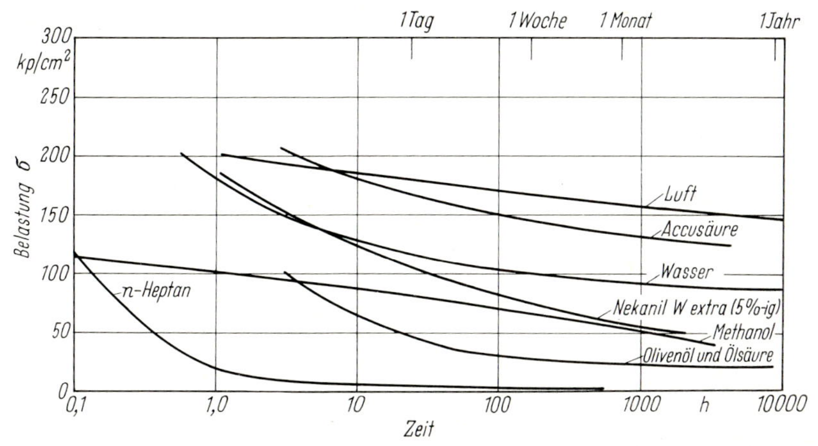


Bild 4.2.2–12 Zeitstandprüfung von schlagfestem Polystyrol (SB) in verschiedenen Medien bei 20 °C

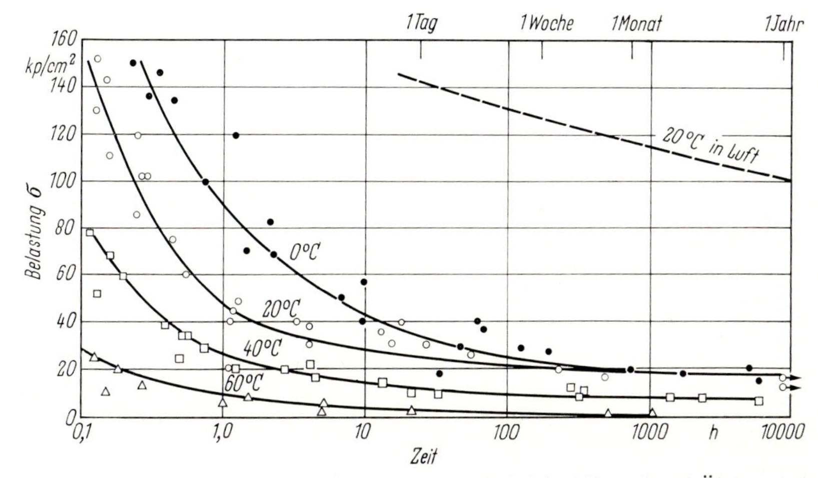


Bild 4.2.2–13 Zeitstandprüfung von schlagfestem Polystyrol (SB) in Olivenöl und Ölsäure 1:1

Die unterschiedliche Wirkung von verschiedenen Medien auf schlagfestes Polystyrol ist Bild 4.2.2–12 zu entnehmen, während aus Bild 4.2.2–13 die Temperaturabhängigkeit des Spannungsrißverhaltens von schlagfestem Polystyrol deutlich ersichtlich ist. Bild 4.2.2–14 zeigt Spannungsrisse an Probekörpern aus Styrol–Acrylnitril-Copolymerisat, die bei Spannungsriß-Versuchen in Methanol entstanden sind.

*Spannungsrißprüfung von Polystyrol bei konstanter Verformung*

Als Prüfmethode diente das Kugeleindrückverfahren nach DIN 53449, das sich besonders zur Prüfung der Spannungsrißbeständigkeit von Polystyrol eignet. Die Probekörper werden mit Bohrungen versehen, in die Stahlkugeln mit gestuftem Übermaß eingedrückt werden. Dadurch werden je nach Kugelübermaß bestimmte Spannungen in der Probe erzeugt. Je eine Serie dieser Probekörper wird in Luft und in dem jeweiligen Prüfmittel gelagert. An diesen Proben wird dann eine mechanische Eigenschaft bestimmt, welche die durch Spannungsrisse entstandenen Eigenschaftsänderungen besonders kennzeichnet.

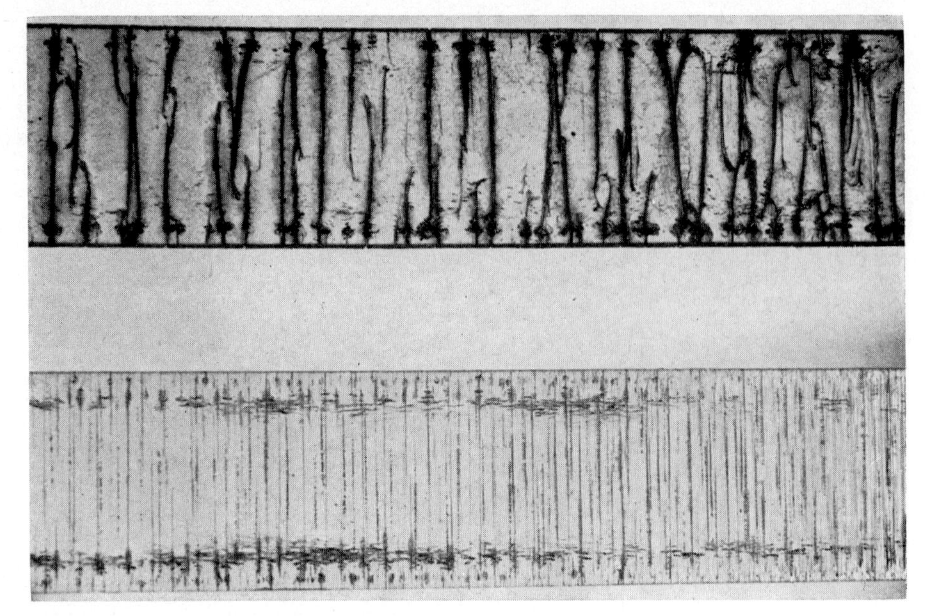

Bild 4.2.2–14 SAN-Copolymerisat in Methanol bei 20 °C.
Probe oben: Belastung 60 kp/cm²; Standzeit 781 Stunden; Probe unten: Belastung 159 kp/cm²; Standzeit 735 Stunden

Als Rißbildungsgrenze wird dasjenige Kugelübermaß definiert, bei dem sich der Wert der geprüften mechanischen Eigenschaft um 5% gegenüber dem Wert dieser Eigenschaft für das Kugelübermaß Null vermindert hat.

Die relative Spannungsrißbeständigkeit schließlich ist das Verhältnis der Rißbildungsgrenze im Prüfmittel zur Rißbildungsgrenze in Luft. Aus Bild 4.2.2–15 ist die Spannungsrißbildung bei einem Styrol–Acrylnitril-Copolymeren nach 15minütiger Lagerung in flüssigem Frigen 11 in Abhängigkeit vom Kugelübermaß ersichtlich, während Bild 4.2.2–16 die Ergebnisse der Biegefestigkeitsprüfung an Proben in Abhängigkeit vom Kugelübermaß nach Lagerung in Luft, n-Heptan und Iso-Propanol zeigt. Die Rißbildungsgrenze ist mit aufgetragen.

*Polyvinylchlorid*

Als spannungsrißauslösendes Medium für PVC ist Methanol bekannt.

In Bild 4.2.2–17 ist das Zeitstandverhalten von Emulsions-PVC (PVC hart) in Luft und Methanol dargestellt. Die Proben wurden einer extrudierten Platte in Längs- und Querrichtung entnommen und zeigten beim Schrumpfversuch [13] in Äthylenglykol bei 105 °C nur geringe Unterschiede. Ein Einfluß der geringfügigen Orientierung zeigt sich nur anfänglich in Methanol. Die dabei auftretenden Spannungsrisse sind in Bild 4.2.2–18 deutlich sichtbar.

*Polyamid*

Eingehende Untersuchungen über die chemische Beständigkeit und die Spannungsrißanfälligkeit wurden von *Weiske* [17] durchgeführt; es ergab sich, daß Polyamide, die im Feuchtegleichgewicht mit der Umgebung stehen, durch die meisten Medien keine Rißbildung erleiden.

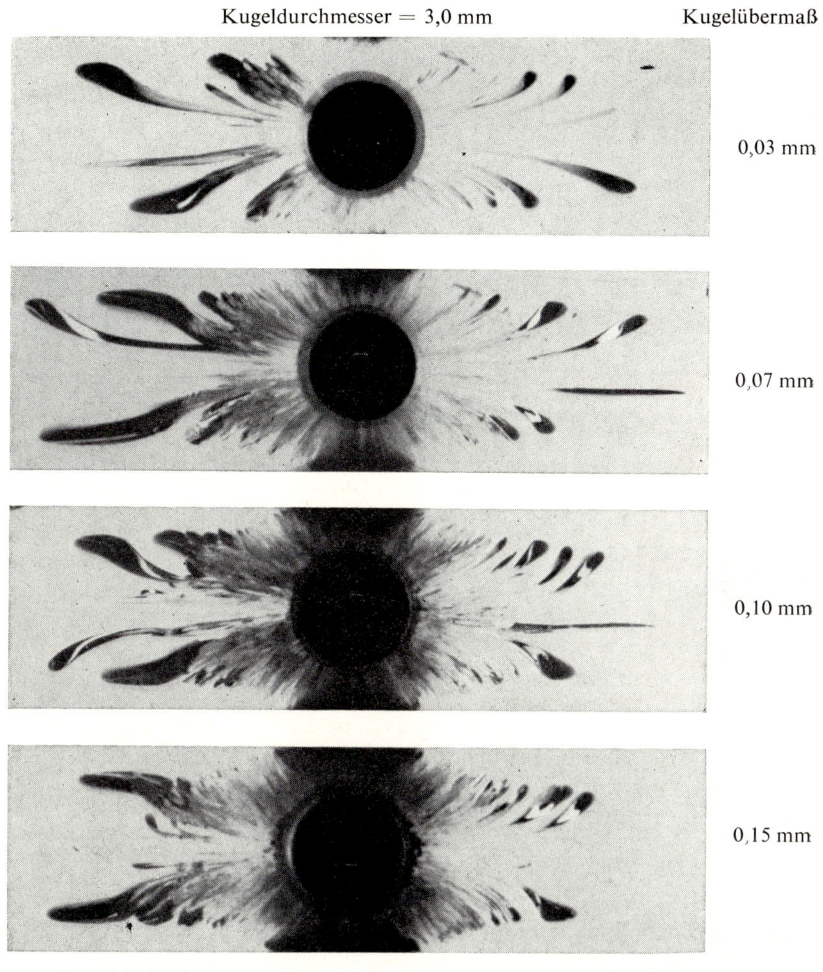


Bild 4.2.2–15 Kugeleindrückversuch an einem SAN-Copolymeren bei 20 °C in Frigen 11

Als spannungsrißauslösendes Medium sind neuerdings Zinkchlorid sowie andere Metall-Halogenide [18] bekanntgeworden.

In Bild 4.2.2–19 sind die Ergebnisse von Zeitstandversuchen an 6-Polyamid in verschiedenen Umgebungsmedien aufgetragen. Der Abfall der Zeitbruchlinien in den flüssigen Umgebungsmedien ist dabei auf die weichmachende Wirkung der Umgebungsmedien (auch Wasser gehört bei den Polyamiden zu den weichmachenden Substanzen) zurückzuführen. Spannungsrisse wurden dabei nicht beobachtet. Bei den Polyamiden erfolgt beim Einwirken von Mineralsäuren ein chemischer Angriff (Hydrolyse), also eine Spannungskorrosion. Im Zeitstandversuch, dargestellt in Bild 4.2.2–20, zeigt sich dieses Verhalten besonders deutlich in Schwefelsäure.

*Polymethylmethacrylat*

Spannungsrißbildung wird durch die nachstehend aufgeführten Substanzen ausgelöst, wobei die Aggressivität nach der genannten Reihenfolge ansteigt.

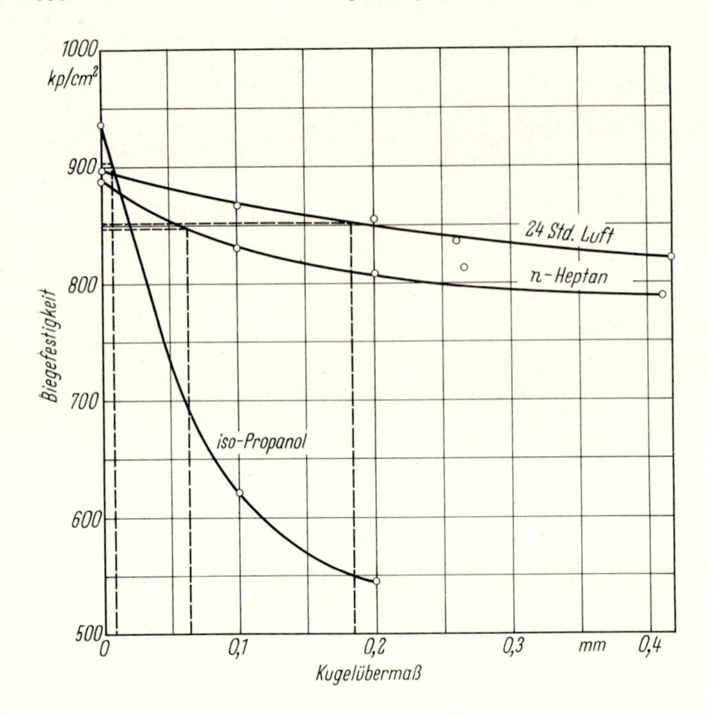


Bild 4.2.2–16 Kugeleindrückversuch an einem ABS-Copolymeren bei 20 °C

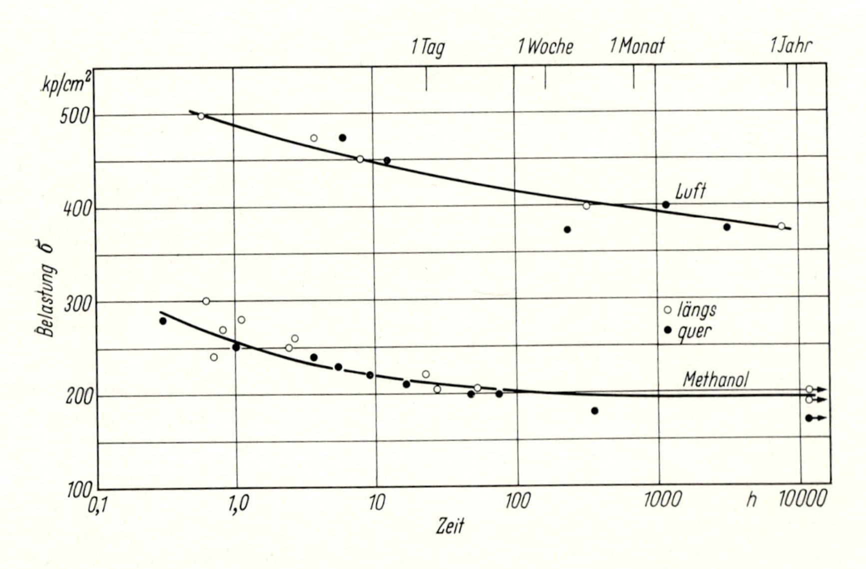


Bild 4.2.2–17 Zeitstandschaubild von E–PVC – K-Wert = 62 – bei 20 °C

Bild 4.2.2–18 E–PVC in Methanol bei 20 °C
Probe 1: Belastung 303 kp/cm²; Standzeit 0,4 Stunden
Probe 2: Belastung 220 kp/cm²; Standzeit 19,8 Stunden
Probe 3: Belastung 210 kp/cm²; Standzeit 87 Stunden
Probe 4: Belastung 182 kp/cm²; Standzeit 361 Stunden

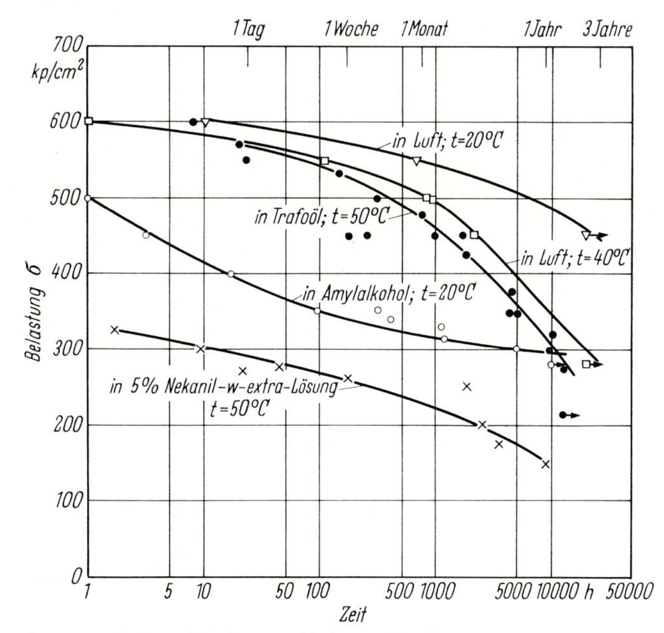


Bild 4.2.2–19 Zeitstandprüfung von Polyamid 6 in verschiedenen Medien

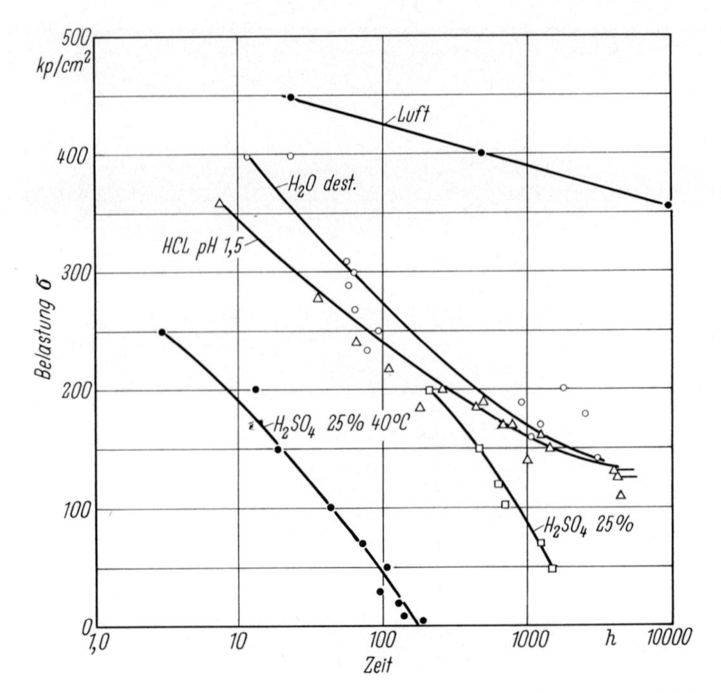


Bild 4.2.2–20 Zeitstand-Schaubild von Polyamid 6 bei 23 °C bzw. 40 °C

20%ige Natronlauge, Paraffinöl, Glycerin, Wasser, 20%ige Salzsäure, 85%ige Ameisensäure, Cyclohexan, Heptan, Hexan, Butylalkohol, Äthylalkohol, Methanol, Methylmethacrylat, Benzol, Aceton.

*Polycarbonat*

Hierbei wurde Rißbildung in folgenden Medien beobachtet [5]: Methanol, Isopropylalkohol, n-Hexan, Terpentin.

*Sonstige Kunststoffe*

Im Vorstehenden sind die wichtigsten Thermoplaste im Hinblick auf ihr Spannungsrißverhalten, soweit es aus der Literatur bekannt ist, zusammengestellt. Auch die nicht beschriebenen Kunststoffe können gegenüber bestimmten Medien Spannungsrißbildung zeigen; es empfiehlt sich deshalb in solchen Fällen, entweder entsprechende Versuche anzustellen, oder was für den Verarbeiter einfacher ist, beim Rohstoffhersteller anzufragen.

## 4.2.2.5. *Einfluß der Orientierung auf das Spannungsrißverhalten*

Eine wichtige Rolle für die mechanischen Eigenschaften spielt bei Kunststoffen die Orientierung der Makromoleküle. Die Kunststoff-Schmelzen bestehen aus in sich verknäuelten, langkettigen Molekülen. Durch das Fließen bei der Verarbeitung tritt eine mehr oder weniger ausgeprägte Orientierung und Streckung der Moleküle ein, die beim Erstarren zum Festkörper je nach den Verarbeitungsbedingungen in schwächerem oder stärkerem

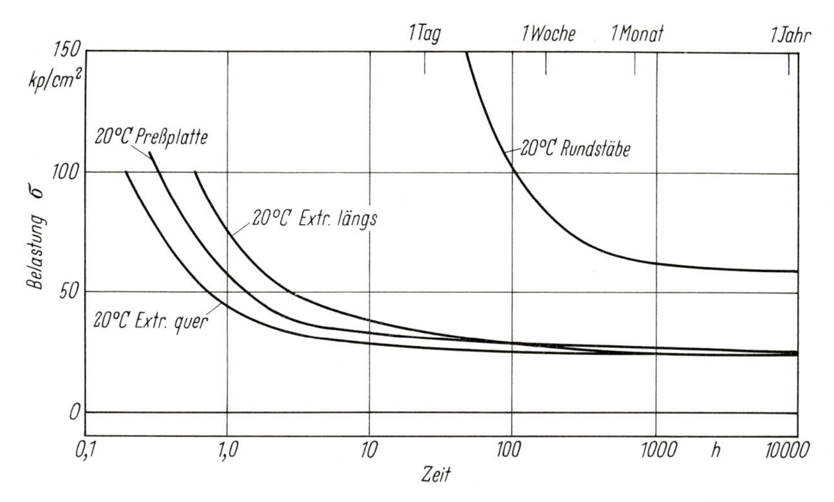


Bild 4.2.2–21 Zeitstandprüfung von schlagfestem Polystyrol (SB) in Olivenöl und Ölsäure 1:1

Maße erhalten bleibt und worin die Richtungsabhängigkeit der Festigkeit resultiert. In Bild 4.2.2–21 ist der Einfluß verschiedener Orientierung auf das Zeitstandverhalten im Umgebungsmedium aufgetragen. Bei extrudierten Platten mit schwacher Orientierung der Makromoleküle lassen sich Prüfkörper in zwei Vorzugsrichtungen, nämlich in Extrusionsrichtung und senkrecht dazu, entnehmen. In einem getrennten Versuch wurde als Vergleichszahl für die Molekülorientierung die Schrumpfung [13] der Proben, die in Äthylenglykol von 110 °C (20 °C über der Vicaterweichungstemperatur) während einer Dauer von 45 Minuten gelagert waren, ermittelt. Die Schrumpfung in Längsrichtung ergab sich zu 10%, in Querrichtung praktisch zu Null. Vergleicht man die Ergebnisse des Spannungsrißversuches mit denen an unorientiertem Material (Preßplatten), so ergeben sich bei extrudiertem Material in Orientierungsrichtung (Längsrichtung) größere Standzeiten bis zu einer Versuchsdauer von etwa einem Tag und quer zur Fließrichtung kürzere Standzeiten. Nach längeren Versuchszeiten (etwa ab 100 Stunden) verschwindet der Orientierungseinfluß.

Die stark orientierten gespritzten Rundstäbe hingegen weisen wesentlich höhere Zeitstandfestigkeiten auf; auch nach sehr langer Prüfdauer (1 Jahr) liegen die Festigkeiten praktisch noch doppelt so hoch wie bei unorientiertem Material.

### 4.2.2.6. *Spannungsrißprüfung am Fertigteil*

Spannungsrißbildung auslösende Flüssigkeiten und Dämpfe eignen sich auch zur Überprüfung von Fertigteilen, insbesondere von Spritzgußteilen auf Eigenspannungen, wobei der Betrag der Spannung genügend genau abgeschätzt werden kann, wenn man die Zeit bis zum Auftreten der ersten Risse beobachtet und im Zeitstandschaubild die zugehörige Spannung abliest. Der Zeitstand-Zugversuch muß natürlich im gleichen Umgebungsmedium und bei der betreffenden Temperatur aufgenommen sein.

Auf einen Umstand muß noch hingewiesen werden. Wenn schnellwirkende Lösungsmittel zur Spannungsrißerzeugung benötigt werden, ist auf kurze Versuchszeiten zu achten und zwar aus folgendem Grund. Diese Flüssigkeiten diffundieren meist sehr schnell in das Kunststoff-Formteil ein und bewirken eine Weichmachung; dadurch können durch die nun leichteren Umorientierungsmöglichkeiten der Makromoleküle die inneren Spannungen

Bild 4.2.2–22 Spannungsrißbildung bei Standard-Polystyrol in Aceton-Dampf bei 20 °C

bereits abgebaut sein, bevor es zu einer Rißbildung kommt (Ausheileffekt). Es empfiehlt sich dann manchmal, wie in Bild 4.2.2–22 gezeigt wird, den Lösungsmitteldampf zur Rißerzeugung heranzuziehen.

## Literaturverzeichnis

*Bücher:*

1. *Becker, G.W., J. Meißner, H. Oberst* u. *H. Thurn:* Elastische und viskose Eigenschaften von Werkstoffen. Berlin: Beuth-Vertrieb 1963.
2. *Henning, H., K. Krekeler, G. Menges* u. *F. Mittrop:* Forschungsberichte des Landes Nordrhein-Westfalen Nr. 1747. Köln: Westdeutscher Verlag 1966.
3. *Schwarzl, F.,* u. *A.J. Stavermann:* Die Physik der Hochpolymeren. Bd. 4. Berlin: Springer 1956.

*Veröffentlichungen in Zeitschriften:*

4. *Bartusch, W.:* Verpackungs-Rundschau H. 1289 (1967).
5. *Bergen, R.L.:* SPE-Journal *18*, 667 (1962).
6. *Elbers, F.,* u. *F. Fischer*: Kunststoffe *50*, 485 (1960).
7. *Fischer, F.:* Gummi, Asbest, Kunststoffe *17*, 1142 (1964).
8. *Fischer, F.:* Kunststoffe *55*, 453 (1965).
9. *Fischer, F.:* Gummi, Asbest, Kunststoffe *21*, 112 (1968).
10. *Gaube, E., W. Müller* u. *G. Diedrich:* Kunststoffe *56*, 673 (1966).
11. *Kambour, R.P.:* Werkstoffe und Korrosion *18*, 393 (1967).
12. *Menges, G.,* u. *H. Schmidt:* Kunststoffe *57*, 885 (1967).
13. *Orthmann, H.:* Kunststoff-Rundschau *14*, 221 (1967).
14. *Pohrt, J.:* Kunststoffe *59*, 299 (1969).
15. *Steinle, H.,* u. *H. Pflästerer:* Kautschuk und Gummi-Kunststoffe *20*, 516 (1967).
16. *Stuart, H.A., D. Jeschke* u. *G. Markowski:* Materialprüfung *6*, 77 (1964); *6*, 236 (1964).
17. *Weiske, C.D.:* Kunststoffe *54*, 626 (1964).
18. *Dunn, P.* und *G.F.Sansom:* Journal Polymer Sci Vol. *12*, 1641 und 1657 (1969).

## 4.2.3. Licht-, Alterungs- und Witterungsbeständigkeit von Kunststoffen

Hans Hespe und Hans-Willi Paffrath

### 4.2.3.1. *Begriffe*

Nach DIN 50035 „Begriffe auf dem Gebiet der Alterung von Materialien"[1]) ist die *Alterung* als Oberbegriff für die Gesamtheit aller im Laufe der Zeit in einem Material irreversibel ablaufenden chemischen und physikalischen Vorgänge festgelegt[2]).

Diese *Alterungsvorgänge* sind bedingt durch *Alterungsursachen.* Dabei unterscheidet man zweckmäßigerweise zwischen *äußeren Ursachen*, also chemische und physikalische Einwirkungen der Umgebung auf das Material, und *inneren Ursachen*, denen man thermodynamisch instabile Zustände des Materials zuordnet, welche zu Alterungsvorgängen führen, die auch ohne die genannten äußeren Ursachen ablaufen können. Demnach ist die Einwirkung von Licht eine äußere Alterungsursache, wie auch die gleichzeitige oder aufeinanderfolgende Einwirkung von Licht, Wärme, Wasser und Atmosphärilien, die man häufig unter den Begriff „Bewitterung" zusammenfaßt. Auch die Alterungs*vorgänge* differenziert man nach chemischen und physikalischen. Hier faßt man einmal Prozesse zusammen, die unter Veränderung der chemischen Zusammensetzung, der Molekülstruktur und/oder der Molekülgröße des Materials bzw. bei Mehrstoffsystemen mindestens einer der Komponenten des Materials ablaufen. Als Beispiel sei hier an Vernetzungs- und an Abbaureaktionen durch die Einwirkung höherer Temperaturen erinnert.

Die physikalischen Vorgänge sind dagegen gekennzeichnet durch Veränderung des Aggregatzustandes, des Konzentrationsverhältnisses der Komponenten bei Mehrstoffsystemen wie auch der äußeren Form und Struktur oder der meßbaren physikalischen Eigenschaften. So rechnet man sowohl Änderungen des Kristallisationszustandes im Laufe der Zeit zu den Alterungsvorgängen als auch Weichmacherverluste, die zu einer Versprödung des Materials führen können. Zur Verfolgung der Alterungsvorgänge benutzt man gewöhnlich physikalische oder technologische Meßgrößen (Zugfestigkeit, Bruchdehnung, Schlagzähigkeit, E-Modul, Viskosität, Farbzahl, Glanz usw.), die für die Gebrauchstauglichkeit von Bedeutung sind. Diese Meßgrößen dienen also als *Alterungsindikatoren.*

Gelegentlich beschränkt man sich auf eine visuelle Beurteilung (z. B. von Spannungsrissen). Für die wissenschaftliche Untersuchung der Alterungsvorgänge müssen meist aufwendigere Untersuchungsmethoden (z. B. spektroskopische Methoden aller Art, Elektronenmikroskopie usw.) herangezogen werden.

### 4.2.3.2. *Physikalische Grundlagen*

#### 4.2.3.2.1. *Alterungsprozesse, die durch Licht ausgelöst werden*

a) Photolyse

Durch die Einwirkung von Licht können Kunststoffe erheblich verändert werden. Die dabei ablaufenden Prozesse sind im wesentlichen: die Spaltung von Hauptvalenzbindungen, die zum Bruch der Polymerketten oder zur Vernetzung führt, der Einbau von Fremdatomen oder -atomgruppen (z. B. Photooxidation) und die Abspaltung von Bestandteilen des Makromoleküls (z. B. HCl-Abspaltung bei PVC).

---

[1]) siehe DIN 50035 „Begriffe auf dem Gebiet der Alterung von Materialien", Entwurf Jan. 70 Blatt 1 „Grundbegriffe" und Blatt 2 „Hochpolymere Werkstoffe".

[2]) Um eine klare Festlegung zu ermöglichen, hat man sich entschlossen, nicht nur Verschlechterungen – wie allgemein im Sprachgebrauch üblich – sondern auch Verbesserungen der Grundeigenschaften als Alterung zu bezeichnen.

Während im Anfangsstadium der Lichtalterung infolge der Vernetzung häufig eine geringe Verbesserung der mechanischen Eigenschaften, z.B. der Wärmeformbeständigkeit, beobachtet wird, führen im weiteren Verlauf die Kettenbrüche zu einem starken Abfall der Festigkeit, der Dehnbarkeit und zu einer Versprödung des Materials. Durch die Entstehung polarer Gruppen wächst der dielektrische Verlustfaktor. Häufig werden Molekülgruppen gebildet, die infolge einer Lichtabsorption im sichtbaren Spektralbereich zur Verfärbung des Materials führen.

Da die Schädigung meist von der Oberfläche her in das Material vordringt, tritt in vielen Fällen eine Verringerung des Glanzes ein, die häufig als Alterungsindikator benutzt wird. Die Voraussetzungen für die genannten Wirkungen des Lichtes sind:

1. Die Energie der einfallenden Lichtquanten ($E = h \cdot f$) muß ausreichen, um die entsprechenden chemischen Bindungen zu spalten (siehe Bild 4.2.3–1).
2. Das Material muß für Licht der entsprechenden Wellenlängen eine gewisse Absorption besitzen, weil nur absorbierte Lichtquanten wirksam werden können.

Die meisten Bindungen besitzen eine so hohe Energie, daß sie nur durch ultraviolettes Licht gespalten werden können. Dabei ist zu beachten, daß infolge Streuung und Absorption in der Lufthülle der Erde praktisch nur Licht mit Wellenlängen oberhalb 280 nm die Erdoberfläche erreicht. Durch die Verwendung künstlicher Lichtquellen mit härterer UV-Strahlung werden also u.U. Alterungsprozesse angeregt, die für die normale Freibewitterung keine Rolle spielen. Eine solche Prüfung kann deshalb grobe Fehlschlüsse bezüglich der Gebrauchstauglichkeit von Kunststoffen zur Folge haben. Andererseits können aber für besondere Einsatzgebiete (z.B. Raumfahrt) auch Prüfungen mit kurzwelliger Strahlung notwendig sein.

b) Photooxidation

Bei Anwesenheit von Sauerstoff, der in das Material eindiffundieren kann, spielt die Photooxidation eine besondere Rolle, weil sie schon durch längerwelliges Licht ausgelöst wird. Die Photooxidation besteht aus einer komplizierten Folge von Radikalreaktionen, die durch Temperaturänderungen unterschiedlich stark beeinflußt werden, so daß die Photooxidation bei Temperaturerhöhung nicht nur schneller, sondern i.a. auch in anderer Weise abläuft.

Die Photooxidation erreicht bereits bei relativ großen Wellenlängen ihr Wirkungsmaximum:

für Polypropylen bei $\lambda = 370$ nm, Polystyrol $\lambda = 318$ nm,
für PVC bei $\lambda = 310$ nm, Polyäthylen $\lambda = 300$ nm,
für Celluloseacetat bei $\lambda = 350$ nm und 298 nm
für Polyester-Gießharze bei $\lambda = 325$–330 nm

Sie beginnt jedoch bereits bei noch längerwelligem Licht.

c) Sensibilisierung

Da nur solche Lichtquanten wirksam sind, die absorbiert werden, müßte z.B. Polyäthylen sehr beständig gegen UV-Bestrahlung sein. Es zeigt sich aber, daß schon geringe Verunreinigungen wie z.B. Rückstände vom Polymerisationsprozeß (Monomere, Emulgatoren, Katalysatoren), die UV-Strahlen absorbieren, eine Photooxidation einleiten können. Die gebildeten Carbonylgruppen wirken ebenfalls als Sensibilisatoren, so daß die Photooxidation autokatalytisch abläuft. Viele fluoreszierende Farbstoffe haben eine starke sensibilisierende Wirkung, weil die Energieabgabe durch Fluoreszenz zu langsam erfolgt.

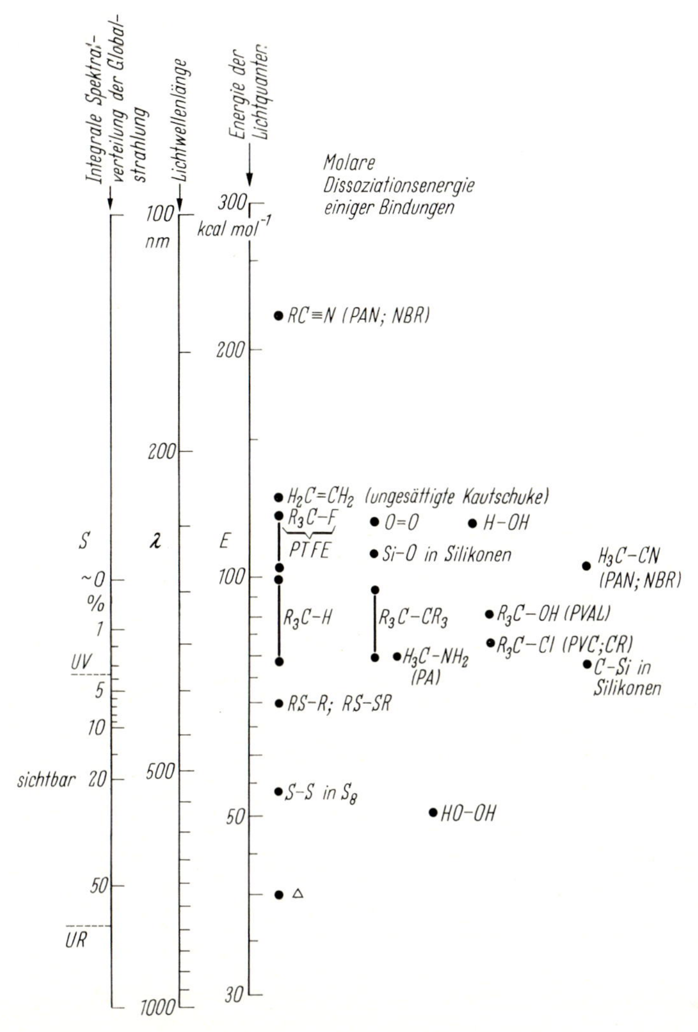


Bild 4.2.3–1 Molare Dissoziationsenergie einiger Bindungen. Nach *A. Frank*, VDI-Z. 110, 625 (1968).

- ● Dissoziationsenergie je Mol
- △ Energiedifferenz zwischen einer Doppelbindung und einer vergleichbaren Einfachbindung

d) Stabilisierung

Ein Schutz des Polymeren gegen die Wirkung der schädlichen Strahlung kann durch UV-Filtersubstanzen erreicht werden, die im kritischen Wellenlängenbereich absorbieren und die absorbierte Energie in Form von Wärme abgeben. Eine weitere Verbesserung wird häufig durch Zusatz von Antioxidantien erzielt, die als „Radikalfänger" die Oxidation erschweren. Es gibt allerdings auch Antioxidantien, die zwar die Oxidation bei den hohen Verarbeitungstemperaturen erschweren, aber wegen ihrer sensibilisierenden Wirkung das Alterungsverhalten bei Lichteinwirkung ungünstig beeinflussen.

### 4.2.3.2.2. *Einfluß von Feuchtigkeit*

Durch hydrolytische Spaltung werden besonders stark solche Polymere geschädigt, bei denen hydrolysierbare Gruppen in der Hauptkette liegen (z.B. Polyester, Polyamide). Außerdem kann eindiffundiertes Wasser als Radikalspender photochemische Alterungsprozesse begünstigen und durch Auflockerung des Polymergefüges die Diffusion von Sauerstoff und Radikalen erleichtern. Polyamide benötigen einen gewissen Wassergehalt, um sich schlagzäh verhalten zu können. Völlige Austrocknung führt zu Versprödung. Indirekt kann sich die Anwesenheit von Wasser durch Herauslösen schädlicher Spaltprodukte oder wasserlöslicher Sensibilisatoren und Stabilisatoren positiv oder negativ auswirken.

### 4.2.3.2.3. *Weitere Witterungseinflüsse*

Polymere im Außeneinsatz unterliegen noch einer Anzahl von weiteren Einflüssen, deren Wirkung hier nur kurz erwähnt werden soll: Regen, Schnee, Hagel, Staub und Sand können eine Erosion der Kunststoffoberfläche hervorrufen.

Andererseits bildet Staub eine Schutzschicht gegen Lichteinwirkung. Wind wirkt sich indirekt durch Veränderung der Trocknungsgeschwindigkeit aus. Feine Risse werden durch das Gefrieren von eingedrungenem Wasser erweitert.

Außerdem muß mit einem Angriff des Polymeren durch Chemikalien gerechnet werden, die durch Luftbewegungen herangetragen werden.

### 4.2.3.2.4. *Alterung durch innere Ursachen*

Unter diesem Begriff faßt man Vorgänge zusammen, deren treibende Kraft eine Abweichung vom thermodynamischen Gleichgewicht ist. Allein durch Lagern bei Temperaturen unterhalb des Schmelzpunktes können teilkristalline Polymere durch Nachkristallisation beträchtlich härter und spröder werden (z.B. Polyäthylenterephthalat). Noch stärkere Änderungen findet man bei der durch Anquellen induzierten Kristallisation von abgeschrecktem Material.

Aber auch nichtkristallisierbare Polymere können durch Tempern etwas unterhalb der Glastemperatur eine dichtere Packung erhalten und als Folge davon einen höheren Elastizitätsmodul, geringere Dehnbarkeit und geringere Quellbarkeit.

Die beim Tempern entstehende dichtere Packung der Moleküle kann sich im Hinblick auf die Oxidation positiv auswirken, weil die Diffusion von Sauerstoff, Feuchtigkeit und Radikalen behindert wird. Polymere, deren Moleküle durch die Verarbeitungsbedingungen in orientierter Form vorliegen, neigen zum Schrumpf und zur Bildung von Rissen, wenn die Temperatur genügend hoch ist, um eine gewisse Beweglichkeit der Moleküle zu gewährleisten. Durch Anquellen bei der Benetzung mit geeigneten Flüssigkeiten, die als Weichmacher wirken, können die eingefrorenen Orientierungen gelegentlich eine sehr schnelle Rißbildung erzeugen.

Diese Vorgänge ähneln Erscheinungen, die bei Proben auftreten, welche unter äußerer mechanischer Spannung stehen, und werden als Spannungsrißkorrosion bezeichnet.

Neben diesen physikalischen Vorgängen muß man z.B. bei Duroplasten mit chemischen Nachreaktionen rechnen, die zwar die Materialeigenschaften gewöhnlich verbessern, aber mit einem meist unerwünschten Schrumpfen des Werkstückes verbunden sind. (Bei einigen Harztypen ist diese sog. Nachschwindung jedoch vernachlässigbar klein.)

#### 4.2.3.2.5. *Alterung von weichgemachten Kunststoffen*

Bei weichgemachten Kunststoffen treten einige für diese Gruppe typische Alterungsprozesse auf:

Weichmacher dienen zur Erniedrigung der Glastemperatur und erhöhen so die Flexibilität des Materials im Gebrauchstemperaturbereich. Niedermolekulare Weichmacher diffundieren jedoch allmählich aus dem Material heraus, besonders wenn sich dieses im Kontakt mit einem aufnahmefähigen Körper befindet oder einer ständigen Auswaschung ausgesetzt ist (Weichmacherextraktion). Dadurch wächst die Glastemperatur, und das Polymere versprödet.

Bei mangelnder Verträglichkeit des Polymeren mit dem Weichmacher tritt Versprödung durch eine Entmischung der beiden Komponenten ein. Sie kann bei kristallisierbaren Polymeren durch Nach- oder Umkristallisation noch beschleunigt werden. Außerdem werden manche Weichmacher selbst durch Oxidation, thermische Zersetzung oder Einwirkung von Licht und anderen Einflüssen geschädigt und verlieren damit ihre Wirkung.

### 4.2.3.3. *Prüfmethoden*

#### 4.2.3.3.1. *Hinweise für die Anwendbarkeit*

Prüfungen führt man mit dem Ziel durch, die in der praktischen Anwendung eines Produktes gegebenen Beanspruchungen so nachzuvollziehen, daß sie einer Messung und damit einer Bewertung zugänglich sind.

Wegen der ungeheuren Vielfalt der Alterungsursachen, die in einer Unzahl von Kombinationen auftreten können und starken z.B. jahreszeitlichen Schwankungen unterliegen, ist das erste Ziel der Alterungsprüfung die Schaffung überschaubarer und reproduzierbarer Prüfbedingungen. Man geht dabei gewöhnlich analytisch vor, indem man zunächst die wichtigsten Wirkungsfaktoren einzeln testet. Daraus kann jedoch nicht auf die Auswirkung von Kombinationen dieser Wirkungsfaktoren geschlossen werden, weil gewöhnlich Wechselwirkungen auftreten. Eine sinnvolle Prüfung ist deshalb nur bei genau definierter Fragestellung überhaupt möglich. Alterungsvorgänge führen normalerweise erst nach längerer Dauer zu meßbaren Veränderungen. Damit ist ein weiteres Ziel einer Prüfung gegeben: Man muß, um in vernünftigen Zeiten zu einer Beurteilung eines Produktes oder eines daraus hergestellten Teiles zu kommen, eine Methode anwenden, die eine Zeitraffung ergibt. Dies erreicht man im Normalfall durch eine Intensivierung der Beanspruchungsfaktoren.

Diese sog. zeitraffenden Prüfungen sind jedoch problematisch, da in der Regel jede Verstärkung eines Wirkungsfaktors die verschiedenen Alterungsprozesse in unterschiedlicher Weise beeinflußt und womöglich völlig neue Prozesse ins Spiel bringt. Insbesondere gilt das für Temperaturerhöhung. Bei Alterungsvorgängen, die wesentlich von Diffusionseffekten abhängen, ist bei jeder Zeitraffung eine Verfälschung der Ergebnisse zu erwarten. Dadurch kann es geschehen – und es sind zahlreiche Beispiele bekannt – daß die Reihenfolge in der Beurteilung der Proben sich völlig umkehrt.

Solche Prüfergebnisse bringen nicht nur keinen Nutzen, sondern können sogar schaden und die Entwicklung hemmen. Trotzdem ist es möglich, innerhalb einer Stoffklasse und für einen bestimmten Alterungsindikator empirische Korrelationen zwischen Kurzprüfung und Praxisverhalten aufzufinden. Jedoch muß man sich hüten, solche Ergebnisse auf andere Polymere oder andere Alterungsindikatoren zu übertragen.

Man sollte deshalb bei der Alterungsprüfung folgende Sätze beherzigen:

1. Jede Kurzprüfung muß durch die Praxiserfahrung abgesichert werden.

2. Je „zeitraffender“ eine Kurzprüfung ist, desto schlechter ist gewöhnlich ihre Korrelation zur Praxis.
3. Prüfergebnisse ohne genaue Angabe aller Nebenbedingungen (Vorbehandlung der Probe, Probentemperatur, spektrale Verteilung des Lichtes, Zyklus des Gerätes, relative Luftfeuchte usw.) sind für den Vergleich mit Ergebnissen anderer Prüfstellen nicht geeignet.

#### 4.2.3.3.2. *Beschreibung der üblichen Prüfverfahren*

Um die Meßergebnisse möglichst gut vergleichen zu können, führt man die Belichtungs- und Bewitterungsversuche häufig nach genormten Prüfverfahren durch. Die bis heute für Kunststoffe erarbeiteten Normen sind weitgehend aus der Textilprüfung übernommen und legen im wesentlichen nur die Art des verwendeten Lichtes und die Erfassung von Farbänderungen fest. Letztere werden durch den Vergleich mit der Blauwollskala ermittelt. Dieses Verfahren ist aber nur bei solchen Kunststoffen sinnvoll, die keine größere Farbechtheit besitzen als Textilien. Die entsprechenden deutschen und ISO-Normen sind in Tabelle 4.2.3–1 in Kurzform zusammengestellt. Für ein eingehendes Studium sei auf diese Normen verwiesen.[3])

Um die in der Natur gegebenen Verhältnisse möglichst weitgehend nachzuahmen, hat man den Xenonbrenner als Bestrahlungsquelle für Laborprüfverfahren entwickelt. Dieser Strahler hat in Verbindung mit geeigneten Filtern eine spektrale Energieverteilung, die der des Sonnenlichtes sehr nahe kommt. Eine mit der Benutzungszeit eintretende Alterung der Brenner ist zu berücksichtigen. Das geschieht am besten durch die Messung der Bestrahlungsdosis. (Lit. siehe Berichte der Original Hanau Quarzlampen GmbH vom Hanauer Lichtechtheitssymposium 1967.) Die heute handelsüblichen Geräte erlauben nicht nur eine einfache Belichtung, sondern auch einen der natürlichen Bewitterung nachempfundenen Prüfablauf. Hier kann die Probe in regelmäßigen Zyklen beregnet werden.

In ähnlicher Weise arbeitet das sog. Weather-0-Meter, welches ebenfalls außer der Belichtung eine zusätzliche Beregnung der Proben ermöglicht, wobei unterschiedliche Zyklen gefahren werden können. Das Gerät wird geliefert mit einem offenen Kohlenbogenbrenner oder mit ein bzw. zwei Kohlenbogenbrennern unter Glas. Da die spektrale Energieverteilung der Kohlenbogenlampe (sowohl offen als auch unter Glas) sehr stark von der des Tageslichtes abweicht, bietet der Lieferant neuerdings auch einen Xenonbrenner an.

Durch die freie Wahl der Zyklen und der Lichtquelle und einiger weiterer Parameter wird der Vergleich von veröffentlichten Prüfergebnissen problematisch.

Eine für viele Stoffe sehr scharfe Beanspruchung geschieht im sog. Fade-0-Meter, in dem sich die Proben in relativ geringem Abstand von einem Kohlenbogenbrenner befinden und dementsprechend stark erwärmt werden. Dadurch wird zwar in vielen Fällen eine sehr schnelle Zerstörung der Proben erreicht, die jedoch häufig die Korrelation zur Freibewitterung stark verringert.

Die Exposition des Prüfkörpers oder des Fertigteils dem *Tageslicht* gegenüber wird auch heute noch als das der Praxis am nächsten kommende Prüfverfahren angesehen. Da das Ergebnis von der Sonnenscheindauer und der Intensität beeinflußt wird, wählt man Orte aus, die eine möglichst definierte Aussage ermöglichen. Belichtungsstände in Industriegegenden ergeben zu günstige Resultate, da durch die Luftverschmutzung die Sonnenein-

---

[3]) Man wird sich zunächst an deutschen Normen orientieren wollen. ISO-Empfehlungen dürften die stärkste internationale Verbreitung haben, da zu erwarten ist, daß alle Länder im Laufe der Zeit ihre nationalen Normen anpassen werden. Die ebenfalls stark verbreiteten ASTM-Normen gehen im wesentlichen nicht über die ISO-Empfehlungen hinaus.

strahlung gehindert ist. Die Messung der eingestrahlten Lichtmenge ist unbedingt anzuraten.

Bei Ausschaltung der Strahlenbeanspruchung prüft man in Klimaten mit höheren Temperaturen und höheren Feuchten, sei es durch Konstant- oder Wechselklima. Nach DIN 50016 ist ein 24 h-Wechsel zwischen dem Klima 23/83 DIN 50015 und 40/92 DIN 50015 üblich. Diese Wechsel-Klimabeanspruchung kann ergänzt werden durch die Untersuchung der Auswirkung einer Schwitzwassereinwirkung (siehe DIN 50017). Prinzip: 8 h 40 °C, 100% rel. Feuchte, dann 16 h Raumtemperatur, dann wieder 8 h 40 °C, 100% rel. Feuchte usw.

Einen Sonderfall stellt die zusätzliche Einwirkung einer schwefeldioxydhaltigen Atmosphäre dar (siehe DIN 50018).

#### 4.2.3.3.3. *Zur Erfassung der Alterungsvorgänge*

In der Praxis wird man sich nicht, wie in den bisher vorliegenden Normen angegeben, darauf beschränken, lediglich eine Abmusterung mit Hilfe des Blaumaßstabes und der Farbänderung vorzunehmen. Es ist üblich, eine Reihe von Folgeprüfungen als Alterungsindikatoren einzusetzen, wie sie der Fragestellung angepaßt sind, also z.B. Messung von mechanischen oder elektrischen Kenngrößen, optische Untersuchungen.

Hier wären besonders „nichtzerstörende" analytische Verfahren gewünscht, die es erlauben, das Verhalten eines Prüflings über längere Zeiten kontinuierlich zu verfolgen.

Oft treten durch die Bewetterung feinste Haarrisse in der Oberfläche auf. Diese wirken wie Kerbungen mit geringem Kerbradius und damit mindernd auf die Schlagzähigkeit. Die Schlagbeanspruchung auf die nichtexponierte Seite des Prüfkörpers ist somit kritischer. Alterungsuntersuchungen im Labor und in der Natur können zu Fehlschlüssen Anlaß geben, wenn man die Proben ohne zusätzliche Einwirkung von z.B. elektrischen oder mechanischen Beanspruchungen exponiert. Solche zusätzlichen Belastungen können in der Praxis einen rascheren Schädigungsverlauf hervorrufen, als dies bei einem zu stark vereinfachten Prüfverfahren vorauszusehen ist. Nicht immer ergibt die Prüfung von Probekörpern ein praxisnahes Bild. Die durch den Herstellungsprozeß und die Formgebung möglichen inneren Spannungen und Orientierungen beeinflussen das Verhalten bei der Einwirkung von Wärme, Feuchtigkeit, Chemikalien, Licht etc. erheblich. Die Prüfung des gesamten Fertigteils ist in manchen Fällen zu empfehlen, die Entnahme von Probekörpern aus den besonders kritischen Bereichen ist noch praktikabel.

Die Auswertung der gewonnenen Ergebnisse für die Praxis setzt eine große Erfahrung voraus. Neben der Erarbeitung des oder der für die Praxis kritischen Beurteilungsgrößen ist es wichtig zu erkennen, mit welchem Gewicht ggf. eintretende Defekte oder Minderungen die Gebrauchstüchtigkeit beeinträchtigen. Es können Fälle eintreten, wo scheinbare „Schädigungen" – man denke z.B. an Vergilbungen – den weiteren Verlauf des Alterungsprozesses im Hinblick auf die mechanischen Werte günstiger gestalten.

#### 4.2.3.4. *Alterungsverhalten einiger Kunststoffe*

*Polyacetale* (z.B. POM) sind unstabilisiert nicht sehr beständig. Schon nach 3 Monaten Freibewitterung können Risse und Versprödung eintreten. Durch Zusatz von Stabilisatoren und Pigmenten, besonders Ruß läßt sich die Witterungsbeständigkeit jedoch erheblich verbessern.

*Polyacrylate* (z.B. PMMA) haben sich wegen ihrer sehr guten Beständigkeit im Außeneinsatz vielfach bewährt. Material ohne UV-Absorber zeigte noch nach 5 Jahren,

*Tabelle 4.2.3–1*

| Norm | Prinzip | Apparatives | Prüfkörper | Bewertung | Limitationen und Kritik |
|---|---|---|---|---|---|
| ISO/R 879–1968 Determination of resistance of plastics to colour change upon exposure to light of a xenon lamp | Die Kunststoffproben werden dem Licht einer Xenonlampe festgelegter Farbtemperatur und limitierter Beleuchtungsstärke ausgesetzt und ihre Farbänderung mit einem standardisierten Lichtechtheitsmaßstab (Blauwollskala) verglichen, nachdem dieser bei paralleler Exposition ein bestimmtes Maß an Farbänderung aufweist | Xenonlampe mit einer Farbtemperatur zwischen 5000 und 7000 K Beleuchtungsstärke auf Probenoberfläche maximal 200000 lux UV-Filter-notwendig Black-panel-Temperatur ≦ 55 °C Durchlüftung und Kontrolle der relativen Feuchte | 60–70 mm lang 20 mm breit ≦ 3 mm dick | entspricht ISO/R 877 | Korrelation zur Praxis noch nicht absolut gesichert, auch Abweichungen möglich gegenüber Meßergebnissen nach DIN 53388, dafür aber relativ konstante Lichtquelle und kürzere Zeiten Altern des Brenners, Überheizung der Proben |
| Prüfung von Kunststoffen und Elastomeren Bestimmung der Lichtechtheit gegenüber gefilterter Xenonbogenstrahlung DIN 53389 | DIN 53389 und ISO/R 879 stimmen sachlich überein (hier jedoch nur abgekürztes Verfahren genormt) | wie ISO/R 879 nur hier Festlegung der Bestrahlungsstärke auf der Probe mit ≦ 2 cal/cm² · mm | Länge ≙ Halterung 15 mm breit ≦ 3 mm dick | Echtheitsnoten: Vergleich mit Graumaßstab | subjektive Beurteilung der Farbänderungen |
| ISO/R 878–1968 Determination of resistance of plastics to colour change upon exposure to light of the enclosed carbon arc | Die Kunststoffproben werden zusammen mit Streifen eines standardisierten Lichtechtheitsmaßstabes (Blauwollskala) dem Licht der Kohlebogenlampe ausgesetzt. Nach festgelegter Expositionszeit wird die Farbänderung des Lichtechtheitsmaßstabes verglichen mit einem Standard gleichen Kontrastes | eine oder zwei Kohlebogenlampen mit 15 bis 17 A und 125 bis 145 V betrieben; Filterabdeckung mit einer Durchlässigkeit bis zu 275 und mehr bei mindestens 91% bei 370 und mehr und sichtbaren Spektralbereich Black-panel-Temperatur ≦ 55 °C Kontrolle der relativen Feuchte und Durchlüftung | 60–70 mm lang 20 mm breit ≦ 3 mm dick | entspricht ISO/R 877 | Korrelation zur Praxis kaum gegeben, zu starker UV-Anteil der Strahlung |

*Fortsetzung von Tabelle 4.2.3–1*

| Norm | Prinzip | Apparatives | Prüfkörper | Bewertung | Limitationen und Kritik |
|---|---|---|---|---|---|
| ISO/R 877–1968 Determination of resistance of plastics to colour change upon exposure to daylight | Die Kunststoffproben werden dem Tageslicht hinter Glas ausgesetzt und ihre Farbänderung mit einem standardisierten Lichtechtheitsmaßstab (Blauwollskala) verglichen, nachdem dieser bei paralleler Exposition ein festgelegtes Maß an Farbänderung aufweist | unten offener Kasten mit Glas abgedeckt 45° gegen Süden (Norden) geneigt | 115 mm lang<br>20 mm breit<br>≤ 3 mm dick | Farbänderungen (Lichtechtheit) im Vergleich zur Lichtechtheit einer Blauwollskala; Echtheitsnote, Änderung der Oberflächenbeschaffenheit, Glanz, Transparenz etc. | Der Ort der Prüfung beeinflußt das Ergebnis und läßt sich auch durch die Blauwollskala nicht ganz eliminieren.<br>Der Test benötigt lange Zeiten.<br>Die Abmusterung ist subjektiv.<br>Die Luftfeuchte kann das Ergebnis beeinflussen |
| Prüfung von Kunststoffen DIN 53388 Bl. 1 Bestimmung der Lichtechtheit gegenüber Tageslicht | DIN 53388 und ISO/R 877 stimmen sachlich überein. Ebenso mit DIN 54003, Farbechtheit von Textilien, Bestimmung der Lichtechtheit von Färbungen und Drucken mit Tageslicht sowie ISO/R 105–1959 Tests for colour fastness of textiles | | 90 mm lang<br>15 mm breit<br>≤ 1 mm dick | | |

bei sehr hohem Molekulargewicht sogar nach 25 Jahren Freibewitterung noch keinen wesentlichen Abfall der Zugfestigkeit. Auch die Lichtdurchlässigkeit bleibt über lange Zeit erhalten.

*Polyäthylen* (PE) zeigt unstabilisiert schon nach einem Jahr Außenbewitterung einen deutlichen Abfall der Zugfestigkeit, der Reißdehnung und der Viskosität. Höheres Molekulargewicht und Zusatz von Stabilisatoren erhöhen die Beständigkeit auf einige Jahre. Durch Zusatz von Ruß ermöglicht man einen Außeneinsatz über viele Jahre.

*Polypropylen* (PP) verhält sich ähnlich wie Polyäthylen, erfordert aber einen höheren Gehalt von Stabilisatoren. Durch Rußzusatz wird ebenfalls eine Beständigkeit über 10–20 Jahre erzielt.

*Polyvinylchlorid* (PVC) gehört im unstabilisierten Zustand ebenfalls zu den mäßig beständigen Kunststoffen; schon nach einjähriger Bewitterung tritt bei Hart-PVC ein merklicher Abfall der Schlagzähigkeit und eine Vergilbung auf, die bei weiterer Alterung in eine starke Verfärbung übergeht. Es gibt jedoch für PVC sehr wirksame Stabilisatoren, durch die sich die Witterungsbeständigkeit auf mehrere Jahre erhöhen läßt.

*Polystyrol* (PS), *Styrol-Acrylnitril* (SAN), *ABS*, *ACS*, *ASA*. Reines unstabilisiertes Polystyrol ist nicht witterungsbeständig. Bereits nach 6 Monaten Freibewitterung zeigen sich eine Verfärbung, eine Trübung in der Oberfläche und ein Abfall der Zugfestigkeit. Durch Zusatz von Stabilisatoren, Pigmenten, besonders Ruß wird eine mäßig gute Beständigkeit erreicht. Copolymerisate mit Acrylnitril (SAN) haben zunehmend mit dem Acrylnitrilgehalt eine größere Widerstandsfähigkeit, jedoch muß nach 1 bis 2 Jahren ebenfalls mit starken Abbauerscheinungen gerechnet werden.
Bei modifizierten Einstellungen (Polystyrol schlagfest, ABS, ACS, ASA) hängt die Witterungsbeständigkeit wesentlich vom Alterungsverhalten der elastischen Komponente ab. Ungeschütztes Material erleidet je nach Art der elastischen Komponente einen Abfall der Kerbschlagzähigkeit nach 6 Monaten bis ca. 2 Jahren. Durch Zusatz von Ruß kann die Beständigkeit auf einige Jahre erhöht werden. Auch chemogalvanisch aufgebrachte Metallschichten bieten einen wirksamen Schutz gegen Klimaeinwirkungen.

*Polyamide* zeigen nach ca. einjähriger Freibewitterung eine oberflächliche Versprödung und Vergilbung. Unterhalb einer Schicht von einigen $\mu$ Dicke bleibt das Material weitgehend unverändert. Deshalb sind dickwandige Werkstücke aus stabilisiertem Material über mehrere Jahre im Außeneinsatz brauchbar. Dünnwandige Folien dagegen können nur in dunklen Einfärbungen der Freibewitterung ausgesetzt werden. Besonders wirksam ist ein Rußzusatz.

*Polycarbonate* zeigen unstabilisiert und transparent nach ca. 2jähriger Außenbewitterung einen deutlichen Abfall der Zugfestigkeit und Kerbschlagzähigkeit sowie eine Vergilbung. In den letzten Jahren gelang die Entwicklung witterungsbeständiger Typen und wirksamer Stabilisatoren, wodurch die Beständigkeit auf mehr als 5 Jahre erhöht werden konnte. Eine weitere Verbesserung ist durch gedeckte Einfärbungen oder Zusatz von Ruß zu erreichen.

*Cellulosederivate.* Celluloseacetat ist wegen seiner geringen Witterungsbeständigkeit für den Außeneinsatz nicht geeignet. Propionat ist beständiger, kann aber ebenfalls nicht langfristig der Freibewitterung ausgesetzt werden. Acetobutyrate können heute so stabilisiert werden, daß sie nach 2–3 Jahren im europäischen Klima nur einen geringen Abfall der mechanischen Werte und der Lichtdurchlässigkeit aufweisen.

*Polytetrafluoräthylen* und *Polytrifluormonochloräthylen* sind absolut witterungsbeständig.

*Polyesterharze* sind unstabilisiert je nach Typ über 2 bis 3 Jahre witterungsbeständig. Danach tritt eine Oberflächenrauhigkeit und häufig eine Auskreidung auf. Durch Stabilisierung ist jedoch ein Außeneinsatz über mehr als 5 Jahre möglich.

*Epoxydharze* besitzen häufig eine höhere Beständigkeit (ca. 3–5 Jahre). Für den langfristigen Außeneinsatz unter härteren Bedingungen eignen sich besonders neuere cykloaliphatische Typen, die bisher nach 5jährigem Einsatz noch keinen merklichen Abbau gezeigt haben.

*Polyurethane* (massiv) auf Polyätherbasis sind durch Oxidation gefährdet. Bei unstabilisiertem Material fallen die mechanischen Eigenschaften nach einjähriger Freibewitterung merklich ab. Durch UV-Stabilisatoren und Antioxidantien läßt sich eine Lebensdauer von einigen Jahren erreichen. Sehr wirksam ist ein Rußzusatz.

PUR-Elastomere auf Polyesterbasis sind recht oxidationsbeständig, neigen aber je nach Klima zum hydrolytischen Abbau innerhalb 1 bis 2 Jahren. Durch Hydrolyseschutzmittel wird die Haltbarkeit um den Faktor 2 bis 3 erhöht. Neuere Typen sind noch wesentlich beständiger. Polyurethane werden vorwiegend dort eingesetzt, wo die außerordentlich hohe Abriebfestigkeit erwünscht ist.

Bemerkung:

Wie schon erwähnt, ist ein Vergleich der Ergebnisse von Alterungsuntersuchungen verschiedener Autoren nur mit großer Vorsicht möglich. Deshalb sollten die angegebenen Daten nur als orientierende Richtgrößen angesehen werden. Die Beurteilung der Veränderungen infolge Bewitterung kann immer nur im Hinblick auf die spezielle vorgesehene Anwendung vorgenommen werden. Zur genaueren Information sei auf die entsprechenden Originalarbeiten und auf die Angaben der Kunststoffhersteller verwiesen.

*Deutsche Normen*

DIN 50012 Beschaffenheit des Prüfraumes
Messen der relativen Luftfeuchtigkeit

DIN 50019 Freiluftklimate
Blatt 1 Klima-Übersicht

DIN 50019 Freiluftklimate
Blatt 2 Klima-Daten

DIN 50035 Begriffe auf dem Gebiet der Alterung von Materialien

DIN 53388 Bestimmung der Lichtechtheit gegenüber Tageslicht

DIN 53389 Bestimmung der Lichtechtheit gegenüber Xenonbogenlicht

DIN 54000 Grundlagen für die Festlegung und Durchführung der Prüfungen und für die Bewertung der Prüfergebnisse

DIN 54001 Herstellung und Handhabung des Graumaßstabes zur Bewertung der Änderung der Farbe

DIN 50010 Klimabeanspruchung

DIN 50015 Konstantklimate

DIN 53509 Beschleunigte Alterung von Gummi unter der Einwirkung von Ozon

DIN 50016 Beanspruchung im Feucht-Wechselklima

DIN 50017 Beanspruchung in Schwitzwasser-Klimaten

DIN 50018 Beanspruchung im Schwitzwasser-Wechselklima mit schwefeldioxydhaltiger Atmosphäre

*ISO-Recommendationen*

Nr. R 877 Determination of resistance of plastics to colour change upon exposure to daylight

Nr. R 878 Determination of resistance of plastics to colour change upon exposure to light of the enclosed carbon arc

| | |
|---|---|
| Nr. R 879 | Determination of resistance of plastics to colour change upon exposure to light of a xenon lamp |
| Nr. R 188 | Accelerated ageing or simulated service tests on vulcanized natural or synthetic rubbers |

*ASTM-Normen*

| | |
|---|---|
| D 756–56 (1966) | Accelerated Service Conditions, Resistance of Plastics to |
| D 1299–55 (1966) | Shrinkage of Molded and Laminated Thermosetting Plastics at Elevated Temperature |
| D 795–65 T | Exposure of Plastics to S–1 Mercury Arc Lamp |
| D 1501–65 T | Exposure of Plastics to Fluorescent Sunlamp |
| D 1920–66 T | Light Dosage in Carbon-Arc Light Aging Apparatus, Determining |
| D 822–60 (1968) | Operating Light- and Water-Exposure Apparatus (Carbon-Arc Type) for Testing Paint, Varnish, Lacquer, and Related Products (see Part 21) |
| E 42–69 | Operating Light- and Water-Exposure Apparatus (Carbon-Arc Type) for Artificial Weathering Test |
| D 1499–64 | Operating Light- and Water-Exposure Apparatus (Carbon-Arc Type) for Exposure of Plastics |
| D 2565–66 T | Operating Xenon Arc-Type (Water-Cooled) Light and Water Exposure Apparatus for Exposure of Plastics |
| D 1435–65 | Weathering, Outdoor, of Plastics |
| E 188–63 T | Operating Enclosed Carbon-Arc Type Apparatus for Artificial Light Exposure Tests |

## Literaturverzeichnis

*Allgemein:*

*Stuart, H.A.:* Korrosion *20*, (1967).

*Binder, G.:* Kunststoff-Rundschau *14*, 127 (1967).

*Winslow, F.H.*, u. *W.L. Hawkins:* J. Appl. Pol. Sci Appl. Pol. Symposia *4*, 29 (1967).

*Franck, A.:* VDI-Z. *109*, 1321 (1967); *110*, 625 (1968).

*Kamal, M.R.*, u. *R. Saxon:* J. Appl. Pol. Sci. Appl. Pol. Symposia *4*, 1 (1967).

*Jellinek, H.H.G.:* J. Appl. Pol. Sci. Appl. Pol. Symposia *4*, 41 (1967).

*PE:*

*Quackenbos, H.M., u. H. Samuels:* J. Appl. Pol. Sci. Appl. Pol. Symposia *4*, 155 (1967).

*POM:*

*Vesely, R.*, u. *M. Kalenda:* Kunststoffe *59*, 107 (1969).

*PMMA:*

*Schreyer, G.:* Angew. Makromol. Chem. *11*, 159 (1970).

*PA:*

*Schaaf, S.:* Kunststofftechnik *8*, 119 (1969).

*PS, PMMA:*

*Weichert, D.*, u. *E. Israel:* Plaste u. Kautschuk *16*, 337 (1969).

*PS, SAN, ABS:*

*Boyle, D.J.*, u. *B.D. Gesner:* J. Appl. Pol. Sci. *12*, 1193 (1968).

*PC:*

*Berwick, R.L.:* Illum. Eng. *59*, 716 (1964).

*PP:*

*Morris, A.C.*, u. *A. Richardson*, Britisch Plastics *41*, 85 (1968).

*Harze:*

*Kubens, R.:* Kunststoffe *58*, 565 (1968).

## 4.2.4. Verhalten gegenüber energiereicher Strahlung

Dieter Heinze

### 4.2.4.1. *Absorption energiereicher Strahlung*

Der Begriff „energiereiche Strahlung“ – häufig spricht man auch von ionisierender Strahlung – umfaßt alle Arten von Teilchen- und Wellenstrahlung, sofern die Energie der Strahlung groß gegen die molekulare Bindungsenergie ist. Unter ihn fallen energiereiche Elektronen oder β-Strahlen, Protonen, α-Teilchen und schwere Kerne, ferner Neutronen und Röntgen- oder γ-Strahlen, gleichgültig ob sie von radioaktiven Elementen oder der Weltraumstrahlung herrühren oder durch Röntgenanlagen oder Teilchenbeschleuniger erzeugt wurden. Ultraviolette Strahlung ist keine energiereiche Strahlung.

Die *Energie* der Strahlung wird in der Regel in Millionen Elektronenvolt angegeben ($1\ \text{MeV} = 10^6\ \text{eV} = 1{,}6 \cdot 10^{-6}\ \text{erg} = 1{,}6 \cdot 10^{-14}\ \text{m} \cdot \text{kp}$).

Für die Absorption energiereicher Strahlung sind die atomare Bruttozusammensetzung und die Dichte entscheidend; der spezielle molekulare Aufbau und das Molekulargewicht spielen keine Rolle.

Trifft ein schnelles *Elektron* auf Materie, so verliert es schrittweise durch Anregung und Ionisation von Atomen seine Energie und kommt schließlich zur Ruhe. Die *Reichweite* des Elektrons ist in erster Linie durch seine Energie und die Dichte der durchlaufenen Materie und in viel geringerem Grade durch die chemische Natur und den Aggregatzustand bestimmt. Die Reichweite beträgt beispielsweise für Polyäthylen bei 1 MeV Energie

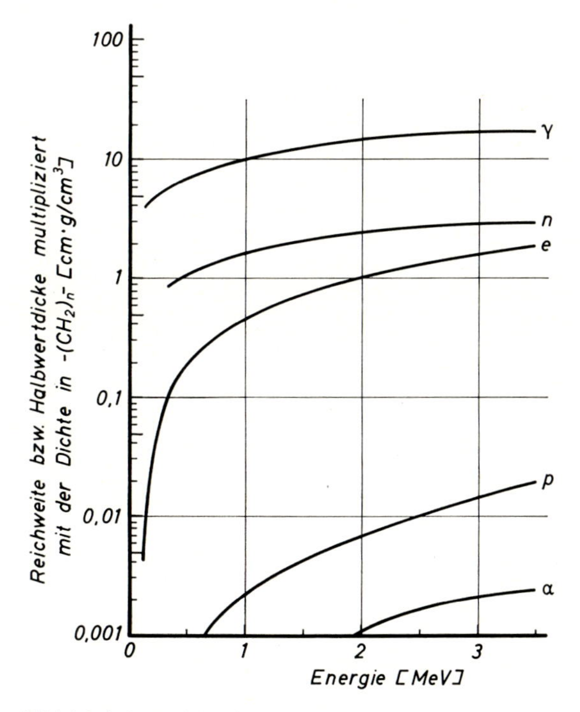


Bild 4.2.4–1 Reichweite von Elektronen, Protonen und α-Teilchen sowie Halbwertdicke von γ-Strahlen und Neutronen in Kohlenwasserstoffen als Funktion der Energie (nach *Sun* [10])

etwa 4 mm, bei 2 MeV ungefähr 10 mm. In Bild 4.2.4–1 ist die Reichweite (multipliziert mit der Dichte der durchlaufenen Materie) als Funktion der Energie aufgetragen. Bei der Bremsung von Elektronen in Materie entsteht die sog. Röntgenbremsstrahlung.

*Protonen* (Wasserstoffkerne) und *α-Teilchen* (Heliumkerne) haben wegen ihrer um den Faktor $10^3$ größeren Masse eine wesentlich höhere Ionisierungsdichte als Elektronen und damit bei gleicher kinetischer Energie eine entsprechend geringere Reichweite (Bild 4.2.4–1).

In der Kernreaktorstrahlung sind neben starker γ-Strahlung vor allem *Neutronen* wirksam, deren kinetische Energie ein weites Spektrum überdeckt. Da Neutronen im Gegensatz zu Protonen und Elektronen keine Ladung tragen, ist durch sie eine Ionisation oder Anregung von Atomen direkt nicht möglich. Schnelle Neutronen verlieren beim Durchgang durch Materie ihre kinetische Energie im wesentlichen schrittweise durch elastische Stöße gegen ruhende Atomkerne. Zwischen zwei Stößen werden relativ große Wegstrecken durchlaufen; die *Halbwertdicke*, d.h. die Strecke, auf der die Zahl der Neutronen auf die Hälfte abnimmt, ist dementsprechend groß (Bild 4.2.4–1). Eine einheitliche Reichweite wie bei ionisierenden Teilchen existiert bei diesem Prozeß nicht. Bei wasserstoffhaltigen Substanzen wird der Hauptteil der kinetischen Energie der Neutronen an den Wasserstoff abgegeben. Die sog. Rückstoßprotonen geben dann ihre kinetische Energie selbst wieder durch Ionisation und Anregung, wie oben schon dargelegt wurde, an die Moleküle ab. Die Zahl der von der Strahlung beeinflußten Atome ist also erheblich größer als die der unmittelbar mit den Neutronen zusammengestoßenen.

Die Eindringtiefe von *Röntgen-* oder *γ-Strahlung* wird ebenfalls durch die Halbwertdicke beschrieben. Die Intensität der Strahlung nimmt mit wachsender Tiefe exponentiell ab. Röntgenstrahlen bis zu einer Energie von etwa 50000 eV werden von Kunststoffen in erster Linie über den Photoeffekt absorbiert. In einem Absorptionsprozeß wird dabei die volle Energie des Strahlungsquants von einem Elektron übernommen. Bei Energien oberhalb 50000 eV erfolgt die Absorption vorwiegend schrittweise durch Streuung der Quanten an den Hüllenelektronen (Compton-Effekt), die jetzt nur einen Teil der Quantenenergie aufnehmen, während die Restenergie in weiteren Absorptionsprozessen über die Ionisation von Sekundärelektronen an die Materie abgegeben wird. Aus der Überlagerung der Photo- und Compton-Absorption ergibt sich die Energie-Halbwertdicken-Beziehung für Röntgen- bzw. γ-Strahlung in Bild 4.2.4–1. Bei Energien oberhalb etwa 10 MeV löst ein weiterer Absorptionsprozeß, die Paarbildung, d.h. die Umwandlung eines γ-Quants in ein Elektron und ein Positron (positives Elektron), die bei niederen Energien wirksamen Absorptionsmechanismen ab.

Die vorstehenden ganz allgemein für Kunststoffe gültigen Gesetzmäßigkeiten zeigen, daß sich die Absorption der Energie kurzwelliger Wellenstrahlung wie auch geladener und neutraler Teilchen in Kunststoffen auf die ionisierende und anregende Wirkung teils positiv, teils negativ geladener Teilchen zurückführen läßt. Wesentliche Unterschiede bestehen im Durchdringungsvermögen. Die ionisierende Wirkung von Elektronen und vor allem von Protonen konzentriert sich auf kleinem Raum. Deshalb werden bei der Bestrahlung mit geladenen Teilchen nur verhältnismäßig kleine Materialdicken oder Oberflächenschichten erfaßt. Dagegen zeigen Neutronen und Röntgenstrahlen eine beträchtliche Tiefenwirkung, die aus der indirekten Einwirkung über Sekundärprozesse resultiert.

### 4.2.4.2. *Einfluß der Bestrahlungsparameter*

Die Wirkung energiereicher Strahlung auf einen bestimmten Kunststoff hängt von einer Reihe von Faktoren ab, welche die Änderung der Struktur und der Eigenschaften nicht nur quantitativ, sondern auch qualitativ beeinflussen [15]:

*Strahlendosis*

Mit der Strahlendosis oder kurz der Dosis wird das quantitative Ausmaß der Strahlenwirkung charakterisiert. Als Dosis bezeichnet man die pro Gramm Kunststoff absorbierte Strahlungsenergie. Die Maßeinheit ist rad bzw. Mrad (1 Mrad = $10^6$ rad). 1 rad ist definiert als die Energieabsorption von 100 erg/g. Die Änderungen der Materialeigenschaften mit der Dosis verlaufen in der Regel nicht linear. Wenn auch die Strahlenbelastbarkeit von Kunststoffen geringer ist als jene der meisten metallischen und keramischen Werkstoffe, so ändern doch auch Kunststoffe ihre Eigenschaften erst bei relativ hohen Dosen (0,1 bis 1000 Mrad). Zum Vergleich sei daran erinnert, daß die für den Menschen pro Jahr zulässige Dosis 5 rad ist und die Letaldosis für 100% der Betroffenen bei einer kurzzeitigen Ganzkörperbestrahlung ohne vorherige Einnahme von Strahlenschutzstoffen bei 600 rad liegt. Die Frage nach der Strahlungsbeständigkeit von Kunststoffen stellt sich deshalb – abgesehen von der Raumfahrttechnik – nur beim Einsatz von Kunststoffen in der Bestrahlungszone von Kernreaktoren, Röntgenanlagen oder Teilchenbeschleunigern, in der sich Menschen auch kurzzeitig nicht aufhalten dürfen.

*Umgebendes Medium*

Von größter Wichtigkeit dafür, in welcher Richtung sich Struktur und Eigenschaften ändern, ist das umgebende Medium, insbesondere die Gegenwart von Sauerstoff, die in der Regel zu einem oxydativen Abbau des Kunststoffs führt. Bei Bestrahlung in Luft ergeben sich daher in vielen Fällen andere Eigenschaftsänderungen als bei Bestrahlung in inerten Gasen oder im Vakuum [11]. In Gegenwart von Sauerstoff gewinnen alle Faktoren, welche die Diffusion beeinflussen bzw. mit ihr konkurrieren, wie die Dosisleistung und die Geometrie des bestrahlten Kunststoffs entscheidende Bedeutung.

*Dosisleistung und Geometrie des Kunststoffs*

Unter der Dosisleistung (rad/h oder Mrad/h) wird die pro Zeiteinheit applizierte Dosis verstanden. Die Dosisleistung und die Zeit, in der eine bestimmte Dosis erreicht wird, sind also umgekehrt proportional. Bei vorgegebener Dosisleistung wird das Ausmaß des oxydativen Abbaus um so gravierender, je größer das Verhältnis von Oberfläche zu Volumen des der Atmosphäre ausgesetzten bestrahlten Kunststoffs ist. Umgekehrt spielt bei vorgegebener Kunststoffgeometrie der oxydative Abbau eine um so größere Rolle, je kleiner die Dosisleistung ist, weil der Sauerstoff bis zum Erreichen einer bestimmten Dosis immer mehr Zeit findet, in die Probe einzudiffundieren. Bei hoher Dosisleistung und dicken Kunststoffteilchen findet die Bestrahlung – abgesehen von einer dünnen Oberflächenschicht – unter Sauerstoffausschluß statt, bei niederer Dosisleistung und großer spezifischer Oberfläche dagegen ständig im gesamten Volumen in Gegenwart von Sauerstoff.

*Bestrahlungstemperatur*

Eine Temperaturerhöhung beschleunigt die in Kunststoffen ablaufenden strahlenchemischen Reaktionen. Die Geschwindigkeit der Diffusion von Gasen (Sauerstoff) in den Kunststoff wird überdies erhöht. Bei partiell-kristallinen Hochpolymeren kann sich dieser Effekt durch einen Rückgang der Kristallinität mit steigender Temperatur noch verstärken.

*Strahlenart*

Die Wirkung energiereicher Strahlung auf Kunststoffe beruht auf der Energieabgabe teils positiv, teils negativ geladener Teilchen durch Ionisierung und Anregung. Sieht man von der sehr verschiedenen Eindringtiefe ab, so bleiben bei gleicher Dosis und Dosisleistung noch Unterschiede hinsichtlich der Dichte der Ionisierungs- und Anregungsakte längs der Spur der Teilchen, die letztlich die Energie auf die Materie übertragen (*linear energy transfer* LET). Während zwischen den einzelnen Energieübertragungsakten bei Elektronen – und damit auch Röntgen- oder γ-Strahlen – sehr viele Atome liegen, erfolgt bei Protonen – einschließlich schneller Neutronen – und schweren geladenen Teilchen die Energieabgabe dicht an dicht. Die Sekundärreaktionen und die hieraus resultierenden Änderungen der Struktur und der Eigenschaften können in beiden Fällen verschieden sein. Mit Elektronen oder Röntgen- oder γ-Strahlung ermittelte Versuchsergebnisse lassen sich daher nur mit Vorsicht auf die besonders in der Raumfahrttechnik wichtige Strahlung von Protonen oder schweren Kernen übertragen.

### 4.2.4.3. *Änderung der Struktur und der Eigenschaften*

Ionisierung und Anregung führen über zum Teil sehr komplexe und noch nicht geklärte Folgereaktionen zu Änderungen der Struktur und der Eigenschaften (Tabelle 4.2.4–1).

*Tabelle 4.2.4–1 Änderungen der Struktur und der Eigenschaften von Kunststoffen durch energiereiche Strahlung*

| Strukturänderungen | Eigenschaftsänderungen |
|---|---|
| Abbau durch Hauptkettenbrüche | Festigkeitsabnahme; Fließen |
| Vernetzung | Unlöslichkeit; statt Fließen Gummielastizität |
| Änderung der Doppelbindungen | Verfärbung |
| Seitengruppenabspaltung | Gasbildung |
| Kristallinitätsabnahme | Verminderung der Steifigkeit und Härte; Transparenz |
| Oxydativer Abbau | Festigkeitsabnahme; Polarität; Adhäsion; dielektrische Verluste |
| Temporäre Bildung von Ladungsträgern | Temporäre Leitfähigkeit |

Für das Verständnis des Strahlungsverhaltens von Kunststoffen war die Feststellung besonders wichtig, daß Hochpolymere bei Bestrahlung unter Sauerstoffausschluß teils durch Hauptkettenbrüche abgebaut, teils vernetzt werden (Tabelle 4.2.4–2). Im allgemeinen treten Abbau- und Vernetzungsreaktionen gleichzeitig auf, wobei der eine oder der andere Prozeß überwiegt.

Beim *Strahlenabbau* wird das Molekulargewicht mit zunehmender Dosis kleiner; der Stoff verliert schließlich seine mechanische Festigkeit.

Umgekehrt wird als Vorläufer der *Vernetzung* das Molekulargewicht erhöht, bis sich ein unlösliches Netzwerk (Gel) bildet, das im weiteren Verlauf der Bestrahlung immer dichter wird. Die Vernetzung schränkt, sofern keine Reduzierung der Kristallinität damit verbunden ist, die Quellbarkeit ein, verhindert die Löslichkeit und das Fließen und verleiht Hochpolymeren oberhalb ihrer Glas- bzw. Schmelztemperatur gummielastische Eigenschaften (Bild 4.2.4–2). Im eingefrorenen Bereich ändern sich die mechanischen Moduln – zumindest bei niederen Dosen – nicht.

Parallel zum Abbau und zur Vernetzung nehmen bei vielen Kunststoffen die *Doppelbindungen* zu. Bei Polyäthylen entstehen mit zunehmender Dosis nach einer raschen Abnahme der Vinyl- bzw. Vinyliden-Gruppen trans-Vinylen-Gruppen. Auf die Bildung konjugierter

*Tabelle 4.2.4–2 Strahlungsverhalten von Hochpolymeren unter Sauerstoffausschluß*

| Überwiegend Abbau | Überwiegend Vernetzung |
|---|---|
| Polyisobutylen | Polypropylen |
| Poly-α-methylstyrol | Polystyrol |
| Polymethacrylate | Polyacrylate |
| Polyvinylidenchlorid | Polyvinylchlorid |
| Polytetrafluoräthylen | Polyvinylalkohol |
| Polytrifluorchloräthylen | Polyäthylen |
| Cellulose | Polyamide |
| Cellulosederivate | Polyester |
| Polycarbonate | Polybutadien |
| | Polysiloxane |
| | Naturkautschuk |

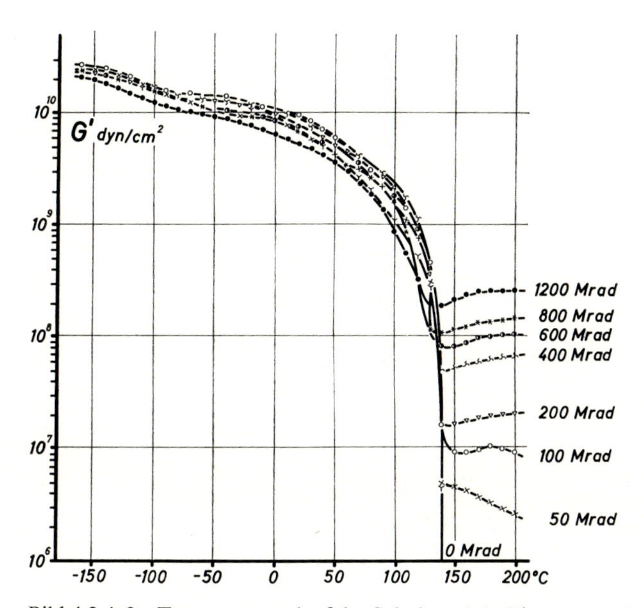


Bild 4.2.4–2 Temperaturverlauf des Schubmoduls G′ von unter Sauerstoffausschluß bestrahltem linearen Polyäthylen [9]

Doppelbindungen weist die bei fast allen Bestrahlungen auftretende Gelbfärbung hin. Besonders ausgeprägt entstehen konjugierte Doppelbindungen in Polyvinylchlorid.

Mit der Vernetzung und der Bildung von Doppelbindungen, aber auch mit dem Abbau ist die *Abspaltung gasförmiger Produkte* verbunden. Bei Polyäthylen entsteht in erster Linie Wasserstoff, bei Polyvinylchlorid Chlorwasserstoff. Bei anderen Kunststoffen werden neben gesättigten und ungesättigten Kohlenwasserstoffen auch Kohlenoxid oder Kohlendioxid frei.

Die *Kristallinität* ändert sich bei Bestrahlungstemperaturen unterhalb des Schmelzbereichs zunächst nicht. Nach einer Erwärmung in den Schmelzbereich, insbesondere aber bei einer Bestrahlung im Schmelzbereich ergibt sich jedoch ein steter Kristallinitätsrückgang,

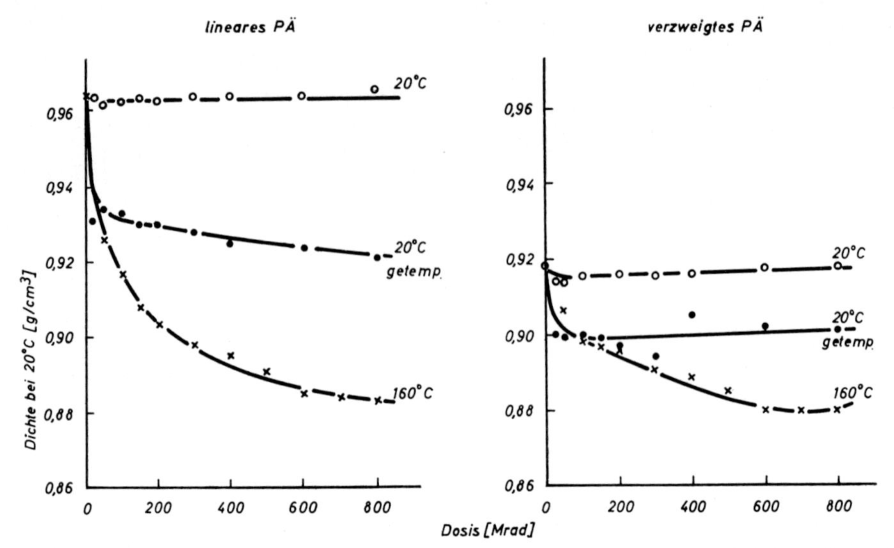


Bild 4.2.4–3 Dichteänderung von linearem und verzweigtem Polyäthylen bei Bestrahlung bei 20 °C, bei Bestrahlung bei 20 °C und Temperung bei 200 °C sowie bei Bestrahlung bei 160 °C. Sauerstoffausschluß [9]

weil die Vernetzungsstellen die Rekristallisation stören. Hand in Hand mit der Abnahme der Kristallinität ändern sich die physikalischen Eigenschaften, was Bild 4.2.4–3 am Beispiel der Dichte demonstriert.

Die Gegenwart von Sauerstoff hat *oxydativen Abbau* zur Folge. Herrscht während der Bestrahlung im Kunststoff ständig Sauerstoffüberschuß, so wird die Vernetzung unter Umständen völlig unterdrückt. Bild 4.2.4–4 zeigt die Reißfestigkeit und die Reißdehnung in Form 50 bis 100 μ dicker Folien bestrahlter Kunststoffe bezogen auf die Werte der unbestrahlten Kunststoffe [8]. Dünne Folien wurden für die Bestrahlungsexperimente gewählt, um schon bei der noch relativ hohen Dosisleistung von 1 Mrad/h eine weitgehende Oxydation zu erhalten. Bild 4.2.4–5 gibt aus diesen Versuchen für 9 Kunststoffe die 25%-Strahlenschädigungsdosen für die Reißfestigkeit und die Reißdehnung, d.h. die Dosen, bei denen diese Werte auf 75% der Werte der unbestrahlten Kunststoffe abgefallen sind [8]. Die Reißfestigkeit und Reißdehnung sind bei Polyäthylen, Polypropylen, Polyvinylchlorid, Polystyrol und bei dem Styrol-Acrylnitril-Copolymeren wesentlich oxydationsempfindlicher als bei Polyäthylenterephthalat, Polyvinylalkohol und Acetylcellulose. Bild 4.2.4–5 zeigt, daß eine Schädigungsdosis für einen Kunststoff nicht pauschal zu definieren ist, sondern für jede Eigenschaft gesondert angegeben werden muß. Hinsichtlich der elektrischen Eigenschaften bringt die Oxydation mit zunehmender Dosis eine stete Erhöhung des dielektrischen Verlustfaktors mit sich.

Ionisierung und Anregung geben in Kunststoffen Anlaß zur *Freisetzung von Ladungsträgern* während der Bestrahlung und damit zu einer temporären elektrischen Leitfähigkeit. Die Leitfähigkeit erreicht bei Beginn der Bestrahlung nicht unmittelbar ihren stationären Wert und verschwindet auch bei Bestrahlungsende nicht sofort.

Der Grad der strahlungsinduzierten Eigenschaftsänderungen in Kunststoffen pro Dosiseinheit läßt sich durch bestimmte Zusätze vermindern [12, 13, 14]. In erster Linie wird durch solche Zusätze eine *Stabilisierung* gegen oxydativen Abbau angestrebt. Im Vakuum erweisen sich Kunststoffe mit aromatischem Charakter, wie z.B. Polystyrol, am strahlungsbeständigsten.

a)

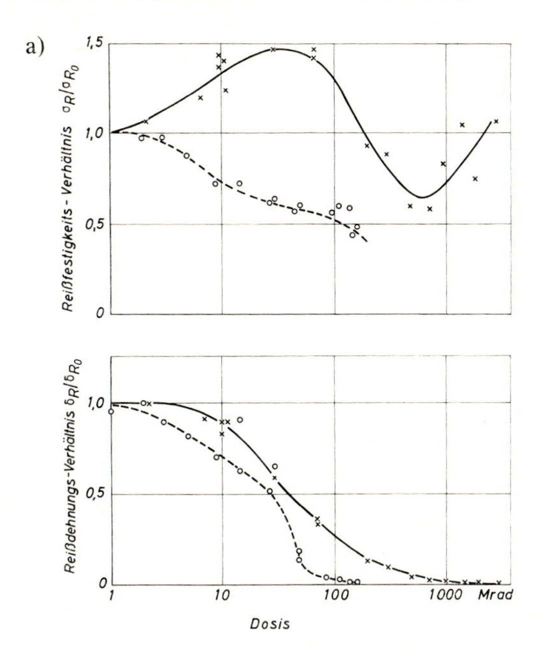


b)

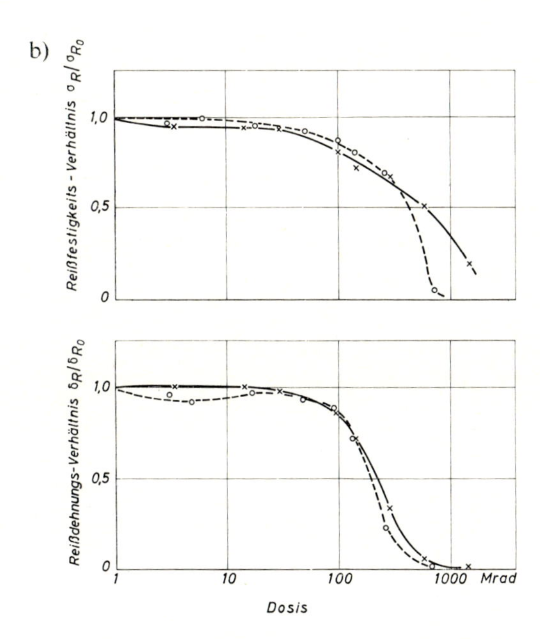


Bild 4.2.4–4 Reißfestigkeits-Verhältnis $\sigma_R/\sigma_{R0}$ und Reißdehnungs-Verhältnis $\delta_R/\delta_{R0}$ für a) verzweigtes Polyäthylen und b) Polyäthylenterephthalat in Abhängigkeit von der Dosis. × Bestrahlung im Vakuum mit 500 Mrad/h; ○ Bestrahlung in Luft mit 1 Mrad/h

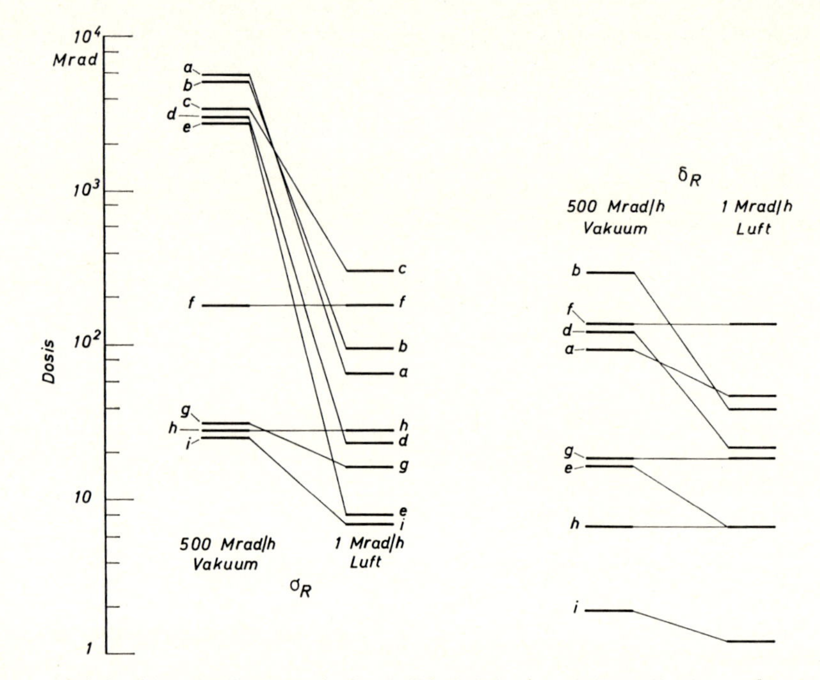


Bild 4.2.4–5 25%-Strahlenschädigungsdosis der Reißfestigkeit $\sigma_R$ und der Reißdehnung $\delta_R$ von Kunststoffen. a) Styrol-Acrylnitril-Copolymerisat, b) Polystyrol, c) Hart-PVC, d) Weich-PVC, e) verzweigtes Polyäthylen, f) Polyäthylenterephtalat, g) Polyvinylalkohol, h) Acetylcellulose, i) Polypropylen

## Literaturverzeichnis

*Bücher:*

1. *Bovey, F.A.:* The effects of ionizing radiation on natural and synthetic high polymers. New York: Interscience Publishers 1958.
2. *Chapiro, A.:* Radiation chemistry of polymeric systems. New York: Interscience Publishers 1962.
3. *Charlesby, A.:* Atomic radiation and polymers. London: Pergamon Press 1960.
4. *Mohler, H.:* Chemische Reaktionen ionisierender Strahlen (Radiation Chemistry). Aarau (Schweiz): H.R. Sauerländer 1958.
5. *Rexer, E.*, u. *L. Wuckel:* Chemische Veränderungen von Stoffen durch energiereiche Strahlung. Leipzig: VEB Deutscher Verlag für Grundstoffindustrie 1965.
6. *Schnabel, W.:* Kunststoffe, ihr Wesen und Verhalten gegenüber ionisierender Strahlung. Düsseldorf: Walter Rau-Verlag 1962.
7. *Turner, J.O.:* Plastics in nuclear engineering. New York: Reinhold Publishing Corp. 1961.

*Veröffentlichungen in Zeitschriften:*

8. *Fischer, H., K.-H. Hellwege* u. *W. Langbein:* Kunststoffe *58*, 625 (1968).
9. *Heinze, D.:* Kolloid-Z. u. Z. Polymere *210*, 45 (1966).
10. *Sun, K.H.:* Modern Plast. *33*/1, 141 (1954).
11. *Wilski, H.:* Kunststoffe *58*, 18 (1968).
12. *Wündrich, K.:* Kolloid-Z. u. Z. Polymere *226*, 116 (1968).
13. *Wündrich, K.:* Angew. Makromol. Chemie *8*, 167 (1969).
14. *Zeplichal, F.*, u. *N. Steiner:* Kautschuk u. Gummi. Kunststoffe *20*, 451, 508 (1967).
15. DIN 53750.

### 4.2.5. Sorption von Feuchtigkeit

Friedrich Fischer

Kommen Kunststoffe mit festen, flüssigen, dampf- oder gasförmigen Umgebungsmedien in Berührung, so können physikalische und in manchen Fällen zusätzlich auch chemische Veränderungen eintreten.

Die meisten Hochpolymeren sind mehr oder weniger durchlässig für bestimmte Gase oder Dämpfe; dabei werden auch je nach Art des Kunststoffes mehr oder weniger große Mengen des Umgebungsmediums aufgenommen werden; man bezeichnet diesen Vorgang der Aufnahme als Sorption. Durch diese Sorption können die ursprünglichen Eigenschaften des Hochpolymeren reversibel oder bei gleichzeitiger chemischer Einwirkung auch irreversibel verändert werden.

Durch die Sorption erfolgt meist eine Gewichtszunahme, ferner häufig eine mehr oder weniger starke Quellung (Maßveränderungen). Dabei ändern sich auch die mechanischen Eigenschaften, wie z. B. der E-Modul, die Zugfestigkeit und Zeitstandfestigkeit. Die mechanischen Eigenschaften erreichen jedoch meist wieder die ursprünglichen Werte, falls das sorbierte Medium, das sog. Sorbat, z. B. durch Trocknung wieder vollständig aus dem Kunststoff entfernt wird. Dieser umgekehrte Vorgang wird mit Desorption bezeichnet. Bei sehr großen Quellspannungen kann jedoch auch eine bleibende mechanische Schädigung eintreten.

Werden aggressive Substanzen sorbiert, so können auch irreversible chemische Veränderungen (Korrosion) ausgelöst werden. Das angreifende Mittel dringt in den polymeren Stoff ein und reagiert mit ihm. Dieser Vorgang läßt sich in die folgenden Stufen zerlegen [1]:

1. Wanderung des angreifenden Mittels zur Oberfläche des Kunststoffes
2. Sorption des angreifenden Mittels
3. Diffusion des angreifenden Mittels in die feste Phase
4. Reaktion
5. Wanderung der Reaktionsprodukte aus dem Innern an die Oberfläche
6. Diffusion der Reaktionsprodukte des Kunststoffes in die Gasphase oder eine flüssige Phase.

Die Sorption ist von Bedeutung bei Behältern, Rohrleitungen und Armaturen.

Die Desorption ist besonders wichtig für die Weiterverarbeitung von Kunststoff-Granulat oder -Pulver auf Extrudern oder Spritzgußmaschinen, wobei das Material praktisch wasserfrei sein muß.

#### 4.2.5.1. *Physikalische Grundlagen der Sorption*

Die physikalischen Grundlagen der Sorption und Desorption liegen in der Diffusion von Flüssigkeiten in Festkörpern begründet. Auf die Grundlagen der Diffusion wird ausführlich im Abschnitt 4.2.6. eingegangen, weshalb an dieser Stelle nur einige grundsätzliche Bemerkungen gemacht werden sollen.

Bringt man einen trockenen Kunststoff, z. B. ein Polyamid in einen Raum mit hoher Luftfeuchte oder taucht ihn vollständig in Wasser unter, so bildet sich zwischen der Oberfläche des Körpers und seinem trockenen Innern ein Konzentrationsgefälle aus. Die Wasserdampfkonzentration an der Oberfläche läßt sich nach dem *Henry*schen Gesetz berechnen; sie ist dem Dampfdruck bzw. der Volumenkonzentration proportional. Im Innern besteht zu Versuchsbeginn der Dampfdruck Null. Infolge der Brown'schen Molekularbewegung (Wärmebewegung) der Moleküle beginnen die Wassermoleküle in den Festkörper einzudiffundieren. Die Diffusionsgeschwindigkeit ergibt sich aus dem Konzentrationsgefälle zwischen der Probenoberfläche und einem beliebigen Punkt $x$ im Innern der Probe nach dem sog. *Fick*'schen Gesetz:

$$\frac{dQ}{dz} = -D \cdot F \frac{dc}{dx}$$

d.h. die in der Zeit $dz$ durch den Probenquerschnitt $F$ an dem Orte $x$ wandernde Substanzmenge $dQ$ ist dem Konzentrationsgefälle $-\frac{dc}{dx}$ proportional. Die Proportionalitätszahl ist der Diffusionskoeffizient $D$, der außer vom Material auch von anderen Faktoren abhängt. Bei der Permeation, d.h. beim Durchgang von Gasen oder Dämpfen durch Hochpolymere werden die Randbedingungen meist konstant gehalten; zwischen Probenvorder- und Rückseite wird ein bestimmtes Konzentrationsgefälle aufrecht erhalten. Im Falle der Sorption jedoch ist der Probekörper allseitig vom gleichen Medium umgeben und nimmt davon auf. Dadurch erhöht sich nun im Inneren ständig die Konzentration; das Konzentrationsgefälle nimmt stetig ab und damit der Diffusionsstrom. Die Sorption kommt also nach einem Sättigungsvorgang zum Stillstand. Der Sättigungswert hängt außer vom Hochpolymeren und dem Sorbat von der Temperatur ab. Das gleiche gilt umgekehrt für die Desorption. In Bild 4.2.5–1 ist der zeitliche Verlauf der Absorption und Desorption von

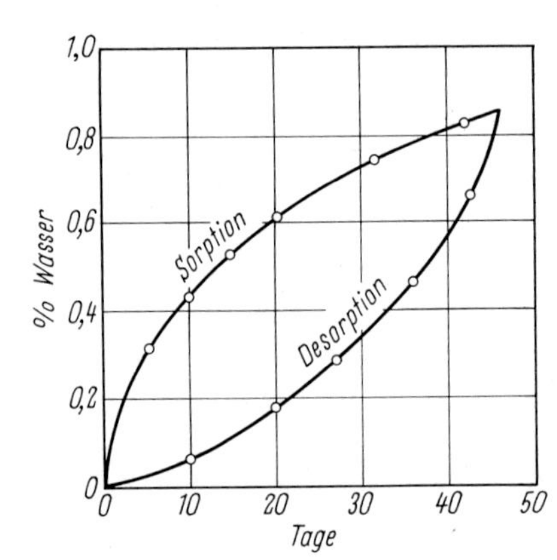


Bild 4.2.5–1 Zeitliche Abhängigkeit der Absorption und Desorption von Wasser in PVC bei 25 °C [1]

Wasser in Polyvinylchlorid dargestellt. Wasser dringt in das Polyvinylchlorid ein, wobei sich die Wasserteilchen zwischen die makromolekularen Ketten einlagern, ohne daß es indessen zu chemischer Reaktion oder zu festerer Bindung des Wassers über Nebenvalenzen käme. Durch Trocknen läßt sich daher das absorbierte Wasser verhältnismäßig leicht wieder entfernen.

### 4.2.5.2. *Prüfmethoden für Kunststoffe und Kunststoff-Schaumstoffe*

Es gibt eine Reihe von genormten Prüfmethoden über die Wasseraufnahme von Kunststoffen und Schaumstoffen, die je nach dem Verwendungszweck des zu prüfenden Materials auszuwählen sind.

Ferner sind Normen zur Prüfung des Verhaltens gegenüber Flüssigkeiten, Dämpfen, Gasen und festen Stoffen vorhanden. In der folgenden Zusammenstellung soll eine Übersicht über diese Prüfmethoden gegeben werden:

DIN 53471 Prüfung von Kunststoffen – Bestimmung der Wasseraufnahme nach Lagerung in kochendem Wasser

DIN 53472 Prüfung von Kunststoffen – Bestimmung der Wasseraufnahme nach Lagerung in kaltem Wasser

DIN 53475 Prüfung von Kunststoffen – Bestimmung der Wasseraufnahme nach ISO/R 62 (nach Lagerung in kaltem Wasser)

DIN 53476 Prüfung von Kunststoffen, Kautschuk und Gummi – Bestimmung des Verhaltens gegen Flüssigkeiten

DIN 53428 Prüfung von Schaumstoffen – Bestimmung des Verhaltens gegen Flüssigkeiten, Dämpfe, Gase und feste Stoffe

ASTM Designation: D 570 Water absorption of plastics

In Vorbereitung sind zwei weitere Normen, und zwar:

ASTM Designation D... Water absorption of rigid cellular plastics

ISO/TC 61 Doc 1115 E Bestimmung der Wasseraufnahme von Schaumstoffen.

Die Prüfergebnisse, die nach verschiedenen Normen erhalten werden, sind nur bedingt vergleichbar. Bei der Prüfung der Absorption hängt das Ergebnis entscheidend von den Abmessungen der Probekörper sowie vom Verhältnis Oberfläche zu Volumen ab [2].

### 4.2.5.3. *Ergebnisse an verschiedenen Kunststoffen*

In Tabelle 4.2.5–1 sind zunächst die Sättigungsfeuchtigkeiten von gebräuchlichen Kunststoff-Werkstoffen nach Lagerung in destilliertem Wasser bei 20 °C zusammengestellt.

*Tabelle 4.2.5–1 Sättigungsfeuchtigkeiten von Kunststoff-Werkstoffen bei Wasserlagerung (20 °C)*

| Kunststoff | Sättigungsfeuchte Gew.-% |
|---|---|
| Acrylnitril–Butadien–Styrol-Copolymere | 0,7 |
| 6 Polyamid | 9 –10 |
| 6.6 Polyamid | 7,5–9 |
| 6.6 Polyamid + 35% Glasfaser | 4,5–5,5 |
| 12 Polyamid | 2 |
| Polycarbonat | 0,3 |
| Polyäthylen | < 0,01 |
| Polymethylmethacrylat | 2,0 |
| Polypropylen | < 0,01 |
| Polystyrol (Standard-Polystyrol) | < 0,1 |
| Polyvinylchlorid | 0,2–0,8 |
| Styrol–Acrylnitril-Copolymere | 0,2 |

Werden die Proben im Normklima bei 20 °C und 65% relativer Luftfeuchte gelagert, so ergeben sich wegen der geringeren Feuchtigkeitskonzentration im Dampfraum niedrigere Sättigungsfeuchtigkeiten, wie aus Bild 4.2.5–2 ersichtlich ist. Die Proben wurden im trockenen Zustand eingesetzt; trotz der relativ langen Lagerungszeiten sind bei den Polyamiden die Gleichgewichtsfeuchtigkeiten noch nicht erreicht.

In den folgenden Bildern 4.2.5–3 und 4.2.5–4 sind die Lösungsmittelaufnahmen von verzweigtem und linearem Polyäthylen dargestellt. Im nächsten Bild 4.2.5–5 sind die Sorptionsisothermen von verschiedenen Kunststoffen dargestellt [3]. Man gewinnt diese Kurven, indem man die Proben bei verschiedenen, jedoch zeitlich konstanten Konzentrationen des Lösungsmittels bis zum Erreichen des Gleichgewichtszustands lagert. Aus den dargestellten Kurven kann man ersehen, daß für niedrige Gleichgewichtsfeuchten im Bereich bis zu 1 Gew.-% das *Henry*'sche Gesetz in der Form $\varphi_i = k_1 \cdot X_i$ erfüllt ist.

## Literaturverzeichnis

*Bücher:*

1. *Dolezel, B.:* Chemische und physikalische Einwirkungen auf Kunststoffe und Kautschuk Oberursel (Ts): Kohl's Technischer Verlag 1963.

*Veröffentlichungen in Zeitschriften:*

2. *Siggelkow, R.:* Plaste und Kautschuk *10*, 269 (1963).
3. *Stockburger, D.*, u. *F. R. Faulhaber:* Chemie Ingenieur Technik *41*, 456 (1969).

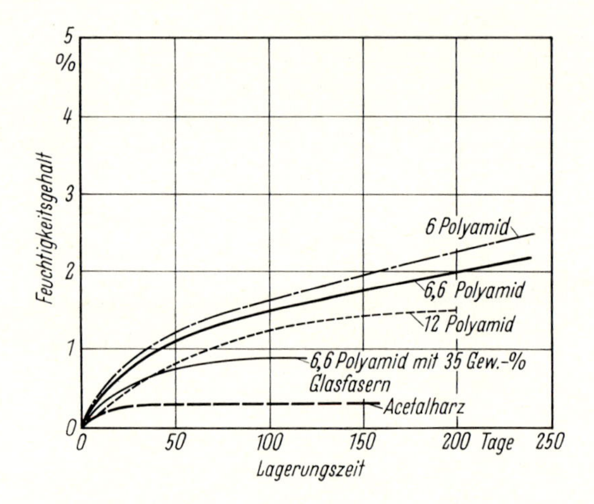


Bild 4.2.5–2 Feuchtigkeitsaufnahme von verschiedenen Kunststoffproben (Dicke der Probekörper 4 mm) bei Lagerung im Normklima 20 °C/65% rel. Luftfeuchte in Abhängigkeit von der Zeit

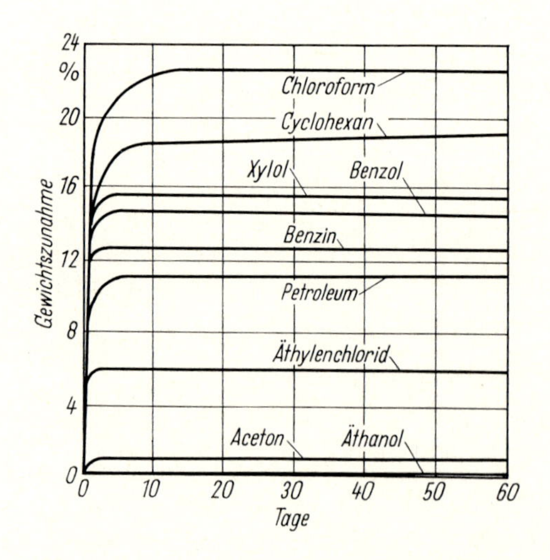


Bild 4.2.5–3 Quellbarkeit von Lupolen 1810H in organischen Lösungsmitteln bei 20 °C

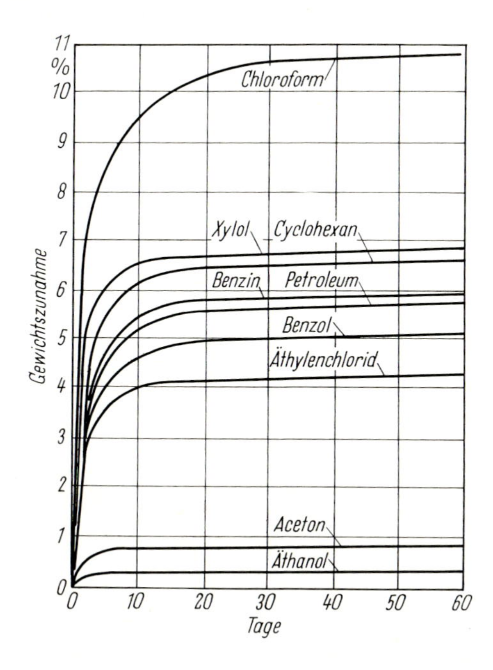


Bild 4.2.5–4 Quellbarkeit von Lupolen 6041 DX in organischen Lösungsmitteln bei 20 °C

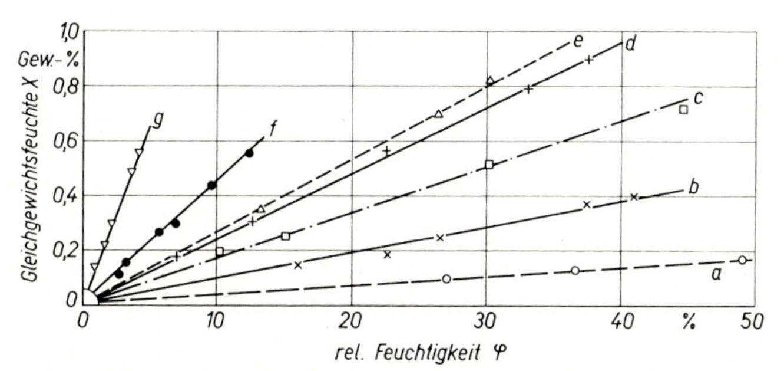


| Gerade | Sorbens | Sorbat | Temperatur °C |
|---|---|---|---|
| *a* | E-Polyvinylchlorid | Wasser | 20; 40; 60 |
| *g* | S-Polyvinylchlorid | Vinylchlorid | 80 |
| *f* | Nylon 6 | Wasser | 90; 130 |
| *b* | Polyacrylsäure | Benzol | 50; 60 |
| *d* | Polyacrylsäure-M. P. | Wasser | 20; 40; 60 |
| *e* | Polyacrylsäure | Cyclohexan | 50; 70 |
| *c* | Polyacrylsäure-M. P. | Methanol | 50 |

Bild 4.2.5–5 Sorptionsisothermen von Polymeren

### 4.2.6. **Durchlässigkeit für Wasserdampf und Gase**

Alle Kunststoffe sind mehr oder weniger durchlässig für Gase und Dämpfe und in vielen Anwendungsfällen ist die Größenordnung der Durchlässigkeit für bestimmte Gase oder Dämpfe überhaupt das entscheidende Kriterium für die Eignung eines Kunststoffes.

Insbesondere in der Verpackungstechnik wachsen die Ansprüche der Verbraucher hinsichtlich Vakuum-, Wasserdampf- und Aromadichtheit.

Die rasch zunehmende Verwendung von Kunststoffen im Apparatebau und neuerdings im Bauwesen wirft Fragen der Gas- und Wasserdampfdichte auf.

Aus der Fülle der Anwendungsbeispiele seien genannt: Pipelines für Flüssigkeiten und Gase, Kabelisolierungen, Rohre, Tanks für Heizöl, Kraftstoffe und aggressive Flüssigkeiten sowie Anstrichstoffe.

#### 4.2.6.1. *Physikalische Grundlagen der Diffusion* [3, 12, 13]

Die Beschreibung der Diffusionsvorgänge ist relativ kompliziert und auch mit einigem mathematischen Aufwand verbunden. Es soll deshalb in den folgenden Kapiteln nur ein Überblick geboten werden. Interessierte Leser müssen auf das angeführte Schrifttum verwiesen werden.

*Allgemeines über Diffusionsvorgänge*

Die Diffusion spielt in der Natur und Technik häufig eine wesentliche Rolle. Sie besteht darin, daß an Grenzflächen verschiedener Stoffe einige Moleküle den Verband des einen Stoffes verlassen und in den anderen hineinwandern und umgekehrt. Dieser Diffusionsvorgang tritt sowohl in der festen, wie auch flüssigen und gasförmigen Phase ein.

Bei der Diffusion fester Stoffe ineinander verläuft dieser Vorgang allerdings fast unmeßbar langsam. Der Reaktionsverlauf läßt sich jedoch durch Steigung der Temperatur beschleunigen.

Auch in gleichen, jedoch verschieden temperierten Stoffen, tritt ein Diffusionsstrom auf, der hier jedoch einseitig gerichtet ist. Man spricht in einem derartigen Fall von thermischer Diffusion oder Thermosmose.

Die Ursache der Diffusion ist die *Brown*'sche Molekularbewegung (Wärmebewegung) der Moleküle.

Die Durchlässigkeit von festen Stoffen für Gase oder Dämpfe beruht auf der Wanderung der Gas- oder Dampfmoleküle durch irgendwie geartete Zwischenräume zwischen den Molekülen des festen Stoffes; es gibt dabei folgende Arten von solchen Zwischenräumen:

1. makroskopische bis mikroskopische Risse, Poren und Kanäle;
2. submikroskopische Kapillaren und Hohlräume;
3. intermolekulare Zwischenräume;
4. intramolekulare oder interatomare Zwischenräume.

Die unter 1. und 2. genannten Zwischenräume rühren von der Herstellung bzw. Bearbeitung der Stoffe her und sind weitgehend vermeidbar. Anders steht es mit den unter 3. und 4. genannten; sie sind Eigentümlichkeiten der Stoffe. Diese Zwischenräume sind es, durch die hindurch die Diffusion stattfinden kann.

Ein Stoff ist z.B. dann wasserdampfundurchlässig, wenn seine Molekülabstände kleiner sind als der Wirkungsquerschnitt (gaskinetischer Stoßdurchmesser) eines Wassermoleküls. Der Wirkungsdurchmesser eines Wasserstoffmoleküls beträgt $2{,}47 \cdot 10^{-7}$ mm, eines

Wassermoleküls $2{,}7 \cdot 10^{-7}$ mm, eines Sauerstoffmoleküls $2{,}98 \cdot 10^{-7}$ mm und eines Kohlendioxidmoleküls $3{,}3 \cdot 10^{-7}$ mm. Wasserdampf hat außer dem Wasserstoff den kleinsten Wirkungsquerschnitt; es genügt also in vielen Fällen, die mit geringerem experimentellen Aufwand verbundene Wasserdampfdurchlässigkeit zu messen um ein grobes Bild über die Eignung eines Stoffes zu erhalten.

### *Permeation*

Der Durchtritt von Gasen und Dämpfen durch feste Hochpolymere wird meist von einer Absorption an aktiven Zentren der Festsubstanz eingeleitet. Das Hindurchdringen hängt vom eigentlichen Gastransport und der Löslichkeit des Gases im Kunststoff ab.

Der Transport geschieht durch Diffusion; diese beruht auf Platzwechselvorgängen zwischen den Molekülen des permeierenden Stoffes und den Segmenten des Polymermoleküls, also durch echte Diffusion ähnlich der Diffusion z. B. zweier Metalle ineinander. Die Gasmoleküle sitzen zwischen den Makromolekülen und schwingen gegeneinander. Bei einer bestimmten thermischen Anregung verlassen sie ihren Ort und nehmen den nächsten bevorzugten Platz ein. Mit steigender Temperatur und Konzentration (Dampfdruck) der Gasteilchen nehmen die Häufigkeit des Platzwechsels und damit auch der Diffusionskoeffizient zu.

Wir wollen nun den Permeationsvorgang an einer Kunststoff-Folie betrachten (Bild 4.2.6–1). Der Druck des permeierenden Gases auf beiden Seiten der Folie sei $p_1'$ bzw. $p_2'$ wobei $p_1' > p_2'$ angenommen sei. Es spielen sich dann folgende Vorgänge ab: Die Gas-

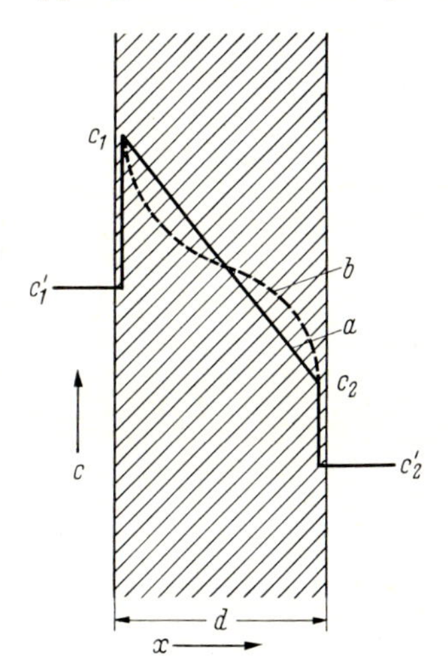


Bild 4.2.6–1 Konzentrationsverlauf in einer Folie bei Permeation im stationären Zustand [1]

a) konstanter Diffusionskoeffizient,
b) Diffusionskoeffizient mit Maximum bei mittlerer Konzentration

moleküle treffen auf die Folie auf und werden dort absorbiert, wobei sich auf der Folienoberfläche die Konzentration $c_1$ ausbildet, wobei $c_1$ vom Gasdruck $p_1'$ bzw. von der Volumenkonzentration $c_1'$ im Gasraum abhängt. Bei Permanent-Gasen (z. B. $H_2$, $O_2$, $N_2$, $CO_2$, Edelgase usw.) ist $c_1$ nach dem *Henry*'schen Gesetz dem Partial-Druck direkt proportional, also

$$c_1 = k_1 \cdot c_1' \text{ bzw. } c_1 = k_2 \cdot p_1'$$

$k_1, k_2$ = Absorptionskoeffizienten (Löslichkeiten)

Schwieriger wird der Zusammenhang, wenn eine Permeation von Dämpfen stattfindet, die als Quellungs- oder Lösungsmittel für den verwendeten Kunststoff wirken. Dann besteht kein linearer Zusammenhang mehr zwischen der Konzentration $c_1$ in der Folienoberfläche und dem Dampfdruck $p_1'$ bzw. der Dampfkonzentration $c_1'$ im Dampfraum, sondern die vom Kunststoff aufgenommene Dampfmenge nimmt stärker zu als der Dampfdruck. Im Bild 4.2.6–2 sind die Sorptionsisothermen für zwei verschiedene Fälle

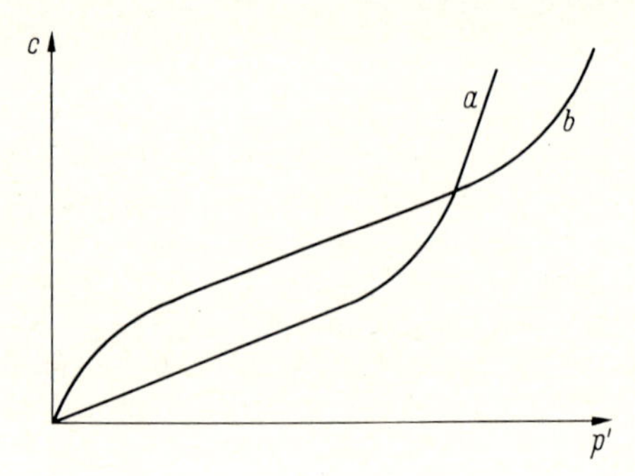


Bild 4.2.6–2 Sorptionsisothermen [1]
Kurve a) Benzol in Kautschuk,
Kurve b) Wasser in Celluloseacetat

dargestellt. In diesem Fall spricht man von einer Löslichkeit des Dampfes in der Folie; das *Henry*'sche Gesetz hat keine Gültigkeit mehr, sondern $c_1$ wird eine Funktion von $p_1'$ bzw. $c_1'$, also:

$$c_1 = f_1(p_1') \text{ bzw. } c_1 = f_2(c_1')$$

Die von der Folie aufgenommenen Gas- bzw. Dampfmoleküle wandern nun durch Platzwechselvorgänge durch die Folie und werden auf der anderen Seite desorbiert, wobei für die Desorption die gleichen Gesetze wie für die Absorption gelten.

Bei zeitlich konstanten Gas- bzw. Dampfdrücken $p_1'$ und $p_2'$ auf Probenvorder- und -Rückseite hängt die Permeationsgeschwindigkeit nur von der Absorptions- und Desorptionsgeschwindigkeit sowie von der Diffusionsgeschwindigkeit im Innern der Kunststoffprobe ab. Die Diffusionsgeschwindigkeit ergibt sich aus dem Konzentrationsgefälle zwischen den Probenoberflächen und dem Diffusionskoeffizienten nach dem *Fick*'schen Gesetz:

$$\frac{\mathrm{d}Q}{\mathrm{d}z} = -D \cdot F \frac{\mathrm{d}c}{\mathrm{d}x}$$

d.h. die in der Zeit d$z$ durch den Probenquerschnitt $F$ an dem Orte $x$ wandernde Substanzmenge d$Q$ ist dem Konzentrationsgefälle $-\frac{\mathrm{d}c}{\mathrm{d}x}$ multipliziert mit dem Diffusionskoeffizienten $D$ gleich. Dieses Gesetz steht in Analogie zur Differentialgleichung der Wärmeleitfähigkeit.

Nach Ablauf einer Induktions- oder Anlaufperiode wird schließlich der stationäre Zustand mit konstanter Permeationsgeschwindigkeit erreicht, d.h. also, daß nun

$$\frac{\mathrm{d}Q}{\mathrm{d}z} = \text{const};$$

$$\frac{Q}{z \cdot F} = D \frac{c_1 - c_2}{\mathrm{d}}$$

Da die Messung der Konzentrationen $c_1$ und $c_2$ in der Probenoberfläche schwierig ist, führt man über das *Henry*'sche Gesetz die Konzentrationen $c_1'$ und $c_2'$ bzw. die Partialdrücke $p_1'$ und $p_2'$ in den angrenzenden Gasräumen ein und erhält:

$$\frac{Q}{z \cdot F} = D\,k_1 \frac{c_1' - c_2'}{d} \text{ bzw.}$$

$$\frac{Q}{z \cdot F} = D\,k_2 \frac{p_1' - p_2'}{d}$$

Setzt man nun für $Dk_1 = P$ und für $Dk_2 = P'$, so ergibt sich:

$$\frac{Q}{z \cdot F} = P \frac{c_1' - c_2'}{d} = P' \frac{p_1' - p_2'}{d}$$

Die Größen $P$ bzw. $P'$ bezeichnet man als *Permeationskoeffizienten* oder als *Permeabilität*.

Die meisten Meßverfahren arbeiten mit konstanter Druckdifferenz $\Delta p = p_1' - p_2'$, so daß sich ergibt:

$$P = \frac{Q \cdot d}{F \cdot z \cdot \Delta p}$$

$Q$ = permeierte Substanzmenge in cm$^3$ (bei Gasen) bzw. in g (bei Wasserdampf)
$d$ = Probendicke in cm oder µm (1 µm = $10^{-6}$ m)
$F$ = Probenfläche in cm$^2$ oder m$^2$
$z$ = Zeit in s, h oder 24 h, in der die Substanzmenge $Q$ bestimmt wurde
$p$ = Druckdifferenz des Meßgases zwischen Probenvorder- und Rückseite

Das permeierte Gasvolumen $V$ ist dabei auf Normalbedingungen $T_0 = 273$ K = 0 °C und $p_0 = 760$ Torr = 1 atm nach dem Gesetz von *Boyle–Mariotte–Gay–Lussac* umzurechnen. Es gilt

$$\frac{p_0 \cdot V_0}{T_0} = \frac{p \cdot V}{T}$$

$V_0$ = Volumen bei 0 °C und 760 Torr = 1 atm
$p$ = Gasdruck auf der Rückseite der Probe in Torr oder atm
$T$ = Versuchstemperatur in K

Daraus kann $V_0$ berechnet werden.

Die Dimension des Permeationskoeffizienten hängt von den Einheiten ab, in denen die einzelnen Größen gemessen werden. Gebräuchlich ist bei Gasen die Angabe in

$$\frac{\text{cm}^3\,(\text{NTP}) \cdot \text{cm}}{\text{cm}^2 \cdot \text{s} \cdot \text{cm Hg}} \text{ bzw.}$$

$$\text{in } \frac{\text{cm}^3\,(\text{NTP}) \cdot 100\,\mu\text{m}}{\text{m}^2 \cdot 24\,\text{h} \cdot \text{atm}};$$

manchmal wird auch die Probenfläche in dm$^2$ angegeben.

Bei Wasserdampf ist die Dimension $\frac{\text{g cm}}{\text{cm}^2\,\text{h Torr}} = \frac{\text{g}}{\text{cm h Torr}}$ üblich; man erspart dabei die Umrechnung der permeierten Dampfmenge in das entsprechende Dampfvolumen (unter Normalbedingungen).

### *Einfluß der Temperatur auf Permeation und Diffusion* [3, 12]

Die Temperaturabhängigkeit der Permeation wird durch zwei gegenläufige Vorgänge beeinflußt, nämlich die Löslichkeit und die eigentliche Diffusion (durch den Festkörper). Während die Löslichkeit von Gasen in Hochpolymeren mit steigender Temperatur abnimmt, erhöht sich die Diffusionsgeschwindigkeit. Demnach kann die Permeabilität je nach dem überwiegenden Faktor zu- oder abnehmen. Die Temperaturabhängigkeit des Diffusionskoeffizienten läßt sich meist durch ein Exponentialgesetz beschreiben

$$D = D_0 \cdot e^{-\Delta U/RT}$$

$\Delta U$ ist die Aktivierungsenergie, die in der Größenordnung von 3 bis 15 kcal/mol liegt.

Bild 4.2.6–3 zeigt den Permeationskoeffizienten für Sauerstoff bei Polyäthylen in Abhängigkeit von der Dichte bei zwei verschiedenen Temperaturen. Die Änderung des Permeationskoeffizienten mit der Temperatur ist deutlich sichtbar.

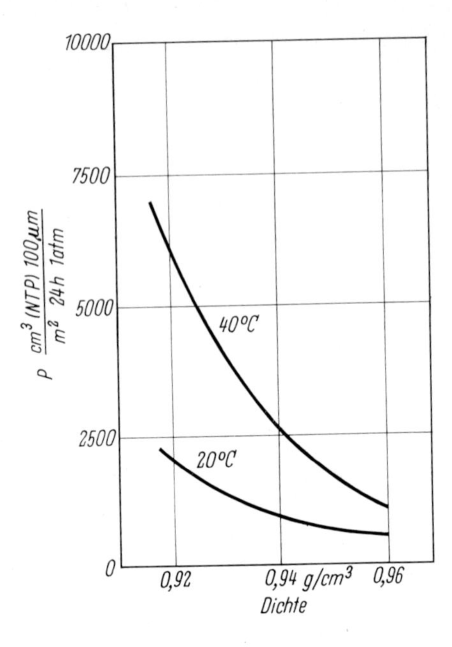


Bild 4.2.6–3 Permeationskoeffizient für Sauerstoff bei Polyäthylen verschiedener Dichte

*Wasserdampf-Diffusion bei Bauteilen* [1, 15]

Die Diffusionsvorgänge durch Bauteile können rechnerisch behandelt werden, wenn man folgende Einschränkungen berücksichtigt:

Die Wasserdampfdiffusion ist häufig auch mit einer kapillaren Wasserbewegung im Stoff verbunden, die sich jedoch nicht erfassen läßt. Nur bei genügend trockenen Stoffen ist der Anteil der kapillaren Wasserbewegung so gering, daß man den Vorgang allein nach den Gesetzmäßigkeiten der Dampfdiffusion berechnen kann; dabei muß man einen Ausgangszustand annehmen, bei dem noch keine stärkere Durchfeuchtung eingetreten ist.

Bei Bauteilen tritt die Wasserdampfdiffusion in folgender Weise in Erscheinung:

a) durch Tauwasserbildung an Oberflächen, deren Temperatur unter dem Taupunkt der angrenzenden Luft liegt,

b) durch Kondensation im Querschnitt von Wänden und Decken, wenn Wasserdampf hindurchdiffundiert,

c) durch den Verdunstungsvorgang an der Oberfläche feuchter Körper,

d) durch Erhöhung der Wärmeleitfähigkeit von Bau- und Isolierstoffen mit dem Feuchtigkeitsgehalt,

e) durch Feuchtigkeitswanderung in porösen feuchten Stoffen in Richtung des Temperaturgefälles.

Man kann den Dampfdurchgang durch Bauteile als Folge einer Diffusion nach dem *Fick*'schen Gesetz berechnen, wenn man den Diffusions- bzw. Permeationskoeffizienten kennt oder experimentell bestimmt. Bei diesen Berechnungen ist es im Bauwesen üblich, den sog. Diffusionswiderstandsfaktor einzuführen.

*Diffusionswiderstandsfaktor* [1, 7, 15]

Der Diffusionswiderstandsfaktor $\mu$ sagt aus, um wieviel größer der Widerstand eines Stoffes gegen Wasserdampfdiffusion ist, als der einer gleich dicken Luftschicht gleicher Temperatur.

Ist z. B. $\mu = 5$, so heißt dies, daß unter gleichen äußeren Bedingungen durch den Stoff ein Fünftel derjenigen Dampfmenge diffundiert, die in einer gleich dicken ruhenden Luftschicht diffundieren würde. Der Diffusionswiderstandsfaktor von Luft ist also gleich 1. Er ist bei trockenen Stoffen eine reine Stoffeigenschaft, die nicht von Temperatur und Druck beeinflußt wird. Bei feuchten Stoffen ist er von der Größe des Wassergehaltes abhängig.

Die Messung der Durchlässigkeit eines Stoffes für Wasserdampf wird im allgemeinen im Temperaturgleichgewicht vorgenommen, d. h. es wird bei konstanter Umgebungstemperatur zu beiden Seiten der Probe eine unterschiedliche relative Luftfeuchtigkeit eingestellt und aufrechterhalten.

Zur Bestimmung des Diffusionswiderstandsfaktors eines Stoffes wird das Wasserdampfgewicht festgestellt, das in der Zeiteinheit durch eine ebene Schicht des Materials bei gleichbleibendem Dampfteildruckunterschied zwischen beiden Seiten der Probe im stationären Zustand diffundiert. Man erhält bei hygroskopischen Stoffen den mittleren Diffusionswiderstandsfaktor in dem gewählten Dampfdruck- bzw. Feuchtigkeitsbereich.

Der mittlere Diffusionswiderstandsfaktor einer Probe bei dem jeweiligen Dampfdruckgefälle ergibt sich aus der nachstehenden Formel

$$\mu = \frac{k(p_1 - p_2)}{G \cdot d \cdot R_D \cdot T}$$

Es bedeuten;

$k$ = Diffusionszahl von Wasserdampf in Luft in $m^2/h$
$p_1$ = Dampfteildruck über der Probe in $kg/m^2$
$p_2$ = Dampfteildruck unter der Probe in $kg/m^2$
$G$ = Gewicht des durch die Probe diffundierten Dampfes in $kg/m^2\,h$
$d$ = Probendicke in m
$R_D$ = Gaskonstante des Wasserdampfes in mkg/kg K
($R_D$ = 47,06 mkg/kg K)
$T$ = absolute Temperatur in K

Die Diffusionszahl kann nach der von *Schirmer* [1] angegebenen Beziehung

$$k = 0{,}083 \cdot \frac{1000}{p} \cdot \left(\frac{T}{273}\right)^{1{,}81}$$ berechnet werden.

Nachstehende Tabelle gibt einige Zahlenwerte an.

*Tabelle 4.2.6–1 Diffusionszahl von Wasserdampf in Luft*

| Barometerdruck | | Temperatur | Diffusionszahl |
|---|---|---|---|
| mm Hg | $kg/m^2$ | °C | $m^2/h$ |
| 735,5 | 10000 | 0 | 0,083 |
| | | 10 | 0,088 |
| | | 20 | 0,094 |
| | | 30 | 0,099 |
| 760 | 10332 | 0 | 0,080 |
| | | 10 | 0,084 |
| | | 20 | 0,090 |
| | | 30 | 0,095 |

*Beispiel:*

Bestimmt man die Wasserdampfdurchlässigkeit (*Wddu*) in $\frac{g}{m^2\,24\,h}$ nach DIN 53122 bei einem Feuchtigkeitsgefälle von 85% gegen 0% relativer Luftfeuchte bei einer Prüftemperatur von 23 °C, so erhält man

$$\mu = \frac{39013}{Wddu \cdot d\,(\text{in mm})}$$

wobei folgende Werte eingesetzt wurden:

$k = 0{,}093\ m^2/h$ (bei 760 Torr)
$p_1 = 243{,}5\ kg/m^2$ (Sättigungsdruck des Wasserdampfes × 0,85)
$p_2 = 0$
$G = \frac{Wddu}{1000 \cdot 24}\ kg/m^2\,h$
$d$ = Probendicke in mm

Bild 4.2.6–4 zeigt Wasserdampfdurchlässigkeit und Diffusionswiderstandsfaktor bei Schaumstoffen aus Polystyrol in Abhängigkeit vom Raumgewicht.

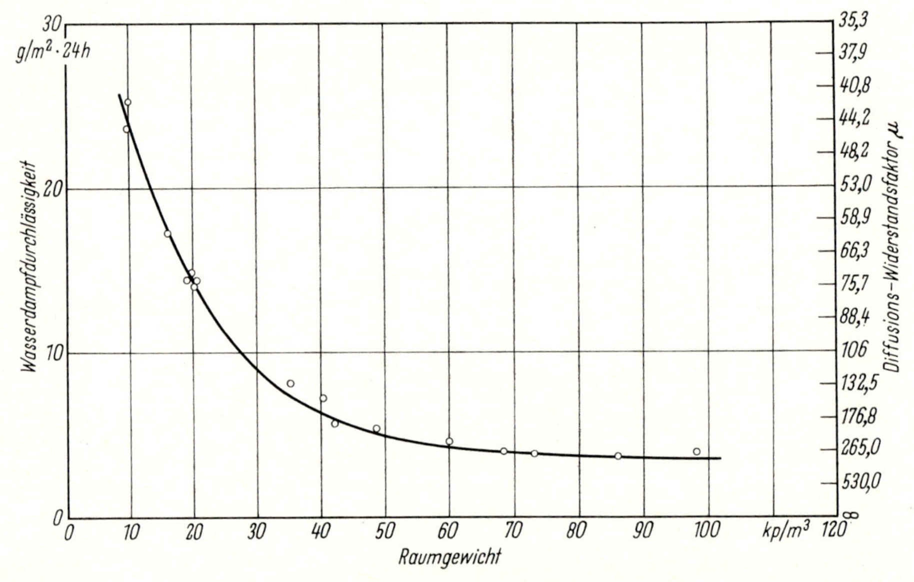


Bild 4.2.6–4 Wasserdampfdurchlässigkeit und Diffusionswiderstandsfaktor von Schaumstoffen aus Polystyrol in Abhängigkeit vom Raumgewicht. Temperatur 23 °C; Feuchtigkeitsgefälle 85% zu 0%

*Diffusionswiderstandsfaktor von geschichteten Stoffen* [15]

Neben den Diffusionswiderstandsfaktoren interessieren häufig auch Werte für alle möglichen Arten von Sperrschichten, darunter auch von nicht selbsttragenden Anstrichen. Man muß dann neben der Wasserdampfdurchlässigkeit der kombinierten Stoffe auch diejenigen der tragenden Unterlage messen. Aus den Diffusionswiderstandsfaktoren des geschichteten Stoffes und des Trägermaterials läßt sich dann der unbekannte Diffusionswiderstand nach folgender Beziehung berechnen:

$$\mu \cdot d = \mu_1 \cdot d_1 + \mu_2 \cdot d_2$$

Hier bedeuten die Größen ohne Index jene Werte, die an der kombinierten Probe gemessen werden, während die mit dem Index 1 bezeichneten sich auf die bekannten Werte der tragenden Unterlage beziehen. Die Werte mit Index 2 gelten dann für die Schicht, deren Diffusionswiderstandsfaktor bestimmt werden soll und von der man nur die Dicke kennt. Aus vorstehender Gleichung erhält man dann

$$\mu_2 = \frac{\mu \cdot d - \mu_1 \cdot d_1}{d_2}$$

### 4.2.6.2. *Meßmethoden*

Die Meßmethoden können unterteilt werden in diejenigen zur Bestimmung der Durchlässigkeit für Permanentgase, die meist ein manometrisches oder volumetrisches Verfahren verwenden und die zur Feststellung der Durchlässigkeit für Dämpfe, die meist ein gravimetrisches Meßprinzip bevorzugen. Die gebräuchlichsten Methoden werden nachstehend beschrieben.

#### *Messung der Gasdurchlässigkeit*

Es gibt eine Vielzahl von Methoden [14] zur Messung der Gasdurchlässigkeit. Alle Verfahren arbeiten mit einer Permeationsmeßzelle, die zwei verschiedene Kammern besitzt und deren Trennwand durch die zu untersuchende Probe gebildet wird. Die eine Kammer wird mit dem zu untersuchenden Gas gefüllt, während in der anderen Kammer die durch die Permeation des Gases eintretenden Veränderungen gemessen werden. Während der Messung muß die Temperatur konstant gehalten werden. Im folgenden sollen zwei der gebräuchlichsten Methoden kurz beschrieben werden, nämlich die manometrische und die volumetrische.

#### *Manometrische Methoden*

Hierbei befindet sich in der Kammer auf der Vorderseite der Probe das Gas unter konstantem Druck; die hinter der Probe befindliche Kammer wird meist evakuiert und

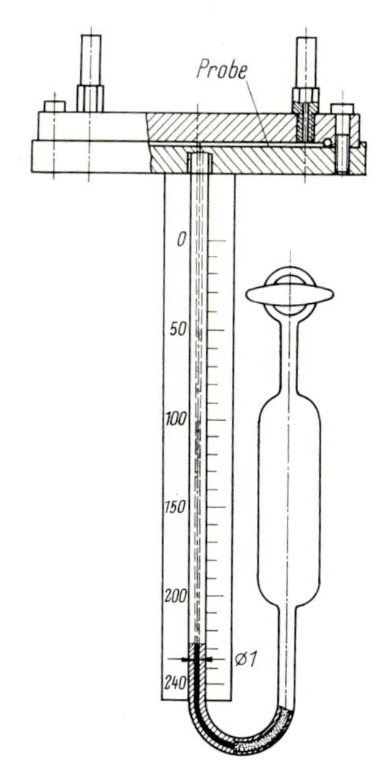


Bild 4.2.6–5 Prüfanordnung zur Messung der Gasdurchlässigkeit mit meßbarem, veränderlichem Volumen aber konstantem Druck (Ausführungsbeispiel nach DIN 53380)

mit einem Manometer der infolge der Permeation eintretende Druckanstieg gemessen. Es ist bei der Auswertung zu beachten, daß sich der Druck im Meßraum während der Messung ändert.

Dieses Verfahren verwendet DIN 53536 sowie ASTM Designation: D 1434–66.

*Volumetrische Methoden*

Bei diesem Verfahren wird das Volumen des permeierenden Gases bei konstantem Druck durch einen in einer Kapillare laufenden kurzen Quecksilberfaden gemessen [5]. Das Gasvolumen ist in der vorher beschriebenen Weise auf Normalbedingung umzurechnen. Diese Prüfmethode wird ebenfalls in DIN 53380 sowie in der ASTM Designation: D 1434–66 beschrieben. In Bild 4.2.6–5 ist die von DIN 53380 empfohlene Prüfanordnung dargestellt.

*Messung der Dampfdurchlässigkeit*

*Gravimetrische Methoden*

Die Durchlässigkeit für Dämpfe wird am einfachsten gravimetrisch bestimmt. Hierbei wird die permeierte Dampfmenge von einem für den betreffenden Dampf spezifischen Absorptionsmittel absorbiert und die Gewichtsänderung festgestellt. Diese Methode wird fast ausschließlich zur Bestimmung der Wasserdampfdurchlässigkeit angewendet. Bei der Auswahl des Absorptionsmittels ist darauf zu achten, daß der Rest-Dampfdruck des permeierten Dampfes über dem Absorber möglichst gering ist, um eine fast restlose Erfassung der Dampfmenge zu gewährleisten.

Diese Methode eignet sich auch besonders zur Registrierung des Permeationsvorganges, wenn man das Gefäß mit dem Absorber auf eine Waage legt; besonders geeignet hierfür sind selbsttätig kompensierende Mikrowaagen. Gibt es in manchen Fällen keinen geeigneten Absorber, so kann man die permeierte Dampfmenge auch ausfrieren und wiegen.

*Die Wasserdampfdurchlässigkeit (genormte Verfahren)*

Die Wasserdampfdurchlässigkeit wird meist mit der Schalenmethode bestimmt. Die Folie wird dabei dicht auf eine mit Trocknungsmittel versehene Prüfschale aufgebracht.

Dann wird die Gewichtszunahme bei Lagerung der Schale in konstantem Klima festgestellt.

DIN 53122 verwendet ein Luftfeuchtigkeitsgefälle (in %) von 85 zu 0; Prüftemperatur 20 °C ± 1 °C; (demnächst 23 °C). Bild 4.2.6–6 zeigt die verwendete Prüfzelle.

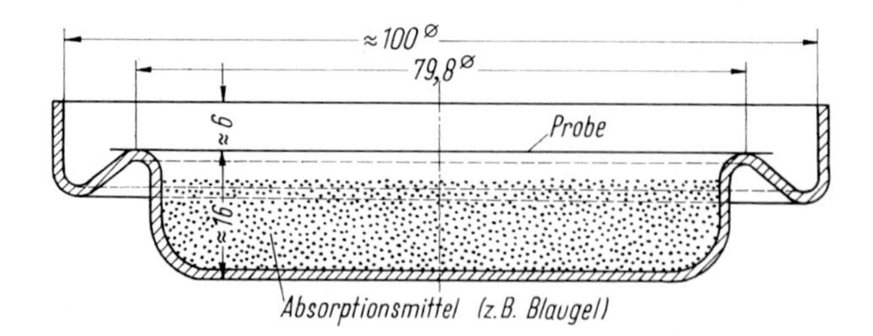


Bild 4.2.6–6 Prüfzelle zur Bestimmung der Wasserdampfdurchlässigkeit nach DIN 53122

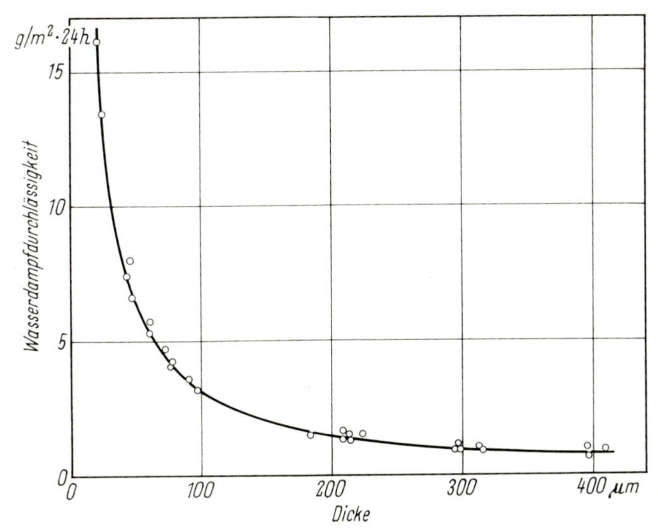


Bild 4.2.6–7 Wasserdampfdurchlässigkeit von PVC-hart-Folien in Abhängigkeit von der Dicke. Messung nach DIN 53122 bei 23 °C und einem Feuchtigkeitsgefälle von 85% zu 0%

Permeationskoeffizient $7{,}3 \cdot 10^{-9} \frac{\text{g}}{\text{cm h Torr}}$

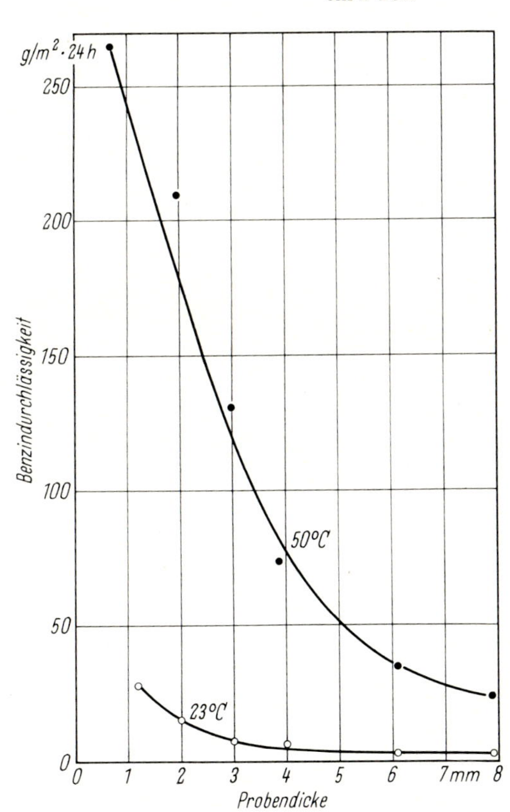


Bild 4.2.6–8 Benzindurchlässigkeit von Polyäthylen (Dichte 0,952; MFI 190/20 = 2) in Abhängigkeit von der Probendicke bei 23 °C und 50 °C

ASTM Designation: E 96–66 verwendet folgende Feuchtigkeitsgefälle (in %):

0 zu 50 bei 23 °C
100 zu 50 bei 23 °C
0 zu 50 bei 32,2 °C
100 zu 50 bei 32,2 °C
0 zu 90 bei 37,8 °C

DIN 52615 Entwurf: Bestimmung der Wasserdampfdurchlässigkeit von Bau- und Dämmstoffen. Feuchtigkeitsgefälle (in %):

50 zu 0 bei 23 °C
95 zu 50 bei 23 °C

In Bild 4.2.6–7 ist die Abhängigkeit der Wasserdampfdurchlässigkeit von weichgemachten PVC-Folien in Abhängigkeit von der Probendicke aufgetragen; die Messung erfolgte nach DIN 53122 bei 23 °C. Man erhält daraus den Permeationskoeffizienten

$$P = 7{,}3 \cdot 10^{-9} \frac{\text{g}}{\text{cm h Torr}}$$

durch Umrechnung nach der Beziehung

$$P = \frac{Wddu \cdot d\,(\text{mm})}{42{,}96 \cdot 10^6}.$$

Im folgenden Bild 4.2.6–8 schließlich ist die Durchlässigkeit von Polyäthylen (Dichte 0,952; Schmelzindex MFI 190/20 = 2) für Benzin bei zwei verschiedenen Temperaturen in Abhängigkeit von der Probendicke gezeigt. Zur Messung wurde die Schalenmethode herangezogen, wobei der Kraftstoff (Mischung aus 3 Teilen Normalbenzin und 2 Teilen Benzol) die Kunststoffoberfläche einseitig benetzte. Aus den Messungen ergaben sich folgende Permeationskoeffizienten:

$$P_{50} = 340 \cdot 10^{-9} \frac{\text{g}}{\text{cm h Torr}} \text{ für 50 °C Versuchstemperatur}$$

$$P_{23} = 58 \cdot 10^{-9} \frac{\text{g}}{\text{cm h Torr}} \text{ für 23 °C Versuchstemperatur.}$$

### 4.2.6.3. *Ergebnisse an verschiedenen Kunststoffen*

In den folgenden Tabellen sind die Permeationskoeffizienten von Kunststoffen gegenüber den wichtigsten Permanentgasen aus verschiedenen Veröffentlichungen zusammengestellt. Dabei streuen die Einzelwerte der verschiedenen Autoren teilweise erheblich. Die Ursache liegt in den unterschiedlichen Rohstoffen, den Herstellungsbedingungen der Proben und in den verschiedenen Meßbedingungen. Der Permeationskoeffizient wird in der Dimension $\frac{\text{cm}^3\,(\text{NTP}) \cdot \text{cm}}{\text{cm}^2 \cdot \text{s} \cdot \text{cm Hg}} \cdot 10^9$ angegeben und bedeutet die Anzahl $\text{cm}^3$ (unter Normalbedingungen, d.h. bei 0 °C und 760 mm Hg), die durch eine Probe von der Dicke 1 cm und der Fläche 1 $\text{cm}^2$ in 1 Sekunde bei einem Druckunterschied von 1 cm Hg diffundieren. Häufig wird der Permeationskoeffizient auch in $\frac{\text{cm}^3\,(\text{NTP}) \cdot 100\,\mu\text{m}}{\text{m}^2 \cdot 24\,\text{h} \cdot \text{atm}}$ angegeben, wobei man zu anschaulicheren Zahlenwerten kommt.

In weiteren Tabellen sind die Wasserdampfdurchlässigkeiten von Folien und abschließend die Diffusionswiderstandsfaktoren von Bau- und Isolierstoffen zusammengestellt.

*Tabelle 4.2.6–2 Permeationskoeffizienten von Kunststoffen bei 20–25 °C (10, 12, 13)*

| Material | $P \frac{cm^3 (NTP)\, cm}{cm^2 \cdot s \cdot cmHg} \cdot 10^9$ | | | | | $P \frac{cm^3 (NTP)\, 100\, \mu m}{m^2 \cdot 24\, h \cdot atm}$ | | | | |
|---|---|---|---|---|---|---|---|---|---|---|
| | $N_2$ | $O_2$ | $CO_2$ | $H_2$ | $H_2O$ | $N_2$ | $O_2$ | $CO_2$ | $H_2$ | $H_2O$ |
| Äthylcellulose | 0,83 | 2,65 | 4,2 | 3,3 | | 5500 | 17 500 | 28 000 | 22 000 | |
| Celluloseacetat | 0,02 | 0,06 | 0,4 | | 150–1060 | 132 | 400 | 2600 | | 990 000 bis 7 000 000 |
| | 0,009 | 0,06 | | | | 60 | 400 | | | |
| Epoxidharz | | 0,005 bis 0,16 | 0,009 bis 0,14 | | | | | | | |
| Hydrochlorkautschuk NO | 0,002 | 0,004 | 0,02 | | 2,5 | 13,2 | 26 | 132 | | 16 500 |
| Hydrochlorkautschuk P4 | 0,004 | 0,2 | 1,0 | | 10 | 26 | 1320 | 6600 | | 66 000 |
| Phenolformaldehydharz | 0,01 | | | | | 66 | | | | |
| Neopren | 0,12 | 0,5 | 2,7 | | | 800 | 3300 | 18 000 | | |
| Polyamid 6 | 0,001 | 0,003 | 0,006 | 0,09 | 7–170 | 6,6 | 19,8 | 39,6 | 600 | 46 200 bis 1 120 000 |
| Polyamid 11 | 0,003 | 0,02 | 0,06 | | 18 | 19,8 | 132 | 396 | | 119 000 |
| Polyäthylen (Dichte 0,96) | 0,02 | 0,06 | 0,2 | | 1 | 132 | 396 | 1320 | | 6600 |
| Polyäthylen (Dichte 0,94) | 0,04 | 0,1 | 0,7 | 0,26 | 3 | 260 | 660 | 4600 | 1700 | 19 800 |
| Polyäthylen (Dichte 0,92) | 0,08 | 0,25 | 1,3 | 0,91 | 10 | 530 | 1650 | 8600 | 6000 | 66 000 |
| Polybutadien-Acrylnitril | 0,106 | 0,41 | 2,6 | | | 700 | 2700 | 17 000 | | |
| Polychlortrifluorid | 0,013 | 0,045 | 0,3 | | 0,03 | 90 | 300 | 2000 | | 198 |
| Polycarbonat | 0,03 | 0,18 | 0,76 | 1,3 | 70–140 | 200 | 1200 | 5000 | 9000 | $4{,}6 \cdot 10^6$ $9{,}2 \cdot 10^6$ |
| Polychlortrifluoräthylen | 0,001 | 0,003 | 0,005 | | 0,03–3,6 | 6,6 | 19,8 | 33 | | 198 bis 23 800 |
| Polyformaldehyd | 0,002 | 0,004 | 0,019 | | 50–100 | 13,2 | 26,4 | 125 | | 330 000 bis 660 000 |
| Polypropylen | 0,03 | 0,1 | 0,4 | | 5 | 198 | 660 | 2640 | | 33 000 |
| Polystyrol | 0,04 | 0,2 | 0,8 | | 150 | 260 | 1320 | 5300 | | 990 000 |
| Polystyrol-Acrylnitril | 0,005 | 0,034 | 0,108 | | 0,09 | 33 | 224 | 712 | | 590 |
| Polyterephthalat | 0,0004 | 0,002 | 0,01 | | 15 | 2,6 | 13 | 66 | | 99 000 |
| Polytetrafluoräthylen | | | | | 3,6 | | | | | 23 800 |
| Polyurethan | 0,049 | 0,15–0,48 | 1,4–4 | | 35–1250 | 323 | 990 bis 3170 | 923 bis 26 400 | | 231 000 bis 8 250 000 |
| Polyvinylchlorid | 0,0008 | 0,005 | 0,015 | | 15 | 5,3 | 33 | 99 | | 99 000 |
| Polyvinylfluorid | 0,0004 | 0,002 | 0,009 | | 33 | 2,6 | 13,2 | 59 | | 218 000 |
| Polyvinylidenchlorid | 0,0001 | 0,0003 | 0,0015 | 0,0076 | 0,1–1,0 | 0,5 | 2 | 10 | 50 | 660–6600 |

*Tabelle 4.2.6–3 Wasserdampfdurchlässigkeit von Folien (Dicke 100 μm)*

| Material | Wddu $\frac{g}{m^2\,24\,h}$ | |
|---|---|---|
| | 20 °C | 40 °C |
| Polyäthylen (Dichte 0,94) | 0,4 | 5 |
| Polyäthylen (Dichte 0,92) | 0,8 | 9 |
| Polycarbonat | 8 | |
| Polystyrol | | 40 |
| Polyterephthalat | 2 | 8 |
| Polyvinylchlorid | 2 | 10 |
| Polyvinylidenchlorid | 0,05 | 0,4 |

*Tabelle 4.2.6–4 Diffusionswiderstandsfaktoren von Bau- und Isolierstoffen* [1, 15]

| Stoff | Rohdichte | Diffusionswiderstandsfaktor $\mu$ |
|---|---|---|
| Mauerziegel | 1360–1860 | 6,8–10,0 |
| Dachziegel | 1880 | 37–43 |
| Klinker | 2050 | 384–469 |
| Kalksandsteine, Betone | 1500–2300 | 8–30 |
| Gas- und Schaumbeton | 600–800 | 3,5–7,5 |
| Platten aus Phenolharz-Schaum | 23–95 | 30–50 |
| Platten aus Polystyrol-Schaum | 14–40 | 32–125 |
| Platten aus Polyurethan-Schaum | 40 | 51 |
| Platten aus Polyvinylchlorid-Schaum | 43–66 | 170–328 |
| Platten aus Harnstoff-Formaldehyd-Harz-Schaum | 12 | 1,7 |
| Polyesterharz-Platten | – | 6180 |
| Polystyrol-Platten | – | 21 300 |
| Polyvinylchlorid-Platten | – | 52 000 |
| Polyvinylchlorid-Lacke | – | 25 000–50 000 |

## Literaturverzeichnis

*Bücher:*

1. *Cammerer, J. S.:* Der Wärme- und Kälteschutz in der Industrie. 4. Auflage. Berlin: Springer 1962.
2. *Carlowitz, B.:* Tabellarische Übersicht über die Prüfung von Kunststoffen. Frankfurt: Umschau-Verlag 1966.
3. *Holzmüller, W.,* u. *K. Altenburg* (Herausgeber): Physik der Kunststoffe. 1. Auflage. Berlin: Akademie-Verlag 1961.

*Veröffentlichungen in Zeitschriften:*

4. Anonym: Kunststoff-Berater *12*, 208 (1967).
5. *Becker, K.:* Kunststoffe *54*, 155 (1964).
6. *Frank, W.:* Gesundheits-Ing. *80*, 360 (1959).
7. *Görling, P.:* Chemie-Ing.-Techn. *28*, 768 (1956).
8. *Henley, E. J.,* u. *M. L. dos Santos:* AI Chem.-I. *Vol. 13*, No 6, 1117 (1967).
9. *Kammermayer, K.:* Industriel and Engineering Chemistry. *Vol 50*, No 4, 697 (1959).
10. *Lebovits, A.:* Modern Plastics March 139 (1966).

11. *Linowitzki, V.*, u. *W. Hoffmann:* Kunststoffe *55*, 765 (1965).
12. *Moll, W.L.H.:* Kolloid-Z. *167*, 55 (1959).
13. *Moll, W.L.H.:* Kolloid-Z. *195*, 43 (1964).
14. *Niebergall, H.:* Kunststoffe *58*, 242 (1968).
15. *Seiffert, K.:* Kältetechnik *12*, 187 (1960).
16. *Weinmann, K.:* Farbe und Lack Heft 7, 315 (1955).

## 4.2.7. Beständigkeit von Kunststoffen gegen Organismen

Waltraut Kerner-Gang und Helmut Kühne

Werkstoffe pflanzlichen oder tierischen Ursprungs, wie Holz, Baumwolle und Wolle, können auch wieder von Organismen abgebaut werden. Am schädlichsten sind einige spezialisierte Bakterien-, Pilz- oder Tiergruppen, die diese Werkstoffe als einzige oder nahezu ausschließliche Nahrungsquelle verwerten. Der dem Nahrungserwerb dienende Angriff von Organismen auf Werkstoffe stellt aber nur eine von mehreren Schädigungsmöglichkeiten dar. So wirken von Bakterien oder Pilzen abgegebene Stoffwechselprodukte gelegentlich beeinträchtigend, und stark nagende Tiergruppen können Materialien – besonders dann, wenn sie ihnen im Wege sind, oder auch aus reinem Nagetrieb – zerbeißen. In manchen Fällen wird das angegriffene Material als Nist- oder Verpuppungsstätte gewählt. Daher sind auch Stoffe gefährdet, die von Organismen nicht als Nahrung genutzt werden können.

Als umfassende Bezeichnung für die biologische Schädigung von Werkstoffen hat sich im Angelsächsischen das Wort „Biodeterioration" oder auch „Biodegradation" durchgesetzt; ein entsprechender deutscher Ausdruck fehlt. Im mikrobiologischen Bereich spricht man oft – in Anlehnung an den chemisch-physikalischen Angriff auf Werkstoffe – von mikrobieller Korrosion. Für das gesamte Arbeitsgebiet hat *G. Becker* die Bezeichnungen „Biologische Materialforschung" und „Biologische Materialprüfung" vorgeschlagen.

Anfällige Werkstoffe müssen für den Gebrauch durch die Wahl geeigneter Einsatzbedingungen oder durch chemische und physikalische Behandlungen geschützt werden. Andererseits kann die sehr große Beständigkeit einiger Werkstoffe ebenfalls Probleme aufwerfen. So wäre z. B. bei der Beseitigung des ständig zunehmenden Kunststoff-Mülls die Möglichkeit einer Kompostierung, d. h. des Abbaus durch Mikroorganismen, sehr erwünscht.

Um einige der möglichen Beziehungen zwischen Werkstoffen und Organismen zu kennzeichnen, sei zunächst eine tabellarische Übersicht gegeben (Tabelle 4.2.7–1). Als Einteilungsprinzip wurde die Wirkung des Materials auf die Organismen gewählt.

Im Vergleich zu den nichtsynthetischen Werkstoffen ist der Anteil der Schadensfälle bei Kunststoffen gering. Durch die ständig zunehmende Verwendung von Kunststoffen, vor allem in der Nachrichtentechnik, im Bauwesen, in der Verpackungsindustrie und in der Textilbranche, steigt aber auch bei diesen die Zahl der Schadensmeldungen. Einen umfassenden Überblick, der die biologische Zerstörung der makromolekularen Werkstoffe, d. h. hauptsächlich der Kunststoffe, erfaßt und Schutzmaßnahmen und Prüfverfahren berücksichtigt, gibt *H. Haldenwanger* [11].

### 4.2.7.1. *Mikroorganismen*

Mikroorganismen schädigen Werkstoffe im allgemeinen auf chemischem Wege. Bei der mikrobiellen Korrosion von Kunststoffen, die von Bakterien oder Pilzen hervorgerufen werden kann, ist die Rolle der Schimmelpilze besonders augenfällig, da der Pilzbefall oftmals mit einer deutlichen Veränderung des Aussehens des befallenen Materials einhergeht. So ist es zu erklären, daß sowohl bei der Untersuchung von Schäden als auch bei der Entwicklung von Prüfverfahren die Pilze – Fungi imperfecti und Ascomyceten – im Vordergrund gestanden haben, obwohl man in den letzten Jahren durch Verfärbungen an Kunststoffen auch auf bestimmte Bakterienarten (z. B. *Bacterium prodigiosum*, *Streptomyces rubrireticuli*) aufmerksam wurde.

*Tabelle 4.2.7-1 Auswirkungen von Materialien auf Organismen und daraus folgende Gruppierungsmöglichkeiten (in Anlehnung an G. Theden und G. Becker,* [26]*)*

<table>
<tr><th colspan="2">Haltbarkeit des Materials</th><th colspan="6">Wirkung des Materials auf Organismen</th><th>Gruppe</th></tr>
<tr><td rowspan="4">-widerstandsfähig[1]<br>-resistent<br>-beständig</td><td rowspan="4">Material wird von den Organismen nicht verändert</td><td rowspan="3">-widrig</td><td rowspan="3">Material beeinträchtigt die Organismen</td><td rowspan="2">-giftig<br>-toxisch</td><td rowspan="2">Material schädigt die Organismen</td><td>-tötend<br>-cid</td><td>Material tötet die Organismen</td><td>1</td></tr>
<tr><td>-unterdrückend<br>-hemmend<br>-statisch</td><td>Material hemmt Lebensfähigkeit der Organismen</td><td>2</td></tr>
<tr><td colspan="2">-abschreckend<br>-repellent</td><td colspan="2">Material schreckt freibewegliche Organismen ab</td><td>3</td></tr>
<tr><td colspan="2" rowspan="2">-verträglich<br>-inert[2]</td><td colspan="4">Material beeinflußt die Organismen nicht (wirkt nicht giftig, liefert keine Nahrung) und wird von den Organismen nicht beeinflußt</td><td>4</td></tr>
<tr><td rowspan="3">-anfällig<br>-susceptibel</td><td rowspan="3">Material wird von den Organismen verändert</td><td colspan="4">Material beeinflußt die Organismen nicht, wird aber gelegentlich (z. B. durch Oberflächenbewuchs, Stoffwechselprodukte oder Benagen) von diesen beschädigt</td><td>5</td></tr>
<tr><td rowspan="2">-fördernd</td><td rowspan="2">Material hat günstigen Einfluß auf die Organismen</td><td colspan="4">Material dient als Lebensraum, Niststätte oder Nistmaterial</td><td>6</td></tr>
<tr><td colspan="2">-ernährend<br>-nutritiv</td><td colspan="2">Material dient den Organismen als Nahrung</td><td>7</td></tr>
</table>

[1]) Vor dem Bindestrich kann jeweils die betreffende Organismengruppe eingesetzt werden, z. B. Termiten-beständig, insekti-cid, bakterio-statisch.

[2]) „inert" ist hier im biologischen Sinne als „physiologisch inaktiv" im Hinblick auf die Organismen gebraucht; bei einer Auslegung als „reaktionsträg" in chemischem Sinn dürfte die Beeinflussung des Materials durch Stoffwechselprodukte (Gruppe 5) hier nicht eingeordnet werden.

Die Entwicklung von Mikroorganismen wird, wenn das entsprechende Nahrungsangebot vorhanden ist, von mehreren Faktoren beeinflußt, von denen ausreichende Feuchtigkeit und geeignete Temperatur die wichtigsten sind. Bakterien benötigen im allgemeinen eine höhere Feuchte als Pilze, werden daher durch die Umweltbedingungen stärker eingeengt und sind auf bestimmte Lebensräume beschränkt, während Pilze praktisch überall vorkommen. Wenn auch die meisten Schimmelpilzarten, die an Kunststoffen als Schädlinge auftreten können, eine Luftfeuchte von mehr als 90% bevorzugen, können sich bestimmte Arten noch bei einer Mindestfeuchte von 65 ... 70% entwickeln. Die Temperaturbedingungen, unter denen Mikroorganismenwachstum möglich ist, reichen von einigen Graden unter Null bis etwa 80 °C. Die optimale Entwicklungstemperatur für Schimmelpilze liegt zwischen 20 und 30 °C.

Aufgrund ihrer Sporen können die Pilze – und auch bestimmte Bakterienarten – Zeiträume, in denen für sie ungünstige Bedingungen herrschen, überdauern. Werden die Bedingungen günstiger, keimen die Sporen wieder aus. Dabei entsteht bei Schimmelpilzen ein Keimschlauch, der mit der Ausscheidung von Enzymen beginnt. Diese zerlegen bestimmte Stoffe in Substanzen, die der Pilz für seine Entwicklung benötigt. Sind die Enzyme in der Lage, das Material, auf dem sich die Spore befindet, zu zersetzen, so entwickelt sich aus dem Keimschlauch Mycel, das unter günstigen Bedingungen bereits in wenigen Tagen selbst Sporen in großer Anzahl hervorbringen kann.

#### 4.2.7.1.1. *Mikrobielle Korrosion*

Der Angriff eines Werkstoffs durch Mikroorganismen findet meist an der freiliegenden Oberfläche statt. Das Ausmaß des Angriffs hängt von der Form des befallenen Gegenstandes ab. Während ein Film z.B. sehr schnell zerstört werden kann, haben Gegenstände mit großem Querschnitt dagegen eine längere Gebrauchsdauer. Neben der Veränderung des Aussehens verursacht die mikrobielle Korrosion gewöhnlich auch eine Veränderung der mechanischen Eigenschaften, wie z.B. Verminderung der mechanischen Festigkeit.

Welche Schäden können nun speziell an Kunststoffen auftreten? Soweit es das Polymergerüst betrifft, verhalten sich Kunststoffe Mikroorganismen gegenüber im allgemeinen resistent. Findet ein Angriff statt, so sind hierfür meist Zuschlagstoffe verantwortlich zu machen, die im Laufe des Herstellungsganges dem Kunststoffrohmaterial beigemengt

*Tabelle 4.2.7–2 Mikrobielle Verwertbarkeit von Weichmachern (nach H. Kühlwein und F. Demmer* [16]*)*

| Weichmacher | mikrobielle Verwertbarkeit |
|---|---|
| Diäthyl-adipat | nicht verwertbar |
| n-Propyl-adipat | nicht verwertbar |
| n-Butyl-adipat | verwertbar |
| n-Pentyl-adipat | verwertbar |
| Di-n-hexyl-adipat | gut verwertbar |
| Di-n-octyl-adipat | gut verwertbar |
| Di-nonyl-adipat | nicht verwertbar |
| Di-decyl-adipat | nicht verwertbar |
| Di-methyl-phthalat | nicht verwertbar |
| Di-äthyl-phthalat | gut verwertbar |
| Di-n-propyl-phthalat | verwertbar |
| Di-n-butyl-phthalat | verwertbar |
| Di-n-octyl-phthalat | nicht verwertbar |
| Di-iso-octyl-phthalat | nicht verwertbar |
| Butyl-iso-decyl-phthalat | gut verwertbar |
| Di-nonyl-phthalat | nicht verwertbar |
| Di-decyl-phthalat | nicht verwertbar |
| Di-methyl-sebacat | schwach bis nicht verwertbar |
| Di-äthyl-sebacat | verwertbar |
| Di-butyl-sebacat | gut verwertbar |
| Di-octyl-sebacat | gut verwertbar |
| Di-benzyl-sebacat | gut verwertbar |
| Phosphorsäure-Derivate | nicht verwertbar |
| Laurinsäure-Derivate | gut verwertbar |
| Ölsäure-Derivate | gut verwertbar |
| Rizinolsäure-Derivate | gut verwertbar |
| Stearinsäure-Derivate | gut verwertbar |

werden. Hierzu gehören in erster Linie die Weichmacher (s. Tabelle 4.2.7–2), Füllstoffe (z.B. Holzmehl, Ruß), Emulgatoren, Gleitmittel usw., die unterschiedlich fest an das Kunststoffgerüst gebunden sind. Eine ganze Reihe von ihnen, besonders aber ein Teil der Weichmacher, kann von den Mikroorganismen als Nahrungsquelle verwertet werden. Beim Weich-PVC kann u. U. der gesamte Weichmacher-Anteil von den Mikroorganismen verbraucht werden; dadurch kann ein Verspröden des Materials eintreten und die Zugfestigkeit beeinflußt werden. In Versuchen mit Cellulose-Acetobutyrat-Folien, die dem Pilzbefall von *Alternaria tenuis* ausgesetzt waren (s. Bild 4.2.7–1), sank die Zugfestigkeit nach nur 3wöchiger Versuchsdauer um 9% [13]. Weiterhin können Verfärbungen auftreten. Verfärbungen von PVC-Fußbodenbelägen durch Schimmelpilze zeigt Bild 4.2.7–2 [14]. Die Verfärbung beruht nicht auf einer chemischen Veränderung der Kunststoffmoleküle, sondern ist hauptsächlich auf ein Eindringen des von den Organismen gebildeten Farbstoffs in den Kunststoff zurückzuführen [16]. Die Farbstoffmoleküle gelangen zwischen

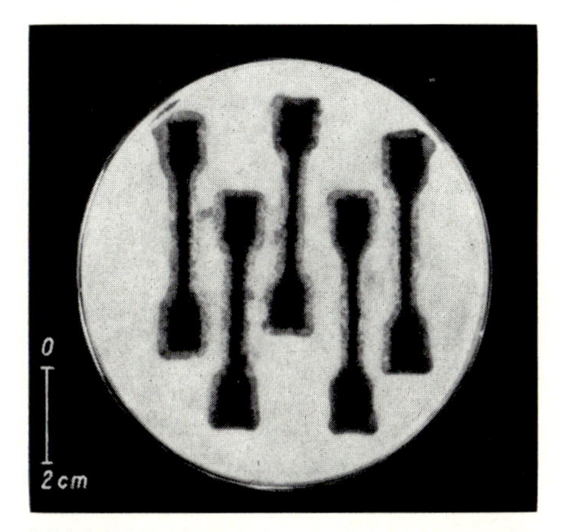


Bild 4.2.7–1 Versuchsanordnung zur Bestimmung des Zugfestigkeitsverlustes nach Schimmelpilz-Bewuchs (mit *Alternaria tenuis*) [13]

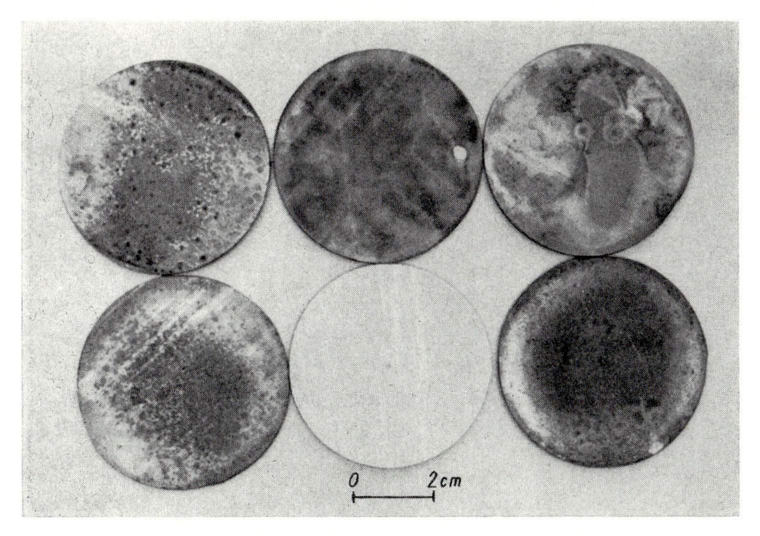


Bild 4.2.7–2 Von einzelnen Schimmelpilz-Arten innerhalb von 12 Wochen hervorgerufene Verfärbungen (Kontrolle: untere Reihe, Mitte) [14]

die Molekülketten des Kunststoffs und können durch längeren Kontakt mit einem Lösungsmittel daraus wieder entfernt werden.

Auf Teilen elektrischer Geräte z. B. kann schon – besonders beim Einsatz in den Tropen – das bloße Ansiedeln von Mikroorganismen zu Schadensfällen führen, indem ausreichender Isolationsschutz nicht mehr gewährleistet ist. Infolge einer von Pilzen gebildeten Mycelschicht, die die Feuchtigkeit an der Kunststoffoberfläche zurückhält, können Kriechwege entstehen, die zu einer beträchtlichen Verringerung des Isolationswiderstandes führen. In Tabelle 4.2.7–3 ist das Verhalten der gebräuchlichsten Kunststoffe gegenüber Mikroorganismen kurz zusammengefaßt. Für diese begrenzte Übersicht können nicht alle für die Tafel durchgesehenen Veröffentlichungen genannt werden.

Die Anzahl der inzwischen auf diesem Gebiet erschienenen Veröffentlichungen ist fast unübersehbar, so daß für die Zusammenstellung in Tabelle 4.2.7–3 auch nur die wesentlichsten Arbeiten berücksichtigt wurden. Einen ausgezeichneten Überblick gaben 1954 *G. A. Greathouse* und *C. J. Wessel* [10].

*Tabelle 4.2.7–3 Verhalten von Kunststoffen gegenüber Mikroorganismen*

| Kunststoffe | Aussagen über die Beständigkeit |
|---|---|
| Polyäthylen | widerstandsfähig (5)[1])<br>im Erdversuch genügend beständig (1)<br>abhängig vom Molekulargewicht (4)<br>als Folie schwach angreifbar (1)<br>als Folie im Erdboden Verfärbungen (1)<br>mit Ruß als Füllstoff anfällig (1) |
| Polystyrol | widerstandsfähig (6)<br>als Folie schwach angreifbar (1) |
| Polyvinylchlorid[2]) | PVC-hart: widerstandsfähig (2)<br>PVC-weich: abhängig vom Weichmacher (17)<br>Verfärbungen an PVC-Produkten (5) |
| Polyvinylalkohol | als Folie schwach angreifbar (1) |
| Polyvinylidenchlorid | als Folie völlig inert (1) |
| Polyvinylacetat | wurde von Bakterien u. Pilzen bewachsen (1) |
| Polytetrafluoräthylen | widerstandsfähig (5) |
| Polymethylmethacrylat | widerstandsfähig (4) |
| Polyacrylnitril | widerstandsfähig (4)<br>als Faser von Bakterien angreifbar (1) |
| Polyamid | widerstandsfähig (4)<br>unterschiedlich widerstandsfähig (2)<br>in Erde angreifbar (1)<br>nicht widerstandsfähig (1)<br>Polyamid 6 ist angreifbar (1) |
| Polyurethan | strukturabhängig (1)<br>unterschiedlich angreifbar (1)<br>angreifbar (3) |
| Polycarbonat | widerstandsfähig (2) |

[1]) Anzahl der erfaßten Veröffentlichungen zu der vorausgehenden Aussage.

[2]) siehe Tabelle 4.2.7–2. Verhalten von Weichmachern gegenüber Mikroorganismen.

*Fortsetzung von Tabelle 4.2.7–3*

| Kunststoffe | Aussagen über die Beständigkeit |
|---|---|
| Phenol-Formaldehydharz | widerstandsfähig (3)<br>abhängig vom Füllstoff (1) |
| Melamin-Formaldehydharz | widerstandsfähig (1)<br>abhängig vom Füllstoff (1)<br>unterschiedlich (1) |
| Harnstoff-Formaldehydharz | widerstandsfähig (2)<br>abhängig vom Füllstoff (1) |
| Epoxidharz | widerstandsfähig (1)<br>wird nicht oder wenig bewachsen (1)<br>wird bewachsen (1) |
| Polyesterharz | widerstandsfähig (3)<br>in Form von Folien, Fasern und Lacken<br>unterschiedlich anfällig (1) |
| Naturkautschuk | angreifbar (7) |
| Synthesekautschuk | unterschiedlich angreifbar (8) |
| Neopren | widerstandsfähig (2) |
| Buna | wird angegriffen (2) |
| Polysulfid-Kautschuk | unterschiedlich (1) |
| Silikon-Kautschuk | widerstandsfähig (1), unterschiedlich (2) |
| Celluloseacetat | widerstandsfähig (4)<br>abhängig vom Acetylierungsgrad (2)<br>als Folie angreifbar (1) |
| Celluloseacetobutyrat | widerstandsfähig (4)<br>als Folie angreifbar (1) |
| Cellulosenitrat | angreifbar (5) |
| Kasein-Kunststoff | wenig beständig (1) |

### 4.2.7.1.2. *Laboratoriumsprüfungen*

Die Prüfung der Widerstandsfähigkeit eines Kunststoffs gegen Mikroorganismen hängt von seinem späteren Verwendungszweck ab. Kommt der Kunststoff später einmal mit dem Erdboden in Berührung, so wird man das Material in der Prüfung der natürlichen Mikroorganismenflora der Erde aussetzen; soll ein Kunststoff als Isoliermaterial in der Elektrotechnik eingesetzt werden, vielleicht sogar in den Tropen, wird man die Prüfung mit Schimmelpilzen durchführen und im Anschluß daran die Veränderung bestimmter Eigenschaften zu messen versuchen.

Zur Prüfung der mikrobiellen Widerstandsfähigkeit von Kunststoffen ist bisher eine ganze Reihe von Prüfverfahren vorgeschlagen worden. Eine gute Übersicht über die bis 1960 benutzten Prüfverfahren bietet die Arbeit von *G. Theden* [25]; sie untersuchte 50 Werkstoffe vergleichend nach 10 verschiedenen Prüfverfahren und beurteilte deren Brauchbarkeit und Aussagefähigkeit. Auf Prüfverfahren und -organismen im allgemeinen gehen *G. Theden* und *G. Becker* [26] näher ein. *M. Rychtera* und *E. Niederführova* [22] haben die Beziehungen zwischen natürlicher mikrobieller Korrosion und Labor-Schimmelprüfung untersucht und ein Prüfverfahren vorgeschlagen, das „die natürliche mikrobielle Korrosion besser nachahmen soll“. Die Ergebnisse von internationalen Ringversuchen, die zum

Ziel hatten, Prüfmethoden zur Bestimmung der Widerstandsfähigkeit von Kunststoffen gegen mikrobiellen Angriff zu vergleichen, bzw. die Widerstandsfähigkeit weichgemachten PVCs gegen Pilze und Bakterien durch Messung des Gewichtsverlustes und Prüfung der mechanischen Eigenschaften zu bestimmen, sind 1966 und 1967 zusammengestellt worden [12, 28]. *H. Haldenwanger* (1970) hat eine Reihe von Prüfmöglichkeiten ausführlich beschrieben.

Im folgenden werden zwei gebräuchliche Verfahren zur Prüfung der Widerstandsfähigkeit von Kunststoffen gegen Schimmelpilzbefall kurz beschrieben:

1. „Recommended practice for determining resistance of plastics to fungi; ASTM D 1924–63"; hierzu werden Proben des zu untersuchenden Materials auf einen Nähr-Agar, der Mineralsalze, aber keine Kohlenstoffquelle enthält, aufgelegt (s. Bild 4.2.7–3a) und mit einer Aufschwemmung von Sporen 6 verschiedener Schimmelpilzarten beimpft. Die Schalen werden dann 21 Tage lang bei 28 ... 30 °C aufgestellt. Der Befall der Proben wird entweder nach Augenschein beurteilt (5 Bewuchsstufen), oder es können gemäß einschlägiger Zusatzbestimmungen nach Abschluß der Versuche möglicherweise eingetretene Veränderungen der Eigenschaften ermittelt werden.
2. „Prüfung J, Schimmelwachstum, der Deutschen Norm DIN 40046 Blatt 10 (1969)"; bei dieser Vorschrift werden keine zusätzlichen Nährsalze an das zu prüfende Material herangebracht, sondern es handelt sich um eine relativ „milde" Prüfung, bei der die Proben mit einer wäßrigen Aufschwemmung von Sporen 8 verschiedener Pilzarten besprüht und anschließend frei liegend oder hängend (s. Bild 4.2.7–3b) – in Gefäßen oder Kammern – 4 bzw. 12 Wochen lang bei 28 ... 30 °C und nahezu gesättigter Luftfeuchte untergebracht werden. In sog. Einzelbestimmungen wird festgelegt, ob eine Sichtkontrolle genügt, oder ob mechanische oder andere Messungen durchzuführen sind.

An einer deutschen Norm zur Prüfung von Kunststoffen auf Widerstandsfähigkeit gegen Schimmelpilze mit visueller Auswertung wird, in Anlehnung an die „ISO Recommendation R 846–1968", gearbeitet.

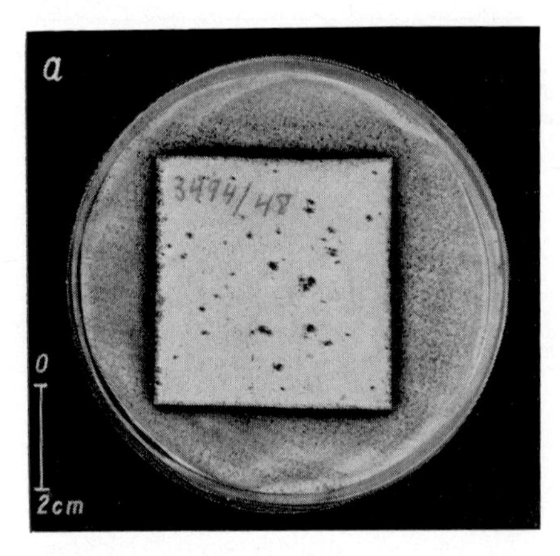

Bild 4.2.7–3 Schimmelprüfung–Versuchsanordnungen

a) nach ASTM D 1924–63,
b) nach DIN 40046, Bl. 10, Prüfung J (FNE) [14]

#### 4.2.7.1.3. *Schutz gegen Mikroorganismenangriff*

Das Problem der mikrobiziden Ausrüstung von Kunststoffen wird von *H. Haldenwanger* [11] ausführlich behandelt. Es wurde bereits erwähnt, daß der Grad der Widerstandsfähigkeit eines Kunststoffs oftmals von den verwendeten Zuschlagstoffen (organische Füllstoffe, bestimmte Weichmacher, Gleitmittel usw.) abhängt. Bei Zugabe solcher Stoffe zum an sich resistenten Polymergerüst kann die Ausrüstung des Materials mit bakteriziden oder fungiziden Substanzen erforderlich werden. Hierbei unterscheidet man zwischen dem oftmals keinen dauerhaften Schutz gewährleistenden Oberflächenschutz, bei dem die antimikrobiell wirksamen Mittel in Form eines Anstrichs aufgebracht werden, und dem Tiefschutz, bei dem die betreffenden Substanzen dem Kunststoffrohmaterial bereits vor der Verarbeitung zugesetzt werden.

Welche Schutzmittel für die einzelnen Kunststoff-Typen verwendet werden, hängt einmal von der Verträglichkeit dieser Substanzen mit dem Kunststoff ab, zum anderen von dem späteren Verwendungszweck der Erzeugnisse. Da viele Kunststofferzeugnisse auf PVC-Basis hergestellt werden, die oftmals einen mikrobiell verwertbaren Weichmacheranteil besitzen, hat sich die Industrie mit dem Schutz dieses Materials besonders befaßt. Als wirksame Bestandteile dieser Mittel sind zu nennen: Chlorierte Phenole, quarternäre Ammoniumsalze von Carbonsäuren, Cu-8-hydroxychinolat, Organozinnverbindungen usw. Für Polyvinylidenchlorid und Polyvinylacetat werden u. a. Organozinnverbindungen empfohlen, für weichmacherenthaltende Zellulosederivate z. B. Pentachlorphenol, Cu-8-hydroxychinolat, Zn-pentachlorphenolat und Zn-8-hydroxychinolat [2]. Für Formaldehydharze mit angreifbarem Füllstoff wird die Verwendung von Organoquecksilberverbindungen empfohlen.

### 4.2.7.2. *Tiere*

#### 4.2.7.2.1. *Schäden durch Tiere und Schutzmaßnahmen*

Unter den Tieren, die Kunststoffe angreifen, überwiegen Insekten und Wirbeltiere. Daneben spielen noch Tiergruppen eine Rolle, deren gemeinsamer Lebensraum das Meer ist. Dort sind es vor allem seßhafte Tiere, die neben Algen als sog. Bewuchs unerwünschte Überzüge auf Kunststoffen oder Kunststoff-Anstrichen bilden.

Im Gegensatz zu Mikroorganismen verursachen Tiere im allgemeinen mechanische Zerstörungen. In seltenen Fällen werden auch durch Stoffwechselprodukte Veränderungen hervorgerufen [3].

Bei einem mechanischen Angriff sind auch physikalische Eigenschaften des Materials für dessen Anfälligkeit verantwortlich. Werkstoffe, die ebenso hart wie die Beiß- oder Bohrwerkzeuge der Tiere oder noch härter sind, können nicht mehr geschädigt werden. Maßgebend ist ferner die äußere Form des Materials. Je ebener und glatter es ist, um so schwerer angreifbar wird es. Unebenheiten, Kanten und vor allem Fugen und Lücken regen zu verstärktem Nagen an. Das gilt sowohl für Insekten als auch für Wirbeltiere. Von Schaumstoffen ist ohne Schutzbehandlung keine völlige Widerstandsfähigkeit gegenüber Tieren zu erwarten. Die Anfälligkeit von Folien nimmt zu, je dünner diese werden.

Einen Überblick zur Widerstandsfähigkeit von Kunststoffen gegen Tiere gibt Tabelle 4.2.7–4. Da die Literaturangaben über die Beschaffenheit der Kunststoffe und über die Bewertung ihrer Angreifbarkeit sehr unterschiedlich sind, ist nur eine grobe Einteilung in 3 Gruppen vorgenommen worden.

*Tabelle 4.2.7–4 Beständigkeit von Kunststoffen gegenüber Tieren*

| Kunststoffe | Tiergruppe | Beständigkeit[1]) | Zahl der Zitate[2]) |
|---|---|---|---|
| Polyäthylen | | | |
| (hart, hohe Dichte) | Termiten | + | 2 |
| (hart, hohe Dichte) | Nagetiere | – | 1 |
| (niedrige bis mittlere Dichte) | Termiten | – | 4 |
| (niedrige bis mittlere Dichte) | Ameisen | – | 1 |
| (niedrige bis mittlere Dichte) | Nagetiere | – | 3 |
| (als Folie) | Termiten | – | 2 |
| (als Folie) | Mottenlarven | – | 3 |
| (als Folie) | im Wasser lebende Schmetterlingslarven | – | 1 |
| (als Folie) | Insekten allgemein | – | 3 |
| (als Folie) | Nagetiere | +, – | 1, 1 |
| (als Tauwerk) | Holzbohrasseln | + | 1 |
| Polypropylen | Termiten | – | 2 |
| | Nagetiere | – | 1 |
| Polystyrol | Termiten | +, ±, – | 2, 2, 1 |
| | Teppichkäferlarven | – | 2 |
| | Fliegenlarven | – | 1 |
| | Samenmottenlarven | – | 1 |
| | Bohrmuscheln | + | 1 |
| (als Schaumstoff) | Insekten allgemein | – | 2 |
| (als Schaumstoff) | Termiten | – | 4 |
| (als Schaumstoff) | Ameisen | – | 1 |
| (als Schaumstoff) | Nagetiere | – | 1 |
| (als Schaumstoff) | Vögel | – | 1 |
| Polyvinylchlorid | | | |
| (hart) | Termiten | + | 4 |
| (hart) | Nagetiere | ±, + | 1, 1 |
| (weich, auch als Folien) | Termiten | –, + | 6, 1 |
| (weich, auch als Folien) | Insekten allgemein | – | 1 |
| (weich, auch als Folien) | Mottenraupen | – | 1 |
| (weich, auch als Folien) | Nagetiere | – | 5 |
| (weich, auch als Folien) | holzzerstörende Meerestiere, Bohrmuscheln | +, ± | 2, 1 |
| Polyvinylbutyral (als Folie) | Termiten | – | 1 |
| Polyvinylidenchlorid | Termiten | + | 1 |
| | Nagetiere | – | 1 |
| Polyvinylacetat | Termiten | ± | 2 |
| Polytetrafluoräthylen | Termiten | + | 2 |
| (als Folie) | Termiten | – | 1 |
| Polytrifluoräthylen | Termiten | + | 1 |
| Polymethacrylat | Termiten | + | 4 |
| | Nagetiere | ± | 1 |
| | Bohrmuscheln | +, – | 1, 1 |
| (als Folie) | Termiten | – | 1 |
| Polyacrylnitril | Mottenlarven | + | 2 |
| (als Gewebe) | Mottenlarven | + | 3 |
| (für Chirurgie) | Wirbeltierorganismus | ± ··· – | 1 |

| Kunststoff | Tiergruppe | Beständigkeit[1]) | Zahl der Zitate[2]) |
|---|---|---|---|
| Polyamid | Termiten | –, + | 3, 2 |
| | Samenmotten-Larven | – | 1 |
| | Mottenlarven | +, ± | 1, 3 |
| | Köcherfliegenlarven | – | 1 |
| | Holzbohrasseln, Bohrmuscheln | +, ± | 1, 1 |
| | Nagetiere | – | 1 |
| (für Chirurgie) | im Wirbeltierorganismus | – | 1 |
| Polyurethan | Termiten | – | 2 |
| | Nagetiere | – | 1 |
| (als Schaumstoff) | Termiten | – | 3 |
| (als Schaumstoff) | Insekten allgemein | – | 1 |
| (als Schaumstoff) | Nagetiere | – | 1 |
| Polyester | Termiten | + | 1 |
| (als Folie) | Termiten | – | 2 |
| (als Folie) | Insekten allgemein | + | 1 |
| (als Faser) | Mottenlarven | + | 2 |
| (für Chirurgie) | im Wirbeltierorganismus | + | 1 |
| Polycarbonat | Termiten | + | 2 |
| | Bohrmuscheln | ± | 1 |
| (als Folie) | Vorratsschädlinge und Insekten allgemein | + | 1 |
| (als Folie) | Tabakkäfer | + | 1 |
| Phenol-Formaldehyd-Harz | Termiten | + | 4 |
| | holzzerstörende Meerestiere | +, – | 1, 1 |
| (mit Zellstoff oder Papier als Füllstoff) | Termiten | ± | 1 |
| (als Hartpapier) | Termiten | ± | 1 |
| Melamin-Formaldehyd-Harz | Termiten | + | 2 |
| | holzzerstörende Meerestiere | ± | 1 |
| Harnstoff-Formaldehyd-Harz | Termiten | +, ± | 3, 1 |
| (als Schaumstoff) | Termiten | – | 2 |
| Epoxidharz | Termiten | +, ± | 2, 1 |
| Polyesterharz | Termiten | + | 3 |
| Naturkautschuk | Termiten | – ··· ± | 3 |
| | Anobien | – ··· ± | 1 |
| | Nagetiere | – | 2 |
| Hartgummi | Termiten | – | 1 |
| Chlorkautschuk | Bohrmuscheln | – | 1 |
| Polysulfid-Gummi | Termiten | – | 1 |
| Silikon-Kautschuk | Nagetiere | – | 1 |
| Chloropren | Termiten | – ··· ± | 2 |
| Neopren | Termiten | – | 1 |
| | Nagetiere | – | 1 |
| Celluloseacetat | Termiten | +, ± | 1, 3 |
| | einige Insekten | + | 1 |
| Celluloseacetobutyrat | Termiten | – | 2 |
| Cellulosenitrat | Termiten | ± | 2 |
| Cellulosehydrat (als Folie) | Termiten | – | 2 |
| | Schaben | – | 1 |
| | Holzbohrasseln | – | 1 |
| Kasein-Kunststoff (Kunsthorn) | Termiten | – | 2 |
| | Käferlarven | – | 1 |

[1]) + = beständig; ± = nicht völlig beständig; – = anfällig.

[2]) Anzahl der erfaßten Veröffentlichungen mit Originalangaben zur Beständigkeit.

*Insekten*

Zu den Kunststoffe gefährdenden Insekten gehören die als Holz-, Textil- oder Vorratsschädlinge bekannten Termiten-, Käfer- und Mottenarten. Holzbewohnende Insekten durchbohren hin und wieder im Bauwesen verwendete Folien und Schaumstoffplatten oder Verpackungsmaterial. Aus Textilien stammende Mottenraupen oder Käferlarven können durch Plastiktüten dringen, an Mischgeweben aus Wolle und Kunstfasern fressen oder an reinen Kunstfasergeweben nagen. Verpackungsfolien sind vor allem Vorratsschädlingen ausgesetzt, die in oder von verpackten Nahrungsmitteln leben.

Termiten sind in tropischen und subtropischen Gebieten die als Werkstoffschädlinge wichtigsten Insekten. Alles Material auf Cellulose-Grundlage ist besonders gefährdet, da es vielfach als Nahrung dienen kann [4]. An zweiter Stelle hinsichtlich der Anfälligkeit scheint weiches PVC zu stehen. Wie auch bei Mikroorganismen macht sich in Wahlversuchen ein Weichmachereinfluß bemerkbar. Doch waren auch die mit Trikresylphosphat weichgemachten PVC-Proben, die in einigen Fällen abschreckend gewirkt haben [6], noch einwandfrei unbeständig [4]. Das Durchnagen von Kabel-Kunststoffmänteln hat zu erheblichen Ausfällen geführt. Die anfälligen Schaumstoffe, wie Styropor, können von zahlreichen Gängen durchzogen und mit Galerien überbaut werden, dem charakteristischen Kennzeichen für die Gegenwart von Termiten (Bild 4.2.7–4).

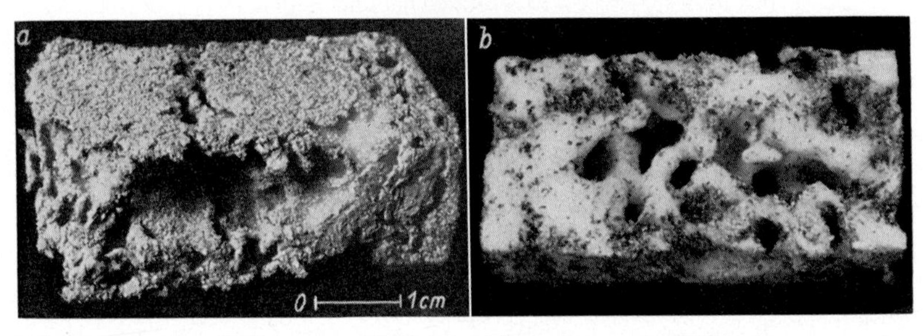


Bild 4.2.7–4 Beschädigung von Polystyrol-Hartschaum durch Termiten
a) Probe weitgehend von Galeriebaumaterial überzogen,
b) Galerien (einer anderen Probe) weitgehend entfernt

In Südostasien und Australien haben auch Ameisen Schäden an Kunststoffumwicklungen von Kabeln verursacht [3].

Von holzzerstörenden Käfern (Anobiidae, Bostrychidae und Cerambycidae) ist bekannt, daß sie Kunststoff-Beläge, -Folien, -Behälter, -Anstriche und Schaumstoff-Platten durchnagen können. Gleiches gilt für Holzwespen (Siricidae).

Für Mischgewebe aus Kunststoff-Fasern und Wolle ist bei fehlender Schutzausrüstung der Wollanteil ausschlaggebend für die Beständigkeit gegen Textilschädlinge. Unzulässige Schäden können bei rein synthetischen Geweben mit Wollanteilen von etwa 20% an auftreten. Typisch für Bisse von Mottenraupen an Folien sind die kreisförmigen Anschnitte mit den einzelnen Mandibelabdrücken (Bild 4.2.7–5a) vgl. auch [18]. In ähnlicher Form, nur stark vergrößert, können sich auch Nagerschäden äußern (Bild 4.2.7–5b).

Da die Widerstandsfähigkeit eines Materials gegen Tiere stärker von dessen physikalischen als von den chemischen Eigenschaften abhängt, sind auch Versuche zur Herabsetzung der Anfälligkeit durch Zufügen harter Füllstoffe (z.B. $SiO_2$ bei PVC-weich) unternommen worden. Der Erfolg in der Beständigkeit gegen Termiten war aber umstritten [6, 20].

Für den chemischen Schutz haben sich beständige Kontaktinsektizide, überwiegend $\gamma$-HCH (Lindan) und gegen Termiten z.B. auch Aldrin und Dieldrin, bewährt [9]. Doch

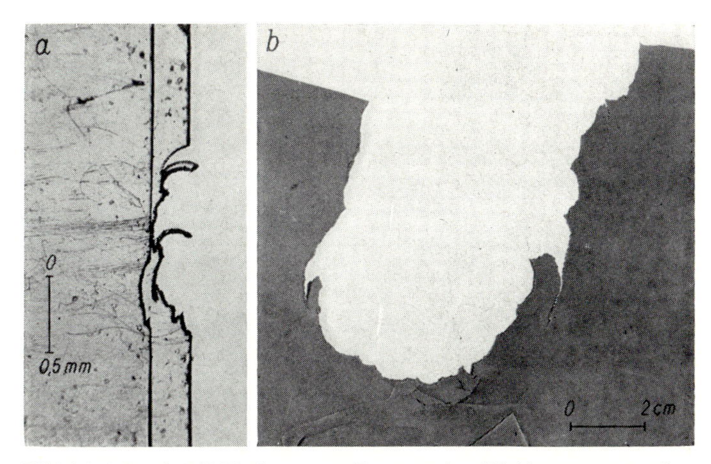


Bild 4.2.7–5 a) Biß-Kerben von Raupen der Kleidermotte an einer Kunststoff-Folie, b) Von Nagetieren vom Rand aus verursachte Beschädigung einer PVC-Folie

werden anfällige Stoffe trotz der Giftzusätze immer noch etwas benagt. Die Anwendung der sehr beständigen Kontaktinsektizide Dieldrin und Aldrin wird aus hygienischen Gründen heute jedoch immer stärker eingeschränkt. Abschreckende Mittel (Repellens) sind für den Materialschutz ebenfalls nur begrenzt wirksam [20].

*Wirbeltiere*

Von Wirbeltieren verursachte Schäden an Kunststoffen sind fast ausschließlich auf Nagetiere, vor allem auf Ratten und Mäuse zurückzuführen. Hauptsächlich sind Kabelmäntel (Bild 4.2.7–6a und b), daneben Kunststoffrohre, Folien und Kunststoffschäume betroffen.

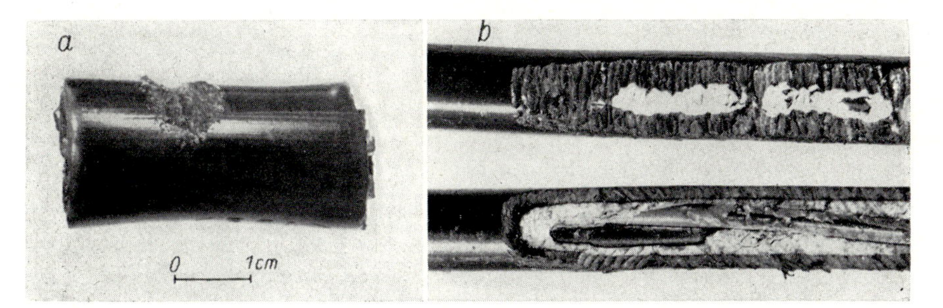


Bild 4.2.7–6 Von Hausmaus (a) und Wanderratte (b) benagte Kabel (Herrn Dr. *Kurt Becker* vom Bundesgesundheitsamt Berlin-Dahlem danken wir für die Proben)

In einigen Fällen sind auch Schäden durch Vögel bekannt. Zum Beispiel werden im Bauwesen verwendete Kunststoffschäume gelegentlich durch Vögel, die an Gebäuden nisten, angegriffen [3].

Nagetiere reagieren ihren Nagetrieb teilweise dadurch ab, daß sie wahllos harte Gegenstände, so auch Kunststoffe, benagen. Angreifbar sind dabei alle Stoffe bis zur Härte $\leqq 3$ (nach der *Mohr*schen Skala), gelegentlich auch noch bis zur Härte 4 [5]. Nach *H. J. Kinkel* und Mitarbeitern [15] durchnagten Ratten PVC-Rohre mit einer Wandstärke von 2 mm und einem Durchmesser von 40 mm (Härte nach DIN 53456 dabei bis 1340/1240 kp/cm$^2$

nach 10″/60″). Bei Erdbauten reichen Nagerschäden selten tiefer als 50 cm in den Boden [5]. Auf die Anfälligkeit von PVC soll wiederum der verwendete Weichmacher einen Einfluß haben. Dioctylphthalat enthaltendes PVC wird stärker als Trikresylphosphat enthaltendes angegriffen [21]. Wanderratten, Wald- und Gelbhalsmäuse sollen, bedingt durch den Weichmacher, regelrecht „PVC-süchtig" werden können [24].

Die meisten Autoren halten die Wirksamkeit abschreckender oder giftiger Zusätze als unzureichend für eine Schadensverhütung. Als Mittel mit der relativ besten Ratten-abweisenden Wirkung wird eine Komplexverbindung aus Cyclohexylamin und Zinkdimethyldithiocarbamat genannt [17]. Nach neueren Untersuchungen [27] verhindert eine Organozinnverbindung, an Polyäthylen-isolierten Feldtelefon-Kabeln erprobt, etwa 75% der schweren und über 90% der leichteren Nagerschäden. Der sicherste Weg, Kabel zu schützen, besteht nach wie vor in einer Armierung.

*Meerestiere*

Unter günstigen Umweltbedingungen besiedeln seßhafte Meerestiere, z.B. Seepocken, alle festen Substrate im Meer, auch unter Wasser verwendete Kunststoffe und Kunststoff-Anstriche. Als wirksamste Gegenmaßnahme werden z.B. auf Schiffsrümpfen den Anstrichen bestimmte Kupfer oder auch Zinn enthaltende und abgebende Verbindungen zugefügt (Anti-fouling compositions) [11].

Einige Krebs- und Muschelarten, die normalerweise in Holz oder weicherem Gestein bohren, können Kunststoffe im Meer unmittelbar angreifen. Weichere Kunststoffmäntel von Unterwasserkabeln werden von Arten dieser Gruppen gelegentlich beschädigt [7]. Die Mehrzahl der geprüften Kunststoffe ist jedoch gegen Bohrmuscheln und -asseln beständig (Tabelle 4.2.7–4). Geringe Beschädigungen – in Tiefseeversuchen im Höchstfall bis 6 mm tief in Polyamid-Material – traten nur dort auf, wo sich die Bohrmuscheln vorher in einer Jute-Umkleidung oder in anliegendem Holz festsetzen konnten [19, 23].

Teilweise wird sogar ein Umwickeln der besonders gefährdeten Zonen von Rammpfählen mit Kunststoff-Folien zum Schutz gegen holzzerstörende Meerestiere empfohlen. Gut bewährt hat sich eine 0,8 mm starke PVC-weich-Folie [30]. Holzboote werden durch einen Resorcin-Harz-Leim, über dem ein Nylon-Tuch mit abschließendem Vinyl-Harz-Überzug aufgebracht wird, gegen mechanische Beschädigungen und holzzerstörende Meerestiere geschützt.

### 4.2.7.2.2. *Prüfungen mit Tieren*

Genormte Vorschriften für Materialprüfungen mit Tieren liegen für Holz- und Textilschädlinge vor. Sie sind aber nur selten in ähnlicher Form auch auf Kunststoffe anzuwenden, wie z.B. bei Prüfungen von Wollmisch- oder Kunststoffgeweben auf Kleidermotten- oder Käferbeständigkeit sowie bei Prüfungen mit Termiten, für die eine deutsche Norm in Vorbereitung ist. Im allgemeinen werden Prüfungen der Beständigkeit von Kunststoffen mit bestimmten Tiergruppen in Anlehnung an bereits veröffentlichte aber nicht genormte Prüfvorschläge durchgeführt. Bei Termitenprüfungen [26] unterscheidet man zwischen Zwang- und Wahlversuchen. Im ersten Fall werden die Tiere ohne Futter so auf oder an das zu prüfende Material gebracht, daß sie nur durch Benagen die Möglichkeit zum Entweichen haben. Das Fluchtbestreben wird dadurch begünstigt und angeregt, daß kleine Spalten oder Öffnungen angeboten werden. Im zweiten Fall wird das Material zusätzlich zum Futter in die Prüf- oder Zuchtgefäße gegeben. Mit anderen Insekten werden ähnliche Versuche angestellt. Dabei richten sich Zahl der Tiere, Prüfdauer, Temperatur und relative Luftfeuchte nach der jeweiligen Insektenart. Es werden möglichst optimale Bedingungen für die Tiere gewählt. Häufig ist eine sichere Aussage erst nach dem Vergleich von Zwang- und Wahlversuchen möglich. Der Zwangversuch kann zu einer schärferen Bewertung als der Wahlversuch führen, wohingegen letzterer im Falle einer anlockenden oder abschreckenden Wirkung des Materials extremere und praxisnähere Ergebnisse liefert. Wenn möglich, z.B. immer bei Zwangversuchen, wird die Zahl der überlebenden Tiere mit Kontrollen verglichen, damit eine mögliche Giftwirkung eines Materials erfaßt wird. Wichtig für die Beurteilung der Termitenbeständigkeit ist die Berücksichtigung mehrerer Arten, da die Befunde an einem Material je nach Termitenart unterschiedlich ausfallen können [4]. Die in den Tropen üblichen Freilandversuche mit Termiten haben den Charakter von Wahlversuchen.

Bei Nagetieren haben sich Zwangversuche bewährt. Die Tiere werden in ihrem Aufenthaltskäfig durch das zu prüfende Material von ihrem Futter oder ihren Geschlechtspartnern getrennt und dadurch zum Nagen angeregt [29].

### Literaturverzeichnis[1])


1. American Society for Testing Materials: Tentative recommended practice for determining resistance of plastics to fungi. ASTM D 1924 – 61 T (1961).
2. *Baseman, A.L.:* Plast. Technol. *12*, 33 (1966).
3. *Becker, G.:* Z. angew. Zool. *49*, 95 (1962).
4. *Becker, G.:* Materialprüfung *5*, 218 (1963).
5. *Becker, K.:* Elektrotechn. Z.-B. *12*, 311 (1960).
6. *Bultman, J.D., J.M. Leonard* and *C.R. Southwell:* Termite resistance of polyvinyl chloride plastic – two years' exposure in the tropics. Nav. Res. Lab., Wash. D. C., NRL Rep. No. 6601, 1967.
7. *Clapp, W.F.*, and *R. Kenk:* Marine borers. An annotated bibliography. Washington D. C., Off. nav. Res., Dep. Navy 1963.
8. Fachnormenausschuß Elektrotechnik im Deutschen Normenausschuß (DNA): Klimatische und mechanische Prüfungen. Prüfung J: Schimmelwachstum. DIN 40046, Blatt 10, Entwurf (1969).
9. *Gay, F.J.*, and *A.H. Wetherly:* Laboratory studies of termite resistance. IV. The termite resistance of plastics. Commonwealth Sci. and Ind. Res. Organiz., Div. Ent., Techn. Pap. No.5, 1962.
10. *Greathouse, G.A.* and *C.J. Wessel:* Deterioration of materials. New York: Reinhold Publ. Corp. 1954.
11. *Haldenwanger, H.H.M.:* Biologische Zerstörung der makromolekularen Werkstoffe Bd. 15 der Reihe Chemie, Physik und Technologie der Kunststoffe (Herausgeber: *K.A. Wolf*). Berlin: Springer 1970.
12. *Hitz, H.-R., A. Merz* and *R. Zinkernagel:* Material u. Organismen *2*, 271 (1967).
13. *Kerner-Gang, W.:* Material u. Organismen *1*, 35 (1965).
14. *Kerner-Gang, W.:* Boden, Wand + Decke *15*, 172 (1969).
15. *Kinkel, H.J., W. Heldt, E. Wissmann* u. *R. Chudzinski:* Naturwiss. Rdsch. *20*, 254 (1967).
16. *Kühlwein, H.*, u. *F. Demmer:* Kunststoffe *57*, 183 (1967).
17. *Lizell, B., J. Roos* u. *G. Bjorck:* Eriksen Revue *36*, 58 (1959).
18. *Loske, T.:* Melliand Textilber. *43*, 1214 (1962).
19. *Muraoka, J.S.:* Effect of deep-ocean environment on plastics. In: Materials performance and the deep sea. ASTM spec. techn. Publ. No. 445, 5 (1969).
20. *Pacitti, J.:* Internat. Biodeterioration Bull. *1*, 74 (1965).
21. *Reiter, R.*, u. *O. Kraglowa:* Plaste u. Kautschuk *7*, 231 (1960).
22. *Rychtera, M.*, u. *E. Niederführova:* Werkstoffe u. Korrosion *16*, 116 (1965).
23. *Snoke, L.R.:* Bell System techn. J. *36*, 1095 (1957).


[1]) Ein ausführlicheres Literaturverzeichnis kann von den Verfassern angefordert werden.

24. *Steininger, F.:* Gesundheitswesen und Desinfektion *60*, 154 (1968).

25. *Theden, G.:* Materialprüfung *2*, 88 (1960).

26. *Theden, G.*, u. *G. Becker:* Kunststoffe, Prüfung auf Verhalten gegen Organismen. In: *R. Nitsche* u. *K.A. Wolf* (Herausgeber): Kunststoffe. Struktur, physikalisches Verhalten und Prüfung. Bd. 2. Praktische Kunststoffprüfung. Berlin: Springer 1961.

27. *Tigner, R.:* Chemical protection methods progress. Electronic Packaging and Production 1968.

28. *Wälchli, O.*, u. *R. Zinkernagel:* Material u. Organismen *1*, 161 (1966).

29. *Wessels, J.M.C.*, u. *H.J. Hueck:* Material u. Organismen *5*, 217 (1970).

30. *Whiteneck, L.L, C.M. Wakeman* and *H.E. Stover:* Dock and Harbour Authority No. *500*, 49 (1962).

# 4.3. Elektrische und dielektrische Eigenschaften

## 4.3.1. Dielektrizitätszahl und dielektrischer Verlustfaktor als Funktion von Temperatur und Frequenz

Klaus Bergmann

### 4.3.1.1. *Begriffe und Definitionen*

Die komplexe Dielektrizitätszahl

$$\varepsilon_r^* = \varepsilon_r' - j\varepsilon_r''$$

eines Stoffes ist eine komplexe Zahl, deren Realteil $\varepsilon_r'$ die *Dielektrizitätszahl* (DZ) und deren Imaginärteil $\varepsilon_r''$ die *dielektrische Verlustzahl* (DV) genannt wird [7]. Bei einem Plattenkondensator kann man sich die DZ als das Verhältnis der Kapazitäten mit und ohne Dielektrikum

$$\varepsilon_r' = C/C_0$$

veranschaulichen (Bild 4.3.1–1), während die DV proportional zu der im Dielektrikum pro Schwingungsperiode des Feldes in Wärme umgesetzten elektrischen Energie $N$ in W/cm³ ist. Es gilt

$$N = 4{,}43 \cdot 10^{-14}\,\varepsilon_r'' \cdot \omega \cdot E^2$$

wo $\omega = 2\pi f$ die Kreisfrequenz, $f$ die Meßfrequenz und $E$ die Feldstärke in V/cm bedeutet. Das Verhältnis $\varepsilon_r''/\varepsilon_r'$ wird auch als *dielektrischer Verlustfaktor* $\tan\delta$ bezeichnet.

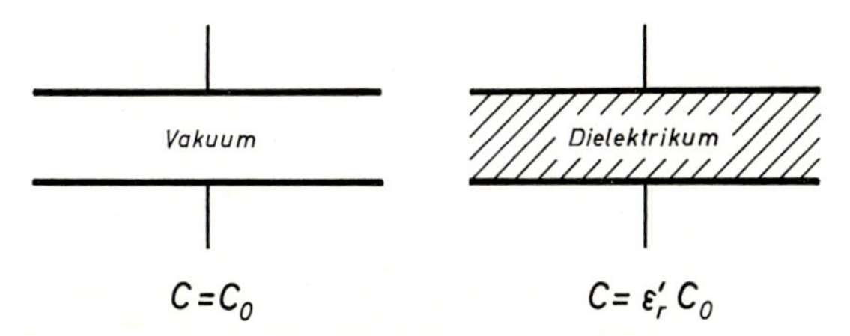


Bild 4.3.1–1 Zur Definition von $\varepsilon_r'$

Die komplexe DZ ist ein Maß für die *Polarisation* eines Dielektrikums. Sie ist eine Folge der im elektrischen Feld stattfindenden gegenseitigen Verschiebung der positiv und negativ geladenen Molekülbestandteile. Bei unpolaren Stoffen (Beispiel Polyäthylen) bewirkt das Feld lediglich eine Verschiebung der Elektronenwolke gegenüber dem Atomkern. Nach *Clausius-Mosotti* gilt in diesem Fall

$$\frac{\varepsilon_r' - 1}{\varepsilon_r' + 2} = \frac{4\pi N \alpha \varrho}{3M}$$

($N$ = *Loschmidt*sche Zahl = $6{,}023 \cdot 10^{23}$, $M$ = Molekulargewicht, $\varrho$ = Dichte). Die Elektronenpolarisierbarkeit $\alpha$ ist unabhängig von Frequenz und Temperatur. Damit ist auch nach der obigen Gleichung die DZ unpolarer Stoffe unabhängig von der Frequenz und über die Dichte geringfügig von der Temperatur abhängig (Bild 4.3.1–2). Sie liegt im allgemeinen zwischen 2,0 und 2,6. Die DV unpolarer Stoffe ist theoretisch Null. Auf Grund unvermeidlicher polarer Verunreinigungen wird jedoch meistens ein Wert der Größenordnung $10^{-4}$ gefunden.

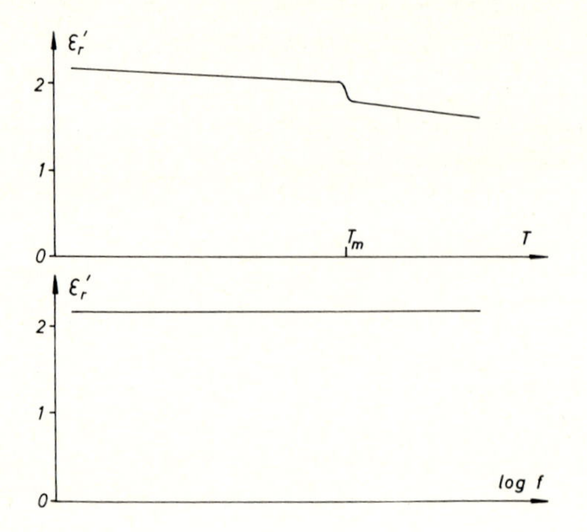


Bild 4.3.1–2 Die DZ unpolarer Stoffe (schematisch; nach [10])

Alle polaren Stoffe von asymmetrischer Molekülstruktur besitzen ein *permanentes Dipolmoment*. So trägt z.B. Polyvinylchlorid ein Dipolmoment in der C-Cl-Bindung, dessen positive Ladung am Kohlenstoffatom und dessen negative Ladung am Chloratom sitzt. Große Momente bei den Kunststoffen treten in den Bindungen eines Kohlenstoffatoms mit den Elementen N, O und den Halogenen auf. Kunststoffe wie Polytetrafluoräthylen, deren Bindungsmomente sich auf Grund ihrer symmetrischen Molekülstruktur gegenseitig kompensieren, sind jedoch unpolar.

Durch die Ausrichtung der Dipolmomente im elektrischen Feld wird bei allen polaren Stoffen eine *Dipolpolarisation* beobachtet, die sich in einer starken Temperatur- und Frequenzabhängigkeit der komplexen DZ bemerkbar macht (Bild 4.3.1–3). In der Nähe der Glastemperatur nimmt auf Grund der einsetzenden mikrobrownschen Molekularbewegung die Orientierungsmöglichkeit und damit die Polarisation der Dipole mit der Temperatur rasch zu. Bei weiterer Erwärmung des nun „aufgetauten“ Materials verhindert jedoch die Wärmebewegung der Molekülsegmente eine weitere Ausrichtung der Dipole, so daß nach Durchlaufen eines Maximums die DZ wieder abfällt.

Ändert man anstelle der Temperatur die Meßfrequenz, dann beobachtet man folgendes: Während bei tiefen Frequenzen die Dipole sich synchron mit dem Feld drehen, können sie bei hohen Frequenzen dem Feld nicht mehr folgen. Die DZ fällt daher von $\varepsilon_0$ auf $\varepsilon_\infty$ ab, wobei nach Wegfall der Dipolpolarisation $\varepsilon_\infty$ allein von der Verschiebungspolarisation bestimmt wird. Die durch Reibung entstehenden Verluste an elektrischer Energie und damit die DV wird am größten, wenn die Kreisfrequenz des Feldes der Bedingung genügt

$$\omega \approx 1/\tau_0 ,$$

wo $\tau_0$ die mittlere *Relaxationszeit* ist.[1]) In der Regel tritt das Maximum der DV dort auf, wo die DZ etwa die halbe Stufe durchlaufen hat (Bild 4.3.1–3).

Außer dem besprochenen Glasübergangs-Relaxationsprozess besitzen alle Kunststoffe noch ein oder mehrere sekundäre Relaxationsprozesse, die jedoch dielektrisch meist weniger stark ausgeprägt sind.

Einen groben Überblick über die dielektrischen Eigenschaften der Kunststoffe kann man sich anhand der Tabelle 4.3.1–1 verschaffen.

---

[1]) Bei Kunststoffen findet man stets eine Verteilung der Relaxationszeiten, deren Schwerpunkt bei $\tau_0$ liegt.

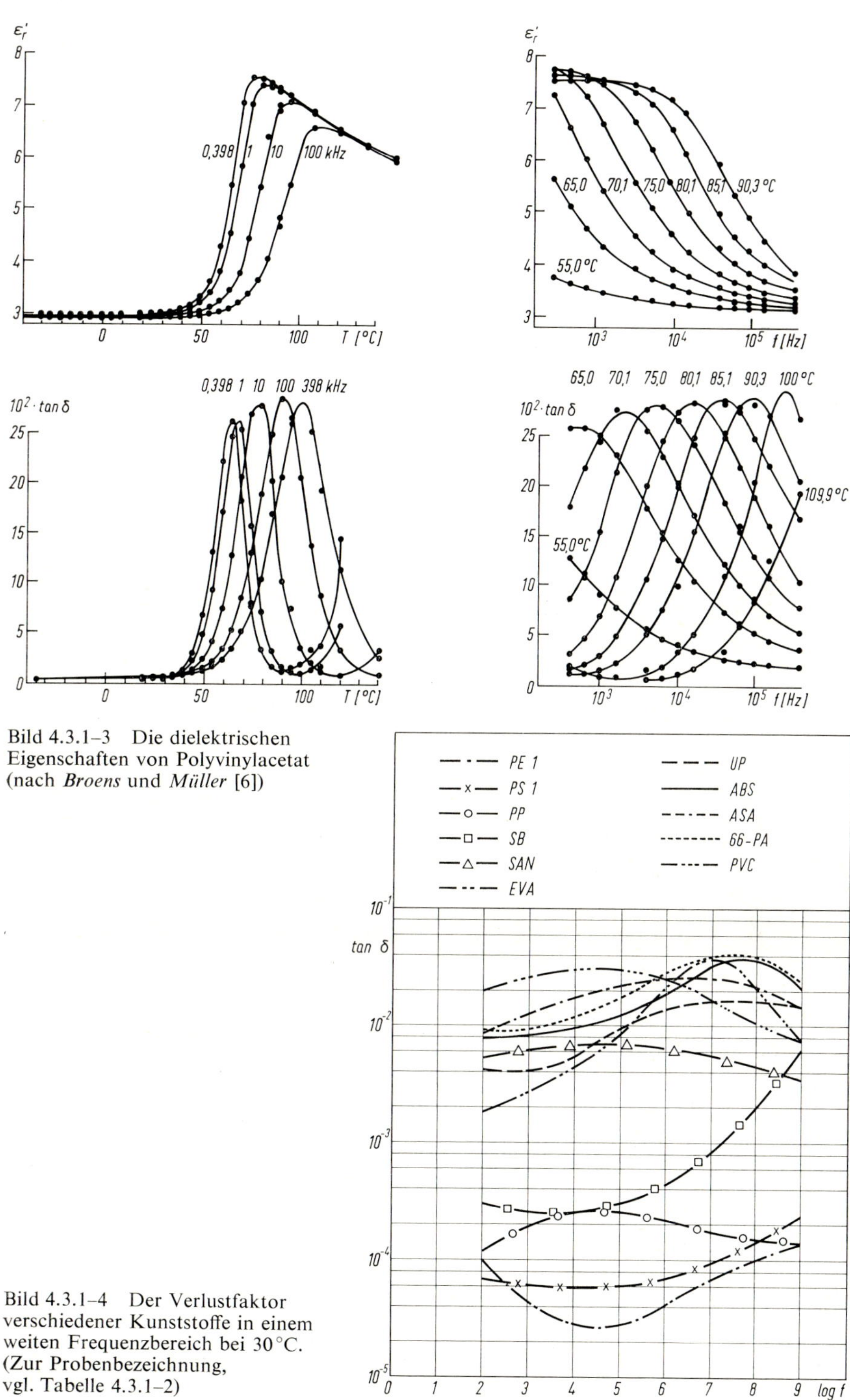


Bild 4.3.1–3 Die dielektrischen Eigenschaften von Polyvinylacetat (nach *Broens* und *Müller* [6])

Bild 4.3.1–4 Der Verlustfaktor verschiedener Kunststoffe in einem weiten Frequenzbereich bei 30 °C. (Zur Probenbezeichnung, vgl. Tabelle 4.3.1–2)

*Tabelle 4.3.1–1 Regeln zur näherungsweisen Berechnung der dielektrischen Eigenschaften von Kunststoffen im Frequenzbereich $10^2 \ldots 10^9$ Hz. Vgl. auch Bild 4.3.1–4 ($T_g$ = statische Glastemperatur)*

| | $\varepsilon_r'$ | $\tan\delta$ |
|---|---|---|
| unpolare Stoffe | 2,0 … 2,6 | $\leq 10^{-4}$ |
| unpolare Stoffe mit schwach polaren Zusätzen | 2,0 … 2,6 | $10^{-4} \ldots 3 \cdot 10^{-3}$ |
| polare Stoffe $< T_g$ | 2,5 … 4 | $3 \cdot 10^{-3} \ldots 3 \cdot 10^{-2}$ |
| polare Stoffe $> T_g$ | $\geq 2{,}5$ | $\geq 10^{-2}$ |

### 4.3.1.2. *Meßmethoden*

Dielektrische Messungen in dem technisch wichtigen Frequenzbereich von $50 \cdots 10^{10}$ Hz erfordern eine Reihe verschiedener Meßapparaturen, da jede Apparatur nur maximal 3–4 Frequenzdekaden überstreichen kann.

Im *Frequenzbereich* $50 \cdots 10^5$ *Hz* verwendet man Meßbrücken, bei denen Real- und Imaginärteil der komplexen Dielektrizitätszahl durch Variation geeichter Brückenelemente abgeglichen werden. In Bild 4.3.1–5 ist eine Scheringbrücke dargestellt, die in

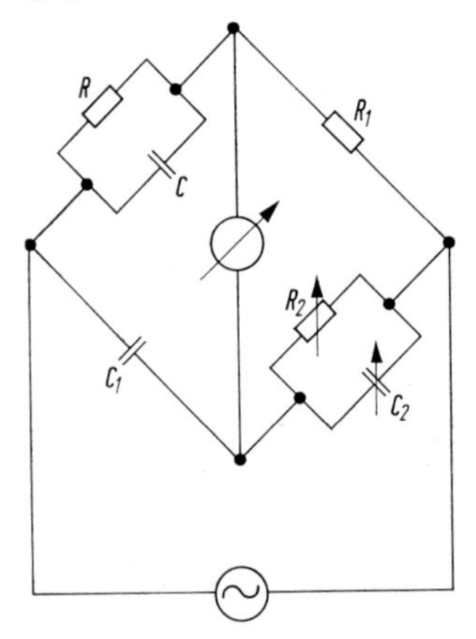


Bild 4.3.1–5 Schering-Brücke (50 … $10^5$ Hz)

ihrem oberen linken Zweig den Meßkondensator enthält, dessen Ersatzschaltbild eine Parallelschaltung von $C$ und $R$ sei, wobei $R = 1/\omega C \tan\delta$ ist. Sie enthält ferner die geeichten Widerstände $R_1$, $R_2$ und Kapazitäten $C_1$, $C_2$. $R_2$ und $C_2$ sind veränderlich und dienen dazu, Betrag und Phase der Spannung im Nullzweig abzugleichen. Im abgeglichenen Zustand gilt $C = C_1 R_2/R_1$ und $R = R_1 C_2/C_1$.

Als *Meßkondensator* wird ein Plattenkondensator mit variablem Plattenabstand benutzt (Bild 4.3.1–6) [4]. Nach der Einführung der ca. 1 mm dicken Probe zwischen die Elektroden mißt man die Kapazität und den Verlustfaktor $\tan\delta'$ des Kondensators.[2]) Danach entfernt man die Probe aus dem Kondensator und verringert den Elektrodenabstand um $\Delta d$, bis sich die ursprüngliche Kapazität wieder einstellt. Man erhält

$$\varepsilon = \bar{d}/(\bar{d} - \Delta d)$$

und

$$\tan\delta = \alpha \tan\delta',$$

[2]) Bei dieser Differenzmethode sind *keine* Haftelektroden (beiderseits auf die Probe aufgetragene leitfähige Schichten) notwendig.

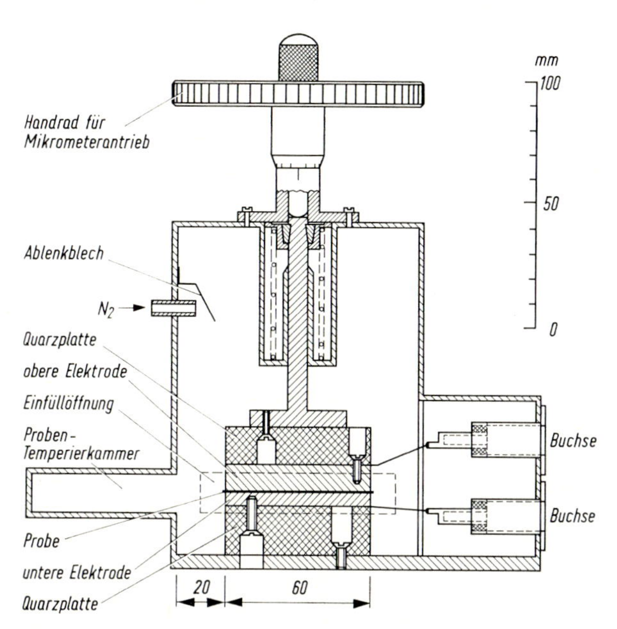


Bild 4.3.1–6 Meßkondensator für 50 ... $10^5$ Hz

wo $\bar{d}$ die mittlere Probendicke und $\alpha$ ein Korrekturfaktor für den Luftspalt zwischen Probe und Elektroden sowie für die parallel zur Nutzkapazität liegende parasitäre Kapazität ist [4].

Die Temperierung im Bereich $-100 \cdots +100\,°C$ besorgt ein in das Abschirmgehäuse eingeleiteter gekühlter bzw. geheizter Stickstoffstrom, der die Probe gleichzeitig auch trocken hält.

Im *Frequenzbereich* $> 10^5$ *Hz* kommen Resonanzmethoden zur Anwendung. Bis zu einer Frequenz von ca. $10^8$ Hz gelangt man, wenn man den Meßkondensator der Kapazität C durch eine Spule der Induktivität $L$ zu einem Resonanzkreis der Eigenfrequenz $\omega^2 = 1/LC$ ergänzt (Bild 4.3.1–7). Verändert man die Frequenz des lose, z.B.

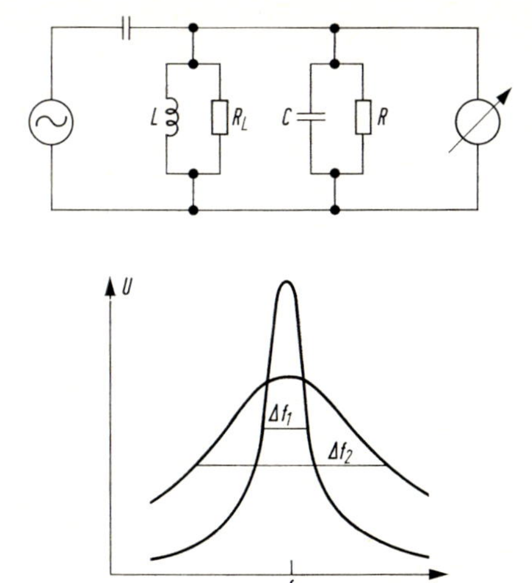


Bild 4.3.1–7 Resonanzkreis zur Messung der komplexen DZ bei $10^5$ ... $10^8$ Hz (oben). Resonanzkurven (unten)

kapazitiv, angekoppelten Senders, dann erhält man auf dem Anzeigeinstrument eine Resonanzkurve, deren Halbwertsbreite durch die Ersatzwiderstände von Spule ($R_L$) und Meßkondensator ($R$) bestimmt ist. Aus der Differenz der Halbwertsbreiten mit und ohne Probe erhält man deren Verlustfaktor

$$\tan\delta' = (\Delta f_2 - \Delta f_1)/f_r$$

Für $\Delta f_1 \approx \Delta f_2$ erhält man aus den Resonanzspannungen mit und ohne Probe, $U_1$ und $U_2$, eine höhere Meßgenauigkeit [9]. In diesem Fall gilt

$$\tan\delta' = (\Delta f_1/f_r)(U_1/U_2 - 1)$$

Der Meßkondensator ist grundsätzlich wie in Bild 4.3.1–6 aufgebaut. Jedoch ist jetzt die obere Elektrode nach *Hartshorn* und *Ward* [9] über einen Balgen, der die Zuleitungsimpedanz unabhängig vom Elektrodenabstand hält, direkt mit dem Abschirmgehäuse verbunden. Ferner werden die Zuleitungen zum Meßgerät so kurz wie möglich gehalten.

Ist die Wellenlänge nicht mehr sehr groß gegen die Abmessungen des Resonanzkreises, so muß man diesen anders aufbauen. Im Frequenzbereich $3 \cdot 10^8 \ldots 10^9$ Hz arbeitet man mit koaxialen Resonatoren, sog. „Topfkreisen", vgl. Bild 4.3.1–8 [14a], oberhalb von $10^9$ Hz mit Hohlraumresonatoren [13]. Auch hier werden die dielektrischen Eigenschaften aus den Meßgrößen $\Delta f_1$, $\Delta f_2$ bzw. $U_1$, $U_2$ und $f_r$ berechnet.

Betreffs anderer Meßmethoden, vgl. [1, 3, 7].

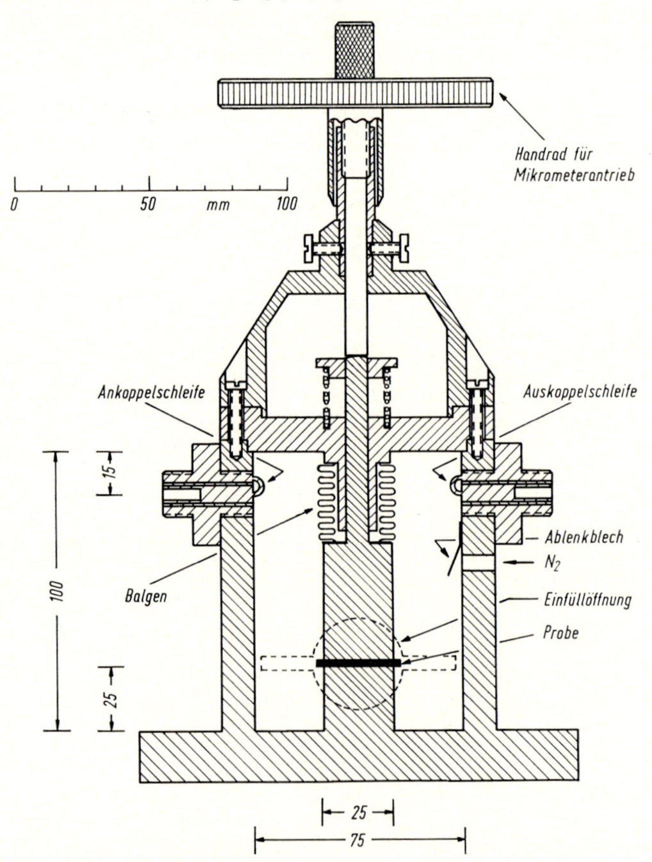


Bild 4.3.1–8 Topfkreis für 300 MHz

### 4.3.1.3. *Zahlenmaterial*

In Tabelle 4.3.1–2 werden die dielektrischen Eigenschaften ($\varepsilon_r'$ und $\tan\delta$) einzelner Kunststoffe wiedergegeben. Es ist aus zwei Gründen nicht möglich, eine vollständige Tabelle dieses Zahlenmaterials aufzustellen. Einmal müßte die Tabelle weit größer sein als der zur Verfügung stehende Raum es erlaubt. Zur Charakterisierung jedes Kunststoffes im technisch wichtigen Frequenz- und Temperaturbereich wären mindestens 50 Zahlen notwendig. Zum anderen ist die Zahl derartiger Messungen, die experimentell aufwendig sind, nicht gerade groß.[3]) Die meisten Hersteller geben die dielektrischen Eigenschaften ihrer Fabrikate nur bei Raumtemperatur und 1 bis 3 Frequenzen (meist 50, 800 bzw. $10^3$ und $10^6$ Hz) an [7]. Der Verfasser mußte daher neben einigen Messungen anderer Stellen [2, 12, 8] hauptsächlich auf eigene Messungen an BASF-Isolierstoffen zurückgreifen [5, 5a]. Aus den angegebenen Werten lassen sich leicht die dielektrischen Kennzahlen bei jeder beliebigen Frequenz und Temperatur innerhalb des Meßbereiches interpolieren. Den Messungen [5, 5a] liegen trockene Preßplatten zugrunde. Bei hydrophilen Materialien werden auch Zahlen angegeben, die nach Lagerung bei 65% Feuchte bis zur Gewichtskonstanz bei 22 °C gemessen wurden.

Anstatt tabellarisch, lassen sich die dielektrischen Eigenschaften von Kunststoffen auch in sog. Höhenliniendiagrammen als Funktion von Temperatur und Frequenz darstellen. Die Bilder 4.3.1–10 und 4.3.1–11 zeigen solche Diagramme für PMMA [16].

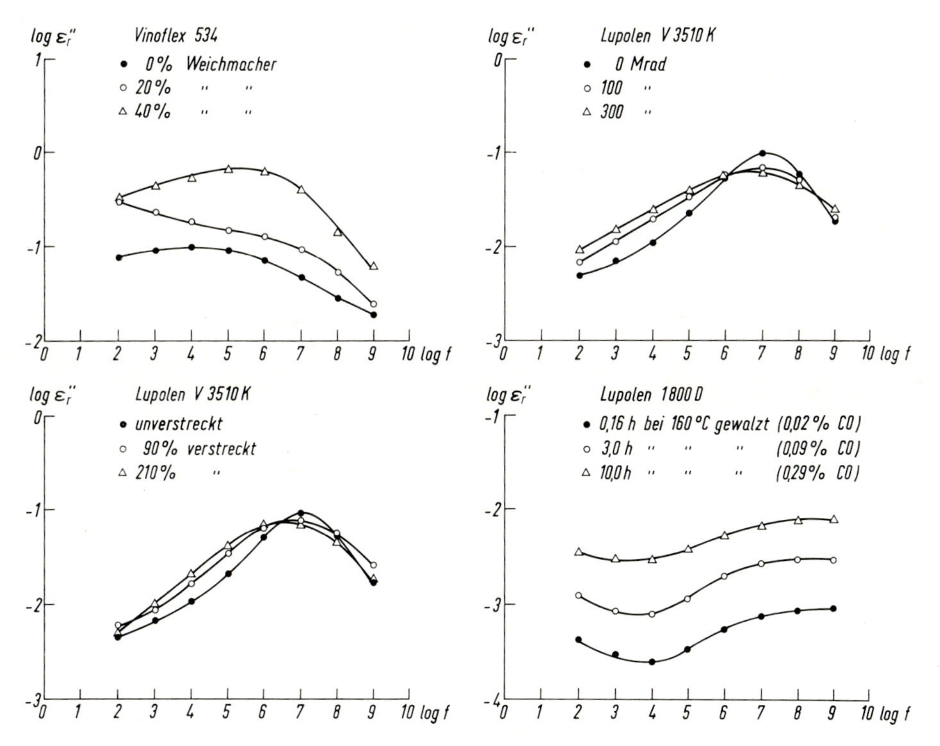


Bild 4.3.1–9 Die Wirkung von Weichmachung, Bestrahlung, Verstreckung u. Oxydation auf die dielektrischen Eigenschaften von Kunststoffen bei Raumtemperatur

[3]) Vorbildlich in dieser Hinsicht sind die ausführlichen, inzwischen jedoch veralteten Tabellen von *von Hippel* [3].

*Tabelle 4.3.1–2 Dielektrische Eigenschaften von Kunststoffen. Im ersten Teil der Tabelle sind die Materialien näher charakterisiert. Im zweiten Teil sind bei jeder Temperatur und Frequenz jeweils die Wertepaare $\varepsilon_r'/10^4 \tan\delta$ angegeben*

| Chemische Bezeichnung | Abkürzg. | Handelsname | Typ | Herst. | Zitat |
|---|---|---|---|---|---|
| Acrylnitril-Acrylester-Styrol-Copolymerisat | ASA | ®Luran S | 776 S | BASF[1]) | [5] |
| Acrylnitril-Butadien-Styrol-Copolymerisat | ABS | ®Terluran | 877 T | BASF | [5] |
| Acrylnitril-Styrol-Copolymerisat | SAN | ®Luran | 368 R | BASF | [5] |
| Äthylen-Vinylacetat-Copolymerisat | EVA | ®Lupolen | V 3510 K | BASF | [5] |
| Butadien-Styrol-Copolymerisat | SB | Polystyrol | 456 M | BASF | [5] |
| Cellulosetriacetat-Cellulose-acetobutyrat-Copolymerisat | Ce 1 | ®Triafol | TN | Bayer[2]) | [2] |
| Cellulosetriacetat-Cellulose-acetobutyrat-Copolymerisat | Ce 2 | ®Triafol | TX | Bayer | [2] |
| Cellulosetriacetat-Cellulose-acetobutyrat-Copolymerisat | Ce 3 | ®Triafol | BN | Bayer | [2] |
| Cellulosetriacetat-Cellulose-acetobutyrat-Copolymerisat | Ce 4 | ®Triafol | BW | Bayer | [2] |
| Epoxid-Harz | EP1 | ®Araldid | F | Ciba[3]) | [12] |
| Epoxid-Harz | EP2 | ®Lekutherm | X 50 | Bayer | [2] |
| Phenol-Formal-dehyd-Harz | PF | – | – | – | [8] |
| Polyäthylen, linear | PE 1 | ®Lupolen | 5041 D | BASF | [5] |
| Polyäthylen, verzweigt | PE 2 | ®Lupolen | 1812 DXSK | BASF | [5] |
| 6-Polyamid | 6 PA | ®Ultramid | B 3 K | BASF | [5] |
| 66-Polyamid | 66 PA | ®Ultramid | A 3 K | BASF | [5] |
| Polycarbonat | PC 1 | ®Makrolon | – | Bayer | [2] |
| Polycarbonat | PC 2 | ®Makrofol | N | Bayer | [2] |
| Polycarbonat | PC 3 | ®Makrofol | G | Bayer | [2] |
| Polycarbonat | PC 4 | ®Makrofol | KG | Bayer | [2] |
| Polychlortrifluoräthylen | PCTFE | ®Kel F | 81 | MMM[4]) | [5 a] |
| Polyester-Harz | UP | ®Palatal[5]) | P 6 | BASF | [5] |
| Polyisobutylen | PIB | ®Oppanol | B 150 | BASF | [5 a] |
| Polymethylmethacrylat | PMMA | ®Plexiglas | – | R & H[6]) | [3] |
| Polypropylen | PP | ®Novolen | 1320 H | BASF | [5] |
| Polystyrol | PS 1 | Polystyrol | 168 N | BASF | [5] |
| Polystyrol | PS 2 | ®Styropor | P[8]) | BASF | [5 a] |
| Polytetrafluoräthylen | PTFE | ®Teflon | – | DuPont[7]) | [5 a] |
| Polyvinylacetat | PVAC | ®Mowilith | 50 | Hoechst[9]) | [5 a] |
| Polyvinylchlorid | PVC | ®Vinoflex | 534 | BASF | [5] |

[1]) Badische Anilin- & Soda-Fabrik AG, Ludwigshafen/Rhein.
[2]) Farbenfabriken Bayer AG, Leverkusen.
[3]) Ciba AG, Basel/Schweiz.
[4]) Minnesota Mining & Mfg. Co., St. Paul 6, Minn./USA.
[5]) Härtung 24 h bei 100 °C.
[6]) Rohm & Haas, Philadelphia, PA./USA.
[7]) E.J. DuPont de Nemours & Co., Inc., Wilmington, Del./USA.
[8]) Raumgewicht 18,8 kg/m$^3$.
[9]) Farbwerke Hoechst AG, Frankfurt (Main) – Höchst.

® Registriertes Warenzeichen.

*Fortsetzung von Tabelle 4.3.1-2*

| Material | T °C | Frequenz in Hz | | | | | | | |
|---|---|---|---|---|---|---|---|---|---|
| | | $10^2$ | $10^3$ | $10^4$ | $10^5$ | $10^6$ | $10^7$ | $10^8$ | $10^9$ |
| ASA | −30 | 3,3/210 | 3,2/230 | 3,1/225 | 3,1/200 | 3,0/155 | 3,0/125 | 2,9/93 | 2,9/70 |
| | 0 | 3,4/93 | 3,3/135 | 3,2/200 | 3,2/260 | 3,1/275 | 3,0/220 | 2,9/165 | 2,9/118 |
| | 30 | 3,6/90 | 3,4/97 | 3,4/120 | 3,4/172 | 3,2/260 | 3,1/370 | 3,0/360 | 2,9/220 |
| | 60 | 3,8/130 | 3,5/105 | 3,6/100 | 3,5/110 | 3,3/170 | 3,2/300 | 3,1/380 | 3,0/320 |
| | 90 | 3,9/290 | 3,8/140 | 3,7/112 | 3,6/132 | 3,5/180 | 3,4/270 | 3,3/380 | 3,2/480 |
| | 25/65 | 4,3/160 | 4,2/180 | 4,2/240 | 4,0/385 | 3,7/600 | 3,4/680 | 3,1/475 | 3,0/260 |
| ABS | −30 | 3,1/145 | 3,0/187 | 3,0/240 | 2,9/270 | 2,9/230 | 2,8/145 | 2,8/75 | 2,7/62 |
| | 0 | 3,2/95 | 3,2/110 | 3,1/158 | 3,0/240 | 3,0/360 | 2,9/350 | 2,8/190 | 2,8/115 |
| | 30 | 3,4/77 | 3,3/97 | 3,2/112 | 3,1/120 | 3,1/195 | 3,0/350 | 2,9/390 | 2,9/215 |
| | 60 | 3,6/82 | 3,5/105 | 3,4/118 | 3,3/140 | 3,2/180 | 3,1/225 | 3,0/280 | 2,9/300 |
| | 90 | 3,7/220 | 3,6/185 | 3,5/180 | 3,4/195 | 3,3/205 | 3,2/219 | 3,1/265 | 3,0/400 |
| | 25/65 | 3,6/240 | 3,6/120 | 3,5/125 | 3,4/180 | 3,3/265 | 3,1/345 | 2,9/330 | 2,8/200 |
| SAN | −30 | 2,9/41 | 2,8/38 | 2,8/36 | 2,8/34 | 2,8/33 | 2,8/30 | 2,7/25 | 2,7/20 |
| | 0 | 3,0/45 | 2,9/51 | 2,9/56 | 2,9/58 | 2,9/52 | 2,9/42 | 2,8/30 | 2,8/20 |
| | 30 | 3,0/51 | 2,9/60 | 2,9/65 | 2,9/65 | 2,9/60 | 2,9/51 | 2,8/41 | 2,8/31 |
| | 60 | 3,0/61 | 3,0/75 | 2,9/87 | 2,9/92 | 2,9/80 | 2,9/65 | 2,8/50 | 2,8/37 |
| | 90 | 3,2/180 | 3,2/115 | 3,1/120 | 3,0/145 | 2,9/145 | 2,9/113 | 2,8/76 | 2,8/47 |
| | 25/65 | 2,9/52 | 2,9/61 | 2,9/69 | 2,9/71 | 2,9/72 | 2,9/65 | 2,9/59 | 2,9/50 |
| EVA | −30 | 2,4/114 | 2,4/98 | 2,4/89 | 2,4/85 | 2,4/75 | 2,4/61 | 2,4/42 | 2,4/23 |
| | 0 | 2,6/62 | 2,6/95 | 2,6/142 | 2,5/195 | 2,5/219 | 2,4/175 | 2,4/98 | 2,4/46 |
| | 30 | 2,6/19,5 | 2,6/26,5 | 2,6/33,0 | 2,5/99,5 | 2,5/260 | 2,4/400 | 2,4/260 | 2,4/105 |
| | 60 | 2,8/4,8 | 2,7/8,6 | 2,7/16,0 | 2,7/30,0 | 2,7/75,0 | 2,6/290 | 2,5/505 | 2,4/230 |
| | 25/65 | 2,5/85 | 2,5/60 | 2,5/72 | 2,5/130 | 2,5/260 | 2,5/450 | 2,5/240 | 2,5/85 |
| SB | −30 | 2,5/3,0 | 2,5/2,8 | 2,5/2,8 | 2,5/3,4 | 2,5/4,9 | 2,5/6,2 | 2,5/5,8 | 2,5/3,8 |
| | 0 | 2,5/1,3 | 2,5/1,7 | 2,5/2,2 | 2,5/2,9 | 2,5/3,9 | 2,5/5,6 | 2,5/7,0 | 2,5/11,7 |
| | 30 | 2,5/1,2 | 2,5/1,1 | 2,5/1,0 | 2,5/1,1 | 2,5/1,5 | 2,5/4,2 | 2,5/10,0 | 2,5/8,2 |
| | 60 | 2,5/1,2 | 2,5/1,0 | 2,5/0,9 | 2,5/1,0 | 2,5/1,4 | 2,5/1,6 | 2,5/5,2 | 2,5/7,3 |
| | 90 | 2,5/2,5 | 2,5/1,8 | 2,5/1,4 | 2,5/1,2 | 2,5/1,4 | 2,5/2,9 | 2,5/5,8 | 2,5/6,5 |
| | 25/65 | 2,5/6,2 | 2,5/4,0 | 2,5/3,4 | 2,5/3,7 | 2,5/4,9 | 2,5/7,2 | 2,5/9,0 | 2,5/8,5 |
| Ce 1 | 20 | 3,9/140 | 3,9/180 | 3,8/230 | 3,8/250 | 3,7/220 | 3,5/200 | 3,4/220 | – |
| Ce 2 | 20 | 4,3/220 | 4,0/320 | 3,9/430 | 3,7/450 | 3,6/420 | 3,6/500 | 3,5/750 | – |
| Ce 3 | 20 | 3,9/110 | 3,6/150 | 3,5/230 | 3,4/270 | 3,4/220 | 3,4/220 | 3,4/320 | – |
| Ce 4 | 20 | 3,9/85 | 3,9/160 | 3,8/220 | 3,7/260 | 3,6/250 | 3,5/250 | 3,4/600 | – |
| EP 1 | 20 | 3,6/43 | 3,6/56 | 3,6/71 | 3,6/100 | 3,4/130 | 3,4/140 | 3,3/130 | 3,2/110 |
| | 100 | 4,2/40 | 4,1/33 | 4,1/38 | 4,0/47 | 3,9/65 | 3,8/100 | 3,8/130 | 3,6/130 |
| EP 2 | 20 | 3,2/65 | 3,1/110 | 3,1/110 | 3,0/95 | 3,0/120 | 3,0/120 | 2,9/180 | – |
| PF | 20 | – /70 | 4,8/100 | 4,7/120 | 4,4/140 | 4,3/180 | 4,2/230 | 4,0/320 | 3,8/420 |
| PE 1 | −30 | 2,4/0,3 | 2,4/0,1 | 2,4/0,1 | 2,4/0,2 | 2,4/0,3 | 2,4/0,7 | 2,4/1,0 | 2,4/1,2 |
| | 30 | 2,3/0,2 | 2,3/0,1 | 2,3/0,1 | 2,3/0,1 | 2,3/0,2 | 2,3/0,5 | 2,3/0,8 | 2,3/1,0 |
| | 90 | 2,2/0,2 | 2,2/0,2 | 2,2/0,2 | 2,2/0,2 | 2,2/0,2 | 2,2/0,4 | 2,2/0,6 | 2,2/0,8 |
| PE 2 | −30 | 2,3/0,9 | 2,3/0,6 | 2,3/0,4 | 2,3/0,4 | 2,3/0,8 | 2,3/1,5 | 2,3/1,7 | 2,3/1,4 |
| | 0 | 2,3/1,0 | 2,3/1,1 | 2,3/1,2 | 2,3/1,2 | 2,3/1,2 | 2,3/1,3 | 2,3/1,8 | 2,3/2,2 |
| | 30 | 2,3/0,7 | 2,3/0,6 | 2,3/0,6 | 2,3/0,8 | 2,3/1,3 | 2,3/1,9 | 2,3/2,4 | 2,3/2,8 |
| | 60 | 2,2/0,5 | 2,2/0,4 | 2,2/0,3 | 2,2/0,4 | 2,2/0,5 | 2,2/1,3 | 2,2/2,4 | 2,2/2,8 |
| | 90 | 2,2/0,2 | 2,2/0,2 | 2,2/0,2 | 2,2/0,2 | 2,2/0,3 | 2,2/0,6 | 2,2/2,0 | 2,2/2,8 |
| | 25/65 | 2,3/1,2 | 2,3/0,9 | 2,3/1,0 | 2,3/1,4 | 2,3/2,0 | 2,3/2,8 | 2,3/3,2 | 2,3/2,7 |
| 6 PA | −30 | 3,1/140 | 3,1/100 | 3,0/100 | 3,0/160 | 3,0/200 | 3,0/180 | 3,0/120 | 3,0/55 |
| | 0 | 3,2/120 | 3,2/130 | 3,2/140 | 3,2/170 | 3,1/220 | 3,1/230 | 3,1/160 | 3,0/100 |
| | 30 | 3,5/65 | 3,5/100 | 3,4/140 | 3,4/190 | 3,3/240 | 3,2/300 | 3,2/300 | 3,1/200 |
| | 60 | 5,2/840 | 4,6/600 | 4,2/520 | 3,8/540 | 3,6/550 | 3,4/550 | 3,3/480 | 3,2/260 |
| | 90 | 15,4/2900 | 11,5/1650 | 8,8/1500 | 7,1/1900 | 5,7/2100 | 4,4/1900 | 3,7/1250 | 3,4/550 |
| | 25/65 | 13,0/2100 | 9,7/2200 | 7,2/2250 | 5,6/2000 | 4,5/1600 | 3,9/1000 | 3,5/580 | 3,3/320 |

*Fortsetzung von Tabelle 4.3.1–2*

| Material | T °C | Frequenz in Hz | | | | | | | |
|---|---|---|---|---|---|---|---|---|---|
| | | $10^2$ | $10^3$ | $10^4$ | $10^5$ | $10^6$ | $10^7$ | $10^8$ | $10^9$ |
| 66 PA | −30 | 3,1/120 | 3,1/105 | 3,1/105 | 3,0/130 | 3,0/165 | 3,0/160 | 3,0/100 | 3,0/49 |
| | 0 | 3,3/110 | 3,3/120 | 3,2/135 | 3,2/160 | 3,1/200 | 3,0/200 | 3,0/160 | 3,0/81 |
| | 30 | 3,6/85 | 3,5/125 | 3,4/180 | 3,4/215 | 3,2/250 | 3,1/255 | 3,1/220 | 3,0/135 |
| | 60 | 5,0/810 | 4,6/590 | 4,3/460 | 4,0/390 | 3,7/370 | 3,5/360 | 3,3/320 | 3,1/240 |
| | 90 | 10/2000 | 8,9/1450 | 7,6/1300 | 6,2/1450 | 5,0/1600 | 4,0/1300 | 3,4/810 | 3,2/440 |
| | 25/65 | 11/1650 | 8,6/1550 | 6,6/1480 | 4,9/1270 | 4,0/950 | 3,4/580 | 3,2/300 | 3,0/235 |
| PC 1 | 22/50 | 3,2/6,7 | 3,2/10 | 3,2/23 | 3,2/49 | 3,2/83 | 3,0/110 | 2,7/100 | – |
| PC 2 | 20 | 3,0/23 | 3,0/17 | 3,0/14 | 2,9/40 | 2,9/90 | 2,7/120 | 2,5/70 | – |
| PC 3 | 20 | 2,9/13 | 2,9/12 | 2,9/18 | 2,9/50 | 2,9/85 | 2,9/120 | 2,8/140 | – |
| PC 4 | 20 | 2,8/8 | 2,8/10 | 2,8/11 | 2,7/17 | 2,7/38 | 2,7/45 | 2,7/45 | – |
| PCTFE | −30 | 2,4/125 | 2,3/73 | 2,3/48 | 2,3/36 | 2,3/30 | 2,3/26 | 2,3/26 | 2,3/26 |
| | 0 | 2,4/230 | 2,3/153 | 2,3/100 | 2,3/70 | 2,3/56 | 2,3/47 | 2,3/42 | 2,3/38 |
| | 30 | 2,6/135 | 2,5/220 | 2,5/220 | 2,4/153 | 2,4/105 | 2,4/77 | 2,4/59 | 2,4/46 |
| | 60 | 2,6/53 | 2,6/145 | 2,5/280 | 2,4/300 | 2,4/205 | 2,4/133 | 2,4/95 | 2,4/73 |
| | 90 | 2,5/30 | 2,5/44 | 2,5/115 | 2,5/305 | 2,5/370 | 2,5/287 | 2,5/180 | 2,5/107 |
| UP | −30 | 3,3/50 | 3,2/64 | 3,1/82 | 3,0/105 | 3,0/140 | 2,9/160 | 2,8/130 | 2,7/70 |
| | 0 | 3,3/39 | 3,2/53 | 3,1/77 | 3,1/105 | 3,0/130 | 2,9/140 | 2,8/130 | 2,7/107 |
| | 30 | 3,3/44 | 3,2/41 | 3,2/57 | 3,1/95 | 3,0/140 | 2,9/160 | 2,9/150 | 2,8/140 |
| | 60 | 3,4/92 | 3,4/62 | 3,3/65 | 3,2/95 | 3,2/150 | 3,0/200 | 3,0/210 | 2,8/180 |
| | 90 | 3,8/240 | 3,7/190 | 3,5/170 | 3,4/185 | 3,3/230 | 3,2/305 | 3,1/320 | 3,0/250 |
| | 25/65 | 3,5/70 | 3,4/78 | 3,4/110 | 3,3/180 | 3,3/250 | 3,2/210 | 3,1/140 | 2,9/165 |
| PIB | −30 | 2,4/0,6 | 2,4/2,7 | 2,4/5,5 | 2,4/4,2 | 2,4/2,4 | 2,4/1,6 | 2,4/1,2 | 2,4/0,9 |
| | 0 | 2,4/0,3 | 2,4/0,7 | 2,4/1,0 | 2,4/2,9 | 2,4/5,5 | 2,4/4,5 | 2,4/2,8 | 2,4/1,8 |
| | 30 | 2,4/0,4 | 2,4/0,5 | 2,4/0,5 | 2,4/0,5 | 2,4/2,5 | 2,4/5,2 | 2,4/4,7 | 2,4/3,0 |
| PMMA | 27 | 3,4/605 | 3,1/465 | 3,0/300 | 2,8/200 | 2,8/140 | 2,7/100 | 2,6/70 | 2,6/58 |
| | 80 | 4,3/700 | 3,8/895 | 3,3/800 | 3,0/520 | 2,8/320 | 2,7/210 | 2,6/137 | 2,6/94 |
| PP | −30 | 2,3/0,5 | 2,3/0,7 | 2,3/0,7 | 2,3/0,5 | 2,3/0,4 | 2,3/0,3 | 2,3/0,5 | 2,3/1,1 |
| | 0 | 2,3/1,1 | 2,3/1,1 | 2,3/1,1 | 2,3/1,1 | 2,3/1,1 | 2,3/1,1 | 2,3/1,1 | 2,3/1,2 |
| | 30 | 2,3/1,2 | 2,3/2,0 | 2,3/2,6 | 2,3/2,6 | 2,3/2,2 | 2,3/1,7 | 2,3/1,5 | 2,3/1,4 |
| | 60 | 2,2/0,6 | 2,2/0,5 | 2,2/0,6 | 2,2/1,4 | 2,2/2,8 | 2,2/3,6 | 2,2/3,4 | 2,2/2,0 |
| | 90 | 2,2/0,3 | 2,2/0,2 | 2,2/0,3 | 2,2/0,6 | 2,2/2,0 | 2,2/3,6 | 2,2/4,2 | 2,2/3,4 |
| | 25/65 | 2,3/2,7 | 2,3/3,8 | 2,3/4,6 | 2,3/4,7 | 2,3/4,0 | 2,3/3,0 | 2,3/1,9 | 2,3/1,1 |
| PS 1 | −30 | 2,5/0,3 | 2,5/0,2 | 2,5/0,3 | 2,5/0,8 | 2,5/1,3 | 2,5/1,5 | 2,5/1,4 | 2,5/0,9 |
| | 30 | 2,5/0,6 | 2,5/0,3 | 2,5/0,2 | 2,5/0,3 | 2,5/0,6 | 2,5/1,0 | 2,5/1,3 | 2,5/1,2 |
| | 90 | 2,5/1,7 | 2,5/1,1 | 2,5/0,8 | 2,5/0,6 | 2,5/0,6 | 2,5/0,6 | 2,5/0,7 | 2,5/0,9 |
| | 25/65 | 2,5/1,3 | 2,5/0,6 | 2,5/0,5 | 2,5/1,0 | 2,5/2,0 | 2,5/3,8 | 2,5/4,0 | 2,5/2,5 |
| PS 2 | 25 | 1,0/2,6 | 1,0/2,0 | 1,0/1,1 | 1,0/0,6 | 1,0/0,4 | 1,0/0,3 | 1,0/0,3 | 1,0/0,3 |
| | 25/65 | 1,0/2,6 | 1,0/1,6 | 1,0/1,0 | 1,0/0,7 | 1,0/0,6 | 1,0/0,6 | 1,0/0,6 | 1,0/0,6 |
| PTFE | 30 | 2,0/0,3 | 2,0/0,3 | 2,0/0,3 | 2,0/0,4 | 2,0/0,5 | 2,0/0,8 | 2,0/1,7 | 2,0/2,4 |
| | 60 | 2,0/0,3 | 2,0/0,3 | 2,0/0,3 | 2,0/0,3 | 2,0/0,4 | 2,0/0,7 | 2,0/1,5 | 2,0/2,6 |
| | 90 | 2,0/0,3 | 2,0/0,3 | 2,0/0,3 | 2,0/0,3 | 2,0/0,4 | 2,0/0,6 | 2,0/1,3 | 2,0/2,6 |
| PVAC | −30 | 3,0/26 | 3,0/38 | 3,0/45 | 3,0/51 | 3,0/51 | 3,0/37 | 3,0/25 | 3,0/25,5 |
| | 0 | 3,0/38 | 3,0/40 | 3,0/44 | 3,0/45,5 | 3,0/42 | 3,0/35 | 3,0/32 | 3,0/30 |
| | 30 | 3,2/120 | 3,1/95 | 3,0/78 | 3,0/83 | 3,0/75 | 3,0/60 | 3,0/38 | 3,0/41 |
| | 60 | 9,5/1400 | 5,7/2600 | 4,2/1950 | 3,5/850 | 3,2/1440 | 3,2/295 | 3,2/250 | 3,2/155 |
| | 25/65 | 3,2/205 | 3,2/165 | 3,2/135 | 3,2/120 | 3,2/146 | 3,2/175 | 3,2/170 | 3,2/135 |
| PVC | −30 | 3,0/173 | 3,0/160 | 3,0/125 | 2,9/95 | 2,9/73 | 2,9/55 | 2,9/43 | 2,9/32 |
| | 0 | 3,0/180 | 3,0/195 | 3,0/185 | 2,9/168 | 2,9/125 | 2,9/91 | 2,9/63 | 2,9/39 |
| | 30 | 3,3/200 | 3,2/260 | 3,2/290 | 3,1/270 | 2,9/220 | 2,9/160 | 2,8/102 | 2,8/60 |
| | 60 | 3,8/200 | 3,6/262 | 3,4/340 | 3,2/385 | 3,0/340 | 2,9/250 | 2,8/170 | 2,8/110 |
| | 90 | 7,7/1800 | 6,1/1650 | 4,8/1200 | 3,9/1100 | 3,3/800 | 3,0/520 | 2,9/360 | 2,7/160 |

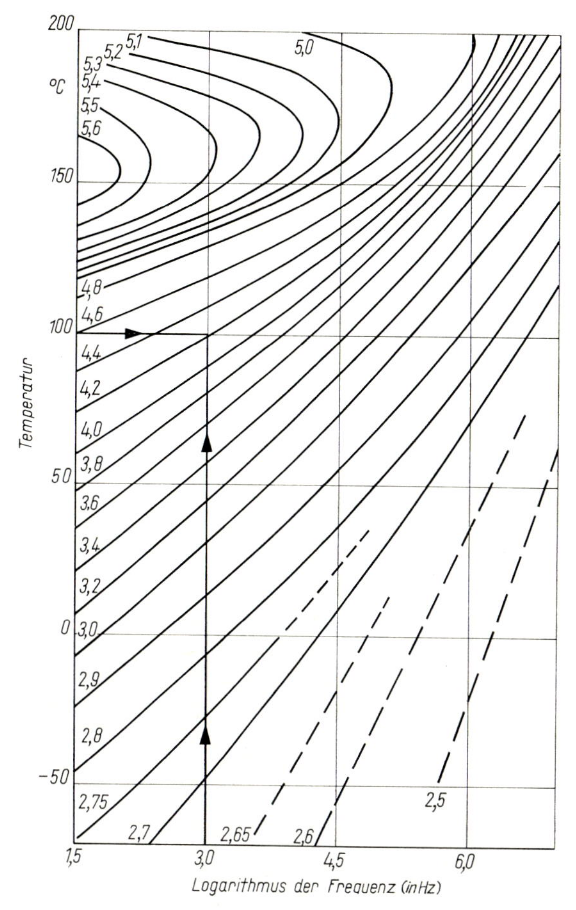


Bild 4.3.1–10 Höhenliniendiagramm der Dielektrizitätszahl ($\varepsilon_r'$) von Polymethylmethacrylat (PMMA) nach [16]

### 4.3.1.4. *Die Wirkung von Weichmachung, Bestrahlung, Verstreckung, Oxydation und von Wasser auf die dielektrischen Eigenschaften der Kunststoffe*

Das Bild 4.3.1–9 zeigt die Wirkung von Weichmachung, Verstreckung, Bestrahlung und Oxydation auf die dielektrischen Eigenschaften anhand von einzelnen Beispielen [5a], die sich leicht auch auf andere Fälle übertragen lassen.

Die Wirkung eines *Weichmachers* besteht in der Verschiebung der statischen Glastemperatur unter die Raumtemperatur. Die dielektrischen Eigenschaften des weichgemachten Kunststoffes sind daher denen des nicht weichgemachten Stoffes bei Temperaturen oberhalb $T_g$ ähnlich, wo $\varepsilon_r'$ und $\tan\delta$ beträchtlich hohe Werte erreichen können (vgl. Tabelle 4.3.1–1 und Bild 4.3.1–3).

Die *Elektronenbestrahlung* eines Äthylen-Vinylacetat-Copolymerisats bei Raumtemperatur bewirkt eine Verbreiterung und eine Verschiebung nach tiefen Frequenzen des dem Glasübergang entsprechenden Verlustfaktormaximums. In demselben Sinne wirkt sich

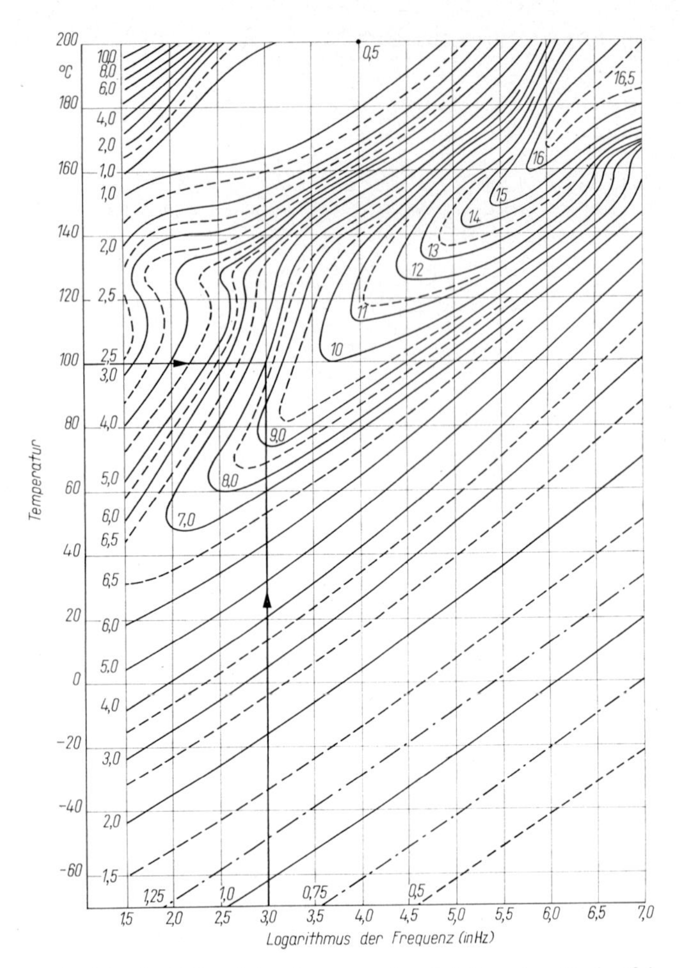


Bild 4.3.1–11 Höhenliniendiagramm des dielektrischen Verlustfaktors ($\tan \delta \cdot 10^2$) von Polymethylmethacrylat (PMMA) nach [16]

auch eine *Verstreckung* aus. Bei der *Oxydation* wird der Verlustfaktor von verzweigtem Polyäthylen durch Einbau von polaren CO-Gruppen beträchtlich erhöht.

Auf Grund seines stark polaren Charakters hat *Wasser* einen nicht vernachlässigbaren Einfluß auf die dielektrischen Eigenschaften der Kunststoffe. Schon ein Wassergehalt von nur 0,1 Gewichts% genügt, um den Verlustfaktor eines unpolaren Stoffes wie Polystyrol merklich zu erhöhen (vgl. Tabelle 4.3.1–2). Das adsorbierte Wasser kann entweder eine ebenso große Molekularbeweglichkeit wie freies Wasser besitzen. In diesem Fall zeigt die $\tan\delta$-Kurve des adsorbierten Wassers – die der $\tan\delta$-Kurve des Kunststoffes überlagert ist – ein Maximum bei ca. $10^{11}$ Hz. Oder es handelt sich um gebundenes Wasser mit eisähnlichen Eigenschaften und einem $\tan\delta$-Maximum im kHz-Bereich. Beispiele für die genannten Grenzfälle (es kommen alle Zwischenstufen vor) sind Phenol- bzw. Anilin-Formaldehyd-Harze [8]. Ferner erhöht Wasser die Gleichstromleitfähigkeit und damit den $\tan\delta$ bei niederen Frequenzen und hohen Temperaturen (vgl. Bild 4.3.1–3).

Die Wirkung des von den Polyamiden aufgenommenen Wassers ist dagegen die eines Weichmachers. So besitzt z. B. eine bei 65% Feuchte gelagerte Probe aus 6-Polyamid bei

Raumtemperatur etwa dieselben dielektrischen Eigenschaften wie eine trockene Probe bei 80°C (vgl. Tabelle 4.3.1–2).

### 4.3.1.5. *Anwendungen*

Die Kenntnis der dielektrischen Eigenschaften der Kunststoffe ist bei vielen technischen Anwendungen wichtig, für die einige Beispiele genannt seien. Kleine Verlustfaktoren sind immer da erwünscht, wo wenig elektrische Energie verloren gehen soll, sei es in Schwingkreisen, die Kondensatoren enthalten, sei es in Hochfrequenzkabeln. Bei den letzteren sind oft noch zusätzlich sehr geringe Toleranzen der komplexen Dielektrizitätszahl erforderlich um, wie z.B. bei einem Transatlantik-Kabel, einen gleichmäßigen Wellenwiderstand über lange Strecken zu gewährleisten. Große Verlustfaktoren werden dagegen beim Hochfrequenzschweißen benötigt, wo die Wärme durch dielektrische Verluste im Innern des Werkstücks erzeugt wird [11]. Dielektrische Messungen sind ferner ein einfaches Mittel zur Kontrolle von Feuchtigkeit, Homogenität und Verunreinigung von Materialien sowie zur Analyse von Mehrkomponentensystemen [15].

### Literaturverzeichnis

1. ASTM Standards, Philadelphia: American Society for Testing and Materials. 1969, Part 27 S. 29 (D 150–68).
2. Farbenfabriken Bayer AG: Bayer Kunststoffe, Leverkusen 1963.
3. *von Hippel, A. R.:* Dielectric Materials and Applications. New York–London: Wiley 1954.
4. *Bergmann, K.:* Z. angew. Physik *28*, 95 (1969).
5. *Bergmann, K.:* Kunststoffe *61*, 226 (1971)

5a. *Bergmann, K.:* Unveröffentlichte Messungen.

6. *Broens, O.*, u. *F. H. Müller:* Kolloid Z. *140*, 121 (1955).
7. Deutsche Norm DIN 53483 (1969).
8. *Hartshorn, L., J. V. L. Parry* u. *E. Rushton:* J. I. E. E. *100*, Part II A, 23 (1953).
9. *Hartshorn, L.*, u. *W. H. Ward:* J. I. E. E. *79*, 597 (1936).
10. *Hoffmann, J, D.:* IRE Transactions on Components Parts *CP 4* (2), 42 (1957).
11. *Kiessling, D.*, u. *J. Rehwagen:* Plaste und Kautschuk *14*, 234 (1967).
12. *Kobale, M.*, u. *H. Löbl:* Ber. Bunsenges. Physik. Chemie *65*, 662 (1961).
13. *Penrose, R. P.:* Discuss. Faraday Soc. *42a*, 108 (1946).
14. *Roberts, S.*, u. *A. von Hippel:* J. Appl. Phys. *17*, 610 (1946).

14a. *Works, C. N.:* J. Appl. Phys. *18*, 605 (1947).

15. *Würstlin, F.:* Kolloid Z. Z. Polymere *213*, 79 (1966).
16. *Schreyer, G.:* Kunststoffe *55*, 771 (1965).

*Weiterführende Literatur*

*Bogorodizki, N. P., W. W. Pasynkow* u. *B. M. Tarejew:* Werkstoffe der Elektrotechnik. Berlin: VEB Verlag Technik 1955.

*Bruins, P. F.:* Plastics for Electrical Insulation. New York: Interscience 1968.

*Clark, F. M.:* Insulating Materials for Design and Engineering Practice. New York: Wiley 1962.

*Curtis, A. J.* in *J. B. Birks* u. *J. Hart:* Progress in Dielectrics, Bd. 2, S. 29. London: Heywood 1960.

*von Hippel, A.:* in [3].

*Hoffman, J. D.:* in [10].

*McCrum, N. G., B. E. Read* and *G. Williams:* Anelastic and Dielectric Effects in Polymeric Solids. London–New York–Sidney: Wiley 1967.

*McPherson, A. T.:* Rubber Chemistry and Technology *36*, 1230 (1963).

## 4.3.2. Elektrische Leitfähigkeit

Gerhard Heyl

### 4.3.2.1. *Verhalten von Kunststoffen bei Gleichspannungsbelastung, Begriffe*

Die elektrische Leitfähigkeit ist zu charakterisieren durch ihre Größe und ihren Mechanismus. Der Größe der Leitfähigkeit nach sind fast alle Kunststoffe Isolatoren, wobei die Grenze zwischen Isolator und Leiter je nach Gesichtspunkt etwa zwischen $10^{-6}$ und $10^{-14}$ (Ohm · cm)$^{-1}$ gelegt wird. Nach neueren Untersuchungen sind geeignet gebaute Hochpolymere nicht notwendig isolierend, so daß immer mehr Kunststoffe mit erhöhter Leitfähigkeit zur Verfügung stehen (Organische Halbleiter [4, 7]), die hier jedoch nicht behandelt werden.

Der Art der geringen Leitfähigkeit nach kommen bei Kunststoffen sowohl Ionenleitung als auch Elektronenleitung vor [19]. Neben der eigentlichen, auf dem Transport von Ladungsträgern beruhenden Leitfähigkeit spielen jedoch Polarisationsvorgänge eine entscheidend wichtige Rolle.

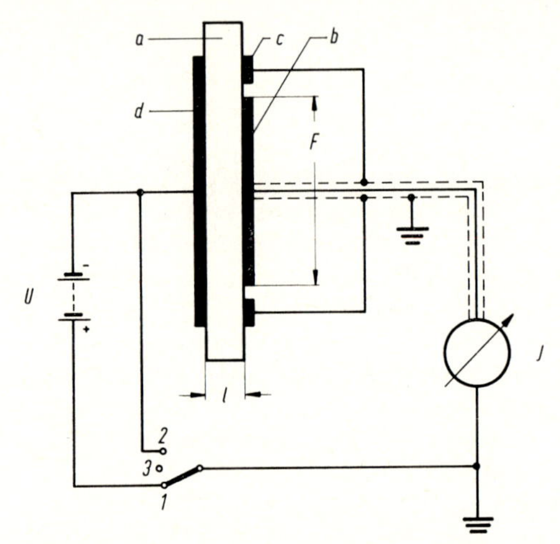


Bild 4.3.2–1 Schaltschema zur Messung des Verhaltens bei Gleichspannungsbelastung.

*a* Probe, *b* geschützte Elektrode, *c* Schutzring, *d* Gegenelektrode; Schalterstellungen: 1 Hinstrom, 2 Rückstrom, 3 Selbstentladung über Eigenleitfähigkeit der Probe; U Spannungsquelle, I Strommeßgerät, F Fläche der geschützten Elektrode, l Probendicke

In der Schaltung nach Bild 4.3.2–1 beobachtet man nach Anlegen einer Gleichspannung an eine Probe einen Strom. Ist in einfachen Fällen der Strom $I$ der Spannung $U$ proportional (Ohmsches Gesetz), dann heißt der reziproke Wert des Proportionalitätsfaktors der elektrische Widerstand $R$ der Probe $P$:

$$I = \mathrm{U/R}.$$

Oft kann der Widerstand $R$ aus der Fläche $F$, der Dicke $l$ der Probe und einer Materialeigenschaft – dem spezifischen Widerstand $\varrho$ – berechnet werden:

$$R = \varrho \cdot l/F.$$

In diesem Fall beruht der Strom auf der Bewegung von Ladungsträgern (Leitungsstrom) in dem elektrischen Feld mit der Feldstärke $E = U/l$. Versteht man unter der Beweglichkeit $\mu$ der Ladungsträger ihre Geschwindigkeit bei einer Feldstärke von 1 Volt · $cm^{-1}$, dann beträgt allgemein die Geschwindigkeit $v = \mu \cdot E$ und mit der Anzahl $n$ der Ladungsträger pro $cm^3$ und ihrer Ladung $e$ erhält man die Stromdichte $j = I/F$ zu $j = e \cdot n \cdot v = e \cdot n \cdot \mu \cdot E$. Mit der Leitfähigkeit $\sigma = e \cdot n \cdot \mu$ wird

$$j = \sigma \cdot E.$$

Leitfähigkeit $\sigma$ und spezifischer Widerstand $\varrho$ sind reziprok zueinander:

$$\sigma = 1/\varrho.$$

In Tabelle 4.3.2–1 sind typische Werte der Leitfähigkeit, Beweglichkeit und Ladungsträgerkonzentration zusammengestellt.

*Tabelle 4.3.2–1 (nach [4]). Charakteristische Werte für die elektrische Leitfähigkeit*

| Stoffgruppe | Leitfähigkeit $(\text{Ohm} \cdot \text{cm})^{-1}$ | Ladungsträgerkonzentration $cm^{-3}$ | Beweglichkeit $cm^2\,s^{-1}\,V^{-1}$ |
|---|---|---|---|
| Metalle | $10^2$–$10^8$ | $10^{22}$ | $10^3$ |
| Anorganische Halbleiter | $10^3$–$10^{-9}$ | $10^4$–$10^{20}$ | $10^5$–$10^{-3}$ |
| Organische Halbleiter | $10^2$–$10^{-14}$ | $10^6$–$10^{19}$ | $10^2$–$10^{-6}$ |
| Isolatoren | $< 10^{-14}$ | $< 10^9$ | $< 10^{-4}$ |

Bei Kunststoffen läßt sich der in einer Schaltung nach Bild 4.3.2–1 beobachtete Strom nicht allein durch einen Transport von Ladungsträgern verstehen. Dem Leitungsstrom überlagern sich Polarisationsvorgänge ([9, 10, 12, 15, 17, 18] und die dort genannte Literatur), zu deren Beschreibung wir wieder Bild 4.3.2–1 betrachten.

Ohne Kunststoff zwischen den Elektroden beobachten wir beim Einschalten der Spannung den Stromstoß $\int I\mathrm{d}t = Q = C \cdot U$, wobei $C = \varepsilon_0 F/l$ die Kapazität der Elektrodenanordnung (Plattenkondensator) und $\varepsilon_0$ die Influenzkonstante ist. Der hier nicht betrachtete zeitliche Verlauf dieses Stromstoßes wird von den Daten des Stromkreises bestimmt. Mit der Verschiebungsdichte $D_0 = \varepsilon_0 E$, die zahlenmäßig gleich der Flächenladungsdichte $Q/F$ auf den Kondensatorplatten ist, erhält man $\int I\mathrm{d}t = \varepsilon_0 E \cdot F = D_0 F$ und nach Division durch $F$ und Differentiation die Stromdichte $j = I/F$ zu

$$j = \frac{\partial D_0}{\partial t}.$$

Der durch die Leitung fließende Strom $I$ (Ladestrom) setzt sich als „Verschiebungsstrom" $F \cdot \partial D_0/\partial t$ durch den Kondensator zu einem geschlossenen Stromkreis fort.

Befindet sich zwischen den Elektroden als Dielektrikum ein Kunststoff mit verschwindend kleiner Leitfähigkeit und der Dielektrizitätszahl (DK) $\varepsilon_r$, dann beobachtet man den größeren Stromstoß $\int I\mathrm{d}t = \varepsilon_r \varepsilon_0 E \cdot F = D_m \cdot F$. Die Kondensatorplatten tragen jetzt neben den Ladungen mit der Dichte $D_0$ zusätzliche, durch die Polarisation $P$ des Kunststoffes bedingte. Mit $D_m = \varepsilon_r \varepsilon_0 E = D_0 + P$ beträgt die Polarisation $P$

$$P = D_m - D_0 = (\varepsilon_r - 1)\,\varepsilon_0 E.$$

Die Verschiebungsstromdichte wird jetzt

$$j = \frac{\partial D_0}{\partial t} + \frac{\partial P}{\partial t}.$$

Der Anteil $\partial P/\partial t$ wird Polarisationsstrom genannt. Da nach dem Einschalten der Spannung $U$ das erste Glied, der Ladestrom, sehr schnell Null wird, bleibt der häufig über sehr lange Zeit fließende, zusätzliche, veränderliche Polarisationsstrom übrig, dem sich gegebenenfalls der zeitlich meist konstante Leitungsstrom überlagert. Der Anteil beider Mechanismen an dem zu einer bestimmten Zeit fließenden Strom kann sehr verschieden sein.

Wird nach dem Verschwinden des Ladestromes der aufgeladene Plattenkondensator in der Schalterstellung 3 sich selbst überlassen und hat die Probe die Leitfähigkeit $\sigma$, dann sinkt die Spannung $u$ des Kondensators nach einer Exponentialfunktion $u = U \exp(-t/\tau)$ mit der Relaxationszeit (Zeitkonstanten)

$$\tau = \varepsilon_r \varepsilon_0 / \sigma .$$

### 4.3.2.2. *Besonderheiten des Stromes bei Gleichspannungsbelastung*

*Zeitabhängigkeit*

Bild 4.3.2–2 zeigt den typischen zeitlichen Verlauf des Stromes in der Schaltung nach Bild 4.3.2–1. Der in doppellogarithmischer Darstellung zunächst linear abnehmende Strom strebt – nach sehr unterschiedlichen Zeiten – einem Grenzwert zu. Nur dieser ist

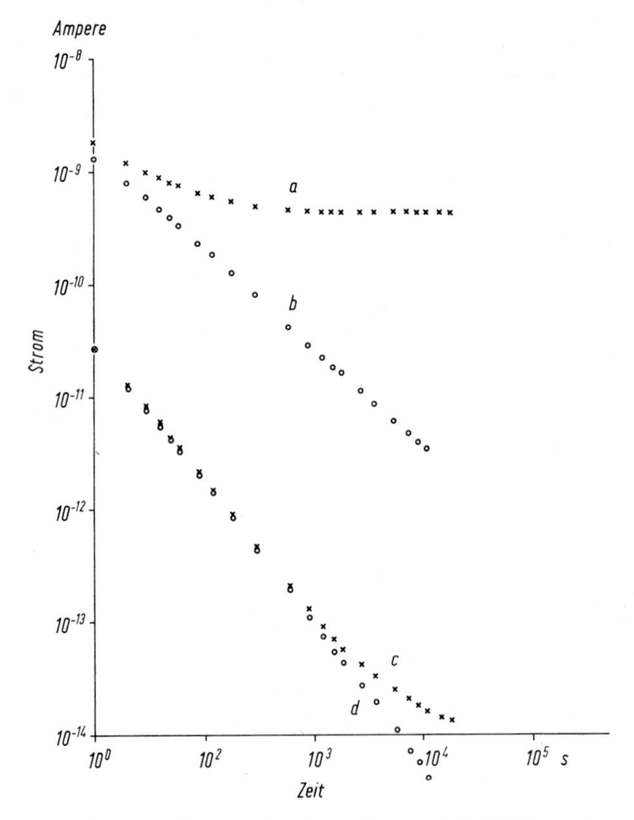


Bild 4.3.2–2 Zeitabhängigkeit des Stromes bei Gleichspannungsbelastung.
ABS-Mischpolymerisat; *a* Hinstrom, *b* Rückstrom bei + 24 °C; *c* Hinstrom, *d* Rückstrom bei − 26 °C

der eigentliche Leitungsstrom. Der zeitabhängige Polarisationsstrom ist reversibel. Wird nach Erreichen des Grenzwertes die Probe *P* über einen Strommesser kurzgeschlossen (Schalterstellung 2), fließt ein Strom (Rückstrom, anomaler Entladestrom oder dielektrische Nachwirkung), der dem ursprünglichen Polarisationsstrom (Hinstrom) entgegengesetzt gleich ist (Bild 4.3.2–2). Als wichtigste Polarisationsvorgänge seien genannt: Verschieben geladener Teile eines Makromoleküls aus ihrer Gleichgewichtslage, Aufbau von Spannungssprüngen an inneren Grenzflächen oder von Raumladungen durch Verschiebung von Ladungsträgern.

Die Zeitabhängigkeit des Polarisationsstromes nach Bild 4.3.2–2 hat die Form

$$I \sim t^{-n}.$$

Diese Funktion kann gedeutet werden durch eine große Zahl von Relaxationsvorgängen mit einer bestimmten Verteilung der Relaxationszeiten [9, 10]. Da die üblicherweise in Brückenanordnungen gemessene komplexe DK ebenso durch Relaxationsprozesse mit einer Relaxationszeitverteilung bestimmt ist (vgl. 4.3.1 und [9]) wie der Polarisationsstrom, sind zwischen beiden enge Zusammenhänge zu erwarten. Insbesondere kann der Imaginärteil der komplexen DK bei der Frequenz $\nu$ direkt bestimmt werden aus dem Strom zur Zeit $t = \frac{0{,}1}{\nu}$ [13]. Auf diese Weise können die Brückenmessungen durch Strommessungen nach Anlegen einer Gleichspannung bis zu sehr niedrigen Frequenzen erweitert werden [18]. Dem weitgehend durch Polarisationsvorgänge bestimmten Verhalten von Kunststoffen bei Gleichspannungsbelastung liegen also die gleichen oder ähnliche Relaxationsvorgänge zugrunde wie dem durch die komplexe DK bestimmten dielektrischen Verhalten.

*Temperaturabhängigkeit*

Mit der Temperatur der Probe *P* ändert sich (Bilder 4.3.2–2 und 4.3.2–3) der Strom und sein zeitlicher Verlauf, und zwar wegen Änderung sowohl des Polarisations- als auch des

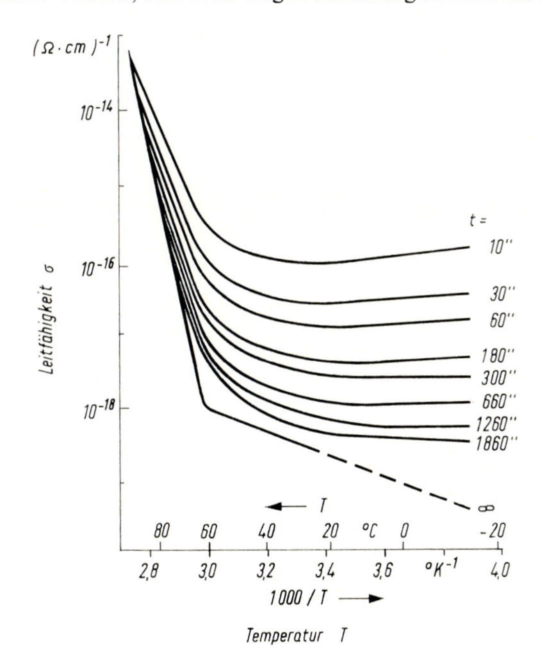


Bild 4.3.2–3 Abhängigkeit der Leitfähigkeit von Temperatur T und Zeit t, Polyvinylchlorid, (nach [18])

Leitungsstromanteiles. Die eigentliche Leitfähigkeit kann häufig als Summe von zwei (oder mehr) Anteilen

$$\sigma = \sigma_{01} \exp\left(-\frac{E_1}{2kT}\right) + \sigma_{02} \exp\left(-\frac{E_2}{2kT}\right)$$

geschrieben werden, wobei $E_1$ und $E_2$ die zur Freisetzung der Ladungsträger erforderlichen Energien sind. Der Übergang zwischen den Bereichen mit Überwiegen einer bestimmten Ladungsträgerart erfolgt (nicht unbedingt) bei der Einfriertemperatur (Bild 4.3.2–3).

### *Sonstige Einflüsse*

Das bisher beschriebene Bild ist vereinfacht und kann durch mancherlei Effekte verändert und kompliziert werden. Da die elektrischen Eigenschaften die physikalische und chemische Struktur und den Zustand des Kunststoffes widerspiegeln, können alle deren Änderungen auch die elektrischen Eigenschaften beeinflussen (Alterung, Zusätze, Verunreinigungen usw.). Der Transport der Ladungsträger (Elektronen oder Ionen) kann nach unterschiedlichen Mechanismen erfolgen, die zu unterschiedlicher Temperaturabhängigkeit der Konzentration oder der Beweglichkeit führen. Häufig stammen die Ladungsträger nicht aus dem Kunststoff, sondern werden von den Elektroden injiziert. Solche Elektrodeneffekte sind häufig bei dünnen Kunststoffschichten zu beobachten [16]. Sie können zu Abweichungen vom Ohmschen Gesetz führen. Recht häufig steigt ab einer gewissen Feldstärke in der Probe der Strom stärker als proportional mit der Spannung an (Bild 4.3.2–4). Eine Proportionalität zu $U^2/l^3$ insbesondere ist charakteristisch für raumladungsbegrenzte Ströme [20]. Weiterhin kann die Zahl der Ladungsträger durch Licht- oder radioaktive Strahlung erhöht werden. Auch Elektretzustände, seien sie thermisch [15] oder optisch [3] erzeugt, können den Stromfluß stark beeinflussen.

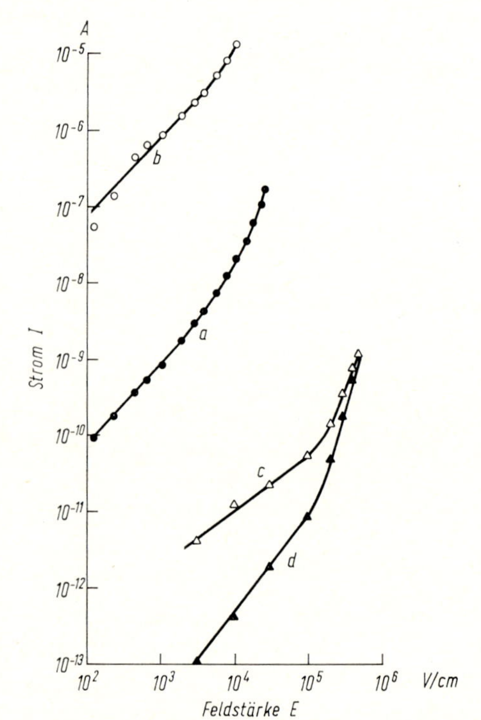


Bild 4.3.2–4 Feldstärkenabhängigkeit des Stromes, 2 Minuten nach Anlegen der Spannung, (nach [20])

a) Polyvinylacetat, b) Polyamid, c) Polycarbonat, d) Polystyrol

*Einfluß von Fremdsubstanzen*

Besonders wichtig ist der Einfluß des Wassergehaltes auf die Leitfähigkeit, der natürlich bei den Kunststoffen ausgeprägter ist, die in merklichem Betrage Wasser aufnehmen können (Bild 4.2.2–5). Der Oberflächenwiderstand (vgl. 4.3.2.3) wird häufig in Abhängigkeit von der relativen Feuchte der umgebenden Luft angegeben (Bild 4.3.2–6).

Der Einfluß von Weichmachern bei PVC ist sowohl der Art des Weichmachers als auch seiner Konzentration nach weitgehend untersucht (Bild 4.3.2–7). Zur Erhöhung der Leitfähigkeit werden Kunststoffen Ruß, Graphit (oder Mischungen aus beiden) oder Metallpulver zugegeben [11, 14]. Schließlich können zahlreiche, in einem technischen Kunststoff vorhandene Bestandteile (Monomere, Katalysatoren, Härter, Emulgatoren, Trennmittel,

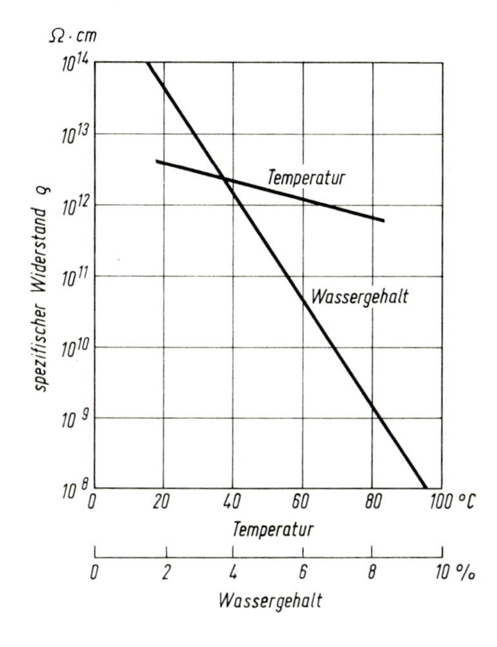


Bild 4.3.2–5 Spezifischer Widerstand in Abhängigkeit vom Wassergehalt und von der Temperatur, Polyamid, (nach [2])

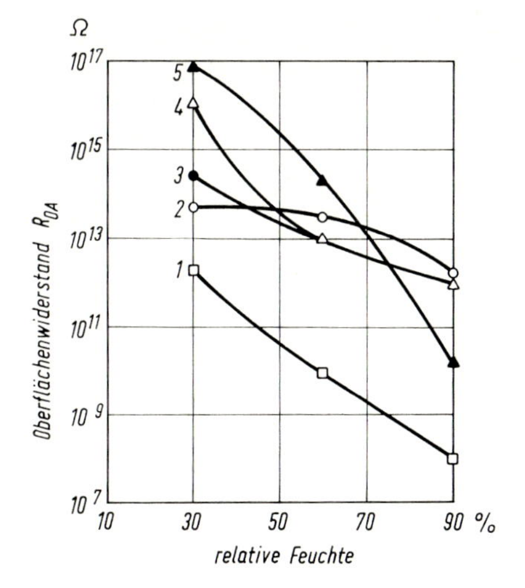


Bild 4.3.2–6 Oberflächenwiderstand in Abhängigkeit von der relativen Luftfeuchtigkeit bei Raumtemperatur, (nach [2])

1 mit Cellulose beschichtetes Papier,
2 Phenolformaldehydharz,
3 Melaminformaldehydharz,
4 Polyamid,
5 Vinyl-Vinyliden-Copolymerisat

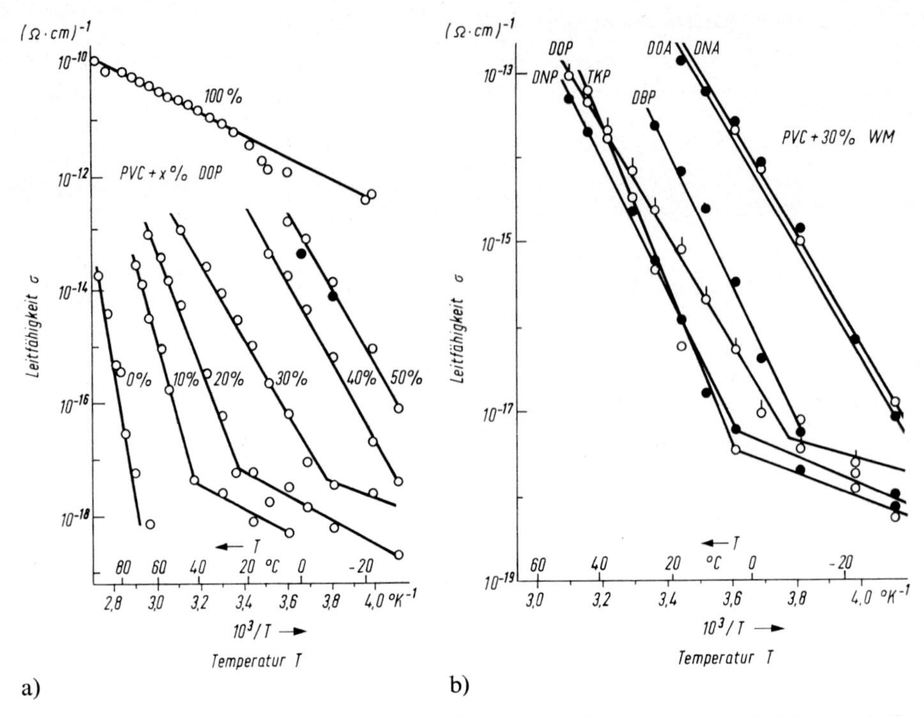


Bild 4.3.2–7 Einfluß von Weichmachern auf die Leitfähigkeit von Polyvinylchlorid, (nach [17]). a) Konzentration des Weichmachers, b) Art des Weichmachers

Gleitmittel, Stabilisatoren, Pigmente, Verstärkungszusätze usw.) die Leitfähigkeit beeinflussen, ohne daß allgemeine Gesetzmäßigkeiten angegeben werden können.

### 4.3.2.3. *Prüf- und Meßmethoden*

Trotz des komplizierten Gleichspannungsverhaltens muß man sich der Einfachheit halber häufig mit nur einem Wert für dieses Verhalten begnügen, der nach einer geeigneten Norm gemessen wird.

#### *Spezifischer Widerstand (auch spezifischer Durchgangs- oder Volumenwiderstand genannt)*

Messungen des spezifischen Widerstandes erfolgen zweckmäßig in der zu Bild 4.3.2–1 angegebenen Schaltung mit einem Hochohmmeßgerät anstelle des Strommessers, bei der durch den Schutzring die Ausschaltung verfälschender Oberflächenwiderstände gewährleistet ist. Nach der DIN-Methode [26] werden Platten der Größe 12 cm × 12 cm × Erzeugnisdicke vor oder nach der gewünschten Vorbehandlung (z. B. Lagerung in Wasser oder in einem bestimmten Klima) mit Haftelektroden (aufgedampftes Metall, leitfähige Silber- oder Graphit-Emulsion) versehen, wobei die Meßfläche in der Regel 20 cm² beträgt. Von der Platte wird in einer Elektrodenanordnung (Bild 4.3.2–8) bei einer Spannung von vorzugsweise 100 Volt der Widerstand $R_D$ zwischen den Elektroden 1 Minute nach Anlegen der Spannung gemessen und der spezifische Widerstand $\varrho_D = R_D \cdot F/l$ berechnet. Die Messungen sind aussagekräftig, gut reproduzierbar und vergleichbar mit der wissenschaftlichen Literatur und anderen Normen [22, 23, 27].

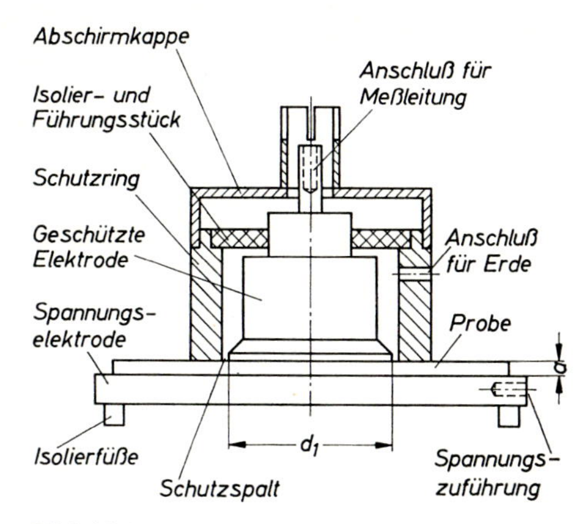


Bild 4.3.2–8 Kreisförmige Plattenelektrode mit Schutzring zur Bestimmung des Durchgangswiderstandes plattenförmiger Proben, (nach [26])

*Oberflächenwiderstand*

Der Oberflächenwiderstand gibt Aufschluß über den Isolationszustand der Oberfläche, der durch äußere Einflüsse (Feuchtigkeit, Alterung, Verunreinigung usw.) von dem Zustand im Inneren abweichen kann.

Nach der DIN-Methode [26] werden ebene Proben von 12 cm × 12 cm × Erzeugnisdicke oder von 12 cm × 1,5 cm × Erzeugnisdicke oder auch Formteile benutzt, die zumeist nach Lagerung im Normklima [24] gemessen werden. Als Elektrodenanordnung

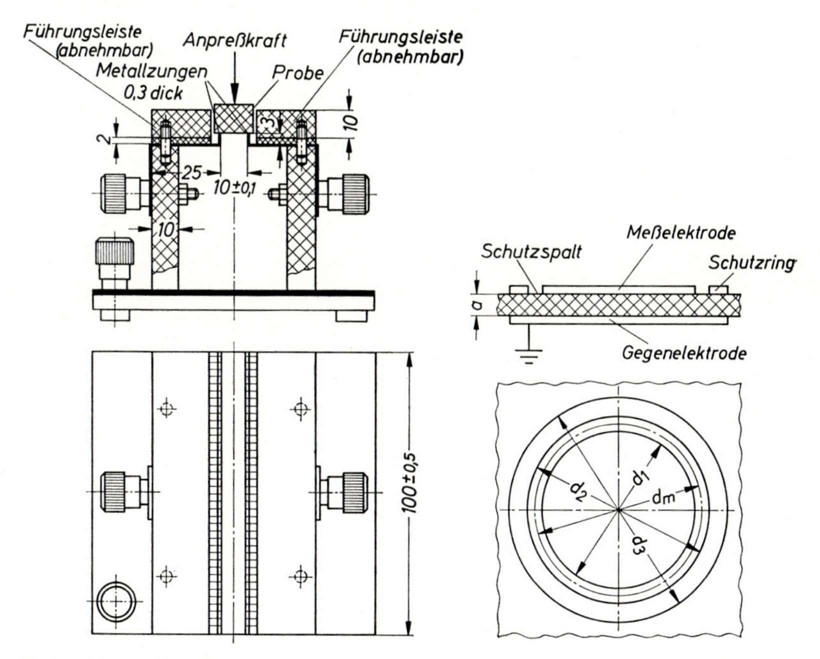


Bild 4.3.2–9 Elektrodenanordnungen zur Bestimmung des Oberflächenwiderstandes, (nach [26])

$d_1 = 76$ mm, $d_2 = 88$ mm, $d_3 = 100$ mm oder $d_1 = 26$ mm, $d_2 = 38$ mm, $d_3 = 50$ mm

stehen A) federnde Metallschneiden von 10 cm Länge in 1 cm Abstand (Bild 4.3.2–9), B) bei Formteilen Haftelektroden, die inkonsequenterweise eine Länge von 2,5 cm bei einem Abstand von 0,2 cm haben und C) die aus der internationalen Norm IEC 93 [27] übernommene Schutzringanordnung (Bild 4.3.2–9) zur Wahl. Im letzten Fall wird der Widerstand zwischen Schutzring und geschützter Elektrode gemessen. Während bei den Anordnungen A und B der Meßwert $R_{OA}$ bzw. $R_{OB}$ angegeben wird, wird für die Anordnung C der Meßwert $R_G$ in den „spezifischen Oberflächenwiderstand" $R_{OC}$ – wenn auch unter Vermeidung dieses Wortes – umgerechnet: $R_{OC} = \pi \cdot d_m \cdot R_G/g_0$ ($g_0$ Breite des Spaltes zwischen geschützter Elektrode und Schutzring, $d_m$ sein mittlerer Durchmesser). An der gleichen Probe erhält man also für $R_{OA}$, $R_{OB}$ und $R_{OC}$ drei unterschiedliche Werte. Hierauf ist bei einem Vergleich immer zu achten. Die IEC-Norm 167 [28] liefert mit $R_{OA}$ vergleichbare Werte, während im übrigen im angelsächsischen Schrifttum meist mit $R_{OC}$ vergleichbar der „surface resistance" (auch „surface resistivity" genannt) in „square ohm" angegeben wird, der in der Anordnung A oder C gemessen sein kann. Der Oberflächenwiderstand $R_{OA}$ (in Ohm) ist rechnerisch zehnmal kleiner als der „surface resistivity" in „square-ohm".

Im Ganzen gesehen ist der Oberflächenwiderstand, obwohl für die Praxis so wichtig, physikalisch nicht exakt definierbar, weil das Innere in unbestimmtem Umfang in die Messung eingeht, von der verwendeten Elektrodenanordnung abhängig, schlechter reproduzierbar und stärkeren Streuungen unterworfen als der spezifische Widerstand [21].

*Sonstige Methoden*

Besonders für inhomogene Isolierstoffe aus mehreren Lagen oder isolierende Überzüge, Fußbodenbeläge usw., bei denen die Dicke nicht definiert oder unwesentlich ist, tritt an die Stelle des spezifischen Widerstandes der (flächenbezogene) Durchgangswiderstand $R_A$ [26], der im übrigen wie der spezifische Widerstand gemessen, jedoch gemäß $R_A = R_D \cdot F$ berechnet wird (Einheit: Ohm · cm²). Geringe Bedeutung hat der Widerstand zwischen Stöpseln [26], der ebenfalls Inhomogenitäten der Probe zu berücksichtigen gestattet und sowohl von der Oberfläche als auch dem Volumen der Probe bestimmt ist (weitere Normen für Spezialzwecke vgl. [25] und 4.3.2.3). Für über die Normen hinausgehende Meßmethoden, insbesondere der Zeit- und Temperaturabhängigkeit vgl. [4, 7, 12, 18, 19, 20].

*Wertetabellen*

Zur Orientierung über die Widerstandswerte dienen die beigefügten Tabellen 4.3.2–2 und 4.3.2–3. Als weitere Quellen kommen neben Firmenschriften vor allem Sammelwerke in Frage [1, 2, 5, 6, 8].

## Literaturverzeichnis

*Bücher:*


1. *Carlowitz, B.:* Kunststoff-Tabellen. Bensberg-Frankenforst: Schiffmann 1963.
2. *Clark, F. M.:* Insulating Materials for Design and Engineering Practice. New York–London: Wiley 1962.
3. *Fridkin, V. M.*, and *I. S. Zheludev:* Photoelectrets and the Electrophotographic Process. New York: Consultants Bureau 1961.
4. *Gutmann, F.*, and *L. E. Lyons:* Organic Semiconductors. New York–London–Sidney: Wiley 1967.
5. *Hellerich, W.:* Kunststoffe, Eigenschaften und Prüfung. Stuttgart: Franckh'sche Verlagshandlung 1968.

*Tabelle 4.3.2–2 Spezifischer Durchgangswiderstand* $\varrho_D$ *verschiedener Kunststoffe, (nach [5])*

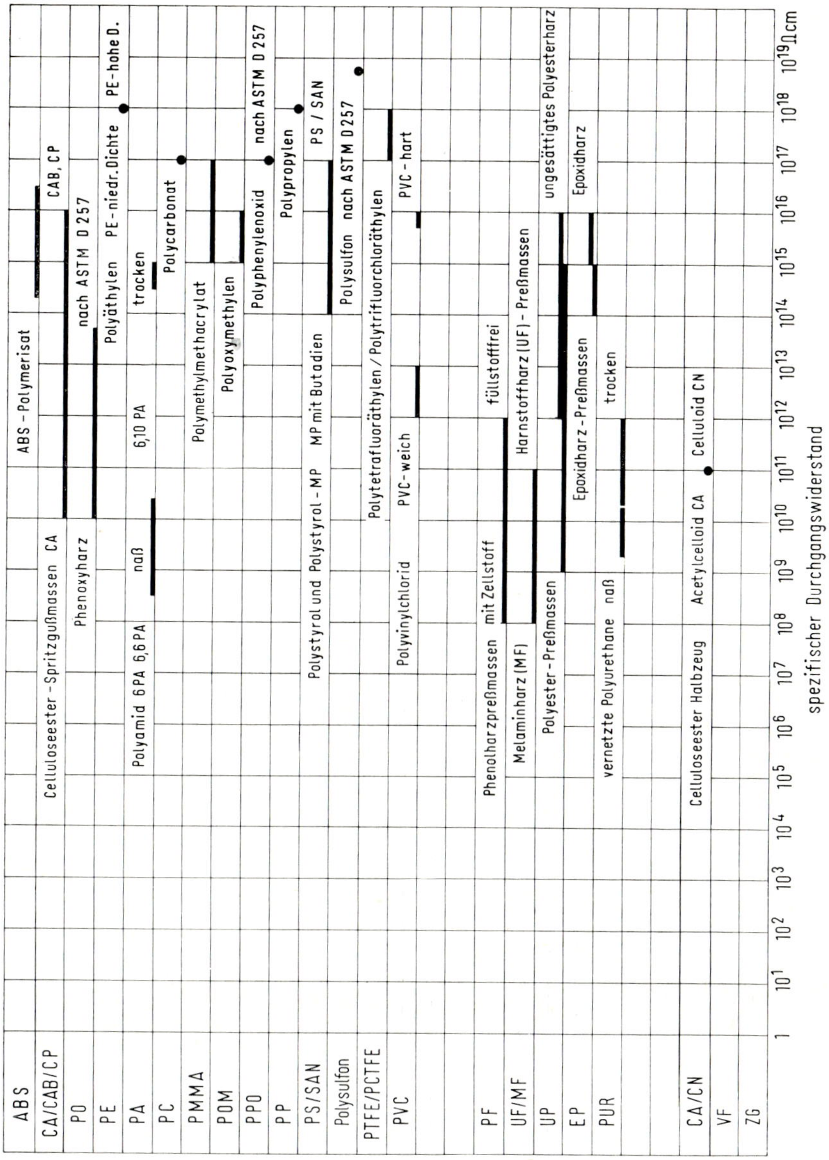

| Kunststoff | Bezeichnungen im Diagramm |
|---|---|
| ABS | ABS - Polymerisat |
| CA/CAB/CP | Celluloseester - Spritzgußmassen CA; CAB, CP |
| PO | Phenoxyharz; nach ASTM D 257 |
| PE | Polyäthylen PE - niedr. Dichte; PE - hohe D. |
| PA | Polyamid 6 PA 6,6 PA naß; 6,10 PA; trocken |
| PC | Polycarbonat |
| PMMA | Polymethylmethacrylat |
| POM | Polyoxymethylen |
| PPO | Polyphenylenoxid; nach ASTM D 257 |
| PP | Polypropylen |
| PS/SAN | Polystyrol und Polystyrol - MP; MP mit Butadien; PS / SAN |
| Polysulfon | Polysulfon nach ASTM D 257 |
| PTFE/PCTFE | Polytetrafluoräthylen / Polytrifluorchloräthylen |
| PVC | Polyvinylchlorid; PVC - weich; PVC - hart |
| | |
| | |
| PF | Phenolharzpreßmassen mit Zellstoff; füllstofffrei |
| UF/MF | Melaminharz (MF); Harnstoffharz (UF) - Preßmassen |
| UP | Polyester - Preßmassen; ungesättigtes Polyesterharz |
| EP | Epoxidharz - Preßmassen; Epoxidharz |
| PUR | vernetzte Polyurethane naß; trocken |
| | |
| | |
| CA/CN | Celluloseester Halbzeug; Acetylcelloid CA; Celluloid CN |
| VF | |
| ZG | |

Achse: 1, $10^1$, $10^2$, $10^3$, $10^4$, $10^5$, $10^6$, $10^7$, $10^8$, $10^9$, $10^{10}$, $10^{11}$, $10^{12}$, $10^{13}$, $10^{14}$, $10^{15}$, $10^{16}$, $10^{17}$, $10^{18}$, $10^{19}$ $\Omega$cm

spezifischer Durchgangswiderstand

*Tabelle 4.3.2–3 Oberflächenwiderstand $R_{OA}$ verschiedener Kunststoffe, (nach [5])*

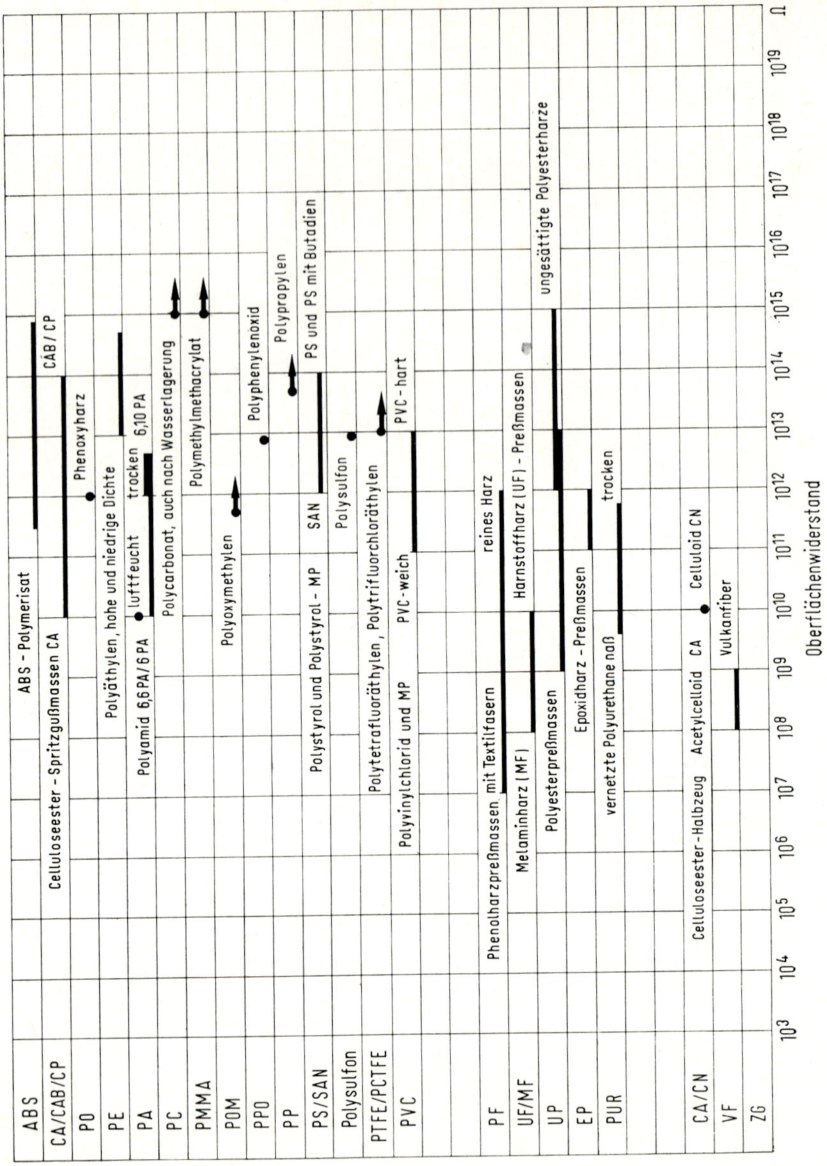

| | |
|---|---|
| ABS | ABS - Polymerisat |
| CA/CAB/CP | Celluloseester - Spritzgußmassen CA; CAB/CP |
| PO | Phenoxyharz |
| PE | Polyäthylen, hohe und niedrige Dichte |
| PA | Polyamid 6,6 PA/6 PA; luftfeucht; trocken; 6,10 PA |
| PC | Polycarbonat, auch nach Wasserlagerung |
| PMMA | Polymethylmethacrylat |
| POM | Polyoxymethylen |
| PPO | Polyphenylenoxid |
| PP | Polypropylen |
| PS/SAN | Polystyrol und Polystyrol - MP; SAN; PS und PS mit Butadien |
| Polysulfon | Polysulfon |
| PTFE/PCTFE | Polytetrafluoräthylen, Polytrifluorchloräthylen |
| PVC | Polyvinylchlorid und MP; PVC-weich; PVC-hart |
| PF | Phenolharzpreßmassen mit Textilfasern; reines Harz |
| UF/MF | Melaminharz (MF); Harnstoffharz (UF) - Preßmassen |
| UP | Polyesterpreßmassen; ungesättigte Polyesterharze |
| EP | Epoxidharz - Preßmassen |
| PUR | vernetzte Polyurethane naß; trocken |
| CA/CN | Celluloseester-Halbzeug; Acetylcelloid CA; Celluloid CN |
| VF | Vulkanfiber |
| ZG | |

$10^3$ $10^4$ $10^5$ $10^6$ $10^7$ $10^8$ $10^9$ $10^{10}$ $10^{11}$ $10^{12}$ $10^{13}$ $10^{14}$ $10^{15}$ $10^{16}$ $10^{17}$ $10^{18}$ $10^{19}$ Ω

Oberflächenwiderstand

6. *Rabald, E.*, u. *D. Behrens* (Herausgeber): DECHEMA-Werkstoff-Tabelle, Physikalische Eigenschaften. Frankfurt: im Auftrage der DECHEMA.
7. *Rexer, E.* (Herausgeber): Organische Halbleiter. Berlin: Akademie-Verlag 1966.
8. *Vieweg, R.*, *A. Schley* u. *A. Schwarz* (Herausgeber): Kunststoffhandbuch. München: Hanser seit 1963.

*Veröffentlichungen in Zeitschriften:*

9. *Cole, K.S.*, and *R.H. Cole:* J. Chem. Phys. *9*, 341 (1941); *10*, 98 (1942).
10. *Dowdle, J.*, u. *J.H. Kallweit:* Beiheft der ETZ H. 5 (1966).
11. *Drogin, I.:* SPE *J. 21*, 248, 371 (1965). Vgl. auch Gummi–Asbest–Kunststoffe *19*, 1204, 1386 (1966).
12. *Guicking, D.*, u. *K.-J. Süss:* Z. Angew. Phys. *28*, 233 (1970).
13. *Hamon, B.V.:* Proc. Inst. Electr. Engineers *99*, 151 (1952).
14. *Hauck, J.E.:* Mat. in Design Engng. *58*, 100 (1963).
15. *Miller, M.L.:* J. Polymer Sci. A-2 *4*, 685 (1966).
16. *O'Dwyer, J.J.:* Journ. Appl. Phys. *37*, 599 (1966).
17. *Oster, A.:* Z. Angew. Phys. *23*, 120 (1967).
18. *Oster, A.:* Z. Angew. Phys. *20*, 375 (1966).
19. *Seanor, D.A.:* Adv. Polymer Sci. *4*, 317 (1965).
20. *Stetter, G.:* Kolloid-Z. *215*, 112 (1966).
21. *Umminger, O.:* Kautschuk u. Gummi *18*, 199 (1965).

*Normen:*

22. ASTM: D 257–66, Standard Methods of Test for D–C Resistance or Conductance of Insulating Materials.
23. British Standard 2782, Part 2 (202, 203, 204; 1965), Methods of Testing Plastics; Volume resistivity, surface resistivity, insulating resistance.
24. DIN 50014: Werkstoff-, Bauelemente- und Geräteprüfung; Normalklimate (vgl. auch DIN 50020).
25. DIN 51952: Prüfung von Fußbodenbelägen, Bestimmung der elektrischen Isolierfähigkeit.
26. DIN 53482: Prüfung von Isolierstoffen, Bestimmung der elektrischen Widerstandwerten, gleichlautend mit VDE 0303, Teil 3.
27. IEC: Publ. 93 (1958) Recommended methods of test for volume and surface resistivities of electrical insulating materials.
28. IEC: Publ. 167 (1964) Methods of test for the determination of the insulating resistance of solid insulating materials.

## 4.3.3. Elektrostatische Aufladung

### 4.3.3.1. *Das Phänomen der elektrostatischen Aufladung*

#### *Der Aufladungsmechanismus*

Eng gekoppelt an die geringe Leitfähigkeit der meisten Kunststoffe ist das Problem der elektrostatischen Aufladung. Bringt man zwei Festkörper in Kontakt miteinander, so wird die Grenzfläche von Ladungsträgern überschritten, bis ein thermodynamisches Gleichgewicht erreicht ist. Die übergehenden Ladungen treten nach einer Trennung beider Körper dann als elektrostatische Aufladung in Erscheinung, wenn wenigstens einer der beteiligten Partner eine geringe Leitfähigkeit besitzt.

Während der Mechanismus des Ladungsüberganges bei Kontakten zwischen Metallen und Halbleitern weitgehend bekannt ist [30], sind die Vorgänge bei Isolatoren und damit bei Kunststoffen ungeklärt. Wie *Davies* [14] nachgewiesen hat, findet bei ihnen zumindest unter gewissen Bedingungen ein Elektronenübergang statt, der wie bei Metallen und Halbleitern mit bekannten Vorstellungen der Festkörpertheorie beschrieben werden kann. Eine wichtige Rolle spielen hierbei die energetische Lage und Dichte der möglichen Elektronenzustände an der Oberfläche, die räumlich und zeitlich veränderlich sind [5a]. Die bekannte schlechte Reproduzierbarkeit und „Launenhaftigkeit" aller Aufladungserscheinungen beruht auch darauf, daß neben diesen reinen Kontaktvorgängen weitere Vorgänge in unbekannter Zahl und in sich änderndem Maße beteiligt sein können. Hierbei handelt es sich in erster Linie [4, 7, 8, 19] um thermische, ionische und piezoelektrische Effekte. Hinzu kommen noch Besonderheiten durch Influenzvorgänge und bei der Erzeugung neuer Oberflächen (Zerkleinerung, Reibung mit Bruch lokaler Verschweißungen u.ä.).

Für den gesamten Komplex „elektrostatische Aufladung" ist daher keine einfache, umfassende Theorie zu erwarten. Ja sogar eine eindeutige Entscheidung über die Art der übergehenden Ladungsträger, für die nach *Harper* [17] Elektronen, Ionen oder Materialteilchen in Frage kommen, ist derzeit unmöglich. Empirische Regeln über Gesetzmäßigkeiten hat *Coehn* [5] aufgestellt. Seine Regeln besagen, daß der Stoff mit der größeren DK sich positiv auflädt und die Aufladungshöhe proportional der Differenz der DK ist. Die Regeln besitzen jedoch keine Allgemeingültigkeit [20, 21]. Das gilt auch für die Vorstellung einer elektrostatischen Spannungsreihe, in der aufladbare Stoffe so angeordnet sind, daß ein Stoff gegen jeden in der Reihe folgenden sich positiv auflädt, und zwar um so stärker, je größer der „Abstand" beider Stoffe in der Reihe ist. Die zahlreichen bekanntgewordenen Reihen ([4, 14, 31] und die dort genannte Literatur) zeigen neben gemeinsamen Zügen Unterschiede, die zum Teil bestimmt auf unterschiedlichen Stoffen und Versuchsbedingungen beruhen. Da diese Spannungsreihe manchmal den einzigen verfügbaren Anhalt wenigstens über das Vorzeichen und – mit noch geringerer Zuverlässigkeit – über die Höhe der Aufladung gibt, ist trotz aller Bedenken in Tabelle 4.3.3–1 aus den genannten Quellen eine Reihe als Anhalt zusammengestellt. Ist bei reinen Kontaktvorgängen die Austrittsarbeit für Elektronen entscheidend, gilt die Tabelle 4.3.3–2.

*Tabelle 4.3.3–1 Elektrostatische Spannungsreihe*

*Positives Ende*

| | | | |
|---|---|---|---|
| Glas | Celluloseacetat | Polyester | Polyacrylnitril |
| Wolle | Polyvinylacetat | Polyvinylchlorid | Polykarbonat |
| Polyamid | ABS-Polymere | Polyäthylen-terephthalat | Polystyrol |
| Phenolformaldehyd | (Metalle) | Polyvinylbutyrat | Gummi |
| Polyacrylamid | Polymethyl-methacrylat | Epoxyharze | Polytetrafluoräthylen |

*Negatives Ende*

*Tabelle 4.3.3–2 Elektronenaustrittsarbeit von Kunststoffen in eV (nach [14])*

| | |
|---|---|
| PVC | 4,85 ± 0,2 |
| Polyimid | 4,36 ± 0,06 |
| Polycarbonat | 4,26 ± 0,13 |
| PTFE | 4,26 ± 0,05 |
| PET | 4,25 ± 0,10 |
| Polystyrol | 4,22 ± 0,02 |
| Nylon 66 | 4,08 ± 0,06 |

*Die Verteilung elektrostatischer Ladungen und ihre zeitliche Änderung*

Angesichts der Vielzahl der Vorgänge nimmt es nicht Wunder, daß nach einem Aufladungsvorgang die Ladung der Höhe und sogar dem Vorzeichen nach auf einer Kunststoffoberfläche häufig nicht homogen verteilt ist [20, 21, 29], zumal selbst bei der in Luft erreichbaren Grenzladungsdichte nur etwa jedes $10^5$te Atom in der Oberfläche seinen Ladungszustand geändert hat (Bilder 4.3.3–8 und 4.3.3–9). Wichtig ist weiterhin, daß elektrostatische Ladungen auch im Inneren von Kunststoffen vorhanden sein können. Neben Elektretbildung und Polarisationseffekten ist vor allem das Strömen thermoplastischer Kunststoffe längs Wänden Ursache von Aufladungen, wie sie von isolierenden Flüssigkeiten her bekannt sind. Diese Ladungen können durch die Strömung ins Innere transportiert werden und dort in Raumladungswolken „einfrieren“ [21].

Die ursprüngliche Ladungsverteilung ändert sich schon mit beginnender Trennung. Die elektrische Leitfähigkeit des umgebenden Gases, die bei Überschreiten der Durchbruchfeldstärke sich um viele Zehnerpotenzen erhöht, und der Kontaktpartner sind neben dem Tunneleffekt und der Feldemission die wichtigsten Ursachen für die zeitliche Änderung der Ladungsverteilung. Hierbei hat zwar der Oberflächenwiderstand besonders starken Einfluß, daneben aber auch – häufig unterschätzt – die Volumenleitfähigkeit und die Umgebung. Leitfähige, geerdete Teile in der Umgebung bestimmen nämlich weitgehend Stärke und Richtung des elektrischen Feldes, in dem sich die Ladungen bewegen. Zu beachten ist, daß Luft wegen der in ihr vorhandenen Ladungsträger eine – wenn auch geringe und sich stark ändernde – Leitfähigkeit besitzt, die bei sauberer, trockener Luft mit $10^{-16}$ (Ohm · cm)$^{-1}$ größer ist als die mancher Kunststoffe (Bild 4.3.3–1). Wie schon der Vorgang der Aufladung bilden also die Verteilungen elektrostatischer Ladungen und deren zeitliche Veränderungen eine verwirrende und keineswegs immer bekannte oder gar gedeutete Vielfalt.

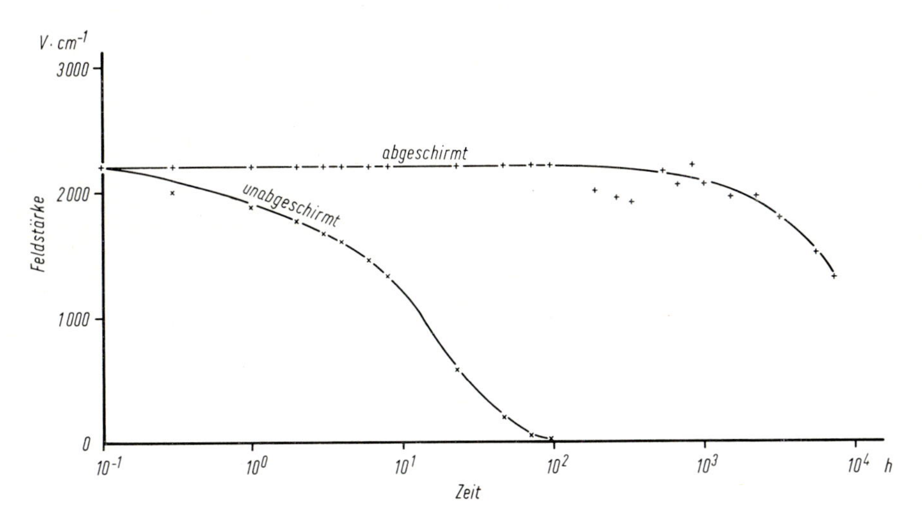


Bild 4.3.3–1 Einfluß der Leitfähigkeit der umgebenden Luft auf den Ladungsabfluß bei einer Kunststoffplatte

## 4.3.3.2. *Wirkungen elektrostatischer Aufladungen*

Aufgeladene Gegenstände sind Ursachen elektrischer Felder in ihrer Umgebung und damit Ursache von Kräften auf andere Gegenstände. Für die wichtigsten Fälle sind in

*Tabelle 4.3.3–3 Beispiele für elektrische Felder*

| Elektrisches Feld | Feldstärke $E$ Volt · cm$^{-1}$ | |
|---|---|---|
| Punktladung $Q$ | $E = \frac{Q}{4\pi \varepsilon_r \varepsilon_0 r^2}$ | $\varepsilon_0$ = Influenzkonstante<br>$\varepsilon_r$ = DK des umgebenden Materials, d.h. in Luft = 1<br>$r$ = Abstand von Punktladung |
| Linienladung | $E = \frac{q}{2\pi \varepsilon_r \varepsilon_0 r}$ | $q$ = Ladung pro Längeneinheit<br>$r$ = Abstand von Linienladung |
| Flächenladung, homogenes Feld | $E = \frac{\sigma}{2\, \varepsilon_r \varepsilon_0}$ | $\sigma$ = Flächenladungsdichte |
| zwei parallele Ebenen mit Ladungsdichte $\pm\sigma$ | $E = \frac{\sigma}{\varepsilon_r \varepsilon_0}$ | |
| Änderung der Feldstärke $\partial E$ bei Fortschreiten um den Weg $\partial x$ in konstanter Raumladung | $\partial E = \frac{\varrho}{\varepsilon_r \varepsilon_0} \partial x$ | $\varrho$ = Raumladungsdichte |
| Feldstärke im Plattenkondensator | $E = \frac{U}{l}$ | $U$ = Spannung<br>$l$ = Plattenabstand |
| Feldstärke an Kugeloberfläche | $E = \frac{U}{R}$ | $R$ = Kugelradius |

Tabelle 4.3.3–3 die Feldstärken und in Tabelle 4.3.3–4 die Kräfte angegeben. Wenn auch alle Wirkungen von Aufladungen letztlich auf diese Kräfte zurückzuführen sind, lassen sie sich doch in den folgenden drei Gruppen zusammenfassen.

*Kräfte*

Die elektrostatischen Kräfte können den Bewegungsablauf in Maschinen oder bei Fördervorgängen erheblich stören (z.B. Lauf von Folien, Bahnen, Förderbändern oder Fäden über Führungselemente, Transport von Kunststoffteilen, Folien, Granulat oder Staub). Die Aufladung kann entweder auf dem bewegten Gut oder der Maschine oder auf beiden auftreten. Die Tabellen 4.3.3–3 und 4.3.3–4 können helfen, die Größe der auftretenden Kräfte abzuschätzen. Sind keine Angaben über die Aufladungshöhe zu erhalten, kann häufig die nach Tabelle 4.3.3–5 aus der Durchbruchfeldstärke berechnete Grenzladungsdichte als oberer Grenzwert eingesetzt werden. Sie wird durch Reibung in der Praxis höchstens zu 50% erreicht (über die sehr viel größeren Haftkräfte vor der Trennung, vgl. [27]).

*Gasentladungen*

Bei Überschreiten der Durchbruchfeldstärke (Tabelle 4.3.3–5) an der Oberfläche oder in der Umgebung aufgeladener Gegenstände sind Gasentladungen zu beobachten [9, 21]. Durch die Durchbruchfeldstärke wird die Ladungsdichte, die auf einer Oberfläche angesammelt werden kann, begrenzt. Trotz ihrer Abhängigkeit, z.B. von der Zusammensetzung und dem Druck des umgebenden Gases und von der Gestalt des Gegenstandes [6], wird sie für Luft meistens zu 30 kV · cm$^{-1}$ angenommen, was einer Grenzladungsdichte von 2,65 · 10$^{-9}$ Amperesekunden · cm$^{-2}$ entspricht.

*Tabelle 4.3.3–4 Kräfte in elektrischen Feldern* (in Luft)

| Kraft | Elektrisches Feld |
|---|---|
| $K = Q \cdot E$ | Kraft auf Punktladung $Q$ im elektrischen Feld der Stärke $E$ |
| $K = \frac{1}{4\pi\varepsilon_0} \cdot \frac{Q_1 \cdot Q_2}{r^2}$ | Kraft zwischen zwei Punktladungen im Abstand $r$ |
| $K = \frac{F}{2\varepsilon_0} \cdot \sigma^2$ | Anziehungskraft zweier paralleler Ebenen der Fläche $F$ mit der Ladungsdichte $\sigma$ |
| $K = \frac{\varepsilon_0 F}{2} \cdot E^2 = \frac{\varepsilon_0 F}{2} \cdot \frac{U^2}{l^2}$ | Anziehungskraft zwischen den Platten eines Plattenkondensators mit der Feldstärke $E = U/l$ |
| $K = \frac{1}{16\pi\varepsilon_0} \cdot \frac{Q^2}{l^2}$ | Anziehungskraft einer leitfähigen Ebene auf eine Punktladung $Q$ im Abstand $l$ |
| $K = \frac{1}{16\pi\varepsilon_0} \cdot \frac{1-\varepsilon_r}{1+\varepsilon_r} \cdot \frac{Q^2}{l^2}$ | Anziehungskraft eines eben begrenzten Isolators mit der DK $\varepsilon_r$ auf eine Punktladung $Q$ im Abstand $l$ |
| $K = 2\pi\varepsilon_0 R^3 \operatorname{grad} E^2$ | Kraft in Richtung wachsender Feldstärke auf ungeladene, leitfähige Kugel mit Radius $R$ im inhomogenen Feld |
| $K = 2\pi\varepsilon_0 \frac{\varepsilon_r - 1}{\varepsilon_r + 2} R^3 \operatorname{grad} E^2$ | Kraft in Richtung wachsender Feldstärke auf ungeladene Kugel mit Radius $R$ und DK $\varepsilon_r$ im inhomogenen Feld |
| $K = m \cdot \frac{\partial E}{\partial x}$ | Kraft auf Dipol $m$ im inhomogenen Feld, $\partial x$ in Richtung der stärksten Feldänderung, $m = Q \cdot l$; $l$ Abstand der Punktladungen $\pm Q$ |
| $\mathfrak{M} = \mathfrak{m} \times \mathfrak{E}$ | mechanisches Drehmoment $\mathfrak{M}$ auf elektrischen Dipol $\mathfrak{m}$ im elektrischen Feld $\mathfrak{E}$ |

Ladungen in Amperesekunden, Spannungen in Volt und Längen in Metern eingesetzt liefern die Kräfte in Großdyn $= 10^5$ dyn $= 0{,}102$ Kilopond $= 1$ Newton

Nähert man einer hoch aufgeladenen Fläche eine geerdete Metallspitze, so kann an ihr schon in beträchtlichem Abstand die Durchbruchfeldstärke überschritten werden. Durch die einsetzende Coronaentladung wird die Fläche mehr oder weniger entladen (Spitzenionisator). Unter sonst gleichen Bedingungen muß eine Kugel der Fläche bis auf deutlich

*Tabelle 4.3.3–5*

Durchbruchfeldstärken $E_{max}$ in Kilovolt $\cdot$ cm$^{-1}$ (nach [6]), gültig für Luft bei Normalbedingungen, alle Längen in cm.

Ebene Elektroden im Abstand $d$:

| | |
|---|---|
| $d \lesssim 0{,}1$ cm: | $E_{max} \approx \left(30 + \frac{1{,}35\text{ cm}}{d}\right) \frac{\text{kV}}{\text{cm}}$ |
| $0{,}3\text{ cm} \lesssim d \lesssim 16$ cm: | $E_{max} \approx \left(24{,}5 + \frac{7\text{ cm}}{d}\right) \frac{\text{kV}}{\text{cm}}$ |
| Kugel mit Durchmesser $D$: | $E_{max} \approx 29{,}1 \left(1 + \frac{2/3}{\sqrt{D/\text{cm}}}\right) \frac{\text{kV}}{\text{cm}}$ |
| Draht mit Radius $R$: | $E_{max} \approx 29{,}8 \left(1 + \frac{0{,}3}{\sqrt{R/\text{cm}}}\right) \frac{\text{kV}}{\text{cm}}$ |
| Berechnung der Grenzladungsdichte: | $\sigma_{max} = \varepsilon_0 \cdot E_{max}$ |

kleineren Abstand genähert werden, bevor die Durchbruchfeldstärke überschritten wird. Die dann einsetzende Büschelentladung ist jedoch viel energiereicher. Sie hinterläßt auf der Kunststoffoberfläche die bekannten, nach Einstäubung sichtbaren Entladungsfiguren mit polaren Unterschieden ([4, 6, 21], Bild 4.3.3–9). Ist die Ladungsdichte mindestens etwa zehnmal größer als die oben genannte Grenzladungsdichte in Luft, was nur bei höchstens 8 mm dicken Kunststoffen mit leitfähigem, geerdetem Hintergrund und unter außergewöhnlichen Aufladebedingungen möglich ist, gehen die Gleitbüschel in noch energiereichere Gleitstielbüschel über [18]. Die Energie eines Funkens, der den Raum zwischen zwei aufgeladenen leitfähigen Körpern überbrückt, ist durch die elektrische Energie $\frac{1}{2} C U^2$ dieser aufgeladenen Kondensatoranordnung gegeben.

Die Gasentladungen statischer Elektrizität können lästig werden, wenn sie spürbar werden und zu Reflexbewegungen und indirekt damit sogar zu einem Unfall führen. (Über ihre Zündfähigkeit vgl. Abschnitt 4.3.3.4.)

*Verstaubung*

Ganz allgemein verschmutzen in staubiger Luft aufgeladene Gegenstände durch Anziehung geladener oder (in inhomogenen Feldern) auch ungeladener Teilchen. Reinigung durch Abwischen mit einem Tuch beseitigt zwar anhaftenden Staub, schafft aber durch die mit ihr verbundene Aufladung die Ursache erneuter Verstaubung. Da Gleitentladungen gerade stark inhomogene Felder über der Kunststoffoberfläche hervorrufen, verstauben Oberflächen nach solchen Entladungen besonders leicht und auffällig (Bild 4.3.3–9). Es ist nicht möglich, für homogen aufgeladene Gegenstände *eine* Grenze anzugeben, unterhalb derer gerade keine Verstaubung mehr eintritt. Nach eigenen Versuchen an Geweben und Platten ist bei einer Feldstärke von 100 V $\cdot$ cm$^{-1}$ mit Verstaubung in normal verstaubter Raumluft erst nach Wochen oder Monaten zu rechnen. In sehr staubiger Luft können Gegenstände bei 1000 V $\cdot$ cm$^{-1}$ in einer Stunde verstauben. Mit Entladungsfiguren ist oberhalb 2000–4000 V $\cdot$ cm$^{-1}$ zu rechnen.

### 4.3.3.3. *Meß- und Prüfverfahren*

Das Problem der Messung von Aufladungen beruht auf der geschilderten Vielfalt der Vorgänge der Aufladung, der Ladungsverteilung, der zeitlichen Änderungen und der mangelhaften Reproduzierbarkeit unter nicht genau definierten Bedingungen. Die verwendeten Methoden haben meist den Charakter von Vergleichstests, deren Ergebnisse nicht unbedenklich auf die in der Praxis vorliegenden Verhältnisse übertragen werden können.

*Widerstandsmessungen*

Am häufigsten wird der Einfachheit wegen der Oberflächenwiderstand zur Beurteilung des Aufladungsverhaltens herangezogen. Die Messung kann nach dem Normentwurf [35], der stark an DIN 53482 [34] angelehnt ist, oder einer ähnlichen internationalen Norm [36] erfolgen.

Obwohl mit dem Oberflächenwiderstand Aufladungshöhe und Halbwertzeit (als Maß für den Ladungsabfluß) abnehmen, bestehen hier keine eindeutigen Zusammenhänge (Bilder 4.3.3–2, 4.3.3–3, [29]). Grundsätzlich können auch durch einen Widerstandswert Unterschiede in der Form der Abklingkurven nicht erfaßt werden (Bild 4.3.3–4). Aus diesen und anderen Gründen folgt, daß der Oberflächenwiderstand nur mit Einschränkung das Aufladungsverhalten charakterisieren kann. Daher können auch für die Grenzwerte, unterhalb derer Aufladungen unwesentlich werden, nur ungefähre Angaben ge-

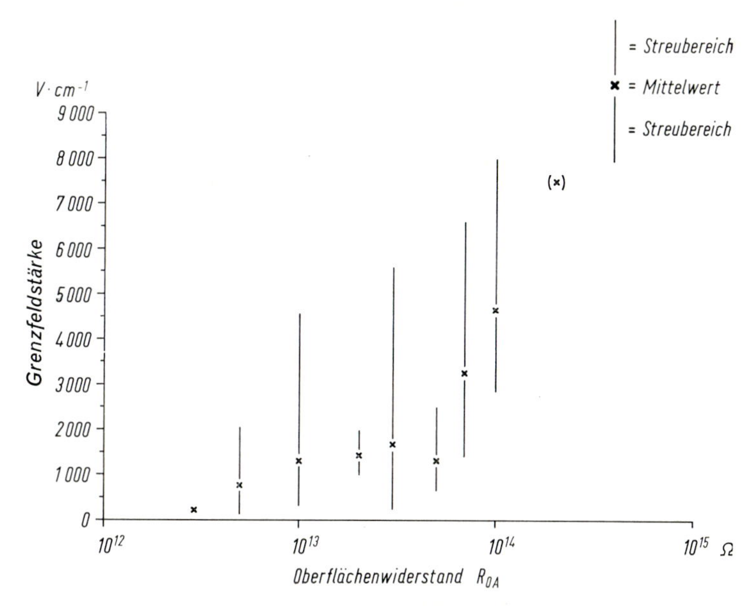


Bild 4.3.3–2 Zusammenhang zwischen Oberflächenwiderstand $R_{OA}$ und dem Absolutbetrag der Grenzfeldstärke für verschiedene Kunststoffe nach Reibung gegen Polyamid und Polyacrylnitril. Messung nach [22] bei 20 °C, 65% rel. Feuchte

macht werden. In manchen Fällen wird schon ab $10^{14}$ Ohm die Aufladung vermindert sein und beispielsweise die Verstaubung verschwinden. Bei nicht zu schnellen Reibvorgängen werden bei etwa $10^{12}$ Ohm die Aufladungen sehr klein und die Halbwertzeiten kommen in die Größenordnung einer Sekunde (Bilder 4.3.3–2, 4.3.3–3). Beim Lauf von Bahnen über Walzen hängt die Aufladung von der Geschwindigkeit ab. Nach Messungen von *Schumann* an Acetylcellulose [28] wird die Aufladung kleiner als die Grenzladungsdichte, so daß keine Gleitbüschel mehr auftreten, falls das Produkt aus Oberflächenwiderstand $R_{OA}$ und Geschwindigkeit kleiner als etwa $10^{11}$ Ohm · cm · $s^{-1}$ wird. In sicherheitstechnischer Hinsicht gilt ein Werkstoff nicht mehr als aufladbar, wenn sein Oberflächenwiderstand beim Klima 23 °C, 50% rel. Feuchte kleiner als $10^9$ Ohm oder unter extremen Bedingungen noch unter $10^{11}$ Ohm liegt [39].

Neben dem Oberflächenwiderstand sollte vor allem für das Verhalten nach dem Spritzguß auch der spezifische Widerstand [34] herangezogen werden, außerdem für Schichtwerkstoffe, Fußbodenbeläge u.ä. der flächenbezogene Durchgangswiderstand (4.3.2.3, [34]) und für Fußbodenbeläge, im Behälterbau u.ä. der Erdableitwiderstand [33, 39].

### *Aufladungsmessungen*

Für die neben Widerstandsmessungen erforderlichen Aufladungsmessungen liegt – neben zahlreichen Methoden in der angegebenen Literatur – ein DIN-Entwurf vor. In hierfür geeigneten Vorrichtungen [22, 23] werden plattenförmige Proben gerieben und die Höhe der Aufladung durch Messung der Feldstärke mit Hilfe eines Feldstärkenmeßgerätes in 1 cm Abstand von der Oberfläche bestimmt. Das Ergebnis des Meßvorganges (Bild 4.3.3–5) umfaßt: Oberflächenwiderstand vor und nach der Reibung; Grenzwert der Feldstärke nach wiederholten Reibvorgängen einschließlich Anzahl der Reibvorgänge; Zeit, in der die Grenzfeldstärke auf die Hälfte abgesunken ist (Halbwertzeit $t_H$ genannt), Restfeldstärke 15, 30 und 60 Minuten nach Beendigung der Reibung. Es ist zu erwarten,

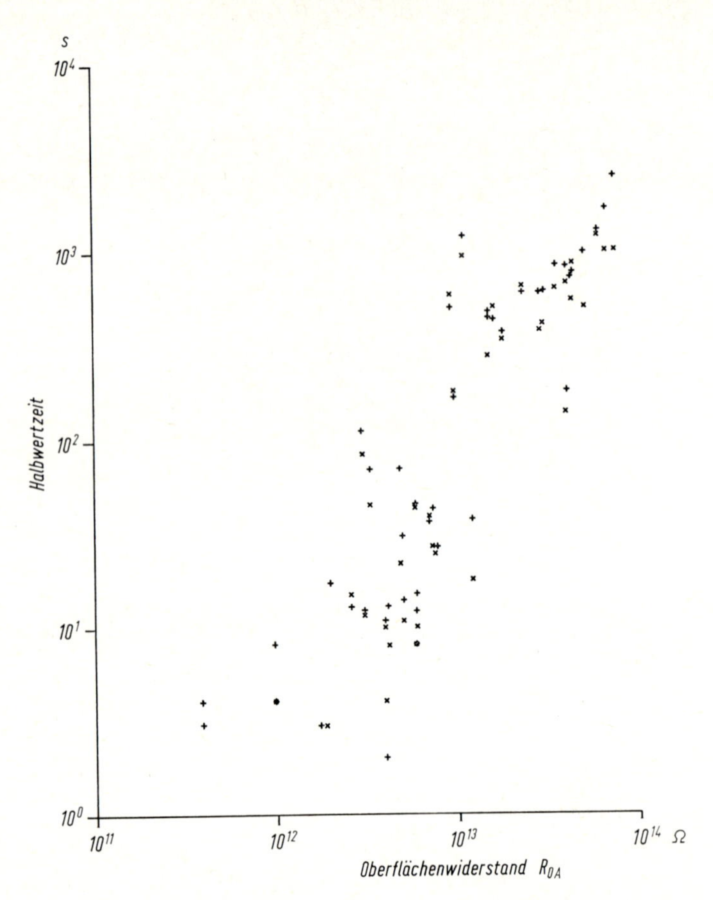


Bild 4.3.3–3 Zusammenhang zwischen Oberflächenwiderstand $R_{OA}$ und Halbwertzeit der Entladung für verschiedene Kunststoffe. Reibung gegen Polyamid (×) und Polyacrylnitril (+); Messung nach [22] bei 20 °C, 65% rel. Feuchte

daß nach diesem Entwurf das Aufladungsverhalten nach Reibung beschrieben werden kann. Eine Klassifizierung der Kunststoffe in einer Reihe ist allein schon der Vielzahl der Meßwerte wegen kaum möglich.

Für die Untersuchung elektrostatischer Vorgänge unter Betriebsbedingungen steht in dem in unterschiedlichen Ausführungen angebotenen rotierenden Feldstärkenmeßgerät [25, 29] ein sehr vielseitiges, geeignetes Gerät zur Verfügung. Als Beispiel eines Betriebsproblems zeigt Bild 4.3.3–6 das unterschiedliche Verhalten eines Kunststoffes nach Spritzguß und nach Reibung.

Zu den häufig speziellen Zwecken angepaßten elektrostatischen Meßmethoden sind einige Bemerkungen erforderlich. Es ist fehlerhaft, die Schwierigkeiten der Aufladungserzeugung durch Aufsprühen von Ladungen mit einer Coronaentladung zu umgehen zu versuchen, da dann nicht die Aufladbarkeit geprüft wird und aufgesprühte Ladungen anders abfließen können als durch Reibung aufgebrachte [21, 29]. Alle Messungen, bei denen eine Aufladung durch einen Mittelwert auf einer Fläche bestimmt wird, setzen eine keineswegs immer vorhandene homogene Ladungsverteilung voraus. Der Mittelwert der Feldstärke über einer Fläche kann klein sein, obwohl sie beträchtliche positive und

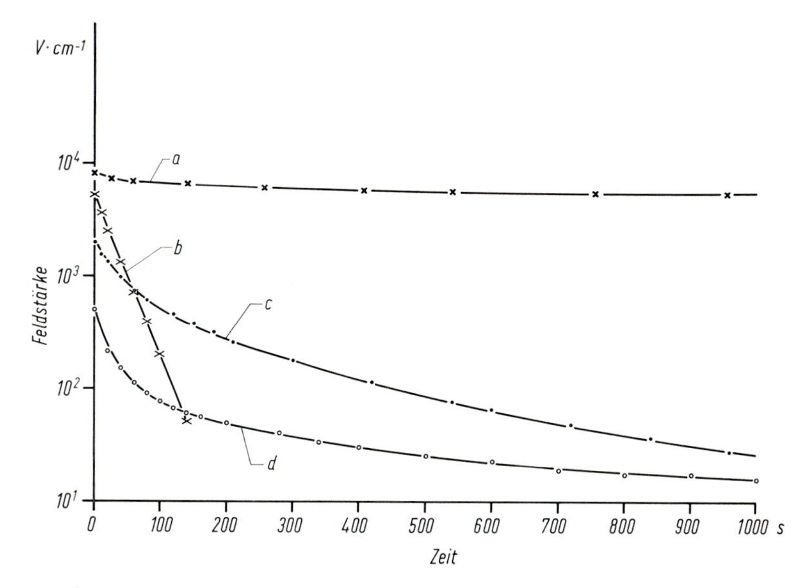


Bild 4.3.3–4 Unterschiedliche Entladekurven nach Reibung

*a* Polyäthylen gegen Polyamid, *b* Celluloseacetat gegen Polyamid, *c* ABS-Polymerisat gegen Polyacrylnitril, *d* ABS-Polymerisat gegen Polyamid

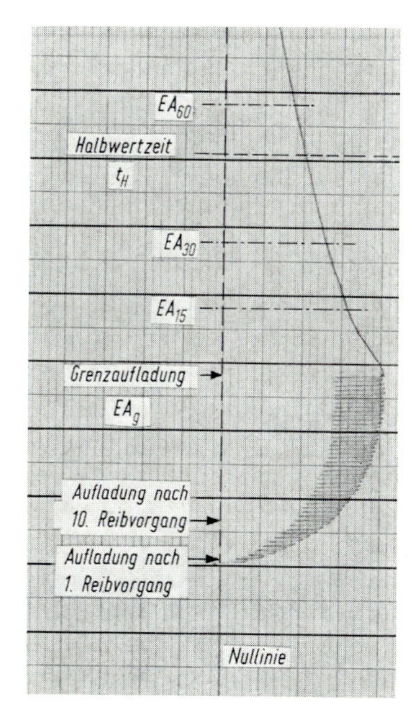


Bild 4.3.3–5 Meßvorgang nach DIN-Entwurf 53486, Blatt 2. Schreibervorschub während der Reibung 40 mm · min$^{-1}$, während der Entladung 80 mm · h$^{-1}$

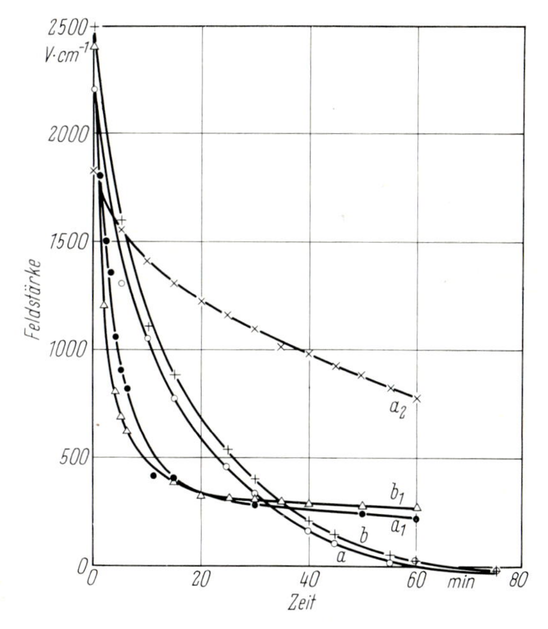


Bild 4.3.3–6 Zeitliche Abnahme der Feldstärke zweier ABS-Spritzgußplatten; *a*, *b* nach Entformung; $a_1$, $b_1$ 5 Wochen später nach Reibung; $a_2$ 9 Monate später nach Reibung

negative Flächenladungen trägt (Bild 4.3.3–8). Eine Methode zur Messung inhomogener Ladungsverteilungen hat *Croitoru* [12] angegeben. Sie kann für die Messung sowohl von Flächenladungen auf Folien [24] als auch von Ladungsverteilungen an der Oberfläche und im Inneren [21] verwendet werden. Derartige Messungen sind wichtig für grundlegende Untersuchungen; zur Charakterisierung des Aufladungsverhalten von Kunststoff-Typen sind sie zu langwierig und umständlich.

*Einstäubungsuntersuchungen*

Interessiert die Ladungsverteilung vor allem hinsichtlich der Verstaubung, so kann sie durch Einstäuben sichtbar gemacht werden ([21] und die dort angegebene Literatur). Positiv und negativ geladene Flächen können unterschiedlich eingefärbt werden (Bilder 4.3.3–8 und 4.3.3–9). Einfacher ist der „Aschetest", wobei der zu prüfende Kunststoff durch Reibung über Asche gehalten und beobachtet wird, ob und in welchem Abstand Ascheteilchen angezogen werden. Zu solchen qualitativen Tests wird man der Einfachheit und Anschaulichkeit wegen greifen, obwohl neben anderen Nachteilen der Ladungsabfluß auf diese Weise nicht untersucht werden kann und Ergebnisse schlecht mitgeteilt und verglichen werden können.

Die Verstaubungsneigung kann unmittelbar untersucht werden, indem der Prüfkörper normal verstaubter Luft ausgesetzt wird oder Luft mit erhöhter Staubkonzentration z.B. durch Aufsieben oder in einem Fließbett an ihn herangetragen wird. *Schanzle* [26] hat eine Staubkammer beschrieben, in die aufgeladene Prüfkörper eingebracht werden und in der durch Verbrennen einer bestimmten Menge Toluol Ruß erzeugt und umgewälzt wird. Die Verstaubung wird mit einem Standardmaterial verglichen.

### 4.3.3.4. *Maßnahmen gegen Aufladungen*

*Materialauswahl*

Wenn Störungen durch Aufladungen zu befürchten sind – was ja keineswegs immer der Fall ist – besteht die Möglichkeit, aus den verfügbaren Kunststoffen diejenigen auszuwählen, die bei der geplanten Verwendung nach den beschriebenen Prüf- und Meßmethoden sich nicht störend aufladen werden. Die Widerstandstabellen (4.3.2., Tabellen 4.3.2–2 und 4.3.2–3) geben hierfür die ersten Hinweise. Polyamide, Zelluloseabkömmlinge, ABS-Mischpolymerisate und Preßmassen auf der Basis von Phenol- oder Harnstoff-Formaldehydkondensaten z.B. geben zumeist keine störenden Aufladungen. Vergleichende Untersuchungen des elektrostatischen Verhaltens an mehreren Kunststoffen liegen nur wenig vor, da bisher eine Prüfnorm fehlte. Die Angaben der Tabelle 4.3.2–6 sind nach [22] unter Bedingungen gemessen, die weitgehend dem Normentwurf [35] entsprechen.

Häufig wird vorgeschlagen, aus der Spannungsreihe die Partner irgendeines Bewegungsablaufes so auszuwählen, daß keine Aufladungen auftreten. Das kann nur in wenigen Fällen zum Ziel führen. Zunächst kann die Auswahl höchstens dann richtig getroffen werden, wenn nur zwei Kontaktpartner beteiligt sind. Weiterhin können sich die Aufladungen stark ändern mit den Bedingungen des Kontaktes (Geschwindigkeit, Reibung, Kräfte, Luftfeuchtigkeit, Temperatur usw.) und schon geringe, sonst nicht erfaßbare Änderungen der Oberflächen die Stellung in der Spannungsreihe verschieben.

*Antistatische Kunststoffe*

Sind für eine Konstruktionsaufgabe nur Kunststoffe geeignet, bei denen störende Aufladungen zu erwarten sind, ist im nächsten Schritt zu prüfen, ob von diesen antistatische Einstellungen erhältlich sind oder ob ihre antistatische Ausrüstung möglich ist.

*Tabelle 4.3.3–6 Aufladungsverhalten verschiedener Kunststoffe bei 20° C, 65% rel. Feuchte (nach [15], ergänzt)*

| Probe | Oberflächenwiderstand | | Reibungspartner | Feldstärke nach 1 Reibvorgang | Feldstärke nach 10 Reibvorgängen | Grenzfeldstärke | | Halbwertzeit | Kennzahl der Aufladbarkeit[1]) |
|---|---|---|---|---|---|---|---|---|---|
| | $R_o$ Ohm | $R_\square$ [2]) Ohm | | $V \cdot cm^{-1}$ | $V \cdot cm^{-1}$ | $V \cdot cm^{-1}$ | Anzahl der Reibvorgänge | s | |
| hochschlagfestes Polystyrol | $\sim 10^{14}$ | $\sim 10^{15}$ | Perlon | − 1100 | − 2900 | − 6200 | 60 | > 3600 | > 7 |
| (Styrol-Butadien) | | | Dralon | + 140 | + 380 | + 600 | 10 | > 3600 | > 6 |
| Polycarbonat | $> 10^{14}$ | $> 10^{15}$ | Perlon | + 1500 | + 4800 | + 5100 | 12 | > 3600 | > 7 |
| | | | Dralon | + 900 | + 4200 | + 5600 | 28 | > 3600 | > 7 |
| Polyacetal | $\sim 10^{14}$ | $\sim 10^{15}$ | Perlon | + 360 | + 1400 | + 3000 | 15 | 1600 | 6 |
| | | | Dralon | + 630 | + 4000 | + 5500 | 27 | 1200 | 6 |
| Zelluloseacetat | $10^{12}$ | $10^{13}$ | Perlon | − 1400 | − 2300 | − 3900 | 43 | 3 | 4 |
| | | | Dralon | + 830 | + 910 | + 1100 | 3 | 3 | 3 |
| höher verestertes Zelluloseacetat | $10^{12}$ | $10^{13}$ | Perlon | − 1200 | − 4900 | − 4900 | 33 | 25 | 5 |
| | | | Dralon | + 730 | + 3900 | + 4600 | 24 | 27 | 5 |
| Zelluloseproprionat | $> 10^{14}$ | $> 10^{15}$ | Perlon | − 300 | − 900 | − 5000 | 65 | 360 | 6 |
| | | | Dralon | + 4800 | + 4800 | + 5100 | 16 | 500 | 6 |
| Zelluloseacetobutyrat | $10^{13}$ | $10^{14}$ | Perlon | Vorzeichen wechselnd | | | | | |
| | | | Dralon | + 2200 | + 5700 | + 5700 | 19 | 180 | 6 |
| Polyamid | $4 \cdot 10^{11}$ | | Dralon | + 130 | + 230 | + 250 | 20 | 3 | 3 |
| Polyäthylen | $> 10^{14}$ | | Perlon | − 550 | − 750 | − 4000 | 100 | > 3600 | > 7 |
| ABS-Pfropfpolymerisat | $> 10^{14}$ | | Perlon | − 500 | − 3000 | − 3800 | 40 | > 3600 | > 7 |
| | | | Dralon | + 100 | + 1100 | + 3000 | 50 | > 3600 | > 7 |
| ABS-Mischpolymerisat | $3 \cdot 10^{12}$ | | Perlon | − 370 | − 780 | − 1100 | 25 | 6 | 3 |
| | | | Dralon | Vorzeichen wechselnd | | | | | |

[1]) Kennzahl = Logarithmus des Produktes aus Betrag der Grenzfeldstärke ($V \cdot cm^{-1}$) und Halbwertzeit (s).

[2]) $R_\square$ bedeutet Quadrat-Ohm.

Leider gibt es keine allgemein anerkannte Definition der Begriffe antistatisch, astatisch, aufladbar, elektrostatisch leitfähig usw. Wichtig ist es, drei Typen von Werkstoffen kurz bezeichnen zu können, für die folgende Benennungen zweckmäßig sind und sich einzuführen scheinen:

1. hoch aufladbare Werkstoffe: Werkstoffe, bei denen unter normalen Bedingungen stets mit hohen Aufladungen zu rechnen ist; Oberflächenwiderstand größer als etwa $10^{14}$ bis $10^{15}$ Ohm; Beispiele: Polyolefine, Polycarbonat, Polyvinylchlorid, Polymethylmethacrylat.
2. astatische Werkstoffe: Werkstoffe mit verringerter Aufladungsneigung, die unter normalen Bedingungen zwar noch aufgeladen werden können, deren Aufladung aber je nach Verwendung nur noch seltener oder gar nicht mehr stört; Oberflächenwiderstand etwa zwischen $10^9$ bis $10^{11}$ Ohm und $10^{14}$ bis $10^{15}$ Ohm; Beispiele: ABS-Mischpolymere, Celluloseabkömmlinge, Polyamide, zahlreiche Thermoplaste mit antistatischen Ausrüstungen.
3. antistatische Werkstoffe: Werkstoffe, die sich unter normalen Bedingungen nicht mehr aufladen; Oberflächenwiderstand etwa entsprechend der sicherheitstechnischen Grenze (d.h. derzeit $< 10^9$ bzw. $10^{11}$ Ohm); Beispiele: rußgefüllte Polyolefine, zahlreiche Duromere, manche Thermoplaste mit Antistatika.

Nach diesen Benennungen können mit antistatischen Ausrüstungen oder Einstellungen je nach Wirksamkeit astatische oder antistatische Kunststoffe erreicht werden. Alle bisher praktisch eingesetzten Antistatika wirken durch Verbesserung der Leitfähigkeit.

Sehr wirksam sind natürlich Metallschichten, die vorzugsweise durch Bedampfen im Hochvakuum oder chemogalvanisch aufgebracht werden [3] und vielen Anforderungen genügen. Es sind Oberflächenwiderstände bis unter 100 Ohm erreichbar. Die Metallschicht kann durch den Kunststoff gegen die Umgebung sehr gut isoliert sein. Besteht die Möglichkeit, daß die Schicht z.B. durch Reibung oder Influenz aufgeladen wird, kann ihre gesamte Ladung in einem Funken abfließen, der der Kapazität der Schicht entsprechend sehr viel energiereicher sein kann als die Entladungen einer gleichgroßen isolierenden, aufgeladenen Fläche. Zur Vermeidung dieser Funken sind konstruktiv (durch Befestigungselemente, Rahmen usw.) die Metallschichten mit leitfähigen Teilen der Umgebung zu verbinden und letztlich damit zu erden.

Die Leitfähigkeit kann durch Zusätze von leitfähigen Teilchen (Ruß, Graphit, Metallpulver oder -fäden) erhöht und damit die Aufladbarkeit verringert werden (vgl. 4.3.2.2.). Es lassen sich – u.U. richtungsabhängige und spannungsabhängige – spezifische Widerstände bis herunter zu 100 Ohm · cm einstellen. Zu beachten sind dabei die starken Änderungen der übrigen Eigenschaften, da die Teilchen in so hoher Konzentration (etwa 20%) eingearbeitet werden müssen, daß die Ladungsträger sich von Teilchen zu Teilchen bewegen können.

Für antistatische Kunststoffe werden weiterhin neben Modifikationen der Herstellungsbedingungen oder Ausgangssubstanzen entweder leitfähigkeitserhöhende Substanzen bis zu einigen Gewichtsprozenten zugegeben (innere Ausrüstung) oder auf die Oberfläche des Fertigproduktes aufgetragen (äußere Ausrüstung). Die große Zahl der hierfür vorgeschlagenen Stoffe [4, 11] scheint ein Beweis zu sein, daß endgültige, allgemein befriedigende Lösungen der Aufgabe bisher nicht gefunden wurden und vielleicht nicht gefunden werden können. Eine Übersicht handelsüblicher Antistatika mit Einsatzgebiet wird jährlich in [10] gegeben. Im übrigen muß man sich an die Hersteller wenden.

Auch durch Antistatika können die übrigen Eigenschaften der Kunststoffe beeinträchtigt werden. Die Antistatika zeigen große Unterschiede in der Wasserfestigkeit (Tabelle 4.3.3–7),

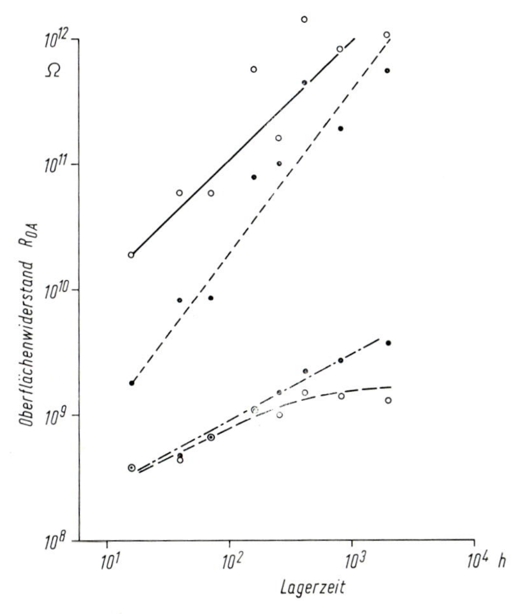


Bild 4.3.3–7 Lagerbeständigkeit von vier antistatischen Aufträgen auf Polymethylmethacrylat. Lagerung bei 20 °C, 30% rel. Feuchte, Messung bei 20 °C, 65% rel. Feuchte

Abriebfestigkeit (Tabelle 4.3.3–8) und Lagerbeständigkeit (Bild 4.3.3–7). Bei inneren Antistatika kann sich der leitfähige Überzug durch Diffusion aus dem Inneren heraus regenerieren.

*Tabelle 4.3.3–7 Antistatische Zusätze von Polyäthylen nach Wasserlagerung Oberflächenwiderstand* $R_{OA}$ bei 23 °C, 50% rel. Feuchte

| Probe | nach 4 Tagen im Klima | nach 30 Min. Wässerung | 5 Stdn. nach Wässerung | 2 Tage nach Wässerung |
|---|---|---|---|---|
| A | $2 \cdot 10^{10}$ | $4 \cdot 10^{15}$ | $1 \cdot 10^{15}$ | $5 \cdot 10^{14}$ |
| B | $1 \cdot 10^{9}$ | $8 \cdot 10^{14}$ | $1 \cdot 10^{15}$ | $5 \cdot 10^{9}$ |

A nicht waschfester Zusatz
B nicht waschfester, aber nachdiffundierender Zusatz

*Tabelle 4.3.3–8 Abriebfestigkeit antistatischer Einstellungen von ABS-Pfropf-Polymerisaten 20 °C, 65% rel. Feuchte*

| Probe | Oberflächenwiderstand $R_{OA}$ | |
|---|---|---|
| | vor der Reibung | nach 100 Reibungen |
| A | $5 \cdot 10^{10}$ | $1 \cdot 10^{13}$ |
| B | $7 \cdot 10^{10}$ | $3 \cdot 10^{13}$ |
| C | $1 \cdot 10^{10}$ | $0{,}7 \cdot 10^{10}$ |
| D | $3 \cdot 10^{10}$ | $7 \cdot 10^{10}$ |

A, B nicht reibechte Einstellungen
C, D reibechte Einstellungen

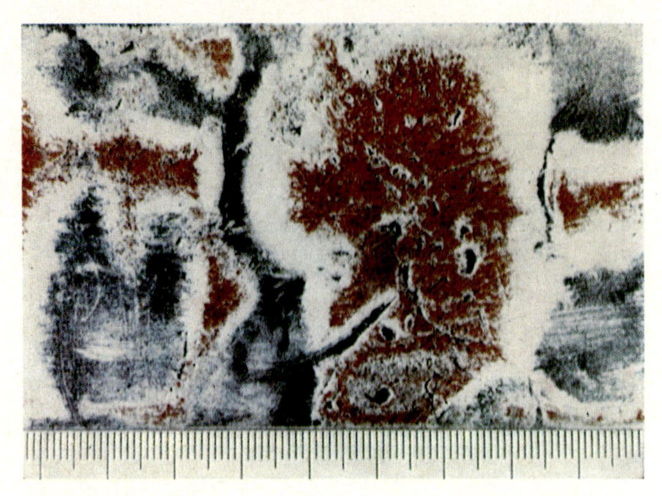

Bild 4.3.3–8 Inhomogene Aufladung von Polymethylmethacrylat durch Reibung mit Leder. Rot: positiv aufgeladene Fläche; Blau: negativ aufgeladene Fläche (nach [21])

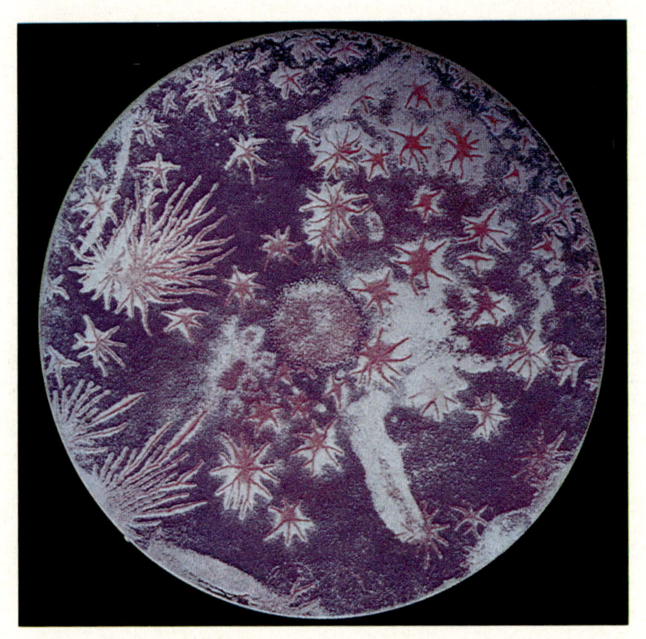

Bild 4.3.3–9 Ladungsverteilung nach Entformung einer Spritzgußplatte. Positive Entladungsfiguren (rot) auf negativ aufgeladener Fläche (blau); ABS-Pfropfpolymerisat, (nach [21])

*Konstruktive Maßnahmen*

Gegen Aufladungen gibt es schließlich konstruktive Maßnahmen, deren Möglichkeiten bisher häufig nicht ausreichend ausgenutzt und sicher noch nicht alle erkannt wurden. Wie bereits für Metallschichten erwähnt, sind alle durch Kunststoffe isolierte, leitfähigen

Teile mit ihrer leitfähigen Umgebung zu verbinden bzw. zu erden, wenn die Möglichkeit störender Aufladungen besteht. Diese besonders wichtige Maßnahme sei hier erwähnt, obwohl sie eine Folge des Isolationsvermögens und nicht der Aufladbarkeit von Kunststoffen ist. Diese Verbindung muß nicht unbedingt durch metallisch leitfähige Werkstoffe erfolgen. Für die Abschätzung des zwischen leitfähigem Teil und Umgebung zulässigen Widerstandes (sicherheitstechnisch s. [39]) lassen sich zwei Hinweise geben. Läßt sich der Aufladestrom abschätzen, ist der Widerstand so zu bemessen, daß der Strom an ihm nur eine nicht störende Spannung aufbauen kann. Eine 1 m breite Folie z. B. kann bei einer Geschwindigkeit von $1\ \mathrm{m} \cdot \mathrm{sec}^{-1}$ wegen der Grenzladungsdichte an eine Walze einen Aufladestrom von höchstens $3 \cdot 10^{-5}$ A abgeben. Zur Vermeidung lästiger Entladungen für die Bedienung (Spannung etwa $< 300$ V) reicht ein Widerstand von $10^7$ Ohm. Sind keine Angaben über den Aufladestrom erhältlich, wird der Widerstand $R$ so bemessen, daß er mit der (notfalls grob geschätzten) Kapazität $C$ des leitfähigen Teils eine Zeitkonstante $\tau = R \cdot C$ je nach den Verhältnissen von etwa 1/1000 bis 10 sec liefert.

Weitere Maßnahmen zielen darauf ab, die bei der Trennung entstehende Aufladung gering zu halten durch Verkleinerung der Kontaktflächen (z. B. Profilierung oder Aufrauhung). Es ist zwar bekannt, daß auch Reibungs- und Gleiteigenschaften die Aufladung beeinflussen [13]; da hier jedoch keine allgemeinen, technisch verwertbaren Regeln gegeben werden können, müssen gegebenenfalls Versuche bei der Werkstoffauswahl herangezogen werden. Unvermeidbare Aufladungen können durch Abschirmung der elektrostatischen Felder unwirksam gemacht werden. Hierzu eignen sich leitfähige, geerdete Abdeckungen (Folien, Platten, Netze, Gitter oder Anstriche) auf der aufgeladenen Seite oder auch auf der Rückseite, wobei in letzterem Fall die Maßnahme um so wirksamer ist, je geringer der Abstand zur aufgeladenen Fläche ist.

Schließlich sind auch Entladungseinrichtungen (passive und aktive Ionisatoren, radioaktive Eliminatoren [25, 39]; Luftbefeuchtungsanlagen; Einrichtungen zum Anblasen mit Wasserdampf usw.) zu den konstruktiven Maßnahmen gegen Aufladungen zu zählen.

### *Gefahren infolge elektrostatischer Aufladungen*

Entladungen statischer Elektrizität können zündfähige Gemische von Luft mit Gasen, Dämpfen oder Stäuben zünden. Während bei Coronaentladungen nur bei Stoffen sehr geringer Mindestzündenergie (Explosionsklasse 3 nach VDE 0165, gewisse Sprengstoffe) Vorsicht am Platze ist, können Büschelentladungen zündfähige Gemische von Luft mit Gasen oder Dämpfen zünden und Funken entsprechend ihrer Energie zusätzlich auch Staub/Luft-Gemische. Wie alle aufladbaren Stoffe können daran auch Kunststoffe auf verschiedene Weise beteiligt sein [9, 18]. Die wichtigsten Fälle betreffen die Verwendung von Kunststoffen (z. B. für Anlagen, Apparate, explosionsgeschützte elektrische Betriebsmittel; Treibriemen und Förderbänder [32, 37]; Fußböden usw.) in explosionsgefährdeten Räumen, im Bergbau [16, 38]; in Operationsräumen [39] und im Behälterbau für brennbare Flüssigkeiten. Vom Konstrukteur zu beachtende Gesichtspunkte enthalten insbesondere die Unfallverhütungsvorschriften und -Richtlinien der gewerblichen Berufsgenossenschaften (vor allem [39]), VDE-Vorschriften (z. B. [41]), VDI-Richtlinien [42] und die VbF [40]. Es ist zu erwarten, daß auch die zur Zeit entstehenden Vorschriften über den nichtelektrotechnischen Explosionsschutz das Problem der Aufladungen behandeln werden.

## Literaturverzeichnis

*Bücher:*

1. Static Electrification. Br. J. Appl. Phys. Suppl. No. 2. London: 1953.
2. Static Electrification. Inst. of Phys. and Phys. Soc. Conf. Ser. No. 4. London:1967.
3. *Wiegand, H.*, u. *H. Speckhardt:* Metallische Überzüge auf Kunststoffen. München: Hanser 1966.
4. Autorenkollektion: Statische Elektrizität bei der Verarbeitung von Chemiefasern. Leipzig: VEB Fachbuchverlag 1963.
5. *Coehn, A.*, in *H. Geiger* u. *K. Scheel* (Herausgeber): Handbuch der Physik. Bd. 13, S. 332. Berlin: Springer 1928.

5a. *de Geest. W.* (Herausgeber): Advances in Static Electricity, Vol. 1, Proc. 1st Int. Conf. Static Electr., Wien 1970. Druck: Auxilia S.A. Brüssel.

6. *Gänger, B.:* Der elektrische Durchschlag in Gasen. Berlin–Göttingen–Heidelberg: Springer 1953.
7. *Harper, W.R.:* Contact and Frictional Electrification. Oxford: Clarendon Press 1967.
8. *Loeb, L.B.:* Static Electrification. Berlin–Göttingen–Heidelberg: Springer 1958.
9. *Schön, G.*, in *H.H. Freytag* (Herausgeber): Handbuch der Raumexplosionen. Elektrostatische Aufladungen und ihre Zündgefahren. Weinheim: Verlag Chemie 1965.

*Veröffentlichungen in Zeitschriften, Vorträge:*

10. Modern Plastics Encyclopedia, Vol. 45: No. 14/A, 1968–1969, S. 500, Antistatic agents chart.
11. *Biedermann, W.:* Plaste und Kautschuk *16*, 8 (1969).
12. *Croitoru, M.Z.:* Rev. Gén. L'Électr. *68*, 489 ( 1959).
13. *Cunningham, R.G.:* J. Appl. Phys. *35*, 2332 (1964).
14. *Davies, D.K.:* Brit. J. Appl. Phys. *2,2*, 1533 (1969).
15. *Ebneth, H.:* Plastverarbeiter *16*, 719 (1965).
16. *Harbusch, G.:* Bergbauwissenschaften *15*, 281, 373 (1968).
17. *Harper, W.R.:* in [2] S. 3.
18. *Heidelberg, E.* in *H. Kittel* (Herausgeber): Kunststoff-Jahrbuch 10. Folge, S. 438. Berlin: Pansegrau Verlag 1968; in [5a] S. 351.
19. *Henry, P.S.H.:* in [1] S. 6.
20. *Henry, P.S.H.:* in [1] S. 31.
21. *Heyl, G.:* Kunststoffe *60*, 45 (1970).
22. *Heyl, G.*, u. *G. Lüttgens:* Kunststoffe *56*, 51 (1966).
23. *Koldewei, H.:* Kunststoff-Berater *13*, 983 (1968).
24. *Krämer, H.*, u. *D. Meßner:* Kunststoffe *54*, 696 (1964).
25. *Reinsch, H.H.:* Neue Verpackung, 1172 (1968).
26. *Schanzle, R.E.:* Modern Packaging H. 5, 129, 130. 204 (1964).
27. *Schnabel, W.:* Staub-Reinh. Luft *28*, 448 (1968); in [5a] S. 31.
28. *Schumann, W.:* Plaste und Kautschuk *10*, 526, 590, 654 (1963).
29. *Umminger, O.:* Kautschuk u. Gummi *11*, 297 (1958); *18*, 199 (1965).
30. *Vick, F.A.:* in [1] S. 1.
31. *Webers, V.J.:* J. Appl. Polym. Sci. 7. 1317 (1963).

*Normen, Vorschriften:*

32. DIN 22104 (1969): Antistatische Fördergurte mit Textileinlage.
33. DIN 51953 (1960): Prüfung von Fußbodenbelägen, Prüfung der Ableitfähigkeit für elektrostatische Ladungen.
34. DIN 53482 (1967): Prüfung von Isolierstoffen, Bestimmung der elektrischen Widerstandswerte.
35. DIN 53486: Beurteilung des elektrostatischen Verhaltens; Blatt 1 (Entwurf 1968) Messung des Oberflächenwiderstandes, Blatt 2 (Entwurf 1969) Bestimmung von Aufladung durch Reiben, Entladezeit und Restaufladung; gleichlautend mit VDE 0303, Teil 8 und Teil 20.

36. IEC Publ. 167 (1964) Methods of test for the determination of the insulating resistance of solid insulating materials.
37. ISO R 284 (1962) Electrical conductivity of conveyor belts.
38. Kunststoff-Prüfbestimmungen des Oberbergamtes Dortmund vom 4.11.66, BVOST 7, BVONK 7.
39. Richtlinien Nr. 4 der Berufsgenossenschaft der Chemischen Industrie, Richtlinien zur Verhütung von Gefahren infolge elektrostatischer Aufladungen, Weinheim: Verlag Chemie 1967, Neufassung in Bearbeitung.
40. Verordnung über brennbare Flüssigkeiten (VbF) in der Fassung vom 5. 6. 1970. Textausgabe Köln: W. Kohlhammer 1970.
41. VDE 0170/0171, Vorschriften für schlagwettergeschützte (explosionsgeschützte) Betriebsmittel, Berlin: VDE-Verlag 1961.
42. VDI-Richtlinie 2263 (1969), Verhütung von Staubbränden und Staubexplosionen.

## 4.3.4. Durchschlagfestigkeit

Wolfgang Loos

### 4.3.4.1. *Begriffe*

Die *Durchschlagfestigkeit* ist eine der Eigenschaften, die das *Isolationsvermögen* eines *Isolierstoffes* charakterisieren. Sie ist definiert als der Höchstwert des von der beanspruchenden elektrischen Spannung im Inneren des betreffenden Isolierstoffes hervorgerufenen elektrischen Feldes, das unter bestimmten Bedingungen ohne bleibende, zum Zusammenbruch der Spannung führende Schädigung ertragen werden kann. Diese Schädigung tritt vorwiegend als örtlich begrenzte thermische Zerstörung auf, die im letzten Stadium ihrer Entwicklung meist kurzzeitig abläuft, d.h. als „*Durchschlag*" erfolgt, wobei der Bereich der Zerstörung als „*Durchschlagkanal*" erkannt werden kann. Die elektrische Spannung, bei der der Durchschlag eintritt, wird als „*Durchschlagspannung*" bezeichnet. Sie wird zwischen den elektrischen Leitern (Elektroden) gemessen, die die *Isolierstrecke* begrenzen. In homogenen elektrischen Feldern ist die *Durchschlagfestigkeit* nach der angegebenen Definition durch das Verhältnis von *Durchschlagspannung* $U_d$ (kV) zur *Schlagweite* $d$ (cm) gegeben:

$$E_d = \frac{U_d}{d}$$

Die *Schlagweite* $d$ ist meist mit der Dicke des Isolierstoffes identisch.

Die in obiger Gleichung gegebene Beziehung sollte nicht dazu veranlassen, die *Durchschlagfestigkeit als Materialkonstante* anzusehen, auch wenn aus ihrer Höhe Rückschlüsse auf die Dimensionierung vonIsolierungen gezogen werden können (s. Bilder 4.3.4–2 und 4.3.4–3).

### 4.3.4.2. *Formen des elektrischen Durchschlages*

Die Entwicklung zum elektrischen Durchschlag kann von verschiedenen physikalischen Faktoren eingeleitet werden. Man kann dabei

*Wärmedurchschlag*
*Rein elektrischer Durchschlag*
*Weitere Formen des Durchschlages*

unterscheiden.

### 4.3.4.3. *Wärmedurchschlag*

Der Wärmedurchschlag (thermischer Durchschlag) ist dadurch gekennzeichnet, daß ihm eine örtliche Erwärmung vorausgeht, die eine gewisse Zeit erfordert. Wesentlich ist dabei, daß mit steigender Temperatur die *Leitfähigkeit* $\varkappa$ des Isolierstoffes zunimmt. (Anstelle der Leitfähigkeit $\varkappa$ bei Gleichspannung ist die dielektrische Verlustzahl $\varepsilon \cdot \tan\delta$ bei Beanspruchung mit Wechselspannung zu setzen.)

Mit steigender Temperatur wird also im *Durchschlagbereich* pro Zeiteinheit mehr Wärme freigesetzt. Es hängt von der Höhe der an der *Durchschlagstrecke* anliegenden Spannung und von der Möglichkeit der Wärmeabfuhr ab, ob sich ein Gleichgewichtszustand einstellt oder ob mit steigender Temperatur schließlich eine Zerstörung eintritt. Bei Kenntnis der Materialkonstanten und ihrer Temperaturabhängigkeit ist der Wärmedurchschlag einer theoretischen Behandlung zugänglich [2, 3, 30], die hier für den Fall der Beanspruchung einer planparallelen Platte mit einer Gleichspannung angedeutet werden soll.

Die Dicke der Platte sei $d$ und der Bereich, in dem sich der Durchschlag ausbildet, habe die Form eines Zylinders mit dem Radius $r$. Ist die angelegte Spannung $U = E \cdot d$, wobei $E$ die elektrische Feldstärke bezeichnet, so wird in dem betrachteten Bereich die Leistung $P_e$ in Wärme umgesetzt:

$$P_e = E^2 \cdot d \cdot \pi \cdot r^2 \cdot \varkappa(\vartheta)$$

Für die Leitfähigkeit $\varkappa(\vartheta)$ des Isolierstoffes kann eine exponentielle Temperaturabhängigkeit angenommen werden:

$$\varkappa(\vartheta) = \varkappa_0 \cdot e^{\alpha\vartheta}$$

wobei $\varkappa_0$ die *Leitfähigkeit* bei der Ausgangstemperatur bzw. der Temperatur $\vartheta_0$ des umgebenden Isolierstoffes ist und $\vartheta$ die Temperaturdifferenz hiergegen. Es ist dann

$$P_e = E^2 \cdot d \cdot \pi \cdot r^2 \cdot \varkappa_0 \cdot e^{\alpha\vartheta}$$

Unter der Annahme, daß der Wärmetransport aus dem Durchschlagsbereich nur in radialer Richtung erfolgt, erhält man für die als Wärme abgeführte Leistung:

$$P_a = 2\pi \cdot r \cdot d \cdot \lambda \cdot \vartheta$$

worin $\lambda$ eine die *Wärmeleitfähigkeit* kennzeichnende Größe ist. Wie aus Bild 4.3.4–1 zu entnehmen ist, ergeben sich stationäre Zustände, bei denen $P_e = P_a$ ist, unterhalb einer kritischen Feldstärke $E_2$. Dabei stellt sich eine bestimmte Übertemperatur ein, z.B. $\vartheta_1$

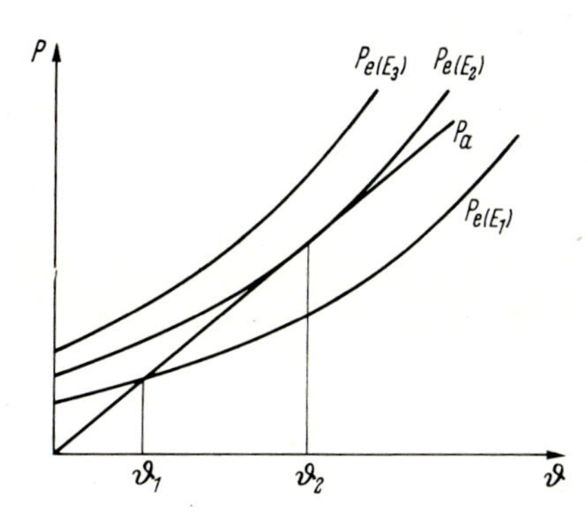


Bild 4.3.4–1 Im Durchschlagkanal bei verschiedenen Feldstärken $E$ erzeugte Wärme $P_{e(E)}$ und abgeführte Wärme $P_a$

für $E_1$. Ein Durchschlag tritt bei langsamer Steigerung der Spannung bei einer Feldstärke $E_2$ ein, bei der für $P_e = P_a$ auch $dP_e/d\vartheta = dP_a/d\vartheta$ wird. Für sehr lange Beanspruchungszeiten ist dann die *Durchschlagfestigkeit*

$$E_{d\infty} = \sqrt{\frac{2 \cdot \lambda}{e \cdot r \cdot \left(\frac{d\varkappa}{d\vartheta}\right)_{(\vartheta_0)}}}$$

Werte von $E_{d\infty}$ lassen sich hieraus berechnen, wenn man für die Abmessungen des *Durchschlagskanales* Annahmen macht. Wesentlich ist aber, daß die mit

$$\sqrt{\frac{1}{\left(\frac{d\varkappa}{d\vartheta}\right)_{(\vartheta_0)}}} = \sqrt{\frac{1}{\varkappa_0 \cdot \alpha}} \cdot e^{-\frac{\alpha}{2}\vartheta_0} = \sqrt{\frac{1}{\varkappa_{(\vartheta=0)} \cdot \alpha}} \cdot e^{-\frac{\alpha}{2}\vartheta_0}$$

gegebene Abhängigkeit die Abnahme der *Durchschlagfestigkeit* mit steigender Anfangs- bzw. Umgebungstemperatur $\vartheta_0$ beim Wärmedurchschlag erklären kann.

Die angegebenen Beziehungen gelten für den stationären Zustand, d. h. für Zeiten $t \to \infty$. Bei Feldstärken $E > E_{d\infty}$ stellt sich bei zunehmender Erwärmung nach Bild 4.3.4–1 kein Gleichgewichtszustand mehr ein und die Temperaturen steigen unbegrenzt weiter: $\vartheta \to \infty$, d. h. es erfolgt ein Durchschlag. Die hierzu erforderliche Zeit $t_d$ läßt sich berechnen mit

$$E^2 \cdot d \cdot \pi \cdot r^2 \cdot \varkappa_0 \cdot e^{\alpha\vartheta} - 2\pi \cdot r \cdot d \cdot \lambda \cdot \vartheta = \pi \cdot r^2 \cdot d \cdot \sigma \cdot \frac{d\vartheta}{dt}$$

worin $\sigma$ die spezifische Wärme des Isolierstoffes, hier unabhängig von der Temperatur, sein soll. Man hat dann

$$t_d = \frac{\sigma \cdot r}{2\lambda} \cdot \int_0^{\vartheta \to \infty} \frac{\alpha}{\left(\frac{E}{E_{d\infty}}\right)^2 - \alpha\vartheta} \, d\vartheta$$

Für große Werte von $E/E_{d\infty}$ ist hiernach die Zeit $t_d$ bis Durchschlag

$$t_d \sim \left(\frac{E_{d\infty}}{E}\right)^2 \sim \left(\frac{U_{d\infty}}{U}\right)^2$$

d. h. bei hohen Überspannungen $U$ kommt es sehr schnell zu einem Durchschlag, wohingegen eine genauere Nachrechnung zeigt, daß für $E/E_{d\infty}$ wenig größer als 1 sehr lange Einwirkungszeiten bis zum Durchschlag nötig sind.

In ähnlicher Weise kann die Entwicklung zum *Wärmedurchschlag* für andere einfache Anordnungen berechnet werden, z. B. für den Fall einer planparallelen Isolierstoffplatte, bei der die Wärme allein zu den Elektrodenflächen auf Ober- und Unterseite abgeführt wird. Hierbei erhält man für die Langzeitdurchschlagspannung $U_{d\infty}$ mit zunehmender Dicke $d$ der Isolierstoffplatte

$$U_{d\infty} \sim \sqrt{d}$$

Bei sehr großen Werten für die Dicke $d$ nähert sich die Durchschlagspannung schließlich einem Grenzwert [2, 3]:

$$d \to \infty: \qquad U_{d\infty} \to U_g = 2 \cdot \sqrt{\frac{2\lambda}{\left(\frac{d\varkappa}{d\vartheta}\right)_{(\vartheta_0)}}}$$

Damit wird die Erfahrung, daß in kritischen Fällen eine Sicherheit gegenüber Wärmedurchschlag durch Materialanhäufung kaum erreicht werden kann, auch theoretisch begründet. (Anschaulich läßt sich dieses Ergebnis mit dem Aufbau eines „*Wärmestaues*" im Isolierstoff erklären.) Berechnete Werte für $U_g$ liegen zwischen 150 kV für PVC und 5000 kV für PS [3]. Die hier festgestellten Abhängigkeiten für den *Wärmedurchschlag* können mit den experimentellen Befunden dadurch in eine bessere Übereinstimmung gebracht werden, daß man die sehr vereinfachenden Annahmen den wirklichen Verhältnissen besser anpaßt. Am grundsätzlichen Verständnis des *Wärmedurchschlages* ändert sich jedoch hierdurch nichts.

### 4.3.4.4. *Rein elektrischer Durchschlag*

Zahlreiche Durchschlagvorgänge können nicht als Wärmedurchschlag erklärt werden, da sie in sehr kurzer Zeit und ohne merkliche vorhergehende Wärmeentwicklung ablaufen. Für diese *rein elektrischen Durchschläge* sind verschiedene Mechanismen denkbar [2, 4, 5, 13, 19]. Stoßionisation durch Ionen und mechanische Zerstörung durch elektrische Feldkräfte kommen als Ursache kaum in Frage. Die hierzu notwendigen Feldstärken liegen mit $10^5$ kV/cm um mehr als eine Größenordnung über den gemessenen *Durchschlagfestigkeiten.* Die experimentellen Ergebnisse lassen sich verstehen, wenn man Elektronen als Träger der Energie annimmt, die beim Durchschlag die Zerstörung des Isolierstoffes bewirkt. Die Energieaufnahme durch Elektronen aus dem elektrischen Feld kann die erforderliche Dichte dann erreichen, wenn es zur *Stoßionisation*, d.h. zur Loslösung von Elektronen aus Störstellen und aus dem Valenzband kommt. Unter den Kriterien, die die Einleitung einer Stoßionisation bestimmen, ist der Energieaustausch zwischen Elektronen und Festkörpern in Abhängigkeit von Feldstärke und Temperatur von ausschlaggebender Bedeutung. Hieraus konnte für kristalline Isolierstoffe die Tatsache erklärt werden, daß mit steigender Temperatur die kritische Feldstärke zunächst zunimmt. Zusätzliche Faktoren, z.B. die innere *Feldmission* insbesondere aus Fehlstellen bewirken allerdings, daß bei höheren Temperaturen die *Durchschlagfeldstärke* wieder abnimmt. Da die mögliche Bewegungsenergie für Elektronen in verschiedenen Kristallrichtungen unterschiedlich ist, ergeben sich auch Vorzugsrichtungen bei der Ausbildung des Durchschlages. In entsprechender Weise kann bei Polymeren die Durchschlagfestigkeit von der Orientierungsrichtung abhängig sein.

Weitere Einflußgrößen kommen bei amorphen Dielektrika hinzu, bei denen die Energieabgabe der Elektronen an die Festkörperatome, d.h. die Abbremsung wegen des unregelmäßigen Aufbaues stärker ist, als in einem Kristallgitter. Demgemäß ist bei ihnen die Durchschlagfestigkeit im allgemeinen höher. Dagegen ist der Temperaturkoeffizient negativ, wobei besonders oberhalb der Glas- oder Erweichungstemperatur die Durchschlagfestigkeit meist schnell abnimmt.

Dieses Verhalten kann mit der Zunahme des freien Volumens in Polymeren erklärt werden. Zur Beschleunigung von Elektronen auf Stoßionisationsenergie wird eine Mindestgröße an freier Weglänge benötigt. Diese liegt infolge zufälliger Hintereinanderschaltung von Leerstellen in Feldrichtung mit einer Wahrscheinlichkeit vor, die von der Anzahl solcher Leerstellen abhängt. Hieraus ergibt sich, daß die Durchschlagfestigkeit über die Gesamtzahl der Leerstellen, d.h. das freie Volumen und über die Relaxationszeit, mit der ein Platzwechsel von Leerstellen stattfindet, von der Temperatur abhängt. Zum anderen ist danach die Durchschlagfestigkeit als Extremgröße des untersuchten Bereiches von der Größe dieses Bereiches und der Beanspruchungsdauer in einer Weise abhängig, die mit den experimentellen Erfahrungen übereinstimmt [1, 8, 9]. Insgesamt ist beim rein elektrischen Durchschlag als kennzeichnende Ursache die Zunahme der Leitfähigkeit mit wachsender Feldstärke anzusehen, wobei nach Überschreiten des kritischen Wertes die Zeitdauer bis zur vollständigen Ausbildung des Durchschlages sehr kurz ist ($< 10^{-6}$ s).

### 4.3.4.5. *Weitere Formen des Durchschlages*

Die bisherigen Überlegungen zur Durchschlagfestigkeit bezogen sich auf homogene Stoffe, frei von makroskopischen Fehlern und Beimengungen, und bei denen allein das elektrische Feld als Beanspruchung auftritt. An technischen Produkten sind jedoch Schwachstellen in Form von Verunreinigungen, Lunker, Porositäten oder Blasen sowie örtliche Feldstärkeerhöhungen infolge *Inhomogenitäten* oder *Spitzenwirkung* nicht vollständig zu vermeiden. Hierdurch werden die Durchschlagfestigkeiten gegenüber hochreinen Polymeren erniedrigt. Eine bedeutende Rolle spielen dabei *Gasentladungen* in Hohlräumen oder auf der Oberfläche in der Nähe der Leiter (Glimmentladungen). Die von diesen ausgelöste *Erosion* oder thermische bzw. chemische Schädigung kann bei längerer Einwirkungsdauer ebenfalls zum Durchschlag führen oder ihn zumindest begünstigen (s. Abschn. 4.3.6) [22, 24]. Einige Auswirkungen der Gasentladungen auf die Durchschlagfestigkeit können allerdings mit diesen Mechanismus nicht erklärt werden [7, 11]. Sie hängen vermutlich mit der Einwanderung von Ladungsträgern in den Isolierstoff zusammen. Dieser Effekt kann gerade bei der Dauerfestigkeit gegenüber Gleichspannung von Bedeutung sein, wo er sich bei Schaltvorgängen verhängnisvoll auswirken kann.

#### 4.3.4.6. *Technische Durchschlagfestigkeit und Prüfverfahren*

Eine Vorhersage von Werten für die Durchschlagfestigkeit aus theoretisch begründeten Durchschlagsformen ist bei technischen Polymeren nur in begrenztem Maße möglich. In der Praxis ist daher eine Bestimmung des Durchschlagverhaltens nicht zu umgehen, da auch der Einfluß wichtiger Größen wie Zeit, Wanddicke und Frequenz nur ungenügend abgeschätzt werden kann.

Bei einem Teil der zu diesem Zweck entwickelten Prüfverfahren verzichtet man bewußt darauf, aus den gemessenen Durchschlagsspannungen Materialkennwerte abzuleiten, d.h. man begnügt sich mit der Ermittlung von Vergleichswerten. Aber auch bei den als Kennwerte ausgegebenen Durchschlagsfestigkeiten ist eine Aussagefähigkeit eigentlich nur bei Kenntnis aller Versuchsumstände gegeben.

Folgende Einzelheiten bei den wichtigsten Verfahren, die zum größten Teil in Normen festgelegt wurden [32], sind zu beachten.

*Elektroden* für Kennwertmessungen:

1. Eingebettete oder eingegossene Metallelektroden.
2. Aufgesetzte Metallelektroden, Elektrodenfläche mit leitfähigem Belag versehen.

   Für Vergleichsmessungen außerdem: Aufsetzelektroden, Metallfolien, Flüssigkeitselektroden.

*Elektrodenanordnung* für Kennwertmessungen:

1. Elektroden mit aufgehobenem Randeffekt (*Rogowski*-Elektroden) [32].
2. Kugel gegen Kugel (Bild 4.3.4–2), wobei Probendicke $< 0{,}3 \cdot$ Kugelradius.

   Für Vergleichsmessungen außerdem: Kugel gegen Platte, Zylinderelektroden mit abgerundeten Kanten, Zylinderstifte, Kegelspitze gegen Platte.

*Einbettdielektrikum:* Die Bestimmung von Kennwerten setzt voraus, daß die Form des elektrischen Feldes nicht durch Vorentladungen verzerrt wird. Dies ist nur dann sichergestellt, wenn die Prüfanordnung in ein Dielektrikum eingebettet ist (s. Bild 4.3.4–2),

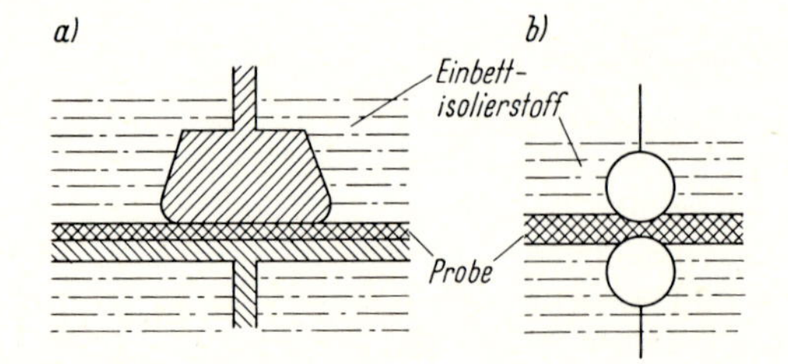


Bild 4.3.4–2 Elektrodenanordnungen zur Bestimmung der Durchschlagfestigkeit.

a) Elektroden mit aufgehobenem Randeffekt (*Rogowski*-Elektrode),
b) Elektrodenanordnung Kugel gegen Kugel

welches Vorentladungen verhindert: z. B. Transformatorenöl, Phthalsäureester u.a. Dabei darf dieses den Isolierstoff während der Dauer der Prüfung nicht beeinflussen.

*Spannung*

1. Gleichspannung,
2. Wechselspannung.

   Diese sollte sinusförmig sein. Bei Wärmedurchschlag ist der Effektivwert maßgebend, beim rein elektrischen Durchschlag der um den Faktor $\sqrt{2}$ größere Scheitelwert. Dies ist beim Vergleich Durchschlag infolge Wechselspannung–Gleichspannung zu beachten.
3. Stoßspannung: Einmaliger Impuls, dessen Kurvenform meist festgelegt ist: Stoßwelle 1/50 bedeutet: Anstiegszeit (Stirndauer) 1 μs, Halbwertdauer (Zeit, für die die Spannung größer ist als der halbe Höchstwert) 50 μs.

*Versuchsdurchführung*

1. *Stoßspannungsversuche:* Versuche mit einem oder mehreren aufeinanderfolgenden Stoßwellen u.a. zur Prüfung der Festigkeit gegenüber den in der Praxis vorkommenden Stoßbeanspruchungen.
2. *Kurzzeitprüfung:* Bestimmung des Durchschlagverhaltens bei kontinuierlich steigender Spannung mit fester Anstiegsgeschwindigkeit (z. B. 0,5 kV/s) oder bis zum Durchschlag innerhalb bestimmter Zeitgrenzen (z. B. 10 s $< t_d <$ 20 s [32]), angewendet u.a. bei der Ermittlung von Kennwerten.
3. *Prüfung auf Stehspannung:* Zur Ermittlung von Werten der Spannungsfestigkeit, die eine gewisse Zeitabhängigkeit und eine Gefährdung durch Wärmedurchschlag erkennen lassen. Sie ist bei der Typprüfung einiger Materialien vorgesehen. Ausgehend von einer Anfangsstufe wird die angelegte Spannung in bestimmten Stufen (z. B. 8% der Kurzzeit-Durchschlagspannung) gesteigert, die für feste Zeiten (z. B. 1 Minute) aufgeschaltet bleiben. Maßgebend ist die Stufe, bei der noch kein Durchschlag eintritt: 1-Minuten-Stehspannung ... 30-Minuten-Stehspannung.
4. *Langzeitprüfung:* Zur Beurteilung des den praktischen Beanspruchungsverhältnissen nahe kommenden Langzeitverhaltens. Bei konstanter elektrischer Spannung wird die Zeit bis zum Durchschlag gemessen.

*Versuchsauswertung*

Aus den gemessenen Durchschlagsspannungen $U_d$ können Werte für die Durchschlagfestigkeit $E_d$ berechnet werden:

1. Bei plattenförmigen Proben der Dicke $d$ und Elektroden mit aufgehobenem Randeffekt, die ein homogenes Feld ergeben:

$$E_d = \frac{U_d}{d}$$

2. Bei Elektrodenanordnung Kugel gegen Kugel mit einen kleinsten Elektrodenabstand, d. h. kleinster Probendicke $d$:

$$E_d = \frac{U_d}{d} \cdot \eta$$

($\eta$ ist ein Umrechnungsfaktor nach [32]), oder bei einem Kugelradius $r_0$ mit genügender Genauigkeit nach:

$$E_d = \frac{U_d}{d} + \frac{U_d}{3r_0 - d/5} \approx \frac{U_d}{d} + \frac{U_d}{3r_0}$$

Durchschläge außerhalb des Bereiches geringster Probendicke werden nicht gewertet.

### 4.3.4.7. *Durchschlagspannung und -festigkeit in Abhängigkeit von verschiedenen Einflußgrößen*

*Fläche:* Als Extremgröße ist die Durchschlagfestigkeit von der Größe $A$ des beanspruchten Flächenbereiches in einer Form abhängig [13, 29], die innerhalb bestimmter Grenzen mit:

$$E_d = E_{d_0} - K \cdot \ln \frac{A}{A_0}$$

beschrieben werden kann, wobei $E_{d0}$ und $A_0$ Konstanten sind. Dementsprechend wirkt sich auch bei Messungen die Größe der Elektrodenfläche auf die Ergebnisse aus (s. Bild 4.3.4–3). Bei Bauteilen mit sehr großen Elektrodenflächen wie Kabel und Kondensatorfolien ist daher gegenüber kleinflächigen Proben mit einer erheblichen Verminderung der elektrischen Festigkeit zu rechnen, die u. U. mit statistischen Mitteln erfaßt werden kann.

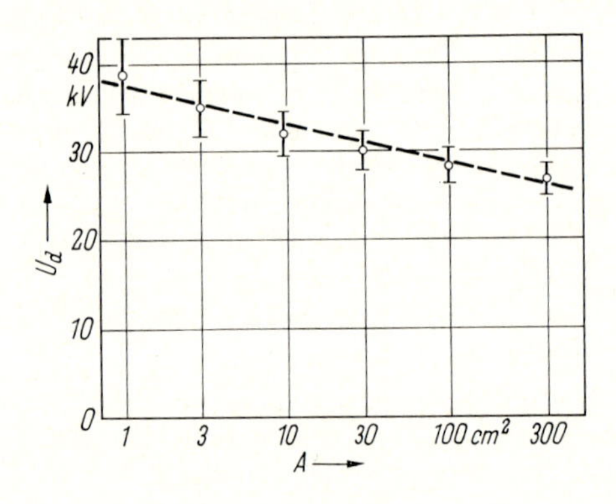


Bild 4.3.4–3 Durchschlagspannung $U_d$ von Epoxydharz (mit Papier) in Abhängigkeit von der Elektrodenfläche $A$ (nach [29]). Kurzzeitversuch mit Wechselspannung 50 Hz, Probendicke ca. 0,5 mm

*Isolierstoffdicke:* Die Dicke des Isolierstoffes hat, wie bereits für den Wärmedurchschlag mit

$$E_d \sim \sqrt{\frac{1}{d}}$$

festgestellt wurde, ebenfalls Einfluß auf die Durchschlagfestigkeit. Beim rein elektrischen Durchschlag ist $E_d$ von der Dicke $d$ in gleicher Weise wie von der Fläche abhängig. Bei sehr geringen Probendicken wird zusätzlich mit kleiner werdendem Elektrodenabstand die Entwicklung einer Stoßionisationslawine immer mehr behindert. Die dann noch möglichen Durchbruchmechanismen erfordern dabei einen weiteren starken Anstieg der Feldstärke (s. Bild 4.3.4–4). In bestimmten Bereichen kann allerdings die Abhängigkeit der Durchschlagfestigkeit von der Probendicke so gering sein, daß sie nicht mehr erkannt wird.

*Temperatur:* Die Abhängigkeit der Durchschlagfestigkeit von der Temperatur ist stets mit derjenigen von anderen Einflußgrößen z. B. Probendicke und Beanspruchungsdauer

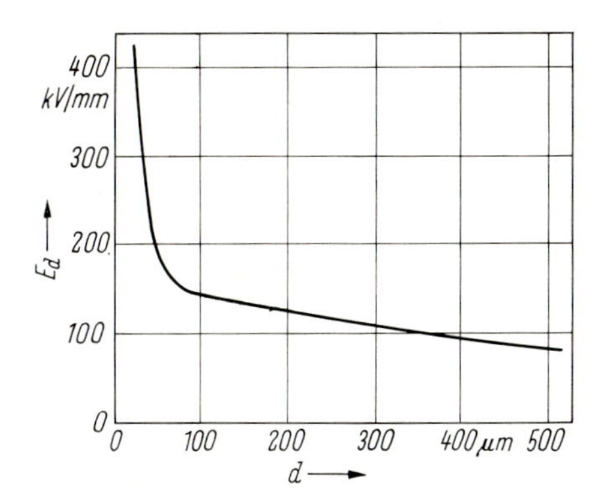


Bild 4.3.4–4 Durchschlagfestigkeit $E_d$ von Epoxydharz in Abhängigkeit von der Probendicke $d$ (nach [20]). Kurzzeitversuch mit Wechselspannung 50 Hz, Elektrodenanordnung: Kugel 20 mm ∅ gegen Platte

gekoppelt. Sind Probendicke und Beanspruchungsdauer so groß, daß sich ein Wärmedurchschlag entwickeln kann, so wird die Temperaturabhängigkeit angenähert

$$E_{d\infty} \sim e^{-\frac{\alpha}{2}\vartheta}$$

entsprechen (s. Bild 4.3.4–5). Beim rein elektrischen Durchschlag können sich verschiedene Einflußgrößen in der Temperaturabhängigkeit ausdrücken, wobei im Kurzzeitversuch die Durchschlagfestigkeit oberhalb der Glastemperatur meist schnell abnimmt (s. Bild 4.3.4–6). Bei anderen Versuchsbedingungen muß diese Abhängigkeit allerdings nicht so deutlich hervortreten [23].

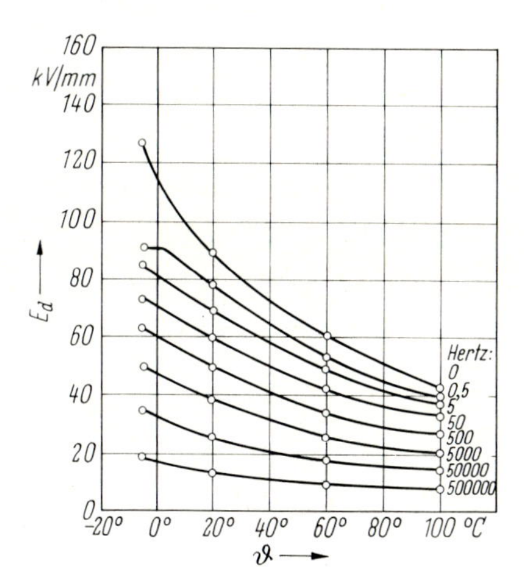


Bild 4.3.4–5 Durchschlagfestigkeit $E_d$ von Phenolharz-Hartpapier bei verschiedenen Frequenzen (nach [27]) 3-Minuten-Stehspannung, Elektrodenanordnung Kugel gegen Platte

*Zeit:* Der Einfluß der Beanspruchungszeit auf die Durchschlagfestigkeit wird in mehreren Bereichen erkennbar, in denen einzelne Mechanismen das Verhalten bestimmen (s. Bild 4.3.4–7):

*rein elektrischer Durchschlag*

*Wärmedurchschlag*

*Langzeitdurchschlag*

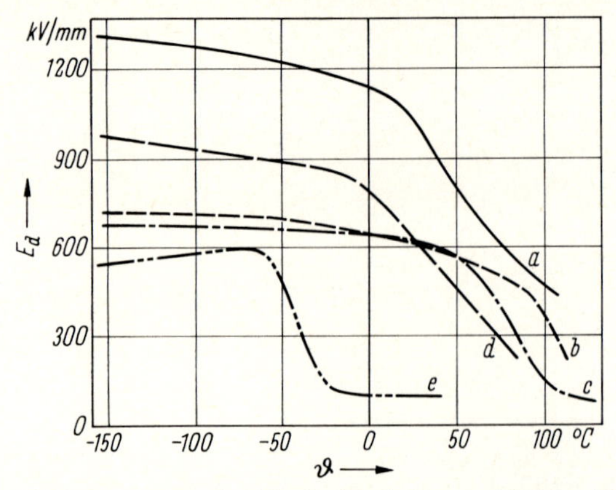


Bild 4.3.4–6 Durchschlagfestigkeit $E_d$ verschiedener Kunststoffe (nach [26]). Kurzzeitprüfung (1 Minute) mit Gleichspannung. Probendicke 0,01 bis 0,2 mm. *a* PMMA, *b* PS, *c* PE, *d* PE, nachchloriert (8% Cl), *e* PIB

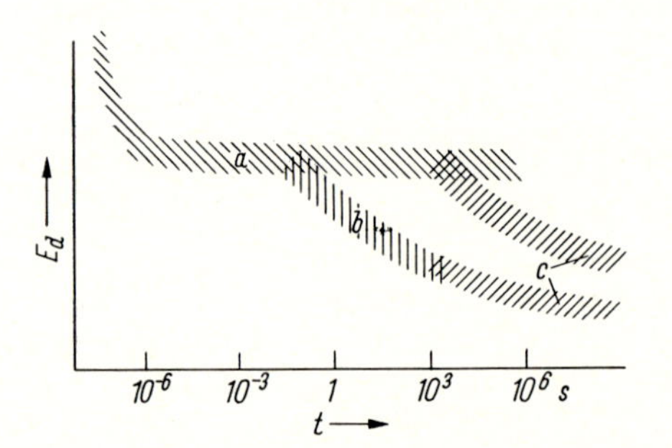


Bild 4.3.4–7 Formen des elektrischen Durchschlages in Abhängigkeit von der Beanspruchungsdauer *t*.

*a* Rein elektrischer Durchschlag, *b* Wärmedurchschlag, *c* Langzeitdurchschlag

Der Bereich des *Wärmedurchschlages* kann allerdings hierbei auch fehlen. Für die Anwendung ist insbesondere der Langzeitdurchschlag von Interesse [16, 17], wobei für die Betriebssicherheit der durch statistische Auswertung der Streuung elektrischer Langzeitfestigkeiten gegebene Vertrauensbereich ebenso von Bedeutung ist (s. Bild 4.3.4–8) wie die

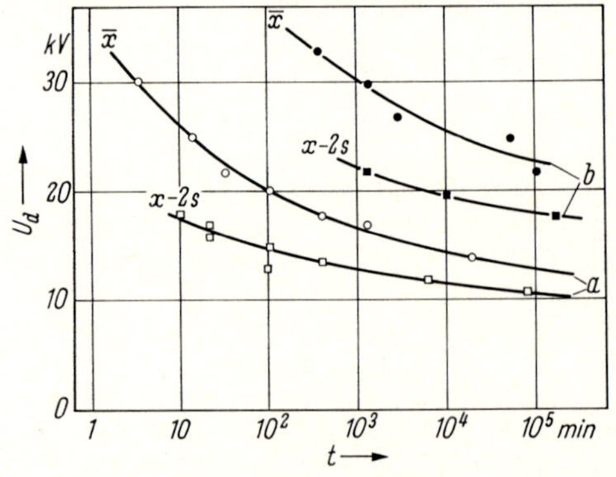


Bild 4.3.4–8 Durchschlagspannung $U_d$ in Abhängigkeit von der Beanspruchungszeit *t* (nach [17]). Langzeitprüfung mit Wechselspannung 50 Hz, Elektrodenanordnung abgerundete Kegelspitze gegen Platte, Probendicke 1 mm.

$\bar{x}$ Mittelwert, $x-2s$ Werte für 2,5% Summenhäufigkeit des Durchschlages, *a* HD-Polyäthylen, *b* Polyäthylen, „spannungsstabilisiert"

Auswirkung der Umgebungsbedingungen auf den bei längerer Einwirkungsdauer durch Glimmentladungen geförderten Durchbruchsmechanismus.

*Frequenz:* Im Bereich des Wärmedurchschlages ist die theoretisch abgeleitete Verringerung der Durchschlagfeldstärke $E_d$ bei wachsender Frequenz $f$ mit

$$E_d \sim \frac{1}{\sqrt{1 + k \cdot f}}$$

gegeben, was grundsätzlich mit Versuchsergebnissen übereinstimmt (s. Bild 4.3.4–9). Bei polaren Kunststoffen mit genügend großem Verlustfaktor $\tan\delta$ ist stets die Gefahr gegeben, daß oberhalb einer bestimmten Frequenz der Übergang zum Wärmedurchschlag

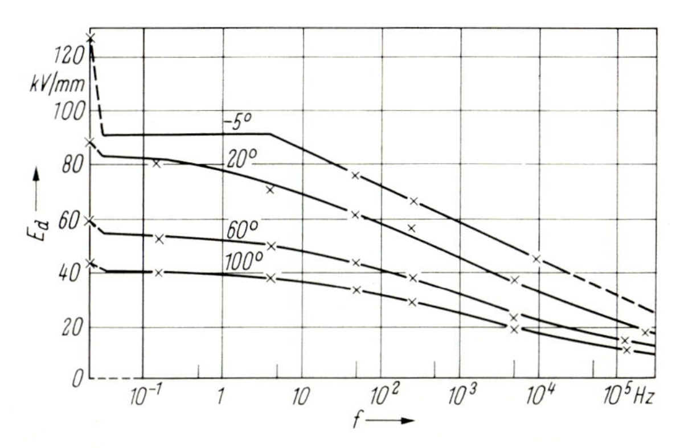


Bild 4.3.4–9 Durchschlagfestigkeit $E_d$ von Phenolharz-Hartpapier in Abhängigkeit von der Frequenz $f$ bei verschiedenen Temperaturen (nach [27]). 3-Minuten-Stehspannung, Elektrodenanordnung Kugel gegen Platte

sich in einem stärkeren Abfall der Durchschlagfestigkeit bemerkbar macht. Aber auch in Bereichen, in denen man einen rein elektrischen Durchschlag ohne Frequenzabhängigkeit erwarten sollte, zeigen manche Kunststoffe u. U. eine Abnahme der elektrischen Festigkeit (s. Bild 4.3.4–10). Andererseits wurden bei sehr hohen Frequenzen (3300 MHz) Durchschlagfestigkeiten gemessen, die denen bei Gleichspannung entsprechen [15].

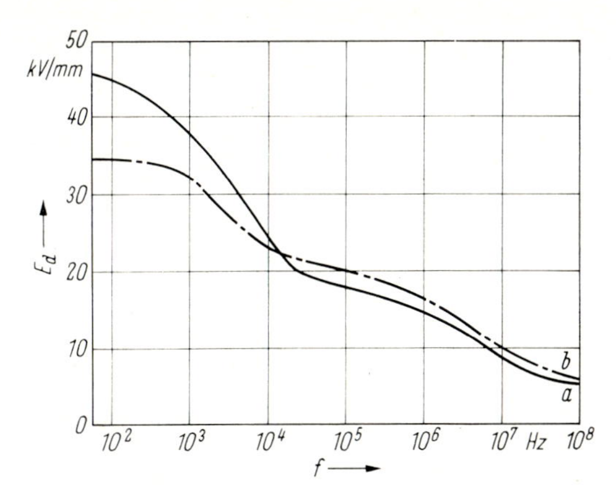


Bild 4.3.4–10 Durchschlagfestigkeit $E_d$ in Abhängigkeit von der Frequenz $f$ (nach [12]). Vergleichsmessungen im Kurzzeitversuch, Probendicke 0,76 mm. *a* PE, *b* PTFE

*Materialeigenschaften:* Neben den äußeren Faktoren wirken sich auch herstellungsbedingte Materialeigenschaften und die Vorbehandlung des Kunststoffes aus. Die Durchschlagfestigkeit ist im allgemeinen um so höher, je weniger Verunreinigungen ein Kunststoff enthält. Sie kann andererseits durch eine gezielte Zugabe von Füllstoffen wie z. B. Quarzmehl zu Epoxydharz gesteigert werden [14]. Wesentlich ist der Einfluß von Feuchtigkeit, die die elektrische Festigkeit z. B. von Polyamiden herabsetzen kann (s. Bild 4.3.4–11).

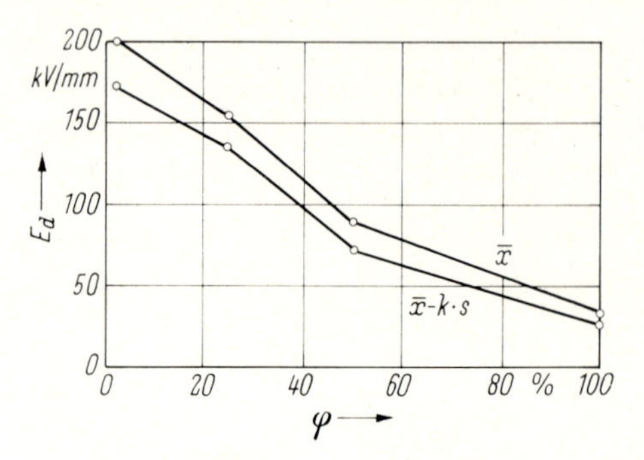


Bild 4.3.4–11 Durchschlagfestigkeit $E_d$ von PA in Abhängigkeit von der Luftfeuchte $\varphi$, bei der die Proben gelagert wurden (nach [18]).

Kurzzeitmessung mit Wechselspannung 50 Hz, Elektrodenanordnung Kugel gegen Kugel, Probendicke 0,6 mm. x: Mittelwerte, x–k·s: Werte für 1% Summenhäufigkeit des Durchschlages

Vielfach wird auch der Einfluß der Struktur auf die Durchschlagfestigkeit ausgenutzt: Isolierstrecken, die aus mehreren Schichten aufgebaut werden, erreichen oft eine höhere elektrische Festigkeit als das gleiche Material in einer massiven Lage. Voraussetzung ist dabei, daß die entstehenden Zwischenräume durch einen flüssigen oder vergossenen Isolierstoff porenfrei ausgefüllt werden.

## 4.3.4.8. *Dimensionierung von Isolierungen*

Bei der Dimensionierung von elektrischen Isolierungen ist zu beachten, daß die im Versuch ermittelten Durchschlagfestigkeiten nur obere Grenzwerte darstellen können. Die dem fertigen Bauteil letztlich zumutbaren Feldstärken werden, durch eine Reihe von Faktoren bedingt, erheblich kleiner sein müssen. Für den Fall eines Kunststoffkabels zeigt Bild 4.3.4–12 den Einfluß solcher Faktoren. Außer den dort berücksichtigten Einflußgrößen Zeit, Volumen, Verarbeitung und Sicherheit werden noch andere z. B., Klima, Temperatur und mechanische Beanspruchung, vom Konstrukteur beachtet werden müssen.

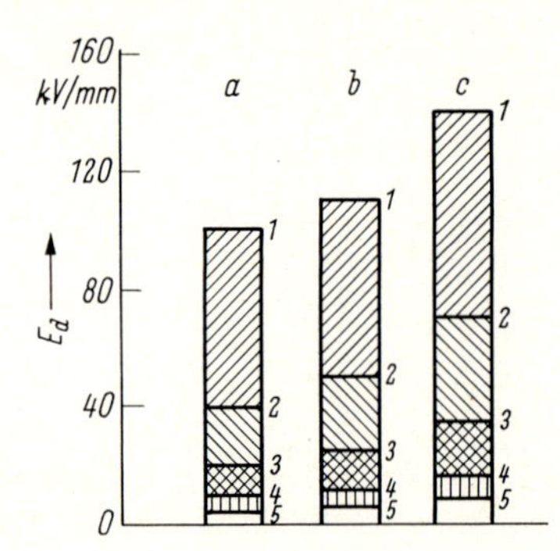


Bild 4.3.4–12 Einfluß verschiedener Faktoren auf die Durchschlagfestigkeit $E_d$ (nach [23]).

1: Durchschlagfestigkeit im Kurzzeitversuch, 2: im Langzeitversuch, 3: wie 2, jedoch mit vergrößerter Probenabmessung, 4: wie 3, jedoch mit Berücksichtigung fertigungstechnischer Einflüsse, 5: wie 4, jedoch mit betriebstechnischem Sicherheitsfaktor.

a, b, c: verschiedene Sorten PE

## Literaturverzeichnis

*Bücher:*

1. *Dokopoulos, P.:* Wachstumsgesetze der Durchschlagswahrscheinlichkeit von Hochspannungsisolierungen. Dissertation T. H. Braunschweig 1967.
2. *Franz, W.:* Dielektrischer Durchschlag in S. Flügge: Handbuch der Physik, Bd. XVII: Dielektrica, S. 153, Berlin: Springer 1956.
3. *Gast, T.* in *Nitsche, R.,* u. *K.A. Wolf:* Kunststoffe, Erster Band: Struktur und physikalisches Verhalten, S. 561, Berlin: Springer 1962.
4. *Mason, J.H.,* in *Birks, J.B.* u. *J.H. Schulman:* Progress in Dielectrics. Bd. I. London: Heywood 1959.
5. *Oburger, W.:* Die Isolierstoffe der Elektrotechnik. Wien: Springer 1957.
6. *Whitehead, S.:* Dielectric breakdown of solids, Oxford: Clarendon Press 1951.

*Veröffentlichungen in Zeitschriften:*

7. *Artbauer, J.:* Elektrie *17*, 120 (1963).
8. *Artbauer, J.:* J. Polymer Sci., Part C, *16*, 477 (1967).
9. *Artbauer, J.:* Kolloid-Z. *225*, 23 (1968).
10. *Becker, R.:* Arch. Elektrotechn. Bd. XXX, 411 (1936).
11. *Boeck, W.:* ETZ-A *85*, 22 (1964).
12. *Chapman, J.J., L. J. Frisco* u. *J.S. Smith:* AIEE Trans. Vol. 74 pt. I, 349 (1955).
13. *Cooper, R.:* Brit. J. appl. Phys. *17*, 149 (1966).
14. *Eberhardt, M.:* Elektrie 14, 57 (1960).
15. *Farber, H.,* u. *J. W.E. Griemsmann:* J. appl. Phys. *28*, 1002 (1957).
16. *Feichtmayer, F.,* u. *F. Würstlin:* Kunststoffe *58*, 713 (1968).
17. *Feichtmayer, F.,* u. *F. Würstlin:* Kunststoffe *60*, 381 (1970).
18. *Feser, K., M. Glück* u. *H.J. Mair:* Kunststoffe *60*, 155 (1970).
19. *Fröhlich, H.:* Proc. Roy. Soc. *188*, 521 (1947).
20. *Hanella, K.:* IX. Intern. Kolloquium T. H. Ilmenau (1964).
21. *Lawson, W.G.:* Nature *206*, 1248 (1955).
22. *Leu, J.:* ETZ-A *87*, 659 (1966).
23. *Mair, H.J.,* u. *W. Zaengl:* ETZ-A *90*, 147 (1969).
24. *Meyer, H.:* ETZ-A *89*, 5 (1968).
25. *Mason, J.H.:* Proc. I. E. E. *98* I, 44 (1951).
26. *Oakes, W.G.:* Proc. I. E. E. *96* I, 37 (1949).
27. *Perlick, P.:* ETZ-A *74*, 169 (1953).
28. *Schmid, R.:* Kunststoffe *57*, 711 (1967).
29. *Schühlein, E.:* ETZ-B *20*, 363 u. 441 (1968).
30. *Wagner, K. W.:* Arch. Elektrotechn. *39*, 215 (1948).
31. *Widmann, W.:* ETZ-A *85*, 99 (1964).
32. DIN 53481, Blatt 1 und 2, Ausgabe Januar 1967.

## 4.3.5. **Kriechstromfestigkeit**

### 4.3.5.1. *Begriffe*

*Kriechstromfestigkeit* ist die Widerstandsfähigkeit eines Isolierstoffes gegen Kriechspurbildung [10]. *Kriechspur* ist die Folge einer örtlichen, thermischen Zersetzung unter Einwirkung eines *Kriechstromes. Kriechstrom* ist ein Strom, der sich zwischen gegeneinander unter Spannung stehenden Teilen auf der Oberfläche eines im trockenen sauberen Zustand gut isolierenden Stoffes infolge leitfähiger Verunreinigungen (Schmutz, Staub und Feuchtigkeit) ausbildet. Über diese in [13] gegebene Definition hinaus kann unter Kriechstrom auch jeder durch Fremdstoffeinwirkung im Oberflächenbereich fließende schädliche Strom verstanden werden [1]. *Kriechstromsicherheit* ist die Widerstandsfähigkeit eines Bauteiles oder Gerätes gegen die Folgen von Kriechströmen. Sie wird unter Mitwirkung der Werkstoffeigenschaft *Kriechstromfestigkeit* durch konstruktive Maßnahmen, insbesondere die Formgebung, erreicht.

#### 4.3.5.2. *Kriechspurbildung*

Die Art der Kriechspurbildung ist außer von Werkstoffeigenschaften und der Fremdstoffeinwirkung von der beanspruchenden elektrischen Größe abhängig. Bei Betriebsspannungen unter 1 kV wird die örtliche thermische Zersetzung im wesentlichen durch Schaltlichtbögen bei der Unterbrechung der Kriechströme infolge Verdampfung der leitenden Fremdstoffschicht bewirkt. Für die Ausbildung der Kriechspur ist wesentlich, ob die dabei entstehenden Zersetzungsprodukte eine genügende Leitfähigkeit u.U. bei höheren Temperaturen aufweisen [6]. Eine genügende Leitfähigkeit, die schnell zu einem Kurzschluß spannungsführender Leiter durch Kriechspuren führen kann, haben die zum größten Teil aus Kohle bzw. Graphit bestehenden Zersetzungsprodukte bei Phenoplasten und einigen anderen Polymeren aus Phenol- bzw. Benzolderivaten. Dies ist vermutlich auf eine gewisse Stabilität gegen thermische Zersetzung des im Benzolring gebundenen Kohlenstoffes zurückzuführen, wodurch dieser in fester Form in der Kriechspur zurückbleibt. Grundsätzlich sind alle Kunststoffe mit höherem Gehalt an Kohlenstoff kriechstromgefährdeter als solche, bei denen dieser in der Hauptkette teilweise durch andere Elemente ersetzt ist, z.B. durch Stickstoff in Aminoplasten. Bei diesen entweicht offenbar ein größerer Anteil des Kohlenstoffes in Form von gasförmigen Zersetzungsprodukten [7]. In ähnlicher Weise sind solche Kunststoffe als kriechstromfest anzusehen, die sich bei thermischer Beanspruchung leicht in ihre gasförmigen Monomeren zersetzen, wie z.B. PMMA. Auch hier bleiben keine größeren Mengen leitender Substanzen in der Kriechspur zurück.

Die Entstehung von Kriechspuren kann außer von Unterbrechungslichtbögen bei höheren Spannungen auch von Gleitentladungen bewirkt werden, insbesondere, wenn ein Teil der Isolierstrecken durch leitende Fremdschichten überbrückt ist. Länger dauernde Entladungsvorgänge können u.U. eine Erwärmung des Isolierstoffes in solchem Maße verursachen, daß bei hohen Feldstärken Kriechspuren durch Wärmedurchschlag gebildet werden [1].

#### 4.3.5.3. *Prüfverfahren*

Zur Bestimmung der *Kriechstromfestigkeit* wurden im Laufe der Zeit verschiedene Verfahren entwickelt, die aber jeweils nur eine der Möglichkeiten zur *Kriechspurbildung* erfassen. Die Prüfung nach DIN 53480 gilt für den Bereich niedriger Spannungen bis 1 kV. Hierbei wird die leitfähige Verunreinigung durch Auftropfen einer wäßrigen Lösung nachgebildet. Als Maß für die *Kriechstromfestigkeit* gilt die Anzahl der alle 30 s erfolgten *Auftropfungen*, nach der zwischen zwei 4 mm entfernten Elektroden bei einer Spannung von 380 V auf der Isolierstoffoberfläche ein Kurzschluß entsteht (Stufe KA 1: 1 bis 10 Tropfen, Stufe KA 2: 11 bis 100 Tropfen). Bei kriechstromfesten Materialien (>100 Tropfen) wird die durch Funkenerosion bewirkte Aushöhlung zur weiteren Bewertung hinzugezogen (KA 3a bis KA 3c). Daneben kann auch die Spannung an den Elektroden, die nach 50 Auftropfungen zum Kurzschluß führt, als Maß für die Kriechstromfestigkeit verwendet werden [3, 13].

Die *Kriechspurbildung* bei höheren Spannungen ist Gegenstand von Prüfverfahren [14], die mit steigender Intensität Gasentladungen auf die Isolierstoffoberfläche wirken lassen und bei denen die Zeit bis zur Entstehung eines durchgehenden Kriechweges als Bewertungsmaßstab gilt.

Die ermittelten Stufen der Kriechstromfestigkeit liefern zwar keine direkten Angaben zur Bemessung von Isolierstrecken, doch wird auf sie in diesem Zusammenhang in VDE 0110 Bezug genommen.

#### 4.3.5.4. *Einfluß der Zusammensetzung auf die Kriechstromfestigkeit*

Als nach diesen Verfahren weniger kriechstromfest sind folgende Kunststoffe anzusehen:

Phenoplaste, PVC, PC, Epoxydharze mit phenolischen Gruppen.
Besonders kriechstromfest sind:

Melaminharze, PMMA, PE, PTFE und Polyesterharze.

Neben der Art des Kunstharzes haben auch Füllstoffe einen Einfluß, wobei durch anorganische Füllstoffe die Kriechstromfestigkeit im allgemeinen erhöht wird. Dies gilt besonders hinsichtlich der Aushöhlung durch Funkenerosion. Ungünstig kann sich dagegen eine ungenügende Aushärtung bei Duroplasten auswirken [6].

### Literaturverzeichnis

*Bücher:*

1. *Näcke, H.:* Lichtbogenfestigkeit und Kriechstromfestigkeit von Isolierstoffen. Dissertation T. U. Berlin-Charlottenburg 1962, D 83.
2. *Oburger, W.:* Die Isolierstoffe der Elektrotechnik. Wien: Springer 1957.

*Veröffentlichungen in Zeitschriften:*

3. *Claußnitzer, W.,* u. *V. Siegel:* Kunststoffe *48*, 299 (1958).
4. *Cron, H. v.:* Arch. Elektrotechn. *37*, 123 (1943).
5. *Heise und Zeibig:* ETZ-A *84*, 877 (1963).
6. *Kaufmann, W.:* ETZ-A *83*, 801 (1962)
7. *Moslé, H. G.* u. *H. Henze:* Z. f. Werkstofftechn. *1*, 96 (1970)
8. *Oburger, W.:* ETZ-A *80*, 682 (1959).
9. *Schuhmacher, K.:* ETZ-A *76*, 369 (1955).
10. *Suhr, H.:* Kunststoffe *44*, 503 (1954).
11. *Wandeberg, E.:* Kunststoffe *43*, 254 (1953).
12. *Weigelt, W.:* VDE-Fachberichte *18*, I 4 (1954).
13. DIN 53480, Ausgabe Juli 1964: Bestimmung der Kriechstromfestigkeit bei Betriebsspannungen unter 1 kV.
14. ASTM D 495-61: Standard method of test for highvoltage, low-current arc resistance of solid electrical insulating materials.

### 4.3.6. Lichtbogenfestigkeit und Beständigkeit gegen Glimmentladungen

#### 4.3.6.1. *Lichtbogenfestigkeit*

Versteht man unter *Lichtbogenfestigkeit* die Beständigkeit eines Materials gegenüber der direkten Einwirkung stromstarker *Gleichspannungslichtbögen*, so ist festzustellen, daß sich bei einer solchen Beanspruchung die meisten Kunststoffe in einer nicht sehr voneinander differierenden Art bis auf ihre anorganischen Füllstoffe fast vollständig zersetzen. Das Prüfverfahren nach DIN 53484, das eine solche Beanspruchung beinhaltet, sollte daher vornehmlich auf die Beurteilung anorganischer Isolierstoffe beschränkt bleiben [5], da es nicht geeignet erscheint, bei Kunststoffen Unterschiede im Verhalten gegenüber in der Praxis möglichen Belastungen aufzuzeigen. Wenn trotzdem bei Messungen nach diesem Verfahren an einzelnen Kunststoffen (PMMA, PE und anorganisch gefüllten Epoxydharzen) eine deutlich bessere Stufe der *Lichtbogenfestigkeit* (L4) festgestellt wurde [1], als sie der großen Masse der Kunststoffe zukommt (L1), so kann dies als Bestätigung dafür angesehen werden, daß das Verhalten gegenüber Lichtbögen im wesentlichen durch die gleichen Faktoren bestimmt wird, die auch die Kriechstromfestigkeit eines Kunststoffes kennzeichnen. Dies ergibt sich auch aus praxisnahen Versuchen [3], nach denen folgende Reihenfolge hinsichtlich einer zunehmenden *Lichtbogenfestigkeit* besteht:

Phenoplaste
Alkydharze
Epoxydharze
Melaminharze
PTFE
Glimmer.

Auch hier kann durch anorganische Füllstoffe eine Verbesserung in gleicher Weise erreicht werden wie bei der Kriechstromfestigkeit. Diese sollte, solange keine befriedigende Bestimmung einer Lichtbogenfestigkeit mit geeigneten Verfahren möglich ist, als erster Anhalt für das Verhalten von Kunststoffen gegenüber Lichtbögen gelten. Hochspannungsgasentladungen geringerer Stromstärken werden bei der Kriechstromprüfung nach ASTM D 495–61 verwendet (s. 4.3.5.3.). Die hiermit beurteilte Eigenschaft kann somit auch als *Lichtbogenfestigkeit* bei höheren Spannungen bezeichnet werden.

### 4.3.6.2. *Glimmfestigkeit*

Auch die als Glimmen bezeichneten Gasentladungen können bei genügend langer Einwirkungsdauer zu einer Zerstörung von Isolierstoffen führen oder zumindest dazu beitragen (s. 4.3.4.5.), daß die elektrische Festigkeit abnimmt [6]. Hierbei können Funkenerosion oder die chemische Einwirkung der durch die Entladungen gebildeten aggressiven Substanzen eine Rolle spielen. Die Beurteilung des Verhaltens von Kunststoffen gegenüber einer solchen Beanspruchung ist mit dem Prüfverfahren nach DIN 53485 möglich. Bei diesem wird die Zeitdauer bis zum Durchschlag in einer bestimmten Elektrodenanordnung oder die nach einer gewissen Glimmbeanspruchung eingetretene Beeinträchtigung anderer Eigenschaften als Bewertungsmaßstab festgestellt [7].

## Literaturverzeichnis

*Veröffentlichungen in Zeitschriften:*

1. *Jellinek:* Kunststoff-Rdsch. *10*, 165 (1963).
2. *Näcke, H.:* ETZ-A *85*, 361 und 868 (1964).
3. *Martin, Th. J.* u. *R. L. Hauter:* SPE Journal *10*, 13 (1954).
4. *Suhr, H.:* Kunststoff-Rdsch. *7*, 216 (1960).
5. *Weigelt, W.:* Kunststoffe *54*, 663 (1964).
6. *Woboditsch, W.:* Elektrie *1*, 331 (1963).
7. DIN 53485, Ausgabe Januar 1965: Bestimmung des Verhaltens unter Einwirkung von Glimmentladungen.

# 4.4. Optische Eigenschaften der Kunststoffe

Günther Schreyer

## 4.4.1. Einleitung

Jahrhunderte hindurch war anorganisches Glas neben natürlichen und künstlichen Kristallen der klassische Werkstoff der optischen Industrie.

Nachdem organische Gläser (Kunststoffe) mit entsprechenden Eigenschaften gefunden waren, schufen geeignete Herstellungs- und Verarbeitungsverfahren die Voraussetzung für die Anwendung der Kunststoffe in der Optik. So stellt man heute optische Gegenstände im engeren Sinne, also im Strahlengang des Lichtes befindliche Teile aus diesen her.

Durch spangebende Bearbeitung sowie mit Hilfe von Gieß-, Preß-, Präge-, Spritzguß-, Strangpreß- und Abzugsverfahren werden so Linsen, Prismen, Gitter, Spiegel, Lichtleiter, Reflektoren, spannungsoptische Modelle, Augenprothesen und anderes mehr angefertigt.

## 4.4.2. Vergleich der Kunststoffe mit konventionellen Optik-Werkstoffen

Von *H.C. Raine* [1] wurden für mehr als 100 durchsichtige, isotrope, organische Stoffe, darunter viele polymere Derivate der Acryl- und Methacrylsäure die *Abbé*sche Zahlen und Brechungsindizes angegeben.

Dazu kamen im Laufe der Jahre weitere Produkte, wie die Polykarbonate, Allyldiglykolkarbonate etc. sowie Mischpolymerisate, Polymerisatgemische und auf andere Weise erhaltene Kombinationsprodukte.

Aus den Arbeiten [2–22] ergibt sich, daß nur eine kleine Zahl dieser Stoffe, darunter insbesondere die Acrylgläser als Werkstoffe der Optik Anwendung gefunden haben. Die vernetzten und unvernetzten Polymerisate und Mischpolymerisate der Acrylat- und Methacrylatreihe und des Styrols, aber auch Kunststoffe wie Polykarbonat, entsprechen in ihren physikalischen und technologischen Eigenschaften den in der optischen Industrie gestellten Anforderungen bedingt.

Die für die Verwendung als Optik-Werkstoffe wichtigen Eigenschaften einiger Kunststoffe sind in den Tabellen 4.4–1 und 4.4–2 wiedergegeben. Diese enthalten außerdem entsprechende Daten für anorganische Gläser, d.h. Kron-, Flint- und Quarzgläser.

Wie man den Tabellen 4.4–1 und 4.4–2 entnehmen kann, besitzen die als Werkstoffe der Optik verwendeten Kunststoffe gegenüber den anorganischen Gläsern wesentlich geringere spezifische Gewichte, höhere Bruchfestigkeiten, aber auch geringere Oberflächenhärten und Abriebfestigkeiten neben sehr hohen thermischen Ausdehnungskoeffizienten und niedrigen Wärmeleitzahlen.

Außerordentlich gut sind ihre optischen Eigenschaften, wie ihr Lichtbrechungsvermögen, ihre Lichtdurchlässigkeit und ihr Reflexionsvermögen.

Dies führt z.B. dazu, daß heute der überwiegende Anteil aller Rückstrahloptiken und Heckleuchtenabdeckungen an Fahrzeugen aus Kunststoffen, insbesondere Methacrylatspritzgußmassen hergestellt werden. Solche Teile sind den aus Preßglas hergestellten Gegenständen gleicher Art weit überlegen.

*Tabelle 4.4–1 Mechanische Eigenschaften organischer und anorganischer Gläser bei 20 °C und 65 ± 5% relativer Feuchte*

| Gruppe | Allylester | Cellulose-ester | Polyester | Vinylharze | Polystyrole | Acrylgläser | Krongläser | Flintgläser | Techn. Gläser | Quarze |
|---|---|---|---|---|---|---|---|---|---|---|
| Typ | Allyldiglykolkarbonat | Cellidor® A | Palatal® P 4–7 | PVC | Polystyrol | PMMA | Allgemein | Allgemein | Allgemein | Allgemein |
| Spez. Gewicht (g/cm³) | 1,32 | 1,30–1,33 | 1,21–1,22 | 1,38–1,39 | 1,05–1,10 | 1,18–1,19 | 2,23–3,77 | 2,51–5,28 | 2,34–2,48 | ca. 2,20 |
| Zugfestigkeit (kp/cm²) | 350–420 | 300–700 | 200–700 | 450–550 | 450–550 | 700–850 | 700–900 | 700–900 | 700–900 | 900 |
| Druckfestigkeit (kp/cm²) | 1580–1600 | 800–1500 | 1500–1800 | 700–900 | 1000–1100 | 1300–1400 | 8000 bis 20000 | 8000 bis 20000 | 8000 bis 10000 | ca. 20000 |
| E-Modul (kp/cm²) (Zugversuch) | 20000 bis 21000 | 15000 bis 20000 | 37000 bis 48000 | 30000 bis 34000 | 28000 bis 30000 | 29000 bis 31000 | 400000 bis 850000 | 500000 bis 1000000 | 600000 bis 700000 | 600000 bis 700000 |
| Vickershärte bzw. Kugeldruckhärte (kp/cm²) | 900–1000 | 300–600 | 1200–1400 | 1000–1200 | 1600–1700 | 1800–2200 | 48000 bis 65000 | 48000 bis 65000 | 48000 bis 65000 | 48000 bis 65000 |
| Ritzhärte | | | | | | | | | | |
| a) *Mohs* | ca. 2–3 | ca. 2 | 2 | 2–3 | 2 | 2–3 | 5–7 | 5–7 | 5–7 | 5–7 |
| b) *Martens* gr | 2–3 | 1–2 | 1,5–2,5 | 0,8–1,0 | 1–2 | 2–3 | ca. 40–50 | ca. 40–50 | ca. 30–40 | ca. 35–45 |
| Abriebfestigkeit ASTM D 673-44 $\Phi$-Wert % | ca. 96–99 | ca. 40 | 90–99 | 83–84 | ca. 80 | 88–92 | 100–99 | 100–99 | 100–99 | 100–99 |
| Schlagzähigkeit DIN 53453 NKL-Stab (cmkp/cm²) | 5–6 | > 60 | 3–8 | > 60 | 10–14 | ca. 12–16 | ca. 0,5–1,5 | ca. 0,5–1,5 | ca. 0,5–1,5 | ca. 0,5–1,5 |

*Tabelle 4.4–2 Thermische und optische Eigenschaften organischer und anorganischer Gläser bei 20 °C und 65% relativer Feuchte*

| Gruppe | Allylester | Cellulose-ester | Polyester | Vinylharze | Polystyrole | Acrylgläser | Krongläser | Flintgläser |
|---|---|---|---|---|---|---|---|---|
| Typ | Allyldiglykolkarbonat | Cellidor® A | Palatal® P 4–7 | PVC | Polystyrol III | PMMA | Allgemein | Allgemein |
| lin. therm. Ausd.-Koeff. $\alpha \cdot 10^6$/°C, 0 bis 50 °C | 90–100 | 90–100 | 80–150 | ~80 | 80 | 63 | 9–11 | 8–10 |
| Wärmeleitzahl $\lambda$ (kcal/mh °C) | 0,18 | 0,22–0,23 | 0,15–0,17 | 0,14 | 0,12 | 0,16 | 0,6–0,9 | 0,5–0,8 |
| spez. Wärme (cal/g °C) | 0,55 | 0,3–0,4 | 0,3–0,35 | 0,20 | 0,30 | 0,35 | 0,16–0,17 | 0,11–0,12 |
| Glastemperatur (°C) | 66 | 50–70 | 50 | 80 | 80–100 | 105 | 500 | 420 |
| Formbeständigkeit in der Wärme n. *Martens* (°C) | 60–70 | 48–55 | 57–126 | 80–85 | 70 | 100–105 | – | – |
| Vicat-Erweichungs-Temperatur (°C) | > 180 | 55–70 | > 80 | ~65 | 90 | 115–120 | – | – |
| $n_D^{20}$ | 1,498 | 1,47–1,50 | 1,539–1,567 | ca. 1,54 | 1,5907 | 1,492 | 1,46–1,6 | 1,53–1,9 |
| *Abbé*sche Zahl | 55,3 | 48–50 | ca. 43 | ca. 53 | 30,8 | 57,8 | 57–64 | 34–57 |

## 4.4.3. Brechung und Dispersion

### 4.4.3.1. *Brechungsindex, Brechungszahl, Brechzahl*[1])

#### 4.4.3.1.1. *Definition*

Lichtwellen erfahren beim Übergang von einem Stoff in einen anderen eine Richtungsänderung, eine Brechung. Handelt es sich um isotrope Stoffe, so gilt das *Snellius*sche Brechungsgesetz. Sind $\alpha$ und $\beta$ die Winkel, die ein Strahl im ersten und im zweiten Stoff mit dem Einfallslot bildet und sind $c_1$ und $c_2$ die Fortpflanzungsgeschwindigkeiten im ersten und im zweiten Stoff, so gilt

$$\frac{\sin\alpha}{\sin\beta} = \frac{c_1}{c_2} = n_{21} \tag{1}$$

$n_{21}$ ist der relative Brechungsindex der beiden Stoffe. Meist bezieht man die Brechungsindizes der Stoffe auf Vakuum als erstes Medium. Ist $c_0$ die Lichtgeschwindigkeit im Vakuum, $c$ diejenige im Stoff und $n$ der auf Vakuum bezogene Brechungsindex dann gilt:

$$\frac{\sin\alpha}{\sin\beta} = \frac{c_0}{c} = n \tag{2}$$

Wegen $c_0 > c$ wird ein aus dem Vakuum kommender bzw. ein in dieses eintretender Lichtstrahl zum Einfallslot hin bzw. von diesem weggebrochen. Da die Lichtgeschwindigkeiten in Luft und Vakuum nur wenig verschieden sind, gilt Gleichung (2) auch für den Übergang zwischen Luft und einem Kunststoff ausreichend gut.

Als physikalische Größe ist der Brechungsindex zur Unterscheidung von Kunststoffen nützlich. Oft kann man durch seine Messung analytische Untersuchungen ersparen, da er Wesentliches über die Zusammensetzung eines Kunststoffes aussagt. Die Brechzahl ist ferner wegen der Verwendung organischer Gläser in der Optik und für die Fabrikationskontrolle von Wert.

#### 4.4.3.1.2. *Meßmethoden*

Zur Messung des Brechungsindex eines Kunststoffes gibt es verschiedene Prüfverfahren [23], nämlich das Autokollimationsverfahren nach *Abbé*, die Methode zur Bestimmung der Brechzahl aus dem Grenzwinkel der Totalreflexion, aus der Winkelmessung an keilförmigen Proben sowie die Refraktometerverfahren von *Pulfrich* und *Abbé*. Dazu kommen die Immersionsmethode und das mikroskopische Verfahren.

*1. Messung mit dem Abbé-Refraktometer*

Wenn der zu prüfende Kunststoff ohne Schwierigkeiten zu plattenförmigen Prüfkörpern verarbeitet werden kann, zeichnet sich die Brechzahlmessung mit dem *Abbé*-Refraktometer durch Genauigkeit, Einfachheit und Sicherheit aus.

Wenn die Brechzahl eines Kunststoffes am *Abbé*-Refraktometer ermittelt werden soll, bedient man sich der Messung im „durchfallenden“ bzw. „reflektierten“ Licht, je nach-

---

[1]) Brechzahl, Brechungszahl, Brechungsindex sind identische Begriffe. Die beiden ersten sind im deutschen, der Begriff Brechungsindex (refractive index) im angelsächsischen Sprachgebrauch üblicher.

dem ob dieser glasklar durchsichtig (farblos bzw. farbig) oder undurchsichtig (stark gefärbt bzw. getrübt) ist.

Die aus dem Kunststoff hergestellten quaderförmigen Meßproben (z.B 15 × 10 × 1–4 mm) müssen zwei zueinander senkrecht stehende, absolut ebene, polierte Flächen haben. Es ist zweckmäßig, die Proben mit Hilfe geeigneter Schablonen herzustellen. Zur Messung im streifend durchfallenden Licht klappt man das Beleuchtungsprisma nach oben und bringt die Probe mit einem kleinen Tropfen einer hochbrechenden Flüssigkeit als Kontaktschicht auf das Meßprisma auf.

Als hochbrechende Flüssigkeiten lassen sich Kassiaöl $n_D = 1{,}60$; Zimtaldehyd $C_9H_8O$ 1,62; -Bromnaphthalin $C_{10}H_7Br$ 1,66; Methylenjodid $CH_2J_2$ 1,74; Arsenbromid $AsBr_3$ 1,78 (giftig, Schmelzpunkt 20 °C); Phenyldijodarsen $C_6H_5AsJ_2$ 1,843 und Flüssigkeiten mit noch höheren Brechungsindizes verwenden [24].

Die zu verwendende hochbrechende Flüssigkeit richtet sich u.a. nach der Art des zu prüfenden Kunststoffes. Nach dem Vorschlag der ISO/TC 61-Plastics (Determination of the Refractive Index of Transparent Plastics) ist sie gemäß Tabelle 4.4–3 vorzunehmen.

*Tabelle 4.4–3 Messung des Brechungsindex von Kunststoffen – Art der hochbrechenden Kontaktflüssigkeit*

| Kunststoff | hochbrechende Kontaktflüssigkeit |
|---|---|
| Zellulosederivate | Monobromnaphthalin/Anisöl |
| Fluor-Polymere | Monobromnaphthalin |
| Harnstoffharze | Monobromnaphthalin/Anisöl |
| Polyacrylate | angesäuerte Zinkchloridlösung (gesättigt) |
| Polyäthylene | Monobromnaphthalin |
| Polyamide | Monobromnaphthalin |
| Phenolharze | Monobromnaphthalin |
| Polyester | Monobromnaphthalin |
| Polyisobutylen | angesäuerte Zinkchloridlösung (gesättigt) und Kaliumquecksilberjodidlösung (gesättigt) |
| Polymethylmethacrylate | Kaliumquecksilberjodidlösung (gesättigt) |
| Polystyrole | Kaliumquecksilberjodidlösung (gesättigt) |
| Vinylkunststoffe | Monobromnaphthalin |
| Polyvinylchlorid | Kaliumquecksilberjodidlösung (gesättigt) Monobromnaphthalin |

Der Brechungsindex der parallelen, dünnen und hochbrechenden Zwischenschicht geht dabei nicht in das Meßergebnis ein [23]. Hat der zu messende Kunststoff keine geeignete Eintrittfläche für das Meßlicht oder ist er nur wenig durchsichtig bzw. stark gefärbt, so mißt man im reflektierten Licht. Hierzu wird die Probe von oben mit dem verschlossenen Beleuchtungsprisma abgedeckt und die Lichteintrittsöffnung des Meßprismas geöffnet. Das Meßlicht tritt jetzt von unten in das Meßprisma ein und wird an der waagrechten Grenzfläche Meßprisma–Probe in einem gewissen Winkelbereich total reflektiert. Wieder wird eine hochbrechende Kontaktflüssigkeit verwendet.

Aus formfesten Kunststoff-Erzeugnissen werden nach Möglichkeit Proben aus zwei zueinander rechtwinkligen Ebenen mit einer Dicke von etwa 3 mm entnommen. Bei weichen oder weichgummiähnlichen Kunststoff-Erzeugnissen genügt es, die Proben aus einer Ebene herzustellen. Breite und Länge der Probe hängen von dem verwendeten Refraktometer ab. Sie sollen etwas kleiner sein als die Fläche des Meßprismas.

Aus formfesten Kunststoff-Erzeugnissen werden die Proben herausgesägt, gefräst und vorgeschliffen. Anschließend werden sie mit Naßschleifpapier (Körnung 400, siehe

DIN 69100) auf einer Glasplatte plangeschliffen und poliert. Dies geschieht am besten von Hand, um das Auftreten von Spannungen in der Probe zu vermeiden.

Das Schleifen wird wegen der schlechten Wärmeleitfähigkeit der Kunststoffe zweckmäßig unter Wasser oder einem anderen geeigneten Kühlmittel vorgenommen, es sei denn, daß sich die Brechzahl durch Aufnahme des Kühlmittels ändert. Das verwendete Poliermittel darf die zu messende Brechzahl nicht beeinflussen. Bei der Messung im reflektierten Licht ist die Probenherstellung einfacher, da nur die Auflagefläche plan- und hochglanzpoliert sein muß. Die übrigen Flächen werden zweckmäßig mit Tusche geschwärzt.

Die Proben sind richtig bearbeitet, wenn bei der Prüfung im Refraktometer eine scharfe Grenzlinie erhalten wird. Andernfalls ist die Probe nachzuarbeiten oder es ist eine neue Probe herzustellen. Auch durch überschüssiges Kontaktmittel kann die Grenzlinie unscharf werden.

Mit dem *Abbé*-Refraktometer (normales Meßprisma) kann man Brechzahlen zwischen $n_D = 1{,}3$–$1{,}7$ direkt messen. Mit Hilfe von Sonderprismen werden Indexbereiche von $n_D = 1{,}17$–$1{,}56$ und $n_D = 1{,}45$–$1{,}85$ zugänglich. Dabei ist jedoch zu beachten, daß die jeweilige Ablesung auf den vorliegenden Sondermeßbereich umzurechnen ist, wofür Umrechnungstafeln vorliegen. Dies deswegen, weil die Ableseskala nicht mit den Prismen ausgewechselt werden kann.

Die Meßunsicherheit der Brechzahl-Messung am *Abbé*-Refraktometer beträgt etwa zwei Einheiten der dritten Dezimale für $n_D$. In besonders günstigen Fällen lassen sich Genauigkeiten von $\pm 1 \cdot 10^{-3}$ erreichen.

Fehlerquellen sind eine nicht ganz parallele Schicht der Klebeflüssigkeit bei festen Probekörpern, nicht genaue Einstellung der Grenzlinie bzw. dieser auf das Fadenkreuz, Unexaktheiten in der Probengeometrie, Temperaturfehler, Aufnahme der Immersionsflüssigkeit durch die Probe, usw.

Weitere Angaben über die Messung von Brechzahlen mit *Abbé*-Refraktometern können den Gebrauchsanweisungen [25] der Herstellerfirmen entnommen werden.

### *2. Messung mit der Immersionsmethode*

Die Immersionsmethode dient zur Bestimmung der Brechungsindizes von pulverförmigen und granulierten transparenten Materialien. Man arbeitet dabei mit einem geeigneten Mikroskop unter Anwendung des „*Becke*schen Linien-Phänomens" [26, 27]. Die Lineardimensionen der einzelnen Partikel der zu messenden Substanzen dürfen dabei nicht zu groß sein und sollen eine derartige Verteilung aufweisen, daß Substanz und Immersionsflüssigkeit ungefähr gleich große Bezirke des Blickfeldes einnehmen. Die Dicke der Teilchen muß kleiner als die Arbeitsdistanz des Mikroskops sein.

Die zu prüfende Substanz und eine geeignete Immersionsflüssigkeit werden unter das Mikroskop gebracht. Zunächst stellt man dieses auf das Probenzentrum ein und hebt anschließend den Tubus so lange bis der obere Teil des Präparates scharf erscheint. Dabei beobachtet man einen leuchtenden Kreis („*Becke*sche Linie"), der das Material in der Immersionsflüssigkeit umgibt und sich auf das Medium mit dem höchsten Brechungsindex zubewegt. Bei umgekehrter Bewegungsrichtung des Objektivs bewegt sich die *Becke*-Linie gegen das Medium mit dem niedrigeren Brechungsindex.

Die Bestimmung wird mit jeweils anderen Immersionsflüssigkeiten in sukzessiver Annäherung der Brechungsindizes von Substanz und Einbettung so lange fortgesetzt, bis die *Becke*sche Linie nicht mehr auftritt. In diesem Fall haben Prüfsubstanz und Immersionsflüssigkeit gleiche Brechzahlen. Die Genauigkeit der Brechzahlmessung mit der Immersionsmethode liegt bei $\pm 1 \cdot 10^{-3}$.

Tabelle 4.4–4 enthält eine Reihe von verwendbaren Immersionsflüssigkeiten sowie deren Brechungsindizes.

*Tabelle 4.4–4 Immersionsflüssigkeiten und zugehörige Brechzahlen*

| Immersionsflüssigkeit | $n_{20}^{D}$ |
|---|---|
| n-Butylkarbonat | 1,411 |
| n-Tributylcitrat | 1,445 |
| n-Butylphthalat | 1,492 |
| Monobromnaphthalin | 1,658 |
| Methylenjodid | 1,742 |
| Silikonöle | 1,37–1,56 |
| | 1,419–1,733 |

### *3. Messung mit einem Mikroskop*

Eine einfache, weniger genaue und nur für Kontrollzwecke brauchbare Methode zur Brechzahlmessung an plattenförmigen, gegossenen, stranggepreßten oder gespritzten transparenten Kunststoffen bedient sich eines Mikroskops mit mindestens 200facher Vergrößerung und einer Einrichtung zur Messung der Tubusverschiebung mit einer Genauigkeit von ± 0,01 mm.

Eine Probe von etwa 6 mm Breite, 12 mm Länge und ca. 3–6 mm Dicke wird mit der 6 × 12 mm großen, völlig ebenen und polierten Fläche auf den Mikroskoptisch gelegt. Daraufhin wird einmal auf die untere, dann auf die obere Probenoberfläche scharf eingestellt und jeweils die Tubuseinstellung notiert. Die Differenz der beiden Notierungen (Tubusverschiebung) ergibt die scheinbare Probendicke $d'$. Der Brechungsindex des untersuchten Materials ergibt sich aus der Beziehung

$$n = \frac{d}{d'}, \tag{3}$$

wobei $d$ die wahre Probendicke ist. Die Genauigkeit dieser Meßmethode liegt bei $\pm 1 \cdot 10^{-2}$.

Die hier aufgeführten Methoden werden zur Messung der Brechzahlen transparent farbiger oder farbloser, optisch isotroper Kunststoffe benützt. Je nach der Art des zu untersuchenden Materials, den vorhandenen Versuchseinrichtungen und der erforderlichen Meßgenauigkeit wird man dem einen oder anderen Prüfverfahren den Vorzug geben.

Liegen optisch anisotrope, aus gespritzten, gepreßten, streck- oder tiefgezogenen, geblasenen, gereckten Formteilen entnommene Prüfkörper vor, so hat die Probenentnahme so zu geschehen, daß die polierten Oberflächen des Prüflings parallel bzw. senkrecht zur Fließ- oder Reckrichtung liegen. Die Proben können dabei aus verschiedenen Bezirken der Prüfkörper entnommen werden.

Die refraktometrische Methode ist in den Prüfnormen DIN 53491 und ASTM D 542–40 beschrieben. Letztere umfaßt außerdem die mikroskopische Methode. Der 1962 erarbeitete ISO-Vorschlag berücksichtigt darüber hinaus die Immersionsmethode.

### *4. Messung nach der Methode der minimalen Strahlablenkung*

Die genauesten Bestimmungen des Brechungsindex von Kunststoffen lassen sich nach der Methode der minimalen Strahlablenkung durchführen. Die Größe der Genauigkeit richtet sich dabei vor allem danach, wie gut und geometrisch exakt aus dem zu messenden

Kunststoff die als Prüfkörper dienenden Prismen (vgl. 4.4.3.1.6.) herstellbar sind. Bei Untersuchungen an PMMA wurden dabei immerhin Genauigkeiten der Größenordnung $\pm 1 \cdot 10^{-4}$ erreicht.

### 4.4.3.1.3. *Temperaturabhängigkeit des Brechungsindex*

Die Brechzahlen der Kunststoffe sind von der Temperatur abhängig. Bei genaueren Messungen temperiert man daher das Meßprisma des Refraktometers mit einer Temperierflüssigkeit auf die Meßtemperatur. Geeignete Refraktometer, z.B. das Modell B der Firma *Carl Zeiß* sind für Messungen bis 140 °C ausgelegt.

Mißt man bei höheren Temperaturen, so muß das Gehäuse des Refraktometers gekühlt werden, damit die Meßoptik desselben nicht beeinflußt wird.

Die Messung der Temperaturfunktion des Brechungsindex wird bei Temperaturen oberhalb ca. 60 °C dadurch erschwert, daß die erforderlichen hochbrechenden Flüssigkeiten bzw. die ihnen zugrunde liegenden Lösungsmittel rasch verdampfen und der anfänglich gute optische Kontakt verloren geht. Zur Umgehung dieser Schwierigkeiten wurden zwei zum Ziel führende Methoden ausgearbeitet:

a) *Jenckel*, *Beevers* und *White* [28, 29] haben gezeigt, daß der optische Kontakt zwischen einem zu messenden Kunststoff und dem Meßprisma durch Aufheizen des Prismas hergestellt werden kann. Liegt die Prismentemperatur genügend weit oberhalb der Einfriertemperatur des zu untersuchenden thermoplastischen Kunststoffes, dann paßt sich dieser unter leichtem Druck der Prismaoberfläche mit ausreichender Genauigkeit an.

b) Dasselbe läßt sich dadurch erreichen, daß man eine hochkonzentrierte Lösung des zu messenden Kunststoffes langsam auf dem Meßprisma austrocknen läßt. Die Lösungsmittelfreiheit des aufgebrachten Kunststoff-Filmes muß dabei gesichert sein.

Bild 4.4–1 zeigt den Verlauf des Brechungsindex von Polymethylmethacrylat, Polystyrol und Polyvinylchlorazetat [30] als Funktion der Temperatur.

Die Koeffizienten $dn/dt$ einer Reihe von Polymerisationsprodukten sind in Tabelle 4.4–5 wiedergegeben.

*Tabelle 4.4–5 Temperaturkoeffizienten der Brechungsindizes von Polymerisationskunststoffen (Wiley und Brauer* [30]*)*

| Stoff | *Tg* | Koeffizient $(-\,dn/dt) \cdot 10^4$ | |
|---|---|---|---|
| | | $T < Tg$ | $T > Tg$ |
| Polymethylacrylat | 0 | 1,2 | 3,1 |
| Polymethylmethacrylat | 105 | 1,1 | 2,1 |
| Polyäthylmethacrylat | 47 | 1,1 | 2,0 |
| Polypropylmethacrylat | 33 | 1,3 | 2,9 |
| Polybutylmethacrylat | 17 | 1,6 | 2,9 |
| Polyvinylazetat | 24 | 1,0 | 3,1 |
| Polyvinylchlorazetat | 23 | 1,1 | 3,0 |
| PVC/PvAz = 95/5 | 71 | 1,0 | 2,6 |
| PVC/PvAz = 88/12 | 63 | 1,2 | 3,2 |
| Polyvinylidencl./PVC (Geon 205) | 55 | 1,0 | 2,8 |
| Polystyrol | 75 ± 4 | 1,7 | 4,6 |
| Styril/Butadien Cop. (85/15) | 40 | 1,1 | 3,3 |

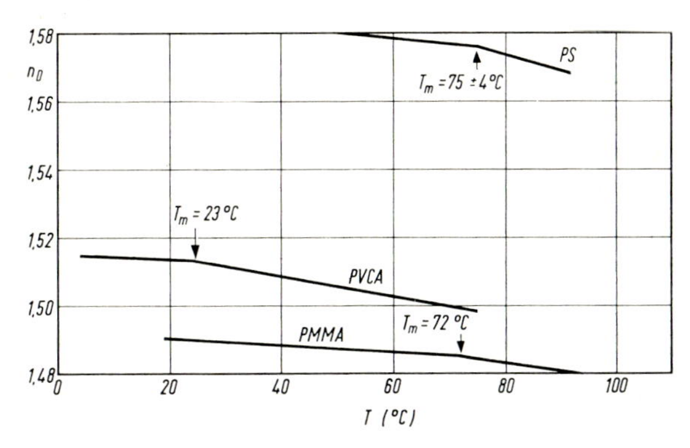


Bild 4.4–1 Temperaturabhängigkeit des Brechungsindex. $n_D = f(T)$ für PMMA, PS, PVCA

*Wiley* [31] hat nachgewiesen, daß die *Lorenz-Lorentz*-Formel

$$R_D = \frac{n_D^2 - 1}{n_D^2 + 2} \cdot M \cdot V \tag{4}$$

für Hochpolymere Gültigkeit hat. Die Refraktionskonstante $R_D$ für das Licht der Natrium-D-Linie steht also mit dem Brechungsindex $n_D$, dem Molekulargewicht $M$ des Grundbausteins und dem spezifischen Volumen des Polymeren in dem durch Gleichung (4) gegebenen Zusammenhang. Für dessen Brechungsindex selbst gilt damit

$$n_D = \sqrt{1 + \frac{3\,R_D}{M \cdot V - R_D}}\,. \tag{5}$$

Setzt man voraus, daß die Molrefraktion $R_D$ von der Temperatur unabhängig ist, dann kann man mit der Temperaturfunktion des spezifischen Volumens die Temperaturabhängigkeit des Brechungsindex nach Gleichung (5) errechnen. Hierfür sind genaue Angaben über das spezifische Volumen erforderlich. In Übereinstimmung mit der Theorie nimmt der Brechungsindex eines Kunststoffes mit wachsender Temperatur ab. Man erhält im *n-T*-Diagramm gewöhnlich zwei Geraden, die sich bei der Einfriertemperatur $T_G$ bzw. $T_m$ schneiden. Der absolute Temperaturkoeffizient des Brechungsindex wächst bei der Einfriertemperatur sprunghaft (Tabelle 4.4–5).

#### 4.4.3.1.4. *Refraktionskonstante von Polymeren*

*Wiley* [31], *Schulz* [32, 33] und andere haben gezeigt, daß die Molrefraktion der Polymeren mit den Strukturen der Polymerengrundbausteine zusammenhängen. Es gilt die zuvor erwähnte *Lorenz-Lorentz*-Gleichung (Formel (4)).

Die Grundmolrefraktionen $R_D$ ergeben sich dabei aus den Summationen der Atomrefraktionen und Inkremente, wie sie in refraktometrischen Hilfsbüchern [34] gegeben sind.

Vergleicht man errechnete [31] und experimentell bestimmte Molrefraktionen miteinander (Tabelle 4.4–6), so findet man gute Übereinstimmung. Da die Refraktionskonstante $R_D$ mit dem Molekulargewicht der Grundeinheit und nicht mit dem des Polymeren errechnet wird, ist dies keineswegs trivial.

Da dies der Fall ist, kann der Wert der Molrefraktion entscheidend zur Klärung der Konstitution eines Polymeren herangezogen werden. Dies kann aber nur in gewissen Grenzen als zutreffend angenommen werden, nämlich dann, wenn es sich darum handelt,

*Tabelle 4.4–6 Refraktionskonstanten $R_D$ von Polymeren*

| Polymeres | Grundbaustein | Dichte gr/cm³ | Brechungsindex | Experim. | $R_D$ berechnet | Diff. |
|---|---|---|---|---|---|---|
| Polystyrol | $-CH_2CH(C_6H_5)-$ | 1,059 | 1,59 | 33,17 | 33,35 | −0,18 |
| Polyvinylazetat | $-CH_2CH(OCOCH_2)-$ | 1,191 | 1,4665 | 20,04 | 20,12 | −0,08 |
| Polyvinylalkohol | $-CHOHCH_2-$ | 1,26 | 1,51 | 10,45 | 10,76 | −0,31 |
| Polyvinylidenchlorid | $-CH_2CCl_3-$ | 1,875 | 1,63 | 18,39 | 18,96 | −0,57 |
| Polyvinylchlorid | $-CH_2CHCl-$ | 1,406 | 1,544 | 14,03 | 14,10 | −0,07 |
| Polyisobutylen | $-CH_2C(CH_3)_2-$ | 0,9125 | 1,5089 | 18,39 | 18,48 | −0,09 |
| Polymethylacrylat | $-CH_2CH(CO_2CH_3)-$ | 1,223 | 1,4725 | 19,94 | 20,13 | −0,10 |
| Polymethylmethacrylat | $-CH_2C(CH_3)\ (CO_2CH_3)-$ | 1,19 | 1,488 | 24,22 | 24,75 | −0,53 |
| Polyäthylmethacrylat | $-CH_2C(CH_3)\ (CO_2C_2H_5)-$ | 1,11 | 1,483 | 29,40 | 29,37 | 0,03 |
| Polypropylmethacrylat | $-CH_2C(CH_3)\ (CO_2C_3H_7)-$ | 1,06 | 1,482 | 34,46 | 33,99 | 0,47 |
| Poly-n-Butylmethacrylat | $-CH_2C(CH_3)\ (CO_2C_4H_9)-$ | 1,05 | 1,481 | 38,59 | 38,61 | −0,02 |
| Polyisobutylmethacrylat | $-CH_2C(CH_3)\ (CO_2C_4H_9)-$ | 1,02 | 1,475 | 39,17 | 38,61 | 0,46 |
| Polychloropren | $-CH_2CCl{=}CHCH_2-$ | 1,23 | 1,5512 | 22,96 | 22,87 | 0,09 |
| Neoprene | $-CH_2CCl{=}CHCH_2-$ | 1,25 | 1,558 | 22,80 | 22,87 | −0,07 |
| Gummi | $-CH_2C(CH_3){=}CHCH_2-$ | 0,0906 | 1,519 | 22,77 | 22,63 | 0,14 |
| Methylgummi | $-CH_2C(CH_3){=}C(CH_3)CH_2-$ | 0,929 | 1,525 | 27,14 | 27,25 | −0,11 |
| Nylon | $-CO(CH_2)_4CONH(CH_2)_6NH-$ | 1,12 | 1,53 | 62,41 | 62,20 | 0,21 |
| Polyäthylen | $-CH_2-$ | 0,92 | 1,51 | 4,56 | 4,62 | −0,06 |
| Polyisopropenylmethylketon | $-CH_2C(CH_3)\ (COCH_3)-$ | 1,13 | 1,52 | 22,62 | 23,11 | −0,49 |
| Perbunan | $-(-CH_2CH{=}CHCH_2-)_{72}-[-CH_2CH(CN)-]_{28}$ | 0,96 | 1,5212 | 17,04 | 16,77 | 0,27 |
| Copolymer Vinylchlorid/Vinylazetat | $[(CH_2CHCl)]\ [CH_2CH(COOCH_3)]$ | 1,355 | 1,53 | 14,77 | 14,70 | 0,07 |
| Polybutadien | $-CH_2CH{=}CHCH_2-$ | 0,906 | 1,52 | 18,21 | 18,01 | 0,20 |
| | | 0,894 | 1,518 | 18,27 | 18,01 | 0,26 |
| Polyvinylchlorazetat | $-CH_2CH(OCOCH_2Cl)-$ | 1,45 | 1,54 | 26,01 | 24,99 | 1,02 |
| | | 1,46 | 1,509 | 24,66 | 24,99 | −0,33 |
| Polytetrafluoräthylen | $-CF_2-$ | 2,2 | 1,3 | 4,25 | 4,41 | −0,16 |
| Copolymer aus Styrol/Maleinsäureanhydrid | $-(-CH_2CH(C_6H_5)-)_1-(-CH-CH-)_1-$<br>COOCO | 1,286 | 1,564 | 51,25 | 51,29 | −0,04 |
| Polyäthylenglykol | $-CH_2CH_2O-$ | 1,0951 | 1,4563 | 10,93 | 10,88 | 0,05 |
| Polyacrolein | $-C_3H_4O-$ | 1,322 | 1,529 | 13,07 | 13,86 | −0,79 |
| Polymethacrylnitril | $-C_4H_5N-$ | 1,10 | 1,52 | 18,52 | 18,29 | 0,23 |
| Polyvinylmethyläther | $-C_3H_6O-$ | 1,045 | 1,467 | 15,40 | 15,50 | −0,10 |

zwischen relativ einfachen, vorwiegend auf die Bindung bezüglichen Fällen zu unterscheiden. Bei kritischer Betrachtung der in Tabellen wiedergegebenen Atomrefraktionen ist die Sicherheit der mit diesen berechneten Molrefraktionen nicht allzu groß, weil die Exaltationen bei höheren Atomzahlen im Molekül nicht immer einwandfrei gedeutet werden können.

Außerdem ist zu beachten, daß die auf verschiedene Weisen bestimmten Atomrefraktionen recht erhebliche Abweichungen zeigen und bei mehr als einer Eigenschwingung aus den Dispersionstheorien von *Plank* und *Lorenz-Lorentz* keine einfachen Ausdrücke für die Refraktionskonstante ableitbar sind. Dazu kommt, daß der Brechungsindex des zur Diskussion stehenden Produktes genau bestimmt werden muß.

### 4.4.3.1.5. *Wellenlängenabhängigkeit des Brechungsindex, Dispersion*

Entsprechend den Dispersionstheorien der theoretischen Optik sind die Brechungsindizes aller Stoffe von der Wellenlänge oder Frequenz des mit ihnen in Wechselwirkung tretenden Meßlichtes abhängig. Man bezeichnet diesen Effekt als Lichtdispersion (Bilder 4.4–2 und 4.4–3).

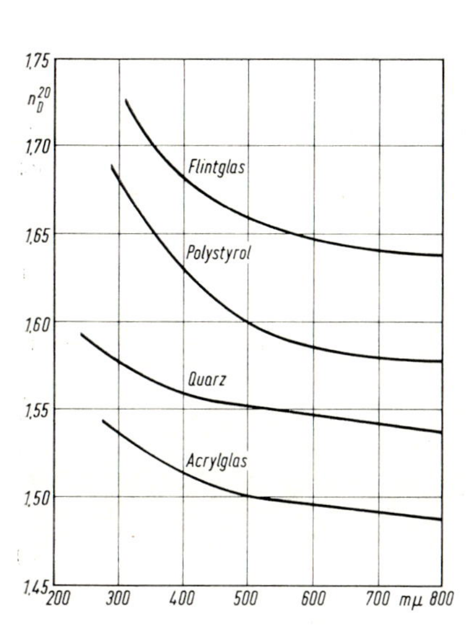


Bild 4.4–2 Wellenlängenabhängigkeit des Brechungsindex für Flintglas, Quarz, Polystyrol und Acrylglas

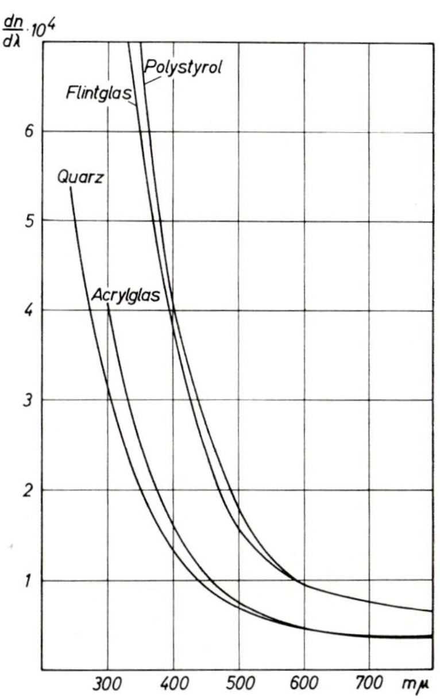


Bild 4.4–3 Dispersion $dn/d\lambda$ für organisches und anorganisches Glas als Funktion der Wellenlänge $\lambda$

Mit dem *Abbé*-Refraktometer kann man die Brechzahl bei diskreten Wellenlängen innerhalb des sichtbaren Spektralgebietes messen.

Weitgehend monochromatisches Meßlicht verschiedener Wellenlängen erhält man z.B. mit Hilfe hochdurchlässiger Monochromatfilter durch Aussonderung einzelner Spektrallinien aus dem Spektrum einer Quecksilberdampflampe, z.B. der *Zeiß*schen Hochleistungs-Mikroskopierleuchte mit dem Hochdruckbrenner HBO 200 (Osram). Als Filter können die in Tabelle 4.4–7 angegebenen Gläser dienen.

Bei der Messung mit *Abbé*-Refraktometern ist zu beachten, daß die Skala dieser Geräte trotz der Messung mit weißem Licht auf das Licht der Na-D-Linie geeicht ist und der erhaltene Brechungsindex damit diskret für die Wellenlänge 5893 Å gilt.

Wird das Meßprisma aber monochromatisch, jedoch nicht mit Na-D-Licht beleuchtet, so ist der an der Skala abgelesene Brechungsindex $n_{1\,\mathrm{D}}$ falsch.

*Tabelle 4.4–7 Monochromatfilter zur Brechungszahlmessung als Funktion der Wellenlänge*

| Wellenlänge Å | | Lichtquelle | Filtertype *(Zeiß)* |
|---|---|---|---|
| 3650 | Gruppe | Hg | E |
| 3655 | Gruppe | Hg | E |
| 3663 | Gruppe | Hg | E |
| 4047 | | Hg | D |
| 4078 | | Hg | D |
| 4339 | Gruppe | Hg | C |
| 4347 | Gruppe | Hg | C |
| 4358 | Gruppe | Hg | C |
| 5461 | | Hg | B |
| 5770 | | Hg | A |
| 5791 | | Hg | A |
| 5875,6 | | He | A |

Hier kann auf zwei Arten Abhilfe geschaffen werden:

1. Man läßt den Lichtweg unverändert, bringt den Kompensator in Neutralstellung und berichtigt die Skalenablesung mit Hilfe einer Korrekturformel oder an Hand vorgerechneter Korrekturtabellen.
2. Man behält die Skalenablesung bei und „korrigiert" den Lichtweg mit Hilfe einer Zusatzoptik. Der Kompensator kann dabei in gewissen Grenzen zur Korrektur verwendet werden.

Die zuerst erwähnte Methode ist einfacher und wird daher häufiger verwendet. Die Korrekturwerte werden dabei wie folgt berechnet.

Hat man bei einem Meßlicht der Wellenlänge $\lambda$ an der auf die Wellenlänge $\lambda_0 = D = 5893$ Å geeichten Skala für die zu untersuchende Meßprobe (Flüssigkeit, Festkörper etc.) den „falschen" Brechungsindex $n_{1\,\mathrm{D}}$ abgelesen[2]), so erhält man den richtigen Brechungsindex $n_{1\lambda}$ mit der Korrektur $\Delta n_1$ gemäß der Beziehung

$$n_{1\lambda} = n_{1\,\mathrm{D}} + \Delta n_1 \qquad (6)$$

Dabei ist

$$\Delta n_1 > 0 \quad \text{für} \quad \lambda < D$$

bzw.

$$\Delta n_1 < 0 \quad \text{für} \quad \lambda > D$$

Zur Berechnung der Korrekturwerte $\Delta n_1$ muß man den Strahlengang des Meßlichtes im Meßprisma kennen.

Das Meßlicht tritt beim Abbé-Refraktometer bei der Messung im durchfallenden Licht „streifend", d.h. unter dem Winkel $\alpha_{1\lambda} = 90°$ ein. Die Skalenablesungen $n_{1\,\mathrm{D}}$ gehören zu definierten Prismenaustrittwinkeln $\alpha_{2\,\mathrm{D}}$. Aus ihnen errechnet man die Korrekturwerte $\Delta n_1$.

---

[2]) Das Symbol $D$ soll dabei zum Ausdruck bringen, daß die Skala des Refraktometers auf $\lambda = D$ geeicht ist.

Man erhält die Winkel $\alpha_{2\,D}$ aus der Beziehung

$$\sin \alpha_{2\,D} = n_d \cdot \sin \beta_{2\,D} \tag{7}$$

$\beta_{2\,D}$ ergibt sich dabei mit $\lambda = D$ aus

$$\beta_{2\lambda} = \gamma - \beta_{1\lambda} \quad \text{für} \quad \beta_{1\lambda} < \gamma$$

bzw.

$$\beta_{2\lambda} = \beta_{1\lambda} - \gamma \quad \text{für} \quad \beta_{1\lambda} > \gamma \tag{8}$$

und

$$\sin \beta_{1\,D} = \frac{n_{1\,D}}{n_D}. \tag{9}$$

$\gamma$ ist der brechende Winkel des Meßprismas (z.B. 63°), $n_D$ dessen Brechungsindex für Na-D-Licht (z.B. 1,74000). Da mit der Wellenlänge $\lambda$ gemessen wurde, fällt das Licht in Wirklichkeit unter den Winkeln $\beta_{2\lambda}$ auf die Austrittsfläche. Die Winkel $\beta_{2\lambda}$ ergeben sich aus der Beziehung

$$\sin \beta_{2\lambda} = \frac{\sin \alpha_{2\,D}}{n_\lambda} \tag{10}$$

wobei $n_\lambda$ die Brechzahl des Meßprismas für das Meßlicht der Wellenlänge $\lambda$ ist.

Aus $\beta_{2\lambda}$ erhält man gemäß Gleichung (8) $\beta_{1\lambda}$ und daraus die Korrekturwerte

$$\Delta n_1 = n_\lambda \cdot \sin \beta_{1\lambda} - n_{1\,D} \tag{11}$$

Diese wurden von *Rath* [35, 36] für eine Reihe diskreter Wellenlängen des Bereiches 4000–7700 Å für Ablesewerte $n_{1\,D}$ zwischen 1,30 und 1,70 in Schritten von 0,02 ($n_{1\,D}$ = 1,30–1,32–1,34 ... 1,68–1,70) und verschiedene Refraktometertypen bzw. Prismenserien der Firma *Zeiß* berechnet. Sie lassen sich nach dem vorstehenden Schema für jedes Refraktometer errechnen, wenn für dessen Meßprisma der brechende Winkel und die Wellenlängenabhängigkeit der Brechzahl bekannt ist.

Will man unmittelbar die richtige Brechungszahl $n_{1\lambda}$ an der Refraktometerskala ablesen, so muß das aus dem Meßprisma austretende monochromatische Meßlicht (Wellenlänge $\lambda$) umgelenkt, d.h. in seiner Richtung geändert werden. Hat man wieder bei auf Neutralstellung stehendem Kompensator und der Wellenlänge $\lambda$ den falschen Brechungsindex $n_{1\,D}$ abgelesen, so findet man den Betrag der erforderlichen Richtungsänderung derart, daß man zunächst mit Hilfe der Gleichungen

$$\sin \alpha_{2\lambda} = n_\lambda \cdot \sin \beta_{2\lambda} \tag{12}$$

$$\beta_{2\lambda} = \gamma - \beta_{1\lambda} \quad \text{für} \quad \beta_{1\lambda} < \gamma$$
$$\beta_{2\lambda} = \beta_{1\lambda} - \gamma \quad \text{für} \quad \beta_{1\lambda} > \gamma \tag{8}$$

$$\sin \beta_{1\lambda} = \frac{n_{1\,D}}{n_\lambda} \tag{13}$$

die zum „falschen“ Brechungsindex $n_{1\,D}$ und den Wellenlängen $\lambda$ und $D$ gehörigen Austrittswinkel $\alpha_{2\lambda}$ und $\alpha_{2\,D}$ errechnet und sodann das aus dem Meßprisma austretende Meßlicht der Wellenlänge $\lambda$ um den Betrag $\alpha_{2\lambda} - \alpha_{2\,D}$ umlenkt, worauf an der auf die Wellenlänge $D$ geeichten Skala der richtige Brechungsindex $n_{1\lambda}$ abgelesen werden kann.

Die Umlenkung des Lichtstrahles wird mit Hilfe des Kompensators vorgenommen. *Rath* [36] berechnete für eine Reihe diskreter Wellenlängen des Bereiches 4000–7700 Å die zu Ablesewerten $n_{1\,D}$ zwischen 1,46 und 1,70 (Schrittbreite 0,02) gehörigen Umlenkwinkel[3]) und stellte fest, daß die erforderlichen Umlenkwinkel zum Teil außerhalb des Kompensatorbereiches liegen. Dies führt dazu, daß der eigentliche Meßbereich des verwendeten Refraktometers unter Umständen stark eingeengt wird.

Hat man also mit einem *Abbé*-Refraktometer die Wellenlängenabhängigkeit des Brechungsindex zu messen, so gibt man zweckmäßigerweise der zuerst genannten Bestimmungsmethode den Vorzug.

### 4.4.3.1.6. *Dispersionsverhalten und Abbésche Zahl*

Die in Bild 4.4–2 am Beispiel von Quarz, Flintglas, Polystyrol und Acrylglas (Polymethylmethacrylat) dargestellte Wellenlängenabhängigkeit des Brechungsindex charakterisiert man durch als „Dispersion" bezeichnete Maßzahlen.

So benützt man in der Optik vielfach den Differentialquotienten $dn/d\lambda$. Er gibt für die einzelnen Wellenlängen des Spektrums die zu einer Wellenlängenänderung $d\lambda$ gehörige Brechungsindexänderung $dn$ an, entspricht also der Steigung der Funktion $n = n(\lambda)$.

Bild 4.4–3 zeigt die Wellenlängenabhängigkeit der Dispersion $dn/d\lambda$ der oben genannten Stoffe im ultravioletten und sichtbaren Spektralbereich. Sie zeigt, daß diese Optikwerkstoffe im ultravioletten und nahen sichtbaren Spektralbereich (blau) eine starke Dispersion haben, die beim Übergang zu größeren Wellenlängen schwächer wird.

In der praktischen Optik haben sich außer dem $dn/d\lambda$-Wert noch eine Reihe anderer Dispersions-Kennzahlen als brauchbar erwiesen.

Neben der mittleren, partiellen, spezifischen und totalen Dispersion haben sich in der Praxis besonders die „relative Dispersion"

$$D_r = \frac{n_F - n_C}{n_D - 1} \qquad (14)$$

ihr als *Abbé*sche Zahl bezeichneter Reziprokwert

$$\nu_D = \frac{1}{D_r} = \frac{n_D - 1}{n_F - n_C} \qquad (15)$$

sowie die Zahlenwerte

$$\nu_e = \frac{n_e - 1}{n_{F'} - n_{C'}} \qquad (16)$$

bzw. $$\vartheta_g = \frac{n_g - n_{F'}}{n_{F'} - n_{C'}} \qquad (17)$$

als Maß für die in einem Optikwerkstoff stattfindende Lichtdispersion durchgesetzt. Die in den Gleichungen (14) bis (17) vorkommenden Brechungsindizes gehören dabei zu den Wellenlängen:

| | | | | | |
|---|---|---|---|---|---|
| $n_F$; | Wasserstoff-F-Linie; | 486 nm | $n_{F'}$; | Cadmium-F'-Linie; | 480 nm |
| $n_c$; | Wasserstoff-c-Linie; | 656 nm | $n_{C'}$; | Cadmium-c'-Linie; | 644 nm |
| $n_D$; | Natrium-D-Linie; | 589 nm | $n_g$; | Quecksilber-g-Linie; | 436 nm |
| $n_e$; | Quecksilber-e-Linie; | 546 nm | | | |

---

[3]) *Zeiß*-Refraktometer, Meßprisma der Serie 4.

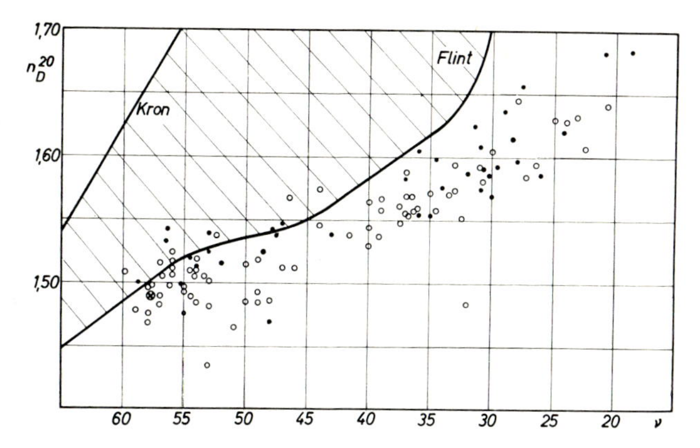


Bild 4.4–4 Darstellung der Brechungsindizes und Abbéschen Zahlen organischer und anorganischer Gläser in einem $n_D^{20}, \nu$-Diagramm.

⊗ PMMA, ○ Methacrylate und Acrylate, ● übrige organische Gläser, schraffierter Bereich: anorganische Gläser

Die früher vom rechnenden Optiker sehr häufig benützte *Abbé*sche Zahl $\nu_D$ wird heute selten benützt. Da man sich weniger auf die Spektrallinien des Natriums als vielmehr auf diejenigen des Quecksilbers und des Cadmiums stützen will, benützt man auch den Brechungsindex $n_D$ kaum noch. An seine Stelle tritt der Wert $n_e$ (Hg-e, 546 nm). Die Brechungsindizes und damit auch die Dispersionswerte sind naturgemäß von einer Reihe von Faktoren (Temperatur, Molgewicht, etc.) abhängig.

Stellt man die bekannten *Abbé*schen Zahlen $\nu_D$ der organischen und anorganischen Gläser als Funktion der Brechungsindizes $n_D^{20}$ graphisch dar, so erhält man ein Diagramm gemäß Bild 4.4–4.

Die Kunststoffe bilden in diesem $n_D$-$\nu_D$-Diagramm einen diskontinuierlichen Bereich, der im wesentlichen an den der anorganischen Gläser (schraffiertes Gebiet) anschließt, so daß durch sie der Gesamtvorrat an Optikwerkstoffen wesentlich erweitert wird. Obwohl mehr als 100 Produkte von verschiedenster chemischer Struktur hinzugezogen wurden, ist dieser Bereich sehr schmal. Die Acrylgläser der Methacrylat- und Acrylatreihe überdecken den Kunststoff-Bereich gleichmäßig aber diskontinuierlich.

Bis heute gibt es keine Kunststoffe, also auch keine Acrylgläser, die den typischen Bariumkrongläsern oder den extrem schweren Flinten gleichkommen. Allerdings existieren Stoffe wie Polymethylmethacrylat bzw. Polystyrol mit Kron- bzw. Flintglascharakter. Durch Mischpolymerisation geeigneter Monomerer kann man eine nahezu vollständige Überdeckung des Kunststoffbereiches erzielen.

Dies ist deshalb von Interesse, weil der Mathematiker bei der Berechnung von Linsensystemen über einen Vorrat von mehreren hundert Stoffen unterschiedlicher $n_D$, $\nu_D$-Zahlen verfügen muß.

Theoretische Betrachtungen, die sich auf die Berechenbarkeit der Refraktionskonstante und die Abschätzbarkeit des Dispersionsverhaltens der Kunststoffe stützen, zeigen, daß die Herstellung von organischen Gläsern mit hohem Brechungsindex und *Abbé*sche Zahlen zwischen 25 und 65 vermutlich prinzipiell unmöglich ist.

Die geschilderten Erfahrungen erschweren die Anfertigung optischer Kombinationen aus Kunststoffen. Trotzdem lassen sich in beschränktem Umfang optische Systeme aufbauen, wozu sich besonders Allyldiglykolkarbonat, Polystyrol und die Acrylgläser eignen.

*Tabelle 4.4–8 Brechungsindizes und Dispersionswerte von Acrylaten und Methacrylaten*

| Stoff | $n_D^{20}$ | *Abbé*sche Zahl $\nu = \frac{n_D - 1}{n_F - n_C}$ | rel. Dispersion $D_R = 1/\nu$ | mittl. Dispersion $n_F - n_C$ |
|---|---|---|---|---|
| *1. Acrylate* | | | | |
| Äthylacrylat | 1,4685 | 58,0 | 0,01725 | $8{,}078 \cdot 10^{-3}$ |
| Methylacrylat | 1,4793 | 59,0 | 0,01695 | $8{,}124 \cdot 10^{-3}$ |
| Methyl-α-Chloracrylat | 1,5172 | 57,0 | 0,01755 | $9{,}074 \cdot 10^{-3}$ |
| Methyl-α-Bromacrylat | 1,5672 | 46,5 | 0,02150 | $1{,}220 \cdot 10^{-2}$ |
| *2. Methacrylate* | | | | |
| Methylmethacrylat | 1,4913 | 57,8 | 0,01730 | $8{,}500 \cdot 10^{-3}$ |
| Allylmethacrylat | 1,5196 | 49,0 | 0,02042 | $1{,}060 \cdot 10^{-2}$ |
| Benzylmethacrylat | 1,5680 | 36,5 | 0,02740 | $1{,}556 \cdot 10^{-2}$ |
| n-Butylmethacrylat | 1,483 | 49,0 | 0,02042 | $9{,}857 \cdot 10^{-3}$ |
| Cyclohexylmethacrylat | 1,5064 | 56,9 | 0,01757 | $8{,}900 \cdot 10^{-3}$ |
| Äthylendimethacrylat | 1,5063 | 53,4 | 0,01873 | $9{,}481 \cdot 10^{-3}$ |
| Vinylmethacrylat | 1,5129 | 46,0 | 0,02175 | $1{,}115 \cdot 10^{-2}$ |
| Phenylmethacrylat | 1,5706 | 35,0 | 0,02857 | $1{,}630 \cdot 10^{-2}$ |
| β-Aminoäthylmethacrylat | 1,537 | 52,5 | 0,01905 | $1{,}023 \cdot 10^{-2}$ |
| *n*-Hexylmethacrylat | 1,4813 | 57,0 | 0,01755 | $8{,}444 \cdot 10^{-3}$ |
| β-Naphthylmethacrylat | 1,6298 | 24,0 | 0,04167 | $2{,}624 \cdot 10^{-2}$ |
| Isopropylmethacrylat | 1,4728 | 57,9 | 0,01726 | $8{,}166 \cdot 10^{-3}$ |
| Trifluorisopropyl-methacrylat | 1,4177 | 65,3 | 0,01530 | $6{,}397 \cdot 10^{-3}$ |

Die Brechungsindizes $n_D^{20}$, die *Abbé*schen Zahlen $\nu_D$, die mittleren und die relativen Dispersionen einiger Acrylate und Methacrylate sind in Tabelle 4.4–8 wiedergegeben [1]. Tabelle 4.4–9 enthält die Brechungsindizes $n_h$, $n_g$, $n_F$, $n_e$, $n_d$, $n_D$ und $n_c$ sowie die *Abbé*schen Zahlen $\nu_D$ und $\nu_e$ einiger handelsüblicher Acrylgläser. Die Brechungsindexmessungen[4]) wurden dabei nach der Methode der minimalen Strahlablenkung durchgeführt. Die aus den betreffenden Werkstoffen hergestellten 60°-Prismen hatten Flächen von $20 \times 20$ mm. Vor der Herstellung der Prüfkörper wurden die für diese Zwecke hergestellten Blockpolymerisate 2 Stunden bei 120 °C getempert. Die Meßwertschwankungen betrugen bei den Brechungsindizes $\pm 2 \cdot 10^{-4}$, bei den *Abbé*schen Zahlen $\pm 1 \cdot 10^{-1}$ Diese Schwankungen sind jedoch mit großer Wahrscheinlichkeit nicht auf Chargenschwankungen zurückzuführen, sondern auf die schlechte Oberflächenqualität der Meßprismen. Hier konnte beim Polieren die für Präzisionsmessungen notwendige Ebenheit der Prismenflächen nicht erreicht werden. Der Absolutfehler der verwendeten Meßapparatur für $n$ war kleiner als $\pm 1 \cdot 10^{-4}$.

Bei den in Tabelle 4.4–9 aufgeführten Plexiglas®-Formmassen bedeuten die Buchstaben *H* bzw. *N* hohes bzw. niedriges Molekulargewicht. In der Zahlenfolge 8, 7, 6, 5 wächst der Anteil an innerem bzw. äußerem Weichmacher. Bei Plexiglas® 240 handelt es sich um PMMA vom Molekulargewicht $\overline{M}_w \approx 5 \cdot 10^6$. Wie Tabelle 4.4–9 zu entnehmen ist, bewirken bei diesen Polymerisaten selbst starke Änderungen des chemischen bzw. physikalischen Aufbaus nur relativ geringe Änderungen der Brechungsindizes bzw. *Abbé*sche Zahlen.

---

[4]) Herrn Dr. *Kossel* von der Firma *Leitz* ist für die freundliche Durchführung dieser Messungen zu danken.

*Tabelle 4.4–9 Abbésche Zahlen und Brechungsindizes bei verschiedenen Wellenlängen für verschiedene Plexiglas®-Typen – Messung: 22 °C Spritzguß- bzw. Strangpreßmaterial: Plexiglas® 8 H,..., 5 N/Gegossenes Material: Plexiglas® 240 (233, 245, 201)*

| Plexiglas® | Brechungsindizes (22 °C) | | | | | | | *Abbé*sche Zahlen (22 °C) | |
|---|---|---|---|---|---|---|---|---|---|
| | $n_h$ (Hg 405 nm) | $n_g$ (Hg 436 nm) | $n_{F'}$ (Cd 480 nm) | $n_e$ (Hg 546 nm) | $n_d$ (He 588 nm) | $n_D$ (Na 589 nm) | $n_{C'}$ (Cd 644 nm) | $\nu_e$ | $\nu_D$ |
| 8 H | 1,5051 | 1,5010 | 1,4967 | 1,4923 | 1,4902 | 1,4901 | 1,4881 | 57,3 | 58,0 |
| 8 N | 1,5048 | 1,5009 | 1,4967 | 1,4922 | 1,4897 | 1,4897 | 1,4881 | 57,3 | 59,0 |
| 7 H | 1,5046 | 1,5006 | 1,4963 | 1,4919 | 1,4897 | 1,4896 | 1,4877 | 57,2 | 57,6 |
| 7 N | 1,5046 | 1,5007 | 1,4964 | 1,4920 | 1,4898 | 1,4897 | 1,4879 | 57,6 | 59,0 |
| 6 H | 1,5051 | 1,5009 | 1,4966 | 1,4921 | 1,4901 | 1,4900 | 1,4880 | 57,2 | 58,3 |
| 6 N | 1,5048 | 1,5007 | 1,4963 | 1,4919 | 1,4898 | 1,4897 | 1,4877 | 57,4 | 58,3 |
| 5 N | 1,5045 | 1,5016 | 1,4974 | 1,4929 | 1,4902 | 1,4901 | 1,4887 | 56,8 | 57,7 |
| 240 | 1,5036 | 1,4999 | 1,4958 | 1,4914 | 1,4892 | 1,4891 | 1,4873 | 57,6 | 58,9 |

Angaben über die Genauigkeit bzw. Reproduzierbarkeit der angegebenen Werte:

$|\Delta n| \leqslant 2 \cdot 10^{-4}$; $|\Delta \nu| \leqslant 1 \cdot 10^{-1}$ Meßwertschwankung

$|\Delta n| < 1 \cdot 10^{-4}$; $|\Delta \nu| \leqslant 5 \cdot 10^{-1}$ mittlerer Fehler bei mehrfacher Messung mehrerer Fabrikationen

### 4.4.3.1.7. *Die Abhängigkeit des Brechungsindex vom Gehalt an Ausgangsstoffen, Zusätzen, Verunreinigungen, sorbierten Stoffen*

Tabelle 4.4–10 zeigt am Beispiel monomerer und polymerer Methacrylate, daß der Brechungsindex dieser Stoffe vom Monomeren zum Polymeren um ca. $4 - 8 \cdot 10^{-2}$ wächst.

*Tabelle 4.4–10 a Brechungsindizes monomerer und polymerer Acrylate*

| Stoff | $n_d$ Monomeres | Temp. (°C) | Lit. | $n_d$ Polymeres | Temp. | Lit. | $n_P - n_M$ |
|---|---|---|---|---|---|---|---|
| Acrylsäuremethylester | 1,4040<br>1,4003 | 20<br>25 | [24]<br>[31] | 1,484<br>1,4793 | 20<br>20 | [26]<br>[1] | 0,08 |
| Acrylsäureäthylester | 1,4068<br>1,4032 | 20<br>25 | [24]<br>[31] | 1,47–1,48<br>1,4685 | 20<br>20 | [27]<br>[1] | 0,06 |
| Acrylsäure-n-butylester | 1,4190 | 20 | [25] | 1,466 | 20 | [26] | 0,05 |

*Tabelle 4.4–10 b Brechungsindizes monomerer und polymerer Methacrylate*

| Stoff | $n_D$ Monomeres | Temp. (°C) | Lit. | $n_D$ Polymeres | Temp. | Lit. | $n_P - n_M$ |
|---|---|---|---|---|---|---|---|
| Methacrylsäuremethyl-ester | 1,4142 | 25 | [24] | 1,492 | 20 | [2, 29] | 0,08 |
| Methacrylsäureäthyl-ester | 1,4147 | | [30] | 1,484 | 20 | [26] | 0,07 |
| Methacrylsäure-n-propylester | 1,4190 | | [30] | 1,485 | 20 | [26] | 0,07 |
| Methacrylsäure-n-butylester | 1,4239<br>1,4215 | 20<br>25 | [29]<br>[31] | 1,485<br>1,483 | 20<br>20 | [29]<br>[1] | 0,06 |
| Methacrylsäure-i-butylester | 1,4190 | 20 | | 1,477 | 20 | [29] | 0,06 |
| Methacrylsäure-n-hexylester | 1,429 | 25 | [31] | 1,4813 | 20 | [1] | 0,05 |

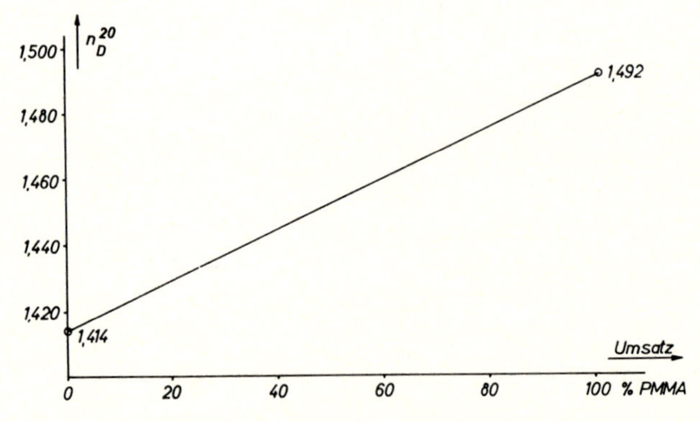


Bild 4.4–5 Abhängigkeit des Brechungsindex vom Umsatz bei der Polymerisation von PMMA

*Tabelle 4.4–10c Brechungsindizes monomerer und polymerer Acrylate bzw. Methacrylate*

| Stoff | $n_D$ Monomeres | Temp. (°C) | Lit. | $n_D$ Polymeres | Temp. (°C) | Lit. | $n_P - n_M$ |
|---|---|---|---|---|---|---|---|
| Methacrylsäurevinyl-ester | 1,4377 | – | [25] | 1,5129 | 20 | [1] | 0,0752 |
| Methacrylsäurebenzyl-ester | 1,5143 | 20 | [36] | 1,5680 | 20 | [1] | 0,0537 |
| Methacrylsäure-phenylester | 1,5156 | 20 | [25] | 1,5706 | 20 | [1] | 0,0550 |
| Methacrylsäure-allylester | 1,4358 | 20 | [25] | 1,5196 | 20 | [1] | 0,0738 |
| Methacrylsäure-furfurylester | 1,4804 | 20 | [25] | 1,5381 | 20 | [1] | 0,0577 |
| Methacrylsäurecyclo-hexylester | 1,4578 | 20 | [37] | 1,5064 | 20 | [1] | 0,0486 |
| Methacrylsäure-Methallylester | 1,4400 | 20 | [25] | 1,5110 | 20 | [1] | 0,0710 |
| Methacrylsäure-ter.-butylester | 1,4150 | 20 | [38] | 1,4638 | 20 | [1] | 0,0488 |
| Äthylenglykol-monomethacrylat | 1,4531 | 20 | [39] | 1,5119 | 20 | [1] | 0,0588 |
| Methacrylsäure-m-acrylester | 1,5137 | 20 | [25] | 1,5683 | 20 | [1] | 0,0546 |
| Äthylidendi-methacrylat | 1,4370 | 20 | [40] | 1,4831 | 20 | [1] | 0,0461 |

Er steigt dabei im allgemeinen linear mit dem Polymerisationsumsatz. Bild 4.4–5 zeigt dies für die Polymerisation des Methacrylsäuremethylesters.

Je Prozent Monomerengehalt ergibt sich bei den aufgeführten Produkten somit eine Veränderung des Brechungsindex von ca. $4 - 8 \cdot 10^{-4}$ (Wert für PMMA: ca. $8 \cdot 10^{-4}$).

In entsprechender Weise läßt sich auch die durch eine Verunreinigung bedingte Brechungsindexänderung abschätzen. In erster Näherung verläuft auch sie linear mit dem Gehalt an Fremdsubstanz.

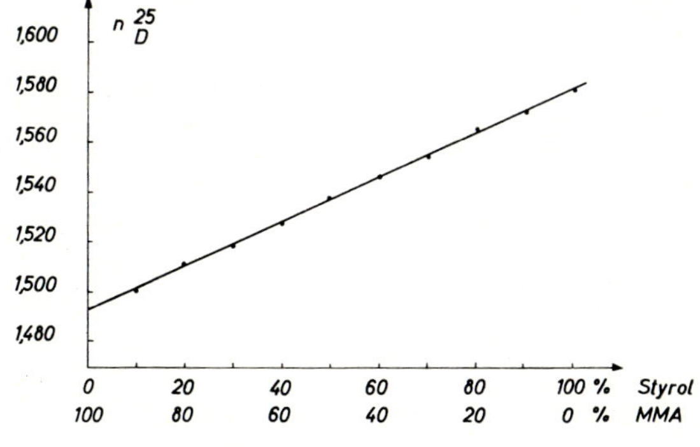


Bild 4.4–6 Abhängigkeit des Brechungsindex vom Mischungsverhältnis bei S/MMA-Mischpolymerisation

Die Genauigkeit, mit der der Brechungsindex der Kunststoffe eingehalten werden kann, liegt bei technischen Produkten bei ca. $\pm 3 \cdot 10^{-4}$ (z.B. Plexiglas® 240: $n_D^{20} = 1{,}4915 \pm 0{,}0005$). Bei speziell hergestellten Produkten (etwa für optische Zwecke) kann sie auf ca. $\pm 1 \cdot 10^{-4}$ verbessert werden. Dies erfordert jedoch einen beträchtlichen Aufwand und ist ausschließlich eine Frage der Reinheitskontrolle des verwendeten Monomeren, der Einhaltung der Zusammensetzung, des Reaktionsablaufes und der anschließenden Operationen. Dabei ist zu beachten, daß die Brechungsindizes der Acrylgläser bestenfalls mit einer Genauigkeit von $\pm 2 \cdot 10^{-4}$ bestimmbar sind.

Brechungsindizes bzw. Dispersionen, die zwischen denen bekannter Polymerisationskunststoffe liegen und die in begrenztem Maße willkürlich vorgegeben sein können, lassen sich durch Mischpolymerisation mit definierten Komponentenanteilen erzielen.

Bei der Mischpolymerisation zweier Monomerer verändert sich der Brechungsindex im allgemeinen linear mit der Zusammensetzung. Die Aufstellung einer Eichkurve ist jedoch trotzdem zweckmäßig. Bild 4.4–6 zeigt eine solche für die Reihe der Styrol/Methacrylsäuremethylestermischpolymerisate. Über sie kann einerseits ein definierter Brechungsindex eingestellt und andererseits die Zusammensetzung bestimmt werden.

## 4.4.4. Lichtdurchlässigkeit, Transmissionsgrad

### 4.4.4.1. *Allgemeines*

Als Lichtdurchlässigkeit (Transmissionsgrad nach DIN 1349, transmission, transmittance) einer Substanz bezeichnen wir den Quotienten $\Phi_n/\Phi_v$, wobei $\Phi_v$ bzw. $\Phi_n$ der Lichtstrom vor bzw. hinter der Probe ist.

Die so definierte Lichtdurchlässigkeit enthält also die an der Probenvorder- bzw. Rückseite auftretenden Reflexionsverluste.

Es gilt somit für die Durchlässigkeit

$$\tau = \frac{\Phi_n}{\Phi_v} \tag{18}$$

wenn diese als reine Zahl $<1$ angegeben bzw.

$$\tau' = \frac{\Phi_n}{\Phi_v} \cdot 100\% \tag{19}$$

wenn diese in Prozent ausgedrückt wird.

### 4.4.4.2. *Spektrale Lichtdurchlässigkeit bzw. spektraler Transmissionsgrad*

Mißt man $\tau$ als Funktion der Wellenlänge $\lambda$, so bezeichnet man $\tau(\lambda)$ als spektralen Transmissionsgrad.

Da die Lichtdurchlässigkeit der Kunststoffe im allgemeinen gegen Luft als Vergleichsstandard, also als äußere Lichtdurchlässigkeit gemessen wird (Reflexionsverluste nicht kompensiert), entspricht der durch Gleichung (19) gegebene Wert in diesem Fall dem vom Spektralfotometer angezeigten bzw. geschriebenen.

Schaltet man die Reflexionsverluste aus und bezeichnet man den in ein absorbierendes Medium eindringenden Lichtstrom mit $(\Phi_{e\lambda})_{in}$ den austretenden Lichtstrom mit $(\Phi_{e\lambda})_{ex}$, so erhält man die jetzt als Reintransmissionsgrad (transmittancy) oder Durchlässigkeitsgrad (DIN 1349) bezeichnete Größe

$$\tau_i(\lambda) = \frac{(\Phi_{e\lambda})_{ex}}{(\Phi_{e\lambda})_{in}} \tag{20}$$

bzw. $$\tau'_i(\lambda) = \tau_i(\lambda) \cdot 100\% \tag{21}$$

falls der Reintransmissionsgrad in Prozent angegeben wird. Hierbei gilt die Beziehung

$$(\Phi_{e\lambda})_{ex} = (\Phi_{e\lambda})_{in} \cdot e^{-Kd} = (\Phi_{e\lambda})_{in} \cdot 10^{-K' \cdot d} \tag{22}$$

wobei $K$ bzw. $K'$ der natürliche bzw. dekadische Extinktionsmodul (Dimension: 1/mm) und $d$ die in mm angegebene Schichtdicke des betreffenden Stoffes ist.

Bei der Messung des Reintransmissionsgrades eliminiert man die Reflexionsverluste dadurch, daß man zwei Lichtströme gleicher Energie zwei verschieden dicke Proben (Dickendifferenz $d$) des zu untersuchenden Stoffes durchsetzen läßt.

Benutzt man also das zu messende Material selbst als Vergleichsstandard, so mißt das Spektralfotometer den Reintransmissionsgrad $\tau_i$ bzw. den spektralen Reintransmissionsgrad $\tau_i(\lambda)$.

Der Transmissions- bzw. Reintransmissionsgrad eines Stoffes hängt von dessen chemischer Struktur, dem Gehalt an Fremdsubstanzen, der durch ihn hervorgerufenen Lichtbrechung und Streuung wie auch von der Wellenlänge ab. Er ist eine der wichtigsten optischen Eigenschaften.

Bei lichtstreuenden, d.h. vor allem bei in mikroskopischem Sinne inhomogenen Stoffen bedürfen die oben angegebenen Definitionen bzw. Meßverfahren allerdings gewisser Erweiterungen, auf die wir an entsprechender Stelle eingehen werden.

Der auf $(\Phi_{e\lambda})_{in}$, d.h. den in das Medium eindringenden Lichtstrom bezogene, durch Absorption bedingte Verlust an Energie

$$\alpha_i(\lambda) = \frac{(\Phi_{e\lambda})_{in} - (\Phi_{e\lambda})_{ex}}{(\Phi_{e\lambda})_{in}} = 1 - \tau_i(\lambda) \tag{23}$$

wird als Reinabsorptionsgrad $\alpha_i(\lambda)$ (DIN 1349) bezeichnet. Es gilt somit

$$\tau_i(\lambda) + \alpha_i(\lambda) = 1 \tag{24}$$

d.h. die Summe von Reintransmissionsgrad und Reinabsorptionsgrad ist stets 1.

Reinabsorptionsgrad $\alpha_i$ und Reintransmissionsgrad $\tau_i$ sind Funktionen der Wellenlänge des Meßlichtes.

Als dekadische Extinktion $E(\lambda)$[5]) bzw. natürliche Extinktion $E_n(\lambda)$[6])

$$\begin{aligned} E(\lambda) &= {}^{10}\log \frac{1}{\tau_i(\lambda)} \\ E_n(\lambda) &= \ln \frac{1}{\tau_i(\lambda)} \end{aligned} \tag{25}$$

Die Extinktionsgrößen $E(\lambda)$ bzw. $E_n(\lambda)$ entsprechen also den Logarithmen der reziproken Reintransmissionsgrade.

Ist wieder $d$ die Schichtdicke des von dem Lichtstrom durchsetzten Mediums, so gilt für die in den Gleichungen (18) und (19) enthaltenen Extinktionsmoduli $K$ bzw. $K'$

[5]) Dekadische Extinktion bzw. dekadisches Absorptionsmaß.
[6]) Natürliche Extinktion bzw. natürliches Absorptionsmaß.

$$K = \frac{E_n(\lambda)}{d}; \qquad K' = \frac{E(\lambda)}{d} \tag{26}$$

mit

$$K = 2{,}30 \cdot K' \tag{27}$$

Der Extinktionsmodul optisch klarer Stoffe (isotrope Kunststoffe, Kristalle, homogene Flüssigkeiten und Gase) ist eine Stoffkonstante. Löst man einen Farbstoff, d. h. eine absorbierende Substanz in einem nichtabsorbierenden Medium (einem Lösungsmittel etc.) mit der molaren Konzentration $c$ bzw. der Massenkonzentration $c'$, so ist

$$\begin{aligned} \varepsilon(\lambda) &= \frac{K'(\lambda)}{c} && \text{der molare dekadische,} \\ \varepsilon_n(\lambda) &= \frac{K(\lambda)}{c} && \text{der molare natürliche,} \\ \varepsilon'(\lambda) &= \frac{K'(\lambda)}{c} && \text{der dekadische und} \\ \varepsilon_n'(\lambda) &= \frac{K(\lambda)}{c'} && \text{der natürliche Extinktionskoeffizient} \end{aligned} \tag{28}$$

des gelösten Stoffes. Nach dem *Bouguer–Lambert–Beer*schen Gesetz sind die nach den Gleichungen (28) errechneten Extinktionskoeffizienten Konstanten. Dabei darf allerdings nicht übersehen werden, daß dies nur für relativ kleine Konzentrationen $c$ und $c'$ gilt. Das BLB-Gesetz ist also streng genommen ein Grenzgesetz für sehr „verdünnte Lösungen" ($c, c' \to 0$). Sein Gültigkeitsbereich muß im Einzelfall untersucht werden.

Transparent eingefärbte Kunststoffe, etwa klar eingefärbtes Polystyrol, Polymethylmethacrylat, verhalten sich im sichtbaren Spektralbereich bei nicht zu hoher Farbkonzentration wie flüssige Farbstofflösungen.

Der Zusammenhang zwischen den spektralen Stoffkennzahlen, nämlich spektraler Reflexionsgrad $\varrho(\lambda)$, spektraler Absorptionsgrad $\alpha(\lambda)$ und spektraler Transmissionsgrad $\tau(\lambda)$ und den hier eingeführten spektralen Stoffkennzahlen – spektraler Reinabsorptionsgrad $\alpha_i(\lambda)$ und spektraler Reintransmissionsgrad $\tau_i(\lambda)$ – läßt sich für den besonderen Fall der planparallelen Platte aus einem optisch klaren (isotropen und homogenen) Medium mit glatten Abschlußflächen bei monochromatischer Strahlung ohne Schwierigkeiten herleiten.

Bild 4.4–7 zeigt eine solche Platte mit der Brechzahl $n_2$ auf die aus einem Medium mit der Brechzahl $n_1$ unter dem Einfallswinkel $\zeta_1$ (gemessen gegen die Flächennormale) der

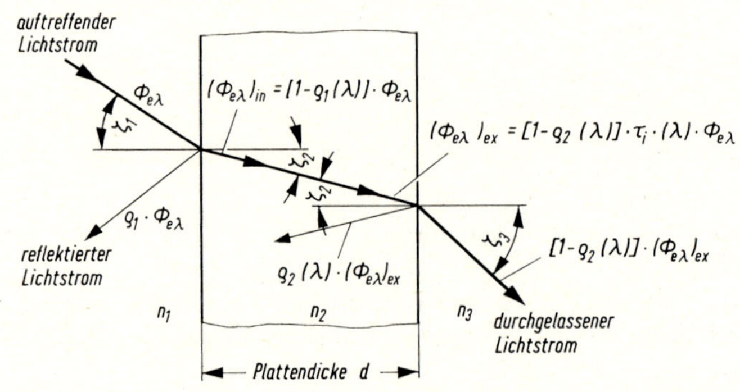


Bild 4.4–7 Durchgang und Reflexionen von Licht an der planparallelen Platte (DIN 1349 S. 3)

spektrale Strahlungsfluß $\Phi_{e\lambda}$ auftrifft; auf der Rückseite der Platte schließt sich ein Medium mit der Brechzahl $n_3$ an. Als Folge der Reflexionen an Vorder- und Rückfläche der Platte (spektraler Fresnelscher Reflexionsgrad $\varrho_1(\lambda)$ und $\varrho_2(\lambda)$ spaltet sich der auffallende Strahlungsfluß in eine Anzahl von Teilstrahlungsflüssen auf. Summiert man alle reflektierten, absorbierten und durchgelassenen Teilstrahlungsflüsse auf, so ergibt sich, wenn der Einfachheit halber die Variable $\lambda$ jeweils fortgelassen wird

$$\varrho = \varrho_1 + \frac{(1-\varrho_1)^2 \cdot \varrho_2 \cdot \tau_i^2}{1 - \varrho_1 \cdot \varrho_2 \cdot \tau_i^2} \tag{29}$$

$$\alpha = \frac{(1-\varrho_1)(1+\varrho_2 \cdot \tau_i)}{1-\varrho_1 \cdot \varrho_2 \cdot \tau_i^2}(1-\tau_1) = \frac{(1-\varrho_1)(1+\varrho_2 \cdot \tau_i)}{1-\varrho_1 \cdot \varrho_2 \cdot \tau_i^2} \cdot \alpha_i \tag{30}$$

$$\tau = \frac{(1-\varrho_1)(1-\varrho_2)}{1-\varrho_1 \cdot \varrho_2 \cdot \tau_i^2} \cdot \tau_i \tag{31}$$

Grenzt die Platte mit beiden Seiten an Luft ($n_1 = n_3 = 1$), so ist für $\zeta_1 = \zeta_3 < 45°$ mit bei den üblichen optischen Gläsern auftretenden Werten von $n_2$ unter Berücksichtigung von Abschn. 1.8 $\varrho_1(\lambda) = \varrho_2(\lambda) = \bar{\varrho} < 0{,}1$. Dann ist $\varrho_1(\lambda)\,\varrho_2(\lambda)\,\tau_i^2(\lambda) < \varrho_1(\lambda)\,\varrho_2(\lambda) = \bar{\varrho}^2 < 0{,}01$, und es darf mit einem Fehler, der unter 1% liegt $1 - \varrho_1(\lambda)\,\varrho_2(\lambda)\,\tau_i^2(\lambda) = 1 - \bar{\varrho}^2(\lambda)$ gesetzt werden.

Hiermit ergeben sich die für jeden Einfallswinkel $\zeta_1 < 45°$ geltenden Näherungsformeln

$$\varrho(\lambda) \approx (1 + P(\lambda) \cdot \tau_i^2(\lambda)) \cdot \bar{\varrho}(\lambda) \tag{32}$$

$$\alpha(\lambda) \approx \frac{1 + \bar{\varrho}(\lambda)\,\tau_i(\lambda)}{1 - \bar{\varrho}(\lambda)} \cdot P(\lambda) \cdot \alpha_1(\lambda) \tag{33}$$

$$\tau(\lambda) \approx P(\lambda) \cdot \tau_i(\lambda) \tag{34}$$

Die hier eingeführte Größe $P(\lambda)$

$$P(\lambda) = \frac{(1 - \bar{\varrho}(\lambda))^2}{1 - \bar{\varrho}(\lambda)^2} \tag{35}$$

wird Reflexionsfaktor genannt.

Die bevorstehenden Beziehungen gelten jeweils getrennt für den Anteil, der von der parallel zur Einfallsebene schwingenden und für den, der von der hierzu senkrecht schwingenden elektrischen Feldstärke herrührt. Es gilt bei schrägem Strahlungseinfall

$$(\varrho_{\xi_1})_p(\lambda) = \frac{\tan^2(\zeta_1 - \zeta_2)}{\tan^2(\zeta_1 + \zeta_2)} \tag{36}$$

bzw. $$(\varrho_{\xi_1})_s(\lambda) = \frac{\sin^2(\zeta_1 - \zeta_2)}{\sin^2(\zeta_1 + \zeta_2)} \tag{37}$$

Bei senkrechtem Strahlungseinfall aus Luft ist

$$P(\lambda) = \frac{2n_2}{n_2^2 + 1} \tag{38}$$

Sind bei einem optisch klaren (schwach absorbierenden) Stoff die Grenzflächen völlig glatt und ohne störende Oberflächenschichten, so lassen sich die *Fresnel*schen Reflexionsgrade $\bar{\varrho}_p(\lambda)$ und $\bar{\varrho}_s(\lambda)$ für die beiden Strahlungsflußanteile, die von den parallel und senkrecht zur Einfallsebene schwingenden elektrischen Feldstärken herrühren, berechnen

$$\bar{\varrho}_{\mathrm{p}}(\lambda) = \frac{\tan^2(\zeta_1 - \zeta_2)}{\tan^2(\zeta_1 + \zeta_2)} \tag{39}$$

$$\bar{\varrho}_{\mathrm{s}}(\lambda) = \frac{\sin^2(\zeta_1 - \zeta_2)}{\sin^2(\zeta_1 + \zeta_2)} \tag{40}$$

Dabei ist $\zeta_1$ der Winkel des aus dem Medium 1 einfallenden und $\zeta_2$ der Winkel des im Medium 2 gebrochenen Strahls, jeweils gegen die Flächennormale gemessen (siehe Bild 4.4–7).

Bei senkrecht auffallendem Strahlungsfluß ist unabhängig vom Polarisationszustand beim Übergang von einem Stoff mit der Brechzahl $n_1$ in einen mit der Brechzahl $n_2$

$$\bar{\varrho}(\lambda)_0 = \left(\frac{n_2 - n_1}{n_2 + n_1}\right)^2 \tag{41}$$

Bei $n = n_2$ und $n_1 = 1{,}0$ gilt unabhängig von der Wellenlänge

$$\bar{\varrho}(\lambda)_0 = \left(\frac{n - 1}{n + 1}\right)^2 \tag{42}$$

Bei Polymethylmethacrylat, Brechungsindex $n_{\mathrm{D}}^{20} = 1{,}4915$ ergibt sich also für senkrechten Lichteinfall $\bar{\varrho}(\lambda)_0 = 0{,}039$ (d.h. annähernd 4%). Der beobachtete Reflexionsverlust ist nach Gleichung (39) und (40) vom Einfallswinkel $\zeta_1$ und vom Brechungsindex $n_2$ des reflektierenden Materials abhängig. Theorie und Experiment zeigen gute Übereinstimmung. Berechnet man mit dem Brechungsindex von PMMA ($n = 1{,}492$) den je Grenzfläche stattfindenden prozentualen Reflexionsverlust, so findet man, daß dieser bis zu einem Einfallswinkel von 50° nur von 4 auf 11%, also wenig zunimmt und dann bis 90° rasch auf 100% ansteigt. Wie Bild 4.4–8 für PMMA zeigt, stimmen die theoretisch berechneten Werte relativ gut mit dem experimentellen Befund [38] überein.

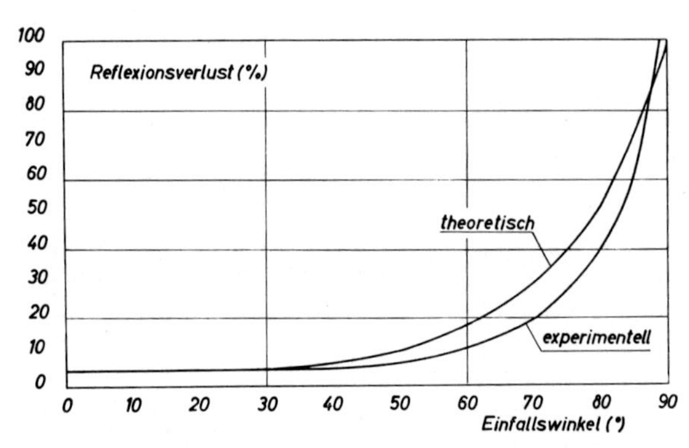


Bild 4.4–8 Experimentell und theoretisch ermittelte Reflexionsverluste an der Grenzfläche PMMA/Luft
PMMA = Plexiglas® 233. Das auf die Probe einfallende Licht ist unpolarisiert

Bild 4.4–9 zeigt als Beispiel die Wellenlängenabhängigkeit der Größen $D$ und $\vartheta$ (in %) für 3 mm dickes AMMA (Plexidur® T) als Funktion der Wellenlänge im sichtbaren und ultravioletten Spektralbereich.

Der Reintransmissionsgrad dieses Materials beträgt im sichtbaren Spektralbereich 100% und nimmt beim Übergang zum ultravioletten Spektralbereich auf 0% ab. Der Transmissionsgrad verändert sich entsprechend von 92% auf 0. Mit abnehmender Wellenlänge wachsen Absorptions- und Reflexionsgrad monoton.

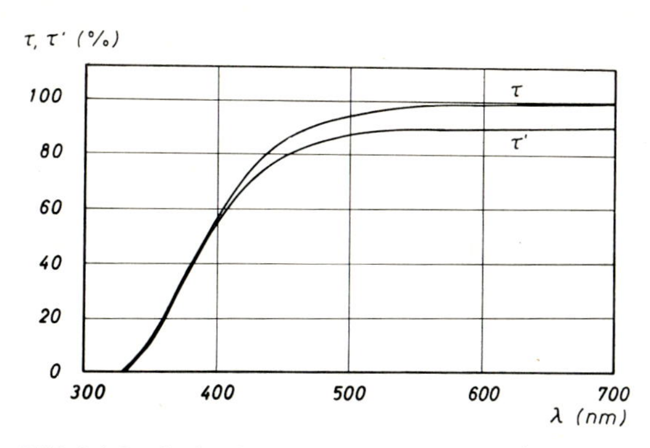


Bild 4.4–9 Spektraler Transmissionsgrad $\tau(\lambda)$ und spektraler Reintransmissionsgrad $\tau'(\lambda)$ von AMMA (Plexidur® T) als Funktion der Wellenlänge $\lambda$

Der Transmissions- und Reintransmissionsgrad eines Stoffes hängt von dessen chemischem Aufbau, dem Gehalt an Fremdsubstanzen, Verunreinigungen und der Wellenlänge ab.

Bei lichtstreuenden Stoffen bedürfen die hier wiedergegebenen Definitionen gewisser Erweiterungen auf die an entsprechender Stelle eingegangen wird.

### 4.4.4.3. *Meßmethoden*

Zur Ermittlung der Größen Transmissionsgrad, Reintransmissionsgrad, Extinktion, Extinktionsmodul etc. in gegebenen Spektralbereichen (UV-IR), d.h. zur Gewinnung der Lichtabsorptionsspektren von Kunststoffen verwendet man heute lichtelektrische Meßmethoden. Die lichtelektrische Spektrometrie ist im Laufe der letzten Jahrzehnte mehr und mehr zu einer genau und schnell arbeitenden Arbeitsmethodik geworden. Letzteres gilt insbesondere für die sog. „registrierenden Spektralphotometer", mit deren Hilfe sich ein über den ultravioletten bis infraroten Spektralbereich erstreckendes Spektrum in wenigen Minuten gewinnen läßt. Legt man Wert auf hohe Meßgenauigkeit, so bedient man sich zweckmäßig nichtregistrierender Einstrahlfotometer. Ein wesentlicher Vorteil der lichtelektrischen Methode liegt darin, daß auch relativ schwach absorbierende Stoffe mit hoher Genauigkeit gemessen werden können.

Nachfolgend sind drei Spektralfotometertypen erwähnt, die sich in der Laboratoriumspraxis besonders bewährt haben und daher auch am verbreitetsten sind. Es handelt sich dabei um

a) Nichtregistrierende Einstrahlfotometer

   (Punkt-Punkt-Ablesung) für Messungen im ultravioletten, sichtbaren und nahinfraroten Spektralbereich, wie z.B. das Spektralfotometer PMQ II der Firma *C. Zeiss*, Oberkochen, bzw. das Fotometer DU der *Beckman Instruments GmbH*, München.

b) Registrierende Zweistrahlfotometer

   für Messungen im ultravioletten, sichtbaren und nahinfraroten Spektralbereich, wie die Spektrometer DK 2 der *Beckman Instruments GmbH*, München, bzw. RPQ 20A der Firma *Zeiss*.

c) Registrierende Zweistrahlfotometer

   für Messungen im infraroten Spektralbereich wie etwa die Geräte IR 4 der *Beckman Instruments GmbH*, UR 10 Firma *Zeiss*, Jena, Modell 21 bzw. 221 der *Perkin-Elmer Corporation* und SP 130 der *Unicam Instruments*.

Bezüglich der Wirkungsweise und Bedienung solcher Spektralphotometer, deren Vor- und Nachteile, sei auf die Originalliteratur [39–45] bzw. die Druckschriften, z. B. [46], der Herstellerfirmen verwiesen.

### 4.4.4.4. *Lichtdurchlässigkeitsmessung als Hilfsmittel der Kunststoffprüfung*

Die Messung der Lichtdurchlässigkeit ist in den letzten Jahren mehr und mehr zu einem wertvollen Hilfsmittel der Kunststoffprüfung geworden. Sie dient sowohl der Forschung als auch der Fabrikation bzw. Fabrikationskontrolle. Dafür sollen im folgenden einige Beispiele gegeben werden.

1. Messung der Durchlässigkeit für ultraviolettes Licht
   a) Bestimmung des Reinheitsgrades von Hochpolymeren (z. B. Polyacrylate oder Polymethacrylate) [47].
   b) Kontrolle der Endpolymerisation bzw. des Restmonomerengehaltes [47] bei Polymerisationskunststoffen;
   c) Untersuchung der Zusammensetzung von Mischpolymerisaten; Beispiel: Styrol/Methylmethacrylat-Copolymerisate [48];
   d) Bestimmung der Wirkung von Ultraviolett-Absorbern in Kunststoffen [47, 49, 50]; Prüfung von Augenschutzgläsern;
   e) Untersuchung der Endgruppenstruktur in Hochpolymeren (z. B. Polymethylmethacrylat [51]);
   f) Quantitative Verfolgung der durch Ultraviolettstrahlung bedingten Vergilbung von Kunststoffen [47];
   g) Untersuchung von mit fluoreszierenden Farbstoffen gefärbten Kunststoffen;
   h) Quantitative Messung des Transmissions- und Reintransmissionsgrades von Kunststoffen für UV-Licht;
   i) Analytische Untersuchung der bei der Herstellung von Polymerisations- und Kondensationskunststoffen entstehenden Nebenprodukte; Ermittlung des Restgehaltes an Katalysatoren, Reglern und anderen Hilfsstoffen.

2. Messung der Durchlässigkeit für sichtbares Licht
   a) Bestimmung der spektralen bzw. der mittleren Durchlässigkeit gefärbter und farbloser Kunststoffe (Transmissions- und Remissionsgrad bzw. Extinktionsmodul als Funktion der Wellenlänge);
   b) Bestimmung der Normfarbwertanteile $x$, $y$, $z$ bzw. der Gesamtdurchlässigkeit nach DIN 5033 zur Farbcharakterisierung an gefärbten Kunststoffen (z. B. Acrylgläser, die im Flug-, Schiffs-, Bahn- und Straßenverkehr als Signalgläser dienen);
   c) Entwicklung gefärbter Kunststoffe, für welche die spektrale Durchlässigkeit oder die Normfarbwertanteile und Gesamtdurchlässigkeiten für definierte Beleuchtungsarten vorgegeben sind; Farbabmusterung;
   d) Fabrikationskontrolle an gefärbten Kunststoffen; Prüfung auf Farbrichtigkeit;
   e) Quantitative Verfolgung der durch Licht- oder Witterungseinflüsse an gefärbten und ungefärbten Kunststoffen vonstatten gehenden Alterungserscheinungen bzw. Farbänderungen. Prüfung der Licht- und Wetterechtheit gefärbter Kunststoffe;

f) Bestimmung lichttechnischer Kennwerte (Grad der gestreuten und gerichteten Transmission als Funktion der Wellenlänge; mittlere spektrale Durchlässigkeit, Gesamtdurchlässigkeit);

g) Untersuchung der bei Verarbeitungsprozessen (z.B. der Herstellung von Beleuchtungskörpern etc.) vonstatten gehenden Änderungen der spektralen Durchlässigkeit, der Farbkennzahlen, der lichttechnischen Eigenschaften;

3. Messung der Durchlässigkeit für nahinfrarotes Licht

a) Bestimmung der spektralen und mittleren Absorption von nahinfrarotem Licht bzw. Wärmestrahlung in Kunststoffen. Untersuchung von Augenschutz-, Ofenschaugläsern etc.;

b) Quantitative Ermittlung des Wassergehaltes in Polymerisations- bzw. Kondensations-Kunststoffen unter Ausnützung der bei 1,4; 1,9 und 2,7 $\mu$ gelegenen Lichtabsorptionsbanden des Wassers (z.B. Polymethylmethacrylat) [47, 52];

c) Quantitative Bestimmung des Monomerengehaltes von Polymerisationskunststoffen (Beispiel: Polymethylmethacrylat [53]);

d) Analytische Untersuchung der Zusammensetzung von Kunststoffen, Bestimmung des prozentualen Anteils einzelner Komponenten in Mischpolymerisaten, z.B. solchen aus Styrol/Methylmethacrylat [47], Butadien/Methylmethacrylat [54];

e) Strukturuntersuchung an Kunststoffen [55–62];

f) Bestimmung des Polymerisationsgrades bzw. Molekulargewichtes, z.B. bei Polyoxymethylenen [63];

g) Bestimmung der Hydroxylzahl von Polyestern und Polyäthylenen [61, 62, 64];

h) Bestimmung von Epoxy- und Hydroperoxy-Gruppen in Kunststoffen [56].

4. Messung der Durchlässigkeit für infrarotes Licht

a) Analytische Untersuchung der Zusammensetzung bzw. des Aufbaues von Kunststoffen. Ermittlung des Anteiles bestimmter Komponenten, des Gehaltes an Verunreinigungen, Nebenprodukten, Katalysatorrückständen etc.;

b) Strukturuntersuchung an Kunststoffen. Erforschung des stereospezifischen Aufbaus von Polymerisationskunststoffen (Beispiel: Polymethylmethacrylat [66–70], Polystyrol [65]);

c) Untersuchung der spektralen und mittleren Absorption von infrarotem Licht bzw. Wärmestrahlen in Kunststoffen.

Da die IR-spektroskopischen Untersuchungsmethoden Gegenstand vieler umfassender Publikationen [39–46, 71–75] waren, sei an dieser Stelle auf die Erwähnung weiterer spezieller Beispiele verzichtet.

### 4.4.4.5. *Infraroter Spektralbereich*

Als infraroten Spektralbereich (IR) verstehen wir hier den zwischen ca. 2,5 und 25 $\mu$ liegenden Bereich der Grundschwingungsspektren. Von diesem Bereich befassen wir uns im Rahmen dieser Ausführungen aus experimentiertechnischen Gründen nur mit dem Gebiet von 2,5 bis 15 $\mu$.

Die in diesem auftretende Lichtabsorption kommt dadurch zustande, daß die einfallende Strahlung mit der Substanz in Wechselwirkung tritt und Veränderungen der innermolekularen Schwingungszustände hervorruft. Die Änderungen der entlang der Bindungen bzw. quer zu den Bindungen der beteiligten Atome auftretenden Valenz- bzw. Deformationsschwingungen sind dabei stets mit Änderungen der elektrischen Dipolmomente der beeinflußten Gebilde verbunden.

Die in einer Substanz auftretende Strahlungsabsorption führt wegen der Zunahme der Schwingungsenergie zur Erwärmung derselben.

Die charakteristischen Gruppen der organischen Stoffe und damit auch die der Kunststoffe zeigen bei definierten Wellenlängen Absorptionsbanden, d.h. maximale Absorptionswerte. So absorbiert z.B. die $> C = O$ Gruppe der Polymethacrylate bei ca. 5,71–5,81 $\mu$, die —C—O—C Schwingung derselben bei ca. 8,4–8,7 $\mu$, die $\alpha$-ständige Methylgruppe
||
der Methacrylate bei ca. 7,2–7,3 $\mu$ etc.

Auf diese Weise erhält man bei diesen Stoffen im Spektralbereich zwischen 2,5 und 15 $\mu$ ein relativ bandenreiches Absorptionsspektrum. Entsprechendes findet man bei allen Kunststoffen (Bilder 4.4–10 bis 4.4–13). Ihre Erwärmung vor der Formgebung nimmt man daher zum Teil mit Infrarotstrahlern vor, deren Energiemaxima in diesem Wellenlängenbereich liegen.

Da die für Heizzwecke gebauten technischen Infrarotstrahler keine monochromatische Strahlung abgeben, sondern eine kontinuierliche Energieverteilung aufweisen und bei den Kunststoffen, wie bei den meisten organischen Stoffen, ein breiter Absorptionsbereich vorliegt, reicht es vielfach aus, wenn man deren Absorptionsverlauf qualitativ und größenordnungsmäßig erfaßt.

Die Kenntnis des Infrarotabsorptionsspektrums eines bestimmten Stoffes ermöglicht aber darüber hinaus Aussagen über dessen chemische Struktur bzw. Zusammensetzung. Dies sei an einigen Beispielen erläutert.

Die Bilder 4.4–10 und 4.4–11 zeigen die IR-Spektren von Polymethylmethacrylat (Plexiglas® 240) und Polyäthylmethacrylat [64].

Bei beiden Substanzen ist die bei 5,8 $\mu$ gelegene Absorptionsbande auf die $> C = C$-Schwingung, die bei 8,0 und 8,6 $\mu$ gelegene Doppelbande auf die —C—O—C-Schwingung der Estergruppen zurückzuführen. Beim Polyäthylmethacrylat ist ferner die bei 9,7 $\mu$ gelegene, für Äthylestergruppierungen charakteristische Absorptionsbande erwähnenswert.

Bild 4.4–12 zeigt das IR-Spektrum von AMMA, (Plexidur® T) [76]. Die bei ca. 4,5 $\mu$ gelegene Absorptionsbande dieses Materials ist auf die —C=N-Schwingung des Acrylnitrils zurückzuführen.

Außerdem treten wieder die zuvor erwähnten, vom Methacrylatsäuremethylester herrührenden Estergruppenschwingungen auf.

Die Spektren der Bilder 4.4–10 bis 4.4–12 enthalten noch eine Reihe bisher nicht diskutierter Absorptionsbanden. Diese sind im wesentlichen durch Wasserstoff-Valenzschwingungen bzw. entsprechende Kombinationsschwingungen bedingt.

Bild 4.4–13 (a–d) zeigt die IR-Spektren einiger handelsüblicher Kunststoffe. Auf die Diskussion dieser Spektren an dieser Stelle sei verzichtet. Es sei jedoch darauf hingewiesen, daß die IR-Spektroskopie in der Kunststoffindustrie in den letzten Jahrzehnten zu einem unentbehrlichen Hilfsmittel von Produktion, Kontrolle und Forschung wurde. Die Hauptanwendungsmöglichkeiten der Infrarotspektralfotometer liegen dabei in der qualitativen und quantitativen Analyse der vorwiegend organischen Grund-, Zwischen- und Endprodukte, in der Strukturaufklärung neuer oder unbekannter Verbindungen und

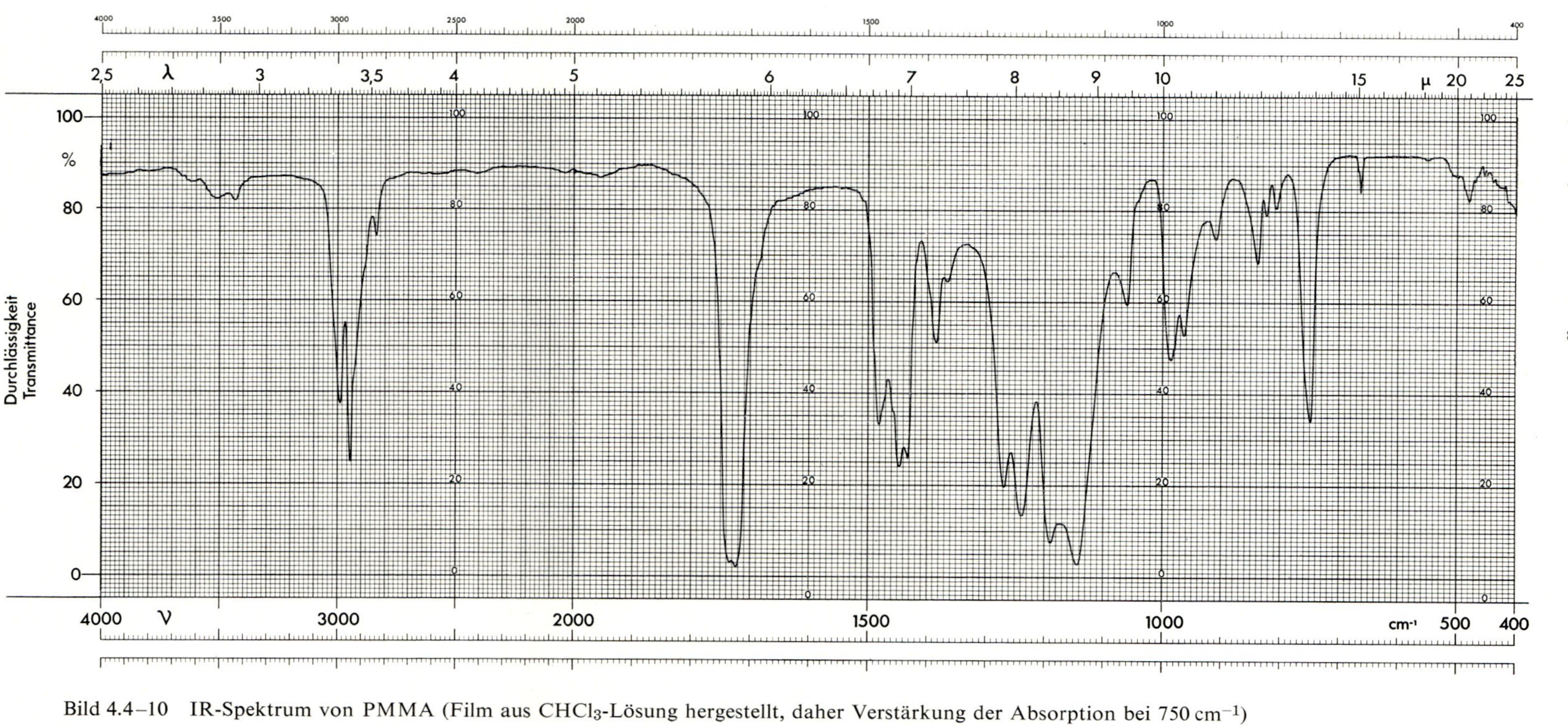


Bild 4.4–10 IR-Spektrum von PMMA (Film aus $CHCl_3$-Lösung hergestellt, daher Verstärkung der Absorption bei 750 $cm^{-1}$)

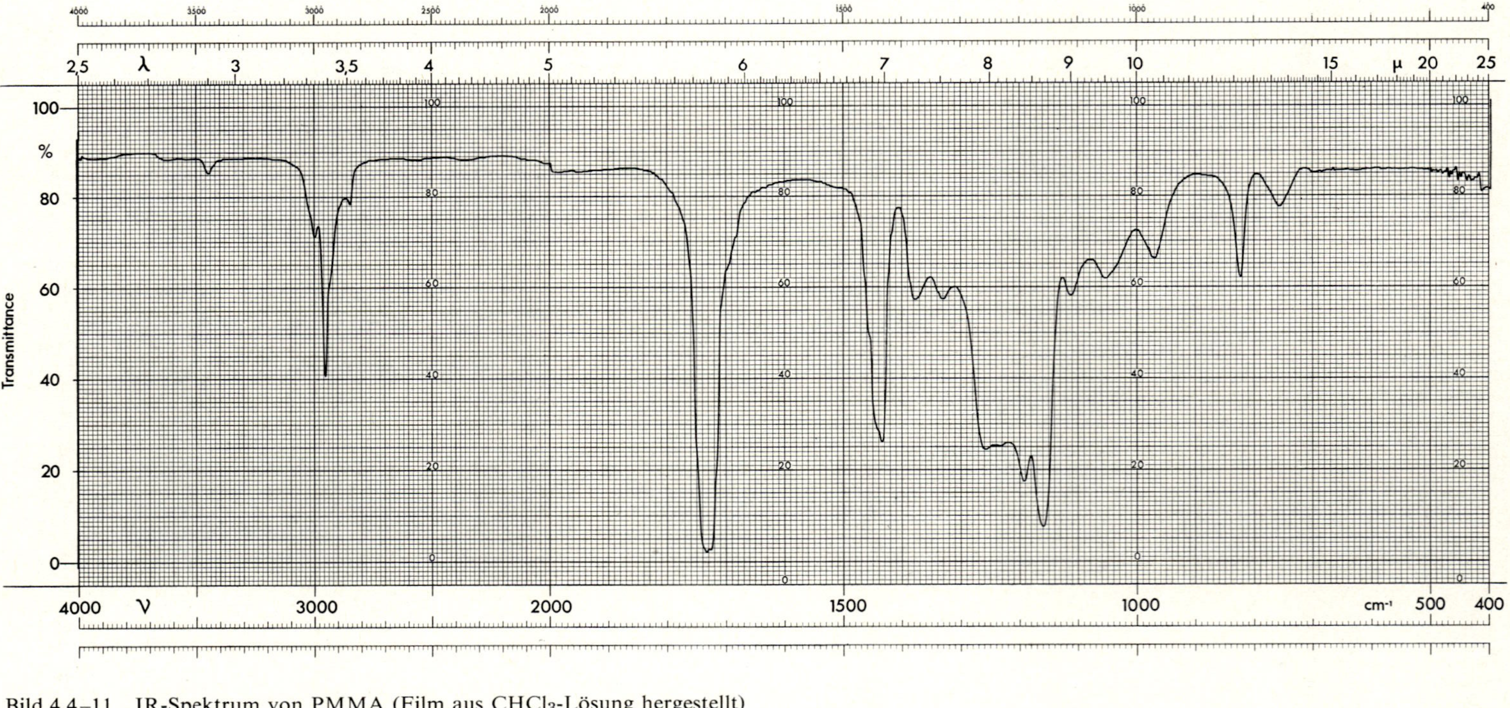


Bild 4.4–11 IR-Spektrum von PMMA (Film aus $CHCl_3$-Lösung hergestellt)

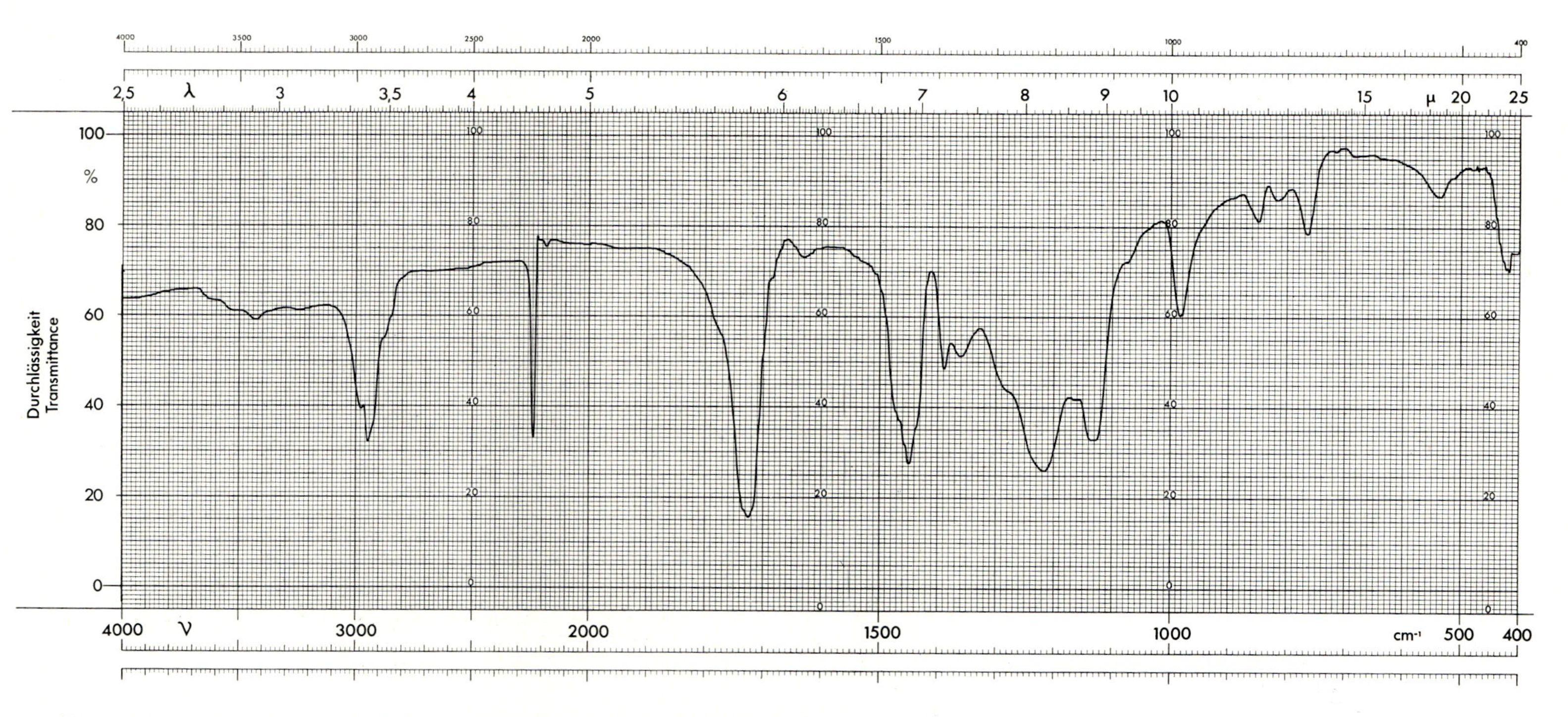


Bild 4.4–12 IR-Spektrum von AMMA (Plexidur® T, Aufnahme mit KBr-Preßling)

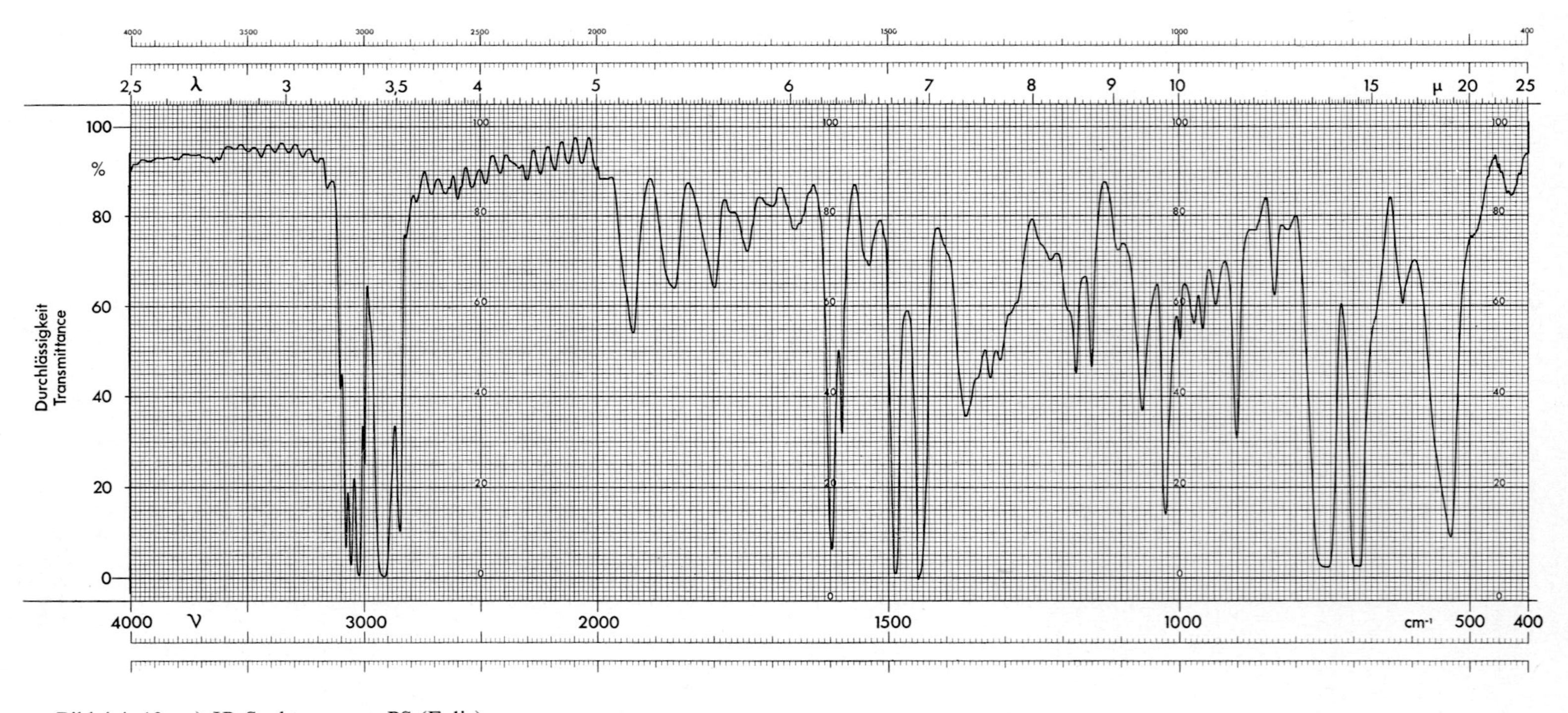


Bild 4.4–13 a) IR-Spektrum von PS (Folie)

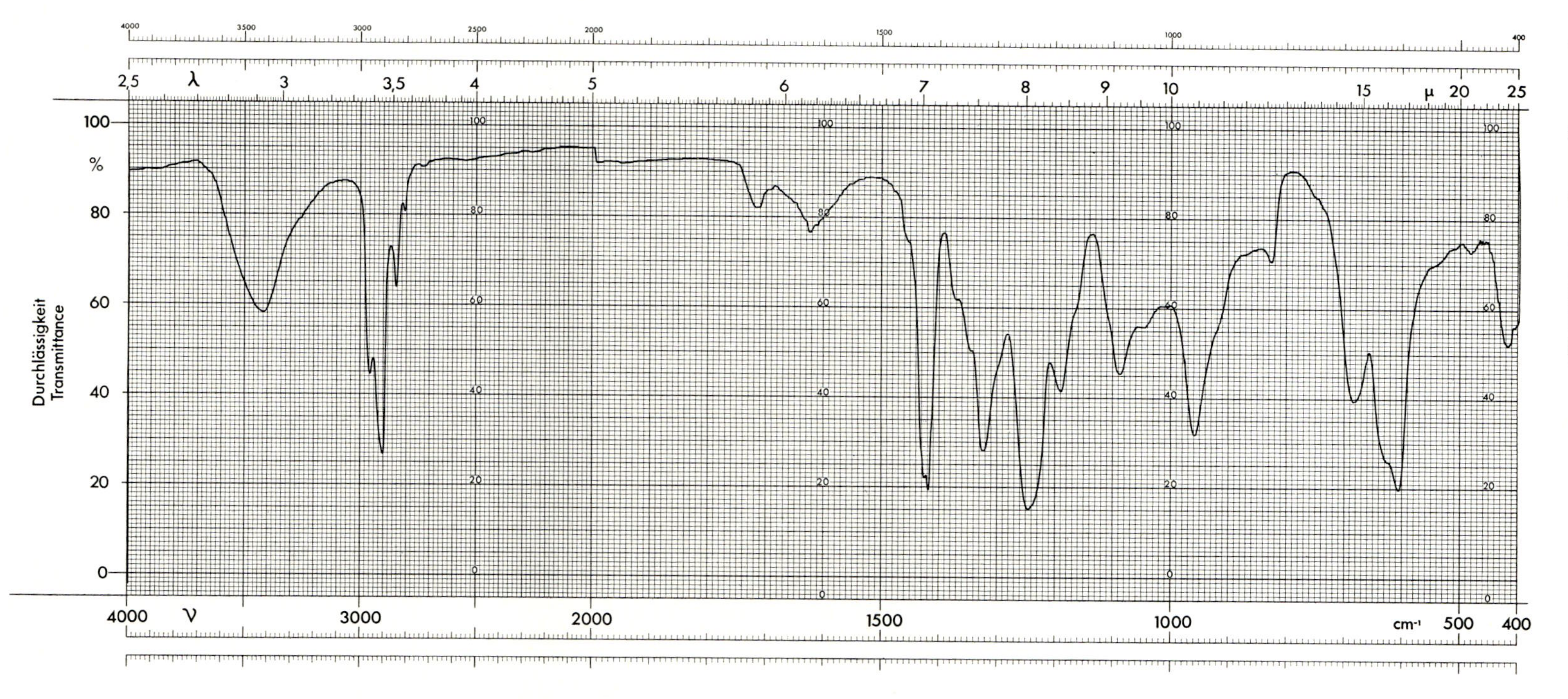


Bild 4.4–13 b) IR-Spektrum von PVC (KBr-Preßling)

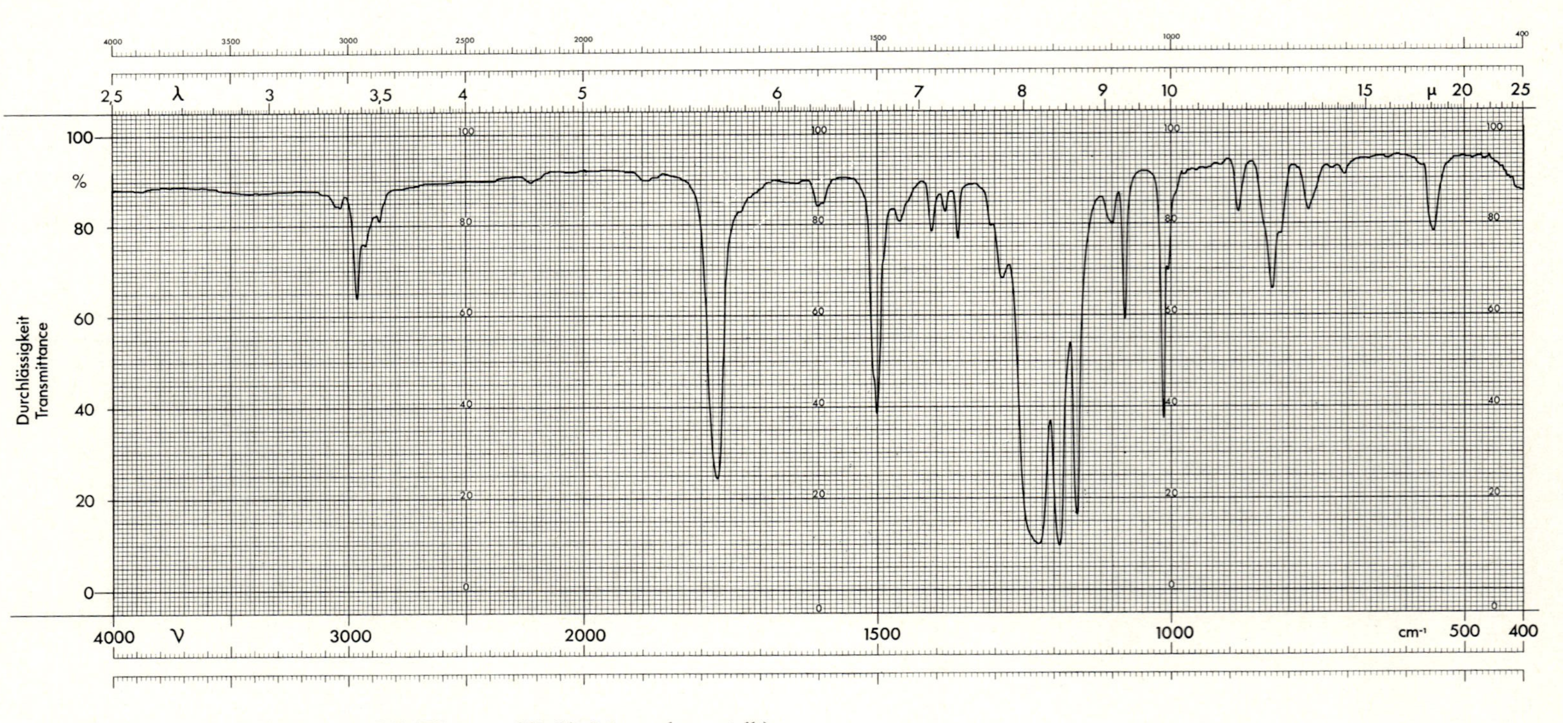


Bild 4.4–13 c) IR-Spektrum von PC (Film aus CH $Cl_3$-Lösung hergestellt)

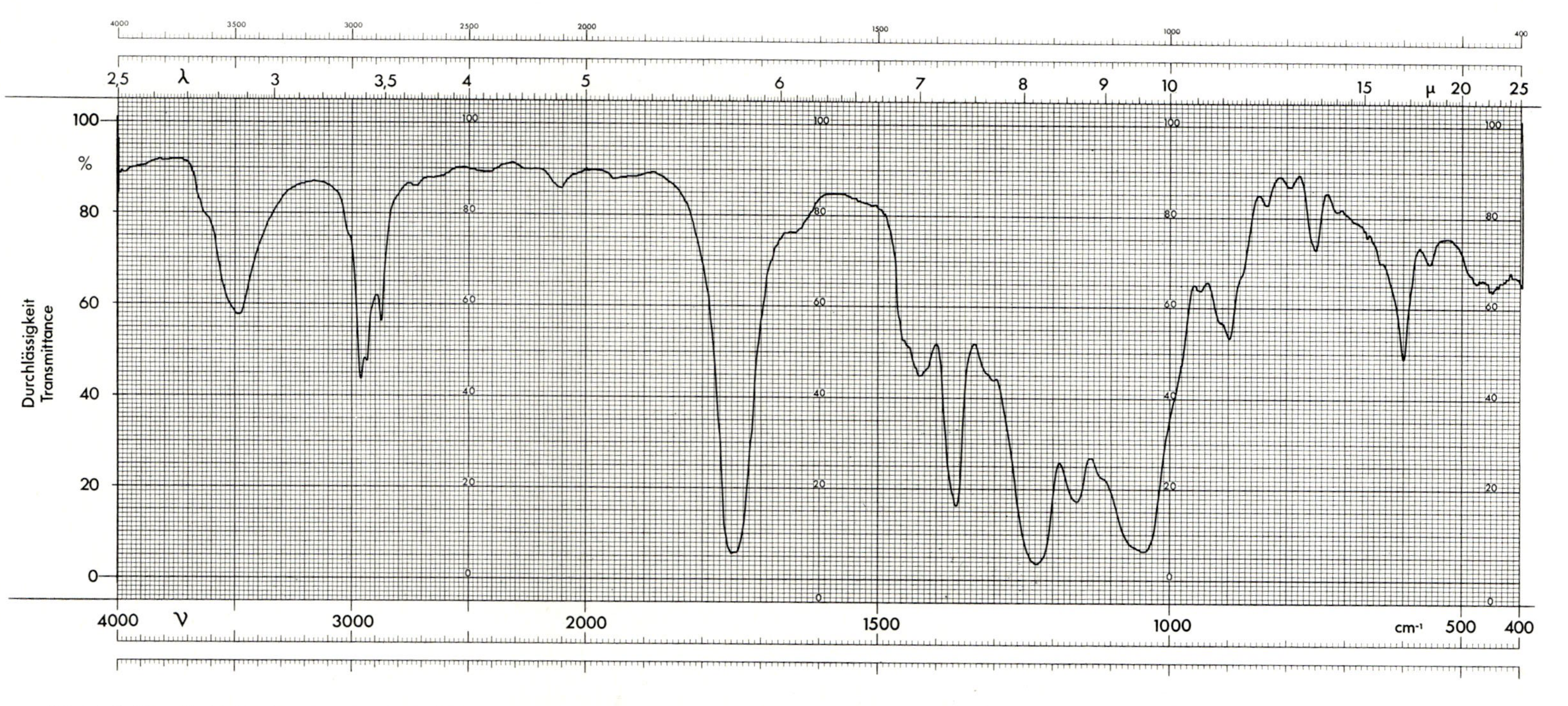


Bild 4.4–13 d) IR-Spektrum von CAB (Film aus CH $Cl_3$-Lösung hergestellt, daher Verstärkung der Absorption bei 750 $cm^{-1}$)

in der Untersuchung prinzipieller Fragen der Molekülstruktur wie Bindungskräfte, Ladungsverteilung, Gestalt etc. Bezüglich einer ausführlichen Darstellung dieser Möglichkeiten muß auf die Literatur verwiesen werden [39, 43, 45, 46, 72, 73, 74, 75].

Der infrarote Spektralbereich schließt sich an der langwelligen Seite an das sichtbare Spektrum an und erstreckt sich bis zum Gebiet der Mittelwellen. In ihm liegen die Rotations- und Schwingungsspektren der Moleküle.

Das infrarote Spektralgebiet umfaßt das „nahe Infrarot" (4.4.4.6.), d.h. den Bereich, der von ca. 0,7 $\mu$ bis ca. 3 $\mu$ reicht. Es schließt sich das „mittlere Infrarot", d.h. der Bereich, in dem noch innere Fotoeffekte beobachtet werden, an. Den langwelligen Teil, der ausschließlich mit Wärmemeßgeräten erfaßt werden kann, nennt man das „ferne Infrarot".

Bei der Unterteilung nach molekülspektroskopischen Gesichtspunkten bezeichnet man als „nahes Infrarot" das Spektralgebiet, in dem Moleküloberschwingungen auftreten, als „mittleres Infrarot" das Gebiet der Grundschwingungen und als „fernes Infrarot" das Gebiet der Molekülrotationen.

### 4.4.4.6. *Nahinfraroter Spektralbereich*

Fast alle in diesem Bereich bisher beobachteten Absorptionsbanden der Kunststoffe sind im wesentlichen auf Wasserstoff-Schwingungen vom Typ R-H (R = Restkörper) zurückzuführen. Es handelt sich dabei einerseits um Oberschwingungen, andererseits um Kombinationsschwingungen.

Wie bei den Grundschwingungen lassen sich auch die im Nahinfrarot liegenden Absorptionsbanden bzw. Oberschwingungen der Kunststoffe gewissen funktionellen Gruppen zuordnen [77–82]. Die C=O-Gruppe der polymeren Acrylate und Methacrylate z.B. absorbiert bei ca. 2,1–2,3 $\mu$; die H-Schwingungen der $CH_3$- bzw. $CH_2$- und CH-Gruppen bei ca. 1,15; 1,35; 1,6–1,8 $\mu$ etc.

Bei den Kunststoffen erhält man daher zwischen 1 und 3 $\mu$ ein verhältnismäßig bandenreiches Absorptionsspektrum. Auch die in diesem Bereich stattfindende Lichtabsorption der Kunststoffe hat eine, wenngleich auch geringer als im IR-Bereich ausgeprägte Temperaturerhöhung bzw. Erwärmung der bestrahlten Substanz zur Folge.

Die relativ geringe NIR-Absorption der Kunststoffe erleichtert deren absorptions-spektrometrische Untersuchung zwischen 0,7 und 3,0 $\mu$. Im Gegensatz zu Untersuchungen im IR kann man hier Proben (etwa planparallele Plättchen) von ca. 0,5–5 mm Dicke bequem untersuchen. Da Prüfkörper von definierter Schichtdicke verwendet werden können, lassen sich die NIR-Spektren der Kunststoffe quantitativ auswerten.

Die Bilder 4.4–14 bis 4.4–17 zeigen die NIR-Spektren von Polymethylmethacrylat (PMMA), einem Mischpolymerisat aus Acrylnitril u. Methylmethacrylat (AMMA), von Polystyrol (PS), Celluloseacetobutyrat (CAB), Polyvinylchlorid (PVC) und Polycarbonat (PC).

Bei der Diskussion der NIR-Spektren ist zu beachten, daß das in den untersuchten Proben vorhandene Sorptionswasser deren spektralen Absorptionslauf stark beeinflußt.

Wasser absorbiert bekanntlich [77–79] bei 1,4; 1,9 und 2,7 $\mu$, so daß die Spektren $H_2O$-feuchter Proben bei diesen Wellenlängen zusätzliche Absorptionsbanden aufweisen können.

Die bei 1,9 $\mu$ beobachtete Absorptionsbande kann z.B. zur Bestimmung des $H_2O$-Gehaltes feuchter Acrylate und Methacrylate verwendet werden. Voraussetzung dafür ist allerdings das Vorhandensein einwandfreier Prüfkörper sowie einer entsprechenden Auswertebeziehung.

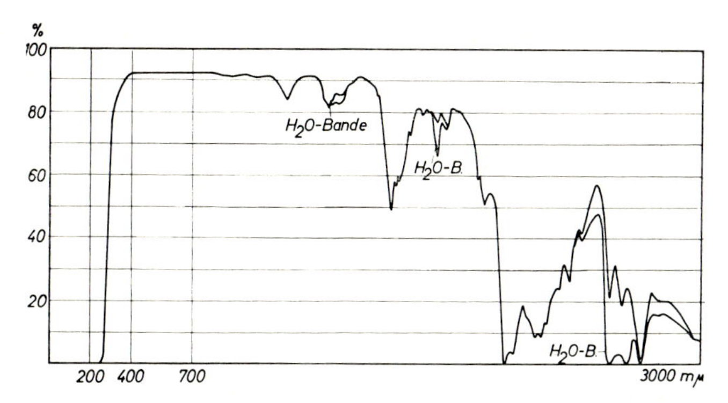


Bild 4.4–14 Lichtdurchlässigkeit von PMMA (Dicke 1 mm) in UV, SB und NIR ($H_2O$-Absorptionsbanden gekennzeichnet)

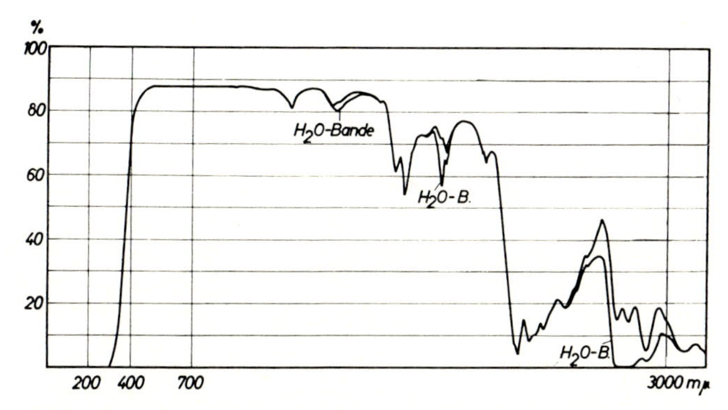


Bild 4.4–15 Lichtdurchlässigkeit von AMMA (Dicke 1 mm) in UV, SB und NIR ($H_2O$-Absorptionsbanden gekennzeichnet)

Die Durchlässigkeit der Acrylgläser für nahinfrarotes Licht sinkt mit steigender Probendicke.

In den Kunststoffen vorhandene Fremdsubstanzen lassen sich nur dann NIR-spektroskopisch bestimmen, wenn sie starke, spezifische Absorptionsbanden bedingen und in ausreichender Menge vorliegen. So z.B. im bereits erwähnten Falle des Nachweises von Wasser (1,9 μ), dem Gehalt an Acrylnitril (1,7 μ) oder Restmonomeren (1,6 μ) in Polymerisaten oder Copolymerisaten der Acrylsäure und Methacrylsäureester. Die Ausnutzung der NIR-Spektroskopie für analytische Zwecke befindet sich jedoch noch stark in der Entwicklung.

### 4.4.4.7. *Sichtbarer Spektralbereich*

Es gibt heute viele Kunststoffe, die im sichtbaren Spektralbereich eine hohe Lichtdurchlässigkeit besitzen und daher wie die Silikatgläser für viele Anwendungen in der Lichttechnik und Optik geeignet sind. So z.B. Celluloseacetat, Celluloseacetobutyrat, Polykarbonat, Polymethylmethacrylat, Polystyrol, Polyvinylchlorid und andere.

Die Bilder 4.4–18 und 4.4–19 zeigen die spektralen Transmissionsgrade solcher Kunststoffe. Die spektrale Durchlässigkeit wurde dabei gegen Luft als Vergleich gemessen. Sie hängt von der Art des betreffenden Kunststoffes, seiner Dicke, dessen Gehalt an Ver-

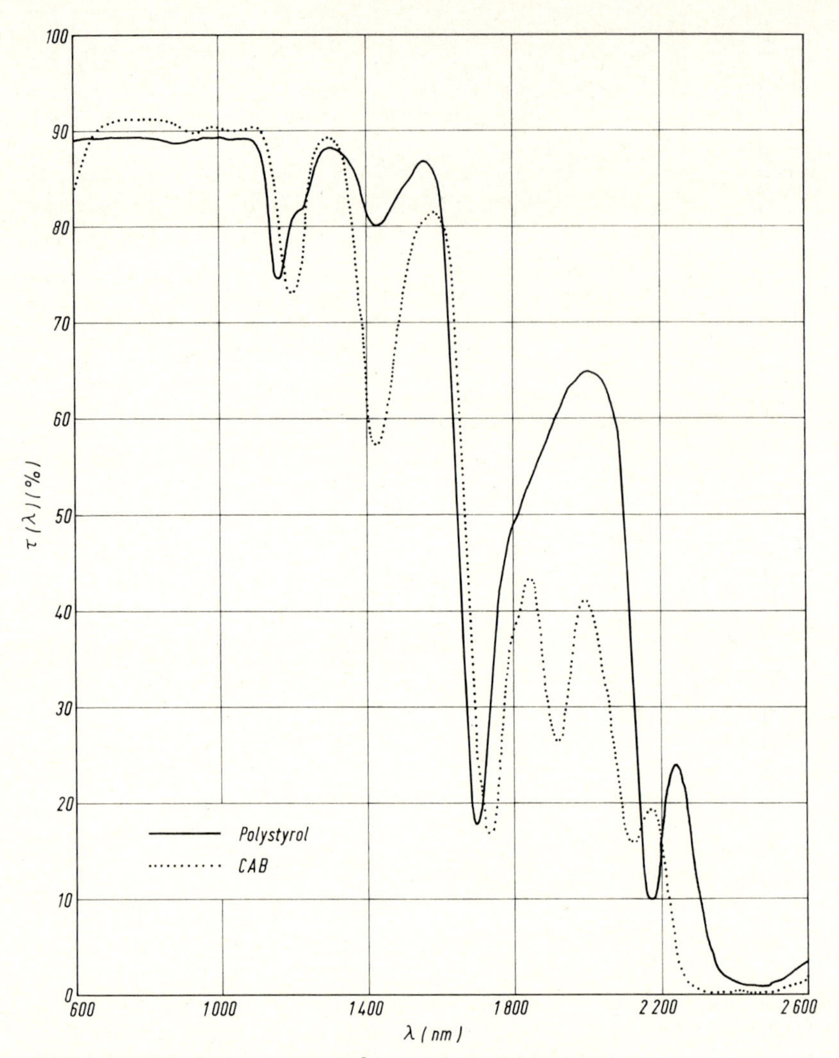


Bild 4.4–16 NIR-Spektrum von PS[6a]) und CAB (Dicke 3 mm)

unreinigungen, optischen Aufhellern, Farbstoffzusätzen und von den durch den Brechungsindex bedingten Reflexionsverlusten ab. Einige der handelsüblichen Produkte werden zur Überdeckung ihrer schwach gelblichen Eigenfarbe mit geringen Mengen blauer oder grauer Farbstoffe getönt.

Unter allen Kunststoffen nimmt in der Optik und Lichttechnik der Polymethacrylsäuremethylester die erste Stelle ein. Seine durch Polymerisation in situ hergestellten, völlig farblosen und klaren, harten und außergewöhnlich witterungsbeständigen Polymerisate stellen die bisher vollkommenste Verwirklichung des organischen Glases im technologischen Sinne dar.

Bereits die ersten Handelsprodukte waren so lichtdurchlässig, daß erst bei einer Schichtdicke von 6,3 m 50% des in die Schicht eintretenden Lichtes absorbiert wurden [83].

[6a]) lichtstreuend eingefärbt

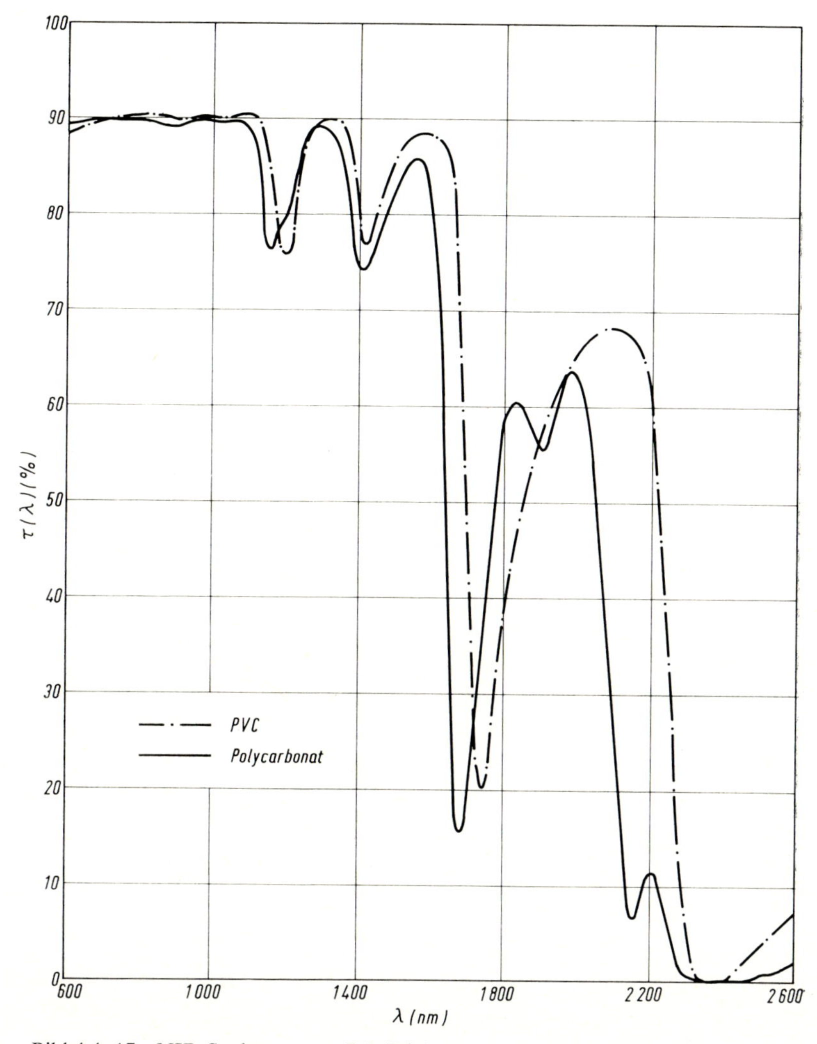


Bild 4.4–17 NIR-Spektrum von PC (Dicke 4 mm) und PVC (Dicke 3 mm)

Wie man heute weiß, man vergleiche dazu Bild 4.4–20, hat Polymethylmethacrylat im sichtbaren Spektralbereich keinen konstanten Absorptionskoeffizienten. Selbst hier beobachtet man ein bandenreiches Absorptionsspektrum, wenn man den Untersuchungen nur ausreichend große Probekörper zugrunde legt. Bei reinem PMMA liegt der natürliche spektrale Extinktionsmodul $K$ jedoch unter $1 \cdot 10^{-4}\ \text{mm}^{-1}$. Die genaue Bestimmung dieses Wertes ist bei Kunststoffen außerordentlich aufwendig, weil es

a) praktisch unmöglich ist, Probekörper von ausreichender geometrisch-optischer Qualität (genügend ebene und planparallele Oberflächen) herzustellen und außerdem

b) die Lichtabsorption dieser Materialien zwischen 0,3 und 1,0 $\mu$ nicht allein substanzbedingt ist, sondern stark von den in Spuren und wechselnden Mengen vorliegenden Zusätzen, Verunreinigungen, Zersetzungsprodukten beeinflußt wird.

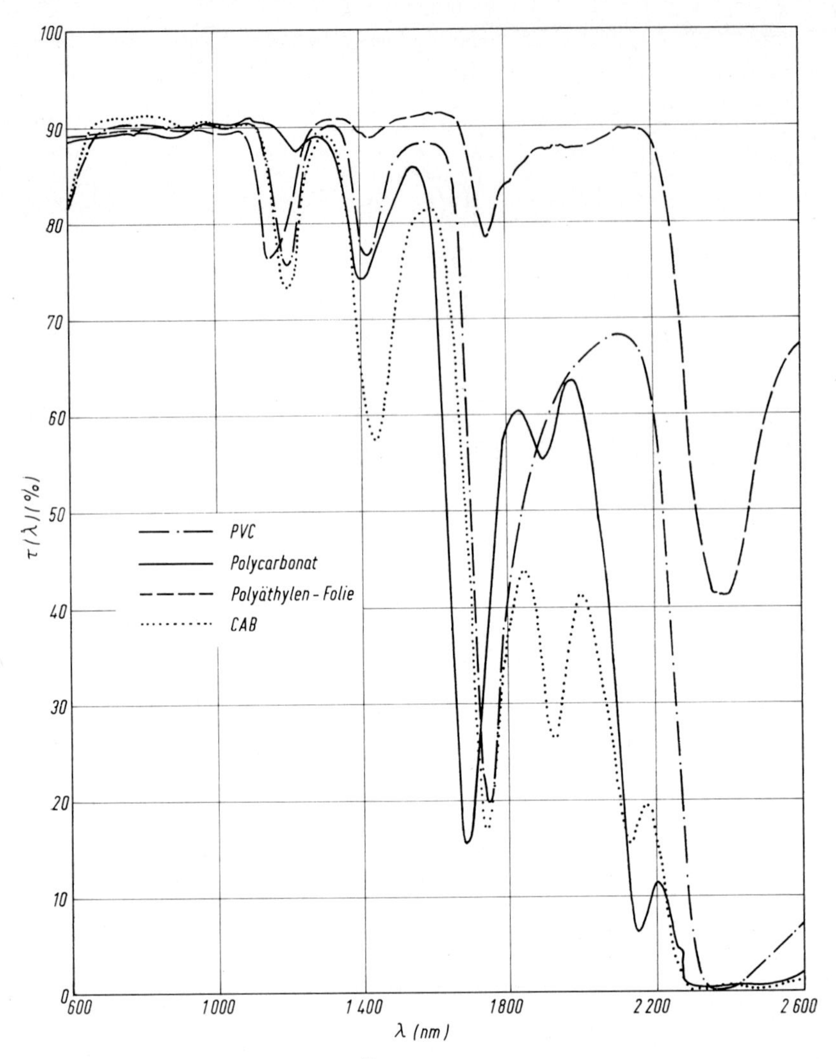


Bild 4.4–18 NIR-Spektrum von PÄ (Dicke 1 mm), PC (Dicke 4 mm), CAB (Dicke 3 mm), PVC (Dicke 4 mm)

Trotz sorgfältigster Auslegung der Meßanordnungen schwanken die erhaltenen Meßwerte absolut genommen um nahezu eine halbe Zehnerpotenz. So brachten z. B. neuere, mit Laser-Licht von 632,8 nm Wellenlänge vorgenommene Bestimmungen des natürlichen Extinktionsmoduls[7]) von hochreinem, speziell für diese Zwecke hergestelltem PMMA, Werte zwischen $1 \cdot 10^{-5}$ und $10 \cdot 10^{-5}$ mm$^{-1}$ (Mittelwert: $5 \cdot 10^{-5}$ mm$^{-1}$). Entsprechendes gilt für eine Wellenlänge von = 400 mm, wo Werte um $1 \cdot 10^{-4}$ mm$^{-1}$ gefunden werden.

Wegen der im sichtbaren Spektralbereich (380–780 nm) niedrigen dekadischen bzw. natürlichen Extinktionsmoduln ist also die Lichtdurchlässigkeit von PMMA (vgl. Bild 4.4–22)

[7]) Unveröffentlichte Messungen des FTZ Darmstadt (Dipl.-Phys. *Jürgensen*) an dem von der *Röhm GmbH* speziell hergestellten PMMA.

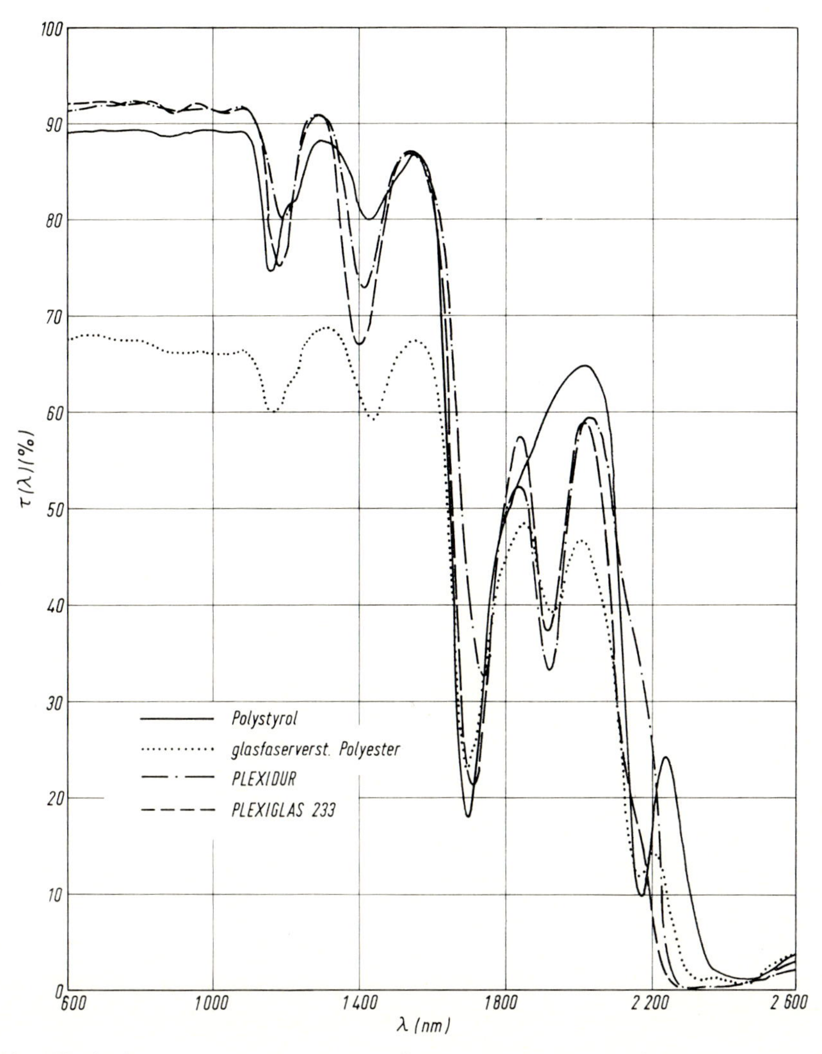


Bild 4.4–19 NIR-Spektrum von PMMA (Plexiglas® 233), AMMA (Plexidur® T), GFK PS bei 3 mm Dicke

bei den im Handel üblichen Materialdicken von maximal 200 mm im wesentlichen durch die an den Oberflächen auftretenden Reflexionsverluste gegeben.

Dies gilt selbstverständlich nicht mehr, wenn sehr lange Lichtwege vorliegen, wie dies bei den neuerdings hergestellten Faser-Lichtleitern der Fall ist.

Das zuvor Gesagte gilt weitgehend für alle anderen glasklaren, farblosen Kunststoffe.

Neben den glasklaren, farblosen Kunststoffen haben nach dem 2. Weltkrieg die transparent, translucent und gedeckt eingefärbten außergewöhnliche Bedeutung erlangt.

Die Herstellung transparent, d.h. klar durchsichtig eingefärbter Plattenpolymerisate und Granulate ist mit nahezu beliebiger Farbgebung möglich. So werden u.a. Gläser hergestellt, die im Beleuchtungs- und Werbesektor, an Fernsehgeräten, Signalanlagen, optischen Einrichtungen etc. als Lichtfilter verwendet werden. Die Skala der Einfärbungen

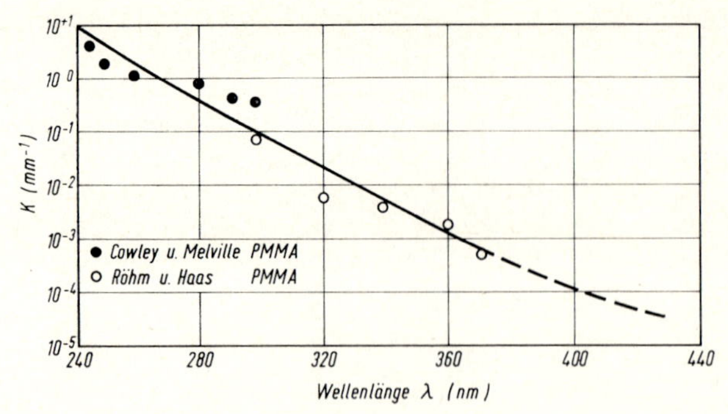


Bild 4.4–20 Natürlicher Extinktionsmodul $K$ ($mm^{-1}$) von PMMA als Funktion der Wellenlänge

erstreckt sich vom farblosen bzw. neutral gefärbten zum selektiv absorbierenden Glas, wobei ein weiter Farbkonzentrationsbereich möglich ist.

Durch Kombination von Farbstoffen bzw. mit definierten Konzentrationen eingefärbten Gläsern lassen sich praktisch beliebige Farbkennwerte und Filterwirkungen erzielen.

### 4.4.4.8. *Ultravioletter Spektralbereich*

Unter dem Gebiet der ultravioletten Strahlung versteht man den Wellenlängenbereich unterhalb 400 nm. Hier interessiert nur das Gebiet zwischen 200 und 400 nm. Die UV-Durchlässigkeit der am wenigsten UV-absorbierenden Kunststoffe beginnt im günstigsten Fall bei ca. 280 nm. Zu diesen gehören auch die Acrylgläser und insbesondere PMMA als Reinsubstanz.

Es gibt z.B. handelsübliche Acrylgläser (Bild 4.4–21), die für den gesamten im Sonnenspektrum enthaltenen UV-Anteil durchlässig sind. Die für biologische und medizinische Zwecke besonders interessierende, zwischen 270 und 315 nm gelegene UV-Strahlung wird also von speziellen Acrylgläsern nicht absorbiert. So wird z.B. ein wesentlicher Teil der zwischen 250 und 300 nm gelegenen, für die Umwandlung von Ergosterin in Vitamin $D_2$ erforderlichen Strahlung durchgelassen. Das gleiche gilt auch für die erythembildende und zu einem Teil auch für die bakterientötende Strahlung. Das für Conjunctivitis, d.h. Bindehautentzündung verantwortliche Licht wird dagegen zum überwiegenden Anteil absorbiert.

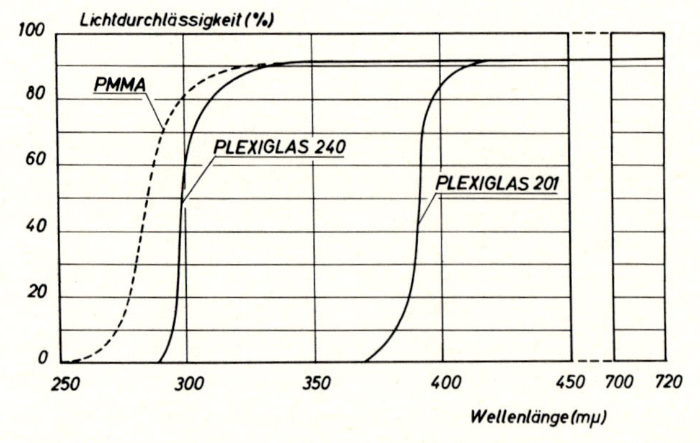


Bild 4.4–21 Lichtdurchlässigkeit von PMMA mit unterschiedlicher Absorption im UV (Dicke 3 mm)

Die UV-Durchlässigkeit der Kunststoffe kann durch Zusatz handelsüblicher UV-Absorber wie UV 9, Tinuvin P etc. in nahezu beliebiger Weise verändert werden. Der im Material enthaltene UV-Absorber schützt die Substanz außerdem gegen Lichtabbau. Die UV-Absorption der Kunststoffe wird durch die ungesättigten Bindungen der Basissubstanzen, Zusätze, Verunreinigungen etc. bedingt. Naturgemäß ist sie von der Materialdicke abhängig. Dies zeigt Bild 4.4–22 am Beispiel eines UV-Absorber und äußeren Weichmacher enthaltenden Acrylglases. Zum Zweck des Schutzes gegen Sonnenlicht oder die beim autogenen oder elektrischen Schweißvorgang auftretende Strahlung wird eine Vielzahl

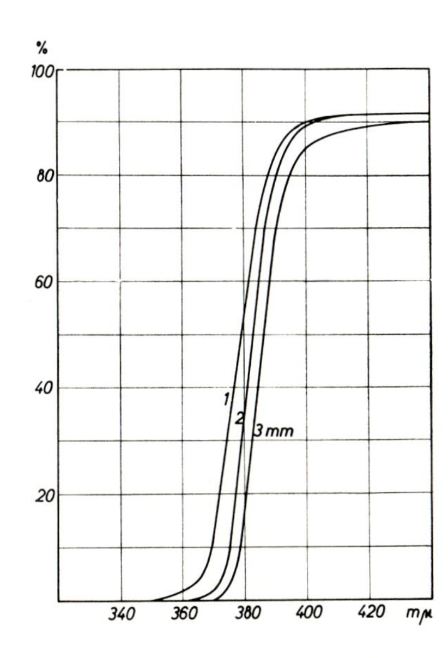


Bild 4.4–22 Dickenabhängigkeit (d = 1 bis 3 mm) der Lichtdurchlässigkeit von PMMA mit UV-Absorber als Funktion der Wellenlänge $\lambda$ im UV

speziell eingefärbter Kunststoffe hergestellt. Wie bereits unter 4.4.4.7. erwähnt wurde, ist die Bestimmung der natürlichen dekadischen Extinktionsmoduli $k$ der ungefärbten Kunststoffe im sichtbaren Spektralbereich nur schwer möglich und zudem wenig sinnvoll. Auch im ultravioletten Spektralgebiet ist die Ermittlung von $k$ relativ aufwendig, so daß kaum Literaturwerte vorliegen. Es ist daher im Bedarfsfalle zweckmäßig, diese Werte beim Kunststoffhersteller zu erfragen.

### 4.4.4.9. *Lichtdurchlässigkeit opaker Kunststoffe im sichtbaren und ultravioletten Spektralbereich*

Bei opak eingefärbten Kunststoffen wird besonders deutlich, daß sich die spektrale Lichtdurchlässigkeit $\tau(\lambda)$ jeden Stoffes aus dem Grad der gerichteten Transmission $\tau_r(\lambda)$ und dem Grad der gestreuten Transmission $\tau_d(\lambda)$ zusammensetzt. Es gilt also für die spektrale Lichtdurchlässigkeit $\tau(\lambda)$ die Beziehung

$$\tau(\lambda) = \tau_r(\lambda) + \tau_d(\lambda) \qquad (43)$$

Da $\tau(\lambda)$ die Summe aus zwei Termen ist, bezeichnet man diese Größe auch als spektralen Gesamttransmissionsgrad (gerichteter Anteil; gestreuter Anteil).

Für klar durchsichtige, farblose oder farbige Kunststoffe ist $\tau_d(\lambda) \approx 0$. Für sie gilt daher:

$$\tau(\lambda) \approx \tau_r(\lambda) \qquad (44)$$

Bei opak bzw. durchscheinend eingefärbten Werkstoffen, man stellt sie unter Verwendung von Weißpigmenten her, muß die Messung der spektralen Lichtdurchlässigkeit $\tau(\lambda)$ wegen des vorhandenen Anteils an gestreut durchgelassenem Licht unter Zuhilfenahme einer *Ulbricht*schen Kugel (DIN 5036) bestimmt werden. Je stärker dabei die Pigmentierung bzw. die Lichtstreuung der Gläser ist, um so mehr ist $\tau_r(\lambda) \approx 0$ und daher gilt die Näherung

$$\tau(\lambda) \approx \tau_d(\lambda) \tag{45}$$

Der spektrale Transmissionsgrad enthält dabei die an den beiden Oberflächen des Materials auftretenden Reflexionsverluste.

Die Bilder 4.2–23 und 4.2–24 zeigen für eine Reihe gegossener und extrudierter Acrylgläser deren spektrale Lichtdurchlässigkeit $\tau(\lambda)$ im Wellenlängenbereich zwischen 380 und 780 nm. Alle Messungen wurden an 3 mm dicken Proben und mit Hilfe des registrierenden Spektralfotometers DK 2 *(Beckman)* oder mit dem PMQ II *(Zeiß)* vorgenommen.

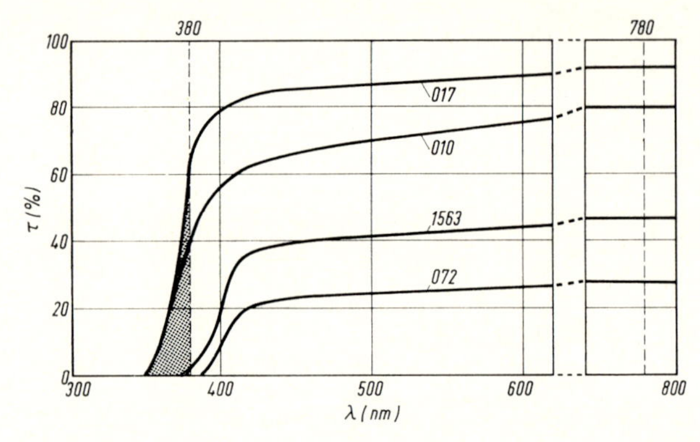


Bild 4.4–23 Spektraler Transmissionsgrad $\tau(\lambda)$, Gesamtdurchlässigkeit von Plexiglas® weiß 017, 010, 1563 und 072 als Funktion der Wellenlänge $\lambda$ (Dicke 3 mm)

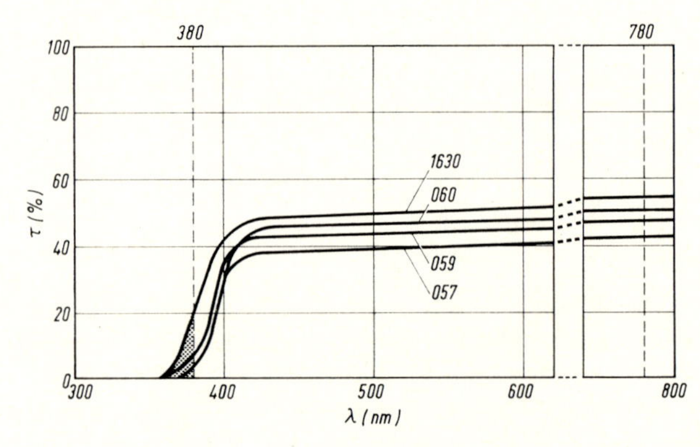


Bild 4.4–24 Spektraler Transmissionsgrad $\tau(\lambda)$, Gesamtdurchlässigkeit von Plexiglas® weiß 1630, 060, 059 und 057 als Funktion der Wellenlänge $\lambda$ (Dicke 3 mm)

$\tau(\lambda)$ bzw. $\tau_r(\lambda)$ und $\tau_d(\lambda)$ sind reine Meßgrößen. Sie enthalten keine Aussage darüber, wie das menschliche Auge als „Empfänger" die durch einen Stoff selektiv veränderte spektrale Energieverteilung einer Lichtquelle bewertet.

Dies ist aber der Fall, wenn man zur Stoffcharakterisierung den in DIN 5033 definierten Transmissionsgrad $\tau_A$ (Lichtdurchlässigkeit $\tau_A$) verwendet. Er ergibt sich für die Lichtart $A$ aus der Beziehung:

$$\tau_A = \frac{\int_{\lambda_1}^{\mathfrak{B}\,\lambda_2} \Phi_{e_\lambda} \cdot \tau(\lambda) \cdot V(\lambda) \cdot d\lambda}{\int_{\lambda_1}^{\mathfrak{B}\,\lambda_2} \Phi_{e_\lambda} \cdot V(\lambda) \cdot d\lambda} \tag{46}$$

Die Integration erstreckt sich dabei über den Wellenlängenbereich $\mathfrak{B}$ zwischen $\lambda_1 = 380$ und $\lambda_2 = 780$ nm. In Gleichung (46) bedeuten:

- $\Phi_e$ der spektrale Strahlungseinfluß der Lichtquelle mit der Normlichtart $A$;
- $\tau(\lambda)$ der spektrale Transmissionsgrad des zu charakterisierenden Stoffes (z. B. Acrylglas);
- $V(\lambda)$ der spektrale Hellempfindlichkeitsgrad des menschlichen Auges für das Tagessehen;
- $A$ das Symbol für die Normlichtart $A$. Diese repräsentiert das Licht einer Glühlampe für die Verteilungstemperatur $T_1 = 2856\,°K$.

Anstelle des spektralen Strahlungseinflusses der Lichtart $A$ lassen sich in Gleichung (46) diejenigen anderer Strahlungsarten einsetzen. Für die Lichtarten

- $B$ Sonnenlicht,
- $C$ Tageslicht,
- $E$ unbuntes Licht im valenzmetrischen Sinn,
- $G$ Vakuumglühlampenlicht der Verteilungstemperatur 2360 °K

Man erhält dann entsprechend die Transmissionsgrade $\tau_B$, $\tau_C$, $\tau_E$, $\tau_G$ etc.

Im allgemeinen werden weiß eingefärbte Kunststoffe, z. B. gegossene Acrylgläser von den Herstellern bezüglich der Pigment- bzw. Farbstoffkonzentration so eingestellt, daß ihre spektralen Transmissionsgrade $\tau(\lambda)$ im sichtbaren Spektralbereich weitgehend von der Dicke der Gläser unabhängig sind. Dies gilt dann auch in Näherung für Stoffkennzahlen wie den Transmissionsgrad $\tau_A$, den Reflexionsgrad $\varrho_A$ etc. Dies zeigt Tabelle 4.4–11 für die Plexiglas®-Sorten weiß 003, 010, 017, 057 und 059.

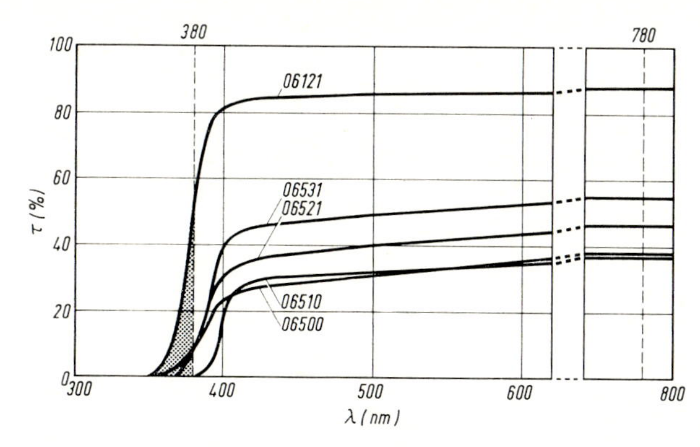


Bild 4.4–25 Spektraler Transmissionsgrad $\tau(\lambda)$, Gesamtdurchlässigkeit von Plexiglas® XT weiß 06121, 06531, 06521, 06510 und 06500 als Funktion der Wellenlänge

*Tabelle 4.4–11 Transmissionsgrad $\tau_A$, Reflexionsgrad $\varrho_A$ in %, Leuchtdichtekoeffizient $\beta$ und Streuvermögen $\sigma$ verschiedener weiß eingefärbter gegossener Plexiglas®-Sorten als Funktion der Plattendicke*

| Plexiglas®-Sorte | Dicke[1] (mm) | $\tau_A$[2] (%) | $\varrho_A$ (%) | $\beta_0$ | $\sigma$ |
|---|---|---|---|---|---|
| weiß 003 | 1,90 | 2,5 | 87,0 | 0,0115 | 0,916 |
| | 2,45 | 2,5 | 87,0 | 0,0115 | 0,905 |
| | 3,05 | 2,2 | 87,6 | 0,0102 | 0,906 |
| | 4,90 | 2,5 | 87,0 | 0,0127 | 0,906 |
| | 8,00 | 2,4 | 86,3 | 0,0115 | 0,908 |
| | 9,50 | 2,8 | 86,4 | 0,0137 | 0,915 |
| weiß 010 | 2,10 | 68,0 | 18,7 | 0,60 | – |
| | 3,10 | 65,5 | 19,2 | 0,50 | – |
| | 4,15 | 68,3 | 14,3 | 0,62 | – |
| weiß 017 | 2,00 | 83,8 | 9,0 | 2,28 | – |
| | 3,10 | 84,4 | 8,0 | 2,65 | – |
| | 4,00 | 84,1 | 8,0 | 2,60 | – |
| | 5,20 | 84,0 | 7,5 | 2,39 | – |
| weiß 057 | 3,15 | 38,6 | 50,9 | 0,170 | 0,900 |
| | 3,70 | 40,9 | 48,4 | 0,179 | 0,899 |
| | 4,70 | 38,7 | 48,0 | 0,177 | 0,895 |
| weiß 059 | 2,80 | 40,8 | 48,7 | 0,180 | 0,884 |
| | 3,60 | 38,8 | 49,2 | 0,182 | 0,880 |
| | 4,65 | 39,0 | 47,8 | 0,178 | 0,884 |

[1]) Es wurden die tatsächlichen Dicken der Probekörper ermittelt.

[2]) Die Werte für $\tau_A$, $\varrho_A$ etc. stimmen für die verschiedenen Dicken in soweit überein, wie es Meßwertschwankung und Reproduzierbarkeit der Plattenherstellung bzw. Prüfung zulassen.

Bei den weiß eingefärbten Formmassen bzw. den daraus hergestellten Spritzgußteilen und extrudierten Platten nimmt demgegenüber die optische Dichte mit der Schichtdicke der Teile oder Halbzeuge zu. Entsprechend erniedrigen sich die dazugehörigen Werte von $\tau(\lambda)$ bzw. $\tau_A$.

Bei der Verarbeitung opal-weißer Kunststoffe, etwa bei der Herstellung von Leuchtenabdeckungen, erhält man Gebilde, bei denen die Materialdicke über das Formteil hinweg stark unterschiedlich ist. Dies gilt damit zwangsläufig für die dazugehörigen lichttechnischen Stoffkennzahlen. Darstellungen derselben als Funktion von Materialdicke und Reckungsgrad (Bild 4.4–26) sind daher für den Konstrukteur von großem Wert. Der angestrebte Idealfall, d.h. die vom Reckungsgrad unabhängige Lichtdurchlässigkeit, Lichtstreuung und Lichtreflexion, läßt sich nur angenähert erreichen, so daß die Leuchtdichte der Formteile über deren Oberfläche hinweg vielfach stark uneinheitlich ist.

Bei den opalweiß eingefärbten, gegossenen und extrudierten Kunststoffen wächst die Lichtdurchlässigkeit in der Regel mit zunehmendem Reckungsgrad. In einzelnen Fällen beobachtet man allerdings, daß Kennwerte wie $\tau_A$ bei einem bestimmten Reckungsgrad ein Maximum durchlaufen, also abfallen, wenn der Reckungsgrad weiter erhöht wird. Oberhalb dieses Grenzreckungsgrades wird das Material also optisch dichter. Dieser Effekt ergibt sich dabei teils durch Veränderung der Pigmentierung, teils durch Trennung von Pigment und Kunststoff an der Phasengrenzfläche bzw. durch die Bildung von Mikrorissen. Abschließend sei erwähnt, daß die Funktionen $\tau_A$ $(R, d)$ bei gegossenen und extrudierten Acrylgläsern von der Erwärmungsdauer und der Ofentemperatur, d.h. der

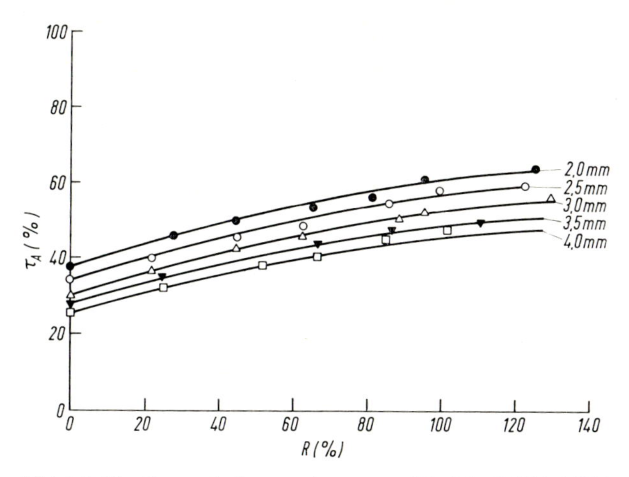


Bild 4.4–26 Transmissionsgrad $\tau_A$ von Plexiglas® XT 06500 als Funktion von Materialdicke ($d$ = 2–4 mm) des ungereckten Materials und des Reckungsgrades

Materialtemperatur und der Verformungsgeschwindigkeit abhängig sind. Damit bietet sich aber auch die Möglichkeit, die lichttechnischen Eigenschaften und Kennfunktionen von Leuchtenabdeckungen aus Acrylgläsern maßgeblich zu beeinflussen.

### 4.4.4.10. *Lichtstreuverhalten*

#### 4.4.4.10.1. *Das Lichtstreuverhalten charakterisierende Größen*

Die Lichtstärke $I$ punktförmiger Strahler (Punktlichtlampen, Glühlampen) ist bekanntlich richtungsabhängig. Die Einheit der Lichtstärke $I$, die Candela (cd) ist die genormte, gesetzlich festgelegte lichttechnische Größe.

Die Helligkeit flächenhafter Lichtquellen von endlichen Abmessungen wird durch die Leuchtdichte $L$ gekennzeichnet. Lichtstärke $I$ und Leuchtdichte $L$ sind über die Größe $A_1$ der strahlenden Fläche miteinander verknüpft. Die Lichtstärke $I$ in einer bestimmten Richtung $\varepsilon_1$ (gemessen zur Flächennormalen des Flächenelementes $dA_1$ der strahlenden Fläche) entspricht dem Integral über die Strahlerfläche $A_1$, die wir hier der Einfachheit halber als eben voraussetzen.

Es gilt:

$$I = \int_{A_1} L \cdot \cos \varepsilon_1 \cdot dA_1 \tag{47}$$

Unter vereinfachten Bedingungen ($\varepsilon_1 = 0°$) und über die Fläche $A_1$ konstanter Leuchtdichte bzw. Einsetzen der mittleren Leuchtdichte gilt

$$I = L \cdot A_1 \tag{48}$$

Die Einheit der Leuchtdichte $L$ ist demnach cd/m$^2$.

Die Leuchtdichte $L$ eines Strahlers läßt sich direkt durch Leuchtdichtemesser ermitteln Die Lichtstärke $I$ läßt sich jedoch nur aus dem Entfernungsgesetz berechnen. Unter der einfachen Voraussetzung, daß Strahler- und Empfängerfläche senkrecht zur Richtung der Lichtausbreitung stehen ($\varepsilon_1 = 0$, $\varepsilon_2 = 0$) gilt:

$$E = \frac{I}{r^2} \tag{49}$$

Dabei ist $E$ die Beleuchtungsstärke (in lx) am Ort des Empfängers und $r$ der Abstand zwischen Strahler und Empfänger.

Bringt man eine Probe, z. B. einen von Natur aus lichtstreuenden oder einen lichtstreuend eingefärbten Kunststoff an einen Ort mit der Beleuchtungsstärke $E$, so leuchtet sie als „Sekundärstrahler". Als Folge der Beleuchtungsstärke $E$ besitzt die Probe die Leuchtdichte $L$. Der Zusammenhang zwischen Leuchtdichte und Beleuchtungsstärke ist durch den Leuchtdichtekoeffizienten $\beta$ bzw. $l_\varepsilon$[8]) gegeben. Es gilt

$$\beta = \frac{L}{E} \qquad (50)$$

Die Einheit des Leuchtdichtekoeffizienten ist demnach $\frac{\mathrm{cd/m^2}}{\mathrm{lx}}$. Die Größe ist dabei sowohl vom Einfallswinkel $\varepsilon_2$ des Lichtes als auch vom Beobachtungswinkel bzw. Lichtausfallswinkel $\varepsilon_1$ abhängig.

In den nachfolgenden Ausführungen wird grundsätzlich quasi-paralleler Lichteinfall ($\varepsilon_2 = 0$) vorausgesetzt. Der Lichtausfalls- oder Beobachtungswinkel $\varepsilon_1$ ist bei der Nennung eines Leuchtdichtekoeffizienten grundsätzlich mit anzugeben. Die folgenden Angaben, wir behandeln in diesem Abschnitt das Lichtstreuverhalten, gelten nur für transmittiertes Licht. Je stärker es ist, um so heller erscheint eine Probe für das Auge. Das Streulichtverhalten einer Probe wird gelegentlich noch durch den ebenfalls mit dem Symbol $\beta$ bezeichneten Leuchtdichtefaktor charakterisiert. Er ist das Verhältnis der Leuchtdichte $L$ einer Probe zur Leuchtdichte $L_W$ einer vollkommen streuenden und vollkommen durchlassenden bzw. vollkommen streuenden und vollkommen reflektierenden Fläche. Vorausgesetzt ist dabei gleiche Beleuchtung beider Sekundärstrahler. Auch beim Leuchtdichtefaktor sind Lichteinfalls- und Lichtausfallswinkel anzugeben. Seine Angabe ist nur für gestreut abgestrahltes Licht sinnvoll.

Eine besonders anschauliche Größe zur Kennzeichnung des Lichtstreuverhaltens lichttechnischer Werkstoffe ist das Streuvermögen $\sigma$. Man definiert es wie folgt:

$$\sigma = \frac{L_{20} + L_{70}}{2 \cdot L_5} \qquad (51)$$

Dabei ist wieder vorausgesetzt, daß das Meßlicht senkrecht zur Probenfläche auf diese einfällt. Die Indizes besagen, daß das Streuvermögen durch die unter Lichtausfallswinkeln von 5, 20 und 70° gemessenen Leuchtdichten charakterisiert wird. Bei sehr stark und gleichmäßig streuenden Werkstoffen liegt $\sigma$ nahe bei 1. Schwach streuende Proben haben Streuvermögen von nahezu 0.

Die Angabe des Streuvermögens ist jedoch nur für $\sigma$-Werte $> 0{,}4$ sinnvoll (DIN 5036). Ergeben sich bei der Auswertung $\sigma$-Werte $< 0{,}4$, so charakterisiert man das Streuvermögen eines Kunststoff-Werkstoffes durch den Halbwertwinkel $\gamma$. $\gamma$ ist der Beobachtungswinkel ($\varepsilon_1$), unter dem die Leuchtdichte halb so groß ist wie für $\varepsilon_1 = 0°$.

Es gilt also:

$$L\gamma = \frac{L_0}{2} \quad (\varepsilon_2 = 0) \qquad (52)$$

4.4.4.10.2. *Meßbedingungen*

Die unter 4.4.4.10.1. für das Lichtstreuverhalten verschiedener Kunststoffe wiedergegebenen Stoffkennzahlen wurden wie folgt ermittelt.

[8]) Frühere Bezeichnung.

Als Leuchtdichtemesser fand das Spectra-Pritchard-Photometer[9]) Verwendung. Dabei war das Normalobjektiv ($f = 7''$; 1 : 3,5) eingesetzt. Die Bewertungsfelder lagen zwischen 2′ und 2°. Die relative spektrale Empfindlichkeit des im Leuchtdichtemesser als Empfänger verwendeten Fotovervielfachers war optimal dem relativen Hellempfindlichkeitsgrad $V(\lambda)$ des menschlichen Auges für das Tagessehen angepaßt. Die Lichtstärke der beleuchtenden Normallampe (Normallichtart $A$) war durch elektronische Stabilisierung konstant gehalten.

Nach DIN 5036, Blatt 4, werden lichttechnische Werkstoffe entsprechend ihrer Lichtdurchlässigkeit und Lichtstreuung in Klassen eingeteilt. Dabei wird mit Hilfe der dafür erforderlichen Prüfeinrichtung ermittelt, ob eine merklich gerichtete Transmission vorliegt. 40 cm vor dem Auge des Beobachters befindet sich die senkrecht zum Strahlengang bzw. zur Beobachtungsrichtung angeordnete Probe. Hinter ihr steht im Abstand von 15 cm eine 10 cm² große Fläche von ca. 0,1 sb Leuchtdichte[10]).

Kann diese Fläche bei dunklem Hintergrund durch die Probe hindurch noch erkannt werden, so besitzt diese eine merklich gerichtete Lichttransmission. In diesem Fall ist der Meßwert des Leuchtdichtekoeffizienten $\beta$ für $\varepsilon_1 = 0$ von der Lichtquelle abhängig. Solche Meßwerte sind in Tabelle 4.4–12 in Klammern angegeben.

*Tabelle 4.4–12 Lichtstreuverhalten opal-weißer Acrylgläser ($\varepsilon_2 =$ °C) Transmissionsgrad $\tau_A$, Streuvermögen $\sigma$, Halbwertswinkel $\gamma$ und Leuchtdichtekoeffizient $\beta$ für $\varepsilon_1 = 0$; 5; 20 und 70°*

| Plexiglas®-Sorte | | | | $\beta \frac{cd/m^2}{lx}$ | | | |
|---|---|---|---|---|---|---|---|
| | $\tau$ % | $\sigma$ | $\gamma$/° | $\varepsilon_1 = 0°$ | $\varepsilon_1 = 5°$ | $\varepsilon_1 = 20°$ | $\varepsilon_1 = 70°$ |
| weiß 003 | 3 | 0,89 | – | 0,0125 | 0,125 | 0,012 | 0,01 |
| weiß 010 | 70 | 0,57 | – | 0,47 | 0,46 | 0,375 | 0,15 |
| weiß 017 | 86 | – | <1 | (8,15) | 2,35 | 0,60 | 0,035 |
| weiß 057 | 41 | 0,91 | – | 0,16 | 0,16 | 0,16 | 0,13 |
| weiß 059 | 43 | 0,90 | – | 0,17 | 0,17 | 0,17 | 0,14 |
| weiß 060 | 47 | 0,88 | – | 0,20 | 0,19 | 0,19 | 0,14 |
| weiß 072 | 25 | 0,93 | – | 0,09 | 0,09 | 0,09 | 0,07 |
| weiß 1563 | 33 | 0,94 | – | 0,12 | 0,11 | 0,11 | 0,095 |
| weiß 1600 | 84 | – | <1 | (34,0) | 1,75 | 0,50 | 0,055 |
| weiß 1601 | 69 | 0,43 | 29 | 0,735 | 0,71 | 0,50 | 0,11 |
| weiß 1630 m | 51 | 0,93 | – | 0,13 | 0,13 | 0,13 | 0,12 |
| weiß 1638 | 4 | 0,91 | – | 0,025 | 0,025 | 0,025 | 0,021 |
| weiß 1752 | 5 | 0,91 | – | 0,019 | 0,019 | 0,0185 | 0,016 |

4.4.4.10.3. *Lichtstreuverhalten von Kunststoffen ohne Oberflächenstruktur*

Neben den transparent (glasklar) eingefärbten Kunststoffen gibt es auch solche, die transluzent, d.h. durchscheinend eingefärbt sind. Man erhält sie durch Zusätze an anorganischen und organischen Pigmenten bzw. entsprechenden Farbstoffen. Da die Acrylgläser in der Beleuchtungstechnik besondere Bedeutung erlangt haben, sollen an ihnen durchgeführte Messungen lichttechnischer Kennwerte das charakteristische Verhalten lichtstreuender Kunststoffe zeigen. Neben Polymethylmethacrylat finden besonders Polystyrol, Polykarbonat, Celluloseazetobutyrat, Celluloseazetat und andere Anwendung in diesem Industriezweig.

[9]) Hersteller: Photo Research Corporation.

[10]) Innenmattierte Glühlampe: 60 W, 220 V, mit 110 V Spannung betrieben.

Opal-weiß eingefärbte, gegossene Acrylgläser sind grundsätzlich so eingefärbt, daß ihre lichttechnischen Eigenschaften, also auch ihr Streulichtverhalten von der Plattendicke unabhängig ist. Die Farbstoffkonzentration dieser Gläser verringert sich also mit wachsender Plattendicke.

Außer von der Pigment- bzw. Farbstoffkonzentration hängt das Lichtstreuverhalten der gegossenen Acrylgläser von der Einarbeitung des Pigmentes, vom Herstellungsablauf, der dabei entstehenden Verteilung des Pigments und dessen Teilchengrößenverteilung ab.

Tabelle 4.4–12 enthält die das Lichtstreuverhalten einiger opal-weißer Acrylgläser charakterisierenden Größen $\tau$, $\sigma$, $\gamma$ und $\beta$ (für $\varepsilon_1 = 0$; 5; 20 und 70°).

Tabelle 4.4–13 zeigt für die in Tabelle 4.4–12 aufgeführten Acrylgläser die nach DIN 5036, Blatt 4 vorgenommene Klasseneinteilung.

*Tabelle 4.4–13 Klasseneinteilung opal-weißer, gegossener Acrylgläser nach DIN 5036, Blatt 4*

| Plexiglas®-Sorte | durchlassend | streuend | gering transmittierend | Klasse |
|---|---|---|---|---|
| weiß 003 | schwach | stark | unmerklich | 2.2.1 |
| weiß 010 | stark | stark | unmerklich | 3.2.1 |
| weiß 017 | stark | schwach | merklich | 3.1.2 |
| weiß 057 | stark | stark | unmerklich | 3.2.1 |
| weiß 059 | stark | stark | unmerklich | 3.2.1 |
| weiß 060 | stark | stark | unmerklich | 3.2.1 |
| weiß 072 | schwach | stark | unmerklich | 2.2.1 |
| weiß 1563 | schwach | stark | unmerklich | 2.2.1 |
| weiß 1600 | stark | schwach | unmerklich | 3.1.2 |
| weiß 1601 | stark | stark | unmerklich | 3.2.1 |
| weiß 1630m | stark | stark | unmerklich | 3.2.1 |
| weiß 1638 | schwach | stark | unmerklich | 2.2.1 |
| weiß 1752 | schwach | stark | unmerklich | 2.2.1 |

Bei der Verarbeitung, etwa bei der Herstellung von Leuchtenabdeckungen oder Werbetransparenten aus opal-weißen Kunststoffen ändern sich deren lichttechnische Eigenschaften.

Die bei der Verformung vonstatten gehende biaxiale Reckung der einzelnen Flächenelemente der Platten bzw. Formteile führt dabei sowohl zur Verringerung der Materialdicke als auch zur Änderung der Anordnung, Verteilung und Konzentration der Pigmentteilchen.

Bei der Untersuchung der durch biaxiale Reckung bedingten Änderungen lichttechnischer Eigenschaften geht man im allgemeinen von 3 mm dicken Probekörpern aus, weil dies die gebräuchlichste Dicke bei der Herstellung von Leuchtenabdeckungen ist. Die biaxiale Reckung wird dabei so bewerkstelligt, daß in den zwei zueinander senkrecht liegenden Reckrichtungen gleiche Reckungsgrade $R$ vorliegen. Zwischen dem Reckungsgrad $R$ und den stattfindenden Längen- bzw. Dickenänderungen bestehen in diesem Fall folgende Beziehungen:

$$R = \frac{(l - l_0)}{l_0} \cdot 100\% \tag{53}$$

$$R = \left(\sqrt{\frac{d_0}{d}} - 1\right) \cdot 100\% \tag{54}$$

$l_0$, $d_0$ Länge bzw. Dicke vor, $l$, $d$ Länge bzw. Dicke nach der Reckung auf den Reckungsgrad $R$. Tabelle 4.4–14 zeigt, wie sich das Streuvermögen $\sigma$ einiger handelsüblicher

Acrylgläser von der Ausgangsdicke $d_0 = 3$ mm mit dem Reckungsgrad ($R = 0$ bis 120%) ändert. Tabelle 4.4–15 enthält den Halbwertswinkel $\gamma$ einiger Acrylgläser als Funktion des Reckungsgrades.

*Tabelle 4.4–14 Streuvermögen $\sigma$ opal-weißer, gegossener Acrylgläser (Ausgangsdicke $d_0 = 3$ mm) als Funktion des Reckungsgrades*

| Plexiglas®-Sorte | Streuvermögen $\sigma$ für Reckungsgrad $R$ | | | |
|---|---|---|---|---|
| | 0% | 40% | 80% | 120% |
| weiß 003 | 0,89 | 0,89 | 0,89 | 0,89 |
| weiß 010 | 0,57 | 0,4 | 0,4 | 0,4 |
| weiß 057 | 0,91 | 0,81 | 0,59 | 0,62 |
| weiß 059 | 0,90 | 0,78 | 0,65 | 0,63 |
| weiß 060 | 0,88 | 0,55 | 0,41 | 0,42 |
| weiß 072 | 0,93 | 0,90 | 0,89 | 0,76 |
| weiß 1563 | 0,94 | 0,88 | 0,71 | 0,52 |
| weiß 1601 | 0,43 | 0,4 | 0,4 | 0,4 |
| weiß 1630 m | 0,93 | 0,77 | 0,60 | 0,55 |
| weiß 1638 | 0,91 | 0,91 | 0,91 | 0,91 |
| weiß 1752 | 0,91 | 0,91 | 0,91 | 0,91 |

*Tabelle 4.4–15 Halbwertswinkel $\gamma$ opal-weißer, gegossener Acrylgläser (Ausgangsdicke $d_0 = 3$ mm) als Funktion des Reckungsgrades*

| Plexiglas®-Sorte | Halbwertswinkel $\gamma$ für Reckungsgrad $R$ | | | |
|---|---|---|---|---|
| | 0% | 40% | 80% | 120% |
| weiß 010 | – | 6° | 2° | $<1°$ |
| weiß 017 | $<1°$ | $<1°$ | $<1°$ | $<1°$ |
| weiß 1600 | $<1°$ | $<1°$ | $<1°$ | $<1°$ |
| weiß 1601 | 29° | 4° | 1° | $<1°$ |

Stellt man den Leuchtdichtekoeffizienten $\beta$ eines lichttechnischen Werkstoffes entweder für einen vorgegebenen Lichtausfallswinkel $\varepsilon_1$ (z.B. $\varepsilon_1 = 5°$) als Funktion des Reckungsgrades oder aber für vorgegebene Reckungsgrade ($R = 0$; 40; 80; 120%) als Funktion des Lichtausfallswinkels dar, so erhält man besonders aufschlußreiche Aussagen über dessen Lichtstreuverhalten.

Wenn sich aber das Streuvermögen eines Acrylglases bei der Reckung, d.h. bei der Verformung nicht ändert, so genügt es, den Leuchtdichtekoeffizienten $\beta$ für $\varepsilon_1 = 0$ als Funktion des Reckungsgrades anzugeben. Wie Tabelle 4.4–14 zeigt, gilt dies für die Plexiglas®-Sorten 003; 1638 und 1752.

Bild 4.4–27 zeigt, wie sich der Leuchtdichtekoeffizient $\beta$ ($\varepsilon_1 = 5°$) der stark durchscheinenden, aber auch stark lichtstreuenden Acrylgläser Plexiglas® 057, 059, 060, 072, 1565 und 1630 m (einseitig matt) mit wachsendem Reckungsgrad verändert. Bis zu Reckungsgraden von ca. $R = 70\%$ wächst auch der für $\varepsilon_1 = 5°$ gemessene Leuchtdichtekoeffizient monoton mit steigender Reckung. Bei noch stärkerer Verformung zeigen die Materialien ein recht unterschiedliches Verhalten. Zum Teil (Plexiglas® 1563, Plexiglas® 072) wächst $\beta$ ($\varepsilon_1 = 5°$) weiter, zum Teil (Plexiglas® 057, 059, 060 und 1630 m) werden Maxima und Minima durchlaufen.

Plexiglas® 060, 072, 1563 und 1630 m zeigen außerdem oberhalb von $R = 25$, 55, 30 und 60% Reckungsgrad eine stark gerichtete Durchlässigkeit.

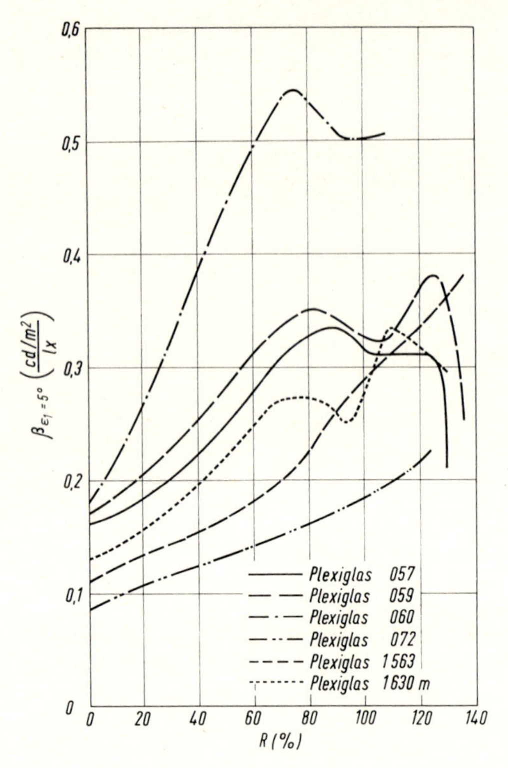


Bild 4.4–27 Leuchtdichtekoeffizient $\beta$ für $\varepsilon_1 = 5°$ in Abhängigkeit von Reckungsgrad $R$ für Plexiglas® weiß 057, 059, 060, 072, 1563 und 1630 m. Ausgangsdicke 3 mm

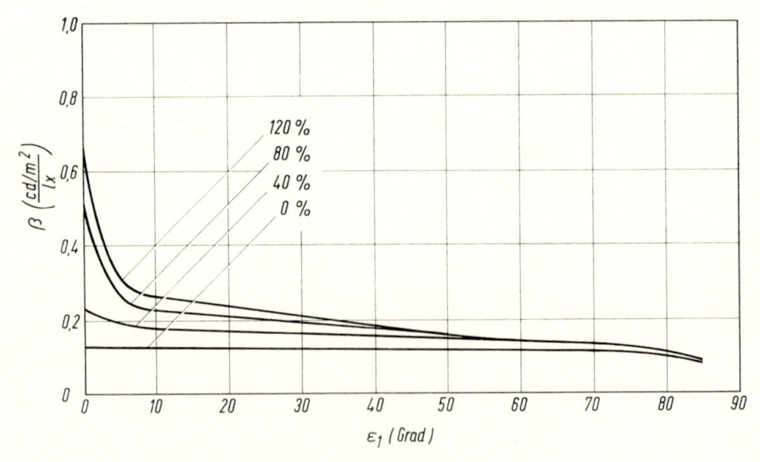


Bild 4.4–28 Leuchtdichtekoeffizient $\beta$ von Plexiglas® weiß 1630 m in Abhängigkeit vom Beobachtungswinkel $\varepsilon_1$ für verschiedene Reckungsgrade. Ausgangsdicke 3 mm

Wie sich der Leuchtdichtekoeffizient mit wachsendem Beobachtungswinkel $\varepsilon_1$ ändert, zeigen die Bilder 4.4–28 und 4.4–29 für Plexiglas® 072 und 1630 m und verschiedene Reckungsgrade (0–120%). Beim ungereckten Material ist der Leuchtdichtekoeffizient

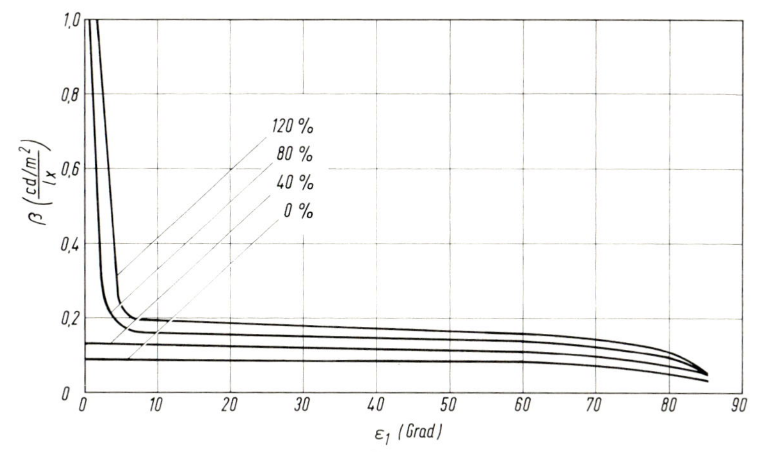


Bild 4.4–29 Leuchtdichtekoeffizient $\beta$ von Plexiglas® weiß 072 in Abhängigkeit vom Beobachtungswinkel $\varepsilon_1$ für verschiedene Reckungsgrade. Ausgangsdicke: 3 mm

niedrig und fällt nur wenig mit wachsendem Lichtausfallswinkel $\varepsilon_1$ ab. Bei geringer Durchlässigkeit liegt starke, aber gleichmäßige Lichtstreuung vor. Bei einem Reckungsgrad von $R = 40\%$ beobachtet man bei etwas höherer Durchlässigkeit ($\beta$ angewachsen) noch das gleiche Lichtstreuverhalten wie bei $R = 0\%$. Erhöht man den Reckungsgrad weiter, so wächst der Leuchtdichtekoeffizient um so stärker an, je mehr der Lichtausfallswinkel gegen 0° geht, d. h. der Anteil an gerichteter Transmission wächst.

Plexiglas® 1630 m dagegen ist ein weniger dicht eingefärbtes Material mit höheren Werten von $\tau(\lambda)$ bzw. $\tau_A$. Demzufolge liegen bei ihm die Werte des Leuchtdichtekoeffizienten ($\varepsilon_1 > 10°$) für alle Reckungsgrade höher. Die Abnahme von $\beta$ mit wachsendem $\varepsilon_1$ ist stärker ausgeprägt.

### 4.4.4.10.4. *Lichtstreuverhalten extrudierter oder spritzgegossener Kunststoffe ohne Oberflächenstruktur*

Außer den durchscheinend weiß eingefärbten, gegossenen Kunststoffen gewannen in den letzten Jahren auch weiß eingefärbte, extrudierte Kunststoffe (PC, PMMA, CAB etc.) zunehmend Bedeutung. Aus ihnen wird heute ein beträchtlicher Anteil der insgesamt hergestellten Leuchtenabdeckungen gefertigt. Die Verarbeitung entsprechend eingefärbter Formmassen zu spritzgegossenen Leuchtenabdeckungen wächst ebenfalls. Das Verhalten extrudierter und spritzgegossener Kunststoffe sei wieder am Beispiel extrudierter, lichtstreuend eingefärbter Acrylgläser wiedergegeben.

Im Gegensatz zu den gegossenen Acrylgläsern nimmt der spektrale Transmissionsgrad $\tau(\lambda)$ ($\lambda$ zwischen 400 und 700 nm) bzw. der Transmissionsgrad $\tau_A$ bei den extrudierten und spritzgegossenen Gläsern mit wachsender Dicke monoton ab. Dies deswegen, weil die Farbkonzentration der zur Herstellung der Platten oder Spritzgußteile verwendeten Formmasse nicht der jeweiligen Dicke angepaßt wird.

Da also in diesem Fall alle lichttechnischen Stoffkennzahlen dickenabhängig sind, muß jeweils die den betreffenden Messungen bzw. Werten zugrunde liegende Prüfkörperdicke angegeben werden. Es sei darauf verzichtet, für diese Werkstoffe Meßergebnisse der Kennwerte $\sigma$, $\beta$ und $\gamma$ als Funktion des Reckungsgrades wiederzugeben. Statt dessen seien Beispiele für die Dickenabhängigkeit solcher Kennwerte wiedergegeben. Dies am Beispiel von Plexiglas® XT 06500. Tabelle 4.4–16 zeigt, wie sich bei diesem $\tau_A$, $\sigma$ und $\beta$ (für $\varepsilon_1 = 0$, 5, 20 und 70°) mit der Dicke ändern.

*Tabelle 4.4–16 Lichtstreuverhalten opal-weißer, extrudierter Acrylgläser Transmissionsgrad $\tau_A$, Streuvermögen $\sigma$ und Leuchtdichtekoeffizient $\beta$ (für $\varepsilon_1 = 0, 5, 20$ und $70°$) von Plexiglas® XT 06500 als Funktion der Dicke ($d = 2 - 4$ mm)*

| | | | $\beta \frac{cd/m^2}{lx}$ | | | |
|---|---|---|---|---|---|---|
| Dicke (mm) | $\tau$/% | $\sigma$ | $\varepsilon_1 = 0°$ | $\varepsilon_1 = 5°$ | $\varepsilon_1 = 20°$ | $\varepsilon_1 = 70°$ |
| 2 | 37 | 0,89 | 0,130 | 0,130 | 0,127 | 0,105 |
| 2,5 | 34 | 0,89 | 0,120 | 0,120 | 0,119 | 0,092 |
| 3 | 31 | 0,89 | 0,107 | 0,106 | 0,105 | 0,085 |
| 3,5 | 28 | 0,89 | 0,102 | 0,102 | 0,100 | 0,081 |
| 4 | 25 | 0,90 | 0,086 | 0,086 | 0,086 | 0,070 |

Wie man sieht, verändern sich vor allem $\tau_A$ und $\beta$ (alle Winkel) stark mit der Dicke. Das Streuvermögen $\sigma$ bleibt in etwa konstant. Das zeigt, daß in diesem Fall keine wesentliche Änderung der Streulichtverteilung auftritt. Auch bei Verwendung stranggepreßter Acrylgläser treten bei der Verformung bzw. bei der mono- oder biaxialen Reckung starke Änderungen der lichttechnischen Eigenschaften auf. Reckt man opal-weiße, extrudierte Acrylgläser von anderen Dicken als 3 mm, so ergeben sich entsprechende Änderungen der lichttechnischen Stoffkennzahlen. Die Werte sind dann sowohl vom Reckungsgrad $R$ als auch von der Ausgangsdicke $d_0$ abhängig.

*Tabelle 4.4–17 Streuvermögen von Plexiglas® XT weiß 06500 für verschiedene Dicken und Reckungsgrade*

| Dicke (mm) | Streuvermögen $\sigma$ für Reckungsgrade | | | |
|---|---|---|---|---|
| | 0% | 40% | 80% | 120% |
| 2 | 0,89 | 0,77 | 0,40 | $<0,4$ |
| 2,5 | 0,89 | 0,83 | 0,45 | $<0,4$ |
| 3 | 0,89 | 0,87 | 0,74 | 0,40 |
| 3,5 | 0,89 | 0,88 | 0,77 | 0,45 |
| 4 | 0,90 | 0,88 | 0,82 | 0,52 |

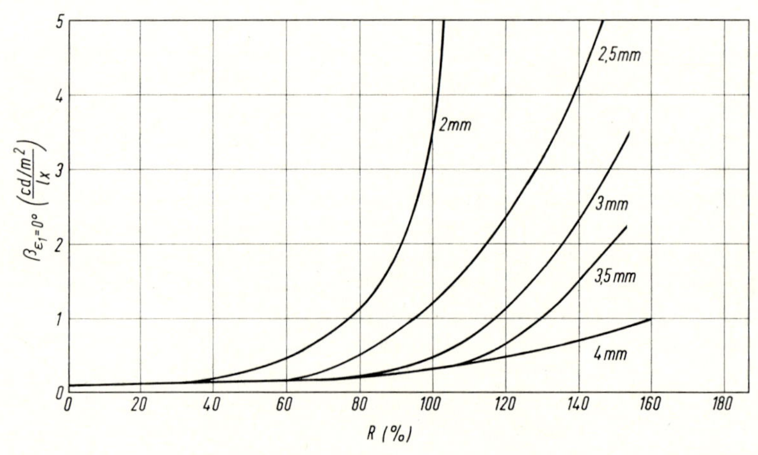


Bild 4.4–30 Leuchtdichtekoeffizient $\beta$ von Plexiglas® XT weiß 06500 in verschiedenen Ausgangsdicken ($d$ = 2–4 mm) für senkrechte Beleuchtung und Beobachtung in Abhängigkeit vom Reckungsgrad

Tabelle 4.4–17 enthält die mit steigendem Reckungsgrad ($R = 0$–$120\%$) auftretenden Änderungen des Streuvermögens von Plexiglas® XT weiß 06500 und Ausgangsdicken zwischen $d_0 = 2$ und 4 mm.

Bild 4.4–30 zeigt noch, wie sich der Leuchtdichtekoeffizient $\beta$ (Beobachtungswinkel $\varepsilon_1 = 0°$) dieses Werkstoffes bei Ausgangsdicken von $d_0 = 2$–4 mm mit wachsendem Reckungsgrad ändert.

Tabelle 4.4–17 und Bild 4.4–30 ist zu entnehmen, daß der Leuchtdichtekoeffizient $\beta$ für $\varepsilon_1 = 0°$ um so größer bzw. das Streuvermögen $\sigma$ um so niedriger werden, je höher der Reckungsgrad bzw. je geringer die Materialdicke ist. Steigt $\beta$ ($\varepsilon_1 = 0°$) bei vorgegebener Dicke oberhalb eines bestimmten Reckungsgrades stark an, so zeigt dies, daß das Material merklich gerichtet transmittiert und an Streuvermögen verliert.

#### 4.4.4.10.5. *Lichtstreuverhalten von Kunststoffen mit Oberflächenstruktur*

Lichtstreuende Kunststoffteile erhält man heute auch dadurch, daß man die Oberfläche gegossener, extrudierter oder gespritzter Werkstoffe einseitig oder beidseitig mit einer gewählten Oberflächenstruktur bzw. Oberflächenprofilierung versieht. Bei den gegossenen Acrylgläsern geschieht dies durch entsprechende Profilierung der als Kammerwände dienenden Silikatglasscheiben, beim Extrudieren durch Prägen mit Walzen geeigneter Oberflächenstruktur und beim Spritzgießen durch entsprechende Ausbildung der Form-Oberflächen. Man benützt heute u.a. Tropfen, Kräusel-, Pyramiden-, Kegel-, Perl-, Rippenstruktur von verschiedener Ausbildung (grob, mittel und fein).

Die Streuwirkung der farblosen, oberflächen-strukturierten Kunststoffe ist auf relativ enge Raumwinkel begrenzt. Bei einigen Strukturen ergeben sich unterschiedliche Streuwirkungen, je nachdem, ob die Oberflächenstruktur der Lichtquelle zu- oder abgewandt ist.

#### 4.4.4.10.6. *Visuelle Darstellung des Lichstreuverhaltens*[11])

Das Lichtstreuverhalten opal weißer, opal farbiger oder oberflächenprofilierter Kunststoffe läßt sich mit der in Bild 4.4–31 wiedergegebenen Versuchsanordnung sichtbar machen und damit fotografisch registrieren.

[11]) *U. Fischer*, Röhm GmbH

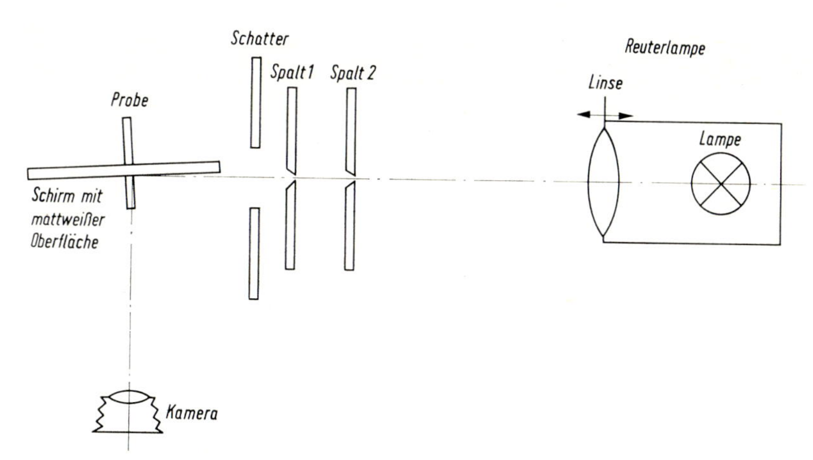


Bild 4.4–31 Versuchsaufbau zur photografischen Registrierung des Streuverhaltens lichtstreuender Kunststoffplatten

Die zu untersuchenden Proben werden mit einem praktisch parallelen Lichtbündel (Reuterlampe, 2 Spalte und Schatter) unter $\varepsilon_1 \approx 0°$ bzw. $\varepsilon_1 \approx 45°$ beleuchtet. Der streifende Einfall des gestreuten Lichtes auf einem leicht schräg zur Ausbreitungsrichtung des Lichtes stehenden mattweißen Schirm (Karton mit mattweißem Papier beklebt), wird visuell beobachtet oder fotografisch registriert. Auf dem Schirm ist dabei sowohl das die Probe durchsetzende Streulicht als auch das von ihr rückwärts gestreute, d.h. diffus reflektierte Licht sichtbar. In den Bildern 4.4–32 und 4.4–33 ist das so fotografisch registrierte Lichtstreuverhalten von Plexiglas® 060 (weiß) für Lichteinfallswinkel von $\varepsilon_1 = 0°$ (Bild 4.4–32) und $\varepsilon_1 = 45°$ (Bild 4.4–33) und Reckungsgrade von 0 und 120% wiedergegeben. Im Bild fällt dabei das Licht von links auf die zu untersuchende Probe ein.

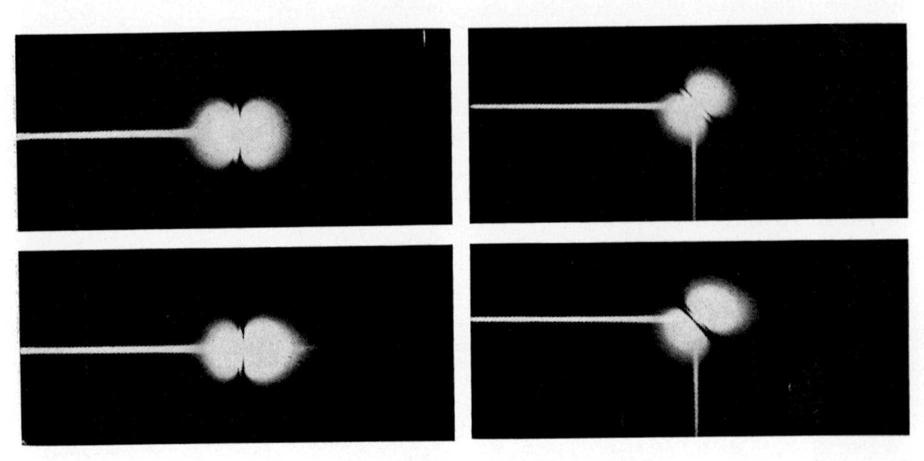

Bild 4.4–32 Lichtstreuverhalten von Plexiglas® weiß 060 für die Reckungsgrade 0 und 120% (Ausgangsdicke: 3 mm), senkrechte Einstrahlung

Bild 4.4–33 Lichtstreuverhalten von Plexiglas® weiß 060 für die Reckungsgrade 0 und 120% (Ausgangsdicke: 3 mm)

### 4.4.4.11. *Lichtreflexion opal-weiß eingefärbter Kunststoffe*

#### 4.4.4.11.1. *Begriffe, Definitionen, Meßmethoden*

Wie bereits erwähnt, reflektieren die opal-weiß eingefärbten, lichtstreuenden Kunststoffe einen Teil des auf sie auftreffenden Lichtes diffus bzw. gerichtet. Der Anteil an reflektiertem Licht hängt dabei von der Art, der Konzentration, der Korngrößenverteilung, der Verteilung der Körner des Pigmentes im Material und anderem mehr ab. Das Reflexionsverhalten opal-weiß eingefärbter Kunststoffe läßt sich durch eine Reihe verschiedener Stoffkennzahlen charakterisieren. Diese sind in DIN 5036 begrifflich und meßtechnisch definiert.

Der spektrale Reflexionsgrad $\varrho(\lambda)$ ist das Verhältnis des zurückgestrahlten, spektralen Strahlungsflusses $(\Phi_{e,\lambda})_\varrho$ zu dem auffallenden spektralen Strahlungsfluß $\Phi_{e,\lambda}$

$$\varrho(\lambda) = \frac{(\Phi_{e,\lambda})_\varrho}{\Phi_{e,\lambda}} \tag{55}$$

Mit Hilfe der handelsüblichen Spektralfotometer und der dazugehörigen Reflexions- bzw. Remissionsansätze mißt man allerdings nicht $\varrho(\lambda)$, sondern den spektralen Strahldichtefaktor bzw. spektralen Remissionsgrad $\beta(\lambda)$. Dieser ist das Verhältnis der spektralen Strahldichte $L_{e\lambda}$ der Probe beim Abstrahlungswinkel $\varepsilon_{2,\delta}$ zur spektralen Strahldichte $(L_{e\lambda})$ der vollkommen streuenden und weiß reflektierenden Fläche

$$(L_{e\lambda})_W = \text{const}; \quad \varrho(\lambda) = 1 \tag{56}$$

bei gleicher Bestrahlung

$$\beta(\lambda) = \frac{L_{e\lambda}}{(L_{e\lambda})_W} \tag{57}$$

Einstrahlungs- und Abstrahlungsrichtung sind dabei anzugeben. Der spektrale Strahldichtefaktor ist dabei nur für gestreut abgestrahlte Strahlung sinnvoll.

Vielfach registriert man nicht das unter $\varepsilon_{2,\delta}$, sondern das insgesamt diffus vom Material reflektierte Licht. Man verwendet dazu Spektralfotometer mit Remissionsansätzen, die *Ulbricht*sche Kugeln enthalten.

Bild 4.4–34 zeigt als Beispiel für das Reflexionsverhalten lichtstreuender Kunststoffe den spektralen Remissionsgrad von Plexiglas® weiß 017, 010, 020, 058, 056, 057 und 072 für das gesamte, diffus reflektierte Licht. Die Messungen wurden mit Hilfe des registrierenden Fotometers DK 2 von *Beckman* durchgeführt.

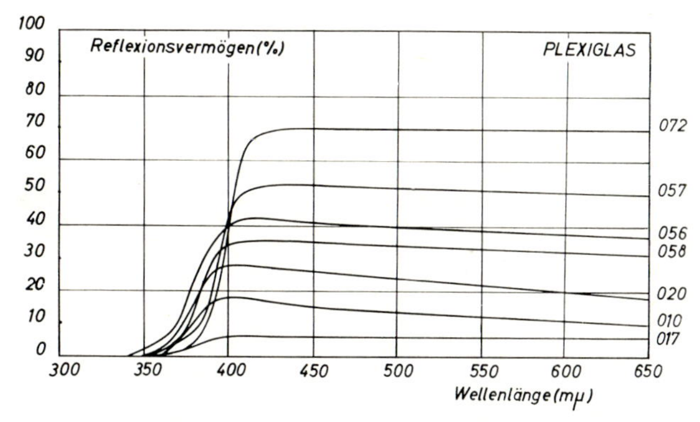


Bild 4.4–34 Reflexionsvermögen $\varrho(\lambda)$ von Plexiglas® weiß 072, 057, 056, 058, 020, 010, 017 als Funktion der Wellenlänge für die Materialdicke 3 mm

Der Reflexionsgrad gibt dabei an, welcher Prozentsatz des auf eine Probe fallenden Lichtes von dieser im Vergleich zu einem Magnesiumoxydstandard diffus reflektiert wird.

Magnesiumoxyd reflektiert bekanntlich im sichtbaren und ultravioletten Spektralbereich nahezu das gesamte auffallende Licht und findet daher als Vergleichsstandard für Reflexionsmessungen Anwendung.

Bild 4.4–34 zeigt, daß die genannten Acrylgläser bei ca. 350 nm zu reflektieren beginnen und oberhalb 420 nm von der Wellenlänge weitgehend unabhängige Reflexionsvermögen aufweisen, also „weiß“ sind.

Ein Vergleich mit den in den Bildern 4.4–23 und 4.4–24 dargestellten Lichtdurchlässigkeitskurven zeigt, daß ein Glas mit niedriger Durchlässigkeit erwartungsgemäß ein hohes Reflexionsvermögen aufweist. Die als Beispiel genannten Acrylgläser überdecken hinsichtlich des Reflexionsvermögens einen weiten Bereich.

Als eine weitere, wesentlich häufiger gebrauchte Stoffkennzahl als der spektrale Remissionsgrad $\varrho(\lambda)$, verwendet man zur Charakterisierung des Reflexionsverhaltens opalweißer Acrylgläser den Remissionsgrad $\varrho$. Er ist die zum Transmissionsgrad $\tau$ analoge, das Reflexionsverhalten eines Stoffes charakterisierende Kennzahl. Der Reflexionsgrad $\varrho$

ist das Verhältnis des von einem Körper zurückgestrahlten Lichtstromes $\Phi_\varrho$ zu dem auffallenden Lichtstrom $\Phi$. Dabei wird wieder gemäß dem spektralen Hellempfindlichkeitsgrad $V(\lambda)$ bewertet. Es gilt

$$\varrho = \frac{\Phi_\varrho}{\Phi} = \frac{\int_0^\infty \Phi_{e\lambda} \cdot \varrho(\lambda) \cdot V(\lambda) \cdot d\lambda}{\int_0^\infty \Phi_{e\lambda} \cdot V(\lambda) \cdot d\lambda} \tag{58}$$

Die Reflexion kann gerichtet ($\varrho_r$), gestreut ($\varrho_d$) oder gemischt sein. Es gilt wieder

$$\varrho = \varrho_r + \varrho_d \tag{59}$$

Der Grad der gerichteten Reflexion $\varrho_r$ ist das Verhältnis desjenigen Lichtstroms, für den nach Reflexion das fotometrische Entfernungsgesetz vom virtuellen Bild der Lichtquelle aus gilt, zum auffallenden Lichtstrom. Der Grad der gestreuten Reflexion $\varrho_d$ ist das Verhältnis desjenigen Lichtstroms, für den nach Reflexion das fotometrische Entfernungsgesetz von dem reflektierten Körper aus gilt, zum auffallenden Lichtstrom.

Der Betrag der Größe $\varrho$ ist von der Art der den Strahlungsfluß $\Phi_{e\lambda}$ emittierenden Lichtquelle, der Lichtart abhängig. Diese ist dem Reflexionsgrad als Index anzuhängen. Bei Verwendung der Lichtart $A$ ergibt sich dementsprechend der Reflexionsgrad $\varrho_A$ etc. Im folgenden werden Angaben über die Reflexionsgrade weiß eingefärbter, gegossener und extrudierter Acrylglassorten gemacht. In allen Fällen handelt es sich dabei um den Reflexionsgrad $\varrho_A$. Dabei ist zu berücksichtigen, daß die Reflexionsgrade der opal-weißen Acrylgläser bei Beleuchtung mit anderen Lichtarten kaum von den entsprechenden $\varrho_A$-Werten abweichen.

4.4.4.11.2. *Reflexionsgrad $\varrho_A$ opal-weißer Kunststoffe*

Wie bereits unter 4.4.4.10. dargelegt wurde, streben die Hersteller opal-weißer Kunststoffhalbzeuge im allgemeinen an, diese so zu fertigen, daß die lichttechnischen Stoffkennzahlen von der Materialdicke unabhängig sind. Um dies zu erreichen, werden Konzentration, Zusammensetzung und Verteilung der Pigmente zweckentsprechend variiert. Tabelle 4.4–18 enthält als Beispiel die Transmissionsgrade $\tau_A$ und Reflexionsgrade $\varrho_A$ einiger handelsüblicher Acrylgläser in Abhängigkeit von der Materialdicke. Wie man sieht, wird das angestrebte Ziel bei den Sorten Plexiglas® weiß 003, 017, 057 und 072 sehr gut, bei den Sorten 010 bzw. 060 nur in bestimmten Dickenbereichen ausreichend gut erreicht. Wie man Tabelle 4.4–18 entnimmt, wächst $\varrho_A$ wie erwartet mit abnehmendem Transmissionsgrad.

Bei der Verformung bzw. Warmformung opal-weißer, eingefärbter Halbzeuge zu Leuchtenabdeckungen unterschiedlichster Art wird das Material mehr oder weniger gleichmäßig biaxial gereckt. Dabei nimmt die Materialdicke ab. Es ist ferner möglich, daß sich die Verteilung des Pigmentes sowie die Größe und Form der einzelnen Pigmentpartikel ändert. Alle diese Faktoren führen zwangsläufig zur Veränderung des Lichtreflexionsverhaltens und der diese charakterisierenden Stoffkennzahlen. Da am Formteil unterschiedliche Reckungsgrade bzw. Dicken vorliegen, streben Halbzeughersteller Produkte an, deren lichttechnische Kennwerte bei der Verformung nicht oder nur wenig verändern.

Im allgemeinen nimmt der Reflexionsgrad $\varrho_A$ mit zunehmender Verformung bzw. Reckung ab, wobei der Transmissionsgrad $\tau_A$ entsprechend wächst. Dies zeigt Bild 4.4–35 für Plexiglas® weiß 072 und Reckungsgrade zwischen 0 und 150%. Das 3 mm dicke Material wurde dabei vor der Reckung 10 Minuten bei 160 °C erwärmt.

*Tabelle 4.4–18 Transmissionsgrad $\tau_A$ und Reflexionsgrad $\varrho_A$ opal-weißer, gegossener Acrylgläser in Abhängigkeit von der Dicke*

| Sorte | Dicke (mm) | $\tau_A$ (%) | $\varrho_A$ (%) | Sollwert von $A$ (%) |
|---|---|---|---|---|
| Plexiglas® 017 | 2,00 | 83,8 | 9,0 | ca. 8 |
| | 3,10 | 84,4 | 8,0 | |
| | 4,00 | 84,1 | 8,0 | |
| | 5,20 | 84,0 | 7,5 | |
| Plexiglas® 010 | 2,10 | 68,0 | 18,7 | ca. 16 |
| | 3,00 | 65,5 | 19,2 | |
| | 4,15 | 68,3 | 14,3 | |
| Plexiglas® 060 | 1,85 | 53,8 | 36,0 | ca. 40 |
| | 2,20 | 48,0 | 42,5 | |
| | 3,00 | 46,0 | 43,4 | |
| | 4,05 | 43,9 | 43,9 | |
| | 4,90 | 44,1 | 41,0 | |
| | 5,65 | 43,0 | 40,0 | |
| | 7,95 | 37,4 | 40,0 | |
| | 10,00 | 34,1 | 37,5 | |
| | 11,65 | 32,5 | 33,2 | |
| Plexiglas® 057 | 3,15 | 38,6 | 50,9 | ca. 50 |
| | 3,70 | 40,9 | 48,4 | |
| | 4,70 | 38,7 | 48,8 | |
| Plexiglas® 072 | 2,90 | 23,0 | 68,3 | ca. 70 |
| | 4,35 | 20,5 | 70,3 | |
| | 4,80 | 22,3 | 68,0 | |
| | 8,20 | 16,8 | 72,2 | |
| Plexiglas® 003 | 1,90 | 2,5 | 87,0 | ca. 87 |
| | 2,45 | 2,5 | 87,0 | |
| | 3,05 | 2,2 | 87,6 | |
| | 4,90 | 2,5 | 87,0 | |
| | 8,00 | 2,4 | 86,3 | |
| | 9,50 | 2,8 | 86,4 | |

Bei verschiedenen Materialien ist es unter bestimmten Verformungsbedingungen (Dauer und Temperatur der Erwärmung, Deformationsgeschwindigkeit etc.) möglich, daß sich der Reflexionsgrad $\varrho_A$ und damit meist auch der Transmissionsgrad $\tau_A$ in einem weiten Bereich vom Reckungsgrad unabhängig bleibt. Dies gilt, wie Bild 4.4–35 zeigt, für Plexiglas® 060 (Ausgangsdicke 3 mm) nach 10 Minuten dauernder Erwärmung bei 150 °C sowie Reckungsgrade zwischen 25 und 125%.

In anderen Fällen beobachtet man, daß $\varrho_A$ mit wachsendem Reckungsgrad zunächst abnimmt, bei einem bestimmten Reckungsgrad ein Minimum durchläuft, um wieder anzusteigen, wenn der Reckungsgrad des Materials weiter erhöht wird.

Selbstverständlich fällt auch bei Materialien, die dieses Verhalten zeigen, der Reflexionsgrad $\varrho_A$ erheblich ab, wenn schließlich bei sehr hohen Reckungsgraden sehr kleine Materialdicken auftreten. Bild 4.4–35 zeigt dies an Hand des vor der Reckung 10 Minuten bei 180 °C erwärmten, 3 mm dicken Plexiglas® 060.

Wie man am Beispiel von Plexiglas® weiß 060 (Bild 4.4–35) erkennt, wird der funktionale Zusammenhang zwischen dem Reflexionsgrad $\varrho_A$ und dem Reckungsgrad $R$ von den Verformungsbedingungen beeinflußt. Es ist daher zweckmäßig diese, wenn möglich, so zu wählen, daß $\varrho_A$ vom Reckungsgrad weitgehend unabhängig ist.

a)

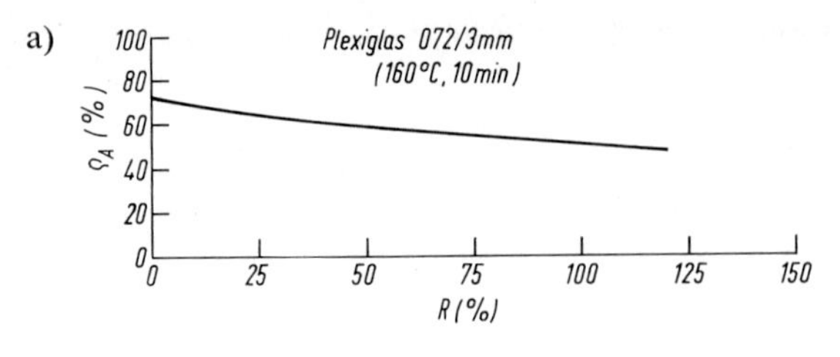


b)

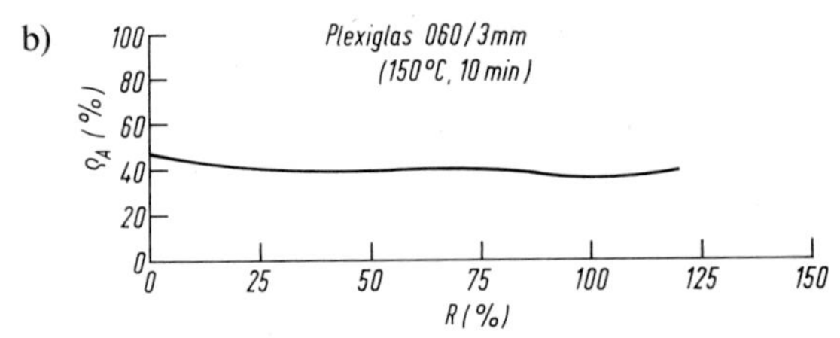


c)

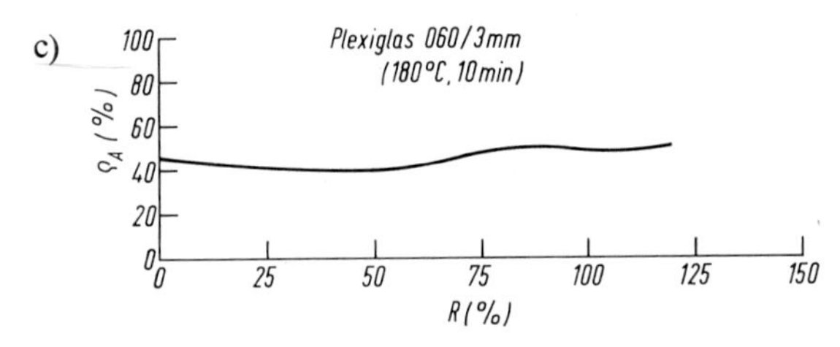


Bild 4.4–35 Reflexionsgrad $\varrho_A$ für Plexiglas® weiß 060 von 3 mm Dicke als Funktion des Reckungsgrades für verschiedene Warmformungsbedingungen

a) 160 °C, 10 Minuten, b) 150 °C, 10 Minuten, c) 180 °C, 10 Minuten

### 4.4.4.11.3. *Durchlässigkeit, Streuung und Reflexion farbiger, lichtstreuender Kunststoffe*

Die in den Abschnitten 4.4.4–9 bis 4.4.4–11 zur Charakterisierung des lichttechnischen Verhaltens ($\tau$, $\sigma$, $\beta$, $\varrho$, etc.) opal-weißer Kunststoffe verwendeten Stoffkennzahlen, lassen sich selbstverständlich auch zur Kennzeichnung lichtstreuender, farbiger Kunststoffe verwenden. Auf die Wiedergabe von Meßergebnissen soll an dieser Stelle verzichtet werden, weil sie nichts grundsätzlich Neues bringen.

Da die lichtstreuenden, farbigen Kunststoffe im Gegensatz zu den opal-weißen außer dem Zusatz an Pigmenten auch Farbstoffe unterschiedlichster Art und Zusammensetzung enthalten, sind sie im eigentlichen Sinne lichtabsorbierend. Ermittelt man an ihnen nach DIN 5036 $\tau$ und $\varrho$ (z.B. $\tau_A$, $\varrho_A$), so läßt sich über Gleichung (60) der Absorptionsgrad $\alpha(\alpha_A)$ ermitteln:

$$\alpha = 1 - \varrho - \tau \qquad (60)$$

$\alpha$ gibt an, wieviel Lichtstrom der betreffenden Lichtart (*A*) vom jeweiligen Werkstoff absorbiert ($\alpha_A$) wird. Bei den lichtstreuenden, farbigen Kunststoffen entsprechen die Beziehungen zwischen $\tau_A$, $\sigma$, $\beta$, $\gamma$, $\varrho_A$ und Materialdicke bzw. Reckungsgrad weitgehend denen der opal-weißen Materialien. Dabei ist zu berücksichtigen, daß beim Erwärmen farbiger Kunststoffe auf Verformungstemperatur mit, allerdings meist geringen, Farbänderungen gerechnet werden muß.

### 4.4.4.12. *Trübung von durchsichtigen Kunststoff-Schichten*

*Grundsätzliches* [84, 85]

In der optischen Industrie, bei der Herstellung von Sicherheitsgläsern und bei anderen Anwendungen, bei denen Kunststoffschichten bzw. Folien vorkommen, ist die quantitative Messung der sog. Trübung wichtig. Besonders die großtechnische Herstellung der Polyacrylate und Polymethacrylate zu optisch einwandfreien technischen Gläsern und die Verwendung von Stoffen wie Polyvinylbutyral als Zwischenschicht für Verbundgläser legte die Ausarbeitung geeigneter Prüfmethoden nahe. Solche stehen seit einiger Zeit mit den in ASTM D 1003-52 bzw. DIN 53490 beschriebenen Verfahren zur Verfügung.

Die Trübung setzt sich aus der Oberflächen- und der Volumentrübung zusammen. Die Oberflächentrübung entsteht durch Streuung und Brechung des Lichtes an den Rauhigkeiten (Unebenheiten) der Oberfläche. Sie wird bei der Bestimmung der Trübung einer Probe mit erfaßt.

Die Volumentrübung entsteht durch Streuung des Lichtes in optisch inhomogenen Medien. Intensität und Winkelverteilung dieser Streuung hängen von verschiedenen Einflüssen ab. Die Intensität der Streuung wächst mit der Zahl und dem Volumen der Streuzentren und dem Brechungsindexunterschied zwischen Basis- und Fremdsubstanz.

Die Winkelverteilung der Streustrahlung ist von der Größe der Streuzentren abhängig. Ist diese etwa eine Größenordnung kleiner als die Wellenlänge des gestreuten Lichtes, so ist die Intensität des gestreuten Lichtes entsprechend dem Gesetz von Rayleigh von der Streurichtung unabhängig, sofern man noch von der Polarisationskorrektur absieht.

Sind die lichtstreuenden Partikel größer, so wird das Licht hauptsächlich vorwärts, d.h. in Richtung des einfallenden Lichtes gestreut.

Das Verhältnis des insgesamt gestreuten zum einfallenden Licht wird durch eine Maßzahl ausgedrückt, die von sehr kleinen Werten, z.B. $10^{-6}$ bei Gasen oder Luft über $10^{-4}$ bei Flüssigkeiten, bis gegen 1 bei Trübgläsern oder Emulsionen betragen kann. Betrachtet man einen Gegenstand durch ein getrübtes Medium, so werden die Kontraste desselben durch Aufhellung der dunkleren bzw. Dunklerwerden der helleren Stellen des Gegenstandes vermindert. Die streuende Schicht wird also zum Ausgangspunkt einer zusätzlichen, flächenhaften Lichtstrahlung, deren Intensität von den Beleuchtungsverhältnissen auf der Objektseite abhängt.

Zur genauen Charakterisierung der Streuung wäre es erforderlich, deren Winkelverteilung für verschiedene Wellenlängen punktweise zu bestimmen. Da solche Messungen jedoch mit einem großen experimentellen Aufwand verknüpft sind, kommen sie lediglich für wissenschaftliche Zwecke in Frage. Bei der Entwicklung von Geräten für die Praxis muß einfacheren Methoden der Vorzug gegeben werden.

Eingehende Versuche [84] haben gezeigt, daß die Messung der gesamten, in einen Raumwinkel von 80 Grad um die Achse des einfallenden Strahles ausgesandten Streulichtes mit dem subjektiv festgestellten Streuverhalten, der „Trübung“ gut übereinstimmt.

Dies ist bei dem in DIN 53490 zugrunde gelegten Prüfgerät berücksichtigt.

#### 4.4.4.12.1. *Haze*

Auf Grund der Zusammensetzung oder infolge von Verunreinigungen bzw. Herstellungsfehlern tritt bei farblosen, glasklaren Kunststoffen gelegentlich eine Trübung, also eine Art von Tyndalleffekt auf, wodurch deren Klarsicht, d.h. Durchlässigkeit für gerichtetes Licht beeinträchtigt wird.

Diese Trübung, die in der angelsächsischen Literatur als „haze" bezeichnet wird, ist der Teil (Prozent) des von einer Materialprobe durchgelassenen Lichtes, welcher von der Richtung des auf die Probe einfallenden Lichtstrahles auf Grund einer im Material stattfindenden Vorwärtsstreuung abweicht.

Aus experimentiertechnischen Gründen wird jedoch nur der Teil des gestreuten Lichtes als Trübung angesprochen, der hinsichtlich seiner Richtung mehr als 2,5 Grad vom einfallenden Strahl abweicht.

Die Haze-Messung ist in der Literatur und in den einschlägigen Normen, nämlich ASTM D 1003-52 bzw. Mil L-P-406 b ausführlich beschrieben.

Materialien, die im engeren Sinne lichtstreuend oder translucent sind, also mehr als 30% Haze haben, sollen derartigen Messungen nicht unterzogen werden.

Die Trübungsmessung wurde vielmehr zur Charakterisierung und Qualitätsprüfung farbloser, glasklarer Stoffe eingeführt. Für sie errechnet sich die Trübung $T$ (bzw. der „haze") zu

$$T(\%) = \frac{\Phi_g}{\Phi_d} \cdot 100\% \qquad (61)$$

Dabei ist $\Phi_g$ der mehr als 2,5 Grad gestreute, $\Phi_d$ der überhaupt durchgelassene Lichtstrom.

Für die nicht eingefärbten, glasklaren Kunststoffe (Plattenpolymerisate und Spritzgußmassen) werden vom jeweiligen Hersteller Haze-Werte zwischen 0 und 3% angegeben. Bei den in der Flugzeugindustrie verwendeten Acrylgläsern darf die Trübung beim Einbau höchstens 3, nach Alterung höchstens 4% betragen (siehe z.B. die amerikanische Vorschrift Mil-P-8184 A).

Da die Haze-Werte der handelsüblichen glasklaren Optik-Kunststoffe sehr niedrig liegen, ist ihre Messung problematisch. Bei unseren Untersuchungen stellten wir fest, daß bereits geringe Verunreinigungen der Oberfläche wie Staub oder von der üblichen Papierabdeckung verbliebene Klebstoffrückstände, aber auch Kratzer etc., Haze bzw. Trübung vortäuschen, wenn diese Störungen innerhalb des „Meßfeldes" liegen. Häufig führt dies dazu, daß den Kunststoffen größere Haze-Werte angelastet werden, als sie tatsächlich besitzen.

Es ist daher zweckmäßig, an zu messenden Proben erst kurz vor der Messung vorhandene Schutzabdeckungen zu entfernen, um Verkratzungen zu vermeiden. Dabei sind die auf dem Material verbleibenden Kleberreste sachgemäß und sorgfältig zu entfernen. Die Proben werden anschließend vorsichtig mit geringen Mengen hochverdünnter Antistatika präpariert.

Auf den zur Haze-Messung verwendeten Versuchsaufbau soll hier nicht näher eingegangen werden. Er ist in ASTM D 1003-52 hinreichend beschrieben. Es ist zweckmäßig, neu installierte Versuchseinrichtungen durch Vergleichsmessungen mit Prüfinstituten auf Meßrichtigkeit zu überprüfen. Dabei ist zu beachten, daß der Haze-Wert eines bestimmten Materials bei Messung mit ein und derselben Apparatur nur auf $\pm$ 0,1% Haze (absolut) reproduziert werden kann. Mit der Genauigkeit der Methode als solche hat diese Aussage nichts zu tun. Bei Verwendung verschiedener, der Norm entsprechender Apparaturen, hat man für ein und dieselbe Probe mit Meßwertunterschieden bis zu $\pm$ 0,3% Haze (absolut) zu rechnen.

Wie übereinstimmend bei sorgfältiger Arbeit an identischen Proben gemessen werden kann, zeigen die in Tabelle 4.4–19 wiedergegebenen Werte. Zwei amtliche Prüfinstitute ermittelten dazu die Haze-Werte von Proben aus Plexiglas® 240 (12 und 20 mm dick) und Plexiglas® 245 (10 mm dick).

In Tabelle 4.4–20 sind Haze-Werte angegeben, die an einigen Materialien unterschiedlicher Vorgeschichte ermittelt wurden.

*Tabelle 4.4–19 Haze von Plexiglas® 240 (d = 12 und 20 mm) und Plexiglas® 245 (d = 10 mm)*

| | Plexiglas® 240 | | Plexiglas® 245 |
|---|---|---|---|
| | 12 mm | 20 mm | 10 mm |
| Prüfinstitut 1 | | | |
| a) Haze (%) | 0,17 ± 0,02 | 0,30 ± 0,03 | 0,24 ± 0,02 |
| b) Anzahl n der Messungen | 8 | 6 | 5 |
| Prüfinstitut 2 | | | |
| a) Haze (%) | 0,13 ± 0,01 | 0,29 ± 0,02 | 0,23 ± 0,02 |
| b) Anzahl n der Messungen | 8 | 8 | 8 |

*Tabelle 4.4–20 Haze-Werte verschiedener Acrylgläser*

| Material | Dicke (mm) | Haze (%) |
|---|---|---|
| Plexiglas® 209 | 3 | 0,31 |
| Plexiglas® 209 | 50 | 0,45 |
| Plexiglas® 240 | 12 | 0,15 |
| Plexiglas® 240 | 20 | 0,30 |
| Plexiglas® 245 | 10 | 0,24 |
| Plexiglas® 245 7 Jahre bewittert | 3 | 1,6 |
| Plexiglas® 7 H gespritzt | 3 | 0,4 |
| Plexidur® T | 3 | 0,44 |
| Plexidur® T | 10 | 2,86 |
| Plexidur® T | 20 | >30* |

* nach ASTM D 1003–52 nicht mehr meßbar.

Wie Tabelle 4.4–20 zeigt, liegen die Haze-Werte von Acrylgläsern auf MMA-Basis bis zu Dicken von 50 mm < 0,5%. Anders ist dies bei dem MMA/AN = 30/70-Copolymerisat Plexidur® T, das eine natürliche Eigentrübung aufweist, die darauf zurückzuführen ist, daß bei dessen Blockpolymerisation ein statistisches Copolymer entsteht, dessen Komponenten nicht voll miteinander verträglich sind.

Wie man den vorausgegangenen Ausführungen entnehmen kann, erreichen gebrauchte Acrylgläser schnell höhere Haze-Werte, wenn sie verkratzt oder verschmutzt werden. Da jedoch bei der Haze-Messung nur die substanzbedingte Trübung erfaßt werden soll, ist dies bei der Haze-Messung an gebrauchten oder bewitterten Acrylgläsern entsprechend in Rechnung zu stellen.

#### 4.4.4.12.2. *Trübung nach DIN 53490*

Das in DIN 53490 beschriebene Verfahren dient zur Bestimmung der Trübung von durchsichtigen Kunststoffschichten oder Folien, bei denen die optische Trübung bzw. Klarheit für deren Gebrauchswert wesentlich ist, also z. B. bei Verbunds-Sicherheitsgläsern, organischen Gläsern, Fotofilmen, Kunststoff-Schichten zur Verkittung von Linsen, Verpackungsfolien etc.

Das in DIN 53490 beschriebene Verfahren darf nicht bei stark gefärbten oder stark lichtstreuenden Stoffen angewendet werden. In diesem Sinne sind stark lichtstreuende Stoffe solche, die bei der Prüfung nach dieser Norm eine Trübung von mehr als 5% aufweisen.

Als Maßzahl für die Trübung – die Trübungszahl – dient das Verhältnis des Streulichtstromes, der von der Probe in einen Raumwinkel von 80 Grad um die Achse des einfallenden Strahles nach vorn ausgesandt wird, zu dem nahezu rechtwinklig auf die Probe auffallenden Primärlichtstrom[12]).

Meßtechnisch ergibt sich die Trübungszahl als das Verhältnis der Fotoströme, die durch die Probe und einen Vergleichsstreukörper hervorgerufen werden, multipliziert mit der Trübungszahl des Vergleichskörpers.

Als Grundlage für die mit dem in DIN 53490 geschilderten Gerät vorzunehmenden Trübungsmessungen müssen Vergleichsstreukörper von bekannter Trübungszahl erstellt werden.

Die Trübungszahl der Vergleichsstreukörper entspricht dem Verhältnis zwischen dem direkten Lichtstrom, der auf den Vergleichsstandard fällt und dem auf die Selenfotozelle abgebeugten Streulichtstrom.

Als Vergleichskörper dienen Trübgläser[13]), die einheitliche und zeitlich unveränderliche Trübungszahlen zwischen 2 und 20% aufweisen.

Die Messung soll nach den in DIN 53490 näher aufgeführten Richtlinien vorgenommen werden. Zunächst bestimmt man den Leerwert des Trübungsmeßgerätes durch Messung des ohne Probe abgelesenen Galvanometerausschlages. Der Leerwert ist später bei allen Messungen in Abzug zu bringen.

Die Trübungszahl $TZ$ (in $^0/_{00}$) errechnet sich aus der Beziehung

$$TZ = \frac{\Phi_\mathrm{p}}{\Phi_\mathrm{v}} \cdot T_\mathrm{v} \qquad (62)$$

Dabei ist $\Phi_\mathrm{p}$ der Mittelwert des Fotostromes, der die Probe verläßt, $\Phi_\mathrm{v}$ der entsprechende Wert für den Vergleichskörper.

$T_\mathrm{v}$ ist die in $^0/_{00}$ angegebene Trübungszahl des Vergleichsstreukörpers. Ergibt sich bei der Auswertung der Messung eine Trübungszahl von mehr als 5%, so ist die Schichtdicke der Probe entsprechend zu verringern, da sonst ein Teil der Streustrahlung durch Doppelstreuung verloren geht und die gefundenen Werte zu klein ausfallen.

#### 4.4.4.13. *Glanz*

Obwohl man immer versucht hat, den Begriff „Glanz" physikalisch zu definieren und zu messen, handelt es sich bei dieser Erscheinung ebensowenig wie bei dem Phänomen „Farbe" um eine physikalische Eigenschaft. Glanz und Farbe werden gesehen, also mittels des menschlichen Auges subjektiv wahrgenommen. Wir sehen Glanz im Prinzip bei jeder mit ausgesprochener Vorzugsrichtung stattfindenden Lichtstreuung bzw. Lichtreflexion. Dabei genügen schon kleine Bewegungen des Körpers oder Beobachters, um die vom Auge gesehene Leuchtdichte stark zu verändern.

Schon die eindeutige Definition des Begriffes „Glanz" bereitet also Schwierigkeiten. Obwohl man auf Grund physikalischer Messungen, etwa der Winkel-Intensitätsfunktion des von einem Körper reflektierten Lichtes, zu reproduzierbaren Maßzahlen gelangen kann, stehen diese oftmals in vager Beziehung zu dem visuell gewonnenen Glanzeindruck. Für die Praxis ist jedoch nur die durch das Auge mitgeteilte Glanzempfindung maß-

---

[12]) Wegen der meßtechnisch notwendigen Ausblendung des Zentralstrahles, kommt beim Messen des Streulichtstromes nicht der ganze Kegel vom Öffnungswinkel 80° zur Messung, sondern nur eine durch zwei koaxiale Kegel von der Öffnung 80 und 12° begrenzte Kegel.

[13]) Z. B. unbelichtet entwickelte Röntgenfilme etc.

gebend. Der Glanz ist eine wichtige Eigenschaft der ihn erzeugenden Oberfläche eines Materials oder Gegenstandes. Er dient nicht nur zur Verschönerung, d.h. zur Befriedigung ästhethischer Empfindungen, sondern er hat auch technische Bedeutung. So neigen z.B. glänzende Oberflächen weniger zur Verschmutzung als matte. Bei Lacken oder Anstrichfilmen, bei fast allen im täglichen Gebrauch befindlichen Kunststoffgegenständen dient die Abnahme des Glanzes als ein Maß für den Angriff dieser durch die verschiedenartigsten Beanspruchungen wie Wetter, Licht, Hitze, Wasser, Chemikalien usw.

Der Glanz eines Körpers ist von vielen Faktoren abhängig. So von der Richtung des einfallenden und des reflektierten Lichtes, der Wellenlänge desselben, der Beobachtungsrichtung, dem Polarisationszustand der auftreffenden und remittierten Strahlung, der Oberflächenstruktur, der Art der Herstellung und der Nachbehandlung sowie der Alterung und Reinheit.

Dazu kommt, daß auch das aus dem Innern des betrachteten Körpers zurückkommende Licht zum Glanzeindruck beiträgt. Das Auftreten des Glanzes ist an zwei Hauptbedingungen geknüpft:

a) Glanz entsteht dann, wenn die einzelnen Elemente der Oberfläche das Vermögen zur regulären Reflexion besitzen und
b) dann, wenn eine Anzahl dieser Oberflächenelemente bevorzugt in einer gewissen Richtung liegen bzw. wenn die Oberfläche in sich eben bzw. glatt ist.

Das heißt, daß der Glanz einer Oberfläche

a) durch eine optische Konstante, d.h. das Reflexionsvermögen und
b) durch eine geometrische Eigenschaft, die Rauhigkeit oder Ebenheit der reflektierenden Oberfläche

gegeben sind. Die optischen Eigenschaften des Materials (und des angrenzenden Mediums) bestimmen die bei vollkommen ebener Fläche vorliegende, maximale Reflexionsintensität. Die Rauhigkeit der Oberfläche bestimmt die Winkelverteilung der Intensität der Reflexion.

Die Maßzahl für den Glanz, der „Grad des Glanzes" (auch „Glanzgrad" genannt), sollte möglichst unabhängig von apparativen Einflüssen sein. Um dies zu erreichen, müssen die nicht im Prüfkörper liegenden Faktoren genau festgelegt werden. In der Literatur [86–100] sind zahlreiche Methoden zur Messung des Glanzes angegeben. Sie sind in Bild 4.4–36 schematisch dargestellt.

Nach Teil 1 von Bild 4.4–36 ist der Glanzgrad $g$ durch das Verhältnis der Intensität des regulär reflektierten Lichtes zur Intensität desjenigen einer vollkommenen Standard-

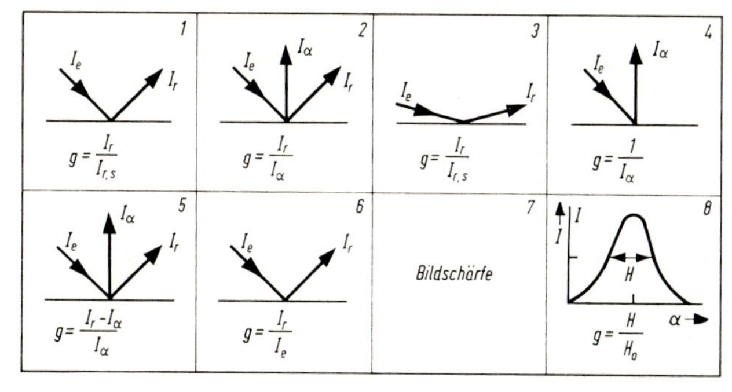


Bild 4.4–36 Schematische Darstellung der verschiedenen Methoden zur Messung des Glanzes von Kunststoff-Oberflächen

fläche, z.B. einem hochwertigen optischen Spiegel definiert. Die Messung wird dabei unter 45° zur Flächennormalen bzw. Probenoberfläche vorgenommen.

Glanzmessungen werden jedoch auch bei anderen Winkeln vorgenommen. So etwa entsprechend ASTM D523-51 bei einem Einfalls- bzw. Reflexionswinkel von 60° oder, wie es auch in der Literatur beschrieben wird, bei 67,5° (Teil 3 des Bildes 4.4–36).

Das Verhältnis der Intensität des unter dem Reflexionswinkel (45°) austretenden Lichtes zur Intensität des senkrecht zur Fläche (d.h. in Richtung der Flächennormalen) austretenden „Streulichtes" als Maßzahl für den Glanz ist im 2. Teil von Bild 4.4–36 dargestellt.

Teil 4 des genannten Bildes gibt eine weitere Möglichkeit zur Definition einer Glanz-Maßzahl. Sie entspricht in diesem Fall dem Kehrwert der senkrecht zur Oberfläche der Meßprobe diffus reflektierten Lichtintensität. Eine weitere Möglichkeit den Glanz einer Meßprobe zu kennzeichnen besteht darin, daß man als Glanzgrad die auf die senkrecht reflektierte Intensität bezogene Differenz zwischen regulär und senkrechtreflektierter Intensität benützt (Teil 5, Bild 4.4–36).

Die Intensität des unter einem vorgegebenen Winkel regulär reflektierten, bezogen auf die Intensität des eingestrahlten Lichtes, also der Grad der gerichteten Reflexion, stellt eine weitere Möglichkeit zur Glanzbeurteilung dar (Teil 6 aus Bild 4.4–36).

*Ostwald* gibt als Maß für den Glanz einer Probe die Differenz zwischen regulär und diffus reflektierter Intensität, bezogen auf die einfallende Lichtintensität an.

*Klughardt* [89] schließlich benützt als Glanzmaß den Logarithmus des Verhältnisses aus regulär und diffus reflektierter Intensität, wobei der gestreute Anteil unter verschiedenen Beobachtungsrichtungen gemessen wird.

Als weitere Möglichkeiten werden in der Literatur [86] die Bildschärfe und deren Vergleich mit derjenigen von Standardoberflächen sowie das Verhältnis der Halbwertsbreiten der Streukurven von Meßprobe und Glanzstandard genannt (siehe Teil 8 aus Bild 4.4–36).

Die nach den bisher genannten Methoden bestimmten Glanzwerte geben das Glanzvermögen lichtreflektierter Stoffe nur unvollständig wieder.

Wie *Haussühl* und *Hamann* [86, 90] hervorheben, wies *Hunter* [91] erstmalig auf die Bedeutung der Bildschärfe für die Glanzmessung hin. Die genannten Autoren zeigten, daß man den Glanz einer Meßprobe durch in geeigneter Weise vorgenommene goniofotometrische Messungen erfassen kann. Die von ihnen vorgeschlagene Methode der Glanzmessung charakterisiert den Glanz einer Oberfläche durch die sog. Glanzkurve. Ein Beispiel einer solchen Glanzkurve zeigt Bild 4.4–37. Trägt man demnach über dem Beobachtungswinkel als Abszisse die Intensität des austretenden Bündels in der Ordinate auf, so nimmt die reflektierte Intensität zunächst langsam mit steigendem Winkel $\gamma_2$ zu, steigt in der Nähe des Winkels der regulären Reflexion bis zu einem Maximalwert stark an und fällt bei noch weiter wachsendem Winkel $\gamma_2$ wieder auf einen minimalen Wert ab. Wächst $\gamma_2$ noch weiter, so erreicht man bei $\gamma_2 = 90°$ wieder einen Maximalwert. Bei matten Oberflächen erfolgt der Anstieg zum Maximum schon früher, das Maximum beim Reflexionswinkel ist niedriger und die Glanzkurve ist in dessen Umgebung breiter.

Es liegt nahe, die Glanzkurve in zwei Teile zu zerlegen:

a) den ansteigenden und abfallenden Ast in der Nähe des Maximums ($\gamma_2 = 45°$);
b) die restlichen Teile, d.h. die langsam ansteigenden und abfallenden Äste.

*Haussühl* und *Hamann* [86, 90] weisen darauf hin, daß der unter a) genannte Teil nur von der regulären und diffusen Reflexion an der Oberfläche des zu prüfenden Stoffes

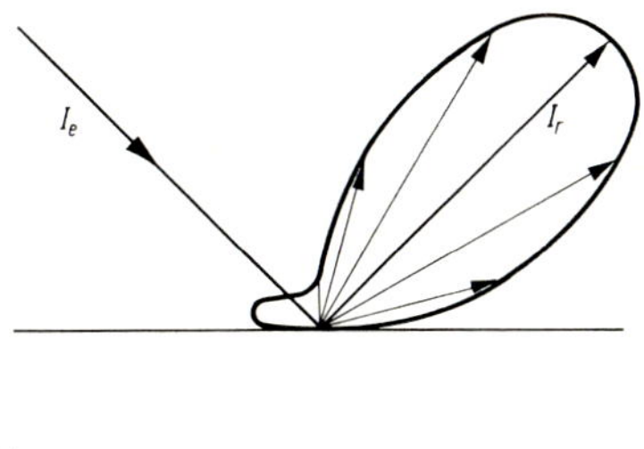


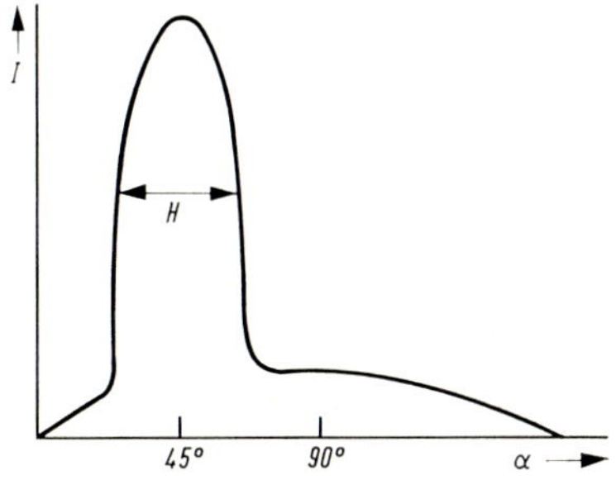


Bild 4.4–37 Schematische Darstellung der Überlagerung von diffuser und regulärer Reflexion an Kunststoff-Oberflächen

herrührt, während der unter b) erwähnte Anteil vom Probeninnern oder der Probenrückfläche zurückgeworfen wird und daher zu Recht als Streukurve bezeichnet wird.

Der unter a) genannte Teil der Glanzkurve dient zur Bestimmung des Glanzes. Als Maß für den Glanz verwendet man:

a) die Intensität des Hauptmaximums und
b) dessen Halbwertsbreite.

Durch diese Kenngrößen wird es möglich, besser als bei den zuvor geschilderten Verfahren zu widerspruchsfreien Glanzmessungen zu kommen.

Abschließend sei noch darauf hingewiesen, daß das von der Oberfläche eines Körpers reflektierte Licht vollständig oder teilweise polarisiert ist, daß also auch der Polarisationszustand des reflektierten Lichtes am gewonnenen Glanzeindruck beteiligt ist.

### 4.4.4.14. *Farbe und Farbmessung*

#### 4.4.4.14.1. *Allgemeines*

In der Zeit nach dem 2. Weltkrieg wurden in zunehmender Menge farbige Kunststoffe entwickelt, die heute in großem Umfang in der Technik und im täglichen Leben Verwendung finden. Als Beispiel seien die im Signalwesen, auf dem Werbe- und Beleuchtungssektor, im Bauwesen und anderswo verwendeten Kunststoff-Werkstoffe genannt.

So gibt es heute transparent, translucent und gedeckt eingefärbte Kunststoffe mannigfachster Farbgebung. Dies führte dazu, daß sowohl auf der Hersteller- als auch auf der Abnehmerseite brauchbare Methoden zur Farbcharakterisierung der gefertigten Produkte erforderlich wurden. Diese können z.B. der möglichst guten farblichen Übereinstimmung mit einem als Vergleich dienenden Muster dienen und so die Reproduzierbarkeit einer Einfärbung gewährleisten. Darüber hinaus sollen sie, unter genormten Meßbedingungen, beliebig oft reproduzierbare, absolute Zahlenwerte liefern, so daß eine exakte Auftragserteilung möglich wird.

Die Farbe der Kunststoffe ist damit heute ebenso oft Gegenstand technischer Betrachtung wie die anderer Erzeugnisse. Ihre Erfassung durch Maß und Zahl ist Gegenstand der Farbmessung.

Im Rahmen dieses Handbuches kann jedoch nur kurz auf diese eingegangen werden, weshalb schon an dieser Stelle auf die wichtigsten Darstellungen des Gebietes der „Farbmetrik" hingewiesen sei [101–117].

Farbe ist ein durch das menschliche Auge vermittelter Sinneseindruck [103, 111], der dadurch zustandekommt, daß das von einer Lichtquelle emittierte Licht von einem Körper reflektiert oder durchgelassen wird und schließlich ins Auge gelangt und von den Sinneszellen der Netzhaut als „Farbe" wahrgenommen wird.

Die Wahrnehmung der Farbe eines Kunststoffes hängt also von 3 Faktoren ab, nämlich:

1. der Art der Beleuchtung derselben, d.h. der relativen spektralen Strahlungsverteilung der beleuchtenden Lichtquelle;
2. den optischen Eigenschaften der beleuchteten bzw. angeschauten Gegenstände, d.h. dem spektralen Remissionsvermögen bzw. der spektralen Durchlässigkeit des farbigen Stoffes und
3. von der spektralen Empfindlichkeit des menschlichen Auges, d.h. der Funktionsweise des Empfängerapparates in der Netzhaut bzw. des Sehzentrums.

Die optischen Eigenschaften des Kunststoffes, also dessen Remissionsvermögen, Lichtdurchlässigkeit etc., sind von dessen Struktur, Zusammensetzung und von seinem Gehalt an Farbstoffen und Pigmenten abhängig.

Die Wahrnehmung der Farbe über das menschliche Auge führt zu der Möglichkeit, diese visuell (subjektiv) und vergleichend zu charakterisieren (abmustern etc.). Obwohl das normal ausgebildete menschliche Auge weit empfindlicher als jede technische Meßvorrichtung ist, also geringere Farbunterschiede feststellen kann als diese, haftet der visuellen Farbcharakterisierung der Nachteil an, daß unterschiedliche Beobachter verschiedene Farbempfindungen wahrnehmen. Trotzdem wird auch heute noch die überwiegende Menge der eingefärbten Kunststoffe durch Vergleich mit entsprechenden Mustern entwickelt und die Farbkonstanz der Produktion auf diese Weise geprüft.

Die visuelle Farbcharakterisierung wird durch die von *A. Hickethier* [112] aufgestellte Farbenordnung erleichtert. Sie beruht auf der additiven bzw. subtraktiven Mischbarkeit der Farben und legt tausend systematisch geordnete, durch je drei Ziffern benannte Vergleichsfarben fest. Die Farbwertung erfolgt nach Vornahme eines Farbvergleiches durch Zuordnung der entsprechenden dreistelligen Zahl.

In vielen Fällen, so bei der Herstellung und Kontrolle von Gläsern für Signallichter der Eisenbahn, des Straßenbahnverkehrs und der Straße, an Wasserwegen, Fahrzeugen des Luftverkehrs, der Polizei etc. reicht die visuelle Beurteilung bzw. Charakterisierung nicht aus. Man benützt dann valenzmetrisch exakte Farbmeßverfahren.

### 4.4.4.14.2. *Farbmeßverfahren*

Die spektrale Beschaffenheit eines Farbreizes wird durch die Farbreizfunktion $\varphi_\lambda$ beschrieben. Fällt die Strahlung einer Lichtquelle direkt auf das Auge, so ist die Strahlungsverteilungsfunktion $S_\lambda$ mit der Farbreizfunktion $\varphi_\lambda$ identisch ($\varphi_\lambda = S_\lambda$).

Bei der Betrachtung von Gegenständen ist dies nicht der Fall. Der beleuchtete Körper verändert die Strahlungsfunktion $S$ entsprechend seiner Remissions- bzw. Absorptionseigenschaften. Ein zwischen eine Glühlampe und das Auge gebrachtes Farbfilter absorbiert das Licht derselben entsprechend seiner spektralen Durchlässigkeit $\tau_\lambda$. Entsprechendes gilt für die diffuse Reflexion des Lichtes an der Oberfläche undurchsichtiger Körper bezüglich des spektralen Remissionsgrades $\beta_\lambda$. Damit ergeben sich die Farbreizfunktionen $\varphi_\lambda$ zu

$$\varphi_\lambda = \tau_\lambda \cdot S_\lambda \quad \text{bzw.} \quad \varphi_\lambda = \beta_\lambda \cdot S_\lambda \tag{63}$$

für durchsichtige bzw. reflektierende Stoffe. Die für die Ermittlung von $\beta_\lambda$ zu verwendenden Einfalls- bzw. Beobachtungswinkel ($\gamma_1$ bzw. $\gamma_2$) sind in DIN 5033, Blatt 7, festgelegt.

Bei der Charakterisierung des von einem Kunststoff ausgehenden Farbeindrucks beschränkt man sich auf die unmittelbare Wirkung der von der Probe ins Auge geschickten Strahlung. Es gelten die Gesetze der additiven Farbmischung. Das Auge bewertet die einfallende Strahlung gleichzeitig nach drei verschiedenen spektralen Empfindlichkeitsfunktionen. Die drei so hervorgerufenen Wirkungen setzen sich, in der Empfindung untrennbar, additiv zu einer einheitlichen Wirkung zusammen, die Farbvalenz genannt wird (farbmetrisches Grundgesetz).

Für die zahlenmäßige Beschreibung einer Farbvalenz sind daher jeweils 3 Maßzahlen bzw. ein Ortsvektor im dreidimensionalen Farbenraum notwendig und hinreichend (1. *Graßmann*sches Gesetz).

Die Farbvalenz läßt sich durch Normfarbwerte charakterisieren. Diese errechnen sich wie folgt:

$$\begin{aligned} K \cdot X &= \int_K^L \varphi_\lambda \cdot \bar{x} \cdot d\lambda \\ K \cdot Y &= \int_K^L \varphi_\lambda \cdot \bar{y} \cdot d\lambda \\ K \cdot Z &= \int_K^L \varphi_\lambda \cdot \bar{z} \cdot d\lambda \end{aligned} \tag{64}$$

$\bar{x}$, $\bar{y}$ und $\bar{z}$ sind die in DIN 5033, Blatt 2, definierten Normspektralwerte. Die Integrationsgrenzen $K$ bzw. $L$ charakterisieren die kurzwellig bzw. langwellige Grenze des sichtbaren Spektralgebietes.

Die Einheiten von $X$, $Y$ und $Z$ sind so bemessen, daß sie jeweils für Unbunt gleich groß und bei Körperfarben für die vollkommen mattweiße Fläche gleich hundert werden. $K$ wird demnach aus der Gleichung

$$100 \cdot K = \int_K^L \varphi_\lambda \cdot \bar{y} \cdot d\lambda \tag{65}$$

berechnet.

Die Ermittlung der drei, eine Farbvalenz kennzeichnenden Maßzahlen (Farbmaßzahlen) heißt „Farbmessung". Exakte (valenzmetrische) Farbmeßverfahren müssen die Farbvalenzen umkehrbar eindeutig, ohne Rücksicht auf die spektrale Beschaffenheit des Farbreizes und gemäß dem Normalbeobachter bewerten.

Von den drei in DIN 5033, Blatt 3, beschriebenen Arten von Farbmaßzahlen, nämlich den

a) trichromatischen Maßzahlen im Normvalenz-System, den
b) Helmholtz-Maßzahlen und den
c) Maßzahlen nach dem System der DIN-Farbenkarte (DIN 6164)

soll hier nur auf die unter a) genannten näher eingegangen werden. Als trichrometrische

*Tabelle 4.4–21 Faktoren $F_X$, $F_Y$, $F_Z$ (Gleichung 60) für die Normlichtarten A, B und C; Schrittweite 10 nm*

| λ | Normlichtart A | | | Normlichtart B | | | Normlichtart C | | |
|---|---|---|---|---|---|---|---|---|---|
| | $S_\lambda \bar{x}_\lambda$ | $S_\lambda \bar{y}_\lambda$ | $S_\lambda \bar{z}_\lambda$ | $S_\lambda \bar{x}_\lambda$ | $S_\lambda \bar{y}_\lambda$ | $S_\lambda \bar{z}_\lambda$ | $S_\lambda \bar{x}_\lambda$ | $S_\lambda \bar{y}_\lambda$ | $S_\lambda \bar{z}_\lambda$ |
| 380 | 0,001 | 0 | 0,006 | 0,003 | | 0,014 | 0,004 | | 0,020 |
| 390 | 005 | 0 | 023 | 013 | | 060 | 019 | | 089 |
| 400 | 0,019 | 0,001 | 0,093 | 0,056 | 0,002 | 0,268 | 0,085 | 0,002 | 0,404 |
| 10 | 071 | 002 | 340 | 217 | 006 | 1,033 | 329 | 009 | 1,570 |
| 20 | 262 | 008 | 1,256 | 812 | 024 | 3,899 | 1,238 | 037 | 5,949 |
| 30 | 649 | 027 | 3,167 | 1,983 | 081 | 9,678 | 2,997 | 122 | 14,628 |
| 40 | 926 | 061 | 4,647 | 2,689 | 178 | 13,489 | 3,975 | 262 | 19,938 |
| 450 | 1,031 | 0,117 | 5,435 | 2,744 | 0,310 | 14,462 | 3,915 | 0,443 | 20,638 |
| 60 | 1,019 | 210 | 5,851 | 2,454 | 506 | 14,085 | 3,362 | 694 | 19,299 |
| 70 | 0,776 | 362 | 5,116 | 1,718 | 800 | 11,319 | 2,272 | 1,058 | 14,972 |
| 80 | 428 | 622 | 3,636 | 0,870 | 1,265 | 7,396 | 1,112 | 1,618 | 9,461 |
| 90 | 160 | 1,039 | 2,324 | 295 | 1,918 | 4,290 | 0,363 | 2,358 | 5,274 |
| 500 | 0,027 | 1,792 | 1,509 | 0,044 | 2,908 | 2,449 | 0,052 | 3,401 | 2,864 |
| 10 | 057 | 3,080 | 0,969 | 081 | 4,360 | 1,371 | 089 | 4,833 | 1,520 |
| 20 | 425 | 4,771 | 525 | 541 | 6,072 | 0,669 | 576 | 6,462 | 0,712 |
| 30 | 1,214 | 6,322 | 309 | 1,458 | 7,594 | 372 | 1,523 | 7,934 | 388 |
| 40 | 2,313 | 7,600 | 162 | 2,689 | 8,834 | 188 | 2,785 | 9,149 | 195 |
| 550 | 3,732 | 8,568 | 0,075 | 4,183 | 9,603 | 0,084 | 4,282 | 9,832 | 0,086 |
| 60 | 5,510 | 9,222 | 036 | 5,840 | 9,774 | 038 | 5,880 | 9,841 | 039 |
| 70 | 7,571 | 9,457 | 021 | 7,472 | 9,334 | 021 | 7,322 | 9,147 | 020 |
| 80 | 9,719 | 9,228 | 018 | 8,843 | 8,396 | 016 | 8,417 | 7,992 | 016 |
| 90 | 11,579 | 8,540 | 012 | 9,728 | 7,176 | 010 | 8,984 | 6,627 | 010 |
| 600 | 12,704 | 7,547 | 0,010 | 9,948 | 5,909 | 0,007 | 8,949 | 5,316 | 0,007 |
| 10 | 12,669 | 6,356 | 004 | 9,436 | 4,734 | 003 | 8,325 | 4,176 | 002 |
| 20 | 11,373 | 5,071 | 003 | 8,140 | 3,630 | 002 | 7,070 | 3,153 | 002 |
| 30 | 8,980 | 3,704 | 0 | 6,200 | 2,558 | | 5,309 | 2,190 | |
| 40 | 6,558 | 2,562 | | 4,374 | 1,709 | | 3,693 | 1,443 | |
| 650 | 4,336 | 1,637 | | 2,815 | 1,062 | | 2,349 | 0,886 | |
| 60 | 2,628 | 0,972 | | 1,655 | 0,612 | | 1,361 | 504 | |
| 70 | 1,448 | 530 | | 0,876 | 321 | | 0,708 | 259 | |
| 80 | 0,804 | 292 | | 465 | 169 | | 369 | 134 | |
| 90 | 404 | 146 | | 220 | 080 | | 171 | 062 | |
| 700 | 0,209 | 0,075 | | 0,108 | 0,039 | | 0,082 | 0,029 | |
| 10 | 110 | 040 | | 053 | 019 | | 039 | 014 | |
| 20 | 057 | 019 | | 026 | 009 | | 019 | 006 | |
| 30 | 028 | 010 | | 012 | 004 | | 008 | 003 | |
| 40 | 014 | 006 | | 006 | 002 | | 004 | 002 | |
| 750 | 0,006 | 0,002 | | 0,002 | 0,001 | | 0,002 | 0,001 | |
| 60 | 004 | 002 | | 002 | 001 | | 001 | 001 | |
| 70 | 002 | 0 | | 001 | | | 001 | | |
| 80 | 0 | 0 | | | | | | | |
| | 109,828 | 100,000 | 35,547 | 99,072 | 100,000 | 85,223 | 98,041 | 100,000 | 118,103 |
| | *Farbort:* | $x = 0,4476$<br>$y = 0,4075$ | | *Farbort:* | $x = 0,3485$<br>$y = 0,3518$ | | *Farbort:* | $x = 0,3101$<br>$y = 0,3163$ | |

Maßzahlen im Normvalenzsystem dienen die Normfarbwerte $X$, $Y$, $Z$ bzw. die aus diesen abgeleiteten Normfarbwertanteile $x$, $y$, $z$. Man erhält sie gemäß

$$x = \frac{X}{X+Y+Z}; \quad y = \frac{Y}{X+Y+Z}; \quad z = \frac{Z}{X+Y+Z} \tag{66}$$

mit $$x + y + z = 1 \tag{67}$$

Streng genommen, muß eine Farbvalenz entsprechend Gleichung (64) im dreidimensionalen Raum ($X$, $Y$, $Z$) dargestellt werden. Dies ist jedoch schwierig und man bevorzugt deswegen die 2dimensionale Darstellung in der Farbtafel, in der zwar nicht jeder Farbvalenz, aber doch jeder Farbart ein Punkt eindeutig zugeordnet ist. Dieser Punkt wird als „Farbort", seine Koordinaten als „Farbkoordinaten" bezeichnet. Man wählt fast ausschließlich rechtwinklige Koordinatensysteme, in denen die Normfarbwertanteile $x$ und $y$ eingetragen werden.

Die wichtigsten Verfahren zur Farbmessung sind das

a) Spektralverfahren, das
b) Gleichheitsverfahren und das
c) Helligkeitsverfahren.

Das Spektralverfahren stellt heute das exakteste und sicherste Farbmeßverfahren dar. Die Grundlage für diese Methode bieten die Formeln (64). Man ermittelt unter Zuhilfenahme eines Spektralfotometers den Verlauf der Farbreizfunktion und führt anschließend die durch die Gleichungen (64) vorgeschriebene Integration durch (siehe DIN 5033, Blatt 1–4).

Bei der Berechnung der Integrale sind die für das energiegleiche Spektrum gültigen Werte von $\bar{x}$, $\bar{y}$, $\bar{z}$ zu verwenden. Diese sind für den sog. Normalbeobachter in den grundlegenden Zahlentafeln von DIN 5033 (Blatt 2) niedergelegt.

Diese Tafeln sind bereits so eingerichtet, daß die Integrale in Näherung durch Summenwerte ersetzt werden können. Für die Berechnung der Normfarbwerte für Körperfarben unter Beleuchtung durch eine Normlichtart liegen die Produkte

$$\frac{1}{K} S_{\lambda, \mathrm{N}} \cdot \bar{x}_{\lambda} \qquad \text{etc.}$$

für Schritte von 5 zu 5 bzw. 10 zu 10 nm (Gewichtsordinatenverfahren) vorgerechnet vor [113]. Tabelle 4.4–21 enthält sie für die Normlichtarten $A$, $B$, $C$ und Schrittweiten von 10 zu 10 nm.

Die Rechnung bei der valenzmetrischen Auswertung beschränkt sich nunmehr auf die Multiplikation der Tafelwerte mit den jeweils gemessenen Werten von $\beta_{\lambda}$ oder $\tau_{\lambda}$ und die Addition der so berechneten Produkte.

Der Wert von $K$ ist dabei von der Schrittweite (5, 10 nm etc.) abhängig (näheres siehe DIN 5033, Blatt 4, Seite 2). Eine Vereinfachung der valenzmetrischen Auswertung wird durch das sog. Auswahlordinaten-Verfahren [114, 115] erzielt. Hierbei werden bei Körperfarben die zu den besonders bestimmten Wellenlängen $\lambda_n^x$, $\lambda_n^y$, $\lambda_n^z$ ($n = 1, \ldots 30$ bzw. $1, \ldots, 100$ oder $1, \ldots, 10$) gehörigen Werte von $\tau_{\lambda}$ oder $\beta_{\lambda}$ einfach addiert und die Summen mit gleichfalls vorgegebenen Faktoren $A_{\mathrm{x}}$, $A_{\mathrm{y}}$, $A_{\mathrm{z}}$ multipliziert. Die Auswahlwellenlängen und die zugehörigen Faktoren sind der Literatur zu entnehmen [114, 116, 117]. Die Normfarbwerte $X$, $Y$, $Z$ ergeben sich also im Falle des Gewichtsordinatenverfahrens gemäß

$$X = \sum_{\lambda=380}^{760} \left( \frac{1}{K} S_{\lambda,\mathrm{N}} \cdot \bar{x}_\lambda \right) \cdot \tau'_\lambda = \sum_{\lambda=380}^{760} F_{\mathrm{x},\lambda} \cdot \tau_\lambda$$

$$Y = \sum_{\lambda=380}^{760} \left( \frac{1}{K} S_{\lambda,\mathrm{N}} \cdot \bar{y}_\lambda \right) \cdot \tau'_\lambda = \sum_{\lambda=380}^{760} F_{\mathrm{y},\lambda} \cdot \tau_\lambda \qquad (68)$$

$$Z = \sum_{\lambda=380}^{760} \left( \frac{1}{K} S_{\lambda,\mathrm{N}} \cdot \bar{z}_\lambda \right) \cdot \tau'_\lambda = \sum_{\lambda=380}^{760} F_{\mathrm{z},\lambda} \cdot \tau_\lambda$$

und im Falle der Auswahlordinatenverfahren entsprechend

$$X = A_\mathrm{x} \sum_{n=1}^{\mathrm{m}} \tau'_\mathrm{n}(\lambda_n^x)$$

$$Y = A_\mathrm{y} \sum_{n=1}^{\mathrm{m}} \tau'_\mathrm{n}(\lambda_n^x) \qquad (69)$$

$$Z = A_\mathrm{z} \sum_{n=1}^{\mathrm{m}} \tau'_\mathrm{n}(\lambda_n^x)$$

für durchsichtige, gefärbte Stoffe. Bei gedeckt eingefärbten Materialien ist $\tau_\mathrm{n}(\lambda_n^j)$ durch die entsprechenden Werte von bzw. $\beta_\mathrm{n}(\lambda_n^j)$ mit $\mathrm{j} = x, y, z$ zu ersetzen. Die Auswahlwellenlängen und die Faktoren $A_\mathrm{x}$, $A_\mathrm{y}$, $A_\mathrm{z}$ hängen dabei von der gewählten Normlichtart und ihrer Zahl, die Faktoren $F_\mathrm{x}$, etc. von der Lichtart und der Schrittweite ab. Das Auswahlordinatenverfahren ist dem Gewichtsordinatenverfahren an Einfachheit außerordentlich überlegen.

Die Genauigkeit des Auswahlordinatenverfahrens ist allerdings etwas geringer als die des Gewichtsordinatenverfahrens. Dies gilt besonders bei stark selektiven Farben. Bei Absorptionskurven mit steilen Kanten ist dem Gewichtsordinatenverfahren der Vorzug zu geben.

## Literaturverzeichnis

*Veröffentlichungen in Zeitschriften:*

1. *Raine, H.C.:* Document S. O. 50-11; Comission Internationale d'optique.
2. *Schreyer, G.:* Kunststoffe *51*, 569 (1961).
3. *Schreyer, G.:* Umschau *62*, 269 (1962).
4. *Esser, F.:* Chem. Ind. *11*, 566 (1959).
5. *Wedegärtner, K.:* Kunststoffe *41*, 149 (1951).
7. *Wearmouth, W.G.:* Proc. phys. Soc. *55*, 301 (1943).
8. *Fröhlich, K.:* Kunststoffe *30*, 267 (1940).
9. *Boutry, G.A.:* Rev. Opt. Theor. Instrument *20*, 5 (1942).
10. *Gast, Th.:* Referat von 9, Kunststoffe *36*, 37 (1946).
11. Kunststoffberater *3*, 304 (1958).
12. *Greiner, H.:* Plastverarbeiter *9*, 457 (1958).
13. Modern Plastics *37*, 102 (1960).
14. Rohm & Haas Reporter *18*, Nr. 1, S. 2 (1960); 15, Nr. 3, S. 22 (1957).
15. Progressive Plastics *2*, 44 (1960).
16. *Bronson, L.D.:* Modern Plastics *35*, 120 (1957).
17. Ind. Engng. Chem. *52*, 35 A (1960).

18. *Morgan, G.G., J.L. Megson* u. *L.E. Homes:* Chem. and Ind. *55*, 319 (1936).
19. *Yarsley, V.E.:* J. Soc. Glass Technology *22*, 185 (1938).
20. *Moore, H.:* Chem. and Ind. *58*, 1027 (1939).
21. *Rice, R.B., E.F. Fielder,* u. *J.J. Pyle:* Modern Plastics *24*, Nr. 9, 156 (1947).
22. *Thompson, H.W.* u. *P. Torkon:* Trans. Farad. Soc. *41*, 246 (1945).
24. *Anderson, B.W.* u. *C.J. Payne:* Nature *133*, 66 (1934).
28. *Beevers, R.B.* u. *E.F.T. White:* Transactions of the Faraday Society *56*, 744 (1960).
29. *Jenckel, E.:* private Mitteilung.
30. *Wiley, R.H.,* u. *G.M. Brauer:* J. Polym. Sci. *3*, 455 (1948).
31. *Wiley, R.H.:* Ind. and Eng. Chem. *38*, 959 (1946).
32. *Schulz, R.C.:* Kunststoffe *48*, 257 (1958).
33. *Schulz, H.:* Chemische Rundschau Solothurn *9*, 305 (1956).
35. *Rath, R.:* Neues Jb. Mineral. Abh. *87*, 2, 163 (1954).
36. *Rath, R.:* Neues Jb. Mineral. Abh. *90*, 1, 1 (1957).
41. *Yang, C.,* u. *V. Legallais:* Rev. Sci. Instr. *25*, Nr. 8 (1954).
42. *Luft, K.S.:* Angew. Chemie *B 19*, Nr. 1 (1947).
43. *Funck, E.,* u. *L. Beckmann:* Chemie Ing. Techn. *31*, 71 (1959).
44. *Steipe, L.A.:* Farbe 7, 25 (1958).
47. *Schreyer, G.:* Unveröffentlichte Messungen (Röhm GmbH, Darmstadt).
48. *Tobolsky, A.V., A. Eisenberg* u. *K.F. O'Driscoll:* Analytical Chemistry *31*, 203 (1959).
49. *Hosch, L.:* Unveröffentlichte Messungen (Röhm GmbH, Darmstadt).
50. *Schmitt, R.G.,* u. *R.C. Hirth:* J. Appl. Polym. Sci. *7*, 1565 (1963).
51. *Kinell, P.O.:* Arkiv för Kemi Bd. 14, Nr. 33, S. 353.
52. *Jones, E.R.S.:* J. Sci. Instr. *30*, 132 (1953).
53. *Salomon, G., C.J. Schooneveldt-van der Kloes* u. *J.H.L. Zwiers:* Rec. trav. chim. Pays-Bas *79*, 313 (1960).
54. Von der ICI ausgearbeitetes Bestimmungsverfahren; vermutlich nicht veröffentlicht.
55. *Kaye, W.:* Spectrochimica Acta *6*, 257 (1954).
56. *Goddu, R.F.,* u. *D.A. Delker:* Analytical Chem. *32*, 140 (1960).
57. *Geppert, G.,* u. *L. Kipke:* Chem. Techn. *11*, 427 (1959).
58. *O'Connor, R.T.:* J. Am. Oil Chem. Soc. *38/81*, 641 (1961).
59. Identifizierungskarte für das NIR, Fa. Beckman.
60. *Kaye, W.:* Spectrochimica Acta *7*, 181 (1955).
61. *Bayzer, H., E. Schauenstein* u. *K. Winsauer:* Monatshefte *89*, 15 (1958).
62. *Hilton, C.L.:* Anal. Chem. *31*, 1610 (1959).
63. Belg. Pat. 571016 (DuPont de Nemours).
64. *Burns, E.A.,* u. *R.F. Muraca:* Analyt. Chem. *31*, 397 (1959).
65. *Braun, D., W. Betz* u. *W. Kern:* Die Naturwissenschaften *46*, 444 (1959).
66. *Nagai, H.:* J. Appl. Polym. Sci. *7*, 1697 (1963).
67. *Kawasaki, A.:* Makrom. Chem. *36*, 260 (1960).
68. *Baumann, U., H. Schreiber* u. *K. Tessmar:* Makr. Chemie *36*, 81 (1959).
69. *Korotov, A.A.* u.a.: Makromol. Verb. Moskau *1*, 1319 (1959).
70. *Kawai, W., S. Tsutsumi:* Chem. High. Polym. Japan *18*, 103 (1961); Chem. High. Polym. Japan *18*, 107 (1961); Ref. Makromol. Chemie *43*, 256 (1961).
76. *Baumann, U.:* Röhm GmbH Darmstadt; unveröffentlichte Messungen.
77. *Kaye, W.:* Spectrochimica Acta *6*, 257 (1954).
78. *Goddu, R.F.,* u. *Delker, D.A.:* Analytical Chemistry *32*, 140 (1960).
79. *Geppert, G.,* u. *L. Kipke:* Chem. Techn. *11*, 427 (1959).
80. *Colthup, N.B.:* J. opt. Soc. America *40*, 397 (1950).
81. *O'Connor, R.T.:* J. Am. Oil Chem. Soc. *38*, 641 (1961).
82. *Salomon, G., C.J. Schooneveldt-van der Kloes* u. *J.H.L. Zwiers:* Rec. trav. chim. Pays-Bas *79*, 313 (1960).

83. *Esser, F.:* Röhm GmbH; unveröffentlichte Arbeiten aus den Jahren 1934–1938.
84. *Hoffmann, K.:* Kunststoffe *40*, 345 (1950).
85. *Sauer, Z.:* Techn. Physik *12*, 148 (1931).
86. *Haussühl, H.*, u. *K. Hamann:* Farbe und Lack *64*, 642 (1958).
87. *Bullinger, H.*, u. *M. Richter:* in *Nitsche, R.* u. *K. Wolf:* Praktische Kunststoffprüfung, Bd. 2, S. 269, Berlin–Göttingen–Heidelberg: Springer 1961.
88. *Boers, M.N.M.:* Verfkronick *36*, 14 (1963).
89. *Smith, T.M., H.A. Thompson* u. *W.I. Kaye:* Amer. Dyestuff Reporter *46*, 725 (1957).
91. *Hunter, R.S.:* Farbenzeitg. 256; 919 (1936).
92. *Collins, P.H.*, u. *W.E. Harper:* Trans. Illuminating Eng. Soc. London *20*, 109 (1955).
94. *Zorll, U.:* Deutsche Farbenzeitschrift *17*, 6 (1963).
95. Adhäsion *4*, 360 (1960).
96. *Zocher, H.*, u. *F. Reinicke:* Z. Physik *33*, 12 (1925).
97. *Boller, C.:* Fette Seifen Anstrichmittel *57*, 1018 (1955).
98. *Randel, Ul.:* Farbe und Lack *65*, 237 (1959).
99. *Hartmann, J.W.:* Farbe und Lack *66*, 190 (1960).
100. *Meyer, F.R.:* Mitt. des Vereins deutscher Emaille-Fachleute e. V. *11*, 77 (1963).
103. *Richter, M.:* Physikalische Bl. *8*, 2 (1952).
113. Druckschrift der Fa. C. Zeiss „Grundlagen der Farbmessung", Wissenschaftliche Forschungsberichte, Naturwissenschaftliche Reihe Bd. 51 (1940) S. 213, 217 etc.
114. *Richter, M.:* Das Licht *10*, 121 (1940).
115. *Richter, M.:* Archiv Technisches Messen V 433-5, T 51, T 52, Mai 1940.
116. *Bowditch, F.T.*, u. *M.R. Null:* J. opt. Soc. Amer. *28*, 163 (1938).
117. *MacAdam, D.L.:* J. opt. Soc. Amer. *28*, 163 (1938).

*Bücher:*

6. *Wedegrätner, K.:* Dissertation, Köln 1950.
23. *Kohlrausch, F.:* Praktische Physik. Bd. 1, 21. Aufl. Stuttgart: Teubner 1962.
25. Gebrauchsanweisung zum Abbé-Refraktometer der Firma Zeiss G 50/110/1-d bzw. 50-112-d.
26. Lexikon der Physik. 2. Aufl. Stuttgart: Franckh'sche Verlagsbuchhandlung 1959.
27. *Kofler, L.:* Mikromethoden. Weinheim: Verlag Chemie 1945.
34. *Roth, W.A., F. Eisenlohr* u. *F. Lowe:* Refraktometrisches Hilfsbuch. Berlin: 1952.
37. *Franke, H.:* Lexikon der Physik, Bd. I, S. 235. Stuttgart: Franckh'sche Verlagsbuchhandlung 1959.
38. „Perspex" Acrylic Materials Part 5, Properties. Firmenschrift der ICI Ltd. England.
39. *Kortüm, G.:* Kolorimetrie, Photometrie und Spektrometrie. 3. Aufl. S. 110, 293. Berlin–Göttingen–Heidelberg: Springer 1955.
40. *De Vos, J.:* Automatische Spektralphotometrie im UV- und sichtbaren Bereich. Archiv techn. Mess. 155. Lief. 230, 233, 234 (J 385-2/4).
45. *Brügel, W.:* Einführung in die Ultrarotspektroskopie. Darmstadt: Steinkopff 1954.
46. Druckschrift „Spektralphotometer PMQ II" 50-657/IV-d der Firma Zeiß, Oberkochen.
71. in [39] S. 224ff.
72. *Bellamy, L.J.:* The infrared Spectra of Complex Molecules. London: Methuen 1954 (1. Aufl.), 1958 (2. Aufl.).
73. *Hoyer, H.:* Abschn. 18 in Bd. III/2 von *Houben-Weyl.* Methoden der organischen Chemie. 4. Aufl. Stuttgart: Thieme 1955.
74. *Jones, R.N.* u. *C. Sandorfy* in *A. Weißberger:* Technique of organic Chemistry. Bd. IX, Kap. IV. New York–London: Interscience Publishers 1956.
75. *Lecomte, J.:* in Handbuch der Physik. Bd. XXVI. Berlin–Göttingen–Heidelberg: Springer 1958.
90. *Haussühl, H.:* Dissertation, Stuttgart 1957.
93. *Lange, B.:* Gebrauchsanweisung zum Glanzmesser nach Lange. Technische Beschreibung und Bedienungsanweisung 259/D der Erichsen GmbH & Co.

101. *Richter, M.* in *Nitsche, R.* u. *K. Wolf:* Struktur und physikalisches Verhalten der Kunststoffe. Bd. I, S. 580ff. Berlin–Göttingen–Heidelberg: Springer 1962.
102. *Bullinger, H.*, u. *M. Richter* in: *Nitsche, R.* u. *K. Wolf*: Praktische Kunststoffprüfung. Bd. II, S. 272ff. Berlin–Göttingen–Heidelberg: Springer 1961.
104. *Hardy, A. C.:* Handbook of Colorimetry. Cambr. Massach. 1936.
105. *Richter, M.:* Grundriß der Farbenlehre der Gegenwart. Dresden 1940.
106. *Weight, W. D.:* The measurement of colour. London 1958.
107. *Bouma, P. J.:* Farbe und Farbwahrnehmung. Deutsche Ausg., Eindhoven 1951.
108. *Judd, D. B.:* Color in business, science and industry. New York 1952. Science of color. New York 1953.
109. *Schultze, W.:* Farbenlehre und Farbenmessung. Berlin–Göttingen–Heidelberg: Springer 1957.
110. *Richter, M.:* Internationale Bibliographie der Farbenlehre und ihrer Grenzgebiete. Folge I. Göttingen 1952. Folge II. Göttingen 1963.
111. DIN 5033, April 1954, Farbmessung.
112. *Hickethier, A.:* Farbenordnung Hickethier. Hannover: Ostenwald 1952.

# 4.5. Thermische Eigenschaften

Jürgen Hennig

## 4.5.1. Spezifische Wärme und Wärmeinhalt

### 4.5.1.1. *Begriffe und Grundlagen*

Führt man einem Körper Wärme zu, so erhöht sich seine Temperatur. Für einen beschränkten Temperaturbereich gilt:

$$Q = m \cdot c \cdot (T_1 - T_0) \tag{1}$$

$Q$ = zugeführte Wärmemenge
$m$ = Masse des Körpers
$c$ = spezifische Wärme
$T_0$ = Anfangstemperatur
$T_1$ = Endtemperatur

Die spezifische Wärme wird z. B. in kcal/kg · °C angegeben; sie ist also die Wärmemenge, die nötig ist, um die Temperatur von 1 kg eines Stoffes um 1 °C zu erhöhen.

Unter konstantem Druck, d. h. bei ungehinderter Wärmeausdehnung der Probe, findet man eine größere spezifische Wärme – Kennzeichnung $c_p$ – als bei konstant gehaltenem Volum – Kennzeichnung $c_v$. Der weitaus häufiger vorkommende und damit wichtigere Fall ist die Wärmezufuhr bei konstantem Druck. Bei Kunststoffen ist $c_p$ in der Regel um 10% größer als $c_v$. Zwischen $c_p$ und $c_v$ besteht die aus der Thermodynamik folgende Beziehung:

$$c_p - c_v = T \cdot V \cdot \frac{\beta^2}{\varkappa} \tag{2}$$

$T$ = absolute Temperatur
$V$ = spezifisches Volum
$\beta$ = kubischer Wärmeausdehnungskoeffizient
$\varkappa$ = Kompressibilität

Gleichung (1) gilt deshalb nur in einem beschränkten Temperaturbereich, weil die spezifische Wärme ganz allgemein und besonders bei Kunststoffen temperaturabhängig ist. Sie verschwindet am absoluten Nullpunkt der Temperaturskala und steigt mit wachsender Temperatur an. Überdies zeigt sie bei amorphen Kunststoffen eine sprunghafte Änderung bei der Glasübergangstemperatur $T_G$; bei teilkristallinen Kunststoffen nimmt sie im Schmelzbereich plötzlich stark zu und erreicht am Schmelzende $T_S$ der kristallinen Bereiche sehr hohe Werte, die jedoch oberhalb $T_S$ wieder auf ein normales Niveau abfallen und mit der Temperatur langsam weiter ansteigen.

Zahlenangaben für die spezifische Wärme und besonders deren Temperaturfunktion benötigt man vor allem, um den Energiebedarf zum Erwärmen oder Abkühlen von Kunststoffen zu berechnen. Der Wärmeinhalt oder die Enthalpie $H$ eines Stoffes ergibt sich aus der Integration über die spezifische Wärme vom absoluten Nullpunkt bis zur Temperatur $T_1$:

$$H = \int_0^{T_1} c_p(T)\,\mathrm{d}T \tag{3}$$

Da bei technischen Berechnungen des Energiebedarfs nicht der gesamte Wärmeinhalt der Substanz wichtig ist, sondern nur die Differenz $\Delta H$ zwischen einer Bezugstemperatur $T_0$ und $T_1$, hat man das Integral auszuführen:

$$\Delta H = \int_{T_0}^{T_1} c_p(T)\,\mathrm{d}T \tag{4}$$

In den wenigsten Fällen liegt aber $c_p(T)$ in analytischer Form vor, so daß man auf grafische Verfahren angewiesen ist. Am einfachsten gestaltet sich das Problem der Energieberechnung jedoch, wenn die Temperaturkurven der Enthalpie $\Delta H(T)$ vorliegen, aus denen die Energiemenge je Gramm Substanz direkt abgelesen werden kann. In diesen Enthalpiekurven sind dann auch mögliche Umwandlungswärmen, z. B. die Schmelzwärme, enthalten.

Es sei darauf hingewiesen, daß die Enthalpie außer von der Temperatur auch vom Druck abhängt [1], und zwar steigt sie bei konstanter Temperatur mit wachsendem Druck an.

### 4.5.1.2. *Messung der spezifischen Wärme*

Die spezifische Wärme kann prinzipiell nach 3 unterschiedlichen Verfahren bestimmt werden [2].

a) Man erwärmt, wie es die Definitionsgleichung (1) verlangt, einen Probekörper der Masse $m$ durch Zugabe einer bekannten Wärmemenge $Q$ und mißt die sich einstellende Temperaturerhöhung $\Delta T$ (Aufheizmethode).
b) Man gibt eine bestimmte Temperaturspanne $\Delta T$ vor und mißt die Wärmemenge, die notwendig ist, den Probekörper um $\Delta T$ zu erwärmen.
c) Man gibt eine Anfangstemperatur $T_0$ vor und berechnet die spezifische Wärme aus der Endtemperatur $T_1$, die sich beim Wärmeaustausch, z. B. mit einer Flüssigkeit bekannter Wärmekapazität ergibt (Mischungskalorimetrie [3]).

In der Praxis muß man immer besondere Vorkehrungen treffen, damit die zugeführten oder ausgetauschten Wärmemengen quantitativ zur Temperaturänderung des Probekörpers verbraucht werden und nicht undefiniert an die Umgebung abfließen. Wenn letzteres nicht zu vermeiden ist, muß man durch Vorversuche quantitativ klären, wieviel Wärme z. B. an die Teile des Meßgerätes abgegeben werden.

Da die spezifische Wärme temperaturabhängig ist, läßt sich bei endlichen Temperaturintervallen grundsätzlich nur eine mittlere spezifische Wärme $\bar{c}$ angeben:

$$Q = m \cdot \bar{c} \cdot (T_1 - T_0) = m \int_{T_0}^{T_1} c(T)\,\mathrm{d}T \tag{5}$$

Für genaue Messungen der Temperaturabhängigkeit der spezifischen Wärme über weite Temperaturbereiche wählt man jedoch $\Delta T$ so eng – z. B. 1 °C –, daß man in diesem Intervall $c$ näherungsweise als konstant annehmen darf.

Moderne adiabatische Kalorimeter arbeiten nach den unter a) und b) genannten Methoden [4, 5, 6]. Mit Hilfe eines den Probekörper umschließenden adiabatischen Mantels, der durch eine empfindliche Regelung immer auf der Temperatur des Probekörpers gehalten wird, vermeidet man den schon erwähnten Fehler, daß die dem Probekörper zugedachte Wärme teilweise an die Umgebung abfließt. Die Wärmezufuhr erfolgt entweder diskontinuierlich, indem man jeweils den vollkommenen Temperaturausgleich, also den Gleichgewichtszustand abwartet, oder kontinuierlich, wobei sich die Temperatur des Probekörpers stetig erhöht. Die Aufheizgeschwindigkeit wird jedoch so langsam gewählt – z. B. 10 °C je Stunde –, daß jeweils ein Quasigleichgewichtszustand vorliegt. Diese quasistationäre Methode bringt große meßtechnische Vorteile.

Präzise Messungen der spezifischen Wärme nach diesen „langsamen" Methoden sind unentbehrlich als Grundlage für thermodynamische Rechnungen oder für technische Wärmebilanzen. Die Meßgeräte dafür sind im Handel nicht erhältlich. Dagegen bieten die käuflichen und bereits weit verbreiteten Meßsysteme der Differential-Thermo-Analyse

(DTA) oder der Differential-Scanning-Calorimetry (DSC) u. a. die Möglichkeit, mit hohen Aufheizgeschwindigkeiten – z. B. 20 °C je min – zu messen und damit gerade Nicht-Gleichgewichtszustände zu erfassen. Eine für viele Zwecke ausreichend genaue Bestimmung von $c_p$ ist mit diesen Geräten ebenfalls möglich.

### 4.5.1.3. *Theoretische Vorstellungen zur spezifischen Wärme von Kunststoffen*

Während die spezifische Wärme der Metalle bei Zimmertemperatur und darüber dem Dulong-Petitschen Gesetz folgt, d. h. näherungsweise einen Wert von $\frac{6}{2} R = 6\,\text{cal/Mol} \cdot {}^\circ\text{C}$ besitzt, kommt man mit dem einfachen Bild, das jedem Atom im Kristallgitterverband drei Freiheitsgrade der Schwingung und damit je drei Freiheitsgrade der kinetischen und potentiellen Energie zuordnet, bei der komplizierten Struktur der Kunststoffe nicht mehr aus. Es treten Freiheitsgrade der Rotation hinzu, so daß schon die Molwärme niedermolekularer organischer Verbindungen größer als 6 cal/Mol · °C ist. Bei den Kunststoffen mit ihren Makromolekeln werden die Verhältnisse dadurch noch komplizierter, daß die Ketten zu Netzwerken verschlauft oder chemisch verknüpft sind, wodurch das Schwingungsspektrum verändert wird. Eine theoretische Berechnung der spezifischen Wärme scheint deshalb nicht möglich [7].

Da die Enthalpie $H$ und damit die spezifische Wärme $c_p$ eines Stoffes in unmittelbarem Zusammenhang mit der Struktur und den Bewegungsmechanismen seiner Atome und Molekeln stehen, müssen sich Umwandlungserscheinungen in der Temperaturabhängigkeit der vorgenannten Größen ausdrücken. In Bild 4.5–1 ist der prinzipielle Verlauf von $H(T)$ und $c_p(T)$ für amorphe und teilkristalline Hochpolymeren dargestellt[1]).

Besonders bei amorphen Polymeren macht sich bei der Glasübergangstemperatur $T_G$ im Temperaturverlauf $H(T)$ ein mehr oder weniger stark ausgeprägter Knick bemerkbar,

[1]) Da die im Abschn. 4.5.2 behandelte Temperaturabhängigkeit des spezifischen Volumens $V$ und des Wärmeausdehnungskoeffizienten $\beta$ prinzipiell den gleichen Verlauf nimmt, sind diese Größen ebenfalls an den Ordinaten vermerkt.

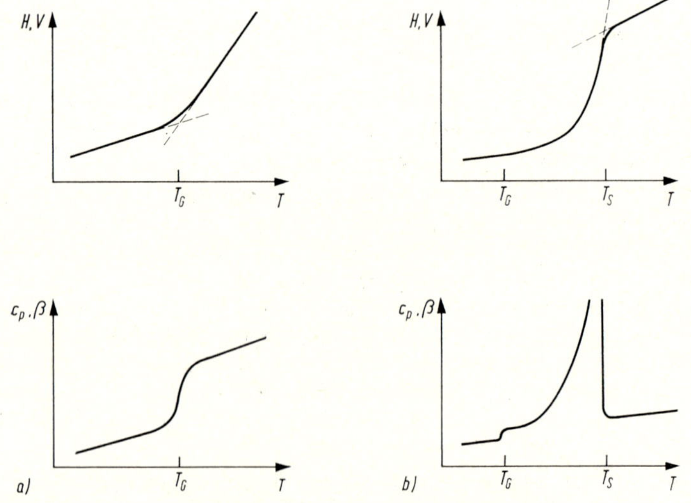


Bild 4.5–1 Prinzipieller Temperaturverlauf der Enthalpie $H$ und des spezifischen Volums $V$ sowie der spezifischen Wärme $c_p$ und des kubischen Wärmeausdehnungskoeffizienten $\beta$. a) amorphe Polymere, b) teilkristalline Polymere.

der einer stufenförmigen Zunahme der spezifischen Wärme um 0,05 bis 0,10 cal/g · °C entspricht [8]. Die Erhöhung der spezifischen Wärme ist die Folge einer verstärkten Beweglichkeit der Molekelketten, die auf der freien Drehbarkeit der Molekelkettenglieder um die C—C-Einfachbindung beruht (Einsetzen der mikrobrownschen Molekelbewegung). Ganze Kettenabschnitte, die sog. Kettensegmente, deren Bewegungen unterhalb $T_G$ eingefroren sind, können sich oberhalb $T_G$ gegeneinander verschieben: der Kunststoff geht vom hartelastischen in den weichelastischen Zustand über. Um den Zustand größerer Kettenbeweglichkeit zu erreichen, ist ein erhöhtes freies Volum und damit eine erhöhte Energie notwendig, was sich in der sprunghaften Zunahme des Wärmeausdehnungskoeffizienten und der spezifischen Wärme bemerkbar macht.

Da der Glasübergang[2]) ein an die amorphen Bereiche gebundener Prozeß ist, tritt er bei teilkristallinen Polymeren weniger in Erscheinung, und zwar umso schwächer je höher der Kristallisationsgrad des Kunststoffes ist. Während bei amorphen Polymeren die Enthalpie und auch das spezifische Volum oberhalb $T_G$ weiterhin monoton mit wachsender Temperatur ansteigt, zeigt sich bei teilkristallinen Kunststoffen in $H(T)$ und $V(T)$ ein ausgeprägter Steilanstieg im Schmelzbereich mit einem nachfolgenden scharfen Knick beim Schmelzende $T_S$. Oberhalb $T_S$ beobachtet man meist eine proportionale Zunahme von $H$ und $V$ mit $T$. Für die spezifische Wärme und den Wärmeausdehnungskoeffizienten bedeutet das eine starke Zunahme im Schmelzbereich auf sehr hohe Werte und eine Unstetigkeitsstelle bei $T_S$. Für die Schmelze findet man wieder ganz normale Werte.

Teilkristalline Kunststoffe schmelzen grundsätzlich nicht wie niedermolekulare Stoffe, z. B. Metalle bei einer scharf definierten Temperatur, dem Schmelzpunkt, sondern in einem Temperaturintervall, lediglich dessen Ende $T_S$ läßt sich festlegen.

### 4.5.1.4. *Experimentelle Beispiele*

Eine Übersicht über den gegenwärtigen Stand der Erkenntnisse zur spezifischen Wärme von linearen Hochpolymeren haben *Wunderlich* und *Baur* [56] gegeben.

In Bild 4.5–2 ist als typisches Beispiel für amorphe Hochpolymere die Temperaturabhängigkeit der spezifischen Wärme zwischen 15 °K und 340 °K für ein Styrol–Butadien-

[2]) Der Begriff rührt von der auf den gleichen Ursachen beruhenden Erscheinung bei anorganischen Gläsern her.

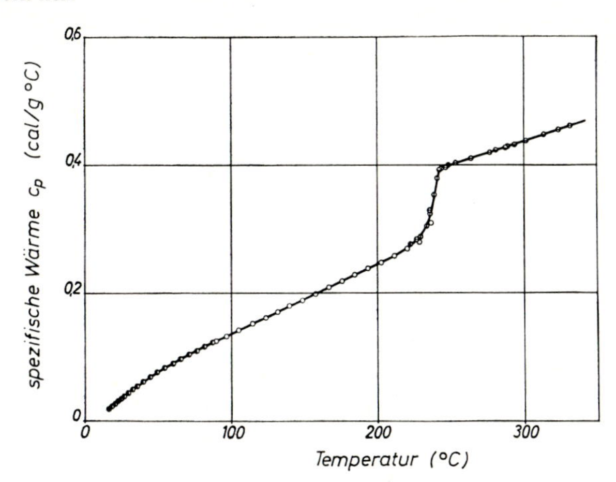


Bild 4.5–2 Temperaturverlauf der spezifischen Wärme eines Styrol-Butadien-Copolymerisates mit ca. 43% Styrol nach *Furukawa* und Mitarb. [9].

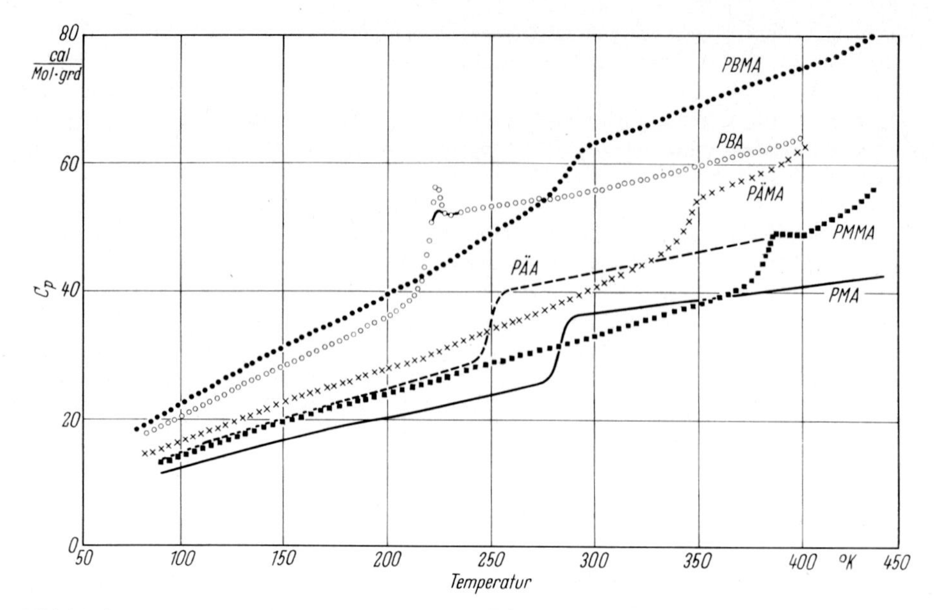


Bild 4.5–3 Temperaturverlauf der spezifischen Wärme von Polymethylacrylat (PMA), Polyäthylacrylat (PÄA), Polybutylacrylat (PBA), Polymethylmethacrylat (PMMA), Polyäthylmethacrylat (PÄMA) und Polybutylmethacrylat (PBMA) nach *Hoffmann* [10].

Copolymerisat mit ca. 43% Styrol dargestellt [9]. Wie es theoretisch zu erwarten ist, geht $c_p$ bei 0 °K gegen Null. Die Kurve steigt mit der Temperatur langsam an, durchläuft bei etwa 240 °K die Stufe des Glasüberganges und nimmt anschließend mit der Temperatur weiter zu.

Weitere Beispiele für amorphe Polymere finden sich in Bild 4.5–3. Es handelt sich um Messungen von *Hoffmann* [10] an Homologen von Polyalkylacrylaten und -methacrylaten. Bekanntlich sinkt deren Glastemperatur mit wachsender Länge der Esterseitenketten [11], was sich im vorliegenden Bild in der Verschiebung der Stufe in $c_p(T)$ zu niedrigeren Temperaturen zeigt.

In den Bildern 4.5–4 und 4.5–5 sind $c_p(T)$- und $\Delta H(T)$-Kurven für PVC mit verschiedenem Weichmachergehalt (DOP) dargestellt [1, 12]. Abgesehen von der bekannten Tatsache, daß die Glastemperatur und damit die Stufe in $c_p(T)$ mit wachsendem Weichmachergehalt nach niedrigerer Temperatur absinkt, erkennt man, welchen Einfluß die Probenvorgeschichte auf den Verlauf von $c_p(T)$ haben kann.

Die Proben wurden vor der Messung getempert und entweder schnell oder langsam abgekühlt; z.B. bei schnell abgekühlten Proben findet man einen komplizierten Kurvenverlauf, der durch Maxima und Minima gekennzeichnet ist. Ursache hierfür sind mit Wärmetönungen verbundene molekulare Umlagerungen während des Aufheizens bei der Messung [12]. In den Enthalpie-Kurven $H(T) - H\,(15\,°C)$ treten diese Anomalien verständlicherweise nicht merklich in Erscheinung (Bild 4.5–5), da die Integration die Maxima und Minima ausgleicht.

Untersuchungen von *Wilski* [13] zeigen ferner, daß die Enthalpie von Suspensions-PVC innerhalb der Fehlergrenzen vom Molekulargewicht $M$ zwischen 43000 und 89000 g/Mol unabhängig ist. Oberhalb einer gewissen Grenze des Molekulargewichtes darf man ganz allgemein den Einfluß von $M$ vernachlässigen, was für die praktische Anwendung der Kunststoffe immer zutrifft.

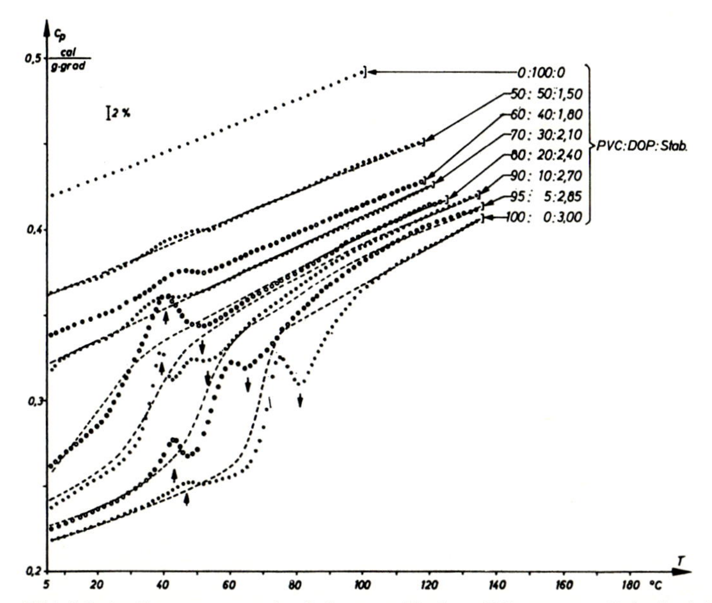


Bild 4.5–4 Temperaturverlauf der spezifischen Wärme von Polyvinylchlorid mit unterschiedlichem Gehalt an Weichmacher (DOP) nach *Hoffmann* und *Knappe* [1, 12]. Die Zahlen geben das Gewichtsverhältnis PVC : DOP : Stabilisator an. ○ und ● schnelle Abkühlung, --- langsame Abkühlung anschließend Aufheizung.

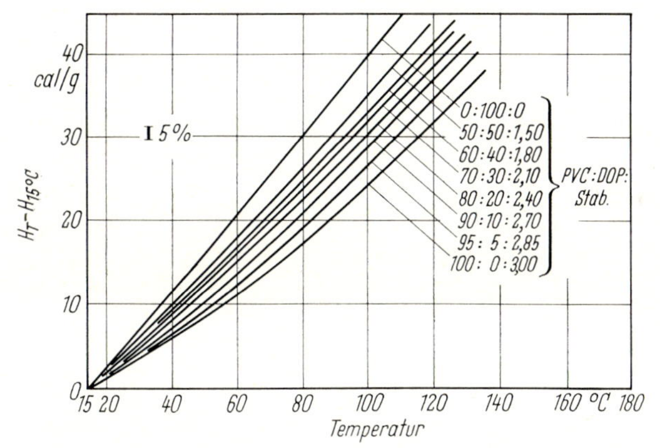


Bild 4.5–5 Temperaturverlauf der Enthalpiedifferenz H(T) – H (15 °C) von Polyvinylchlorid mit unterschiedlichem Gehalt an Weichmacher (DOP) nach *Hoffmann* und *Knappe* [1], s. Bild 4.5–4

Im Schmelzbereich durchlaufen teilkristalline Hochpolymere eine Phasenumwandlung erster Ordnung, welche einen endothermen Prozeß darstellt; die spezifische Wärme nimmt, wie am Beispiel von linearem und verzweigtem Polyäthylen in Bild 4.5–6 dargestellt [14], sehr hohe Werte an und durchläuft eine Unstetigkeitsstelle (siehe auch Bild 4.5–1). Aufgrund des höheren Kristallisationsgrades besitzt lineares Polyäthylen ($\varrho$ = 0,96 g/cm$^3$) bei Zimmertemperatur niedrigere $c_p$-Werte als verzweigtes Polyäthylen ($\varrho$ = 0,92 g/cm$^3$), das Schmelzende liegt bei linearem PE mit 136 °C höher als bei verzweigtem mit 113 °C. Eine Extrapolation der zwischen $-200$ °C und $-50$ °C an Polyäthylen gemessenen $c_p$-Werte bis $+150$ °C trifft etwa auf die für die Schmelze gefundenen Ergebnisse. Die von dem

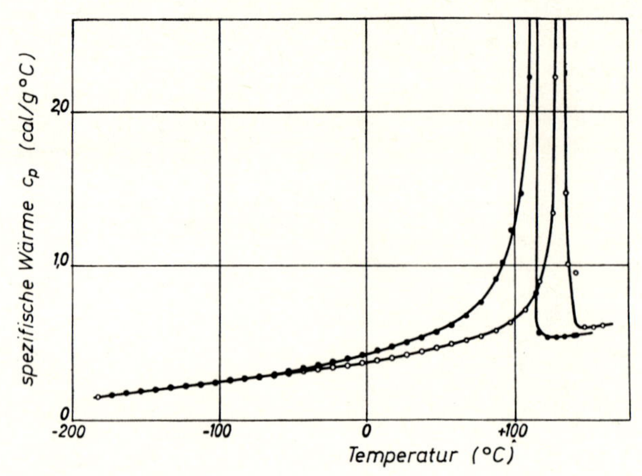


Bild 4.5–6 Temperaturverlauf der spezifischen Wärme von linearem ○ und verzweigtem ● Polyäthylen nach *Passaglia* und *Kevorkian* [14].

dreieckigen Zwickel eingeschlossene Fläche im $c_p(T)$-Diagramm entspricht also im wesentlichen der Wärmemenge, die zum Aufschmelzen der in der Probe enthaltenen kristallinen Anteile notwendig ist.

In Bild 4.5–7 ist nach Integration der $c_p(T)$-Kurve für lineares Polyäthylen (Bild 4.5–6) die Enthalpiedifferenz $H(T)$ – H (15 °C) über der Temperatur dargestellt [15]. Wir können daraus ablesen, daß allein zum Aufschmelzen der kristallinen Anteile in linearem Polyäthylen ca. 50 cal/g aufgebracht werden müssen bzw. zum Erstarren der Schmelze abzuführen sind.

An abgeschrecktem Polyäthylenterephthalat konnten *Smith* und *Dole* [16] anhand von $c_p$-Messungen neben dem endothermen Schmelzprozeß ($T_S$ = 265 °C) auch den exothermen Kristallisationsprozeß zwischen 90 °C und 140 °C zeigen, der vonstatten geht, wenn nach Durchlaufen der Glasübergangsstufe bei 70 °C die Kettenmolekeln weitgehend beweglich geworden sind (Bild 4.5–8). Exotherme Wärmetönungen beobachtet man auch an nicht ausgehärteten Duroplasten [17]. Ursache ist hierbei selbstverständlich nicht Kristallisation sondern der exotherme chemische Prozeß der Härtung.

Eine Zusammenstellung von $c_p$-Werten bei Zimmertemperatur enthält Tabelle 4.5–1.

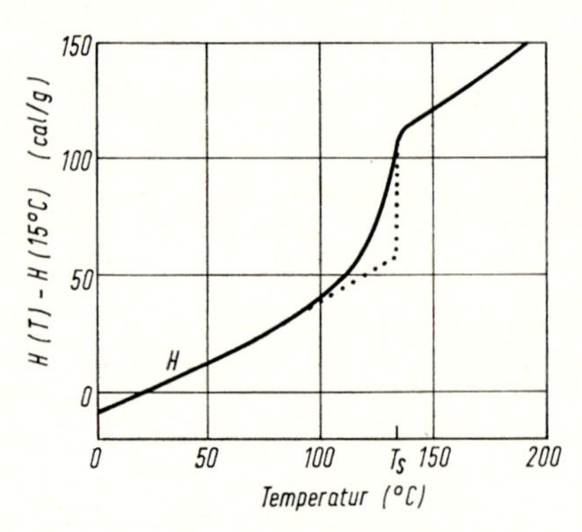


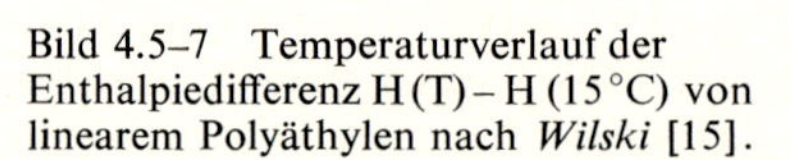

Bild 4.5–7 Temperaturverlauf der Enthalpiedifferenz H (T) – H (15 °C) von linearem Polyäthylen nach *Wilski* [15].

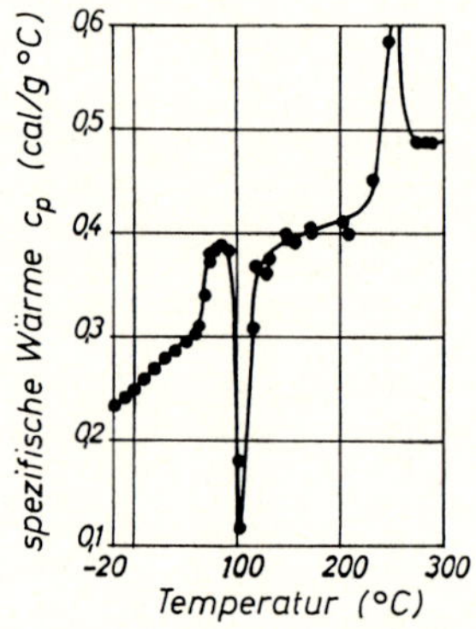


Bild 4.5–8 Temperaturverlauf der spezifischen Wärme von abgeschrecktem (amorphem) Polyäthylenterephthalat nach *Smith* und *Dole* [16].

*Tabelle 4.5–1 Thermische Eigenschaften einiger Kunststoffe*

| Eigenschaft | Einheit | Polystyrol | Polyvinylchlorid (hart) | Polyvinylchlorid* (weich) | Polymethylmethacrylat | Polycarbonat | ABS-Polymere | Hochdruckpolyäthylen | Niederdruckpolyäthylen | Polypropylen | 6,6-Polyamid | Polyoxymethylen |
|---|---|---|---|---|---|---|---|---|---|---|---|---|
| Dichte $\varrho$ bei 20 °C | $g/cm^3$ | 1,05 | 1,38 | 1,25 | 1,18 | 1,20 | 1,06 | 0,92 | 0,96 | 0,91 | 1,13 | 1,43 |
| Linearer Wärmeausdehnungskoeffizient $\alpha$ bei 20 °C | $10^{-5}$ °C$^{-1}$ | 8 | 7 | 20 | 7 | 7 | 9 | 22 | 16 | 15 | 8 | 8 |
| Spezifische Wärme $c_p$ bei 20 °C | cal/g · °C | 0,30 | 0,24 | 0,35 | 0,35 | 0,30 | 0,33 | 0,48 | 0,37 | 0,40 | 0,40 | 0,33 |
| Wärmeleitfähigkeit $\lambda$ bei 20 °C | $\frac{kcal}{m \cdot h \cdot °C}$ | 0,14 | 0,14 | 0,13 | 0,16 | 0,20 | 0,15 | 0,30 | 0,41 | 0,26 | 0,20 | 0,35 |
| Temperaturleitzahl $a$ bei 20 °C | $10^{-3}$ $cm^2/s$ | 1,2 | 1,2 | 0,8 | 1,1 | 1,6 | 1,2 | 1,9 | 3,3 | 2,0 | 1,2 | 2,1 |
| Dilatometrische Glastemperatur $T_G$ | °C | 90 | 75 | 0 | 108 | 141 | 100 | −70 | −70 | −20 | – | −60 |
| Temperatur des Schmelzendes $T_S$ | °C | – | – | – | – | (220) | – | 113 | 136 | 177 | 255 | 174 |
| Vicaterweichungstemperatur, Verfahren B, in Luft | °C | 100 | 80 | – | 125 | 160 | 105 | – | – | 85 | – | 160 |
| Wärmeformbeständigkeit nach ISO/R 75, Verfahren A | °C | 75 | 65 | – | 105 | 135 | 100 | – | – | – | 105 | 85 |
| Wärmeformbeständigkeit nach *Martens* | °C | 70 | 65 | – | 95 | 120 | 75 | – | – | 40 | – | – |
| Maximale Gebrauchstemperatur | °C | 65 | 60 | 40 | 80 | 120 | 85 | 80 | 100 | 130 | 100 | 100 |

* ca. 20 Gew. – % DOP

## 4.5.2. Thermische Ausdehnung und Erweichungsverhalten

### 4.5.2.1. *Begriffe und Grundlagen*

Wie die klassischen Werkstoffe Metall, Glas, Keramik, Stein usw., so dehnen sich auch die Kunststoffe bei Temperaturerhöhung aus und kontrahieren bei Temperaturerniedrigung. In einem beschränkten Temperaturbereich läßt sich die Längenausdehnung eines Kunststoffteiles durch die folgende lineare Beziehung beschreiben:

$$l = l_0 + \alpha l_0 (T - T_0) \tag{6}$$

Für die Volumenausdehnung gilt eine analoge Beziehung:

$$V = V_0 + \beta V_0 (T - T_0) \tag{7}$$

$l$ = Länge bei der Temperatur $T$
$l_0$ = Länge bei der Temperatur $T_0$
$V$ = Volum bei der Temperatur $T$
$V_0$ = Volum bei der Temperatur $T_0$
$\alpha$ = linearer Wärmeausdehnungskoeffizient
$\beta$ = kubischer Wärmeausdehnungskoeffizient

Die Ausdehnungskoeffizienten werden in $°C^{-1}$ ausgedrückt; sie geben die relative Längen- oder Volumenänderung an, die ein Körper bei einer Temperaturänderung um 1 °C erfährt.

Für isotrope Körper, d.h. Kunststoffteile, die keine Molekelorientierung durch Extrudieren, Spritzen oder Verstrecken aufweisen, gilt in guter Näherung

$$3\alpha = \beta \tag{8}$$

Wie bereits angedeutet, gelten die linearen Beziehungen zwischen Länge bzw. Volum und Temperatur nur in einem beschränkten Temperaturbereich, weil die Ausdehnungskoeffizienten nicht konstant sind, sondern gerade bei Kunststoffen stark von der Temperatur abhängen. Sie sind am absoluten Nullpunkt (0 °K) gleich Null und wachsen mit steigender Temperatur an. Hinzu kommt, daß sie sich bei Umwandlungstemperaturen wie z.B. bei der Glastemperatur im Fall von amorphen Kunststoffen oder dem Schmelzende im Falle von teilkristallinen Kunststoffen sprunghaft ändern. Wenn die Wärmeausdehnung über große Temperaturbereiche ermittelt werden soll, ist es deshalb zweckmäßig, direkt auf Diagramme zurückzugreifen, in denen die relative Längenänderung oder das spezifische Volum in Abhängigkeit von der Temperatur dargestellt sind; das gilt insbesondere, wenn man bei der Verarbeitung durch Extrudieren, Spritzgießen oder Warmumformen eine Volumenbilanz aufstellen will.

Auf den Begriff der Glasübergangstemperatur $T_G$ und des Schmelzendes $T_S$ wurde bereits im Abschn. 4.5.1. eingegangen. Es sei an dieser Stelle lediglich angemerkt, daß die Volumendilatometrie zu den zuverlässigsten und am häufigsten angewandten Methoden gehört, diese Größen festzustellen. Die dilatometrisch gemessene Glastemperatur ergibt sich aus dem Schnittpunkt der beiden extrapolierten Kurvenäste der Temperaturfunktion des spezifischen Volums $V(T)$ im Glaszustand und im thermoelastischen Zustand. Entsprechend findet man das Schmelzende bei teilkristallinen Thermoplasten durch Extrapolation von $V(T)$ der Schmelze und der im Wendepunkt an die $V(T)$-Kurve des Schmelzbereiches angelegten Tangente bis zum Schnittpunkt (siehe Bild 4.5–1).

### 4.5.2.2. *Messung der thermischen Ausdehnung*

Die Messung der linearen thermischen Ausdehnung erfordert recht empfindliche Längenmeßgeräte und läßt sich exakt nur im festen Zustand des Probekörpers durchführen. Das

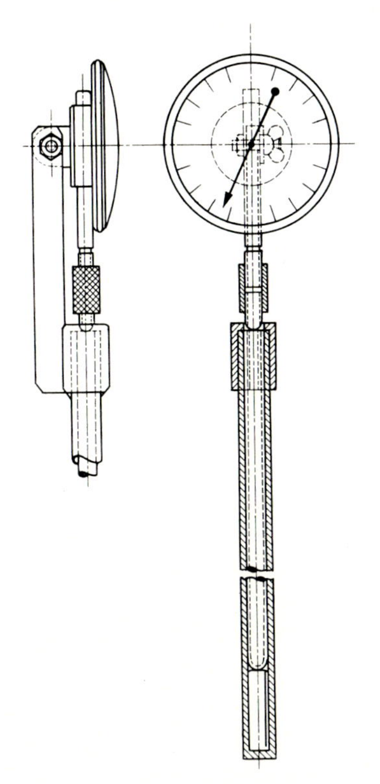

Bild 4.5–9 Quarzrohrdilatometer nach ASTM D 696–44 zur Bestimmung des linearen thermischen Ausdehnungskoeffizienten.

gilt besonders dann, wenn man das einfache Verfahren mit dem Quarzrohrdilatometer nach ASTM D 696-44 anwendet (Bild 4.5–9), bei dem die Längenänderung $l - l_0$ eines Probestabes nach der Temperaturänderung $T - T_0$ auf den Fühler einer Meßuhr oder eines induktiven Weggebers übertragen wird, der Probestab also unter einer gewissen, wenn auch geringen Last steht. Bei Komparatormethoden, bei denen der Abstand zwischen zwei auf den Probekörper aufgebrachten Marken in Abhängigkeit von der Temperatur mit Hilfe von Meßlupen bestimmt wird, steht der Probestab zwar nicht unter äußerer Last, geringste Krümmungen oder Schrumpfungen der Probe, die bei Kunststoffen während des Übergangs in Erweichungsgebiete auftreten können, gestatten aber auch bei dieser Methode eine genaue Messung nur im festen Zustand.

Zur direkten Messung der Volumenausdehnung kommt lediglich ein in Bild 4.5–10 skizziertes Verdrängungsdilatometer in Frage, wie es auch nach ASTM-D 864-52 genormt ist [18, 19, 20]. Der Probekörper ist dabei in eine Verdrängungsflüssigkeit (meist Quecksilber) getaucht und verdrängt während der thermischen Ausdehnung diese Flüssigkeit in eine Meßkapillare. Unter Berücksichtigung der bekannten Wärmeausdehnung des Glasgefäßes und der Verdrängungsflüssigkeit läßt sich die kubische Wärmeausdehnung des Probekörpers sehr genau und ohne Unterbrechung des Meßlaufes bis in den flüssigen Zustand bestimmen.

Da die Volumendilatometrie mit Hilfe oben beschriebener Verdrängungsdilatometer eine sehr empfindliche Meßmethode darstellt, macht sich selbst geringfügiger Wasser- und Monomerengehalt oder beginnender thermischer Abbau der Probekörper störend bemerkbar, indem durch entweichenden Wasser- oder Monomerendampf bei höheren Temperaturen eine zu große thermische Ausdehnung vorgetäuscht und somit das Meßergebnis erheblich verfälscht werden kann.

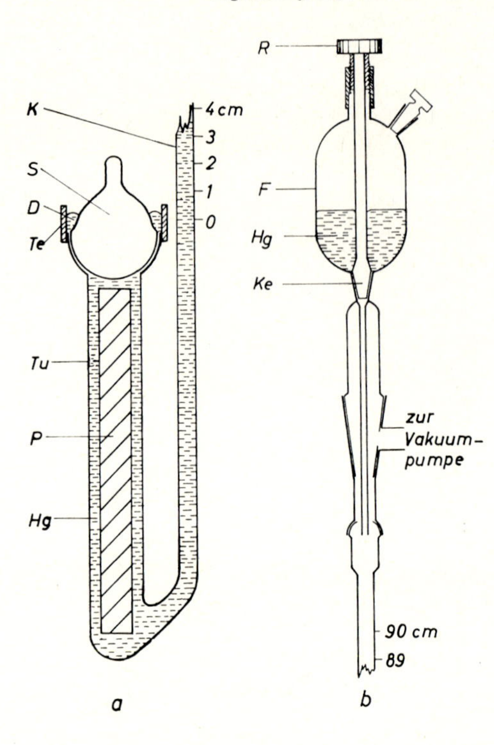


Bild 4.5–10 Verdrängungsdilatometer (a) mit Einfüllvorrichtung (b) nach *Hellwege* und Mitarb. [20].
Tu Tubus, S Kugelschliffstopfen, D Quecksilberdichtung, Te Teflonkragen, K Kapillare, P Probe, Hg Quecksilber, F Füllbehälter, Ke Kegelventil, R Rändelschraube.

#### 4.5.2.3. *Theoretische Vorstellungen zur thermischen Ausdehnung von Kunststoffen*

Die theoretische Erklärung der Wärmeausdehnung beruht auf der Annahme anharmonischer Kräfte und damit anharmonischer Schwingungen zwischen den Atomen und Molekeln der Festkörper [21]. Die potentielle Energie eines Atoms als Funktion des Abstandes von seinem Nachbarn ist nicht symmetrisch, vielmehr verläuft die Potentialkurve auf der Seite der Annäherung steiler als auf der Seite der Entfernung. Nur bei einer anharmonischen Schwingung ist der zeitlich gemittelte Abstand eines Atomes von seiner Ruhelage größer als Null, und nur auf diese Weise kann eine Ausdehnung des betrachteten Körpers erklärt werden. Dieser Abstand des Atoms von seiner Ruhelage und damit die thermische Ausdehnung ist der Energie des schwingenden Systems proportional [22], d.h. spezifisches Volum und Enthalpie sowie thermischer Ausdehnungskoeffizient und spezifische Wärme sind einander proportional. Dies ist auch der Grund, daß wir in der schematischen Darstellung in Bild 4.5–1 diese Größen jeweils gemeinsam auftragen konnten.

Alles was in Abschn. 4.5.1. über den Einfluß von Umwandlungen, insbesondere des Glasübergangs und des Schmelzens auf die spezifische Wärme gesagt wurde, trifft auch auf den thermischen Ausdehnungskoeffizienten zu. Der in der Temperaturkurve des spezifischen Volums von amorphen Kunststoffen zu beobachtende Knick bei der Glasumwandlungstemperatur $T_G$ bedeutet für den kubischen Ausdehnungskoeffizienten eine sprunghafte Erhöhung von Werten zwischen 18 und $25 \cdot 10^{-5}\,°C^{-1}$ im Glaszustand unterhalb $T_G$ auf 50 bis $60 \cdot 10^{-5}\,°C^{-1}$ im thermoelastischen Zustand oberhalb $T_G$; $\Delta\beta$ beträgt demnach 30 bis $35 \cdot 10^{-5}\,°C^{-1}$.

4.5.2.4. *Experimentelle Beispiele*

In den Bildern 4.5–11 und 4.5–12 sind die spezifischen Volumina für Polyvinylchlorid ohne und mit 20% Weichmacher (DOP) als Funktion der Temperatur für verschiedene Drücke dargestellt. Bei den von *Heydemann* und *Guicking* durchgeführten Untersuchungen [23] handelt es sich sowohl um isotherme als auch isobare Messungen. Aus isothermen Messungen – im Versuch wird bei konstanter Temperatur das spezifische Volum $V$ in Abhängigkeit vom Druck bestimmt – erhält man unterhalb $T_G$ höhere Werte für $V$ als aus isobaren Messungen, bei denen unter konstantem Druck das spezifische Volum in Abhängigkeit von der Temperatur bestimmt wird. Diese Beobachtung zeigt, daß man bei Kunststoffen unterhalb $T_G$ mit einer Volumenrelaxation rechnen muß, die, ausgelöst durch eine Temperaturänderung bei konstantem äußeren Druck, mit einer anderen Zeitkonstanten abläuft als im Fall einer Druckänderung bei konstanter Temperatur.

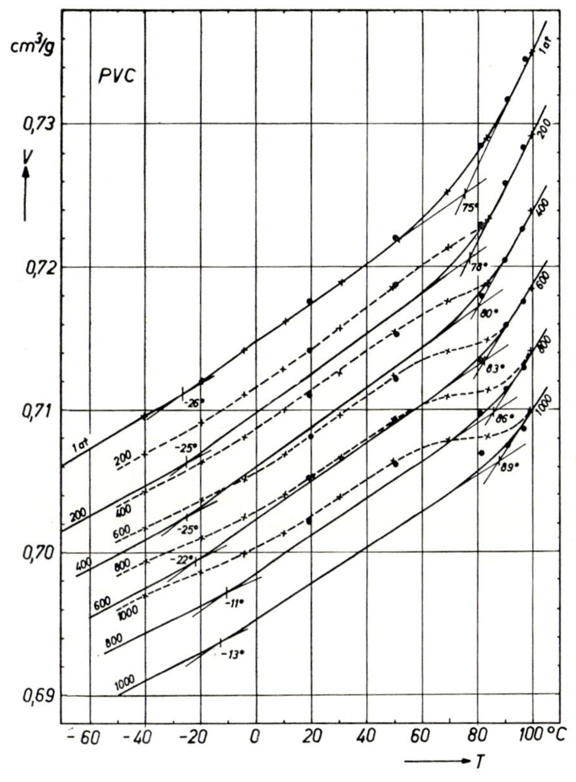


Bild 4.5–11 Temperaturverlauf des spezifischen Volums von reinem Polyvinylchlorid bei unterschiedlichen Drücken nach *Heydemann* und *Guicking* [23]. —— isobare Messungen, --- isotherme Messungen.

Wie aus den in den Bildern 4.5–11 und 4.5–12 dargestellten Messungen hervorgeht, sinkt $T_G$ bei Normaldruck von 75 °C auf ca. 0 °C ab, wenn man reinem PVC 20% Dioctylphthalat als Weichmacher zugibt. Gleichzeitig können wir feststellen, daß $T_G$ mit wachsendem äußeren Druck ansteigt, und zwar bei reinem PVC von 75 °C bei Normaldruck auf 89 °C bei 1000 at. Der Anstieg beträgt also 0,014 °C/at. In der gleichen Größenordnung liegen auch die Werte, die bei anderen amorphen Kunststoffen gefunden wurden [24]. Für das Beispiel Polymethylmethacrylat liegt in Bild 4.5–13 ebenfalls die Tempera-

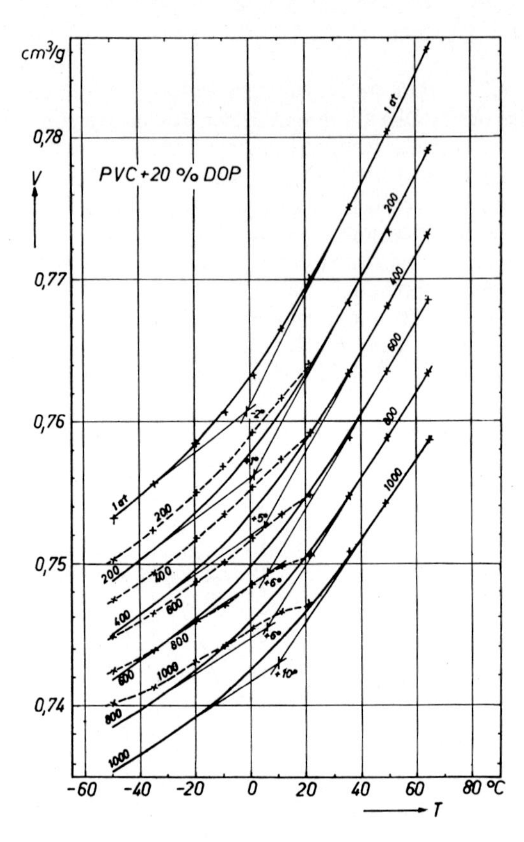


Bild 4.5–12 Temperaturverlauf des spezifischen Volums von Polyvinylchlorid mit 20 Gew.–% DOP als Weichmacher bei unterschiedlichen Drücken nach *Heydemann* und *Guicking* [23]. —— isobare Messungen, – – – isotherme Messungen.

turabhängigkeit des spezifischen Volums bei Normaldruck und für 1000 at. vor [23, 24]. Für PMMA steigt $T_G$ durch diese Erhöhung des äußeren Druckes von 103°C auf 121 °C, also um 0,018 °C/at.

Neben dem Glasübergang erkennt man sowohl bei PVC als auch bei PMMA weitere Umwandlungserscheinungen, die sich jeweils in einem Knick in der $V(T)$-Kurve ausdrücken. Die Ursachen hierfür sind ebenfalls einsetzende molekulare Bewegungen, die sich jedoch nicht wie beim Glasübergang auf ganze Molekelkettensegmente erstrecken, sondern nur in einzelnen seitständigen Atomgruppen ablaufen [25, 26]. Besonders deutlich machen sich diese Umwandlungserscheinungen als Stufen in der Temperaturabhängigkeit des kubischen Ausdehnungskoeffizienten bemerkbar, die für die drei o.a. Beispiele PVC, PVC + 20% DOP und PMMA in den Bildern 4.5–14 bis 4.5–16 dargestellt ist [23].

Ebenfalls am Beispiel PVC soll in Bild 4.5–17 gezeigt werden, daß die lineare thermische Ausdehnung eine erhebliche Richtungsabhängigkeit aufweisen kann, wenn man verstrecktes Material vorliegen hat. Aufgrund einer einachsigen Molekelorientierung sinkt der lineare Ausdehnungskoeffizient $\alpha_{\parallel}$, gemessen in Streckrichtung, unter den Wert $\alpha_0$ für das unverstreckte isotrope Material ab, während der Wert $\alpha_{\perp}$, gemessen senkrecht zur Streckrichtung, ansteigt [27, 28, 29, 30].

Dabei gilt:

$$\alpha_{\parallel} + 2\alpha_{\perp} = 3\alpha_0 = \beta \tag{9}$$

Der kubische Ausdehnungskoeffizient $\beta$ wird im Rahmen der Meßgenauigkeit von der Verstreckung nicht beeinflußt. Der Grund für diese Anisotropie der thermischen Aus-

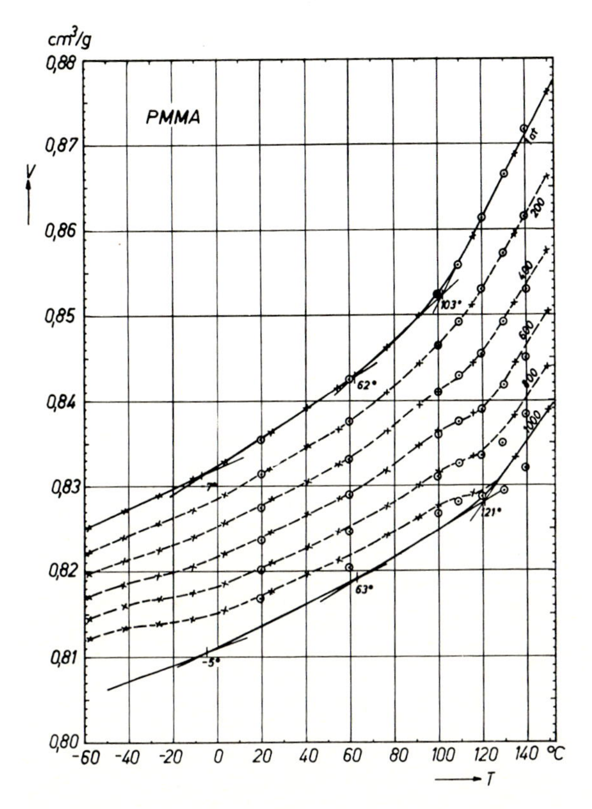


Bild 4.5–13 Temperaturverlauf des spezifischen Volums von Polymethylmethacrylat bei unterschiedlichen Drücken nach *Heydemann* und *Guicking* [23]. —— isobare Messungen, --- isotherme Messungen.

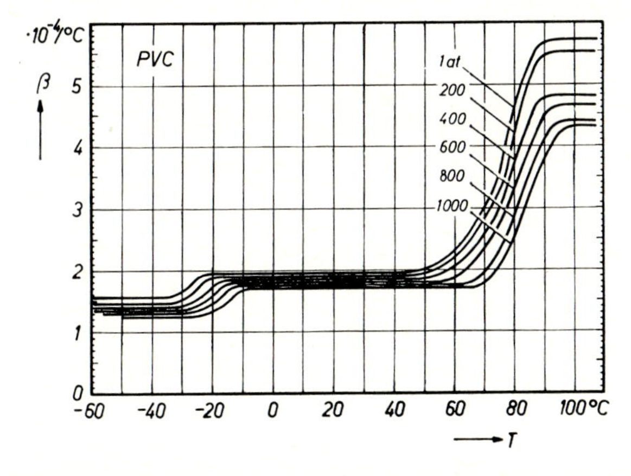


Bild 4.5–14 Temperaturverlauf des kubischen Wärmeausdehnungskoeffizienten von reinem Polyvinylchlorid bei unterschiedlichen Drücken nach *Heydemann* und *Guicking* [23].

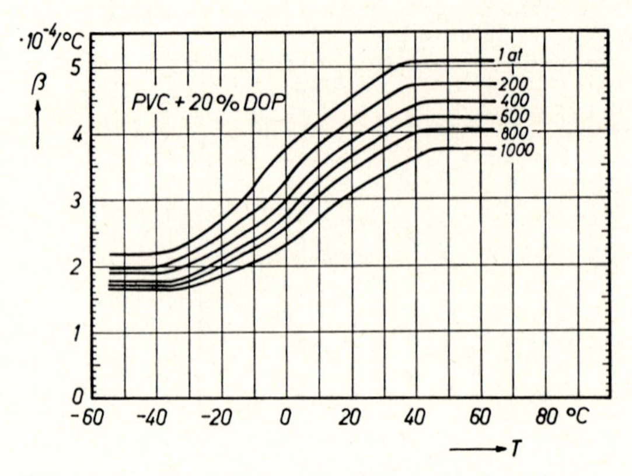


Bild 4.5–15 Temperaturverlauf des kubischen Wärmeausdehnungskoeffizienten von Polyvinylchlorid mit 20 Gew.–% DOP als Weichmacher bei unterschiedlichen Drücken nach *Heydemann* und *Guicking* [23].

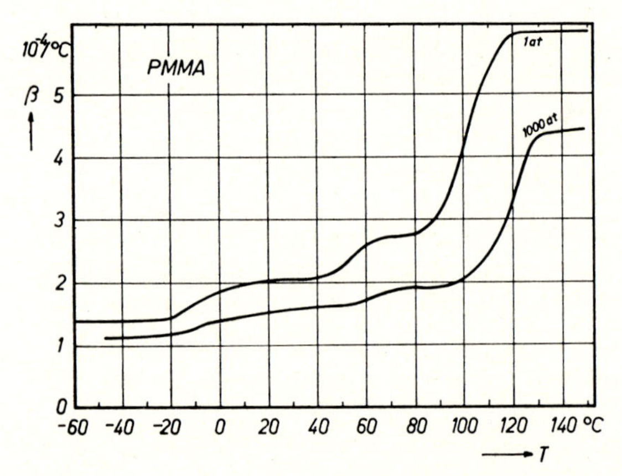


Bild 4.5–16 Temperaturverlauf des kubischen Wärmeausdehnungskoeffizienten von Polymethylmethacrylat bei Normaldruck und 1000 at nach *Heydemann* und *Guicking* [23].

dehnung ist im molekularen Aufbau der Hochpolymeren zu suchen. Die Atome innerhalb einer Molekelkette sind durch Hauptvalenzen gebunden, während zwischen den Ketten nur Nebenvalenzbindungen bestehen. Da sich aber bei monoaxialer Verstreckung die Molekelketten bevorzugt in Streckrichtung orientieren, wird man in dieser Richtung wegen der häufiger vorkommenden „härteren“ Hauptvalenzbindungen einen geringeren linearen Ausdehnungskoeffizienten finden als im isotropen unverstreckten Material, während in der dazu senkrechten Richtung, in welcher man überwiegend die „weicheren“ Nebenvalenzbindungen antrifft, der lineare Ausdehnungskoeffizient größer ist als im isotropen Material (vgl. auch Abschn. 4.5.3.4.).

Die Anisotropie kann beträchtlich sein. Bei 165% verstrecktem PVC beträgt $\alpha_{\parallel}$ : 2,4 $\cdot 10^{-5}\,°C^{-1}$, $\alpha_{\perp}$ : 8,6 $\cdot 10^{-5}\,°C^{-1}$, die Differenz mithin 6,2 $\cdot 10^{-5}\,°C^{-1}$, während $\alpha_0 =$ 6,6 $\cdot 10^{-5}\,°C^{-1}$ ist [27].

Die amorphen Bereiche der meisten teilkristallinen Kunststoffe befinden sich bei Zimmertemperatur oberhalb ihrer Glastemperatur. Liegt darüberhinaus der Kristallisationsgrad unter 50%, so muß man bei Zimmertemperatur mit großen Ausdehnungskoeffizienten

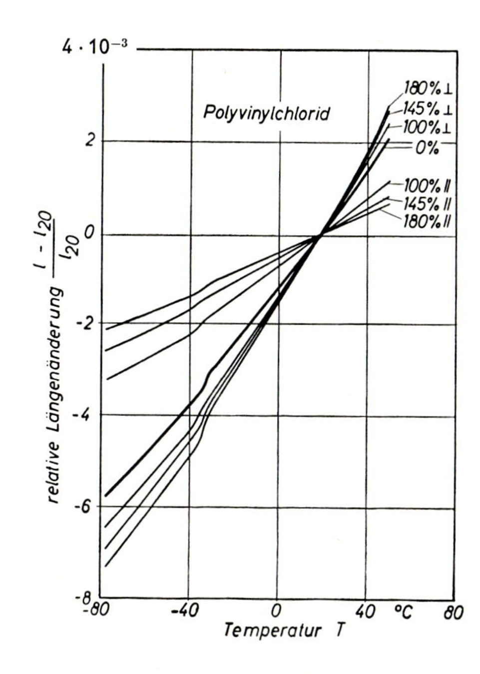


Bild 4.5–17 Relative Längenänderung von einachsig verstrecktem Polyvinylchlorid in Abhängigkeit von der Temperatur bei verschiedenen Verstreckungsgraden nach *Hellwege* und Mitarb. [27].

rechnen. In Bild 4.5–18 ist das spezifische Volum von Polypropylen und der drei hauptsächlichen Vertreter des Polyäthylens in Abhängigkeit von der Temperatur dargestellt. Es handelt sich um Hochdruckpolyäthylen (Dichte: 0,92 g/cm$^3$), Ziegler-Polyäthylen (Dichte: 0,95 g/cm$^3$) und Phillips-Polyäthylen (Dichte: 0,97 g/cm$^3$).

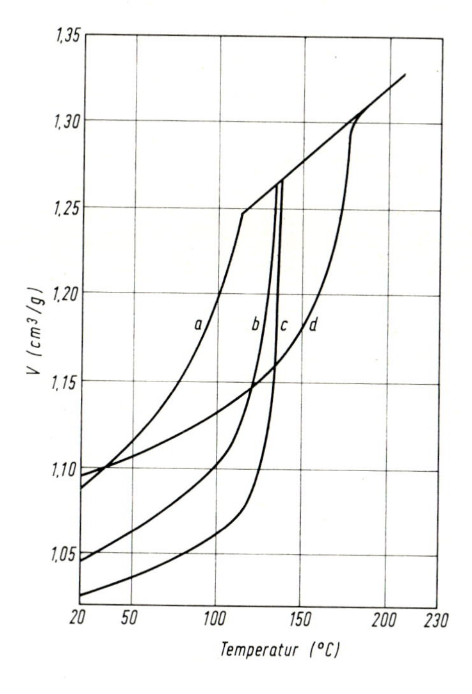


Bild 4.5–18 Temperaturverlauf des spezifischen Volums von verschiedenen Polyäthylenen und Polypropylen nach *Hennig* [32].

a) Hochdruckpolyäthylen ($\varrho$ = 0,92 g/cm$^3$),
b) Zieglerpolyäthylen ($\varrho$ = 0,95 g/cm$^3$),
c) Phillipspolyäthylen ($\varrho$ = 0,97 g/cm$^3$),
d) Polypropylen

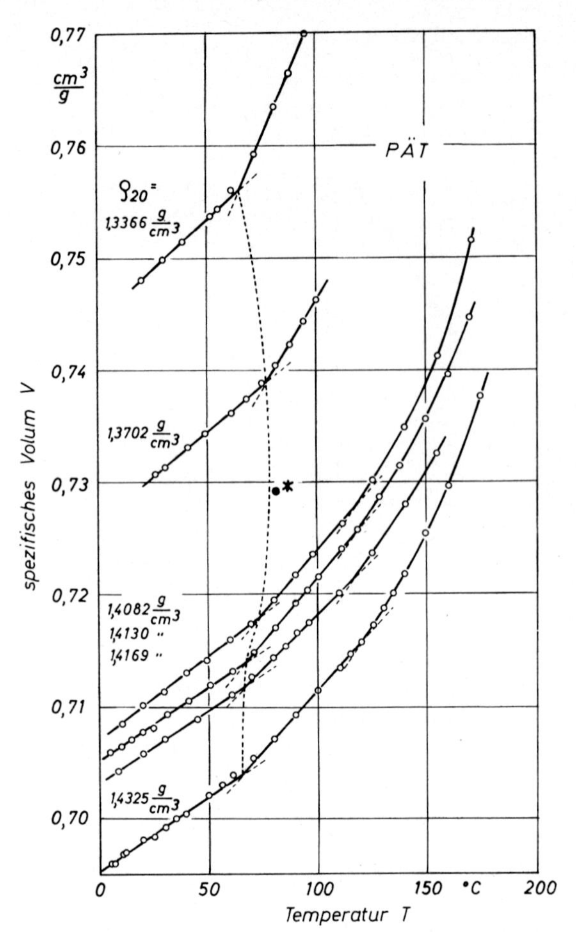


Bild 4.5–19 Temperaturverlauf des spezifischen Volums von Polyäthylenterephthalat unterschiedlicher Dichte nach Hellwege und Mitarb. [20]. *Nach *Kolb* und *Izard* [33].

Charakteristisch für alle Polyäthylentypen einschließlich Polypropylen ist, daß ihr spezifisches Volum oberhalb des Schmelzendes dieselbe lineare Temperaturfunktion besitzt; die Steigung beträgt $88 \cdot 10^{-5}$ cm³/g · °C [31, 32].

Für Polyäthylenterephthalat, dessen Schmelzende mit 265 °C besonders hoch liegt, ist charakteristisch, daß man den Kristallisationsgrad durch Tempern bei Temperaturen zwischen 100 °C und 250 °C zwischen 5 und 80% variieren kann [20]. Dabei durchläuft die Glastemperatur ein Maximum von etwa 80 °C bei einem Kristallisationsgrad von ca. 40% [20, 33]. $T_G$ liegt bei niedrigen bzw. sehr hohen Kristallisationsgraden bei 65 °C (Bild 4.5–19). Der bei 120 °C in den $V(T)$-Kurven von Polyäthylenterephthalat gefundene Knick zeigt den Beginn des Aufschmelzens kristalliner Bereiche an.

Mit 141 °C besitzt Polycarbonat eine sehr hohe Glastemperatur (Bild 4.5–20), die seine hohe Wärmeformbeständigkeit begründet. Polycarbonat enthält geringfügige kristalline Bereiche, die bei etwa 220 °C aufgeschmolzen sind.

Wegen weiterer Daten zur Wärmeausdehnung von Kunststoffen sei auf Tabelle 4.5–1 verwiesen.

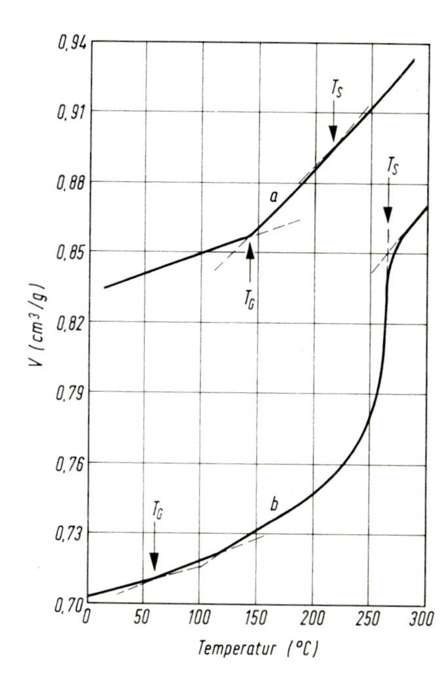


Bild 4.5–20 Temperaturverlauf des spezifischen Volums von Polycarbonat (a) und Polyäthylenterephthalat (b) nach *Hellwege* und Mitarb. [20].

## 4.5.3. Wärmeleitfähigkeit und Wärmedämmung

### 4.5.3.1. *Begriffe und Grundlagen*

Die Wärmeleitfähigkeit gibt an, welche Wärmemenge bei einem bestimmten Temperaturgefälle in der Zeiteinheit durch einen Körper mit einem bestimmten Querschnitt und einer bestimmten Dicke hindurchgeht. Für den Fall des stationären Wärmetransportes $\left(\frac{\partial T}{\partial t} = 0\right)$ gilt folgende Beziehung:

$$\frac{Q}{t} = \lambda \cdot F \frac{T_1 - T_2}{d} \qquad (10)$$

$Q$ = Wärmemenge
$t$ = Zeit
$\lambda$ = Wärmeleitfähigkeit oder Wärmeleitzahl
$F$ = Querschnitt des Probekörpers
$T_1, T_2$ = Temperaturen der Probekörperoberflächen
$d$ = Dicke des Probekörpers

Die Einheit der Wärmeleitfähigkeit ist z.B. 1 kcal/ · m · h · °C; dies bedeutet, daß 1 kcal je Stunde durch 1 m² eines Körpers bei einem Temperaturgefälle von 1 °C je Meter hindurchtritt.

Zu beachten ist, daß es sich bei $T_1$ und $T_2$ in Gleichung (10) um die Temperaturen der Probekörperoberflächen handelt und nicht etwa um die Temperaturen des die beiden Probekörperoberflächen begrenzenden Mediums (z.B. Luft).

Für den instationären Wärmetransport, der sich z.B. bei Aufheiz- oder Abkühlvorgängen ergibt, ist $\frac{\partial T}{\partial t} \neq 0$; es gilt dann:

$$\frac{\partial T}{\partial t} = \frac{\lambda}{c \cdot \varrho}\left(\frac{\partial^2 T}{\partial x^2} + \frac{\partial^2 T}{\partial y^2} + \frac{\partial^2 T}{\partial z^2}\right) \tag{11}$$

$c$ = spezifische Wärme
$\varrho$ = Dichte
$x, y, z$ = Ortskoordinaten

Die Lösung dieser partiellen Differentialgleichung für den häufig anzutreffenden Fall des eindimensionalen stationären Wärmestroms bei linearem Temperaturgradienten ist Gleichung (10). Den Ausdruck $\lambda/c \cdot \varrho = a$ nennt man Temperaturleitfähigkeit; diese Größe ist nicht zu verwechseln mit dem Ausdruck $b = \sqrt{c \cdot \lambda \cdot \varrho}$, den man als Wärmeeindringzahl bezeichnet.

Die Wärmeeindringzahl bestimmt die Kontakttemperatur $T_K$ bei Berührung zweier Körper $A$ und $B$ nach der Beziehung:

$$T_K = \frac{b_A T_A + b_B T_B}{b_A + b_B} \tag{12}$$

Die Frage nach dem Wärmetransport durch Verglasungen oder Wärmedämmplatten aus Kunststoff spielt im Bauwesen, in der Isoliertechnik, im Apparatebau usw. eine wichtige Rolle. Für dieses Problem hat man die Wärmedurchgangszahl $k$ definiert:

$$\frac{Q}{t} = k \cdot F(T_i - T_a) \tag{13}$$

$Q$ = Wärmemenge
$t$ = Zeit
$k$ = Wärmedurchgangszahl
$F$ = Fläche des Bauteiles
$T_i, T_a$ = Temperaturen des umgebenden Mediums (z. B. Luft) innen und außen

$k$ wird z. B. in kcal/m$^2$ · h · °C angegeben.

In Gleichung (13) ist im Gegensatz zu Gleichung (10) die Differenz $T_i - T_a$ auf den Temperaturunterschied der die Kunststoffplatte umgebenden Medien bezogen.

Für eine aus $n$ verschiedenen Schichten bestehende Kombination, z. B. einer Verglasung, läßt sich die Wärmedurchgangszahl $k$ nach der folgenden Gleichung berechnen:

$$\frac{1}{k} = \frac{1}{\alpha_i} + \frac{1}{\alpha_a} + \frac{d_1}{\lambda_1} + \frac{d_2}{\lambda_2} + \ldots + \frac{d_n}{\lambda_n} \tag{14}$$

$\alpha_i, \alpha_a$ = Wärmeübergangszahlen
$d_1, \ldots, d_n$ = Dicke der 1., ..., n-ten Schicht
$\lambda_1, \ldots, \lambda_n$ = Wärmeleitfähigkeit der 1., ..., n-ten Schicht

Die Wärmeübergangszahlen geben an, welche Wärmemenge je Zeiteinheit bei vorgegebener Temperaturdifferenz zwischen einer bestimmten Oberfläche der Verglasung und dem sie berührenden Medium (z. B. Luft) ausgetauscht wird; ihre Größe hängt u. a. entscheidend von den Strömungsverhältnissen des die Verglasung umgebenden Mediums ab.

### 4.5.3.2. *Messung der Wärmeleitfähigkeit*

Die Wärmeleitfähigkeit fester Stoffe wird meist in symmetrischer Probenanordnung mit Hilfe von Plattenapparaturen gemessen, die z. T. Eingang in die Normen DIN 52612 und ASTM C 177-45 gefunden haben [34, 35, 36]. In der Regel liegt je eine Probeplatte in gutem Wärmekontakt an den beiden Oberflächen einer mit einem Schutzring versehenen Heizplatte (Bild 4.5–21). An der Außenseite der Probeplatten folgt je eine Kühlplatte, die bei stationärer Messung mit einem Thermostaten auf konstanter Temperatur

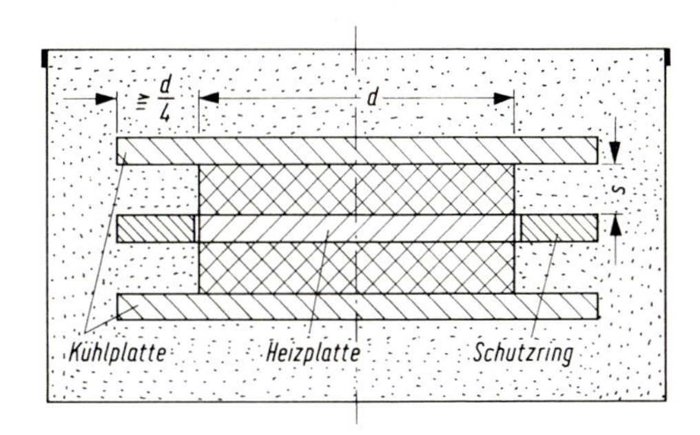


Bild 4.5–21 Bestimmung der Wärmeleitfähigkeit in symmetrischer Zweiplattenanordnung nach *Poensgen* [34].

gehalten wird. Der Schutzring an der Heizplatte wird auf die Temperatur der Heizplatte geregelt und soll dafür sorgen, daß die in der Heizplatte je Zeiteinheit elektrisch erzeugte Wärmemenge quantitativ durch die Probeplatten hindurchtritt und nicht etwa teilweise seitlich abfließt.

Da sich die Bestimmung der Temperaturdifferenz $T_1 - T_2$ in Gleichung (10) zwischen den Probekörperoberflächen meßtechnisch direkt kaum verwirklichen läßt, mißt man sie zwischen den anliegenden Heiz- und Kühlplatten, die aus einem guten Wärmeleiter, in der Regel aus Kupfer bestehen. Entscheidende Voraussetzung hierfür ist ein einwandfreier Wärmekontakt zwischen Heiz- bzw. Kühlplatte und der betreffenden Probenoberfläche, d. h. der Wärmeübergang muß „unendlich" gut sein. Dies erreicht man z. B. durch Auftragen von dünnen Schichten aus Silikonfett auf die Kontaktflächen. Es sei darauf hingewiesen, daß diese Methode bei sehr tiefen Temperaturen versagt, wenn nämlich das Kontaktfett seine Glastemperatur unterschreitet, dabei versprödet und somit der gute Wärmekontakt zwischen Kupferplatten und Probekörper teilweise abreißt. Das Ergebnis kann ein vorgetäuschter, in Wirklichkeit nicht vorhandener sprunghafter Abfall der Wärmeleitfähigkeit der untersuchten Probe bei der Glastemperatur des Kontaktfettes sein, wenn man die Meßtemperatur weiter verringert [35].

Zur Bestimmung der Wärmeleitfähigkeit von hochpolymeren Schmelzen bedient man sich zweckmäßigerweise zylindersymmetrischer Anordnungen, zumal die Untersuchung des Druckeinflusses hinsichtlich der Verarbeitung von Kunststoffen im Vordergrund steht [37].

### 4.5.3.3. *Theoretische Vorstellungen zum Wärmetransport in Kunststoffen*

Kunststoffe zeichnen sich unter den festen Werkstoffen durch niedrige Werte der Wärmeleitfähigkeit aus, sie sind also Wärmeisolatoren. Mit Ausnahme der hochkristallinen Polymeren wie z. B. Polyäthylen hoher Dichte findet man bei Zimmertemperatur Werte, die überwiegend zwischen 0,15 und 0,25 kcal/m · h · °C liegen.

Der Wärmetransport in Kunststoffen erfolgt durch elastische Wellen – im Teilchenbild durch Phononen – da praktisch keine freien Elektronen vorkommen, die z. B. in Metallen die hohe Wärmeleitfähigkeit begründen. Die Vorstellungen über den Wärmetransport durch elastische Wellen geht auf *Debye* zurück [21]. Aus diesen Betrachtungen folgt die Beziehung:

$$\lambda = \text{const} \cdot \varrho \cdot c_V \cdot u \cdot l \tag{15}$$

$\varrho$ = Dichte
$c_V$ = spezifische Wärme, gemessen bei konstantem Volum
$u$ = Geschwindigkeit der elastischen Wellen
$l$ = mittlere freie Weglänge der Wellen (Phononen)

Die mittlere freie Weglänge $l$ ist der Weg, auf dem die Intensität der elastischen Wellen auf den Bruchteil $1/e$ abgesunken ist. Nur in hochkristallinen Polymeren erreicht $l$ Werte, die wesentlich größer sind als die Atomabstände. Deshalb kann man $l$ für die meisten Kunststoffe als konstant und temperaturunabhängig betrachten. Den bei Gläsern und amorphen Kunststoffen beobachteten Abfall der Wärmeleitfähigkeit mit sinkender Temperatur muß man mithin im wesentlichen auf den Abfall der spezifischen Wärme zurückführen. Tatsächlich geht auch die Wärmeleitfähigkeit wie die spezifische Wärme bei 0 °K gegen Null, wie Messungen an Polymethylmethacrylat zeigen [38, 39].

Die Wärmeleitfähigkeit von amorphen Hochpolymeren läßt sich theoretisch durch ein von *Eiermann* [40] entwickeltes Strukturmodell deuten. Dieses Modell trägt der Tatsache Rechnung, daß der intramolekulare Wärmetransport, also entlang den Molekelketten, aufgrund der größeren Federkonstanten der Hauptvalenzbindungen wesentlich schneller abläuft als der intermolekulare Wärmetransport von Kette zu Kette, zwischen denen nur die schwächeren van der Waals-Bindungen wirksam werden. Nach diesen Vorstellungen muß die Wärmeleitfähigkeit amorpher Hochpolymerer zwischen der von unpolaren organischen Flüssigkeiten und der von Silikatgläsern liegen, da die Atome oder Molekeln der Flüssigkeiten größtenteils über van der Waals-Bindungen in Wechselwirkung stehen, dagegen die Atome der Silikatgläser durch kovalente Bindungen verknüpft sind. Die experimentellen Ergebnisse bestätigen diese Überlegungen.

Aus dem von *Eiermann* [40] angegebenen Modell folgt, daß der Temperaturkoeffizient der Wärmeleitfähigkeit $\frac{1}{\lambda}\frac{d\lambda}{dT}$ amorpher Polymerer mit dem Wärmeausdehnungskoeffizienten $\beta$ in Beziehung steht, so daß z. B. die sprunghafte Änderung in $\beta$ bei der Glasübergangstemperatur $T_G$ einen Knick in der Temperaturfunktion der Wärmeleitfähigkeit zur Folge hat. Dieser Knick ist selbstverständlich genauso wenig scharf ausgeprägt, wie der Knick in der Volumen-Temperaturkurve.

#### 4.5.3.4. *Experimentelle Beispiele*

Eine Übersicht über den gegenwärtigen Stand der Erkenntnisse zur Wärmeleitfähigkeit von Hochpolymeren hat *Knappe* gegeben [41].

In den Bildern 4.5–22 und 4.5–23 sind als Beispiele für den prinzipiellen Temperaturverlauf der Wärmeleitfähigkeit amorpher Kunststoffe Diagramme für Polymethylmethacrylat [40, 42] und Polyvinylchlorid mit unterschiedlichem Gehalt an Weichmacher [43] dargestellt. Es zeigt sich deutlich der Knick in der Funktion $\lambda(T)$ bei $T_G$; die Änderung in $\frac{1}{\lambda}\frac{d\lambda}{dT}$ beträgt nach den theoretischen Überlegungen von *Eiermann* $-1{,}7 \cdot 10^{-3}\,°C^{-1}$ [40], was durch die Experimente im wesentlichen bestätigt wird.

Aus der Überlegung, daß der Wärmetransport entlang den Kettenmolekeln schneller erfolgt als zwischen den Molekeln, folgt zwangsläufig, daß in monoaxial verstreckten Kunststoffen in Richtung der Molekelorientierung die Wärmeleitfähigkeit größer, senkrecht dazu kleiner sein muß als im isotropen Material [27, 29, 44, 45, 46]. Dafür gilt:

$$\frac{1}{\lambda_{\parallel}} + \frac{2}{\lambda_{\perp}} = \frac{3}{\lambda_0} \tag{16}$$

$\lambda_{\parallel}$ = Wärmeleitfähigkeit parallel zur Streckrichtung
$\lambda_{\perp}$ = Wärmeleitfähigkeit senkrecht zur Streckrichtung
$\lambda_0$ = Wärmeleitfähigkeit des isotropen Materials

In Bild 4.5–24 läßt sich am Beispiel von PMMA, das um 275% einachsig verstreckt wurde, zeigen, daß Gleichung (16) im ganzen erfaßten Temperaturbereich von $-190$°C

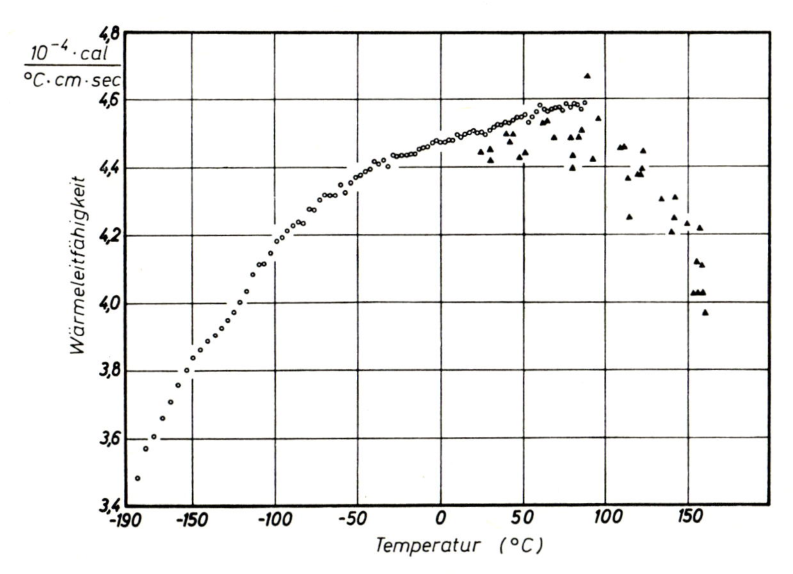


Bild 4.5–22 Temperaturverlauf der Wärmeleitfähigkeit von Polymethylmethacrylat, ○ nach *Eiermann* [40] und ▲ *Shoulberg* und *Shetter* [42].

bis + 50 °C gültig ist [44]. Die Größe der Anisotropie hängt neben dem Verstreckungsgrad ganz entscheidend vom Kettenaufbau des Polymeren ab. Bei gleichem Verstreckungsgrad unterscheidet sich z. B. die Anisotropie der Wärmeleitfähigkeit und anderer richtungsabhängiger physikalischer Größen zwischen PVC und Polystyrol um ein Mehrfaches [29].

Teilkristalline Polymere kann man als Zweiphasensysteme auffassen, wobei man grob vereinfachend nur zwischen kristallinen und amorphen Bereichen unterscheidet. Für die Wärmeleitfähigkeit von Mischungen ganz allgemein hat *Eucken* eine Formel angegeben, die sich formal auch auf teilkristalline Polymere anwenden läßt [47, 48]:

$$\lambda = \frac{2\,\lambda_a + \lambda_k + 2\gamma \cdot (\lambda_k - \lambda_a)}{2\,\lambda_a + \lambda_k - \gamma \cdot (\lambda_k - \lambda_a)} \cdot \lambda_a \qquad (17)$$

$\lambda_a$ = Wärmeleitfähigkeit der amorphen Bereiche
$\lambda_k$ = Wärmeleitfähigkeit der kristallinen Bereiche
$\gamma$ = Volumenanteil der kristallinen Bereiche

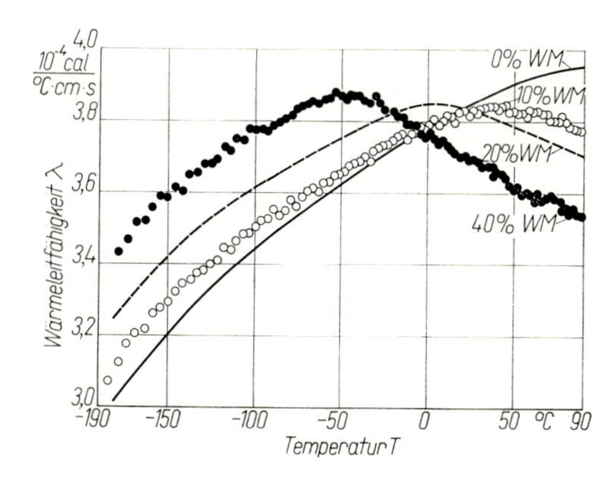


Bild 4.5–23 Temperaturverlauf der Wärmeleitfähigkeit von Polyvinylchlorid mit unterschiedlichem Gehalt an Weichmacher (DOP) nach *Eiermann* [43].

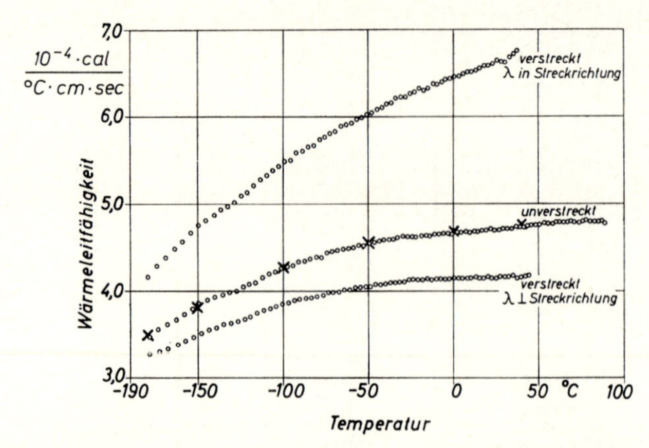


Bild 4.5–24 Temperaturverlauf der Wärmeleitfähigkeit von Polymethylmethacrylat, unverstreckt und um 275% einachsig verstreckt nach *Eiermann* [44]. x berechnet nach Gleichung (16) aus $\lambda_{\parallel}$ und $\lambda_{\perp}$.

In Bild 4.5–25 sind die gemessenen Temperaturfunktionen der Wärmeleitfähigkeit von Polyäthylenen unterschiedlicher Dichte, d.h. unterschiedlichen Kristallisationsgrades dargestellt. Außerdem ist nach Gleichung (17) der Temperaturverlauf der Wärmeleitfähigkeit des 100% kristallinen $\lambda_k$ und des völlig amorphen Polyäthylens $\lambda_a$ berechnet worden. Die Wärmeleitfähigkeit von Polyäthylen mit hohem Kristallisationsgrad ist also viel größer als bei Polyäthylen mit niedrigem Kristallisationsgrad und fällt oberhalb – 200°C mit steigender Temperatur ab, während sich bei dem Material mit niedrigem Kristallisationsgrad der typisch flache Temperaturverlauf für amorphe Polymere andeutet.

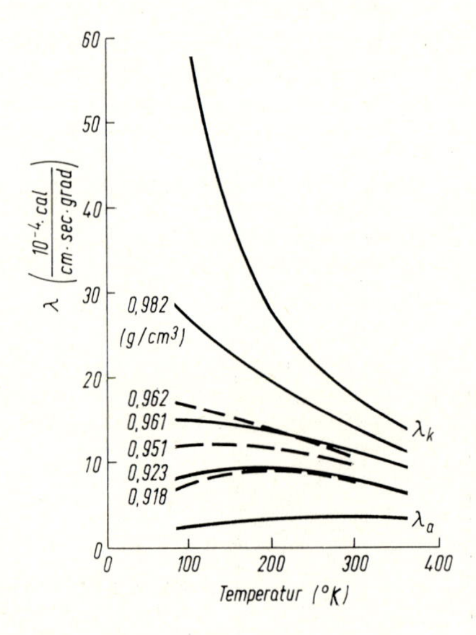


Bild 4.5–25 Temperaturverlauf der Wärmeleitfähigkeit von Polyäthylen unterschiedlicher Dichte nach Eiermann [48]. --- schnell abgekühlte, — getemperte Proben. $\lambda_k$ und $\lambda_a$ berechnet nach Gleichung (17).

In Bild 4.5–26 liegen Wärmeleitmessungen vor, die an Polyäthylenen verschiedener Dichte zwischen Zimmertemperatur und 200°C durchgeführt wurden [49], also den Zustand der Schmelze mit erfassen. Der Steilabfall der Wärmeleitfähigkeit oberhalb 100°C ist durch

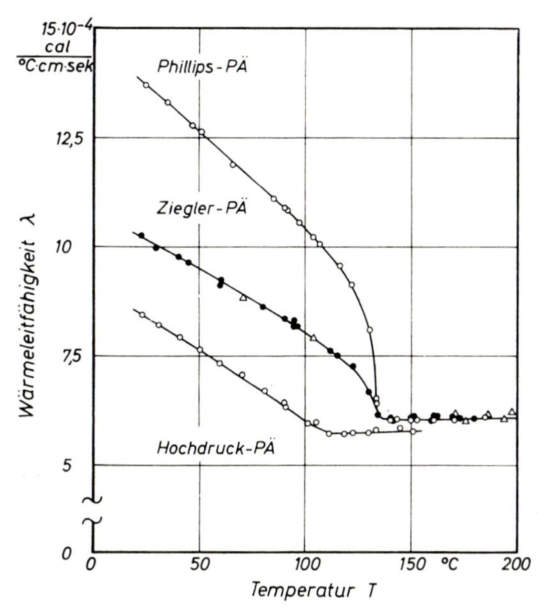


Bild 4.5–26 Temperaturverlauf der Wärmeleitfähigkeit von Hochdruck-, Ziegler- und Phillips-Polyäthylen nach *Hennig* und Mitarb. [49].

das sukzessive Aufschmelzen kristalliner Bereiche bedingt. Die Kurve $\lambda(T)$ besitzt am Schmelzende einen Knick und mündet in den für die Schmelze charakteristischen horizontalen Verlauf ein.

Bei der Verarbeitung von Kunststoffen aus der Schmelze ist neben der Temperaturabhängigkeit der Wärmeleitfähigkeit die Frage nach dem Druckeinfluß zu beantworten. Wie Messungen von *Lohe* [37] zeigen, steigt erwartungsgemäß [52] die Wärmeleitfähigkeit mit wachsendem Druck an. Als Beispiel ist in Bild 4.5–27 $\lambda(T)$ für PMMA zwischen 140°C und 240°C bei Normaldruck und bei 300 kp/cm² dargestellt. Der Druckkoeffizient $\frac{1}{\lambda}\frac{\mathrm{d}\lambda}{\mathrm{d}p}$, den man für verschiedene Polymerenschmelzen findet, beträgt im Mittel $1{,}6 \cdot 10^{-4}$ cm²/kp; er ist also zu klein, um bei Problemen der Wärmeübertragung in normalen Spritzgießmaschinen oder Extrudern eine wesentliche Rolle zu spielen.

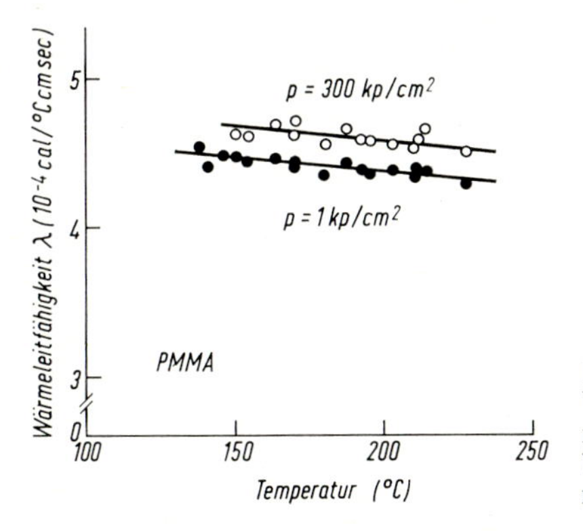


Bild 4.5–27 Temperaturverlauf der Wärmeleitfähigkeit von Polymethylmethacrylat im Zustand der Schmelze bei Normaldruck und bei 300 kp/cm² nach *Lohe* [37].

Aus dem von *Eiermann* entwickelten Netzwerkmodell [40] läßt sich zwanglos ableiten, daß die Wärmeleitfähigkeit von amorphen Polymeren, d.h. auch von Schmelzen teilkristalliner Polymerer mit wachsendem Polymerisationsgrad ansteigt, mit zunehmenden Verzweigungsgrad jedoch absinkt [50, 51], da die Anzahl der in der Substanz vorhandenen Nebenvalenzbindungen, die ja große elementare Wärmewiderstände darstellen, ab- bzw. zunimmt.

Wegen ihrer niedrigen Wärmeleitfähigkeit werden zur Wärmeisolierung im Bauwesen und in der Tiefkühltechnik besonders Kunststoff-Schaumstoffe eingesetzt. Betrachtet man deren Wärmeleitfähigkeit in Abhängigkeit vom Raumgewicht (Bild 4.5–28), so stellt man ein deutliches Minimum fest [53].

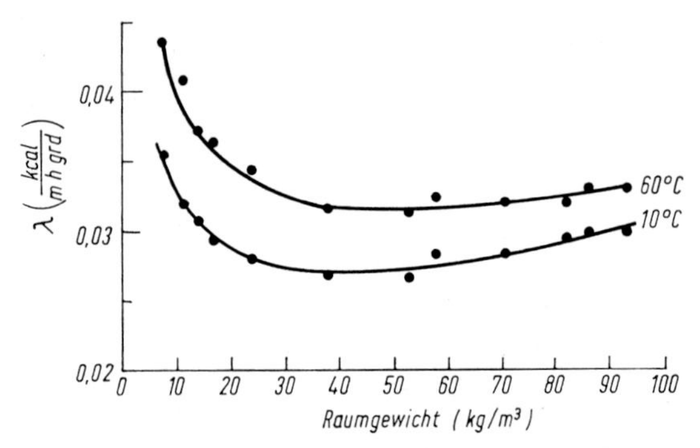


Bild 4.5–28 Wärmeleitfähigkeit von Styropor-Schaumstoff bei 10 °C und 60 °C in Abhängigkeit vom Raumgewicht nach *Fischer* [53].

Die Wärmeleitfähigkeit eines Schaumstoffes setzt sich aus vier verschiedenen Beiträgen zusammen:

$$\lambda = \lambda_F + \lambda_G + \lambda_R + \lambda_K \qquad (18)$$

$\lambda$ = Wärmeleitfähigkeit des Schaumstoffes
$\lambda_F$ = Beitrag des Festkörpers
$\lambda_G$ = Beitrag des Füllgases
$\lambda_R$ = Beitrag der Wärmestrahlung
$\lambda_K$ = Beitrag der Konvektion

Bei niedrigen Raumgewichten ist der Beitrag des Festkörpers gering, derjenige des Füllgases und der Wärmestrahlung groß. Der Beitrag der Konvektion ist offenbar gering, wie *Fischer* [53] feststellte. Bei hohen Raumgewichten kehren sich die Verhältnisse um. Hinsichtlich Wärmeisolierung gibt es also ein optimales Raumgewicht, bei dem die Wärmeleitfähigkeit am kleinsten ist. Wenn nicht Gründe der Festigkeit und der Wärmeformbeständigkeit dagegen sprechen, sollte man demnach Kunststoff-Schaumstoffe bei Isolierproblemen in dem Raumgewicht anwenden, bei welchem die Wärmeleitfähigkeit am kleinsten ist.

Werte der Wärmeleitfähigkeit und Temperaturleitfähigkeit bei Zimmertemperatur sind für einige Kunststoffe in Tabelle 4.5–1 zusammengestellt.

## 4.5.4. Wärmeformbeständigkeit und maximale Gebrauchstemperatur

### 4.5.4.1. *Begriffe und Prüfverfahren*

Die drei wichtigsten genormten Methoden zur Bestimmung der Formbeständigkeit von Kunststoffen in der Wärme sind die Verfahren nach *Vicat* (DIN 53460, ISO/R 306,

ASTM D 1525-65 T), nach ISO/R 75 (DIN 53461, ISO/R 75, ASTM D 648-56, früher HDT = heat distortion temperature) und nach *Martens* (DIN 53458).

a) Verfahren nach *Vicat*, Bild 4.5–29.

Eine zylindrische, unten eben angeschliffene Stahlnadel von 1 mm² Querschnitt wird senkrecht auf einen waagrecht liegenden ebenen Probekörper von mindestens 3 mm Dicke aufgesetzt und mit insgesamt 1 kp (Verfahren A) oder 5 kp (Verfahren B) belastet. Der Probekörper mit aufgesetzter Nadel wird entweder in einem Wärmeschrank mit Luftumwälzung oder in einer für den betreffenden Kunststoff inerten Flüssigkeit (z. B. Paraffinöl) mit einer Aufheizgeschwindigkeit von 50 °C je Stunde erwärmt. Ermittelt wird die Temperatur in °C, bei der die Nadel um 1 mm in den Probekörper eingedrungen ist. Je nach Belastung der Nadel und Erwärmungsmedium (Luft, Öl) erhält man unterschiedliche Ergebnisse (Tabelle 4.5–2). Bei Reduzierung der Eindringtiefe der Nadel auf 0,1 mm, wie das Verfahren verschiedentlich gehandhabt wird, findet man am gleichen Kunststoff naturgemäß niedrigere Werte.

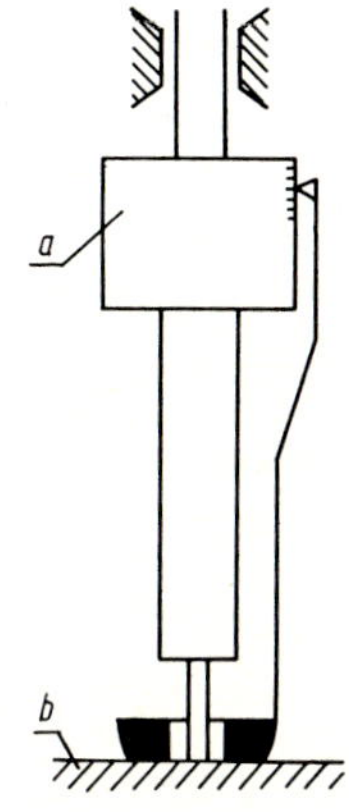


Bild 4.5–29 Bestimmung der Formbeständigkeit in der Wärme nach *Vicat*, DIN 53 460.
a) Belastungsgewicht,
b) Probekörper

*Tabelle 4.5–2 Vergleich verschiedener Wärmeformbeständigkeitsprüfungen am Beispiel PMMA*)*

| Prüfung | Meßergebnis in °C |
|---|---|
| Wärmeformbeständigkeit nach *Vicat*, DIN 53460 | |
| Verfahren A, 1 kp, Öl | 122 |
| Verfahren B, 5 kp, Öl | 115 |
| Verfahren B, 5 kp, Luft | 125 |
| Wärmeformbeständigkeit nach ISO/R 75, DIN 53461 | |
| Verfahren A, $\sigma = 18{,}5$ kp/cm² | 105 |
| Verfahren B, $\sigma = 4{,}6$ kp/cm² | 113 |
| Wärmeformbeständigkeit nach *Martens*, DIN 53458 | |
| Normstab | 95 |
| Normkleinstab | 100 |

*) Plexiglas® 222

b) Verfahren nach ISO/R 75, Bild 4.5–30.

Ein beidseitig waagrecht aufgelagerter und in der Mitte durch eine Einzelkraft belasteter Probekörper wird in einer für den betreffenden Kunststoff inerten Flüssigkeit (z. B. Paraffinöl) mit einer Aufheizgeschwindigkeit von 2 °C je min erwärmt. Die Einzelkraft ist so bemessen, daß im Probestab eine maximale Biegespannung von 18,5 kp/cm² (Verfahren A) oder 4,6 kp/cm² (Verfahren B) herrscht. Ermittelt wird die Temperatur, bei der sich eine bestimmte Durchbiegung eingestellt hat, welche sich nach der Höhe $h$ des Probestabes richtet; diese Durchbiegung beträgt z. B. 0,32 mm bei $h = 10{,}0$ mm. Das Verfahren B liefert für den gleichen Kunststoff höhere Werte als das Verfahren A.

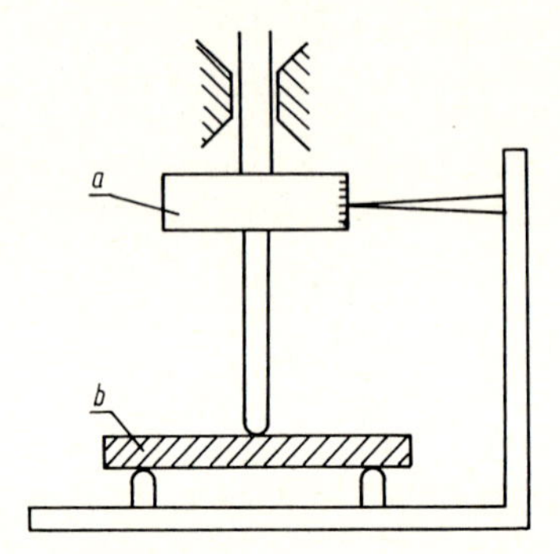


Bild 4.5–30 Bestimmung der Formbeständigkeit in der Wärme nach ISO/R 75, DIN 53 461.
a) Belastungsgewicht,
b) Probekörper

c) Verfahren nach *Martens*, Bild 4.5–31.

Ein Probestab wird senkrecht in zwei mit Widerlagern versehene Einspannköpfe eingesetzt, von denen der obere einen 240 mm langen Hebelarm mit einem verschiebbaren Gewichtsstück trägt, und durch entsprechende Einstellung des Gewichtsstückes einer Biegespannung von 50 kp/cm² ausgesetzt. Das Meßsystem mit eingespanntem Probestab wird in einem Wärmeschrank mit Luftumwälzung mit einer Aufheizgeschwindigkeit von 50 °C je Stunde erwärmt und die Temperatur ermittelt, bei der das freie Ende des Hebelarmes um 6 mm abgesunken ist.

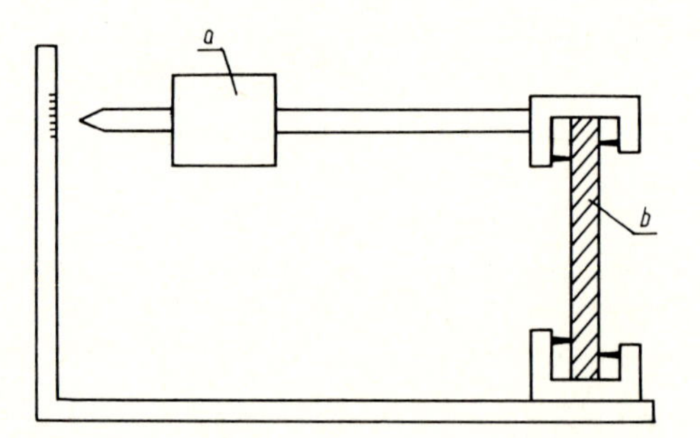


Bild 4.5–31 Bestimmung der Formbeständigkeit in der Wärme nach *Martens*, DIN 53 458.
a) verschiebbares Gewichtsstück,
b) Probekörper

Bei den drei angeführten genormten Prüfverfahren stehen die Probekörper während der Erwärmung unter einer zeitlich konstanten mechanischen Spannung: beim Verfahren nach *Vicat* unter gleichzeitiger Druck- und Scherspannung, bei den Verfahren nach ISO/R 75 und *Martens* unter Biegespannung. Bei umgeformten, gereckten oder gespritzten Kunststoffteilen, also bei solchen, die eine starke eingefrorene Molekelorientierung aufweisen, interessiert jedoch in erster Linie, bei welcher Temperatur eine merkliche Rückstellung der äußeren Form des Kunststoffteiles oder ein Rückschrumpf eintritt.

Das Rückstellverhalten läßt sich einfach charakterisieren, indem man z. B. tiefgezogene Kuppeln aus dem zu untersuchenden Kunststoff bei abgestuft steigenden Temperaturen jeweils 30 oder 60 min im Wärmeschrank oder in einem temperierten Ölbad erwärmt und anschließend jeweils die Stichhöhe mißt. Die Rückstellung wird errechnet nach:

$$U = \frac{h_0 - h_{t,T}}{h_0} \tag{19}$$

$U$ = Rückstellung, anzugeben z. B. in %
$h_0$ = Ausgangsstichhöhe der verformten Kuppel
$h_{t,T}$ = Stichhöhe nach Erwärmung während der Zeit $t$ bei der Temperatur $T$

Auf ähnliche Weise läßt sich der Rückschrumpf von mono- oder biaxial gereckten Kunststofftafeln [54] durch Längenmessung in der Richtung $l$ bestimmen:

$$S = \frac{l_0 - l_{t,T}}{l_0 - l_\infty} \tag{20}$$

$S$ = Rückschrumpf aus Längenmessung in Richtung $l$, anzugeben z. B. in %
$l_0$ = Ausgangslänge des gereckten Probekörpers
$l_{t,T}$ = Länge nach Erwärmung während der Zeit $t$ bei der Temperatur $T$
$l_\infty$ = Länge nach totaler Rückschrumpfung

Oft wird der Rückschrumpf nicht wie in Gleichung (20) auf den maximal möglichen Wert $l_0 - l_\infty$, sondern nur auf $l_0$, also auf die Ausgangslänge des orientierten Probekörpers bezogen:

$$S^* = \frac{l_0 - l_{t,T}}{l_0} \tag{21}$$

Diese Definition des Rückschrumpfes wird meistens auf spritzgegossene Teile und extrudierte Rohre, Tafeln und Profile angewandt, bei denen in erster Linie natürlich der maximal mögliche Schrumpf interessiert. Man beachte, daß $S^*$ bei totaler Rückschrumpfung nicht wie in Gleichung (20) immer den Wert 100% besitzt, sondern sich nach der Höhe der im untersuchten Teil vorhandenen Molekelorientierung richtet, wie es ja auch im Interesse der Untersuchung liegt.

Will man den Reckgrad $R_l$ in Richtung $l$ einer mono- oder biaxial gereckten Kunststofftafel oder -folie aus Schrumpfmessungen erschließen, so hat man auf die Länge $l_\infty$ nach totaler Rückschrumpfung zu beziehen:

$$R_l = \frac{l_0 - l_\infty}{l_\infty} \tag{22}$$

Da sich bei amorphen Kunststoffen sowohl der Reckprozeß einschließlich Kaltverstreckung als auch der Rückschrumpf in guter Näherung bei konstantem Volum vollzieht, sind die in drei orthogonal zueinander stehenden Richtungen gemessenen Rückschrumpfwerte mathematisch verknüpft. Für den Spezialfall der gleichmäßig biaxial gereckten Kunststofftafel (ebene Isotropie) läßt sich der Reckgrad deshalb auch aus der Dickenänderung nach totaler Rückschrumpfung mit Hilfe der einfachen Beziehung berechnen:

$$R = \sqrt{\frac{d_\infty}{d_0}} - 1 \tag{23}$$

$R$ = Reckgrad einer gleichmäßig biaxial gereckten Tafel, anzugeben z. B. in %
$d_\infty$ = Dicke nach totaler Rückschrumpfung
$d_0$ = Ausgangsdicke der gereckten Tafel

Im Falle eines längeren Einsatzes von Kunststoffen bei erhöhter Temperatur hat man neben Formänderungen weiterhin zu beachten, daß aufgrund von thermischem Abbau, der sich z.B. in einem Gewichtsverlust und durch Verfärbung bemerkbar machen kann, eine Verschlechterung der Gebrauchseigenschaften, insbesondere der mechanischen Eigenschaften eintreten kann. Die unter diesen Gesichtspunkten maximale Einsatztemperatur läßt sich nach DIN 53446 bestimmen. Hierbei ermittelt man z.B. aus Messungen der Biegefestigkeit an Probekörpern, die bei verschiedenen Temperaturen unterschiedlich lang warmgelagert wurden, durch Extrapolation auf eine Zeit von üblicherweise 25000 h diejenige Temperatur, bei der die Biegefestigkeit um einen bestimmten Prozentsatz abgefallen ist, und bezeichnet das Ergebnis als die Temperatur-Zeit-Grenze für die Biegefestigkeit.

Die Frage nach der maximalen Gebrauchstemperatur eines Kunststoffes läßt sich nicht allgemeingültig mit der Angabe eines einzigen Zahlenwertes beantworten. Abgesehen davon, daß die Dauer der Temperatureinwirkung sehr entscheidend ist, hat man im wesentlichen drei Gesichtspunkte zu beachten:

a) bei mechanisch beanspruchten Kunststoffteilen dürfen maximal zulässige Deformationen und Spannungen wegen der Abnahme des Elastizitätsmoduls und der Festigkeit mit steigender Temperatur und Zeit nicht überschritten werden;
b) bei Teilen, die aufgrund ihrer Herstellung Molekelorientierung enthalten (Spritzgießteile, umgeformte Teile, gereckte Tafeln oder Folien), dürfen wegen Rückschrumpfes keine unzulässigen Gestaltänderungen eintreten;
c) aufgrund von thermischem Abbau dürfen weder die Festigkeitseigenschaften das geforderte Niveau unterschreiten, noch weitere Merkmale, z.B. das Aussehen, negativ beeinflußt werden.

Welcher der drei häufig gleichzeitig zu berücksichtigenden Gesichtspunkte die niedrigste Gebrauchstemperatur ergibt und damit das empfindlichste Kriterium darstellt, ist außer von der Art des Kunststoffes auch von äußeren Einflüssen wie z.B. Feuchtigkeit, Strahlung, umgebendes Medium (Spannungsrißbildung!) abhängig.

#### 4.5.4.2. *Aussagekraft und Bedeutung von Wärmeformbeständigkeitsprüfungen*

Die Formbeständigkeiten in der Wärme nach *Vicat*, ISO/R 75 und *Martens* sind keine allgemeingültigen Stoffeigenschaften im Sinne von physikalisch definierten Größen wie z.B. die spezifische Wärme, der thermische Ausdehnungskoeffizient oder die Wärmeleitfähigkeit, sondern durch spezielle streng vorgeschriebene Prüfbedingungen festgelegte Kenndaten. Sie lassen sich deshalb auch nicht ohne weiteres ineinander umrechnen.

Da ein praktischer Anwendungsfall wohl kaum die in den genannten Prüfverfahren vorliegenden zeitlichen, thermischen und geometrischen Versuchsbedingungen erfüllt, können die Ergebnisse dieser Prüfungen dem Konstrukteur nur grobe Anhaltswerte für die Auswahl eines Kunststoffes hinsichtlich seiner Formstabilität in der Wärme geben. Die ermittelten Temperaturen dürfen auf keinen Fall als maximale Gebrauchstemperaturen angesehen werden.

Die Aussagekraft der Wärmeformbeständigkeitsprüfungen muß auch deshalb beschränkt bleiben, weil sich ihre Ergebnisse in einem einzigen Zahlenwert darstellen, aus denen man im Gegensatz zu einem funktionalen Zusammenhang keine Tendenz ablesen kann und sich also nicht auf andere Versuchsbedingungen schließen läßt.

Ihre zweifellos große Bedeutung haben jedoch die verhältnismäßig billigen Wärmeform beständigkeitsprüfungen, insbesondere das Verfahren nach *Vicat*, bei der Gütesicherung also bei der Produktionsüberwachung oder der Wareneingangskontrolle. Hierbei werden große Serien von Proben aus dem gleichen Kunststoff immer unter denselben Bedingungen geprüft; man kann also die Ergebnisse unmittelbar vergleichen und Abweichungen von festgelegten Toleranzforderungen schnell und zuverlässig feststellen.

### 4.5.4.3. *Experimentelle Beispiele*

Das Verfahren zur Bestimmung der Formbeständigkeit in der Wärme nach *Vicat* ist ein Eindrückversuch bei steigender Temperatur. Deshalb muß die Vicaterweichungstemperatur (VET) eines Kunststoffes in Beziehung zu der Temperatur stehen, bei welcher der Steilabfall des Elastizitäts- oder Schubmoduls während des Übergangs vom Glaszustand in den thermoelastischen Zustand beginnt. Tatsächlich findet man bei einer Reihe von verschiedenen PMMA-Typen die nach Verfahren B in Luft gemessene VET bei der Temperatur, bei welcher der Schubmodul (gemessen nach DIN 53445) auf etwa 1000 kp/cm$^2$ abgefallen ist.

Wie in Bild 4.5–32 dargestellt ist, fällt die VET[3]) von PMMA mit zunehmendem Gehalt an Weichmacher (DBP), an monomerem Methylmethacrylat und an Wasser linear ab. Der angegebene Weichmacher-, Monomeren- und Wassergehalt der Probekörper bezieht sich auf den Zustand bei Beginn der Messung. Insbesondere die Werte des Mono-

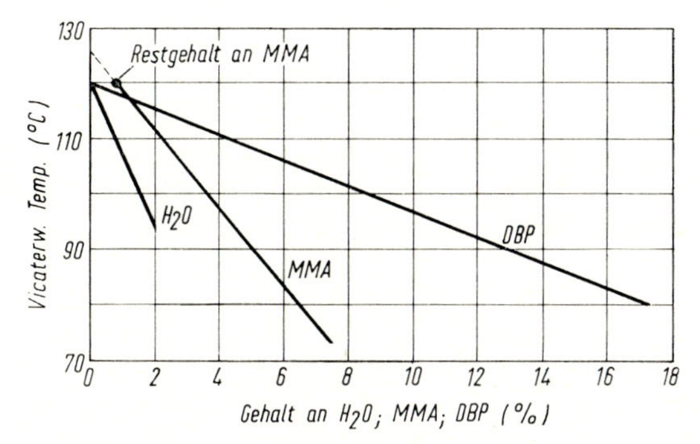


Bild 4.5–32 Vicaterweichungstemperatur von Polymethylmethacrylat in Abhängigkeit vom Gehalt (bei Beginn der Messung) an Dibutylphthalat (DBP) als Weichmacher, monomerem Methylmethacrylat (MMA) und Wasser nach *Schreyer* [55].

meren- und des Wassergehaltes nehmen während der ein bis zwei Stunden dauernden Aufheizzeit bei der Messung geringfügig ab.

Für eine Erniedrigung der VET von PMMA um jeweils 10 °C sind ca. 4 Gew.-% DBP, ca. 1,5 Gew.-% monomeres Methylmethacrylat und nur ca. 0,75 Gew.-% Wasser notwendig. Wie der Einfluß des Monomerengehaltes zeigt, ist die VET eine ausgezeichnete Kontrollgröße für eine einwandfreie Polymerisation. Die starke Abhängigkeit der VET vom Wassergehalt macht für genaue Messungen immer eine Vortrocknung der Probekörper erforderlich.

Um einen Eindruck zu vermitteln, wie sich die nach verschiedenen Verfahren bestimmten Formbeständigkeiten in der Wärme unterscheiden, zeigt Tabelle 4.5–2 als Beispiel Messungen an PMMA. Die gefundenen Unterschiede lassen sich nicht quantitativ auf andere Kunststoffe übertragen, jedoch liegt in der Regel die Martenstemperatur am niedrigsten, die Vicaterweichungstemperatur nach Verfahren B, gemessen in Luft, am höchsten.

---

[3]) Verfahren B, gemessen in Luft

In Bild 4.5–33 ist der nach Gleichung (20) in einem Wärmeschrank bestimmte Rückschrumpf von 70% biaxial gerecktem ca. 1 mm dickem PMMA in Abhängigkeit von der Temperatur dargestellt. Die Temperzeit betrug bei jeder Temperaturstufe 1 h. Zum Vergleich ist in dasselbe Diagramm die nach DIN 53445 gemessene Temperaturkurve des dynamischen Schubmoduls eingezeichnet. Man erkennt, daß sich der weitaus größte Teil des gesamten Rückschrumpfes in einen sehr engen Temperaturintervall zwischen 100 und 110 °C vollzieht, d.h. in einem Bereich, der für den Beginn des Steilabfalls des Schubmoduls charakteristisch ist.

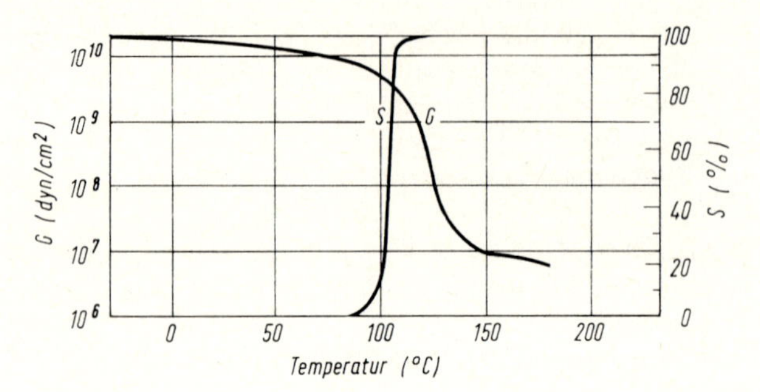


Bild 4.5–33 Rückschrumpf S von 70% biaxial gerecktem Polymethylmethacrylat in Abhängigkeit von der Temperatur. Temperzeit jeweils 1 h. Dynamischer Schubmodul G von ungerecktem Polymethylmethacrylat in Abhängigkeit von der Temperatur nach *Schreyer* [55].

Messungen des Rückschrumpfes oder der Rückstellung an dickwandigen Kunststoffteilen können zu Fehlinterpretationen Anlaß geben: wegen der niedrigen Wärmeleitfähigkeit bildet sich bei hohen Aufheizgeschwindigkeiten (Einlegen des kalten Probekörpers in den heißen Wärmeschrank oder in das heiße Ölbad) in der Wand des Teiles ein großer Temperaturgradient aus, so daß in der Außenhaut der Rückschrumpf bereits abzulaufen beginnt, durch den noch harten Kern jedoch behindert wird. Dieser Zustand kann zu derart hohen Schubspannungen zwischen den verschieden warmen Schichten führen, daß es zu irreversiblem plastischem Fließen kommt. Man mißt dann einen viel niedrigeren Rückschrumpf, als es dem ursprünglichen Orientierungszustand des Teiles entspricht.

Ein Beispiel für die Messung des Gewichtsverlustes beim Tempern über lange Zeiten infolge Depolymerisation liegt im Bild 4.5–34 vor. Die Untersuchung wurde an einer

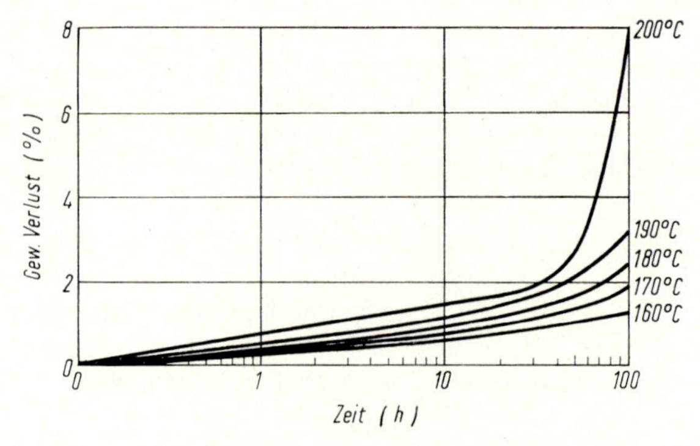


Bild 4.5–34 Gewichtsverlust von Polymethylmethacrylat-Formmasse in Abhängigkeit von der Temperzeit bei unterschiedlichen Temperaturen nach *Schreyer* [55].

PMMA-Formmasse durchgeführt, also an einem PMMA mit niedrigem Molgewicht ($M_W$ ca. 120000 g/Mol), das seinem Verwendungszweck entsprechend in seinem Molekelaufbau thermisch stabilisiert ist. Nachdem der Gewichtsverlust bis zu einer Temperzeit von 40 h unterhalb 2% gelegen hat, steigt er je nach Temperatur mehr oder weniger steil an, weil das Stabilisierungsvermögen gegen den thermischen Abbau, der hauptsächlich durch den Luftsauerstoff gefördert wird, erschöpft ist.

Daten zur Formbeständigkeit in der Wärme liegen für einige Kunststoffe in Tabelle 4.5–1 vor.

## Literaturverzeichnis

*Veröffentlichungen in Zeitschriften:*

1. *Hoffmann, R.*, u. *W. Knappe:* Kunststofftechnik *10*, 79 (1971).
2. *Gast, Th.:* Kunststoffe *43*, 15 (1953).
3. *Heuse, W.:* Kunststoffe *39*, 41 (1949).
4. *Dole, M.* et al.: Rev. Sci. Instrum. *22*, 812 (1951).
5. *Braun, W., K.-H. Hellwege* u. *W. Knappe:* Kolloid-Zeitschr. und Zeitschr. f. Polymere *215*, 10 (1967).
6. *Müller, F. H.*, u. *H. Martin:* Kolloid-Zeitschr. und Zeitschr. f. Polymere *171*, 119 (1960); *172*, 97 (1960).
7. *Dole, M.:* Fortschr. Hochpolym.-Forschung *2*, 221 (1961).
8. *Wunderlich, B.:* J. Phys. Chem. *64*, 1052 (1960).
9. *Furukawa, G. T., R. E. McCoskey* u. *M. Reilly:* J. Res. Nat. Bur. Stand. *55*, 127 (1955).
10. *Hoffmann, R.:* Kolloid-Zeitschr. und Zeitschr. f. Polymere *247*, 763 (1971).
11. *Rogers, S. S.*, u. *L. Mandelkern:* J. Phys. Chem. *61*, 985 (1957).
12. *Hoffmann, R.*, u. *W. Knappe:* Kolloid-Zeitschr. und Zeitschr. f. Polymere *240*, 784 (1970).
13. *Wilski, H.*, u. *T. Grewer:* Kolloid-Zeitschr. und Zeitschr. f. Polymere *226*, 46 (1968).
14. *Passaglia, E.*, u. *H. K. Kevorkian:* J. Appl. Polymer Sci. *7*, 119 (1963).
15. *Wilski, H.:* Kolloid-Zeitschr. und Zeitschr. f. Polymere *210*, 37 (1966).
16. *Smith, C. W.*, u. *M. Dole:* J. Polymer Sci. *20*, 37 (1956).
17. *Gast, Th.:* VDI-Zeitschr. *100*, 1081 (1958).
18. *Bekkedahl, N.:* J. Res. Nat. Bur. Stand. *42*, 145 (1949).
19. *Überreiter, K.*, u. *K. Klein:* Chem. Techn. *15*, 5 (1942).
20. *Hellwege, K.-H., J. Hennig* u. *W. Knappe:* Kolloid-Zeitschr. und Zeitschr. f. Polymere *186*, 29 (1962).
22. *Grüneisen, E:* Ann. Physik *26*, 393 (1908).
23. *Heydemann, P.* u. *H. D. Guicking:* Kolloid-Zeitschr. und Zeitschr. f. Polymere *193*, 16 (1963).
24. *K.-H. Hellwege, W. Knappe* u. *P. Lehmann:* Kolloid-Zeitschr. und Zeitschr. f. Polymere *183*, 110 (1962).
25. *Becker, G. W.:* Kolloid-Zeitschr. *140*, 1 (1955).
27. *Hellwege, K.-H., J. Hennig* u. *W. Knappe:* Kolloid-Zeitschr. und Zeitschr. f. Polymere *188*, 121 (1963).
28. *Hennig, J.:* J. Polymer Sci., Part C *16*, 2751 (1967).
29. *Hennig, J.:* Kunststoffe *57*, 385 (1967).
30. *Tjader, T. C.*, u. *T. F. Protzman:* J. Polymer Sci. *20*, 591 (1956).
31. *Tanaka, K.:* Bull. Chem. Soc. Japan *33*, 1060 (1960).
32. *Hennig, J.:* Unveröffentl. Diplomarbeit, Deutsches Kunststoff-Institut, Darmstadt 1961.
33. *Kolb, H.-J.*, u. *E. F. Izard:* J. Appl. Phys. *20*, 564 (1949).
34. *Poensgen, R.:* VDI-Z. *56*, 1653 (1912).
35. *Eiermann, K.*, u. *W. Knappe:* Z. angew. Phys. *14*, 484 (1962).
36. *Eiermann, K., K.-H. Hellwege* u. *W. Knappe:* Kolloid-Z. *174*, 134 (1961).

37. *Lohe, P.:* Kolloid-Zeitschr. und Zeitschr. f. Polymere *203*, 115 (1965).
38. *Berman, R.:* Proc. Roy. Soc. London Ser. A, *208*, 90 (1951).
39. *Reese, W.:* J. Appl. Phys. *37*, 834 (1966).
40. *Eiermann, K.:* Kolloid-Zeitschr. und Zeitschr. f. Polymere *198*, 5 (1964).
41. *Knappe, W.:* Adv. Polymer Sci. *7*, 477 (1971).
42. *Shoulberg, R.H.*, u. *J.A. Shetter:* J. Appl. Polymer Sci. *6*, Suppl. 32 (1962).
43. *Eiermann, K.:* Kunststoffe *51*, 512 (1961).
44. *Eiermann, K.:* Kolloid-Zeitschr. und Zeitschr. f. Polymere *199*, 125 (1964).
45. *Pasquino, A.D.*, u. *M.N. Pilsworth:* Polymer Letters *2*, 253 (1964).
46. *Hennig, J.*, u. *W. Knappe:* J. Polymer Sci., Part C *6*, 167 (1964).
47. *Eiermann, K.:* Kolloid-Zeitschr. und Zeitschr. f. Polymere *180*, 163 (1962).
48. *Eiermann, K.:* Kolloid-Zeitschr. und Zeitschr. f. Polymere *201*, 3 (1965).
49. *Hennig, J., W. Knappe* u. *P. Lohe:* Kolloid-Zeitschr. und Zeitschr. f. Polymere *189*, 114 (1963).
50. *Lohe, P.:* Kolloid-Zeitschr. und Zeitschr. f. Polymere *204*, 7 (1965).
51. *Lohe, P.:* Kolloid-Zeitschr. und Zeitschr. f. Polymere *205*, 1 (1965).
52. *Eiermann, K.:* Kolloid-Zeitschr. und Zeitschr. f. Polymere *199*, 63 (1964).
53. *Fischer, F.:* Gummi–Asbest-Kunststoffe *23*, 728 (1970).
54. *Schreyer, G.*, u. *M. Buck:* Kunststoffe *52*, 1 (1962).
55. *Schreyer, G.:* unveröffentl. Messungen, Röhm GmbH, Darmstadt.
56. *Wunderlich, B.* u. *H. Baur:* Adv. Polymer Sci. *7*, 151 (1970).

*Bücher:*

21. *Debye, P.:* Vorträge über die kinetische Theorie der Materie und der Elektrizität (Wolfskehlvorträge) S.19 bis 60. Berlin: Teubner 1914.
26. *Nitsche, R.*, u. *K.A. Wolf:* Kunststoffe Bd.1, S.186. Berlin: Springer 1962.

## 4.5.5. **Wärmealterung**

Jörg Boxhammer

### 4.5.5.1. *Allgemeines*

Die Gesamtheit aller im Laufe der Zeit in einem Werkstoff irreversibel ablaufenden chemischen und physikalischen Vorgänge wird als *Alterung* bezeichnet [18].

Verursacht werden Alterungsvorgänge durch das kollektivfunktionelle Zusammenwirken aller technoklimatischen Einflüsse, zu denen sowohl die Gesamtheit der Umweltfaktoren als auch funktionsbedingte Parameter zu rechnen sind [11, 45]. Daraus ergibt sich zwangsläufig, daß bei Alterungsuntersuchungen im allgemeinen einzelne Elemente nicht isoliert betrachtet werden dürfen und auch verschärfende (zeitraffende) Maßnahmen nur in begrenztem Umfang erlaubt sein können [8, 45].

Unter den zu Alterungsvorgängen führenden umgebungs- und funktionsbedingten Einflüssen nimmt die *Temperatur* einen wesentlichen Raum ein.

Die Einwirkung von Wärme als äußere Alterungsursache tritt hier als dominierender Klimafaktor neben dem Umgebungsmedium in Erscheinung. Die in Verbindung mit diesen Wirkfaktoren werkstoffseitig ablaufenden Vorgänge werden als *Wärmealterung* bezeichnet.

Eine gesonderte Betrachtung von Alterungsvorgängen unter Wärmeeinwirkung ist jedoch nur unter der Voraussetzung gerechtfertigt, daß die durch außerthermische Beanspruchungen entstehenden Stoffänderungen vernachlässigbar gering sind gegenüber den durch Wärmeeinwirkung bedingten Veränderungen. In diesem Fall kann zwar die *Funktionserwartung* (Zeit, in der die Funktionserfüllung eines Bauteils noch gewährleistet ist) durch außerthermische Beanspruchung beeinflußt werden, nicht aber der *Verlauf* der irreversiblen Stoffänderungen [13].

Die chemischen Alterungsvorgänge unter Wärmeeinwirkung bestehen u. a. in Vernetzung, Cyclisierung oder thermischem Abbau. Bei dem für die Praxis wesentlichen Umgebungsmedium Luft tritt bei vielen hochpolymeren Werkstoffen ein durch Einwirkung des Luftsauerstoffs bei gleichzeitig erhöhter Temperatur bedingter thermooxydativer Abbau hinzu [6]. Zu den physikalischen Alterungsvorgängen sind z. B. Nachkristallisation und Entmischung zu rechnen.

Die Wärmeeinwirkung als *Alterungsursache* führt über die genannten *Alterungsvorgänge* zu bestimmten *Alterungserscheinungen.*

Allgemein ausgedrückt bestehen diese *Alterungserscheinungen* in einer Änderung der physikalischen, mechanischen und elektrischen Werkstoffeigenschaften. Diese Änderung ist häufig jedoch nicht zwangsläufig gleichbedeutend mit einer Verschlechterung der Gebrauchseigenschaften [18]. Die Kenntnis dieser Eigenschaftsänderungen in Abhängigkeit von den Wirkfaktoren und der Einwirkungszeit ist eine wesentliche Basis für eine optimale Werkstoffauswahl.

Grundsätzlich bedarf es hierbei einer Unterscheidung zwischen der Temperaturabhängigkeit der Werkstoffeigenschaften, die auf reversiblen Stoffänderungen (z. B. Zustandsänderungen) beruht, und den hier behandelten Erscheinungen der Wärmealterung. Die Feststellung der Eignung eines Werkstoffs für einen bestimmten Einsatzzweck bei zu erwartender Wärmebeanspruchung kann letztlich nur unter Beachtung seines gesamten Temperaturverhaltens unter Berücksichtigung der Absolutwerte der Eigenschaften erfolgen.

### 4.5.5.2. *Wärmealterungsuntersuchungen*

Für eine Anzahl konventioneller Kunststoffe liegen langjährige praktische Erfahrungen vor. Aufgrund praktischer Bewährung können Grenztemperaturen angegeben werden, bis zu denen diese Werkstoffe eingesetzt werden dürfen (z. B. kurzzeitig oder langzeitig).

Um jedoch einerseits eine übersichtliche Klassifizierung zur vergleichenden Bewertung von Kunststoffen zu erreichen und andererseits darüber hinaus für Detailprobleme ausreichende Unterlagen zur Verfügung zu stellen, müssen Alterungsuntersuchungen bei Wärmeeinwirkung unter definierten Prüfbedingungen durchgeführt werden.

Infolge verschärfter Anforderungen sowohl auf bekannten Anwendungsgebieten (z. B. Elektrotechnik) als auch für neu erschlossene Einsatzgebiete (Raumfahrt- und Flugtechnik) stellt sich die Aufgabe, das Alterungsverhalten der Kunststoffe unter Wärmeeinwirkung in weiten Grenzen hinsichtlich der Parameter Temperatur und Zeit bei gleichzeitig unterschiedlichsten Alterungskriterien zu untersuchen.

Der erhebliche Aufwand solcher Untersuchungen und die Forderung nach Meßmethoden, mit denen verbesserte oder neue hochpolymere Werkstoffe kurzfristig in ihrem Verhalten unter Wärmeeinwirkung bewertet werden können, haben bereits frühzeitig zu Ansätzen geführt, Gesetzmäßigkeiten im Alterungsverhalten der Kunststoffe unter Wärmeeinwirkung festzustellen.

#### 4.5.5.2.1. *Theorie der Wärmealterung*

Als Ergebnis systematischer Untersuchungen an Isolierstoffen stellte *Montsinger* [31] bereits frühzeitig ein empirisches Gesetz auf, das die *Funktionserwartung (Lebensdauer)* eines Formteils oder Gerätes über bestimmte Eigenschaftsänderungen mit der Alterungsursache, der Wärmeeinwirkung, verknüpft. Das Gesetz nach *Montsinger* läßt sich allgemein formulieren mit der Gleichung

$$\tau = A\mathrm{e}^{-B\vartheta} \text{ oder } \lg\tau = a - b\vartheta \qquad (1)$$

Es bedeuten darin $A$, $B$, $a$ und $b$ Konstanten, $\tau$ ist die Alterungszeit und $\vartheta$ die Alterungstemperatur.

Aus der Größe der Konstanten dieser empirisch aufgestellten Gleichung ergab sich, anwendbar für einen begrenzten Temperaturbereich, die bekannte, hinsichtlich ihrer Verwendbarkeit häufig überschätzte sog. „8 grd-Regel". Sie besagt, daß eine Temperaturänderung um 8 grd die Funktionserwartung (Lebensdauer) auf die Hälfte verkürzt bzw. auf den zweifachen Wert anhebt. Auch die in anderen Fällen festgestellten Werte einer Halbierung oder Verdoppelung der Lebensdauer durch Temperaturänderungen von 8 bis 14 grd (Tabelle 4.5.5–1) haben keinen Anspruch auf Verallgemeinerung [4]. Trotz erheblicher Einschränkungen kommt dem Gesetz von *Montsinger* insofern Bedeutung zu, als es sich mathematisch als erste Näherung eines auf der Grundlage der chemischen Reaktionskinetik basierenden Gesetzes erwiesen hat.

Diese von *Büssing* [13] aufgestellten und später von *Dakin* [15] bestätigten Beziehungen gehen von Gesetzmäßigkeiten aus, die ursprünglich für einfache, leicht überblickbare chemische Vorgänge abgeleitet wurden. Ihre Anwendbarkeit auf Wärmealterungsvorgänge hochpolymerer Werkstoffe ist nicht von vornherein selbstverständlich.

Neben der allgemeinen Tatsache, daß die sich bei der Alterung ergebenden Änderungen der chemischen Struktur die physikalischen Eigenschaften des Werkstoffes bestimmen [9], wird zwischen der chemischen Stoffänderung, (ausgedrückt durch die Konzentration der chemischen Bestandteile) und den zugeordneten Werkstoffeigenschaften ein eindeutiger Zusammenhang hergestellt. Weiterhin wird das von *Arrhenius* empirisch formulierte

*Tabelle 4.5.5–1 Temperaturerhöhung für Halbierung der Lebensdauer (Lebensdauergesetz) für einige Kunststoffe [5]*

| Kunststoff | Temperaturerhöhung (°C) für Halbierung der Lebensdauer |
|---|---|
| Phenolharz | 10 ... 11 |
| Ungesättigte Polyester | 8 |
| Ungesättigte Polyester + 50% Quarzmehl | 5 |
| Äthoxylinharz + 60% Quarzmehl | 15 |
| Polyätherzycloacetal | 5 |
| Polyamide | 12 |
| Silikonprodukte | 10 ... 13 |
| Butadien-Acrylnitril | 9 ... 14 |

Gesetz über die Temperaturabhängigkeit der Geschwindigkeit chemischer Reaktionen als gültig angenommen.

Für den einfachsten Fall einer monomolekularen Reaktion gilt, daß die Reaktionsgeschwindigkeit, d.h. die zeitliche Änderung der Konzentration $C_A$ des Stoffes $A$, proportional ist der gerade vorhandenen Konzentration von $A$ [2, 13], also

$$-\frac{\mathrm{d}c_A}{\mathrm{d}t} = k \cdot C_A \tag{2}$$

Die Proportionalitätskonstante als Reaktionsgeschwindigkeitskonstante $k$ ist nach *Arrhenius* von der Temperatur abhängig

$$k = \alpha \mathrm{e}^{-E/RT} \tag{3}$$

mit der Aktivierungsenergie $E$ als Energieschwelle, der allgemeinen Gaskonstanten $R$ und der Stoßzahl $\alpha$ (Maß für die Häufigkeit der möglichen molekularen Umsetzungen).

Die Konzentration $C_A$ der chemischen Bestandteile wird nun einer bestimmten physikalischen Eigenschaft $\sigma$ zugeordnet [13]

$$\sigma = F(C_A) \text{ bzw. } C_A = f(\sigma) \tag{4}$$

Mit der Verknüpfung der Gleichungen (2) bis (4) und durchgeführter Integration ergibt sich

$$t = \frac{1}{\alpha} \ln \frac{f(\sigma_0)}{f(\sigma)} \mathrm{e}^{E/RT} \tag{5}$$

wobei $\sigma_0$ der Wert zur Zeit $t = 0$ ist.

Ist $\sigma_z$ der Wert, bei dem ein Werkstoff die für eine bestimmte Anwendung gegebene Funktionsgrenze erreicht hat, so ergibt sich die *Funktionserwartung (Lebensdauer)* $\tau$ zu

$$\tau = \frac{1}{\alpha} \ln \frac{f(\sigma_0)}{f(\sigma_z)} \mathrm{e}^{E/RT} \tag{6}$$

Entsprechend ergibt sich bei Annahme einer dimolekularen Reaktion

$$\tau = \frac{1}{\alpha} \left( \frac{1}{f(\sigma_z)} - \frac{1}{f(\sigma_0)} \right) \mathrm{e}^{E/RT} \tag{7}$$

In der graphischen Darstellung wird nach diesen Gleichungen die Lebensdauer-Temperatur-Kennlinie eine Gerade, wenn als Ordinate die Zeit im logarithmischen Maßstab und als Abszisse der reziproke Wert der absoluten Temperatur aufgetragen werden.

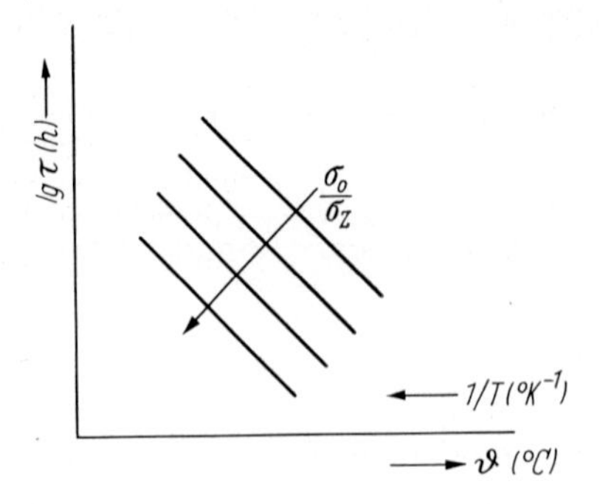


Bild 4.5.5–1 Kurven verschiedener Änderungsgrade einer Eigenschaft entsprechend Gleichung (6) und (7) [13]

Für unterschiedliche Beträge der Eigenschaftsänderung, ausgedrückt durch den Quotienten $\sigma_0/\sigma$ bzw. für gleiche Änderungsgrade unterschiedlicher Eigenschaften ergeben sich nach den Gesetzen von *Büssing* parallele Kurvenscharen (Bild 4.5.5–1).

Im Gegensatz zu den obengenannten vereinfachenden Annahmen werden an den Alterungsvorgängen bei hochpolymeren Werkstoffen mehrere chemische Reaktionen gleichzeitig beteiligt sein. Entsprechend der in einem bestimmten Temperaturbereich gerade dominierenden Reaktion können sich die Alterungskurven im Temperatur-Zeit-Diagramm dann aus mehreren Geraden unterschiedlicher Steigung zusammensetzen. *Büssing* [13] stellte auch für diese Fälle die mathematischen Grundlagen zusammen.

Die Parallelität der Alterungskurven für eine Eigenschaft bzw. verschiedener Eigenschaften ist jedoch bei chemischen Mehrfachreaktionen auch von der Theorie her nicht mehr gegeben [4].

Einen speziellen Beitrag zur Auswertung von Alterungsuntersuchungen bei gleichzeitig größtmöglicher Verringerung des Prüfaufwandes unter Anwendung des *Büssing*schen Gesetzes für Einfachreaktionen lieferte *Küppers* [29].

Weitere theoretische Untersuchungen auf dem Gebiet der Wärmealterung von Kunststoffen basieren zumeist auf den genannten Grundgleichungen und führen zu ähnlichen oder gleichartigen Beziehungen [21, 40].

Die Anwendung der von *Büssing* aufgestellten Gesetzmäßigkeiten wurde erweitert auf zeitlich unterschiedliche Temperaturbelastungen (einmalige Aufheizvorgänge, zyklisch oder statistisch zwischen Grenzen wechselnde Temperaturen), wobei diese auf äquivalente Konstanttemperaturen umgerechnet werden [13, 24].

#### 4.5.5.2.2. *Prüfmethoden und Auswertung von Alterungsuntersuchungen bei Wärmeeinwirkung*

Die grundsätzliche Anwendbarkeit der *Lebensdauergesetze* als Grundlage von Alterungsuntersuchungen unter Wärmeeinwirkung hat sich für eine Reihe von Werkstoffen, für die zusätzlich bereits ausreichende Erfahrungen vorliegen, erwiesen. Dieses aufgrund der vereinfachenden Annahmen zunächst erstaunliche Ergebnis ist darauf zurückzuführen, daß auch bei komplizierten chemischen Reaktionen häufig *ein* bestimmter Teilvorgang für den gesamten Reaktionsablauf und damit für die Stoffänderungsgeschwindigkeit maßgebend ist. Von verschiedenen nacheinander ablaufenden chemischen Reaktionen ist einzig die am langsamsten ablaufende für die Geschwindigkeit der Umsetzung maßgebend. Von parallel verlaufenden Reaktionen ist in der Regel eine von größerer Bedeutung und damit bestimmend für die Lebensdauer [2, 30].

Die Methoden, nach denen Alterungsuntersuchungen unter Wärmeeinwirkung durchgeführt werden, lassen sich wie folgt untergliedern:

1. Langzeitprüfungen

   Das thermische Verhalten des hochpolymeren Werkstoffs wird bei denjenigen Temperaturen untersucht, die bei seiner Anwendung auftreten. Die zur Prüfung erforderliche Zeit wird daher gleich der Funktionserwartung (Lebensdauer). Diese Untersuchungen liefern die sichersten Ergebnisse, sind jedoch bei großen geforderten Lebensdauern (z. B. bis zu 40000 Std.) unwirtschaftlich.

2. Kurzzeitprüfungen

   Unter Anwendung der Gesetzmäßigkeiten des Alterungsverhaltens (siehe Abschn. 4.5.5.2.1.) werden Kurzzeitmessungen im Bereich hoher Temperaturen durchgeführt und dann die erhaltene Kurve bis zu den geforderten Zeitgrenzen extrapoliert. Dies ist jedoch nur dann möglich, wenn die Alterungskurve in ihrem gesamten Verlauf, also das Lebensdauergesetz für den untersuchten Werkstoff bekannt ist.

3. Vergleichsprüfungen

   Hier wird die absolute Extrapolation, wie sie bei den Kurzzeitprüfungen erforderlich ist, umgangen. Der zu untersuchende Werkstoff wird mit einem Vergleichswerkstoff, für den der Kurvenverlauf bekannt ist, im Bereich hoher Temperaturen gemeinsam geprüft. Insofern sind also auch Vergleichsprüfungen Kurzzeitprüfungen. Aus dem Unterschied der Alterungskurven im Bereich hoher Temperaturen wird dann geschlossen, daß diese Differenz auch im Bereich der Gebrauchstemperaturen erhalten bleibt. Die Gültigkeit dieser Annahme setzt jedoch voraus, daß die im Bereich hoher Temperaturen festgestellte Gesetzmäßigkeit bis in den Bereich der Zeitgrenze erhalten bleibt, was nicht der Fall sein muß [4].

Die Prüfverfahren nach VDE 0304, Teil 2 [49], DIN 53446 [17], und z. B. IEEEE Nr. 98 [28] basieren auf den genannten Kurzzeitprüfungen. Diesen Vorschriften grundsätzlich gemeinsam ist die Messung von zu vereinbarenden Eigenschaften bei verschiedenen Temperaturen in Abhängigkeit von der Zeit (Bild 4.4.5–2). Die Messung der Eigenschaften erfolgt jeweils nach Abkühlung auf Raumtemperatur. Eine Anzahl von zu berücksichtigenden Werkstoffeigenschaften wird empfohlen, die anzunehmenden Grenzwerte bleiben der Vereinbarung überlassen. Die Lagerung der Probekörper erfolgt im allgemeinen in Wärmeschränken mit Umluft oder gesteuerter Frischluftzufuhr (Einwirkung von Luft-

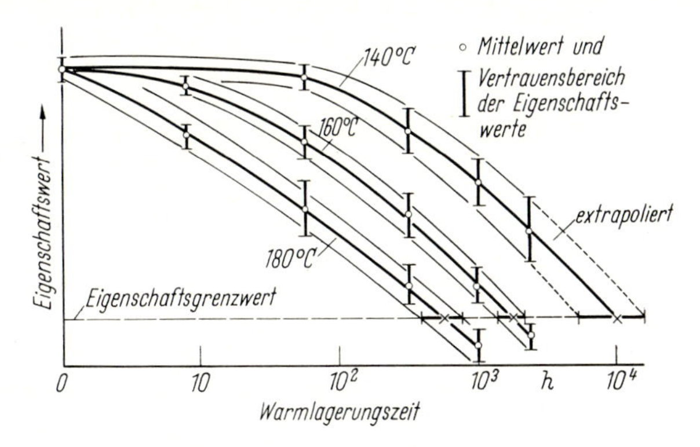


Bild 4.5.5–2 Eigenschaftsänderungen als Funktion der Zeit (Beispiel); Parameter: Warmlagerungstemperatur [17, 49]

sauerstoff). Für den funktionswichtigen Eigenschaftsgrenzwert wird aus den zeit- und temperaturabhängig aufgenommenen Eigenschaftskurven die Temperatur-Zeit-Kurve konstruiert. Aus dem Vertrauensbereich der Eigenschaftswerte über den Vertrauensbereich der Zeitgrenzwerte wird der für eine bestimmte Warmlagerungszeit unter den gemachten Voraussetzungen zulässige Temperaturbereich ermittelt (Bild 4.5.5–3). Sind mehrere Eigenschaften funktionswichtig, so entscheidet die Eigenschaft, die in der kürzesten Zeit den Grenzwert erreicht. Während nach der VDE-Vorschrift *Grenztemperaturen* für eine Zeitdauer von 25000 Stunden extrapoliert werden, ergeben sich gemäß DIN 53446 *Temperatur-Zeit-Grenzen*, da hier die Zeit der Vereinbarung überlassen bleibt (die Temperaturangabe muß also zumindest mit einer Zeitangabe verknüpft werden).

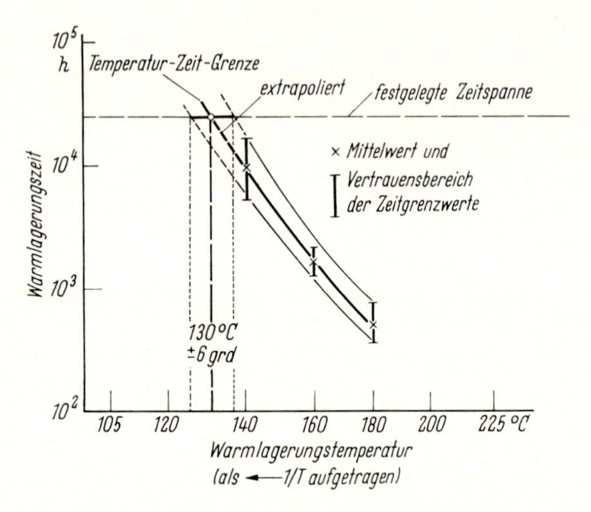


Bild 4.5.5–3 Temperatur-Zeit-Kurve für festgelegten Eigenschaftsgrenzwert [17, 49]

Aufbauend auf den IEEE-Richtlinien und -Vorschriften führen die *Underwriters' Laboratories* (UL) [38, 39] Wärmealterungsuntersuchungen durch, die in der Methodik den Vergleichsuntersuchungen zuzuordnen sind. Parallel zu dem untersuchten Werkstoff wird ein Vergleichswerkstoff, dessen Verhalten bekannt ist und für den ausreichende praktische Erfahrungen vorliegen, geprüft. Ausgehend von der Voraussetzung, daß in der Praxis normalerweise mit einem Sicherheitsfaktor von 2 gearbeitet wird, sind die Eigenschaftsgrenzwerte mit einem 50%igen Abfall gegenüber dem Ausgangswert festgelegt. Extrapoliert wird auf eine Zeit von 40000 Stunden. Die Temperaturgrenze, hier genannt *Temperaturindex*, wird für die Eigenschaft ermittelt, die als erste den Grenzwert bei jeder Alterungstemperatur erreicht.

Um eine umfassende Beurteilung der Kunststoffe bezüglich ihres Alterungsverhaltens unter Wärmeeinwirkung zu ermöglichen, ist es erforderlich, eine Vielzahl von Eigenschaften bei den Messungen zu berücksichtigen [36].

Bei der Angabe von Temperaturwerten aus Untersuchungen nach den genannten Vorschriften werden in der Literatur häufig nicht die in den Vorschriften definierten Begriffe verwendet. Neben den Angaben einer *Grenztemperatur*, *Temperatur-Zeit-Grenze* und eines *Temperaturindexes* findet man Bezeichnungen wie *Anwendungsgrenztemperatur*, *Gebrauchstemperatur*, *Dauergebrauchstemperatur* und je nach festgelegter Zeitgrenze Angaben wie *Kurzzeit-*, *Mittelzeit-*, *Langzeit-* und *Dauerwärmebeständigkeit* [33].

Eigenschaftsänderungen treten als Folge von Werkstoffänderungen auf. Je nach Werkstoff und gewählter Eigenschaft ist die Reaktion auf eine beginnende Stoffänderung mehr oder weniger ausgeprägt. Es ist deshalb empfehlenswert, neben den für die Anwendung wesentlichen Gebrauchseigenschaften in die Alterungsuntersuchungen auch physikalische Eigenschaften mit aufzunehmen, die beginnende chemische Umsetzungen und irreversible physikalische Stoffänderungen frühzeitig erkennen lassen. Diese jeweils zu wählenden Eigenschaften können stoffspezifisch unterschiedlich sein [34, 35]. Die wesentlichste und infolge leichter Durchführbarkeit am häufigsten angewendete Methode ist die Messung von Gewichtsänderungen [18, 19, 20, 37, 49]. Kombinierte Untersuchungen von *Trostyanskaya* und *Novikov* [48] an bestimmten Phenolharzen haben z.B. einen eindeutigen Zusammenhang zwischen der gemessenen Restfestigkeit und der Gewichtsänderung ergeben und zu einem Einblick in die einzelnen Alterungsphasen der untersuchten Harze geführt.

*Eichenberger* [20] hat über mehrere Jahre an einer Reihe von hochpolymeren Werkstoffen vergleichende Messungen der Gewichts- und Längenänderung durchgeführt und zur Bewertung auch mechanische Eigenschaftsänderungen herangezogen.

Umfangreiche Untersuchungen liegen von *Ehlers* [19] vor. Auf Grund von Gewichtsänderungs-Messungen bis zu 90 Tagen an einer Reihe von Werkstoffen wird eine *kritische Zersetzungstemperatur bei Langzeitbeanspruchung* definiert und diese Werte mit mechanischen und elektrischen Eigenschaftsänderungen verglichen. Nach *Eichenberger* [20] liegen die von *Ehlers* angegebenen Temperaturwerte etwa 10 bis 20 grd zu hoch. Eine Beziehung zwischen den ermittelten Zersetzungstemperaturen und den Grenztemperaturen bei langzeitiger Wärmealterung konnte von *Ehlers* nicht hergestellt werden.

Die Untersuchungen von *Ehlers* basieren auf einer Arbeit von *Sieffert* und *Schönborn* [43]. Hier wurde ebenfalls aus Substanzverlustmessungen über eine Zeit von 3 Tagen eine *kritische thermische Instabilitätstemperatur* definiert.

Substanzverlustmessungen über längere Zeiten wurden auch von *Reimer* [37] durchgeführt. Er kommt zu dem Schluß, daß die Gewichtsabnahme für die Beurteilung des Wärmealterungsverhaltens vieler organischer Verbindungen herangezogen werden kann, die Eigenschaftsänderungen jedoch in keinem direkten Zusammenhang zur Gewichtsabnahme stehen müssen.

Eine Schnellmethode, um zu einer Aussage über das irreversible Wärmeverhalten von Kunststoffen zu gelangen, stellt die *thermogravimetrische Analyse* dar [1]. Hierbei wird eine zerkleinerte Probe des untersuchten Werkstoffs kontinuierlich erwärmt (konstante Aufheizgeschwindigkeit) und die Gewichtsänderungen werden laufend registriert. Der in einem meist engen Temperaturintervall einsetzende starke Gewichtsverlust oder ein bestimmter bereits erfolgter Gewichtsverlust werden als *Thermostabilität* bezeichnet. Die Interpretation solcher Ergebnisse im Hinblick auf langzeitige Wärmebeanspruchungen kann jedoch zu erheblichen Fehlbeurteilungen führen [1], denn über die Erhaltung des Gebrauchswertes sagt die thermogravimetrische Analyse nichts aus [59]. Trotzdem ist sie als Schnellmethode für eine erste rasche Orientierung bei der Analyse neuer Produkte (die z.B. bei der Synthese als unlösliche und unschmelzbare Pulver anfallen und aus denen man weder Folien noch andere Prüfkörper herstellen kann) nicht zu ersetzen. Außerdem hat die thermogravimetrische Analyse in Verbindung mit anderen Meßmethoden (z.B. einer gaschromatographischen Analyse der Spaltprodukte) häufig die Grundlage zur Aufklärung des Abbaumechanismus Polymerer geschaffen [1, 50].

Die Bewertung des Verhaltens von Kunststoffen unter Wärmeeinwirkung allein durch Gewichtsänderungsmessungen scheitert grundsätzlich auch daran, daß bei häufig sich überlagernden thermischen und thermooxydativen Abbauprozessen Gewichtsverluste durch Spaltprodukte und Gewichtszunahmen infolge Oxydation kompensiert werden können und damit eine Unveränderlichkeit vorgetäuscht wird [1]. So ist z.B. bei Styrol-

Butadien-Mischpolymerisat die aufgrund von Gewichtsänderungsmessungen im Vergleich zu anderen Polystyrol-Formstoffen festgestellte höhere Grenztemperatur, bezogen auf eine bestimmte Alterungszeit, nur scheinbar (Bild 4.5.5–4). Dieser Kunststoff neigt zwar weniger zur Depolymerisation; statt dessen tritt aber eine Oxydation an der Butadienkomponente ein, die nicht nur einen geringeren Gewichtsverlust vortäuscht, sondern vor allem zur Versprödung führt [32].

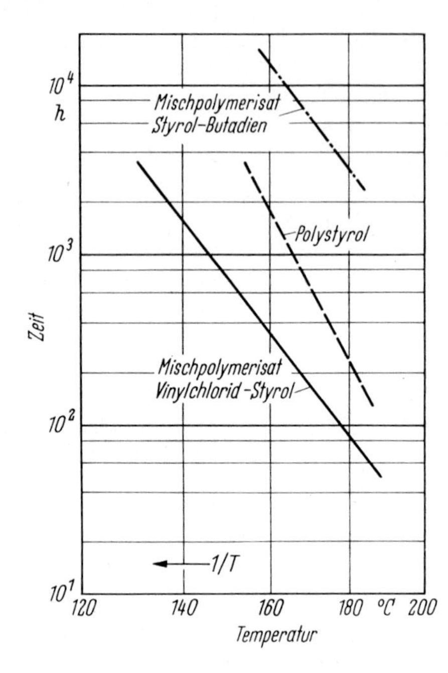


Bild 4.5.5–4 Zeit-Temperatur-Diagramm für 25proz. Gewichtsverlust an Polystryrolen [23]

Bei bestimmten Werkstoffen oder Werkstoffgruppen können spezielle Untersuchungsmethoden zu besonders aufschlußreichen Aussagen über das Formstoffverhalten bei Wärmeeinwirkung führen. Bei duroplastischen Formstoffen z. B., die infolge ihres Aufbaues aus mehreren Einzelkomponenten als Verbundwerkstoffe anzusehen sind, wird das Formstoffverhalten sowohl durch die Einzelkomponenten als auch ihrer Bindung untereinander bestimmt. Untersuchungen bei Wärmebeanspruchung im Kurzzeitbereich an einer Reihe von duroplastischen Formstoffen haben gezeigt, daß mittels Gefügeuntersuchungen in Verbindung mit dilatometrischen und gravimetrischen Messungen sowie Temperaturmessungen im Formstoff Gefügeänderungen im mikroskopischen Bereich und eine spezielle, die Funktion beeinträchtigende makroskopische Schädigung (Rißbildung) erfaßt werden und der Einfluß der Einzelkomponenten auf das Schädigungsverhalten abgeschätzt werden kann [12]. Für einige duroplastische Formstoffe bestimmter Zusammensetzung kann diese Schädigungsform charakteristischen Temperaturen und Eigenschaftsänderungen zugeordnet und bei kurzzeitiger thermischer Beanspruchung der Zusammenhang zwischen der *Schädigungstemperatur* und der Aufheizgeschwindigkeit durch eine auf der Grundlage der Reaktionskinetik für eine einfache Reaktionsform formulierte Beanspruchungsgleichung beschrieben werden (Bild 4.5.5–5). Die Anwendbarkeit der formulierten Beanspruchungsgleichung bei einem Formstoff auf der Basis Melaminharz mit Harzträger Holzmehl auf Festigkeitsänderungen wurde nachgewiesen. Für den vorgenannten Formstoff kann der Gültigkeitsbereich der festgestellten Gesetzmäßigkeit im Hinblick auf die makroskopische Schädigung als Kriterium für die Formstoffveränderung

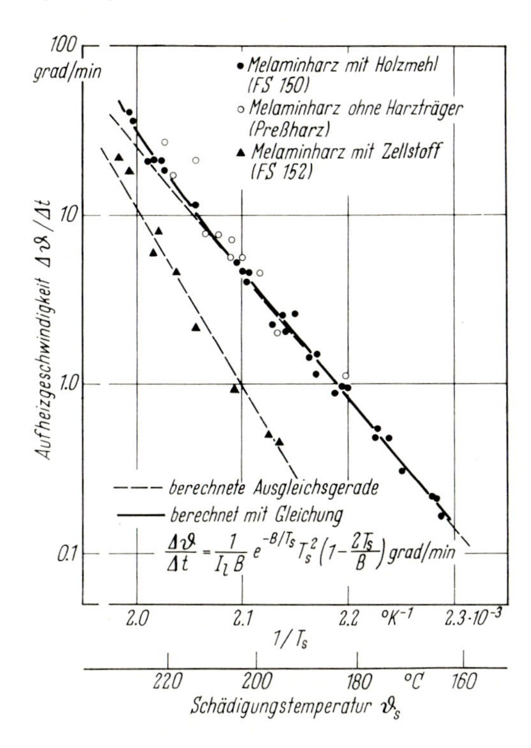


Bild 4.5.5–5 Zusammenhang zwischen Aufheizgeschwindigkeit (linearer zeitlicher Temperaturanstieg) und Schädigungstemperatur für Melaminharz-Formstoffe mit und ohne Harzträger. Die Schädigungstemperatur $\vartheta_s$ kennzeichnet die Formstoff-Temperatur, bei der die makroskopische Schädigung in Form äußerlich sichtbarer Rißbildung auftritt [12]

außerdem auf Konstanttemperaturbeanspruchungen erweitert werden. Es werden hierzu die bei variierter linearer Temperatur-Zeit-Funktion erhaltenen Schädigungstemperaturen in äquivalente Konstanttemperaturen bzw. Schädigungszeiten unter Berücksichtigung der Aufheizphasen umgerechnet.

Für Extrembeanspruchungen von Kunststoffen in der Raumfahrt- und Flugtechnik werden bei teilweise sehr kurzen Funktionszeiten (Größenordnung Sekunden bis Minuten) ertragbare Temperaturen bis zu einigen tausend Grad gefordert.

Zur Bewertung des thermischen Verhaltens von Kunststoffen unter diesen Extrembeanspruchungen sind spezielle Prüfmethoden und Prüfkriterien erforderlich.

Zur Erzeugung der hohen Temperaturen werden verwendet: Sauerstoff-Azetylen-Flamme (ca. 3500 °C), Sauerstoff-Leuchtgas-Flamme (2500–3000 °C), Sonnenofen (ca. 3000 °C) und wasserstabilisierter elektrischer Lichtbogen (ca. 15000 °C) [3, 26]. Zur Bewertung werden z. B. die Abbranddicke nach Wärmeeinwirkung, mechanische Eigenschaften und auch hier Gewichtsänderungsmessungen herangezogen. Neben diesen Methoden, bei denen der zu untersuchende Werkstoff der hohen Temperatur eine kurze Zeit ausgesetzt wird, werden jedoch auch Eigenschaftsänderungen als Funktion der Temperatur bei hohen Aufheizgeschwindigkeiten und bis zu Höchsttemperaturen von ca. 3000 °C gemessen [41, 42, 44].

### 4.5.5.3. *Wärmealterung – Wärmebeständigkeit*

Das Verhalten von hochpolymeren Werkstoffen unter Wärmeeinwirkung wird im allgemeinen Sprachgebrauch mit dem komplexen Begriff der *Wärmebeständigkeit* beschrieben. Dieser Begriff verbindet sich mit der Vorstellung der Unveränderlichkeit eines Werkstoffes und damit seiner Eigenschaften „in der Wärme“. Er würde in dieser Form also die obere Temperaturgrenze bezeichnen, bis zu der, unabhängig von der Einwirkungszeit, der Werkstoff keine Veränderungen erleidet [46]. Die allgemeine Anwendung dieses Begriffes in der Literatur setzt jedoch eine einsatzbezogene Definition der *Wärmebeständigkeit* voraus, als diejenige Temperaturgrenze, bei der bei gestellten Anforderungen die Funktionstüchtigkeit eines Bauteils gerade noch gewährleistet wird.

Damit ist aber die *Wärmebeständigkeit* nur ein Sammelbegriff für zahlreiche sich aus Untersuchungen des thermischen Verhaltens von Kunststoffen ergebenden Kennwerten. So sind unter dem Begriff *Wärmebeständigkeit* Angaben in Verbindung mit Formänderungen bei steigender Temperatur und gleichzeitiger mechanischer Beanspruchung [47], kombinierten thermisch-mechanischen Beanspruchungen bei langzeitiger Konstanttemperaturlagerung [27] und verschiedensten Ergebnissen aus Wärmealterungsuntersuchungen zu finden.

Die Bezeichnung *Wärmebeständigkeit* ist also in ihrer Anwendung weitgehend variabel und auf keinen Fall eine werkstoffspezifische, mit einer Temperaturangabe festzulegende Eigenschaft. Eine *Grenztemperatur*, *Temperatur-Zeit-Grenze* oder ein *Temperaturindex* stellen jeweils für den Fall die *Wärmebeständigkeit* eines Werkstoffes dar, in dem die zur Ermittlung der Werte angewendeten Kriterien (Eigenschaft, Eigenschaftsgrenzwert und Lebensdauer) identisch sind mit der für ein Bauteil funktionswichtigen Eigenschaft, ihren zulässigen Änderungen und der geforderten Funktionserwartung. Sind andere Eigenschaften, andere Eigenschaftsgrenzwerte und andere Zeiten funktionswichtig, so ergeben sich andere Temperaturgrenzen und damit für den gleichen Werkstoff andere *Wärmebeständigkeiten.*

### 4.5.5.4. *Ergebnisse aus Alterungsuntersuchungen unter Wärmeeinwirkung*

#### 4.5.5.4.1. *Temperaturgrenzen der Anwendung*

Die Kenntnis der Prüfmethoden, der Bewertungskriterien und der unterschiedlich festgesetzten Extrapolationszeiten bilden die Grundlage für eine kritische Auswertung von Ergebnissen aus Alterungsuntersuchungen unter Wärmeeinwirkung. Tabellarische Angaben über *Grenztemperaturen*, *Höchsttemperaturen*, *Dauerwärmebeständigkeiten* und *kritische Zersetzungstemperaturen* liegen für eine große Zahl hochpolymerer Werkstoffe vor.

In den Zusammenstellungen werden jeweils eine größere aber begrenzte Zahl von Werkstoffen erfaßt oder auch nur kleine Werkstoffgruppen. Unter gleichen Bedingungen ermittelte Temperaturwerte gestatten einen ersten Vergleich der Werkstoffe untereinander. Auf verschiedenen Verfahren basierende tabellarisch zusammengefaßte Angaben können jedoch nicht ineinander übergeführt und ergänzt werden. Es wurde hier deshalb eine Anzahl Tabellen ausgewählt, in denen gleiche Werkstoffe oder Werkstoffgruppen wiederholt auftreten. Der Vergleich dieser Temperaturwerte oder Temperaturbereiche zeigt den erwarteten Einfluß der Bestimmungsmethode und der entsprechenden Bewertungskriterien (Zeitgrenze, Eigenschaften und gewählte Grenzwerte). Die Wertdifferenzen sind jedoch auch auf herstellerbedingte Werkstoffunterschiede innerhalb einer Werkstoffgruppe zurückzuführen. Die teilweise beachtlichen Unterschiede in den Temperaturwerten für Werkstoffe mit gleicher Basis (mit gleicher Bezeichnung) innerhalb einer Tabelle, also geprüft unter Anwendung des gleichen Verfahrens, sind ebenfalls zum Teil auf diese Werkstoffunterschiede zurückzuführen.

Hinzu kommt, daß speziell für den Einsatz unter Wärmeeinwirkung besondere Werkstoffeinstellungen mit Zusätzen von Stabilisatoren und, bei oxydationsanfälligen Werkstoffen, Antioxydantien vorliegen. Die Wirkung dieser Zusätze besteht in einer erheblichen

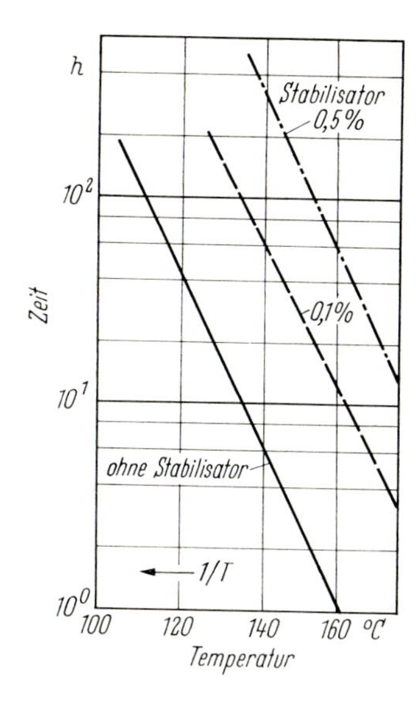


Bild 4.5.5–6 Zeit-Temperatur-Diagramm für Beginn der Gewichtsabnahme von Polyäthylen mit unterschiedlichem Stabilisatorgehalt; nach [25]

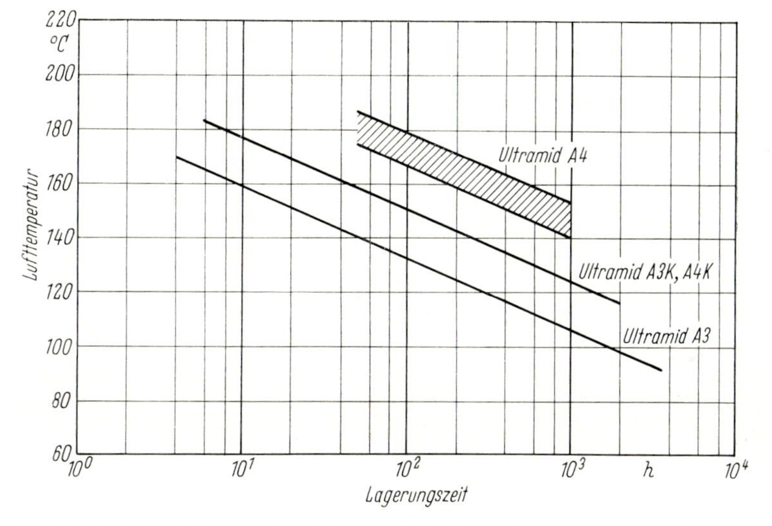


Bild 4.5.5–7 Zeit-Temperatur-Diagramm für Versprödung von 1 mm dicken Scheiben aus verschiedenen 66-Polyamiden; Ultramid A3K, A4K und A4H sind wärmestabilisiert [23]

zeitlichen Verzögerung der thermischen bzw. thermooxydativen Abbauvorgänge (Bild 4.5.5–6 bzw. Bild 4.5.5–7). Für diese Werkstoffe dürften, falls in den Tabellen überhaupt erfaßt, die jeweils angegebenen oberen Temperaturgrenzwerte gelten.

Als Folge des thermooxydativen Abbaus, einer von der Werkstoffoberfläche ausgehenden Zerstörung, die sich dem thermischen Abbau überlagert, ergibt sich zusätzlich, z. B. bei Polyamiden, ein erheblicher Einfluß der Probendicke auf die Ergebnisse aus Wärmealterungsuntersuchungen [7].

Anwendungstemperaturgrenzen (Grenztemperatur bzw. Temperaturindex), bezogen auf eine bestimmte Gebrauchs- bzw. Lebensdauer, sind den Tabellen 4.5.5–2 (25000 Std.

*Tabelle 4.5.5–2 Grenztemperaturbereiche nach 25000 Std. (VDE 0304) und nach 200 Std. Einwirkungszeit für verschiedene Kunststoffe [33]*

| Kunststoffe | Grenztemperaturbereiche in °C |
|---|---|
| 25000 Std. Einwirkungszeit | |
| Epoxydharze | 80–130 |
| Vernetzte Polyurethane | 100–130 |
| Polycarbonate | 100–130 |
| Polyterephthalate | 110–150 |
| Polyphenylenoxyd | 130–150 |
| Fluorelastomere | 130–170 |
| Siloxanelastomere | 130–180 |
| Reine und modifizierte Siliconharze | 150–200 |
| Polyfluorcarbone | 150–220 |
| Diphenyloxydharz | 180–220 |
| Polyimide | 180–240 |
| 200 Std. Einwirkungszeit | |
| Epoxydharze | 140–250 |
| Polyphenylenoxyd | 160–180 |
| Polyterephthalate | 180–250 |
| Triallylcyanurat-Polyester | 200–260 |
| Fluorelastomere | 200–260 |
| Siloxanelastomere | 200–280 |
| Reine und modifizierte Siliconharze | 220–300 |
| Polyfluorcarbone | 230–300 |
| Diphenyloxydharz | 230–300 |
| Polyimide | 300–350 |

nach VDE 0304) und 4.5.5–3 (40000 Std. nach UL-Prüfung) zu entnehmen. Vergleichend zu diesen aus Wärmealterungsuntersuchungen ermittelten Temperaturwerten liegen die für verschiedene Werkstoffe aufgrund langzeitiger Praxiserfahrung festgelegten Temperaturgrenzen im allgemeinen etwas niedriger (Tabellen 4.5.5–4 und 4.5.5–5). Dies wird u.a. dadurch bedingt sein, daß bei Praxisbeanspruchung neben der Temperatureinwirkung andere funktionsbedingte Parameter (z. B. mechanische und elektrische Beanspruchungen) das Gesamtverhalten eines Bauteils mit bestimmen und die Funktionserwartung verringern (siehe Abschn. 4.5.5.1.). Ergänzend sind in Tabelle 4.5.5–6 für eine Auswahl hochpolymerer Werkstoffe die von *Ehlers* ermittelten kritischen Zersetzungstemperaturen bei Langzeitbeanspruchung [19] aufgeführt.

Speziell für einige duroplastische Formstoffe und Glasfaser-Schichtstoffe sind in den Tabellen 4.5.5–7 und 4.5.5–8 Angaben enthalten. Die Vielfalt im Aufbau der Polyester- und Epoxydharz-Formmassen läßt hier nur eine Angabe von Grenztemperaturen in weiten Bereichen zu. Für Tabelle 4.5.5–8 liegen keine Angaben vor, wie die vom Autor [3] mit *Temperaturbeständigkeit* bezeichneten Werte ermittelt wurden. Die Langzeitwerte sind etwa vergleichbar mit den entsprechenden in Tabelle 4.5.5–3. In Tabelle 4.5.5–8 sind außerdem Hinweise gegeben für die Anhebung der Grenztemperatur bei kürzeren Einwirkungszeiten. Entsprechende Angaben für eine Reihe von Kunststoffen enthalten auch die Tabellen 4.5.5–2 und 4.5.5–4.

Bei Verbundwerkstoffen – als solche sind alle gefüllten bzw. verstärkten Kunststoffe zu betrachten – hängt das Alterungsverhalten unter Wärmeeinwirkung nicht nur von der thermischen Beständigkeit der Komponenten ab, sondern auch von deren Bindung untereinander [51]. Für Phenolharz-Formstoffe mit unterschiedlichen Harzträgern zeigt

*Tabelle 4.5.5–3 Temperaturindex für einige handelsübliche Kunststoffe, ermittelt von Underwriters' Laboratories (UL) [39]*

| Kunststoffe | Temperaturindex[1]) |
|---|---|
| Lackharze | |
| Epoxy | 105, 130 |
| Polyester | 155 |
| härtbare Formmassen | |
| Alkydharze | 180 |
| Phenolharze | 170 |
| Thermoplastische Formmassen | |
| ABS | 70, 75, 80 |
| PVC | 70 |
| Polyamid (Nylon) | 75, 85, 90, 95, 100, 105 |
| Polyacetal | 90, 105 |
| Polypropylen | 60, 70, 80, 85, 95, 100, 105 |
| Polysulfon | |
| alle Eigenschaften | 140 |
| ohne Schlagzähigkeit | 150 |
| Polycarbonat | |
| alle Eigenschaften | 95, 105, 110 |
| ohne Schlagzähigkeit | 125 |
| Polyphenylenoxyd | 90, 105, 110 |
| Polyimid-Folie | 200, 210, 230, 240 |
| Siliconkautschuk | 140, 150, 200 |
| Schichtstoffe | |
| Phenolharz-Hartpapier | 140 |
| Phenolharz-Hartgewebe | 115 |
| Phenolharz-Asbestpapier-Gewebe | 155 |
| Phenolharz-Glasgewebebahn | |
| alle Eigenschaften | 140 |
| nur mechanische Eigenschaften | 170 |
| Melaminharz-Glasgewebebahn | |
| nur mechanische Eigenschaften | 140 |
| Siliconharz-Glasgewebebahn | |
| alle Eigenschaften | 170 |
| nur mechanische Eigenschaften | 220 |
| Epoxyharz-Glasgewebebahn | |
| alle Eigenschaften | 170 |
| nur mechanische Eigenschaften | 180 |

[1]) Die bei einigen Werkstoffen angegebene größere Zahl von Werten berücksichtigt herstellerbedingte Werkstoffunterschiede und Differenzen in den Probenabmessungen (Dicke)

Tabelle 4.5.5–9 für eine Einwirkungsdauer von 162 Stunden bei 10% Abfall der Biegefestigkeit bzw. Schlagzähigkeit den Einfluß der Harzträger [14].

Es sind in den letzten Jahren erhebliche Anstrengungen unternommen worden, die Temperaturgrenzen der Anwendung sowohl durch Verbesserung konventioneller Kunststoffe als auch durch Herstellung neuer Kunststoffe und Kunststoffgruppen anzuheben. Im Hinblick auf die Verbesserung langjährig bekannter Kunststoffe erscheint verarbeitungstechnisch das Verstärken von Polymeren mit Trägerstoffen die aussichtsreichste Lösung [1]. Auf dem Gebiet neu synthetisierter Kunststoffe [1, 16, 46, 50] haben bisher nur wenige technische Bedeutung erlangt. Teilweise bereits in den genannten Tabellen enthalten, sind die Temperaturgrenzen einiger im technischen Maßstab hergestellter neuerer hochpolymerer Werkstoffe noch einmal in Tabelle 4.5.5–10 zusammengefaßt.

*Tabelle 4.5.5–4 Zulässige Gebrauchstemperaturgrenzen (Erfahrungswerte) [23]*

| Kunststoff | Zulässige Gebrauchstemperaturen (°C) in der Wärme | |
|---|---|---|
| | kurzzeitig[1]) | dauernd[2]) |
| PS | 90 | 80 |
| SB | 80 | 70 |
| SAN | 95 | 85 |
| ABS | 95 | 80 |
| PVC hart | 70 | 60 |
| PVC weich | 70 bis 100 | 60 bis 70 |
| PC | 140 | bis 100 |
| PC glasfaserverstärkt | 145 | bis 120 |
| PE niedriger Dichte | 100 | 80 |
| PE hoher Dichte | 125 | 100 |
| PP | 140 | 100 |
| PA 6 | 150 | 80 bis 120 |
| PA 6 glasfaserverstärkt | 200 | bis 120 |
| PA 6 6 | 170 | 80 bis 120 |
| PA 6 6 glasfaserverstärkt | 220 | bis 120 |
| POM | 140 | 80 bis 100 |
| UP | 180 | 100 |
| Typ 801 | 180 | 100 |
| Typ 31 | 180 | 100 |

[1]) Bis zu einigen Stunden, belastungsabhängig
[2]) Monate bis Jahre

*Tabelle 4.5.5–5 Von Underwriters' Laboratories (UL) auf der Grundlage von Praxiserfahrung festgelegte Temperaturindices [39]*

| Kunststoffe | Temperaturindex[1]) |
|---|---|
| Polyamid 6, 66 und 610 (Nylon) | 65 |
| Polycarbonat[2]) | 65 |
| Phenolharz[3, 4]) | 150 |
| Melaminharz[3, 4]) | 130[5]) |
| Melamin-Phenolharz[3, 4]) | 130[5]) |
| Fluorpolymere | |
| Polytetrafluoräthylen (PTFE) | 150 |
| Polychlortrifluoräthylen | 150 |
| Polyfluoräthylenpropylen | 150 |
| Siliconkautschuk | 105 |
| Polyäthylenterephthalat-Folie | 105 |
| Harnstoff-Formaldehydharz[3]) | 100 |
| Alkydharz-Formmassen[3, 4]) | 130 |
| Epoxyharz-Formmassen[3, 4]) | 130 |
| Diallylphthalatharz-Formmassen[3]) | 130 |
| Polyesterharz-Formmassen[3, 4]) | 130 |

[1]) Höhere Temperaturwerte können zulässig sein für bestimmte Einstellungen einiger dieser Werkstoffe (und für spezielle Anwendungen)
[2]) Glasfaserverstärkte Werkstoffe mit einbezogen
[3]) Nur druck- und hitzehärtbare Formstoffe, keine Gießharze
[4]) Werkstoffe mit faserigen Harzträgern (keine synthetischen organischen Harzträger) einbezogen, aber keine Faserverstärkung, bei der flüssige Harze verwendet werden
[5]) Für Werkstoffe, die eine Rohdichte von 1,55 oder größer haben (Harzträger Cellulose mit einbezogen) gilt ein Temperaturindex von 150°C

*Tabelle 4.5.5–6 Kritische Zersetzungstemperatur verschiedener Kunststoffe bei Langzeitbeanspruchung [19]*

| Kunststoff | Kritische Zersetzungstemperatur (°C) |
|---|---|
| Phenolharz | 120 ... 130 |
| Ungesättigte Polyester | 60 ... 100 |
| Ungesättigte Polyester + 50% Quarzmehl | 90 ... 110 |
| Äthoxylinharze | 80 ... 120 |
| Äthoxylinharz + 60% Quarzmehl | 120 |
| Polyätherzykloazetal | 90 |
| Zelluloseazetat | 80 |
| Zellulosetriazetat | 80 |
| PVC | 70 ... 90 |
| Polyvinylkarbazol | 120 |
| Polystyrol | 100 (Erweichung bei 90°C) |
| Polymethakrylat | 120 ... 130 |
| Polyisobutylen | 110 |
| Polyäthylen-Polyisobutylen | 80 ... 100 (Erweichung bei 80°C) |
| Polyurethan | 110 |
| PTFE | >250 |
| PCTFE | >200 |
| Silikon + Glasseide | 220 |
| Silikonkautschuk | 230 ... 240 |
| Butadien-Akrylnitril | 80 ... 90 |
| Hartgummi | 100 |

*Tabelle 4.5.5–7 Anwendungs-Grenztemperaturen bei längerer thermischer Beanspruchung für einige duroplastische Formstoffe [51]*

| Formstoff | Harzbasis | Harzträger | Grenztemperatur (°C) |
|---|---|---|---|
| Typ 12 | Phenol | Asbest | 130 bis 150 |
| Typ 31 | Phenol | Holzmehl | 100 bis 120 |
| Typ 150 | Melamin | Holzmehl | 80 bis 100 |
| Typ 156 | Melamin | Asbest | 120 bis 140 |
| Typ 801 | Polyester | Glasfaser | 100 bis 160 |
| Typ 802 | Polyester | Glasfaser | 100 bis 140 |
| Typ 872 | Epoxyd | Glasfaser | 100 bis 160 |

*Tabelle 4.5.5–8 Anwendungs-Grenztemperaturen einiger Glasfaser-Schichtstoffe [3]*

| Glasfaser-Schichtstoffe | | | Temperaturbeständigkeit (°C) | |
|---|---|---|---|---|
| Harz | Glasfaser-verstärkung | NEMA-Grade[1]) | kurzzeitig | dauernd |
| Phenol | Stapelfasergewebe | G-2 | 210 | 145 |
| Phenol | Stranggewebe | G-3 | 210 | 145 |
| Melamin | Stranggewebe | G-5 | 220 | 150 |
| Silicon | Stapelfasergewebe | G-6 | 260 | 200 |
| Silicon | Stranggewebe | G-7 | 260 | 200 |
| Epoxy | Stranggewebe | G-10 | 175 | 120 |
| Polyester | Glasmatte | GPO-1 | 175 | 120 |

[1]) Schichtstoffe nach NEMA-Standards-Publication LP – 1 1959

*Tabelle 4.5.5–9 Grenztemperaturen von Phenolharz-Formstoffen für 10%igen Abfall der Biegefestigkeit und Schlagzähigkeit für eine Einwirkungszeit von 162 Stunden [14]*

| Harzträger | Grenztemperatur (°C) | |
|---|---|---|
| | Biege-festigkeit | Schlag-zähigkeit |
| Preßharz (kein Harzträger) | 140 | 140 |
| Holzmehl | 170 | 150 |
| Gewebeschnitzel | 150 | 130 |
| Cordfaser | 130 | 130 |
| Glimmer | 200 | 200 |
| Asbest | 220 | 220 |

*Tabelle 4.5.5–10 Chemische Dauerwärmebeständigkeit einiger Kunststoffe [50].*

| Kunststoff (chemische Bezeichnung) | Handels-namen | chemische Dauer-Wärme-beständigkeit (°C) | Erweichungs-temperatur-bereich (°C) |
|---|---|---|---|
| Polyamide | Nylon 66 | 80–100 | 220–260 |
| Polyxylylen | Parylene | 95 | 400 |
| Phthalsäureglykolpolyester | Terylen<br>Diolen<br>Trevira<br>Mylar | 130 | 260 |
| Polycarbonat aus Bisphenol-A | Makrolon<br>Makrofol<br>Lexan | 135 | 165 |
| Poly-2,6-dimethylphenylenäther | PPO | ca. 140 | 220–230 |
| Poly-bisphenol-A-diphenylsulfon | Polysulfon | 140 | 175 |
| Polyesterimide | Terebec FH<br>Allobec TM | 160–180 | (vernetzt) |
| Polyamidimide | AI-Polymer<br>Skygard | 150–180 | (vernetzt) |
| Polysiloxan | Silikone | 180–200 | – 30 bis 200 |
| Copolymerisat aus Hexafluorpropen und Vinylidenfluorid | Viton A | 180–200 | ∼ – 50 |
| Polytetrafluoräthylen | Teflon<br>Halon TFE | 250 | Krist. Phase<br>F : 330 |
| Polyimid aus Pyromellithsäure-anhydrid und 4,4-Diaminodi-phenyläther | H-Film<br>Pyre ML | 250 | ∼ 800 |

Ausgehend von den Temperaturgrenzwerten der Anwendung für langzeitige Wärmeeinwirkung zeigt die vergleichende Betrachtung der in den Tabellen zusammengestellten hochpolymeren Werkstoffe, daß für eine große Zahl konventioneller Kunststoffe eine Anwendung oberhalb 100 °C nicht möglich ist. Im Temperaturbereich bis 150 °C einsetzbar sind etwa Polyepoxyde, vernetzte Polyurethane, Polycarbonate, ungesättigte Polyester, Polysulfone, Polyterephthalate und eine Reihe von duroplastischen Formstoffen auf der Basis Phenolharz, Melaminharz und Harnstoffharz. Für Temperaturen bis 200 °C und höher (obere Grenze etwa 250 °C) sind neben Glasfaserschichtstoffen, mit denen etwa der Bereich 180 °C bis maximal 200 °C erfaßt werden kann, vor allem Polyamidimide, Polyesterimide, Silikonharze, Fluorpolymere und Polyimide zu nennen [1, 16, 50].

Für extrem kurzzeitig einwirkende Höchsttemperaturen hat sich vor allem die Verwendung verstärkter Kunststoffe bewährt. Grundsätzlich ist es hier wesentlich, Werkstoffe einzusetzen, deren strukturelles Versagen langsam genug vor sich geht (geringe Abbaugeschwindigkeit), um eine Lebensdauer von einigen Sekunden bis zu einigen Minuten zu gewährleisten, bei gleichzeitig ausreichender mechanischer Festigkeit. Eingesetzt werden vor allem Phenol-, Melamin- und Silikonharze, ferner Harze auf der Basis Triallylcyanurat (TAC) und Diallylphthalat (DAP) sowie Epoxyharze und Vulkanfiber. Als Verstärkungen dienen Glas-, Asbest- und Quarzfasern, Cellulose und Polyamid bei unterschiedlichen mengenmäßigen Anteilen und unterschiedlichen Kombinationen [3, 26, 16].

Die Wahl der zweckmäßigsten Verstärkung und des geeigneten Kunststoffs für bestimmte Anwendungen hängt u. a. von der Höhe der Beanspruchungstemperatur ab. Bei Temperaturen bis ca. 2500 °C haben sich z. B. Glasfasern mit hohem Kieselsäuregehalt bewährt. Bei wesentlich höheren Temperaturen treten organische Harzträger in den Vordergrund. Dies kann so gedeutet werden, daß es bei diesen Temperaturen auf die Menge der aus dem Kunststoff entwickelten Gase sowie – wegen der hohen spezifischen Wärme von Wasserstoff und der hohen zur Abspaltung von Wasserstoffatomen erforderlichen Wärmemenge – auf den Wasserstoffgehalt der Bestandteile ankommt. Außerdem ist es günstig, wenn bei der Zersetzung des Kunststoffes ein erheblicher Rest Kohlenstoff zurückbleibt, der eine widerstandsfähige Schutzschicht bildet [26]. Schichtstoffe bestimmter Phenolharze mit synthetischen Fasern als Verstärkungsmaterial haben sich z. B. teilweise besser bewährt als solche mit Glasfasern und besser als alle anderen erwähnten Harztypen [3].

### 4.5.5.4.2. *Wärmealterungsdiagramme*

Um für bestimmte Werkstoffe, jeweils dem Anwendungszweck angepaßt, für unterschiedliche Anwendungsdauer, funktionswichtige Eigenschaften und noch zulässige Grenzwerte die entsprechenden Grenztemperaturen zu erhalten, sind die Tabellenangaben nicht geeignet. Hier können nur ausführliche Darstellungen der Eigenschaftsänderungen als Funktion der Zeit bei unterschiedlichen Alterungstemperaturen bzw. daraus ermittelte Alterungskurven im Temperatur-Zeit-Diagramm für verschiedene Eigenschaften und Änderungen dieser Eigenschaften Aufschluß geben.

Unterlagen dieser Art sind in der Literatur nur vereinzelt zu finden. Für einige technisch wichtige Kunststoffe sind im folgenden Ergebnisse zusammengestellt.

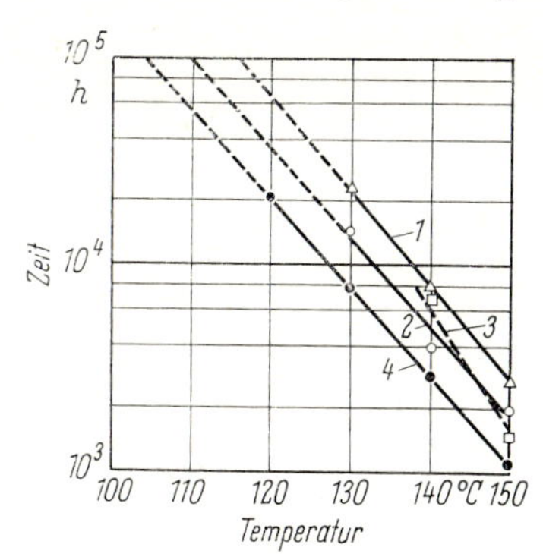


Bild 4.5.5–8 Zeit-Temperatur-Diagramm für verschiedene Polycarbonat-Formstoffe [22]

Eigenschaftsgrenzwert: 50 proz. Abfall der Schlagzugzähigkeit (ASTM D 1822)
1 Makrolon 3000 L; 2 Makrolon 3000 W; 3 Makrolon GV 30 (glasfaserverstärkt); 4 Lexan 101

Für den amorphen thermoplastischen Kunststoff *Polycarbonat* sind für einige Formstoffe (unverstärkt und glasfaserverstärkt) die Temperatur-Zeit-Kurven für einen Abfall der Schlagzugzähigkeit auf 50% des Anfangswertes in Bild 4.5.5–8 eingezeichnet [22]. Die entsprechenden Alterungskurven für einen 50%igen Abfall der Bruchdehnung aus dem

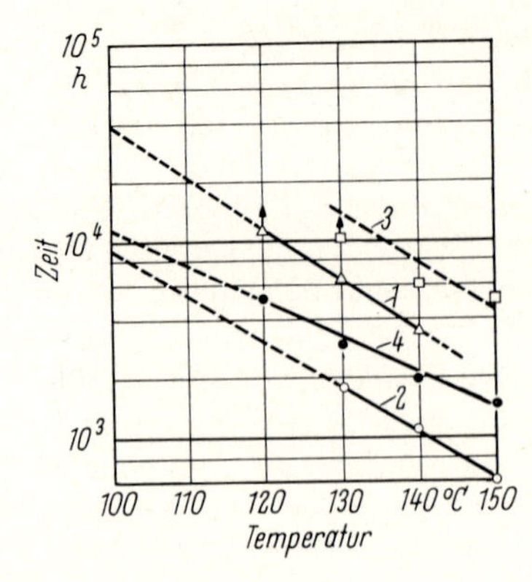


Bild 4.5.5–9 Zeit-Temperatur-Diagramm für verschiedene Polycarbonat-Formstoffe [22]

Eigenschaftsgrenzwert: 50 proz. Abfall der Bruchdehnung aus dem Zugversuch (ASTM D 638)

1 Makrolon 3000 L; 2 Makrolon 3000 W; 3 Makrolon GV 30; 4 Lexan 101

Zugversuch sind in Bfld 4.5.5–9 enthalten. Aus der Steigung der Alterungskurven im Temperatur-Zeit-Diagramm ist zu entnehmen, daß sich für die Bruchdehnung bei gleichen Alterungszeiten niedrigere Grenztemperaturen ergeben als für die Schlagzugzähigkeit. Infolge unterschiedlicher Steigung der Temperatur-Zeit-Kurven für die genannten Eigenschaften vergrößern sich die Temperaturdifferenzen in Richtung höherer Gebrauchsdauer (Lebensdauer). Zugfestigkeit, Elastizitätsmodul und elektrische Widerstandswerte können infolge zu geringer Änderungen innerhalb der aus Bild 4.5.5–8 zu entnehmenden Versuchsdauer nicht zur Bewertung herangezogen werden. Für diese Eigenschaften gelten also höhere Temperaturgrenzen für bestimmte Funktionszeiten. Jedoch scheinen höhere Temperaturen als 135 °C wegen des beginnenden Verzugs und der Molekulargewichtsverringerung auch beim glasfaserverstärkten Polycarbonat über längere Zeit nicht zulässig zu sein [22].

Bei den zu den teilkristallinen Kunststoffen gehörenden *Polyamiden* stellen vor allem der Schlagbiegeversuch und der Schlagzugversuch infolge der thermooxydativen Schädigung der Oberflächenzone empfindliche Kriterien dar. Die Dicke der oxydierten Schicht ist nicht nur von der Einwirkungstemperatur und der Einwirkungsdauer, sondern auch vom Kristallinitätsgrad abhängig [7].

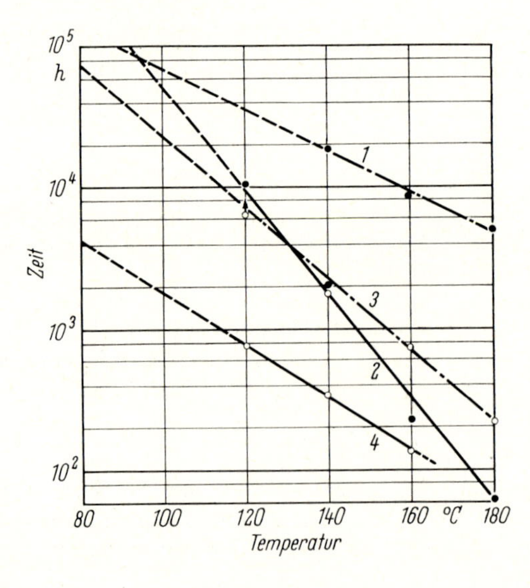


Bild 4.5.5–10 Temperatur-Zeit-Diagramm für verschiedene 6-Polyamide [22]

Eigenschaftsgrenzwerte: 50 proz. Abfall der Zugfestigkeit (Kurven 1 und 3) und der Schlagzähigkeit (Kurven 2 und 4)

1 und 2 Durethan BKV 30H und BKVU (glasfaserverstärkt); 3 und 4 Durethan BK 31SK eH (unverstärkt)

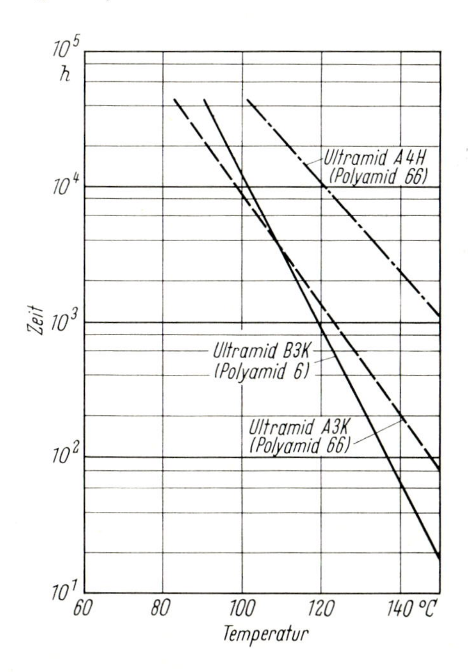


Bild 4.5.5–11 Temperatur-Zeit Diagramm für wärmestabilisierte, unterschiedlich aufgebaute Polyamide [23] Eigenschaftswert: Schlagzähigkeit ≧ 10 kpcm/cm²

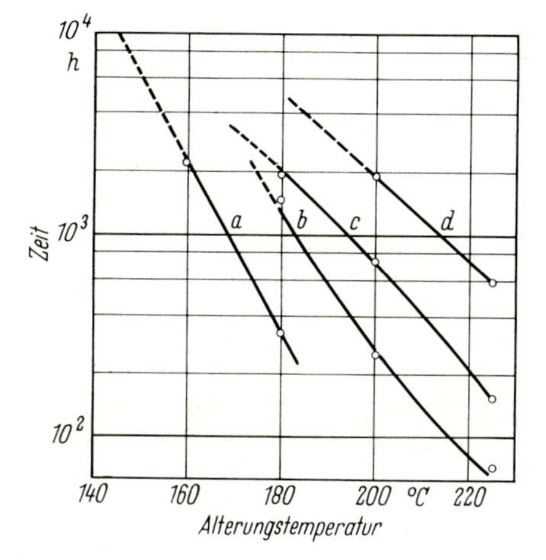


Bild 4.5.5–12 Temperatur-Zeit-Grenzen nach DIN 53446 für verschiedene duroplastische Formstoffe [51]

Eigenschaftsgrenzwert: 30 proz. Abfall der Biegefestigkeit

a Alberit Typ 31–1449 (Phenolharz-Holzmehl);
b Alberit Z 1485 (Phenolharz-langfaseriger Asbest);
c Albamit D 1964 (Melaminharz-langfaseriger Asbest);
d Alpolit Typ 802–G 1878 (Polyesterharz-anorganisch gefüllt)

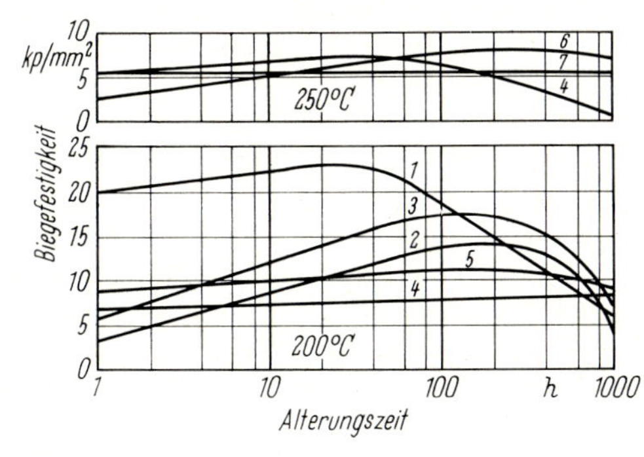


Bild 4.5.5–13 Biegefestigkeit verschiedener GFK nach Wärmealterung (geprüft bei Alterungstemperatur) [3]

1 Phenol; 2Polyester (Styrol); 3 Polyester-Triallylcyanurat; 4 Melamin; 5 Epoxy (hitzebest.); 6 Silicon (Hochdruck); 7 Silicon (Niederdruck)

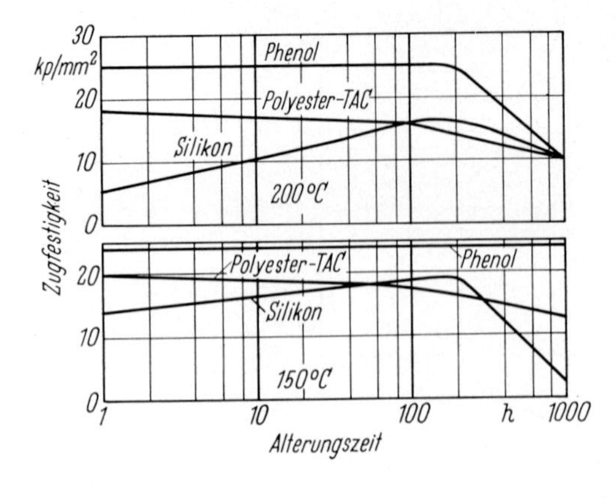


Bild 4.5.5–14 Zugfestigkeit verschiedener GFK nach Wärmealterung (geprüft bei Alterungstemperatur) [3]

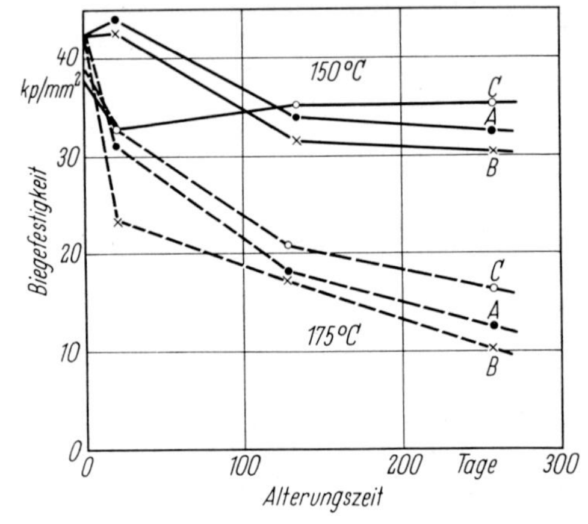


Bild 4.5.5–15 Biegefestigkeit verschiedener glasfaserverstärkter Polyesterharze nach Wärmealterung (geprüft bei Raumtemperatur) [10]

Laminate mit ca. 60 Gew.-% Glasseidengewebe 181
Ein Normalharz (A), ein Harz mit erhöhter (B) und ein Harz mit hoher Formbeständigkeit in der Wärme (C)

Temperatur-Zeit-Kurven wärmestabilisierter unverstärkter und glasfaserverstärkter Polyamide für einen 50%igen Abfall der Schlagzähigkeit und der Zugfestigkeit sind in Bild 4.5.5–10 dargestellt [22]. Die Glasfaserverstärkung bewirkt hinsichtlich der untersuchten Eigenschaften erheblich höhere Grenztemperaturen bei gleichen Alterungszeiten. Temperatur-Zeit-Grenzen chemisch unterschiedlich aufgebauter Polyamide für einen bestimmten Grenzwert der Schlagzähigkeit zeigt Bild 4.5.5–11.

Zeit-Temperatur-Kurven für einige *duroplastische Formstoffe* sind in Bild 4.5.5–12 dargestellt. Der Formstoff auf der Basis Phenolharz weist hier die geringsten, das wärmestabilisierte Polyesterharz mit anorganischem Harzträger die höchsten Grenztemperaturen auf. Diese für vergleichsweise kurze Einwirkungszeiten gültige Reihenfolge scheint sich bei Extrapolation auf eine lange Gebrauchsdauer, soweit eine solche Extrapolation bei der geringen Zahl an Meßpunkten möglich ist, infolge der unterschiedlichen Kurvensteigungen zu verwischen [51].

Änderungen der Biegefestigkeit und der Zugfestigkeit für einige *glasfaserverstärkte Kunststoffe* in Abhängigkeit von der Alterungszeit für jeweils zwei Alterungstemperaturen zeigen die Bilder 4.5.5–13 bis 4.5.5–15. Es ist hier zu beachten, daß die Eigenschaftswerte als Funktion der Zeit bei den zwei ersten Bildern jeweils bei Alterungstemperatur bestimmt wurden, während die Ergebnisse nach Bild 4.5.5–15 wie bisher allgemein üblich jeweils nach Abkühlung auf Raumtemperatur ermittelt wurden [17, 49]. Zur Darstellung von Temperatur-Zeit-Kurven reichen diese Ergebnisse nicht aus.

## Literaturverzeichnis

*Bücher:*

1. *Behr, E.:* Hochtemperaturbeständige Kunststoffe. München: Hanser 1969.
2. *Eggert, J.:* Lehrbuch der physikalischen Chemie. Stuttgart: Hirzel 1960.
3. *Hagen, H.:* Glasfaserverstärkte Kunststoffe. Berlin, Göttingen, Heidelberg: Springer 1961.
4. *Iglisch, I.:* Zur Lebensdauer elektrischer Maschinen. Dissertation an der Technischen Hochschule Stuttgart 1958.
5. *Oburger, W.:* Die Isolierstoffe der Elektrotechnik. Wien: Springer 1957.
6. *Stäger, H.:* Werkstoffkunde der elektrotechnischen Isolierstoffe. Berlin: Bornträger 1955.
7. *Vieweg, R.,* u. *A. Müller:* Kunststoff-Handbuch Band 6, Polyamide. München: Hanser 1966.
8. *Wallhäußer, H.:* Bewertung von Formteilen aus härtbaren Kunststoff-Formmassen. Kunststoffverarbeitung Folge 13. München: Hanser 1967.

*Veröffentlichungen in Zeitschriften und andere Quellen:*

9. *Achhammer, B.G., M. Tryon* u. *G.M. Kline:* Kunststoffe *49*, 600 (1959).
10. *Alt, B.:* Lehrgangshandbuch „Glasfaserverstärkte Kunststoffe". VDI-Bildungswerk, BW 1060, Düsseldorf 1968.
11. *Bauer, W.:* Kunststoffe *51*, 133 (1961).
12. *Boxhammer, J.:* Vortrag anläßlich des Darmstädter Kunststoff-Kolloquiums 1969, Veröffentlichung demnächst.
13. *Büssing, W.:* Arch. Elektrotechnik *36*, 333, 735 (1942).
14. *Carswell, T.S., D. Telfair* u. *R.U. Haslanger:* Transactions of the A.S.M.E., Mai, 1943, 325.
15. *Dakin, Th. W.:* Trans. Amer. Inst. electr. Eng. *67*, 113 (1948).
16. *Deneke, W.H.:* Industrie-Anzeiger, 91. Jg. *49*, 1126 (1969).
17. *DIN 53446*, Ausgabe Oktober 1962: Prüfung von Kunststoffen, Bestimmung von Temperatur-Zeit-Grenzen.
18. *DIN-Entwurf 50035*, Ausgabe Januar 1970, Blatt 1 und 2, Begriffe auf dem Gebiet der Alterung von Materialien, hochpolymere Werkstoffe.
19. *Ehlers, G.:* ETZ-A, H. 14, 469 (1954).
20. *Eichenberger, W.:* Kunststoffe-Plastics, 7. Jg. 1960, H. 1, 5, H. 2, 148.
21. *Elliott, J.R.,* u. *W.F.* Gilliam*:* AIEE-Transaction Rep. Nr. 74 (Part 1), 537, (1955).
22. *Farbenfabriken Bayer AG:* Anwendungstechnische Abteilung – unveröffentlichte Messungen.
23. *Finger, H.:* ETZ-B, *19*, 591 (1967).
24. *Frentz, H.J.:* ETZ-A, *78*, 156 (1957).
25. *Grieveson, B.M.* und Mitarb.: Society of Chemical Industry, Plastics and Polymer Group, Symposium on high temperature resistance and thermal degradation of polymers, London Sept. 1960.
26. *Gruntfest, I.J.,* u. *L.H. Shenker:* Modern Plastics, *35*, Juni, 155 (1958).
27. *Hagen, H.:* Kunststoffe, *47*, 536 (1957).
28. *IEE-Vorschrift* Nr. 98, Guide for the preparation of test procedures for the thermal evaluation of electrical insulating materials.
29. *Küppers, B.:* ETZ-A, *88*, 222 (1967).
30. *Michel, K.:* Bull. Schweiz. Elektr. Ver., *57*, 16 (1966).
31. *Montsinger, V.M.:* AIEE, *49*, 293 (1930).
32. *Nowak, P.:* Kunststoffe, *51*, 480 (1961).
33. *Nowak, P.,* u. *E. Rickling:* Kunststoff-Rundschau, H. 3, 120 (1965).
34. *Nowak, P.,* u. *E. Steinbacher:* Kunststoffe, *48*, 558 (1958).
35. *Potthoff, K.:* ETZ-A, *85*, 449 (1964).
36. *Reimer, C.:* Kunststoffe, *45*, 367 (1955).
37. *Reimer, C.:* Kunststoffe, *46*, 149 (1956).
38. *Reymers, H.:* Underwriters' Laboratories, Inc., New York, Material testing to simplify end-product safety evaluation of electrical insulating materials.

39. *Reymers, H.:* Mod. Plast., *47*, 78 (1970).
40. *Saito, Y.*, u. *T. Hino:* AIEE-Trans. Rep. *78* (Part 1), 602 (1959).
41. *Severov, A.A.*, u.a.: Kunststoffe Moskau (Plast. Massy), *9*, 13 (1964).
42. *Severov, A.A., B.V. Lukin* u. *T.B. Gorbacheva:* Kunststoffe Moskau (Plast. Massy), *1*, 49 (1967).
43. *Sieffert, L.E.*, u. *E.M. Schönborn:* Ind. Engng. Chem., *42*, 496 (1950).
44. *Smith, W.K.:* Sci. Techn. Aerospace Rep. 4/16, 3116, N66-29458 (1966).
45. *Stäger, H.:* Kunststoffe, *49*, 589 (1959).
46. *Techel, J.:* Plaste u. Kautschuk, *10*, 137 (1963).
47. *Thomas, A.M.:* British Plastics, *28*, 113 (1955).
48. *Trostyanskaja, E.B., V.U. Novikov* u. *Y.N. Kazanskii:* Mech. der Kunststoffe (Mekhanika Polimerov), Riga, *1*, 67 (1966).
49. *VDE-Prüfvorschrift* 0304, Teil 2, 7. 59, Leitsätze für Prüfverfahren zur Beurteilung des thermischen Verhaltens fester Isolierstoffe. Bestimmung des Verhaltens von Isolierstoffen nach langdauernder Wärmeeinwirkung.
50. *Vollmert, B.:* Kunststoffe, *56*, 680 (1966).
51. *Wallhäußer, H.:* Kunststoffe, *57*, 797 (1967).

## 4.5.6. **Brandverhalten**

Wolfram Becker

### 4.5.6.1. *Vorbemerkungen*

Auch beim Konstruieren mit Kunststoffen sind in zahlreichen Anwendungsbereichen Gesichtspunkte vorbeugenden Brandschutzes zu beachten, denen alle brennbaren Stoffe unterworfen sind. Die folgenden Ausführungen sollen dem Konstrukteur und Verwender helfen, Regeln oder Bestimmungen in den technischen Bereichen, in denen auch Kunststoffe in bedeutendem Umfang Verwendung finden, einzuhalten.

Soweit gesetzliche Bestimmungen zu beachten und allgemein anerkannte Regeln der Technik (z. B. DIN-Normen, VDE-Bestimmungen, behördlich eingeführte Regeln) heranzuziehen sind, wird in erster Linie auf die in Deutschland anzuwendenden Regelungen Bezug genommen. Indessen gelten solche brandschutztechnischen Festlegungen zum erheblichen Teil nicht in anderen Ländern, weil dort auf unterschiedlichen Voraussetzungen beruhende andere Regelungen getroffen worden sind.

Die folgenden Ausführungen über das „Brandverhalten" von Kunststoffen und anderen Werkstoffen beziehen sich stets auf Situationen während eines Schadenfeuers, d. h. eines Feuers, das ohne bestimmungsgemäßen Herd entstanden ist bzw. ihn verlassen hat und sich selbständig und in gefährlicher Weise ausbreitet. Die hiermit verbundenen brandschutztechnischen Aussagen können in der Regel nicht auf die Verhältnisse bei bestimmungsgemäßer Verbrennung, z. B. der Beseitigung dieser Stoffe in Müllverbrennungsanlagen, übertragen werden.

### 4.5.6.2. *Potentielle Brandgefahr und brandschutztechnische Prüfungen*

#### 4.5.6.2.1. *Entstehen und Entwickeln von Bränden*

Ein Brand beginnt in der Regel in einem nahezu punktförmigen Bereich. Voraussetzung für seine Entstehung sind ein mit Sauerstoff reaktionsfähiger Stoff, hinreichende Zündenergie und ausreichende Sauerstoffmenge. Bereits in diesem Anfangsstadium eines Brandes sind für seinen weiteren Verlauf die thermische Vorgeschichte des zuerst gezündeten Stoffes und die Art der Zündquelle von wesentlicher Bedeutung. Das weitere Brandgeschehen entwickelt sich keinesfalls gleichmäßig; es ist von zahlreichen umgebungsbedingten Einflüssen abhängig, die zum Teil zueinander in Wechselbeziehung stehen. Umfang und Geschwindigkeit der Brandausbreitung werden durch sie entscheidend beeinflußt. Der Vorgang der Brandentstehung und -entwicklung vollzieht sich bei allen brennbaren Stoffen unter optimalen Voraussetzungen jedoch nach bestimmter Gesetzmäßigkeit, die insbesondere von *Seekamp* [1] beschrieben worden ist (Bild 4.5.6–1).

Auf die Brandentstehung folgt der eigentliche Brennvorgang, der durch die Größe der Zündenergie und durch die bei dem Verbrennen des zuerst gezündeten Stoffes erzeugte Wärmemenge bestimmt ist. Die äußere Erscheinung dieses Brennvorganges ist in der Regel die Flammenausbreitung an der Oberfläche dieses Stoffes. Der Vorgang setzt sich an weiteren Stoffen fort, dabei nimmt die Brenngeschwindigkeit infolge des Freiwerdens von Verbrennungswärme und dadurch hervorgerufener Temperatursteigerung zu; der brennende Bereich sendet weiterhin in steigendem Maße Wärmestrahlung aus. Dadurch werden die Oberflächen des übrigen Rauminhaltes relativ rasch erwärmt und in zunehmendem Maße thermisch zersetzt (Bild 4.5.6–1, Brandphase I). Die dabei entstehenden Gase werden weiterhin erwärmt und erreichen nach einiger Zeit zündbare Konzen-

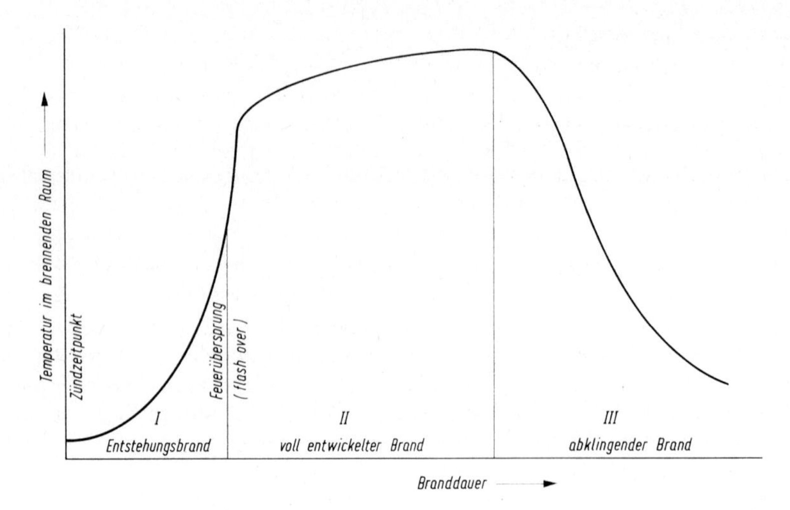


Bild 4.5.6-1 Schema des Temperatur-Zeitverlaufes der Brandentwicklung in Räumen

tration. Zu diesem Zeitpunkt breitet sich der Brand, in besonderen Fällen mit großer Geschwindigkeit, über den ganzen Raum aus. Dieser Augenblick wird mit dem Ausdruck „Feuerübersprung" („flash-over"-Zeitpunkt) bezeichnet. In der nunmehr folgenden Phase des vollentwickelten Brandes (Bild 4.5.6–1, Phase II) brennt der Raum bei ausreichender Ventilation und ungestörtem Brandablauf allmählich aus. Die weitere Brandausbreitung wird durch die Feuerwiderstandsfähigkeit der den Raum umgebenden Bauteile bestimmt, die den Durchtritt des Brandes zu benachbarten Räumen entweder verzögern oder verhindern.

Der Beitrag eines Stoffes zur Entstehung und Ausbreitung eines Brandes ist insbesondere in der Brandphase I von seiner Anwendung und den Umgebungsbedingungen abhängig.

In der Zeitspanne vor dem Feuerübersprung sind

seine Entzündlichkeit, d.h. die Fähigkeit des Stoffes, durch Konvektion, Wärmeleitung oder -strahlung ohne Anwesenheit einer Zündquelle (Flamme, Funken o.ä.) gezündet zu werden,

seine Entflammbarkeit, d.h. die Fähigkeit des Stoffes, durch unmittelbare Einwirkung einer Zündflamme gezündet zu werden,

der Umfang und die Geschwindigkeit der Flammenausbreitung auf seiner Oberfläche und die hierbei auftretende Wärmeentwicklung,

in der Zeitspanne nach dem Feuerübersprung ist
die bei seinem Verbrennen unter den Bedingungen des Vollbrandes (Phase II) entwickelte Wärme, insbesondere soweit sie auf raumabschließende Bauteile einwirken kann,
von besonderer Bedeutung.

#### 4.5.6.2.2. *Einflüsse auf den Brandverlauf*

Das Brandverhalten von Erzeugnissen aus brennbaren festen Stoffen, also auch aus Kunststoffen, wird nicht nur von der Art des Stoffes wesentlich beeinflußt, sondern auch von ihrer Gestalt, spezifischen Oberfläche und Masse,

ihrem Verbund mit anderen Stoffen und der Art der Verbindungsmittel,

ihrer Anordnung im Raum und zur Zündquelle,

der thermischen Vorgeschichte und der Ventilation sowie
von der Art, Intensität und Einwirkungsdauer der Zündenergie.

Diese stoff- und formgebundenen sowie umgebungs- und brandsituationsbedingten Einflüsse müssen bei der Beurteilung der feuersicherheitlichen Eigenschaften von Erzeugnissen im Hinblick auf die unterschiedlichen Situationen im Brandfall bei ihrer Verwendung sorgfältig beachtet werden.

Eine Übertragung der bei Anwendung in einem technischen Bereich, z. B. im Bauwesen, gewonnenen Kenntnisse über das Brandverhalten von Kunststoffen auf die brandschutztechnischen Eigenschaften bei ihrer Verwendung in einem anderen Bereich, z. B. in der Elektrotechnik, ist in der Regel nicht ohne weiteres möglich, weil die Erzeugnisse in den verschiedenen Bereichen sich durch Form und Anwendungsdicke, Art ihrer Befestigung und ihres Verbundes mit anderen Stoffen wesentlich voneinander unterscheiden. Außerdem ist vor allem die mit ihrer Verwendung gegebene Situation in brandschutztechnischer Hinsicht verändert, weil die spezifischen, in Betracht zu ziehenden Feuerbeanspruchungen nicht vergleichbar sind, die durch die Brandbeteiligung der Erzeugnisse verursachte Gefahr unterschiedlich zu bewerten ist und die Möglichkeiten zur Rettung von Menschen sowie zur Brandbekämpfung grundsätzlich verschieden sein können.

Die Berücksichtigung der das Verhalten von Werkstoffen oder Erzeugnissen beeinflussenden, anwendungsbezogenen Größen ist stets notwendig, wenn durch Versuche ermittelte Kennwerte für sicherheitstechnische Aussagen verwendet werden. Im Bereich der Brandschutztechnik muß die Prüfung der Anwendbarkeit von Versuchsergebnissen und Branderfahrungen jedoch besonders sorgfältig erfolgen, weil durch die Variation einer oder mehrerer der oben angeführten Einflüsse das Brandverhalten eines Werkstoffes oder Erzeugnisses bzw. die Möglichkeit seiner Brandbeteiligung grundsätzlich im brandsicherheitlichen Sinne verändert werden kann. Es ist daher nicht möglich, das Brandverhalten eines Werkstoffes als „Stoffeigenschaft" anzusehen und diesem ein bestimmtes Brandrisiko zuzuschreiben.

4.5.6.2.3. *Systematik der Brandprüfverfahren*

Um die Teilvorgänge des Brandgeschehens systematisch erfassen zu können, ist es erforderlich, die räumlichen Komponenten und den zeitlichen Verlauf einander zuzuordnen. Hieraus ergibt sich das Prinzip der Brandprüfverfahren nach *Seekamp* [1].

Die räumlichen Komponenten sind

der praktisch punktförmige Bereich, in dem es zur Entflammung kommt,

das anschließende Ausbreiten des Feuers an der Oberfläche,

das Eindringen des Feuers in den Werkstoff bzw. das Durchdringen einer Werkstoffkombination, z. B. eines Bauteiles.

Beim zeitlichen Verlauf sind in erster Näherung ebenfalls drei Abschnitte zu betrachten, und zwar

die Zeit der Brandentstehung,

weiterhin der Zustand der Brandentwicklung vor dem Feuerübersprung

und anschließend der voll entwickelte Brand.

Versuchstechnisch sind jedoch die räumlichen Komponenten und der zeitliche Verlauf nicht so eindeutig zu trennen. Es sind daher bei der Aufstellung der Systematik noch Übergangsgebiete einzuschalten, so daß man eine näherungsweise 5 Stufen umfassende, räumlich-zeitliche Zuordnung nach Tabelle 4.5.6–1 erhält.

Neben der Ermittlung der Brennbarkeitseigenschaften von Werkstoffen bzw. ihres Beitrages zu einem Brand werden nach einigen Brandversuchsmethoden auch die sog.

*Tabelle 4.5.6–1 Systematik der Brandprüfverfahren*

| Intensität der Feuerbeanspruchung entsprechend einer Branddauer in der Größenordnung von | Beobachtete Erscheinung | | | | |
|---|---|---|---|---|---|
| | Entflammung (Zündung) | Übergangsgebiet | Ausbreitung des Feuers an der Oberfläche | Übergangsgebiet | Eindringen des Feuers in den Werkstoff – Durchdringung von Bauteilen |
| 1/2 Minute | Zündkapselfahren<br>Zündholzprüfung nach VDE 0100 | VDE 0471, Teil 2, 3<br>DIN 53438 | Textilprüfungen nach DIN 53906/07<br>Kleinbrennerverfahren nach Ergänzenden Bestimmungen zu DIN 4102 | | |
| einigen Minuten | DIN 53436 | | MVSS 302<br>Feuerrohrverfahren nach ASTM E 69<br>Crib-Test nach ASTM E 160 | Flugfeuerversuch nach DIN 4102, Blatt 3 | |
| 1/4 Stunde Flash-over-Zeitpunkt | NEN 1076 (Box)<br>DIN 53436 | Schlyter-Test nach Medd. 66 | Plattenschlotverfahren nach Ergänzenden Bestimmungen zu DIN 4102 | Plattenbrandwaage nach Seekamp | m-Faktor DIN 18230 |
| 1 Stunde | Ofenversuch nach Ergänzenden Bestimmungen zu DIN 4102<br>ISO/R 1182 | dänischer Paneltest | Tunneltest ASTM E 84 | französischer Epiradiateur | Brandkammerverfahren nach DIN 4102, Blatt 2 |
| mehreren Stunden beim beim Durchbruch in den Nachbarraum | Wärmestrahlungsverfahren | | Surface spread of flame test nach BS 476 und nach NEN 1076 | | ISO/R 834 |

Hinweis: Die Angabe von Prüfverfahren in Tabelle 1 und ihre Zuordnung ist beispielhaft und kann nicht als vollständig und umfassend angesehen werden.

„Brandnebenerscheinungen“ ermittelt. Als besonders bedeutsam werden derzeit angesehen

die Weiterleitung des Feuers nach unten durch brennendes Abfallen oder Abtropfen,

die Entwicklung von sichtminderndem Rauch,

die Entwicklung toxischer Brandgase.

Die Ermittlung dieser Brandnebenerscheinungen ist unmittelbar an den thermischen Zersetzungsvorgang gebunden. Es ist daher bei der Verwendung von Ergebnissen über die Brandnebenerscheinungen in gleicher Weise wie bei den Angaben über die Brennbarkeitseigenschaften zu berücksichtigen, unter welchen Voraussetzungen diese gewonnen worden sind.

#### 4.5.6.3. *Brandschutztechnische Maßstäbe*

Um die mit dem Vorhandensein oder der Verwendung eines Stoffes, Halbzeuges oder Fertigteiles verbundene potentielle Brandgefahr beurteilen zu können, ist es erforderlich, brandschutztechnische Maßstäbe zu schaffen. Grundlage für diese Maßstäbe sind Risikoanalysen, die zur Festlegung der beim Versuch nachzubildenden Art, Intensität und Dauer der Feuerbeanspruchung, der Probenabmessungen, -anordnung und -befestigung sowie der zu messenden Größen dienen sollen. Wesentlicher Bestandteil dieser brandschutztechnischen Maßstäbe sind weiterhin die auf den Versuchsbedingungen beruhenden und auf die Meßwerte bezogenen Auswertungsgrundlagen, die es ermöglichen sollen, das unter den gleichen Bedingungen ermittelte Brandverhalten der Versuchsmaterialien risikogerecht und praxisbezogen, in der Regel relativ zu dem Verhalten eines Bezugsstoffes mit bekannten brandschutztechnischen Eigenschaften, z. B. Holz, vergleichend zu bewerten.

Derartige brandschutztechnische Maßstäbe werden häufig als Realdefinitionen für verbal definierte brandsicherheitliche Anforderungen in Gesetzen oder Bestimmungen der Verwaltung eingeführt, in der Regel unter Anwendung von Klassifizierungsgrundsätzen. Hiermit wird die Anwendbarkeit der brandschutztechnischen Maßstäbe abgegrenzt. In zahlreichen anderen Fällen wurden allerdings brandschutztechnische Maßstäbe für die Beschreibung von Werkstoffeigenschaften als Grundlage für technische Lieferungsbedingungen oder für die Qualitätskontrolle ohne brandsicherheitliche Beziehung zur Werkstoffanwendung entwickelt. In zahlreichen Bereichen der Technik beruhen weiterhin leider auch heute noch die brandschutztechnischen Maßstäbe und Klassifizierungsgrundsätze teilweise auf überlieferten Annahmen und unzureichend ausgewerteten Brandererfahrungen. Sie sind zum Teil sogar ohne Abgrenzung des brandschutztechnisch zulässigen Anwendungsbereiches entwickelt worden. Sofern nicht brandschutztechnische Maßstäbe rechtsverbindlich eingeführt worden sind, ist daher zu prüfen, ob die vorgesehenen brandschutztechnischen Beurteilungsgrundlagen für den betreffenden Fall überhaupt geeignet sind.

#### 4.5.6.4. *Maßstäbe zur Bewertung des Brandverhaltens von Kunststoffen nach öffentlich-rechtlichen Bestimmungen*

##### 4.5.6.4.1. *Erzeugnisse für das Bauwesen*

Nach der Musterbauordnung [6] für die Länder des Bundesgebietes einschließlich des Landes Berlin – entsprechende Bauordnungen sind in den meisten Ländern bereits erlassen – lautet § 19, Absatz 1: „Bauliche Anlagen sind so anzuordnen, zu errichten und zu unterhalten, daß der Entstehung und Ausbreitung von Schadenfeuern vorgebeugt wird und bei einem Brand wirksame Löscharbeiten und die Rettung von Menschen und Tieren möglich sind."

Die auf dieser Generalklausel beruhenden Anforderungen an die Feuerwiderstandsfähigkeit vonBauteilen, wie Wände, Decken, Türen usw., und an das Brandverhalten von Baustoffen sind in zahlreichen weiteren Abschnitten der Bauordnungen und der hierzu erlassenen Durchführungsverordnungen enthalten. Von besonderem Interesse sind die zu diesen gesetzlichen Bestimmungen ergänzend erlassenen Richtlinien [7] für die Verwendung brennbarer Baustoffe im Hochbau. Diese Richtlinien enthalten detaillierte Angaben über die Mindestanforderungen an brennbare Baustoffe unter Berücksichtigung des speziellen Anwendungsfalles.

Die brandschutztechnischen Begriffe der bauaufsichtlichen Anforderungen werden real definiert durch DIN 4102 – Brandverhalten von Baustoffen und Bauteilen – mit ihren Blättern 2, 3 und 4 sowie den „Ergänzenden Bestimmungen" zu dieser Norm [8]. Die Norm und die „Ergänzenden Bestimmungen" zu dieser Norm, die in den Ländern als Richtlinie für die Bauaufsichtsbehörden eingeführt [9] sind (zum Teil allerdings in der älteren Fassung 1965 bzw. 1966), enthalten Angaben über die Prüfung von Baustoffen bzw. Bauteilen und über die zur Einreihung in die bauaufsichtlichen Begriffe zu erfüllenden Anforderungen.

Der Zulässigkeitsnachweis auf Grund der bauaufsichtlichen Bestimmungen kann in der Regel durch Prüfungszeugnis einer amtlichen und für die spezielle Prüfung anerkannten Prüfungsanstalt geführt werden. Für neue Baustoffe und Bauteile ist dieser Nachweis durch Zulassung, in besonderen Fällen durch Prüfbescheid, zu führen. Die Erteilung von Zulassungen oder Prüfzeichen erfolgt durch das Institut für Bautechnik in Berlin[1] (früher durch den Ländersachverständigenausschuß) bzw. wird von diesem Institut vorbereitet [10].

Den Forderungen des Gesetzgebers im Interesse der öffentlichen Sicherheit kann bei Verwendung von Baustoffen aus Kunststoffen durchaus entsprochen werden, wie in den folgenden Abschnitten ausgeführt wird. Wegen der vielfältig gegebenen Möglichkeiten, Kunststoffe zum Erreichen optimaler Gebrauchseigenschaften zu modifizieren, sollte der Konstrukteur in jedem Falle die Angaben des Baustofferzeugers zum Nachweis baurechtlicher Zulässigkeit zugrunde legen.

#### 4.5.6.4.1.1. *Brandverhalten von Baustoffen*

*Prüfung und Klassifizierung*

Baustoffe (Grundstoffe der Bauteile, aber auch Verkleidungen, Wärme- und Schalldämmungen, Kunststoffabflußrohre u.a.) werden auf ihr Brandverhalten nach den „Ergänzenden Bestimmungen zu DIN 4102 – Brandverhalten von Baustoffen und Bauteilen –"

*Tabelle 4.5.6–2 Baustoffklassen nach den „Ergänzenden Bestimmungen zu DIN 4102"*

| Hauptbaustoffklasse | Baustoffklasse | baurechtliche Benennung der Baustoffe | Prüfverfahren nach den „Ergänzenden Bestimmungen zu DIN 4102" | |
|---|---|---|---|---|
| A | – | nichtbrennbar | Ziffer 3 | Ofenversuch bei 750 °C oder Plattenschlotversuch und Heizwert- bzw. Ofenversuch |
| | A 1 | nichtbrennbar | Ziffer 3.1 | |
| | A 2 | nichtbrennbar | Ziffer 3.2 | |
| B | – | brennbar | Ziffer 4 | |
| | B 1 | schwerentflammbar | Ziffer 4.1 | Plattenschlotversuch |
| | B 2 | normalentflammbar | Ziffer 4.2 | Kleinbrennerversuch |
| | B 3 | leichtentflammbar | Ziffer 4.3 | |

[1]) Institut für Bautechnik, 1 Berlin 30, Reichpietschufer 72–76.

geprüft. Diese Bestimmungen wurden in ihrer 2. Fassung März 1966, zum Teil bereits in ihrer 3. Fassung (Februar 1970), durch Erlasse aller Bundesländer als für die Bauaufsichtsbehörden verbindliche Richtlinien eingeführt. Für die Erteilung von Prüfbescheiden sind außerdem die „Prüfgrundsätze für prüfzeichenpflichtige nichtbrennbare und schwerentflammbare Baustoffe“ maßgebend.

Nach der 3. Fassung dieser Bestimmungen werden Baustoffe nach ihrem Brandverhalten in die Baustoffklassen entsprechend Tabelle 4.5.6–2 eingeteilt und bei anerkannten Prüfanstalten [11] den erforderlichen Prüfungen unterzogen.

Bei brennbaren Baustoffen kann mittels der Prüfverfahren, die für die Einreihung in die Baustoffklasse B1 bzw. B2 anzuwenden sind, nachgewiesen werden, ob brennendes Abtropfen oder Abfallen erfolgt.

Der Hinweis auf brennendes Abtropfen von Baustoffen ist bei

*normalentflammbaren Baustoffen*

einem amtlichen Prüfungszeugnis über die Prüfung auf Normalentflammbarkeit nach den „Ergänzenden Bestimmungen zu DIN 4102“, Ziffer 4.2.5,

*schwerentflammbaren Baustoffen*

dem Prüfbescheid des Sachverständigenausschusses „Brandverhalten von Baustoffen“ (PA III) des Instituts für Bautechnik, Berlin, zu entnehmen.

Enthält ein Prüfbescheid des PA III in dem Abschnitt „Besondere Bestimmungen“ keinen Hinweis auf brennendes Abtropfen, gilt der Baustoff im Sinne der Prüfgrundsätze des PA III nicht als „brennend abtropfend“.

Nichtbrennendes Abfallen oder Abtropfen von Baustoffteilen wird nach geltenden Baurecht nicht bewertet.

### *Einreihung von Kunststoffen in die Baustoffklassen A1 und A2 (nichtbrennbar)*

Baustoffe, die vollständig oder unter Mitverwendung von Kunststoffen oder anderen organischen Stoffen hergestellt worden sind, können praktisch nicht in die Baustoffklasse A1 eingereiht werden.

Eine Einreihung von Baustoffen in die Baustoffklasse A2 ist nur dann möglich, wenn zu deren Herstellung nur geringe Mengen organischer Stoffe verwendet werden. Nach dem derzeitigen Stand der Technik gelten vorerst bestimmte Mineralfasererzeugnisse mit geringen Anteilen von Kunstharzen als Bindemittel und Betone unter Verwendung geringer Anteile von Schaumkunststoffen als Baustoffe der Klasse A2.

Alle weiteren Baustoffe aus Kunststoffen oder anderen organischen Stoffen gelten als brennbar.

### *Einreihung in die Baustoffklasse B1 (schwerentflammbar)*

Auf Grund der Prüfung nach den „Ergänzenden Bestimmungen zu DIN 4102“ und durch Erteilung eines Prüfzeichens mit Prüfbescheid des Instituts für Bautechnik sind auch zahlreiche Firmenprodukte aus den im folgenden aufgeführten Kunststoffen geeignet, in die Baustoffklasse B1 eingereiht und in das Prüfbescheidverzeichnis [4] aufgenommen zu werden:

Polyamid*
Polyäthylen*
Polyäthylenterephthalatfolien
Polybuten*
Polycarbonat
Polyesterharz*, glasfaserverstärkt
Polymethylmethacrylat*
Polypropylen*
Polystyrol*
Polyurethan-Folien
Polyvinylchlorid – hart
Polyvinylchlorid – weich*
Polyvinylchlorid – weich* mit Synthesefaserverstärkung
Celluloseacetat*

Phenolharz-Hartschaum*
Polyisocyanurat-Hartschaum
Polymethacrylimid-Hartschaum*
Polystyrol-Hartschaum*
Polyurethan-Weichschaum*
Polyvinylchlorid-Hartschaum

Dekorative Schichtpreßstoffplatten*

* Kunststoffe mit besonderer Brandschutzausrüstung.

Die Einreihung der angeführten Stoffe ist in der Regel dickenabhängig; entsprechende Grenzwerte und weitere Hinweise auf die Möglichkeit brennenden Abtropfens oder Abfallens sind den Prüfbescheiden zu entnehmen.

Für zahlreiche Verbundbaustoffe, die durch Kombination von Baustoffen der Klassen B3-B1 mit Baustoffen der Klassen A und B1 hergestellt werden, wurde der Nachweis der „Schwerentflammbarkeit" erbracht [4].

Bei Verwendung von Baustoffen der Klasse B1 im Verbund mit anderen Baustoffen sind insbesondere die Hinweise in Abschnitt 4.5.6.2.2 zu beachten.

*Einreihung in die Baustoffklasse B2 (normalentflammbar)*

Bei den meisten Baustoffen, die die Anforderungen der Klasse B1 nicht erfüllen und deshalb auf Zugehörigkeit zur Baustoffklasse B2 zu prüfen sind, ist eine besonders ausgeprägte Abhängigkeit des Brandverhaltens von den Baustoffdicken gegeben. Ferner ist es für die Klassifizierung von wesentlicher Bedeutung, ob diese Baustoffe mit freiliegenden Kanten verwendet werden, oder ob ihre Entflammung nur durch Beanspruchung ihrer freien Fläche verursacht werden kann.

Bei Schaumkunststoffen ist dagegen nur ein geringer Einfluß der Dicke auf die Baustoffklassifizierung im Bereich der üblichen Anwendungsdicken wegen ihres besonders günstigen Wärmedämmvermögens festzustellen. Größeren Einfluß auf das Brandverhalten hat dagegen die Dichte der Dämmstoffe und – bei nichtthermoplastischen Schaumkunststoffen – die Oberflächenstruktur.

Die Mindestdicken normalentflammbarer Baustoffe aus Kunststoffen ohne Brandschutzausrüstung und Füllstoffen, ohne Verbund mit anderen Stoffen sind näherungsweise in Tabelle 4.5.6–3 angegeben. Bei Baustoffen aus diesen Kunststoffen in geringerer Dicke ist vorsorglich festzustellen, ob sie nicht der Baustoffklasse B3 (leichtentflammbar) angehören. In diesem Falle sind bei ihrer Verwendung als Baustoff besondere konstruktive Brandschutzmaßnahmen zu ergreifen.

Die in Tabelle 4.5.6–3 angegebenen Dicken können jedoch erheblich unterschritten werden, wenn für die Herstellung der Baustoffe Kunststoffe mit Brandschutzausrüstung verwendet werden oder wenn ihre Verwendung im Verbund mit gut wärmeableitendem

*Tabelle 4.5.6–3 Mindestdicke für normalentflammbare Baustoffe aus Kunststoff ohne Brandschutzausrüstung und Zusatzstoffe*

| Grundstoff | Mindestdicke zur Einreihung in die Baustoffklasse B2 bei | |
|---|---|---|
| | freiliegender Kante | nicht freiliegender Kante |
| Polyacetal | 0,8 mm | 0,8 mm |
| Polyamid | $< 1$ mm | $\leq 1$ mm |
| Polyäthylen | 0,6 mm | $< 0{,}6$ mm |
| Polyäthylenterephthalat | 0,8 mm | 0,8 mm |
| Polycarbonat | jede Dicke, soweit nicht in Klasse B1 einzureihen | |
| Polyesterharz, ungesättigt glasfaserverstärkt (ca. 30%) | 1 mm | $\leq 1$ mm |
| Polymethylmethacrylat | $< 1$ mm | $\leq 1$ mm |
| Polypropylen | 0,6 mm | $< 0{,}6$ mm |
| Polystyrol | 1 mm | $< 1$ mm |
| Styrolcopolymerisate | 1 mm | $< 1$ mm |
| Polyvinylchlorid – hart | jede Dicke, soweit nicht in Klasse B1 einzureihen | |
| Polyvinylchlorid – weich* | $< 1$ mm | $< 1$ mm |
| Celluloseacetat* | 1 mm | $< 1$ mm |
| Phenolharzschaum | jede Dicke, soweit nicht in Klasse B1 einzureihen | |
| Polymethacrylimid-Hartschaum | 10 mm | 10 mm |
| Polyvinylchlorid-Hartschaum | jede Dicke, soweit nicht in Klasse B1 einzureihen | |

* starke Abhängigkeit der Grenzdicke von Weichmacherart und -anteil

Untergrund, beispielsweise Metall oder Beton, erfolgt. Durch Zusatzstoffe, beispielsweise Füllstoffe, Verarbeitungshilfsmittel, Pigmentierungen, kann das Brandverhalten der in Tabelle 4.5.6–3 aufgeführten Stoffe ebenfalls verändert werden; es ist daher im Einzelfall festzustellen, ob sich die Modifikation brandsicherheitlich als Verschlechterung oder als Verbesserung auswirkt.

In Tabelle 4.5.6–4 ist die Mindestdicke für normalentflammbare Baustoffe aus Kunststoffen ohne Brandschutzausrüstung und Füllstoffen, die nicht als „brennend abtropfend" in dieser Baustoffklasse gelten, angegeben. Duroplastische Kunststoffe, beispielsweise Polyesterharze mit und ohne Glasfaserverstärkung und Epoxydharze, gelten in keinem Falle als „brennend abtropfend".

*Einreihung in die Baustoffklasse B3 (leichtentflammbar)*

Brennbare Baustoffe, die die Anforderungen an schwerentflammbare (Klasse B1) und normalentflammbare (Klasse B2) Baustoffe nicht erfüllen, gelten als Baustoffe der Klasse B3. Die Verwendung dieser Stoffe im Bauwesen ist nur zulässig, wenn sie im eingebauten Zustand im Sinne der Prüfbestimmungen nicht mehr leicht entflammt werden können.

*Tabelle 4.5.6–4 Mindestdicke für normalentflammbare thermoplastische Baustoffe, die nicht als „brennend abtropfend“ gelten*

| Grundstoff | Mindestdicke bei | |
|---|---|---|
| | freiliegender Kante | nicht freiliegender Kante |
| Polyacetal | 0,8 mm | 0,8 mm |
| Polyamid | < 1 mm | < 1 mm |
| Polyäthylen (Hochdruck PE) | 1,4 mm | < 1 mm |
| Polyäthylen (Niederdruck PE) | 0,8 mm | < 0,8 mm |
| Polyäthylenterephthalat | 1,4 mm | 0,8 mm |
| Polycarbonat | jede Dicke | jede Dicke |
| Polymethylmethacrylat | < 1 mm | < 1 mm |
| Polypropylen | 1,4 mm | 1 mm |
| Polystyrol | 1,3 ... 1,6 mm | < 1 mm |
| Styrolcopolymerisate | 1,2 ... 1,4 mm | < 1 mm |
| PVC – hart | jede Dicke | jede Dicke |
| PVC – weich, unverstärkt (starke Abhängigkeit von Weichmacherart und -anteil) | < 1 mm | < 1 mm |
| Celluloseacetat (starke Abhängigkeit von Weichmacherart und -anteil) | < 1,5 mm | < 1 mm |

Die Entzündlichkeit und Feuerweiterleitung kann bei Baustoffen, die freihängend und ohne Verbund mit anderen Stoffen geprüft der Baustoffklasse B3(leichtentflammbar) zuzurechnen sind, durch Deckschichten aus mindestens normalentflammbaren Stoffen, Feuerschutzanstrichen oder Verwendung wärmeableitenden Untergrundes häufig soweit herabgesetzt werden, daß sie in diesem Verbund die Anforderungen an normalentflammbare Baustoffe erfüllen. Sofern nicht genügend Erfahrungen über das Brandverhalten eines derart im Verbund verwendeten Baustoffes vorliegen, ist seine Prüfung erforderlich.

#### 4.5.6.4.1.2. *Feuerwiderstandsfähigkeit von Bauteilen*

*Prüfung und Klassifizierung*

Bauteile (Wände, Decken, Stützen, Unterzüge) haben statische, teils auch nur raumabschließende Funktion zu erfüllen. Sie werden feuersicherheitlich danach beurteilt, ob sie dem Normbrand nach DIN 4102 (entsprechend ISO R 834) Widerstand leisten und ihre Funktionsfähigkeit behalten. Nach DIN 4102, Blatt 2 (Februar 1970), werden bei Bauteilen die in Tabelle 4.5.6–5 aufgeführten Feuerwiderstandsklassen unterschieden.

*Feuerwiderstandsfähigkeit von Bauteilen in Kombination mit Kunststoffen*

Für Bauteile, die ausschließlich aus Kunststoffen hergestellt worden sind, konnte bisher keine zur Einreihung in eine Feuerwiderstandsklasse ausreichende Feuerwiderstandsdauer nachgewiesen werden.

Durch Kombination von Kunststoffen mit mineralischen Werkstoffen oder Holz ist es jedoch vielfältig möglich, feuerhemmende (F 30), in geringerem Umfange auch feuerbeständige (F 90) Bauteile zu entwickeln. Insbesondere für die Verwendung von Schaumkunststoffen mit anorganischen Zuschlagstoffen oder Bindemitteln konnten erhebliche Feuerwiderstandszeiten nachgewiesen werden, beispielsweise

Polystyrol-Hartschaum als Zuschlagstoff in Beton,

Polystyrol-Hartschaum, silikatisch gebunden,

Polyurethan-Hartschaum als Bindemittel für Leichtbetonzuschlagstoffe.

Konstruktionen aus Holz- und Holzwerkstoffen mit Klebstoffen und Bindemitteln aus Kunstharzen können ebenfalls erhebliche Feuerwiderstandszeiten erreichen. Der Einreihung dieser Bauteile in die Feuerwiderstandsklasse F 90 steht derzeit jedoch in den Fällen, in denen senkrecht zur Bauteilebene durchgehende Schichten aus brennbaren Baustoffen vorhanden sind, trotz ausreichender Feuerwiderstandsdauer die bauaufsichtliche Bestimmung entgegen, daß Bauteile dieser Feuerwiderstandsklasse (und höher) durchgehende Schichten aus nichtbrennbaren Baustoffen enthalten müssen. Ihre Verwendung ist daher nur mit Ausnahmegenehmigung im Einzelfall möglich.

Die zusätzliche Verwendung von Kunststoffen in Form von Verkleidungen, Dämmschichten, Isolierungen o.ä. an Bauteilen, die für sich geprüft die Anforderungen an klassifizierbare feuerwiderstandsfähige Bauteile erfüllen, ändert nicht deren Klassifizierung (DIN 4102, Blatt 2, Abschn. 3.1.2.).

*Tabelle 4.5.6–5 Einreihung von feuerwiderstandsfähigen Bauteilen in Feuerwiderstandsklassen*

| Feuerwiderstandsklasse | Feuerwiderstandsdauer in Minuten | Baurechtliche Benennung der Bauteile | Prüfverfahren nach DIN 4102 |
|---|---|---|---|
| F 30 | ≧ 30 | feuerhemmend | Blatt 2, Ziffer 3.1 |
| F 60 | ≧ 60 | – | Blatt 2, Ziffer 3.2 |
| F 90 | ≧ 90 | feuerbeständig | Blatt 2, Ziffer 3.3 |
| F 120 | ≧ 120 | – | Blatt 2, Ziffer 3.4 |
| F 180 | ≧ 180 | hochfeuerbeständig | Blatt 2, Ziffer 3.5 |

### 4.5.6.4.1.3. *Feuerwiderstandsfähigkeit von Sonderbauteilen*

Sonderbauteile haben die Funktion von Bauteilen mit gesonderten Anforderungen, teilweise auch unter geänderten Versuchsbedingungen zu erfüllen. Für die Verwendung von Kunststoffen sind als Sonderbauteile nichttragende Außenwandelemente und Brüstungen sowie Dacheindeckungen und Lüftungsleitungen von besonderem Interesse.

*Tabelle 4.5.6–6 Einreihung von feuerwiderstandsfähigen nichttragenden Außenwandelementen und Brüstungen in Feuerwiderstandsklassen*

| Widerstandsklasse | Feuerwiderstandsdauer in Minuten | Baurechtliche Benennung | Prüfverfahren nach DIN 4102 |
|---|---|---|---|
| W 30<br>W 60<br>W 90 | ≧ 30<br>≧ 60<br>≧ 90*<br>*) nur für Hochhäuser erforderlich | gegen Feuer widerstandsfähige, nichttragende und nichtaussteifende Außenwandelemente, Brüstungen u.ä. | Blatt 3, Ziffer 4 |

*Nichttragende Außenwandelemente und Brüstungen*

Nach DIN 4102, Blatt 3 (Februar 1970), werden bei nichttragenden Außenwandelementen und Brüstungen die in Tabelle 4.5.6–6 angegebenen Feuerwiderstandsklassen unterschieden. Die Bedingungen, unter denen nichttragende Außenwandelemente und Brüstungen geprüft werden, sind durch eine erheblich reduzierte Feuerbeanspruchung der Bauteilaußenseite gekennzeichnet. Ferner sind die Anforderungen, die klassifizierbare Bauteile erfüllen müssen, reduziert.

Wenn bisher auch keine vollständig aus Kunststoffen hergestellten derartigen Sonderbauteile mit klassifizierbarer Feuerwiderstandsdauer entwickelt worden sind, so ist ihre Mitverwendung zur Herstellung dieser Bauteile in größerem Umfange, beispielsweise im Bauteilinneren als Wärmedämmschicht, als bei Bauteilen der Klasse F 30 bis F 180 möglich. Im übrigen treffen für diese Sonderbauteile auch die Ausführungen im Abschn. 4.5.6.4.1.2., Abs. 2 zu.

*Widerstandsfähigkeit von Dacheindeckungen gegen Flugfeuer und strahlende Wärme*

Dacheindeckungen gelten als „harte Bedachung", wenn sie die Prüfung nach DIN 4102, Blatt 3, auf Widerstandsfähigkeit gegen Flugfeuer und strahlende Wärme bestehen. Alle anderen Dacheindeckungen gehören zu den „weichen Bedachungen".

Nach der Neufassung von DIN 4102, Blatt 3, sind Dacheindeckungen in Verbindung mit Wärmedämmschichten auf ihr Brandverhalten zu prüfen. Bezüglich der Kunststoffanwendung in Dächern ist daher zu unterscheiden zwischen ihrer Verwendung als Dachhaut, selbsttragend oder nichtselbsttragend, und als Wärmedämmschicht.

Die Verwendung von „harter Bedachung" ist generell zulässig. „Weiche Bedachungen" dürfen auf Grund der Bauordnungen [6] und den Richtlinien für die Verwendung brennbarer Baustoffe [7] im Hochbau in besonders geregelten Fällen verwendet werden.

*Dachhaut aus selbsttragenden Kunststoffen*

Dacheindeckungen aus glasfaserverstärkten duroplastischen Kunststoffen in Form gewellter oder anders profilierter Platten und Lichtkuppeln erfüllen in der Regel die Anforderungen an „harte Bedachungen", wenn sie aus Kunststoffrohstoffen mit Brandschutzausrüstung hergestellt sind und in der Dachkonstruktion mit ausreichender Stoßdeckung und Befestigung verlegt werden. Die für den konstruktiven Aufbau des Daches erforderlichen Details sind den entsprechenden amtlichen Prüfungszeugnissen für die Dacheindeckung zu entnehmen.

Dacheindeckungen aus thermoplastischen Kunststoffen in Form gewellter Platten oder Lichtkuppeln gehören in den meisten Fällen zu den „weichen Bedachungen", weil bei der Prüfung nach DIN 4102, Blatt 3, die Oberfläche des Daches nicht geschlossen bleibt. Unter besonderen Voraussetzungen vermögen jedoch auch thermoplastische selbsttragende Dacheindeckungen die Anforderungen an „harte Bedachungen" zu erfüllen, beispielsweise bei Zweischaligkeit von Lichtkuppeln oder engmaschiger Drahtgeflechtbewehrung.

*Dachhaut aus nichttragenden Kunststoffen*

Dacheindeckungen aus nichttragenden thermoplastischen Kunststoffen in Form von Folien oder Bahnen können in der Regel dann die Anforderungen an „harte Bedachungen" erfüllen, wenn sie zumindest unmittelbar auf einer Glasvlies-Bitumen-Dachbahn oder einer anderen zweiten durchgehenden Schicht, deren Fläche durch die Flugfeuerbeanspruchung nicht zerstört wird, verlegt werden.

*Dämmschichten in Kaltdächern*

Dacheindeckungen von Kaltdächern – einschließlich Eindeckungen aus Stahl oder sonstigen Metallen – werden bei Verwendung von Schaumkunststoffen keinesfalls in ihrer Widerstandsfähigkeit gegen Flugfeuer und strahlende Wärme beeinträchtigt. In Kaltdächern freiliegend verwendete Wärmedämmschichten oder Unterspannfolien müssen jedoch mindestens der Baustoffklasse B2 im eingebauten Zustand angehören.

*Dämmschichten in Warmdächern*

Dacheindeckungen von Warmdächern, die nach DIN 4102, Blatt 4, widerstandsfähig gegen Flugfeuer und strahlende Wärme sind, gelten in den jeweiligen Arten des Dachaufbaues und bei den Dachneigungen, die bei der Verwendung von Schaumkunststoffen üblich sind, als „harte Bedachung". Beispiele für den Dachaufbau mit ausreichender Widerstandsfähigkeit der Dachhaut gegen Flugfeuer und strahlende Wärme sind in der Tabelle 4.5.6–7 aufgeführt.

*Tabelle 4.5.6–7 Beispiele für Warmdächer mit harter Bedachung*

| | | Beispiel 1 | Beispiel 2 | Beispiel 3 |
|---|---|---|---|---|
| Dachhaut | oberste Lage | 500[1]) | 500[1]) | Glasvlies – Bitumen – Dachbahn 3 oder 5 |
| | 2. Lage | 500[1]) | Glasvlies – Bitumen – Dachbahn 3 oder 5 | Glasvlies – Bitumen – Dachbahn 3 oder 5 |
| | 3. Lage | 333[1]) | – | – |
| Dämmschicht aus Schaumkunststoffen Baustoffklasse[2]) | | B 1–B 3 | B 1–B 3 | B 1–B 3 |
| Dampfsperre[3]) | | m/o[4]) | m/o[4]) | m/o[4]) |
| Dachkonstruktion | | Holz, Beton, Gasbeton, profilierte Stahlblechelemente | | |
| Dachneigung | | unbeschränkt | | |

[1]) Bitumendachpappe DIN 52128
Bitumendachbahnen DIN 52130 E

[2]) Baustoffklasse an freihängend geprüften Schaumkunststoffen ermittelt

[3]) Dampfsperre – entweder Bitumendachpappe 500 oder Glasvlies-Bitumendachbahn oder Metallfolie (bitumenbeschichtet)

[4]) m/o = mit und ohne Dampfsperre

Kommen entgegen der üblichen Anwendung nur zwei Lagen Dachpappe zur Anwendung, sind u. U. Einschränkungen bezüglich der zulässigen Dachneigung und der Art der verwendbaren Dämmschichten zu beachten.

*Lüftungsleitungen, Installationsschächte und -kanäle*

Nach DIN 4102, Blatt 3 (Februar 1970) werden bei Lüftungsleitungen, Installationsschächten und -kanälen (Leitungen), die Brandabschnitte überbrücken und bei denen die

Übertragung von Feuer und Rauch während ihrer Feuerwiderstandszeit über mehrere Brandabschnitte nicht möglich sein darf, die in Tabelle 4.5.6–8 angegebenen Feuerwiderstandsklassen unterschieden. Die Prüfung erfolgt unter Bedingungen, die der Anwendung und Konstruktion dieser Sonderbauteile entsprechen.

*Tabelle 4.5.6–8 Einreihung von Lüftungsleitungen, Installationsschächten und -kanälen in Feuerwiderstandsklassen*

| Widerstands-klasse | Feuerwiderstands-dauer in Minuten | Baurechtliche Benennung | Prüfverfahren nach DIN 4102 |
|---|---|---|---|
| L 30<br>L 60<br>L 90<br>L 120 | ≧ 30<br>≧ 60<br>≧ 90<br>≧ 120 | Lüftungsleitungen, Installations-schächte und -kanäle, bei denen eine Übertragung von Feuer und Rauch nicht möglich ist | Blatt 3, Ziffer 9 |

Es wurden bisher noch keine in durchgehender Wanddicke aus Kunststoffen bestehende Leitungen, die in Widerstandsklassen L 30 bis L 120 eingereiht werden können, entwickelt. Die Mitverwendung von Kunststoffen in Kombination mit nichtbrennbaren Baustoffen (Klasse A) als äußere Schale jedoch ist durchaus möglich, wenn die entsprechenden Prüfnachweise erbracht worden sind.

Lüftungsleitungen, die keine Brandabschnitte überbrücken, dürfen auch aus schwerentflammbaren Baustoffen hergestellt werden, wenn besondere Korrosionsgefahr besteht. Im übrigen müssen lediglich die Innenwandungen der Leitungen aus nichtbrennbaren Baustoffen bestehen. Unter Berücksichtigung dieser einschränkenden Bestimmungen, die allerdings nicht bundeseinheitlich sind, ist die Verwendung aller Kunststoffe, die nach vollzogenem Einbau mindestens normalentflammbar sind, zulässig.

#### 4.5.6.4.2. *Erzeugnisse für die Elektrotechnik*

Für die Verwendung von Kunststoffen als Werkstoffe in der Elektrotechnik sind in Deutschland die Bestimmungen des Verbandes Deutscher Elektrotechniker (VDE) als anerkannte technische Regeln maßgebend. Nach diesen Bestimmungen wird in brandschutztechnischer Hinsicht unterschieden zwischen der Beurteilung des Brennverhaltens fester Isolierstoffe und der Prüfung der feuersicherheitlichen Eigenschaften von elektrotechnischen Erzeugnissen, ihren Baugruppen und ihren Teilen.

Im Zuge der Harmonisierung nationaler Bestimmungen oder Normen erhalten die Normen der Internationalen Elektrotechnischen Kommission (IEC) und speziell für den europäischen Raum der Internationalen Kommission für Regeln zur Begutachtung Elektrotechnischer Erzeugnisse (CEE) zunehmende Bedeutung. Die IEC- bzw. CEE-Normen werden daher beim Vertrieb von elektrotechnischen Erzeugnissen im Ausland dann zu beachten sein, wenn keine nationalen Bestimmungen vorliegen.

### 4.5.6.4.2.1. *Brandschutztechnische Bestimmungen des VDE*

#### *Brandschutztechnische Maßstäbe zur Beurteilung des Brennverhaltens von Halbzeugen*

Die Prüfverfahren zur Beurteilung des Brennverhaltens fester Isolierstoffe dienen dazu, durch Versuche an Proben bestimmter Form und Dicke ihre Entzündbarkeit und Brennbarkeit vergleichend festzustellen. Sie werden auch als Qualitätskontrollprüfungen von festen Isolierstoffen eingesetzt. Von den nach diesen Bestimmungen ermittelten Ergebnissen kann nicht ohne weiteres auf das Brennverhalten von Isolierstoffanordnungen in elektrischen Betriebsmitteln geschlossen werden. Hierfür sind andere Prüfverfahren anzuwenden.

Nach VDE 0304, Teil 3 [12] werden feste, stabförmige Isolierstoffe nach der bei der Prüfung an ihrer Oberfläche beobachteten Flammenausbreitung in die in Tabelle 4.5.6–9 angegebenen „Brennbarkeitsstufen" eingereiht. In Tabelle 4.5.6–9 ist weiterhin die Brennbarkeitsstufe einiger Isolierstoffe beispielhaft angegeben. Einzelheiten zur Prüfung nach VDE 0304, Teil 3, sind von *Flatz*, *Pohl* und *Rickling* [13] veröffentlicht worden.

Weitere Verfahren zur Prüfung des Brandverhaltens von Isolierstoffen sind insbesondere in VDE 0303 [18] (Bestimmung der Lichtbogenfestigkeit), VDE 0340 [19] (Ermittlung der Brennbarkeit selbstklebender Isolierbänder) und VDE 0345 [20] (Ermittlung der Entflammbarkeit von Isolierfolien) genormt. Diese Bestimmungen nach VDE 0303 und VDE 0340 berücksichtigen bereits in gewissem Umfang das Brandverhalten der zu untersuchenden Isolierstoffe unter den speziellen Bedingungen ihrer Anwendung.

Das in DIN 53459 [14], VDE 0302 [15] und ISO/R 181 [16] genormte Verfahren nach *Schramm* und *Zebrowski* zur Ermittlung der „Glutbeständigkeit" von duroplastischen Formmassen ist nicht für feste Isolierstoffe allgemein anwendbar und entspricht hinsichtlich der Bewertungsgrundlagen nicht mehr dem heutigen Stand der Brandschutztechnik. Die nach diesen Normen ermittelten Versuchsergebnisse sind daher nur bedingt anwendbar.

#### *Brandschutztechnische Maßstäbe zur Beurteilung elektrotechnischer Erzeugnisse*

Elektrotechnische Erzeugnisse sollen unter den Betriebsbedingungen oder im Fehlerfall nicht Ursache eines Brandes werden, der sich über das Erzeugnis hinaus auszubreiten vermag. Es ist deshalb erforderlich, die elektrotechnischen Erzeugnisse, ihre Baugruppen und ihre Teile unter den im Betriebs- und Fehlerfall auftretenden thermischen Beanspruchungen zu untersuchen.

Von der VDE-Kommission „Brennbarkeit von Geräteteilen" (VDE 0471) wurden verschiedene Verfahren zur Prüfung von elektrotechnischen Erzeugnissen auf Entzündlichkeit ihrer Isolierteile und auf Flammenausbreitung an ihrer Oberfläche unter Berücksichtigung ihrer Form, Anwendung und Umgebung entwickelt. Die bei diesen Verfahren anzuwendende Art, Intensität und Einwirkungsdauer der Zündenergie soll den im Betriebs- bzw. Fehlerfall auftretenden potentiellen Beanspruchungen nachgebildet werden. Hinsichtlich der Art der Zündenergie wird unter Berücksichtigung ihrer Herkunft unterschieden zwischen

erhitzten oder glühenden Metallteilen,

widerstandsbehafteten Klemmstellen,

Kurzschlußlichtbögen und

unter Betriebsbedingungen auftretenden Flammen.

*Tabelle 4.5.6–9 Einreihung von Isolierstoffen in die Brennbarkeitsstufen nach VDE 0304, Teil 3*

| Brennbarkeitsstufe | Anforderungen nach der Prüfmethode | in die Brennbarkeitsstufe einzureihende Isolierstoffe |
|---|---|---|
| I | zeigt keine Zündflamme | Melaminharzpreßmasse (mit Cellulose)<br>Epoxydharz, glasfaserverstärkt* |
| IIa | mittlere Flammenausbreitung $\leqq$ 10 mm | Phenolharzpreßmasse (mit Holzmehl)<br>Epoxydharz, glasfaserverstärkt |
| IIb | mittlere Flammenausbreitung $\leqq$ 30 mm | Epoxydgießharz (mit anorganischen Füllstoffen)<br>phenolharzgetränktes Papier<br>Polyamid<br>Polyäthylen hoher Dichte*<br>Polyäthylen niederer Dichte*<br>Polycarbonat, glasfaserverstärkt<br>Polyesterharz, glasfaserverstärkt<br>Polymethylmethacrylat*<br>Polypropylen*<br>Polyvinylchlorid hart<br>Polyvinylchlorid weich**<br>Styrol-Butadien-Copolymerisat* |
| IIc | mittlere Flammenausbreitung $\leqq$ 95 mm | Polyvinylchlorid weich**<br>Polyurethan, Kabelvergußmasse<br>Styrol-Acrylnitril-Copolymerisat |
| IIIa | Flammenausbreitung $>$ 95 mm<br>Flammenausbreitungsgeschwindigkeit $\leqq$ 0,5 mm/s | Acrylnitril-Butadien-Styrol-Copolymerisat<br>Polyäthylen hoher Dichte<br>Polyäthylen niederer Dichte<br>Polymethylmethacrylat<br>Polystyrol<br>Styrol-Acrylnitril-Copolymerisat |
| IIIb | Flammenausbreitung $>$ 95 mm<br>Flammenausbreitungsgeschwindigkeit $>$ 0,5 mm/s | Isolierstoffe, die nicht in die vorstehenden Brennbarkeitsstufen eingereiht werden können |

* Kunststoffe mit Brandschutzausrüstung.

** Abhängig von Art und Menge des Weichmachers und anderer Zusätze

Weiterhin ist in bestimmten Einzelfällen zu untersuchen, ob an einem elektrotechnischen Erzeugnis bei einer äußeren Feuerbeanspruchung, deren Herkunft in keinem unmittelbaren Zusammenhang mit seinem Betrieb steht, eine Feuerweiterleitung erfolgen kann, beispielsweise an elektrischen Kabeln und an Installationsrohren.

*Glühdrahtprüfung*

Mit der in VDE 0471, Teil 2 (z.Z. 1. Entwurf 1970), beschriebenen Versuchsmethode, der Glühdrahtprüfung, soll die Einwirkung stark erwärmter Drähte oder anderer Metallteile auf brennbare Teile elektrotechnischer Erzeugnisse nachgebildet werden. Die Prüfung nach dieser Methode soll beispielsweise

an Erzeugnissen bzw. deren Baugruppen oder Teilen, die mit Strom führenden, möglicherweise glühenden Metallteilen (Heizleiter, glühende Klemmen o.ä.) in unmittelbaren Kontakt kommen können,

an Leiterplatten von gedruckten Schaltungen, die unter der Einwirkung eines im Fehlerfall überlasteten Drahtwiderstandes stehen können, oder

an Isolierstoffabdeckungen, die durch glühende Teile beansprucht werden können,

ausgeführt werden.

Orientierende Untersuchungen nach diesem Verfahren führten zu dem Ergebnis, daß ebene Proben im Dickenbereich von 0,8 bis 1,6 mm die Anforderungen nach dieser Bestimmung erfüllen, wenn sie aus folgenden Kunststoffen hergestellt sind:

a) Glühdrahttemperatur 960 °C

Polyamid 6,6
Polyamid 6,6 mit Glasfaserzusatz*
Polyamid 6,10
Polyäthylen*
Polypropylen*
Polyvinylchlorid – hart
Polyvinylchlorid – hart (schlagzäh)
Proben aus Polyamid 6 liegen im Grenzbereich

*) Kunststoffe mit Brandschutzausrüstung.

b) Glühdrahttemperatur 650 °C

Acrylnitril-Butadien-Styrol-Copolymerisat
Acrylester-Styrol-Acrylnitril-Copolymerisat
Polyamid mit Glasfaserzusatz
Polyäthylen
Polypropylen
Polystyrol
Polyvinylchlorid – weich
Styrol-Acrylnitril-Copolymerisat
Styrol-Butadien-Copolymerisat
sowie die unter a) genannten Kunststoffe

Besonderer Hinweis

Die Einreihung der unter b) namentlich aufgeführten Kunststoffe in die Stoffgruppen, die die Anforderungen bei 750 °C und 850 °C erfüllen, ist erst nach detaillierter Festlegung der Prüfbedingungen in VDE 0471, Teil 2, möglich.

Bei nicht ebenen Erzeugnissen und bei Teilen anderer Dicke sind möglicherweise andere als die angeführten Eingruppierungen zu erwarten.

Glühkontaktprüfung

Mit der in VDE 0471, Teil 3 (z. Z. 1. Entwurf 1970), beschriebenen Versuchsmethode, der Glühkontaktprüfung, soll die Einwirkung infolge hohen Übergangswiderstandes stark erwärmter Klemmstellen auf die umgebenden Isolierstoffe der elektrotechnischen Erzeugnisse oder ihrer Baugruppen nachgebildet werden. Die Prüfung nach dieser Methode soll vorzugsweise an Klemmstellen, die vom Anwender des elektrotechnischen Erzeugnisses oder bei dessen Wartung bedient werden können, ausgeführt werden.

Orientierende Untersuchungen [21] an ebenen Proben nach diesem Verfahren führten zu dem Ergebnis, daß aus den im folgenden aufgeführten Kunststoffen hergestellte Isolierteile im Dickenbereich von 1–3 mm die Anforderungen nach dieser VDE-Bestimmung erfüllen können:

duroplastische Preßmassen

Polyamid

Polyäthylen

Polycarbonat*

Polypropylen*

Polystyrol*

Polyvinylchlorid*

Styrol-Copolymerisate*

*) bei den Prüfungen zeigte sich besonders die Abhängigkeit des Versuchsergebnisses von der verwendeten Kunststoffrohstoffmarke und der Formteildicke, insbesondere bei größerer Dicke

Besonderer Hinweis

Die Prüfungsergebnisse werden in besonderem Maße von der Form des Bauteiles, der Dicke seiner Wandung und der Ausbildung des Klemmenteiles beeinflußt.

Kurzschlußlichtbogenprüfung

Mit der in VDE 0471, Teil 4 (z. Z. 1. Entwurf 1970), beschriebenen Versuchsmethode, der Kurzschlußlichtbogenprüfung, soll die Einwirkung eines kurzzeitig auftretenden Kurzschlußlichtbogens auf das elektrotechnische Erzeugnis nachgebildet werden. Die Prüfung nach dieser Methode soll vorzugsweise an Stellen des elektrotechnischen Erzeugnisses, bei denen mit dem Entstehen eines Kurzschlußlichtbogens oder mit seinen Auswirkungen durch schmelzflüssige Metallteile zu rechnen ist, ausgeführt werden.

Orientierende Untersuchungen [21] von ebenen Proben nach diesem Verfahren führten zu dem Ergebnis, daß die im folgenden aufgeführten Kunststoffe im Dickenbereich von 1–3 mm die Anforderungen nach dieser VDE-Bestimmung bei der Auswahl geeigneter Rohstoffmarken erfüllen können:

duroplastische Preßmassen

Polyamid

Polyäthylen

Polycarbonat

Polyoxymethylen (Dickenbereich ca. 2–3 mm)

Polypropylen

Polystyrol

Polyvinylchlorid

Styrol-Copolymerisate

Bei Wandungsdicken über 1 mm (duroplastische Preßmassen) bzw. 2 mm (thermoplastische Kunststoffe) konnte bei diesen Untersuchungen keine Zündung mit der Pyrokapsel erreicht werden.

Prüfung mit Zündflammen

Bestimmungen zur Prüfung von elektrotechnischen Erzeugnissen unter der Einwirkung bei ihrem Betrieb oder im Fehlerfall auftretender Flammen befinden sich zur Zeit in Ausarbeitung. Sie sollen als VDE 0471, Teil 5, veröffentlicht werden.

Unter der Einwirkung äußerer Zündflammen werden isolierte Leitungen und Kabel nach VDE 0472 [22] sowie Isolierrohre nach VDE 0605 [23] geprüft. Unter Verwendung von Polyvinylchlorid – weich oder Polyolefinen mit Brandschutzausrüstung hergestellte Kabel, Leitungen und Rohre können die Anforderungen nach diesen Bestimmungen erfüllen.

#### 4.5.6.4.2.2. *Hinweise auf ausländische brandschutztechnische Bestimmungen*

Für die Anwendung elektrotechnischer Erzeugnisse im Ausland sind die jeweiligen nationalen Bestimmungen maßgebend, die gegebenenfalls zusätzlich zu den VDE-Bestimmungen beachtet werden müssen. Beispielsweise sind die Bestimmungen des Österreichischen Verbandes für Elektrotechnik (ÖVE), des Schweizerischen Elektrotechnischen Vereins (SEV) oder die Normen der Canadian Standards Association (CSA) für den Vertrieb in diesen Ländern verbindlich.

In den USA sind insbesondere die Prüfbestimmungen der Underwriters' Laboratories Inc. (UL) zu berücksichtigen, da in einigen Staaten dieses Landes nur UL-geprüfte, - überwachte und -gekennzeichnete elektrotechnische Erzeugnisse vertrieben werden dürfen. Nach den von dieser Prüfstelle angewendeten Verfahren [24, 17] werden Isolierstoffe mit definiertem Querschnitt in vertikaler bzw. horizontaler Anordnung geprüft und als „selfextinguishing" (SE O, I oder II) bzw. „slow burning" klassifiziert. Die von den UL klassifizierten und güteüberwachten Stoffe werden in die jährlich erscheinende Zusammenstellung „Recognized Component Index" aufgenommen. Weitere Hinweise sind der „Electrical Appliance and Utilization Equipment List" und der „Electrical Construction Materials List" der UL zu entnehmen.

### 4.5.6.4.3. *Erzeugnisse für das Verkehrswesen*

#### 4.5.6.4.3.1. *Seeschiffe*

Brandsicherheitliche Anforderungen an die für den Bau von Seeschiffen verwendeten Werkstoffe und an die Unterteilungen durch feuerwiderstandsfähige Schotte in diesen Schiffen basieren auf dem Internationalen Schiffsicherheitsvertrag (SOLAS) [25], seinen Ergänzungen [26] und den hierzu erlassenen nationalen Rechtsverordnungen [27]. Neben diesen gesetzlichen Bestimmungen sind für den Bau bestimmter Seeschiffe, z. B. Fischereifahrzeuge und Kauffahrteischiffe, die Unfallverhütungsvorschriften [28] der See-Berufsgenossenschaft[2]) maßgebend.

Die See-Berufsgenossenschaft ist im Auftrage des deutschen Bundesverkehrsministeriums Zulassungsstelle für feuerwiderstandsfähige Unterteilungen, nichtbrennbare und schwerentflammbare Werkstoffe, Einrichtungs- und Ausrüstungsgegenstände u. a. m. für See-

---

[2]) See-Berufsgenossenschaft, 2 Hamburg 11, Reimertswiete 2 (Seehaus).

schiffe, die unter deutscher Flagge fahren. Die von der See-Berufsgenossenschaft erteilten Zulassungen werden in der Zulassungsliste [29] zusammengefaßt und veröffentlicht.

Die brandschutztechnischen Begriffe der feuersicherheitlichen Anforderungen sind für feuerwiderstandsfähige Unterteilungen (Schotte, Feuerschutztüren) und nichtbrennbare Werkstoffe für den Seeschiffbau in dem Internationalen Schiffsicherheitsvertrag realdefiniert. Die Anforderungen an brennbare Werkstoffe, die an bestimmten Stellen für den Bau von Seeschiffen verwendet werden dürfen, beruhen dagegen auf nationalen Bestimmungen.

Neben den öffentlich-rechtlichen Bestimmungen sind die Bestimmungen der Gesellschaft, bei der das Schiff klassifiziert werden soll, beispielsweise die Bestimmungen des Germanischen Lloyd [30], zu beachten, da sie in bestimmten Fällen im Rahmen des nach dem Internationalen Schiffsicherheitsvertrag verbleibenden Ermessens weitere Regelungen zur Förderung der Brandsicherheit enthalten können.

### *Brandverhalten von Werkstoffen für den Seeschiffbau*

Werkstoffe für den Seeschiffbau, die vollständig oder unter Mitverwendung von Kunststoffen hergestellt worden sind, gelten nach den SOLAS-Bestimmungen als „brennbar". Eine Einreihung dieser Werkstoffe in die Klasse der „nichtbrennbaren" Werkstoffe ist nur dann möglich, wenn zu ihrer Herstellung nur sehr geringe Mengen organischer Anteile mitverwendet werden.

Von den brennbaren Werkstoffen werden für den Bau von Seeschiffen nur solche zugelassen, die nach den Prüfgrundsätzen der See-Berufsgenossenschaft als „schwerentflammbar" im eingebauten Zustand gelten. Plattenförmig vorgefertigtes Halbzeug muß darüber hinaus auch schwerentflammbar bei der Prüfung ohne Verbund mit anderen Stoffen sein. Als Grundlage zum Nachweis der Schwerentflammbarkeit von Werkstoffen für den Seeschiffbau werden die Prüfgrundsätze des PA III (Abschn. 4.5.6.4.1.1) anerkannt. Der Nachweis kann aber unter Berücksichtigung der Anwendung des Werkstoffes auch auf Grund der Prüfung nach besonderen, von der See-Berufsgenossenschaft festzulegenden Bedingungen erfolgen.

Bisher wurden Werkstoffe für den Seeschiffbau aus folgenden Kunststoffen zugelassen:

a) *Isolierstoffe*
Phenolharz-Hartschaum*
Polystyrol-Hartschaum*
Polyurethan-Hartschaum (eingeschäumt)*

*) Kunststoffe mit Brandschutzausrüstung.

b) *Beschichtungen für nichtbrennbare Trägerplatten*
dekorative Schichtpreßstoffplatten*
Polyvinylchlorid – hart
Polyvinylchlorid – weich
Polyvinylfluorid
ferner Verbundwerkstoffe unter Mitverwendung von Kunststoffen

*) Kunststoffe mit Brandschutzausrüstung.

Merkblätter über zulässige Anwendungsmöglichkeiten von Kunststoffen im Seeschiffbau wurden von der Schiffbautechnischen Gesellschaft erarbeitet [31, 32].

### *Feuerwiderstandsfähigkeit von Schiffsschotten in Kombination mit Kunststoffen*

Nach dem Internationalen Schiffsicherheitsvertrag (SOLAS) wird unterschieden zwischen Schiffsschotten vom Typ A, die eine Stunde Feuerwiderstandsfähigkeit besitzen müssen und aus nichtbrennbaren Werkstoffen herzustellen sind, und Schiffsschotten vom Typ B mit einer Feuerwiderstandsdauer von 30 Minuten. Schiffsschotte vom Typ B sind unter bestimmten Voraussetzungen auch unter ausschließlicher oder teilweiser Verwendung von brennbaren Werkstoffen zulässig.

Die Realdefinition für Schiffsschotte der Typen A bzw. B entspricht – abgesehen von den Anforderungen an den Temperaturdurchgang – der der Feuerwiderstandsklassen F 60 bzw. F 30 nach DIN 4102, Blatt 2.

Die Verwendung von Kunststoffen in Schiffsschotten der Typen A und B (nichtbrennbar) ist unzulässig. Die Verkleidung dieser Schotte mit Kunststoffen bis zu 1,5 mm Dicke ist unter bestimmten Voraussetzungen möglich.

Schiffsschotte Typ B (brennbar) dürfen vollständig oder teilweise aus brennbaren Stoffen hergestellt werden.

Trennflächen dieses Typs unter ausschließlicher oder teilweiser Verwendung von Kunststoffen sind bisher von der See-Berufsgenossenschaft nicht zugelassen, ihre Zulassung ist jedoch prinzipiell möglich. Die Anwendung von Kunststoffen in diesen Trennflächen erstreckt sich daher derzeit auf die zusätzliche Verkleidung hinreichend feuerwiderstandsfähiger Schiffsschotte vom Typ B; von dieser Möglichkeit wird insbesondere bei der Verwendung von zugelassenen Schaumkunststoffen in Kühlräumen, Lade-, Post- und Gepäckräumen Gebrauch gemacht.

### *Feuerwiderstandsfähigkeit von Feuerschutztüren in Seeschiffen*

Es wird nach SOLAS zwischen Feuerschutztüren Typ A und Typ B unterschieden. Die Prüfungs- und Klassifizierungsgrundsätze entsprechen denen für Schiffsschotte.

Die Verwendung von Kunststoffen ist lediglich in Feuerschutztüren Typ B zulässig. Bei zugelassenen Feuerschutztüren dieses Typs sind Kunststoffe bisher als äußere Verkleidung oder als Korrosionsschutzbeschichtung angewendet worden.

### *Brandverhalten von Werkstoffen für Schiffszubehör*

Schiffszubehör, wie beispielsweise Rettungsboote, Rettungsringe, Rettungswesten, bedarf ebenfalls einer Zulassung durch die See-Berufsgenossenschaft, die unter anderem auf Grund der Ergebnisse brandsicherheitlicher Untersuchungen erteilt wird. Derartige Nachweise werden von der Zulassungsstelle unter Berücksichtigung der konkreten Risikosituation gefordert. Die Prüfungsbedingungen sind daher mit der Zulassungsstelle zu vereinbaren.

Für Rettungsboote aus glasfaserverstärktem Kunststoff konnte beispielsweise die Eignung bestimmter Konstruktionen unter brandsicherheitlichen Gesichtspunkten durch Modellbrandversuche festgestellt werden. Für den Bau derartiger Rettungsboote ist nach den Bestimmungen des Germanischen Lloyd [33] lediglich die „selbstlöschende Eigenschaft" des verwendeten Laminates nachzuweisen.

#### 4.5.6.4.3.2. *Kraftfahrzeuge*

Brandsicherheitliche Anforderungen an die für den Bau von Kraftfahrzeugen verwendeten Werkstoffe werden derzeit in Deutschland nicht gestellt. Lediglich für Fahrzeuge, bei denen die Sicherheit der Insassen oder des Verkehrs gefährdet ist, können aus der Straßenverkehrszulassungsordnung (§ 30) unter Berücksichtigung des Prinzips der Verhältnismäßigkeit und Gleichmäßigkeit besondere brandsicherheitliche Anforderungen abgeleitet werden. Die brandschutztechnische Beurteilung der Werkstoffe oder der Kraftfahrzeugteile ist in diesem Fall in das pflichtgemäße Ermessen der amtlich anerkannten Sachverständigen gestellt.

Kraftfahrzeuge, die in den USA zugelassen werden sollen, müssen ab September 1972 den brandsicherheitlichen Anforderungen des „Motor Vehicle Safety Standard 302" (MVSS 302) [34] entsprechen. Danach darf die Flammenausbreitungsgeschwindigkeit von Proben bestimmter Teile des Fahrzeuginsassenraumes bei horizontaler Prüfanordnung den Grenzwert von 100 mm/min nicht überschreiten. In Kombination mit anderen Werkstoffen im Fahrzeuginsassenraum verwendete Stoffe sind im Verbund zu prüfen. Diese Bestimmung wird voraussichtlich auch von der nach den USA exportierenden deutschen Automobilindustrie für in Deutschland zuzulassende Fahrzeuge angewendet werden.

Kraftfahrzeuge mit Karosserieteilen aus Kunststoff, z. B. Sportfahrzeuge und Lastkraftwagen, sind bisher in der Regel im Rahmen von Einzelgenehmigungen zugelassen worden. Für die Zulassung von Fahrzeugserien mit Kunststoffkarosserien werden zur Zeit vom „Fachausschuß Kraftfahrzeugtechnik" (FKT) beim Bundesverkehrsministerium brandschutztechnische Prüfgrundsätze erarbeitet.

Für Behälter von Lastkraftwagen zum Transport von Heizöl konnte durch Modellbrandversuche die Eignung von glasfaserverstärkten Polyesterharzen nachgewiesen werden [35]. Diese Untersuchungen können als beispielhaft für besondere brandsicherheitliche Nachweise auf anderen technischen Gebieten, für die brandsicherheitliche Regelungen vorzubereiten sind, angesehen werden.

### 4.5.6.5. *Ermittlung brandschutztechnischer Eigenschaften nach nicht anwendungsbezogenen Prüfverfahren*

Mit zahlreichen Prüfverfahren können spezielle brandschutztechnische Eigenschaften von Kunststoffen, wie auch von anderen brennbaren Stoffen, ermittelt werden, ohne daß den Prüfbedingungen spezielle brandschutztechnische Risikobetrachtungen zu Grunde liegen und die Prüfungsergebnisse ohne weiteres zur brandsicherheitlichen Beurteilung der Erzeugnisse, die aus dem geprüften Werkstoff hergestellt sind, herangezogen werden können. Die Ergebnisse derartiger Prüfungen an Proben bestimmter Form oder Masse können in der Regel dazu verwendet werden, die Entzündlichkeit, Feuerweiterleitung oder Wärmeentwicklung von Stoffen einer Stoffart, z. B. thermoplastischen Kunststoffen, unter den speziellen Versuchsbedingungen vergleichend festzustellen. Diese Verfahren können häufig auch zur Qualitätskontrolle brandschutztechnischer Eigenschaften von Erzeugnissen angewendet werden, wenn die Eignung der aus den Werkstoffen hergestellten Erzeugnisse in brandsicherheitlicher Hinsicht nach den für den betreffenden technischen Bereich anzuwendenden Prüfverfahren ermittelt und die Korrelation der verwendeten Untersuchungsmethoden für den speziellen Anwendungsfall festgestellt worden sind.

*Die Ergebnisse derartiger nicht anwendungsbezogener Prüfmethoden sind in der Regel jedoch nicht zur Charakterisierung der brandschutztechnischen Eigenschaften von Kunststoffen, insbesondere im Zustand ihrer Verwendung, geeignet, solange die Anwendbarkeit der Verfahren auf die in Betracht zu ziehende Brandsituation unter Berücksichtigung angemessener brandsicherheitlicher Maßstäbe nicht besonders nachgewiesen ist.*

Bei den nicht anwendungsbezogenen Prüfverfahren kann insbesondere unterschieden werden zwischen

a) Prüfmethoden zur Ermittlung wärmetechnischer Eigenschaften,
z. B. Brenn- und Heizwertes nach DIN 51900,
der spezifischen Wärme bei höherer Temperatur,
der Wärmeleitfähigkeit bei höherer Temperatur.

b) Verfahren zur Ermittlung der Entzündlichkeit von festen Stoffen mit Hilfe von Prüföfen unter dem Einfluß von Wärmestrahlung und Konvektion

Bei diesen Verfahren werden Proben definierten Volumens oder definierter Masse in einen Prüfofen mit definierter Luftzuführung eingesetzt. Die Temperatur des Ofens wird entweder auf einen konstanten Wert vor dem Versuch eingestellt oder während des Versuches gesteigert. Die Versuche werden mit oder ohne Zündflamme ausgeführt. Die nach diesen Prüfmethoden an einem Werkstoff ermittelten Versuchsergebnisse weichen in der Regel erheblich voneinander ab.

Beispielsweise wurde von *Patten* [36] in Anlehnung an die Ofenprüfmethode nach ASTM D 1929 [37] die niedrigste Temperatur, bei der eine Entzündlichkeit der von Kunststoffen bei ihrer thermischen Zersetzung entwickelten Zersetzungsprodukte eintritt, in Anwesenheit einer Zündflamme (flash-ignition temperature) und ohne Zündflamme (selfignition temperature) ermittelt. (Angabe der Werte auch in [2], S. 39 und [3] S. 22.)

c) Verfahren zur Ermittlung der Entzündlichkeit von festen Stoffen unter Konduktionsbedingungen

Derartige Prüfmethoden sind von dem Verfahren nach *Schramm* und *Zebrowski* [14] abgeleitet (s. auch Abschn. 4.5.6.4.2.1).

d) Verfahren zur Ermittlung der Entzündlichkeit von festen Stoffen bei Wärmestrahlungsbeanspruchung

Bei diesem Verfahren werden Proben definierter Größe unter dem Einfluß von Wärmestrahlung geprüft. Die auf die Arbeiten von Schütze und Haase zurückzuführenden Prüfmethoden werden zur Zeit im Fachnormenausschuß Kunststoffe (FNK/FNM 4.10) unter Berücksichtigung der Arbeiten von ISO/TC 92 (Fire Tests on Building Materials and Structures) weiterentwickelt (weitere Angaben in [3] S. 34).

e) Verfahren zur Ermittlung der Feuerweiterleitung an stab- und plattenförmigen Proben unter dem Einfluß von Zündflammen

Bei diesen Verfahren werden Proben definierten Volumens in horizontaler, vertikaler oder geneigter Anordnung einer definierten Zündflamme ausgesetzt. Ermittelt wird die Zeit, in der die Flammenfront eine Meßstrecke passiert. In Werkstoffblättern werden die Angaben häufig auf die Prüfmethoden nach ASTM D 635 (Werkstoffdicke $>$ 1,3 mm), ASTM D 568 (Werkstoffdicke $\leq$ 1,3 mm) und ASTM D 1692 (Schaumkunststoffe) bezogen.

f) Verfahren zur Ermittlung der Brennbarkeit in Abhängigkeit von der Sauerstoffkonzentration unter dem Einfluß von Zündflammen

Bei diesem Verfahren, das von *Fenimore* und *Martin* [38] entwickelt worden ist, wird der Grenzwert des prozentualen Sauerstoffgehaltes (Sauerstoffindex) einer Sauerstoff-Stickstoff-Mischatmosphäre ermittelt, bei der das Brennen eines in Luft entflammten thermoplastischen Kunststoffes gerade noch anhält. (Angabe von Werten auch in [3] S. 118).

### 4.5.6.6. *Maßstäbe für die Beurteilung der relativen Toxizität, Rauchdichte und Korrosivität*

Bei jedem Brand werden toxische und sichtmindernde Gase entwickelt, außerdem wird die Sauerstoffkonzentration an der Stelle des Brandes gesenkt. Es sind daher schon seit langem Bemühungen zu verzeichnen, die Entwicklung von giftigen Brandgasen und Rauch qualitativ und quantitativ mit den konventionellen Mitteln der Materialprüfung zu erfassen.

Beispielsweise wurde versucht, die Toxizität der thermischen Zersetzungsprodukte auf Grund der chemischen Zusammensetzung der Stoffe oder aus den einzelnen chemisch-analytisch ermittelten Komponenten der Brandgase abzuschätzen. Dieses Vorgehen erwies sich als unrichtig und irreführend [39]. Notwendig ist stets eine toxikologische Untersuchung der thermischen Zersetzungsprodukte im kritischen Tierversuch und die Bezugsetzung der Versuchsergebnisse auf die bei der toxikologischen Prüfung von Standardsubstanzen – im Bauwesen beispielsweise Holz – unter den gleichen Bedingungen ermittelten Meßwerte. Ergebnisse derartiger toxikologischer Untersuchungen sind von *Hofmann* [39], *Oettel* [40] und *Reploh* [41] veröffentlicht worden.

Es wurde ferner versucht, die unter den Bedingungen von Laborversuchen an Baustoffen ermittelten Werte optischer Messungen der Minderung des Lichtdurchganges durch abziehende Brandgase in Relation zu den bei der Prüfung eines Bezugstoffes, beispielsweise Roteiche im „Tunneltest" nach ASTM E 84, gemessenen Werten zu setzen. Diese Versuchsmethoden beruhen zwar auf der richtigen Vorstellung, daß auch die Rauchdichteprüfung nur relativ erfolgen kann, sie haben aber den Mangel, daß die Rauchentwicklung lediglich unter der speziellen Zersetzungsbedingung der Versuchsmethode erfolgt, also keinen Rückschluß auf die Rauchentwicklung unter anderen Zersetzungsbedingungen zuläßt. Ferner fehlt die Möglichkeit, die Versuchsergebnisse auf den praktischen Anwendungsfall zu übertragen. Zur Zeit ist der Fachnormenausschuß Materialprüfung (FNM) bemüht, unter Berücksichtigung der Normenentwürfe DIN 53436 und DIN 53437 in zwei Arbeitsausschüssen geeignete Prüfverfahren zur Ermittlung und Bewertung der relativen Toxizität und Rauchdichte zu entwickeln.

Für das spezielle Problem der Zulassung nichtbrennbarer Baustoffe nach den Ergänzenden Bestimmungen zu DIN 4102 [8] wurden von dem Sachverständigenausschuß „Brandverhalten von Baustoffen" des Instituts für Bautechnik (s. Abschn. 4.1) zur vorläufigen Bewertung der Entwicklung von Rauch und toxischen thermischen Zersetzungsprodukten Richtwerte auf Grund der Ergebnisse toxikologischer Prüfungen unter den Bedingungen von DIN 53436 [42] und von Rauchdichteprüfungen unter den Bedingungen nach DIN 53436/37 [41], [43] sowie der sog. „XP 2-Kammer" [44] festgelegt. Diese Bewertungsmaßstäbe können jedoch nicht zur Beurteilung solcher Brandnebenerscheinungen von brennbaren Stoffen herangezogen werden.

Auf Grund einiger Brandfälle in industriellen Anlagen in den letzten Jahren fand die Entwicklung von relativen Maßstäben für die Korrosivität thermischer Zersetzungsprodukte der am Brand beteiligten Stoffe stärkere Beachtung. Anerkannte technische Regeln zur Bewertung der relativen Korrosivität von Brandgasen und der durch Brandgase verursachten Korrosionsschäden an Metallen liegen jedoch noch nicht vor. Untersuchungen an Bauteilen aus Stahl- und Spannbeton führten zu dem Ergebnis, daß überhaupt nur in Ausnahmefällen beim Vorliegen ungewöhnlicher klimatischer Voraussetzungen Gebäude dieser Bauarten, die nach den Regeln der Technik errichtet worden sind, geschädigt werden können [45].

### 4.5.6.7. *Schlußbemerkungen*

Die Angaben über das Brandverhalten von Kunststoffen entsprechen dem heutigen Stand des Wissens und der für die Kunststoffanwendung wichtigsten brandschutztechnischen Bestimmungen, die beim Konstruieren mit Kunststoffen zu beachten sind.

Einige weitere wesentliche Bereiche der Technik konnten nicht behandelt werden, weil der gegebene Umfang überschritten worden wäre. Für die speziellen Kunststoffanwendungen in diesen Gebieten sind jedoch die dort zu beachtenden Bestimmungen ebenfalls von entscheidender Bedeutung. Zur Vervollständigung der Angaben sollen diese technischen Bereiche und die wesentlichsten brandschutztechnischen Grundlagen wenigstens stichwortartig erwähnt werden:

Bau von *Schienenfahrzeugen:* Zu beachten sind die Bestimmungen der Deutschen Bundesbahn, insbesondere das „Merkblatt für die Prüfung des Brandverhaltens fester Stoffe" und das „Merkbuch B".
Weitere Angaben in [46].

Bau von *Flugzeugen:* Zu beachten sind die Bestimmungen des Luftfahrt-Bundesamtes, Braunschweig. Die brandschutztechnischen Anforderungen nach diesen Bestimmungen beruhen auf Grund internationaler Vereinbarungen im wesentlichen auf den Bestimmungen der Federal Aviation Administration (FAA) der USA (insbesondere Notice of Proposed Rule Making 69/33 – Federal Register (1969). Weitere Hinweise in [2], S. 154.

*Bergbau:* Zu beachten sind insbesondere die „Vorläufigen Prüfbestimmungen des Oberbergamtes in Dortmund für Lutten, Rohrleitungen und Schläuche aus Kunststoffen, flüssige Kunststoffe, Treibriemen und Keilriemen zur Verwendung in Bergwerken unter Tage (Kunststoff-Prüfbestimmungen)" vom 4. 11. 1966

*Behälterbau: Lagerbehälter für Heizöl EL:* Zu beachten sind insbesondere die „Verordnung über brennbare Flüssigkeiten" (Fassung 5. 6. 1970) und die Richtlinien des Deutschen Ausschusses für brennbare Flüssigkeiten für ortsfeste Tanks aus glasfaserverstärkten ungesättigten Polyesterharzen (ober- bzw. unterirdische Lagerung), aus Polyäthylen und aus Polyamid (letztere zur Zeit in Vorbereitung).

*Kraftstoffbehälter für Kraftfahrzeuge:* Zu beachten sind die „Richtlinien zu § 45 Straßenverkehrszulassungsordnung über die Ausführung und Unterbringung von Kraftstoffbehältern in Kraftfahrzeugen" (Entwurf 2/71) und die Empfehlungen des Fachausschusses Kraftfahrzeugtechnik (FKT) für die „Untersuchungen zur Beurteilung der Gebrauchsfähigkeit von Kraftstoffbehältern aus Kunststoffen". Auskunft erteilt das Kraftfahrt-Bundesamt, Flensburg.

*Lagerbehälter für feste Stoffe:* Zu beachten sind die Zulassungsgrundsätze des Instituts für Bautechnik, Berlin (s. Abschnitt 4.5.6.4.1).

Die Aufzählung der Anwendungsbereiche von Kunststoffen, in denen brandschutztechnische Gesichtspunkte zu beachten sind, und der in Brandversuchen geprüften Kunststoffe erhebt keinen Anspruch auf Vollständigkeit. Die Angaben über das Brandverhalten von Kunststoffen nach den insbesondere im Bauwesen und in der Elektrotechnik anzuwendenden Prüfbestimmungen beruhen auf den Ergebnissen von Versuchen an typischen Proben der jeweiligen Kunststoffart. Infolge neuer Entwicklungen und stofflicher Kombination, aber auch durch Veränderung der brandschutztechnischen Prüfmethodik, sind erhebliche Abweichungen von den angegebenen Prüfungsergebnissen möglich.

## Literaturverzeichnis

1. *Seekamp, H.:* Materialprüfung *5*, 45 (1963).
2. *Hilado, C.J.:* Flammability Handbook for Plastics. Stanford: Technomic Publishing 1969.
3. *Thater, R.:* Brennverhalten von Plastformstoffen. Leipzig: VEB Deutscher Verlag für Grundstoffindustrie 1968.
4. Verzeichnis der Feuerschutzmittel für Baustoffe und Textilien, die schwerentflammbar sein müssen, sowie der Baustoffe und Textilien, die schwerentflammbar sein müssen. Berlin: Schmidt 1970.
5. *Bub, H.:* Bauen mit Kunststoffen *13*, 9 (1970).
6. *Haase, G.:* Landesbauordnungen und Musterbauordnung, Hamburg (1968). Hinweis: Von der Musterbauordnung (1970) zum Teil erheblich abweichende Bauordnungen wurden inzwischen in den Ländern Bayern und Nordrhein-Westfalen erlassen.
7. Richtlinien für die Verwendung brennbarer Baustoffe im Hochbau, eingeführt als Richtlinie für die Bauaufsichtsbehörden der Länder, veröffentlicht beispielsweise in Gemeinsames Ministerialblatt Saarland (1971), 6, S. 83.
8. DIN 4102 – Brandverhalten von Baustoffen und Bauteilen
   a) Blatt 2: Begriffe, Anforderungen und Prüfungen von Bauteilen (Februar 1970).
   b) Blatt 3: Begriffe, Anforderungen und Prüfungen von Sonderbauteilen (Februar 1970).
   c) Blatt 4: Einreihung in die Begriffe (Februar 1970).
   d) Ergänzende Bestimmungen zu DIN 4102, 3. Fassung (Februar 1970). Beuth-Vertrieb Berlin, Vertriebs-Nr. 10342.
9. Einführungserlaß der Normblätter DIN 4102, Bl. 2, 3 und 4 sowie der Ergänzenden Bestimmungen zu DIN 4102, veröffentlicht beispielsweise in Gemeinsames Ministerialblatt Saarland (1971), 6, S. 78.
10. *Lange, H.:* Die rechtlichen Grundlagen der Zulassung für neue Baustoffe und Bauteile in der BRD; Studienhefte zum Fertigbau, 2 (1965).
11. *Wolgast, W.:* VFDB-Zeitschrift *12*, *2* (1963).
12. VDE 0304: Bestimmungen für Prüfverfahren zur Beurteilung des thermischen Verhaltens fester Isolierstoffe, Teil 3 (5.70): Brennverhalten.
13. *Flatz, J.F., D. Pohl* u. *E. Rickling:* Kunst- und Isolierstoffe bei hohen Temperaturen und Flammeneinwirkung. ETZ-Report 1. Berlin: VDE-Verlag 1970.
14. DIN 53459 (Februar 1962) Bestimmung der Glutbeständigkeit nach *Schramm* und *Zebrowski*.
15. VDE 0302 (III. 43) Leitsätze für mechanische und thermische Prüfungen fester Isolierstoffe.
16. ISO/R 181 (February 1961) Determination of Incandescence Resistance of Rigid Self-Extinguishing Thermosetting Plastics.
17. *Reymers, H.:* Modern Plastics *47*, 92 (1970).
18. VDE 0303: Leitsätze für elektrische Prüfungen von Isolierstoffen, Teil 5 (10.55) Bestimmung der Lichtbogenfestigkeit.
19. VDE 0340: Bestimmungen für selbstklebende Isolierbänder.
    Teil 1 – Kunststoffbänder.
    Teil 3 – Bänder mit wärmehärtender Klebschicht.
20. VDE 0345 (8.69) Bestimmungen für Isolierfolien der Elektrotechnik.
21. *Voss, M.* u. *H. Harengel:* Elektrotechnische Zeitung (ETZ) Ausgabe B, *16*, 154 (1964).
22. VDE 0472 (6.65) Leitsätze für die Durchführung von Prüfungen an isolierten Leitungen und Kabeln.
23. VDE 0605 (2. Entwurf 70) Bestimmungen für Installationsrohre und Zubehör.
24. Underwriters' Laboratories, Inc.; Subject 746, Document E – Guide to Requirements for Polymeric Materials used as Electrical Insulation – (März 1967), Melville N.Y./USA.
25. Internationales Übereinkommen von 1960 zum Schutze des menschlichen Lebens auf See, Bundesgesetzblatt, Teil II, 1965, Nr. 16 vom 15. 5. 1965.
26. Erste Verordnung über die Inkraftsetzung von Änderungen des Internationalen Übereinkommens von 1960 zum Schutze des menschlichen Lebens auf See, Bundesgesetzblatt, Teil II, 1969, Nr. 25, vom 3. 5. 1969.

27. Verordnung über Sicherheitseinrichtungen für Fahrgast- und Frachtschiffe (Schiffsicherheitsverordnung – SSV) vom 31. 5. 1955 (Bundesgesetzblatt, Teil II (1955)), S. 645.
28. See-Berufsgenossenschaft:
    a) Unfallverhütungsvorschriften für Fischereifahrzeuge, Stand 1. 1. 1970.
    b) Unfallverhütungsvorschriften für Dampf-, Motor- und Segelschiffe (Kauffahrteischiffe), Stand 15. 2. 1970.
29. Zulassungsliste der See-Berufsgenossenschaft (Stand 10. 7. 1970) (Verzeichnis der von der See-Berufsgenossenschaft nach dem Internationalen Schiffsicherheitsvertrag London 1960 und ihren Unfallverhütungsvorschriften erteilten Zulassungen), Bezug unmittelbar über die See-Berufsgenossenschaft.
30. Germanischer Lloyd: Vorschriften für Klassifikation und Bau von stählernen Seeschiffen, Ausgabe 1970. Hamburg: Selbstverlag des Germanischen Lloyd.
31. Schiffbautechnische Gesellschaft (STG): Merkblatt für die Verwendung von Schaumkunststoffen als Dämmstoffe für Wärme-, Kälte- und Schallisolierungen (Januar 1971). Bezug: Schiffbautechnische Gesellschaft, Hamburg, Neuer Wall 54.
32. Schiffbautechnische Gesellschaft (STG): Kunststoffrohre im Schiffbau unter dem Gesichtspunkt des baulichen Brandschutzes. Ergebnisbericht des STG-Arbeitskreises „Brandverhalten von Kunststoffen". Bezug: STG.
33. Germanischer Lloyd: Bauvorschriften für Rettungsboote aus glasfaserverstärktem Kunststoff (1966).
34. National Highway Safety Bureau, Department of Transportation: Motor Vehicle Safety Standards – Flammability of Interior Materials in Passenger Cars, Multipurpose Passenger Vehicles, Trucks and Busses – Federal Register (USA), Vol. 36, No. 5 – January 8, 1971.
35. *Jarczyk, F.C.:* Kunststoffe *59*, 432 (1969).
36. *Patten, G.A.:* Modern Plastics *38*, 119 (1961).
37. ASTM D 1929–68: Ignition Properties of Plastics.
38. *Fenimore, C.P.* u. *F.J. Martin:* Modern Plastics *44*, 141 (1966).
39. *Hofmann, H.Th.* u. *H. Oettel:* Kunststoff-Rundschau *15*, 261 (1968).
40. *Oettel, H.* u. *H.Th. Hofmann:* VFDB-Zeitschrift *17*, 79 (1968).
41. *Rumberg, E.* u. *H. Reploh:* Analytische Untersuchung und medizinische Beurteilung von Brandgasen. Staatliches Materialprüfungsamt Nordrhein-Westfalen. Dortmund, Oktober 1967.
42. DIN 53436 (Entwurf August 1966): Gerät für die thermische Zersetzung von Kunststoffen unter Luftzufuhr.
43. DIN 53437 (Entwurf November 1966): Prüfung von Kunststoffen-Rauchdichtemessung.
44. *Rarig, F.J.* u. *A.H. Bartosic:* Evaluation of the XP 2 Smoke Density Chamber, American Society for Testing and Materials (1967) Special Technical Publication 422.
45. *Locher, F.W.* u. *S. Sprung:* beton *20*, 63; 99 (1970).
46. Lockau, H.: Leichtbau der Verkehrsfahrzeuge 11. 104 (1968)

## 4.6. Verhalten im Technoklima

Wilbrand Woebcken

Kunststoffe können unter Einfluß des umgebenden Technoklimas Veränderungen erfahren, wobei in diesem Abschnitt in erster Linie die damit verbundenen Gewichts- und Maßänderungen betrachtet werden sollen. Unter „Technoklima" sei die Summe der klimatischen Bedingungen zu verstehen, die bei technischen Erzeugnissen hinsichtlich Temperaturen, Luftfeuchte, Luftdruck und Bestrahlung bei evtl. gleichzeitiger Einwirkung von kontaktierenden Flüssigkeiten, Gasen, Dämpfen oder festen Stoffen zu erwarten sind.

In der praktischen Anwendung der Kunststoffe sind stark unterschiedliche Klimate gegeben. Eine exakte Vorausberechnung der Maßveränderung z.B. unter Einfluß langandauernder Temperatureinwirkung ist im allgemeinen schwierig. Dies liegt nicht zuletzt auch daran, daß der Konstrukteur die in der Praxis zu erwartenden Temperaturen nicht immer genau kennt. Das betreffende Kunststoffteil wird häufig einer örtlich und zeitlich wechselnden Temperatur ausgesetzt. Selbst wenn das örtliche Temperaturgefälle und die zeitlichen Schwankungen unter Laborbedingungen hinreichend zuverlässig ermittelt wurden, müssen zusätzliche Temperaturbereiche nach unten und oben einkalkuliert werden, um die zu erwartenden maximalen und minimalen Außentemperaturen der Einsatzgebiete zu berücksichtigen.

Die Vorausberechnung der Maßveränderung kann zusätzlich erschwert werden, wenn zum Technoklima auch der Kontakt mit einflußreichen Flüssigkeiten, Gasen, Dämpfen und festen Stoffen gehört. Es gibt zwar aus den letzten 10 Jahren zahlreiche deutsche Prüfnormen des Fachnormenausschusses Kunststoffe zur Erfassung der obengenannten Beanspruchungen, jedoch sind zusammengesetzte Beanspruchungen, evtl. unter gleichzeitiger mechanischer Belastung, in ihrer Auswirkung im allgemeinen nur abschätzbar.

Im folgenden sollen die Methoden zur Prüfung der Gewichts- und Maßveränderungen bei Kunststoffen unter verschiedenen Bedingungen erläutert werden. Die zusammengestellten Werkstoffwerte sind zwar – wie fast alle Werkstoffdaten – nicht unmittelbar auf Fertigerzeugnisse übertragbar, sie sind jedoch unentbehrlich als Vergleichszahlen zwischen den verschiedenen Kunststoffarten. Der Anwender von Kunststoffen kann damit bestimmte Eigenschaften nach diesen oder abgewandelten Prüfmethoden zur Lieferbedingung machen und dadurch gleichbleibende Eigenschaften der Rohstoffe erwarten.

### 4.6.1. Abgabe von Bestandteilen; Gewichtsverlust

Kunststoffe enthalten im allgemeinen Zusatzstoffe, z.B. Gleitmittel, Stabilisatoren, Emulgatoren, Farbstoffe, Weichmacher, Vernetzer oder Blähmittel. Anteile dieser Gemische, u.U. auch niedermolekulare, monomere Anteile des Kunststoffes, können je nach Struktur- und Affinität der Partner zum Teil aus der Oberfläche herausdampfen oder aber im Kontakt mit einer Flüssigkeit oder einem anderen festen Kunststoff herauswandern. Bei thermischer Überbelastung können schließlich unzulässig große Anteile infolge Depolymerisation des Kunststoffes abgegeben werden.

#### 4.6.1.1. *Gewichtsverlust bei Raumtemperatur und nach Warmlagerung*

Mit zunehmender Temperatur verlaufen die Verdampfungsprozesse rascher. Deshalb wird die Neigung zur Substanzabgabe bei erhöhten Temperaturen in Wärmeschränken nach DIN 50011 geprüft. Auch wenn ein gewisser Gewichtsverlust für den technischen Einsatz eines bestimmten Kunststoffteiles keine Bedeutung haben mag, so ist doch die

Höhe der Gewichtsabnahme, evtl. in Abhängigkeit von der Temperatur ermittelt, ein einfaches, deutliches Kriterium der Veränderung des Werkstoffes. Aus diesem Grunde untersucht man z.B. Werkstoffe für die Elektrotechnik, die ja häufig höheren Dauertemperaturen ausgesetzt werden, hinsichtlich ihrer Temperatur-Zeit-Grenzen in der Weise, daß man bestimmte Eigenschaften, z.B. die Gewichts- oder Maßänderung, in Abhängigkeit von der Warmlagerungszeit ermittelt und die Werte mit der Warmlagerungstemperatur als Parameter graphisch aufzeichnet, Bild 4.6–1, DIN 53446 bzw. VDE 0304 Teil 2. Durch Umzeichnen erhält man in einem Temperatur-Zeit-Netz für festgelegte Eigenschaftswerte etwa lineare Kurven, sofern die Temperaturachse (Abszisse) nach $1/T$ und die Zeitachse (Ordinate) logarithmisch geteilt sind, Bild 4.6–2. Durch Extrapolation der Kurve mit einer festzulegenden Zeitlinie von z.B. 25000 Stunden ergibt sich die maximal zulässige Dauertemperatur. Nach DIN 53446 werden mindestens drei Warmlagerungstemperaturen empfohlen, die entsprechend der erwarteten Temperaturgrenze gemäß der Tabelle 4.6–1 zu wählen sind.

Ein sehr gutes Beispiel für die Aussagekraft der Gewichtsverlustmessung und der Bestimmung der Grenztemperatur sind Eigenschaftstabellen der Typen bei Gießharz-Formstof-

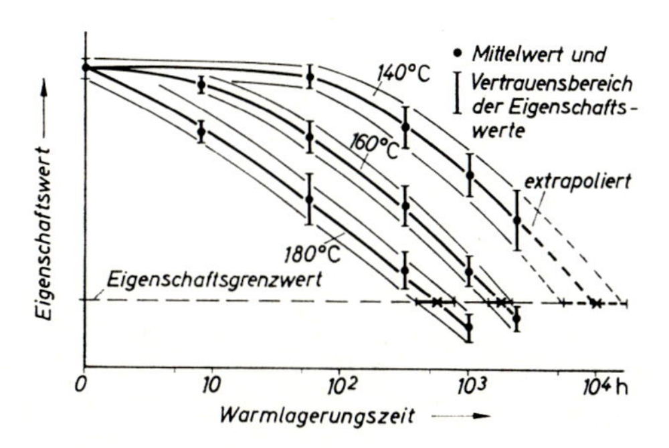


Bild 4.6–1 Eigenschaftswerte als Funktion der Warmlagerungszeit (Beispiel), nach DIN 53446

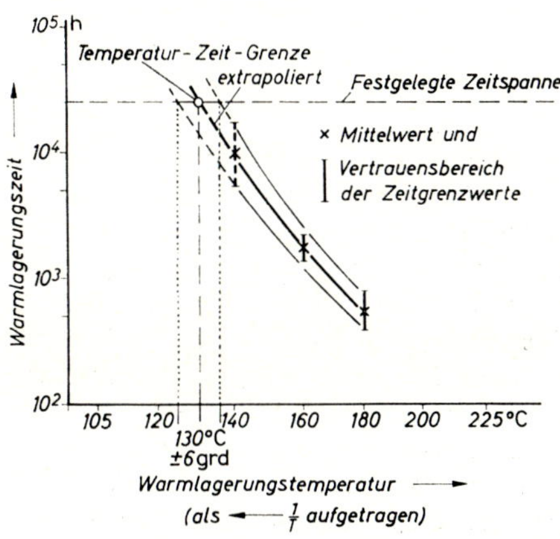


Bild 4.6–2 Temperatur-Zeit-Kurven, Extrapolation zur Ermittlung der Grenztemperatur, nach DIN 53446

*Tabelle 4.6–1 Nach DIN 53446 empfohlene Warmlagerungstemperaturen. Die Werte sind erwartete, zur Temperatur-Zeit-Grenze gehörige Temperaturen*

| $\vartheta_G$ °C | 40 | 55 | 70 | 90 | 105 | 120 | 140 | 160 | 180 | 200 | 225 | 250 |
|---|---|---|---|---|---|---|---|---|---|---|---|---|
| $\vartheta$ °C | 55 | 70 | 90 | 105 | 120 | 140 | 160 | 180 | 200 | 225 | 250 | 275 |
| | 70 | 90 | 105 | 120 | 140 | 160 | 180 | 200 | 225 | 250 | 275 | 300 |
| | 90 | 105 | 120 | 140 | 160 | 180 | 200 | 225 | 250 | 275 | 300 | 325 |
| | – | – | – | 160 | 180 | 200 | 225 | 250 | 275 | 300 | 325 | 350 |

fen in DIN 16946 Blatt 2. In der auszugsweisen Wiedergabe in den Tabellen 4.6–2 und 4.6–3 sind zur Verdeutlichung nur 12 der insgesamt 35 Spalten der Typentabelle bei EP-Harzen und 11 der insgesamt 34 Spalten bei Methacrylat-Harzen wiedergegeben. Man erkennt, daß bei EP-Harzen, welche bei Temperaturen *über* Raumtemperatur gehärtet werden (Typen 1000-0 bis 1021-6), relativ hohe Grenztemperaturen von über 125 °C bzw. 130 °C erreicht werden, Tabelle 4.6–2. Die dazu festgelegten Grenzwerte des Gewichtsverlustes betragen 3% bei ungefüllten und 1,2% bei gefüllten Harzen. Diese Differenzierung der Grenzwerte resultiert aus dem Füllstoff-Gehalt von 56 bis 65%. Diese gefüllten Harze haben eine höhere Rohdichte, eine höhere Formbeständigkeit in der Wärme, eine geringere Wasseraufnahme und ebenfalls einen geringeren Gewichtsverlust bei kurzzeitiger Warmlagerung von 7 Tagen bei 140 °C.

EP-Harze, welche bei Temperaturen *bis* Raumtemperatur gehärtet werden (Typen 1040-0 bis 1042-5), besitzen geringere Werte der Formbeständigkeit in der Wärme und höhere Werte der Wasseraufnahme. Der in 7 Tagen ermittelte Gewichtsverlust von 0,3% bis 0,5% wird bei einer Temperatur von nur 100 °C ermittelt.

Bei Methacrylat-Harzen (Typen 1200-0 und 1220-0) ergeben sich Grenztemperaturen von 130 °C, wobei ein Grenzwert des Gewichtsverlustes von nur 1% festgelegt wurde, Tabelle 4.6–3.

Die physikalischen Zusammenhänge sind somit bei diesen Werkstoffen sehr klar erkennbar. Auf einige interessante Zusammenhänge zwischen dem Gewichtsverlust und den Grenzwerten mechanischer Eigenschaften bei Isolierstoffen für die Elektrotechnik haben *Wörner* und *Kabs* hingewiesen [37].

Auch bei bestimmten Anwendungen mit Phenoplast-Preßstoffen können Probleme hinsichtlich der Substanzabgabe entstehen. Für besondere Anwendungsfälle werden Preßstoffe geliefert, welche ammoniakfrei sind oder aber einen Gehalt an flüchtigen Säuren (Essigsäure) von 0,18% nicht überschreiten, DIN 7708 Blatt 2.

Die Abgabe auch geringer Mengen von Ammoniak aus den üblichen Phenol-Preßstoffen führt bei Gleichstrom-Schaltgeräten und -Relais zur beschleunigten Bildung von Stickoxiden und schließlich von Salpetersäure in der Umgebung der Lichtbögen erzeugenden Kontakte. Dadurch können innerhalb gekapselter Geräte an Metallteilen Korrosionen entstehen.

Eine Substanzabgabe ist auch bei thermoplastischen Kunststoffen möglich. Celluloseacetat (CA) – Spritzgießmassen und Celluloseacetobutyrat (CAB) – Spritzgießmassen enthalten Weichmacher, durch welche die Formstoffe die bekannte Zähigkeit, Stoßfestigkeit und Unempfindlichkeit gegenüber Spannungsrißbildung erhalten. Naturgemäß begrenzt der Weichmachergehalt die Anwendung bei höheren Temperaturen, insbesondere bei Produktion auf der Basis von Celluloseacetat und Cellulosepropionat (CP). Die Typnormen für die Charakterisierung der betreffenden Formmassen sehen vor, daß der Gewichtsverlust nach 48stündiger Lagerung bei 80 °C ermittelt wird. In DIN 7742 für 5 CA-Spritzgießmassen sind maximale Werte dieses Gewichtsverlustes von 3 bis 6% vorgeschrieben, in DIN 7743 für CAB-Spritzgießmassen 0,5 bis 3,5% für die dort aufgeführten 3 Typen. Es besteht ein klarer Zusammenhang zwischen diesen Gewichtsverlusten und den Werten für den Vicat-Erweichungspunkt. Je geringer der Gewichtsverlust bei 80 °C ist, um so höher ist der gemessene Vicat-Erweichungspunkt. Verständlicherweise sind mit den recht erheblichen Gewichtsverlusten Dimensionsänderungen verbunden, so daß für viele Anwendungsfälle die Temperaturen unter 80 °C liegen müssen, insbesondere bei CA-Formstoffen.

Außer Weichmachern können auch andere Zusatzstoffe aus Kunststoffen herausdampfen. Zum Beispiel verflüchtigen sich bei Temperaturen oberhalb 100 °C u. U. Anteile von UV-Stabilisatoren. Hierdurch kann die lineare Nachschwindung von teilkristallinen Kunst-

*Tabelle 4.6–2 Gießharz-Formstoffe auf Basis von EP-Harzen. Auszug aus der Typentabelle von DIN 16946 Blatt 2. Die fett gedruckten Werte sind Mindestanforderungen; alle anderen Werte sind ungefähre Werte für Eigenschaften, die bei der Anwendung interessieren.*

| 1 | 2 | 3 | 4 | 5 | 11 | 16 | 17 | 31 | 32 | 33 | 35 |
|---|---|---|---|---|---|---|---|---|---|---|---|
| | | Füllstoff | | | | | | | | | |
| Typ | Harzbasis | Art | Gehalt | Rohdichte | Formbeständigkeit in der Wärme nach Martens | Gewichtsverlust nach 7 Tagen bei 100 °C | Gewichtsverlust nach 7 Tagen bei 140 °C | Wasseraufnahme in kochendem Wasser nach DIN 53471 Verfahren A | Grenztemperatur | Grenzwert des Gewichtsverlustes | Verarbeitungsart |
| | | | % | g/cm³ | °C mindestens | % | % | mg höchstens | °C | % | |
| **1000-0** | Feste Epoxidharze (EP-Harze) | – | 0 | 1,2 | **90** | – | 0,5 | **20** | 125 | 3 | |
| **1000-6** | | anorganisch, körnig | 56 bis 65 | 1,8 | **100** | – | 0,2 | **15** | 130 | 1,2 | |
| **1020-0** | Flüssige Epoxidharze (EP-Harze) | – | 0 | 1,2 | **75** | – | 0,5 | **20** | 130 | 3 | gehärtet bei Temperaturen über Raumtemperatur |
| **1020-6** | | anorganisch, körnig | 56 bis 65 | 1,8 | **80** | – | 0,2 | **15** | 130 | 1,2 | |
| **1021-0** | | – | – | 1,2 | **90** | – | 0,5 | **20** | 130 | 3 | |
| **1021-6** | | anorganisch, körnig | 56 bis 65 | 1,8 | **100** | – | 0,2 | **15** | 130 | 1,2 | |
| **1040-0** | | – | 0 | 1,2 | **60** | 0,3 | – | **50** | – | – | gehärtet bei Temperaturen bis Raumtemperatur |
| **1041-0** | | – | 0 | 1,2 | **50** | 0,4 | – | **80** | – | – | |
| **1042-0** | | – | 0 | 1,2 | **40** | 0,5 | – | **70** | – | – | |
| **1042-5** | | anorganisch, körnig | 46 bis 55 | 1,6 | **45** | 0,3 | – | **40** | – | – | |

*Tabelle 4.6–3 Gießharz-Formstoffe auf Basis von Methacrylat-Harzen. Auszug aus der Typentabelle von DIN 16946 Blatt 2.*
*Die fett gedruckten Werte sind Mindestanforderungen; alle anderen Werte sind ungefähre Werte für Eigenschaften, die bei der Anwendung interessieren*

| 1 | 2 | 3 | 4 | 5 | 14 | 27 | 28 | 29 | 33 | 34 |
|---|---|---|---|---|---|---|---|---|---|---|
| | | Füllstoff | | Eigenschaften von | | | | | | |
| Typ | Harzbasis | Art | Gehalt | Rohdichte | Formbeständigkeit in der Wärme nach Martens | Wasseraufnahme in kochendem Wasser nach DIN 53471 Verfahren A | Grenztemperatur | Grenzwert des Gewichtsverlustes | Grad der Vernetzung | Verarbeitungsart |
| | | | % | $g/cm^3$ | °C mindestens | mg höchstens | °C | % | | |
| **1200-0** | Methacrylatharze | – | 0 | 1,18 | **90** | **50** | 130 | 1 | vernetzt | gehärtet bei Raumtemperatur getempert bei Temperaturen über Raumtemperatur |
| **1220-0** | | – | 0 | 1,18 | **85** | **50** | 130 | 1 | unvernetzt | |

stoffen merklich beeinflußt werden. So wurde bei Polyacetal (POM) nach 10stündiger Lagerung bei 125 °C eine Nachschwindung von etwa 1,0% an 4 mm dicken Viertelkreisscheiben gemessen. Etwa die Hälfte dieses Nachschwindungswertes entstand durch Verflüchtigung des UV-Stabilisators[1]).

In sehr viel geringeren Mengen können aus festen Kunststoffen Monomere und Polymere niederen Molekulargewichtes abgegeben werden. Bei Polystyrol (PS) oder seinen Copolymerisaten bestimmt man monomeres Styrol oder weitere flüchtige aromatische Kohlenwasserstoffe mit einem gaschromatographischen Verfahren nach einem Normentwurf DIN 53741 Dez. 1969. Das Prüfverfahren stimmt sachlich überein mit dem ISO-Vorentwurf ISO/TC 61 (Sekretariat 1330) 1379 (April 1969). Der so ermittelte Reststyrolgehalt kann bei Geruchs- und Geschmacksprüfungen eine Rolle spielen.

Bei Polyamiden (PA) werden Monomere durch Extraktion mit Wasser oder Äthanol bestimmt, Entwurf DIN 53740 April 1969. Allerdings muß der Gehalt an Feuchte oder Zusätzen anderer Art, die bei den Bedingungen der Norm extrahiert werden können, bekannt sein, um auf den Anteil an Monomeren schließen zu können.

Auch bei thermoplastischen Kunststoff-Folien können gemäß DIN 53391 bleibende Eigenschaftsänderungen nach Warmbehandlung durch Messung der Substanzverluste oder der Dimensionsänderung festgestellt und bei Temperatur-Variation Temperaturbereiche der bleibenden Eigenschaftsänderung ermittelt werden. Sinnvollerweise wendet man die neuere Norm DIN 53446 zur Bestimmung der Grenztemperaturen an. Sofern mehrere Eigenschaften für die gewünschte Anwendung von Bedeutung sind, ist von den gefundenen Grenztemperaturen der niedrigste Wert für die Beurteilung maßgebend.

Bei Verwendung von Kunststoff-Folien für die Verpackung von Nahrungs- und Genußmitteln ist die Abgabe von Bestandteilen in nur sehr geringen Spuren u. U. störend. Physikalische und chemische Prüfverfahren versagen wegen der geringen Mengen. Durch sensorische Prüfungen von ausgewählten Personen mit durchschnittlich gutem geruchlichen und geschmacklichen Unterscheidungsvermögen kann bei Vergleich mit Blindproben festgestellt werden, ob in Kunststoff-Folien Substanzen enthalten sind, die Geruch entwickeln (Prüfung auf Eigengeruch) und ob der Geruch und Geschmack von Stoffen ohne direkte oder bei direkter Berührung mit der Kunststoff-Folie beeinflußt wird, Entwurf DIN 53376 Juni 1969. Mit dieser Norm wurde versucht, die Schwierigkeiten der subjektiven Beurteilung weitgehend auszuschalten.

### 4.6.1.2. *Substanzabgabe an kontaktierende Flüssigkeiten oder feste Stoffe*

Auch die Wanderung von Zusatzstoffen oder monomeren Anteilen aus Kunststoffen in berührende Flüssigkeiten oder feste Stoffe erfolgt mit zunehmender Temperatur rascher. Bei den zeitraffenden Prüfmethoden berücksichtigt man diese Tatsache.

Die Melaminharz-Preßmasse, Typ 152.7 nach DIN 7708, Blatt 3, wird für Eß- und Trinkgeschirr oder für mit Lebensmitteln in direkte Berührung kommende Bedarfsgegenstände angewendet. Für die gesundheitliche Beurteilung müssen aus der Formmasse hergestellte Becher 4 Sonderanforderungen erfüllen:

Prüfung auf Verhalten beim Kochversuch, Prüfung auf Verschmutzbarkeit, Prüfung auf Geschmack- und Geruchfreiheit und Formaldehyd-Abgabe.

Nach dem 30minütigen Kochversuch dürfen keine Risse oder sonstigen äußerlichen Veränderungen auftreten, das Kochwasser darf weder gefärbt noch getrübt sein. Bei der Prüfung auf Verschmutzbarkeit werden 2 Becher aus Typ 152.7 10 Minuten in einer

---

[1]) Mitteilung von Herrn *P. Oertle*, Firma Landis & Gyr.

1%igen Schwefelsäure-Lösung mit Zusatz von „Rhodamin B extra" gekocht. Es darf keine Anfärbung oder Rißbildung auftreten. Die Prüfung auf Geschmack- und Geruchfreiheit erfolgt durch Überbrühen von 2 Bechern mit kochender 0,1%iger Natriumchloridlösung. Geschmack und Geruch des Brühwassers nach 24 Stunden dürfen nicht von dem eines Vergleichswassers gleicher Konzentration abweichen. Schließlich werden je 2 Becher 30 Minuten lang mit bestimmten Prüfflüssigkeiten von 80 °C gefüllt (destilliertes Wasser, 3%ige Essigsäure und 10%iger Äthylalkohol). Die Formaldehyd-Abgabe wird durch eine empfindliche optische Extinktionsmessung nachgewiesen, nachdem den Prüfflüssigkeiten eine 0,5%ige wäßrige Lösung des Natriumsalzes der Chromotropsäure und 81%ige Schwefelsäure zugesetzt wurde. Kein Becher darf mehr als 3 ppm (3 μg/ml) Formaldehyd abgeben.

Beim Kontakt von Kunststoffen mit Wasser oder anderen Flüssigkeiten überlagern sich u. U. die Vorgänge der Wasseraufnahme und der Abgabe von Bestandteilen aus den Kunststoffen an das Wasser. Den Gewichtsverlust durch Abgabe von Bestandteilen an das Wasser kann man deshalb nur durch eine Differenzmessung ermitteln. Nach DIN 53472 „Bestimmung der Wasseraufnahme nach Lagerung in kaltem Wasser" werden 4 verschiedene Prüfziele unterschieden: Bestimmung der Wasseraufnahme gegenüber Anlieferungszustand, gegenüber Trockenzustand, gegenüber Trockenzustand unter Berücksichtigung der an das Wasser abgegebenen Bestandteile und Bestimmung des Gewichtsverlustes durch Abgabe von Bestandteilen an das Wasser.

Die Durchführung der 4 Prüfvorgänge (Probekörperabmessungen 50 × 50 × 4 bzw. 1 mm) geht aus Bild 4.6–3 hervor. Der Gewichtsverlust durch Abgabe von Bestandteilen an das Wasser ist dann:

$$= (G_1 - G_4)_x - (G_1' - G_2)$$

Als Index wird die Dauer der Wasserlagerung angegeben, z. B. 4 Tage.

Bei Cellulosederivaten sind diese Abgaben merklich, wie aus Tabelle 4.6–4 ersichtlich ist.

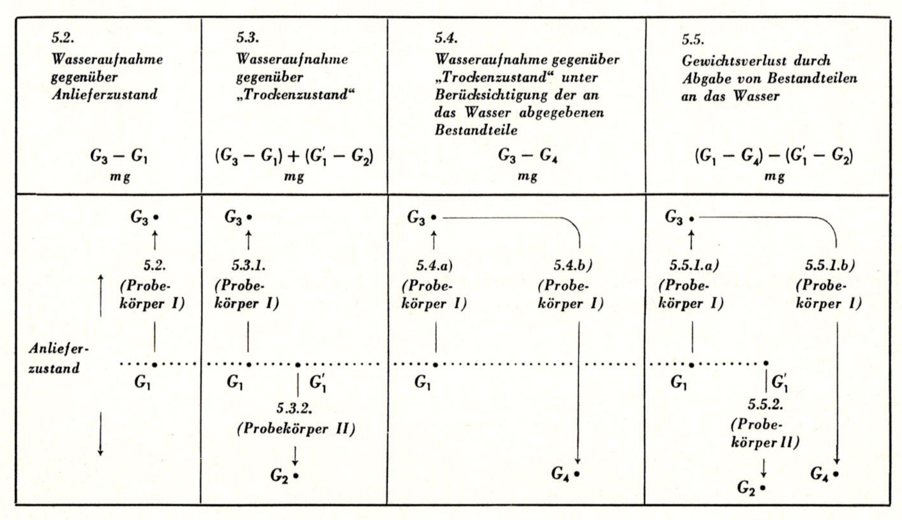


Bild 4.6–3 Übersicht über die Bestimmung und Auswertung der Wasseraufnahme und des Gewichtsverlustes nach DIN 53472

$G_1$, $G_1'$: Gewicht im Anlieferungszustand
$G_2$ : Gewicht im Trockenzustand (24 Std. 50°C)
$G_3$ : Gewicht nach Wasserlagerung (4 Tage, kalt)
$G_4$ : Gewicht nach Wasserlagerung und anschließender Trocknung

*Tabelle 4.6–4 Gewichtsverlust durch Abgabe von Bestandteilen an das Wasser bei CA- und CAB-Spritzgießmassen nach DIN 7742 und 7743*

| Kunststoffart | Typ | Gewichtsverlust durch Abgabe von Bestandteilen an das Wasser nach DIN 53472<br><br>mg<br>höchstens |
|---|---|---|
| CA-Spritzgießmassen nach DIN 7742 | 431 | 100 |
| | 432 | 120 |
| | 433 | 150 |
| | 434 | 20 |
| | 435 | 40 |
| CAB-Spritzgießmassen nach DIN 7743 | 411 | 7 |
| | 412 | 10 |
| | 413 | 15 |

In ähnlichem Sinn kann das Verhalten von Kunststoffen – außer Schaumstoffen – in feuchter Luft ermittelt werden, siehe DIN 53473.

In umfassenderer Weise prüft man das Verhalten von Kunststoffen – und ebenfalls von Kautschuk und Gummi – gegen Flüssigkeiten nach DIN 53476. Diese Norm enthält Vorschläge für Prüfflüssigkeiten, z. B. Säuren, Alkalien, wäßrige Lösungen, nicht flüchtige – nicht wasserlösliche – organische Flüssigkeiten und flüchtige Lösungsmittel. Es sind in der Norm Prüfbedingungen zur Ermittlung der Gewichtsänderung (bei Wasser analog DIN 53472), des Gewichtsverlustes durch an die Prüfflüssigkeit abgegebenen Bestandteile, Maßänderungen, sichtbare Veränderungen und weitere Eigenschaftsänderungen festgelegt.

Die Norm DIN 53428 zur Prüfung von Schaumstoffen geht noch einen Schritt weiter, der Titel lautet: Bestimmung des Verhaltens gegen Flüssigkeiten, Gase, Dämpfe und feste Stoffe.

Bei Schaumstoffen ist zusätzlich eine mögliche Volumenänderung zu prüfen. Die im Anhang aufgeführte Liste der Prüfmittel enthält Empfehlungen für zahlreiche Flüssigkeiten, Gase und Dämpfe sowie feste Stoffe.

Über den Verlust von Weichmachern wurde bereits im Abschn. 4.6.1.1. berichtet. Die Weichmacherwanderung ist im wesentlichen ein Diffusionsvorgang. Die Geschwindigkeit der Abgabe hängt von Konzentration, Dampfdruck und Diffusionsgeschwindigkeit ab. Bei hohen Konzentrationen ist die Geschwindigkeit der Weichmacherabgabe verdampfungsbestimmt. Bei niedrigen Konzentrationen erfolgt die Nachlieferung aus dem Phaseninneren langsam, die Geschwindigkeit der Weichmacherabgabe ist dann diffusionsbestimmt [2].

Weichmacher können auch bei Berührung zweier Werkstoffe von einem zum anderen festen Werkstoff übertreten. Es gibt eine Reihe von Prüfmethoden zur Untersuchung dieses Verhaltens. Zur Beurteilung der Wanderungstendenz lagert man Probekörper aus weichmacherhaltigem Kunststoff zwischen Scheiben aus in der Regel weichmacherfreiem Kunststoff unter geringem Druck und bei erhöhter Temperatur und bestimmt die Gewichtsänderung der Probekörper und der Scheiben, siehe DIN 53405. Das Verfahren kann auch dazu dienen, die Wanderungstendenz unter Simulation bestimmter Anwendungsverhältnisse zu bestimmen, indem die gegebenen Kombinationen von weichmacherabgebenden und weichmacheraufnehmenden Kunststoffen oder anderem Material geprüft werden. Die Prüfanordnung wird oben und unten mit Glasplatten abgeschlossen; bis zu 5 solcher Anordnungen können durch Übereinanderschichten zu einer Prüfsäule vereinigt und gleichzeitig 24 Stunden bei 70 °C gelagert und geprüft werden.

Zur quantitativen Bestimmung von Gewichtsverlusten an Weichmachern oder anderen Bestandteilen bei höheren Temperaturen dient das Aktivkohle-Verfahren nach DIN 53407. Hierbei werden die scheibenförmigen Probekörper von 50 mm Durchmesser im Wechsel mit Aktivkohle-Schichten übereinandergeschichtet und im geschlossenen Metallbehälter in einen Wärmeschrank gebracht. Man prüft in der Regel nach 24stündiger Lagerung bei 90 °C die Gewichtsänderung.

Die Neigung farbgebender Stoffe zum Wandern aus einem Kunststoff in andere Werkstoffe, die sich im Kontakt mit dem Kunststoff befinden, wird qualitativ nach DIN 53415 bestimmt. Eine Prüfanordnung, bestehend aus: Glasplatte – weichelastischer Schaumstoffplatte – 1 mm dicker PVC-Prüffolie genormter Zusammensetzung – Probekörper 50 mm × 50 mm – Filtrierpapier – weichelastischer Schaumstoffplatte – Glasplatte, wird mit 5 kp belastet und 72 Stunden im Wärmeschrank bei einer Temperatur von 50 °C gelagert. Prüffolie und Filtrierpapier werden auf Farbflecke und Markierung geprüft.

Die Speichel- und Schweißechtheit von bunten Kinderspielwaren prüft man nach DIN 53160. Es muß gewährleistet sein, daß bei vorauszusehendem Gebrauch kein Farbmittel in den Mund, auf die Schleimhäute oder auf die Kleidung übergehen kann. Dazu werden 2 Prüflösungen (pH = 8,8 bzw. 5) mit Hilfe von Filtrierpapier-Streifen und Abdeckung durch Tesafilmband eng in Kontakt mit den Proben gebracht. Nach 2stündiger Lagerung bei 40 °C über Wasser wird das Filtrierpapier abgenommen. Es darf sich kein Anfärben zeigen.

Zusammenfassend kann festgestellt werden, daß die Erarbeitung der Prüfnormen und teilweise auch die Zusammenstellung von Werkstoffdaten bezüglich der Wanderung von Bestandteilen und der damit verbundenen Eigenschaftsänderungen in den letzten Jahren Fortschritte gemacht hat.

### 4.6.2. Maßänderungen durch Quellung

Es wird in der Zukunft zweifellos in wachsendem Maße zu Kunststoffanwendungen kommen, bei denen Flüssigkeiten der verschiedensten Art im Kontakt mit Kunststoffen stehen. Hingewiesen sei auch auf Lagerung, Verpackung und Transport von Flüssigkeiten z.B. in Tanks, Flaschen oder Rohren. Daher wird es immer dringender, die Wechselwirkung zwischen Kunststoffen und Flüssigkeiten hinsichtlich der Adsorption, Diffusion, Quellung oder Lösung zahlenmäßig zu erfassen.

In vielen Fällen treten Probleme der Quellung nicht auf. Manche Kunststoffarten sind jedoch bei Einwirkung spezieller Flüssigkeiten quellbar und zeigen mehr oder weniger große Eigenschaftsänderungen. In Handbüchern und Firmenprospekten findet man gelegentlich Angaben über prozentuale Gewichtszunahmen bei bestimmten Temperaturen und Quellzeiten oder auch nur grobe Einstufungen nach „beständig", „bedingt beständig" bzw. „nicht beständig". Aufgrund der allgemeinen Bedeutung dieser Probleme und in Anbetracht der etwas spärlichen Fachliteratur hierüber erscheint eine verstärkte Forschung auf diesem Gebiet zweckmäßig [26].

Die Erscheinungen der Quellung von Kunststoffen in Flüssigkeiten sind mit genormtem Prüfverfahren oder speziellen Untersuchungsmethoden und Beständigkeitsprüfungen beschrieben worden [3, 5]. Eine zentrale Stellung nehmen die Verfahren zur Prüfung der Wasseraufnahme ein. Das bereits in Abschn. 4.6.1.2. beschriebene Verfahren zur Bestimmung der Wasseraufnahme nach Lagerung in kaltem Wasser gemäß DIN 53472 hat gegenüber DIN 53475 (ISO/R 62) den Vorzug, daß bei der Bestimmung „gegenüber dem Trockenzustand" eine Verhornung oder Oxidation der Oberfläche ausgeschlossen wird. Außerdem erlaubt das Verfahren nach DIN 53472 die Bestimmung der an das Wasser abgegebenen Anteile durch eine Differenzmessung, Bild 4.6–3. Nach DIN 53471 wird die Wasseraufnahme nach Lagerung in kochendem Wasser bestimmt. Diese Methode scheidet aus, wenn z.B. thermoplastische Kunststoffe bei 100 °C ihre äußere Kontur verlieren. Andererseits kann es zweckmäßig sein, den verschärften Test bei 100 °C zu wählen, wenn die Einflüsse bei 20 °C zu wenig signifikant wären, z.B. bei Gießharz-Formstoffen nach DIN 16946, Tabelle 4.6–2 und 4.6–3.

In zahlreichen Normen für typisierte Kunststoffe werden Höchstwerte der Wasseraufnahme nach Lagerung in kaltem Wasser angegeben, Tabelle 4.6–5. Bei duroplastischen Kunststoffen prüft man „gegenüber dem Anlieferungszustand", bei thermoplastischen Formmassen der Cellulose-Derivate, Polycarbonate, Polymethylmethacrylate und Polyvinylchloride „gegenüber dem Trockenzustand". Bei Polystyrol- und Polycarbonat-Formmassen sind die Werte der Wasseraufnahme extrem gering, so daß die Festlegung von Höchstwerten entfallen kann. Über die Wasseraufnahme von zahlreichen Kunststoffen, ermittelt in einem Kurzzeittest nach ASTM T 570, sowie über weitere Kunststoffeigenschaften berichtete *Domininghaus* [10].

Hingewiesen sei auch auf die Kunststoff-Tabellen von *Carlowitz* [1] und das Kunststoff-Taschenbuch von *Saechtling-Zebrowski* [6].

Die nach den Normen ermittelten Gewichtszunahmen durch Wasseraufnahme gelten nur für die jeweils geprüften Probekörper und sind keine allgemeingültigen Eigenschaftswerte für beliebig gestaltete Teile aus dem betreffenden Kunststoff. Eine Angabe in Prozent in bezug auf Volumen, Gewicht oder Oberfläche ist deshalb unzweckmäßig, weil sie irreführend sein könnte.

Bei Preßstoffen und Schichtpreßstoffen nehmen die geschliffenen Schnittkanten stärker Wasser auf, weil dort die harzreichere Preßhaut fehlt. Aus diesem Grunde geht die Wanddicke bzw. Tafeldicke stärker in das Ergebnis ein. In den Bildern 4.6–4, 4.6–5 und 4.6–6 ist die Abhängigkeit der Wasseraufnahme von der Tafeldicke bei den Schichtpreßstoff-Erzeugnissen Hartpapier (Hp), Hartgewebe (Hgw) und Hartmatte (Hm) nach DIN 7735, Blatt 2, dargestellt. Die Zusammensetzung der Typen ist Tabelle 4.6–6 zu entnehmen. Man erkennt, daß Hartgewebe mit Glasseidengewebe als Harzträger auf EP-, Si- oder UP-Harzbasis besonders geringe Werte der Wasseraufnahme zeigen.

Sehr sorgfältig sind auch die Maßänderungen von dekorativen Schichtpreßstoffplatten A untersucht worden, und zwar im Wechselklima (7 Tage bei 20 °C und 32% relativer Luftfeuchte/7 Tage 20 °C und 90% relativer Luftfeuchte) und im Klimawechsel bei erhöhter Temperatur (24 Stunden bei 70 °C/7 Tage im Klima 40/92 DIN 50015). Höchstwerte der Längenänderung längs und quer sind DIN 16926 zu entnehmen, Tabelle 4.6–7. Die entsprechenden Prüfverfahren sind in DIN 53799 beschrieben.

Polyamide (PA) nehmen Feuchtigkeit aus der Umgebungsluft auf. Die Geschwindigkeit der Feuchtigkeitsaufnahme ist sehr klein, so daß es Wochen und Monate dauern kann, bis sich der entsprechende Feuchtigkeitsgehalt eingestellt hat. Man kann diesen z.B. für europäisches Klima zu erwartenden Endzustand durch eine beschleunigte Konditionierung in wenigen Stunden oder Tagen durch Lagerung in Wasser von erhöhter Temperatur erreichen.

Spritzfrische Polyamidteile sind völlig trocken und evtl. spröde, sie erhalten ihre Gebrauchseigenschaften, auch die hornartige Zähigkeit, erst nach Wasseraufnahme. Daher muß man auch Probekörper vor der Prüfung mechanischer und thermischer (nicht elektrischer!) Eigenschaften beschleunigt konditionieren, siehe Entwurf DIN 53714,

*Tabelle 4.6–5 Wasseraufnahme von Kunststoffen nach verschiedenen Normen*

| Kunststoffart | Typ-Norm DIN | Typ | Wasser-aufnahme **höchstens** bzw. Richtwert mg | Abmessungen des Probe-körpers mm | Prüfung nach DIN |
|---|---|---|---|---|---|
| Phenoplast-Preßmassen | 7708 Bl. 2 | 11 | **45** | 50 × 50 × 4 | 53472 gegenüber Anlief. zust. |
| | | 12 | **60** | | |
| | | 13 | **20** | | |
| | | 15 | **130** | | |
| | | 16 | **90** | | |
| | | 30,5 | **200** | | |
| | | 31 | **150** | | |
| | | 32 | **150** | | |
| | | 33 | **180** | | |
| | | 51 | **300** | | |
| | | 52 | **100** | | |
| | | 54 | **500** | | |
| | | 57 | **800** | | |
| | | 71 | **250** | | |
| | | 74 | **300** | | |
| | | 75 | **300** | | |
| | | 77 | **450** | | |
| | | 83 | **180** | | |
| | | 84 | **150** | | |
| | | 85 | **200** | | |
| Aminoplast-Preßmassen | 7708 Bl. 3 | 131 | **300** | 50 × 50 × 4 | 53472 gegenüber Anlief. zust. |
| | | 150 | **250** | | |
| | | 152 | **200** | | |
| | | 153 | **300** | | |
| | | 154 | **300** | | |
| | | 155 | **200** | | |
| | | 156 | **200** | | |
| | | 157 | **200** | | |
| Aminoplast-Phenoplast-Preßmassen | 7708 Bl. 3 | 180 | **180** | 50 × 50 × 4 | 53472 gegenüber Anlief. zust. |
| | | 181 | **150** | | |
| | | 182 | **120** | | |
| | | 183 | **120** | | |
| Kaltpreßmassen | 7708 Bl. 4 | 212 | **70** | 50 × 50 × 4 | 53472 gegenüber Anlief. zust. |
| | | 214 | **50** | | |
| Polyester-Preßmassen | 16911 | 801 | **100** | 50 × 50 × 4 | 53472 gegenüber Anlief. zust. |
| | | 802 | **45** | | |
| | | 803 | **100** | | |
| Polyester-Harzmatten | 16913 | 830 | **100** | 50 × 50 × 4 | 53472 gegenüber Anlief. zust. |
| | | 831 | **100** | | |
| | | 832 | **100** | | |
| | | 833 | **100** | | |
| Epoxidharz-Preßmassen | 16912 | 870 | **30** | 50 × 50 × 4 | 53472 gegenüber Anlief. zust. |
| | | 871 | **30** | | |
| | | 872 | **30** | | |
| Polystyrol-Formmassen | 7741 Beiblatt | 500–574 | < 6 | 50 ⌀ × 3 | 53472 gegenüber Anlief. zust. |
| | | 500–343 | < 6 | | |
| | | 500–112 | < 6 | | |

*Fortsetzung Tabelle 4.6–5*

| Kunststoffart | Typ-Norm DIN | Typ | Wasser-aufnahme **höchstens** bzw. Richtwert mg | Abmessungen des Probekörpers mm | Prüfung nach DIN |
|---|---|---|---|---|---|
| Celluloseacetat-Spritzgußmassen | 7742 | 431<br>432<br>433<br>434<br>435 | **250**<br>**160**<br>**150**<br>**200**<br>**150** | 50 × 50 × 1 | 53472 gegenüber Trockenzust. |
| Celluloseaceto-butyrat-Spritzgußmassen | 7743 | 411<br>412<br>413 | **75**<br>**70**<br>**55** | 50 × 50 × 1 | 53472 gegenüber Trockenzust. |
| Polycarbonat-Spritzgußmassen | 7744 Beiblatt | 300 | 10 | 50 × 50 × 1 | 53472 gegenüber Trockenzust. |
| Polymethyl-methacrylat-Spritzgußmassen | 7745 | 525<br>526<br>527<br>528 | **70**<br>**70**<br>**70**<br>**70** | 50 × 50 × 1 | 53472 gegenüber Trockenzust. |
| Weichmacherfreie Polyvinylchlorid-Formmassen | 7748 | 640<br>641<br>642 | **20**<br>**20**<br>**20** | 50 × 50 × 3 | 53475 Verfahren A (ISO/R 62) |

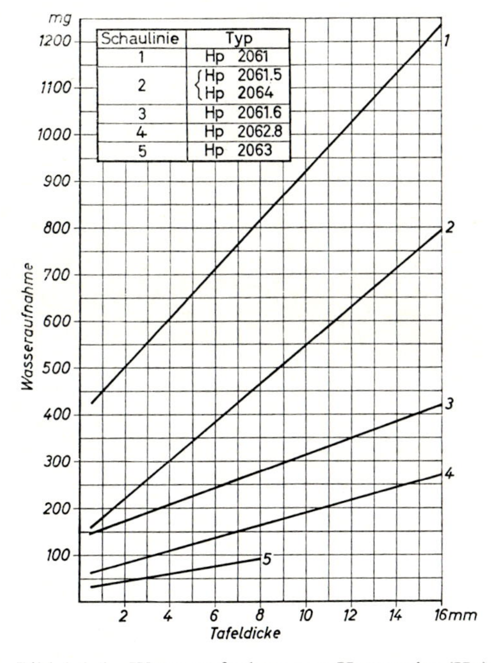


Bild 4.6–4 Wasseraufnahme von Hartpapier (Hp), nach DIN 7735 Blatt 2, gemessen nach DIN 53475, Verfahren A

*Tabelle 4.6–6 Zusammensetzung der Hartpapier-, Hartgewebe- und Harzmatten-Typen in DIN 7735 Blatt 2, als Erläuterung zu den Bildern 4.6–4, 4.6–5 und 4.6–6*

| 1 | 2 | 3 | 4 |
|---|---|---|---|
| Typ | Zusammensetzung | | Rohdichte |
| | Harz | Füllstoff (Harzträger) | g/cm³ |
| Hp 2061 | Phenolharz | Papier | 1,3 bis 1,4 |
| Hp 2061.5 | | | |
| Hp 2061.6 | | | |
| Hp 2062.8 | | | |
| Hp 2063 | | | |
| Hp 2064 | | | |
| Hgw 2031 | Phenolharz | Asbestgewebe | 1,7 bis 1,9 |
| Hgw 2072 | | Glasseidengewebe | 1,6 bis 1,8 |
| Hgw 2081 | | Baumwoll-Grobgewebe | |
| Hgw 2082 | | Baumwoll-Feingewebe | 1,3 bis 1,4 |
| Hgw 2082.5 | | | |
| Hgw 2083 | | Baumwoll-Feinstgewebe | |
| Hgw 2083.5 | | | |
| Hgw 2272 | Melaminharz | Glasseidengewebe | 1,8 bis 2,0 |
| Hgw 2372 | Epoxidharz | | 1,7 bis 1,9 |
| Hgw 2372.4 | | | |
| Hgw 2572 | Silikonharz | | 1,6 bis 1,7 |
| Hm 2471 | ungesättigtes Polyesterharz | Glasseidenmatte | 1,4 bis 1,6 |
| Hm 2472 | | | 1,6 bis 1,8 |

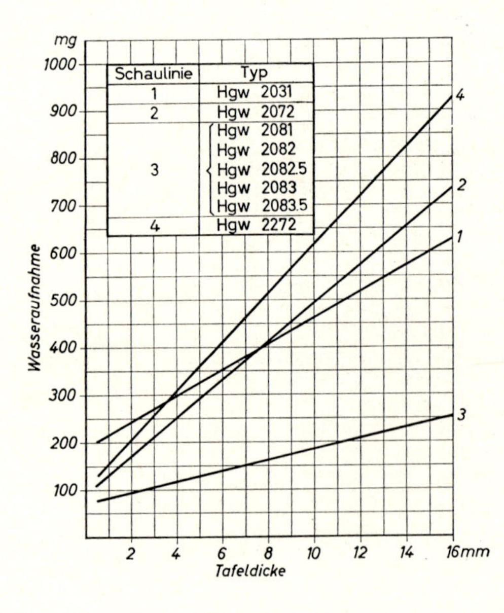


Bild 4.6–5 Wasseraufnahme von Hartgewebe (Hgw), nach DIN 7735 Blatt 2, gemessen nach DIN 53475, Verfahren A

*Tabelle 4.6–7 Typentabelle für dekorative Schichtpreßstoffplatten A nach DIN 16926*

DK 678-419 : 678.5./8 DEUTSCHE NORMEN Juli 1968

**Dekorative Schichtpreßstoffplatten A**
Typen

DIN 16926

Types of decorative laminated sheets A

Tabelle 1. Typen [1])

| 1 | 2 | 3 | 4 | 5 | 6 | 7 | 8 | 9 | 10 | 11 | 12 | 13 | 14 | 15 | 16 | 17 | 18 | 19 |
|---|---|---|---|---|---|---|---|---|---|---|---|---|---|---|---|---|---|---|
| Typ | Biegefestigkeit in Anlehnung an DIN 53 452 | | Zugfestigkeit | | Verhalten bei Stoßbeanspruchung | | Maßbeständigkeit | | | | | | | | | | | |
| | | | | | | | im Klimawechsel bei 20 °C | | | | | | im Klimawechsel bei erhöhter Temperatur | | | | | |
| | | | | | | | Längenänderung längs | | | Längenänderung quer | | | Längenänderung längs | | | Längenänderung quer | | |
| | dekorative Seite in der Zugzone kp/cm² | dekorative Seite in der Druckzone kp/cm² | längs kp/cm² mindestens | quer kp/cm² mindestens | Verfahren mit Schlagprüfgerät kp mindestens | Verfahren mit fallender Kugel | $\Delta L_{A1}$ % | $\Delta L_{A2}$ % | $\lvert\Delta L_{A1}\rvert + \lvert\Delta L_{A2}\rvert$ % höchstens | $\Delta L_{A1}$ % | $\Delta L_{A2}$ % | $\lvert\Delta L_{A1}\rvert + \lvert\Delta L_{A2}\rvert$ % höchstens | $\Delta L_{B1}$ % | $\Delta L_{B2}$ % | $\lvert\Delta L_{B1}\rvert + \lvert\Delta L_{B2}\rvert$ % höchstens | $\Delta L_{B1}$ % | $\Delta L_{B2}$ % | $\lvert\Delta L_{B1}\rvert + \lvert\Delta L_{B2}\rvert$ % höchstens |
| | Prüfung nach DIN 53 799 (Ausgabe Juli 1968) Abschnitt | | | | | | | | | | | | | | | | | |
| | 4.3.2 | | 4.2 | | 4.4.2 | 4.4.1 | 4.5.1 | | | | | | 4.5.2 | | | | | |
| AN | 850 | 1000 | **900** | **700** | **3,5** | Nicht zulässig: erkennbare Risse; abgebildeter Eindruckdurchmesser ≦ 8 mm | 0,15 | 0,1 | **0,25** | 0,25 | 0,2 | **0,45** | 0,35 | 0,1 | **0,45** | 0,7 | 0,2 | **0,9** |
| AZ | 850 | 1000 | **900** | **700** | **3,5** | | 0,15 | 0,1 | **0,25** | 0,25 | 0,2 | **0,45** | 0,35 | 0,1 | **0,45** | 0,7 | 0,2 | **0,9** |
| AF | 700 | 900 | **800** | **600** | **3,0** | | 0,15 | 0,1 | **0,25** | 0,25 | 0,2 | **0,45** | 0,35 | 0,1 | **0,45** | 0,7 | 0,2 | **0,9** |

| 1 | 20 | 21 | 22 | 23 | 24 | 25 | 26 | 27 | 28 | 29 | 30 | 31 | 32 |
|---|---|---|---|---|---|---|---|---|---|---|---|---|---|
| Typ | Verhalten gegen Abrieb | Rißanfälligkeit | | Verhalten gegen Zigarettenglut | Verhalten gegen heiße Topfböden | Verhalten gegenüber kochendem Wasser | | | | Verhalten beim Wasserdampfversuch | Verhalten gegenüber Flammeneinwirkung Rauchgastemperatur °C höchstens | Lichtechtheit Stufe mindestens | Fleckenunempfindlichkeit |
| | | bei eingespanntem Probekörper Stufe höchstens | bei aufgeleimtem Probekörper | | | Dicke der Probekörper mm | Gewichtszunahme % höchstens | % höchstens | Kantenquellung | | | | |
| | Prüfung nach DIN 53 799 (Ausgabe Juli 1968) Abschnitt | | | | | | | | | | | | |
| | 4.6 | 4.7.2 | 4.7.1 | 4.8 | 4.9 | 4.10 | | | | 4.11 | 4.12 | 4.13 | 4.14 |
| AN | **Bei 400 Umdrehungen dürfen gedruckte Dessins nur bis zu höchstens 50 % angegriffen bzw. bei einfarbigen Dekoren der Kern nicht sichtbar sein, falls aus technischen oder dekorativen Gründen nichts anderes vereinbart ist. 250 Umdrehungen müssen jedoch auf jeden Fall erreicht werden. Der gewichtsmäßige Abriebbetrag darf 70 mg je 100 Umdrehungen nicht übersteigen.** | 1 | Nicht zulässig: erkennbare Risse | **Zulässig: geringer Glanzverlust, geringe bleibende Braunfärbung** | **Zulässig: geringer Glanzverlust Nicht zulässig: bleibende Braunfärbung, Risse, Blasen** | 1,3 bis 1,5<br>über 1,5 bis 2,0<br>über 2,0 bis 2,5<br>über 2,5 bis 3,0<br>über 3,0 bis 4,0<br>über 4,0 bis 5,0<br>über 5,0 | **6**<br>**4**<br>**3,5**<br>**3**<br>**2,75**<br>**2,5**<br>**2,5** | 6<br>4<br>3,5<br>3<br>2,75<br>2,5<br>2,5 | **Zulässig: geringe Glanzminderung Nicht zulässig: Risse, Blasen, Schichtentrennung** | Zulässig: geringer Glanzverlust Nicht zulässig: Risse, Blasen, Farbänderung | – | **6** | Nicht zulässig: bleibende Veränderungen [2]) |
| AZ | | 1 | | **Zulässig: geringer Glanzverlust Nicht zulässig: bleibende Verfärbung** | | | | | | | – | **6** | |
| AF | | 1 | | **Zulässig: geringer Glanzverlust, geringe bleibende Braunfärbung** | | 1,3<br>1,5 | **8**<br>**8** | 8<br>8 | | | **350** | **6** | |

[1]) Mindestanforderungen an den Typ sind fett gedruckt.

[2]) Über die Fleckenunempfindlichkeit gegen weitere Stoffe sind besondere Vereinbarungen zwischen Abnehmer und Lieferer zu treffen, wobei auch zu vereinbaren ist, ob diese Stoffe nach Verfahren A und/oder B (siehe DIN 53 799, Ausgabe Juli 1968) auf die dekorativen Schichtpreßstoffplatten einwirken sollen. Dekorative Schichtpreßstoffplatten A sind nicht beständig gegen Einwirkung folgender Stoffe bzw. Stoffgruppen: Mineralsäuren (Salzsäure, Salpetersäure), Laugen (Ätznatron, Ätzkali), chlorhaltige Bleichlaugen, Wasserstoffsuperoxyd, Silbernitratlösungen, Jod- und andere stark färbende antiseptische Tinkturen und Natriumbisulfat.

Fachnormenausschuß Kunststoffe (FNK) im Deutschen Normenausschuß (DNA)

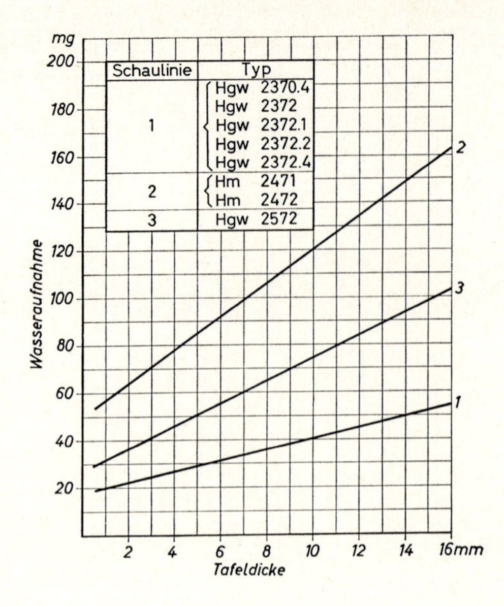


Bild 4.6–6 Wasseraufnahme Hartmatte (Hm), nach DIN 7735 Blatt 2, gemessen nach DIN 53475, Verfahren A

Juli 1968. Für 6-PA, 6,6-PA und 6,10-PA wird nach dieser Norm die Lagerung in Caliumacetat-Lösungen verschiedener Konzentration bei 100 °C vorgeschrieben. Die Lagerungszeit von 6 Stunden bis zu 7 Tagen richtet sich nach der Polyamidart [25] und nach der Wanddicke (1 bis 4 mm).

Einige Angaben über die Feuchtigkeitsaufnahme unter praktischen Verhältnissen, die dadurch verursachten Maßänderungen und die Schwankungen des Feuchtigkeitsgehaltes infolge der jahreszeitlichen Schwankungen der Temperatur und der relativen Feuchte der Umgebungsluft hat *Hachmann* angegeben, Tabelle 4.6–8 [13]. Die Schwankungen des durchschnittlichen Feuchtigkeitsgehaltes sind natürlich bei Teilen mit größerer Wanddicke kleiner und auch in dem gleichmäßigeren Büro- und Werkstattklima kleiner als an der Außenluft.

*Tabelle 4.6–8 Änderung des Feuchtigkeitsgehaltes und der Abmessungen von Polyamiden*

| Klima | Dicke des Prüfkörpers in mm | 6,6-Polyamid minimal | 6,6-Polyamid maximal | 6-Polyamid minimal | 6-Polyamid maximal |
|---|---|---|---|---|---|
| | | Feuchtigkeitsaufnahme in % | | | |
| 20 °C, 65 % rel. Feuchte | – | 3,4 | | 3,5 | |
| Büroraum | 4 | 1,0 | 2,2 | 0,8 | 2,3 |
| Werkstattraum | 4 | 1,3 | 2,3 | 1,2 | 2,7 |
| Außenluft | 4 | 2,3 | 4,6 | 2,0 | 5,2 |
| Büroraum | 8 | 1,5 | 1,9 | 1,7 | 2,1 |
| Werkstattraum | 8 | 1,7 | 2,1 | 1,9 | 2,3 |
| Außenluft | 8 | 2,2 | 2,9 | 2,7 | 3,4 |
| | | Längenzunahme in % | | | |
| 20 °C, 65 % rel. Feuchte | – | 0,6 | | 0,8 | |

Bei Untersuchung auf Quellung durch andere Flüssigkeiten als Wasser richtet sich die Wahl des Prüfmittels nach der späteren Verwendung des Kunststoff-Erzeugnisses. So werden organische Fußbodenbeläge nach einem Entwurf DIN 51958 verschiedenen flüssigen Prüfmitteln ausgesetzt und sichtbare Veränderungen hinsichtlich Farbe, Glanz oder Aufquellen festgestellt. Auch Eindruckversuche vor und nach der Einwirkungszeit von Flüssigkeiten geben Aufschluß über den Quellgrad.

Eine recht umfangreiche Liste von Flüssigkeiten, Gasen und Dämpfen sowie festen Stoffen enthält DIN 53428, Tabelle 4.6–9. Diese bereits in Abschn. 4.6.1.2. erwähnte Norm für Schaumstoffe, welche sinngemäß auch für porenfreie Kunststoffe anwendbar ist, steht in engem Zusammenhang mit DIN 53476 für Kunststoffe, Kautschuk und Gummi und mit DIN 53521 „Prüfung von Kautschuk und Gummi, Bestimmung des Verhaltens gegen Flüssigkeiten, Dämpfe und Gase (Quellverhalten)“. Diese zuletzt genannte Norm wird auch nach vorläufigen Richtlinien der Bundesanstalt für Materialprüfung (Fassung 7.69) bei beschichteten Chemiefasergeweben angewendet, wobei eine maximale Gewichtszunahme durch Oberflächenquellung in Heizöl EL nicht überschritten werden darf.

Die Abgabe von Weichmachern aus Kunststoffen in geringen Spuren ist innerhalb gekapselter elektrischer Steuerungen in Rechnung zu setzen. Vorzugsweise wird Dioktylphthalat (DOP) aus den weichgemachten PVC-Isolationen abgedampft, insbesondere bei erhöhten Temperaturen. Die Niederschläge aus der Dampfphase auf die umgebenden Geräteteile können insbesondere bei erhöhter Temperatur in amorphen Thermoplasten, z. B. PS, PMMA u. PC, trotz der sehr geringen Weichmachermengen Spannungsrisse hervorrufen, sofern in der Oberfläche der Formteile Zugspannungen infolge äußerer mechanischer Belastung oder Eigenspannungen vorhanden sind. Die Weichmacherwanderung in die Oberfläche des Kunststoffes hinein ist ein Quellvorgang, bei dem die zwischenmolekularen Kräfte geschwächt werden, so daß es schließlich zur Trennung im Werkstoffgefüge kommt. Die Spaltneigung findet bei den relativ geringen Spannungen vorzugsweise parallel zur Molekülorientierung statt, Bild 4.6–7.

Bild 4.6–7 Spannungsrisse an einem Becher aus Polystyrol nach einem Netzmitteltest. Die Risse verlaufen parallel zur Molekülorientierung

Diesen Gefahren der Rißbildung innerhalb geschlossener Kapselungen ist durch Verwendung spannungsarmer und orientierungsarmer Formteile aus den genannten Kunststoffarten zu begegnen. Auch übermäßige äußere mechanische Spannungen in der Montage der Formteile sind zu vermeiden. Es kann z. B. notwendig sein, unter die Schraubenköpfe zur Befestigung solcher Formteile PE-Scheiben zu legen.

Die Weichmacherwanderung ist naturgemäß bei hochmolekularen Weichmachern wegen der besseren Verankerung im Molekülgerüst geringer, allerdings sprechen häufig zahlreiche anwendungstechnische Gründe für die Wahl des DOP-Weichmachers.

*Tabelle 4.6–9 Beispiele für Prüfmittel nach DIN 53428*

| | Konzentration in Gewichts-% | | Konzentration in Gewichts-% |
|---|---|---|---|
| 1. Flüssigkeiten | | Alkalische Schweißlösungen (siehe DIN 54020) | |
| Destilliertes Wasser | | Saure Schweißlösungen (siehe DIN 54020) | |
| Seewasser | | | |
| Salzsäure | 10 | | |
| Salzsäure | 35 | | |
| Schwefelsäure | 3 | | |
| Schwefelsäure | 30 | 2. Gase und Dämpfe | |
| Salpetersäure | 10 | | Konzentration |
| Chromsäure | 10 | Feuchte Luft | 65% rel. Luftfeuchte |
| Essigsäure | 5 | Feuchte Luft | 83% rel. Luftfeuchte |
| Essigsäure | 100 | Feuchte Luft | 93% rel. Luftfeuchte |
| Fluorwasserstoffsäure | 5 | Monofluortrichlormethan | 1 Vol.-% |
| Zitronensäure | 10 | Monofluortrichlormethan | 50 Vol.-% |
| Natriumhydroxid | 1 | Kohlendioxid | 100 Vol.-% |
| Natriumhydroxid | 10 | Sauerstoff | 100 Vol.-% |
| Natriumchlorid | 5 | Dämpfe der Flüssigkeiten nach Abschnitt 6.1 | 1 Vol.-% |
| Natriumchlorid | 20 | | 5 Vol.-% |
| Natriumhypochlorit | 10 | | 50 Vol.-% |
| Natriumkarbonat | 2 | | |
| Natriumkarbonat | 20 | | |
| Ammoniumhydroxid | 2 | | |
| Ammoniumhydroxid | 10 | 3. Feste Stoffe | |
| Wasserstoffperoxid | 3 | | |
| Wasserstoffperoxid | 10 | Gußeisen | |
| Äthylalkohol | 50 | Stahl | |
| Äthylalkohol | 96 | Aluminium | |
| | | Silber | |
| | | Zinn | |
| Aceton | | Zink | |
| Äthylacetat | | Kupfer | |
| Diäthyläther | | Schwer- und Leichtmetall-Legierungen | |
| Trichloräthylen | | Holz | |
| Tetrachlorkohlenstoff | | Holzfaserplatten | |
| FAM-Normalbenzin nach DIN 51635 | | Steinplatten | |
| Benzin (Normalbenzin) mit Anteil an Benzol | | Kunststeinplatten | |
| Technische Benzole nach DIN 51633 (Vornorm) | | Betonplatten | |
| Anilin | | Kalk-Gips-Mörtel bzw. Putz | |
| Terpentinöle | | Zement-Mörtel bzw. -Putz | |
| Olivenöl | | Dachpappe | |
| Ölsäure | | Bitumen | |
| Mineralöle | | Asphalt | |
| Dieselkraftstoff nach DIN 51601 | | Papier und Pappe | |
| Seifenlösung | 2 | Textilien | |
| Lösung von Netzmitteln | 1 | Gummi aus natürlichem und künstlichem Kautschuk | |
| Phenolische Desinfektionslösung (siehe DIN 13013) | | Anstriche | |
| | | Kunststoffe | |
| Formalin | 2 | Chemikalien in fester Form | |

### 4.6.3. Maßänderung durch Schrumpfung, Verarbeitungsschwindung und Nachschwindung; Toleranzen

Für Längenänderungen oder Volumenänderungen von Kunststoffproben oder -erzeugnissen durch Wärmeeinwirkung oberhalb der Raumtemperatur sind die Worte „Schrumpfung“ oder „Schwindung“ gebräuchlich.

#### 4.6.3.1. *Schrumpfung*

Der Begriff „Schrumpfung“ ist denjenigen Vorgängen vorbehalten, bei denen sich Werkstoffe durch Austrocknen zusammenziehen oder bei denen thermoplastische Kunststoffe mit eingefrorener Molekülorientierung oberhalb der Erweichungs- bzw. der Kristallit-Temperatur in den unorientierten, isotropen Zustand zurückschrumpfen.

Für den ersten Fall ist charakteristisch die Festlegung der maximal zulässigen Änderung der Längen- und Breitenmaße von Preßspan für die Elektrotechnik in DIN 7733. Die Prüfmethode ist in DIN 7734 beschrieben. Danach ermittelt man die Schrumpfung nach Vorbehandlung, indem die Proben 4 Tage in Luft bei 20 °C und 65% rF frei aufgehängt und anschließend entweder 24 Stunden bei 105 °C oder (bei Transformatorenpreßspan, Typ Psp 3050) 72 Stunden bei 105 °C und einem Druck von 1 Torr und anschließend durch Überflutung mit Isolieröl unter Vakuum gelagert werden. Die so gemessenen Schrumpfungs-Mittelwerte sollen 0,6 bis 2,0% nicht überschreiten.

Der zweite Fall betrifft die fertigungstechnisch erwünschte Schrumpfung zum Beispiel von warmgereckten Schrumpfschläuchen bzw. Schrumpffolien (Verpackung) oder die Anwendung hoher Warmlagerungstemperaturen bei gespritzten Probekörpern bzw. aus Fertigteilen herausgeschnittenen Proben, um aus der Rückschrumpfung in der Wärme auf die Molekülorientierung in Thermoplasten zu schließen. Nach DIN 7741 Bl. 1 wird die Schlagzähigkeit von Polystyrol der Ordnungsnummer 500 an solchen Normkleinstäben gemessen, welche 45 Minuten bei einer Temperatur 20 °C oberhalb des Vicat-Erweichungspunktes gelagert wurden und deren Teilschrumpfung dann 30% beträgt. Die so ermittelte Schlagzähigkeit wird als $a_{n_{30}}$ bezeichnet im Gegensatz zu der an gepreßten, isotropen PS-Proben gemessenen Schlagzähigkeit $a_{n_0}$. *B. Schmitt* hat gefunden, daß es zweckmäßiger ist, durch Anwendung höherer Warmlagerungstemperaturen von z. B. 170 °C bei 30minütiger Schrumpfdauer als kennzeichnende Orientierungsgröße die Maximalschrumpfung zu ermitteln [27].

#### 4.6.3.2. *Verarbeitungsschwindung*

Der Oberbegriff „Schwindung“ ist in Normen und Richtlinien für alle Kunststoffarten unterteilt in „Verarbeitungsschwindung“ und „Nachschwindung“, entsprechend der für duroplastische Formteile maßgebenden Norm DIN 53464. Danach wird die Verarbeitungsschwindung *VS* aus den gemessenen Längen im Werkzeug und am Formteil nach folgender Gleichung berechnet:

$$VS = \frac{L_W - L}{L_W} \cdot 100\% \tag{1}$$

Hierin ist $L_W$ das Maß im Werkzeug, $L$ das entsprechende Maß des Formteiles, jeweils gemessen bei 20 °C ± 2°, und zwar $L$ 24 bis 168 Stunden nach der Herstellung des Teiles. DIN 53464 sieht als Probekörper zur Bestimmung der Verarbeitungsschwindung und der Nachschwindung Normstäbe im Format 120 × 15 × 10 mm vor.

Bei thermoplastischen Formmassen besteht eine starke Abhängigkeit der Verarbeitungsschwindungen von den Herstellbedingungen [31]. Allgemeine Hinweise auf Schwindungsbereiche sind für Konstrukteure möglicherweise ausreichend [10], für den Werkzeugbau und für den Verarbeiter sind eingehende Untersuchungen der Abhängigkeit von den Verarbeitungsdaten sehr wichtig [22]. Hingewiesen sei auf einige der zahlreichen Veröffentlichungen der letzten Jahre, und zwar für Duroplaste [7, 8, 35], für Polyäthylen [18, 20, 34], für Polypropylen [15, 19, 20], für Polyacetal [11, 12, 20, 21, 23], für Polyamid [9] und für PVC/ABS [16].

Die Verarbeitungsschwindung nimmt danach bei allen Kunststoffen mit zunehmender Massetemperatur und zunehmender Werkzeugtemperatur zu. Bei teilkristallinen Thermoplasten besteht eine starke Abhängigkeit vom Nachdruck. Übereinstimmend wurde eine mit wachsendem Nachdruck linear abfallende Verarbeitungsschwindung gefunden [15, 20, 23]. Die Nachschwindung blieb überraschenderweise unabhängig von der Höhe des Nachdrucks, falls die übrigen Verarbeitungsdaten, insbesondere die Temperaturen, konstant gehalten wurden, Bild 4.6–8 bis 4.6–13.

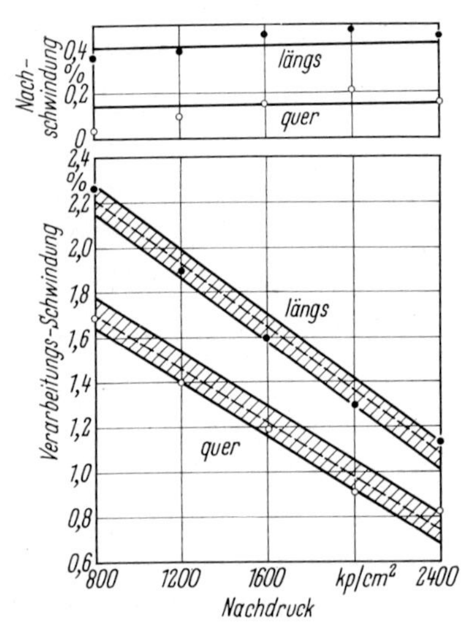


Bild 4.6–8 Verarbeitungsschwindung und Abhängigkeit Nachschwindung in vom Nachdruck bei Niederdruck-Polyäthylen (Hostalen GC 8960) nach [20]

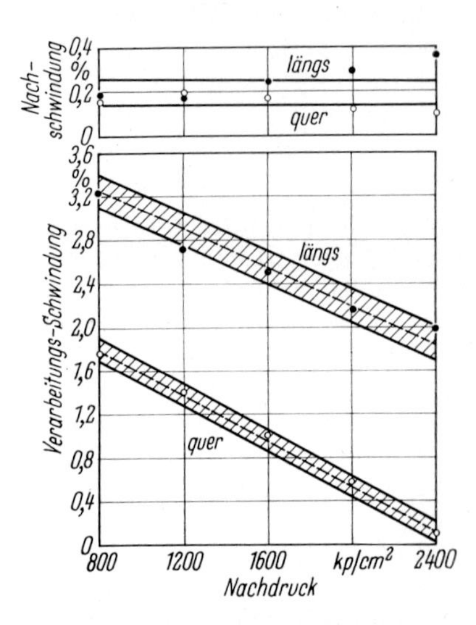


Bild 4.6–9 Verarbeitungsschwindung und Nachschwindung in Abhängigkeit vom Nachdruck bei Niederdruck-Polyäthylen (Hostalen GM 5050) nach [20]

Diese Ergebnisse lassen den Schluß zu, daß der Verarbeiter teilkristalliner Thermoplaste mit Hilfe des Nachdruckes erheblichen Einfluß auf die Maße von Formteilen nehmen kann. Es wäre jedoch nicht empfehlenswert, in jedem Fall durch hohe Drücke sehr kleine Werte der Verarbeitungsschwindung zu erzwingen. Bei Polyäthylen zumindest besteht teilweise die Gefahr der Spannungsrißbildung bei zunehmendem Nachdruck [20]. Hinzu kommt, daß der Nachdruck bei komplizierter Gestalt des Formteiles überwiegend in Anschnittnähe wirksam ist. Man ist daher von der Lage der Anschnitte abhängig und kann bei falsch berechneten Schwindmaßen im Werkzeug nur in gewissen Zonen durch Nachdruck ausgleichen. Die Schwindungswerte sind außerdem stark von der Wanddicke der Formteile abhängig [31, 34, 35]. Ein anschauliches Bild der Zusammenhänge gaben *Paschke* und *Zimmer* am Beispiel des Flaschenkastens aus Polyäthylen, Bild 4.6–14 und Tabelle 4.6–10 [20]. Im Abschn. 4.6.3.4. über Toleranzen wird darauf zurückgegriffen.

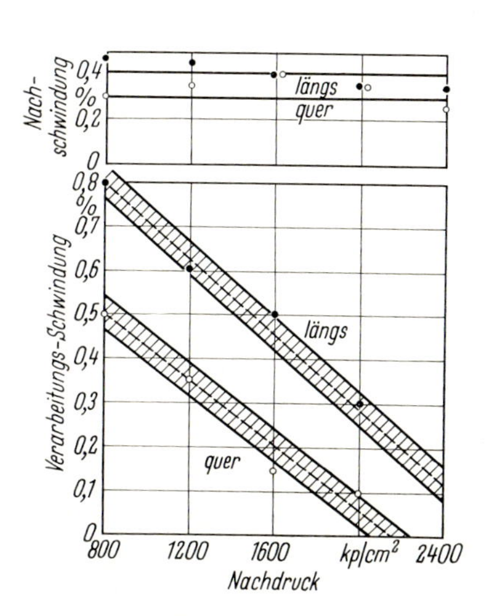


Bild 4.6–10 Verarbeitungsschwindung und Nachschwindung in Abhängigkeit vom Nachdruck bei Polypropylen (Hostalen PPN 1075) nach [20]

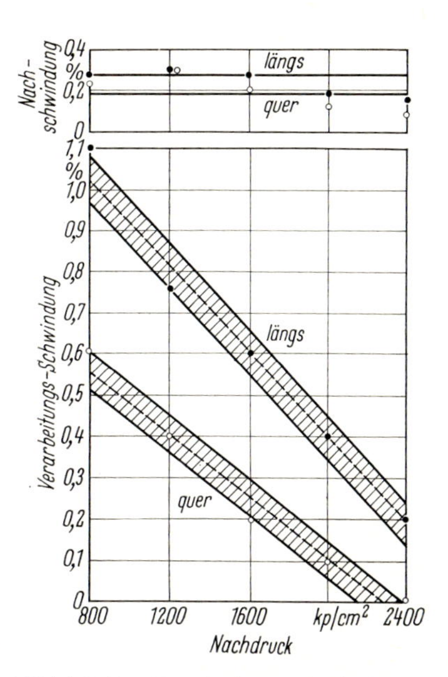


Bild 4.6–11 Verarbeitungsschwindung und Nachschwindung in Abhängigkeit vom Nachdruck bei Polyproylen (Hostalen PPCN 1065) nach [20]

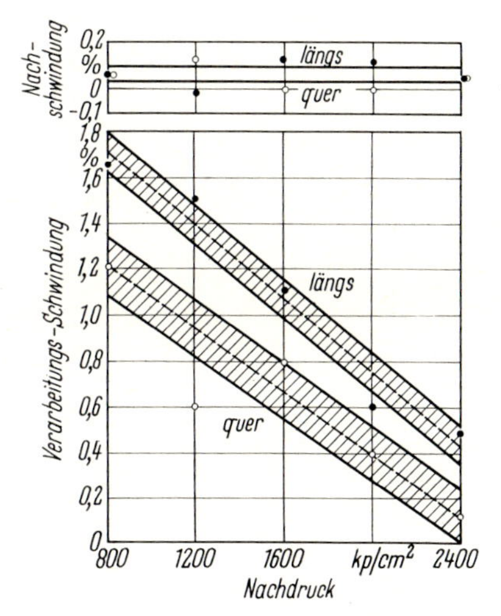


Bild 4.6–12 Verarbeitungsschwindung und Nachschwindung in Abhängigkeit vom Nachdruck bei Hochdruck-Polyäthylen (Hoechst S 1624) nach [20]

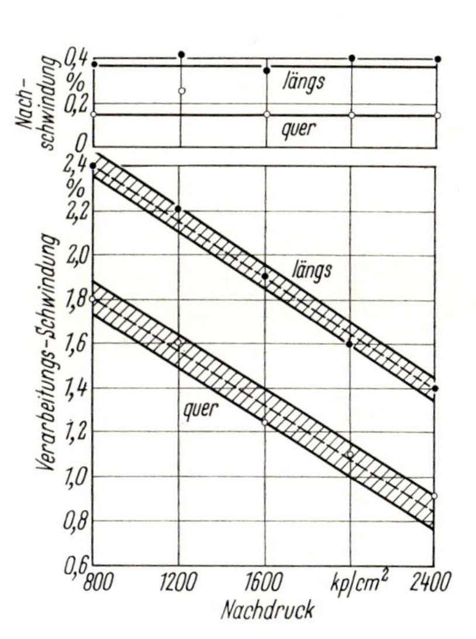


Bild 4.6–13 Verarbeitungsschwindung und Nachschwindung in Abhängigkeit vom Nachdruck bei Polyacetal (Hostaform C 9020) nach [20]

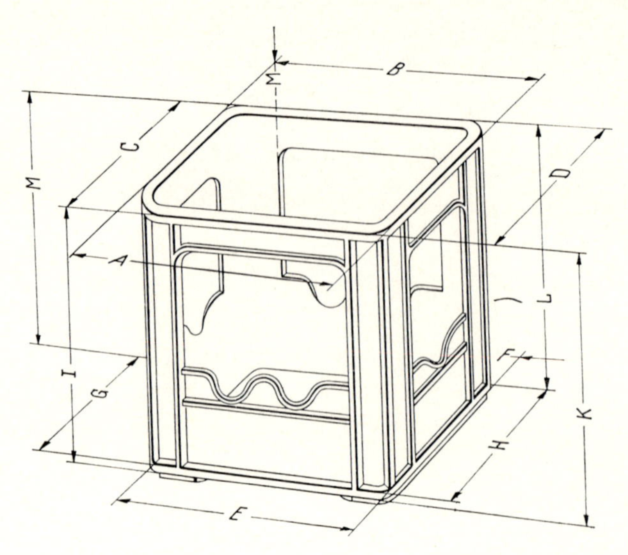


Bild 4.6–14 Lage der untersuchten Maße an einem Flaschenkasten nach [20]

*Tabelle 4.6–10 Mittelwerte, Streubereich und Schwindung der Abmessungen von Flaschenkästen, ermittelt 1 Monat nach der Herstellung (Angabe der Streuung in ± 3 s bzw. ± 3 v für 95% statistische Sicherheit) nach [20]*

| Maß entspr. Bild 15 | Mittelwert $\bar{x}$ [mm] | Streubereich ± 3 *s* [mm] | ± 3 *v* [%] | Verarbeitungs-Schwindung [%] |
|---|---|---|---|---|
| *A* | 349,90 | ± 1,78 | ± 0,51 | 2,99 |
| *B* | 349,80 | ± 1,72 | ± 0,49 | 3,10 |
| *C* | 270,36 | ± 2,02 | ± 0,75 | 3,02 |
| *D* | 270,00 | ± 1,91 | ± 0,71 | 3,16 |
| *E* | 352,56 | ± 1,07 | ± 0,30 | 2,27 |
| *F* | 352,58 | ± 0,93 | ± 0,26 | 2,47 |
| *G* | 272,60 | ± 0,67 | ± 0,25 | 1,75 |
| *H* | 272,62 | ± 0,67 | ± 0,25 | 1,66 |
| *I* | 332,89 | ± 0,68 | ± 0,20 | 2,75 |
| *K* | 332,89 | ± 0,64 | ± 0,19 | 2,60 |
| *L* | 332,80 | ± 0,66 | ± 0,20 | 2,66 |
| *M* | 332,83 | ± 0,67 | ± 0,20 | 2,72 |

Als Probekörper zur Prüfung der Verarbeitungsschwindung (und gleichzeitig auch der Nachschwindung) von Formmassen eignet sich besonders gut eine Viertelkreisscheibe [7, 31]. Durch Abtasten der äußeren Konturen der Scheibe ermittelt man rasch und genau die radiale Verarbeitungsschwindung und die Schwindungsdifferenz als Differenz von radialer und tangentialer Verarbeitungsschwindung, Bild 4.6–15 und 4.6–16. Durch Auswechseln der Werkzeugeinsätze sind Scheiben mit Wanddicken von 1,0; 2,5 und 4,0 mm herstellbar. Unterschiedliche Werte für die radiale und tangentiale Schwindung entstehen infolge der Anisotropie im Gefüge, Bild 4.6–17. Die Schwindungsdifferenz wird definiert gemäß Bild 4.6–18. Einige Schwindungswerte von duroplastischen und thermoplastischen Formmassen zeigen die Bilder 4.6–19 und 4.6–20.

Bei duroplastischen Formmassen ist die Wanddickenabhängigkeit gering wegen des überwiegenden Einflusses der Querorientierung innen, Bild 4.6–21.

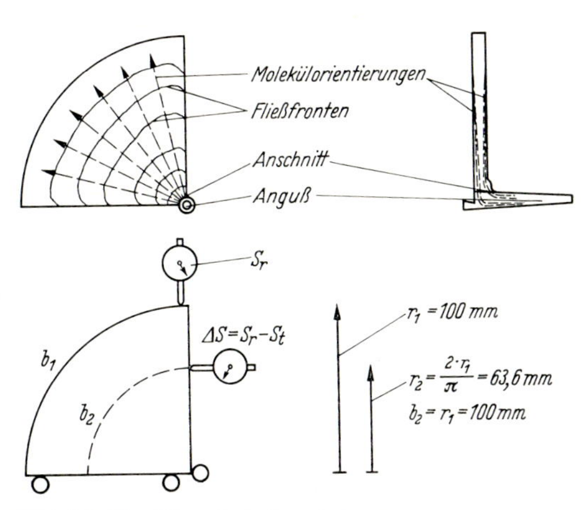


Bild 4.6–15 Viertelscheibe als Probekörper für Schwindungsmessungen nach [34]

Bild 4.6–16 Schwindungsmeßgerät zum Bestimmen der radialen Schwindung (oben) und der Schwindungsdifferenz (rechts).
In die Prüfvorrichtung wird zum Eichen eine Stahllehre eingesetzt, die Meßuhren werden nach Anlegen der Meßhebel auf 0 gestellt [34]

Zur Beschreibung der Verarbeitungsschwindung von Formmassen gehört eine definierte, reproduzierbare Maschineneinstellung. Es wurden vom Süddeutschen Kunststoff-Zentrum, Würzburg, Herstellberichts-Formulare für das Pressen, Spritzpressen, Spritzgießen und Extrudieren entwickelt, in welchen die physikalisch wirksamen Daten durch Punkte gekennzeichnet sind [32]. Die Punkt-Daten für das Spritzgießen sind in Bild 4.6–21 aufgeführt. Bei Wechsel eines Werkzeuges auf eine andere Maschine sind die Punktdaten einzustellen, um zu gleichen Eigenschaften der Formteile zu kommen.

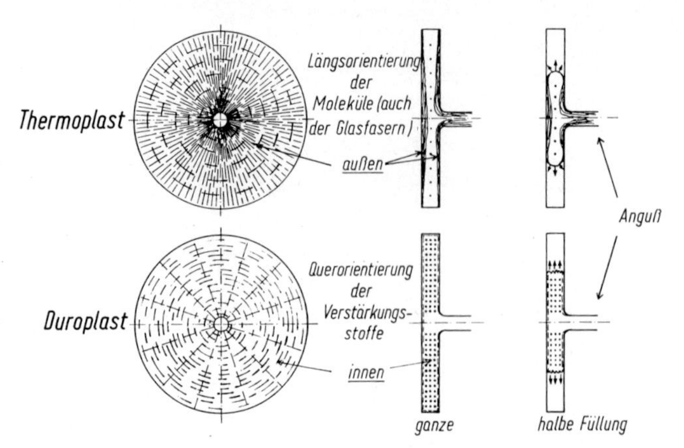


Bild 4.6–17 3-Schichten-Orientierung in Spritzgußteilen, hervorgerufen durch die Wandreibung und die Dehnströmung innen [36]

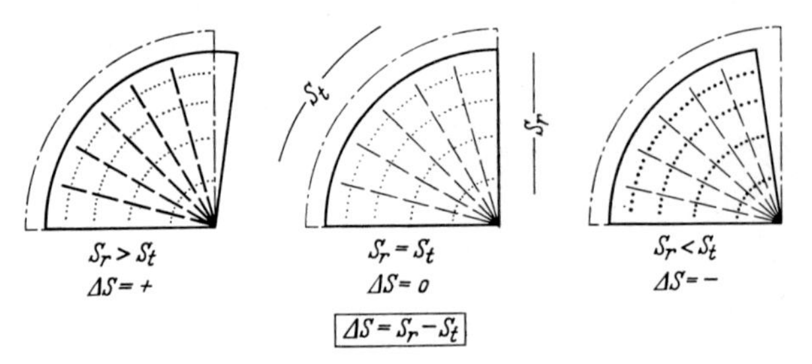


Bild 4.6–18 Definition der Schwindungsdifferenz $\Delta S$ [34]

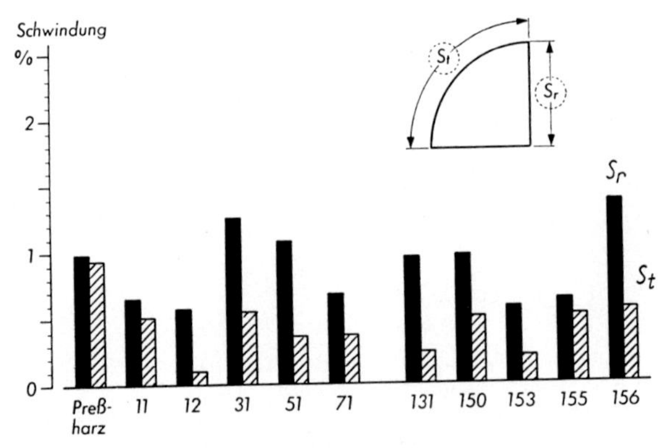


Bild 4.6–19 Verarbeitungsschwindung von duroplastischen Formmassen [31]

Typ 11 Phenolharz mit Gesteinsmehl
Typ 12 Phenolharz mit Asbestfaser
Typ 31 Phenolharz mit Holzmehl
Typ 51 Phenolharz mit Cellulose
Typ 71 Phenolharz mir Textilfaser
Typ 131 Harnstoffharz mit Cellulose
Typ 150 Melaminharz mit Holzmehl
Typ 153 Melaminharz mit Baumwollfaser
Typ 156 Melaminharz mit Asbestfaser

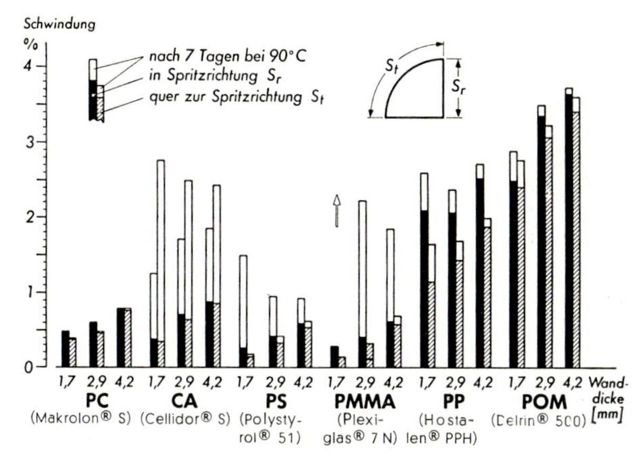


Bild 4.6–20 Verarbeitungsschwindung einiger thermoplastischer Formmassen [31]

| | |
|---|---|
| PC | Polycarbonat |
| CA | Celluloseacetat |
| PS | Polystyrol |
| PMMA | Polymethylmethacrylat |
| PP | Polypropylen |
| POM | Polyacetal |

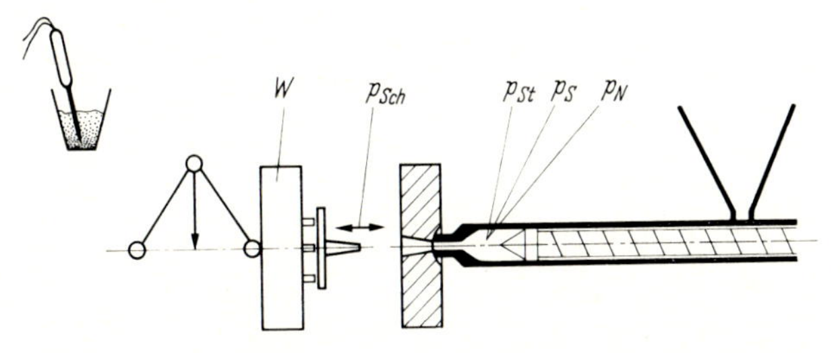


Bild 4.6–21 Weitgehend maschinenunabhängige Daten beim Spritzgießen. Die wichtigsten Daten sind durch einen Punkt gekennzeichnet [34].

| | | | |
|---|---|---|---|
| • Mittl. Massetemperatur | $\vartheta_M$ | Schließdruck | $p_{Sch}$ |
| • Werkzeugtemperatur | $\vartheta_W$ | Staudruck | $p_{St}$ |
| • Einspritzzeit | $t_S$ | Spritzdruck | $p_S$ |
| • Spritz- u. Nachdruckzeit | $t_{SN}$ | • Nachdruck | $p_N$ |
| • Kühlzeit | $t_K$ | Formöffnung | f |
| • Zykluszeit | $t_Z$ | • Schußgewicht | G |

Einige Ergebnisse der Bestimmung der Verarbeitungsschwindung, ermittelt an einer Viertelkreisscheibe mit einem Radius von 100 mm, bei 3 Wanddicken, enthält Tabelle 4.6–11[2]). Einflüsse der Werkzeugtemperatur, der Massetemperatur und verschiedener Zusätze auf die Verarbeitungsschwindung und die Nachschwindung zeigen die Bilder 4.6–22 und 4.6–23. Die Werte geben Aufschluß über die Wanddickenabhängigkeit und die mehr oder weniger große Neigung zum Verzug. Zentral angespritzte, flächige Formteile, welche aus Formmassen mit großer positiver Schwindungsdifferenz hergestellt wurden, neigen zur Verwindung in der Fläche. Bei negativer Schwindungsdifferenz besteht die Gefahr der Aufwölbung. Die Schwindungsdifferenz ist bei thermoplastischen Formmassen durch Verarbeitungsbedingungen beeinflußbar.

[2]) zum Teil unveröffentlichte Forschungsergebnisse des SKZ

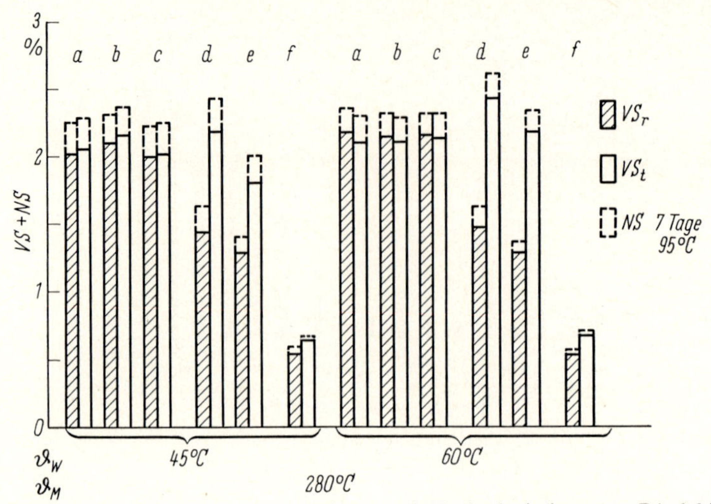


Bild 4.6–22 Verarbeitungsschwindung nach Nachschwindung von PA 6.6 in Abhängigkeit von verschiedenen Werkzeug- und Massetemperaturen und verschiedenen Zusatzstoffen.

a natur, b 0,1% Titandioxid RN 50, c 1,0% Titandioxid RN 50, d 0,01% Heliogengrün G, e 0,1% Heliogengrün G, f mit Glasfasern

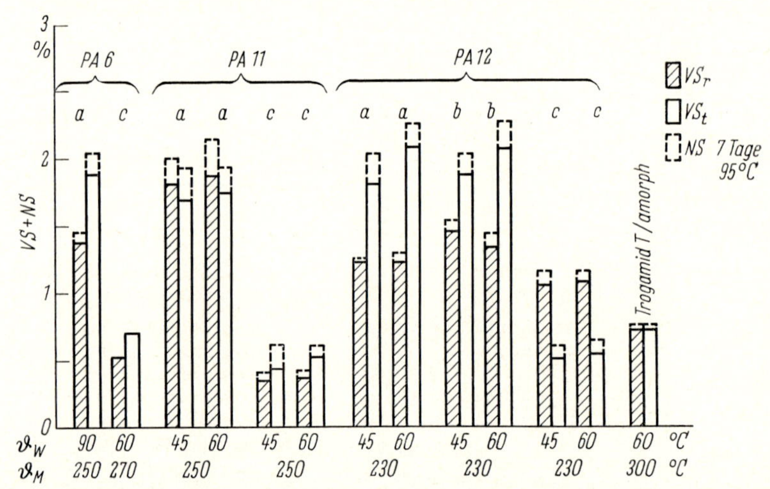


Bild 4.6–23 Verarbeitungsschwindung und Nachschwindung von PA 6, PA 11, PA 12 sowie Trogamid T in Abhängigkeit von verschiedenen Werkzeug- und Massetemperaturen und verschiedenen Zusatzstoffen.

a natur, b eingefärbt, weiß, c mit Glasfasern

### 4.6.3.3. *Nachschwindung*

Unter „Nachschwindung“ versteht man den unter bestimmten Bedingungen ermittelten Unterschied zwischen dem Maß des erkalteten Formteiles und dem Maß desselben Formteiles nach einer Warmlagerung, DIN 53464. Man errechnet die Nachschwindung nach folgender Gleichung:

$$NS = \frac{L - L_1}{L} \cdot 100\% \qquad (2)$$

*Tabelle 4.6–11 Schwindungswerte für Kunststoff-Formmassen*
*$VS_r$ = radiale Schwindung, $VS_t$ = tangentiale Schwindung,*
*$\Delta VS$ = Schwindungsdifferenz. Verarbeitungsdaten s. [17]*

| Formmasse | $\vartheta_M$ °C | $\vartheta_W$ °C | $VS_r$ % | $VS_t$ % | $\Delta VS$ % |
|---|---|---|---|---|---|
| PC | 300 | 90 | 0,85 | 0,88 | – 0,03 |
| CAB | 210 | 60 | 0,84 | 1,11 | – 0,27 |
| CA | 200 | 60 | 0,74 | 1,03 | – 0,29 |
| PS | 210 | 60 | 0,51 | 0,45 | + 0,06 |
| SAN | 230 | 60 | 0,59 | 0,56 | + 0,03 |
| SB | 220 | 60 | 0,74 | 0,63 | + 0,11 |
| ABS | 240 | 60 | 0,85 | 0,82 | + 0,03 |
| PMMA | 240 | 60 | 0,56 | 0,42 | + 0,14 |
| PVC-hart | 190 | 60 | 0,54 | 0,39 | + 0,15 |
| PVC-weich | 180 | 60 | 2,35 | 0,94 | + 1,41 |
| PA 6 | 250 | 90 | 1,37 | 1,88 | – 0,51 |
| PA 6.6 | 280 | 90 | 2,40 | 2,21 | + 0,19 |
| PA 6.10 | 250 | 90 | 2,43 | 2,20 | + 0,23 |
| PA 11 | 250 | 60 | 1,86 | 1,74 | + 0,12 |
| PA 12 | 230 | 60 | 1,34 | 2,07 | – 0,73 |
| PA 6 mit GF | 250 | 90 | 0,52 | 0,70 | – 0,18 |
| PA 6.6 mit GF | 280 | 90 | 0,53 | 0,67 | – 0,14 |
| PA 6.10 mit GF | 250 | 90 | 0,53 | 0,67 | – 0,14 |
| PA 11 mit GF | 250 | 60 | 0,36 | 0,52 | – 0,16 |
| PA 12 mit GF | 230 | 60 | 1,08 | 0,54 | + 0,54 |
| PE | 240 | 60 | 2,48 | 2,68 | – 0,20 |
| PP | 270 | 60 | 2,03 | 1,94 | + 0,09 |
| POM | 210 | 90 | 2,57 | 2,25 | + 0,32 |
| CP | 210 | 60 | 0,86 | 1,08 | – 0,22 |
| PB | 250 | 60 | 1,34 | 3,25 | – 1,91 |

Hierin ist $L$ das Maß im Anlieferungszustand, $L_1$ das entsprechende Maß nach Warmlagerung.

Die Summe von Verarbeitungsschwindung und Nachschwindung ist die Gesamtschwindung *GS*, Bild 4.6–24 [30].

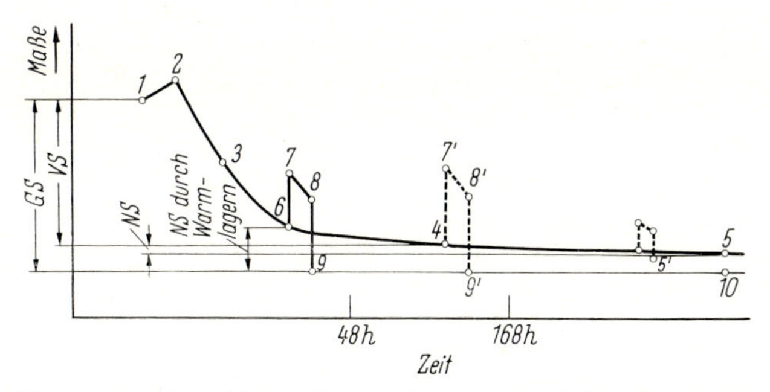


Bild 4.6–24 Definitionen für Verarbeitungsschwindung *VS*, Gesamtschwindung *GS*, Nachschwindung *NS* und Nachschwindung durch Warmlagern [30]

Probekörper aus Pheno- und Aminoplasten wurden 168 Stunden bei 110 °C gelagert. An gepreßten Normstäben und gespritzten Viertelscheiben ergaben sich dabei Werte der Verarbeitungsschwindung und der Nachschwindung gemäß Tabelle 4.6–12. Nach DIN 16911 haben die Polyesterpreßmasse-Typen 801, 802 und 803 den geringen Nachschwindungswert von 0,1 %.

*Tabelle 4.6–12 Verarbeitungsschwindung VS und Nachschwindung NS einiger Preßmassen, gemessen an Viertelkreisscheiben. Die Nachschwindungswerte wurden gemessen nach 200stündiger Lagerung bei 110°C. Das Zeichen* r *bedeutet radial, das Zeichen* t *bedeutet tangential, bezogen auf die Viertelkreisscheibe [7]*

| | Preßstoffart | | | Normstab | | Viertelkreisscheibe | | | |
|---|---|---|---|---|---|---|---|---|---|
| Nr. | Bezeichnung | Harz | Füllstoff | *VS* % | *NS* % | $VS_r$ % | $VS_t$ % | $NS_r$ % | $NS_t$ % |
| 1 | Preßharz | Phenol | — | . | . | 0,98 | 0,94 | 0,23 | 0,22 |
| 2 | Typ 11 | Phenol | Gesteinsmehl | . | . | 0,65 | 0,51 | 0,26 | 0,22 |
| 3 | Typ 155 | Melamin | Gesteinsmehl | . | . | 0,64 | 0,52 | 1,63 | 1,10 |
| 4 | Typ 12 1309 | Phenol | Asbestfaser | 0,27 | 0,07 | 0,58 | 0,05 | 0,29 | 0,08 |
| 5 | Typ 156 | Melamin | Asbestfaser | . | . | 1,38 | 0,57 | 2,06 | 0,94 |
| 6 | Typ 31 1418 | Phenol | Holzmehl | 0,79 | 0,37 | 0,81 | 0,42 | 0,69 | 0,38 |
| 7 | Typ 31 1524 | Phenol | Holzmehl | 0,89 | 0,71 | 1,37 | 0,52 | 1,39 | 0,52 |
| 8 | Typ 31 1609 | Phenol | Holzmehl | 0,86 | 0,39 | 1,25 | 0,55 | 0,79 | 0,40 |
| 9 | Typ 31 1635 | Phenol | Holzmehl | 0,91 | 0,51 | 1,34 | 0,53 | 1,06 | 0,50 |
| 10 | Typ 31 1649 | Phenol | Holzmehl | 0,70 | 0,32 | 1,07 | 0,51 | 0,66 | 0,35 |
| 11 | Typ 150 | Melamin | Holzmehl | 0,88 | 1,07 | 0,97 | 0,51 | 1,79 | 0,85 |
| 12 | Typ 150 | Melamin | Holzmehl | 0,93 | 1,59 | 0,97 | 0,49 | 2,25 | 1,21 |
| 13 | Typ 51 1508 | Phenol | Halbstoff | 0,47 | 0,35 | 1,09 | 0,36 | 1,16 | 0,45 |
| 14 | Typ 51 1549 | Phenol | Halbstoff | 0,48 | 0,33 | 1,02 | 0,29 | 0,95 | 0,32 |
| 15 | Typ 71 1549 | Phenol | Textilfaser | 0,49 | 0,58 | 0,68 | 0,37 | 0,88 | 0,31 |
| 16 | Typ 153 | Melamin | Textilfaser | 0,47 | 0,99 | 0,58 | 0,21 | 2,12* | 0,67 |
| 17 | Typ 131 | Harnstoff | Cellulose | 0,63 | 1,49 | 0,95 | 0,24 | 1,26* | 0,54 |
| 18 | — | Polyester | Glasfaser | . | . | 1,02 | 0,37 | −0,06 | −0,03 |

*) teilweise Rißbildung bei Wärmebeanspruchung

Eine Volumen-Nachschwindung wird nach DIN 16946 an Gießharz-Formstoffen ermittelt. Das Volumen wird dabei aus dem Gewicht und der durch das Auftriebverfahren ermittelten Dichte errechnet.

Nach DIN 53498 werden zur Untersuchung des Nachschwindungs-Verhaltens von Preßteilen je nach Preßstoffart Anfangs-Prüf-Temperaturen von 60 bis 100°C empfohlen. Die Temperaturen sind um jeweils 10°C zu steigern, bis Veränderungen eintreten.

Auf die Bestimmung der Temperatur-Zeit-Grenzen nach DIN 53446 wurde bereits bei der Erwähnung der Gewichtsänderung in Abschn. 4.6.1.1. hingewiesen.

Die Nachschwindung von thermoplastischen Formmassen hängt eng mit der Vorgeschichte der Formteilherstellung zusammen. Auf die Unabhängigkeit der Nachschwindung teilkristalliner Thermoplaste von dem Nachdruck wurde bereits in Abschn. 4.6.3.2. hingewiesen, siehe Bild 4.6–8 bis 4.6–13. Falls die Verarbeitungsschwindung infolge tiefer Temperatur des Werkzeuges oder geringer Wanddicke klein ist, ist die Nachschwindung im allgemeinen um so größer. Deshalb sind hohe Werkzeugtemperaturen bei technischen Teilen empfehlenswert, um spätere Nachschwindungen klein zu halten. Auch kann man durch Tempern die Nachschwindung vorwegnehmen [34].

*Paschke* und *Kaussen* berichteten über die Nachschwindung von Flaschenkästen aus Polyäthylen [18]. In Tabelle 4.6–11 sind einige Werte der Nachschwindung von Viertelkreisscheiben angegeben bei üblichen Verarbeitungsbedingungen.

Maßänderungen von organischen Fußbodenbelägen können nach dem Entwurf DIN 51962 April 1968 geprüft werden. Eine 16stündige Konditionierung im Normalklima 20/65 wird vorab durchgeführt, daran schließt sich eine 6stündige Lagerung bei 80°C an.

Sofern Maßänderungen durch Klimawechsel bei erhöhten Temperaturen eintreten, wobei sich wie bei dekorativen Schichtstoffen Nachschwindung und Quellung überlagern können, vermeidet man eine begriffliche Definition und spricht nur von Maßbeständigkeit, siehe DIN 16926 und 53799.

### 4.6.3.4. *Toleranzen von Formmassen*

Die bisherige Norm DIN 7710 für duroplastische Formmassen und einige thermoplastische Formmassen mit amorpher Struktur ist überholt, eine neue Norm ist in Vorbereitung. Im ersten Entwurf DIN 16901 sind Vorschläge zur Einstufung von duroplastischen und thermoplastischen Formmassen einschließlich der technisch interessanten teilkristallinen Formmassen in sechs Toleranzgruppen gemacht worden [36]. Inzwischen ist ein zweiter Entwurf erschienen, Bild 4.6–25 und 4.6–26, in dem eine weitere Toleranzgruppe für die Feinwerktechnik eingefügt wurde. Das Verfahren zur Ermittlung der Schwindungskennwerte mit Hilfe der Viertelkreisscheibe ist in diesem Entwurf nicht mehr enthalten; es wird z. Z. noch geprüft, ob eine Schwindungskennwertbestimmung durch ein normungsfähiges Verfahren möglich ist.

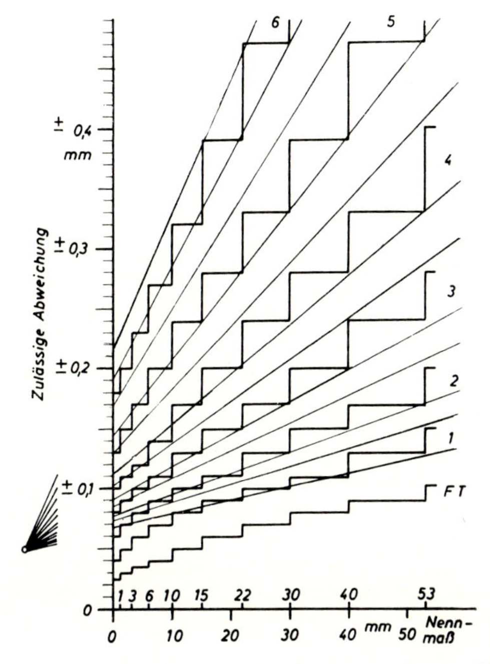


Bild 4.6–25 Treppenkurven für untere Nennmaßbereiche und für Feinwerktechnik (FT). Die 7 Toleranzbereiche entsprechen dem Vorschlag im Entwurf DIN 16901 [36].

Schwindungskennwert = $|VS_r| + |\Delta VS|$

↓

| | |
|---|---|
| 0–1 | PS, SAN, SB, ABS, PC, PMMA, PVC, PPO, PETP-amorph PA(GV), POM(GV); PF u. MF mit anorg. Füllstoffen |
| 1–2 | CA, CAP, ÇP, CAB, PA (6-6.6-6.10-11-12) POM, PP-gefüllt PETP-teilkristallin; PF, MF u. UF mit organ. Füllstoffen, UP |
| 2–3 | PE, PP, fluoriertes PE/PP |
| 3–4 | PB, PVC-weich (u. U. 2–3 oder 1–2) |

Bild 4.6–26 Einordnen von Kunststoff-Formmassen in Toleranzgruppen mit Hilfe der Schwindung [36]

Der Gedanke, die Größe der Toleranzen von dem Schwindungsverhalten abhängig zu machen, war auch in einer schwedischen Norm verwirklicht. Eine völlige Proportionalität zwischen Verarbeitungsschwindung und Streubreite in der Fertigung ist allerdings nicht zu erwarten, worauf auch *Paschke* und *Kaussen* schon hingewiesen haben [18].

Eine Übertragung der Meßergebnisse von Tabelle 4.6–10 in eine Grafik, bei der der prozentuale Streubereich ±3 v als Funktion der Verarbeitungsschwindung aufgetragen wurde, zeigt Bild 4.5–27. In grober Annäherung stimmt die obenerwähnte Hypothese zwar, doch ist die Streubreite längs der dickwandigeren Ecken geringer. Hier ist der Nachdruck auch besonders gut wirksam. Entscheidender als die Linearität zwischen Streubereich und Verarbeitungsschwindung bei *einer* Formmasse ist außerdem die Beziehung zwischen formmasseabhängiger Streuung und einem charakteristischen Schwindungskennwert, der zu ermitteln wäre.

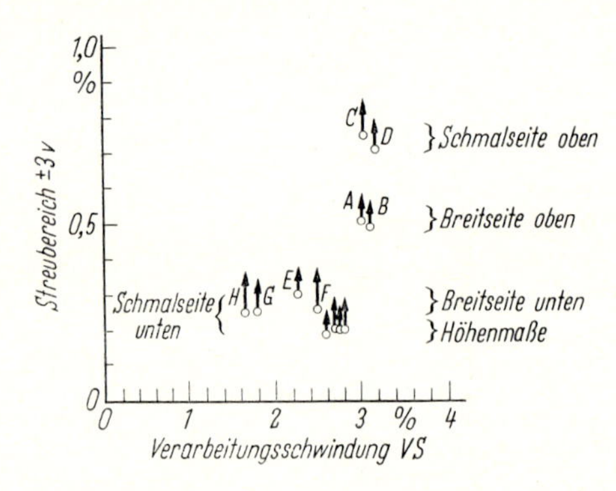


Bild 4.6–27 Streubereich als Funktion der Verarbeitungsschwindung am Beispiel des Flaschenkastens aus Polyäthylen (Meßergebnisse von Tabelle 4.6–10)

Es gibt einige Toleranzvorschläge für noch engere Toleranzen als in dem erwähnten Normvorschlag [12, 24, 28, 29]. Die technische Entwicklung hat bei den Formmassen und im Maschinenbau große Fortschritte hinsichtlich der Einengung der Fertigungsstreuung gemacht, so daß ältere Vorschläge z.T. überholt sind [33]. Jedoch sollte man stets bedenken, daß sehr enge Toleranzen Sondermaßnahmen mit erhöhtem Aufwand erforderlich machen [14, 17]. Die Festlegung von Toleranzen für Kunststoff-Formteile ist deshalb ein technisch-wirtschaftliches Problem.

## Literaturverzeichnis

*Bücher:*

1. *Carlowitz, B.:* Kunststofftabellen für Typen, Eigenschaften, Halbzeugmessungen. Bensberg-Frankenforst: Schiffmann 1963.
2. *Langhammer, G.:* in *W. Holzmöller* u. *K. Altenburg* (Herausgeber): Physik der Kunststoffe. S. 331. Berlin: Akademie Verlag 1961.
3. *v. Meysenbug, C.M.:* in [4] S. 466.
4. *Nitsche, R.,* u. *P. Nowack* (Herausgeber): Praktische Kunststoffprüfung. Berlin: Springer 1961.
5. *Nowack, P.:* in [4] S. 307.
6. *Saechtling, H.,* u. *W. Zebrowski:* Kunststoff-Taschenbuch. 17. Aufl. München: Hanser 1967.
7. *Woebcken, W.:* in *R. Vieweg* u. *E. Becker* (Herausgeber): Kunststoff-Handbuch Bd. X. Herstellung von Preßteilen. München: Hanser 1968.

*Zeitschriften:*

8. *Dalhoff, W.*, u. *H. Drink:* Z. Kunststofftechnik *8*, 51 (1969).
9. *Dörmann, H.:* Z. Industrie-Anzeiger *93*, 491 (1971).
10. *Domininghaus, H.:* Schweizerische technische Zeitschrift *66*, 781 (1969).
11. *Geyer, H.:* Einfluß der Verarbeitungsbedingungen auf das Toleranzfeld von Spritzgußteilen Lehrgang „Kunststoffe in der Feinwerktechnik" des VDI-Bildungswerkes BW 1536.
12. *Geyer, H.:* Kunststoffe *61*, 12 (1971).
13. *Hachmann, H.:* Z. für wirtschaftliche Fertigung *61*, Heft 4 (1966).
14. *Herzog, W.:* Z. Kunststoffe *57*, 426 (1967).
15. *Heufer, G.:* Z. Kunststoffe *59*, 734 (1969).
16. *Hovell, G.H.*, u. *W.P. Winton:* SPE-Journal *24*, 33 (1968). Z. Kunststoffe *59*, 767 (1969).
17. *Lüpke, G.:* Z. Ind. Anz. *53*, 382 (1970).
18. *Paschke, E.*, u. *R. Kaussen:* Z. Kunststoffe *59*, 40 (1969).
19. *Paschke, E., R. Kaussen* u. *K. Schmitt:* Z. Kunststoffe *59*, 277 (1969).
20. *Paschke, E.*, u. *P. Zimmer:* Z. Kunststoffe *59*, 578 (1969).
21. *Paschke, E.*, u. *J. Wilden:* Werkstoffgerechte Herstellung von Präzisionsformteilen aus Kunststoffen. Z. Kunststoffe, Vorabdruck der Vorträge der 13. Deutschen Kunststofftagung, 23. bis 24. März 1971, Mainz.
22. *Pröls, J.:* Kunststoffe *61*, 142 (1971).
23. *Ricour, B.:* Plast. Mod. Elastomères *18*, 113, 115, 117, 119 (1966). Z. Kunststoffe *57*, 401 (1967).
24. *Schaaf, W.*, u. *D. von Strauwitz:* Z. Kunststoffe *58*, 458 (1968).
25. *Schaaf, S.:* Z. Kunststofftechnik *10*, 14 (1971).
26. *Schindler, G.:* Mitteilung des Chemischen Forschungsinstituts der Wirtschaft Österreichs und des Österreichischen Kunststoffinsitutes H. 5, 260 (1970).
27. *Schmitt, B.:* Z. Kunststoffe *59*, 309 (1969).
28. *Speil, Th.:* Festlegen der Toleranzen für Kunststoff-Präzisions-Spritzgußteile. Lehrgang „Kunststoffe in der Feinwerktechnik" des VDI-Bildungswerkes BW 1624.
29. *Strelow, H.:* Firmendruck Fa. Hartmann & Braun vom 21.4.1970.
30. VDI-Richtlinie 2006: Gestaltung von Spritzgußteilen aus thermoplastischen Kunststoffen. VDI-Handbuch. Düsseldorf: VDI-Verlag 1970.
31. *Woebcken, W.:* Z. Kunststoffe *51*, 548 (1961).
32. *Woebcken, W.:* Z. Ind. Anz. *4*, 55 (1966).
33. *Woebcken, W.:* Z. Kunststoffe *56*, 337 (1966).
34. *Woebcken, W.*, u. *E. Seus*: Z. Kunststoffe *57*, 637 (1967).
35. *Woebcken, W.:* Z. Werkstatt-Technik-wt-Zeitschrift für industrielle Fertigung *60*, 221, 290 (1970).
36. *Woebcken, W.:* Z. Ind. Anz. *92*, 2459 (1970).
37. *Wörner, Th.* u. *H. Kabs:* Z. für Werkstofftechnik *2*, 127 (1971).

# 5. Erläuternde Beispiele

Dr. Rainer Taprogge, Institut zur Erforschung technologischer Entwicklungslinien, Hamburg
Prof. Dr. Georg Menges, Technische Hochschule Aachen
Dipl.-Phys. Hermann Kabs, Siemens AG, Nürnberg
Dr. Günther Schreyer, Röhm GmbH, Darmstadt
Jürgen Pohrt, Siemens AG, München
Dr. Helmut Janku, Siemens-Electrogeräte GmbH, Traunreut

## 5.1. Kunststoffe als Werkstoffe für Maschinenelemente, Eignung und Einsatzgebiete

Rainer Taprogge

### 5.1.1. Allgemeines

Bei der Werkstoffauswahl wird der Konstrukteur die Werkstoffe zur Dimensionierung wählen, die von ihren Eigenschaften, ihrer Verarbeitbarkeit und nicht zuletzt ihren Kosten her die geforderte Funktion optimal erfüllen. Unter diesen Aspekten haben die Kunststoffe auch im Maschinenbau einen beachtlichen Anteil am gesamten Werkstoffeinsatz inne. Der zunächst naheliegende Gedanke, Kunststoffe seien wegen ihrer gegenüber metallischen Werkstoffen niedrigen Festigkeit und hohen Verformung unter Last als Werkstoff für Maschinenelemente nicht geeignet, verliert an Bedeutung, wenn man die vielfältigen Beanspruchungen, die im Maschinenbau auftreten, betrachtet und sie mit den Eigenschaftswerten der zur Verfügung stehenden Werkstoffe vergleicht. Sicher wird man z. B. Zahnräder für Hochleistungsgetriebe oder andere, hohe Kräfte übertragende Maschinenelemente nicht aus Kunststoffen herstellen, besonders auch dann nicht, wenn außer hoher Festigkeit noch eine hohe Steifigkeit und geringe Verformung verlangt werden. Eine zweckmäßige Konstruktion in der Kombination mit Metallen läßt jedoch auch hohe Belastungen zu und bewirkt wegen des geringen Elastizitätsmoduls der Kunststoffe zum Teil wesentlich geringere spezifische Werkstoffbeanspruchungen, z. B. bei *Hertz*scher Flächenpressung durch die infolge Verformung stark vergrößerte Auflagefläche, als bei Stahlpaarungen. Eine Reihe günstiger Eigenschaften macht die Kunststoffe für den Einsatz besonders im Maschinenbau interessant. Vor allem sind dies Korrosionsbeständigkeit, hohe mechanische Dämpfung (ca. 10- bis 100fach gegenüber Stahl), äußerst geringe Reibungskoeffizienten, geringer Verschleiß, gute Notlaufeigenschaften, kein Stick–Slip-Effekt, niedriges spezifisches Gewicht, gute Verarbeitbarkeit und niedrige Fertigteilkosten bei Massenfertigung. Besonders die letztgenannte Eignung der Kunststoffe zur kostengünstigen Serienfertigung, die am bestechendsten beim Spritzgießen kompliziert gestalteter Teile auffällt, macht sie häufig im Vergleich zu anderen Werkstoffen überlegen. Zahnräder, Gehäuse für Kleinmaschinen, Lagerkäfige, Schnappverbindungen, Steuerwalzen und Pumpenräder sind nur einige Beispiele für die wirtschaftliche Herstellung von Maschinenelementen aus Kunststoffen. Nicht zuletzt entscheidet auch das niedrige Gewicht oft bei der Werkstoffwahl, z. B. im Fahrzeugbau oder bei Konstruktionen, die vom Eigengewicht oder Fliehkräften belastet werden. Hier wirken sich die relativ hohen Verhältniszahlen von Festigkeit zu spezifischem Gewicht bei den Kunststoffen günstig aus. Festigkeit und Elastizitätsmodul lassen sich zudem noch durch Einlagern von Glasfasern erhöhen, wodurch der Einsatzbereich der Kunststoffe auch für Maschinenelemente stark erweitert werden konnte. Zahnräder und andere Elemente für hohe Beanspruchungen und geringe zulässige Verformungen werden mit Vorteil aus glasfaserverstärkten Thermoplasten im Spritzgußverfahren hergestellt, wobei Kurzfasern bis zu ca. 2 mm Länge Verwendung finden. Teile größerer Abmessungen, wie z. B. Gehäuseabdeckungen oder Lüfterflügel für Großventilatoren können gut aus mit Glasfasern verstärkten Polyester- oder Epoxidharzen hergestellt werden, wobei großflächige Glasfasermatten, -gewebe oder -rovings verarbeitet werden.

Bei der Berechnung und Dimensionierung von Maschinenelementen aus oder mit Kunststoffen ist grundsätzlich in ähnlicher Weise vorzugehen wie bei der Konstruktionsrechnung für metallische Werkstoffe, d. h. es werden die von der Funktion des Teils herrührenden Kräfte und Momente mit den Werkstoffeigenschaften verglichen und zum Festigkeitsnachweis oder zur Berechnung der Abmessungen herangezogen. Besonders zu beachten ist bei den Kunststoffen lediglich die starke Abhängigkeit der Festigkeits- und Verformungswerte von der Belastungshöhe und der Beanspruchungstemperatur, wie dies auch in früheren Abschnitten schon näher erläutert wurde. Man muß also im Einzelfall sicherstellen, daß durch die Kriechneigung bei statischer Belastung z. B. bei einer Lagerschale aus Kunststoff nicht zu hohe Verformungen auftreten, daß durch Relaxation z. B. die in einer Richtung durch eine bestimmte Verformung aufgezwungene Spannung nicht vorzeitig die mindestens erforderlichen Werte unterschreitet, daß die Zeitfestigkeit des Werkstoffes bei dynamischer Belastung eine Funktion des Teils während der gewünschten Lebensdauer gewährleistet und nicht zuletzt, daß die Betriebsbeanspruchungen auch bei den auftretenden unteren und oberen Einsatztemperaturen ertragen werden. Bei der Beurteilung der Temperatureinflüsse ist außerdem darauf zu achten, daß bei dynamischer Beanspruchung unter hohen Frequenzen infolge der hohen mechanischen Dämpfung eine Eigenerwärmung eintreten kann, die eine Kühlung oder eine Herabsetzung der Beanspruchung erforderlich macht. Beim Einsatz von Kunststoffen ist ferner die gegenüber Stahl ca. 10- bis 20fache Wärmedehnung, die geringe Wärmeleitung und die geringe elektrische Leitfähigkeit zu beachten, die auch zu unerwünschten elektrostatischen Aufladungen führen kann. Entscheidender als die vorgenannten Eigenschaften ist bei der Werkstoffwahl häufig das Verhalten unter den im Einsatz vorliegenden Umgebungsbedingungen, wie Korrosionsbeständigkeit, gute Gleiteigenschaften, geringer Verschleiß, hohe Schlagzähigkeit bei rauhem Betrieb oder Wechselbeanspruchungen und die Fähigkeit eines Werkstoffes, Überbelastungen durch Verformungen abzufangen bzw. abzubauen, statt spröde zu brechen. Neben diesen Eigenschaften wird allgemein eine gute Verarbeitbarkeit und ein preisgünstiges Fertigen gefordert. Wegen ihrer hohen Zähigkeit, ihren guten Gleit- und Verschleißeigenschaften, ihrer hohen Festigkeit und Steifigkeit zusammen mit der Eignung zur Spritzgießverarbeitung sind für hochbeanspruchte Maschinenteile vor allem Polyamide (PA), Polyacetale (POM), Polycarbonat (PC) und Polytetrafluoräthylen (PTFE) im Einsatz. Für weniger stark mechanisch beanspruchte Gehäuseteile etc. finden auch ABS-Kunststoffe bevorzugt Verwendung. Die Polyolefine besitzen für hohe Beanspruchungen nicht die genügende Festigkeit, Steifigkeit und Temperaturbeständigkeit, während Polyvinylchlorid (PVC) und Polystyrol (PS) für viele Anwendungen neben der geringen Temperaturbeständigkeit im reinen Zustand, d.h. ohne Copolymerisation zu spröde sind. Von den vernetzbaren Kunststoffen waren früher vorwiegend Phenoplaste, mit Geweben oder Hartpapier verstärkt, im Einsatz. Wegen der wirtschaftlicheren Verarbeitung greift man heute vor allem bei großen Stückzahlen eher auf Thermoplaste zurück und verstärkt diese, falls erforderlich, mit Glas-Kurzfasern. Verstärkte Polyester- und Epoxidharze finden vorwiegend bei großflächigen Konstruktionen ihren zweckmäßigen Einsatz, wobei durch Vorfertigung von Harzmatten auch eine hohe Wirtschaftlichkeit erzielt werden kann. Die Entscheidung darüber, welcher Werkstoff für einen bestimmten Einsatzzweck verwendet werden soll, ist daher erst nach möglichst umfassender Ermittlung der auftretenden Betriebsbeanspruchungen und ihrem Vergleich mit den Eigenschaften der vorliegenden Werkstoffpalette unter Einschluß der Wirtschaftlichkeit der Fertigung, d.h. den Kosten des Fertigteils zu fällen. Die zur Beurteilung des Betriebsverhaltens von Kunststoffen erforderlichen Daten liegen bereits in zahlreichen Veröffentlichungen vor [1–4] und können von den Rohstofferzeugern im Einzelfall auch angefordert werden. Zur Veranschaulichung des Rechenganges bei bestimmten Konstruktionsanwendungen von Kunststoffen im Maschinenbau und den dabei zu beachtenden Besonderheiten gegenüber der Rechnung mit Metallen sollen die folgenden Beispiele dienen. Weitere Beispiele und ausführliche Berechnungen sind in zahlreichen Veröffentlichungen vor allem in Fachzeitschriften zu finden [5–13].

### 5.1.2. Beispiele für die konstruktive Verwendung von Kunststoffen im Maschinenbau

#### 5.1.2.1. *Zahnräder* [14–20]

Als Vorteile für den Einsatz von Kunststoffen für Zahnräder sind besonders zu nennen: gute Schwingungs- und Geräuschdämpfung, gute Stoßdämpfung, Korrosionsbeständigkeit, geringe Reibung, geringer Verschleiß, gute Notlaufeigenschaften, Wartungsfreiheit, wirtschaftliche Fertigung. Von den handelsüblichen Kunststoffen eignen sich die in Tabelle 5.1–1 aufgeführten Typen gut zur Verwendung als Zahnradwerkstoffe. In der Tabelle 5.1–1 sind neben der günstigsten Paarung noch Angaben über Schmierung, Einsatztemperaturen und die Belastbarkeit gemacht. Diese qualitativen Werte sollen nur einem groben Vergleich dienen, genauere Daten zur Konstruktion müssen den einschlägigen Veröffentlichungen und Prüfberichten entnommen werden. Generell ist zu bemerken, daß bei höheren Stückzahlen im allgemeinen den im Spritzgießverfahren hergestellten Thermoplast-Zahnrädern der Vorzug gegeben wird, wenn nicht besondere Gründe für den Einsatz eines Duroplasten sprechen, wie z.B. hohe Temperatur- oder Chemikalienbeständigkeit. Glasfaserverstärkte Thermoplaste bieten zusätzliche Vorteile durch hohe Steifigkeit, hohe Festigkeit, höhere Wärmebeständigkeit, geringere Wärmedehnung, geringere Schwindung beim Spritzgießen sowie geringere Wasseraufnahme gegenüber unverstärkten Thermoplasten, haben als Nachteile jedoch höheren Verschleiß, schlechtere Notlaufeigenschaften und eine geringere Schwing- und Stoßfestigkeit.

Zur Berechnung werden prinzipiell die gleichen Grundlagen verwendet wie bei der Verwendung von Metallen, jedoch ist besondere Beachtung der Zahnradtemperatur und der Zahnradverformung zu schenken. Die mechanische Belastbarkeit kann aus der zulässigen

*Tabelle 5.1–1 Kunststoffe für Zahnräder*
*(Temperaturen in Klammern gelten für kurzzeitige Beanspruchung)*

| Werkstoffe | Herstellung | Paarung | Schmierung | Einsatztemperaturen | Belastbarkeit |
|---|---|---|---|---|---|
| Polyamid | Spritzguß + spanend | am besten mit Stahl, gehärtet und geschliffen | Trocken, Fett, Öl, Wasser | − 40 °C ./. +110 °C (130 °C) | hoch |
| Polyacetalharz | Spritzguß + spanend | | | − 40 °C ./. + 80 °C | hoch |
| Polycarbonat | Spritzguß | | | −180 °C ./. +100 °C | keine Stöße, sonst hoch |
| PE hart | Spritzguß | | | −180 °C ./. + 80 °C | mäßig |
| PVC hart | spanend | | | ± 0 °C ./. + 60 °C | mäßig |
| Verstärkte Thermoplaste | Spritzguß | | | − 40 °C ./. +130 °C | hoch, Gefahr bei stoßartiger Belastung |
| *Duroplaste* | | | | | |
| Phenolharz-Hartgewebe | gepreßt + spanend | | | − 40 °C ./. +110 °C (130 °C) | hoch |
| Phenolharz-Hartpapier | gepreßt und spanend/ stanzen | | | − 40 °C ./. +110 °C (130 °C) | gering |
| Kunstharz-Preßschichtholz | gepreßt + spanend | | ↓ | − 40 °C ./. +100 °C (130 °C) | hoch |
| Vulkanfiber | gepreßt + spanend | | Wasser quillt VF auf | ± 0 °C ./. + 95 °C | hoch |
| Vulkanfiber-Schichtpreßstoffe | gepreßt + spanend | ↓ | ↓ | − 20 °C ./. +110 °C | hoch |

Umfangskraft $P_u$ oder aus der zulässigen Zahnfußbeanspruchung $\sigma_V$ berechnet werden. Die Umfangskraft $P_u$ läßt sich mit

$$P_u = b \cdot t \cdot f(z, v) \tag{1}$$

angeben, wobei

$b$ Zahnbreite
$t$ Teilung $= m \cdot \pi$ ($m$-Modul)
$z$ Zähnezahl
$v$ Umfangsgeschwindigkeit

bedeuten.

Der Einfluß der Zähnezahl auf die zulässige Umfangskraft wird dabei durch einen empirisch ermittelten Zahnformfaktor $y(z)$ und der Einfluß der Umfangsgeschwindigkeit durch einen ebenfalls empirisch für die einzelnen Werkstoffe bestimmten Materialfaktor $c(v)$ erfaßt [14]. Damit ergibt sich für

$$P_u = b \cdot t \cdot c \cdot y \text{ [kp]} \tag{2}$$

Näherungsweise können die Werte für $y$ aus der Gleichung

$$y = 2 - \frac{30}{z + 10} \tag{3}$$

entnommen werden.

Für die $c$-Werte liegt keine einheitliche Formel vor, vielmehr sind sie für jeden Werkstoff verschieden und können im allgemeinen vom Rohstoffhersteller angegeben werden. Für Zahnräder aus Phenolharz-Hartgewebe läßt sich nach [14] folgende Formel für $c$ angeben, die bis zu $v \leq 12$ m/s Gültigkeit hat.

$$c = \frac{200}{5 + v} + 0{,}48 \cdot v \quad (v \text{ in m/s}) \tag{4}$$

Mit $P_u$ läßt sich die übertragbare Leistung zu

$$N = \frac{P_u \cdot v}{75} \text{ [PS]} \tag{5}$$

und damit

$$N = \frac{b \cdot t \cdot c \cdot y \cdot v}{75} \text{ [PS]} \tag{6}$$

berechnen.

Von *Hachmann* und *Strickle* [16] wird die Berechnung einer zulässigen Zahnfußbeanspruchung

$$\sigma_V = \frac{100 \cdot P_u}{b \cdot m} \cdot q_\varepsilon \cdot q_K \quad \text{kp/cm}^2 \tag{7}$$

angegeben, wobei

$m$ = Modul und $q_\varepsilon$ und $q_K$ = dimensionslose Beiwerte

bedeuten, die in Abhängigkeit von Zähnezahl und Profilverschiebungsfaktor in Diagrammen dargestellt sind. Des weiteren werden von *Hachmann* und *Strickle* noch Rechenverfahren zur Ermittlung der Zahnradtemperatur, der Zahnradverformung, der Zahnflankenbeanspruchung und des Zahnflankenverschleißes angegeben.

Ein Rechenbeispiel zur Dimensionierung eines Kunststoffzahnrades rein nach der zulässigen Umfangskraft sei mit folgenden Daten gegeben:

| | |
|---|---|
| zu übertragende Leistung | $N = 8$ PS |
| Drehzahl | $n = 1000$ min$^{-1}$ |
| Ritzeldurchmesser | $d_0 = 150$ mm |
| Modul | $m = 5$ mm |
| Temperatur | $\vartheta = 100$ °C |

Gesucht ist die erforderliche Zahnradbreite $b$.

Rechnungsgang:

Aus
$$b = \frac{N \cdot 75}{c \cdot y \cdot m \cdot \pi \cdot v} \tag{8}$$

wird mit
$$v = \pi \cdot d_0 \cdot n \tag{9}$$

$$v = 7{,}8 \text{ m/s,}$$

mit $z = 30$ aus $d_0/m$

wird $$y = 2 - \frac{30}{z+10} = 2 - \frac{30}{40} = 1{,}25. \tag{10}$$

Da die Temperatur sehr hoch liegt, wird ein Phenolharz-Hartgewebe-Werkstoff gewählt. Der Beiwert $c$ ist hierfür aus

$$c = \frac{200}{5+v} + 0{,}48 \cdot v \tag{11}$$

zu $$c = \frac{200}{12{,}8} + 3{,}7 = 19{,}3 \tag{12}$$

zu errechnen.

Damit wird

$$b = \frac{8 \cdot 75}{19{,}3 \cdot 1{,}25 \cdot 5 \cdot \pi \cdot 7{,}8} \quad [\text{cm}] \tag{13}$$

$b = 2{,}04$ cm, gewählt wird $b = 2{,}2$ cm

Die Zusammenhänge zwischen den einzelnen Bestimmungsgrößen lassen sich für die verschiedenen Werkstoffe und Beanspruchungsbedingungen in einfach zu benutzenden Diagrammen darstellen und sind z. B. in [15] für einige gebräuchliche Zahnradwerkstoffe dargestellt.

#### 5.1.2.2. *Gleitlager* [21 bis 24]

Die bei der Verwendung von Kunststoffen als Zahnradwerkstoffe genannten Vorteile können hier voll übernommen werden, wobei sich insbesondere die guten Gleit- und Notlaufeigenschaften günstig auswirken. Als nachteilig gegenüber metallischen Lagerwerkstoffen sind zu nennen: hohe Wärmedehnung, Dehnung durch Feuchtigkeitsaufnahme und damit Änderung des Lagerspiels, begrenzte Temperaturbeständigkeit und wegen der Gefahr zu hoher Erwärmung begrenzte Gleitgeschwindigkeit. Als Lagerwerkstoffe kommen von den Thermoplasten hauptsächlich Polyamid (PA), Polyacetale (POM) und Polytetrafluoräthylen (PTFE) für hohe Temperaturen bis + 250 °C in Frage. Von den Duroplasten werden gefüllte und verstärkte Phenolharze üblicherweise verwendet.

Bei der Konstruktion von Gleitlagern ist besonders auf eine gute Wärmeableitung zu achten, damit kein Versagen durch zu hohe Reibungswärme entsteht. Dazu ist die Lagerschale aus Kunststoff möglichst dünn auszulegen und ggf. noch das Schmiermittel zur Kühlung heranzuziehen. Die mechanische Belastbarkeit errechnet sich zum einen aus dem mittleren Flächendruck $\mathfrak{p}$ des Lagers

$$\mathfrak{p} = \frac{P}{b \cdot d} \quad \text{kp/cm}^2 \tag{14}$$

mit

$P$ = Lagerbelastung kp
$b$ = Lagerbreite cm
$d$ = Lagerdurchmesser cm

und zum anderen aus der für diese Flächendrücke gültigen zulässigen Gleitgeschwindigkeiten $v$, damit eine zulässige Höchsttemperatur $\vartheta_{zul}$ nicht überschritten wird. Von *Hachmann* und *Strickle* [23] werden für Polyamid-Zahnräder Diagramme mit zulässigen Belastbarkeiten $p \cdot v$ als Funktion der Lagerschalendicke, der Lagerbreite und verschiedenen Schmierbedingungen angegeben.

### 5.1.2.3. *Laufrollen* [1]

Vor allem bei rauhen Betriebsbedingungen stellen Laufrollen aus Kunststoffen eine günstige Lösung dar, da hier die spezifischen Kunststoffeigenschaften voll zur Geltung kommen. Insbesondere sind dabei zu nennen:

hohe mechanische Dämpfung

hohe Zähigkeit

geringer Abrieb

geringe *Hertz*sche Flächenpressungen infolge geringen E-Moduls und daher ungefährlich bei Kantenpressungen.

Begrenzt wird der Einsatz von Kunststoffen für Laufrollen durch die bei hoher Belastung und Geschwindigkeit auftretende hohe innere Erwärmung sowie durch den höheren Rollwiderstand im Vergleich zu Metallen.

Der Vorteil der geringen *Hertz*'schen Flächenpressung kann am Beispiel der Paarung Stahlschiene–zylindrische Walze dargestellt werden. Es ist:

$$p_{\max}^2 = 0{,}175 \cdot \frac{P}{b \cdot r} \cdot E' \qquad (15)$$

mit

$$\frac{1}{E'} = \frac{1}{2}\left[\frac{1}{E_{\text{Stahl}}} + \frac{1}{E_{\text{Kunststoff}}}\right] \qquad (16)$$

Da $\frac{1}{E_{\text{Stahl}}} \ll 1$, kann

$E' \approx 2\,E_{\text{Kunststoff}}$ gesetzt werden.

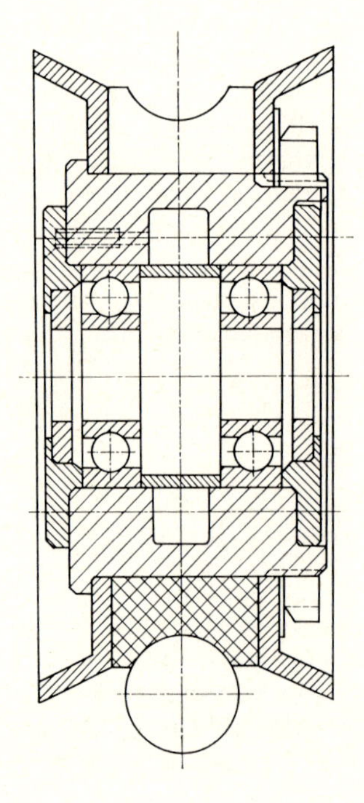

Bild 5.1–1 Laufrolle mit eingepreßtem Futter aus Polyamid [16]

Damit wird

$$p_{\text{max}} = 0{,}84 \sqrt{\frac{P}{b \cdot D}} \cdot \sqrt{E_{\text{Kunststoff}}} \tag{17}$$

Es muß bei der Werkstoffwahl $p_{\text{max}} < p_{\text{max zul}}$ für den betreffenden Werkstoff sein. Für Polyamide kann $p_{\text{max}} = 400$ kp/cm² bei sehr niedrigem $v$, 200 kp/cm² bei mittlerem $v$ und 100 kp/cm² bei hohem $v$ (z. B. Seilscheiben) gesetzt werden.

Konstruktiv ist darauf zu achten, daß die Laufflächen seitlich nicht weggepreßt werden können. Es hat sich für Seillaufrollen bewährt, nur eine relativ dünne Kunststoffschicht als Laufring zu verwenden, die seitlich von Stahlringen gehalten wird (Bild 5.1–1).

### 5.1.2.4. *Lüfterräder und Ventilatoren* [25, 1]

Bei Ventilatoren- und Lüfterradflügeln treten vornehmlich Fliehkräfte und Schwingungsbeanspruchungen durch Flattern der Flügel auf. Es ist daher zu prüfen, ob der Kunststoff gegen Schwingungen und Stoßbeanspruchungen genügend unempfindlich ist und ob er während der Beanspruchungszeit der Zugbeanspruchung in der Schaufel infolge der Fliehkraft standhält [25]. Der kritische Querschnitt befindet sich bei Schaufeln gleichen oder nach außen hin zunehmenden Querschnittes am Schaufelfuß. Hier wirkt die Zentralkraft $Z$ auf den Fußquerschnitt $F_{\text{F}}$

$$Z_{\text{F}} = \int_{x=0}^{x=r} m_{\text{x}} \cdot \omega^2 \cdot x \, \mathrm{d}x \tag{18}$$

Es muß mit genügender Sicherheit die am Schaufelfuß auftretende Spannung

$$\sigma_{\text{F}} = \frac{Z}{F_{\text{F}}} < \sigma_{\text{zul}} \quad \text{sein,} \tag{19}$$

wobei für $\sigma_{\text{zul}}$ die Zeitstandfestigkeit für die Belastungsdauer des Lüfters einzusetzen ist. Ferner ist noch die Schaufeldehnung zu berechnen, die sich aus dem Integral der lokalen Einzeldehnungen unter den längs des Flügels wirkenden Spannungen einstellen. Es ist:

$$\varepsilon = \frac{\sigma}{E_{\text{c}}} \tag{20}$$

mit

$E_{\text{c}}$ = Kriechmodul [kp/cm²]

zu setzen und die Gleichung für

$$\varepsilon = \int_{x=0}^{x=r} \frac{\sigma_x}{E_{\text{c}}} \, \mathrm{d}x = \frac{1}{E_{\text{c}}} \int_{x=0}^{x=r} \frac{Z_x}{F_x} \, \mathrm{d}x \text{ zu integrieren.} \tag{21}$$

Von *Dreier*, *Hachmann* und *Strickle* [25] werden detaillierte Berechnungen für verschiedene Kunststoffe angegeben. Das Lüfterradgehäuse ist so auszulegen, daß zum einen kein übermäßig großes Spiel zwischen Lüfterflügel und Gehäuse wegen des dann geringeren Wirkungsgrades auftritt, zum anderen aber im Durchmesser so groß zu dimensionieren, daß auch durch die infolge Kriechens der Schaufeln und der Nabe eintretende Gesamtverlängerung der Schaufeln ein Anstreifen am Gehäuse vermieden wird.

Eine sichere Dimensionierung gegen Rißbildung und damit der Gefahr vorzeitigen Versagens kann auch durch Begrenzung der lokalen Dehnung am Schaufelfuß durch die Fließverformung $\varepsilon_{F\infty}$ mit $\varepsilon_{F\infty} \geq \varepsilon_F = \frac{\sigma_F}{E_c}$ erfolgen (s. Kap. 1).

### 5.1.3. Sonstige Anwendungen

Die dargestellten Beispiele sollen prinzipiell zeigen, wie die Kunststoffe mit ihren speziellen Eigenschaften vorteilhaft als Maschinenelemente eingesetzt werden können. Sie können wegen der Fülle möglicher Anwendungen nicht umfassend sein und nur einen kleinen Ausschnitt dessen bieten, was in anderen Werken ausführlich dargestellt wird. Als weitere Einsatzgebiete sind, um nur einige anzuführen, die Dichtungen zu nennen, ferner Feder- und Dämpfungssysteme, elastische Kupplungen, Schnappverbindungen, Walzenüberzüge, Gehäuse und Entdröhnsysteme für großflächige Blechkonstruktionen. Die Möglichkeiten des Einsatzes von Kunststoffen gerade im Maschinenbau werden um so vielfältiger, je mehr man sich von den konventionellen Konstruktionsformen mit Metallen löst und die Gestaltung und Fertigungstechnik der Teile den spezifischen Eigenschaften der Kunststoffe anpaßt.

## Literaturverzeichnis


1. *BASF:* Werkstoffblätter.
2. *Bayer:* Kunststoff-Informationen.
3. *Hoechst:* Kunststoffe-Hoechst.
4. *CWH:* Werkstoffinformationen-Ringbücher.
5. *Röber, H.:* Kunststoffe *60*, 697 (1970).
6. *Menges, G.* u. *E. Alf:* Industrie-Anzeiger *91*, 2339.
7. *Dreier, H.* u. *E. Strickle:* Ingenieur-digest 7, 61; 85 (1968).
8. *Hachmann, H.:* Ausgewählte Beispiele für die Anwendung von Polyamiden für Maschinenelemente. VDI-Fortschrittsberichte Reihe 5, Nr. 1, S. 35.
9. *Weber, A.:* Konstruktion *16*, 2 (1964).
10. *Weber, A.:* Werkstattstechnik *56*, 290 (1966).
11. *Weber, A.:* Kunststoffanwendungen im Maschinenbau, Haus der Technik, Essen 1965. Vortragsveröffentlichungen.
12. *Friedrich, G.* u. *H. Röber:* Werkstatt und Betrieb *100*, 765 (1967).
13. *Weber, A.* u. *H. Dreier:* Industrie-Anzeiger *86*, 1865 (1964).
14. ZVEI und VKE: Zahnräder für Hartgewebe, Berechnungsblatt. Frankfurt/M. o. Jg.
15. *Menges, G.* u. *S. Joisten:* Maschinenmarkt *72*, 913 (1966).
16. *Hachmann, H.* u. *E. Strickle:* Konstruktion *18*, (1966).
17. *Hachmann, H.* u. *E. Strickle:* Klepzig Fachberichte *76*, 545 (1968).
18. *Joisten, S.:* Plastverarbeiter *18*, 813 (1967).
19. *Rothe, W.:* Klepzig Fachberichte *72*, 306 (1964).
20. *Ploch, W.:* Kunststoff-Praxis, 99 (1960).
21. *Hachmann, H.*, u. *E. Strickle:* Kunststoffe *59*, 45 (1969).
22. *May, A.*, u. *K.-D. Schlums:* Antriebstechnik *5*, 50 (1966).
23. *Hachmann, H.*, u. *E. Strickle:* Konstruktion 16, (1964) Heft 4.
24. *Erhard, G.:* TZ für praktische Metallbearbeitung *59*, 449 (1965).
25. *Dreier, H.*, *H. Hachmann* u. *E. Strickle:* MTZ *26*, 367 (1965).

# 5.2. Konstruieren mit Kunststoffen im chemischen Apparatebau

Georg Menges

## 5.2.1. Bedeutung des chemischen Apparatebaues und der Kunststoffe

Der chemische Apparatebau mit Kunststoffen hat erhebliche Ähnlichkeit mit dem metallischen Apparatebau. Die Kunststoffe werden dort eingesetzt, wo die Beständigkeit von Metallen, Holz, Keramik oder Glas und Beton nicht ausreicht oder Kunststoffe sich als preisgünstiger erweisen. Es handelt sich hier abweichend von den meisten anderen Kunststoffanwendungen um Einzelfertigungen und infolgedessen anderen Berechnungsformen und vor allem – handwerkliche – Einzelfertigung aus Halbzeugen.

Die bevorzugten Anwendungen zeichnen sich durch niedriges mechanisches und thermisches Belastungsniveau, aber hohe Korrosionsbeanspruchung aus. Sie finden sich in der Lüftung und Klimatisierung entsprechender Betriebe und Laboratorien, der Galvanotechnik und Fotoentwicklung, also bei Lagertanks und Rohrleitungen für chemisch aggressive Säuren, Laugen und Salzlösungen. Sobald Lösungsmittel hinzukommen, wird jedoch die Anwendung von Kunststoffen problematisch. Höhere Temperaturen – 80 bis 100 °C – sind selten und kommen praktisch nur bei Belastung durch Gase in Frage, weil die Kunststoffe den hydrostatischen Drücken von Flüssigkeiten bei diesen Temperaturen im allgemeinen nicht gewachsen sind. Dies gilt auch für viele glasfaserverstärkte Harze, von denen nur wenige bei noch etwas höheren Temperaturen ständig mechanisch und chemisch belastet werden können. Auskleidungen im klassischen Sinn werden infolge der steigenden Lohnkosten immer seltener, lediglich solche mit Kautschuk und anderen Elastomeren werden noch gelegentlich ausgeführt.

Neu im letzten Jahrzehnt hinzugekommen ist jedoch der Verbund zwischen korrosionsbeständigem Thermoplast und tragfähigem Duroplast, meist GFK. Der Hauptanreiz für solche Konstruktionen ist fertigungstechnischer Natur, denn der zunächst gefertigte innere Thermoplastapparat wirkt für die nachfolgende GFK-Beschichtung als verlorene Form. Diese Armierung ist billiger als das Aufschweißen von Verstärkungen o.a. Verstärkungsmaßnahmen.

Für den Konstrukteur ergeben sich hier reizvolle Aufgabenstellungen, die Kenntnisse der Werkstoffkunde, Gefühl für Werkstoffverhalten und handwerkliche Fertigung der Kunststoffe ebenso verlangen wie Verfahrenstechnik und Festigkeitslehre. Da im allgemeinen jede Konstruktion eine Neuschöpfung darstellt, fehlen die Prüfmöglichkeiten. Der Konstrukteur ist auf Erfahrung angewiesen. Auch die wirtschaftlichen Risiken sind bei Einzelfertigung oft größer als bei Serienproduktion, weshalb eine Konstruktion im allgemeinen besonders sorgfältig auf ihre Kosten hin beurteilt wird.

## 5.2.2. Beispiel für die Vorgehensweise bei einem Erstentwurf

### 5.2.2.1. *Aufgabenstellung und Beanspruchungen*

Im allgemeinen werden eher Systeme, d.h. Anlagenkomplexe einer Fabrikation als nur einzelne Teile aus Kunststoffen erstellt. Als Beispiel sei hier ein Waschturm für salzsäurehaltige Abgase als Teil einer Anlage gewählt, der jedoch selbst wieder aus einer Reihe von Einzelteilen besteht [1]. Die Anforderungen seien:

1. Druckbelastung $p = \pm 200$ mm WS innerer Unterdruck
2. Betriebstemperatur $\vartheta_{max} = +50\,°C$

3. Lebensdauer $t = 15$ Jahre, Medium: Salzsäuredämpfe
4. Belastung $\Sigma G = 200$ kp Füllkörper + 2000 kp Wasser
5. Abmessungen (aus verfahrenstechnischen Gründen gegeben)

5.1. Durchmesser $D = 1000$ mm

5.2. Höhe $H = 5000$ mm

5.3. Herstellangaben: Teilbar in Sockel von etwa 1000 mm Höhe – dieser Teil muß für hydrostatischen Druck ausgelegt werden, da er als Wasserbehälter dient – und Zylinder, abnehmbaren Deckel mit Abgasstutzen, Zu- und Abgangsstutzen, 2 im Sockel, 3 im Zylinder entsprechend Skizze (Bild 5.2–1).

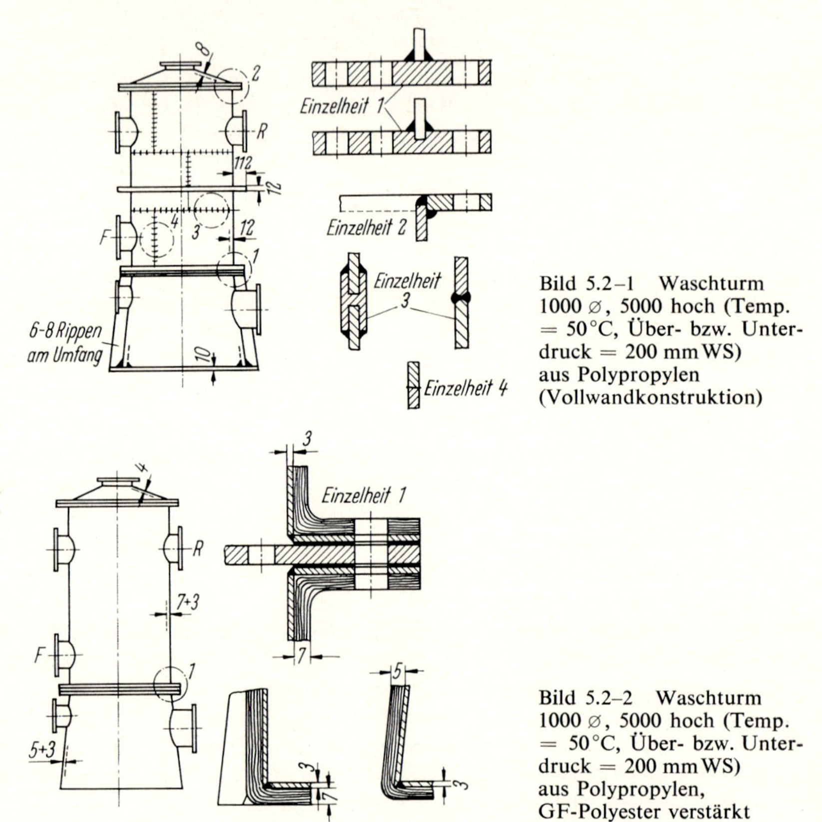


Bild 5.2–1 Waschturm 1000 ∅, 5000 hoch (Temp. = 50 °C, Über- bzw. Unterdruck = 200 mm WS) aus Polypropylen (Vollwandkonstruktion)

Bild 5.2–2 Waschturm 1000 ∅, 5000 hoch (Temp. = 50 °C, Über- bzw. Unterdruck = 200 mm WS) aus Polypropylen, GF-Polyester verstärkt

5.2.2.2. *Abschätzung der mechanischen Beanspruchung auf die Zylinderschüsse*

Es errechnen sich für die aus dem Betrieb folgenden Anforderungen für den oberen Zylinder:

Für die Belastung in *Umfangsrichtung* beträgt die Druck-Schnittkraft senkrecht zur Achsrichtung.

$$T = \sigma \cdot s = \frac{p \cdot D}{2} = \frac{200}{10^4} \cdot 50 = 1 \text{ kp/cm}. \tag{1}$$

Da die Innenbelastung aus Füllkörpern und Flüssigkeit über Böden abgetragen wird, kann der hydrostatische Druck auf die Wand von ca. 10 cm Wassersäule und Füll-

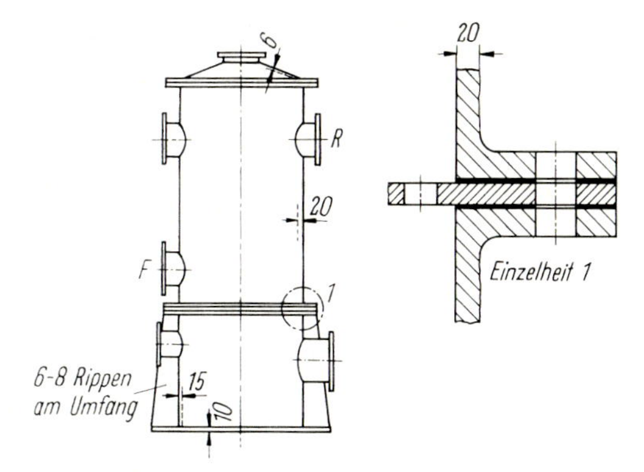


Bild 5.2–3 Waschturm 1000 ⌀, 5000 hoch (Temp. = 50 °C, Über- bzw. Unterdruck = 200 mm WS) aus Polypropylen (Wickelrohr)

körpern auf jedem Boden hinsichtlich der Tangentialbeanspruchung vernachlässigt werden.

Die Druck-Schnittkraft in *Längsrichtung*, also parallel zur Achsrichtung beträgt:

$$L = \sigma_1 \cdot s \cong \frac{G}{\pi \cdot D} \tag{2}$$

Zum Gewicht aus Füllkörpern und Wasser kommen noch geschätzte Gewichte des Deckels und angeflanschter Leitungen.

$G_{\text{ges}} \sim 2300$ kp

$$L = \frac{2300}{3{,}14 \cdot 10^2} = 7{,}3 \text{ kp/cm}$$

### 5.2.2.3. *Werkstoffauswahl für die Zylinderschüsse*

Als Werkstoffe wären, was die Chemikalienbeständigkeit für diesen Anwendungsfall angeht, geeignet:

a) PE weich
b) PE hart
c) Stahl gummiert oder mit Polyisobutylen ausgeklebt
d) PVC hart
e) PP
f) GFK
g) Metalle.

Für die einzelnen Werkstoffe ergeben sich hinsichtlich der Tragfähigkeit folgende Gesichtspunkte:

a) PE weich scheidet wegen zu niedriger Tragfähigkeit aus.
b) PE hart ist zwar ausreichend tragfähig, hat aber fertigungstechnische Nachteile und geringe mechanische Reserven, insbesondere bei Unterdruckbeanspruchung infolge des niedrigen Langzeit-Elastizitätsverhaltens.
c) Stahl gummiert oder mit PIB beschichtet, ist nur ohne Unterdruck einsetzbar.

d) PVC hart bringt fertigungstechnische Nachteile (Schweißen) montagemäßige Nachteile (Sprödigkeit) und betriebliche Nachteile (zu geringe Reserven gegen Beulen und Korrosionsgefahr).
e) PP ist geeignet und kann ausreichend sicher gegen Beulen dimensioniert bzw. gestaltet werden.
f) GFK ist bei Verwendung von Normalharzen mangelhaft beständig. Sonderharze sind erheblich teurer.
g) Stähle – auch Sonderstähle, sind ungeeignet. Metalle sind zu teuer.

### 5.2.2.4. *Fertigungstechnische Betrachtungen*

Es bieten sich mehrere Möglichkeiten zur Fertigung der Zylinderschüsse aus PP:

a) aus Platten 2000 × 1000 mm durch Runden, Schweißen zum Zylinder und Versteifen mit Rippen.
b) aus Polypropylen-Wickelrohr.
c) aus mit Verbundschicht beschichteten Platten 2000 × 1000 × 3 mm durch Runden und Schweißen zum Zylinder und Beschichten mit GFK-Normalharzen – Mattenlaminat.

### 5.2.2.5. *Berechnung der drei Fertigungsmöglichkeiten*

Die Rechnung ergibt als entscheidende Dimensionierungsgröße den äußeren Überdruck, welcher den Zylinder auf Beulen beansprucht.
Es rechnen sich daraus die Wandstärken [1] und [2].

a, 1) Zylinder aus Platten gefertigt:

Zunächst wird der Schlankheitsgrad benötigt, er beträgt:

$$\lambda_V = 2\pi \cdot \frac{r}{s} \sqrt{1-\mu^2} \qquad \mu = 0{,}35 \tag{3}$$

$$= \left(2 \cdot \pi \cdot 50 \sqrt{1 - 0{,}35^2}\right) \cdot \frac{1}{s}$$

$$= \frac{290}{s}$$

und da die kritische Stauchung $\varepsilon_k = \frac{\pi^2}{\lambda^2}$ beträgt, muß die Umfangsschnittkraft

$$T = \sigma \cdot s < \frac{E \cdot \varepsilon_k \cdot s}{S} \tag{4}$$

ausreichend niedrig sein, damit die kritische Dehnung nicht erreicht wird.

Man kann bei den für Beulen zulässigen relativ kleinen Verformungen annehmen, daß diese bei Entlastung sich stets völlig rückformen. Man ermittelt somit $E$ aus der längsten durchlaufenden Belastungszeit, die sicherheitshalber mit 1 Jahr angesetzt wird. Es ergibt sich für $E_{1a} \sim 2{,}5 \cdot 10^3$ kp/cm². Die Werte sind einem Diagramm für den Kriechmodul oder einem isochronen Spannungsdehnungsdiagramm zu entnehmen.

$$\frac{T}{E} = \frac{\sigma \cdot s}{E} < \frac{\varepsilon_k \cdot s}{S}$$

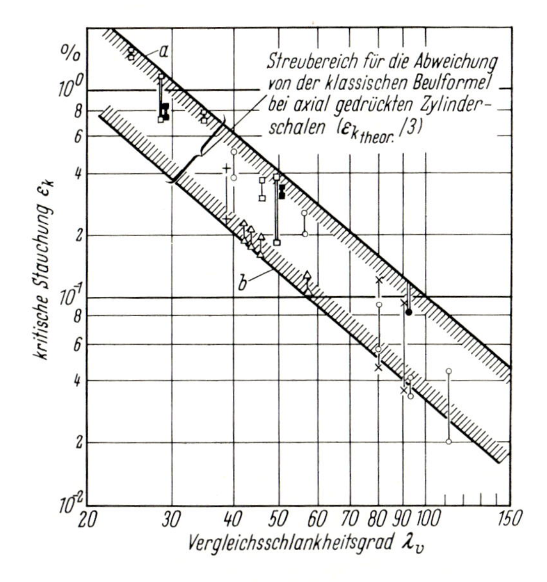


Bild 5.2–4 Beulen von Kreiszylindern (Schalen) aus verschiedenen Werkstoffen.

| | |
|---|---|
| *a* | theoretische Gerade $\varepsilon_k = \pi^2/\lambda^2$ |
| □ | Polyäthylen hart (Kriechversuche) |
| + ○ × △ | Zylinder aus Polyester, Celluloid, Polymethylmethacrylat |
| I | Langzeit-Beulversuche (radialer Druck) an Polyäthylen |
| I | Kurzzeit-Beulversuche (axialer Druck) an Polyäthylen |
| I | Langzeit-Beulversuche (axialer Druck) an Polyäthylen |
| *b* | Grenze der Stabilität für axial gedrückte Kreiszylinderschalen nach Wolmis |

$$\frac{\sigma \cdot s}{E} = \frac{T}{E} = \frac{1}{2,5} \cdot 10^{-3} = 0,4 \cdot 10^{-3}\ \text{cm}$$

Nun schätzt man die Wandstärke. Mit der Annahme $s = 20$ mm $\triangleq$ 2 cm – ergibt sich ein Schlankheitsgrad von

$\lambda = 145$ und aus Bild 5.2–4 ein $\varepsilon_k = 0,05\% = \dfrac{0,05}{100}$.

$$\varepsilon_k \cdot s = \frac{0,05}{100} \cdot 2 = 1 \cdot 10^{-3}\ \text{cm}$$

Damit ergibt sich die Sicherheit zu

$$S = \frac{\varepsilon_k \cdot s \cdot E}{T} = \frac{1 \cdot 10^{-3}}{0,4 \cdot 10^{-3}} = 2,5$$

Diese Fertigung ist jedoch unrationell, da 20-mm-Platten nur mit hohem Aufwand geschweißt und gerundet werden können.

a, 2) Zylinder aus Platten mit Rippen im Abstand von $l = 100$ cm. Die Nachrechnung nach obiger Methode jedoch mit dem Schlankheitsgrad für verrippte Rohre

$$\lambda_V = \frac{2\pi}{0{,}92} \cdot \sqrt{\frac{l}{r}} \cdot \sqrt[4]{\left(\frac{r}{s}\right)^3} \tag{5}$$

ergibt eine notwendige Wandstärke von 12 mm. Auch diese Fertigung ist unrentabel.

b) Zylinder aus Wickelrohren, gewählt entsprechend obiger Rechnung ($a$, 1) zu $s = 20$ mm, stellt die billigste Fertigungsmöglichkeit dar.

c) Zylinder, hergestellt aus PP-Platten und GFK-Armierung. Man betrachtet die PP-Platte als nicht tragend, jedoch wirkt die volle Wandstärke.

1. Annahme

Die Wandstärke möge betragen PP = 3 mm
GFK = 7 mm
$\Sigma s$ = 10 mm ≙ 1 cm.

Für diese Wandstärke wird nach Gleichung (3)

$\lambda_V = 290$

und $\varepsilon_k = \frac{\pi^2}{\lambda^2} = \frac{9{,}9}{8{,}4 \cdot 10^4} = 0{,}12 \cdot 10^{-3}$.

Damit geht man in die umgeformte Gleichung (4)

$$\frac{T}{E} < \frac{\varepsilon_k \cdot s_{GFK}}{S}.$$

Hier zählt nur die tragende Wandstärke $s_{GFK}$ ebenso wie nur der $E$-Modul des GFK. Für eine Belastungsdauer von einem Jahr ist $E_{GFK} \approx 25 \cdot 10^3$ kp/cm²

$$\frac{T}{E} = \frac{1}{25 \cdot 10^3} = 0{,}4 \cdot 10^{-4}\,\text{cm}$$

$$\varepsilon_k \cdot s_{GFK} = 0{,}12 \cdot 10^{-3} \cdot 0{,}7 = 0{,}84 \cdot 10^{-4}\,\text{cm}.$$

Hier ergibt sich nur eine Sicherheit von $S \sim 2$, das ist zu wenig; die GFK-Wandstärke müßte etwa 9 mm betragen. Hierdurch wird die Konstruktion ebenfalls unwirtschaftlich.

### 5.2.2.6. *Systembetrachtung*

Auch im gesamten System scheint das Polypropylen-Wickelrohr die vernünftigste Lösung, da sie das insgesamt geringste Gewicht hat (einschl. Flanschen). Ebenso bestehen bei den zu erwartenden Temperaturwechseln beim An- und Abschalten im Betrieb keine Schwierigkeiten.

Die Montage und der Transport sind ungefährlicher. Als Nachteil ergibt sich gegenüber der GFK-Konstruktion, daß alle Rohrstutzen über Rippen mit dem Zylinder verbunden werden müssen.

### 5.2.2.7. *Auslegung des Zubehörs*

In gleicher Weise müssen nun alle anderen Teile wie Füllkörperböden, Deckel, Sockel und Zylinder durchgerechnet werden. Die Flanschkräfte sind zu bestimmen und die Werkstoffe, Fertigung und Konstruktion zu wählen.

5.2.2.8. *Ergebnis der Erstabschätzung*

Die Kalkulation wird durchgeführt. Sie ergibt für a, 2) = 103%, für b) = 100% und für c) = 108%.

### 5.2.3. Zeichnung der Konstruktion

Die Bilder 5.2–1 bis 5.2–3 zeigen die drei besprochenen Lösungsmöglichkeiten und einige Konstruktionsdetails.

Es sind nun der Erstentwurf zu vertiefen und die Einzelteilzeichnungen, die Beschaffungs-, Fertigungs- und Montagevorschriften zu erarbeiten. Mit dem Betreiber muß eine Betriebsvorschrift erstellt werden, die insbesondere die Gefahren bei Überbeanspruchung enthalten muß, damit entsprechende Gewährleistungsmängel ausgeschlossen werden können.

### Literaturverzeichnis

1. *Klant, H.:* Geschweißte Kunststoff-Konstruktionen unter Berücksichtigung der Wirtschaftlichkeit. Vortrag auf der Sondertagung „Kunststoffschweißen" in Essen am 26. 9. 69.
2. *Menges, G.*, u. *R. Taprogge:* VDI-Zeitschrift *112*, 341 (1970).

## 5.3. Kunststoffe als Werkstoffe im Bauwesen, Eignung und Einsatzgebiete

Rainer Taprogge

### 5.3.1. Allgemeines [1 bis 7]

Kunststoffe werden auf allen Gebieten des Bauwesens bereits seit langem als Werkstoffe für verschiedenste Zwecke mit Erfolg eingesetzt. Auch hier gilt, daß man für den jeweiligen Verwendungszweck aus der vorhandenen Werkstoffpalette den Werkstoff auswählt, der die gewünschte Funktion in technischer und wirtschaftlicher Sicht am besten erfüllt. Aufgrund der außerordentlichen Variationsbreite des Eigenschaftsbildes findet man daher Kunststoffe im Tiefbau, Straßenbau, Hochbau und im Innenausbau und zwar sowohl in nichttragenden als auch in selbsttragenden Bauelementen. Im Tiefbau werden thermoplastische Kunststoffe und GFK/Thermoplast-Verbundrohre für Trinkwasserleitungen und Abwasserrohre mit Erfolg eingesetzt. Ihre Unempfindlichkeit gegen korrosive Böden und gegen die zu transportierenden Medien machen sie zusammen mit der einfachen Verlegetechnik zu einem immer mehr bevorzugten Werkstoff. Für Druckwasserleitungen kleineren Durchmessers werden meist PVC-, PP- oder PE-Rohre verwendet, die entsprechend ihrer Zeitstandfestigkeit auf eine Lebensdauer von 50 Jahren dimensioniert werden. Für größere Durchmesser empfiehlt sich bei hohem Innendruck eine GFK-Ummantelung, während drucklose Leitungen ebenfalls aus extrudierten oder in einem Spezialverfahren gewickelten Rohrstücken aus Thermoplasten hergestellt werden. Zu erwähnen sind auch die neuerdings zugelassenen Heizöl-Lagertanks aus GFK, die ebenfalls den Vorteil hoher Korrosionsbeständigkeit aufweisen, sowie die Verwendung von Kunststoffen als Isolierwerkstoffe für erdverlegte Kabel. Im Straßenbau finden die Kunststoffe als schnell aushärtende Bindemittel für Reparaturen von Deckschichten, z.B. als Epoxidharz-Mörtel, Verwendung, ferner als Isolierfolien zum Schutz gegen Frostaufbrüche sowie für Dränageleitungen, Beschilderungen und Begrenzungspfosten. Mit neuesten Versuchen wird angestrebt, Kunststoffe wegen ihres geringen Reibverschleißes anstelle von Bitumen als Bindemittel für Deckschichten zu verwenden. Denkbar wäre auch die Entwicklung eines Kunststoffsplitts, durch den die nachteiligen Sprödbrüche von Naturgestein wegfielen, die gerade in letzter Zeit wegen der zunehmenden Verwendung von Spikes-Reifen zu progressivem Verschleiß der Straßen-Deckschichten führten.

Im Hochbau finden sich die vielfältigsten Kunststoffanwendungen von Kunststoffen. Türen, Fenster und Rolladen, Fassadenelemente, Dacheindeckungen und Lichtkuppeln, Fensterbrüstungen und Wandelemente werden aus oder unter Verwendung von Kunststoffen hergestellt. Als Dichtungsbänder, -folien und -massen finden sie beim Verbinden und Abdichten von Einzelteilen und ganzen Bauten Verwendung. Die Einschalung von Betonkonstruktionen wird immer mehr mit GFK-Schalungselementen vorgenommen.

Im Innenausbau kann bereits die gesamte sanitäre Installation mit Kunststoffen vorgenommen werden, wobei vorgefertigte Sanitärzellen eingesetzt werden. Fußböden werden heute überwiegend aus Kunststoffen hergestellt und auch für Türen, Dekorationen und Möbel werden zunehmend Kunststoffe verarbeitet. Bei allen erwähnten Einsatzgebieten werden die im Vergleich zu anderen Werkstoffen günstigeren Eigenschaften der Kunststoffe mit Vorteil genutzt. Insbesondere sind für die Verwendung im Bauwesen zu nennen:

1. Korrosionsbeständigkeit

   Die Kunststoffteile bedürfen im allgemeinen keiner besonderen Pflege oder Wartung und halten auch aggressiven Umgebungsmedien ohne Schädigung stand.

2. Geringes Gewicht

   Besonders bei vorgefertigten Teilen können durch das geringe Gewicht der Kunststoffteile die Transportkosten erheblich gesenkt werden. Ferner können bei Verwendung von mittragenden Bauelementen aus Kunststoffen die Gesamtkonstruktion sowie die Montagekonstruktionen des Baues leichter ausgelegt werden, was wiederum zu einer Kostensenkung führt. Das günstige Verhältnis von Festigkeit und E-Modul zum spezifischen Gewicht macht vor allem GFK und GFK-Sandwichteile zu idealen Leichtbauwerkstoffen.

3. Die leichte Verarbeitbarkeit der Kunststoffe sowohl für kleinste Stückzahlen als auch für mittlere und größere Serien gestattet eine kostengünstige Fertigung für eine große Bandbreite von Bauteilen.

4. Durch Verbundbauweise mit Schaumstoff oder Schaumstoff/Beton können in einem Arbeitsgang komplette Wandelemente mit Fenster- und Türausschnitten etc. und vielseitiger Formgebung hergestellt werden.

5. Die geringe Wärmeleitung, die vor allem bei den Kunststoffschäumen noch verbessert werden kann, ermöglicht dünnwandige Sandwichelemente mit hoher Isolierwirkung.

Es wurde bereits erwähnt, daß Kunststoffe vermehrt auch für die Herstellung tragender oder mittragender Bauelemente eingesetzt werden. Die vorgenannten Eigenschaften lassen gerade die mit Glasfasern verstärkten Kunststoffe sowie Sandwichkonstruktionen aus GFK und Stützkernen aus Polyurethanschaum oder Polyesterschaum/Foamglas hierfür besonders geeignet erscheinen. Neben dem günstigen Eigenschaftsbild spielt hier vor allem die gegenüber Betonelementen günstige und rationellere Fertigungstechnik sowie das geringe Gewicht der fertigen Konstruktionen eine große Rolle. Der ausschließlichen Verwendung von Kunststoffen für tragende Zwecke in mehrgeschossigen Bauten steht jedoch hauptsächlich der im Vergleich zu Beton und Stahl geringe E-Modul entgegen, der auch bei Sandwichkonstruktionen zu unzulässig hohen Verformungen führen würde, wenn Mehrgeschoßbauten ohne Stahl- oder Stahlbetonskelett hergestellt werden. Eine Ausnahme können hier allenfalls Sandwich-Konstruktionen mit extrem festen Stützkernen bilden. Mit Vorteil werden jedoch Sandwich-Konstruktionen aus GFK als Deckschichten und Kunststoffschaumkernen als selbsttragende Außenwand- und Zwischenwand-Elemente verwendet sowie für Bungalowbauten auch als voll tragende Wand- und Deckenelemente. Wegen der hohen spezifischen Festigkeits- und E-Modulwerte werden GFK auch bevorzugt für Dacheindeckungen gebraucht, wobei hohe Auflagerabstände und leichte Unterkonstruktionen entscheidende Vorteile gegenüber herkömmlichen Dachkonstruktionen bieten. Außerdem sind GFK normalerweise transluzent, so daß sich der Einbau von Dachfenstern bei großen Hallen erübrigt.

Bei der Konstruktionsrechnung von derartigen tragenden oder mittragenden Bauelementen aus Kunststoffen sind vor allem die Zeitabhängigkeit der Festigkeits- und Verformungswerte sowie bei den im allgemeinen großflächigen Konstruktionen die hohe Instabilitätsgefahr infolge des relativ niedrigen E-Moduls zu berücksichtigen. Der begrenzte Einsatztemperaturbereich der Kunststoffe ist bei extremen Anwendungen ebenfalls zu beachten, jedoch reichen normale GFK für das hiesige Klima im allgemeinen aus. Bei tragenden oder mittragenden Funktionen im Hochbau ist vielfach eine bauaufsichtliche Zulassung erforderlich, die nach Überprüfung der Standfestigkeit der Bauteile, der

Güte ihrer Fertigung und nicht zuletzt des Brandverhaltens ausgesprochen wird. Für die Prüfung des Verhaltens unter mechanischer Beanspruchung sind besondere Richtlinien entworfen worden, die als Grundlage zur Beurteilung der Zulassungsfähigkeit herangezogen werden [8]. Gerade das Bauwesen bietet noch erhebliche Anwendungsreserven für den Einsatz von Kunststoffen, die mit zunehmender Fertigung normierter Teile und der Verwendung einfacher und sicherer Konstruktions- und Dimensionierungsregeln zunehmend ausgeschöpft werden können. Notwendig für die Werkstoffauswahl und die Konstruktionsrechnung ist jedoch ein Umdenken auf das spezifische Werkstoffverhalten der Kunststoffe und ihre besser durch zulässige Verformungen als Spannungen charakterisierbaren Versagenserscheinungen [9]. Mit den in zahlreichen Veröffentlichungen und Werkstoffblättern der Rohstoffhersteller und Forschungsinstitute ist eine rechnerische Erfassung der verschiedenen Beanspruchungsfälle einschließlich der Stabilitätsprobleme möglich und ebenso einfach durchzuführen wie für konventionelle Werkstoffe. Die folgenden Beispiele sollen prinzipiell Möglichkeiten zum Einsatz von Kunststoffen in tragenden Bauelementen und die rechnerische Erfassung der Beanspruchungen zeigen.

## 5.3.2. Beispiele für die Verwendung von Kunststoffen für tragende Bauelemente

### 5.3.2.1. *Tragende Dachelemente aus glasfaserverstärktem Polyesterharz* [10]

Für große Lagerhallen und Fabrikationsräume werden Dacheindeckungen benötigt, die eine große Stützweite und ausreichende Versorgung mit Tageslicht gestatten. Hier sind GFK-Profile besonders geeignet, da ihr geringes Gewicht bei zweckmäßiger Profilierung einen hohen Auflagerabstand ermöglicht und eine hohe Lichtdurchlässigkeit bei natürlicher Streuung durch das GFK gegeben ist. Bei einem praktisch ausgeführten Beispiel wurde aus der Fülle möglicher Profilierungen ein sog. „Hutprofil" gewählt (Bild 5.3–1), das bei gleichem Materialeinsatz eine Erhöhung des Trägheitsmomentes gegenüber einer ebenen Platte um den Faktor von ca. 4000 bewirkt und damit die unter dem Eigengewicht und den zusätzlich zu berücksichtigenden Schneelasten auftretenden Verformungen und Spannungen in zulässigen Grenzen hält [10]. Als Werkstoff wurde hier bei einer Laminatdicke von 3,5 mm ein Aufbau von 2 Glasfasermatten mit einem Flächengewicht von je 600 p/m$^2$ und einer Gewebelage mit einer Tragfähigkeit von 180 kp/cm in Kett- und 45 kp/cm in Schußrichtung gewählt, die zur Verstärkung von flammenwidrig eingestelltem Polyesterharz benutzt wurden. Durch ein kontinuierliches Fertigungsverfahren ist eine gleichbleibend hohe Fertigteilqualität und eine wirtschaftliche Produktion hoher Stück-

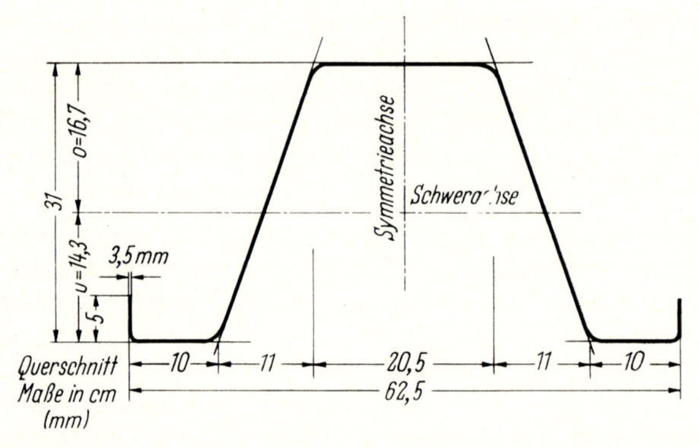


Bild 5.3–1 GFK-Hutprofil

zahlen möglich. Die Profile sind für eine maximale Stützweite von 6,70 m bei geringe Dachneigung und von 7,50 m bei steilen Dächern oder senkrechten Wänden vorgesehen und können in verschiedenen Neigungen von 0 bis 90° verlegt werden.

Für eine Neigung von 0 °, d.h. ein ebenes Dach sollen als Beispiel die unter Eigengewicht und Schneelast auftretenden Spannungen berechnet und mit den werkstoffmäßig zulässigen Werten verglichen werden. Die Profile wiegen bei einer Breite von 62,5 cm ca. 6 kp/m, woraus sich einschließlich der Befestigungsschrauben für die Nachbarprofile ein Wert von $g = 10{,}0\ \text{kp/m}^2$ ergibt.

Die aus dem *Eigengewicht* herrührenden Biegespannungen lassen sich nun einfach aus

$$\sigma_b = \frac{M_b}{W} \tag{1}$$

berechnen, wobei für $W$ das kleinere der beiden Widerstandsmomente

$$W = 511\ \text{cm}^3,$$

bezogen auf 1 m Breite, verwendet wird. Das Widerstandsmoment errechnet sich aus der Summe der Widerstandsmomente der einzelnen Flächenstücke des Hutprofils unter Berücksichtigung der Exzentrizität der Schwereachse. Das Biegemoment

$$M_b = \frac{G \cdot l}{8} \tag{2}$$

ist mit

$$G = g \cdot l \tag{3}$$

$$M_b = \frac{g \cdot l^2}{8} \tag{4}$$

$$M_b = \frac{10 \cdot 6{,}7^2}{8}$$

$$M_b = 56{,}1\ \text{mkp}$$

Damit wird

$$\sigma_{bE} = \frac{5610}{511} = 11{,}0\ \text{kp/cm}^2$$

Bei einer Dachneigung von $\alpha = 20°$ wäre zur Berechnung von $M_b$ die effektive Stückweite $l' = l \cdot \cos\alpha$, also

$$l' = 6{,}70 \cdot 0{,}940 = 6{,}30\ \text{m}$$

heranzuziehen gewesen, so daß sich

$$M_b = \frac{G \cdot l'}{8} \tag{5}$$

$$M_b = \frac{67 \cdot 6{,}3}{8} = 52{,}8\ \text{mkp}$$

ergeben würde.

Damit ist für $\alpha = 20°$

$$\sigma_b = \frac{5280}{511} = 10{,}33\ \text{kp/cm}^2$$

Für die Schneelast wird der wegen des geringen Eigengewichts erhöhte Wert 100 kp/m² normalerweise anzunehmen sein. Damit wird für $\alpha = 0°$ das Biegemoment

$$M_b = \frac{100 \cdot 6{,}7 \cdot 6{,}7}{8} = 561 \text{ mkp}$$

und

$$\sigma_b = \frac{56\,100}{511} = 110 \text{ kp/cm}^2$$

Die Belastung aus Eigengewicht und Schneelast in Höhe von $\sigma_{b\,gesamt} = 121$ kp/cm² kann nach den Lastannahmen maximal bis zu 4 Monaten auf das Profil einwirken. Es ist daher die Zeitstandfestigkeit des verwendeten Werkstoffs für diese Belastungszeit mit den auftretenden Spannungen zu vergleichen. Als Festigkeitswert für eine Temperatur von $\vartheta = 10\,°C$ liegt aus Prüfergebnissen am Werkstoff eine Festigkeit von

$$\sigma_{B3000h} \approx 1000 \text{ kp/cm}^2$$

vor, so daß sich eine Gesamtsicherheit von

$$S_{gesamt} = \frac{\sigma_{B3000h}}{\sigma_b} = \frac{1000}{121} = 8{,}3 \tag{6}$$

ergibt. Dieser Wert muß jedoch noch um werkstoffmäßig und fertigungstechnisch bedingte Abminderungsfaktoren verringert werden, die sich in diesem Fall zu $A_B \approx 5$ ergeben [8]. Damit wird die Sicherheit der Konstruktion im ungünstigsten Fall auf

$$S = \frac{S_{gesamt}}{A_B} = 1{,}65 \tag{7}$$

reduziert, die jedoch noch immer bei einem erforderlichen Wert von 1,6 ausreichend ist. Die Durchbiegungen in Feldmitte ergaben sich aus praktischen Belastungsversuchen zu tragbaren Werten von maximal ca. 50 mm bei einer Spannweite von 7,50 m und einer Belastung von 75 kp/m² und stiegen auch bei langdauernder Belastung über mehrere Monate nicht nennenswert weiter. Bei Wechsel-Biegeversuchen war keine Zunahme der bei den ersten Belastungszyklen eintretenden Restverformung festzustellen. Bei einer senkrechten Montage der Hutprofile z. B. als Seitenwände einer Halle müssen die durch Windbelastung auftretenden Biegebeanspruchungen berücksichtigt werden. Da bei steilen Dächern und senkrechten Wänden eine Schneebelastung nicht mehr eintreten kann, können hier höhere Auflagerabstände gewählt werden. Für das nachfolgend gerechnete Beispiel einer unter Winddruck stehenden Wand wurde $l = 7{,}50$ m angenommen. Bei einem Orkan mit einer Windgeschwindigkeit von $v \approx 34$ m/s wirken mit

$$p = 0{,}1 \cdot v^2 \text{ mit } v\,[\text{m/s}] \text{ und } p\,[\text{kp/m}^2] \tag{8}$$

Druckbelastungen von

$$p = 116 \text{ kp/cm}^2$$

auf die Wand. Die Biegespannung beträgt mit dem Biegemoment

$$M = \frac{116 \cdot 7{,}5^2}{8} = 815 \text{ mkp}$$

$$\sigma_b = \frac{81\,500}{511} = 160 \text{ kp/cm}^2$$

Da diese Belastung nur kurzzeitig zu ertragen ist, ist sie noch als zulässig anzusehen.

Als weitere Rechnungen bzw. Prüfungen wären für dieses Beispiel noch die Wind- und Sogkräfte für verschiedene Dachneigungen zu ermitteln sowie ein Nachweis der Begehbarkeit zu erbringen. Letzteres kann in der Regel nur durch einen Praxisversuch nachgewiesen werden, indem man die Belastbarkeit unter Einwirkung einer Last auf einer $5 \times 5$ cm großen Fläche im Durchstanzversuch prüft. Diese Belastung ergab sich bei den Hutprofilen zu 450 kp. Bei hohen Biegebelastungen kann an den Seitenwänden der Hutprofile ein Einbeulen auftreten, das einer rechnerischen Behandlung nur schwer zugänglich ist. Wegen des relativ niedrigen E-Moduls des GFK gegenüber z. B. Stahl sind die dabei auftretenden Beulspannungen jedoch als zu gering anzusehen und wurden von *Groche* [10] zu $\sigma_{GFK} = 86$ kp/cm$^2$ abgeschätzt, die noch sicher ertragen werden können. Die hier angeführten Hutprofile können sowohl als Hallendächer mit Unterstützung an den Enden als auch mit Kragarmeinspannung bis zu 2,40 m freier Kragarmlänge Verwendung finden (Bild 5.3–2).

Bild 5.3–2 Dacheindeckung mit GFK-Hutprofilen (Werkfoto: Chemische Werke Hüls AG, Marl)

### 5.3.2.2. *Berechnung von Sandwich-Elementen* [11 bis 14]

Ebenso wie durch die Profilierung im vorigen Beispiel kann das Trägheitsmoment eines Dach- oder Wandelelementes durch eine Sandwichkonstruktion erhöht werden, um die notwendige Biegesteifigkeit und Stabilitätssicherheit zu erlangen. Dabei werden bei Verwendung von Kunststoffen z. B. GFK-Deckschichten hoher Festigkeit und relativ hohen E-Moduls mit einem Schaumstoffkern geringen Gewichts und niedrigen mechanischen Festigkeitswerten kombiniert, der lediglich zur Fixierung des Deckschichtenabstandes und zur Übertragung von Schubkräften dient. Als Deckschichten können außer GFK auch Stahl, Aluminium und Schicht-Preßstoffplatten eingesetzt werden, während für die Kerne Balsa-Holz, Aluminiumwaben, sowie Schäume aus PVC, Polystyrol, Polyurethan, Epoxidharz, Polyesterharz und Phenolharz, ggf. kombiniert mit leichten mineralischen

Schaumstoffen wie Blähton oder Schaumglaskugeln Verwendung finden. Die Berechnung derartiger Sandwichkonstruktionen ist für die einzelnen Beanspruchungsformen prinzipiell folgendermaßen vorzunehmen. Es sei eine Sandwichplatte aus GFK-Deckschichten und PVC-Hartschaum als Dachelement zu berechnen, wobei die Deckschichten mit je 4 Mattenlagen verstärkt wurden [15].

Daten

| | |
|---|---|
| Stützweite | $l = 3$ m auf 2 Stützen |
| Breite | $b = 1$ m |
| Kerndicke | $c = 3$ cm |
| Deckschichtdicke | $t = 0{,}3$ cm |

Lastannahmen

| | | |
|---|---|---|
| Flächenlast einschließlich Eigengewicht | $q$ | $= 75\ \text{kp/m}^2$ |
| Kriechmodul der Deckschichten | $E_{t0,1h}$ | $= 9{,}5 \cdot 10^4\ \text{kp/cm}^2$ |
| | $E_{t10\ \text{Jahre}}$ | $= 5{,}0 \cdot 10^4\ \text{kp/cm}^2$ |
| Kriechmodul des Kerns | $E_{c10\ \text{Jahre}}$ | $= 280\ \text{kp/cm}^2$ |
| | $G_{c10\ \text{Jahre}}$ | $= 100\ \text{kp/cm}^2$ |
| Querzahl des GFK | $\mu_t$ | $= 0{,}36$ |

Zu berechnen ist:

1. Die maximale Durchbiegung
   a) sofort nach Belastung
   b) nach 10 Jahren
2. Der maximal mögliche Auflagerabstand, damit die druckbeanspruchte Deckschicht nicht durch Instabilität infolge Knitterns versagt.
3. Die maximale Schubspannung für diesen Auflagerabstand im Kern.
4. Die Sicherheit für die Klebverbindung GFK/PVC, wenn der Kleber nach 10 Jahren noch eine maximale Schubspannung von $\tau = 1{,}0\ \text{kp/cm}^2$ überträgt.
5. Der maximal mögliche Auflagerabstand, wenn in 10 Jahren die Rißbildungsgrenze des GFK von $\varepsilon_R = 0{,}6\%$ nicht überschritten werden soll.

Zu 1. Für die Berechnung der Durchbiegung gilt bei 2-Punkt-Auflage und Flächenlast

$$f_{max} = \frac{5 \cdot P \cdot l^3}{384\, S_B} \tag{9}$$

mit $P$ = gesamte Flächenlast und der Biegesteifigkeit $S_B = \sum E_i \cdot I_i$

Für eine Sandwichkonstruktion ist

$$\sum E_i \cdot I_i = E_c \cdot \frac{b \cdot c^3}{12} + 2 E_c \left[ \frac{b t^3}{12} + b \cdot t \left( \frac{c + t}{2} \right)^2 \right] \tag{10}$$

Da $E_c \ll E_t$, kann

$$\sum E_i \cdot I_i = E_t \left[ \frac{b \cdot t^3}{6} + \frac{b \cdot t}{2} (c + t)^2 \right] \tag{11}$$

gesetzt werden. Da im vorliegenden Fall außerdem $t \ll c$, kann

$$S_B = \sum E_i \cdot I_i = E_t \cdot \frac{b \cdot t}{2} (c + t)^2, \qquad (12)$$

d.h. lediglich das *Steiner*sche Glied der Biegesteifigkeit zur Berechnung herangezogen werden. Damit ist bei Berechnung als Träger

$$\begin{aligned} S_{BTr0,1\,h} &= E_{t0,1\,h} \cdot \frac{b \cdot t \cdot (c + t)^2}{2} \\ &= 9{,}5 \cdot 10^4 \cdot \frac{10^2 \cdot 0{,}3 \cdot 3{,}3^2}{2} = 15{,}52 \cdot 10^6 \text{ kpcm}^2 \end{aligned} \qquad (13)$$

und bei der Rechnung als Platte

$$S_{B\,Platte} = \frac{S_{B\,Tr}}{1 - \mu_t^2} = \frac{15{,}52 \cdot 10^6}{0{,}87} = 17{,}83 \cdot 10^6 \text{ kpcm}^2 \qquad (14)$$

Damit wird

$$f_{max0,1\,h} = \frac{5 \cdot q \cdot b \cdot l^4}{384 \cdot S_{B\,Platte}} = \frac{5 \cdot 75 \cdot 10^2 \cdot 81 \cdot 10^8}{384 \cdot 17{,}83 \cdot 10^6 \cdot 10^4} = 4{,}43 \text{ cm} \qquad (15)$$

Nach 10 Jahren ist die Durchbiegung

$$f_{max10\,Jahre} = \frac{E_{t0,1\,h}}{E_{t10\,Jahre}} \cdot f_{max0,1\,h} \qquad (16)$$

$$f_{max10\,Jahre} = \frac{9{,}5}{5{,}0} \cdot 4{,}43 = 8{,}43 \text{ cm}$$

Zu 2. Die zulässige Knitterspannung der Deckschichten berechnet sich nach [11] zu

$$\sigma_{Kzul} = 0{,}5 \sqrt[3]{E_t \cdot E_c \cdot G_c} = 0{,}5 \sqrt[3]{5 \cdot 10^4 \cdot 2{,}8 \cdot 10^2 \cdot 10^2} \text{ kp/cm}^2 \qquad (17)$$

$$\sigma_{Kzul} = 560 \text{ kp/cm}^2$$

Aus

$$\sigma_t = \frac{M_b}{W} \qquad (18)$$

errechnet sich mit

$$W = \frac{2 \cdot S_{B\,Platte}}{(c + 2t) \cdot E_t} \qquad (19)$$

$$M_b = \frac{\sigma_{Kzul} \cdot 2 S_{B\,Platte}}{E_t \cdot (c + 2t)} \qquad (20)$$

Aus

$$M_b = \frac{P \cdot l}{8} = \frac{q \cdot b \cdot l^2}{8} \qquad (21)$$

folgt

$$\frac{q \cdot b \cdot l^2}{8} = \frac{\sigma_{K\,zul} \cdot 2 \cdot S_{B\,Platte}}{E_t(2t + c)} \qquad (22)$$

und

$$l_{\text{zul}}^2 = \frac{8 \cdot \sigma_{\text{k zul}} \cdot 2 S_{\text{B Platte}}}{q \cdot b \cdot E_{\text{t}} \cdot (c + 2t)} = \frac{8 \cdot 560 \cdot 2 \cdot 17{,}83 \cdot 10^6 \cdot 10^4}{75 \cdot 10^2 \cdot 5 \cdot 10^4 \cdot 3{,}6} \text{ cm}^2 \tag{23}$$

$l_{\text{zul}} = 10{,}87$ m

Zu 3. Die maximale Schubspannung tritt in der neutralen Faser zu

$$\tau_{\max} = \frac{Q}{S_{\text{B}}} \left[ \frac{E_{\text{t}} \cdot t \cdot (c + t)}{2} + \frac{E_{\text{c}} \cdot c^2}{8} \right] \text{ auf.} \tag{24}$$

Mit

$$Q = \frac{P}{2} = \frac{q \cdot l \cdot b}{2} \tag{25}$$

wird

$$\tau_{\max} = \frac{75 \cdot 10{,}87 \cdot 10^2 \cdot 10^2}{104 \cdot 2 \cdot 17{,}83 \cdot 10^6} \left[ \frac{5 \cdot 10^4 \cdot 0{,}3 \cdot 3{,}3}{2} + \frac{280 \cdot 9}{8} \right]$$

$\tau_{\max} = 0{,}573$ kp/cm²

Zu 4. Die Schubspannung in der Grenzschicht läßt sich aus

$$\tau_{\text{gr}} = \frac{Q \cdot E_{\text{t}} \cdot t \cdot (c + t)}{2 \cdot S_{\text{B Platte}}} \tag{26}$$

berechnen.

Es ist

$$\tau_{\text{gr}} = \frac{q \cdot l \cdot b \cdot E_{\text{t}} \cdot t\,(c + t)}{2 \cdot 2 \cdot S_{\text{B Platte}}}$$

$$\tau_{\text{gr}} = \frac{75 \cdot 10{,}87 \cdot 10^2 \cdot 10^2 \cdot 5 \cdot 10^4 \cdot 0{,}3 \cdot 3{,}3}{10^4 \cdot 2 \cdot 2 \cdot 17{,}83 \cdot 10^6}$$

$\tau_{\text{gr}} = 0{,}57$ kp/cm²

Damit wird die Sicherheit $S = \frac{1{,}0}{0{,}57} = 1{,}75$

Zu 5. Mit $\sigma = \varepsilon \cdot E$

wird

$$\sigma_{\text{t}} = \varepsilon \cdot E_{\text{t}} = \frac{E_{\text{t}} \cdot M_{\text{b}} \cdot (c + 2t)}{2 \cdot S_{\text{B Platte}}} \tag{27}$$

$$\text{Wenn } M_{\text{b}} = \frac{q \cdot b \cdot l^2}{8} \tag{28}$$

und $\varepsilon_{\text{R}} = 0{,}006$ eingesetzt wird, ergibt sich

$$l^2 = \frac{\varepsilon_{\text{R}} \cdot 2 S_{\text{B Platte}} \cdot 8}{(c + 2t) \cdot q \cdot b} \tag{29}$$

und

$$l = \sqrt{\frac{0{,}006 \cdot 2 \cdot 17{,}83 \cdot 10^6 \cdot 8 \cdot 10^4}{3{,}6 \cdot 75 \cdot 10^2}} \tag{30}$$

Die zulässige Länge, um Rißbildungen zu vermeiden, liegt damit bei

$$l = 7{,}96\,\text{m}$$

und somit unterhalb des aus Instabilitätsgründen zulässigen Auflagerabstandes.

Bei Sandwichelementen, die in Flächenrichtung unter Druckbeanspruchung stehen, ist der Stabilitätsnachweis gegen Knittern der Deckschichten gemäß der zu 2. angegebenen Formel

$$\sigma_k = 0{,}5 \sqrt[3]{E_t \cdot E_c \cdot G_c} \qquad (31)$$

zu führen sowie nachzuprüfen, ob der Gesamtschlankheitsgrad des Sandwichelementes, der überschlägig aus dem auf die Schwereachse bezogenen Trägheitsmoment der Deckschichten berechnet werden kann, noch kein Knicken des Gesamtelementes nach *Euler* bewirkt.

Bild 5.3–3 Kunststoffhaus aus GFK/Sandwich-Bauteilen (Foto: Wolfgang Feierbach, Altenstadt, Hessen)

Weiter sind im Einzelfall noch Punktlasten senkrecht zu den Deckschichten zu berücksichtigen sowie ggf. auch Beulgefahren durch allseitigen Schub oder Druck nachzuprüfen. Eine interessante Konstruktion zur Fertigung eines Wohnhauses ausschließlich aus GFK-Sandwichelementen zeigt Bild 5.3–3, wobei neben den tragenden Wänden und Decken auch die gesamte Inneneinrichtung aus Kunststoffen gefertigt wurde.

## Literaturverzeichnis

1. *Schulze, H.*, u. *G. Strese:* Poly-Bau *1*, 6.
2. *Schultheis, H.:* Allgemeine Bauzeitung 1967, Nr. 3.
3. *Dalhoff, W., G. Menges* u. *R. Taprogge:* VDI-Zeitschrift *112*, 487 (1970).

4. Firmenschriften der Kunststoff-Rohstoffhersteller.
5. *Schwarz, O.:* Beitrag zum statischen Langzeitverhalten glasfaserverstärkter Kunststoffe. Dissertation TH Aachen 1968.
6. *Dolfen, E.:* Bemessungsgrundlagen für tragende Bauelemente aus glasfaserverstärkten Kunststoffen, insbesondere durch Glasseidenmatten bewehrten Polyesterharze. Dissertation TH Aachen 1969.
7. *Taprogge, R.:* Ingenieurmäßige Festigkeitsrechnung von tragenden Konstruktionen aus Kunststoffen. Habilitationsschrift TH Aachen 1970, VDI Taschenbuch 21.
8. Anonym: Vorläufige Richtlinien für die Kennwertbestimmung, Zulassungsprüfung, Bemessung und Güteüberwachung von zulassungspflichtigen Bauteilen aus GFK. Gemeinschaftsentwurf des Arbeitskreises „Kunststoffe" im Länder-Sachverständigen-Ausschuß (LSA), Fassung Oktober 1969.
9. *Menges, G.* u. *R. Taprogge:* VDI-Zeitschrift *112*, 341; 627 (1970).
10. *Groche, F.:* Kunststoffe *60*, 965 (1970).
11. *Algra, E.A.H.*, u. *G. Hamm:* Konstruieren in Airex-Verbundbau, TNO-Bericht Nr. 97/64. Kunststoffinstitut T.N.O. Delft 1964.
12. *Jacobi, H.R.:* Kunststoffe *39*, 269; 315 (1949).
13. *Gough, G.S.*, *C.F. Elam* u. *N.A. de Bruyne:* Journal of the Royal Aeronautical Society *44*, 12 (1940).
14. *Hoff, N.J.*, u. *S.E. Mautner:* Journal of the Aeronautical Sciences *49*, 285 (1945).
15. *Brintrup, H.:* Rechnerische Behandlung von Sandwichkonstruktionen. Beitrag zum Seminar „Konstruieren mit Kunststoffen". TH Aachen, Wintersemester 1970/1971.

## 5.4. Erläuternde Beispiele aus der Elektrotechnik

Hermann Kabs

### 5.4.1. Einleitung

Die Kunststoffe besitzen für die Elektrotechnik eine hohe Bedeutung, da sie relativ einfach formbare Konstruktionswerkstoffe darstellen, die außerdem im allgemeinen gute dielektrische Eigenschaften wie z. B. hohe Durchschlagfestigkeiten oder geringe Verlustfaktoren aufweisen. Zwar gibt es auch andere elektrisch isolierende Konstruktionswerkstoffe wie z. B. die klassischen Werkstoffe Holz und Keramik, doch gerade die gute Formbarkeit und Verarbeitbarkeit der Kunststoffe, und die in der Zwischenzeit schon fast planmäßige Züchtung besonderer Eigenschaften für einen gewünschten Anwendungszweck haben den Kunststoffen als Konstruktionswerkstoffe in der Elektrotechnik ein fast unbegrenztes Anwendungsgebiet geschaffen. Dabei verdrängen die Kunststoffe nicht nur die schon genannten Werkstoffe Holz und Keramik, sondern auch Metalle, wie dies z. B. an Gehäusen von Haushaltsgeräten und Elektrowerkzeugen oder auch Elektroinstallationsgeräten deutlich wird. Sie verbinden dabei den Vorteil erhöhter elektrischer Sicherheit durch die Vollisolation mit der insofern einfacheren Herstellung, als beispielsweise der Korrosionsschutz entfallen kann.

Dies sind, neben manchen anderen, einige wenige Punkte für den Einsatz von Kunststoffen in der Elektrotechnik. Im folgenden soll an Hand von Beispielen gezeigt werden, wie dabei die für Kunststoffkonstruktionen gültigen Regeln Anwendung finden.

### 5.4.2. Schalter und Steckdose

Ein Beispiel einer Kunststoffkonstruktion seien die in Bild 5.4–1 gezeigten Steckdosen bzw. Schalter in wassergeschützter Ausführung. Auf dem Bild sind außer den kompletten Geräten auch die Einzelteile, das sind Dosenunterteil – für Schalter und Steckdose identisch –, Einführungsnippel, Schalter- bzw. Steckdoseneinsatz und Deckel abgebildet. Die für die einzelnen Teile geforderten Eigenschaften wie z. B. Formsteifigkeit, Schlagzähigkeit, Kriechstromfestigkeit, Elastizität und Korrosionsverhalten führen zur Wahl folgender Materialien: Glasfaserverstärktes 6-Polyamid für Dosenunterteil und Deckel,

Bild 5.4–1 Schalter und Steckdosen in wassergeschützter Ausführung

Copolymerisat aus Äthylen und Vinylacetat für Schalterabdichtung und Einführungsnippel, Formmassen, Typ 131.5, DIN 7708 (zellstoffgefülltes Harnstoffharz) für Steckdoseneinsatz und Typ 183, DIN 7708 (Melamin-Phenolharz mit Zellstoff und Gesteinsmehl als Füllstoffe) für Schaltereinsatz, Formmasse Typ 131, DIN 7708 für Schalterwippe.

Die Verifizierung der in vorangehenden Kapiteln im einzelnen ausgeführten Konstruktionsprinzipien kann an diesen Teilen gezeigt werden. Das Dosenunterteil wird, da aus thermoplastischem Material, im Spritzgußverfahren hergestellt, mit zwei Punktangüssen auf der Rückseite des Bodens. Gleichzeitig ist zu erkennen, daß die für Befestigungen von Zusatzklemmen oder Steckdosendeckel notwendigen Absätze oder Vorsprünge im Innern der Dose ausgespart sind, so daß Materialanhäufungen, die zu Einfallstellen auf der Außen- d.h. der Sichtseite führen würden, vermieden werden. Die Wandstärke wird so im wesentlichen überall gleich gehalten.

An den Teilen im Innern der Dose, die Belastungen ausgesetzt sind, wie z.B. die Zapfen, auf denen der Einsatz aufsitzt oder die mit der Nocke versehenen Bügel, die den Einsatz festhalten, sind zur Herabsetzung der Kerbempfindlichkeit die Ansätze am Boden abgerundet. Die Festhaltebügel sind zusätzlich noch nach oben verjüngt, um die Spannungen, die beim Ausbiegen des Bügels während des Einrastens des Einsatzes entstehen, auf die Länge des Bügels zu verteilen und so den Bügelfuß zusätzlich zu entlasten. Bei den Anschlägen für möglicherweise eingeschraubte Rohre kann auf die Rundung des Ansatzes am Boden verzichtet werden, da dieser Anschlag wegen der dabei auftretenden Belastungen extra abgestützt werden muß.

Die übrigen Einbauteile wie Befestigungssitz für Zusatzklemmen, Halterung der Nietmutter für den Steckdosendeckel, Führungs- bzw. Festlegungsteil für den aktiven Einsatz – gleichzeitig Abschirmung der Befestigungsschraube der ganzen Dose auf dem Untergrund und Versteifung der Seitenwand – sind dann nur Kräften ausgesetzt, die die Ansatzstellen nicht auf Biegung beanspruchen. Die Ansatzverrundung ist daher aus konstruktiven Gründen zur Verringerung einer prinzipiellen Materialempfindlichkeit ebensowenig notwendig, wie zur Verbesserung des Materialflusses bei dem sehr gut verarbeitbaren 6-Polyamid. Außerdem sind die Fließwege nicht extrem lang und weisen durch die Wahl der Angüsse auch keine wesentlichen Unterschiede auf.

Am Oberteil der Steckdose können genau die gleichen Beobachtungen gemacht werden: Abrundung aller Übergänge zwischen verschiedenen Materialflußrichtungen, falls an diesen Stellen Querkräfte auftreten, wie dies der Fall ist bei den Führungen der Deckelbefestigungsschrauben, bei der Steckeraufnahmeform, bei den Durchbrüchen für die Steckerstifte und bei der Abstützung des Oberteils gegen den Steckdoseneinsatz. Ersichtlich ist ebenfalls, daß an den drei Seiten des Oberteils, an denen dies möglich ist, die Dichtungsnut tiefer als notwendig ist um eben wiederum Einfallstellen durch sehr unterschiedliche Wandstärken zu vermeiden. An den Verstärkungsstellen an den Kanten ist dieser Effekt, wenn auch nur sehr schwach, so doch sichtbar. Alle äußeren Kanten sind, wie schon beim Unterteil der Dose abgerundet, wodurch ein optisch besserer Eindruck erzielt wird. Hingewiesen sei noch auf die Lage der Löcher für die Drehachse des Deckels, die nicht zu dicht am Rand und möglichst in der Nähe des Angusses liegen sollen, damit sich der Massestrom nach Umfließen des Dorns wieder gut vereinigt und sich dadurch keine schwachen Bindenähte ausbilden. Diese Bedingungen sind beide erfüllt: die Lochmitte ist um etwa den doppelten Lochdurchmesser vom Formteilrand entfernt, der Punktanguß befindet sich in der Mitte der Schmalseite, an der das Deckelscharnier ist.

Bei der Betrachtung der zusammengesetzten Dose ist noch deutlich die für das einwandfreie Entformen des Spritzgußteils notwendige, leicht konische Form sowohl von Oberals auch von Unterteil zu erkennen.

Bedenken bezüglich der mit der Feuchtigkeitsaufnahme verbundenen Maßänderung sind hier wohl nicht sehr kritisch, da die Teile die zusammenpassen müssen, nämlich Ober- und Unterteil der Dose, aus dem gleichen Material sind und sich somit gleichartig ändern.

Die Schalter- bzw. Steckdoseneinsätze aus Formmassen sind im Spritzpreßverfahren hergestellt. Festgestellt werden kann auch hier das Bestreben, durch nicht funktionsbedingte Aussparungen die Materialwandstärke möglichst gleichmäßig zu machen um einheitliche Aushärtungszustände der Formmasse zu erhalten. Dies deshalb, da sich die Preßdaten nach der Aushärtung der dicksten Stellen richten, dies aber bei sehr dünnen Teilen bereits zu Überhärtung oder gar Zersetzung führen kann. Zu sehen ist weiter die Abrundung der Kanten und Übergänge an besonders belasteten Stellen, z.B. beim Steckdoseneinsatz an der Auflage des Schutzkontaktbügels. Für die Abstützung des Kontakteinsatzes genügt die Maßnahme der Ansatzstellenverrundung nicht mehr; der Ansatz wird durch eine Schräge an der Wand abgestützt.

Bild 5.4–2 Schalter und Steckdose für Unterputzmontage

Bei den entsprechenden Einsätzen für Unterputzmontage (Bild 5.4–2), die sich von den vorstehend erwähnten nur durch die Ausbildung des Befestigungsteils unterscheiden, ist gerade an diesem Befestigungsteil, an dem die Kraft von der Metallkralle auf den Formstoffeinsatz übertragen wird, festzustellen, wie bei besonders hohen, zu erwartenden Belastungen sowohl Schrägabstützung als auch Abrundung aller Ansatzstellen angewandt werden muß, um die geforderte Geräteeigenschaft mit den gegebenen Werkstoffeigenschaften zu erreichen. Ähnliches gilt auch für den Teil des Mittelstegs am Steckdoseneinsatz, an dem die Nietmutter für die Deckelbefestigung eingesetzt ist; anstelle der Schrägabstützung sind hier zwei durchgehende Querversteifungen gezogen.

### 5.4.3. **Spulenkörper**

Als weiteres Beispiel seien Spulenkörper verschiedener Größen aus glasfaserverstärktem 6-Polyamid für Anwendungen in der Starkstomtechnik genannt, wie sie in Bild 5.4–3 gezeigt sind. Der Werkstoff ist deshalb zu wählen, weil er außer der notwenigen Gewährleistung der elektrischen Festigkeit gegenüber dem Metallkern auch unter dem Einfluß von Tränkharzen und -lacken nicht zu Spannungsrissen neigt. Außerdem ist durch die

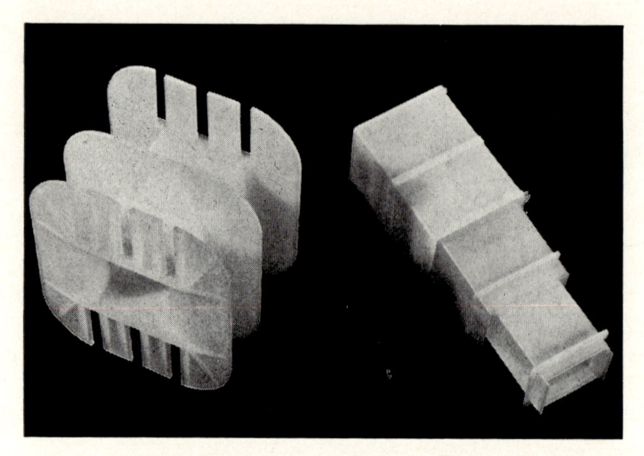

Bild 5.4–3 Spulenkörper aus glasfaserverstärktem 6-Polyamid

Glasfaserverstärkung die notwendige mechanische Festigkeit gegenüber dem Zug und Druck gegeben, unter dem die Wicklung steht.

Die Körper werden über Punktangüsse gespritzt und zwar der große über zwei an gegenüberliegenden Innenseiten des Mantels, die drei zusammensteckbaren Spulenkörper jeweils ungefähr in der Mitte einer breiten Mantelaußenseite. Ersichtlich ist auch an diesen Bauteilen, daß die Übergangsstellen zwischen zwei zueinander senkrechten Materialflußrichtungen abgerundet sind überall dort, wo nennenswerte Biegespannungen auftreten, die zusammen mit den inneren Spannungen in der Kante und deren Kerbwirkung zu Rissen führen könnten. Dies trifft z. B. sicher nicht zu an den seitlichen Begrenzungen bei den zusammensteckbaren Spulenkörpern, auf die z. T. nur eine Wicklungslage kommt, aber selbstverständlich auf die Längskanten des Mantels. Bei dem großen Körper ist diese Maßnahme der Kantenabrundung notwendig; wegen der großen Wicklungshöhe ist es jedoch erforderlich, die seitlichen Wicklungsbegrenzungen noch zusätzlich mit schrägen Versteifungsrippen zu versehen, damit der seitliche Wicklungsdruck aufgenommen wird und die im Lauf der Zeit auftretende Verformung durch diesen Druck keine unzulässigen Werte annimmt. Die Versteifungsrippen haben zwar zusätzlich noch die Wirkung von Massefließkanälen, bei dem gut fließendem Polyamid wird dies aber nicht gefordert.

### 5.4.4. Mixquirlgehäuse

Dieses Gehäuse aus schlagzähem Polystyrol ist gedacht als ein Beispiel aus dem Bereich Haushaltsgeräte. Bild 5.4–4 zeigt die beiden, im wesentlichen spiegelbildlich gleichen Gehäuseschalen, die am oberen Rand durch drei Schnapphaken, am unteren Rand durch die breite, überstehende Lasche, die mit der anderen Hälfte verklebt wird, zu dem geschlossenen Gehäuse verbunden werden. Die weitere Gehäuseabdichtung wird von einer umlaufenden nut- und federähnlichen Ausbildung übernommen.

Die beiden Gehäusehälften sind über je einen Punktanguß angespritzt, die sich in beiden Fällen außen und unten befinden. Die beiden großen Durchbrüche für die Knethakenhalterung und den Schalter befinden sich in der Gehäusetrennebene, d. h, jeweils halb in einer Gehäusehälfte, die beiden kleineren Durchbrüche für die Kabeleinführung und den Schieber zum Lösen der Knethaken verteilt in jeder Hälfte einen. Die Öffnungen für

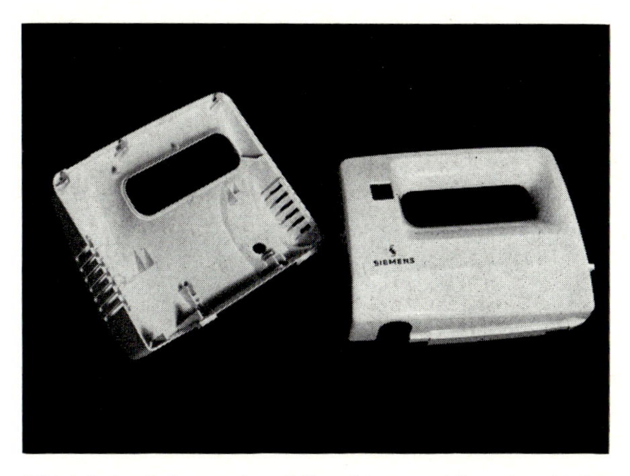


Bild 5.4–4 Gehäuse eines Mixquirls aus schlagzähem Polystyrol

den Durchtritt der Kühlluft für den Motor sind selbstverständlich ebenfalls jeweils zur Hälfte in einer Gehäusehalbschale angespritzt.

In der äußeren Kontur des Gehäuses ist die Forderung nach fließenden Übergängen und Materialstromrichtungsänderungen sehr gut erfüllt. Die im Inneren angebrachten Fixierungsvorsprünge, Versteifungen und Abstützungen sind in Wandstärke und Form so ausgebildet, daß sie auf der Außenseite wiederum keine Einfallstellen hervorrufen. Sie sind außerdem im wesentlichen an solchen Stellen angebracht, daß dort keine Querkräfte auftreten, die den Ansatz auf Biegung beanspruchen, so daß keine besondere Sorgfalt in der Ausbildung des Übergangs zwischen Ansatz und Gehäuseaußenwand notwendig ist. Lediglich im Fall der Schnapphaken und der Fixierungen der Knethakenhalterung ist es geboten, Maßnahmen zu ergreifen, die deren Funktionssicherheit gewährleisten. Sie sind gewählt bei den Schnapphaken einmal in einer Verbreiterung zum Ansatz hin, zum andern in sich ebenfalls verbreiternden Querversteifungen und in der Verrundung des Ansatzes zur Gehäuseaußenwand. Bei den Fixierungen der Knethakenhalterung genügt bereits eine minimale Verbreiterung nach unten und die Verrundung der Ansatzstelle.

### 5.4.5. **Sockelautomat**

Bei dem in Bild 5.4–5 auf der linken Seite gezeigten Typ eines Sockelautomaten ist aus Gründen der thermischen und mechanischen Belastbarkeit als Gehäusematerial Formmasse Typ 131.5, DIN 7708 gewählt; thermische Belastung einmal durch die Temperaturabschaltung über den Bimetallstreifen, der je nach Automatengröße bis über 200 °C erreichen kann, zum andern durch den Schaltlichtbogen von allerdings nur maximal 10 msec Dauer. Die mechanische Belastung ist gegeben durch die mehr oder weniger stoßartigen Kräfte, die beim Ein- vor allem aber beim Ausschalten auftreten.

Diese Stoßbelastungen bringen eine erhebliche Beanspruchung der Lagerzapfen der drehbaren Teile – Schalthebel und Widerlager – der Schaltkontaktbetätigung und der Anschläge des Schaltkontaktes mit sich. Diese Teile sind daher einmal in ihren Querdimensionen relativ groß, zum andern sind die Ansatzstellen mit sehr großen Krümmungsradien versehen. Die hauptsächliche Anschlagstelle des Schaltkontakthebels trennt gleichzeitig noch die Kammer ab, in der sich der Bimetallstreifen befindet, so daß

Bild 5.4–5 Sockelautomaten

hier noch die Änderung von Materialeigenschaften durch die zusätzliche thermische Alterung bei der Dimensionierung berücksichtigt werden muß.

Die Löcher für die Nieten zum Verschließen des Gerätes sind zwar relativ weit am Rand, doch in verstärkten Teilen angebracht, so daß zumindest am Gehäuse keine Gefahr des Ausbrechens besteht. Am Deckel trifft dies nicht zu, die Gefahr des Ausbrechens der Löcher ist jedoch auch hier nicht so groß, da die Nieten aus Aluminium sind und von der Deckelseite eingesteckt werden. Die Form des Deckels ist dadurch, daß er eine flache Scheibe ist, insgesamt etwas unglücklich, da das Teil beim Erkalten außerhalb der Preßform – beide Teile werden im Spritzpreßverfahren hergestellt – sehr stark zum Verzug neigt; eine vom gesamten Gerät her betrachtet in der Mitte in zwei gleichtiefe Hälften geteilte Form wäre besser.

Kurz erwähnt sei noch der in der rechten Hälfte von Bild 5.4–5 gezeigte Typ eines Sockelautomaten, dessen aktiver Teil komplett auf das Unterteil aus Formmasse Typ 157, DIN 7708 (Melaminharz mit Asbestfaser und Holzmehl als Füllstoff) montiert wird und die Kappe aus Formmasse Typ 131.5, DIN 7708 aufgesetzt und festgeschraubt wird. Im Unterteil sind außer den Aussparungen und Durchbrüchen auch metallische Gewindehülsen mit eingespritzt, an denen Kontaktbahnen miteinander verschraubt werden. Die Gewinde könnten zwar direkt in den Formstoff eingeschnitten werden; dies ist aber hier nicht möglich, da einerseits die Kontaktverbindung gut sein muß, andererseits aber die Schraubenlänge begrenzt ist und die geringe Kerbschlagzähigkeit des Materials keine hohen Anzugsmomente der verbindenden Schraube zuläßt. Die Verwendung anderer Formmassetypen mit in dieser Hinsicht günstigeren Eigenschaften oder gar thermoplastischer Formmassen scheidet aus Gründen der Kriechstromfestigkeit und Temperaturbeständigkeit aus.

### 5.4.6. **Hilfsschütz**

Als letztes Beispiel für die Verwendung von Kunststoffen als Konstruktionswerkstoff und in den allermeisten Fällen gleichzeitig als Isolierstoff in der Elektrotechnik sei ein mehrpoliges Hilfsschütz angeführt, wie es in Bild 5.4–6 gezeigt ist. Die dabei eingesetzten Kunststoffteile Schaltkammer, Bodenkörper, Kontaktträger und Spulenkörper sind mit Ausnahme des Kontaktträgers aus Formmasse Typ 31, DIN 7708 (Phenolharz mit

Bild 5.4–6 Hilfsschütz

Füllstoff Holzmehl), dieser aus Formmasse Typ 85, DIN 7708 (Phenolharz mit Füllstoffen Holzmehl und Zellstoff) hergestellt. Die Gründe hierfür sind in der besseren Kerbschlagzähigkeit des letztgenannten Formmassetyps zu finden, die durch die Stoßbelastung beim Schalten des Geräts gefordert wird.

Der Bodenkörper trägt die eine Hälfte des Eisenkerns und federnd dagegen abgestützt auch die Spule. Für diesen Kernteil ist eine Führung angepreßt, die an den Schmalseiten jedoch noch höher gezogen ist. Zwischen diesen Zapfen und dem Kontaktträger sind weitere Federn, die letzteren in Ruhestellung an einen Anschlag der Schaltkammer drücken. Dadurch wirkt auf den Boden bzw. dessen Befestigung an der Schaltkammer eine weitere, durch das Schalten wechselnde Belastung, die bei der Konstruktion der Befestigung berücksichtigt werden muß. Die Löcher für die Befestigungsschrauben im Bodenkörper müssen ganz am Rand liegen, so daß lediglich Schlitze dafür vorgesehen werden können. Der Rand in deren Umgebung ist verstärkt und auch so bis zu dem seitlichen Zapfen und zu der Führung des Eisenkerns ausgebildet, so daß die notwendige Festigkeit erreicht wird.

Die Gewinde für die Aufnahme der Befestigungsschrauben in der Schaltkammer sind direkt in den Formstoff geschnitten und nicht wie beim oben beschriebenen Sockelautomaten metallische Gewindehülsen eingepreßt. Dies ist hier möglich, da auch aus räumlichen Gründen entsprechend längere Schrauben verwendet werden können.

Im unteren Teil der Schaltkammer ist die Magnetspule untergebracht; die Löcher für deren Kühlung werden bei der Herstellung jedoch nicht ganz ausgebildet. Ein dünner Film bleibt an der Gehäuseinnenwand stehen, damit der Massefluß bei der Herstellung sich nicht teilt. Dies ist besonders bei dieser regelmäßigen Anordnung der Löcher von Vorteil. Die verbliebenen Filme können hinterher relativ einfach entfernt werden. Ebenfalls im unteren Teil auf der Außenseite angepreßt sind die Aufnahmen für die Anschlußklemmen der Spule und die Befestigungsaugen für das ganze Gerät. Diese beiden Teile sind durch einen Steg miteinander verbunden, so daß hierdurch die Aufnahme für die Anschlußklemme nochmals abgestützt wird, da dieser Teil erfahrungsgemäß einer rauhen Behandlung ausgesetzt sein kann. Dementsprechend sind auch die oberen Kanten der seitlichen Begrenzungen leicht schräg nach oben geführt und alle Ansatzstellen verrundet.

Der Kontaktträger hat in seinem oberen Teil Durchbrüche für die Aufnahme der Kontaktbrücken und der zugehörigen Druckfedern, in seinem unteren Teil die Halterung der zweiten Eisenkernhälfte. Dieser Eisenkern ist mit einem Querstift mit dem Isolierstoffteil verbunden. Der Bereich der dafür notwendigen Bohrungen, in denen die Kräfte vom Eisenkern auf den Kontaktträger übertragen werden und auch die Stoßbelastungen beim Anschlag aufgenommen werden müssen, ist verstärkt ausgebildet und dient durch entsprechende Bahnen in der Schaltkammer gleichzeitig als Führung. Der obere Absatz dieser Aufnahme des Eisenkerns dient als Ruhestellungsanschlag des Kontaktträgers gegen einen entsprechenden Absatz in der Schaltkammer. Bei diesem relativ stark belasteten Teil müssen wieder die Kanten zur Verminderung der Kerbempfindlichkeit sorgfältig abgerundet sein.

### 5.4.7. **Schlußbetrachtung**

Im vorstehenden wurde an Hand von Beispielen der Einsatz von Kunststoffen als, in fast allen Fällen, elektrisch isolierender Konstruktionswerkstoff gezeigt. Die Liste der Beispiele ließe sich beliebig erweitern. Die Vorteile der Verwendung der Kunststoffe werden besonders deutlich, wenn die gezeigten Geräte mit den bekannten Ausführungen in Keramik wie bei den Installationsgeräten oder Schützen oder auch Hartpapier, wie bei den Spulenkörpern verglichen werden. Bei Berücksichtigung der mechanisch oft niedrigeren Eigenschaftswerte der Kunststoffe, ihrer begrenzten Temperaturbeständigkeit und der Besonderheiten ihres Alterungs- und Langzeitverhaltens lassen sich, wie ja die Praxis zeigt, in den meisten Fällen befriedigende, oft sogar noch bessere Lösungen als mit den konventionellen Werkstoffen finden. Aufgabe der Konstrukteure ist es deshalb, sich mit den Eigenschaften der Kunststoffe eingehend vertraut zu machen und sie, soweit möglich konstruktiv auszunutzen oder zu umgehen.

## 5.5. Beispiele aus der Optik

Günther Schreyer

### 5.5.1. Anwendungsgebiete der Kunststoffe in der Optik

Da entweder die vorliegenden physikalischen bzw. technologischen Eigenschaften oder der Umfang der an sie gestellten Anforderungen die Verwendung der heute zur Verfügung stehenden Kunststoff-Werkstoffe in der optischen Industrie erschweren oder unmöglich machen, wird bisher nur eine relativ kleine Anzahl derselben verwendet.

In der Hauptsache sind dies Polymethylmethacrylat, Polystyrol, Polykarbonat, Celluloseazetat, Celluloseazetobutyrat sowie Mischpolymerisate aus Methacrylsäuremethylester, Styrol, Allyldiglykolkarbonat etc.

Die wichtigsten physikalischen Eigenschaften der am häufigsten für Zwecke der Optik verwendeten Kunststoffe sind in den Tabellen 5.5–1 bis 5.5–3 dargestellt. Zum Vergleich sind die entsprechenden Eigenschaftswerte konventioneller anorganischer Gläser (Quarz-, Kron-, Flintgläser) beigefügt.

Tabelle 5.5–1 enthält nach Literaturangaben [1 bis 6] und eigenen Messungen zusammengestellte mechanische Eigenschaften. Aus einem Vergleich der angegebenen Richtwerte wird ersichtlich:

a) Die organischen Gläser besitzen ein erheblich geringeres spezifisches Gewicht als die anorganischen. Die Wichte aller organischen Gläser liegt zwischen 1,0 und 1,5. Leichte anorganische Gläser weisen spez. Gewichte von 2,2, schwere Flintgläser dagegen solche von über 5,0 g/cm$^3$ auf. Hierin kann ein erheblicher Vorteil für Brillen und spezielle Objekte liegen.

b) Die Festigkeitseigenschaften der anorganischen Gläser und ihre Sprödigkeit liegen großenteils wesentlich höher wie bei den Kunststoffen. Da letztere verhältnismäßig weich sind, wird die Herstellung von Linsen durch Schleifen und Polieren erschwert. Gleichzeitig wird die Bruchgefahr bei Schlag-, Stoß- oder Deformationsbeanspruchungen in hohem Maße verringert. Diese besonders für Brillengläser wichtige Tatsache zeigt sich am deutlichsten im Unterschied der Schlagbiegefestigkeit oder Schlagzähigkeit.

c) Die relativ geringe Härte bei Eindruck- und Ritzbeanspruchung sowie die geringere Abriebfestigkeit ist als weiterer wesentlicher Nachteil der Kunststoffe anzusehen. Allerdings lassen sich diese Eigenschaften durch Vernetzung erheblich verbessern. Beispiele sind vernetzte Methacrylate, Diallylglykolkarbonat und vernetzte Polyester.

Tabelle 5.5–2 enthält die wichtigsten thermischen und optischen Eigenschaften organischer und anorganischer Gläser. Aus dem Vergleich der als Richtwerte anzusehenden Daten kommen wir zu folgenden Schlüssen:

1. Der etwa um den Faktor 10 gegenüber anorganischen Gläsern größere lineare thermische Ausdehnungskoeffizient der Kunststoffe bedeutet einen wesentlichen Nachteil. Er ist einer der Gründe für das Versagen der Kunststoffe in der Präzisionsoptik.

2. Da die Moleküle in amorphen Kunststoffen im wesentlichen durch Van der Waalssche Kräfte zusammengehalten werden, sind deren Eigenschaften stark temperaturabhängig. Dies führt dazu, daß die organischen Gläser niedrigere Glastemperaturen haben als die anorganischen.

*Tabelle 5.5–1 Mechanische Eigenschaften organischer und anorganischer Gläser bei 20 °C und 65 ± 5% relativer Feuchte*

| Gruppe | Allylester | Cellulose-ester | Polyester | Vinylharze | Polystyrole | Acryl-gläser | Kron-gläser | Flint-gläser | Techn. Gläser | Quarze |
|---|---|---|---|---|---|---|---|---|---|---|
| Typ | Allyldigly-kol-karbonat | Cellidor A® | Palatal P 4–7® | PVC | Polystyrol | PMMA | Allgemein | Allgemein | Allgemein | Allgemein |
| Spez. Gewicht [g/cm³] | 1,32 | 1,30–1,33 | 1,21–1,22 | 1,38–1,39 | 1,05–1,10 | 1,18–1,19 | 2,23–3,77 | 2,51–5,28 | 2,34–2,48 | ca. 2,20 |
| Zugfestigkeit [kp/cm²] | 350–420 | 300–700 | 200–700 | 450–550 | 450–550 | 700–850 | 700–900 | 700–900 | 700–900 | 900 |
| Druckfestigkeit [kp/cm²] | 1580–1600 | 800–1500 | 1500–1800 | 700–900 | 1000–1100 | 1300–1400 | 8000 bis 20000 | 8000 bis 20000 | 8000 bis 10000 | ca. 20000 |
| E-Modul [kp/cm²] (Zugversuch) | 20000 bis 21000 | 15000 bis 20000 | 37000 bis 48000 | 30000 bis 34000 | 28000 bis 30000 | 29000 bis 31000 | 400000 bis 850000 | 500000 bis 1000000 | 600000 bis 700000 | 600000 bis 700000 |
| Vickershärte bzw. Kugeldruckhärte [kp/cm²] | 900–1000 | 300–600 | 1200–1400 | 1000–1200 | 1600–1700 | 1800–2200 | 48000 bis 65000 | 48000 bis 65000 | 48000 bis 65000 | 48000 bis 65000 |
| Ritzhärte | | | | | | | | | | |
| a) *Mohs* | ca. 2–3 | ca. 2 | 2 | 2–3 | 2 | 2–3 | 5–7 | 5–7 | 5–7 | 5–7 |
| b) *Martens* p | 2–3 | 1–2 | 1,5–2,5 | 0,8–1,0 | 1–2 | 2–3 | ca. 40–50 | ca. 40–50 | ca. 30–40 | ca. 35–45 |
| Abriebfestigkeit ASTM D 673-44 $\Phi$-Wert % | ca. 96–99 | ca. 40 | 90–99 | 83–84 | ca. 80 | 88–92 | 100–99 | 100–99 | 100–99 | 100–99 |
| Schlagzähigkeit DIN 53453 NKL-Stab [cmkp/cm²] | 5–6 | > 60 | 3–8 | > 60 | 10–14 | ca. 12–16 | ca. 0,5–1,5 | ca. 0,5–1,5 | ca. 0,5–1,5 | ca. 0,5–1,5 |

*Tabelle 5.5–2 Maßänderungen an Würfeln (1* cm *Seitenlänge) bei Änderungen von Temperatur, relativer Feuchte und inneren Spannungen sowie Änderung des Brechungsindex bei Temperaturänderung. $\Delta l$ Verlängerung der Meßstrecke $l_0$ für die Temperaturdifferenz $\Delta t$, die Differenz der relativen Feuchte $\Delta F$ oder die Spannungsdifferenz $\Delta\sigma$.*
*$\Delta n$ Änderung des Brechungsindex bei der Temperaturänderung $\Delta t$*

| Gruppe | Allylester | Zelluloseester | Polyester | Polystyrole | Acrylgläser | Krongläser |
|---|---|---|---|---|---|---|
| Typ | All. CR 39® | Cellidor B® | Palatal P 7® | Polystyrol® III | PMMA | Allgemein |
| $\Delta l$ ($l_0$ = 1 cm) für $\Delta t = \pm$ 5 °C | $\pm$ 9 $\lambda$ | $\pm$ 9 $\lambda$ | $\pm$ 8 $\lambda$ | $\pm$ 8 $\lambda$ | $\pm$ 6,3 $\lambda$ | $\pm$ $\lambda$ |
| $\Delta l$ ($l_0$ = 1 cm) für $\Delta F = \pm$ 25% r. F. | $\pm$ 17 $\lambda$ | $\pm$ 66 $\lambda$ | $\pm$ 13 $\lambda$ | $\pm$ 0 $\lambda$ | $\pm$ 17 $\lambda$ | $\pm$ 0 $\lambda$ |
| $\Delta l$ ($l_0$ = 1 cm) für $\Delta\sigma$ = 10 kg/cm² | ~ 10 $\lambda$ | ~ 11 $\lambda$ | ~ 5 $\lambda$ | ~ 7 $\lambda$ | ~ 6,6 $\lambda$ | ~ 1/3 $\lambda$ |
| $\Delta n$ für $\Delta t = \pm$ 5 °C | $\pm$ 0,00055 | $\pm$ 0,00075 | $\pm$ 0,00060 | $\pm$ 0,00085 | $\pm$ 0,00075 bis 0,00080 | $< \pm 1 \cdot 10^{-5}$ |

3. Die niedrige Wärmeleitzahl der Kunststoffe begünstigt das Auftreten von Deformationen bei schroffen Temperaturänderungen.

Im nachfolgenden sind einige der Anwendungsgebiete wiedergegeben, in denen Kunststoffe heute Verwendung finden. Es wird dabei auf die bei diesen Anwendungen auftretenden Schwierigkeiten hingewiesen.

a) Mikro- und Präzisionsphoto-Optik

Soll ein optisches Element in der Mikro- und Photooptik verwendbar sein, so muß es einer Reihe strenger Forderungen genügen. Unter anderem dürfen seine geometrischen Toleranzen $\pm$ eine Wellenlänge, also etwa $\pm$ 0,5 µ nicht überschreiten [3]. Das zu fertigende Teil muß die theoretische Sollform mit dieser Präzision erreichen und darf sie bei Änderungen von Temperatur, Feuchtigkeit, Relaxation innerer Spannungen u. dgl. nicht verlieren.

Tabelle 5.5–3 gibt für einige der hier besprochenen Produkte an, welche eindimensionalen Maßänderungen in ganzen Vielfachen der Wellenlänge $\lambda$ = 0,5 µ ein Würfel von der Kantenlänge $l$ = 1 cm erfährt, wenn

aa) eine Temperaturschwankung von $\pm$ 5 °C auftritt,

ab) eine Feuchteänderung von $\pm$ 25% rel. stattfindet,

ac) eine im Rahmen des Möglichen liegende Spannungsrelaxation in Kantenrichtung von $\sigma$ = 10 kg/cm² eintritt.

Kunststoffe überschreiten die zulässige Toleranz von $\pm$ $\lambda$ beträchtlich; sie sind schon deshalb für die Verwendung in der Mikro- und Präzisionsphoto-Optik ungeeignet.

Ändert sich die Temperatur um $\pm$ 5 °C, so ändern sich die Brechungsindizes der Kunststoffe um etwa 5 bis $8 \cdot 10^{-4}$. Bei Glas liegt der Temperaturkoeffizient absolut genommen bei $1 \cdot 10^{-5}$.

b) Beleuchtungsoptik

Die Anforderungen der Beleuchtungsoptik sind weniger streng. Ein Element muß hier auf etwa $\pm$ 3 $\lambda$ maßhaltig sein und bleiben. Kunststoffe erfüllen diese Forderungen im wesentlichen, jedoch bei weitem nicht in allen Fällen.

*Tabelle 5.5–3 Thermische und optische Eigenschaften organischer und anorganischer Gläser bei 20 °C und 65% relativer Feuchte*

| Gruppe | Allylester | Zellulose-ester | Polyester | Vinylharze | Polystyrole | Acrylgläser | Krongläser | Flintgläser |
|---|---|---|---|---|---|---|---|---|
| Typ | Allyldigly-kolkarbonat | Cellidor A® | Palatal P 4-7® | PVC | Polysty-rol III | PMMA | Allgemein | Allgemein |
| Lin. therm. Ausd.-Koeff. $\alpha \cdot 10^6/°C$ (0 bis 50 °C) | 90–100 | 90–100 | 80–150 | ~80 | 80 | 63 | 9–11 | 8–10 |
| Wärmeleitzahl $\lambda$ [kcal/mh °C] | 0,18 | 0,22–0,23 | 0,15–0,17 | 0,14 | 0,12 | 0,16 | 0,6–0,9 | 0,5–0,8 |
| Spez. Wärme [cal/g °C] | 0,55 | 0,3–0,4 | 0,3–0,35 | 0,20 | 0,30 | 0,35 | 0,16–0,17 | 0,11–0,12 |
| Glastemperatur [°C] | 66 | 50–70 | 50 | 80 | 80–100 | 105 | 500 | 420 |
| Formbeständigkeit in der Wärme n. *Martens* [°C] | 60–70 | 48–55 | 57–126 | 80–85 | 70 | 100–105 | – | – |
| Vicat-Erweichungs-Temp. [°C] | > 180 | 55–70 | > 80 | ~65 | 90 | 115–120 | – | – |
| $n_D^{20}$ | 1,498 | 1,47–1,50 | 1,539–1,567 | ca. 1,54 | 1,5907 | 1,492 | 1,46–1,6 | 1,53–1,9 |
| Abbésche Zahl | 55,3 | 48–50 | ca. 43 | ca. 53 | 30,8 | 57,8 | 57–64 | 34–57 |

c) Gebrauchsoptik und Spannungsoptik

In der Gebrauchsoptik, unter der wir Elemente der Brillenoptik und der einfachen Photo- und Beleuchtungsoptik verstehen, finden Kunststoffe ebenso häufig Anwendung wie in der Spannungsoptik.

d) Polarisations- und Filteroptik

Dies gilt auch für die Filteroptik und besonders für die Polarisationsoptik, für die geeignete Kunststoffe einen wesentlichen Fortschritt bedeuten.

e) Lichtleitoptik

Hier ist besonders wichtig, daß die verwendeten Materialien eine möglichst hohe Lichtdurchlässigkeit, minimale Trübung, gute mechanische Bearbeitbarkeit und geringste Brechungsindexschwankungen aufweisen. Die hergestellten Teile müssen bezüglich der geforderten Geometrie höchste Genauigkeit aufweisen.

f) Reflexionsoptiken

Solche sind z. B. Rückstrahler bzw. Reflektoren an Fahrzeugen, Warndreiecken, Straßenleitzeichen etc. Hier müssen, da fast ausschließlich im Spritzgießverfahren gefertigt wird, Kunststoffe von gutem Fließverhalten, d. h. niedriger Schmelzviskosität bei Spritzgießbedingungen verwendet werden.

Wichtig sind hier hohe Lichtdurchlässigkeit, Trübungsfreiheit und möglichst niedriger Formschwund. Da die Teile der Witterung ausgesetzt sind, können nur Kunststoffe mit hoher Witterungsbeständigkeit – für alle Klimazonen – verwendet werden.

### 5.5.2. Anwendung von PMMA für Reflektoren

Reflektoren bzw. Rückstrahler werden bei Fahrrädern, Kraftfahrzeugen, Pannenwarndreiecken, Straßenleitzeichen und für andere Zwecke verwendet. Sie gehören zu den optischen Systemen, die nicht die Genauigkeit geschliffener Oberflächen voraussetzen und wurden daher anfänglich aus gepreßtem Silikatglas hergestellt. Seit etwa 1960 werden sie mehr und mehr aus organischen Gläsern, so z. B. Polymethylmethacrylat, hergestellt, weil diese in preislicher und qualitativer Hinsicht erhebliche Vorteile besitzen.

Rückstrahler aus PMMA haben gegenüber denen aus Silikatglas den Vorteil der wesentlich herabgesetzten Bruchgefahr und des geringeren Gewichtes. Außerdem ergeben spritzgegossene PMMA-Reflektoren im allgemeinen höhere Reflexionswerte, weil sie genauer hergestellt werden können. Das gute Fließverhalten der PMMA-Formmassen in der heißen Schmelze ermöglicht eine sehr genaue Abbildung der Form und es ist daher auch möglich, sehr kleine Reflektor-Prismen mit ausreichender Genauigkeit herzustellen. Es hat sich gezeigt, daß die gegenüber Silikatglas geringere Härte von PMMA und der geringere Widerstand gegen Verkratzen, Verschrammen, Abreiben etc. kein Hinderungsgrund für die Anwendung auf den oben genannten Gebieten darstellt. Jahrelang im Einsatz befindliche Rückstrahler zeigen im allgemeinen praktisch kein Verschrammen, da PMMA der härteste und kratzfesteste unter den gebräuchlichsten Thermoplasten ist.

Der Rückstrahler oder Reflektor ist ein optisches System, bei dem im allgemeinen die Forderung gestellt ist, daß ein auf diesen einfallender Lichtstrahl um 180° umgelenkt wird. Dies muß auch dann der Fall sein, wenn die Planfläche eines Reflektorfeldes schräg zum einfallenden Lichtstrahl gestellt wird.

Auf seinem Wege wird ein einfallender Lichtstrahl dreimal reflektiert (Totalreflexion) und hat außerdem zweimal die Oberfläche des Rückstrahlers zu durchdringen. Da der Rückstrahler mit seiner Basisfläche im allgemeinen nicht senkrecht zum Lichtstrahl steht, tritt je nach Winkel und Medium eine mehr oder weniger starke, ungewollte, aber nicht zu verhindernde Farbzerlegung des einfallenden Lichtes ein. Diese spielt aber in der Praxis keine nennenswerte Rolle.

Die gewünschte Reflexionswirkung eines Reflektorelementes tritt dann ein, wenn dieses die Form einer Pyramide hat, also aus drei Flächen aufgebaut ist, an denen ein eintretender Lichtstrahl dreimal reflektiert wird, ehe er wieder aus dem Rückstrahler austritt.

Bild 5.5–1 Verschiedene Ausführungen von Reflektoren bzw. Rückstrahlern aus farblosem und eingefärbtem PMMA (Plexiglas®-Formmasse)

Bild 5.5–1 zeigt einige Ausführungsbeispiele solcher Reflektoren bzw. Rückstrahler. Will man qualitativ hochwertige, intensiv rückwärts strahlende Reflektoren herstellen, so sind dazu eine Reihe konstruktiver Aufgaben zu lösen. Diese sind im einzelnen:

1. Berechnung der Winkel zwischen
   a) Seiten- u. Basisfläche der Prismen bzw. Pyramiden ($\alpha$),
   b) zwei nebeneinanderliegenden Seitenflächen der Prismen bzw. Pyramiden ($\gamma$).
2. Festlegung der Größe und Ausführungsform der die Reflektorfläche bildenden Reflektorprismen (die Ergebnisse der Rechnung 1a und 1b werden dabei berücksichtigt). Optimierung des Verhältnisses zwischen reflektierender und nichtreflektierender Fläche.
3. Festlegung von Form und Größe der herzustellenden Reflektorfläche und Anpassung an das Gesamtdesign des Fahrzeuges und seiner Beleuchtungseinrichtungen.
4. Gestaltung des Spritzgießwerkzeuges.
5. Wahl des Werkstoffes und der Verarbeitungsbedingungen.

Im folgenden soll für die wichtigsten der zuvor angegebenen Konstruktionsschritte dargestellt werden, wie man dabei im einzelnen verfährt. Wir wenden uns zunächst der die Prismen- bzw. Pyramidenform bedingenden Winkel zu. Hierbei verwenden wir als mathematisches Hilfsmittel die Vektorrechnung. Die Anwendung derselben wäre nicht unbedingt notwendig, da sich die in Frage stehenden Winkel auch aus Plausibilitätsbetrachtungen ableiten lassen, hat aber den Vorteil, daß sich mit ihrer Hilfe eine Reihe weiterer Fragen einfach beantworten lassen, so z.B.

a) welchen Betrag müssen die genannten Winkel aufweisen, wenn ein senkrecht zur Gesamtreflektorfläche einfallender Lichtstrahl diesen unter dem Winkel $\beta$ zur Flächennormalen (der Gesamtreflektorfläche) verlassen soll,

b) unter welchem Winkel $\beta$ zur Flächennormalen verläßt ein unter dem Winkel $\beta_1$ zu derselben einfallender Lichtstrahl den Reflektor ($\beta_1 \neq 0$ Grad)

*Berechnung der Prismen- bzw. Pyramidengeometrie*

Eine einzelne Pyramide des Rückstrahlerfeldes möge in der aus Bild 5.5–2 ersichtlichen Weise mit ihrer Basisfläche in der $X$, $Z$-Ebene eines $X$,- $Y$-, $Z$-Koordinatensystems gelegen sein. Wir bezeichnen die Basisebene mit $E_0$, die reflektierenden Ebenen mit $E_1$, $E_2$,

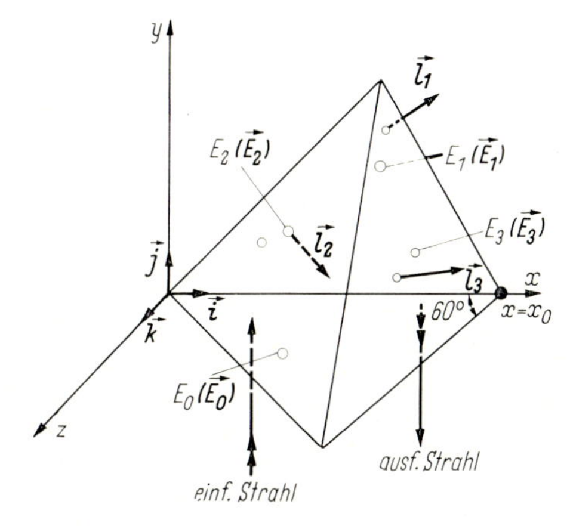


Bild 5.5–2 Berechnung der Geometrie eines pyramidenförmigen Reflektorelementes. Prinzipdarstellung des Reflektorelementes

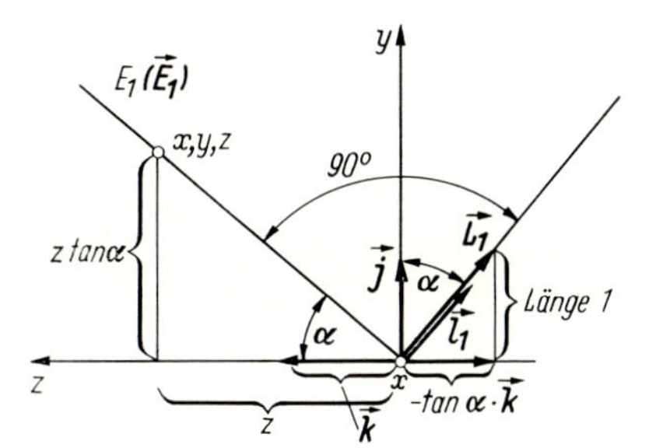


Bild 5.5–3 Berechnung der Geometrie eines pyramidenförmigen Reflektorelementes. Ableitung der Vektorgleichungen für die Ebene $E_1$ und deren Flächennormale $\alpha_1$

$E_3$. Mit Hilfe der Bilder 5.5–3 und 5.5–4 bestimmen wir zunächst die Vektorgleichungen der Pyramidenebenen und deren Flächennormalen (Lote).

Die Gleichung der Basisebene[1]) lautet trivialerweise

$$\mathfrak{E}_0 = x \cdot \mathfrak{i} + y \cdot \mathfrak{k} \tag{1}$$

Die Vektoren $\mathfrak{i}$, $\mathfrak{j}$, $\mathfrak{k}$ sind dabei die das Koordinatensystem aufspannenden Einheitsvektoren. Für die Flächennormale der Basisebene $E_0$ ergibt sich für die in das Pyramideninnere gerichtete Flächennormale die Gleichung:

[1]) Vektorielle Größen sind durch deutsche Buchstaben gekennzeichnet. Allgemeine Vektoren werden groß, Einheitsvektoren (Länge 1) klein geschrieben.

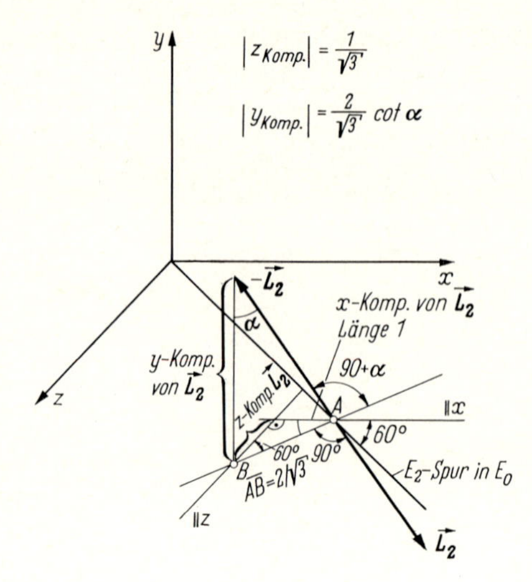


Bild 5.5–4 Berechnung der Geometrie eines pyramidenförmigen Reflektorelementes. Ableitung der Vektorgleichungen für die Ebene $E_2$ und deren Flächennormale $\alpha_2$

$$\mathfrak{L}_0 = \mathfrak{l}_0 = \mathfrak{j} \tag{2}$$

Die Gleichung der durch die $x$-Achse gehenden Ebene $E_1$, sie bildet mit der Basisebene $E_0$ den zu ermittelnden Winkel $\alpha$, lautet:

$$\mathfrak{E}_1 = x \cdot \mathfrak{i} + z \cdot \tan\alpha \cdot \mathfrak{j} + z \cdot \mathfrak{k} \tag{3}$$

Mit Bild 5.5–3 folgt für die Flächennormale $\mathfrak{L}_1$ zu $\mathfrak{E}_1$

$$\mathfrak{L}_1 = \mathfrak{j} - \tan\alpha \cdot \mathfrak{k} \tag{4}$$

Diese Flächennormale weise willkürlich nach „außen“. Für die Ebene $E_2$ gilt in allgemeiner Schreibweise

$$\mathfrak{E}_2 = x \cdot \mathfrak{i} + y \cdot \mathfrak{j} + z \cdot \mathfrak{k} \tag{5}$$

Da diese Pyramidenebene jedoch den Koordinatenursprung enthält, gilt für $y$

$$y = ax + bz \tag{6}$$

Die in (6) enthaltenen Faktoren $a$ und $b$ lassen sich bestimmen. Da die Pyramide über einem gleichseitigen Dreieck errichtet wurde, gilt

$$\frac{b}{a} = \frac{x}{z} = -\operatorname{cotg}\beta \tag{7}$$

und außerdem für $a$ mit Bild 5.5–4 und den Gleichungen

$$\mathfrak{L}_2 = \mathfrak{i} - \frac{2}{3}\operatorname{cotg}\alpha \cdot \mathfrak{j} \tag{8}$$

$$\mathfrak{L}_2 \cdot \mathfrak{E}_2 = 0 \tag{9}$$

$$a = \frac{\sqrt{3}}{2}\tan\alpha \tag{10}$$

Aus Gleichung (5) folgt mit (7) und (10) sofort

$$\mathfrak{E}_2 = x \cdot \mathfrak{i} + \frac{\sqrt{3}}{2} \cdot \tan\alpha \cdot \left(x - \frac{z}{\sqrt{3}}\right) \cdot \mathfrak{j} + z \cdot \mathfrak{k} \tag{11}$$

Analoge Betrachtungen ergeben für $\mathfrak{E}_3$, $\mathfrak{L}_3$:

$$\mathfrak{E}_3 = x \cdot \mathfrak{i} - \frac{\sqrt{3}}{2} \cdot \tan\alpha \cdot \left(x - x_0 + \frac{z}{\sqrt{3}}\right) \cdot \mathfrak{j} + z \cdot \mathfrak{k} \tag{12}$$

$$\mathfrak{L}_3 = \mathfrak{i} + \frac{2}{\sqrt{3}} \cdot \operatorname{cotg}\alpha \cdot \mathfrak{j} + \frac{1}{\sqrt{3}} \cdot \mathfrak{k} \tag{13}$$

Die Flächennormale $\mathfrak{L}_3$ sei dabei willkürlich aus der Pyramide hinausgerichtet. Entsprechend der Aufgabenstellung hat der auf die Pyramide einfallende Lichtstrahl die Richtung $\mathfrak{j}$. Wir nehmen willkürlich an, daß die erste Reflexion an der Ebene $\mathfrak{E}_2$ stattfinde und erhalten für den Reflexionsvektor $\mathfrak{R}_2$

$$\mathfrak{R}_2 = \mathfrak{j} + \mu \cdot \mathfrak{l}_2 \tag{14}$$

$\mathfrak{l}_2$ ist dabei der Einheitsvektor zu $\mathfrak{L}_2$. $\mathfrak{R}_2$ ist eine Linearkombination zwischen $\mathfrak{j}$ und $\mathfrak{l}_2$, da einfallender und ausfallender Strahl mit der Flächennormalen zwangsläufig eine Ebene bilden. Da der Reflexionsvektor $\mathfrak{R}_2$ mit der Flächennormalen den Winkel $\alpha$ bildet und $\mathfrak{l}_2$ durch

$$\mathfrak{l}_2 = \frac{\sqrt{3}}{2} \cdot \sin\alpha \cdot \mathfrak{i} - \cos\alpha \cdot \mathfrak{j} - \frac{1}{2} \sin\alpha \cdot \mathfrak{k} \tag{15}$$

gegeben ist, folgt für den zu $\mathfrak{R}_2$ gehörigen Einheitsvektor $\mathfrak{r}_2$:

$$\mathfrak{r}_2 = \sqrt{3} \cdot \sin\alpha \cdot \cos\alpha \cdot \mathfrak{i} + (1 - 2\cos^2\alpha) \cdot \mathfrak{j} - \sin\alpha \cdot \cos\alpha \cdot \mathfrak{k} \tag{16}$$

Entsprechend folgen für $\mathfrak{r}_1$ und $\mathfrak{r}_3$:

$$\mathfrak{r}_1 = \sqrt{3} \sin\alpha \cdot \cos\alpha \cdot \mathfrak{i} + (1 - 6\cos^2\alpha + 6\cos^4\alpha) \cdot \mathfrak{j} + 3\sin\alpha\cos\alpha\,(1 - 2\cos^2\alpha)\,\mathfrak{k} \tag{17}$$

$$\begin{aligned} \mathfrak{r}_3 = {} & (\sqrt{3}\sin\alpha\cos\alpha - \sqrt{3}\sin\alpha\cos\alpha\,(2 - 3\cos^2\alpha)^2)\,\mathfrak{i} \\ & + (1 - 6\cos^2\alpha + 6\cos^4\alpha - 2\cos^2\alpha\,(2 - 3\cos^2\alpha)^2) \cdot \mathfrak{j} \\ & + (3\sin\alpha \cdot \cos\alpha\,(1 - 2\cos^2\alpha) - \sin\alpha \cdot \cos\alpha \cdot (2 - 3\cos^2\alpha)^2) \cdot \mathfrak{k} \end{aligned} \tag{18}$$

Nach der Aufgabenstellung ist

$$\mathfrak{r}_3 = -\mathfrak{j} \tag{19}$$

Dies ist aber nur dann der Fall, wenn in Gleichung (18) die vor den Vektoren $\mathfrak{i}$ und $\mathfrak{k}$ stehenden Faktoren den Betrag 0, der vor $\mathfrak{j}$ aber den Wert $-1$ annimmt. Daraus folgt sofort:

$$\cos\alpha = \frac{\sqrt{3}}{3};\ \sin\alpha = \sqrt{\frac{2}{3}};\ \tan\alpha = \sqrt{2} \tag{20}$$

Für den Winkel zwischen Basisebene und Pyramidenfläche folgt damit:

$$\boxed{\alpha = 54^\circ\, 44'\, 7''} \tag{21}$$

Zur Bestimmung des Winkels zwischen zwei Pyramidenflächen (z.B. $\mathfrak{E}_2$, $\mathfrak{E}_3$) bildet man das skalare Produkt zwischen deren Flächennormalen $\mathfrak{L}_2$ und $\mathfrak{L}_3$. Da dieses 0 ist, ergibt sich der Winkel $\gamma$ zwischen den Pyramidenflächen zu 90°.

$$\boxed{\gamma = 90^\circ} \tag{22}$$

*Festlegung der Größe und Ausführungsform der die Reflektorfläche bildenden Reflektorprismen*

Die Dicke des Gesamtreflektors, sie ist vor allem durch die Höhe der Einzelpyramiden gegeben, soll aus Preis-, Werkzeug- und Design-Gründen möglichst klein sein. Außerdem sollen zur Erreichung hoher Reflexionsgüte möglichst viele Einzelreflektoren vorhanden sein. Da die Werkzeuge aber – wie noch erläutert wird – aus vielen Einzelstiften zusammengesetzt werden, die sorgfältigste mechanische Bearbeitung erfordern, werden die Kantenlängen der Pyramiden in der Größenordnung einiger mm gewählt. Bild 5.5–10 zeigt die Hälfte eines Rückstrahlerspritzgießwerkzeuges, an der die Pyramiden abgeformt werden. Die daneben liegende zweite Hälfte des Werkzeuges formt dagegen die glatte, ebene oder gekrümmte Reflektoroberfläche, an welcher der Ein- und Austritt der Lichtstrahlen erfolgt.

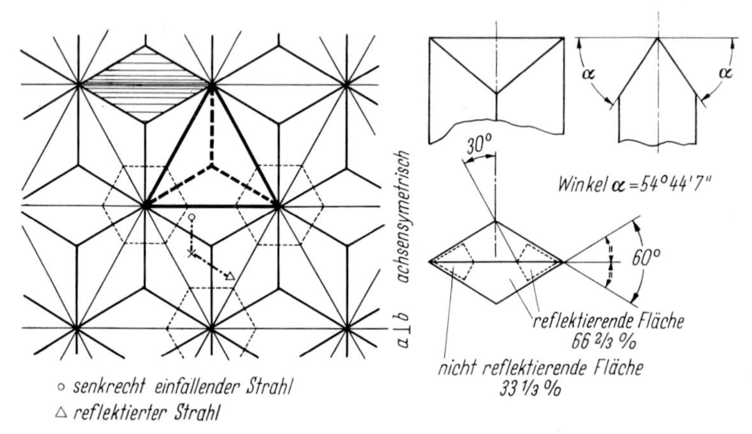


Bild 5.5–5 Aufbau eines Reflektorwerkzeuges. Grundelement: Rhombenstift. Rhombenwinkel 60° bzw. 120°. Rhomben firstartig mit $\alpha = 54°\ 44'\ 7''$ angeschliffen

In den Bildern 5.5–5 bis 5.5–9 ist eine Reihe von Möglichkeiten wiedergegeben, nach denen heute Rückstrahlerwerkzeuge aufgebaut werden. Bild 5.5–5 zeigt den Aufbau eines Werkzeuges aus rhombischen Metallstiften. Die Innenwinkel der Rhomben betragen dabei 60° bzw. 120°. Wie die rechte Hälfte des Bildes 5.5–5 zeigt, werden die Rhombenstifte firstartig mit dem Winkel $\alpha = 54°\ 44'\ 7''$ angeschliffen. Im Teilbild sind die beiden Seitenansichten und die Draufsicht des angeschliffenen Stiftes dargestellt. Die Draufsicht ergibt einen Rhombus mit der Firstlinie des Anschliffs als Diagonale. Setzt man viele so ausgebildete Rhombenstifte in einem Feld derart zusammen, daß sich die Seitenflächen der Rhombenstifte berühren, so erhält man die in der linken Hälfte des Bildes 5.5–5 in Draufsicht dargestellte, die gewünschten Pyramiden formende Werkzeughälfte. Die Draufsicht eines der Stifte ist dabei schraffiert eingezeichnet.

Wie man leicht ableiten kann, werden die im Eckenbereich der Pyramidengrundfläche einfallenden Lichtstrahlen nicht in der gewünschten Weise reflektiert. Es entstehen „nicht reflektierende" Flächen. Sie entsprechen den in Bild 5.5–5 dargestellten Sechsecken.

Ihr Flächenanteil beträgt $33^1/_3\%$. Sie reduzieren naturgemäß die Wirksamkeit des Rückstrahlers. Diese läßt sich jedoch verbessern, wenn man an den Rhombenstiften, wie dies in Bild 5.5–6 dargestellt ist, zwei weitere $54°\ 44'\ 7''$-Anschliffe vornimmt. Die rechte Bildhälfte von 5.5–6 zeigt die so entstehende Anschliff-Form der Rhombenstifte, während in der linken Bildhälfte wieder das zusammengesetzte Werkzeug in Draufsicht dargestellt

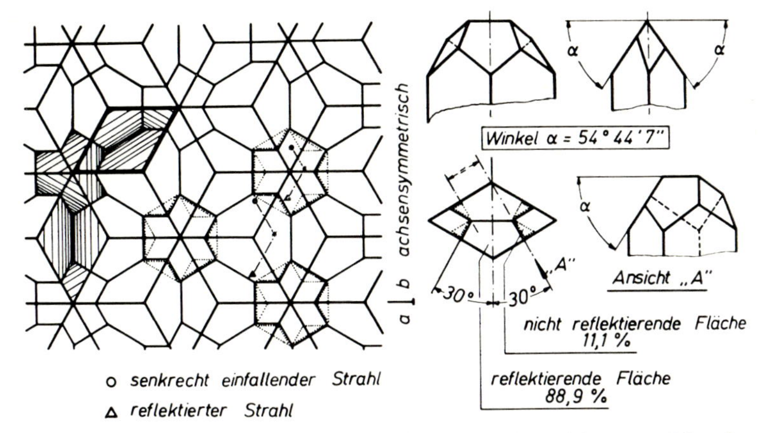


Bild 5.5–6 Aufbau eines Reflektorwerkzeuges. Grundelement: Rhombenstift. Rhombenwinkel 60° bzw. 120°. Rhomben a) firstartig mit $\alpha = 54°\ 44'\ 7''$ und b) seitlich mit $\alpha = 54°\ 44'\ 7''$ angeschliffen

ist. Naturgemäß entstehen wieder Teilflächen, die nicht reflektieren. Sie haben die Form kleiner Dreiecke (dargestellt durch Punktlinien). Durch das Anbringen der zusätzlichen Schliff-Flächen reduziert sich der „nicht reflektierende" Teil des Rückstrahlerfeldes auf 11,1%.

Eine weitere, bessere Anordnung der Stifte im Werkzeug stellt der Aufbau desselben aus Sechskantstiften dar (Querschnitt ein regelmäßiges Sechseck), wie dies in Bild 5.5–7 gezeigt ist. Die Sechskantstifte sind dabei wiederum unter dem zuvor berechneten Winkel $\alpha = 54°\ 44'\ 7''$ dreiflächig, pyramidenförmig angeschliffen. Die rückstrahlende Fläche eines nach diesem Prinzip aufgebauten Reflektors beträgt 100%. Da solche Reflektoren außerdem einen einfachen Aufbau und geringe Wanddicken aufweisen, werden sie, besonders in den USA, häufig verwendet. Ein Nachteil dieses Systems ist, daß bereits bei relativ kleinen Einfallswinkeln und unter gewissen Stellungen des Reflektors dessen Rückstrahlwirkung verloren geht, weil das einfallende Licht die Prismen durchsetzt. Man beseitigt diesen Nachteil durch Verspiegelung der Pyramiden. Sie reflektieren dann ohne den Effekt der Totalreflexion.

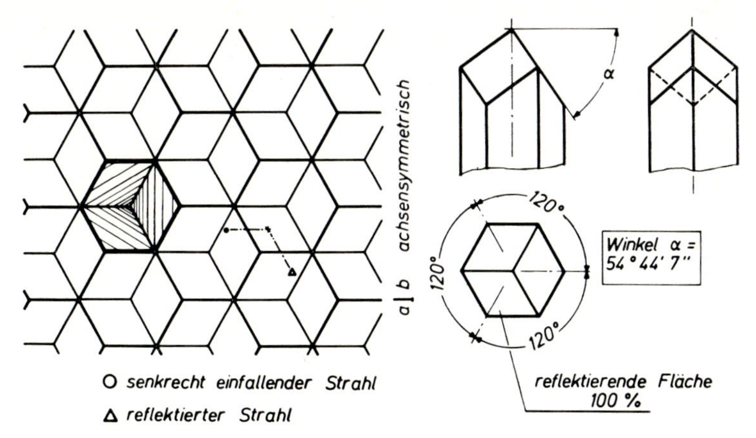


Bild 5.5–7 Aufbau eines Reflektorwerkzeuges. Grundelement: Sechskantstift. 3-Flächen-Anschliff unter $\alpha = 54°\ 44'\ 7''$

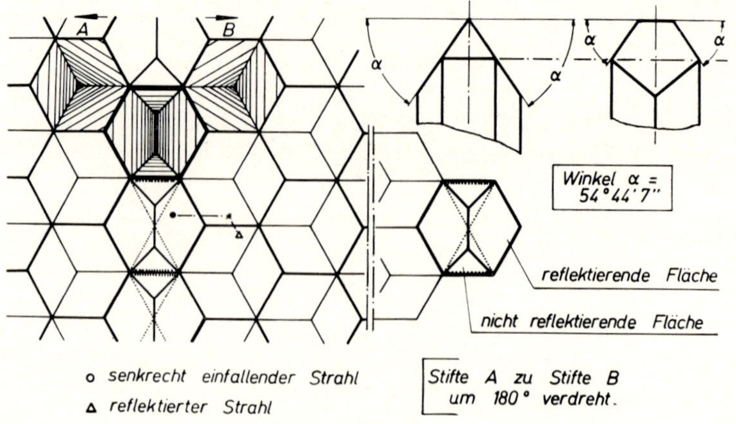


Bild 5.5–8 Aufbau eines Reflektorwerkzeuges. Grundelement: Sechskantstift. Stifte um 180° verdreht. 1. Möglichkeit

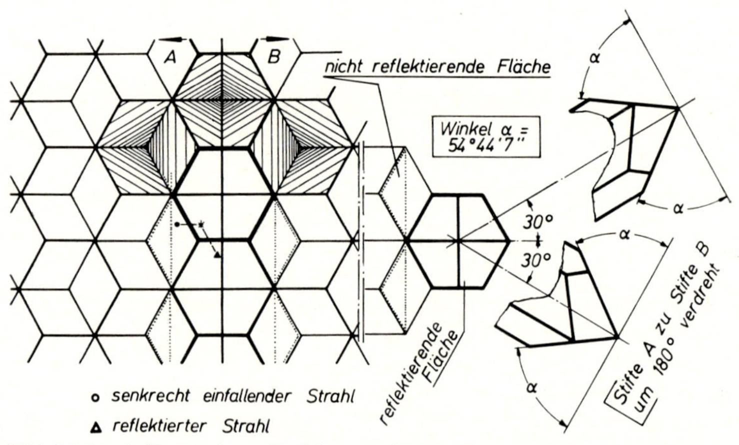


Bild 5.5–9 Aufbau eines Reflektorwerkzeuges. Grundelement: Sechskantstift. Stifte um 180° verdreht. 2. Möglichkeit

Um beim Einsatz solcher Reflektoren auch bei schräger Anleuchtung des Gesamtreflektors zu symmetrischen Reflexionsverhältnissen zu kommen, ist es erforderlich, die Rückstrahlerprismen um 60° zu drehen. Eine solche Prismenanordnung macht allerdings Zwischenstücke erforderlich, wie sie in den Bildern 5.5–8 und 5.5–9 dargestellt sind.

Bei Annäherung an den Grenzwinkel der Ausstrahlung werden dann hell-dunkle Bereiche bzw. Streifen sichtbar. Diese Bereiche sind durch die genannten Zwischenstücke abgegrenzt. Wären die Rückstrahlerprismen nicht um 60° verdreht angeordnet, würde nur nach einer Seite Reflexion auftreten.

Rückstrahler werden an ihrer glatten, d. h. äußeren Oberfläche meist gewölbt, weil auf diese Weise die bei senkrechtem Lichteinfall eintretende Oberflächenreflektion stark eingeschränkt wird. Die Wölbung der Oberfläche bringt in jedem Fall eine verstärkte Streuung des an den Prismen reflektierten Lichtstrahles mit sich. Die Streuung ist dabei proportional zum Kehrwert des Wölbungsradius und der Seitenlänge $s$ eines rückstrahlenden „Sechseckes". Tabelle 5.5–4 zeigt, wie sich der Streuwinkel $\beta$ eines rückstrahlenden Prismas mit der Seitenlänge $s$ und dem Wölbungsradius $r$ verändert.

*Tabelle 5.5–4 Streuwinkel β (in Grad) eines rückstrahlenden Prismas in Abhängigkeit von der Seitenlänge s und dem Wölbungsradius r*

| s mm / r mm | 1 | 2 | 3 | 4 |
|---|---|---|---|---|
| 100 | 1,59 | 3,18 | 4,81 | 6,37 |
| 150 | 1,06 | 2,13 | 3,18 | 4,26 |
| 200 | 0,80 | 1,59 | 2,49 | 3,18 |
| 300 | 0,53 | 1,06 | 1,59 | 2,12 |
| 500 | 0,32 | 0,64 | 0,95 | 1,27 |

Dieser Streuwinkel kann durch die Vergrößerung des Prismenwinkels halbiert werden. Tabelle 5.5–5 zeigt, um welche Winkelbeträge $d\alpha$ (in Grad) der Prismenwinkel $\alpha$ vergrößert werden muß, wenn bei vorgegebenen Werten von $r$ und $s$ der halbe Streuwinkel erreicht werden soll.

*Tabelle 5.5–5 Winkeländerungen dα (in Grad), die zu halben Streuwinkeln (β/2) führen, für verschiedene Werte von r und s*

| s mm / r mm | 1 | 2 | 3 | 4 |
|---|---|---|---|---|
| 100 | 0,133 | 0,265 | 0,400 | 0,530 |
| 150 | 0,088 | 0,177 | 0,265 | 0,355 |
| 200 | 0,067 | 0,133 | 0,207 | 0,265 |
| 300 | 0,044 | 0,088 | 0,133 | 0,176 |
| 500 | 0,028 | 0,056 | 0,079 | 0,106 |

Es spielt dabei keine Rolle, ob die Fläche, welche die Pyramidenspitzen der Rückseite eines Rückstrahlers beschreiben, ebenfalls gewölbt ist oder nicht. In der Praxis zieht man schwache Wölbungen vor, da diese nur eine schwache Streuung ergeben und dabei außerdem die Dickenunterschiede zwischen Mitte und Rand eines Rückstrahlers gering sind. Günstiges Verhalten erhält man z. B. für Oberflächenradien von $r = 500$ mm und wirksamen Kantenlängen der rückstrahlenden „Sechsecke" von 1 bis 1,5 mm bei einem Prismenwinkel von 54,75°.

Werden die zuvor gemachten Ausführungen beachtet, so erhält man bei sachgerechter Werkzeugausführung und richtiger Verarbeitung des Kunststoffes Rückstrahler, die das 5- bis 20fache Rückstrahlvermögen von normalen Glasrückstrahlern haben. Dies deswegen, weil aus Kunststoffen gespritzte Rückstrahler eine sehr hohe Formgenauigkeit aufweisen, während gepreßte Glas-Rückstrahler durch den beim Pressen auftretenden Formenverschleiß ungenauer sind.

Gestaltung des Spritzgießwerkzeuges

Die wesentliche Voraussetzung für die wirtschaftliche und betriebssichere Herstellung eines Rückstrahlers ist ein richtig aufgebautes solides Werkzeug und eine geeignete Spritzgießmaschine. Es sind alle allgemein bekannten Möglichkeiten der Gestaltung des Werkzeuges und insbesondere des Verteilerkanales und des Anschnittes möglich. Für kleinere und mittlere Werkzeuge wird der Stangenanguß mit sternförmigem Verteiler mit seitlichem Anschnitt der Formhöhlung bevorzugt. Abreißanschnitte werden selten ausgeführt. Bei großen Rückstrahlern, wie sie für Pannenwarndreiecke verwendet werden, kann ein Heißkanalwerkzeug Vorteile bringen. Insbesondere bei großen Werkzeugen ist

Bild 5.5–10 Spritzgießwerkzeug für einen Rückstrahler

a) unteres Teil: Prägeteil für die Reflektorpyramiden

b) oberes Teil: Prägeteil für die Oberfläche

auf genügende Steifigkeit zu achten, da bei ungenügender Steifigkeit und hoher Auslastung der Maschine durch den meistens hohen Einspritzdruck sonst ein Grat entstehen kann.

Die Prismen können sich sowohl auf der düsenseitigen als auch auf der schließseitigen Werkzeughälfte befinden, letztere wird aber wegen der Auswerfer und Auszieher bevorzugt. Ferner ist es erforderlich, daß Kühlkanäle in genügender Anzahl möglichst dicht an die Formnester geführt werden, um schnell zu den richtigen Betriebstemperaturen zu kommen. Von diesen Temperaturen hängen die Rückstrahlwerte wesentlich ab. Sowohl die Prismenfläche als auch die Frontfläche des Rückstrahlers werden durch Einsätze in das Werkzeug gebildet. Für die Frontfläche verwendet man einen vakuumgeschmolzenen Stahl mit möglichst wenig Poren und ausreichender Zunderbeständigkeit. Die meistens leicht gewölbten Flächen dieses Einsatzes werden durch Schleifverfahren, wie sie in der Glasindustrie üblich sind, vorgeschliffen, feingeschliffen und poliert. Dabei sind verchromte und nicht verchromte Einsätze möglich. Der wesentliche Teil – die Prismen – werden aus Stiften, die je nach gewähltem System Rhomben oder Sechseckstifte sein können, gebildet. Ihre genaue Bearbeitung und sorgfältige Politur sind ein wesentlicher Kostenfaktor bei der Erzeugung von Rückstrahlern. Auch hier ist ein Stahl zu verwenden, der seinen Glanz auch noch nach längerer Laufzeit behält. Es ist darauf zu achten, daß die Flächen nicht ballig poliert werden. Richtiges Schleifen und gute Politur werden in Spezialgeräten geprüft. Es ist wichtig, die Einsätze sorgfältig zu bündeln und zu fassen, bevor sie in das Werkzeug eingesetzt werden. Die durch die Verarbeitung auftretenden kleinsten Zwischenräume zwischen den einzelnen Stiften ermöglichen der Luft, beim Spritzvorgang zu entweichen, wodurch die Prismenschärfe erhöht wird.

Die zuvor genannte Technik der Werkzeugherstellung wurde gewählt, weil die ungewöhnliche Präzision, mit der Rückstrahler hergestellt werden müssen, eine ebenso hohe Genauigkeit in der Werkzeugherstellung erfordert. Dies ist nach konventionellen Methoden (Kalteinsenken, Galvanoabzüge) nicht möglich.

Wahl des Werkstoffes und der Verarbeitungsbedingungen

Berücksichtigt man die an Rückstrahlerwerkstoffe gestellten Anforderungen wie hohe Lichtdurchlässigkeit, geringste Trübung, hohe Oberflächenhärte und Abriebfestigkeit, beste Licht- und Witterungsbeständigkeit, Beständigkeit gegen Treibstoffe etc., so bietet sich die Verwendung von Polymethylmethacrylat[2]) an. Im Grunde genommen können dabei alle für das Spritzgießen gebräuchlichen Sorten dieses Werkstoffes verwendet werden. Die meisten Rückstrahler werden aber heute aus Gründen der Wärmeformbeständigkeit und Verarbeitungstechnik aus Formmassen hoher Wärmeformbeständigkeit und mittlerem Fließverhalten spritzgegossen. Die höhermolekularen Typen werden wegen der erschwerten Verarbeitbarkeit weniger verwendet. Die Sorten mit niedriger Wärmeformbeständigkeit und besonders gutem Fließverhalten werden nur für Rückstrahler eingesetzt, die weniger dem Sonnenlicht oder starker Erwärmung ausgesetzt sind.

Schlagzähe Polymethacrylate werden nicht verwendet, weil sie eine gewisse Eigentrübung, geringeren Oberflächenglanz und geringere Härte haben.

Für das Spritzgießen von Rückstrahlern sind die in den Verarbeitungsvorschriften der Hersteller von PMMA-Formmassen gegebenen Hinweise zu beachten. Da es sich bei dieser Anwendung um optische Teile handelt, kommt es besonders auf die konstante Einhaltung der einmal gefundenen, optimalen Einstellungsdaten von Form und Maschine an. Im wesentlichen ist folgendes zu berücksichtigen:

Eine saubere Oberfläche erhält man nur, wenn die Feuchtigkeit in der Formmasse je nach Maschine und Werkzeug unter 0,1 bis 0,05% Wasser liegt. Im anderen Falle ergeben sich Oberflächenfehler, die durch das Aufplatzen von kleinen Blasen während des Formfüllvorganges entstehen. Bei günstigen Maschinenbedingungen und einfachen Werkzeugen kann frisches Material ohne Vortrocknung verarbeitet werden, während bei voller Auslastung der Maschine und komplizierten Werkzeugen, insbesondere Heißkanalwerkzeugen im allgemeinen auf eine Vortrocknung nicht verzichtet werden kann. Beim Trocknen auf Horden in Trockenschränken ist auf gleichmäßige Temperatur besonderer Wert zu legen. Diese soll so hoch sein, daß die Granulatkörner gerade nicht zusammenbacken (je nach Materialtype 80 bis 100 °C). Die Vortrocknungszeit liegt zwischen 4 und 6 Stunden. Einen gleichmäßigen Temperatureffekt erzielt man in Umlufttrockenschränken mit Siebboden und modernen Trockentrichtern, die entweder anstelle des normalen Trichters auf der Maschine angebracht oder aber als große Einheit an zentraler Stelle im Betrieb aufgestellt werden. Diese sollten erfahrungsgemäß auf Frischluft geschaltet werden, da sich bei Umluft die feuchte Luft manchmal in den oberen Materialschichten ansammelt. Bei diesen Einheiten ist wegen der großen Luftmengen unbedingt darauf zu achten, daß ein wirkungsvolles Filter vorgeschaltet ist, da sonst der in der Luft enthaltene Staub das Material verunreinigt. Die hierdurch hervorgerufene Trübung verschlechtert die Reflexionswerte der Rückstrahler erheblich. Trübung kann auch durch Metallabrieb der Horden, Trichter, Schaufeln und Transportkästen entstehen. Ein wesentlich günstigeres Verhalten zeigen Transportbehälter und Schaufeln aus Polyäthylen, während Weich-PVC auch als Schläuche für Förderanlagen und Trockeneinheiten wegen des sehr starken Abriebes durch andere Materialien wie Polyäthylen, Polymethylmethacrylat oder nicht rostenden Stahl ersetzt werden sollte. Die anderen Möglichkeiten der Verschmutzung sind beim Umfüllen sowie Abreiben des Maschinentrichters zu suchen. Auf das Vortrocknen kann in jedem Falle verzichtet werden, wenn Spritzgießmaschinen mit Entgasungszone im

---

[2]) Ungeachtet dessen werden auch andere Kunststoffe verwendet, so z. B. Copolymere aus Styrol mit Acrylnitril, Methacrylsäuremethylester und $\alpha$-Methylstyrol; Celluloseazetobutyrat; Polykarbonat etc.

Zylinder vorhanden sind. Diese sind auch wegen der geringeren Gefahr der Verschmutzung besonders zu empfehlen.

Sollen verschiedene Einfärbungen gemischt werden, so geschieht das am besten in Fässern aus nicht rostendem Stahl, die in Taumelmischeinrichtungen eingespannt werden.

Die Maschineneinstellung ist so zu wählen, daß das Formteil in seiner Geometrie möglichst exakt dem Werkzeug entspricht. Dieser Forderung steht die Forderung nach Wirtschaftlichkeit gegenüber. Genau abgebildete, spannungs- und orientierungsarme Formteile werden nur bei sehr langsamer Abkühlung erreicht, wie sie in der Praxis im Spritzgießverfahren nicht zu verwirklichen ist. Da die Abkühlzeit quadratisch mit der Wanddicke wächst, ist die Herstellung dünnwandiger Rückstrahler günstiger. Ebenso sollen die Prismen möglichst klein sein. Hierdurch ergeben sich nur kleine Wanddickenunterschiede, welche die Gefahr des Einfallens vermindern. Deshalb sind spritzgegossene Rückstrahler mit wesentlich feineren Prismen ausgestattet als gepreßte Glasrückstrahler. Die Werkzeugkosten sind natürlich bei kleinen Prismen wesentlich höher als bei großen, jedoch ist der Einfluß bei den in Frage kommenden großen Stückzahlen gering.

Die Schwindung ist dreidimensional und übt keinen Einfluß auf die Qualität des Rückstrahlers aus, eingesunkene Flächen haben jedoch eine wesentliche Erhöhung der Streuung zur Folge. Um dies zu vermeiden, ist die Werkzeugtemperatur relativ hoch zu wählen. Sie liegt je nach Spritzzyklus, Rückstrahlerdicke, Prismengröße und verwendetem Material zwischen 50 und 90 °C. Die Temperatur des einströmenden Materials soll dagegen ziemlich niedrig sein. Das wird durch niedrige Schneckendrehzahl bei ausreichendem Staudruck und niedriger Zylindertemperatur erreicht.

Die Schneckendrehzahl beträgt je nach Maschine 30 bis 60 $min^{-1}$, die Zylindertemperatur steigt von 180 bis 200 °C auf 210 bis 230 °C am Zylinderkopf. Bei dieser Maschineneinstellung ist ein relativ hoher Spritzdruck von 100 bis 160 $N/mm^2$ erforderlich, um das Werkzeug richtig zu füllen. Eine gewisse Verringerung der eingesunkenen Stellen wird durch relativ langsames Einspritzen erreicht. Wenn die Rückstrahler nicht zu dickwandig sind, lassen sich bei Beachtung der gegebenen Empfehlungen kurze Spritzzyklen erzielen. Durch die hohe Werkzeugtemperatur wird die Orientierung ziemlich gering gehalten, so daß die Teile frühzeitig entformt werden können. Bei dünnwandigen Rückstrahlern ist es möglich, einen Zyklus von 30 s etwas zu unterschreiten.

Obwohl sich die vorstehenden Angaben auf Spritzgießmaschinen mit Schubschnecke und Rückstromsperre beziehen, sind auch mit Maschinen anderer Plastifiziersysteme gute Ergebnisse zu erzielen. Allerdings ist darauf zu achten, daß die mit dem Material in Berührung kommenden Zylinder und Kanäle möglichst verchromt sind. Ferner sollen Dichtflächen sehr gut aufeinander sitzen, um Abrieb zu vermeiden. Bei Schneckenspritzgießmaschinen sind Zylinder und Schnecke im allgemeinen nitriert, was für das Spritzgießen von Rückstrahlern ausreichend ist. Obwohl die nitrierte Oberfläche chemisch ungünstiger ist als die verchromte, kann wegen der kurzen Verweilzeit der Formmasse und der niedrigen Temperatur bei Schneckenspritzgießmaschinen auf die Ausstattung mit einer chemisch widerstandsfähigeren Oberfläche verzichtet werden.

Zu erwähnen ist noch, daß Rückstrahlerwerkzeuge bei entsprechend stabiler Bauweise eine sehr lange Lebensdauer haben. Es ist zweckmäßig, die Rückstrahler kurz nach der Fabrikation optisch zu prüfen, da sich schon kleine Unterschiede in der Maschineneinstellung ungünstig auswirken können.

Hersteller, Abnehmer und Prüfer von „Pyramiden-Rückstrahlern" interessieren sich noch dafür, wie sich die Reflexionsverhältnisse an diesen ändern, wenn der Winkel $\alpha$ zwischen Basis und Seitenfläche Änderungen erfährt. Dies weil

a) der Winkel $\alpha = 54^\circ\, 55'\, 7''$ nur mit einer bestimmten Genauigkeit erreicht werden kann und man daher wegen der Strenge der Zulassungsbedingungen wissen muß, unter welchem Winkel ein senkrecht auf den Rückstrahler einfallender Lichtstrahl reflektiert wird,

b) in bestimmten Fällen $\alpha$ absichtlich und definiert verändert wird, um Reflektoren zu erhalten, die senkrecht auf sie einfallende Lichtstrahlen unter bestimmten Winkeln (zur Flächennormale) reflektieren.

Zur Ableitung des Reflexionswinkels $\beta$ als Funktion des Winkels $\alpha$ zwischen Basis- und Seitenfläche der Reflektor-Pyramide bedienen wir uns wieder der Vektorrechnung[3]).

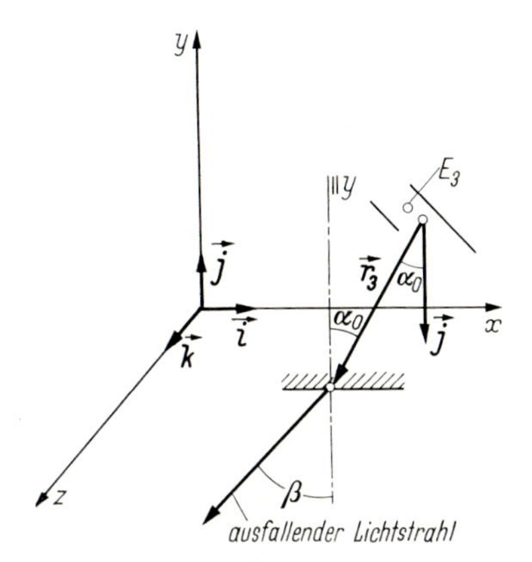


Bild 5.5–11 Berechnung der Geometrie eines pyramidenförmigen Reflektorelementes. Ableitung der Funktion $\alpha = f(\beta)$

Gleichung (18) beschreibt den Reflexionsvektor $\mathfrak{r}_3$. Die Richtung dieses Vektors gibt an, in welcher Richtung der von der Ebene $E_3(\mathfrak{E}_3)$ reflektierte Lichtstrahl diese Ebene verläßt. Wie aus Bild 5.5–11 ersichtlich ist, schneidet dieser Lichtstrahl die Ebene $E_0(\mathfrak{E}_0)$ unter einem Winkel $\alpha_0$ zur Flächennormalen (bzw. zu einer Parallelen zur $y$-Achse). Mit Gleichung (18) ergibt sich unter Zuhilfenahme von Bild 5.5–11 für die Bestimmung des Winkels $\alpha_0$:

$$\cos \alpha_0 = -\,\mathfrak{r}_3 \cdot \mathfrak{j} \tag{23}$$

$$\cos \alpha_0 = 18 \cos^6 \alpha - 30 \cos^4 \alpha + 14 \cos^2 \alpha - 1 \tag{24}$$

Gleichung (24) kann zur Bestimmung des Winkels $\alpha$ dienen. Durch Umformung von (24) erhält man:

$$(\cos \alpha_0 - 1) = 2(3 \cos^2 \alpha - 1)^2 \cdot (\cos^2 \alpha - 1) \tag{25}$$

Der Wert von $\alpha$ für senkrechten Lichtaustritt folgt mit $\alpha_0 = 0$ Grad zu

$$\cos \alpha = \frac{\sqrt{3}}{3}$$

Diese Beziehung ist mit Gleichung (20) identisch. Es ergibt sich somit wieder $\alpha$ zu $54^\circ$ $44'\, 7''$. Die noch übrig bleibende Lösung $\alpha = 0^\circ$ ist physikalisch sinnlos.

In den Fällen, in denen $\alpha_0$ von Null verschieden ist, wird der aus der Pyramide austretende Lichtstrahl nach dem *Snellius*schen Brechungsgesetz gebrochen. Es gilt:

---

3) Allgemeine Vektoren werden dabei groß, Einheitsvektoren (Länge 1) klein geschrieben.

$$\frac{\sin\alpha_0}{\sin\beta} = \frac{1}{n} \qquad (26)$$

$n$ ist dabei der Brechungsindex des Prismenmaterials. Zur Berechnung des zu einem vorgegebenen Winkel $\beta$ gehörigen Prismenwinkels $\alpha$ errechnet man zuerst mit Hilfe der Beziehung (26) den Innenwinkel $\alpha_0$. Diesen setzt man in Gleichung (24) ein und errechnet die Werte von $\alpha$ als „Nullstellen" der Funktion

$$18\cos^6\alpha - 30\cos^4\alpha + 14\cos^2\alpha - (1 + \cos\alpha_0) = 0 \qquad (24)$$

Setzt man in ihr

$$\cos^2\alpha = x \qquad (25)$$

so erhält man nach geeigneter Umformung:

$$x^3 - \frac{5}{3}x^2 + \frac{7}{9}x - \frac{(1 + \cos\alpha_0)}{18} = 0 \qquad (26)$$

Diese führt man durch Transformation mit

$$x = \bar{x} + \frac{5}{9} \qquad (27)$$

nach den für Gleichungen 3. Grades gültigen Regeln in die reduzierte Form über. Diese lautet

$$\bar{x}^3 - \frac{4}{27}\bar{x} + \left[\frac{65}{729} - \frac{1 + \cos\alpha_0}{18}\right] = 0 \qquad (28)$$

Gleichung (28) ist von der allgemeinen Form

$$\bar{x}^3 - px + q = 0 \qquad (29)$$

Für die Lösung dieser Gleichung ergeben sich zwei Fälle:

A. Falls $\left(\frac{q}{2}\right)^2 + \left(\frac{p}{3}\right)^3 \geqslant 0$ ist, gilt:

$$\bar{x}_1 = u + v\,; \; \bar{x}_{2,3} = \frac{1}{2}\left[-(u+v) \pm (u-v)\, i\sqrt{3}\right] \qquad (30)$$

worin

$$u, v = \sqrt[3]{-\frac{q}{2} \pm \sqrt{\left(\frac{q}{2}\right)^2 + \left(\frac{p}{3}\right)^3}} \qquad (31)$$

ist.

B. Ist die zuvor genannte Beziehung nicht erfüllt und ist zudem – wie vorausgesetzt – $p$ stets negativ, so gilt

$$\bar{x}_1 = 2\sqrt{\frac{p}{3}} \cdot \cos\frac{\varphi}{3}\,; \; \bar{x}_{2,3} = -2\sqrt{\frac{p}{3}} \cdot \cos\left(60^\circ \pm \frac{\varphi}{3}\right) \qquad (32)$$

worin

$$\cos\varphi = \frac{-q/2}{\sqrt{\left(\frac{p}{3}\right)^3}} \qquad (33)$$

ist.

Rechnet man unter der Voraussetzung senkrechten Lichteinfalls auf den Rückstrahler für Winkel $\beta = 0; 6; 12; 24; 40°$ etc. die zugehörigen Winkel $\alpha$ aus, so stellt man fest, daß die Voraussetzungen für Lösungen gemäß Fall A nicht gegeben sind. Diese ergeben sich damit nach dem Formalismus B. Es ergeben sich dabei stets drei Werte für $\alpha$. Diese sind sämtlich physikalisch sinnvoll. Für die Praxis sind jedoch nur 2 der bestehenden Lösungen brauchbar. Sie reihen sich mit steigendem $\beta$ monoton wachsend bzw. fallend an $\alpha = 54° 44' 7''$ an. Die für steigende Werte von $\beta$ und $\alpha$ gültige Relation ist nachstehend wiedergegeben.

| $\beta$ (Grad) | 0 | 6 | 12 | 24 | 40 |
|---|---|---|---|---|---|
| $\alpha$ | 54° 44′ 7″ | 55° 42′ | 56° 34 | 58° 5′ 30″ | 60° 6′ 10″ |

Pyramidenwinkel $\alpha$ als Funktion $f(\beta)$ des Reflexionswinkels $\beta$ für Pyramiden-Reflektoren

Es ergibt sich eine Reihe monoton mit $\beta$ wachsender Winkel. Trägt man die in Tabelle 5.5–6 wiedergegebenen Werte grafisch auf, so erhält man die in Bild 5.5–12 dargestellte Funktion. Man entnimmt ihr, daß eine Veränderung des Winkels $\alpha$ von $54° 44' 7''$ auf $55° 42'$, also um ca. 1° einen Streuwinkel von 6° bewirkt. Senkrecht auf den Reflektor einfallendes Licht verläßt diesen also unter einem Winkel von 6°. Eine Streuung dieser Größenordnung ist unzulässig. $\alpha$ muß vielmehr zur Erfüllung der allgemein üblichen Zulassungsbedingungen auf $\pm$ 0,05° genau eingestellt werden, um den Streuwinkel $\beta$ kleiner als $\pm$ 0,3° zu halten.

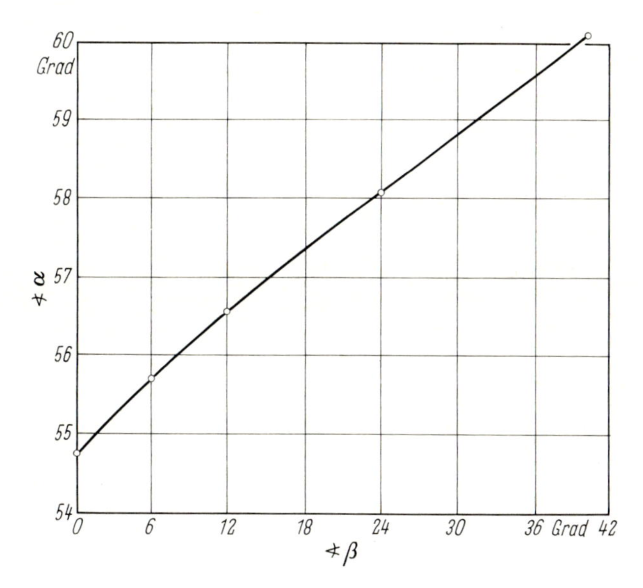


Bild 5.5–12 Pyramidenwinkel $\alpha$ als Funktion $f(\beta)$ des Reflexionswinkels $\beta$

Abschließend sei erwähnt, daß für $\alpha = 54° 44' 7''$ ein unter dem Winkel $\beta_1$ auf den Pyramiden-Reflektor einfallender Lichtstrahl unter $\beta_2 = \beta_1$ reflektiert wird. Was für $\beta_1 = 0$ gilt, hat also auch für $\beta_1 \neq 0$ Gültigkeit. Dies läßt sich wiederum mit Hilfe der Vektorrechnung zeigen. Weitere Einzelheiten seien der Literatur [7] bzw. einschlägigen Verarbeitungsvorschriften entnommen.

### 5.5.3. Spritzgießen von Linsen

Obwohl das Spritzgießverfahren wegen der schnellen Abkühlung der Formkörper auf den ersten Blick nicht zu zufriedenstellenden optischen Teilen wie Linsen zu führen scheint, hat es sich doch als wichtigstes Verfahren zur Produktion derselben und vielen anderen, in der Optik verwendeten Teilen, seit Jahren eingeführt. Das gilt insbesondere für kleinere und mittlere Teile. Die Abkühlzeit in der Form ist quadratisch von der Wanddicke abhängig. Man kommt daher bei dicken Teilen zu übermäßig langen Zeiten, die aber durch vorzeitiges Entformen und Wasserlagerung wesentlich abgekürzt werden können.

Es versteht sich von selbst, daß das Spritzgießverfahren das bei weitem rationellste Verfahren zur Herstellung optischer Teile aus Kunststoffen ist. Wie kein anderes ist es zur Herstellung großer Stückzahlen hervorragend geeignet, da in Mehrfachformen und mit hoher Auswurfzahl gespritzt werden kann. Selbst für dicke Linsen bis etwa 10 mm Wandstärke beträgt die Herstellungsdauer nur etwa 1–2 min.

Seit einigen Jahren liegen über das Spritzgießen von Linsen eine Reihe konkreter Angaben vor [7 bis 16]. Diese lehnen sich eng an die allgemeinen Regeln der Herstellung von Präzisionsspritzgießteilen an.

Die thermische Ausdehnung bzw. Kontraktion von Masse, Form und Formteil sowie die Kompressibilität der heißen Masse verursachen beim Spritzgießen von Präzisionsteilen Schwierigkeiten. Bei Raumtemperatur besteht zwischen Form und Spritzling ein Volumenunterschied, der sog. Formschwund (Schwundmaß). Durch verschiedene Maßnahmen läßt sich der Einfluß dieses Effektes reduzieren:

a) durch Vorberechnen der Form, d.h. durch rechnerische Berücksichtigung des Formschwundes,

b) durch Ausgleich des thermischen Schwundes über starke Kompression des Materials beim Formfüllvorgang,

c) durch Ausgleich des Formschwundes durch Nachdrücken von Masse in die Form. Hierbei besteht jedoch die Gefahr des Auftretens starker Orientierungen.

In Bild 5.5–13 ist schematisch dargestellt, welche Volumenänderung Form, Masse und Formteil zwischen Zimmertemperatur, Formtemperatur und Verarbeitungstemperatur durchlaufen. Die Volumina von Form und Spritzling bei Zimmertemperatur $t_0$ sind $V_{OF}$ und $V_{OL}$ (Normaldruck $p_0$). Die Form hat beim Einspritzen durch die Formtemperatur und den Druck der heiß einströmenden Masse ein vergrößertes Volumen ($V_F$ bzw. $V_F'$). Entsprechend erfährt die heiß und unter Druck eingespritzte Masse durch Wegfall des Spritzdruckes ($p_s$ auf $p_0$) und Temperaturerniedrigung (von $t_s$ über $t_g$ nach $t_0$) eine Volumenverringerung (Schwindung).

*Thonemann* [8] zeigt am Beispiel der in Bild 5.5–14 dargestellten Feldlinse, wie man bei vorgegebenem Schwundmaß bei der Anfertigung des Formstempels für diese Linse die Radienkorrektur bzw. den Radius des Formstempels aus dem Radius der Linse errechnet.

Die Linse hat einen Krümmungsradius von $r_1 = 73{,}918$ mm und eine Diagonale von der Länge $s = 41{,}188$ mm (errechenbar aus den Seitenlängen der Linse). Der Winkel $\varphi$ zwischen den Radiusstrahlen zum Linsenmittelpunkt und zu einer Linsenecke ergibt sich aus der Beziehung

$$\sin\varphi = \frac{S/2}{r_1} \qquad (34)$$

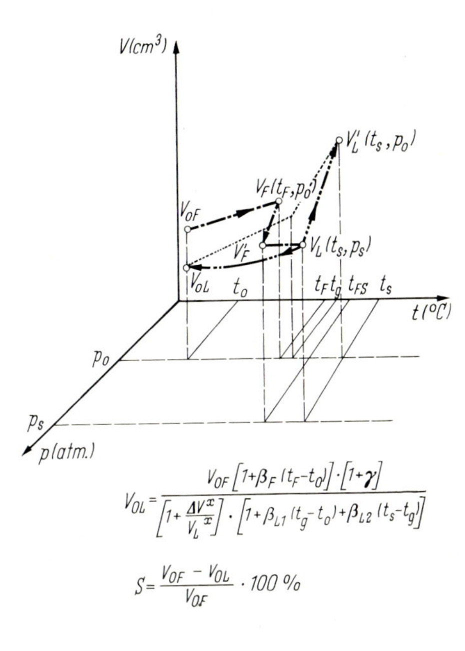


Bild 5.5–13 Volumenänderung beim Spritzgießen

$p_0$ Normaldruck; $p_s$ Spritzdruck; $t_0$ Zimmertemperatur; $t_F$ Formtemperatur; $t_G$ Glastemperatur; $t_{FS}$ Temperatur der Form beim Einspritzvorgang; $t_S$ Spritztemperatur; $V_{OF}$, $V_F$, $V'_F$ Volumen der Form bei Zimmertemperatur, Formtemperatur, beim Einspritzvorgang; $V_L$, $V'_L$, $V_{OL}$ Volumen des Spritzlings beim Einspritzvorgang, nach Wegfall des Spritzdrucks, bei Zimmertemperatur und Normaldruck; $\beta_F$, $\beta_{L1}$, $\beta_{L2}$ thermischer Ausdehnungskoeffizienten von Form und Masse ($\beta_{L1}$ für $t < tg$, $\beta_{L2}$ für $t > tg$) $\Delta V^x/V_L^x$ Kompression der Masse beim Einspritzen, $\gamma$ Aufweitung der Form durch die heiße Masse; $S$ Formschwund

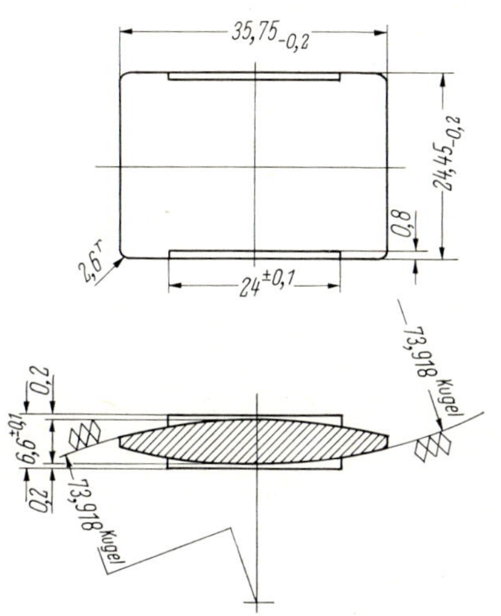


Bild 5.5–14 Zeichnung einer Feldlinse (8)

oder aus

$$\operatorname{arc}\varphi = \frac{S/2}{r_1} \tag{35}$$

da hier $\sin\varphi = \operatorname{arc}\varphi$ ist. Mit den oben angegebenen Daten folgt für $\varphi$

$$\varphi = 16^\circ\ 10'\ 38'' \tag{36}$$

Die Bogenhöhe (Abstand Linsenscheitel zu Sehne) beträgt

$$h_1 = r_1 - r_1 \cdot \cos\varphi \tag{37}$$

und mit Gleichung (36)

$$h_1 = 73{,}918 - 70{,}991 = 2{,}927 \text{ mm} \tag{38}$$

Diese Bogenhöhe $h_1$ ergibt mit Berücksichtigung des Schwundmaßes $S$ (nicht in %) die entsprechende Bogenhöhe $h_2$ der Form zu

$$h_2 = h_1 + h_1 \cdot S \tag{39}$$

Mit Gleichung (38) ergibt sich für $S = 0{,}006$ (0,6%)

$$h_2 = 2{,}927 + 0{,}018 = 2{,}945 \text{ mm} \tag{40}$$

Bogenhöhe $h$, Sehnenlänge $s$ und Radius $r$ stehen beim Kreis in der Relation

$$h = r - \sqrt{r^2 - s^2/4} \tag{41}$$

Unter der Annahme, daß die Diagonale der Linse in guter Näherung gleich der Bogenlänge der Form ist, folgt für $r_2$ mit $h_2 = 2{,}945$ mm

$$r_2 = 72{,}981 \text{ mm} \tag{42}$$

Wie (42) zeigt, ist also der Radius des Prägestempels der Linse um ca. 1 mm kleiner zu wählen als der der herzustellenden Linse.

Eine weitere Möglichkeit zum Ausgleich der Maßänderungen durch Formschwund liegt in der Ausnützung der Kompressibilität, die die heiße Masse unter dem Spritzdruck aufweist. Wie Bild 5.5–13 zeigt, ist der Formschwund

$$S = \frac{V_{OF} - V_{OL}}{V_{OF}} \cdot 100\% \tag{43}$$

dann Null, wenn $V_{OF} = V_{OL}$ ist. Dies erreicht man nach der Beziehung

$$V_{OL} = V_{OF} \frac{[1 + \beta_F(t_F - t_0] \cdot [1 + \gamma]}{\left[1 + \dfrac{\Delta V^x}{V_L^x}\right] \cdot [1 + \beta_{L1}(t_g - t_0) + \beta_{L2}(t_s - t_g)]} \tag{44}$$

aber genau dann, wenn die Kompression $1 + \Delta V^x / V_L^x$ folgenden Wert hat:

$$1 + \frac{\Delta V^x}{V_L^x} = \frac{[1 + \beta_F(t_F - t_0)] \cdot [1 + \gamma]}{[1 + \beta_{L1}(t_g - t_0) + \beta_{L2}(t_s - t_g)]} \tag{45}$$

Zur Auswertung dieser Beziehungen müssen allerdings die in ihr enthaltenen Ausdehnungskoeffizienten von Form und Masse, sowie der Aufweitungsfaktor $\gamma$ bekannt sein.

Einwandfreie Spritzgußteile bzw. Linsen erhält man, wenn folgende Regeln beachtet werden.

a) Verwendung ausgesuchter Produktionschargen mit hohem Reinheitsgrad, niedrigem Anteil an Restmonomeren, guter Thermostabilität, geringster Trübung und geringstem Gelbstich.

b) Vortrocknen in staubfreien mit Luftfiltern versehenen Trockenapparaturen; Verwendung von Dosiertrichtern aus verchromtem oder nichtrostendem Stahl zur Fernhaltung von Verunreinigungen.

c) Vermeiden zu starken Materialabriebs in der Spritzgußmaschine, z.B. zwischen Zylinder und Torpedo. Unter anderem darf der Torpedo nicht zu fest eingebaut sein.

d) Häufiges Reinigen der Trennfugen des Spritzzylinders; Entfernen von Öl- und Fettresten.

e) Erreichen kurzer Material-Verweilzeiten in der Maschine um temperatur- und druckbedingte Materialveränderungen zu vermeiden.

f) Man verwendet wegen dieser Forderungen zweckmäßig Rippen-Röhren-Zylinder oder Polylinerzylinder, wobei Zylinder und Einsatz verchromt sein müssen. Maschinen mit Schneckenplastifizierung sind geeigneter als Kolbenmaschinen. In vielen Fällen kann man dann ohne Vortrocknung arbeiten, wodurch ein wesentlicher Verunreinigungsfaktor ausgeschlossen wird. Außerdem wird das Material ein weiteres Mal durchgemischt. Druck und Temperatur sind unabhängig vom Spritzzyklus; die Verweildauer des Materials in der Maschine ist kurz.

g) Herstellen der Form aus ausgesuchtem, möglichst feinkörnigem, niedriglegiertem, porenfreiem Stahl, z.B. EPB Extra M der Firma Böhler, nach optischen Verfahren mit extrem glänzender Oberfläche. Im Vakuum erschmolzener Elektrostahl ist lunkerfreier als andere Stahlsorten. Ihm ist daher der Vorzug zu geben [17].

h) Die Werkzeugtemperatur ist so hoch wie möglich zu wählen.

Sie soll etwa 15 °C unter der Glastemperatur der verwendeten Thermoplaste liegen (Verhinderung des Einsinkens). Die Formtemperatur soll durch entsprechende Gestaltung der Kühlkanäle und Verwendung von Thermostaten auf $\pm$ 2 °C konstant gehalten werden.

i) Große Entfernung zwischen Anschnitt und Spritzling zur Verminderung der Orientierungen. Zum Abfangen des beim Einspritzen vorwegfließenden kälteren Anteils kann ein Sackloch angebracht werden.

k) Mit zunehmender Dicke soll die Einspritzzeit erhöht werden. Bei 10 mm starken Linsen soll sie etwa 60 s betragen. In erster Näherung soll sie quadratisch mit der Dicke wachsen. Auf diese Weise werden zu starke Orientierungen und „melt-fracture-Effekte“ vermieden. Es ist günstig, die Werkzeuge besonders langsam zu füllen.

l) Durch große Düsen- und Angußquerschnitte wird ein langsames Nachfließen des Materials erreicht.

m) Durch einen großen Einspritzdruck wird das Material komprimiert, wodurch sich ein Teil des beim Abkühlen auftretenden Volumenschwundes kompensieren läßt.

Die aus der Form kommenden, noch heißen Spritzgußteile sollen einige Stunden bei etwa 50 bis 80 °C im Trockenschrank verweilen, damit sich ihre inneren Spannungen weitgehend ausgleichen können. Solche Spannungen haben zwei nachteilige Auswirkungen:

a) optische Anisotropie (Doppelbrechung),

b) Rißbildung nach längerer Zeit oder unter Einwirkung von Korrosionsmitteln.

Das Spritzen von Linsen größerer Dicke wird erschwert

a) durch lange Abkühlzeit und demzufolge geringe Rentabilität,

b) durch mit zunehmender Dicke abnehmende Formtreue.

Trotz größter Präzision beim Formenbau und peinlich genauem Einhalten der richtigen Spritzbedingungen entsprechen gespritzte Linsen in ihrer Formgenauigkeit den aus Glas geschliffenen bei weitem nicht. Für viele Zwecke sind sie jedoch brauchbar, so für

Kamerasucherlinsen, Filterlinsen, Lupen verschiedener Art, Optiken billiger Photoapparate, Diabetrachter, Ferngläser u.a.

Weitere Einzelheiten über das Spritzgießen von optischen Bauteilen, die Erstellung der dafür erforderlichen Werkzeuge, die zu verwendenden Formmassen, die Preisgestaltung solcher Teile und Fehlermöglichkeiten sind der Literatur [8, 9, 18] zu entnehmen.

### 5.5.4. Lichtleiter und Faseroptiken aus Kunststoff

Die heute üblichen Lichtleiter und Faseroptiken aus Kunststoffen beruhen auf der Lichtübertragung bzw. Lichtleitung durch Totalreflexion. Diese tritt bekanntlich dann ein, wenn ein Lichtstrahl aus einem optisch dichteren Medium auf die Grenzfläche eines optisch dünneren Mediums fällt und der Einfallswinkel größer oder gleich dem Grenzwinkel der Totalreflexion ist.

Da die Fortleitung von Licht in jedem Medium durch die Streuung und Absorption des Lichtes erschwert wird, wäre es am sinnvollsten, das Licht in Luft bzw. im Vakuum, also im Hohlraum fortzuleiten und die Reflexion an einem festen Stoff, z.B. Glas, erfolgen zu lassen.

Für Luft gegen Glas ist dies jedoch nur für Röntgenstrahlen möglich, da in diesem Fall der Brechungsindex von Glas wenig kleiner ist als 1 [19].

Die sichtbare Strahlung dagegen erfordert den umgekehrten Aufbau eines Lichtleiters mit dem Nachteil, daß für das lichtleitende Medium ein Brechungsindex größer als 1 (Glas oder transparenter Kunststoff) gefordert werden muß, dessen Absorption dann aber wesentlich größer als die von Luft ist. Man kann sich nach Gleichung (51) überlegen, daß alle Strahlen durch einen solchen Leiter vom Brechungsindex größer $\sqrt{2}$ durch Totalreflexion transportiert werden, wenn das Medium Luft als optisch dünneres wirkt. Zur Übertragung auf größere Strecken muß man sehr geringe Absorption von den Medien fordern, andererseits besteht aber auch die Möglichkeit, solche Leiter sehr viel dünner als etwa einen Hohlleiter auszubilden. Es sind heute technische Verfahren vorhanden, die Durchmesser bis zu wenigen $\mu$m und darunter in guter Qualität für Lichtleiter aus Glas oder Kunststoff herzustellen gestatten. In diesen Abmessungen sind solche Fasern auch aus Glas oder relativ spröd-harten Kunststoffen sehr flexibel.

Obwohl dieser Effekt seit vielen Jahren bekannt ist, wurde erst in den letzten Jahren damit begonnen, ihn für Glas und Kunststoffe kommerziell auszunützen. Die Gründe hierfür sind in der bislang ungenügenden Lichtdurchlässigkeit optischer Gläser und Kunststoffe, der starken Eigenfärbung in Schichtdicken von einigen Metern und in der ungenügenden Beachtung der Energiebilanz für die Totalreflexion zu suchen.

Die Einführung der Kunststoff-Lichtleiter bzw. Kunststoff-Faseroptiken ist ein gutes Beispiel dafür, daß auch auf dem Gebiet der Optik bzw. Lichttechnik konsequentes, konstruktives Denken neue Anwendungen ermöglicht.

Die Lichtleiter besitzen demnach einen Faserkern mit hohem Brechungsindex $n_K$ und einen dünnen Fasermantel mit einem niedrigen Brechungsindex $n_M$. Bild 5.5–15 zeigt das Prinzip der Lichtleitung durch wiederholte Totalreflexion in einer Lichtleitfaser bzw. einem Lichtleitstrahl. Totalreflexion tritt dann ein, wenn der Einfallswinkel $\varepsilon_W$ an der Grenzschicht größer oder gleich dem Grenzwinkel der Totalreflexion $\varepsilon_K$ ist:

$$\varepsilon_W \geqslant \varepsilon_K \tag{46}$$

Der Grenzwinkel der Totalreflexion $\varepsilon_K$ wird dabei gemäß folgender Beziehung aus den Brechungsindizes von Faserkern und Fasermantel errechnet:

$$\sin \varepsilon_K = \frac{n_M}{n_K} \tag{47}$$

Die Anzahl der Totalreflexionen innerhalb des Stabes wird größer, wenn man diesen zu einer langen Faser auszieht.

Sonstige Veränderungen der geometrisch-optischen Verhältnisse treten nicht ein, solange der Durchmesser der Faser nicht in die Größenordnung der Wellenlänge des verwendeten Lichtes kommt. Unterschreitet man diese Grenze, dann muß der Lichttransport wellenoptisch betrachtet werden (*Wellenleiter* [20]). Für die meisten optischen Anwendungen reicht jedoch eine geometrisch-optische Betrachtungsweise aus.

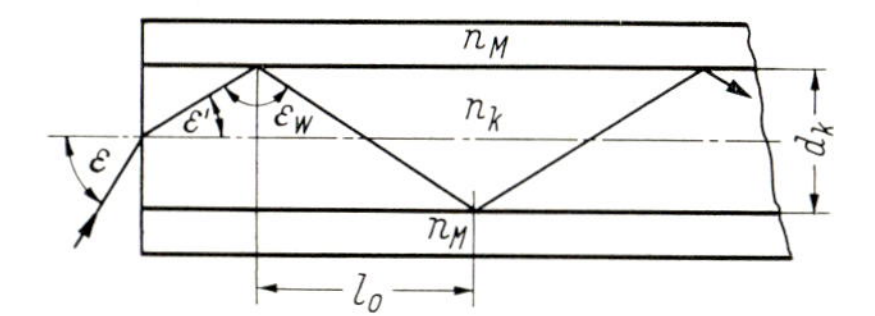


Bild 5.5–15 Prinzip und Schema einer ummantelten Lichtleitfaser (eines Lichtleitstabes). $n_K$ bzw. $n_m$ Brechungsindex des Kern- bzw. Fasermaterials

Umgibt man jede Faser mit einem transparenten, niedrigbrechenden Mantel, dann ergibt sich nach Bild 5.5–15 die sog. numerische Apertur $\sin\varepsilon^*$, d.h. der Sinus des maximalen Öffnungswinkels $\varepsilon^*$ unter dem noch Totalreflexion eintritt, wie folgt:

$$\begin{aligned} \sin\varepsilon &= n_K \cdot \sin\varepsilon' \\ &= n_K \cdot \sin(90^\circ - \varepsilon_W) \\ &= n_K \cdot \cos\varepsilon_W = n_K \sqrt{1 - \sin^2\varepsilon_W} \end{aligned} \tag{48}$$

andererseits folgt mit Gleichung (46) und (47)

$$\sin\varepsilon_W \geqslant \sin\varepsilon_K = \frac{n_M}{n_K} \tag{49}$$

und damit schließlich

$$\sin\varepsilon \leqslant n_K \sqrt{1 - \left(\frac{n_M}{n_K}\right)^2} = \sqrt{n_K^2 - n_M^2} \tag{50}$$

$$\sin\varepsilon^* = \sqrt{n_K^2 - n_m^2} \tag{51}$$

Diese Beziehungen gelten streng genommen nur für Meridionialstrahlen in Lichtleitfasern. Aus Bild 5.5–16 sind die maximalen Öffnungswinkel $\varepsilon^*$ bzw. Aperturen $\sin\varepsilon^*$ oder Blendenzahlen $\Omega$ der möglichen Kombinationen von Brechungsindizes für Mantel und Kern zu entnehmen [21]. Für $n_K = 1{,}80$ und $n_M = 1{,}50$ ergibt sich z.B. nahezu eine maximale Apertur von $\sin\varepsilon^* = 1{,}0$ und ein maximaler Öffnungswinkel von nahezu $\varepsilon^* = 90^\circ$. Wie man sieht, läßt sich also bei relativ geringer Brechzahldifferenz eine hohe numerische Apertur erreichen.

Bei den Lichtleitern stehen diesen hohen Aperturen Lichtverluste entgegen, welche die Lichtstrahlen beim Durchsetzen der Fasern erleiden. Bei idealen optischen Werkstoffen und vollkommener Konstruktion würde eine optische Faser für alle Winkel, die der Beziehung (50) genügen, verlustlos leiten. Bei Annäherung von $\varepsilon$ an $\varepsilon^*$ würde die Lichtleitung steil auf den Wert Null abfallen. In der Praxis haben solche Systeme natürlich Verlustmechanismen.

Der Lichtstrom $\Phi_n$ am Ende einer Strecke $l$ eines Lichtleiters ergibt sich aus dem Lichtstrom $\Phi_v$ am Beginn dieser Strecke zu

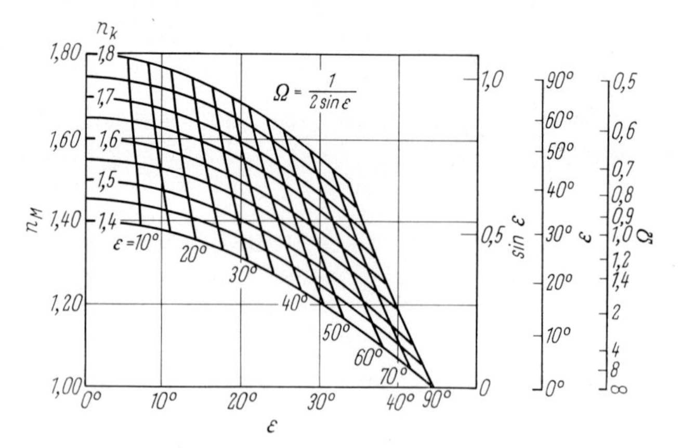


Bild 5.5–16 Meridionale Aperturverhältnisse bei Faseroptiken nach [21]

$$\Phi_n = \Phi_0 \cdot e^{-\alpha l} \tag{52}$$

wobei $\alpha$ der tatsächliche Absorptionskoeffizient ist. Es geht aus dieser Beziehung hervor, daß $\alpha$ klein sein muß, da lange, ‚Lichtleitwege" eine hohe Transmission haben müssen. Im allgemeinen ist $\alpha$ eine Funktion des Kern- und Überzugwerkstoffes, der geometrischen Vollkommenheit des Aufbaus und der Winkel $\varepsilon$ bzw. $\varepsilon'$ bzw. $\varepsilon_W$. Bei den Kunststoff-Lichtleitern macht die Streuung den größten Anteil des Verlustes an sichtbarem Licht aus. Natürlich trägt auch die Lichtabsorption zum Lichtverlust bei. Dies gilt besonders im ultravioletten und nahinfraroten Spektralbereich sowie in den Übergangsbereichen zwischen diesen und dem sichtbaren Spektralbereich. Die Streuverluste entstehen hauptsächlich durch Streuzentren, die innerhalb des Kerns und des Mantels verteilt sind. Es handelt sich dabei wahrscheinlich um Einschlüsse von Verunreinigungen, obwohl auch Leerstellen wirksam sein können. Wie die Untersuchungen an Kunststoff-Lichtleitern (Crofon®) zeigen, ist die Qualität der aufgebrachten Grenzschichten so gut, daß von der Grenzschicht herrührende Streuungen am Gesamtverlust nur einen geringen Anteil haben. Schwankungen im Faserdurchmesser können ebenfalls Verlust bedingen. Da aber die Durchmesser in der Praxis relativ genau eingehalten werden, sind auch die so bedingten Verluste gering.

Zusätzlich zu den bisher diskutierten, durch Gleichung (52) beschriebenen Verlusten, gibt es Endverluste, die für das Kernmaterial typisch sind und die vom Zustand der Oberflächen der Lichtleitfasern und der Faserbündel (Crofon®) abhängen, wie sie in Bild 5.5–17 dargestellt sind.

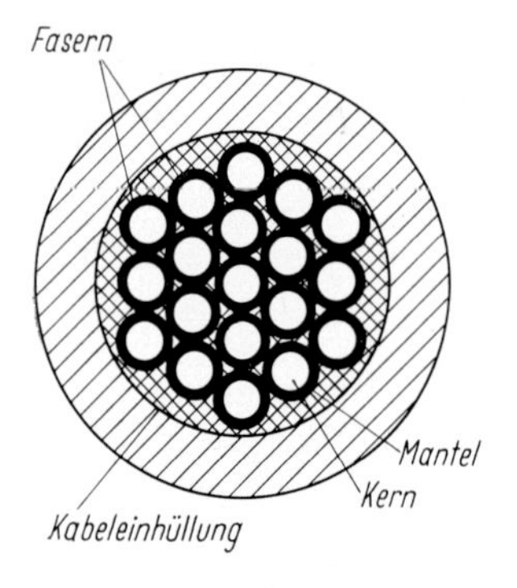


Bild 5.5–17 Querschnitt durch eine Lichtleitfaser (Crofon)

Entsprechend dem Wechsel des Brechungsindex an den Luft-Kerngrenzflächen gibt es Fresnel-Reflexion, die sich für senkrechten Lichteinfall und verschwindend geringe Absorption des Kernmaterials aus

$$\varrho = \frac{(n_K - 1)^2}{(n_K + 1)^2} \tag{53}$$

ergibt. Im allgemeinen ist $\varrho$ eine Funktion von $\varepsilon$ und des Polarisationsgrades des einfallenden Lichtes. Für unpolarisiertes Licht ist $\varrho$ allerdings weitgehend konstant und in dem Bereich von $\varepsilon$, in dem die Fasern gut leiten, auch nahezu winkelunabhängig. Wenn die Faserendflächen nicht genügend optisch glatt sind, gibt es zusätzlich zur Fresnel-Reflexion Verluste durch diffuse Reflexion und Streuung. Die Praxis hat gezeigt, daß die theoretisch maximal erreichbaren Endverluste von 8% (2 Grenzflächen zu je 4%) nahezu erreicht werden, wenn optimale Endflächenbearbeitung vorliegt. Bei einer unpolierten Lichtleitfaser können die Endverluste bis 40% betragen.

Die in einer aus PMMA als Kernmaterial bestehenden Crofon-Lichtleitfaser[4]) mit sorgfältig polierten Enden insgesamt auftretenden Lichtverluste zeigt Bild 5.5–18.

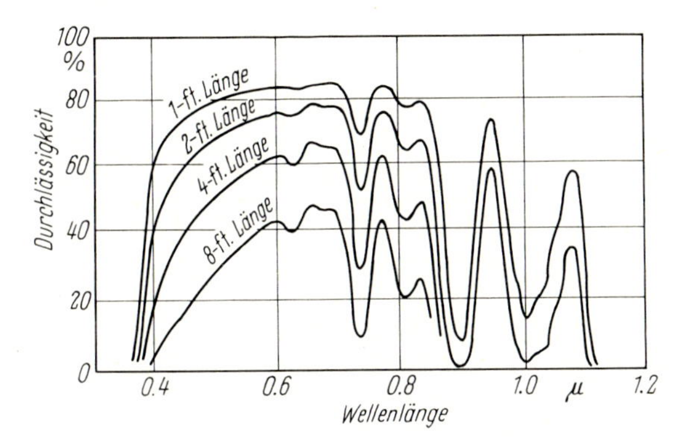


Bild 5.5–18 Spektrale Lichtdurchlässigkeit der Crofon-Lichtleiter nach [22]

Dargestellt ist die „Lichtdurchlässigkeit" der Crofon-Lichtleiter als Funktion der Wellenlänge für Faserlängen zwischen 1 und 8 Fuß, gemessen gegen Luft als Vergleich. Man erkennt deutlich die starken, durch Absorption bedingten Verluste beim Übergang zum UV (0,4 $\mu$) und zum nahen Infrarot (oberhalb 0,7 $\mu$).

Auch im sichtbaren Spektralbereich weist PMMA Absorptionsbanden auf (ca. 620 und 725 nm), die man gemeinhin nicht kennt, weil im Normalfall bei sehr kurzen Lichtwegen gemessen wird. Die Transmission zwischen 0,6 und 0,7 $\mu$ ist fast ausschließlich durch Lichtstreuung und Fresnel-Reflexion bedingt. Die relative Wichtigkeit der Grenzflächenqualität und der optischen Qualität des Mantel- bzw. Überzugmaterials variiert mit $\varepsilon$. Es wechseln nicht nur die Weglängen durch den Kern und die Anzahl der Reflexionen mit $\varepsilon$, sondern auch die Eindringtiefe in die Schicht (Mantel) steigt an, wenn sich $\varepsilon$ an $\varepsilon^*$ annähert. Trotzdem ist die Weglänge durch den Kern wesentlich größer als die effektive Weglänge in der Deckschicht, so daß die an das Beschichtungsmaterial zu stellenden optischen Qualitätsansprüche wesentlich niedriger liegen als die für den Kern.

Als Auswirkung all dieser Einflüsse variiert die Lichtleitung der Faserbündel mit $\varepsilon$. Bild 5.5–19 zeigt die relative Gesamtlichtausbeute eines Crofon-Lichtleiters für Ein-

---

[4]) Hersteller Du Pont de Nemours & Company Inc. Wilmington, Delaware, USA

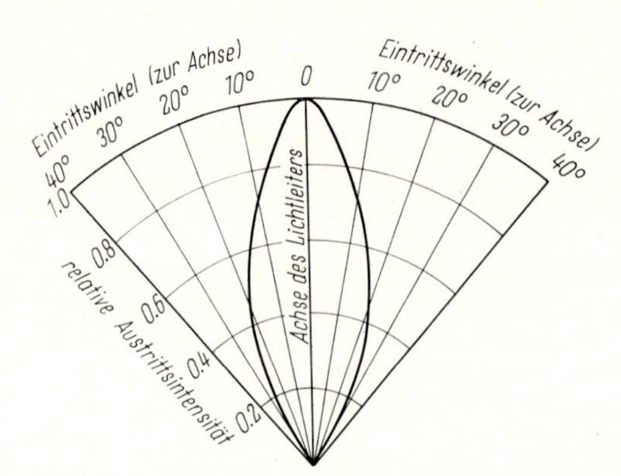


Bild 5.5–19 Relative Gesamtlichtausbeute eines Crofon-Lichtleiters für Einstrahlungswinkel zwischen 0 und 40 Grad nach [22]

strahlungswinkel $\varepsilon$ zwischen 0 und 40 Grad. Die Lichtausbeute ist dabei auf den Wert 1 für senkrecht zum Faserende erfolgenden Lichteintritt normiert. Man erkennt, daß die relative Gesamtlichtausbeute bereits bei einem Eintrittswinkel von 20° knapp unter 0,5 liegt, also etwa den halben Wert gegenüber senkrechtem Lichteinfall annimmt. Oberhalb 30 Grad fällt die Lichtausbeute in einem Bereich von 5 Grad praktisch auf 0 ab. In der Tat beträgt der maximale Eintrittswinkel der Crofon-Lichtleiter $\varepsilon^*$ bzw. $2\,\varepsilon^*$ ca. 35 bzw. 70°. Dies läßt sich bei PMMA vom Brechungsindex $n_K = 1{,}492$ dann erreichen, wenn das Mantelmaterial einen Brechungsindex von ca. $n_M = 1{,}377$ hat. Kunststoffe mit Brechungsindizes dieser Größenordnung stehen heute zur Verfügung.

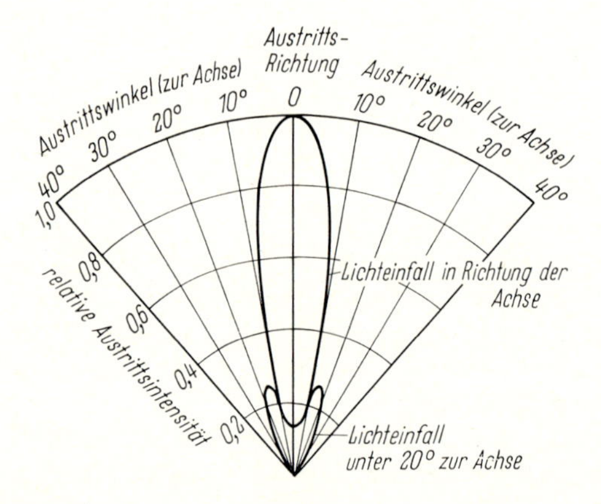


Bild 5.5–20 Relative Intensität des aus einem Crofon-Lichtleiter austretenden Lichtes als Funktion des Austrittswinkels für Lichteintrittswinkel von 0 und 20° nach [22]

Bild 5.5–20 zeigt die relative Intensität des aus einem Crofon-Lichtleiter austretenden Lichtes als Funktion des Ausfallswinkels $\gamma$ für Lichteintrittswinkel von 0 und 20°. Die angegebenen Intensitätswerte sind dabei wieder auf 1 für senkrechten Eintritt und Ausfall des Lichtes (zur Endfläche des Lichtleiters) normiert. Man erkennt, daß der Crofon-Lichtleiter eine verhältnismäßig enge Streuindikatrix aufweist. Bild 5.5–21 zeigt, wie sich die Lichtdurchlässigkeit eines Crofon-Lichtleiters [22] für weißes Licht bei sorgfältig polierten Enden mit der Länge desselben verändert. Da die aus der Produktion kommenden Lichtleiter bei solchen Längen in der Lichtdurchlässigkeit relativ stark schwanken, ist in Bild 5.5–21 nicht eine Kurve, sondern ein Bereich eingetragen.

Die Lichtabsorption in einem Lichtleiter, wie sie in Bild 5.5–21 für Crofon-Lichtleiter dargestellt ist, hängt von der Anzahl der in diesem stattfindenden Reflexionen, d. h. der

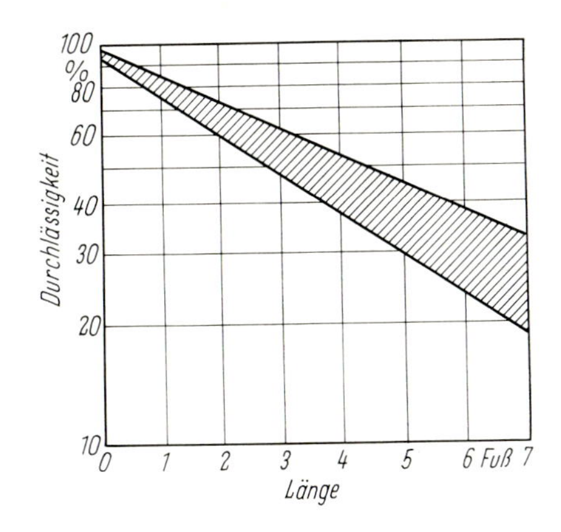


Bild 5.5–21 Lichtdurchlässigkeit eines Crofon-Lichtleiters für weißes Licht (sorgfältig polierte Enden) als Funktion der Länge nach [22]

Länge des Zick-Zack-Weges, der optischen Weglänge ab. Die Zahl $N$ der in einer Faser der Länge $l$ stattfindenden Reflexionen ergibt sich mit Hilfe von Bild 5.5–15 zu

$$N = \frac{l}{l_0} = l \cdot \frac{\tan \varepsilon'}{d_K} \tag{54}$$

Dabei ist $l_0$ der Abstand zwischen zwei Reflexionsstellen und $d_K$ der Faserdurchmesser. Die pro cm Faserlänge auftretende Zahl an Reflexionen ist

$$N_0 = \frac{N}{l} = \frac{\tan \varepsilon'}{d_K} \cdot 10^4 \, \text{cm}^{-1} \tag{55}$$

wobei $d_K$ in µm angegeben ist (Faktor $10^4$). Aus (55) ergibt sich mit (48) sofort:

$$N_0 = \frac{\sin \varepsilon}{d_K \sqrt{n_K - \sin^2 \varepsilon'}} \tag{56}$$

Für die Absorption bzw. Transmission in Lichtleitfasern ist zu beachten, daß nicht die Faserlänge der Rechnung zugrunde gelegt werden darf, sondern die optische Weglänge $l_{\text{opt}}$. Sie ergibt sich zu

$$l_{\text{opt}} = \frac{l}{\cos \varepsilon'} = \frac{l}{\sqrt{1 - \frac{\sin^2 \varepsilon}{n_K^2}}} \tag{57}$$

Bild 5.5–22 zeigt die Reflexionsanzahl $N_0$ von Faserlichtleitern in Abhängigkeit von Faserkerndurchmesser $d_K$ und Eintrittswinkel $\varepsilon'$. Man sieht erwartungsgemäß, daß die Zahl $N_0$ der Reflexionen pro cm stark mit $d_K$ und $\varepsilon'$ wächst. Die Reflexionsverluste sind bei Totalreflexion theoretisch null. Die gebrochene Welle dringt nur in der Größenordnung der Wellenlänge in das optisch dünnere Medium ein. Da aber in der Praxis durch Störungen in der Grenzschicht zwischen Kern und Mantel Reflexionsverluste von Bruchteilen eines Promille auftreten, führen diese bei hohen Reflexionszahlen zu merklichen Beträgen.

Bild 5.5–17 zeigt schematisch den Aufbau (Querschnitt) eines Crofon-Lichtleiters [22]. Dieser besteht aus einer Anzahl von Kunststoff-Fasern von 0,25 mm Durchmesser, die zufällig geordnet in einer Ummantelung zusammengefaßt sind. Jede Faser hat einen Kern aus PMMA (Lucite®), der mit einem Polymeren von niedrigem Brechungsindex (ca. 1,377) beschichtet ist. Die Ummantelung besteht aus einem Polyäthylenschlauch. Die durch

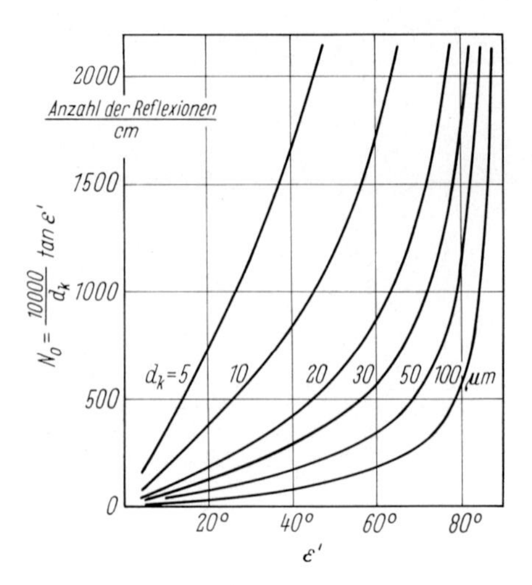


Bild 5.5–22 Reflexionsanzahl $N_0$ in Lichtleitfasern in Abhängigkeit vom Faserkerndurchmesser und Einfallswinkel nach [21]

einen Lichtleiter transportierbare Lichtmenge ist von der im Bündel vorhandenen Anzahl an Fasern abhängig. Die Crofon-Lichtleiter enthalten 16, 32, 48 oder 64 solche Fasern.

Ordnet man die Fasern zu Bündeln, wie dies beim Crofon-Lichtleiter der Fall ist, dann treten noch weitere Lichtverluste auf, die vom sog. Packungsfaktor und der für den Licht- und Energietransport nicht genutzten Querschnittsfläche des Mantels herrühren. Bei Fasern mit kreisförmigem Querschnitt läßt sich einmal eine dichteste Quadratpackung, zum anderen eine dichteste Dreieckspackung [21] realisieren. Letztere liegt in der Praxis am häufigsten vor. Bei der Dreieckspackung bzw. Quadratpackung lassen sich u. U. Packungsfaktoren von 0,87 bzw. 0,75 erreichen.

Die Herstellung der Fasern für Lichtleiter geschieht mit Hilfe von Extrudern [9]. Zunächst stellt man über eine Düse Fäden von 1 bis 2 mm Durchmesser her. Diese müssen bezüglich Dickenschwankungen mit möglichst hoher Präzision gefertigt werden. Zulässige Schwankung $\pm$ 5%. Der Düsenkopf ist so eingerichtet, daß die zu einem Lichtleiter erforderlichen 16, 32, 48, 64 Einzelfasern gleichzeitig extrudiert werden. Die aus der Düse kommenden Stränge werden relativ schnell abgezogen, so daß bereits dabei eine Verringerung des Querschnittes eintritt. Anschließend kann im gleichen Arbeitsprozeß ohne oder mit einer Reckanlage eine monoaxiale Reckung um 100 bis 400% erfolgen. Dabei erreicht man Enddurchmesser von 0,2 bis 0,3 mm. Die so gewonnenen Fäden werden auf Spulen gewickelt. Anschließend erfolgt das kontinuierliche Lackieren über ein Lackbad. Hier werden die Faserkerne mit einem niedrigbrechenden, transparenten Kunststoff beschichtet. Der Brechungsindex des Mantels bzw. das als Mantel zu verwendende Material richtet sich nach dem Kernmaterial. Als solche verwendet man hochreine Polymere bzw. Copolymere aus Methacrylsäure-, Acrylsäureestern, Styrol etc. Der bekannte Crofon-Lichtleiter von DuPont besteht z. B. im Kern aus Polymethylmethacrylat. Als Mantelmaterialien verwendet man fluorhaltige Polymerisate, die mindestens 30% Fluor enthalten. So Polymere und Copolymere aus Vinylfluorid, Vinylidenfluorid, Tetrafluoräthylen, Hexafluorpropylen, Trifluortrifluorvinyläther, Perfluorpropyltrifluorvinyläther und die fluorierten Ester der Acryl- und Methacrylsäure von der Formel

$$X(CF_2)_n(CH_2)_mO\underset{\underset{O}{\|}}{C}-\underset{\underset{Y}{|}}{C}=CH_2$$

Mit $X = \mathrm{F, Cl, H}$; $n = 2$ bis 10; $m = 1$ bis 6; $Y = CH_3$ oder H. Da die Beschichtung optimale Lichtdurchlässigkeit aufweisen soll, dürfen diese Polymeren nicht kristallin sein, da dies Lichtstreuung bewirken würde. Nähere Angaben seien der einschlägigen Patentliteratur [23] entnommen. Ein für die Beschichtung von Lichtleitern aus PMMA brauchbarer Kunststoff ist Viton A® (Brechungsindex 1,369)[5]. Man kann dieses z. B. aus 10%igen Lösungen in Diacetonalkohol auftragen.

Nach dem Beschichten werden die Faserbündel in einem Extrusionsvorgang mit einem schwarzen Polyäthylenmantel überzogen, es entstehen die Lichtleitkabel.

Die Lichtleiter aus Kunststoffen können für bestimmte Anwendungen auf die gerade erforderliche Länge abgeschnitten werden. Dies kann mit einer scharfen Rasierklinge, einem rotierenden Messer, einem Fallmesser oder einer beliebigen geeigneten Schneidevorrichtung geschehen. Sauber geschnittene Faserenden haben bereits 70–80% der Lichtdurchlässigkeit von optimal polierten Enden. Bezüglich des sachgemäßen Polierens sei auf einschlägige Veröffentlichungen hingewiesen [22]. Es ist zweckmäßig, die zu polierenden Enden zu fassen und maschinell zu bearbeiten. Das Polieren kann durch Lackieren ersetzt werden. Man verwendet dazu Lacke aus dem Kernmaterial. Zu den Lichtleitern wurde eine Reihe mechanischer und optischer Fittings entwickelt. Mechanische Fittings verwendet man z. B. zum Verbinden von Lichtleitern untereinander oder zum Anschließen an Lichtquellen, optische Geräte etc. Man verwendet übergezogene, in der Wärme aufschrumpfende Röhrchen, Verbindungsmuffen für Coaxialkabel oder die in der Elektronik üblichen Kleinfittings.

Optische Fittings verwendet man, wenn das durch den Lichtleiter fortzuleitende Licht verstärkt werden soll, wenn man die Winkelverteilung des austretenden Lichtes verändern will, wenn das austretende Licht farbig sein soll usw. Optische Fittings bestehen demnach aus Linsen, Prismen, Filtern.

Die heute vorhandenen Anwendungen der Kunststoff-Lichter liegen auf dem Gebiet der Beleuchtung und Kontrolle. Dies gilt besonders für die Automobilindustrie. Diverse Teile des Armaturenbrettes wie z. B. Aschenbecher, Zigarettenanzünder, Anzeigeinstrumente etc. werden über Lichtleiter von einer einzigen, gut zugänglichen Lichtquelle beleuchtet. Über Lichtleiter kann am Armaturenbrett fehlerfrei ersehen werden, ob die äußeren Signalleuchten (Blinker, Bremslicht, Nebelscheinwerfer, Rückfahrscheinwerfer etc.) richtig in Funktion treten.

Andere Anwendungen liegen bei Büromaschinen, Computern, chirurgisch-medizinischen Instrumenten, Spielzeugen, der Elektronik, der Werbung etc.

Weitere Einzelheiten über Lichtleiter, insbesondere aus Kunststoffen, seien der Fachliteratur [19 bis 30] entnommen.

### 5.5.5. **Fresnellinsen aus Kunststoff**

Ein weiteres Beispiel für das Konstruieren mit Kunststoffen in der Optik ist die Entwicklung von Kunststoff-Fresnel-Optiken für die Anwendung im wissenschaftlichen Gerätebau, in der Kameratechnik, für Fernsehgeräte etc. Fresnel-Optiken sind optische Bauelemente, bei denen mindestens eine optisch wirksame Fläche als unstetige Stufenfläche ausgebildet ist. In sehr grober Vereinfachung kann man eine derartige Fresnelfläche als ehemals stetige Fläche auffassen, die in einzelne – meist äquidistante – Parallelstreifen oder konzentrische Kreise zerlegt und auf eine im allgemeinen ebene Fläche zusammengeschoben

---

[5]) Hersteller: E.J. DuPont de Nemours.

worden ist [31]. Fresneloptik kann in Form von Fresnellinsen, Fresnelprismen und Fresnelspiegeln verwendet werden. Fresnellinsen aus Kunststoff, man verwendet überwiegend PMMA, werden durch spangebende Bearbeitung, Pressen, Prägen und Spritzgießen hergestellt. Näheres über die Konstruktionsdaten und die Herstellung sei der Literatur [4, 9, 31 bis 33] entnommen.

## Literaturverzeichnis

*Veröffentlichungen in Zeitschriften:*

1. *Esser, F.:* Chem. Ind. *11*, 566 (1959).
2. Kunststoff-Berater *3*, 304 (1958).
3. *Kneissel, H.:* E. Leitz GmbH, Wetzlar, unveröffentlichte private Mitteilung.
4. *Schreyer, G.:* Kunststoffe *51*, 569 (1961); Umschau *62*, 269 (1962).
7. *Schmidt, W.:* Plastverarbeiter Heft 2, 3, 4, (1971).
8. *Thonemann, O.E.:* Plastverarbeiter *18*, 619, 707, 819 (1967).
9. *Friederich, E.:* VDI-Bildungswerk SW 1247.
10. Rohm & Haas Reporter *18*, Nr. 1, 2 (1960).
11. Progressive Plastics *2*, 44 (1960).
12. *Bronson, L.D.:* Modern Plastics *35*, 120 (1957).
13. *Spies, H.:* Plastverarbeiter *8*, 205 (1957).
14. Modern Plastics *36*, 145 (1959).
15. Modern Plastics *33*, 215 (1955).
16. Modern Plastics *34*, 11 (1957).
17. *Matz, W.:* Stähle für Spritzgießwerkzeuge. VDI-Bildungswerk Lehrgang „Spritzgießen", Düsseldorf 1964.
18. *Greiner, H.:* Plastverarbeiter *19*, 525 (1968).
19. *Jentzsch, F.:* Physik. Z. *30*, 268 (1929).
20. *Kapany, N.S.*, u. *J.J. Burke:* JOSA *47*, 423 (1957).
21. *Reichel, W.*, u. *R. Tiedeken:* Feingerätetechnik *13*, 39 (1964).
24. *Hager, T.C.*, *R.G. Brown* u. *B.N. Derick:* SPE-Journal S. 36, Sept. 1967.
25. *Dislich, H.*, u. *A. Jakobsen:* Glastechnische Berichte *39*, 164 (1969).
26. *Brüche, E.:* Phys. Blätter *22*, 19 (1966).
27. *Reichel, W.:* Experimentelle Technik der Physik XIII, 359 (1965).
28. *Kapany, N.S.:* Scientific American *203*, 72 (1960).
29. *Siegmund, W.P.:* The Glass Industry *41*, 502, 527 (1960).
30. *Reichel, W.:* Feingerätetechnik *14*, 129 (1965).
31. *Hofmann, Ch.*, u. *R. Tiedeken*, Feingerätetechnik *15*, 1 (1966).
32. *Miller, O.E.*, *J.H. Mc Leod* u. *W.T. Sherwood:* JOSA *41*, 807 (1951).
33. *Hofmann, Ch.:* Jenaer Rundschau 287 (1966).

*Bücher:*

5. *D'Ans/Lax:* Taschenbuch für Chemiker und Physiker. 2. Aufl. S. 1352, 762, 1370. Berlin: Springer 1949.
6. Handbook of Chemistry and Physics. 42. Ausgabe. S. 2284, 2936, 2442, 2246, 2527. Chemical Rubber Publishing 1960/61.
22. Designing with Crofon Light guides. Druckschrift A-51866, 12–66 der E. J. Du Pont de Nemours & Company Inc. Wilmington, Delaware, USA.

Patente:

23. B.P. 1037498

# 5.6. Beispiele aus der Feinwerktechnik

Jürgen Pohrt

## 5.6.1. Einführung

Die Fülle konstruktiver Beispiele auf dem Gebiet der Feinwerktechnik läßt erkennen, daß der Kunststoff hier ein weites Anwendungsfeld findet. Diese Beispiele beziehen sich vorwiegend auf die äußere Gestaltung von Formteilen unter Ausnutzung der spritz- oder preßtechnischen Vorzüge, die alleine schon den Kunststoff im Vergleich zur aufwendigeren Verarbeitung der Metalle auszeichnen. In Anbetracht der vielfältigen Unterlagen wäre es indessen wenig nutzvoll, weitere gleichgeartete Informationen hinzufügen zu wollen. Hingegen findet sich eine Lücke in der Ermittlung und Nutzung von Kennwerten der mechanischen Festigkeit bei statischer Langzeitbelastung, einem der besonders verbreiteten Anwendungsfälle in der Feinwerktechnik. Diese bislang noch problematische Aufgabe anzugehen heißt zugleich, dem Konstrukteur werkstoffspezifische Daten in die Hand zu geben, auf die er seine Berechnungen gründen kann, ohne an den vielgestaltigen Parametern scheitern zu müssen. Derartige Parameter leiten sich bekanntlich von den Einflüssen der Zeit, der Temperatur, des Umgebungsmediums oder der Alterung und anderem her. Es wird in diesem Abschnitt versucht, auf dem Wege über kritische Dehnungen als auslösendes Moment für Bruchbildungen an werkstoffspezifische Daten heranzukommen, in die Zeit und Temperatur integriert sind, während Umgebungsmedium und Alterung durch Sicherheitsbeiwerte erfaßt werden können. Die sich daraus ergebenden zulässigen Dehnungen haben sich im Zusammenwirken mit speziell dafür entwickelten Testmitteln zu ihrer Nachkontrolle in der Praxis seit längerem bewährt.

## 5.6.2. Literaturhinweise

Anstelle genereller Darstellungen aus der Praxis der Feinwerktechnik soll einerseits eine spezifische Weiterentwicklung aufgezeigt, andererseits auf vorhandene Publikationen, die der Konstrukteur zur umfassenderen Orientierung heranziehen kann, hingewiesen werden. Hier sind vor allem die Bemühungen des Vereins Deutscher Ingenieure (VDI) und Elektrotechniker (VDE), Unterlagen über die konstruktive Gestaltung von Bauelementen zu erstellen, zu erwähnen [1].

Darüber hinaus finden sich in der Literatur detaillierte Arbeiten über die einzelnen Gebiete der Feinwerktechnik wie z. B. Getriebe, Führungen, Verbindungen oder Energiespeicher [2 bis 22]. Weit mehr Publikationen behandeln generell das Feld des Konstruierens mit Kunststoffen, in denen gleichzeitig der Versuch unternommen wird, eine Brücke zwischen Typ- und Konstruktionswerten zu schlagen [23 bis 33]. Neben diesen technologisch ausgerichteten Arbeiten wird auch das Feld der Hochpolymerphysik einzubeziehen sein, die das Verständnis für das Verhalten der Werkstoffe an sich fundamental zu sichern bestrebt ist [34 bis 36].

## 5.6.3. Konstruktionswerte

In der Entwicklung der Kunststoffprüfung lassen sich deutlich zwei Phasen herausstellen. Die erste und nunmehr fast abgeschlossene Entwicklungsstufe ist gekennzeichnet durch die Notwendigkeit, zunächst einmal den Kunststoff durch „Typwerte“ zu beschreiben, mit denen die Produkte untereinander in Relationen verglichen und in der Produktion als Formmasse überwacht werden können.

Die zweite Phase wird getragen von der Forderung der kunststoffanwendenden Industrie nach Erstellung von „Konstruktionswerten“. Dazu bedarf es weiterentwickelter Methoden zur Formstoffbewertung, mit denen sowohl Daten für den Konstrukteur als auch Fertigteilkontrollen zu erzielen sind.

### 5.6.3.1. *Spannungsrißbildung in Luft als Kriterium der Festigkeit von Formteilen*

Die Praxis hat gezeigt, daß Typwerte nicht ausreichen, um das Verhalten von Formstoffen zu erfassen. Als Beispiel dafür wird die Schädigung eines Spulenkörpers aus Makrolon 3000 W® vorgeführt (Bild 5.6–1), bei dem die Seitenscheibe durch Spannungsriß ohne Einwirkung aggressiver Medien in der Zusammenfließnaht aufgerissen ist.

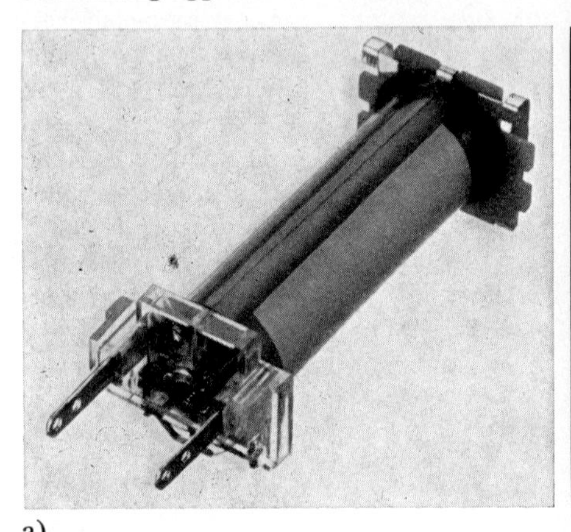

a)

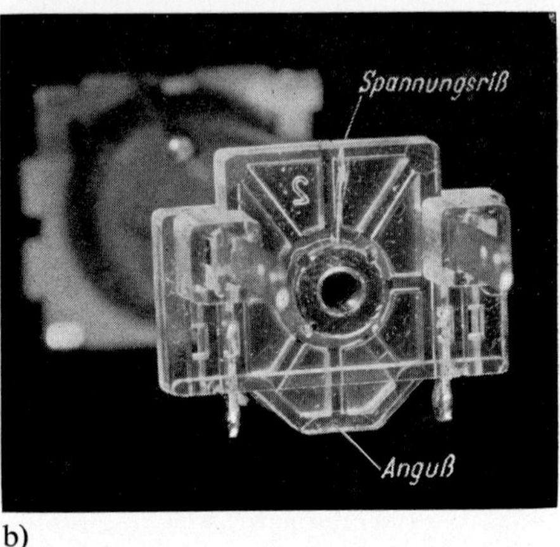


b)

Bild 5.6–1 Spannungsrißbildung in der Zusammenfließnaht einer Spulenseitenscheibe aus Makrolon 3000 W® in Luft bei Raumtemperatur mehrere Monate nach der Montage.
a) Montierter Spulenkörper in der Gesamtansicht,
b) Teilausschnitt mit Frontansicht der Spulenseitenscheibe.

Die zur Schädigung führende Spannung konstanter Deformation (Deformationsspannung) entstand durch das Aufpressen der Scheibe auf einen gerändelten, zylindrischen Metallkern, dessen Durchmesser gegenüber demjenigen des Loches in der Scheibe ein zu hohes Übermaß aufwies. Dieses Übermaß entsprach nach experimentellen Ermittlungen über Lösungsmittelgemische einer Dehnung bei einaxialer Zugbeanspruchung von 2 bis 2,5%, wobei zusätzlich noch mit Spannungsspitzen infolge der Rändelungen zu rechnen war. Bei Auswertung der Zeitstandkurven in der VDI/VDE-Richtlinie 2475 für Polycarbonat wäre eine kritische Dehnung von 7 bis 10% im Langzeitversuch anzunehmen, deren Überschreitung zum Bruch führt. In der Richtlinie wird jedoch darauf verwiesen, daß Oberflächenrisse schon durch Zugspannungen oberhalb 200 kp/cm² bei 20 °C eintreten können. Bei einer Spannung von z. B. 250 kp/cm² würde nach mehreren Jahren eine Dehnung von 2% durch „Kriechen“ erreicht werden, die demnach bereits kritisch ist.

### 5.6.3.2. *Darstellung von Grenzwerten der mechanischen Beanspruchbarkeit mit dem Kugeleindrückverfahren nach DIN 53449*

Das Verfahren beruht auf der Erzeugung von Deformationsspannungen durch Eindrücken von Kugeln mit Übermaß in aufgebohrte und aufgeriebene Probekörper. In einer sich daran anschließenden Biege- oder Zugprüfung wird dasjenige Kugelübermaß als Rißbildungsgrenze ermittelt, bei dem die Festigkeit gegenüber derjenigen eines nicht deformierten Vergleichskörpers um 5% gefallen ist. Der Festigkeitsverlust erklärt sich aus der Kerbwirkung, die mit der Spannungsrißbildung verbunden ist [37 bis 41].

Um die Festigkeitsverhältnisse in Zusammenfließnähten zu prüfen, wurden Normkleinstäbe aus Standard-Polystyrol mit einem Loch von 2,8 mm Durchmesser, das durch Einlegen eines gleich großen Kernes in das Werkzeug entstand, im Spritzgußverfahren hergestellt. Das Umfließen des Kernes führte zwangsläufig zu einer Zusammenfließnaht. Zur Beseitigung von Abkühlspannungen sind die Probekörper eine Stunde bei 80 °C angelassen worden. Danach wurden die Löcher auf 3 mm Durchmesser aufgerieben und die Übermaßkugeln eingedrückt. Zur schnellen Rißauslösung kamen die Stäbe in ein Gemisch aus n-Heptan und iso-Propanol Vol. 1 : 2 bei Raumtemperatur. Dabei bildeten sich starke Spannungsrisse in der Zusammenfließnaht und schwächere in den anderen Ebenen (Bild 5.6–2).

Offensichtlich folgen die Rißlängen linear dem Kugelübermaß, wobei sie nach Extrapolation (vgl. Bild 5.6–2) ihren Ausgang bei einem Kugelübermaß von 0,018 mm nehmen. Diesem Kugelübermaß entspricht eine Dehnung bei einaxialer Zugbeanspruchung von $\varepsilon = 0{,}18\%$. Bei Betrachtung der Festigkeitsverhältnisse in der Zusammenfließnaht wird deutlich, daß hier weniger die Rißbildungsgrenze als vielmehr die Rißfortpflanzung gegenüber den anderen Ebenen kritisch ist. Gleiche Effekte finden sich im übrigen auch im Fall der Orientierung der Kettenmoleküle, deren Vorzugsrichtung eine höhere Rißfortpflanzungsgeschwindigkeit bewirkt.

### 5.6.3.3. *Rißbildungsgrenzen in Luft*

Die Verfahrenstechnik, Spannungsrisse über deren Kerbwirkung zu bestimmen, ermöglicht es, die Rißbildung bereits im submikroskopischen Bereich zu erfassen und somit frühzeitig kritische Dehnungen angeben zu können.

Bei Anwendung des nach diesem Prinzip arbeitenden Kugeleindrückverfahrens reduzieren sich damit Langzeitversuche zur Bestimmung der kritischen Dehnungen in Luft erheblich. (Die Umrechnung von Kugelübermaß auf Dehnung $\varepsilon$ bei einaxialer Zugbeanspruchung wurde experimentell durch Vergleichsversuche mit Lösungsmittelgemischen durchgeführt.)

Beispiele solcher Werte finden sich in Tabelle 5.6–1.

*Tabelle 5.6–1 Kritische Dehnungen in Luft nach DIN 53449*
*Angabe in Dehnung $\varepsilon$ (%)*

| PC Makrolon® | | PMMA Plexiglas® | SAN Luran® | PS Polystyrol® |
|---|---|---|---|---|
| 3000 L | 3000 W | 7 N | 368 R | 168 N |
| 2,5 | 2 | 0,7 | 0,7 | 0,3 |

Bei Angabe von kritischen Dehnungen entfällt der Faktor Zeit als Parameter. Die Werte sind außerdem übereinstimmend gültig für mechanische Beanspruchungen bei konstanter Dehnung und konstanter Last. Ebenso gelten sie für alle Temperaturbereiche, was schon dadurch verständlich wird, daß die Spannungen bei vorgegebener Gesamtdehnung im

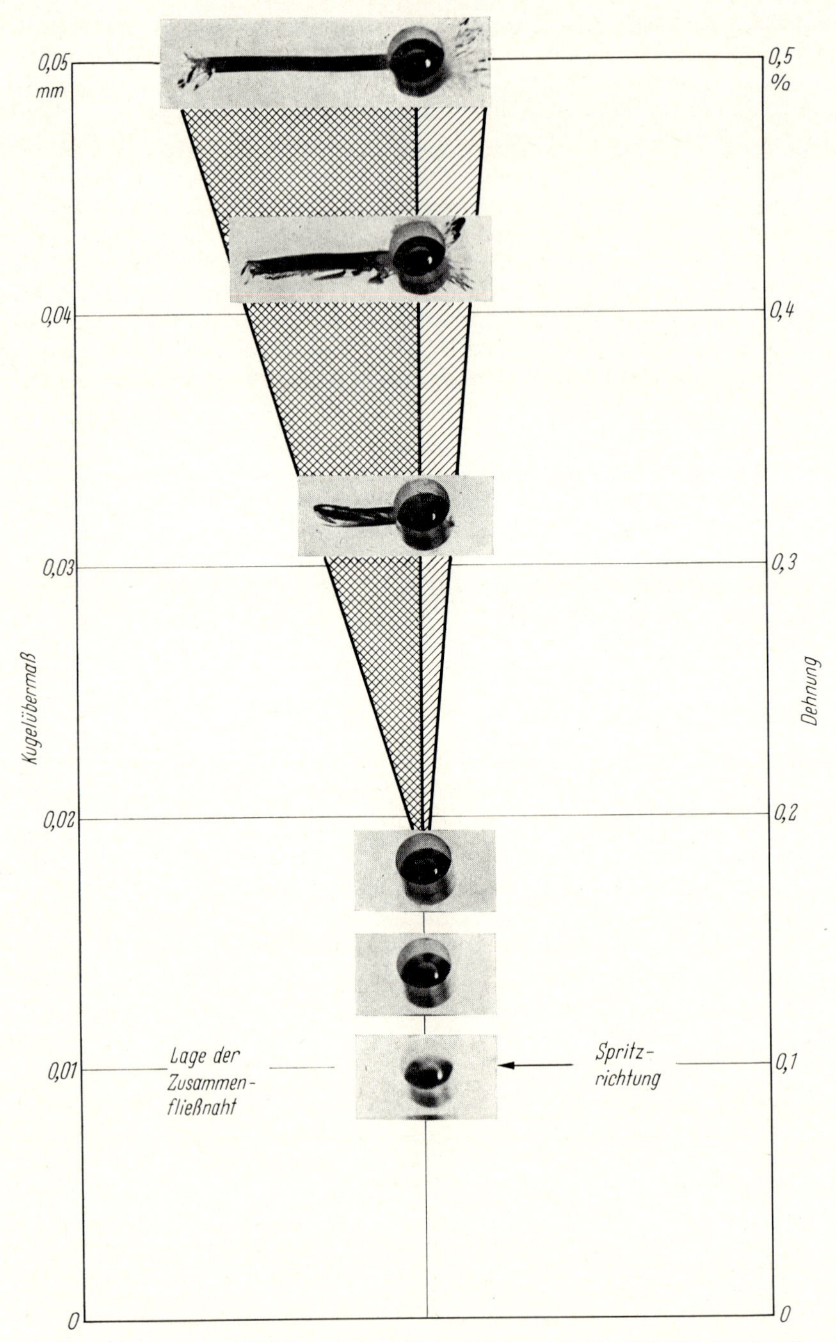


Bild 5.6–2 Spannungsrißbildung von Standard-Polystyrol Typ 500–574 DIN 7741 nach Eindrücken von Übermaßkugeln in spritzgegossene Norm-Kleinstäbe mit ausgespartem Loch.

Probekörper 1 Std./80 °C angelassen, Loch mit Reibahle $3^{H7}$ aufgerieben, Übermaßkugeln eingedrückt und Probekörper 15 Min. in Gemisch n-Heptan/iso-Propanol Vol. 1:2 bei Raumtemperatur eingetaucht.

Kugelübermaßstufen links, entsprechende Dehnungen bei einaxialem Zugversuch rechts eingetragen. Beziehung zwischen Kugelübermaß und Dehnung: $10 \cdot$ Kugelübermaß (mm) $\approx$ Dehnung $\varepsilon$ (%).

Zeitstandzugversuch um so niedriger angesetzt werden müssen, je höher die Temperatur liegt [41].

### 5.6.3.4. *Zulässige Dehnungen*

Während bei Verwendung kritischer Dehnungen Zeit und Temperatur als Parameter integriert sind, verbleiben die Einflüsse des Umgebungsmediums und der Alterung. Man kann sie zunächst einmal ganz allgemein abdecken durch einen Sicherheitsbeiwert $S = 2{,}5$. Damit ändern sich die Werte der in Tabelle 5.6–1 angegebenen kritischen Dehnungen.

Die nach Tabelle 5.6–2 reduzierten kritischen Dehnungen sind somit jene zulässigen Dehnungen, die der Konstrukteur für die Bemessung seiner mechanischen Beanspruchung in Anspruch nehmen kann. Gegenüber dem hier generell eingesetzten Sicherheitsbeiwert von $S = 2{,}5$ lassen sich genauere Daten mit dem Kugeleindrückverfahren ermitteln. Für den Einfluß des Umgebungsmediums gilt der Faktor $R$ der relativen Spannungsrißbeständigkeit nach DIN 53449. Er kennzeichnet das Verhältnis der Rißbildungsgrenzen im Prüfmedium gegenüber Luft. Beispiel einer solchen Bestimmung ist die Zusammenstellung der Wirkung verschiedener Medien bei Raumtemperatur in Tabelle 5.6–3.

*Tabelle 5.6–2 Zulässige Dehnungen in Luft nach DIN 53449 mit Sicherheitsbeiwert $S = 2{,}5$ Angabe in Dehnung $\varepsilon$ (%)*

| PC Makrolon® | | PMMA Plexiglas® | SAN Luran® | PS Polystyrol® |
|---|---|---|---|---|
| 3000 L | 3000 W | 7 N | 368 R | 168 N |
| 1 | 0,8 | 0,3 | 0,3 | 0,12 |

*Tabelle 5.6–3 Faktor R der relativen Spannungsrißbeständigkeit nach DIN 53449*

| | Äthyl-alkohol | Freon TF® | Schmieröle | | |
|---|---|---|---|---|---|
| | | | Diesterbasis | übliches Mineralöl (Esso) | Paraffinöl-basis |
| ABS 1 | 0,03 | 0,13 | 0,06 | 0,19 | 0,35 |
| ABS 2 | 0,27 | 1 | 0,30 | 0,38 | 0,90 |
| POM | >1 | >1 | >1 | 1 | >1 |

Diese Werte wurden an Probekörpern ermittelt, deren innerer Zustand nach dem Spritzgießen weder geändert noch bestimmt war. Demzufolge sind sie abhängig von den Spritzgußbedingungen, kennzeichnen aber ausreichend die Verhaltensweise der Werkstoffe an sich, besonders in den Relationen zwischen ABS 1 und ABS 2 als Funktion des AN-Gehaltes. Typisch für POM ist dessen Beständigkeit gegen solche Medien, wobei sogar Vergütungen erreicht werden können ($R > 1$).

Für die Bewertung von Alterungsvorgängen dient die Relation der Rißbildungsgrenzen in Luft vor und nach der Alterung. Eine solche Ermittlung von Sicherheitsbeiwerten wird an dem Beispiel der wiederholten Spritzgußverarbeitung von glasfaserverstärktem

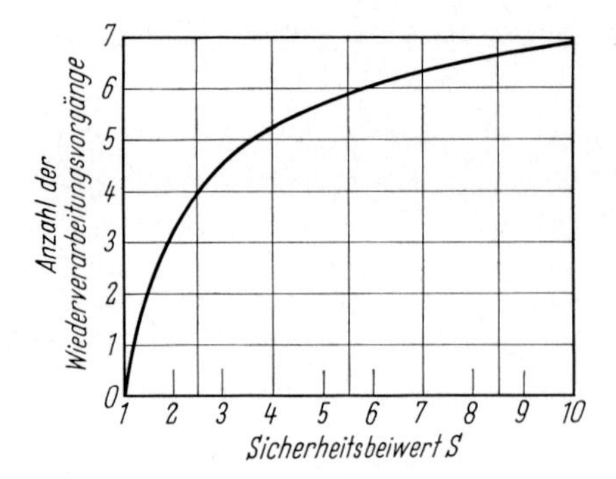


Bild 5.6–3 Bestimmung von Sicherheitsbeiwerten bei glasfaserverstärktem Polycarbonat durch Verwendung der Rißbildungsgrenzen in Luft nach DIN 53449.
Beispiel aus Untersuchungen mehrfacher Wiederverarbeitung.
Sicherheitsbeiwert S = Verhältnis des Betrages der Rißbildungsgrenze in Luft nach erstmaliger Verarbeitung (0) zu dem Betrag nach n-ter Verarbeitung.

Polycarbonat dargestellt, womit die thermisch-mechanische Schädigung von Rücklaufmaterial angedeutet werden soll (Bild 5.6–3).

### 5.6.3.5. *Kontrolle der zulässigen Dehnung im Fertigteil*

Die Beträge der zulässigen Dehnung werden auf den einaxialen Belastungsfall bezogen. Sie gelten jedoch im gleichen Maße auch für mehraxiale Beanspruchungen, wobei sie als Vergleichsdehnungen aufzufassen sind. Während ihre rechnerische Ermittlung durch Vergleichsspannungshypothesen kaum lösbare Schwierigkeiten ergäbe, kann man sie experimentell über Testmittel klären, deren Rißbildungsgrenzen im einaxialen Belastungsfall festgelegt wurden. Überschreitet die effektive (Vergleichs)dehnung oder (Vergleichs)spannung bei mehraxialen Beanspruchungen diese Rißbildungsgrenze, tritt der gleiche Rißeffekt wie bei einaxialer Beanspruchung ein.

Zur Festlegung der Rißbildungsgrenzen von Testmitteln müssen eigenspannungs- und orientierungsfreie Probekörper herangezogen werden. Werden die Testmittel auf Formteile angewendet, folgen sie in ihrer Wirkung den Formstoffzuständen, die z. B. vom Grad der Kristallinität, der Orientierung von Kettenmolekülen oder der energieelastischen Eigenspannungen durch Volumenkontraktion geprägt sind. Dabei gleichen die physikalischen Effekte denen bei Rißbildung in Luft, nur daß die Risse allgemein rascher und bei geringeren Dehnungen eintreten.

Beispiele der Einstufung von Testmittelgemischen finden sich in Bild 5.6–4.

Die Versuche wurden sowohl mit gepreßten Normkleinstäben nach dem Kugeleindrückverfahren als auch mit gepreßten Schulterstäben im einaxialen Zugversuch unternommen. Dabei zeigte sich die auch in anderen Versuchen schon festgestellte Annäherungsbeziehung zwischen Kugelübermaß und Dehnung $\varepsilon$ im einaxialen Zugversuch: 10 · Kugelübermaß (mm) $\approx$ Dehnung $\varepsilon$ (%). Die Anwendung der Testmittel erfolgt in der Weise, daß die Dehnung oder Spannung des Probekörpers an demjenigen Gemisch abgelesen werden kann, das gerade die Rißbildung bewirkt. Durch Feinabstufung der Gemische kann man bis hinunter zu einer Toleranzspanne von 5 kp/cm$^2$ kommen. Derartige Versuche haben indessen mehr theoretisch-wissenschaftlichen Wert. In der Praxis wird man jeweils nur dasjenige Testmittel einsetzen, das speziell auf die zulässige Dehnung (oder Spannung) des betreffenden Werkstoffes abgestimmt ist. Solche Testmittel sind in der Tabelle 5.6–4 angegeben.

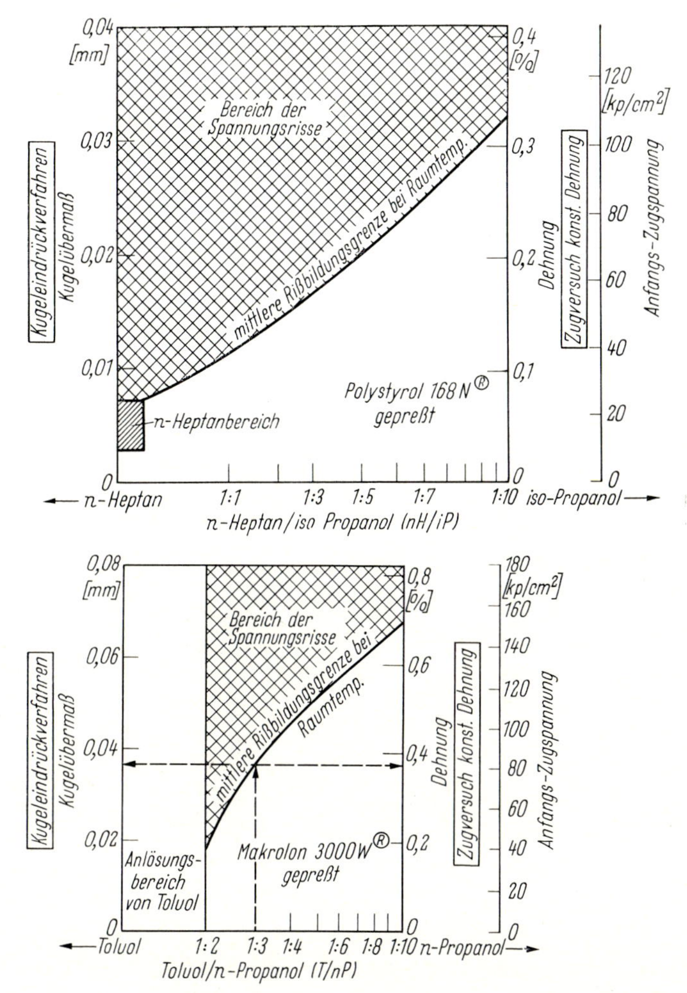


Bild 5.6–4 Rißbildungsgrenzen von Lösungsmittelgemischen bei optischer Beurteilung der Risse nach Anwendung des Kugeleindrückverfahrens und der Zugversuche konstanter Dehnung auf gepreßte Probekörper. (Für spritzgegossene Probekörper liegen die Werte um 10 bis 20% höher, sofern sie keine Eigenspannungen enthalten).

Beispiel einer Auswertung in Bild 5.6–4 unten: Toluol/n-Propanol Vol. 1:3 löst bei gepreßten Probekörpern aus Makrolon 3000 W® Risse in Raumtemperatur aus, wenn ein Kugelübermaß von Kü = 0,036 mm oder eine einaxiale Dehnung von $\varepsilon = 0{,}37\%$ überschritten wird. Dieses Testmittel reagiert folglich auch auf Deformationen in Formteilen $\geqq 0{,}37\%$ bzw. Spannungen $\geqq 80$ kp/cm².

*Tabelle 5.6–4 Testmittel für zulässige Dehnungen mit Sicherheitsbeiwert S = 2,5*

| PC Makrolon® | | PMMA Plexiglas® | SAN Luran® | PS Polystyrol® |
|---|---|---|---|---|
| 3000 L | 3000 W | 7 N | 368 R | 168 N |
| Toluol/n-Propanol Vol. 1 : 10 | | Äthylalkohol | | n-Heptan/iso-Propanol Vol. 1 : 1 |

### 5.6.4. Beispiele werkstoffgerecht konstruierter Bauelemente

Die folgenden Beispiele beruhen auf den Erkenntnissen, wie sie im Abschn. 5.6.3 behandelt wurden. Sie sind der Fernmeldetechnik entnommen, haben aber für den ganzen Bereich der Feinwerktechnik Gültigkeit.

#### 5.6.4.1. *Geteilter Spulenkörper aus Luran 368 R®*

Die kritischen Bereiche bei Spulenkörpern sind die Durchführungen zur Aufnahme des metallischen Spulenkerns, der unter mechanischen Spannungen in seiner Lage fixiert wird. Eine weitere Gefährdung tritt in der Kehle der Spulenseitenscheibe auf, da hier die durch Wickeldruck hervorgerufene Ausbiegung der Scheibe aufgefangen werden muß, wenn man nicht durch Vorspannung zuvor Gegenmaßnahmen getroffen hat. Die Keilwirkung des Spulenkernes läßt sich ausschalten durch Teilung der Spulenhälften, wie sie an dem Beispiel eines Spulenkörpers aus Luran 368 R® in Bild 5.6–5 ersichtlich wird. Der Kern

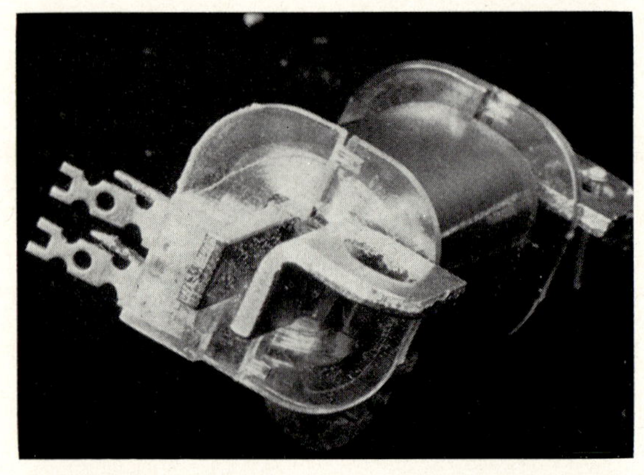

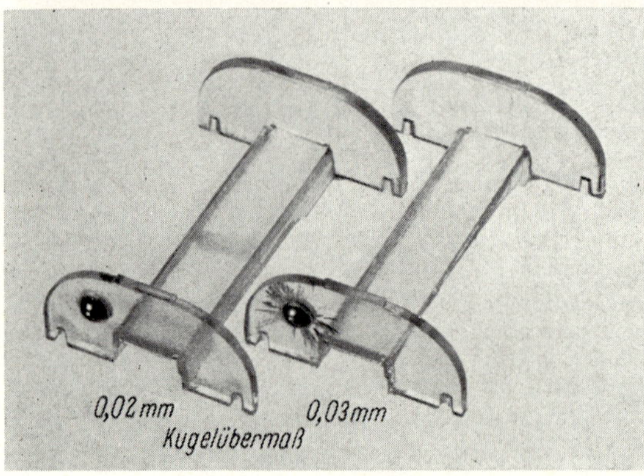


Bild 5.6–5 Bestimmung der Zulässigkeit der mechanischen Beanspruchungen und der Ausbildung des Gefüges in einem Spulenkörper aus Luran 368 R®.

oben: Spulenkörper im montierten Zustand nach dem Eintauchen in Äthylalkohol rißfrei geblieben.

unten: Spulenkörper nach Äthylalkoholtest demontiert. Keine Risse durch Wicklungsspannungen eingetreten.

Zustand des Gefüges in Ordnung, da die Rißbildung durch Äthylalkohol zwischen 0,02 und 0,03 mm Kugelübermaß normal.

wird hierbei nicht eingepreßt, sondern eingelegt und durch die Spannungen der die beiden Spulenhälften umschließenden Wicklungen gehalten. Am endmontierten Formteil kann durch Äthylalkoholtest festgestellt werden, ob alle Beanspruchungen im zulässigen Bereich liegen. Umgekehrt lassen sich Deformationen im Spulenkörper durch Eindrücken von Kugeln erzeugen, deren Übermaß abgestimmt ist mit dem für einwandfrei verarbeitete Formstoffe gültigen Betrag. Sobald unter Einwirkung von Äthylalkohol Risse bei erheblich niedrigeren Kugelübermaßen auftreten, kann auf höhere Eigenspannungen oder thermisch-mechanische Schädigung des Produktes geschlossen werden. Der Einfluß der Eigenspannungen läßt sich bei SAN durch Tempern (1 Std./80 °C) ausschalten, ohne daß ein Verzug der Teile eintritt. Beide Prüfmethoden, sowohl die Bestimmung der nach Endmontage unbekannten mechanischen Beanspruchungen durch Testmittel wie die Reaktion des Formstoffes auf definierte mechanische Beanspruchung zur Gefügebeurteilung sind somit zusätzliche Sicherheiten für den Konstrukteur, dessen Verantwortung ja keineswegs am Reißbrett endet.

### 5.6.4.2. *Koppelstreifen und Koppelrelaiskörper aus Makrolon 3000 L®*

Makrolon zählt zu den mechanisch hochbelastbaren Thermoplasten und gilt durch seine relativ geringe Neigung zum „Kriechen" und entsprechend geringer Spannungsrelaxation als spezifischer Konstruktionswerkstoff. Da Makrolon kurzfristig hohe Deformationen ohne merkliche plastische Formveränderung ertragen kann, eignet es sich besonders auch für Schnappverbindungen. Diese Technik wurde bei Koppelstreifen zur Aufnahme von Relaiskörpern des Fernmeldebereiches genutzt (Bild 5.6–6).

Da die Schnappfeder nach dem Einrasten entlastet wird, konnte eine höhere Dehnung als bei Dauerfestigkeit zugelassen werden, wobei man jedoch im Bereich der quasi-*Hook*schen Geraden blieb, um bleibende Dehnungen zu vermeiden. Gewählt wurde ein Wert von $\varepsilon = 1{,}5\%$. Die Berechnung der Federauslenkung erfolgte nach der umgestellten Gleichung für die elastische Linie:

$$f_{zul} = \frac{2 \cdot \varepsilon_{zul} \cdot l^2}{3\,h} \tag{1}$$

$\varepsilon_{zul} = 1{,}5\%$ (für diesen speziellen Fall)
$h = 0{,}1$ cm
$l = 1{,}25$ cm

$$f_{zul} = \frac{2 \cdot 1{,}5 \cdot 1{,}56}{100 \cdot 0{,}3} = 0{,}156 \text{ cm} = 1{,}56 \text{ mm}$$

Die Auslenkung der Feder ist mit rund 1,5 mm ausreichend, um nach dem Einrasten genügend Stützwirkung zu gewährleisten.

Bei den Koppelrelaiskörpern ist andererseits eine Dauerbelastung durch Spreizung von Zungen, mit denen die eingeschobenen Mini-Reed-Kontakte zentriert gehalten werden, vorhanden. Bei diesen Kontakten handelt es sich um Glasröhrchen, in die Blattfedern eingebettet werden. Diese Blattfedern werden durch das Magnetfeld der Spule betätigt. Die Dauerbelastung der Zungen bedeutet, daß der Betrag von $\varepsilon = 1\%$ in die umgestellte Gleichung der elastischen Linie eingesetzt werden muß:

$$f_{zul} = \frac{2 \cdot \varepsilon_{zul} \cdot l^2}{3 \cdot \mathrm{h}} \tag{2}$$

$\varepsilon_{zul} = 1\%$ (für Dauerbelastung)
$h = 0{,}08$ cm
$l = 0{,}6$ cm

$$f_{zul} = \frac{2 \cdot 1 \cdot 0{,}36}{100 \cdot 0{,}24} = 0{,}03 \text{ cm} = 0{,}3 \text{ mm}$$

a)

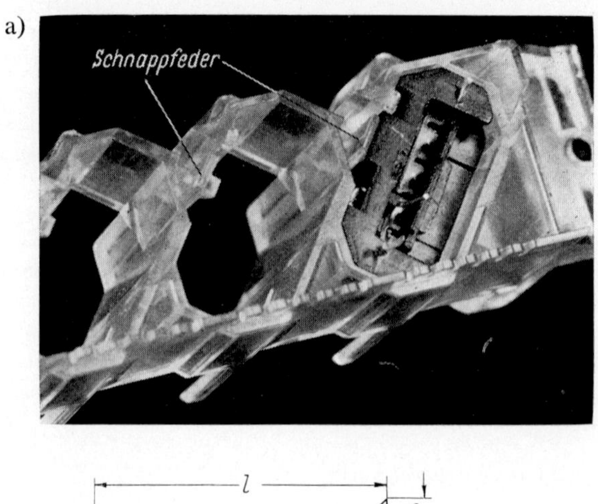


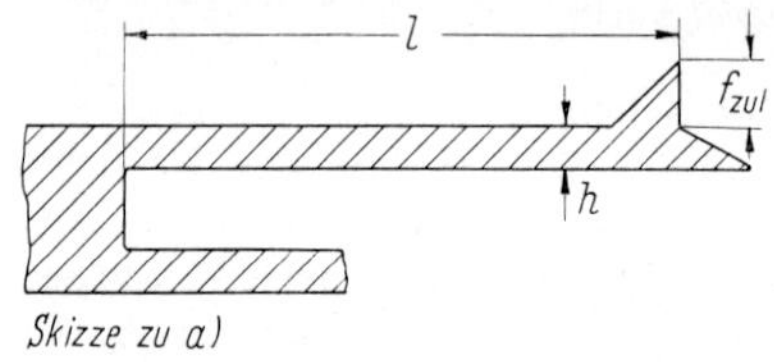


b)

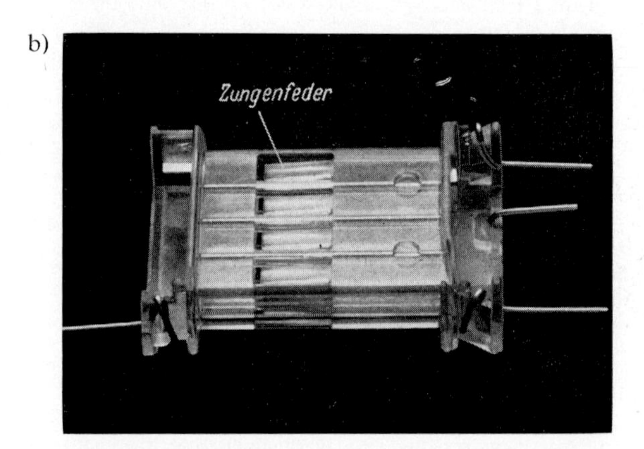


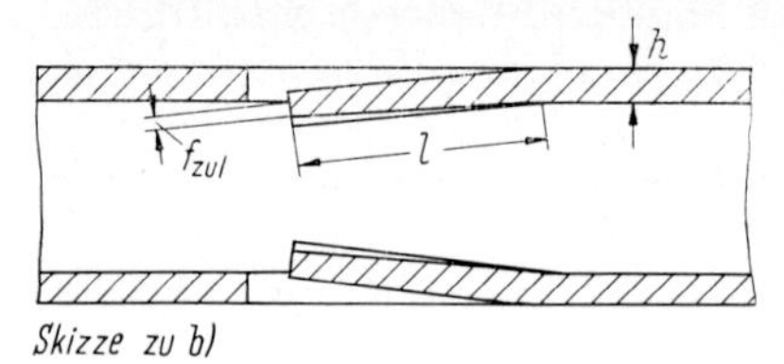


Bild 5.6–6 Federelemente in Bauteilen der Fernmeldetechnik aus Makrolon 3000 L® auf Basis der zulässigen Dehnungen.

oben: Teilansicht der Wabenzellen eines Koppelstreifens der Fernmeldetechnik mit eingeschobenem Koppelrelaiskörper kurz vor dem Einrasten in die Schnappfeder.

unten: unmontierter Koppelrelaiskörper. Aufsicht auf die Zungenfedern.

Diese geringe Auslenkungsspanne läßt erkennen, mit welchem Präzisionsteil man es hier zu tun hat. Dem Konstrukteur könnte indessen der für $\varepsilon_{zul} = 1\%$ eingesetzte Sicherheitsbeiwert herabgesetzt werden, so daß Spielraum für eine höhere Auslenkung gewonnen würde. Dementsprechend ließe sich jederzeit auch ein Testmittel darauf einstellen.

### 5.6.4.3. *Rasterleisten aus Makrolon 3000 L®*

Eine weitere Technik des Fernmeldebereiches ist die Verbindung von Bauelementen mit den Baugruppenträgern durch sog. „Rasterleisten" (Bild 5.6–7). Hierbei handelt es sich um Makrolonbänder mit Zahnsprossen, die so profiliert sind, daß die Gegensprosse auf der Schiene des Bauelementes durch Schnappverbindung mit bleibender Dehnung einrastet.

Die bleibende Dehnung ist bei dem geringen $l/h$-Verhältnis der Sprossen und damit dem Einfluß von Schubspannungen neben den Biegespannungen in jedem Falle als Vergleichs-

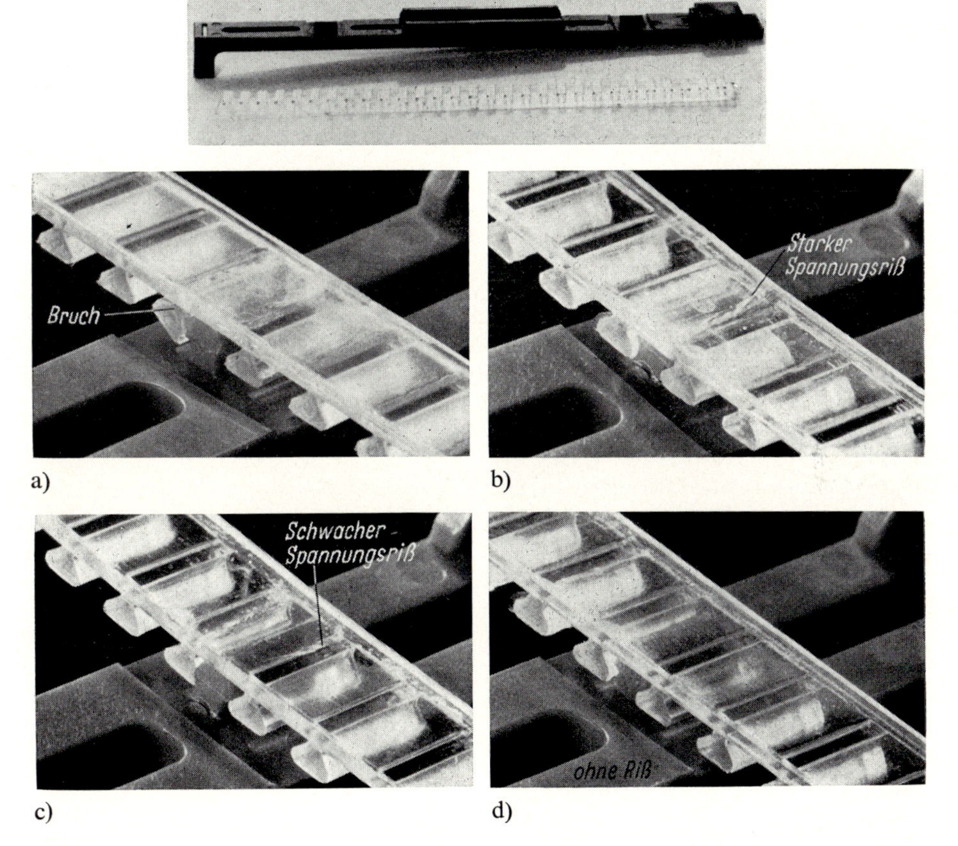


Bild 5.6–7 Rasterleisten aus Makrolon 3000 L®. Konstruktive Gestaltung unter Zuhilfenahme von Lösungsmitteltests mit definierten Rißbildungsgrenzen (vgl. Bild 5.6–4).

oben: Rasterleiste mit Bauelementeträger.

unten: a) bis d) Bestimmung der Zulässigkeit von Dehnungen montierter Rasterstreifen in Toluol/n-Propanolgemischen (T/nP): a) T/nP 1:2, b) T/nP 1:3, c) T/nP 1:5, d) T/nP 1:10.

dehnung zu rechnen. Für den Radius im Fuß der Sprossen müßte man eine Formzahl einsetzen. Das macht die Rechnung unsicher. Es hat sich statt dessen bewährt, die Rasterleiste zunächst einmal überschlägig zu dimensionieren und dann im montierten Zustand durch Testmittel zu überprüfen. Auf diesem Wege konnte man das Werkzeug so korrigieren, daß $\varepsilon = 1\%$ nicht überschritten wurde.

### 5.6.5. Zusammenfassung

Der Eintritt von Schädigungen bei Kunststoffen unter mechanisch- statischer Beanspruchung läßt sich als Folge der Überschreitung kritischer Dehnungen nachweisen. Aus den für Dauerbelastung gültigen Grenzwerten wird durch Einbezug von Sicherheitsbeiwerten die zulässige Dehnung bestimmt, die als Konstruktionswert für die Bemessung von Bauelementen der Feinwerktechnik geeignet ist. Zur Ermittlung der zulässigen Dehnung dient das Kugeleindrückverfahren nach DIN 53449, mit dem zugleich Testmittel für die Überprüfung der zulässigen Dehnung in thermoplastischen Formteilen eingestuft werden können. Anwendung und Nachkontrolle der zulässigen Dehnung sind an Beispielen von Bauelementen der Fernmeldetechnik erläutert.

#### Literaturverzeichnis

1. VDI-Richtlinie 2006: VDI/VDE-Richtlinien 2471, 2475, 2476, 2478.
2. *Sachse, H.:* Feinwerktechnik *64*, 98 (1960).
3. *Rothe, W.:* Kunststoff-Berater *1*, 19 (1963).
4. *Remshart, F.:* Konstruktion *17*, 437 (1965).
5. *Hachmann, H.*, u. *E. Strickle:* Konstruktion *18*, 81 (1966).
6. *Dreier, H.*, u. *E. Strickle:* ingenieur digest *7*, 61 (1968), *7*, 85 (1968).
7. *Horvath, L.S.:* Antriebstechnik *9*, 321 (1968).
8. *Gossmann, B., D. Keller* u. *C. M. Frhr. von Meysenbug:* VDI-Zeitschrift *104*, 1189 (1962).
9. *Hachmann, H.*, u. *E. Strickle:* Konstruktion *16*, *121* (1964).
10. *Nagy, J.:* Plaste und Kautschuk *13*, 297 (1966).
11. *Uetz, H.*, u. *V. Hakenjos:* Kunststoffe *59*, 161 (1969).
12. *Peukert, H.:* Kunststoffe *48*, 3 (1958).
13. *Lehfeldt, W.:* Feinwerktechnik *66*, 10 (1962).
14. *Menges, G.*, u. *J. Ehrbar:* Kunststoffe *53*, 233 (1963).
15. *Nier, E.A.*, u. *R.E. Nier:* Zeitschrift für Schweißtechnik *1*, 12 (1965).
16. *Althof, W.:* Kunststoffe *56*, 750 (1966).
17. *Robinson, J.D.*, u. *G. Campbell:* Kunststoffe *56*, 134 (1966).
18. *Müller, K.:* Kunststoffe *56*, 241 (1966); *56*, 422 (1966); *56*, 490 (1966); VDI-Zeitschrift *111*, 349 (1969).
19. *Erhard, G.:* Kunststoffe *58*, 131 (1968); *58*, 315 (1968).
20. *Kozeny, J.:* Kunststoff-Berater *14*, 915 (1969).
21. *Joisten, S.:* Plastverarbeiter *21*, 545 (1970).
22. *Watson, G.:* Gummi – Asbest – Kunststoffe *19*, 822 (1966).
23. *Knappe, W.:* Kunststoffe *51*, 562 (1961).
24. *Herz, A.:* Kunststoffe *53*, 625 (1963).
25. *Weber, A.:* Konstruktion *16*, 2 (1964).
26. *Hachmann, H.:* Fortschritt-Berichte VDI-Zeitschrift Reihe 5, Nr. 1, S. 35.
27. *Geyer, H.*, u. *K.P. Zirkel:* Plastverarbeiter *18*, 369 (1967); *18*, 457 (1967); *20*, 159 (1969).
28. *Wallhäußer, H.:* Kunststoffe *57*, 177 (1967).
29. *Theberge, John E.:* Modern Plastics *45*, 155 (Juni 1968).

30. *Schumacher, G.:* Materialprüfung *10*, 231 (1968).
31. *Pawell, P.C.:* Kunststoff-Berater *13*, 479 (1968).
32. *Taprogge, R.:* Kunststoffe *58*, 357 (1968).
33. *Geyer, H.:* Kunststoffe *61*, 12 (1971).
34. *Oberst, H.:* Kunststoffe *53*, 4 (1963).
35. *Becker, G. W.:* Kunststoff-Rundschau *15*, 377 (1968).
36. *Retting, W.:* Rheologica Acta *8*, 259 (1969).
37. *Buchholz, E.*, u. *J. Pohrt:* Kunststoffe *54*, 635 (1964); *55*, 241 (1965).
38. *Pohrt, J.:* Kunststoffe *59*, 299 (1969).
39. *Pohrt, J.:* Gummi – Asbest – Kunststoffe *23*, 962 (1970).
40. *Pohrt, J.:* Journal of Macromolecular Science – Physics Band V, Nr. 2, 299 (1971).
41. *Pohrt, J.:* Gummi – Asbest – Kunststoffe *24*, 594 (1971); *24*, 700 (1971).

# 5.7. Erläuternde Beispiele aus der Beleuchtungs- und Lichttechnik

Helmut Janku

## 5.7.1. Vorbemerkungen

Erst seit etwa 20 Jahren haben sich Kunststoffe im Leuchtenbau durchgesetzt. Die hohen Temperaturen, die beim Betrieb von Glühlampen oder den später entwickelten Quecksilberdampf-Hochdrucklampen auftreten, ließen es zunächst geraten erscheinen, an bewährten metallischen oder keramischen Baustoffen wie lackierter Stahl, Kupfer, Messing und Porzellan festzuhalten; insbesondere schienen die optischen Eigenschaften von Glas so unnachahmlich gut, daß man weder an die Möglichkeit noch an die Notwendigkeit dachte, dieses Material durch andere lichttechnische Baustoffe abzulösen.

Eine grundsätzliche Änderung der Situation ergab sich ab 1950 durch die zunehmende Verbreitung der Leuchtstofflampe, deren niedrige Betriebstemperatur die Verwendung von Kunststoffen, insbesondere von Thermoplasten, erlaubte. Wegen der großen Abmessungen der Lampen – die ersten waren 0,6 m und 1 m lang, später kamen wirtschaftlichere Typen mit 1,2 m und 1,5 m Länge hinzu – sollten die Leuchtenkonstruktionswerkstoffe ein geringes Gewicht bei ausreichender Biegesteifigkeit und Schlagsicherheit aufweisen. Zunächst entstanden Leuchten aus sinnvoller Kombination von Metall- und Kunststoffteilen, später wies man mehr und mehr den Kunststoffen tragende Funktionen zu.

Heute werden Kunststoffe im Leuchtenbau auf breiter Basis verwendet. Die im folgenden erläuterten Beispiele von Gestaltungsmöglichkeiten beziehen sich auf Zweckleuchten, also in Großserie gebaute Geräte für die Beleuchtung von Straßen, Parks, Büros, Industrie-, Handwerks- und landwirtschaftlichen Betrieben, für Fahrzeugbeleuchtung, Werbezwecke usw. Auf die mindestens ebenso breite Palette der Kunststoffanwendung bei Wohnraumleuchten wird hier nicht eingegangen.

Der besseren Übersicht wegen sind zunächst Bauteile mit optischen Funktionen („lichttechnische Bauteile"), danach sonstige Konstruktionselemente des Leuchtenbaues („allgemeine Bauteile") behandelt. Die dargestellten Beispiele mögen, ohne Anspruch auf Vollständigkeit, die konstruktive Ausnutzung typischer Kunststoffeigenschaften aufzeigen.

## 5.7.2. Lichttechnische Bauteile

### 5.7.2.1. *Abdeckungen*

Konstruktionselemente dieser Art sollen Lampen und sonstige Einbauteile gemeinsam mit dem Gehäuse umschließen, vor Umgebungseinflüssen wie Staub, Insekten, Regen- und Spritzwasser, vor chemischen Agenzien, mechanischen Beschädigungen usw. schützen und zudem optische Funktionen übernehmen. Außer planen oder wannenförmigen Teilen (Bilder 5.7–1, 5.7–2, 5.7–4, 5.7–7, 5.7–10) gehören zu den Abdeckungen auch röhrenförmige, kegelstumpfartige oder andere rotationssymmetrische Gebilde (Bilder 5.7–3 und 5.7–12), deren offene Seiten durch andere Bauteile abgeschlossen sind.

Die optische Funktion der Abdeckung besteht im einfachsten Fall aus guter Lichtdurchlässigkeit. Meist sind aber zusätzliche Aufgaben zu erfüllen:

Bild 5.7–1 Eine Werbeleuchte lebt von Form und Licht: Kunststoff als fügsames gestalterisches Element, das noch nach Jahren gut aussehen soll

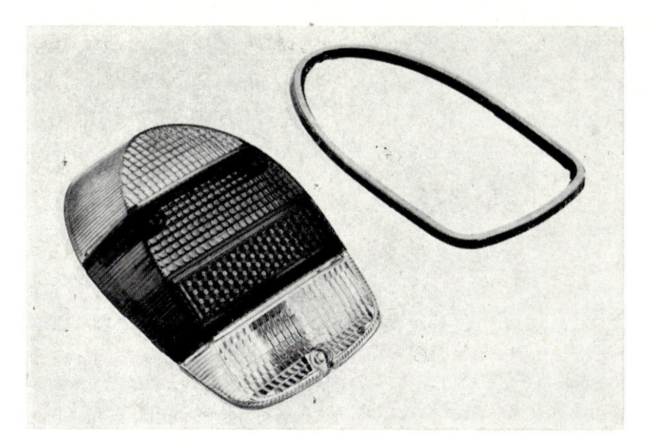

Bild 5.7–2 PMMA-Abdeckung der Blink-Brems-Schluß-Rückfahr-Leuchte eines Personenkraftwagens. Neben vorschriftsmäßiger Einfärbung, die licht- und temperaturbeständig sein muß, wird vor allem gutes Spannungsrißverhalten gegen übliche Reinigungs- und Poliermittel gefordert

Herabsetzung der Leuchtdichte und gleichmäßige Ausleuchtung („mildes Licht");

Verdecken der Konturen von Lampen und Einbauteilen (gutes „Tagesgesicht" der Leuchte);

Lichtlenkung (Beeinflussung der Lichtverteilungskurve).

Wo liegen nun die Vorteile, wo die Nachteile bei Einsatz von Kunststoffen im Vergleich zu Silikatglas?

Ein unbestrittenes Plus ist das geringe spezifische Gewicht der Kunststoffe, weil es eine leichtere Konstruktion von Gehäuse und Befestigungselementen ermöglicht (Bild 5.7–3). Hinzu kommt eine starke Minderung der Unfallgefahr bei Montage und Wartung; im Gegensatz zu einer Glaswanne wird die wesentlich leichtere Thermoplast-Wanne beim Herabstürzen kaum zu ernsten Verletzungen führen.

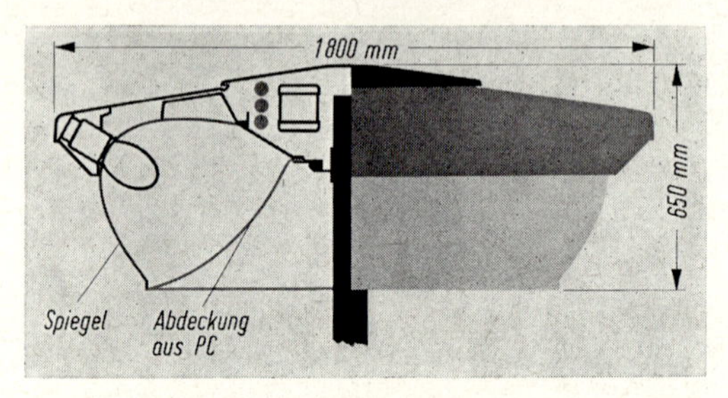


Bild 5.7–3 Großflächen-Spiegelleuchte für Mittelmast-Befestigung, bestückt mit Quecksilberdampf-Hochdrucklampen. Dach und Spiegel aus Metall. Die unterere Spiegelöffnung wird spritzwasserdicht von einer nach innen gezogenen rotationssymmetrischen Abdeckung aus glasklarem PC abgeschlossen, die den hohen auftretenden Temperaturen standhält. Vorschaltgeräte getrennt im belüfteten Mittelteil

Bei den meisten Thermoplasten sind weiterhin die hohe Schlagfestigkeit und Elastizität konstruktiv nutzbar, Vorteile, die auch durch geringeren Verpackungsaufwand und weniger Bruch bei Montage und Wartung zu Buche schlagen.

Schließlich ist es die höhere Freizügigkeit in der optischen Gestaltung, die Thermoplast-Wannen auszeichnet. Je nach Anwendungszweck stehen glasklare bis dicht weiß-eingetrübte Einstellungen zur Verfügung, die sich durch Vakuumformung (aus extrudierten oder gegossenen Platten), durch Strangpressen oder, bei entsprechendem Werkzeugaufwand, im Spritzgußverfahren zum Fertigteil verarbeiten lassen. Die Oberfläche kann dabei glatt sein oder Perl-, Pyramiden- bzw. Rillenstruktur aufweisen.

Besonders bei Spritzgußteilen läßt sich mit optisch wirksamen Formen eine gerichtete Lichtlenkung erzeugen. Mit einer Prismenoptik (Bild 5.7–4) wird beispielsweise in der Straßenbeleuchtung eine breitstrahlende Lichtverteilung erzielt, wie sie für neuzeitliche, nach leuchtdichtetechnischen Gesichtspunkten ausgeführte Beleuchtungsanlagen verlangt wird. Auch bei Einbaudeckenleuchten, wo nur ein Teil der Wannenseitenwände aus der Decke herausragt, wird der Lichtleiteffekt konstruktiv genutzt (Bild 5.7–5); hier dienen außenliegende Prismen dazu, seitlich abgestrahltes Licht durch Totalreflexion nach unten zu führen.

Deckenleuchten mit weiß-eingetrübten Wannen geben ein weiches, mildes Licht; soll eine mehr brillante Wirkung erzeugt werden, so sind klare Leuchtenwannen mit Pyramidenstruktur angebracht (Bild 5.7–6). Hier ist die Streuung des Lichtes nur teilweise durchgeführt, daneben bleibt ein Anteil gerichteten Lichtes, so daß mit Zusatzspiegeln eine gewisse Lichtlenkung, beispielsweise bei seitlicher Anordnung zum Arbeitsplatz, erzielt werden kann (Bild 5.7–7).

Bild 5.7–4 Straßenleuchte für Quecksilberdampf-Hochdrucklampen. Gehäuse Siluminguß, Wanne PMMA-Spritzgußteil mit Prismenoptik. Im Zusammenwirken mit Spiegeln aus eloxiertem Aluminium verwertet die Wanne das von der Lampe waagerecht bzw. unter flachem Winkel abgestrahlte Licht für die Ausleuchtung seitlich liegender Straßenteile

Leuchtenwannen werden heute meist aus PMMA, PC, CAB, PS oder PVC gefertigt. Mengenmäßig an erster Stelle steht nach wie vor *Polymethylmethacrylat* (PMMA), das wegen seiner unübertroffenen Vergilbungs- und Alterungsbeständigkeit in Außenleuchten und bei Bestückung mit Quecksilberdampf-Hochdrucklampen bevorzugt eingesetzt wird (Bilder 5.7–2, 5.7–4, 5.7–12). Für Innenraum-Leuchten verwendet man PMMA gerne in weiß-eingetrübter Einstellung, wobei sich der Werkstoff durch sein helles, auch bei ausgeschalteter Lampe ansprechendes Aussehen ohne Gelb- oder Graustich auszeichnet. – Da auch die mechanischen Eigenschaften von PMMA, wie Biegefestigkeit und Schlagzähigkeit, sowie die Beständigkeit gegen chemische Agenzien im allgemeinen ausreichen, ist die Anwendungsgrenze meist nur durch die Verformungstemperatur gesetzt; sie liegt beim temperaturbeständigsten Typ 528 DIN 7745 zwischen + 85 und + 110 °C, bei gegossenem Material (höhermolekular) zwischen + 90 und + 110 °C.

Bei der Nennung dieser Temperaturintervalle sei darauf hingewiesen, daß aus den üblichen Angaben von *Martens*- oder *Vicat*-Temperatur nur sehr ungenau auf die noch zulässigen Temperaturen im konkreten Fall geschlossen werden kann. Neben dem Werkstoff selbst (insbesondere seiner Moleküllänge und dem Gehalt an fließfördernden Zusätzen) spielen innere Spannungen, die von den Herstellungsbedingungen abhängen, sowie die räumliche Verteilung der Temperaturen und Belastungen im Betriebszustand eine so entscheidende Rolle, daß auf die zulässige Anwendungstemperatur (die sich aus Umgebungstemperatur und Eigenerwärmung der Leuchte zusammensetzt) nur aus Geräteversuchen geschlossen werden kann.

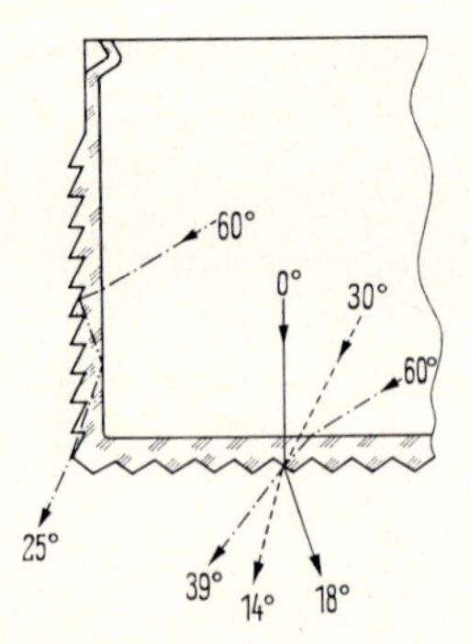


Bild 5.7–5 Ausschnittsdarstellung einer lichtlenkenden Prismenwanne für Einbau-Deckenleuchten. Strahlengang beim Auftreffen auf Seitenwand und Boden

Leuchtenwannen für Anwendungstemperaturen bis 140 °C werden aus *Polycarbonat* (PC) gefertigt (Bilder 5.7–3 und 5.7–9). Dieser Thermoplast kann, im Gegensatz zu PMMA, mit gewissen Vorbehalten als selbstverlöschend bezeichnet werden. Er gehört zu den schlagzähesten Kunststoffen, die wir heute kennen, verlangt aber einige Vorsicht beim Einwirken spannungsrißauslösender Mittel. Die anfänglich vorhandene gelbe Eigenfarbe von PC ist bei neueren Produkten weitgehend beseitigt. Eine nicht völlig ausgemerzte Schwachstelle besteht leider im Vergilbungsverhalten unter Einwirkung lichtstarker Lampen (hohe Temperaturen, großer UV-Anteil), also gerade bei solchen Anwendungsfällen, wo man andere Thermoplaste gerne durch das wärmestandfestere Polycarbonat ersetzen möchte. Durch Verwendung speziell für die Lichttechnik entwickelter, lichtstabilisierter PC-Typen und durch zusätzliche UV-Schutzlackierung der fertigen Leuchtenwanne ist heute bei klarem Material eine einigermaßen ausreichende Vergilbungsbeständigkeit zu erreichen. Weiß-eingetrübtes Polycarbonat läßt sich aber nach wie vor nicht so gut schützen, so daß nach einigen 100 Stunden starker UV-Einwirkung erste Farbänderungen sichtbar werden.

Bild 5.7–6 Wanne für Innenleuchten aus glasklarem Thermoplast, Oberfläche mit Pyramidenstruktur

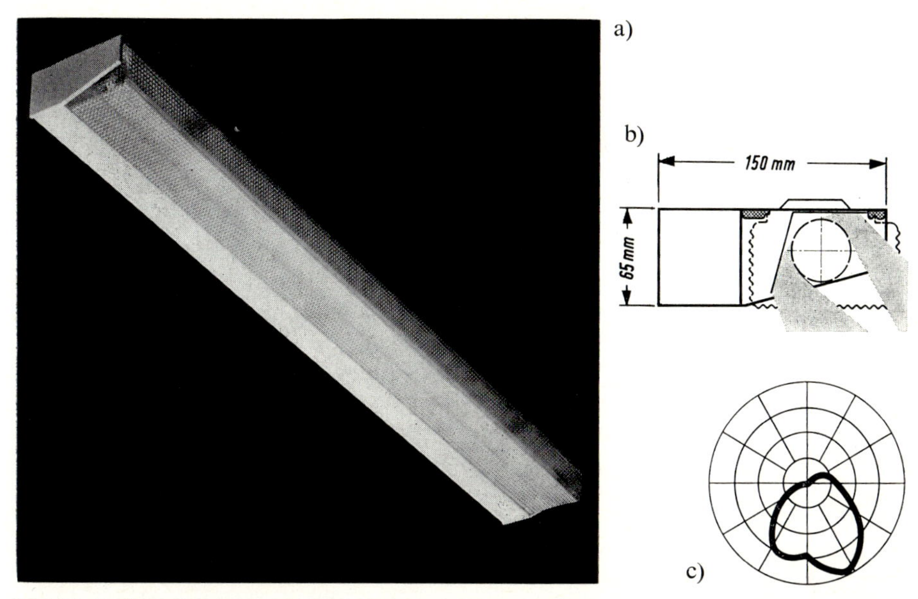


Bild 5.7–7 Innenleuchte mit seitlicher Anordnung der Vorschaltgeräte. Dadurch konnten drei positive Effekte erreicht werden:

a) sehr flache Bauweise, d.h. unaufdringliche Gesamtwirkung, b) verringerte thermische Belastung der Wanne und günstigere Betriebstemperatur der Lampen (Verlustwärme der in einem abgeschlossenen Kanal angebrachten Vorschaltgeräte gelangt nicht in den Lampenraum), c) asymmetrische Lichtlenkung durch Spiegel in Verbindung mit Klarglaswannen aus PMMA mit Pyramidenstruktur. Durch eine solche Wanne wird der Einblick in den Lampenraum verwehrt, die Lichtdurchlässigkeit aber nicht wesentlich beeinträchtigt

Das ebenso wie PC nicht billige *Celluloseacetobutyrat* (CAB) besitzt außerordentlich hohe Schlagzähigkeit und Dehnbarkeit und ermöglicht Leuchtenwannen mit sehr geringen Wanddicken. Besonderer konstruktiver Berücksichtigung bedarf der hohe Kaltfluß dieses Materials, der aufwendige (großflächige) Halterungen und die Vermeidung mechanischer Belastung an Stellen mit Dauertemperaturen über ca. 40 °C notwendig macht. Unbelastete Abdeckungen aus CAB besitzen hingegen ähnliche Rückformtemperaturen wie solche aus PMMA. Die UV-Beständigkeit stabilisierter Typen ist mäßig gut. – Bei Verwendung in Innenräumen kann der merkliche Eigengeruch des Materials, der sich erst allmählich verliert, stören.

Sehr positiv zu bewerten ist das von Natur aus antielektrostatische Verhalten von CAB, ein Vorteil, den sonst kein lichttechnisch einsetzbarer Kunststoff bietet. Vor allem bei schlecht zugänglichen Leuchten fällt ein durch verringerte Staubanziehung ermöglichter längerer Reinigungszyklus deutlich ins Gewicht. Dazu kommt, daß CAB als ausgesprochen spannungsrißunempfindlich zu gelten hat, während bei den anderen Thermoplasten (besonders bei PC) bei der Wahl der dort in regelmäßigen Zeitabständen aufzutragenden Antistatikmittel Augenmerk auf eine eventuelle Auslösung von Spannungsrissen gelegt werden muß.

Für Anwendungsfälle, bei denen auf selbstverlöschendes Verhalten besonderer Wert zu legen ist, wird *Polyvinylchlorid* (Hart-PVC) für Abdeckungen eingesetzt. Seine Vergilbungsbeständigkeit gegenüber UV-Licht kann jedoch selbst bei optimaler Stabilisierung und Begrenzung der Dauertemperaturen auf ca. 40 °C nur als mäßig gut bezeichnet werden.

In diesem Zusammenhang sei vermerkt, daß auch PMMA (nur gegossenes Material), PS und PC in schwer entflammbarer Einstellung angeboten werden. Vor dem Einsatz solcher Materialien muß im Einzelfall geprüft werden, ob die damit verbundene Eigenschaftsminderung noch vertretbar ist.

Abschließend sei noch auf die Möglichkeit hingewiesen, auf Zweischneckenextrudern zweifarbige Wannen (z.B. Seitenwände weiß, Boden glasklar) durch Strangpressen herzustellen, wobei die Stirnwände nachträglich aufgeklebt werden.

### 5.7.2.2. *Blenden*

Unter diesen Begriff fallen Leuchtenbauteile, die den direkten Blick auf die Lampen verdecken, ohne das austretende Licht wesentlich zu behindern. Während es bei getrübten Leuchtenabdeckungen darauf ankam, ausreichende Streuwirkung mit möglichst hoher Transmission (d.h. geringer Reflexion und Absorption) zu verbinden, steht diese Forderung bei Lamellenblenden und Lichtrastern an zweiter Stelle. Die Eintrübung des Kunststoffes kann hier höher gewählt werden, Vergilbungserscheinungen beeinflussen den Leuchtenwirkungsgrad nur wenig.

Aus wirtschaftlichen Gründen und wegen der guten Fließeigenschaften, die die Herstellung komplizierterer Formen gestatten, hat sich bei Lamellenblenden vor allem *Polystyrol-Homopolymerisat* (PS) durchgesetzt. Früher wurden kleine Abschnitte gespritzt und zu verschieden langen Einheiten verklebt. Durch die manuelle Arbeit entstanden jedoch Maßdifferenzen und – insbesondere bei unsachgemäßer Handhabung – Brüche im Bereich der Klebestellen des an sich schon spannungsrißgefährdeten Materials. Heute ist man in der Lage, Lamellenblenden und Lichtraster bis zu 1,5 m Länge rationell in einem Stück zu spritzen, sofern genügend hohe Stückzahlen zur Lieferung anstehen (Bild 5.7–8). Wegen der geringen Kerbschlagzähigkeit von PS ist auf gute Kantenverrundung, ausreichende Wanddicke und zweckentsprechende Verpackung zu achten.

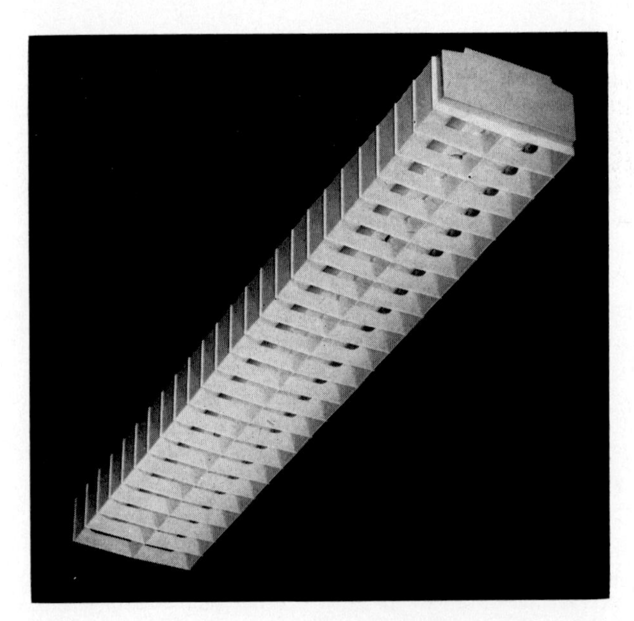

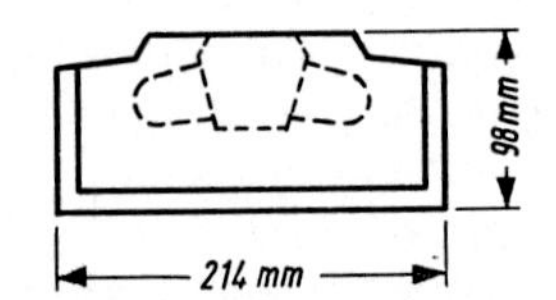


Bild 5.7–8 Innenleuchte von 1,5 m Länge für Leuchtstofflampen. Gehäuse: Metall; Lamellenblende in einem Stück aus PS gespritzt, äußerlich antistatisch behandelt

Die im Vergleich zu PMMA Typ 528 geringere Temperaturbeständigkeit von PS spielt bei den gut durchlüfteten Blenden eine untergeordnete Rolle. – Die UV-Empfindlichkeit wurde nach 1950 zunächst von amerikanischen, später auch von europäischen Herstellern systematisch erforscht und speziell für Anwendungen in Verbindung mit Leuchtstofflampen verbessert. Vom Einsatz im Freien oder in Leuchten mit Quecksilberdampf-Hochdrucklampen ist aber nach wie vor abzuraten.

Das gleiche gilt für schlagfeste *Styrol-Copolymerisate* (z. B. SAN). Ob ihre UV-Beständigkeit ausreichend verbessert werden kann, wird die Zukunft zeigen.

Für Räume, wo besondere feuerpolizeiliche Vorschriften zu beachten sind, kommt der Einsatz von milchglasfarbenen Lichtrastern aus glasfaserverstärktem, selbstverlöschendem *Celluloseacetat* (CA) in Frage.

#### 5.7.2.3. *Spiegel*

Nach Entwicklung der Kunststoffgalvanisierung lag es nahe, Teile (vor allem solche aus ABS) an der Innenseite zu verspiegeln und somit die mechanischen Funktionen des Gehäuses mit den optischen eines Spiegels zu koppeln. Diese Bestrebungen haben sich jedoch aus toleranzmäßigen und thermischen Gründen noch nicht auf breiter Basis durchsetzen können. Zudem führt, insbesondere bei Großteilen, die Temperaturwechselbeanspruchung durch Ein- und Ausschalten der Lampen zu thermischen Spannungen und Trennungserscheinungen zwischen Metallschicht und Kunststoff.

### 5.7.3. **Allgemeine Bauteile**

#### 5.7.3.1. *Gehäuse und Dächer von Leuchten*

Bei Industrieleuchten, die in chemisch aggressiven Atmosphären eingesetzt werden sollen, ist man bestrebt, neben der Abdeckung auch das die Einbauten tragende Gehäuse in Kunststoff auszuführen. Dieser Weg wurde bald nach Bekanntwerden der *glasfaserverstärkten Polyesterharze* (GUP) beschritten. Denn dieser Verbundwerkstoff weist neben guter Witterungsstabilität (besonders bei Verwendung von Harzen auf Isophthalsäurebasis) eine ausgezeichnete Beständigkeit gegen die meisten in der Praxis auftretenden Agenzien auf und zeigt ferner mit seiner hohen Biegefestigkeit, Schlagzähigkeit, Elastizität, Temperaturbeständigkeit und der Verarbeitungsmöglichkeit im Niederdruck-Preßverfahren ein Eigenschaftsbild, das wie auf den vorliegenden Anwendungsfall zugeschnitten erscheint.

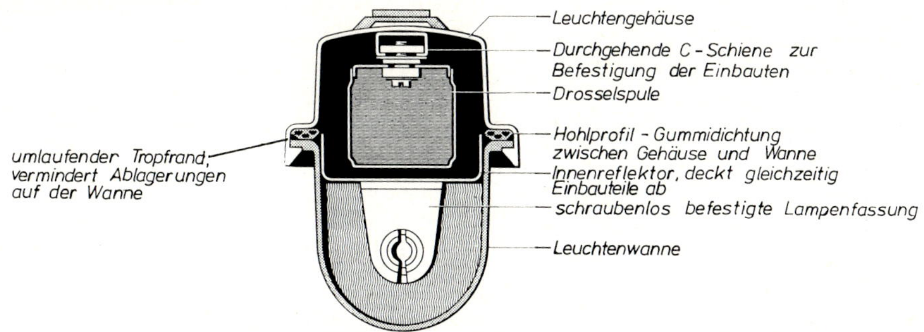


Bild 5.7–9 Querschnitt einer Voll-Kunststoffleuchte für Einsatz in aggressiven Atmosphären. Gehäuse aus schwer entflammbar eingestelltem GUP, Wanne aus vakuumgezogenem PMMA oder (für Einsatz bei erhöhter Umgebungstemperatur) aus PC

Bild 5.7–10 Abgedichtete Voll-Kunststoffleuchte nach 10jährigem Betrieb im Steinsalzbergbau. Die elektrische Sicherheit und die optischen Funktionen sind unverändert

In Bild 5.7–9 ist der Aufbau einer Feuchtraumleuchte in Vollkunststoffausführung dargestellt. Durch sinnvolle Anordnung von Hintersprengungsrippen und Ausnutzung der Elastizität des GUP-Laminates war eine Konstruktion ohne außenliegende Verschlußteile, die korrosionsgefährdet wären oder die Wartung stören könnten, möglich: die Wanne aus Acrylglas wird allein vom umlaufenden Gehäuserand gehalten und gegen eine Hohlgummidichtung aus Naturkautschuk gedrückt. Die Leuchte erfüllt die scharfen Forderungen von Schutzart P 44 DIN 40050, sie ist staub- und strahlwasserdicht (Bild 5.7–10). An das Dauerstandverhalten der Wanne werden nur mäßige Anforderungen gestellt, da sie sich auf ein innenliegendes Blechteil (Reflektor) abstützt. Die Längssteifigkeit der relativ schmalen und nicht sehr hohen Leuchte ergibt sich aus dem Zusammenwirken von innenliegender C-Schiene aus Metall, Reflektorblech, Gehäuse und Wanne.

Die äußere Form einer Mastansatz-Spiegelleuchte mit offenem Lampenraum zeigt Bild 5.7–11. Hier hat das Glasfaser-Polyester-Gehäuse lediglich die Aufgabe einer Kaschierung, welche die Einbauteile vor direktem Witterungseinfluß schützt und der Leuchte eine gefällige Form gibt. Leichte Montage und bequeme Wartung werden durch eine klappbare Aufhängung des Gehäuses erreicht.

Auch die früher ausschließlich aus emailliertem oder lackiertem Stahlblech gefertigten Dächer für Mastaufsatzleuchten werden vielfach schon aus GUP gefertigt, was selbst bei großflächigen Teilen mit vertretbarem Pressenaufwand möglich ist (Bild 5.7–12). Die Herstellung zweifarbiger, z.B. unten weißer, oben grüner Teile ist ohne Nachlackierung dadurch möglich, daß eine Gelcoatschicht vor dem Auflegen des Laminates auf das Formunterteil gesprüht wird.

Für Leuchten einfacherer Ausführung werden z.T. Thermoplaste, vor allem *Acrylnitril-Butadien-Styrol* (ABS), als Gehäusewerkstoff ohne tragende Funktion eingesetzt. Auf gute thermische Isolierung gegen die Vorschaltgeräte, deren Oberflächentemperatur nach Ausfall der Lampe bis 200 °C ansteigen kann, muß hier besonders geachtet werden.

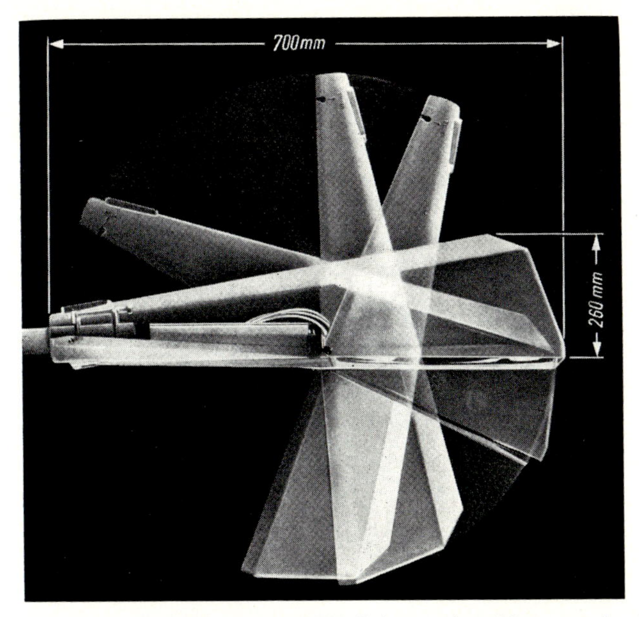


Bild 5.7–11 Aufklappbares GUP-Gehäuse einer Mastansatzleuchte. Die tragende Funktion übernehmen Metallteile im Leuchteninneren

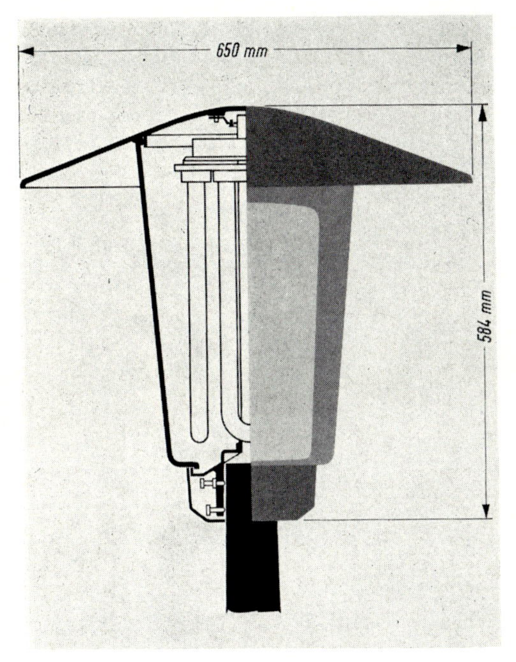


Bild 5.7–12 Vollkunststoff-Außenleuchte mit besonders mildem Licht (Verzicht auf optimalen Leuchtenwirkungsgrad). Kegelglas aus weiß-eingetrübtem PMMA, unten von einer GUP-Kappe, oben von einem GUP-Dach in Zweifarbenausführung abgeschlossen

### 5.7.3.2. *Einbauteile*

Im Vergleich zu GUP-Laminaten beschränkt sich die Verwendung der üblichen Preßmassen auf kleinere Bauteile, wie Lampen- und Starterfassungen, Abschlußkappen und kleine Gehäuse. *Phenolharze* (PF) bieten wirtschaftliche Vorteile bei Bauelementen, wo es auf die dunkle Eigenfarbe dieses Werkstoffes nicht ankommt. *Melamin-* und *Harnstoffharze* (MF, HF) kommen für hellfarbige Bauteile, z.B. die in Bild 5.7–9 dargestellten Lampenfassungen, in Frage. Bei ihnen ist jedoch auf bleibende Maßänderungen (Nachschwindung) und Festigkeitsabfall nach längerer Temperaturbeanspruchung besonders zu achten.

Schwierigkeiten bei der Werkstoffauswahl können sich ergeben, wenn bei thermisch hoch belasteten Lampenfassungen oder Gehäusen aus optischen Gründen weiße, vergilbungsfreie Farbe gewünscht wird, aber Schwindung oder Abbau der mechanischen Festigkeit nicht in Kauf genommen werden kann. Als Ausweg bietet sich hier bis heute nur die Verwendung von temperaturbeständigen Phenolharzpreßmassen mit nachträglicher Weißlackierung.

## 5.7.4. **Ausblick**

Die genannten Beispiele zeigen, welch wesentliche Rolle Kunststoffe bereits heute in der Lichttechnik spielen, wobei insbesondere Acrylglas und glasfaserverstärktes Polyesterharz aus dem modernen Leuchtenbau nicht mehr wegzudenken sind.

Wie auch auf anderen Gebieten der Technik dürfte hier die künftige Entwicklung der Kunststoffanwendung in zwei Richtungen laufen: Einmal zu teuren, neuen Kunststofftypen, die hohe Temperaturbeständigkeit und Vergilbungsfreiheit, möglichst auch Unbrennbarkeit in sich vereinen und in leistungsstärkeren Leuchten eingesetzt werden können. Parallel dazu geht der Trend sicherlich in Richtung auf Verminderung der Wartungsarbeiten, und zwar durch Einsatz dauernd antielektrostatischer Kunststoffe oder durch Verwendung von Teilen, die in Konstruktion und Material so preisgünstig gestaltet sind, daß statt Wartung ein turnusmäßiger Austausch gegen Neuteile in Frage kommt.

## Sachverzeichnis

## Namenverzeichnis

## Normenverzeichnis

## Bildquellenverzeichnis

| *Bild Nr.* | *Quelle* |
|---|---|
| 1–1 | aus Kunststoffe *55*, 473 (1965). |
| 1–8 | aus Kunststoffe *56*, 847 (1966). |
| 1–12 | aus Kunststofftechnik *8*, 433 (1969). |
| 2.3.1–7, 2.3.1–8, 2.3.1–23, 2.3.1–27 | aus *C.-M. von Meysenbug*, Kunststoffkunde für Ingenieure. München: Hanser 1968. |
| 2.3.1–10, 2.3.1–13 | aus *H. Beck*, Spritzgießen. München: Hanser 1968. |
| 2.3.1–14, 2.3.1–15 | aus Plastic-Revue *19*, 617 (1968). |
| 2.3.1–17, 2.3.1–18, 2.3.1–19, 2.3.1–26 | aus *G. Schenkel*, Kunststoff-Extrudertechnik. München: Hanser 1963. |
| 2.3.1–22 | aus Kunststoffe *47*, 218 (1957). |
| 2.3.2–6 | aus *H. Wallhäußer*, Kunststoffprüfung. München: Hanser 1966. |
| 2.3.2–8, 2.3.2–9 | aus *A. Rost*, Verarbeitungstechnik der Epoxyd-Gießharze. München: Hanser 1963. |
| 2.3.2–11, 2.3.2–13 | aus Kunststoffe *59*, 503 (1969). |
| 2.3.2–12, 2.3.2–14 | aus *W. Bauer*, Technik der Preßmassenverarbeitung. München: Hanser 1964. |
| 2.3.2–15 | aus Kunststoffe *56*, 505 (1966). |
| 2.3.2–16, 2.3.2–17, 2.3.2–18, 2.3.2–24 | aus *A.H. Henning* und *J. Zöhren*, Lehrbildsammlung Kunststofftechnik Teil I. München: Hanser 1963. |
| 2.3.2–19 | aus Kunststoffe *59*, 607 (1969). |
| 2.3.2–22 | aus Kunststoffe *59*, 326 (1969). |
| 2.4–3 bis 2.4–12 | aus *A.H. Henning* und *J. Zöhren*, Lehrbildsammlung Kunststofftechnik Teil I. München: Hanser 1963. |
| 2.4–13, 2.4–16 | aus Kunststoff-Handbuch Bd. X. München: Hanser 1968. |
| 2.4–14 | aus Werkstatt und Betrieb *101*, 465 (1968). |
| 2.4–15 | aus Werkstattblatt Nr. 463. München: Hanser 1968. |
| 2.4–17 | aus Werkstatt und Betrieb *101*, 460 (1968). |
| 2.5.1–2, 2.5.1–5, 2.5.1–6 | aus Kunststoffe *51*, 562 (1961). |
| 2.5.1–8 | aus Kunststoffe *60*, 177 (1970). |
| 2.5.2–1, 2.5.2–4, 2.5.2–7 bis 2.5.2–10, 2.5.2–14 bis 2.5.2–16, 2.5.2–22, 2.5.2–23 | aus Kunststoffe *56*, 761 (1966). |
| 2.5.2–11 | aus Kunststoffe *57*, 385 (1967). |
| 2.5.2–17 | aus Kunststoffe *58*, 537 (1968). |
| 2.5.2–18 bis 2.5.2–20 | aus Kunststoffe *59*, 330 (1969). |
| 2.5.3–3 | aus Kunststoffe *47*, 213 (1957). |
| 2.5.3–4 bis 2.5.3–8, 2.5.3–10, 2.5.3–11 | aus Kunststoffe *60*, 177 (1970). |
| 2.5.4–1, 2.5.4–3, 2.5.4–4, 2.5.4–13 | aus Kunststoffhandbuch Bd. X. München: Hanser 1968. |
| 2.5.4–5, 2.5.4–7, 2.5.4–8 | aus Metalloberfläche *20*, 136 (1966). |

| *Bild Nr.* | *Quelle* |
|---|---|
| 2.5.4–6 | aus *A. Rost*, Verarbeitungstechnik der Epoxyd-Gießharze. München: Hanser 1963. |
| 2.5.4–9 bis 2.5.4–12 | aus *H. Wallhäußer*, Bewertung von Formteilen aus härtbaren Kunststoff-Formmassen. München: Hanser 1967. |
| 2.5.4–13 | aus Kunststoff-Handbuch Bd. X. München: Hanser 1968. |
| 3.1–2, 3.1–4, 3.1–5 | aus VDI-Berichte *68*, 15 (1963). |
| 3.1–7 bis 3.1–11 | aus VDI-Berichte *68*, 29 (1963). |
| 3.1–22 | aus Kunststoffe *58*, 153 (1968). |
| 3.1–25, 3.1–26, 3.1–29, 3.1–31, 3.1–32, 3.1–36, 3.1–38, 3.1–43, 3.1–46, 3.1–47, 3.1–49 bis 3.1–56 | aus VDI-Richtlinie 2006. |
| 3.1–27, 3.1–28, 3.1–30, 3.1–33 bis bis 3.1–35, 3.1–37, 3.1–39, 3.1–40, 3.1–42, 3.1–44, 3.1–45, 3.1–48, 3.1–50, 3.1–60 | aus VDI-Richtlinie 2001. |
| 3.1–57 bis 3.1–59 | aus BASF-Werkstoffblatt 4001.2 Dez. 1964. |
| 3.1–63 | Foto: Farbwerke Hoechst AG, Frankfurt/Main. |
| 3.1–64 bis 3.1–70, 3.1–73 bis 3.1–78, 3.1–81 bis 3.1–83 | aus *R. Kaufhold*, Berechnung und Konstruktion von Bauteilen aus Thermoplasten. VEB Deutscher Verlag für Grundstoffindustrie, Leipzig 1970 (technisch-wissenschaftliche Abhandlung des Zentralinstituts für Schweißtechnik Halle/Saale, Nr. 47). |
| 3.1–71 | Foto: Röhm GmbH, Darmstadt. |
| 3.2–1 | aus Kunststoffe *55*, 346 (1965). |
| 3.2–6, 3.2–7 | aus Kunststoffe *56*, 228 (1966). |
| 3.2–9 | aus Kunststoffe *61*, 325 (1971). |
| 3.2–10 bis 3.2–12, 3.2–25, 3.2–28, 3.2–30 | Foto: Farbwerke Hoechst AG, Frankfurt/Main. |
| 3.2–13 | aus FTZ Norm 121 TV 1. |
| 3.2–16 bis 3.2–20 | aus VDI-Richtlinie 2541 Nov. 1970 Entwurf. |
| 3.2–23, 3.2–24, 3.2–26, 3.2–27, 3.2–29 | aus Kunststoffe *58*, 810 (1968). |
| 3.2–31, 3.2–32, 3.2–34, 3.2–35 | Foto: Röhm GmbH, Darmstadt. |
| 4.1.3–12 | aus Norm Entwurf DIN 53440 Blatt 2 April 1971. |
| 4.1.3–43 | aus Kunststoffe *57*, 31 (1967). |
| 4.1.5–1, bis 4.1.5–3, 4.1.5–5 4.1.5–6, 4.1.5–13 bis 4.1.5–18, 4.1.5–24 | aus *R. Taprogge*, Untersuchungen zur Ermittlung zulässiger Beanspruchungen thermoplastischer Kunststoffe bei statischer und schwingender Zug- und Biegebelastung. Dissertation RWTH Aachen 1966. |
| 4.1.5–7 bis 4.1.5–12, 4.1.5–25 bis 4.1.5–27, 4.1.5–54 bis 4.1.5–57 | aus Materialprüfung *4*, 291 (1962). |
| 4.1.5–19, 4.1.5–20, 4.1.5–42 bis 4.1.5–47 ,4.1.5–49 | Zeichnungen: Röhm GmbH, Darmstadt. |
| 4.1.5–29, 4.1.5–30 | aus Kunststofftechnik *9*, 316 (1970). |
| 4.1.5–35, 4.1.5–36 | aus *O. Schwarz*, Beitrag zum statischen Langzeitverhalten glasfaserverstärkter Kunststoffe. Dissertation RWTH Aachen 1968. |

| *Bild Nr.* | *Quelle* |
|---|---|
| 4.1.5–37 bis 4.1.5–41, 4.1.5–50 | aus Kunststofftechnik *7*, 402 (1968). |
| 4.1.5–62, 4.1.5–68 | aus Kunststoffe *55*, 347 (1965). |
| 4.1.5–63, 4.1.5–65 | aus Materialprüfung *5*, 345 (1963). |
| 4.1.5–64, 4.1.5–66 | aus Kunststofftechnik *8*, 231 (1969). |
| 4.1.5–68 | aus Kunststoffe *55*, 347 (1965). |
| 4.1.5–72, 4.1.5–74 | aus *H. Hofer*, Haus der Technik, Vortragsveröffentlichungen Heft 234. |
| 4.1.5–75, 4.1.5–76 | aus Kunststoffe *56*, 228 (1966). |
| 4.1.6–2, 4.1.6–6 | aus Kunststoff-Handbuch Bd. V. München: Hanser 1969. |
| 4.1.6–5 | aus J. Polymer Sci. A-2 *8*, 676 (1970). |
| 4.1.6–8 | aus Adv. Polymer Sci. *5*, 387 (1968). |
| 4.1.6–17 | aus J. Appl. Phys. *31*, 556 (1960). |
| 4.1.6–18, 4.1.6–19, 4.1.6–21 | aus Kunststoffe *57*, 702 (1967). |
| 4.1.6–22, 4.1.6–23, 4.1.6–24 | aus Rheol. Acta *10*, 230 (1971). |
| 4.1.7–1, 4.1.7–3 | aus Materialprüfung *10*, 226 (1968). |
| 4.1.9–1, 4.1.9–2 | aus *R. Nitsche* und *K.A. Wolf* (Hrsg.), Kunststoffe Bd. 1, Struktur und physikalisches Verhalten der Kunststoffe. Berlin-Göttingen-New York: Springer 1962. |
| 4.1.9–8, 4.1.9–10, 4.1.9–11 | aus Acustica *8*, 295 (1958). |
| 4.2.2–4, 4.2.2–9, 4.2.2–14, 4.2.2–15, 4.2.2–18, 4.2.2–22 | Fotos: Badische Anilin- & Sodafabrik AG, Ludwigshafen/Rhein. |
| 4.2.4–1 | aus Modern Plast. *33*/1, 141 (1954). |
| 4.2.4–2, 4.2.4–3 | aus Kolloidzeitschrift und Zeitschrift für Polymere *210*, 45 (1966). |
| 4.2.5–5 | aus Chemie-Ingenieur-Technik *41*, 458 (1969). |
| 4.2.6–5 | Umzeichnung nach DIN Norm 53380. |
| 4.2.6–6 | Umzeichnung nach DIN Norm 53122. |
| 4.3.1–1, 4.3.1–2, 4.3.1–8 | Zeichnungen: Badische Anilin- & Sodafabrik AG, Ludwigshafen/Rhein. |
| 4.3.1–10, 4.3.1–11 | aus Kunststoffe *55*, 771 (1965). |
| 4.3.2–8, 4.3.2–9 | aus DIN Norm 53482. |
| Tabelle 4.3.2–2, Tabelle 4.3.2–3 | aus *W. Hellerich*, Kunststoffe, Eigenschaften und Prüfung. Stuttgart: Franck'sche Verlagshandlung 1968. |
| 4.3.3–8, 4.3.3–9 | aus Kunststoffe *60*, 45 (1970). |
| 4.4–3, 4.4–6, 4.4–8, 4.4–9, 4.4–14, 4.4–15, 4.4–21, 4.4–22, 4.4–34 | Zeichnungen: Röhm GmbH, Darmstadt. |
| 4.5–2, 4.5–6, 4.5–8 | aus Kolloidzeitschrift und Zeitschrift für Polymere *210*, 37 (1966). |
| 4.5–4 | aus Kunststofftechnik *10*, Nr. 3 (1971). |
| 4.5–10, 4.5–19 | aus Kolloidzeitschrift und Zeitschrift für Polymere *186*, 29 (1962). |
| 4.5–11 bis 4.5–16 | aus Kolloidzeitschrift und Zeitschrift für Polymere *193*, 16 (1963). |

| *Bild Nr.* | *Quelle* |
|---|---|
| 4.5–17 | aus Kolloidzeitschrift und Zeitschrift für Polymere *188*, 121 (1963). |
| 4.5–22 | aus Kolloidzeitschrift und Zeitschrift für Polymere *198*, 5 (1964). |
| 4.5–23 | aus Kunststoffe *51*, 512 (1961). |
| 4.5–24 | aus Kolloidzeitschrift und Zeitschrift für Polymere *199*, 125 (1964). |
| 4.5–26 | aus Kolloidzeitschrift und Zeitschrift für Polymere *189*, 114 (1963). |
| 4.5.5–2, 4.5.5–3 | Umzeichnung nach DIN Norm 53446. |
| 4.6–1, 4.6–2 | aus DIN Norm 53446. |
| 4.6–3 | aus DIN Norm 53472 |
| 4.6–4 bis 4.6–6 | aus DIN Norm 7735 |
| 4.6–7 | Foto: Bosch, GmbH, Stuttgart |
| 4.6–8 bis 4.6–14 | aus Kunststoffe *59*, 580 (1969). |
| 4.6–15, 4.6–16, 4.6–18, 4.6–21 | aus Kunststoffe *57*, 537 (1967). |
| 4.6–19, 4.6–20 | aus Kunststoffe *51*, 548 (1961) |
| 4.6–17, 4.6–25 | aus Industrie-Anzeiger *92*, 2460, 2464 (1970) Nr. 102. |
| Tabelle 4.6–7 | aus DIN Norm 16926. |
| 5.3–2 | Foto: Wolfgang Feierbach, Altenstadt, Hessen. |
| 5.3–3 | Foto: Chemische Werke Hüls AG, Marl. |
| 5.7–1 | Foto: Osram GmbH, Berlin. |
| 5.7–2 | Foto: Röhm GmbH, Darmstadt. |
| 5.7–3 bis 5.7–12 | Foto: Siemens AG, München. |

Alle Wiedergaben aus DIN-Blättern erfolgen mit Genehmigung des Deutschen Normenausschusses. Maßgebend ist die jeweils neueste Ausgabe der Norm im Normformat A 4, das bei der Beuth-Vertrieb GmbH, 1 Berlin 30 und 5 Köln, erhältlich ist.